# Personalwirtschaft

Von
Professor
Dr. Hans Jung

6., überarbeitete Auflage

R. Oldenbourg Verlag München Wien

Bibliografische Information Der Deutschen Bibliothek

Die Deutsche Bibliothek verzeichnet diese Publikation in der Deutschen Nationalbibliografie; detaillierte bibliografische Daten sind im Internet über <http://dnb.ddb.de> abrufbar.




Rosenheimer Straße 145, D-81671 München
Telefon: (089) 45051-0
www.oldenbourg-verlag.de



Gedruckt auf säure- und chlorfreiem Papier
Gesamtherstellung: Druckhaus „Thomas Müntzer“ GmbH, Bad Langensalza

ISBN 3-486-57663-1

# Inhaltsverzeichnis



## Teil 1: Grundlagen der Personalwirtschaft

# Teil 2: Personelle Leistungsbereitstellung

## Teil 3: Leistungserhalt und -förderung

## Teil 4: Informationssysteme der Personalwirtschaft

## Teil 5: Neuere Tendenzen und Entwicklungen der Personalwirtschaft

# Vorwort

Langjährige Lehrerfahrungen in der Industrie und an Hochschulen haben mir gezeigt, dass es zwar eine ganze Reihe zum Teil hervorragender Werke zu personalwirtschaftlichen Einzelfragen gibt, es aber meiner Meinung nach an modernen Lehrbüchern mangelt, die es erlauben, sich ohne große Vorkenntnisse in das umfangreiche Wissensgebiet der Personalwirtschaftslehre einzuarbeiten und gleichzeitig auch dem erfahrenen Praktiker wertvolle Anregungen für die zukunftsorientierte Gestaltung seiner Arbeit geben. Bestärkt wurde diese Ansicht durch den intensiven Kontakt zu meinen Studenten sowie durch die Diskussionen mit den Teilnehmern der von mir beim RKW durchgeführten Geschäftsführer- und Personalleiter-Arbeitskreise.

Ziel dieses Buches ist, die betriebliche Personalarbeit auf der Basis wissenschaftlicher Erkenntnisse in einer modernen und praxisbezogenen Form darzustellen. Dazu wird zunächst das erforderliche Grundlagenwissen vermittelt, um dann Möglichkeiten zur praktischen Umsetzung dieser Erkenntnisse aufzuzeigen. Neuere Aspekte der Personalarbeit, die sich zum Beispiel durch die Veränderungen im europäischen Wirtschaftsraum und die daraus resultierenden Trends und Problemfelder ergeben, werden ebenso aufgezeigt wie moderne Ansätze für die Zukunft der Personalwirtschaft. Dabei steht die Anregung zu einer kritischen Auseinandersetzung bezüglich der Einsetzbarkeit und der Vor- und Nachteile neuerer Instrumente der Personalwirtschaft im Vordergrund.

Dazu ist das Buch wie folgt aufgebaut:

| | |
|---|---|
| 1. Grundlagen der Personalwirtschaft | • Einführung<br>• Organisation der Personalwirtschaft<br>• Rechtsgrundlagen der Personalwirtschaft |
| 2. Personelle Leistungsbereitstellung | • Personalbedarfsplanung<br>• Personalbeschaffung<br>• Personaleinsatzplanung<br>• Personalentwicklung<br>• Personalfreisetzung |
| 3. Leistungserhalt und -förderung | • Motivation im Arbeitsprozess<br>• Personalführung<br>• Betriebliche Anreizsysteme<br>• Betriebliche Sozialarbeit |
| 4. Informationssysteme der Personalwirtschaft | • Organisation von Personaldaten<br>• Personalinformationssysteme<br>• Personalbeurteilung<br>• Das Arbeitszeugnis<br>• Datenschutz von Personaldaten |
| 5. Neuere Tendenzen und Entwicklungen der Personalwirtschaft | • Veränderte Rahmenbedingungen der Personalwirtschaft<br>• Konsequenzen für die Personalwirtschaft<br>• Trends in Personalmanagement und Organisation |

Das Buch ist gleichermaßen an Universitäts- und Fachhochschulstudenten sowie an Praktiker gerichtet, die sich intensiv mit Fragen der Personalarbeit auseinandersetzen müssen. Für Anregungen und Kritik aus der Leserschaft bin ich jederzeit dankbar.

Bei der Erstellung dieses Buches wurde ich von zahlreichen Personen, Firmen und Institutionen mit wertvollen Informationen und Unterlagen unterstützt. Mein besonderer Dank gilt insbesondere Herrn Dipl.-Ing., Dipl.-Wirt.Ing. Klaus Kamps für die intensive Mitarbeit bei der Konzeption und der inhaltlichen Gestaltung sowie für die Organisation und Abwicklung der EDV. Weiter danke ich Herrn Dipl.-Kfm. Ralf Bramesfeld für seine kritischen Anregungen und die Durchsicht des Manuskripts. Dem Lektor des Verlages, Herrn Dipl.-Volksw. Weigert, bin ich für die verständnisvolle Zusammenarbeit sehr verbunden.

Hans Jung

## Vorwort zur 3. Aufl.

Nachdem auch die zweite Aufl. in sehr kurzer Zeit vergriffen war, habe ich mich entschlossen, die erfolgreiche Konzeption dieses Buches beizubehalten. Bei der Überarbeitung habe ich mich daher auf wichtige Korrekturen und Ergänzungen beschränkt.

Wie auch bei den vorangegangenen Aufl.n gilt mein Dank Herrn Dipl.-Wirt.Ing. Klaus Kamps für seine intensive Unterstützung und Mitarbeit. Für die kritische Diskussion der arbeitsrechtlichen Problematik vor dem Hintergrund der geänderten gesetzlichen Situation danke ich Herrn Dr. iur. Andreas Donner. Dem Lektor des Verlages, Herrn Dipl.-Volksw. Weigert, danke ich wiederum für die gute und vertrauensvolle Zusammenarbeit.

Hans Jung

## Vorwort zur 4. Auflage

Die dritte Auflage war derart rasch vergriffen, dass ich mich darauf beschränken konnte, das gesamte Werk kritisch durchzusehen.

Hans Jung

## Vorwort zur 5. Auflage

In der 5. Auflage wurden wiederum die neueren Entwicklungen der Personalwirtschaft berücksichtigt bzw. aktualisiert. Außerdem erfolgte eine Umstellung der DM-Angaben in Euro. Es werden daher alle Geldbeispiele in Euro ausgewiesen. Weiterhin wurde das Literaturverzeichnis überarbeitet und gleichzeitig erweitert.

Bei diesen Arbeiten unterstützte mich insbesondere mein Mitarbeiter Herr Dipl. Ing. Christian Schulze. Für die Aktualisierung des Datenmaterials gilt mein Dank Herrn Dipl. rer. pol. Ullrich Müller. Außerdem möchte ich allen Kollegen, Studenten und Praktikern danken, die wiederum mit zahlreichen Ideen zur Weiterentwicklung des Buches beigetragen haben. Ihnen gilt mein herzlicher Dank.

*Hans Jung*

## Vorwort zur 6. Auflage

In der vorliegenden Neuauflage sind erneut zahlreiche Ergänzungen und Verbesserungen vorgenommen sowie aktuelle Entwicklungen insbesondere im Arbeits- und Sozialrecht berücksichtigt worden. Außerdem wurden das Literaturverzeichnis und das Sachwortregister gründlich überarbeitet. Die inhaltlichen Veränderungen wurden mit der Neuauflage des Arbeits- und Übungsbuches abgestimmt. Danken möchte ich allen Studenten, Kollegen und Praktikern, die mir für die neue Auflage wieder zahlreiche Anregungen und Ideen gegeben haben. Bei der Umsetzung der Neuauflage haben mich meine Mitarbeiter verdienstvoll unterstützt. Besonderer Dank gebührt Frau Dipl.-Kauffrau Doreen Hoigt und Herrn Dipl.-Wirtschaftsingenieur Christian Schulze für die aktive Mitarbeit sowie die Gestaltung des Layouts. Dem Lektor des Verlages, Herrn Dipl. Volkswirt Weigert, danke ich für die sehr angenehme und vertrauensvolle Zusammenarbeit.

*Hans Jung*

Teil 1

# Grundlagen der Personalwirtschaft

# 1 Einführung

Personalwirtschaft ist ein Begriff, der sich aus zwei Worten zusammensetzt: **Personal** und **Wirtschaft**. Auf den ersten Blick erscheint dies doch recht einfach, denn Personal sind alle, die in einem Unternehmen arbeiten, und Wirtschaft beschreibt die Gesamtheit der Institutionen und Vorgänge, die in der Hauptsache darauf ausgerichtet sind, Geld zu "verdienen" - einen Gewinn zu "erwirtschaften".

Man fragt sich vielleicht, wie diese Thematik Stoff für ein so umfangreiches Buch hergeben kann, denn Personal ist doch leicht erhältlich. Man braucht sich lediglich die Arbeitslosenstatistiken oder die Stellengesuche in den einschlägigen Zeitschriften anzusehen. Welche Schwierigkeiten können sich da im Zusammenhang mit dem Personal ergeben? Es brauchen doch nur die "richtigen" Leute eingestellt, für ihre Arbeit angemessen bezahlt und falls man sich für die falsche Person entschieden hat, diese wieder entlassen zu werden.

Auch wenn es noch Unternehmen gibt, die nach diesem Motto verfahren, so ist es doch, abgesehen von der Frage nach der Ethik oder Moral dieser Vorgehensweise, auch unter wirtschaftlichen Aspekten sehr kurzsichtig, sich dieser Handlungsweise zu bedienen, bei der die Personalarbeit auf eine "hire and fire"-Politik reduziert wird.

Heute und in Zukunft werden nur die Unternehmen rentabel und überlebensfähig sein, die auf eine langfristige Strategie setzen. Dies gilt im Hinblick auf die angebotene Produkt- oder Dienstleistungspalette, die angesprochenen Märkte und Marktsegmente (hier spielt insbesondere die Internationalisierung eine große Rolle) und ganz besonders für die damit verbundene Personalarbeit.

Moderne Unternehmen haben erkannt, dass ihre **"Human Resourcen"** das wichtigste Kapital darstellen. Kreativität und Innovationsfähigkeit sind wichtiger denn je, Visionen und Gestaltungsfähigkeit stehen im Vordergrund bei einer zukunftsorientierten Unternehmensführung.

Damit kommt den Menschen, die für ein Unternehmen arbeiten, eine neue, existentielle Bedeutung zu. Innovationen können nur durch kreative Mitarbeiter entwickelt und eingeführt werden. Visionen haben nur dann einen Sinn, wenn sie gelebt werden, wenn sie die Kräfte und Bestrebungen aller in einem Unternehmen beschäftigten Personen auf ein gemeinsames Ziel, auf die gemeinsame Gestaltung der Zukunft fokussieren können.

Diese neue Denkweise bietet keinen Raum für eine "ex und hopp"-Mentalität im Umgang mit den Mitarbeitern. Die strategische Ausrichtung der Personalarbeit muss bereits bei den Funktionen "Personalbedarfsplanung", "Personalbeschaffung" und "Personaleinsatzplanung" ansetzen. Außerdem spielt die Entwicklung des Personals im Sinne einer zukunftsorientierten Weiterbildung eine entscheidende Rolle.

Um einen guten Mitarbeiter an das Unternehmen zu binden, bedarf es neben einer leistungsgerechten Entlohnung insbesondere auch einer Führung, welche die Mitarbeiterinteressen ebenso berücksichtigt wie die Interessen und Ziele des Unternehmens. Da diese Mitarbeiterführung hauptsächlich aus zwischenmenschlichen Kontakten besteht, spielt die Gestaltung der Kommunikation zwischen Vorgesetzten und Mitarbeitern bzw. Arbeitsgruppen ebenfalls eine wichtige Rolle.

Wenn man diese Aspekte in die Betrachtung einbezieht, ist die Verknüpfung von "Personal" und "Wirtschaft" äußerst komplex. Durch die heutige und zukünftige Bedeutung einer strategisch ausgerichteten Personalarbeit wird die Personalwirtschaft damit zu einem der interessantesten und wichtigsten Teilbereiche der empirisch-wissenschaftlichen Betrachtungen der Betriebswirtschaftslehre und zu einem zentralen Faktor für den Unternehmenserfolg in der betrieblichen Praxis.

## 1.1 Historischer Überblick - Theorieansätze

Eine eigenständige Personalwirtschaftslehre ist im Rahmen der Betriebswirtschaftslehre erst in der letzten Zeit entwickelt worden.[1] Einzelne personalwirtschaftliche Fragen, die sich mit der Stellung des Menschen (allerdings unter vorwiegend ökonomischen Betrachtungen) im Betrieb befassen, sind jedoch schon viel früher zu finden. So entstanden bereits 1868 in Deutschland die ersten Gewerkschaften, die allerdings nur eine bestimmte Berufsgruppe vertraten und daher wenig Macht besaßen. Ab 1911 wurde dann auch der Mensch in die betriebswirtschaftlichen Betrachtungen einbezogen, nachdem F.W. Taylor sein **"Scientific Management"** veröffentlicht hatte.[2]

Taylor war der Ansicht, dass eine Steigerung der Produktivität nur über monetäre Anreize und durch eine starke Arbeitsteilung erzielt werden könne. Durch exakte Studien der Bewegungsabfolgen und ein Differentialstücklohnsystem, das die Erzielung der vor-gegebenen Arbeitsmenge mit hohen Stundenverdiensten belohnte, sollte die Arbeitsleistung maximiert werden. Eine Folge dieser Theorie war 1913 die Einführung des Fließbands durch Henry Ford.

Das Menschenbild des **"homo oeconomicus"**, der emotionsfrei arbeitet, wurde im Jahre 1932 durch das Bild des sozialen Menschen ersetzt. Von 1927 bis 1932 hatten die Harvard-Professoren Mayo und Roethlisberger in den Hawthorne-Werken der Western Electric Company in Chicago ein Experiment durchgeführt, mit dem ursprünglich die Auswirkung unterschiedlicher Beleuchtung auf die Arbeitsleistung erforscht werden sollte. Entgegen den Vermutungen Taylors konnte ein Einfluss der Umgebungsfaktoren nicht festgestellt werden. Weitere Experimente führten zu dem Schluss, dass der Mensch als Mitglied einer Gruppe wesentlich von sozialen Normen beeinflusst und motiviert wird.

Die sogenannte **Human-Relations-Bewegung**, die versuchte, diese Erkenntnisse in die Praxis umzusetzen, sah das konfliktfreie Arbeitsklima als die wichtigste Voraussetzung für hohe Produktivität und bemühte sich, Führungstechniken zur Steuerung des Gruppenverhaltens zu entwickeln. Sie wird als Ursprung der modernen Personalwirtschaftslehre angesehen.

Beide Ansätze sind eindimensionale Harmoniemodelle, das heißt, ein Interessenausgleich zwischen Unternehmen und Mitarbeitern soll sich automatisch durch die Befriedi-

---

1 Vgl. Hentze, J.: Personalwirtschaftslehre 1, 6. Auflage, Bern/Stuttgart 1994, S. 31.

2 Vgl. Taylor, F.W.: The Principles of Scientific Management, New York 1911.

gung eines einzigen Bedürfnisses ergeben. Neben diesen Ansätzen entwickelten sich dann weitere und neuere Theorieansätze. Hierzu zählen insbesondere:

- Der **Produktionsfaktor-Ansatz** von Gutenberg[3], der die menschliche Arbeitsleistung neben Werkstoffen und Betriebsmitteln als Produktionsfaktor ansieht, mit dem Ziel des optimalen Verhältnisses zwischen Einsatz und Ertrag.
- Der **entscheidungsorientierte Ansatz**,[4] der Arbeitnehmervertreter am Zielbildungsprozess beteiligt. Als personalwirtschaftlicher Bezugsrahmen gilt das Anreiz-Beitrags-Modell von March/ Simon[5], das den Output "Leistung" in Abhängigkeit vom Input "materieller und immaterieller" Anreiz sieht.
- Der **Systemansatz**,[6] der den Betrieb als soziales System betrachtet. Der Bereich Personalwesen wird unterteilt in Input-Orientierung (Personalbeschaffung, -einsatz usw.), Input-Verbesserung (Bildung, Leistungsanreize), Hygienemaßnahmen (Arbeitsumgebung, Sozial- und Informationspolitik usw.), Strukturbeeinflussung (Organisations- und Arbeitsgestaltung) und Output-Orientierung (Entlassung).
- Der **konfliktorientierte Ansatz**,[7] der von einer Konzeption des Interessenausgleichs zwischen sozialer und ökonomischer Effizienz ausgeht.
- Der **Kontingenz- bzw. situative Ansatz**,[8] der auf einem offenen System basiert, das wegen seiner vielfältigen Beziehungen zur Umwelt je nach Situation einen aufgaben- oder personenbezogenen Führungsstil erfordert.

Die Personalwirtschaft wurde von diesen Theorieansätzen geprägt und entwickelte sich im Laufe der Zeit zu einem immer wichtiger werdenden Bestandteil der betrieblichen Organisation. Vereinfachend lassen sich im zeitlichen Ablauf vier Entwicklungsphasen der betrieblichen Personalwirtschaft unterscheiden:

- Die **Verwaltungsphase** (bis etwa 1950), in der die Aufgaben des Personalwesens auf die Verwaltungsangelegenheiten des Personalbereichs begrenzt waren, wie beispielsweise die Beschaffung, Einstellung und Entlassung von Personal sowie die Lohn- und Gehaltsabrechnung.
- Die **Anerkennungsphase** (1950-1970), in der die Bedeutung der Qualität und des Engagements der Mitarbeiter für den Unternehmenserfolg sowie die gestaltende Rolle der Personalabteilung erkannt wurde.
- Die **Integrationsphase** (seit 1970), in der alle wesentlichen unternehmenspolitischen Überlegungen zentral von der Betrachtung des arbeitenden Menschen ausgehen und die Leitung des Personalwesens immer höher in der Unternehmenshierarchie angesiedelt wird.

---

3 Vgl. Gutenberg, E.: Grundlagen der Betriebswirtschaftslehre, Bd.1: Die Produktion, 24. Auflage, Berlin 1983.

4 Vgl. Heinen, E.: Zum Wissenschaftsprogramm der entscheidungsorientierten Betriebswirtschaftslehre. In Zeitschrift für Betriebswirtschaft, 39. Jg. (1969), S. 207 ff.

5 Vgl. March, J.G. Simon, H.A.: Organizations, 7th ed., New York 1966.

6 Vgl. Ulrich, H.: Die Unternehmung als produktives soziales System, 2. Aufl., Bern/ Stuttgart 1970.

7 Vgl. Marr, R./Stitzel, M.: Personalwirtschaft, ein konfliktorientierter Ansatz, München 1979.

8 Vgl. Fiedler, F.E.: A contingency model of Leadership Effectiveness. In: Advances in experimental social Psychology, hrsg. von Berkowitz, L., New York 1964, Vol. 1, S. 149 ff.

## 1.2 Grundbegriffe

Die Beschäftigung mit Problemen, die durch die Existenz von Personal in Organisationen auftreten, ist Gegenstand der allgemeinen Personallehre. Wird ausschließlich die Unternehmung als Teilmenge aller Organisationen betrachtet, wird die allgemeine Personallehre zur Personalwirtschaftslehre.

In der Personalwirtschaft ist die Begriffsbildung nicht gefestigt. Die Begriffe Personalwirtschaft, Personalwesen und Personalmanagement werden teilweise synonym benutzt, wobei in der Literatur die verschiedenen Bedeutungen differenziert betrachtet werden. Diese Begriffe werden im folgenden erläutert.

### 1.2.1 Personalwirtschaftslehre

Die Personalwirtschaftslehre ist das Teilgebiet der Betriebswirtschaftslehre, das sich mit dem arbeitenden Menschen und damit mit den personellen und sozialen Aufgaben im Unternehmen befasst. Diese Definition berücksichtigt sowohl die

- **Unternehmensbedürfnisse**, welche aus der bestmöglichen Versorgung des Unternehmens mit geeigneten Mitarbeitern bestehen (z.B. Personalbeschaffung, -auslese, -einstellung, -beurteilung, -entlassung etc.), als auch die
- **Mitarbeiterbedürfnisse**, die weitgehend den Zielen der Unternehmensbedürfnisse nicht entgegenarbeiten sollten. Die Mitarbeiter müssen betreut, entwickelt, gefördert, ausgebildet, geführt, verwaltet und entlohnt werden.

### 1.2.2 Funktionen der Personalwirtschaft

Die Personalwirtschaft lässt sich in folgende Hauptaufgaben gliedern:

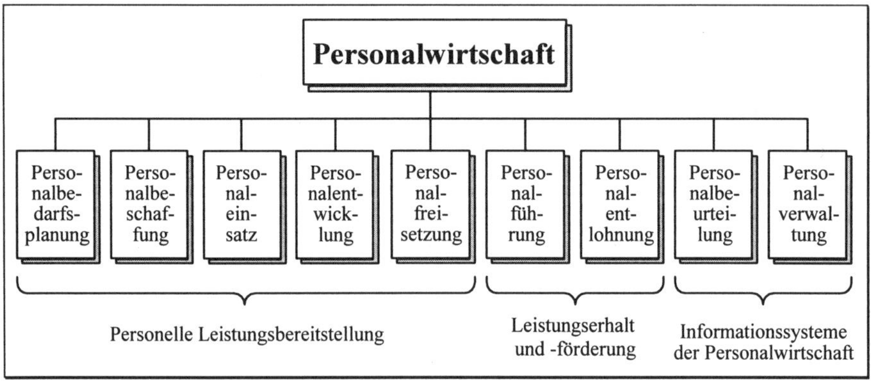


**Abb. 1:** Hauptaufgaben der Personalwirtschaft

Aufgabe der **Personalbedarfsplanung** ist es, dafür zu sorgen, dass qualifizierte Mitarbeiter in der erforderlichen Anzahl unter Berücksichtigung ihrer individuellen Neigungen (Leistungsmotivation) zum richtigen Zeitpunkt für die gewünschte Dauer am richtigen Ort zur Verfügung stehen. Dabei sind die wirtschaftlichen, technischen und organisatorischen Gegebenheiten inner- und außerhalb des Unternehmens bei der Planung des Personalbedarfs zu berücksichtigen.

Die **Personalbeschaffung** befasst sich mit der Beseitigung einer personellen Unterdeckung nach Anzahl (quantitativ), Art (qualitativ), Zeitpunkt und Dauer (zeitlich) sowie Einsatzort (örtlich). Eine Verbesserung der Beschaffung hat zum Personalmarketing geführt. Ähnlich dem Produktmarketing wird durch Werbung und Public Relations das eigene Unternehmen dem potenziellen Bewerber angepriesen.

Die **Personaleinsatzplanung** sorgt für einen anforderungs- und eignungsgerechten Personaleinsatz. Sie weist dem Personal die ihm entsprechende Stelle zu. Dabei kommt auch der Arbeitsgestaltung, die sich mit der Nutzung von Technologien - besonders unter ergonomischen Gesichtspunkten - und der Arbeitszeitgestaltung (Pausen, Teil-, Gleitzeit, Schichtarbeit, Urlaubsplanung) befasst, eine gewisse Bedeutung zu. Ebenso spielt beim Personaleinsatz die Arbeitssicherheit eine große Rolle, die die Ursachen von Schädigungen, die durch Arbeitsunfälle, Berufskrankheiten, aber auch durch physische, psychische und soziale Arbeitsbelastungen hervorgerufen werden, erforscht und Maßnahmen zu deren Vermeidung entwickelt.

Die **Personalentwicklung** umfasst die Maßnahmen, die sich mit der Förderung sowie der Aus-, Fort- und Weiterbildung von Mitarbeitern im Unternehmen beschäftigen. Dazu ermittelt sie zunächst die Differenz zwischen den Anforderungen eines Arbeitsplatzes und den Fähigkeiten des Stelleninhabers (Schulungs- oder Entwicklungsbedarf), um dann im Rahmen von Entwicklungsmaßnahmen eine Anpassung der Fähigkeiten an die Anforderungen vorzunehmen.

Unter **Personalfreisetzung** versteht man Handlungen, die sich mit der Beseitigung einer personellen Überdeckung in quantitativer, qualitativer, zeitlicher und örtlicher Hinsicht befassen. Personalfreisetzung kann durch verschiedene Maßnahmen, wie z.B. Einstellungsstop, vorzeitige Pensionierung oder Kündigung, erreicht werden.

**Personalführung** ist "die zielorientierte Beeinflussung des Mitarbeiterverhaltens durch den Vorgesetzten." Durch den sog. Führungsstil wird das Verhältnis zwischen Vorgesetzten und unterstellten Mitarbeitern bestimmt. [9]

Die **Personalentlohnung** bezieht sich auf die geldlichen und geldwerten Leistungen des Unternehmens an die Mitarbeiter. Die Entgeltgestaltung ist ein Schwerpunkt der Personalwirtschaftslehre und behandelt einen sehr komplexen und daher schwierigen Problemkreis. Neben der Aufgabe, ein gerechtes und transparentes Entlohnungsschema zu entwickeln, obliegt die Abrechnung und Auszahlung der Löhne und Gehälter der Personalwirtschaft. In diesem Rahmen befasst sich die Personalkostenplanung mit der Entwicklung und Steuerung der Personalkosten, die sich aus Leistungsentgelt und Personalzusatzkosten (aufgrund von Gesetz/ Tarif oder freiwilliger Leistungen) zusammensetzen.

Unter **Personalbeurteilung** wird die Erfassung von Leistungen, Verhalten und Potenzialen der Mitarbeiter verstanden. Sie ist damit die Basis für eine leistungsbezogene

---

[9] Vgl. Drumm, H.J.: Personalwirtschaftslehre, 2.Aufl., Berlin/Heidelberg/New York/Tokyo 1992, S. 355.

Entlohnung, den im Hinblick auf Fertigkeiten und Kenntnisse optimalen Personaleinsatz und die Ausgestaltung gezielter Personalentwicklungsmaßnahmen.

**Personalverwaltung** ist der Sammelbegriff für administrative, routinemäßige Aufgaben, die sich auf den arbeitenden Menschen beziehen. Die große Menge der zu verwaltenden Personaldaten und das Bedürfnis nach schnellen Informationen haben im Bereich der Personalverwaltung dazu geführt, dass die Erfassung, Verarbeitung und Ausgabe der Informationen heute meist EDV-gestützt vorgenommen wird.

Die einzelnen Funktionen können nicht losgelöst voneinander betrachtet werden. Es bestehen vielfältige Interdependenzen und Rückkopplungen. Wenn dennoch später eine getrennte Betrachtung der einzelnen Funktionen erfolgt, so geschieht das hauptsächlich aus didaktischen Gründen.

## 1.2.3 Personalwesen

Die Erfüllung personalwirtschaftlicher Funktionen kann sowohl durch einen eigens dafür geschaffenen Bereich (Personalabteilung) als auch durch Personen (Führungskräfte mit Personalkompetenz) wahrgenommen werden. Mit dem Begriff Personalwesen wird der verwaltungstechnische (organisatorische) Bereich der Personalwirtschaft hervorgehoben.

| |
|---|
| Wie viele Mitarbeiter welcher Qualifikation werden wann und wo gebraucht? (Prognose des Personalbedarfs) |
| Wie können die erforderlichen Mitarbeiter mit der erforderlichen Qualifikation gewonnen werden? (Maßnahmenplanung bei Personalbedarf) |
| Wie können die Mitarbeiter im Hinblick auf die Anforderungen des Arbeitsplatzes und unter Berücksichtigung ihrer persönlichen Fähigkeiten und Wünsche optimal eingesetzt werden? (Zuordnung von Stellen und Arbeitskräften) |
| Wie können die Mitarbeiter auf qualifiziertere Aufgaben gezielt vorbereitet werden? Wie können ihre Fähigkeiten und Kenntnisse den veränderten Anforderungen angepasst werden? (Maßnahmenplanung bezüglich Personalförderung und -bildung) |
| Wie können überzählige Mitarbeiter unter weitgehender Vermeidung sozialer Härten abgebaut werden? (Maßnahmenplanung bei Personalüberhang) |
| Welche Kosten ergeben sich aus den geplanten personellen Maßnahmen? Wie sind diese Kosten zu steuern? (Kontrolle der Personalkosten) |

**Abb. 2:** Teilbereiche des Personalwesens

Die Unternehmensleitung nimmt übergeordnete Aufgaben der Personalwirtschaft wahr. Dazu zählen die Personalpolitik (Bestimmung allgemeingültiger Aussagen bezügl. der Art des Personaleinsatzes) und die Personalstrategien (Vorgabe von Rahmenbedingungen für die Personalwirtschaft). Weitere Aufgaben der Unternehmensleitung in diesem Bereich sind von der Unternehmensgröße, der Rechtsform, der Organisationsstruktur und der Tragweite der jeweiligen personalwirtschaftlichen Entscheidung abhängig. Inwieweit die Aufgabenteilung zwischen dem Personalwesen und den einzelnen Fachbereichen erfolgt, kann ebenfalls von Betrieb zu Betrieb unterschiedlich geregelt sein.

### 1.2.4 Personalmanagement

Das Personalmanagement stellt die Führungstätigkeiten in den Vordergrund. Der Begriff **Management** kann auf zweifache Weise verwendet werden:

- Management als **Institution** bezeichnet alle Personen, die Managementaufgaben wahrnehmen. In Abhängigkeit von ihrer Stellung in der Unternehmenshierarchie unterscheidet man folgende Managementebenen:

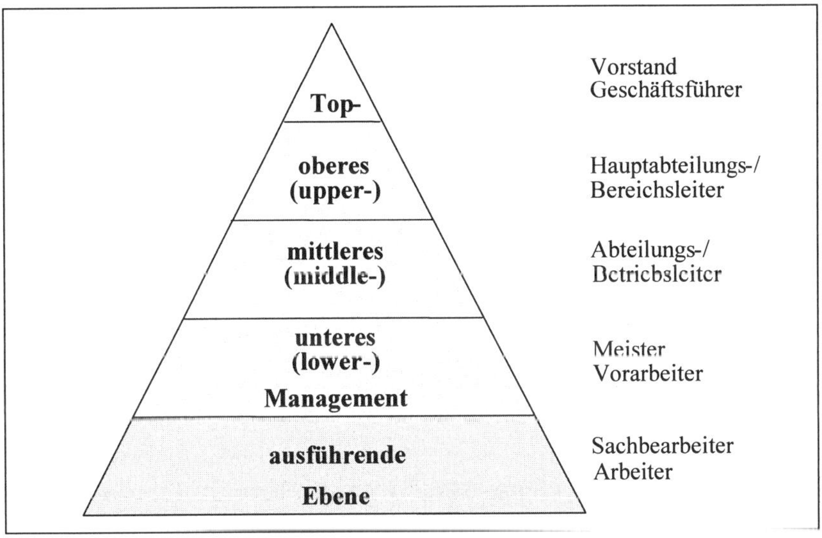


**Abb. 3:** Hierarchieebenen

- Management als **Funktion** beschreibt die Managementaufgaben an sich, d.h. sämtliche Aufgabenbereiche, die zur Steuerung von Unternehmen zu bewältigen sind. Es umfasst in diesem Sinne zum einen den sachbezogenen Aspekt der Unternehmensführung, zum anderen den personellen Aspekt des sogenannten "Personalmanagements".

Unter **Personalmanagement** versteht man somit den gesamten Aufgabenbereich, der sich mit personellen Fragen im Unternehmen befasst. Nach Berthel[10] beinhaltet das Per-

[10] Vgl. Berthel, J./Becker, F.G.: Personalmanagement. Grundzüge für Konzeptionen betrieblicher Personalarbeit, 7. Aufl., Stuttgart 2003, S. 9.

sonalmanagement Tätigkeiten der Systemgestaltung und Verhaltenssteuerung. Personalmanagement im Sinne der Systemgestaltung besteht in Führungstätigkeiten für das Personal. Es werden Regeln und Bedingungen geschaffen, welche die Beschaffung, Fortbildung, Versetzung, Entlohnung etc. des Mitarbeiters regeln. Personalmanagement als Verhaltenssteuerung hingegen ist gleichbedeutend mit der Führung des Personals, d.h. mit Personal- oder Mitarbeiterführung durch den Vorgesetzten.

Im englischen Sprachgebrauch existieren die Begriffe **Personal Management** und **Human Resources Management** weitgehend gleichbedeutend, wobei der letztere etwas mehr Wert auf die strategische Bedeutung legt.

### 1.2.5 Weitere Grundbegriffe

Zur Bezeichnung der verschiedenen Schwerpunkte der Personalwirtschaft werden folgende Begriffe verwendet:

- **Personalmarketing:** Aufgrund des Mangels an qualifiziertem Personal ist die langfristige Bindung der Mitarbeiter an das Unternehmen ein Ziel der Personalwirtschaft. Zur Verfolgung dieses Zieles steht beim Personalmarketing die Betrachtung des Arbeitsmarktes bezüglich der Bedürfnisse und Erwartungen der Arbeitnehmer im Vordergrund. Zum Personalmarketing gehört die Personalbeschaffung.
- **Personalpolitik:** Die Personalpolitik schafft den Gestaltungsrahmen für die Ziele der Personalwirtschaft. Sie richtet sich nach der Unternehmenspolitik. Zu ihr wird auch die Entscheidung und Durchsetzung personalwirtschaftlicher Leitlinien gezählt.
- **Personalcontrolling:** Mit zunehmender strategischer Ausrichtung der Personalwirtschaft wird ein Personalcontrolling als Instrument zur Führungsunterstützung und als Koordinationsinstrument zwischen den einzelnen Ebenen und Funktionsbereichen der Personalwirtschaft (Schnittstellenmanagement) immer wichtiger. Außerdem wird eine Integration der Personalstrategie in die Gesamtunternehmensstrategie erforderlich. In seiner Beratungs- und Lotsenfunktion soll das Personalcontrolling Informationen zur Unterstützung von führungs- und personalpolitischen Entscheidungen der Linieninstanzen liefern.

## 1.3 Objekte und Träger der Personalwirtschaft

Die Personalwirtschaft muss so in die Unternehmensstruktur eingebunden sein, dass die Unternehmensleitung jederzeit in alle personalwirtschaftlichen Daten Einblick hat. Daher wird sie der Unternehmensleitung direkt unterstellt oder gehört ihr an. Mittleres und unteres Management sind ebenfalls Träger der Personalwirtschaft, die Vorgaben und Ziele zu verfolgen haben und innerhalb dieses Rahmens oft selbständig entscheiden können. Hier können Interessenkonflikte auftreten, da sie gleichzeitig Träger und Objekt personalwirtschaftlicher Ziele und Aktionen sind.

### 1.3.1 Objekte der Personalwirtschaft

Objekte der Personalwirtschaft sind die in einem Unternehmen beschäftigten Menschen. Die Gesamtheit aller im Unternehmen beschäftigten Personen wird als Belegschaft oder auch als Personal bezeichnet, wozu auch die Führungskräfte zählen. Aus betrieblicher Sicht können dem Personal verschiedene Eigenschaften zugeordnet werden:[11]

- Das Personal ist ein **Arbeitsträger**. Die Mitarbeiter werden als Produktionsfaktor angesehen, der Arbeiten verrichtet, Werte erschafft und Leistungen erbringt.
- Das Personal ist ein **motiviertes Individuum**. Die Mitarbeiter haben eigene Motive und streben eigenständige Ziele an. Hierbei können die Ziele mit den vom arbeitgebenden Unternehmen angestrebten Zielen und deren Vorgaben übereinstimmen oder auch abweichen.
- Das Personal ist ein **Koalitionspartner**. Die Mitarbeiter sind üblicherweise Mitglieder verschiedenartiger Gruppierungen wie z.B. Arbeitnehmervertretungen, Berufsgruppen, Hierarchieebenen oder informaler Gruppen. Sie fühlen sich als Gruppenmitglieder und vertreten somit auch teilweise Gruppeninteressen.
- Das Personal ist ein **Entscheidungsträger**. Unabhängig von der Stellung eines Mitarbeiters in der Hierarchieebene einer Unternehmung fallen innerhalb des Arbeitsprozesses Entscheidungen an, die eine unterschiedliche Tragweite für das Unternehmen haben. Mitarbeiterentscheidungen bestimmen die Arbeitsfähigkeit des Unternehmens.
- Das Personal ist auch ein **Kostenverursacher**. Die Mitarbeiter haben aufgrund ihrer Tätigkeit für das Unternehmen einen Entgeltanspruch. Hierdurch entstehen Kosten, die - neben der Leistungsfähigkeit des Personals - die Wirtschaftlichkeit des Unternehmens wesentlich beeinflussen. Es wächst jedoch zunehmend die Einsicht, dass die Mitarbeiter nicht nur primär als Kostenverursacher, sondern auch als **Gewinnproduzenten** zu betrachten sind.

Anhand der hier aufgeführten Eigenschaften ist erkennbar, dass die Beziehungen zwischen Mitarbeiter und Unternehmen vielfältig sind. Diese Vielfältigkeit der Beziehungen ist ein Wesensmerkmal der Personalwirtschaft. Einen Überblick über die genannten Funktionen und Eigenschaften des Personals bietet die folgende Abbildung:

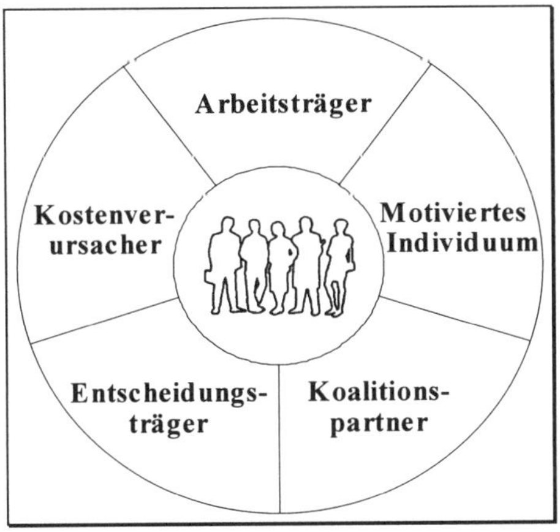


**Abb. 4:** Eigenschaften des Personals

[11] Vgl. Olfert, K.: Personalwirtschaft, 10. Aufl., Ludwigshafen (Rhein) 2003, S. 25.

Das Personal lässt sich aus arbeitsrechtlicher Sicht in drei Gruppen aufteilen:

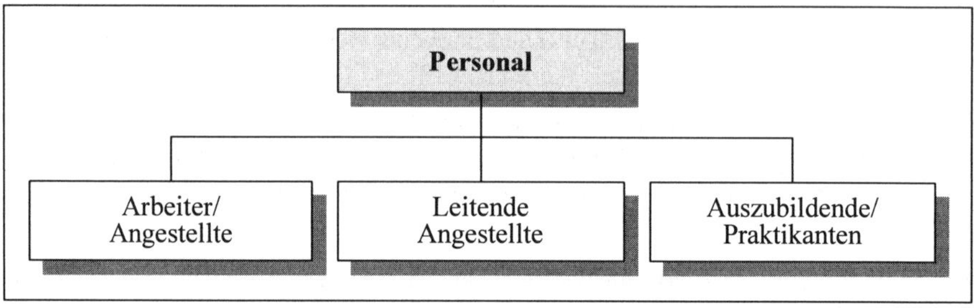


**Abb. 5:** Objekte der Personalwirtschaft

- Das Arbeitsrecht hat die traditionelle Unterscheidung von **Arbeitern und Angestellten** nach und nach aufgehoben. Zuletzt ist sie aufgrund des BetrVerf-ReformG in der Betriebsverfassung und der Mitbestimmungsordnung entfallen. Wichtig bleibt diese Unterscheidung aber für das Sozialversicherungsrecht, das insbesondere zwischen der Rentenversicherung der Arbeiter und Angestellten trennt (§ 133 Abs. 2 SGB VI).[12]
- Von der Gruppe der Angestellten ist der sogenannte **Leitende Angestellte** zu trennen. Für diese gelten besondere Regelungen im Kündigungsschutz (vgl. § 14 Abs. 2 KSchG). Sie bilden eine eigene Gruppe im Rahmen der Beteiligung der Arbeitnehmer in den Aufsichtsräten nach dem Mitbestimmungsgesetz (vgl. § 3 Abs. 1 Nr. 2 MitbestG). Sie beziehen in der Regel außertarifliche Gehälter und haben eine Tätigkeit, auf die eines der Merkmale des § 5 Abs. 3 BetrVG zutrifft. Sie sind
  1) berechtigt zur selbstständigen Einstellung und Entlassung von Personal oder
  2) haben Generalvollmacht oder Prokura oder
  3) nehmen im Wesentlichen eigenverantwortlich Aufgaben wahr, die ihnen regelmäßig wegen deren Bedeutung für den Bestand und die Entwicklung des Unternehmens im Hinblick auf besondere Erfahrungen und Kenntnisse übertragen werden.

  Da diese Umschreibung sehr unbestimmt ist, hat der Gesetzgeber in der entsprechenden Vorschrift weitere Entscheidungshilfen gegeben.
- Auch **Auszubildende** sind Arbeitnehmer. Von den anderen Arbeitnehmern unterscheidet sie die Tatsache, dass sie zum Zwecke der Ausbildung auf der Basis eines Ausbildungsvertrages beschäftigt werden. Das Gleiche gilt für **Praktikanten**, die sich regelmäßig gegen ein nur geringes Entgelt in die Praxis eines kaufmännischen oder, als so genannte Volontäre, eines journalistischen Berufs einarbeiten.

## 1.3.2 Träger der Personalwirtschaft

Personalpolitische Entscheidungen sind das Ergebnis von Verhandlungen und Konsultationen der Geschäftsleitung, der Personalabteilung, der Vorgesetzten und des Betriebsrats.

[12] Vgl. Löwisch, M.: Arbeitsrecht, 7. Auflage, Düsseldorf 2004, S. 5.

Die **Geschäftsleitung** trifft die grundlegenden Entscheidungen. Sie entwickelt personalpolitische Ziele und integriert diese in das Zielsystem der Unternehmung. Die **Personalabteilung** ist für die Planung und Verwaltung personalwirtschaftlicher Fragen zuständig. Ihr Repräsentant ist der Personalleiter. **Vorgesetzte** übernehmen die Durchführung der Personalaufgaben, die Personalführung und die Motivation der Mitarbeiter. Sie sind gleichzeitig Objekt und Träger der Personalwirtschaft. Der **Betriebsrat** besitzt bei vielen wichtigen Personalentscheidungen ein Mitsprache- und Mitbestimmungsrecht. Daher gehört er indirekt auch zu den Trägern der Personalwirtschaft.

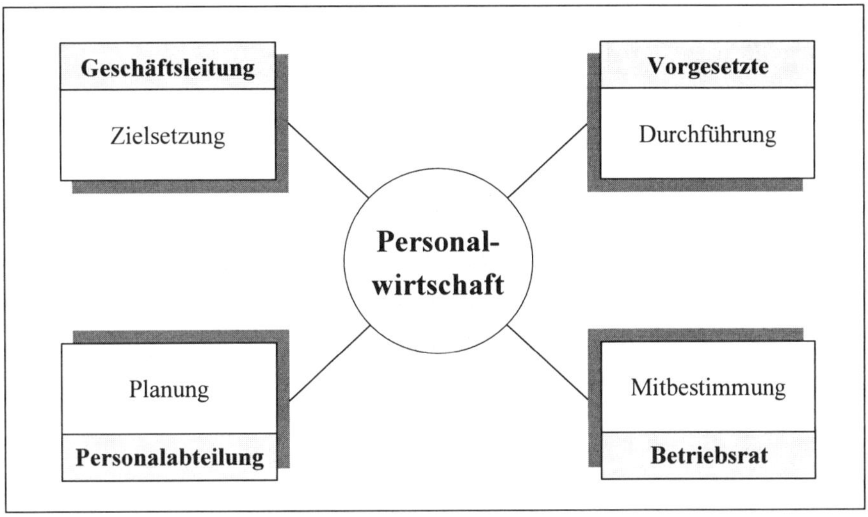


**Abb. 6:** Träger der Personalwirtschaft

## 1.4 Das Zielsystem der Personalwirtschaft

Ziele sind angestrebte Zustände, die durch Handlungen bzw. Maßnahmen erreicht werden sollen. Sie legen durch Kennzeichnung des zu erreichenden Zustands den Rahmen für die organisatorischen Mittel fest, erfüllen Steuerungs- und Koordinationsfunktionen und zeichnen sich durch Inhalt, Ausmaß und zeitlichen Rahmen aus.

Die oberste Zielsetzung einer Unternehmung ist die langfristige Gewinnmaximierung. Hierzu findet ein betrieblicher Leistungsprozess statt, der den Einsatz von menschlicher Arbeitskraft, von Betriebsmitteln und von Werkstoffen erfordert. Die personalpolitischen Ziele einer Unternehmung beziehen sich auf den Einsatz menschlicher Arbeitskraft und sind somit Unterziele der unternehmerischen Gesamtzielsetzung. Die Aufgabe des Personalmanagements besteht darin, aus den Oberzielen des Unternehmens operationale Handlungsziele für den Personalbereich abzuleiten.

Der **Zielbildungsprozess** beinhaltet einerseits die Festlegung der Leistungen, die durch das System erbracht werden sollen und andererseits die Ermittlung der formalen Kriterien, denen die Leistungserstellung im Betrieb genügen muss. Dieser Differenzierung liegt die Einteilung der Zielarten in Sach- und Formalziele zugrunde.

Allgemein oberstes **Sachziel** der Personalwirtschaft ist das Bereitstellen personeller Kapazität in Form von dispositiver und objektbezogener menschlicher Arbeitsleistung in der erforderlichen Quantität, Qualität, zum richtigen Zeitpunkt und für die benötigte Dauer am jeweiligen Einsatzort, um auf diese Weise zu gewährleisten, dass die betrieblichen Prozesse der Leistungserstellung und -verwertung durchgeführt werden können. Es besteht somit eine gegenseitige Abhängigkeit zwischen dem Personalwesen und anderen betrieblichen Unternehmensbereichen, da einerseits die Sachziele anderer Unternehmensbereiche den personellen Bedarf bestimmen, während andererseits die personellen Möglichkeiten bei der Festlegung erreichbarer Sachziele zu berücksichtigen sind. Die **Formalziele** der Personalwirtschaft lassen sich bei ausreichender Abstraktion in **wirtschaftliche** und **soziale** Formalziele unterscheiden.

## 1.4.1 Wirtschaftliche Ziele

Wirtschaftliche Ziele beziehen sich auf die technisch-ökonomische Dimension einer Unternehmung und bestehen in erster Linie in einer langfristigen Gewinnmaximierung oder in einer Kostenminimierung. Im Mittelpunkt der Personalpolitik steht bei dieser Betrachtungsweise der Einsatz des Produktionsfaktors menschliche Arbeitskraft. Das Ziel besteht darin, eine möglichst hohe Effizienz der menschlichen Arbeitsleistung zu erzielen, so dass bei ihrer Kombination mit den übrigen betrieblichen Produktionsfaktoren nach dem ökonomischen Prinzip der bewertete Faktorverbrauch ein Minimum erreicht. Aus dieser Zielsetzung lassen sich zwei grundlegende Funktionen des Personalmanagements ableiten:

1) **Bereitstellung des zur betrieblichen Leistungserstellung benötigten Personals nach quantitativen, qualitativen, zeitlichen und lokalen Erfordernissen.**

Ist der Faktor Arbeit nicht in ausreichendem Maße vorhanden, so muss er über den internen oder externen Arbeitsmarkt beschafft werden. Bereits im Unternehmen vorhandenes Personal ist dem Unternehmen zu erhalten. Längerfristig nicht mehr benötigte Arbeitskräfte sind freizusetzen, d.h. dem Arbeitsmarkt wieder zuzuleiten.

2) **Steigerung der Arbeitsleistung**

Eine möglichst wirtschaftliche Nutzung der menschlichen Arbeit kann über drei Arten von Aktivitäten erreicht werden:

- Eine **Minimierung der Personalkosten je Ausbringungseinheit** kann durch Kostensenkungen im Wert- oder Mengengerüst erfolgen. Für eine Kostensenkung im Wertgerüst müsste eine Kostenreduzierung pro Einheit geleisteter Arbeit erfolgen, was eine Senkung des Lohnes bzw. Gehaltes sowie der Personalzusatzkosten bedeuten würde. Unter den heutigen Umständen ist es jedoch fast unmöglich, eine Senkung der Personalkosten herbeizuführen. Eine Leistungssteigerung kann deshalb nur über eine Kostensenkung im Mengengerüst realisiert werden. Dies kann durch eine Erhöhung der Arbeitsproduktivität, der Beschäftigung oder durch Substitution von Arbeit durch Kapital (Rationalisierung) herbeigeführt werden.
- Die Kostenbeeinflussung durch den Mitarbeiter ist häufig nicht auf die Personalkosten beschränkt, sondern betrifft beispielsweise durch Ausschuss, Verschnitt, Maschinenver-

schleiß usw. die gesamten Kosten der Faktorkombination. Zielsetzung der Personalwirtschaft ist hier, den Mitarbeiter dazu zu veranlassen, ein qualitativ besseres Ergebnis zu erzielen, um auf diese Weise eine **Minimierung der Kostensumme aller Einsatzfaktoren** zu erreichen. Günstig wirken sich in diesem Zusammenhang vor allem Maßnahmen aus, welche die Identifikation des Arbeitnehmers mit der zu erfüllenden Aufgabe verstärken.

- Darüber hinaus kann eine **Anregung des Leistungs- und Verbesserungspotenzials** der Mitarbeiter durch betriebliche Maßnahmen zu einer Leistungssteigerung beitragen. Beispiel für eine solche betriebliche Maßnahme ist die Einrichtung eines betrieblichen Vorschlagswesens. Auf diese Weise können neue Faktorkombinationen geschaffen werden, die gegenüber dem Ausgangszustand niedrigere Gesamtkosten aufweisen.

Die folgende Abbildung zeigt eine Zusammenfassung der zur Erreichung der genannten Zielsetzungen erforderlichen Verhaltensweisen des Personals:

| **Optimierung des Leistungsbeitrags der Mitarbeiter durch die** | |
|---|---|
| **Bereitschaft zu:** | **Vermeidung von:** |
| • Sparsamen Verbrauch von Werkstoffen, Hilfsstoffen und Energie<br>• Schonung und Pflege betrieblicher Einrichtungen, Anlagen und Geräte<br>• Abgabe von Verbesserungs- und Rationalisierungsvorschlägen<br>• Einhaltung vorgegebener Termine<br>• Kooperations- und Hilfsbereitschaft gegenüber Mitarbeitern und Arbeitsgruppen<br>• Zuverlässigkeit und Gewissenhaftigkeit bezüglich übernommener Rechte und Pflichten<br>• Weitergabe von Informationen und Know-how<br>• Loyalität gegenüber Betrieb und Vorgesetzten<br>• Weiterbildung auf den neuesten Stand beruflichen Wissens<br>• Selbstständige Bewältigung unvorhersehbarer Schwierigkeiten | • Unberechtigten Fehlzeiten<br>• Betrieblich unerwünschtem Arbeitsplatzwechsel<br>• Gefährdung von Personen und Sachen<br>• Leerlauf und Wartezeiten bei Personen und Betriebsmitteln, insbesondere durch<br>– gutes Zusammenwirken zwischen einzelnen Betriebsbereichen<br>– exakte Dispositionen nichtstationärer Betriebsmittel<br>• Vergeudung von Arbeitszeit<br>• Diebstahl von Gütern und geistigem Eigentum anderer Mitarbeiter<br>• Auseinandersetzungen, die den Arbeitsfrieden stören<br>• Mangelnde Arbeitsdisziplin und Unpünktlichkeit |

**Abb. 7:** Mitarbeiterverhalten zur Erreichung wirtschaftlicher Zielsetzungen

Die Aufstellung zeigt drei für die Personalwirtschaftslehre bedeutsame **Problemfelder**:

- Ein Teil der Leistungsbeiträge fällt nicht unter die geschuldeten, arbeitsrechtlich abgesicherten Pflichten. Eine Nichterbringung kann dem Mitarbeiter nicht als Vertragsverletzung vorgeworfen werden (Beispiele: Verbesserungsvorschläge, besonders sparsamer Umgang mit Werkstoffen und Energie, überdurchschnittliche Hilfsbereitschaft).
- Die Nichterbringung anderer Leistungskomponenten lässt sich nicht nachweisen und deshalb sind diese nicht oder nur teilweise erzwingbar (Beispiele: Verzicht auf Krankfeiern, Vermeidung unachtsamer Beschädigungen, Vergeudung bezahlter Arbeitszeit).

- Andere Pflichtbeiträge enthalten Bandbreiten. Ein Arbeiten an der untersten Grenze stellt eine Einhaltung der Pflicht dar, auch wenn höhere Leistungen leicht möglich wären und Kosten reduzieren könnten (Beispiele: Toleranzmaße, Materialverbrauch, Werkzeugverschleiß, Maschinenstillstandszeiten).

Die Ausschöpfung des optimalen Leistungsbeitrags ist also zum größten Teil abhängig vom guten Willen des Arbeitnehmers. Daraus ergibt sich als ein Hauptziel der Personalwirtschaftslehre, die Mitarbeiter so zu motivieren, dass sie die Leistung, die sie erbringen können, auch erbringen wollen.

### 1.4.2 Soziale Ziele

Die sozialen Ziele der Personalwirtschaftslehre orientieren sich an den Erwartungen, Bedürfnissen, Interessen und Forderungen der Mitarbeiter und zielen auf eine Verbesserung der materiellen, aber verstärkt auch der immateriellen Bedingungen menschlicher Arbeit. Inhalt und Ausmaß sozialer Unternehmensziele stehen in direktem Zusammenhang mit der Personal- und Sozialpolitik der Unternehmung.

Als Beispiele für soziale Ziele, die sich auf die Verbesserung der **materiellen** Verhältnisse beziehen, können gute und leistungsgerechte Bezahlung, Kantinenessen, Sicherheit des Arbeitsplatzes und der Altersversorgung sowie Arbeitszeitverkürzungen bei vollem Lohnausgleich genannt werden.

Soziale Ziele zur Verbesserung **immaterieller** Bedingungen sind hingegen die menschengerechte Gestaltung des Arbeitsplatzes und des Umfeldes, Reduzierung der Belastungseinflüsse, Gestaltung der Arbeitsinhalte und -organisation, Steigerung des Gesundheitsschutzes, Verbesserung der sozialen Kontaktmöglichkeiten, Sport- und Kulturangebote sowie gute Personalentwicklungsmöglichkeiten. Die Befriedigung sozialer Ziele drückt sich individuell in der Arbeitszufriedenheit des Mitarbeiters aus.

Dabei haben sich die Bedürfnisse und Interessen in den letzten drei Jahrzehnten stark verändert. Traditionelle Werte wie Zuverlässigkeit, Gewissenhaftigkeit, Gehorsam und Ehrlichkeit sind etwas in den Hintergrund getreten. Für die Nachkriegsgeneration galt vor allem das Prinzip "zu leben, um zu arbeiten", während insbesondere jüngere Arbeitnehmer heute eher "arbeiten, um zu leben".

Gründe für diesen Wertewandel liegen hauptsächlich in gestiegenen Qualifikationen, die mit einem gestärkten Selbstbewusstsein und einem wachsenden Wunsch nach Mitgestaltung und Mitsprache verbunden sind. Dazu kommt ein hoher Lebensstandard und ein ebenfalls hohes Niveau sozialer Sicherheit.

Soziale Ziele können sich nicht nur in ihrem angestrebten Ausmaß, sondern auch inhaltlich durch einen Wertewandel beim Mitarbeiter verändern. Während hohes, langfristig gesichertes Einkommen, gesicherte Altersversorgung, gute Unternehmenskultur, interessante und selbständige Arbeit kaum an Bedeutung verloren haben, werden diese Ziele in jüngster Zeit durch den Wunsch vieler Mitarbeiter nach mehr Kooperation in Teams sowie mehr Kommunikation und Offenheit ergänzt.[13]

---

[13] Vgl. Drumm, H.J.. Personalwirtschaftslehre, a.a.O., S. 23 ff

Das gestiegene Umweltbewusstsein führt dazu, dass vor allem jüngere Menschen nur ökologisch vertretbare Produkte auf umweltschonende Weise herstellen wollen. Auch hat sich der Stellenwert gesellschaftlicher Gruppen erhöht. Diese Einflüsse führten zu individuell sehr unterschiedlichen Einstellungen zwischen ausgeprägter Berufsorientierung und starker Freizeitneigung, wobei eine bewusste Freizeitgestaltung sich durchaus positiv auf die Arbeitsmoral auswirken kann.

Eine Aufschlüsselung der Lebensorientierung nach Altersgruppen und Berufskreisen zeigt die folgende Abbildung:[14]

| **Lebensorientierung** | **Leben als Aufgabe** | **Leben genießen** | **Unent-schieden** |
|---|---|---|---|
| **Altersgruppen** | | | |
| 16-29 Jahre | 34 | 46 | 20 |
| 30-44 Jahre | 40 | 36 | 24 |
| 45-59 Jahre | 45 | 38 | 17 |
| 60 Jahre und älter | 59 | 24 | 17 |
| **Berufskreise** | | | |
| Angelernte Arbeiter | 46 | 34 | 20 |
| Facharbeiter | 37 | 39 | 24 |
| Einfache Angestellte/Beamte | 44 | 38 | 18 |
| Leitende Angestellte/Beamte | 56 | 24 | 20 |
| Selbstständige/freie Berufe | 54 | 30 | 16 |

**Abb. 8:** Lebensorientierung der Deutschen nach Alters- und Berufsgruppen

Die praktische Verfolgung sozialer Ziele ist mit zahlreichen Problemen verbunden. Die Interessen und Erwartungen der Mitarbeiter einer Unternehmung weichen zum Teil wesentlich voneinander ab. Daher ist es schwierig, die Ausrichtung der sozialen Ziele auf einzelne Mitarbeiter festzulegen.

Dies bedeutet, dass Maßnahmen, die auf die Förderung des Wohlergehens einzelner Mitarbeiter ausgerichtet werden, die Zufriedenheit einer anderen Mehrheit verringern oder umkehren können. Aus diesem Grunde ist dem innerbetrieblichen Interessensausgleich große Beachtung zu schenken.

Ein weiteres Problem stellt der Sachverhalt dar, dass soziale Ziele einer Operationalisierung teilweise nur schlecht zugänglich sind. Das Ausmaß der Erreichung sozialer Ziele kann in der Regel nicht in Mengen- oder Geldgrößen erfasst werden. Die Erfassung der Zufriedenheit erfolgt z.B. über Skalierungsverfahren, wobei jedoch offen bleibt, ob demselben Indikator auf der Skala von allen Mitarbeitern der gleiche Wert beigemessen wird.

14 Vgl. Wunderer, R.: Führung und Zusammenarbeit. 5. Aufl., Wiesbaden 2003, S. 179. Basis: Allensbacher Archiv, IfD-Umfrage 6096 (9/2000) für Westdeutschland.

Die Gründe dafür, dass soziale Ziele postuliert werden, sind unterschiedlich. So halten sich einige Entscheidungsträger aufgrund ethischer oder weltanschaulich-politischer Werthaltungen für verpflichtet, sich für ihre Verwirklichung einzusetzen. Andere sehen die Realisierung sozialer Ziele als Erfüllung eines von den Mitarbeitern erhaltenen Auftrages.

Häufig ist bei den Entscheidungsträgern auch eine Zweck-Mittel-Orientierung festzustellen: Sie gehen davon aus, dass man sich, um eine hohe Nutzung aus dem Produktionsfaktor Arbeit zu erhalten, auch für die Erreichung sozialer Ziele einsetzen muss. Darüber hinaus streben einige Entscheidungsträger soziale Ziele an, um bei den Mitarbeitern Anhänger für die Verfolgung anderer (z.B. persönlicher) Ziele zu gewinnen.

## 1.4.3 Verträglichkeit der Ziele

Wirtschaftliche und soziale Ziele können nicht voneinander isoliert betrachtet werden, da sie sich häufig gegenseitig beeinflussen. Die häufig benutzte, vereinfachende Annahme, Vertreter der Unternehmensleitung verfolgten nur ökonomische, Arbeitnehmervertreter hingegen nur soziale Ziele, ist genauso wenig haltbar wie die Unterstellung, dass es zwischen den Unternehmenszielen und den Mitarbeiterzielen automatisch zu Konflikten kommen muss.

Zwischen wirtschaftlichen und sozialen Zielen können vielmehr komplementäre, indifferente oder konkurrierende **Zielbeziehungen** bestehen.[15]

- **Komplementäre Ziele** liegen vor, wenn die Erhöhung des Zielerreichungsgrades eines Ziels gleichzeitig auch zu einer Erhöhung des Zielerreichungsgrades eines anderen Ziels führt. Grundsätzlich ist eine sog. Basiskomplementarität zwischen den wirtschaftlichen und sozialen Zielen der Personalwirtschaft gegeben, die deshalb vorliegt, weil:

  - die Erfüllung der Erwartungen, Bedürfnisse und Interessen der Mitarbeiter nur dann verwirklicht werden kann, wenn die Existenz der Unternehmung gesichert ist und eine betriebliche Leistung erstellt wird, die eine gewisse Erfüllung ermöglicht, und weil
  - betriebliche Leistungen nur erstellt werden können, wenn die Mitarbeiter ihre Arbeitskraft der Unternehmung zu Verfügung stellen, wozu sie in der Regel nur bei einem bestimmten Ausmaß der Erfüllung ihrer Erwartungen, Bedürfnisse und Interessen bereit sind.

  Es besteht somit eine wechselseitige Mittel-Zweck-Beziehung zwischen wirtschaftlichen und sozialen Zielen. Deshalb werden sowohl die Vertreter der Unternehmensleitung als auch die Arbeitnehmer und ihre Vertreter grundsätzlich wirtschaftliche und soziale Ziele verfolgen, auch wenn sie dabei unterschiedliche Schwerpunkte setzen und verschiedene Motivationshintergründe bestehen.

[15] Vgl. Jung, H.: Allgemeine Betriebswirtschaftslehre, 9. Aufl., München/Wien 2004, S. 32 f.

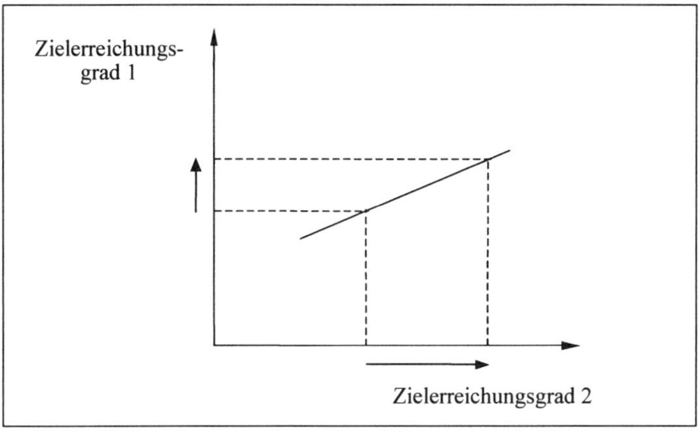


**Abb. 9:** Komplementäre Ziele

- Zwischen wirtschaftlichen und sozialen Zielen kann auch eine **Zielindifferenz** bestehen. Ziele sind dann zueinander indifferent, wenn die Erfüllung einer Zielsetzung keinen Einfluss auf die Erreichung einer anderen Zielsetzung hat. So erfüllt z.B. die Einführung des kooperativen Führungsstils den Wunsch der Mitarbeiter nach mehr Kooperation. Ein Einfluss auf den Zielerreichungsgrad wirtschaftlicher Ziele ist hingegen nicht unbedingt zu erwarten. Entsprechendes gilt für die verstärkte Einräumung von Mitbestimmungsrechten für die Mitarbeiter.

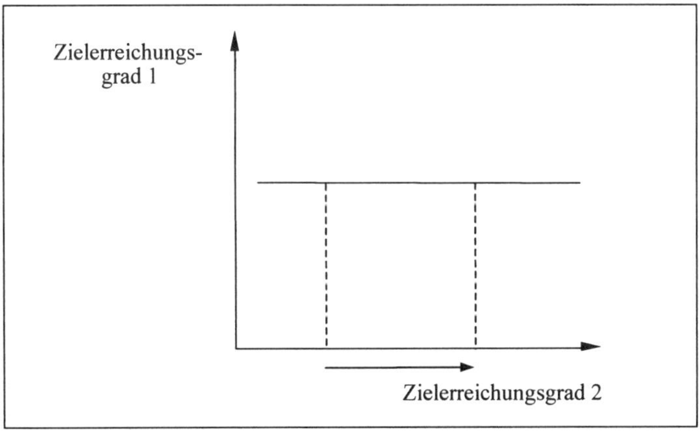


**Abb. 10:** Indifferente Ziele

- Neben der Komplementarität und Indifferenz kann zwischen wirtschaftlichen und sozialen Zielen auch eine **Zielkonkurrenz** bestehen. Ziele konkurrieren, wenn die Erhöhung des Zielerreichungsgrades eines Zieles zu einer Verminderung des Zielerreichungsgrades eines anderen Zieles führt. So sind beispielsweise bei rezessionsbedingtem Produktionsrückgang personalwirtschaftliche Anpassungsentscheidungen wie die Vermeidung von Überstunden, Einführung von Kurzarbeit, einzelne Freistellungen und schließlich u.U. Massenentlassungen erforderlich. Hierbei verlangen die wirtschaftlichen Ziele (Vermeidung und Begrenzung von Verlusten) eine Entfernung von den sozialen Zielen (Sicherung der Arbeits- und Verdienstmöglichkeiten).[16]

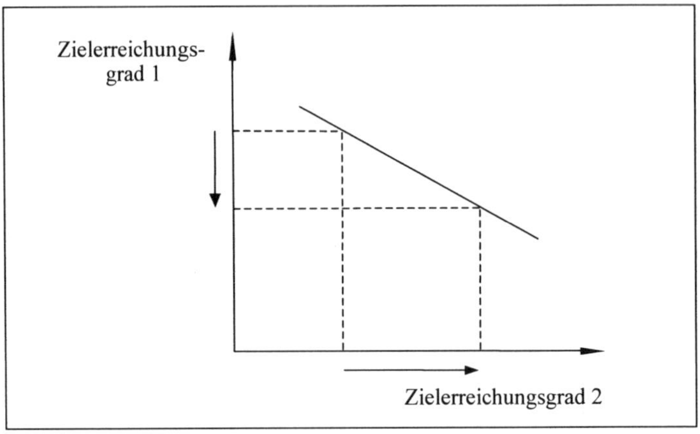


**Abb. 11:** Konkurrierende Ziele

Häufig verursacht die Verwirklichung von sozialen Zielen Kosten, denen keine vergleichbar hohe Leistungssteigerung gegenübersteht. Ein Beispiel sind Lohnerhöhungen durch neue Tarifverträge. Die Tatsache, dass sich auf diese Weise die Leistungs-Kosten-Relation verschlechtert, bedeutet, dass die Realisierung sozialer Ziele unter Umständen wirtschaftlichen Gesichtspunkten widerspricht.

Eine solche Zielkonkurrenz ist jedoch in der Realität weniger schwerwiegend, da sich bei Ausweitung des Zeithorizontes die Zielkonkurrenz möglicherweise in eine Zielkomplementarität verwandelt. Die Verwirklichung sozialer Ziele, die kurzfristig zu einer Verschlechterung der Leistungs-Kosten-Relation führt, kann langfristig positive Auswirkungen auf die Leistungsseite haben. So kann z.B. durch Verbesserung des Betriebsklimas eine Senkung der Krankheits- und Fluktuationsraten erzielt werden.

Die Beziehungen zwischen wirtschaftlichen und sozialen Zielen haben wichtige Bedeutung bei der personalpolitischen Entscheidungsfindung. Konflikte treten nicht auf, wenn der Entscheidungsträger soziale und wirtschaftliche Ziele als komplementär bzw. indifferent bewertet. Die rationelle Leistungserstellung wird nicht durch Bemühungen um eine Verbesserung der Situation der Mitarbeiter beeinträchtigt, sondern im Gegenteil bei Zielkomplementarität begünstigt. Hier verlaufen die Interessen der Unternehmung als einem technisch-ökonomischem Apparat und der Mitarbeiter parallel, bzw. schließen sie einander zumindest nicht aus.

Konflikte treten aber bei bestehender Zielkonkurrenz auf. Hier findet man Interessenunterschiede zwischen Unternehmung und Mitarbeitern. Die unterschiedlichen Forderungen der Entscheidungsträger treffen in dieser Situation aufeinander. So lassen sich Zielkonflikte bei in etwa gleicher Machtverteilung nur durch Kompromisse lösen (z.B. Sozialplan bei Massenentlassungen), die von beiden Seiten akzeptiert werden.

---

[16] Vgl. Jung, H.: Allgemeine Betriebswirtschaftlehre, a.a.O., S. 33 f.

## 1.5 Der personalwirtschaftliche Entscheidungsprozess

Unter dem Begriff Entscheidung versteht man - im engeren Sinne - die Wahl zwischen mehreren Möglichkeiten oder Alternativen. Abgesehen von einigen Einzelentscheidungen sind die im Personalbereich zu treffenden Entscheidungen Wahlhandlungen komplexer Natur. Es handelt sich dabei um differenzierte soziale **Interaktionsprozesse**, die mit einer systematischen Gewinnung, Verarbeitung, Speicherung, Übertragung und Analyse von informellen Daten verbunden sind. Das Resultat eines umfassenden Entscheidungsprozesses ergibt letztendlich einen Entschluss (Problemlösung). Der von Hentze[17] vorgestellte Prozess der Entscheidungsfindung gliedert sich in fünf Phasen, die nach einem zeitlichen Ablauf gegliedert sind und von Mittel- wie auch von Zielentscheidungen durchlaufen werden:

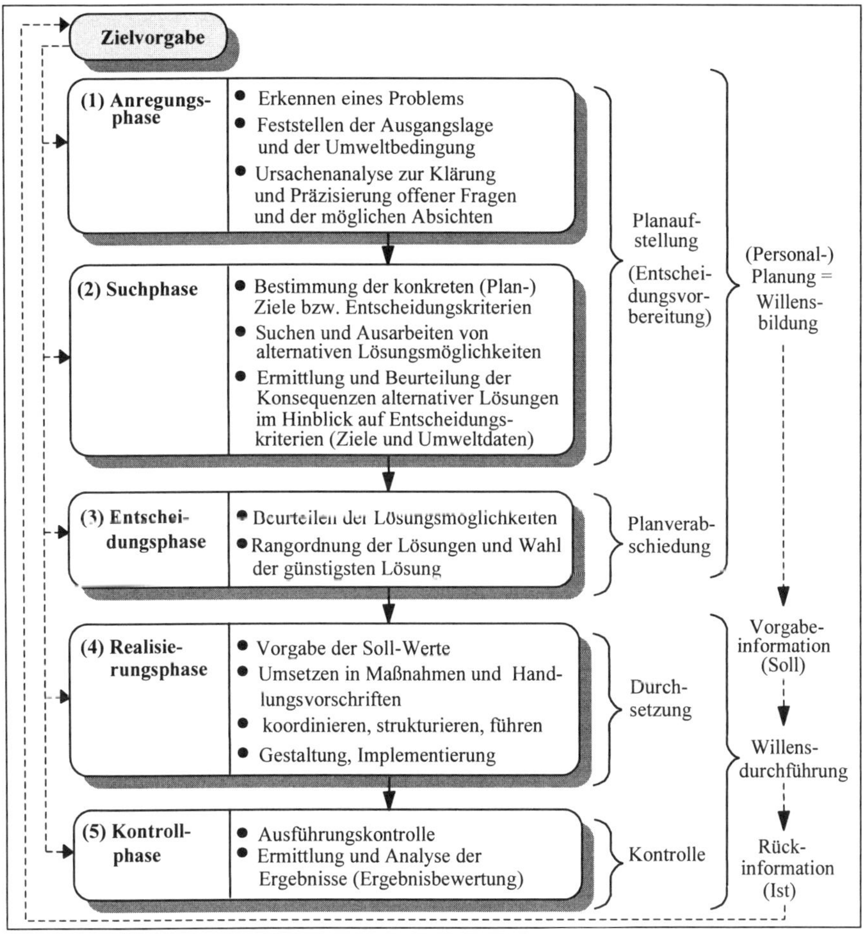


**Abb. 12:** Phasen eines Entscheidungsprozesses

[17] Vgl. Hentze, J.: Personalwirtschaftslehre 1, a.a.O., S. 67 ff.

**(1) Anregungsphase:**

Der Anregungsphase liegen konkrete Zielvorgaben (Oberziele) zugrunde. Sie ist durch das Hauptmerkmal "Feststellung des Wahlproblems" gekennzeichnet. Eine Zielvorgabe ist Bestandteil der Personalpolitik, deren Formulierung selbst wieder einen Entscheidungsprozess darstellt.

**(2) Suchphase:**

In der Suchphase sind sämtliche der Entscheidung vorangehenden Maßnahmen zu treffen. Erst durch die Gewinnung und Verarbeitung weiterer Informationen wird das Stadium "Unorientiertheit" in den eigentlichen Prozess der "Willensbildung" überführt. Nach der Präzisierung der problemadäquaten Zielsetzung sind die alternativen Lösungsmöglichkeiten zu erarbeiten und die Konsequenzen im Bezug auf die Entscheidungskriterien abzuwägen.

**(3) Entscheidungsphase:**

In der Entscheidungs- bzw. Auswahlphase wird aus den zulässigen Handlungsalternativen im Hinblick auf die geplante Zielerfüllung eine Rangordnung ermittelt. Es besteht die Möglichkeit, dass diese Rangfolge durch ein bisher nicht vorhersehbares Entscheidungskriterium, z.B. wegen eines Einwandes des Betriebsrats, geändert werden muss. Der Entschluss, d.h. die Auswahl der günstigsten Entscheidung, findet Eingang in den zu realisierenden Plan.

**(4) Realisationsphase:**

In der Realisationsphase (=Willensdurchsetzungsphase) vollzieht sich eine Transformation des geplanten (Soll-) Systems in die reale Struktur der Personalwirtschaft. Die im Vordergrund stehende Gestaltung der Personalwirtschaft basiert dabei auf folgenden Aspekten:

a) Die Personalwirtschaft wird nach verschiedenen Kriterien, wie z.B. Unternehmensbereiche, Standorte, Zielgruppen, Funktionen etc., differenziert.
b) Die einzelnen Systemteile werden zu einer zielgerichteten Personalwirtschaft integriert und koordiniert.

Die Instrumentalvariablen - Differenzierung, Integration und Koordination - ergeben sich aus der Arbeitsteilung. Zur Realisierung eines konzipierten Plans sind als Hilfsmittel die Personalführung und die Organisation einzusetzen. Sie dienen u.a. zur optimalen Strukturierung und Koordination des Verhaltens der Organisationsmitglieder, so dass die in der Personalplanung operationalisierten Ziele erreichbar werden. Weiterhin ist die Realisierungsphase durch eine Aktivität charakterisiert, die der Anpassung von Elementen der Gestaltungsmaßnahmen an diejenigen Subsysteme nutzen, in denen sie verwendet werden sollen. Dieser Vorgang wird als Implementierung bezeichnet.

**(5) Kontrollphase:**

In der Kontrollphase wird durch einen kontinuierlichen Soll-Ist-Vergleich die Einhaltung der Sollvorgaben überprüft um gegebenenfalls durch neue, zusätzliche Beschlüsse eine Anpassung an veränderte Situationen zu erreichen. Die Kontrollphase ist eine Überlagerung des gesamten Prozesses der Planung und Realisation.

Nach Abschluss der dritten Phase ist der Prozess der **Willensbildung** vollendet. Versteht man unter Planung die gedankliche Vorwegnahme zukünftigen Handelns (Orientierungsgewinnung), so umfassen die ersten drei Phasen des gesamten Entscheidungsprozesses den Planungsprozess.

Da nur neuartige und komplexe Entscheidungen der Personalwirtschaft alle 5 Phasen durchlaufen, schrumpft der Planungsprozess bei sog. **Routineentscheidungen** wesentlich zusammen. Differenziert betrachtet, zergliedern sich die Phasen des Entscheidungsprozesses in zahlreiche Einzelprozesse, in denen wieder Probleme erkannt, Lösungsalternativen gesucht, Entschlüsse getroffen, realisiert und kontrolliert werden müssen. Darüber hinaus sind alle durchlaufenen Phasen mit Informationsprozessen verbunden.[18]

## 1.6 Die Personalpolitik

Die Formulierung und Ausarbeitung einer Personalpolitik für ein Unternehmen zeichnet sich als Hauptaufgabe oder als überragende Zielsetzung der Personalabteilung aus. Die Betonung des menschlichen Elementes in der Arbeit ist dabei der Zweck dieser Personalpolitik. Hier werden jene Faktoren der Arbeitsumgebung beachtet, die einen Einfluss auf die zwischenmenschlichen Beziehungen haben, ihre Bedürfnisse und Ziele beeinflussen und somit die Befriedigung am Arbeitsplatz und den Leistungsgrad bestimmen. Man kann erkennen, dass die Zielsetzungen der Personalpolitik in jeder Beziehung auf den Menschen ausgerichtet werden. Eine komplikationslose Durchführbarkeit der personalpolitischen Entscheidungen setzt eine gut funktionierende Organisation der Personalabteilung voraus:

- Im Wesentlichen müssen personalpolitische Grundsätze und Richtlinien ausgearbeitet und präzisiert werden.
- Diese sollten schriftlich fixiert werden, um etwaige Missverständnisse zu vermeiden.[19]

### 1.6.1 Rahmenbedingungen der Personalpolitik

Die Personalpolitik wird wie die Unternehmenspolitik durch die Unternehmensphilosophie geprägt. Ein weiterer Zusammenhang besteht darin, dass die Personalpolitik wie auch andere Teilpolitiken auf der Top-Management-Ebene verabschiedet und aus der Unternehmenspolitik abgeleitet werden muss.[20]

Als Rahmenbedingungen für personalpolitische Entscheidungen sind die Unternehmenskultur, die Unternehmensethik und die Unternehmensidentität zu nennen. Sie werden in den folgenden Abschnitten noch näher analysiert.

---

[18] Vgl. Hentze, J.: Personalwirtschaftslehre 1, a.a.O., S. 67 ff.

[19] Vgl. De V. Mansfield, J.: Personalmanagement, In: "Management Enzyklopädie" Band 4, München 1971, S. 1080 f.

[20] Vgl. Hentze, J.: Personalwirtschaftslehre 1, a.a.O., S. 84 f.

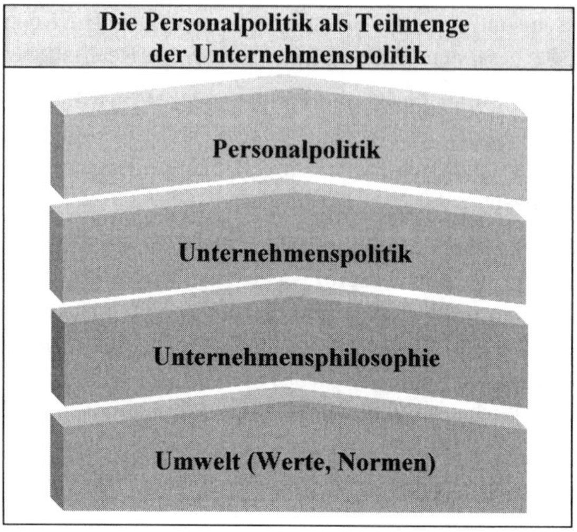


**Abb. 13:** Die Personalpolitik als Teilmenge der Unternehmenspolitik

## 1.6.2 Personalwirtschaft und Unternehmenskultur

Unter Unternehmenskultur (Corporate culture) wird die Gesamtheit von gemeinsamen Werten und Normen verstanden, die sich in organisationalen Handlungsweisen und Symbolen konkretisieren. Das Unternehmen gewinnt ein unverwechselbares Profil, das früher mit den Worten "Stil des Hauses" oder "Betriebsklima" umschrieben wurde. Es umfasst die verschiedenen Interaktionen der Mitarbeiter nach innen (entsprechend nach der Funktion und Ebene) und nach außen - zu Lieferanten, Kunden und Wettbewerbern. Ferner trägt es stark gefühlsbetonte Züge, äußert sich in Symbolen, die das Unternehmen erklären bzw. rechtfertigen und ihm eine Identität verschaffen, in der sich die Mitarbeiter wiederkennen.[21]

Das kulturelle Erscheinungsbild einer Unternehmung, das sich durch Verhaltensweisen (Unternehmensphilosophie etc.) und in Symbolen wiederspiegelt, wird entscheidend durch die **Landeskultur** mitgeprägt. Den Nachweis dieser Beeinflussung erbrachte Hofstede[22] in einer empirischen Untersuchung mit dem Ergebnis, dass die Unternehmenskultur durch vier grundlegende Wertdimensionen charakterisiert wird, die die Normen und Werte einer Gesellschaft festlegen:

- **Power-distance** (Machtdistanz) gibt an in welchem Maße die ungleichmäßige Machtverteilung und Hierarchie in der Gesellschaft akzeptiert wird.
- **Uncertainty Avoidance** (Unsicherheitsvermeidungstendenz) deutet den Stellenwert individueller Absicherung an und damit die Bedeutsamkeit von Übereinstimmung und schützenden Institutionen.

---

21 Vgl. Kraus, G./Becker-Kolle, C./Fischer, T.: Handbuch Change Management, 2004, S. 120 ff.

22 Vgl. Hofstede, G.: The Interaction Between National and Organizational Value Systems (1). In: Journal of Management Studies, Vol. 22, 1985, S. 347 ff.

- **Individualism** beschreibt die Bevorzugung loser sozialer Bindungen und hoher Eigenverantwortung gegenüber dem **Collectivism**, dem Vorzug für enge Einbindungen in sozialen Beziehungen.
- **Masculinity** steht für die aggressive Verfolgung einer Ziel- und Erfolgsorientierung, im Gegensatz zu **Feminity**, die eine Präferenz für Beziehungsorientierung und Harmonie bedeutet.[23]

Als **Voraussetzung** für die Formulierung einer Unternehmenskultur, die ethische Handlungs- und Entscheidungsprozesse ermöglicht, sind die Unternehmensphilosophie (Leitbild der Wirtschafts- und Gesellschaftsordnung sowie Unternehmensleitbild) und die Unternehmenspolitik (Festlegung von Grundwerten, Unternehmenszielen, die auch Geschäfts- und Führungsgrundsätze beinhalten) anzusehen.

Betrachtet man die Verbindung wirtschaftlicher und sozialer Ziele als Kernpunkt der Unternehmensphilosophie, so kann die Unternehmenskultur auch als die tatsächlich wahrnehmbare Auswirkung dieser Philosophie beschrieben werden.

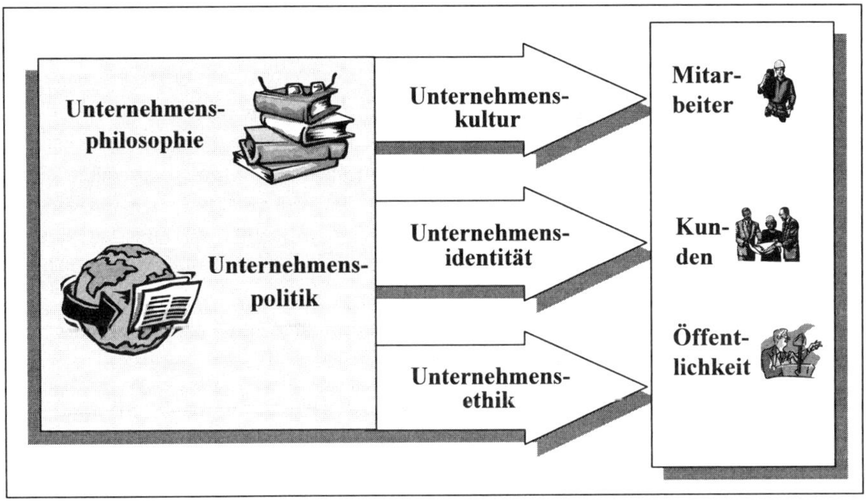


**Abb. 14:** Unternehmenskultur, Unternehmensidentität und Unternehmensethik

**Ziel** der Unternehmenskultur ist es, das Unternehmen so zu gestalten und zu präsentieren, dass Mitarbeiter, Kunden und Öffentlichkeit sich mit ihm identifizieren können. Dies kann sich beispielsweise auf folgende Bereiche beziehen:

- Strategische Ziele
- Gesellschaftliche Verantwortung
- Kundenorientierung
- Umweltschutz und Ökologie
- Produktqualität

[23] Vgl. Bühner, R.: Personalmanagement, Landsberg/Lech 1994, S. 283 ff.

Bezogen auf die **Personalpolitik** sind vor allem folgende Bereiche bedeutsam, da deren personalpolitische Verankerung als Voraussetzung für eine ausgeprägte Unternehmenskultur anzusehen sind:

- Mitarbeiterführung und Kooperation
- Qualifikation von Mitarbeitern
- Zusammenarbeit mit dem Betriebsrat
- Mitentscheidung der Mitarbeiter
- Selbstverwirklichung der Mitarbeiter
- Arbeitsgestaltung
- Informationsverhalten
- Flexible Arbeitsmodelle

Die **Aufgabe** der Personalpolitik besteht außerdem darin, im Rahmen der betrieblichen Bildung das Konzept der Unternehmenskultur den Mitarbeitern darzulegen und sie für die langfristigen Wettbewerbsvorteile zu sensibilisieren.

Wird eine Modifikation der Personalpolitik z.B. durch Umwelteinflüsse notwendig, so wird sie nur vollziehbar sein, wenn sie nicht im Widerspruch zur herrschenden Unternehmenskultur steht. Ist eine konfliktäre Modifikation aber unvermeidlich, so kann es unter Umständen notwendig werden, dass die Unternehmensführung versuchen muss, die Unternehmenskultur anzupassen. Dies ist jedoch mit einem äußerst schwierigen und langwierigen Prozess verbunden. Je nach Art und Komplexität der Differenzen zwischen Unternehmenskultur und Personalpolitik kann dies durchaus eine Krise im Unternehmen zur Folge haben. Es ist erkennbar, dass zumindest die Verträglichkeit oder besser sogar eine Identität zwischen Unternehmenskultur und Personalpolitik von großer unternehmerischer Bedeutung sind.[24]

Bei einer Umfrage[25] in 289 Unternehmen sagten etwa 85% der Befragten, dass die Mitarbeiter mit Hilfe der Unternehmenskultur die Leitgedanken, Wertvorstellungen und Ziele des Unternehmens besser verinnerlichen. Dabei ist eine gewisse Unternehmenskultur natürlich in jedem Unternehmen existent, sie wird teilweise nur nicht bewusst erlebt. Um eine gezielte Stärken-Schwächen-Analyse vorzunehmen, befragt man am besten die Mitarbeiter, die noch nicht lange im Unternehmen beschäftigt sind und daher die Elemente der Unternehmenskultur noch nicht als selbstverständlich empfinden. Nur wenn die Unternehmenskultur in sich schlüssig ist, wird sie von der Belegschaft akzeptiert werden und so eine höhere Arbeitszufriedenheit ermöglichen.

Besonderer Aufmerksamkeit und Pflege bedarf bei internationaler Besetzung der Belegschaft die **Unternehmenskultur**. Weltweit einheitliche Unternehmenswerte sind mit der internationalen Ausrichtung zu verbinden. Eine hohe kulturelle Kompetenz vorausgesetzt, müssen Führungskräfte zentrale Grundwerte durch Kommunikation und Han-

---

24 Vgl. Hentze, J.: Personalwirtschaftslehre 1, a.a.O., S. 80.

25 Vgl. Hüchtermann, M./Lenske, W.: Wettbewerbsfaktor Unternehmenskultur, Beiträge zur Gesellschafts- und Bildungspolitik Nr. 168, hrsg. vom Institut der deutschen Wirtschaft, Köln 1988.

deln verdeutlichen. Hierzu zählen die Fähigkeit zur Stressbewältigung und zum Umgang mit Entfremdung und Isolation, ganzheitliches kulturübergreifendes Denken, interkulturelle Kommunikationsfähigkeit und Vorurteilsfreiheit gegenüber fremden Verhaltensweisen.[26]

### 1.6.3 Personalpolitik und Unternehmensethik

Unter Ethik[27] versteht man eine Wissenschaftsdisziplin (Praktische Philosophie), die sich mit den Verfahren auseinandersetzt, die zu einer rational nachvollziehbaren Wertfindung, -erklärung, Normenkritik und -klärung (Denk- und Handlungsregeln) führen sollen, mit deren Hilfe eine bessere und gerechte Lebensführung angestrebt wird. Neben der Philosophie befasst sich in der Hauptsache auch die Theologie mit der Ethik als der moralischen Haltung von Menschen (Individualethik) und sozialen Verbänden (Sozialethik).

Mit Ethik ist also eine methodisch fundierte, prinziporientierte Morallehre gemeint, die von der herrschenden "Moral" - bzw. den herrschenden Moralen - mehr oder weniger abweichen kann. Die Relation zwischen Ethik und Moral soll durch die folgende Grafik im Baukastenprinzip verdeutlicht werden:

**Ethik:** Methodische, fundierte, prinziporientierte Morallehre

- **Moral:** Faktisch vorherrschendes Werte- und Normensystem, das von einer Gesellschaft gemeinsam geteilt wird
- **Sittlichkeit:** Ethisches Denken und Handeln, das sich am Gewissen einer Person orientiert

**Abb. 15:** Die Beziehung zwischen Ethik, Moral und Sittlichkeit

Als wesentlich anzusehen ist, dass man ohne ethische Prinzipien, ohne Grundsätze der Humanität und Gerechtigkeit die großen Aufgaben unserer Zeit nicht zufriedenstellend lösen kann. Ethische Probleme stellen sich beispielsweise bei den Fragen des Lebens- und Umweltschutzes oder bei der Neuordnung der Weltwirtschaftsordnung.

Bei der Suche nach einer Unternehmensethik geht es nicht darum, den Bestand an geltenden Normen in der Wirtschaft und den Unternehmen aufzuzeigen, sondern um den Versuch, ein darüber hinausgehendes Ziel zu erreichen. Das Ziel besteht darin, Denk- und Handlungsregeln in den Unternehmen zu verankern, die eine im Sinne der gesamten Gesellschaft positivere Lebensführung ermöglichen. Dabei wird das Handeln der einzelnen Wirtschaftssubjekte (Unternehmer, Führungskräfte) an ethischen Kriterien wie Gerechtigkeit, sozialer Verantwortung etc. gemessen. Als Zielvoraussetzung wird die Formulie-

---

26 Vgl. Wunderer, R./Dick, P.: Personalmanagement – Quo vadis?, Neuwied 2000, S. 105.
27 Von griech. ethos = Sitte.

rung einer Unternehmensphilosophie und Unternehmenspolitik, zu der auch die Personalpolitik zählt, angesehen.

Unter **personalpolitischen** Gesichtspunkten wird die Ethik von dem Bemühen geleitet, das "Menschengerechte" einzubringen bzw. den Menschen zu nutzen, ihn zu fördern und zur Entfaltung zu bringen - ihm schließlich Freude und Erfüllung zu ermöglichen. Diesen Zielen stehen oft vorgegebene Ordnungen, Strukturen und Einrichtungen entgegen.

**Zusammenfassend** betrachtet soll die Unternehmensethik Normen als Orientierung für ökonomische Handlungen bereitstellen und zur friedlichen Koordination menschlicher Handlungen beitragen.

## 1.6.4 Personalpolitik und Unternehmensidentität

Die Unternehmensidentität (Corporate identity) soll das Unternehmensimage (Corporate image) durch ein einheitliches Erscheinungsbild nach innen und außen unterstreichen. Das Konzept zur Entwicklung der Unternehmensidentität ist durch drei Faktoren gekennzeichnet, die zum Imageaufbau eines Unternehmens dienen:[28]

- **Corporate communications:** Einsatz von einheitlichen Kommunikationsinstrumenten wie Absatz- oder Personalwerbung
- **Corporate design:** Visuelles, einheitliches Erscheinungsbild (Firmenzeichen und -farben) des Unternehmens
- **Corporate behavior:** Einheitliche Verhaltensweisen des Unternehmens intern in Bezug auf seine Mitarbeiter und extern auf seine Kunden, Öffentlichkeit etc.

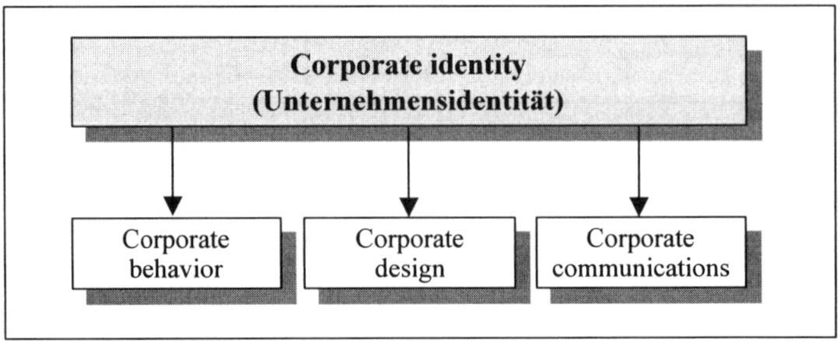


**Abb. 16:** Die Faktoren der Unternehmensidentität (Corporate identity)

Eine starke Unternehmensidentität erleichtert die Unternehmenspolitik und damit auch die **Personalpolitik**. Aufgrund eines positiven Personalimages kann beispielsweise die Personalbeschaffung vom externen Arbeitsmarkt erleichtert werden. Daneben ist intern den mit der Unternehmensidentität verbundenen Motivations- und Arbeitszufriedenheitseffekten ein hoher Stellenwert zuzuordnen.[29]

[28] Vgl. Gabler, T.: Gablers Wirtschaftslexikon, 15. Aufl., Berlin 2000, S. 657.

[29] Vgl. Hentze, J.: Personalwirtschaftslehre 1, a.a.O., S. 84.

## 1.7 Wissenschaftliche Einordnung

In der üblichen Einteilung der Wissenschaften nach Real- und Ideal- bzw. Natur- und Kultur- (oder Geistes-) Wissenschaften lässt sich die Personalwirtschaftslehre im Bereich der Realwissenschaften einordnen. Deren Erkenntnisobjekte existieren in der Wirklichkeit (im Gegensatz zu denen der Idealwissenschaften), unabhängig davon, ob sich das menschliche Denken mit ihnen beschäftigt. Weiterhin gehört die Personalwirtschaftslehre zu den Kultur- oder Geisteswissenschaften, da sie sich mit Sachverhalten beschäftigt, die vom Menschen und für den Menschen erdacht, entwickelt, verändert und ggf. wieder aufgegeben werden.[30]

Da der Mensch sich individuell und spontan verhält und sich nicht (wie z.B. die Eigenschaften eines bestimmten Materials) eindeutig berechnen lässt, gilt die Personalwirtschaftslehre nicht als "exakte", sondern als "angewandte" Wissenschaft. Sie kann nur mit Hilfe von "wenn, dann" - Bedingungen Handlungsempfehlungen geben. Wegen der Komplexität ihrer Problemstellungen muss sich die Personalwirtschaft auch zu den Nachbarwissenschaften öffnen. Insbesondere gilt dies für die folgenden wissenschaftlichen Disziplinen:

- Volkswirtschaftslehre: Lohn-, Arbeitsmarkt- und Sozialpolitik
- Betriebswirtschaftslehre: Produktions- und Kostentheorie etc.
- Psychologie: innere Einstellung, seelische Vorgänge, Motivation
- Pädagogik: Lehren, Lernen, Ausbildung
- Soziologie: Gruppenbeziehungen, Konflikte, gesellschaftliche Einflüsse, Mensch-Maschine-Beziehung, Machtverteilung, Verhalten bei der Arbeit
- Arbeitswissenschaft: Gestaltung und Auswirkungen der Arbeit, Ergonomie, Arbeitsphysiologie
- Arbeitsrecht: Arbeitsvertrag, Arbeitsschutz, Mitbestimmung
- Medizin: Arbeitshygiene, Arbeitsschutz, Berufskrankheiten
- Anthropologie: Kulturunterschiede (bei internationaler Betriebsführung und Auslandseinsatz von Personal)
- Entscheidungs- und Informationstheorie: Entscheidungen, Informationen und Informationsübertragung

Durch das Wissenschaftsobjekt "Mensch" ergibt sich zudem für die Personalwirtschaftslehre das sogenannte Schnittmengenproblem, das heißt, sie übernimmt Teilbereiche aus einer Vielzahl von Wissenschaften, ohne davon selber größere Segmente zu besitzen, für die sie eine ausschließliche Zuständigkeit behaupten kann. Ihre Legitimation als Wissenschaft leitet sich jedoch aus ihrem Erkenntnisziel ab: Zweck der Personalwirtschaft ist die Analyse und Gestaltung von menschlichen Leistungsprozessen innerhalb von Organisationen unter Berücksichtigung der ökonomischen, sozialen und individuellen Effizienz.[31]

---

30 Vgl. Jung, H.: Allgemeine Betriebswirtschaftslehre, a.a.O., S. 18 ff.

31 Vgl. Marr, R./Stitzel, M.: Personalwirtschaft, ein konfliktorientierter Ansatz, a.a.O., S. 30.

Zur Fragestellung, ob die Personalwirtschaftslehre neben den oben genannten Disziplinen als eine eigenständige Wissenschaft oder lediglich ein Teilbereich der Betriebswirtschaftslehre[32] aufzufassen ist, existieren kontroverse Auffassungen. Wir wollen uns hierzu der Meinung von Marr und Stitzel[33] anschließen, die eine Einordnung der Personalwirtschaftslehre in eine sich als Sozialwissenschaft verstehende Betriebswirtschaftslehre vorschlagen. Dies setzt voraus, dass sich die Betriebswirtschaftslehre nicht als eine rein ökonomischen Erkenntniszielen verpflichtete Wissenschaft darstellt, sondern ihrerseits eine Öffnung zu den Sozialwissenschaften vollzogen hat.

Die Einordnung der Personalwirtschaftslehre als Teilbereich der Betriebswirtschaftslehre bringt für beide Disziplinen wesentliche Vorteile hinsichtlich ihrer Erkenntnisfindung mit sich: die Personalwirtschaftslehre wird zu einer ökonomischen Betrachtungsweise der i.d.R. human-sozial angelegten Problemstellungen angehalten, während die Betriebswirtschaftslehre durch die Aufgabe der "homo-oeconomicus-Prämisse" eine realistischere Betrachtungsweise der betrieblichen Wirkungszusammenhänge erlangt.

Die folgende Abbildung zeigt den Zusammenhang der Personalwirtschaftslehre als Teilbereich der Betriebswirtschaftslehre mit den wichtigsten Nachbarwissenschaften:

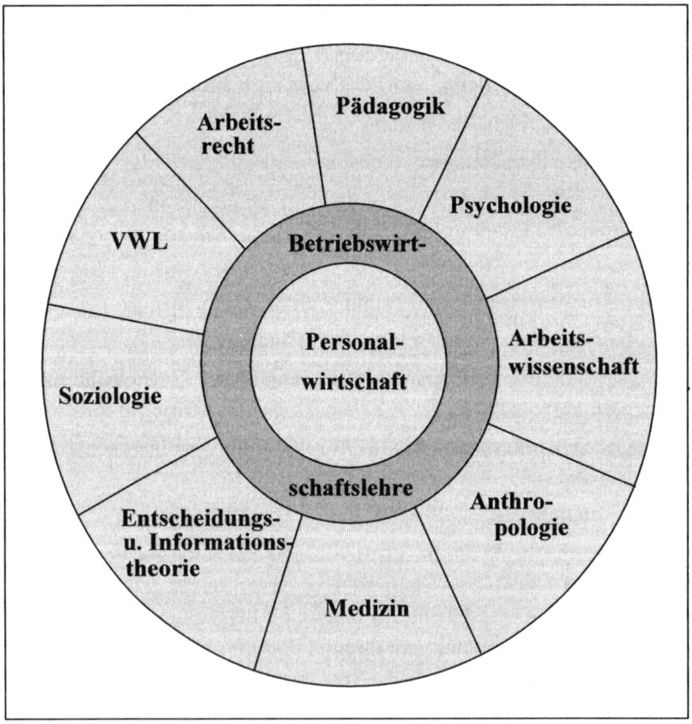


**Abb. 17:** Nachbarwissenschaften der Personalwirtschaftslehre

[32] Vgl. Schanz, G.: Personalwirtschaftslehre, 2. Auflage, München 1993, S. 30.

[33] Vgl. Marr, R./Stitzel, M.: Personalwirtschaft, ein konfliktorientierter Ansatz, a.a.O., S. 30 f.

# 2 Organisation der Personalwirtschaft

Die organisatorische Gliederung des Personalwesens sowie seine Stellung innerhalb der Gesamtorganisation eines Unternehmens ist grundsätzlich davon abhängig, welche Bedeutung dem Personalsektor im Unternehmen beigemessen wird.

Die veränderte Sichtweise des Personals als ein Erfolgsfaktor des Unternehmens hat zum einen dazu geführt, dass sich die Aufgabenstellung des betrieblichen Personalwesens veränderte und zwar von der reinen Personalverwaltung (z.B. Lohnbuchhaltung) hin zu gestaltenden Funktionen, wie z.B. der Personalentwicklung. Auf diese Weise wurden die Personalabteilungen größer und entsprechend gegliedert. Zum anderen vollzog sich mit dieser Entwicklung eine entsprechende hierarchische Einordnung des Personalwesens.[34]

## 2.1 Grundlagen

Der Begriff Organisation kann in unterschiedlicher Bedeutung verwendet werden. Er bezeichnet

- den Prozess des planvollen Erstellens langfristiger Strukturen
- das Ergebnis dieses Prozesses, die Strukturen selbst
- ein soziales Gebilde

Der Organisation als langfristiger Regelung stehen die Disposition und die Improvisation gegenüber. Bei der Disposition werden Maßnahmen einmalig und fallweise geregelt. Die Improvisation ist eine vorübergehende Struktur, die beim Eintreten unvorhergesehener Ereignisse relativ kurzfristig erstellt werden muss. Dabei ist die Organisation immer dann vorteilhaft, wenn Tätigkeiten sich wiederholen, da sie eine Entlastung der Mitarbeiter durch festgelegte Verfahren darstellt. Bei einmaligen Ereignissen ist sie ineffektiv, da der Planungsaufwand unzweckmäßig groß wird.

Der Zwang zu systematischer Organisation ist dabei umso größer, je

- größer das Unternehmen ist,
- höher der Grad der Internationalisierung ist,
- schneller das Unternehmen wächst,
- höher der Kapitalaufwand pro Mitarbeiter ist.

Die Organisation ist ein zweckmäßiges Instrument der Unternehmensführung zur Erreichung der geplanten Ziele. Die organisatorische Gestaltung ist ein ständiger Prozess, da Veränderungen der Einflussfaktoren wie Umwelt, Technologie und Mensch eine Umorganisation bedingen, damit das System nicht unflexibel und ineffizient wird.[35] Die Organisation schafft Rahmenbedingungen für die Umsetzung der Planungsstrategie, indem sie generelle Regelungen über Weisungsrechte, Kompetenzen, Informationswege usw. erstellt. Sie wird Personen unabhängig konzipiert, um Neuorganisationen wegen des

---

34 Vgl. Jung, H.: Allgemeine Betriebswirtschaftslehre, a.a.O., S. 859 ff.

35 Vgl. Krüger, W.: Organisation der Unternehmung, 3. Auflage, Stuttgart/Berlin/Köln 1994, S. 13 ff.

Ausscheidens einzelner Mitarbeiter zu vermeiden. Grundsätze der Organisation sind vor allem Wirtschaftlichkeit und Zweckmäßigkeit, das heißt, ein ausgeglichenes Verhältnis zwischen Zweck und Mitteln.

Die Organisation gliedert sich in Aufbau- und Ablauforganisation. Die **Aufbauorganisation** spaltet die Gesamtaufgaben in Teilaufgaben auf (Aufgabenanalyse) und fasst diese dann zu organisatorischen Einheiten zusammen (Aufgabensynthese).

- Die **Aufgabenanalyse** kann aus folgenden fünf Teilbereichen bestehen:
  - die **Verrichtungsanalyse** zerlegt in Tätigkeitsarten
  - die **Objektanalyse** zerlegt in Objekte der Aufgabe
  - die **Ranganalyse** zerlegt in Entscheidungs- und Ausführungsaufgaben
  - die **Phasenanalyse** zerlegt in die Phasen Planung, Realisation und Kontrolle
  - die **Zweckbeziehungsanalyse** zerlegt in Zweck- und Verwaltungsaufgaben
- Die **Aufgabensynthese** bildet durch die Zusammenfassung von Aufgaben Stellen, die in Stellenbeschreibungen dokumentiert werden. Eine Stelle, die Weisungsbefugnisse gegenüber anderen Stellen besitzt, heißt Instanz. Durch die Zusammenfassung und hierarchische Abstufung von Stellen entstehen Abteilungen, die wiederum zu Hauptabteilungen und, je nach Unternehmensgröße, zu Unternehmensbereichen verknüpft werden können.

Merkmale zur Beschreibung und Unterscheidung von Organisationen sind das Ausmaß der Zentralisierung, die Wege von Informationen und Anweisungen, der Umfang der Entscheidungsdelegation und der Grad der schriftlichen Fixierung.

Bei der Aufgabensynthese kann man die Aufgaben zentral an eine oder dezentral an mehrere Stellen verteilen. Dabei kann man nach Verrichtungen, Objekten, Raum oder Zeit vorgehen. Die Weisungswege werden in den Grundmustern der Autoritätsbeziehungen festgelegt.

Die **Ablauforganisation** untersucht die Arbeits- und Bewegungsabläufe der Aufgabenerfüllung in Raum und Zeit. Dazu werden die Abläufe in ihre elementaren Arbeitsteile zerlegt (Arbeitsanalyse) und diese dann unter zeitlichen, räumlichen oder personellen Aspekten zusammengefasst (Arbeitssynthese).

## 2.2 Organisatorische Einordnung des Personalwesens in die Betriebshierarchie

Die Eingliederung des Personalwesens in die betrieblichen Hierarchieebenen ist ein grundlegendes Problem der Personalorganisation. Sie ist im Wesentlichen von der Größe des Unternehmens und dessen Struktur abhängig, sollte aber in jedem Fall als zentralisierte Funktionseinheit einen hierarchisch hohen Rang einnehmen.[36] Es bieten sich hierzu die Möglichkeiten der Linien-, Sparten- und Matrixorganisation.[37]

---

[36] Vgl. Spie, U.: Personalwesen als Organisationsaufgabe, Essen 1988, S. 28.

[37] Vgl. Krüger, W.: Organisation der Unternehmung, a.a.O., S. 95 ff.

## 2.2.1 Linienorganisation

In Kleinunternehmen existiert üblicherweise keine eigenständige Stelle "Personalwesen". Die Tatsache, dass hier personelle Entscheidungen meist dem Unternehmer oder dem kaufmännischen Leiter vorbehalten sind, bedeutet, dass das Personalwesen automatisch in die Geschäftsleitung integriert ist. Dies gilt auch für den Fall, wenn für administrative Arbeiten im Verwaltungsbereich eine kleine Personalstelle eingerichtet ist.

Für Mittel- und Großbetriebe gilt tendenziell, dass die Personalabteilungen mit wachsender Unternehmensgröße auf höheren hierarchischen Ebenen eingeordnet sind.

In mittleren Unternehmen ist das Personalwesen jedoch nur in Ausnahmefällen ein in der Geschäftsleitung vertretener Funktionsbereich. Meistens ist es der kaufmännischen Leitung unterstellt (2. Hierarchieebene). Dabei besteht die Gefahr einer einseitigen Ausrichtung der Personalpolitik auf die Interessen des entsprechenden Bereiches. Der Vorteil dieser Einfachunterstellung besteht darin, dass eine einheitliche Personalpolitik ohne Reibungsverluste durch verschiedene Ressortinteressen realisiert werden kann. Die folgende Abbildung zeigt die beschriebene Organisationsform:

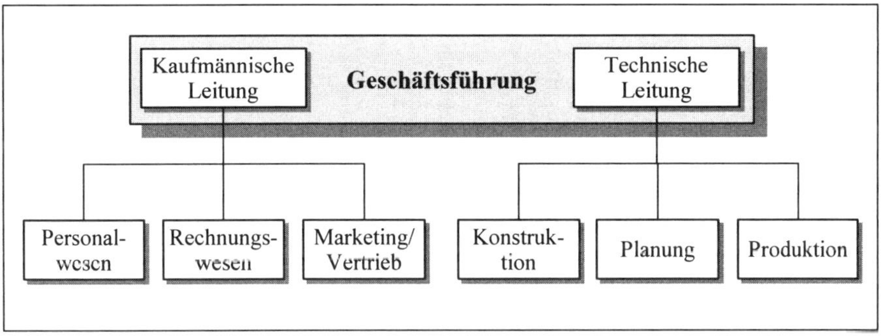


**Abb. 18:** Eingliederung des Personalwesens unter die kaufmännische Leitung (2. Hierarchieebene)

Bei Betrieben mit dualer Geschäftsleitung findet sich auch noch oft die Zuständigkeit des technischen Leiters für Personalplanung und Sozialwesen und des kaufmännischen Leiters für die Personalverwaltung.

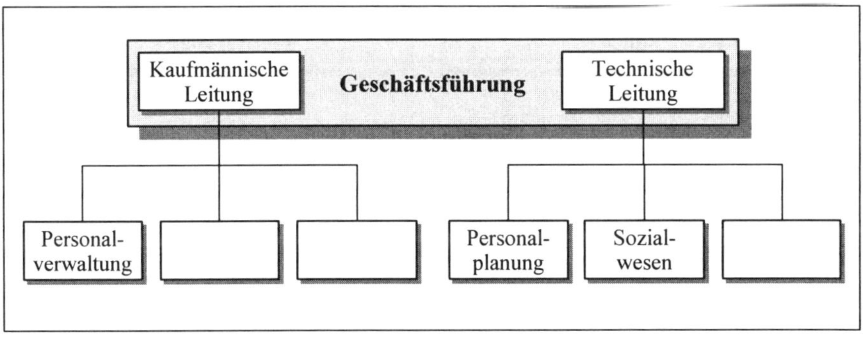


**Abb. 19:** Zerlegung des Personalwesens bei dualer Geschäftsführung

Hier entstehen leicht Kompetenzkonflikte zum Nachbarressort bei der Durchsetzung von betriebsübergreifenden Maßnahmen. Sind die Aufgaben des Personalwesens umfangreich, kann jedoch die Einrichtung eines eigenen Leitungsbereiches sinnvoll sein.

Wird das Personalwesen dem Vorsitzenden direkt unterstellt, wie es in vielen inhaberorientierten oder größeren Unternehmen vorkommt, ohne jedoch selbst in der Geschäftsführung vertreten zu sein, so verfügt das Personalwesen im Wesentlichen nicht über die gleichen Befugnisse wie die Geschäftsleitung. Durch die direkte Verbindung zur Geschäftsleitung wird dem Personalwesen jedoch in dieser Position ein besonderer Status zugeteilt.

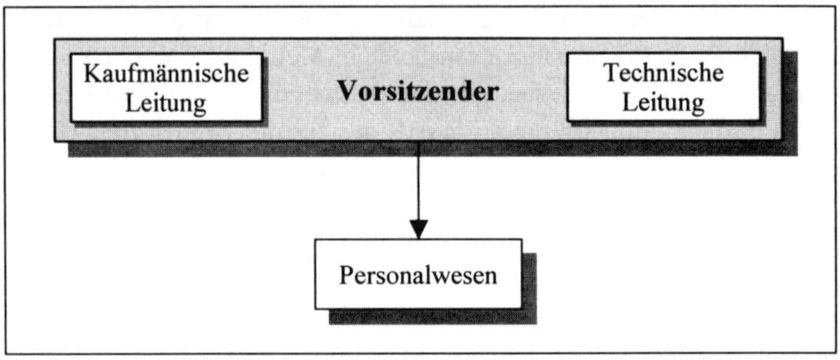


**Abb. 20:** Direkte Unterstellung des Personalwesens unter den Vorsitz (2. Hierarchieebene)

Eine weitere Möglichkeit besteht in der Unterordnung des Personalwesens unter die Führung eines Zwischenvorgesetzten. Diese organisatorische Anordnung soll die Zentralisation von ressortübergreifenden Aufgaben ermöglichen. Durch die Anordnung in die 3. Hierarchieebene ist das Personalwesen aber in seinen Entscheidungsbefugnissen sowie in der Durchsetzung von Richtlinienaufgaben nachteilig eingeschränkt.[38]

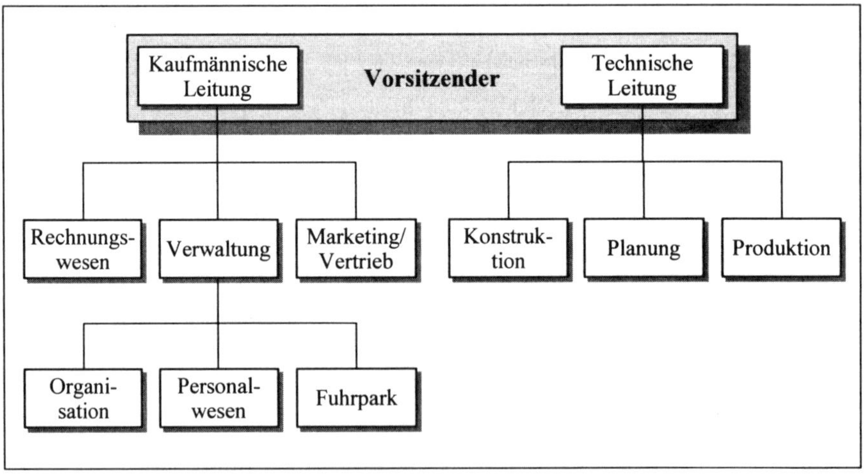


**Abb. 21:** Personalwesen unter der Führung eines Zwischenvorgesetzten (3. Hierarchieebene)

[38] Vgl. Spie, U.: Personalwesen als Organisationsaufgabe, a.a.O., S. 31.

Den Idealfall der organisatorischen Eingliederung des Personalwesens findet man häufig in Großunternehmen. Das Personalwesen hat die gleiche Rangstufe (1. Hierarchieebene) und formale Bedeutung wie die übrigen Direktionsbereiche.

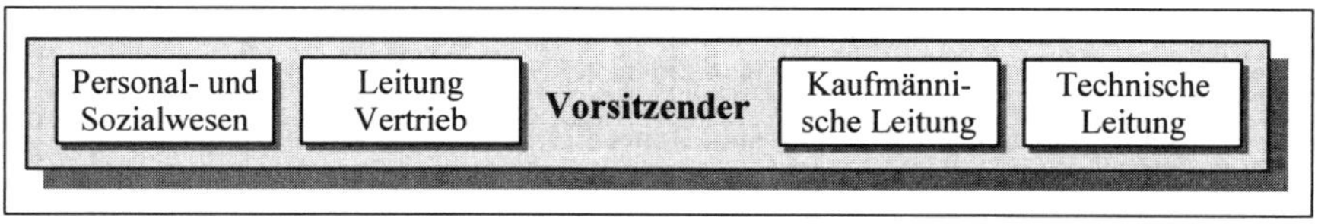


**Abb. 22:** Eingliederung des Personalwesens in die Unternehmensleitung (1. Hierarchieebene)

Es existiert u.U. ein Arbeitsdirektor, der als Vorstandsmitglied für den Bereich des Personalwesens verantwortlich ist. In den meisten Großunternehmen ist die Personalwirtschaft im Vorstand oder einem entsprechenden Organ vertreten. Diese Art der Einbindung des Personalwesens in die Unternehmensleitung hat den **Vorteil**, dass keine Ressortabhängigkeit und damit keine einseitige Interessenvertretung besteht. Wird dieser Vorstandsbereich mit einem Arbeitsdirektor im Sinne des Betriebsverfassungsgesetzes besetzt, ist außerdem durch das Wahlverfahren dieses Organs eine ausgewogene Personalpolitik sichergestellt, da Arbeitgeber- und Arbeitnehmervertreter der Wahl des Personalvorstandes zustimmen müssen.

Der **Nachteil** dieser Einordnung ist in den grundsätzlichen Nachteilen der Organisationsform der **Linienorganisation** zu sehen, bei der alle Stellen im Hierarchieablauf in einen einzigen Befehlsweg (Instanzen-, Dienstweg) eingegliedert werden, wodurch jeder Stelleninhaber nur von einer einzigen Instanz Weisungen erhält. Auch bei der Weitergabe von Informationen ist der Dienstweg strikt einzuhalten. Daher ist das System wegen der unflexiblen, langen Befehlswege, der Belastung der Zwischeninstanzen und der Gefahr der Informationsfilterung nur bedingt für Großbetriebe geeignet.

Als **Vorteile** ergeben sich klare Befehlverhältnisse und eindeutige Weisungsbefugnisse. Eine Verbesserung kann sich durch ein **Stabliniensystem** ergeben, das versucht, die Vorteile des Liniensystems mit der Nutzung von Spezialisten zu kombinieren. Dabei werden den Instanzen des Liniensystems Stäbe zugeordnet. Diese beraten, unterstützen und entlasten die Instanzen, haben jedoch keine Weisungsbefugnis.[39] Dies kann einerseits zur Demotivation des Stabes führen, andererseits kann die Qualität der Stabsentscheidung durch die mangelnde Verantwortung leiden.

## 2.2.2 Spartenorganisation

Sind Großunternehmen nach der Organisationsform der Spartenorganisation aufgebaut, so können die verschiedenen Unternehmens- oder Geschäftsbereiche eigenständige Personalabteilungen besitzen.

Die Einordnung des Personalwesens in der Spartenorganisation wird im Folgenden Bild dargestellt:

39 Vgl. Jung, H.: Allgemeine Betriebswirtschaftslehre, a.a.O., S. 263 f.

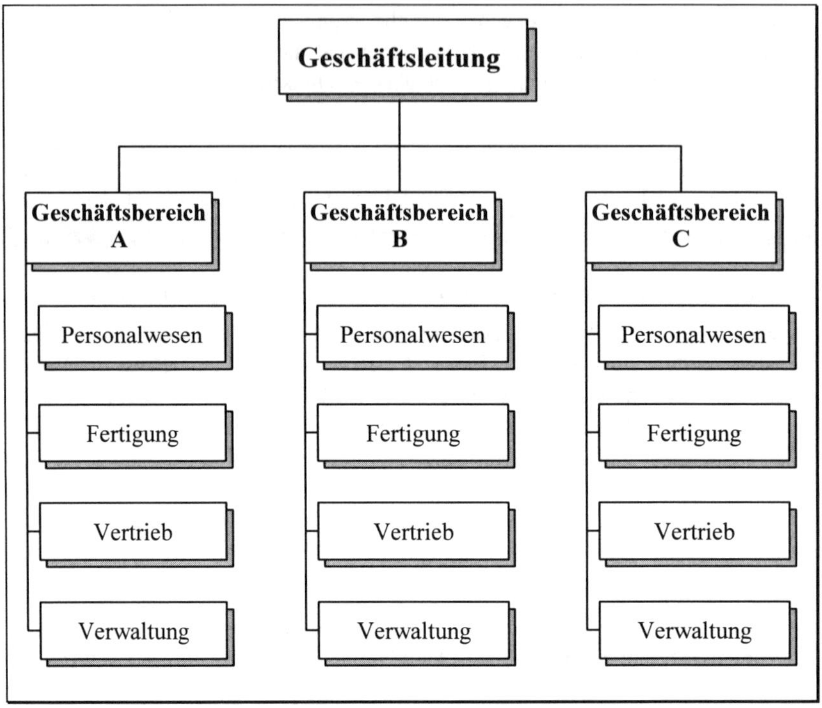


**Abb. 23:** Eingliederung des Personalwesens bei einer Spartenorganisation

Diese Organisationsform hat den **Vorteil**, dass eine an den speziellen Anforderungen jeder Sparte ausgerichtete Personalpolitik verwirklicht werden kann. Der objektorientierte Organisationsansatz teilt die Unternehmung in kleinere Teilbereiche auf, so dass der Kontakt zu den Mitarbeitern besser gehalten werden kann als z.B. bei der oben beschriebenen funktionsorientierten Linienorganisation. Der **Nachteil** der Spartenorganisation kann in der aufwendigeren Kontrolle des Personalwesens liegen, da jede Sparte ihr eigenes Personalkonzept verwirklichen kann.

## 2.2.3 Matrixorganisation

Bei der Matrixorganisation werden Gliederungsmerkmale zweidimensional verknüpft. Es werden z.B. das Funktions- und Objektprinzip kombiniert. Diese Struktur wurde vor dem Hintergrund entwickelt, das strenge Linienprinzip zu verlassen und den Zentralisationskonflikt zwischen den verschiedenen Gliederungsarten[40] zu lösen.

Als ein Problem der Matrixorganisation gilt die Kompetenzabgrenzung zwischen der Objekt- und der Funktionsleitungsinstanz, woraus in Konfliktfällen die Frage nach der Entscheidung und Verantwortung entsteht. Die einzelnen Personalabteilungen in der Matrix unterstehen der Hauptpersonalabteilung und der jeweiligen Sparte, wobei es zu den

40 Vgl. Jung, H.: Allgemeine Betriebswirtschaftslehre, a.a.O., S. 267.

oben genannten Konflikten kommen kann. Ein Beispiel für die Matrixorganisation zeigt die folgende Abbildung:

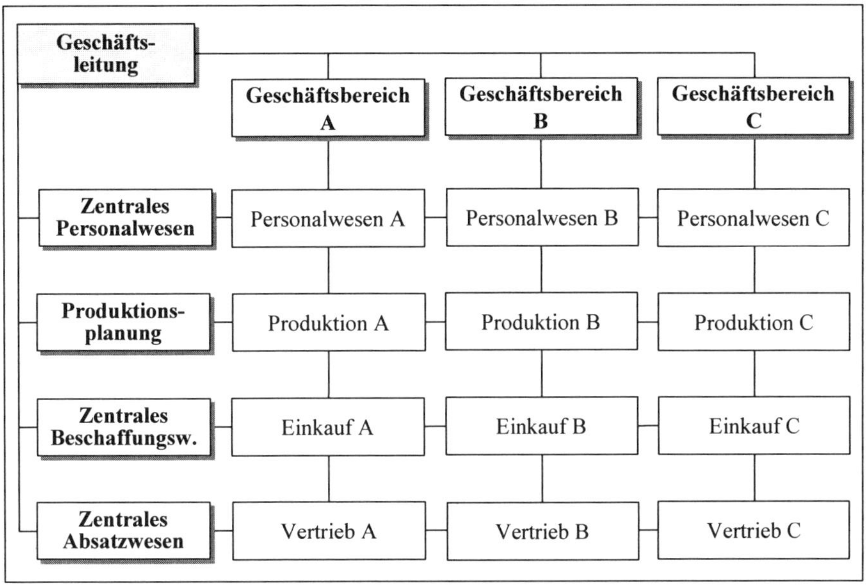


**Abb. 24:** Das Personalwesen in einer Matrixorganisation

Der **Vorteil** besteht darin, dass z.B. jede Personalabteilung die in der Sparte anfallenden Aufgaben erledigt und zusätzlich zu einem Spezialisten für ein Sachgebiet (z.B. Arbeitszeitordnung) der Funktion ernannt wird. Dieser Spezialist kann von anderen Sparten bei entsprechenden Fragen zu Rate gezogen werden. Die Funktion Personalwesen kann die Koordination dieser Spezialaufgaben übernehmen und das Anweisungsrecht für Grundsatzfragen ausüben.

## 2.3 Organisationsformen des Personalwesens

Der organisatorische Aufbau einer Personalabteilung ist grundsätzlich von einer Vielzahl von Einflussfaktoren abhängig, wie z.B. von der Unternehmensgröße, der Branche, der Einstellung der Geschäftsführung gegenüber der Personalarbeit oder historischen Zusammenhängen.[41] Entsprechend unterschiedlich sind die Organisationsstrukturen für diesen Bereich.

In kleineren Unternehmen übernimmt üblicherweise der Unternehmer selbst oder der kaufmännische Leiter die personalwirtschaftlichen Aufgaben. Aufgrund der geringen Anzahl zu betreuender Arbeitnehmer erscheint es nicht sinnvoll, einen Mitarbeiter ausschließlich für personelle Aufgaben zu beschäftigen.

---

41 Vgl. Wagner, D.: Organisation, Führung und Personalmanagement. Neue Perspektiven durch Flexibilisierung und Individualisierung, 2. Aufl., Freiburg i Br. 1991, S. 221.

Erst in mittleren Unternehmen existiert eine Stelle "Personalwesen" oder eine Personalabteilung. In Großunternehmen sind häufig Personalabteilungen vorhanden, die eine ganze Reihe von Abteilungen umfassen.

Bei aller Vielfalt möglicher Organisationsstrukturen lassen sich drei Grundformen erkennen:

- die funktionsorientierte Organisation
- die objektorientierte Organisation
- die gemischte Organisation

## 2.3.1 Funktionsbezogene Organisation

Bei der funktionsorientierten Organisation gliedert sich der organisatorische Aufbau nach den Funktionen der Personalarbeit. Auch hier sind grundsätzlich verschiedene Formen denkbar. Die Gliederungsstrukturen lassen sich unterscheiden nach Zielkategorien, Funktionsschwerpunkten und Prozessphasen. [42]

### (1) Gliederung nach Zielkategorien

Der einfachste Fall erfolgt bei einer Gliederung nach Zielkategorien, wodurch eine Zweiteilung des Personalwesens in Personalverwaltung und Sozialwesen entsteht.

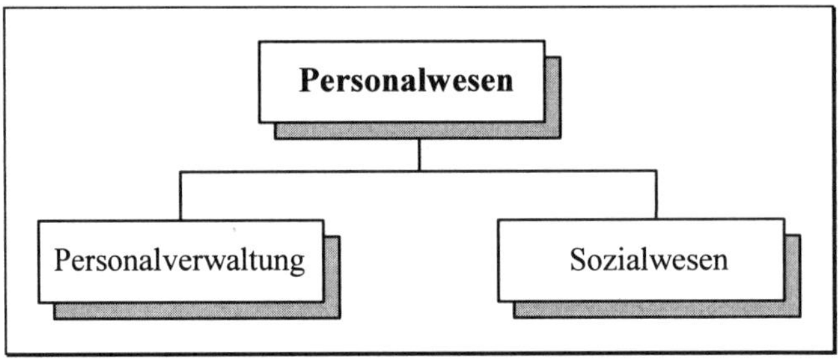


**Abb. 25:** Gliederung nach Zielkategorien

Bei dieser Einteilung besteht der Nachteil, dass die einzelnen Abteilungen eigene Ziele entwickeln, die sich nur schwer miteinander kombinieren lassen, daher ist diese Gliederungsform heute kaum noch anzutreffen.

### (2) Gliederung nach Funktionsschwerpunkten

Eine weitergehende funktionale Organisation ergibt sich bei der in der folgenden Abbildung dargestellten Gliederung nach Funktionsschwerpunkten. Hier ist das Personalwesen

[42] Zur einzelnen Gliederungsmöglichkeiten vgl. Jung, H.: Allgemeine Betriebswirtschaftslehre, a.a.O., S. 249 ff.

nach Funktionen bzw. Aufgabenbereichen gegliedert, die das gesamte Unternehmen umfassen, zentral ausgeübt und gegenüber allen Personalgruppen wahrgenommen werden.

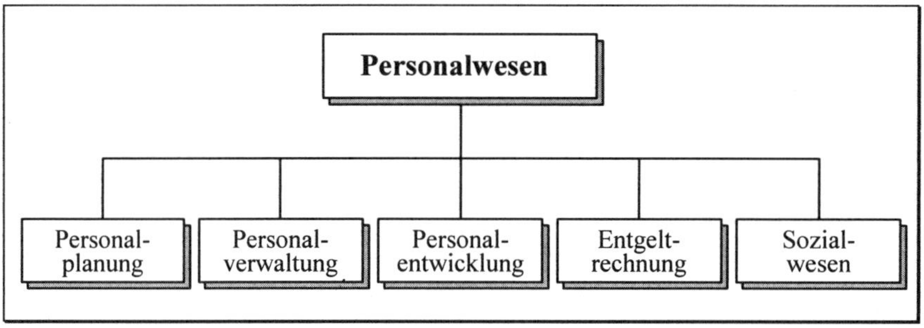


**Abb. 26:** Funktionsbezogene Organisation

Großunternehmen untergliedern die Funktionen meist noch weiter. So kann die Personalentwicklung weiter unterteilt werden in:

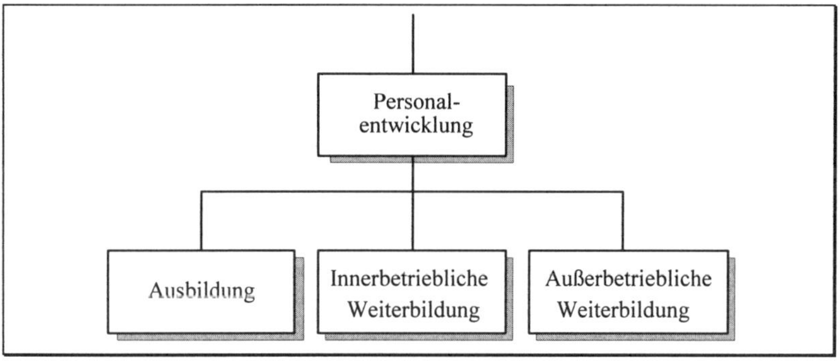


**Abb. 27:** Weiterführende funktionsbezogene Organisation in der Personalentwicklung

Die **Vorteile** der Funktionsgliederung sind in der Spezialisierung der Aufgabenträger zu sehen, die eine rationelle Arbeitsweise garantiert. Außerdem besitzen die Funktionsspezialisten eine höhere Machtposition, so dass sie negative Einflüsse von anderen Abteilungen besser abwehren können und wegen ihrer weitgehenden Selbständigkeit flexibler sind.

**Nachteilig** hingegen ist zum einen, dass kein festes Betreuungsverhältnis zwischen der Belegschaft und der Personalabteilung vorhanden ist, da sich die Mitarbeiter jeweils an den Spezialisten wenden müssen. Dies kann zu einer gewissen Orientierungslosigkeit führen, da die Arbeitnehmer ihr Personalproblem zunächst einmal funktional zuordnen müssen. Zum anderen besteht die Schwierigkeit, die Schnittstellen der einzelnen Teilfunktionen so zu koordinieren, dass sich eine einheitliche Personalpolitik ergibt; besonders dann, wenn sich die Abteilungen nach innen orientieren und nach außen abschotten. Dieser Abteilungsegoismus verstärkt den mangelnden Gesamtüberblick.[43]

[43] Vgl. Hauke, C.: Personalorganisation. In: Handbuch der Personalleitung, hrsg. von Wagner, D./Zander, E./Hauke, C., München 1992, S. 34.

### (3) Gliederung nach Prozessphasen

Bei einer Prozessphasengliederung werden die Arbeitsvorgänge in einer zeitlichen Abfolge hintereinandergereiht. Sie hat in reiner Form praktisch keine Bedeutung mehr. Jedoch werden in abgewandelter Form in bestimmten Teilgebieten Prozessphasen mit einbezogen. Anstatt die logische Aufgabenfolge als Prozess zu definieren, bezieht man sich auf den Problemlösungsverlauf, wie z.B. Zielsetzung, Planung, Durchführung und Kontrolle.

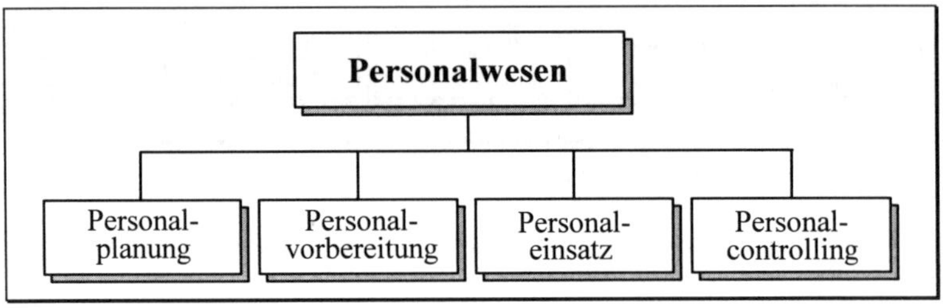


**Abb. 28:** Prozessorientierte Organisation

Auch bei dieser Gliederung ist das Problem der Mitarbeiterferne nicht beseitigt. Außerdem ergeben sich Schwierigkeiten bei der Aufgabenabgrenzung innerhalb der Zuständigkeitsbereiche.[44]

## 2.3.2 Objektbezogene Organisation

Bei einer Gliederung des Personalbereichs nach Objekten können Mitarbeitergruppen oder Unternehmensbereiche als Kriterien herangezogen werden.

### (1) Mitarbeiterorientierte Divisionalität

Die klassische Organisation nach Belegschaftsgruppen trennt zwischen Arbeitern und Angestellten. Diese Gliederungsform hat jedoch aufgrund der zunehmenden Angleichung der rechtlichen und sozialen Stellung der beiden Gruppen an Bedeutung verloren.

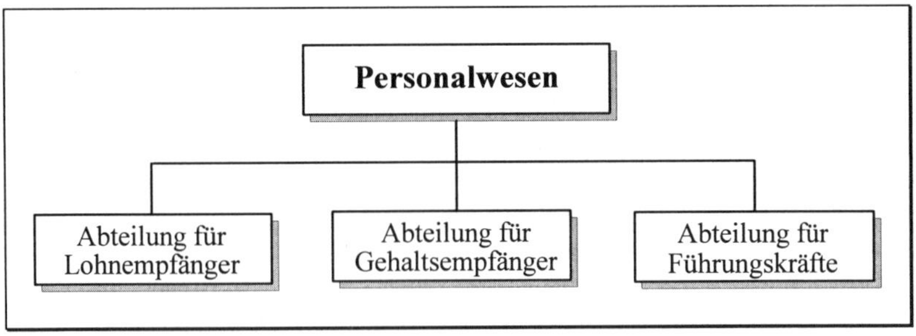


**Abb. 29:** Klassische Organisation des Personalwesens nach Belegschaftsgruppen

44 Vgl. Spie, U.: Personalwesen als Organisationsaufgabe, a.a.O., S. 89.

Neuere Formen der Organisation der Personalabteilung unterscheiden die Mitarbeiter häufig **nach Berufsgruppen**, so dass sich beispielsweise folgende Gliederung ergibt:

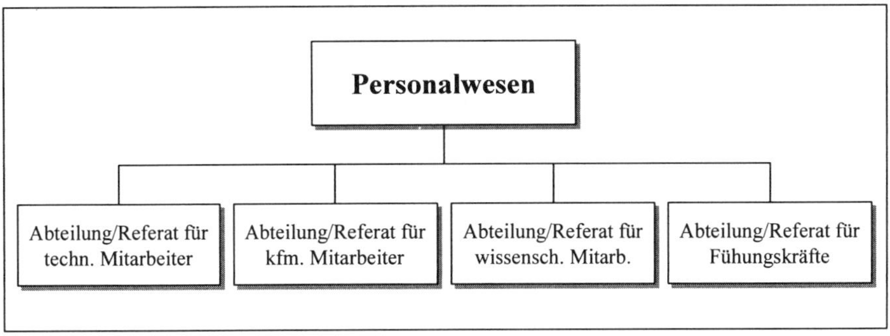


**Abb. 30:** Organisation des Personalwesens nach beruflichen Tätigkeitsbereichen

Der Personalleitung unterliegen übergeordnete Fragen, wie Einstellung, Versetzung und Kündigung, und die Koordination der Abteilungen. Die Einteilung nach Berufsgruppen erfordert wegen der großen Selbständigkeit der Abteilungen und der daraus resultierenden geringen Kommunikation untereinander einen hohen Koordinationsaufwand. Von den einzelnen Unterabteilungen werden alle die jeweilige Mitarbeiterkategorie betreffenden Aufgaben wahrgenommen. Dies erfordert ein hohes Maß an Qualifikation und sozialer Kompetenz.

Der **Vorteil** dieser Lösung liegt zum einen in der Spezialisierung der Mitarbeiter der Personalabteilung auf die besonderen Belange der einzelnen Mitarbeitergruppen. Die Breite der Aufgaben und die hohe Verantwortung wirken motivierend. Zum anderen haben die Mitarbeiter bei allen personellen Fragen stets die gleiche Anlaufstelle. Dadurch kann sich ein für Personalfragen dringend benötigtes Vertrauensverhältnis leichter aufbauen und individuelle Lösungen können schon bei der Entstehung erarbeitet werden.

**Nachteilig** ist, dass es möglicherweise aufgrund der Generalisierung an detaillierter Sachkenntnis mangelt. Außerdem kann die geringe Spezialisierungsmöglichkeit auf gleichartige Tätigkeiten eine weniger rationelle Aufgabenerfüllung als bei der funktionalen Gliederung zur Folge haben, da sich keine Synergieeffekte nutzen lassen. Daher werden übergreifende Bereiche wie die Personalverwaltung oft bei der Personalleitung zusammengefasst.

## (2) Bereichsbezogene Divisionalität

Die Gliederung der Personalabteilung nach Unternehmensbereichen ist in der Praxis seltener anzutreffen und beschränkt sich i.d.R. auf die Fälle, in denen die Unternehmensbereiche auch räumlich voneinander getrennt sind, z.B. getrennte Personalabteilungen für verschiedene Filialen oder Zweigbetriebe. Voraussetzung für eine solche Trennung nach Divisionen ist eine gewisse Mindestgröße der einzelnen Sparten, damit ein qualifiziertes und effizientes Management gewährleistet ist. Im Hinblick auf die Vor- und Nachteile ist diese Lösung der Organisation nach Belegschaftsgruppen sehr ähnlich.

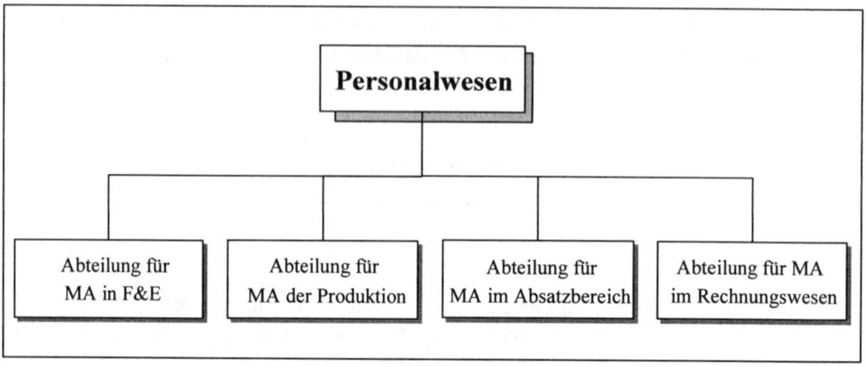


**Abb. 31:** Organisation des Personalwesens nach Unternehmensbereichen

## (3) Divisionales Referentensystem

Wegen der steigenden gegenseitigen Abhängigkeit zwischen den Personalfunktionen und der daraus folgenden stärkeren Zusammenarbeit wurden die beschriebenen Formen der objektorientierten Organisation zum sogenannten **divisionalen Referentensystem** weiterentwickelt. Die Mitarbeiter einer Produktlinie, einer Sparte, eines Standortes oder einer Funktion werden von Personalreferenten vor Ort betreut.

Da dieser nicht in allen Personalthemen gleichermaßen bewandert sein kann, erhält jeder Personalreferent ein Spezialgebiet, für das er gegenüber seinen Kollegen die Funktion eines Experten übernimmt.

Eine zentrale Personalabteilung übernimmt dabei die Koordination der dezentralen Personalarbeit, wie: personalwirtschaftliche Aufgaben mit unternehmensweiter Bedeutung, spezielle Fragen z.B. des Arbeitsrechts sowie Aufgaben, die zentral kostengünstiger wahrgenommen werden können.

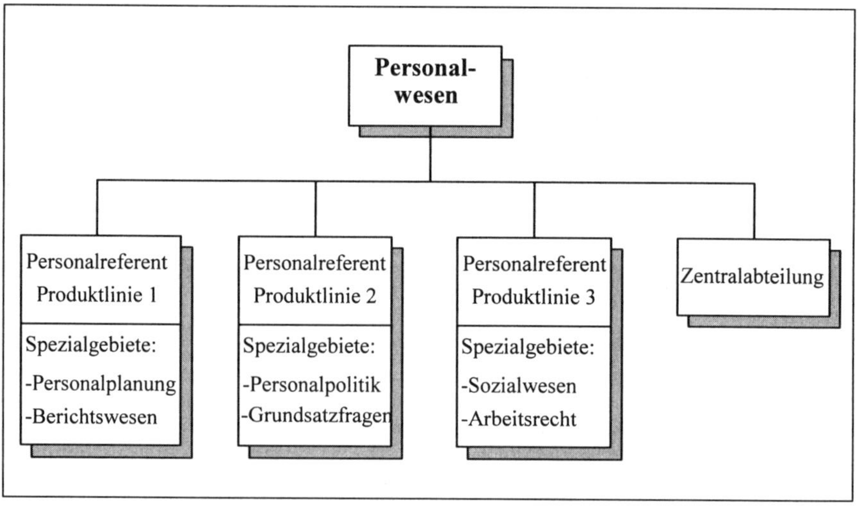


**Abb. 32:** Das divisionale Referentensystem

Das Referentensystem hat zum einen den Vorteil, dass die Lösung personalwirtschaftlicher Probleme an den Ort ihrer Entstehung zurückverlagert und auf diese Weise beschleunigt werden kann.[45] Da außerdem jeder Mitarbeiter einen festen Gesprächspartner in der Personalabteilung hat, der alle ihn betreffenden Verwaltungsvorgänge bearbeitet, kann das Vertrauensverhältnis zwischen Mitarbeitern und der Personalabteilung verbessert werden. Durch den notwendigen engen Informationsaustausch verringert sich der äußere Koordinationsaufwand.

Der **Nachteil** des Referentensystems ist, dass der Personalreferent bei zunehmender Spezialisierung der Aufgaben des Personalwesens nicht über das umfangreiche Fachwissen auf allen Gebieten des Personalwesens verfügen kann.

Die Tendenz zu flacheren Hierarchien und die steigende Qualifikation der Mitarbeiter führen zu einer stärkeren Verlagerung von Personalaufgaben auf die Vorgesetzten. Dies ist vor allem bei der Projektorganisation, bei der die hierarchische Aufbauorganisation durch eine projektbezogene Ablauforganisation ersetzt wird, der Fall. Der Personalreferent wird dabei mehr zum Berater, der die Vorgesetzten bei der selbständigen Erfüllung der Personalaufgaben unterstützt.

Durch den vereinfachten Zugriff auf Personaldaten durch den Einsatz von EDV und die daraus resultierende erhebliche Entlastung bei der Personalverwaltung wird der Personalreferent wieder überflüssig. Die Zentralabteilung versorgt die Vorgesetzten mit allen relevanten Personalinformationen nach dem aktuellsten Stand und übernimmt das Personalcontrolling.

Die Vorgesetzten erfüllen alle Personal- und Führungsaufgaben weitgehend selbst und können bei allen Entscheidungen personelle Aspekte einfließen lassen. Durch die direkte Einbindung der Personalarbeit in die Arbeitsprozesse ist die größtmögliche Nähe zu den Mitarbeitern gewährleistet. Dadurch erhöht sich die Akzeptanz von Vorgesetzten und deren Entscheidungen in der Belegschaft.

Allerdings müssen die Vorgesetzten über ein hohes Maß an Sozialkompetenz verfügen. **Nachteilig** bei der Delegation von Personalaufgaben auf die Führungskräfte sind außerdem die Überlastung der Vorgesetzten und deren mangelnde Ausbildung in personalwirtschaftlichen Fragen.

### 2.3.3 Vergleichende Bewertung

Zusammenfassend soll hier zur besseren Übersicht eine tabellarische Bewertung der bisher beschriebenen funktions- und objektbezogenen Organisation gegeben werden, aus der man erkennt, dass Vor- und Nachteile etwa gleichmäßig verteilt sind.

Eine generelle Empfehlung für eine der beiden Organisationsformen kann daher nicht abgegeben werden. Die Entscheidung muss sich vielmehr an den Bedürfnissen des jeweiligen Unternehmens orientieren.

---

[45] Vgl. hierzu auch Marr, R./Stitzel, M.: Personalwirtschaft, ein konfliktorientierter Ansatz, a.a.O., S. 459 und Bühner, R.: Personalmanagement, a.a.O., S. 423 ff.

| **Bewertungskriterium** | **funktions-orientiert** | **objekt-orientiert** |
|---|---|---|
| Einheitliche Regelungen | + | o |
| Transparenz | - | + |
| Mitarbeiternähe | - | + |
| Kenntnis örtlicher Gegebenheiten | o | + |
| Verbindlichkeit, Berechenbarkeit | o | - |
| Abgrenzung der Aufgaben | + | o |
| Produktivität | + | o |
| Flexibilität | o | + |
| Zusammenarbeit, Koordination | o | - |
| Spezialisierung | + | - |
| Kompetenz, Herausforderung | o | + |
| **+ gut geeignet** | **o geeignet** | **- nicht geeignet** |

**Abb. 33:** Bewertung der Organisationsformen

Um die Vorteile der beiden Organisationsformen zu kombinieren und die Nachteile zu vermeiden, sind in der betrieblichen Praxis häufig Mischformen der funktions- und objektbezogenen Organisation anzutreffen. Diesen gemischten Organisationen widmet sich der folgende Abschnitt.

## 2.3.4 Gemischte Organisation

Gliedert man bei der nach Berufsgruppen objektorientierten Organisation übergeordnete Funktionsbereiche wie Personalverwaltung, soziale Betreuung und Entgeltrechnung aus, kommt man zu folgender Matrixorganisation:

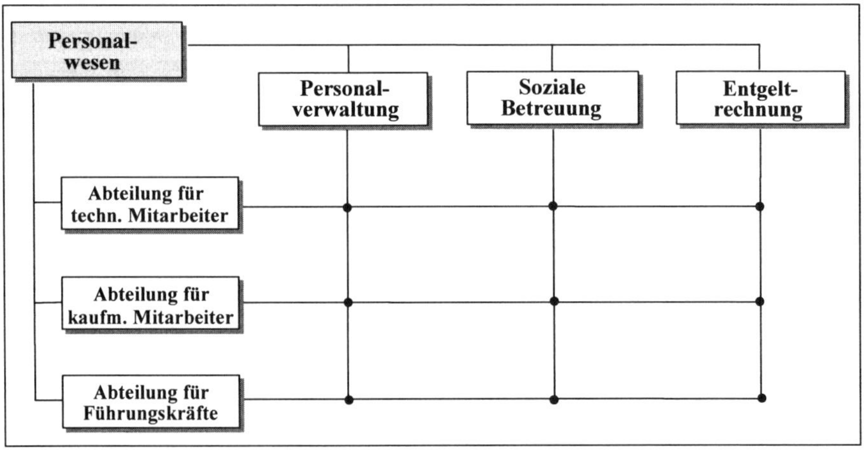


**Abb. 34:** Das Personalwesen in einer Matrixorganisation

Die Funktions- und Objektleiter sind gleichberechtigt, die Entscheidungskompetenzen sind ebenfalls verteilt. Beim Betrachten des Organigramms fallen sofort die Knotenpunkte auf, die mögliche Konfliktherde darstellen. Diese Konflikte, die sonst oft verdeckt bleiben, sollen zusammen gelöst werden. Man erwartet, durch diese Art der Problemauseinandersetzung zu besonders effizienten und flexiblen Lösungen zu kommen. Nachteilig ist die Störung des Gleichgewichts zwischen Funktion und Objekt, falls es zu Machtkämpfen kommt. Zum Bewältigen von Konflikten hilft die Einrichtung einer Koordinationsstelle oder ein spezielles Verhaltenstraining. Damit wird häufig eine große Anzahl von Personalstellen erforderlich, so dass diese Organisationsform vorwiegend in Großunternehmen anzutreffen ist. Eine gemischte Organisation könnte beispielsweise wie folgt aussehen:

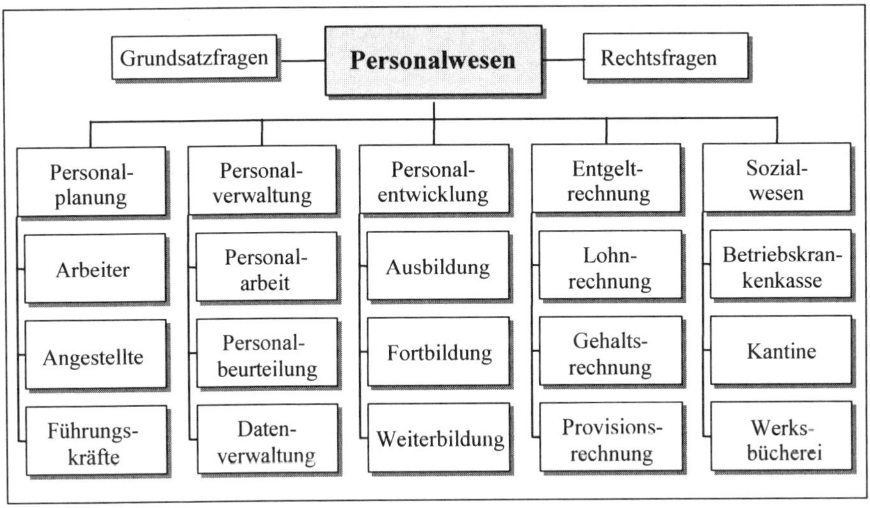


**Abb. 35:** Gemischte Organisation

## 2.3.5 Projektorganisation im Personalwesen

Die bestehende Hierarchie wird in innovativen Unternehmen häufig durch ein Projektmanagement ergänzt. Diese Organisationsform erlaubt eine hohe Flexibilität bei der Bereitstellung der für temporäre und häufig wechselnde Aufgabenstellungen benötigten personalwirtschaftlichen Ressourcen. Sinn des Projektmanagements ist die Erarbeitung von Lösungsalternativen für eine i.d.R. einmalige Aufgabenstellung durch eine vorübergehend eingerichtete Projektgruppe, die parallel zur permanenten Organisation zusammengestellt wird. Man unterscheidet dabei die folgenden Erscheinungsformen:[46]

- Unterstützung von Bereichsprojekten
- Personalbereichsinternes Projektmanagement
- Projektorientierte Personalorganisation

[46] Vgl. Jung, H.: Controlling, München/Wien 2003, S. 565 ff.

## (1) Unterstützung von Bereichsprojekten

Aufgabe der Personalorganisation ist hier die Unterstützung personalbereichsübergreifender Projekte durch die Bereitstellung von Mitarbeitern. Soll z.B. im Produktionsbereich eine Rationalisierungsinvestition, etwa die Umstellung von konventionellen auf CNC-gesteuerte Maschinen, erfolgen, so ist es eine temporäre Aufgabe der Personalwirtschaft, für die Qualifizierung der betreffenden Maschinenbediener zu sorgen bzw. qualifiziertes Personal zu beschaffen.

Eine Möglichkeit zur Umsetzung dieser Aufgabenstellung besteht in der Einrichtung einer Projektgruppe, die sich aus Mitarbeitern der Personalwirtschaft und der technischen Führung zusammensetzen könnte. Die Mitarbeiter aus dem Personalbereich könnten dann als Schulungsleiter und Konfliktlöser tätig werden, während die technische Abwicklung der Investitionsmaßnahme den übrigen kaufmännischen und technischen Gruppenmitgliedern vorbehalten wäre.

Dabei hängt es von der Bedeutung des Projektes ab, ob die betreffenden Mitarbeiter in ihrer üblichen Position verbleiben und nur einen Teil ihrer Arbeitszeit dem Projekt widmen, oder ob sie für den Zeitraum der Projektarbeit von ihrer normalen Tätigkeit und ihrer normalen organisatorischen Einordnung freigestellt werden und ausschließlich für die Projektarbeit eingesetzt werden.[47]

## (2) Personalbereichsinternes Projektmanagement

Auch innerhalb der Personalwirtschaft kann eine Zusammenstellung von Projektgruppen sinnvoll sein, da der Bedarf der übrigen Unternehmensbereiche an situationsspezifischen, personalwirtschaftlichen Problemlösungen mit wachsender Komplexität der betrieblichen Aufgabenstellungen und Rahmenbedingungen stetig zunimmt. Dieser Situation muss die Personalorganisation durch die Bildung von Projektgruppen mit hoher fachlicher und sozialer Kompetenz für spezielle Aufgabenstellungen begegnen. Beispiele sind Projektgruppen, die sich insbesondere mit der Laufbahnplanung und der Personalentwicklung oder mit den Möglichkeiten der Rationalisierung im personellen Bereich befassen.

## (3) Projektorientierte Personalorganisation

Bei einem großen Anteil an innovativen Aufgabenstellungen kann eine permanente Ergänzung der Personalorganisation durch einen Funktionsbereich "Projekte" sinnvoll sein. Die Mitarbeiter dieses Funktionsbereiches, der fest in die Personalorganisation integriert ist, werden dann ausschließlich mit ständig wechselnden Projektaufgaben betraut. Diese Organisationsform kann im Extremfall so ausgestaltet werden, dass lediglich verwaltende Tätigkeiten in dauerhaften Organisationseinheiten institutionalisiert sind, wogegen alle anderen Aufgabenbereiche von Projektteams bearbeitet werden, deren Zusammensetzung dann der jeweiligen Situation angepasst wird.[48]

---

[47] Vgl. Bühner, R.: Personalmanagement, a.a.O., S. 429 f.

[48] Vgl. Jung, H.: Controlling, a.a.O., S. 572 f.

## 2.3.6 Weitere organisatorische Entwicklungen

Auch in Zukunft werden die Anforderungen an ein leistungsfähiges Personalmanagement weiter steigen. Um den sich daraus ergebenden Problemen entgegenzuwirken, versucht man das Personalmanagement so zu reorganisieren, dass es effektiver und kontrollierbarer arbeitet.[49]

Dabei bieten sich folgende Möglichkeiten an:

(1) Die Entlastung der zentralen Personalabteilung durch **Aufgabendelegation** an nachgeordnete Personalabteilungen

(2) Die Umwandlung der Personalabteilung vom Cost-Center zum **Profit-Center**

(3) Das **"Outsourcing"** von Funktionen des Personalwesens

(4) Die **virtuelle** Personalabteilung

### (1) Entlastung durch Aufgabendelegation

Durch eine Dezentralisation der Personalaufgaben in spartenorganisierten Unternehmen von der Führungsebene auf die untergeordneten Ebenen bis hin zur Werksebene sollen die zentralen Personalabteilungen entlastet werden. Mit dieser Dezentralisation wird auch eine Verlagerung von "Human Resourcen" auf die nachfolgenden Personalabteilungen notwendig. Kompetenzverlust und in Ausnahmefällen sogar eine Auflösung könnten als Folge für die zentrale Personalabteilung eintreten; die eigentlichen strategischen Aufgaben geraten zunehmend ins Abseits.

Somit lässt sich erkennen, dass eine Aufgabendezentralisation im Personalwesen nicht nur mit Vorteilen verbunden ist. Weiterhin ist es zumindest fraglich, ob durch eine Dezentralisation wirklich die Zunahme unternehmerischer Denk- und Handelsweise im Personalwesen erreicht werden kann.

### (2) Vom Cost-Center zum Profit-Center

Bei der klassischen Organisation der Personalabteilung werden die anfallenden Kosten als Verwaltungsgemeinkosten auf die Kostenträger umgelegt. Es besteht wenig Anreiz für die Personalführung, Kosten einzusparen oder gewinnorientiert zu arbeiten. Diese Erstarrung, die die Personalabteilung zu einer besseren Poststelle macht, kann langfristig ein ganzes Unternehmen in eine Krise führen. So können z.B. durch unnötig hohe Kosten und durch ineffiziente Arbeit gute Mitarbeiter am Eintritt in das Unternehmen gehindert werden oder die im Unternehmen tätigen Mitarbeiter Abwanderungsgedanken durch den Verlust an Perspektiven entwickeln.

Um die Personalabteilung wirtschaftlicher zu gestalten, werden ihre Kosten weiter erfasst und analysiert, wodurch grobe Unwirtschaftlichkeiten festgestellt und beseitigt werden können. Die Personalabteilung wird zum **Cost-Center**.

---

[49] Vgl. hierzu auch Ackermann, K.F.: Die Personalabteilung am Scheideweg. In: Reorganisation der Personalabteilung, hrsg. von Ackermann, K.F., Stuttgart 1994, S. 14 ff.

In einem weitergehenden Schritt bietet die Personalabteilung ihre Dienste den anderen Abteilungen mit dem Ziel der eigenen Kostendeckung an. Dabei werden die nachfragenden Abteilungen als Kunden betrachtet, die Personalabteilung wird zum **Service-Center**.

Erhält die Personalabteilung die Vorgabe, einen Gewinn zu erzielen, wird sie zum **Profit-Center**. Dazu muss sie grundsätzlich Kosten und Erlöse unmittelbar beeinflussen können und entsprechende Entscheidungsbefugnisse haben. Entscheidend dabei ist, dass die Leitung der Personalabteilung neben der bisherigen Kostenverantwortung eine zusätzliche Ertragsverantwortung trägt.

Die Personalabteilung erstellt eigene Budgetpläne und überprüft diese im abteilungsbezogenen Controlling. Mittels der Profit-Center-Konzeption werden durch Erreichung bzw. Nichterreichung der Planvorgaben Erfolge bzw. Misserfolge der Personalabteilung sichtbar gemacht. Für die Führung als Profit-Center eignen sich besonders die Bereiche Personalbeschaffung, -entwicklung, -betreuung und Entgeltabrechnung, da sie auch am unternehmensexternen Markt angeboten bzw. in Anspruch genommen werden können.

Das Profit-Center stellt Dienstleistungen bereit, die von internen und externen Kunden nachgefragt und gegen kosten- oder marktorientierte Verrechnungspreise zur Verfügung gestellt werden. Grundsätzlich besteht für die internen Kunden das Recht, externe Anbieter zu beauftragen, wenn diese eine höhere Qualität oder einen niedrigeren Preis offerieren. Dadurch sind die Personalbereiche gezwungen, auf Produktivität und Qualität zu achten, da ihnen sonst die Auflösung droht. Es geht also weniger um eine Änderung der bestehenden Organisation, sondern mehr um eine Änderung der Einstellung der Mitarbeiter.

Bei der **Reorganisation** einer bestehenden Personalabteilung zum Profit-Center ist es in der Anfangsphase ratsam, auf der Basis der für die Kunden geleisteten Arbeit und den dabei angefallenen Gemeinkosten ein vorläufiges Verrechnungspreissystem zu schaffen. So stellt sich die reorganisierte Personalabteilung zunächst nicht schlechter und neue Preise können sich durch die Konkurrenz von außen (zum Teil nur in Randbereichen) bilden. Trotz der wachsenden Konkurrenz kann man aber davon ausgehen, dass eine Personalabteilung aufgrund ihrer firmeninternen Kenntnisse einen Wettbewerbsvorsprung hat.

Die meisten Anwendungen des Profit-Center-Konzepts beschränken sich bisher auf den Bildungsbereich des Personalwesens. Überlegenswert ist jedoch, ob dieses Konzept nicht wirksam auch für andere Personalbereiche wie z.B. Personalbeschaffung oder Entgeltabrechnung eingesetzt werden kann. Hervorzuheben ist auch die verstärkte Einbindung der Führungskräfte (Kunden) in Entscheidungsprozesse, sofern sie ihren Bereich betreffen. Der Übergang zum Referentensystem und/oder auch die verstärkte Dezentralisierung des Personalmanagements innerhalb der Personalabteilungshierarchie wird durch das Profit-Center-Konzept nicht ausgeschlossen, sondern sogar gefördert, sofern sie einen Beitrag zur Erreichung der Ziele des Profit-Centers liefern.[50] Diese Ziele sind in der folgenden Abbildung dargestellt:

---

50 Vgl. Ackermann, K.F.: Auf der Suche nach kundenorientierten Organisationsformen des Personalmanagements. In: Visionäres Personalmanagement, hrsg. von Kienbaum, J., Stuttgart 1994, S. 271 f.

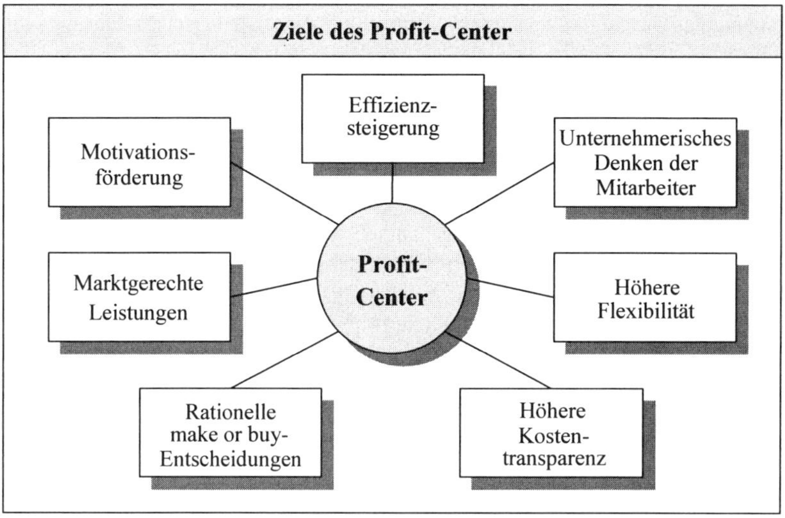


**Abb. 36:** Die Ziele des Profit-Center

Die Umwandlung des Personalwesens vom Cost-Center zum Profit-Center enthält ein besonders hohes und zukunftsträchtigste Potenzial für ein innovatives Personalmanagement.

Ein noch weiter gehender Ansatz ist das **Investment-Center-Konzept**. Hier hat die Personalleitung nicht nur die Verantwortung für die Kosten und Erlöse bei gegebenen Kapazitäten, sondern auch für die Investitionen. Dem Personalwesen wird ein Investitionsrahmen vorgegeben. Über einzelne Investitionsvorhaben kann sie autonom entscheiden. Die Investitionsbudgets werden im Rahmen der strategischen Planung festgelegt.[51]

## (3) Personalwesen und "Outsourcing"

Das Konzept des "Outsourcing", also die Vergabe von Dienstleistungsaufträgen an externe Stellen, ist in vielen betrieblichen Funktionsbereichen seit längerer Zeit bekannt. Beispiele sind die Vergabe von Forschungsaufträgen, die Inanspruchnahme von Konstruktionsberatungen oder die Umsetzung von PR-Maßnahmen durch externe Werbeagenturen.[52] Auch im Personalbereich scheint es sinnvoll, Dienstleistungsfunktionen auszulagern, um so eine Kosteneinsparung zu realisieren und der Personalleitung die Möglichkeit zu geben, sich auf die unternehmerischen Kernfunktionen zu konzentrieren.

Diese **Kernleistungen** sind:

- Aufstellung von Grundsätzen zur Sicherstellung einer zukunftsorientierten Personal-, Sozial- und Bildungspolitik
- Vereinheitlichung des Personal-Marketing

---

[51] Vgl. Jung, H.: Controlling, a.a.O., S. 44 f.

[52] Vgl. Schule, C.: Der deutsche Outsourcing-Markt. Eine quantitative Betrachtung. In: Outsourcing - Eine strategische Allianz besondern Typs, hrsg. von Köhler-Frost, W., Berlin 1993, S. 31 ff.

- Beratung der Geschäftsführung und Vermittlung zwischen Geschäftsführung und Betriebsrat
- Sicherstellung der Durchführung von gesetzlichen Vorschriften bezüglich der Arbeitssicherheit und der betriebsärztlichen Versorgung
- Aufstellung von Richtlinien für Funktionsbereiche der Personalwirtschaft (z.B. Personalbeschaffung und -entwicklung, Entgeltfindung, Personalbeurteilung etc.)

Alle Funktionen, die nicht zu den genannten Kernfunktionen zählen, sollten auf die Möglichkeit einer Fremdvergabe überprüft werden. Erleichtert wird diese Überprüfung durch eine Profit-Center-Organisation des Personalwesens, da diese eine kostenorientierte Make-or-Buy-Entscheidung ermöglicht.

Die Aufgabe der internen Personalbereichs-Mitarbeiter besteht bei der Fremdvergabe von Dienstleistungsaufträgen in der Koordination und Moderation der inneren Abläufe mit den Tätigkeiten des externen Leistungsanbieters. Die Personalabteilung erfüllt somit zunehmend eine Schnittstellenfunktion. Ihre Aufgabeninhalte wandeln sich von verwaltenden zu mehr gestaltenden Tätigkeiten, da sie in Koordination mit Linienvorgesetzten und Leitern der betrieblichen Fachabteilungen den Bedarf an Personalleistungen festlegen und daraus ein Konzept erarbeiten, um eine möglichst optimale und kostengünstige Bereitstellung dieser Leistungen durch interne und externe Anbieter zu realisieren.

Die folgende Aufstellung nennt eine Auswahl an Dienstleistungsfunktionen, die sich i.d.R. problemlos auslagern lassen. Daneben gibt es weitere Bereiche, die zumindest auf die Möglichkeit eines Outsourcing überprüft werden sollten (Beratungsdienste etc.):

- **Personalbeschaffung:** Das Leistungsangebot privater Arbeitsvermittler[53] erstreckt sich von der Schaltung der Stellenanzeigen über die Vorsortierung der eingehenden Bewerbungsunterlagen bis zur Durchführung der ersten Auswahlgespräche bzw. Tests. Der interne Personalbereich befasst sich lediglich mit den nach diesem Ausleseprozess verbleibenden Bewerbern. Eine besondere Form der Personalbeschaffung ist Head Hunting. Hier handelt es sich insbesondere um die Suche nach höherrangigen Managern und Spezialisten im Auftrag eines Betriebes. Auftragsbezogen werden durch die Berater mögliche Bewerber direkt (persönlich wie telefonisch) angesprochen und dem mitarbeitersuchenden Betrieb für dessen Personalauswahl vorgeschlagen.
- **Weiterbildung:** Eine häufig genutzte Möglichkeit zum Outsourcing von Personalfunktionen ist die Vergabe von Weiterbildungsmaßnahmen an externe Anbieter. In großen Unternehmen kann jedoch auch die Errichtung eines eigenen Schulungszentrums (Kompetenzzentrum) sinnvoll sein, wodurch die Personalentwicklung und Weiterbildung aus dem eigentlichen Personalbereich ausgegliedert wird. Eine meist kostengünstigere Variante ist der gemeinsame Betrieb eines solchen Kompetenzzentrums durch mehrere Unternehmen.
- **Verpflegung:** Die Bereitstellung der Mitarbeiterverpflegung durch Kantinenessen und Getränkeautomaten wird in vielen Betrieben bereits durch externe Anbieter übernommen. Das Personalwesen wird durch die entsprechenden Cateringfirmen bei der Organisation und der Logistik für die Mitarbeiterverpflegung entlastet.

53 Aufgrund der Änderung der gesetzlichen Bestimmungen vom 1. Juli 1994 können sich auch Privatfirmen mit der Vermittlung von Arbeitskräften befassen.

- **Lohn- und Gehaltsabrechnung:** Auch für größere Unternehmen scheint es sinnvoll, zu prüfen, ob sie die Verwaltungstätigkeiten, die sich im Zusammenhang mit der Lohn- und Gehaltsabrechnung ergeben, an externe Spezialfirmen vergeben können, so wie es bereits viele kleine und mittelständische Betriebe praktizieren. Erleichtert wird die Vergabe dieser Dienstleistung durch die Online-Übertragung von Entgeltdaten durch moderne EDV-Systeme.

### (4) Die virtuelle Personalabteilung

Das Personalwesen muss nicht notwendigerweise in Form einer traditionellen Personalabteilung bestehen, in der die Organisationseinheit Personalwesen räumlich verbunden ist und die Mitarbeiter des Personalwesens der Personalleitung direkt zugeordnet sind. Personalverantwortliche können auch in unterschiedlichen Bereichen eingesetzt werden, wo sie neben den eigentlichen personalwirtschaftlichen Aufgaben weitere Aktivitäten wahrnehmen. Die Personalorganisation würde dann in Zukunft aus Kernkompetenzträgern bestehen, die im Unternehmen verteilt installiert werden. Das Ergebnis dieser Überlegungen ist ein virtuelles Personalwesen, das auf eine verlässliche, sichere Computerunterstützung aufbauen kann.[54]

## 2.4 Personelle Ausstattung der Personalabteilung

Die quantitative und qualitative Besetzung der Personalabteilung hängt sehr stark von unternehmensspezifischen Faktoren ab.[55] Tendenziell lässt sich sagen, dass etwa 1 bis 4 % der Mitarbeiter im Personalbereich tätig sind. Eine nach Unternehmensgröße und Personalfunktionen differenzierte Aufstellung der personellen Ausstattung zeigt die folgende Abbildung:

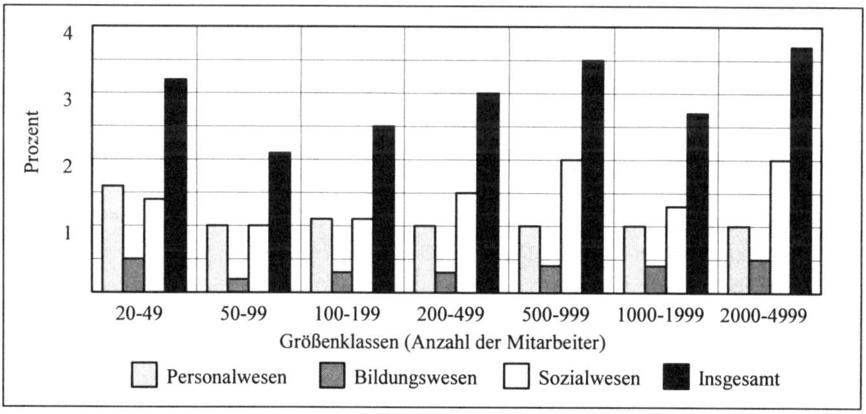


**Abb. 37:** Besetzung der Funktionsbereiche nach Größenklassen (in Prozent der Gesamtbelegschaft)[56]

[54] Vgl. Scholz, C.: Personalmanagement. Informationsorientierte und verhaltenstheoretische Grundlagen, 5. Aufl., München 2000, S. 208 ff.

[55] Vgl. Krulis-Randa, J.S.: Personalbedarf und Personalausstattung der Personalabteilung. In: Reorganisation der Personalabteilung, hrsg. von Ackermann, K.F., Stuttgart 1994, S. 190 ff.

[56] Vgl. ebd., S. 192.

Für Betriebe mit weniger als ca. 300 Mitarbeitern ist eine einfach strukturierte Personalstelle normalerweise ausreichend, zumal in Kleinunternehmen häufig vom Outsourcing einzelner Aufgaben Gebrauch gemacht wird (z.B. Erledigung der Lohnbuchhaltung durch Steuerberater).

Die Anzahl der im Personalbereich tätigen Mitarbeiter ist auch ein Indikator für die wachsende Bedeutung, die der Personalarbeit beigemessen wird. Die Anzahl der Beschäftigtenzahlen in den Personalabteilungen ist stetig gestiegen und betrug im Jahr 2004 ca. 3 %.

Für die Zukunft ist jedoch trotz der wachsenden Bedeutung der Personalarbeit in quantitativer Hinsicht nur noch ein geringer Anstieg zu erwarten, da insbesondere durch die Nutzung neuer Technologien (z.B. EDV-Einsatz) eine höhere Produktivität in der Personalarbeit zu erwarten ist. Auch aus diesem Grund werden in **qualitativer Hinsicht** an die Beschäftigten im Personalbereich heute sehr hohe Anforderungen gestellt. Eine Auswertung der Stellenanzeigen in den Samstagsausgaben verschiedener großer Tages- und Wirtschaftszeitungen ergab folgendes Bild:[57]

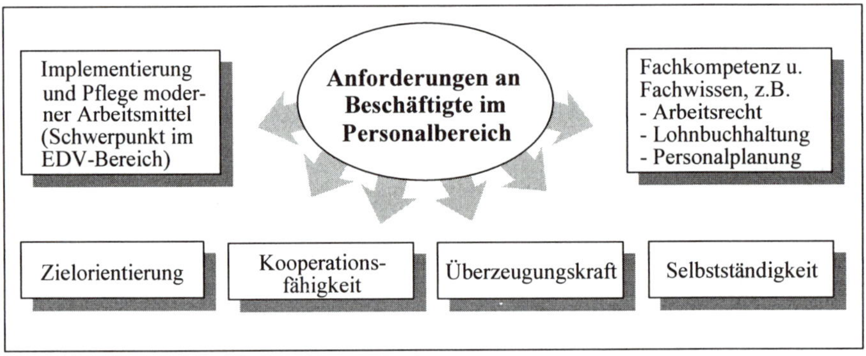


**Abb. 38:** Anforderungen an Beschäftigte im Personalbereich

Zu den Anforderungen gehören neben fachspezifischem Wissen auch ein hohes Maß an sozialem Einfühlungsvermögen und kommunikative Fähigkeiten, um in geeigneter Weise auf die Mitarbeiter eingehen zu können.

Der Personalleiter sollte neben der Beherrschung der Methoden und Instrumente auch bestimmte Persönlichkeitseigenschaften aufweisen. Im Vordergrund stehen hier Eigenschaften, die eine kooperative Zusammenarbeit fördern, insbesondere Kommunikationsfähigkeit, Überzeugungsvermögen, Verhandlungsgeschick, Zuverlässigkeit und menschliche Reife.[58]

Auch hier soll eine Auswertung der Stellenangebote für Personalleiter die aktuellen Anforderungen aus der Praxis aufzeigen:

57 Ausgewertet wurden Anzeigen aus der Frankfurter Allgemeinen Zeitung, der Rheinischen Post und der Kölner Rundschau (Januar u. Februar 1995).

58 Vgl. Bisani, F.: Unternehmensbezogene Gliederung von Personalaufgaben, RKW-Schriftenreihe "Das zeitgemäße Personalbüro", 2. Auflage, Eschborn 1988, S. 56.

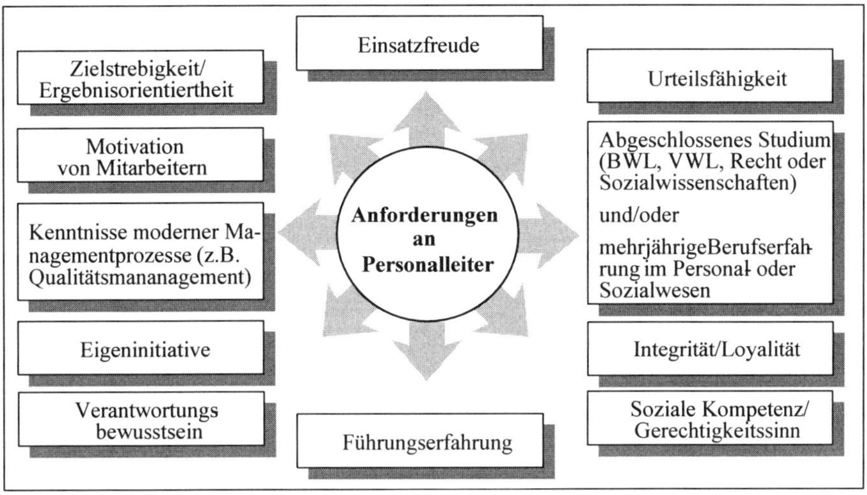


**Abb. 39:** Anforderungen an Personalleiter

Neben diesen Anforderungen werden häufig noch weitere wünschenswerte Qualifikationsmerkmale genannt. In erster Linie handelt es sich dabei um (fast schon obligatorische) Sprachkenntnisse, aber auch die Kenntnis z.B. japanischer Managementsysteme oder Auslandserfahrungen gewinnen einen immer höheren Stellenwert.

Eine Umfrage über die Vergütung von Personalleitern ergab folgendes Bild:[59]

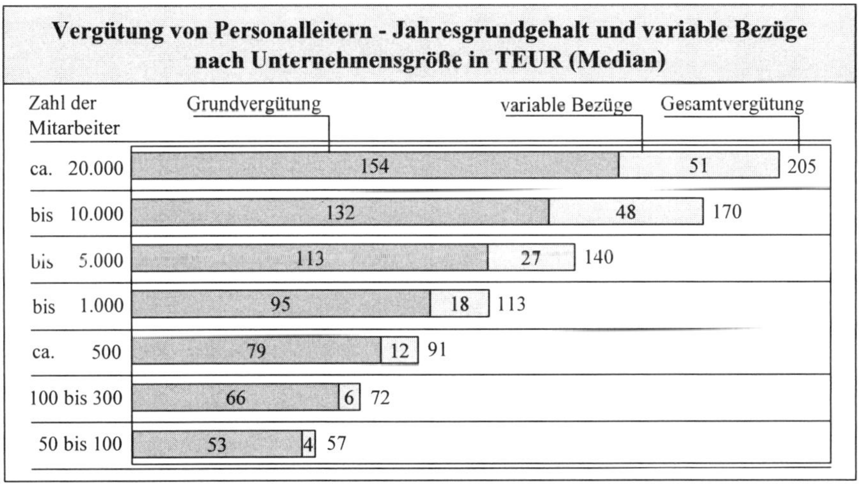


**Abb. 40:** Vergütung von Personalleitern

Etwa 52 % haben einen Universitätsabschluss, 6 % sind promoviert, 22 % verfügen über einen Fachhochschulabschluss und nur 4 % haben eine Lehre. Neben der Qualifikation spielt vor allem die Lebenserfahrung eine wichtige Rolle. Personalleiter haben in der Regel mehr als fünf, häufiger auch über zehn Berufsjahre hinter sich.

[59] Ergebnisse einer Umfrage der Managementberatung Hay Group: Es wurden die Daten von 126 Personalleitern aus Unternehmen aller Branchen und Größen in Deutschland verglichen. FAZ 03.07.2004.

# 3 Rechtsgrundlagen der Personalwirtschaft

Das Arbeitsrecht bildet den gesetzlichen Rahmen für die Personalwirtschaft. Es besteht aus zahlreichen Einzelgesetzen, Verordnungen, Tarifverträgen und Betriebsvereinbarungen und regelt die Beziehungen zwischen Arbeitgebern und Arbeitnehmern. Das Arbeitsrecht beruht auf zwei Teilbereichen, dem individuellen und dem kollektiven Arbeitsrecht:

Das **individuelle Arbeitsrecht** regelt die Rechtsbeziehungen, die sich aus dem einzelnen Arbeitsverhältnis ergeben. Dabei werden die Rechtsbeziehungen zwischen Arbeitgeber und Arbeitnehmer insbesondere durch das **Arbeitsvertragsrecht** geregelt, das sich vor allem mit den Rechtsnormen bezüglich der Gründung, des Inhalts und der Beendigung des Arbeitsverhältnisses befasst. Das **Arbeitsschutzrecht** enthält dagegen vom Staat erlassene Vorschriften, die dem öffentlichen Interesse am Schutz der Arbeitnehmer Rechnung tragen.

Der zweite große Bereich des Arbeitsrechts umfasst das Recht der Berufsverbände (Gewerkschaften, Arbeitgeberverbände) und deren hauptsächliches Wirkungsfeld in Form des **Tarifvertragsrechts**.[60] Daneben regelt es die Mitwirkung und Mitbestimmung der Arbeitnehmer im **Mitbestimmungsrecht**. Da durch diese beiden Rechtsgebiete in der Hauptsache die Beziehungen zwischen Gruppierungen von Arbeitnehmern und Arbeitgebern geregelt werden, spricht man auch zusammenfassend vom **kollektiven Arbeitsrecht**.

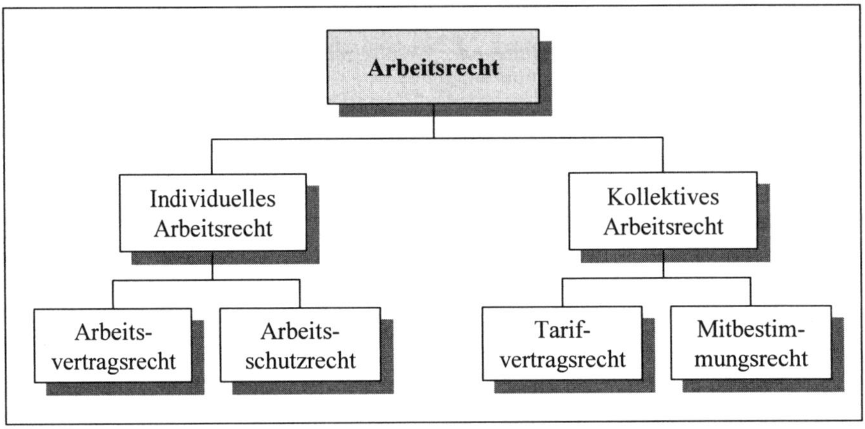


**Abb. 41:** Rechtsgrundlagen der Personalwirtschaft

Obwohl sich das Arbeitsrecht zu einem eigenständigen Rechtsgebiet entwickelt hat, existiert bis heute kein einheitliches Arbeitsgesetzbuch, in dem alle Arbeitsrechtsnormen zusammengefasst sind. In den folgenden Abschnitten soll daher ein Überblick über die Rechtsgrundlagen des Arbeitslebens gegeben werden. Die gesetzlichen Grundlagen und Bestimmungen zu speziellen Fragestellungen werden dann in den entsprechenden Kapiteln dieses Buches ausführlicher behandelt.

60 Vgl. Löwitsch, M.: Arbeitsrecht, a.a.O., S. 70

## 3.1 Begriffe des Arbeitsrechts

Das **Arbeitsrecht** lässt sich definieren als das "Sonderrecht der Arbeitnehmer"[61] oder allgemeiner als das "Recht der Arbeitsverhältnisse".[62] Das Arbeitsrecht regelt das Verhältnis zwischen Arbeitnehmern und Arbeitgebern und auch die Beziehungen zwischen deren Zusammenschlüssen, den Gewerkschaften und den Arbeitgeberverbänden.

Als **Arbeitnehmer** im Sinne des Arbeitsrechts gilt jedoch nicht schon jeder, der im Rahmen eines Vertragsverhältnisses Arbeit für andere leistet. Entscheidend ist, ob die Arbeit im Dienst eines anderen, in einem Abhängigkeitsverhältnis und damit fremdbestimmt und nicht selbstständig geleistet wird. Im Zweifelsfall ist die Unterscheidung zwischen Arbeitnehmer und Selbstständigem anhand der folgenden Kriterien möglich:

- Umfang der Weisungsgebundenheit (z.B. bezüglich Arbeitszeit und -inhalt)
- Eingliederung in die betriebliche Organisation bzw. in den Arbeitsablauf
- Dauer und Lage der Arbeitszeit

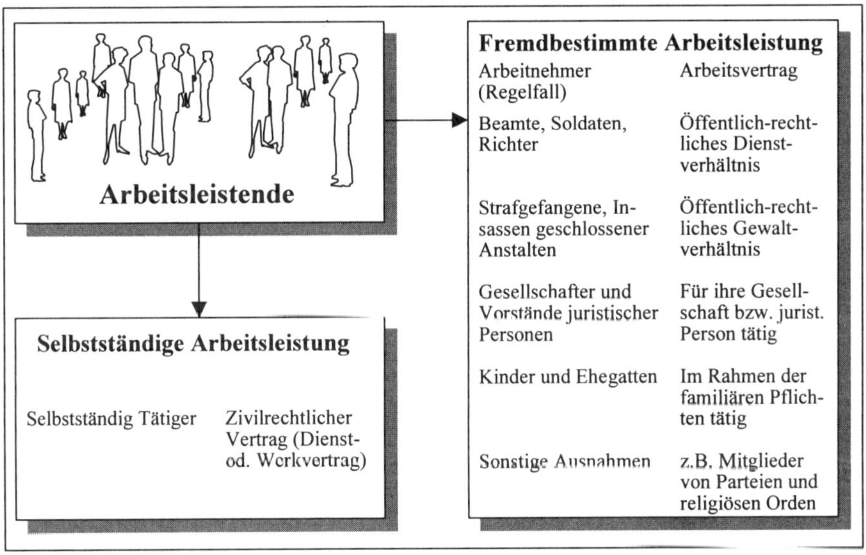


**Abb. 42:** Arbeitsleistende

Während Arbeitnehmer in der Regel aufgrund eines Arbeitsvertrages[63] tätig sind, wird die Tätigkeit von Selbstständigen üblicherweise durch Dienst- oder Werkverträge (vgl. §§ 611 ff. und 631 ff. BGB) geregelt. Neben den Selbständigen gibt es noch weitere Arbeitsleistende, die nicht zu den Arbeitnehmern zählen. Dazu gehören z.B. Richter, Soldaten und Beamte, die ihre Tätigkeit im Rahmen eines öffentlich-rechtlichen Dienstverhältnisses ausüben, Strafgefangene und in geschlossene Anstalten eingewiesene Personen, die aufgrund eines öffentlich-rechtlichen Gewaltverhältnisses arbeiten, Gesellschafter und Vor-

61 Vgl. Löwisch, M.: Arbeitsrecht, a.a.O. S. 2 ff.

62 Hauptmann, P-H.: Arbeitsrecht "leicht gemacht", 5. Aufl., München 2002, S. 7.

63 Unterfall des Dienstvertrages.

standsmitglieder juristischer Personen, Kinder und Ehegatten, die im Rahmen ihrer familiären Pflichten einen Arbeitsbeitrag leisten und Personen, die freiwillig (z.B. aus religiöser Überzeugung) eine Arbeitsleistung erbringen.

**Arbeitgeber** ist jeder, der mindestens einen Arbeitnehmer beschäftigt. Dabei kann sowohl eine natürliche Person als auch eine juristische Person (z.B. Aktiengesellschaft oder Gesellschaft mit beschränkter Haftung) oder eine Person des öffentlichen Rechts (z.B. eine Gemeindeverwaltung) als Arbeitgeber auftreten.

Unter einer **Gewerkschaft** wird allgemein ein Zusammenschluss von Arbeitnehmern verstanden, der die wirtschaftlichen, sozialen und kulturellen Interessen seiner Mitglieder vertritt. Die Mitgliedschaft in einer Gewerkschaft ist freiwillig. Neben der Vereinigten Dienstleistungsgewerkschaft (kurz: ver.di) gibt es eine ganze Reihe von weiteren Gewerkschaften (z.B. die IG Metall, die IG Bergbau, Chemie, Energie oder die Gewerkschaft Erziehung und Wissenschaft). Die bedeutendsten Industriegewerkschaften haben sich zum Deutschen Gewerkschaftsbund (DGB) zusammengeschlossen.

Ebenso wie die Arbeitnehmer haben sich auch die Arbeitgeber zu sog. **Arbeitgeberverbänden**, die fachlich und regional gegliedert sind, zusammengeschlossen. Als bundesweite Dachorganisation dient die Bundesvereinigung der Deutschen Arbeitgeberverbände (BDA), der über 700 Einzelverbände angehören.

## 3.2 Rechtsquellen

Das Arbeitsrecht verfügt nicht, wie z.B. das Handelsrecht mit dem Handelsgesetzbuch (HGB), über ein spezielles Gesetz; es wird vielmehr durch eine Vielzahl verschiedener Gesetze und Sonderregelungen bestimmt. Von zunehmender Bedeutung ist der Einfluss des Europarechts.

### (1) Das Europarecht

Das Europarecht nimmt neben dem internationalen Recht in unterschiedlicher Weise Einfluss auf die nationalen arbeitsrechtlichen Vorschriften. Der EG-Vertrag enthält in Art. 39 ff EGV (Regeln über Freizügigkeit von Arbeitnehmern) und Art. 141 EGV (Lohngleichheit von Männern und Frauen) arbeitsrechtliche Regelungen. Darüber hinaus wird durch den Erlass von Richtlinien als Teil des sekundären Gemeinschaftsrechts der nationale Gesetzgeber verpflichtet, bestehende Gesetze zu modifizieren oder neue Regelungen zu schaffen.[64] Der nationale Gesetzgeber hat u.a. daraus resultierend das Teilzeit- und Befristungsgesetz und das Nachweisgesetz verabschiedet.

**Neben diesen Kodifizierungen wird das Arbeitsrecht durch die Rechtsprechung des Europäischen** Gerichtshofes **beeinflusst.**[65]

---

64 Aus dem umfangreichen europäischen Regelungskatalog seien hier beispielhaft genannt die Entgeltrichtlinie; Gleichbehandlungsrichtlinie; Mutterschutzrichtlinie; Entsenderrichtlinie; Arbeitszeitrichtlinie; Nachweisrichtlinie; Arbeitsvertragsbefristungsrichtlinie und Teilzeitarbeitsrichtlinie.

65 Zu europarechtlichen Regelungen vgl. auch Löwisch, M.: Arbeitsrecht, a.a.O., S. 45 ff.

## (2) Das Grundgesetz (GG)

Von besonderer Bedeutung für das Arbeitsrecht ist das Grundgesetz (GG), das zwar keinen eigenen Abschnitt über die Arbeits- und Sozialordnung enthält, jedoch als ranghöchstes nationales Gesetz in den folgenden Artikeln wichtige Rahmenbedingungen für das Arbeitsrecht festlegt:

**Artikel 1, Absatz 1 GG:**
Die Würde des Menschen ist unantastbar. Sie zu achten und zu schützen ist Verpflichtung aller staatlichen Gewalt.

**Artikel 2 GG:**
(1) Jeder hat das Recht auf die freie Entfaltung seiner Persönlichkeit, soweit er nicht die Rechte anderer verletzt und nicht gegen die verfassungsmäßige Ordnung oder das Sittengesetz verstößt.
(2) Jeder hat das Recht auf Leben und körperliche Unversehrtheit. Die Freiheit der Person ist unverletzlich. In diese Rechte darf nur auf Grund eines Gesetzes eingegriffen werden.

**Artikel 3, Absatz 2 GG:**
Männer und Frauen sind gleichberechtigt.

**Artikel 9, Absatz 3 GG:**
Das Recht, zur Wahrung und Förderung der Arbeits- und Wirtschaftsbedingungen Vereinigungen zu bilden, ist für jedermann und alle Berufe gewährleistet. Abreden, die dieses Recht einschränken oder zu behindern suchen, sind nichtig, hierauf gerichtete Maßnahmen sind rechtswidrig. ...

**Artikel 11, Absatz 1 GG:**
Alle Deutschen genießen Freizügigkeit im ganzen Bundesgebiet.

**Artikel 12 GG:**
(1) Alle Deutschen haben das Recht, Beruf, Arbeitsplatz und Ausbildungsstätte frei zu wählen.
(2) Niemand darf zu einer bestimmten Arbeit gezwungen werden, außer im Rahmen einer herkömmlichen, allgemeinen, für alle gleichen öffentlichen Dienstleistungspflicht.
(3) Zwangsarbeit ist nur bei einer gerichtlich angeordneten Freiheitsentziehung zulässig.

Sämtliche Rechtsnormen, Gesetze und Vereinbarungen sind nichtig, wenn sie gegen das Grundgesetz verstoßen. Die folgenden Beispiele zeigen den Einfluss des Grundgesetzes auf das Arbeitsrecht:[66]

1) Artikel 2, Abs. 1 GG, in dem das allgemeine Persönlichkeitsrecht verankert ist, verbietet grundsätzlich eine Überwachung von Arbeitnehmern mittels versteckter Kameras.
2) Die Gleichberechtigung von Mann und Frau (Artikel 3, Abs. 2 GG) verpflichtet den Arbeitgeber zur Gleichbehandlung von Mann und Frau, also z.B. zur Zahlung des gleichen Lohns bei gleicher Arbeit und Qualifikation.

---

66 Vgl. Jahreis, A.: Arbeitsrecht. In: Mensch und Arbeit, hrsg. von Schneider, H.J., 9. Aufl., Köln 1992, S. 526.

3) Eine Kündigung, die der Arbeitgeber aufgrund eines Gewerkschaftsbeitritts des Arbeitnehmers ausspricht, ist unwirksam, da Artikel 9, Abs. 3 GG Koalitionsfreiheit gewährt.
4) In Artikel 12 GG ist festgelegt, dass z.B. ein Abiturient nicht gezwungen werden kann, ein bestimmtes Studium aufzunehmen, oder dass ein Auszubildender seinen Beruf frei wählen darf.

## (3) Gesetze und Rechtsverordnungen

Grundlegende Bestimmungen bezüglich des Arbeitsrechts finden sich vor allem im Bürgerlichen Gesetzbuch (BGB), im Handelsgesetzbuch (HGB) und der Gewerbeordnung (GewO).

Das **BGB** enthält insbesondere die Grundlagen des Arbeitsvertragsrechts, bei dem neben den Bestimmungen zum Dienstvertrag (§§ 611 ff. BGB) auch der allgemeine Teil des BGB und der allgemeine Teil des Schuldrechts von Bedeutung sind.

Das **HGB** regelt die Bestimmungen über die Rechtsverhältnisse der kaufmännischen Angestellten im Handelsgewerbe, z.B. Buchhalter, Verkäufer(in) etc. Von besonderer Bedeutung sind hier die §§ 59 ff. HGB.

Rechtsvorschriften für die in einem Gewerbebetrieb beschäftigten Arbeitnehmer (Fabrikarbeiter, Meister, Gesellen, technische Angestellte etc.) sind in der **GewO**, insbesondere in den §§ 105 ff. GewO, enthalten.

Der Unterschied zwischen Rechtsverordnungen (Art. 80 III GG) und Gesetzen besteht darin, dass Verordnungen nicht wie Gesetze vom Gesetzgeber (Bundestag, Bundesrat) aufgestellt werden, sondern durch die Exekutive erlassen werden. Wichtige Rechtsverordnungen im Bereich des Arbeitsrechts sind z.B. die Arbeitsstättenverordnung, die Durchführungsverordnung zum Betriebsverfassungsgesetz und die Arbeitszeitdurchführungsverordnung.

## (4) Tarifverträge und Betriebsvereinbarungen

Eine weitere Quelle des Arbeitsrechts besteht in den Vereinbarungen der Tarifpartner und der betrieblichen Partner, die in Tarifverträgen und Betriebsvereinbarungen autonomes Recht festsetzen.

**Tarifverträge** sind zwischen den Tarifvertragsparteien (Arbeitgeber bzw. Arbeitgeberverbände und Gewerkschaften) abgeschlossene schuldrechtliche Verträge, die zu ihrer Wirksamkeit der Schriftform bedürfen. Im Tarifvertrag sind die wechselseitigen Rechte und Pflichten der Parteien geregelt (schuldrechtlicher Teil), weiterhin enthält er Rechtsnormen zur Regelung der einzelnen Arbeitsverhältnisse zwischen den Mitgliedern der Tarifvertragsparteien (z.B. Höhe des Arbeitsentgeltes, Arbeitsbedingungen etc.) Rechtsgrundlage ist das Tarifvertragsgesetz (TVG).[67]

**Betriebsvereinbarungen** (§ 77 BetrVG) sind schriftlich abzufassen, von beiden Parteien zu unterschreiben und im Betrieb auszulegen. Sie gelten unmittelbar und zwin-

[67] Vgl. Kittner, M./Kittner, S.: Arbeits- und Sozialrecht, 5. Aufl., Frankfurt/Main 2004, S. 23 ff.

gend, auf die sich aus ihnen ergebenden Rechte darf nur mit Zustimmung des Betriebsrats verzichtet werden. Arbeitsbedingungen, die im Tarifvertrag geregelt werden, können nicht Gegenstand von Betriebsvereinbarungen sein. Im Gegensatz zu Tarifverträgen werden durch Betriebsvereinbarungen alle Arbeitsverhältnisse eines Betriebes mit Ausnahme der leitenden Angestellten erfasst. Eine Betriebsvereinbarung kann mit einer dreimonatigen Frist gekündigt werden.

## (5) Der Einzelarbeitsvertrag

Die individuelle Ausgestaltung eines Arbeitsverhältnisses wird durch den Abschluss eines Einzelarbeitsvertrages zwischen Arbeitgeber und Arbeitnehmer geregelt. Beim Abschluss eines solchen Arbeitsvertrages ist zu beachten, dass einzelne Bestimmungen (z.B. bezüglich Probezeit, Kündigungsfristen, Vergütungsrahmen etc.) nicht zu Ungunsten des Arbeitnehmers von gesetzlichen oder tarifvertraglichen Bestimmungen abweichen dürfen. Einzelvertragliche Vereinbarungen, die für den Arbeitnehmer günstiger als z.B. kollektiv-vertragliche Regelungen ausfallen (z.B. übertarifliche Zulagen, Zuschüsse zu den Fahrt-, Wohn- und Essenskosten oder verlängerter Urlaubsanspruch), sind dagegen gestattet.

Einzelarbeitsverträge, in denen alle das Arbeitsverhältnis betreffende Regelungen individuell festgelegt werden, sind heute nicht mehr üblich, man bezieht sich in den häufig verwendeten Formulararbeitsverträgen i.d.R. auf Gesetze, Tarifverträge und Betriebsvereinbarungen.

## (6) Rechtsnormähnliche Gestaltungsmittel

Einige Gestaltungsmittel, die auf das Arbeitsverhältnis einwirken, gelten nicht als allgemein verbindliche Rechtsnormen. Man spricht dann von rechtsnormähnlichen Gestaltungsmitteln, zu denen die folgenden Bereiche zählen:

- **Betriebliche Übung:** Wenn der Arbeitgeber ein bestimmtes Verhalten über einen längeren Zeitraum ohne ausdrückliche Vereinbarung zwischen Arbeitgeber und Arbeitnehmer praktiziert und der Arbeitnehmer davon ausgehen kann, dass der Arbeitgeber auch in Zukunft so verfahren wird, spricht man von einer betrieblichen Übung. Beispiele können die Zahlung eines 13. Monatsgehalts (Weihnachtsgeld) oder die Freistellung von der Arbeit über Karneval sein; die betriebliche Übung hat also vor allem Bedeutung für die Begründung von Ansprüchen auf Sonderzuwendungen, wie Gratifikationen, betriebliche Altersversorgung, bestimmte Arbeitszeitgestaltung etc. Ansprüche aufgrund der betrieblichen Übung werden zum Bestandteil des Arbeitsvertrages; sie können i.d.R. nur durch einen Änderungsvertrag oder eine Änderungskündigung beseitigt werden, wenn der Arbeitgeber sich nicht stets ausdrücklich in Bezug auf die betreffende Leistung einen Widerspruch vorbehalten hat.
- **Das Direktionsrecht des Arbeitgebers:** Als Direktions- oder Weisungsrecht wird das Recht des Arbeitgebers zur Bestimmung der Art, des Ortes und der Zeit sowie von allgemeinen Verhaltensregeln bezüglich der Leistungserbringung bezeichnet. So hat der Arbeitgeber beispielsweise das Recht, seine Arbeitnehmer zum Tragen von Schutzkleidung aufzufordern oder ein Rauchverbot auszusprechen. Das Direktions-

recht findet seine Grenzen in gesetzlichen und vertraglichen Regelungen (Art. 3 I GG), vor allem im Persönlichkeitsrecht des Arbeitnehmers.

- **Der Gleichbehandlungsgrundsatz:** Der Gleichbehandlungsgrundsatz ist im Gegensatz zum Gleichheitssatz (Artikel 3, Abs. 1 GG) und zur Gleichberechtigung (Artikel 3, Abs. 2 GG) ein arbeitsrechtlicher Rechtsgrundsatz, der in § 4 Teilzeit- und Befristungsgesetz (TzBfG) und § 75 BetrVG verankert ist. Der Gleichbehandlungsgrundsatz verpflichtet den Arbeitgeber, alle Arbeitnehmer gleich zu behandeln, solange nicht sachliche Gesichtspunkte dagegen sprechen. Hierdurch soll eine willkürliche Differenzierung (z.B. zwischen alten und jungen Mitarbeitern, Arbeitnehmern verschiedener Herkunft oder Religion oder zwischen Voll- und Teilzeitkräften) verhindert werden.

## (7) Die Rechtsprechung

Weite Teile des Arbeitsrechts sind gegenwärtig überhaupt nicht gesetzlich geregelt oder beinhalten in erheblichem Maße unbestimmte Rechtsbegriffe, die in ihrer Auslegung unklar sind. Gerichtsentscheidungen schließen daher Lücken so dass das Richterrecht im Arbeitsrecht einen hohen Stellenwert hat. Insbesondere die Haftung des Arbeitnehmers und das Arbeitskampfrecht bedürfen der fallweisen Klärung durch die Rechtsprechung.

## (8) Gesetzliche Kollisionen

Die genannten Rechtsquellen können widersprüchliche Regelungen beinhalten, auch kann es zu Überschneidungen zwischen Kollektiv- und Individualrecht kommen. In diesen Fällen muss dann geklärt werden, welche Rechtsquelle für den betreffenden Einzelfall Gültigkeit hat. Zur Klärung dieser Fragestellung gelten folgende Grundsätze:

**Rangprinzip**
Rechtsnormen haben untereinander eine Rechtsfolge.
Eine ranghöhere verdrängt die rangniedrigere Norm.

**Günstigkeitsprinzip**
Das Rangprinzip ist nichtig, wenn eine rangniedrigere
Norm für den Arbeitnehmer günstiger ist.

**Spezialitätsgrundsatz**
Bei gleichrangigen Normen wird die allgemeinere durch
die speziellere Norm verdrängt.

**Erneuerungsprinzip**
Eine neuere verdrängt die ältere Regelung.

**Grundsatz vom Vorrang des Bundesrechts**
Bundesrecht hat Vorrang vor Landesrecht (Artikel 31 GG).

**Abb. 43:** Grundsätze zur Gültigkeit von Rechtsquellen

## 3.3 Das individuelle Arbeitsrecht

Das individuelle Arbeitsrecht regelt die Beziehungen zwischen dem einzelnen Arbeitgeber und dem Arbeitnehmer. Es gliedert sich in das **Arbeitsvertragsrecht** und das **Arbeitsschutzrecht.**

Im **Arbeitsvertragsrecht** werden hauptsächlich die Bestimmungen des individuellen Arbeitsvertrages geregelt. Als Grundlage des Arbeitsvertragsrechts gelten:

- das Bürgerliche Gesetzbuch (BGB) mit den Bestimmungen für den Dienstvertrag (§§ 611 - 630),
- das Handelsgesetzbuch (HGB) mit den gesetzlichen Grundlagen für Handlungsgehilfen und Handlungslehrlinge in einem Handelsgewerbe (§§ 59 ff.) und
- die Gewerbeordnung (GewO), die die Stellung des Arbeitnehmers regelt.

Das **Arbeitsschutzrecht** beinhaltet Vorschriften für die gesamte Arbeitnehmerschaft und Sondervorschriften für einzelne Gruppen von Arbeitnehmern (vgl. folgende Abbildung):

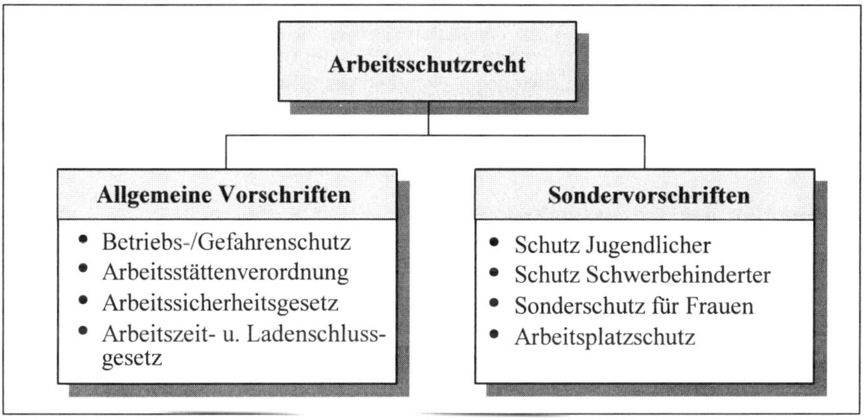


**Abb. 44:** Die Gliederung des Arbeitsschutzrechtes

### 3.3.1 Das Arbeitsvertragsrecht

Der Arbeitsvertrag und das Arbeitsverhältnis sind nicht gleichzusetzen. Das **Arbeitsverhältnis** ist das zwischen dem Arbeitgeber und dem Arbeitnehmer bestehende Rechtsverhältnis, zu dessen Begründung der Arbeitsvertrag geschlossen wird. Der **Arbeitsvertrag** ist in den §§ 611 - 630 BGB als Unterfall des Dienstvertrags geregelt, daneben gelten noch in einem bestimmten Umfang der allgemeine Teils des BGB (erstes Buch) und der allgemeine Teil des Schuldrechts (§§ 241 - 432 BGB).

Falls gesetzliche Sondervorschriften für spezielle Gruppen von Arbeitnehmern bestehen, gelten diese anstelle der Vorschriften des BGB. Für gewerbliche Arbeitnehmer (Gesellen, Gehilfen, Auszubildende, Betriebsbeamte, Werkmeister, Techniker, Fabrikarbeiter) befinden sich solche Sondervorschriften in den §§ 105 ff. GewO, für gewerbliche

Angestellte gelten insbesondere die §§ 133e und 133f GewO. Weitere Sonderregelungen betreffen die in einem Handelsgewerbe zur Verrichtung kaufmännischer Dienste angestellten Arbeitnehmer (Handlungsgehilfen), auf deren Dienstverhältnis die §§ 59 ff. HGB und die §§ 105 ff. GewO Anwendung finden. Die Verträge der zu ihrer Berufsausbildung beschäftigten Arbeitnehmer erfahren eine besondere Regelung im Berufsbildungsgesetz (BBiG).

Voraussetzung für einen wirksamen Arbeitsvertrag ist die Geschäftsfähigkeit von Arbeitnehmer und Arbeitgeber nach §§ 104 ff BGB (bei Minderjährigen vgl. insbesondere auch § 113 BGB). Nach §§ 145 ff BGB ist ein schriftlicher Vertragsabschluß nicht erforderlich. Teilweise wird in Tarifverträgen oder für besondere Verträge durch Gesetz (z.B. § 4 BBiG für Ausbildungsverträge) die Schriftform vorgeschrieben. Nach dem seit 1995 gültigen Nachweisgesetz sind Arbeitgeber verpflichtet, spätestens einen Monat nach dem vereinbarten Beginn des Arbeitsverhältnisses die wesentlichen Vertragsbedingungen schriftlich niederzulegen (§ 2 NachwG). Üblicherweise werden schriftliche Musterarbeitsverträge verwendet. Betriebsvereinbarungen müssen nicht in den Arbeitsvertrag aufgenommen werden. Gehört der Arbeitgeber keinem Arbeitgeberverband an, sollten eventuell übernommene tarifvertragliche Regelungen ausdrücklich beschrieben werden, ansonsten ist die Eingruppierung des Arbeitnehmers in die Tarifgruppe ausreichend.

Hat der Arbeitgeber einen Bewerber zu einem Vorstellungsgespräch aufgefordert, so hat er diesem die anfallenden Kosten zu erstatten, auch wenn es nicht zu einem Vertragsabschluss kommt (vgl. §§ 662, 670 BGB analog), es sei denn, der Arbeitgeber schließt zuvor ausdrücklich einen solchen Kostenersatz aus.

## (1) Formen des Arbeitsvertrages

Der Normalfall ist das **unbefristete Arbeitsverhältnis**, da es eine langfristige Planung ermöglicht. Das **befristete Arbeitsverhältnis** endet automatisch mit Ablauf der Frist (§ 620 Abs. 1 BGB). Man unterscheidet zwischen mit und ohne sachlichem Grund. Eine Befristung ohne sachlichem Grund (sog. erleichterte Befristung) ist zulässig, wenn die Dauer des Arbeitsvertrages zwei Jahre nicht überschreitet. Unbegrenzt zulässig ist eine Befristung mit sachlichem Grund (z.B. Erprobung des Arbeitnehmers, Branchennotwendigkeit etc.). Eine Sonderform des befristeten Arbeitsverhältnisses ist das Aushilfsarbeitsverhältnis. Folgen mehrere befristete Arbeitsverträge aufeinander, handelt es sich um sogenannte Kettenarbeitsverträge.

Eine weitere Möglichkeit zur Befristung eines Arbeitsverhältnisses wird durch § 14 Abs. 2 TzBfG eingeräumt, nach dem eine Befristung von 24 Monaten zulässig ist, wenn ein Arbeitnehmer neu eingestellt wird. Eine weitere Ausnahme vom Erfordernis des sachlichen Grundes für Befristungen besteht gemäß § 14 Abs. 3 TzBfG für Arbeitnehmer die bei Beginn des befristeten Arbeitsverhältnisses das 58. Lebensjahr vollendet haben.

Ein **Probearbeitsverhältnis** wird im Tarifvertrag, in einer Betriebsvereinbarung oder im Einzelarbeitsvertrag festgelegt. Gesetzlich vorgeschrieben ist es für Auszubildende (§§ 13, 18 BBiG). Die normalerweise drei- bis sechsmonatige Probezeit dient zur Beurteilung des Arbeitnehmers bzw. der Betriebsverhältnisse. **Teilzeitarbeitsverhältnisse** liegen vor, wenn die betriebsübliche Arbeitszeit dauerhaft unterschritten wird. (Bei vorübergehender Unterschreitung handelt es sich um Kurzarbeit).

**Nebenbeschäftigungen** sind zusätzliche Tätigkeiten für einen anderen Arbeitgeber. Sie sind zulässig, wenn

- die vorgeschriebenen Arbeitszeitgrenzen nicht überschritten werden
- sie nicht während einer Erkrankung oder im Urlaub erfolgen
- sie die Interessen des Hauptarbeitgebers nicht beeinträchtigen
- sie nicht im Tarifvertrag, in einer Betriebsvereinbarung oder dem Einzelarbeitsvertrag ausgeschlossen wurden

Beim **Job-Sharing** teilen sich mehrere Arbeitnehmer einen Arbeitsplatz und die dazugehörigen Rechte und Pflichten.

**Leiharbeit** ist die Abgabe eines Arbeitnehmers zur Leistung von Diensten an einen Dritten. Sie ist im Arbeitnehmerüberlassungsgesetz (AÜG) geregelt.

## (2) Rechte und Pflichten aus dem Arbeitsverhältnis

Arbeitgeber und Arbeitnehmer haben im Rahmen ihres Arbeitsverhältnisses bestimmte Rechte und Pflichten. Die Rechte des einen sind die Pflichten des anderen. Man unterscheidet Haupt- und Nebenpflichten:

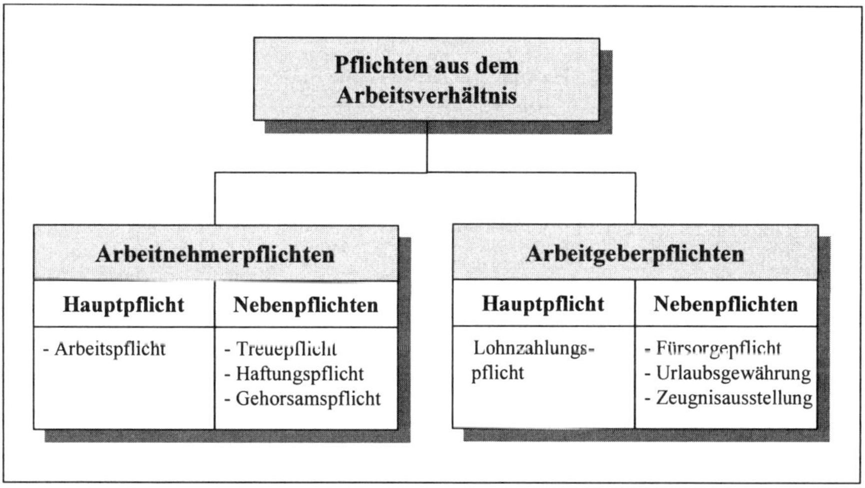


**Abb. 45:** Pflichten aus dem Arbeitsverhältnis

### a) Pflichten des Arbeitnehmers:

Die **Hauptpflicht des Arbeitnehmers** besteht nach §§ 611 Abs. 1, 613 BGB in der persönlichen Erbringung der versprochenen Dienste.[68] Welche Arbeit er an welchem Ort und zu welcher Zeit zu leisten hat, ergibt sich in erster Linie aus dem Arbeitsvertrag. Sind dort keine Regelungen getroffen, bestimmt der Arbeitgeber im Rahmen seines Weisungs- und Direktionsrechts (z.B. § 121 GewO).

---

[68] Vgl. hierzu auch Hromadka, W.: Arbeitsrecht-Handbuch für die betriebliche Praxis, 2. Aufl., Stuttgart 1994, S. 63 ff.

Weitere Verpflichtungen des Arbeitnehmers bestehen in der sogenannten **Treuepflicht** und den sich daraus ergebenden Unterlassungs- und Verhaltenspflichten. Die Unterlassungspflichten bestehen in der Hauptsache aus der Verschwiegenheitspflicht (der Arbeitnehmer muss die Betriebs- und Geschäftsgeheimnisse hüten), dem Verbot der Annahme von Schmiergeldern und dem Verbot, in einen direkten Wettbewerb gegen den Arbeitgeber zu treten (vgl. §§ 60 und 61 HGB). Die Verhaltenspflichten bestehen hauptsächlich aus Mitteilungs- und Anzeigepflichten, nach denen der Arbeitnehmer Unregelmäßigkeiten im Betriebsablauf melden muss, um z.B. drohenden Schädigungen vorzubeugen.

Für Schäden, die der Arbeitnehmer im Rahmen der Erfüllung seines Arbeitsvertrages verursacht, besteht eine **Haftungspflicht**. Der Umfang der Haftung bestimmt sich nach dem Grad des Verschuldens (vgl. § 254 BGB). Man unterscheidet Vorsatz sowie leichte, mittlere u. grobe Fahrlässigkeit:

- **Vorsatz:** Mit Wissen und Wollen
- **Fahrlässigkeit:** Die erforderliche Sorgfalt wurde außer acht gelassen
  - grobe Fahrlässigkeit: "Das darf nicht passieren"
  - mittlere Fahrlässigkeit: "Das soll nicht passieren"
  - leichte Fahrlässigkeit: "Das kann schon mal passieren"

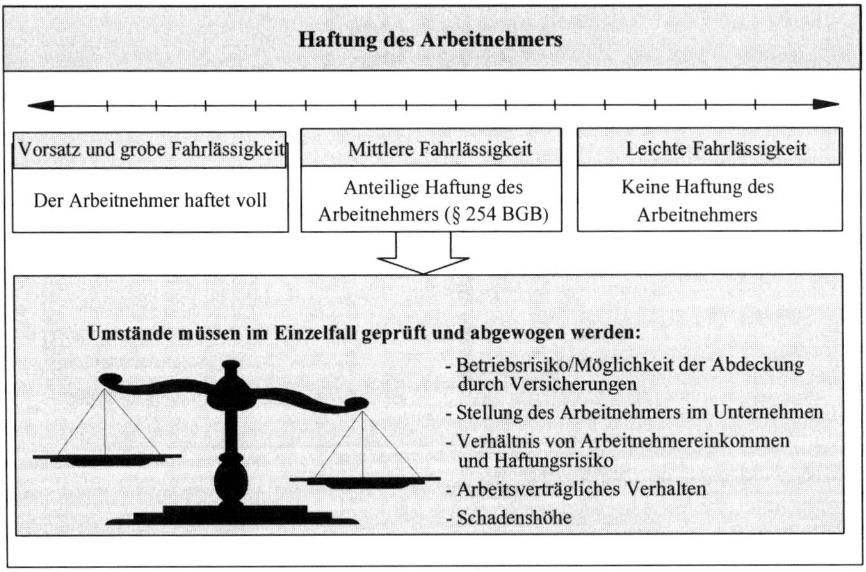


**Abb. 46:** Haftung des Arbeitnehmers

Die Rechtsprechung geht davon aus, dass der Arbeitgeber aus dem Erfolg des betrieblichen Geschehens einen Nutzen (Gewinn) zieht. Daher muss der Unternehmer für die Risiken mithaften, die zur Erreichung des Unternehmenserfolges eingegangen werden. Daneben liegt es im Macht- bzw. Einflussbereich des Arbeitgebers, diese Risiken durch Versicherungen und eine entsprechende Organisation des Betriebes zu mindern.

Ein weiterer Grund für eine generelle Mithaftung des Arbeitgebers besteht darin, dass durch die steigende Arbeitsteilung und Technisierung bereits Arbeitnehmer mit geringer oder mittlerer Qualifikation zum Umgang mit Millionenwerten gezwungen sind.

Das Bundesarbeitsgericht[69] ist daher zu dem Urteil gekommen, dass auch in Fällen grober Fahrlässigkeit eine Schadensteilung (Quotelung) vorgenommen werden kann, wenn:

- der Schaden sehr hoch ist,
- der Arbeitslohn im krassen Missverhältnis zum Haftungsrisiko steht,
- das Risiko vom Arbeitgeber einkalkulierbar und mit Versicherungen abdeckbar ist.

Die Arbeitnehmerhaftung ist somit von mehreren Faktoren abhängig und bedarf stets einer Prüfung und Abwägung des jeweiligen Einzelfalles.

Die **Gehorsamspflicht** des Arbeitnehmers ist das Gegenstück zum Direktionsrecht des Arbeitgebers. Der Arbeitnehmer hat Weisungen bezüglich der Art seiner Tätigkeit und seines Verhaltens im Betrieb zu befolgen, sofern diese nicht gegen Gesetze, Verordnungen oder Verträge (Tarifvertrag, Einzelarbeitsvertrag) verstoßen. Diese Weisungen können auch seitens des Arbeitgebers in Form von allgemeinen Anordnungen über die Ausführung der Arbeit erfolgen. Weisungen, die sich auf das Verhalten der Arbeitnehmer außerhalb des Betriebes beziehen, haben nur dann Gültigkeit, wenn dadurch eine Schädigung des Unternehmens verhindert werden soll. Ein Beispiel dafür ist etwa die Weisung an den Betriebsleiter, ein verrufenes Lokal in der Nähe des Betriebs zu meiden, um den Betrieb nicht in Misskredit zu bringen. Es versteht sich von selber, dass Weisungen aus dem Arbeitsverhältnis heraus keine Straftaten oder Ordnungswidrigkeiten beinhalten dürfen.

**b) Pflichten des Arbeitgebers:**

Die **Hauptpflicht des Arbeitgebers** besteht in der Entlohnung. Die Höhe der Entlohnung ist Bestandteil von Tarif- oder Einzelarbeitsverträgen. Grundsätzlich ist die Entlohnung eine Holschuld (§ 269 BGB). Für den bargeldlosen Zahlungsverkehr gilt § 270 BGB. Die Überweisungskosten trägt der Arbeitgeber. Die Vergütung ist nachträglich zu zahlen, wobei der Arbeitgeber Sozialversicherungsbeiträge und Lohnsteuern einzubehalten und abzuführen hat.

Ein **Lohnfortzahlungsanspruch** besteht nach § 616 BGB bzw. EntgeltfortzahlungsG z.B. bei Urlaub, Feiertagen, Krankheit, Schwangerschaft, Betriebsstörungen und wenn der Arbeitnehmer ohne eigenes Verschulden an der Arbeitserbringung gehindert wird, z.B. bei einem unerwarteten Stau. Dagegen ist eine Verspätung z.B. wegen winterlichen Wetters vorhersehbar. In diesem Fall verliert der Arbeitnehmer seinen Entgeltanspruch (§ 320 Abs. 1 BGB).

Zur **Fürsorgepflicht** des Arbeitgebers, zu der er nach Treu und Glauben (§ 242 BGB) verpflichtet ist, da die Arbeitnehmer ihr Leben, ihre Gesundheit und ihr Eigentum in seinen Bereich einbringen, gehören der Gleichbehandlungsgrundsatz (Arbeiter – Ange-

[69] Vgl. Bundes Arbeitsgericht Vorlagebeschluss vom 12.06.1992, AP § 611 BGB, Haftung des Arbeitnehmers, Nr. 101 = DB 1993, S. 939.

stellte), der Gleichberechtigungsgrundsatz (Männer - Frauen) und der Schutz der Persönlichkeit. Nach § 618 BGB sind die Arbeitsräume, die Arbeitsmittel und die Arbeitsabläufe so einzurichten, dass der Arbeitnehmer keinen Schaden erleidet.

Der Arbeitgeber muss den Arbeitnehmern **Urlaub** von mindestens 24 Werktagen gewähren (§§ 1, 3 Abs. 1 BUrlG). In der Regel besteht ein höherer Urlaubsanspruch aufgrund von Tarifverträgen. Nur bei dringenden betrieblichen oder persönlichen Gründen darf der Jahresurlaub bis zu drei Monate nach Ende des Kalenderjahres gewährt werden. Abgegolten werden kann er nur bei Beendigung des Arbeitsverhältnisses. Das Urlaubsentgelt ist vor Beginn des Urlaubs auszuzahlen. Zusätzlich ist in vielen Tarifverträgen die Zahlung eines Urlaubsgeldes vorgesehen.

Der Arbeitgeber hat dem Arbeitnehmer nach § 630 BGB ein **Zeugnis** auszustellen. Auf Verlangen des Arbeitnehmers muss dieses neben der Beschreibung der Tätigkeit auch eine Beurteilung der Leistungen und des Verhaltens enthalten (qualifiziertes Zeugnis). Nicht zulässig ist es, dem neuen Arbeitgeber die Personalakten zu überlassen.

## (3) Beendigung eines Arbeitsverhältnisses

Die Beendigung eines Arbeitsverhältnisses kann aus verschiedenen Gründen erfolgen. Die folgende Abbildung bietet einen Überblick:

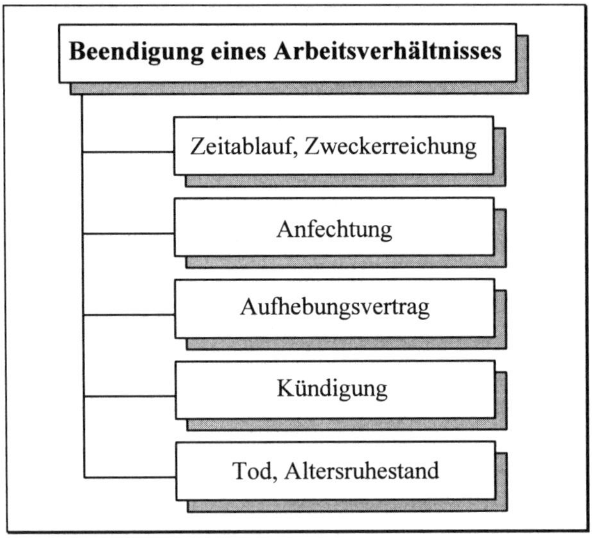


**Abb. 47:** Beendigung von Arbeitsverhältnissen

Befristete Arbeitsverhältnisse enden mit Ablauf der vereinbarten Frist, eine Kündigung ist nicht erforderlich (§ 620 Abs. 1 BGB).

Gemäß §§ 119, 123 BGB kann jedes Arbeitsverhältnis durch **Anfechtung** enden, z.B. ist das Verschweigen einer Schwerbehindertenеigenschaft trotz ausdrücklicher Frage eine arglistige Täuschung, die zur Anfechtung berechtigt. Neben der arglistigen Täuschung

(§ 123 BGB) kann eine Anfechtung auch wegen Drohung (§ 123 BGB) oder wegen Irrtums (§ 119 BGB) erfolgen. Entgegen § 142 BGB gilt der angefochtene Arbeitsvertrag nicht als von Anfang an nichtig, sondern erst ab dem Zeitpunkt der Anfechtungserklärung ("ex nunc"), so dass ein Entgeltanspruch für die geleistete Arbeit besteht.

Aufgrund der Vertragsfreiheit (§§ 241, 311 BGB) können beide Vertragsparteien den Arbeitsvertrag zu jeder Zeit durch einen **Aufhebungsvertrag** - mit oder ohne Zahlung einer Abfindung - einvernehmlich beenden. Kündigungsfristen brauchen dabei nicht eingehalten zu werden; das Mitwirkungsrecht des Betriebsrats gilt ebenfalls nicht. Der Arbeitnehmer sollte dabei beachten, dass er im Falle anschließender Arbeitslosigkeit unter Umständen 12 Wochen lang keinen Anspruch auf Arbeitslosengeld besitzt (§ 144 SGB III). Weiterhin ist zu beachten, dass die Abfindung auf das Arbeitslosengeld angerechnet wird (§ 143 a SGB III).[70]

Eine **Kündigung** ist eine einseitige, empfangsbedürftige Willenserklärung, die mit Zugang beim Empfänger wirksam wird (§ 130 BGB). Die Kündigung ist gemäß § 623 BGB schriftlich zu fassen. Eine Änderungskündigung nach § 2 KSchG ist keine bedingte Kündigung, sondern das Angebot des Arbeitgebers, das Arbeitsverhältnis mit einem inhaltlich neuen Arbeitsvertrag fortzusetzen. Die Teilkündigung von Arbeitsverträgen ist generell unzulässig, da ein Arbeitsvertrag nur als Ganzes gekündigt werden kann. Die Kündigung eines Arbeitnehmers wegen des Wechsels des Betriebsinhabers ist nach § 613a Abs. 4 BGB unwirksam, da der neue Inhaber alle Rechte und Pflichten des Arbeitsverhältnisses übernimmt. Auch bei der Stillegung eines Unternehmens endet das Arbeitsverhältnis nicht automatisch, es muss unter Einhaltung der gesetzlich vorgeschriebenen Kündigungsfrist gekündigt werden.

Der **Tod** eines Arbeitnehmers beendet das Arbeitsverhältnis, die Erben des Verstorbenen haben also weder das Recht noch die Pflicht, das Arbeitsverhältnis fortzusetzen. Eine Verpflichtung der Hinterbliebenen kann jedoch in der Rückgabe von Betriebseigentum oder in der Räumung einer Werkswohnung bestehen. Durch den Tod des Arbeitgebers wird das Arbeitsverhältnis i.d.R. nicht beendet.

Mit dem Erreichen des **Rentenalters** endet das Arbeitsverhältnis nicht automatisch, sondern nur dann, wenn der Bezug einer bestimmten Rente oder die Erreichung des 65. Lebensjahres durch einen Tarifvertrag, eine Betriebsvereinbarung oder durch Einzelvertrag als Beendigungsgrund vereinbart ist.

## 3.3.2 Das Arbeitsschutzrecht

Der Arbeitnehmer ist der sozial und wirtschaftlich schwächere Partner des Arbeitsvertrags. Deshalb ist das Arbeitsrecht weitgehend ein Arbeitnehmer-Schutzrecht. Einen weiteren wichtigen Bestandteil des Arbeitsschutzrechtes bilden die Gesetze und Vorschriften, die dem Gefahrenschutz gewidmet sind. Die folgende Abbildung zeigt die wichtigsten rechtlichen Quellen zum Schutz der Arbeitnehmer:

70 Vgl. Hjort, J.P.: Aufhebungsvertrag und Abfindung, 2, Aufl., Franfurt/Main 2003, S. 23 ff.

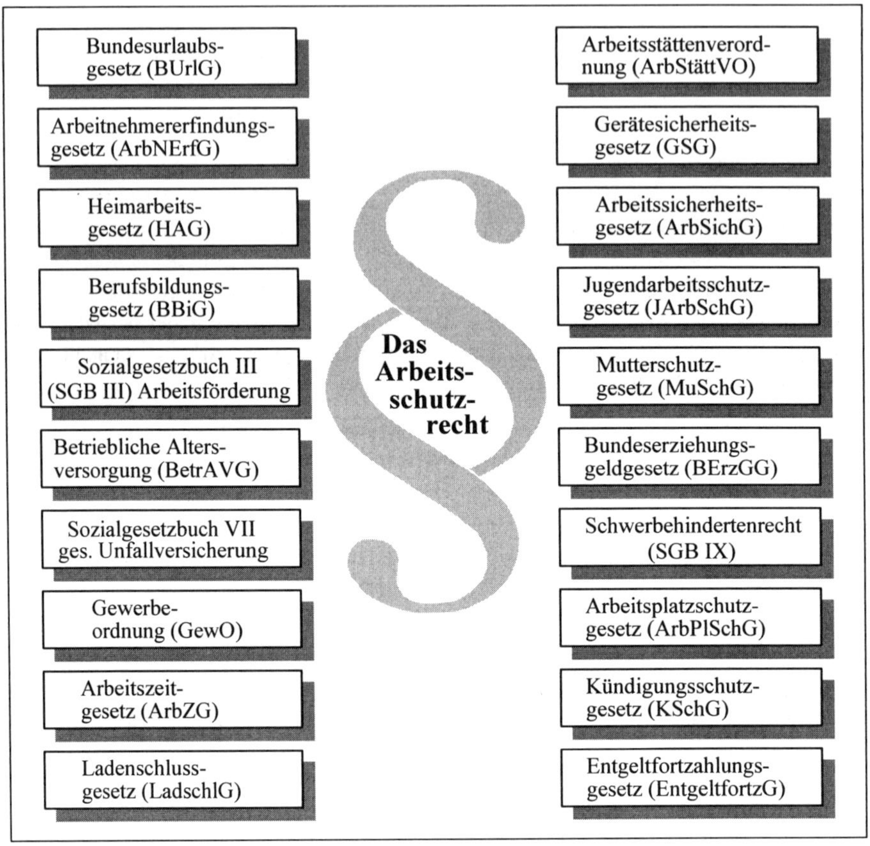


**Abb. 48:** Gesetze und Verordnungen des Arbeitsschutzrechtes

## (1) Grundsätze

Das Arbeitnehmerschutzrecht umfasst die Arbeitssicherheit und den sozialen Arbeitsschutz. Für die genannten Gesetze und Verordnungen gelten folgende Grundsätze:

- Die sich aus dem Arbeitsschutzrecht ergebenden Arbeitgeberpflichten bestehen in erster Linie nicht gegenüber dem Arbeitnehmer, sondern gegenüber der Öffentlichkeit.
- Das Arbeitsschutzrecht ist mit wenigen Ausnahmen unabdingbar, d.h. der Arbeitnehmer kann nicht auf die Einhaltung verzichten.
- Erfüllt der Arbeitgeber die ihm obliegenden Arbeitsschutzvorschriften nicht, kann der Arbeitnehmer die Arbeit verweigern und Ersatz des ihm entstandenen Schadens verlangen.
- Die Verletzung von Arbeitsschutzvorschriften stellt eine Ordnungswidrigkeit oder vielfach sogar eine Straftat dar.

## (2) Wichtige Gesetze

Das **Bundesurlaubsgesetz** BUrlG legt den jährlichen Mindesturlaub auf 24 Werktage fest. Der volle Urlaubsanspruch besteht nach sechsmonatigem Bestehen des Arbeitsverhältnisses.

Nach dem **Arbeitnehmererfindungsgesetz** sind Erfindungen vergütungspflichtig, wenn sie vom Arbeitgeber in Anspruch genommen werden.

Das **Heimarbeitsgesetz** gewährt einen besonderen Arbeitszeit-, Gefahren-, Vergütungs- und Kündigungsschutz für die wirtschaftlich besonders abhängigen Heimarbeiter.

Das **Berufsbildungsgesetz** erfasst alle Personen, die sich in einer beruflichen Aus- und Fortbildung oder einem Umschulungsverhältnis befinden. § 4 regelt Einzelheiten über den Inhalt des Ausbildungsvertrags, der schriftlich abgeschlossen werden muss. Nach § 6 besteht ein Recht auf Vermittlung der erforderlichen Fertigkeiten und Kenntnisse. Das Ausbildungsverhältnis ist angemessen zu vergüten (§§ 10 ff.) und darf nach Ablauf der vorgeschriebenen Probezeit nur aus wichtigem Grund gekündigt werden (§§ 13 ff.).

Das Ziel vom **Sozialgesetzbuch III** ist das Verhindern von Arbeitslosigkeit und die Förderung der Eingliederung von Behinderten, Frauen und älteren Arbeitnehmern. Die Folgen der Arbeitslosigkeit sollen durch Arbeitslosengeld u.ä. gemindert, die Ausbildung und Umschulung durch Beihilfen gefördert werden.

Das **Gesetz über die betriebliche Altersversorgung** sichert Arbeitnehmern, deren Arbeitsverhältnis vor Eintreten des Versorgungsfalles endet, unter bestimmten Umständen die betriebliche Altersversorgung zu.

Das **Sozialgesetzbuch VII** regelt insbesondere die Verpflichtung zur Unfallversicherung der Arbeitnehmer durch das Unternehmen und schreibt für Betriebe mit mehr als 20 Mitarbeitern das Vorhandensein eines Sicherheitsbeauftragten vor.

Im neuen **Arbeitszeitgesetz** (ArbZG), das aufgrund des Einigungsvertrags die Arbeitszeitordnung (AZO) ablöst hat, sind die Vorschriften bezüglich der maximal zulässigen Arbeitszeiten sowie über die einzuhaltenden Ruhepausen enthalten.

Die Vorschriften des **Ladenschlussgesetzes** gehören ebenfalls zum Arbeitszeitschutz, indem sie zwar nicht die Nichtbeschäftigung der Arbeitnehmer, sondern die Schließung der Läden und Verkaufsstellen während festgesetzter Zeiten anordnen. An Sonn- und Feiertagen, montags bis samstags von 20 Uhr bis 6 Uhr und am 24. Dezember, wenn dieser auf einen Werktag fällt bis 6 Uhr und ab 14 Uhr müssen die Verkaufsstellen geschlossen sein (§ 3 Ladenschlussgesetz).

Die **Gewerbeordnung** ist die Grundlage für den allgemeinen Betriebs- und Gefahrenschutz. § 120a schreibt vor, dass Arbeitsräume, Betriebsvorrichtungen, Maschinen und Arbeitsabläufe so gestaltet werden müssen, dass Leben und Gesundheit des Arbeitnehmers geschützt werden.

Die **Arbeitsstättenverordnung** enthält die nach dem derzeitigen sicherheitstechnischen, arbeitsmedizinischen, hygienischen und ergonomischen Erkenntnisstand wesentlichen Anforderungen an Betriebshallen, Werkstätten, Büros usw. Diese werden in Arbeitsstättenrichtlinien konkretisiert.

Das **Gerätesicherheitsgesetz** (auch Maschinenschutzgesetz genannt) regelt die Anforderungen an Maschinen, Werkzeuge und Arbeitsgeräte. Die Berufsgenossenschaften ergänzen die gesetzlichen Regelungen durch den Erlass von **Unfallverhütungsvorschriften** (UVV). Sie enthalten nach § 708 Reichsversicherungsordnung (RVO) Vorschriften über Einrichtungen, Anordnungen und Maßnahmen, die die Unternehmer zur Verhütung von Arbeitsunfällen zu treffen haben, das Verhalten, das die Versicherten zur Verhütung von Arbeitsunfällen zu beachten haben, und über ärztliche Untersuchungen von Versicherten, die vor der Beschäftigung mit Arbeiten durchzuführen sind, deren Verrichtung mit außergewöhnlichen Unfall- oder Gesundheitsgefahren für sie oder Dritte verbunden ist.

Das **Arbeitssicherheitsgesetz** verlangt vom Arbeitgeber die Bestellung von Betriebsärzten und Sicherheitsingenieuren (§ 6 ArbSichG). Diese sollen den Arbeitgeber beratend unterstützen und die Arbeitnehmer über Gefahren und deren Vermeidung belehren. Technische Aufsichtsbeamte der Berufsgenossenschaft und Gewerbeaufsicht sowie der Betriebsrat (§§ 80, 89 BetrVG) kontrollieren die Einhaltung dieser Vorschriften (§ 712 RVO).

Das **Jugendarbeitsschutzgesetz** gilt für alle Beschäftigten unter 18 Jahren. § 5 verbietet die Beschäftigung von Kindern unter 15 Jahren, Ausnahmen sind nur in sehr seltenen Fällen möglich. Die Höchstarbeitszeit für Jugendliche beträgt acht Stunden am Tag und 40 Stunden in der Woche (§ 8), dabei wird der Berufsschulunterricht angerechnet. An Tagen mit mehr als fünf Stunden Unterricht ist der Jugendliche von der Arbeit freizustellen, die Unterrichtszeit ist zu vergüten. Bei einer Arbeitszeit von 4,5 bis 6 Stunden haben die Jugendlichen Anspruch auf mindestens 30 Minuten, bei mehr als sechs Stunden auf 60 Minuten Ruhepause. Die Ruhezeit beträgt mindestens 12 Stunden. Der Urlaubsanspruch beläuft sich auf 25, für Jugendliche unter 16 Jahren auf 30 Werktage. Die Beschäftigung von Jugendlichen zwischen 20 und 7 Uhr, an Samstagen, Sonn- und Feiertagen ist unzulässig, ebenso Akkordarbeit oder Arbeiten mit erhöhtem Risiko.

Grundlage für das **Mutterschutzgesetz** ist Artikel 6 Absatz 4 des Grundgesetzes. Danach hat jede Mutter Anspruch auf den Schutz und die Fürsorge der Gemeinschaft. § 2 MuSchG schreibt eine besondere Gestaltung des Arbeitsplatzes vor. Beschäftigungsverbote bestehen sechs Wochen vor und acht Wochen nach der Entbindung sowie auf ärztliche Weisung (§§ 33 ff). Werdende oder stillende Mütter dürfen außerdem nicht zu schwerer körperlicher oder gesundheitsschädlicher Arbeit eingesetzt werden. Bei Beschäftigungsverboten ist der Arbeitgeber nach § 11 zur Entgeltleistung verpflichtet. § 9 gewährt für die Zeit der Schwangerschaft und bis zu vier Monate nach der Entbindung Kündigungsschutz, der nur in begründeten Einzelfällen von der obersten Landesbehörde aufgehoben werden kann. Diese Einzelfälle werden durch besondere arbeitsvertragliche Zustände ermöglicht.

Ergänzend regelt das **Bundeserziehungsgeldgesetz** den Erziehungsurlaub. Seit Januar 2001 wurde der Erziehungsurlaub in Elternzeit umbenannt (§ 15 BErzGG). Die Hauptpflichten des Arbeitsverhältnisses sind für diese Zeit suspendiert, die Nebenpflichten bleiben bestehen.

Das **Schwerbehindertenrecht**[71] definiert als Schwerbehinderten, wer zu mindestens 50 % in seiner Erwerbsfähigkeit eingeschränkt ist. Auf Antrag bei der Bundesagentur für Arbeit können Personen, die mindestens 30 % erwerbsgemindert sind, den Schwerbehinderten gleichgestellt werden. Für sie gilt allerdings nicht die Verlängerung des Urlaubs um fünf Arbeitstage (§ 125 SGB IX). Schwerbehinderte dürfen nur mit Zustimmung des Integrationssamtes gekündigt werden; sie sind von Mehrarbeit freizustellen. Solange der Arbeitgeber die vorgeschriebene Zahl schwerbehinderter Menschen nicht beschäftigt, entrichtet er für jeden unbesetzten Pflichtarbeitsplatz eine monatliche Ausgleichsabgabe. Sie beträgt je Monat und unbesetzten Pflichtarbeitsplatz 105 EUR bei einer jahresdurchschnittlichen Beschäftigungsquote von 3 % bis weniger als dem geltenden Pflichtsatz, 180 EUR bei 2 bis weniger als 3 % sowie 260 EUR bei einer jahresdurchschnittlichen Beschäftigungsquote von weniger als 2 %.

Das **Arbeitsplatzschutzgesetz** sichert Wehrpflichtigen den Arbeitsplatz, ohne dass ihnen Nachteile in beruflicher oder betrieblicher Hinsicht entstehen dürfen (§ 6). Die Wehrdienstzeit wird auf die Betriebszugehörigkeit angerechnet. Entsprechendes gilt für Zivildienstleistende gemäß dem Gesetz über den Zivildienst der Kriegsdienstverweigerer (§ 78 ZDG).

Das **Kündigungsschutzgesetz** gilt für Betriebe und Verwaltungen des privaten und öffentlichen Rechts (§ 23 Abs. 1), mit Ausnahme von Betrieben, die nicht mehr als zehn Arbeitnehmer (Auszubildende werden dabei nicht mitgezählt) beschäftigen. Voraussetzung für den Arbeitnehmer ist, dass er mindestens sechs Monate ununterbrochen dem Betrieb angehört (§ 1 Abs. 1 KSchG). Teilzeitarbeitskräfte werden hier nach einem bestimmten Schlüssel zusätzlich angerechnet.[72]

Das **Entgeltfortzahlungsgesetz** sichert den Arbeitnehmern während einer unverschuldeten Arbeitsunfähigkeit infolge Krankheit ihren Vergütungsanspruch bis zu einer Dauer von sechs Wochen (§ 1). Sondervergütungen des Arbeitgebers können jedoch in diesem Zeitraum gekürzt werden. Verschuldet ist eine Krankheit, wenn sie auf einen groben Verstoß gegen das normalerweise zu erwartende Verhalten zurückzuführen ist. Der Arbeitnehmer ist verpflichtet, dem Arbeitgeber die Arbeitsunfähigkeit und deren voraussichtliche Dauer unverzüglich mitzuteilen. Dauert die Arbeitsunfähigkeit länger als drei Kalendertage, hat der Arbeitnehmer eine ärztliche Bescheinigung über das Bestehen der Arbeitsunfähigkeit sowie deren voraussichtliche Dauer spätestens an dem darauffolgenden Arbeitstag vorzulegen (§ 5). Arbeitnehmer erhalten erneut Entgeltfortzahlung bis zu sechs Wochen, wenn seit Beginn der ersten Erkrankung ein halbes Jahr vergangen ist oder wenn es sich um eine andere Krankheit handelt. Bei einer Kur besteht auch dann Anspruch auf Entgeltfortzahlung, wenn der Sozialleistungsträger die Kosten nicht voll übernimmt.

[71] Das Schwerbehindertenrecht ist seit Mitte 2001 im Sozialgesetzbuch IX geregelt.

[72] Für Arbeitnehmer, die vor dem 31.12.2003 beschäftigt wurden, gilt das Kündigungsschutzgesetz schon, wenn der Betrieb mehr als fünf Arbeitnehmer hat (§ 23 KSchG).

## 3.4 Das kollektive Arbeitsrecht

Im kollektiven Arbeitsrecht sind die Rechtsfragen geregelt, bei denen nicht ein Arbeitnehmer als Einzelperson, sondern eine Gruppe von Arbeitnehmern betroffen ist. Solche Gruppen können z.B. alle Arbeitnehmer eines Betriebes oder alle Arbeitnehmer einer bestimmten Branche (z.B. der metallverarbeitenden Industrie) sein.

Das kollektive Arbeitsrecht regelt insbesondere die Beziehungen zwischen den Gewerkschaften und den Arbeitgeberverbänden. Ein Schwerpunkt ist hier die rechtliche Grundlage von **Tarifverträgen** und Fragen der Durchführung von Arbeitskampfmaßnahmen. Weiterhin sind die Gesetze bezüglich der innerbetrieblichen **Mitbestimmung** und Mitwirkung (Betriebsrat) und der Mitbestimmung auf Unternehmensebene (Arbeitnehmervertretung in Aufsichtsräten) als Bestandteile des kollektiven Arbeitsrechts von großer Bedeutung.

### 3.4.1 Das Tarifvertragsrecht

Die beginnende Industrialisierung schaffte Mitte des 19. Jahrhunderts unmenschliche Arbeits- und Lebensbedingungen. Arbeiter wurden vielfach wie Leibeigene behandelt, die wöchentliche Arbeitszeit betrug mehr als 70 Stunden, es gab nur wenige arbeitsfreie Tage und die Löhne reichten kaum zum Lebensunterhalt. Außerdem war die Arbeit an den völlig ungeschützten Maschinen häufig mit hohen Gefahren für Leben und Gesundheit verbunden.

Da keine Hilfe durch den Staat zu erwarten war, schlossen sich die Arbeiter zu den zunächst noch verbotenen Gewerkschaften zusammen. Bis zum 2. Weltkrieg existierten eine Vielzahl von kleinen Einzelgewerkschaften sozialistischer oder christlicher Prägung (sog. Richtungsgewerkschaften). Nach dem 2. Weltkrieg haben sich die Gewerkschaften in wenigen, flächenübergreifenden Industriegewerkschaften etabliert, die als sog. Einheitsgewerkschaften weltanschaulich neutral und parteipolitisch unabhängig sind. Jede dieser Industriegewerkschaften ist gemäß dem Industrieverbandsprinzip für alle in dem entsprechenden Industriezweig beschäftigten Arbeitnehmer zuständig, unabhängig von deren Beruf und arbeitsrechtlicher Stellung. So ist z.B. für den Betriebsgärtner eines Maschinenbauunternehmens die IG Metall zuständig, nicht die Gewerkschaft Bauen-Agrar-Umwelt. Die Tradition der Richtungsgewerkschaften wird durch den Christlichen Gewerkschaftsbund (CGB) fortgeführt, der allerdings bisher nur einen geringen Einfluss gewinnen konnte. Die bedeutendsten Gewerkschaften sind im deutschen Gewerkschaftsbund (DGB) zusammengefasst. Er besteht zur Zeit (Stand 2004) aus folgenden acht Einzelgewerkschaften:

| | |
|---|---|
| - Industriegewerkschaft Bauen-Agrar-Umwelt | - Gewerkschaft Nahrung-Genuss-Gaststätten |
| - Industriegewerkschaft Bergbau, Chemie, Energie | - Industriegewerkschaft Metall |
| - Gewerkschaft Erziehung und Wissenschaft | - TRANSNET Gewerkschaft GdED |
| - Gewerkschaft der Polizei | - Vereinte Dienstleistungsgewerkschaft |

**Abb. 49:** Die Industriegewerkschaften im Deutschen Gewerkschaftsbund

Das Recht zur Bildung von Gewerkschaften ist heute im Grundgesetz (Art. 9, Abs. 3 GG) verankert. Dieses Recht der Koalitionsfreiheit besagt, dass sich freie Gewerkschaften und Arbeitgeberverbände bilden und betätigen dürfen und garantiert, dass niemand daran gehindert oder dazu gezwungen werden darf, sich einer solchen Koalition anzuschließen. Eine Einschränkung machte der Bundesgerichtshof (BGH-Urteil vom 4.3.1991), indem er bestimmte, dass Gewerkschaften Mitglieder, die gewerkschafts-feindlichen Organisationen angehören, ausschließen können. Damit wurde ein wesentlicher Grundsatz für das Bestehen einer Koalition angesprochen, denn nicht jeder Zusammenschluss von Arbeitgebern bzw. Arbeitnehmern stellt einen Arbeitgeberverband bzw. eine Gewerkschaft dar. Bedingung für die Existenz einer Koalition in diesem Sinne ist, dass es sich um eine freie, auf Dauer angelegte Vereinigung mit dem Zweck der Verbesserung der wirtschaftlichen oder sozialen Lage der Mitglieder handelt. Dazu muss der Zusammenschluss gegnerfrei, finanziell unabhängig und überbetrieblich organisiert sein und durch die Zahl seiner Mitglieder über eine gewisse Durchsetzungskraft verfügen.

Die rechtliche und politische Bedeutung der Gewerkschaften liegt heute vor allem darin, dass sie als Verhandlungspartner der Arbeitgeberverbände an der kollektiven Gestaltung der Arbeitsbedingungen, insbesondere durch die Aushandlung von Tarifverträgen, beteiligt sind und dadurch weite Teile des Arbeitsrechts autonom mitgestalten können.

## (1) Tarifverträge

Tarifverträge sind schriftliche Vereinbarungen zwischen Gewerkschaften und Arbeitgeberverbänden (Verbandstarif) bzw. einzelnen Arbeitgebern (Firmen-, Haustarif), die die Rechte und Pflichten der Tarifvertragsparteien regeln. Sie enthalten Rechtsnormen über Inhalt, Abschluss und Beendigung von Arbeitsverhältnissen sowie Bestimmungen über betriebliche und betriebsverfassungsrechtliche Fragen und gemeinsame Einrichtungen der Tarifvertragsparteien. Sie unterliegen als privatrechtliche Verträge dem allgemeinen Vertragsrecht nach §§ 145 ff. BGB und sind speziell im Tarifvertragsgesetz (TVG) geregelt.

### a) Inhalt von Tarifverträgen

In § 1 TVG wird der Inhalt von Tarifverträgen festgelegt. Man unterscheidet hier zwei Ebenen: den **schuldrechtlichen** Teil (sog. obligatorische Bestimmungen), der das Verhältnis der Tarifparteien untereinander regelt, und den **normativen** Teil, der wie gesetzliche Bestimmungen die Bedingungen der einzelnen Arbeitsverhältnisse festlegt. Die Hauptbestandteile des schuldrechtlichen Teils von Tarifverträgen sind:

- Die **Friedenspflicht** verbietet Arbeitskampfmaßnahmen (Streik) während der Laufzeit eines Tarifvertrags; nach Ablauf sind sie erst zulässig, wenn Verhandlungen gescheitert sind.
- Die **Einwirkungspflicht** verpflichtet die Tarifvertragsparteien, so auf ihre Mitglieder einzuwirken, dass diese die Vereinbarungen einhalten.
- Die **Nachwirkungspflicht**, die bestimmt, dass ein Tarifvertrag nach seinem Ablauf weiter gültig ist, bis eine neue Regelung erfolgt (§ 4 Abs. 5 TVG).

Wichtiger für den einzelnen Arbeitgeber bzw. Arbeitnehmer sind die normativen Bestimmungen. Man unterscheidet folgende Normen:

- **Inhaltsnormen** (§ 4, Abs. 1 TVG) regeln den Inhalt des Arbeitsvertrags (Lohn, Arbeitszeit, Kündigung, Urlaub).
- **Abschlussnormen** (§ 4, Abs. 1 TVG) befassen sich mit den Formvorschriften beim Abschluss von Arbeitsverträgen (Vertragsform, Abschlussverbote).
- **Betriebsnormen** (§ 3, Abs. 2 TVG) sind Normen über Betriebseinrichtungen oder über den Arbeitsschutz. Hier werden u.a. auch Sozialeinrichtungen (Pausenräume, Waschgelegenheiten, Umkleideräume) angesprochen. Diese Normen sind auch für Arbeitnehmer wirksam, die nicht einer Gewerkschaft angehören.
- **Betriebsverfassungsrechtliche Normen** (§ 3, Abs. 2 TVG) konkretisieren oder erweitern die Mitbestimmungsrechte des Betriebsrats.
- **Normen über gemeinsame Einrichtungen** (§ 4, Abs. 2 TVG) können z.B. Lohnausgleichskassen, überbetriebliche Ausbildungsstätten oder betriebliche Altersversorgungsleistungen betreffen.

Sind die Verhandlungen über den Inhalt des Tarifvertrags gescheitert, kann eine neutrale **Schlichtungsstelle** angerufen werden. Wird auch durch die Schlichtung keine Einigung erzielt, kommt es zum Streik bzw. zur Aussperrung. Näheres ist durch die Rechtsprechung geregelt (Richterrecht), da eine gesetzliche Regelung des Arbeitskampfrechts nicht existiert.

### b) Arten von Tarifverträgen

Tarifverträge lassen sich nach verschiedenen Kriterien unterscheiden bzw. einordnen. Die wichtigsten Unterscheidungskriterien betreffen den Inhalt und die beteiligten Parteien des Tarifvertrages.

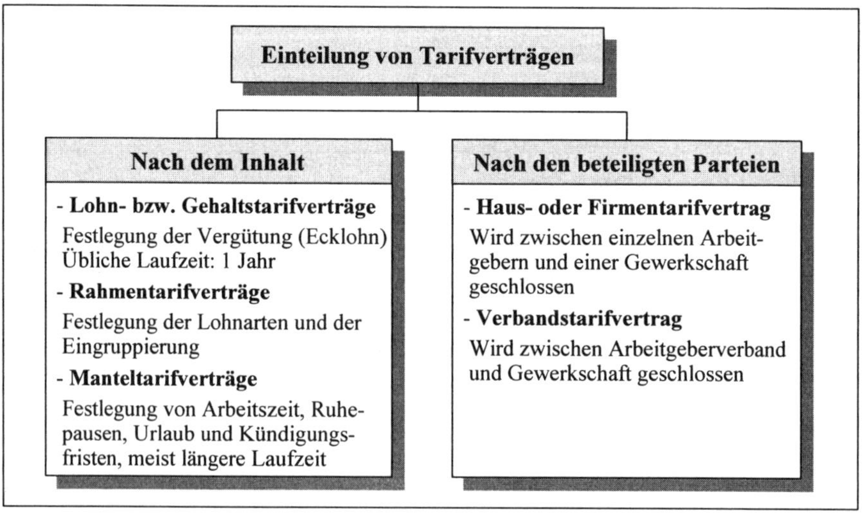


**Abb. 50:** Arten von Tarifverträgen

### c) Rechtswirkung des Tarifvertrages

Die durch den Tarifvertrag festgelegten Rechtsnormen bezüglich Abschluss, Inhalt und Beendigung von Arbeitsverhältnissen sowie die Normen über betriebliche und betriebsverfassungsrechtliche Fragen gelten unmittelbar und zwingend für die Mitglieder der Tarifvertragsparteien (Tarifgebundene).

Die Regelungen des Tarifvertrags betreffen das einzelne Arbeitsverhältnis direkt (§ 4 TVG), ohne dass der Einzelarbeitsvertrag ausdrücklich auf ihn Bezug nimmt. Positive Regelungen ergänzen den Arbeitsvertrag, negative machen entgegenstehende Abmachungen unwirksam.

Abweichungen vom Tarifvertrag sind nach dem Günstigkeitsprinzip laut § 4 TVG nur gültig, wenn sie den Arbeitnehmer günstiger stellen (übertarifliche Leistungen) oder wenn sie im Tarifvertrag gestattet sind (Öffnungsklausel).

Die durch den Tarifvertrag festgesetzten Rechtsnormen gelten auch nach dessen Ablauf weiter, bis sie durch eine andere Abmachung (neuer Tarifvertrag) ersetzt werden (vgl. § 4, Abs. 5 TVG).

### d) Geltungsbereich des Tarifvertrages

Im Tarifvertrag wird der zeitliche und räumliche Geltungsbereich angegeben. Grundsätzlich gilt ein Tarifvertrag für einen bestimmten Wirtschaftszweig, der sich nach dem überwiegenden Betriebszweck richtet. Gemäß der Tarifeinheit (Industrieverbandsprinzip) gilt er für alle Arbeitnehmer eines Betriebes, also gilt z.B. auch für einen Schreiner in einem Bauunternehmen der Tarifvertrag der IG Bauen-Agrar-Umwelt.

Ein Tarifvertrag gilt nur für tarifgebundene Arbeitsverhältnisse (§ 3 TVG). Nach § 5 TVG kann er auf Antrag einer Tarifpartei vom Bundesarbeitsminister im Einvernehmen mit einem aus jeweils 3 Vertretern der Spitzenorganisationen der Arbeitgeber und Arbeitnehmer bestehenden Tarifausschuss für allgemeinverbindlich erklärt werden, wenn ein öffentliches Interesse besteht. Außerdem müssen mindestens 50 % der Arbeitnehmer, die unter den Geltungsbereich des Tarifvertrages fallen, bei den tarifgebundenen Arbeitnehmern beschäftigt sein. Durch die **Allgemeinverbindlichkeitserklärung** werden auch die bisher nicht tarifgebundenen Arbeitnehmer und Arbeitgeber vom jeweiligen Tarifvertrag in dessen Geltungsbereich erfasst.

Die Arbeitgeber können aufgrund der Vertragsfreiheit nicht gezwungen werden, Tarifbestimmungen nicht auch auf Nichtgewerkschaftsmitglieder auszudehnen. Daher ist es in der betrieblichen Praxis üblich, dass auch die nicht der Gewerkschaft angehörenden Mitarbeiter auf freiwilliger Basis in den Genuss der Tarifvertragsbedingungen kommen. Häufig werden auch Arbeitsverträge mit dem geltenden Tarifvertrag verknüpft. Der Verzicht auf Tarifrechte ist dagegen nicht erlaubt (§ 4 TVG).

Die Tarifgebundenheit bleibt nach § 3, Abs. 3 TVG bestehen, bis der Tarifvertrag endet. Der Tarifvertrag endet mit Ablauf der vereinbarten Zeit, durch Aufhebung, durch Eintritt einer auflösenden Bedingung oder durch ordentliche oder außerordentliche Kündigung.

## (2) Arbeitskampf

Unter bestimmten Bedingungen haben die Tarifvertragsparteien das Recht, ihre tariflichen Auseinandersetzungen mit den Mitteln des Arbeitskampfes zu bestreiten. Die gebräuchlichsten Mittel des Arbeitskampfes sind:

- **Streik:** Der Streik ist die gemeinsame und planmäßige Weigerung einer größeren Zahl von Arbeitnehmern, ihre Arbeit zu verrichten. Zulässig sind lediglich Streiks, die von einer Gewerkschaft geführt und organisiert werden und die Friedenspflicht während der Laufzeit eines Tarifvertrages nicht verletzen. Weiterhin muss vor dem Streik eine **Urabstimmung** unter den Gewerkschaftsmitgliedern durchgeführt werden und dabei eine Stimmenmehrheit von mind. 75 % für dessen Ausrufung erzielt worden sein. Ein Streik muss das letzte Mittel ("ultima ratio") zur Durchsetzung der gewerkschaftlichen Forderungen sein. Kurzfristige Arbeitsniederlegungen - sog. **Warnstreiks** - sind nur im Zusammenhang mit Tarifverhandlungen zulässig, häufig werden sie bereits während der Tarifverhandlungen durchgeführt, um den Abschluss der Tarifverträge zu beschleunigen, obwohl dies dem ultima-ratio-Prinzip widerspricht. Der rechtmäßige Streik führt nicht zur Auflösung des Arbeitsverhältnisses, sondern lediglich zu einer Suspendierung; die Pflicht des Arbeitnehmers zur Erbringung der Arbeitsleistung und sein Anspruch auf Vergütung entfallen nur für die Dauer des Streiks. Bei einem unrechtmäßigen Streik hat der betroffene Arbeitgeber Schadensersatzansprüche gegenüber der Gewerkschaft bzw. gegenüber den streikenden Arbeitnehmern, falls diese ohne die Zustimmung der betreffenden Gewerkschaft zum Streik aufgerufen haben (sog. **wilder Streik**). Ein wilder Streik kann für die Streikenden darüber hinaus zu einer außerordentlichen Kündigung seitens des bestreikten Arbeitgebers führen.
- **Aussperrung:** Im Rahmen einer Aussperrung wird eine größere Anzahl von Arbeitnehmern durch einen oder mehrere Arbeitgeber von ihrer Arbeit ausgeschlossen. Zulässig ist dabei lediglich die sog. Abwehraussperrung zur Abwehr eines Streiks, die sog. Angriffsaussperrung, durch die der Arbeitgeber den Arbeitskampf eröffnet, ist rechtswidrig. Die Aussperrung muss sich am Verhältnismäßigkeitsprinzip orientieren, das besagt, dass sie sich z.B. auf die Grenzen des bestreikten Tarifgebietes beschränken muss und nicht bestimmte Arbeitnehmergruppen (z.B. Nichtmitglieder von Gewerkschaften) von der Aussperrung ausschließen darf. Die rechtmäßige Aussperrung hat wie der Streik die Suspendierung des Arbeitsverhältnisses zur Folge, bei der unrechtmäßigen Aussperrung macht sich der Arbeitgeber schadensersatzpflichtig (Lohnzahlungspflicht, Unterlassungspflicht).
- **Boykott:** Der Boykott ist ein in der Praxis relativ selten verwendetes Mittel des Arbeitskampfes. Arbeitgeber oder Arbeitnehmer versuchen, die jeweils andere Partei unter Druck zu setzen, indem sie Dritte dazu aufrufen, keine Vertragsabschlüsse mehr mit der gegnerischen Partei abzuschließen. Für die Rechtmäßigkeit des Boykotts als Mittel des Arbeitskampfes gelten die gleichen Voraussetzungen wie bei Streik und Aussperrung; ein rechtswidriger Boykott kann Schadensersatzansprüche des Betroffenen nach sich ziehen (§§ 823 ff. BGB).

In der folgenden Abbildung sind die Phasen des **Arbeitskampfes** in ihrer üblichen zeitlichen Abfolge bis zum Abschluss eines neuen Tarifvertrages dargestellt:

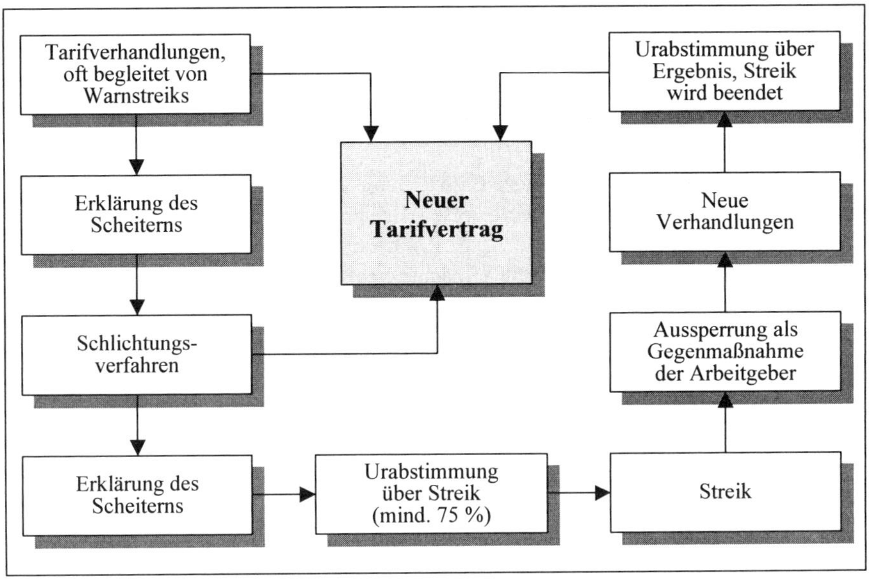


**Abb. 51:** Phasen des Arbeitskampfes[73]

## 3.4.2 Mitbestimmungsrecht

Die Anfang des vorigen Jahrhunderts einsetzende Industrialisierung veränderte die Wirtschafts- und Gesellschaftsstruktur entscheidend. Das sich im Lauf der Zeit entwickelnde Bewusstsein der Arbeiterschaft führte nicht nur zu der Solidarisierung in den Gewerkschaften, die Arbeiterschaft forderte auch, über ihr Schicksal im Untenchmen und über betriebliche und soziale Fragen mitzubestimmen.

Solche Forderungen fanden ihren politischen Widerhall bereits 1848, als auf der verfassungsgebenden Nationalversammlung in der Frankfurter Paulskirche die Einsetzung von Fabrikausschüssen mit bestimmten Mitspracherechten für die Arbeitnehmer gefordert wurde. Diese erste parlamentarische Diskussion um die Mitbestimmung führte zwar zu keinem Ergebnis, in der Folgezeit bildeten sich jedoch auf freiwilliger Grundlage Arbeiterausschüsse mit Anhörungsrecht in vorwiegend sozialen Angelegenheiten.

Im 1. Weltkrieg entstand das "Gesetz über den Vaterländischen Hilfsdienst". In kriegs- und versorgungswichtigen Betrieben mit mehr als 50 Arbeitnehmern wurde die Bildung von Arbeiter- und Angestelltenausschüssen gesetzlich vorgeschrieben. Eine Mitbestimmung im Sinne einer Mitentscheidung gab es allerdings noch nicht.

Nach 1918 kam es in Ausführung des Art. 165 der Weimarer Reichsverfassung zu breiteren gesetzlichen Grundlagen. Das Betriebsverfassungsgesetz vom 4.2.1920 verlangte in allen Betrieben mit mindestens 20 Arbeitnehmern die Errichtung von Betriebsräten.

Diese betrieblichen Arbeitnehmervertretungen erhielten nunmehr insbesondere ein volles Mitbestimmungsrecht bei der Schaffung von Arbeitsordnungen. Abgestufte Mit-

[73] Vgl. hierzu auch IG Metall: Daten, Fakten, Informationen, Frankfurt 2003, S. 16 f.

wirkungsrechte gab es auf dem personellen und wirtschaftlichen Gebiet. Darüber hinaus kam es durch das "Gesetz über die Entsendung von Betriebsratmitgliedern in den Aufsichtsrat" erstmals zu einer Arbeitnehmerbeteiligung in den Aufsichtsräten. Sofern in einem Unternehmen ein Aufsichtsrat bestand, war in ihn mindestens ein Betriebsratmitglied zu entsenden.

Durch das NS-Regime wurde diese Entwicklung jäh unterbrochen. Die Gewerkschaften wurden aufgelöst. Nach 1945 wurden Betriebsräte zunächst in Anlehnung an das Betriebsrätegesetz von 1920 gebildet. Das Kontrollratsgesetz Nr. 22 vom 10.04.1946 brachte sodann als Rahmengesetz die Ermächtigung zur Bildung von Betriebsräten. Ihm folgten Ländergesetze.

Ein entscheidender Schritt wurde im Jahre 1951 vollzogen. Auf Drängen der Arbeitnehmer und ihrer Gewerkschaften und nach harten außer- und innerparlamentarischen Auseinandersetzungen wurde das "Gesetz über die Mitbestimmung der Arbeitnehmer in den Aufsichtsräten und Vorständen der Unternehmen des Bergbaus und der Eisen und Stahl erzeugenden Industrie" erlassen. Es trat am 21.05.1951 in Kraft. Im Jahre 1956 folgte das Mitbestimmungsergänzungsgesetz, das die Mitbestimmung in Montan-Konzernen regelt. Im Bereich der Montan-Mitbestimmung mussten 1967 und 1971 Sicherungsgesetze erlassen werden, um das Ausscheiden mehrerer Unternehmen aus der Montan-Mitbestimmung durch Produktionsänderungen oder Änderungen der Unternehmensstruktur zeitlich zu verzögern.

Der Bereich der betrieblichen Mitbestimmung wurde durch das Betriebsverfassungsgesetz vom 11.10.1952 (für die private Wirtschaft) geregelt. Eine Weiterentwicklung der Mitbestimmung auf betrieblicher Ebene brachte das neue Betriebsverfassungsgesetz von 1972. Es löste jenes von 1952 - mit Ausnahme der Vorschriften über unternehmerische Mitbestimmung - ab und brachte wesentliche Verbesserungen bei den Beteiligungsrechten des Betriebsrats in sozialen, personellen und wirtschaftlichen Angelegenheiten.

Die Bundesregierung beschloss am 20.02.1974 den Entwurf eines Gesetzes über die Mitbestimmung der Arbeitnehmer. Mit diesem Gesetz sollte auch außerhalb der Montanindustrie auf Unternehmensebene eine gleichberechtigte und gleichgewichtige Mitbestimmung in großen Unternehmen eingeführt werden. Am 05.04.1974 behandelte der Bundesrat den Gesetzentwurf zur Mitbestimmung. Die Gesetzesvorlage ging dann an den Deutschen Bundestag. Am 18.03.1976 verabschiedete der Deutsche Bundestag in seiner 230. Sitzung bei nur 22 Gegenstimmen das Gesetz über die Mitbestimmung der Arbeitnehmer. Der Bundesrat billigte das Mitbestimmungsgesetz am 09.04.1976. Es trat am 01.07.1976 in Kraft und wurde 1979 vom Bundesverfassungsgericht bestätigt, nachdem die Arbeitgeberverbände gegen das Gesetz Klage erhoben hatten.

Im Jahr 1981 wurde erneut eine Übergangsregelung bezüglich des Montan Mitbestimmungsgesetzes erforderlich, da aufgrund wirtschaftlicher und struktureller Veränderungen wichtige, bis dahin montanmitbestimmte Unternehmen die gesetzlichen Anwendungsvoraussetzungen nicht mehr erfüllten. Das Parlament setzte eine Übergangsregelung in Kraft, nach der die Montan-Mitbestimmung noch sechs Jahre in Unternehmen angewendet werden muss, bei denen die entsprechenden Voraussetzungen weggefallen sind.

Das Gesetz über Sprecherausschüsse der leitenden Angestellten vom 20.12.1988 regelt die Bildung von Sprecherausschüssen für diesen Personenkreis. Durch das Gesetz über die europäischen Betriebsräte vom 28.10.1996 erhielt das deutsche Betriebsverfassungsgesetz eine Europarechtliche Ergänzung. Das Drittelbeteiligungsgesetz hat zum 01.07.2004 das Betriebsverfassungsgesetz von 1952 (§§ 76 bis 87 a) abgelöst.

Die folgende Abbildung zeigt die geschichtliche Entwicklung der Mitbestimmung im Überblick:

| | |
|---|---|
| 1891 | Gewerbeordnungsnovelle |
| 1891/92 | Einführung von Arbeitsausschüssen |
| 5.12.1916 | Hilfsdienstgesetz (Mitgestaltungsrecht am Arbeitsplatz) |
| 15.11.1918 | Arbeitsgemeinschaft der industriellen und gewerblichen Arbeitgeber und -nehmer Deutschlands beschließt die Einrichtung von Arbeiter- und Angestelltenausschüssen für die gesamte Wirtschaft |
| 23.12.1918 | Tarifvertragsordnung des Rates der Volksbeauftragten schreibt Arbeitnehmerausschüsse für alle Betriebe mit mindestens 20 Angestellten gesetzlich vor |
| 5.3.1919 | Erklärung der Reichsregierung, Arbeiterräte als wirtschaftliche Interessenvertretung anzuerkennen |
| 4.2.1920 | Betriebsrätegesetz |
| 15.2.1922 | Reichsgesetz über die Entsendung von Betriebsratsmitgliedern in die Aufsichtsräte |
| 10.4.1946 | Kontrollgesetz gestattet die Wiedereinführung demokratisch gewählter Betriebsräte |
| 10.11.1948 | Kontrollgesetz zur Umgestaltung des deutschen Kohlebergbaus und der deutschen Eisen- und Stahlindustrie |
| 27.1.1951 | Richtlinie zur Mitbestimmung im Bergbau und der eisenschaffenden Industrie |
| 21.5.1951 | Gesetz über die Mitbestimmung der Arbeitnehmer in den Aufsichtsräten und Vorständen der Unternehmen des Bergbaus und der eisen- und stahlerzeugenden Industrie (Montan-Mitbestimmungsgesetz) |
| 14.11.1952 | Betriebsverfassungsgesetz von 1952 |
| 6.9.1955 | Personalvertretungsgesetz |
| 7.8.1956 | Mitbestimmungsergänzungsgesetz |
| 27.4.1967 | Erste Novelle zum Mitbestimmungsgesetz |
| 29.11.1971 | Zweite Novelle zum Mitbestimmungsgesetz |
| 19.1.1972 | Betriebsverfassungsgesetz von 1972 |
| 20.2.1974 | Bundeskabinett verabschiedet 1. Entwurf eines Gesetzes zur Einführung der paritätischen Mitbestimmung in Großunternehmen |
| 5.4.1974 | Bundesrat verwirft den Mitbestimmungs-Gesetzesentwurf |
| 16.2.1976 | DGB-Vorsitzender droht mit Streiks zur Verteidigung der Montan-Mitbestimmung |
| 18.3.1976 | Bundestag beschließt ein neues Mitbestimmungsgesetz |
| 1.7.1976 | Das neue Mitbestimmungsgesetz tritt in Kraft |
| 1.3.1979 | Mitbestimmungsurteil des Bundesverfassungsgerichts |
| 1.7.1981 | Montan-Mitbestimmungsänderungsgesetz |
| 20.12.1988 | Gesetz über Sprecherausschüsse der leitenden Angestellten |
| 28.10.1996 | Gesetz über die Europäischen Betriebsräte |
| 01.07.2004 | Drittelbeteiligungsgesetz |

**Abb. 52:** Geschichtliche Entwicklung der Mitbestimmung

Bei der Definition der Mitbestimmung muss eine Unterscheidung hinsichtlich ihrer Intensität gemacht werden. Diese Unterscheidung liegt in den Begriffen "Mitwirkung" und "Mitbestimmung" der Arbeitnehmer:

- **Mitwirkung:** Der Arbeitgeber hat die Arbeitnehmer bzw. deren Vertreter vor der Durchführung bestimmter betrieblicher Maßnahmen zu informieren und anzuhören. Der Arbeitgeber muss u.U. eine Beratung ermöglichen (Beispiel: Änderung des Arbeitsplatzes, des Arbeitsablaufes usw.).
- **Mitbestimmung:** Der Arbeitgeber kann betriebliche Maßnahmen grundsätzlich nur dann treffen, wenn die Arbeitnehmervertretung ihre Zustimmung gegeben hat (Beispiel: Arbeitszeitregelungen, Lohngestaltung usw.).

In der Praxis findet man daher eine Abstufung der Mitbestimmungsintensität, die vom bloßen Recht auf Information, Anhörung und Beratung über das Vetorecht bis zur Mitbestimmung führt. Angewandt werden die Mitbestimmungs- und Mitwirkungsrechte der Arbeitnehmer am Arbeitsplatz, auf der Ebene des Betriebes und des Unternehmens und im überbetrieblichen Bereich. Das heute geltende System der Mitbestimmung in der Wirtschaft ist in verschiedenen Gesetzen geregelt, und zwar auf unterschiedlichen Ebenen:

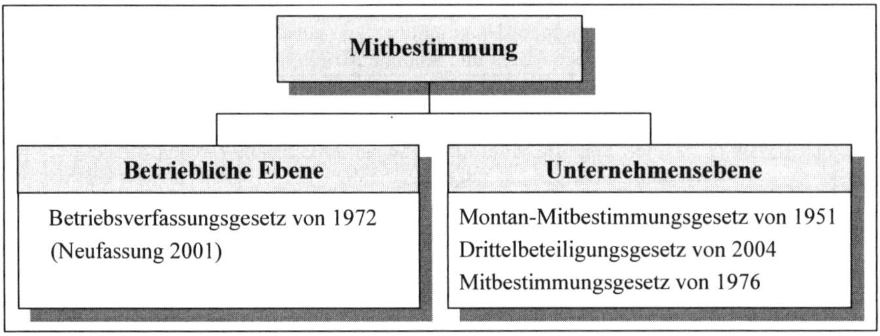


**Abb. 53:** Ebenen und Gesetze der Mitbestimmung

Im öffentlichen Dienst bestimmt das Personalvertretungsgesetz die Mitbestimmungsrechte der Arbeitnehmer.

Die Mitbestimmungsrechte der Arbeitnehmer und Gewerkschaften sind in der Bundesrepublik Deutschland so umfassend geregelt wie in keinem anderen vergleichbaren Land. Um das System der Mitbestimmung deutlich darstellen zu können, widmen sich die folgenden Abschnitte der betrieblichen Mitbestimmung und der Mitbestimmung auf Unternehmensebene.

## 3.5 Mitbestimmung auf Betriebsebene

Die Betriebsverfassung ist der Rahmen der Zusammenarbeit zwischen Arbeitgeber und Arbeitnehmerschaft. Das Betriebsverfassungsgesetz (BetrVG) von 1972 regelt die rechtliche Stellung der Arbeitnehmer und deren Beteiligung an den betrieblichen Entscheidungen.

Das BetrVG gilt für Betriebe der privaten Wirtschaft, nicht für Tendenzbetriebe und Religionsgemeinschaften (§ 118 BetrVG). Für Betriebe und Verwaltungen des öffentlichen Rechts gilt das Personalvertretungsgesetz mit weitgehend analogen Bestimmungen. Leitende Angestellte unterliegen nach § 5 Abs. 3 nicht dem BetrVG, soweit in ihm nicht ausdrücklich etwas anderes bestimmt ist, sondern dem Gesetz über Sprecherausschüsse der leitenden Angestellten (SprAuG).

Im Betriebsverfassungsgesetz ist die innerbetriebliche Mitbestimmung bzw. Mitwirkung der einzelnen Arbeitnehmer, hauptsächlich jedoch die Grundlage für die Bildung von unternehmensinternen Arbeitnehmerzusammenschlüssen und die Stellung der Gewerkschaften geregelt.

Die Mitwirkungsrechte des einzelnen Arbeitnehmers bestehen im Recht auf Information über seine Arbeit und deren Gefahren, auf Erörterung seiner Lohnabrechnung, seiner Leistungsbeurteilung und seiner Entwicklungsmöglichkeiten, auf Einblick in seine Personalakte und auf Beschwerde (§§ 81 ff. BetrVG).

Von besonderer Bedeutung im Zusammenhang mit der Mitbestimmung auf Betriebsebene ist der Betriebsrat als Organ der Arbeitnehmer eines Betriebes.

## 3.5.1 Der Betriebsrat

Während die Gewerkschaften die Arbeitnehmer überbetrieblich vertreten, ist der Betriebsrat die Vertretung der Arbeitnehmer im Betrieb. Nach § 1 BetrVG kann auf Initiative der Arbeitnehmer in allen Betrieben mit mindestens fünf ständigen, wahlberechtigten Arbeitnehmern, von denen drei wählbar sein müssen, ein Betriebsrat gewählt werden.

### (1) Wahl des Betriebsrates

Aktives Wahlrecht besitzt nach § 7 BetrVG, wer am Wahltag dem Betrieb angehört, das 18. Lebensjahr vollendet hat und mindestens zehn Stunden pro Woche beschäftigt ist. Weiterhin sind wahlberechtigt Arbeitnehmer, die von einem anderen Arbeitgeber zur Arbeitsleistung überlassen wurden und länger als drei Monate im Betrieb beschäftigt werden. Wählbar ist (passives Wahlrecht), wer daneben mindestens seit sechs Monaten dem Betrieb angehört und wer nicht infolge strafgerichtlicher Verurteilung die Fähigkeit, Rechte aus öffentlichen Wahlen zu erlangen, verloren hat (§ 8 BetrVG).

Für den Fall, dass der Betrieb erst seit weniger als sechs Monaten besteht, sind alle Arbeitnehmer wählbar, die bei der Wahl im Betrieb beschäftigt sind und keine andere Voraussetzung für die Wählbarkeit verletzen (§ 8 Abs. 2 BetrVG).

Ausgenommen vom Wahlrecht (sowohl aktiv als auch passiv) sind die leitenden Angestellten, für die es eine eigene Vertretung - den Sprecherausschuss - gibt. Die gesetzlichen Bestimmungen bezüglich der Wahl und der Zusammensetzung des Sprecherausschusses sind im Sprecherausschussgesetz (SprAuG) geregelt und werden in einem der folgenden Abschnitte näher erläutert.

Die Wahlen sind nach demokratischem Verhältniswahlrecht alle vier Jahre in der Zeit vom 1. März bis zum 31. Mai durchzuführen. Einzelheiten der Wahl sind in der Wahlordnung vom 16.1.72 festgelegt und in den §§ 13 ff. BetrVG geregelt.

Eingeleitet wird die Wahl durch einen **Wahlvorstand**, dem mindestens drei Mitglieder angehören; in größeren Betrieben setzt er sich meist aus einer größeren ungeraden Zahl von Arbeitnehmern zusammen (§ 16 BetrVG). Der Wahlvorstand wird spätestens zehn Wochen vor Ablauf der Amtszeit des bestehenden Betriebsrates von diesem bestellt. Für den Fall, dass noch kein Betriebsrat existiert, wird der Wahlvorstand von der Betriebsversammlung, die nach § 42 BetrVG aus allen Arbeitnehmern des Betriebs besteht, gewählt (§ 17 BetrVG).

Die Aufgabe des Wahlvorstandes besteht in der Aufstellung und Bekanntgabe einer Wählerliste, die nach Arbeitern und Angestellten getrennt ist. Weiterhin obliegt ihm die Überwachung der Wahl und die Feststellung und Bekanntgabe des Wahlergebnisses, das er in einer Niederschrift festhalten muss, deren Abschrift er dem Arbeitgeber und den im Betrieb vertretenen Gewerkschaften zu übersenden hat (§ 18 BetrVG).

Besteht der Betriebsrat aus zwei oder mehr Personen, so wählen Arbeiter und Angestellte ihre Vertreter i.d.R. in getrennten Wahlgängen (§14 Abs. 2 BetrVG). Die Wahl erfolgt grundsätzlich nach den Prinzipien der Verhältniswahl, der Wähler hat also die Möglichkeit, sich zwischen mehreren Vorschlagslisten zu entscheiden. Diese Vorschlagslisten enthalten die Kandidaten, die durch Wahlvorschläge der Arbeitnehmer bzw. der Gewerkschaften ausgesucht wurden.

Die Wahlvorschläge der Arbeitnehmer müssen von einer Mindestzahl der wahlberechtigten Mitarbeiter unterstützt werden. Dazu müssen nach § 14 Abs. 6 BetrVG die Wahlvorschläge von einem Zwanzigstel der wahlberechtigten Gruppe (Arbeiter bzw. Angestellte), mindestens jedoch von drei Mitarbeitern unterzeichnet sein. In Betrieben mit nicht mehr als 20 Wahlberechtigten genügen zwei Unterschriften, das gleiche gilt für Gruppen, die nicht mehr als 20 wahlberechtigte Gruppenangehörige aufweisen. In jedem Fall reicht die Unterstützung durch 50 wahlberechtigte Gruppenmitglieder.

Wegen der besonderen Bedeutung der Betriebsratsarbeit für die Betriebsverfassung wurde die Wahl des Betriebsrates unter einen umfassenden Schutz gestellt und in eine umfangreiche gesetzliche Regelung eingebettet. In § 20 BetrVG wird die Behinderung der Wahl und der Ausübung des aktiven und passiven Wahlrechts unter Strafe gestellt. Daneben wird nach § 20 Abs. 2 die Beeinflussung der Wahl durch Bedrohung oder Bestechung untersagt.

Ein Verstoß gegen die Wahlvorschriften kann nach § 19 BetrVG zur Anfechtung der Wahl vor dem Arbeitsgericht führen. Eine ungültige Wahl muss wiederholt werden. Alle Kosten, die mit der Betriebsratswahl verbunden sind, gehen zu Lasten des Arbeitgebers, insbesondere auch die Kosten für durch die Wahl versäumte Arbeitszeiten (§ 20 Abs. 3 BetrVG).

Die Amtszeit des Betriebsrats beträgt vier Jahre (§ 21 BetrVG). Außer durch den Ablauf der Amtszeit erlischt die Mitgliedschaft im Betriebsrat nach § 24 BetrVG durch die Niederlegung des Betriebsratsamtes, die Beendigung des Arbeitsverhältnisses, den Verlust der Wählbarkeit, den Ausschluss aus dem Betriebsrat oder die Auflösung des Betriebsrates aufgrund einer gerichtlichen Entscheidung und durch die gerichtliche Entscheidung über die Wirksamkeit einer Wahlanfechtung nach § 19 BetrVG. Bei schwerwiegender Pflichtverletzung ist eine Amtsenthebung durch das Arbeitsgericht möglich (§ 23 Abs.1 BetrVG).

## (2) Zusammensetzung des Betriebsrats

Nach § 10 BetrVG müssen Arbeiter und Angestellte entsprechend ihrem zahlenmäßigen Verhältnis im Betriebsrat vertreten sein, wenn dieser aus mindestens drei Mitgliedern besteht. Im Gesetz ist eine Mindestzahl an Betriebsratssitzen für die zahlenmäßig kleinere Arbeitnehmergruppe festgelegt (§ 10 Abs. 2 BetrVG).

Die Anzahl der Betriebsratsmitglieder ist abhängig von der Anzahl der wahlberechtigten Mitarbeiter. Sie ist in § 9 BetrVG festgelegt:

| Anzahl der wahlberechtigten Arbeitnehmer | Betriebsratsmitglieder | Anzahl der wahlberechtigten Arbeitnehmer | Betriebsratsmitglieder |
|---|---|---|---|
| 5 bis 20 | 1 (sog. Obmann) | 3.501 bis 4.000 | 25 |
| 21 bis 50 | 3 | 4.001 bis 4.500 | 27 |
| 51 bis 100 | 5 | 4.501 bis 5.000 | 29 |
| 101 bis 200 | 7 | 5.001 bis 6.000 | 31 |
| 201 bis 400 | 9 | 6.001 bis 7.000 | 33 |
| 401 bis 700 | 11 | 7.001 bis 9.000 | 35 |
| 701 bis 1.000 | 13 | | |
| 1.001 bis 1.500 | 15 | | |
| 1.501 bis 2.000 | 17 | | |
| 2.001 bis 2.500 | 19 | | |
| 2.501 bis 3.000 | 21 | | |
| 3.001 bis 3.500 | 23 | | |
| Die Zahl der Betriebsratsmitglieder erhöht sich in Betrieben mit mehr als 9.000 Arbeitnehmern um 2 Mitglieder je angefangene 3.000 weitere Arbeitnehmer. | | | |

**Abb. 54:** Zahl der Betriebsratsmitglieder (§ 9 BetrVG)

## (3) Weitere gesetzliche Rahmenbedingungen

Die Arbeit im Betriebsrat ist ein unentgeltliches Ehrenamt, für das die Betriebsratsmitglieder in dem zur Ausübung ihrer Aufgaben erforderlichen zeitlichen Umfang bei Fortzahlung des Arbeitsentgeltes von der Arbeit freizustellen sind (§ 37 BetrVG).

Abhängig von der Zahl der Beschäftigten eines Betriebes sind in Betrieben mit mindestens 200 Arbeitnehmern nach § 38 BetrVG eine gewisse Anzahl von Betriebsratsmitgliedern völlig von ihrer beruflichen Tätigkeit freizustellen:

| Betriebsgröße (Arbeitnehmerzahl) | Freizustellende Betriebsratsmitglieder |
|---|---|
| 200 bis 500 | 1 |
| 501 bis 900 | 2 |
| 901 bis 1.500 | 3 |
| 1.501 bis 2.000 | 4 |
| 2.001 bis 3.000 | 5 |
| 3.001 bis 4.000 | 6 |
| 4.001 bis 5.000 | 7 |
| 5.001 bis 6.000 | 8 |
| 6.001 bis 7.000 | 9 |
| 7.001 bis 8.000 | 10 |
| 8.001 bis 9.000 | 11 |
| 9.001 bis 10.000 | 12 |
| Die Zahl der freizustellenden Betriebsratsmitglieder erhöht sich in Betrieben mit mehr als 10.000 Arbeitnehmern um 1 Betriebsratsmitglied je angefangene 2.000 weitere Arbeitnehmer. | |

**Abb. 55:** Freizustellende Betriebsratsmitglieder (§ 38 BetrVG)

Der Arbeitgeber hat die durch die Tätigkeit des Betriebsrates anfallenden Kosten zu tragen (§ 40 BetrVG). Betriebsratsmitglieder besitzen einen besonderen Kündigungsschutz (§ 103 BetrVG) und eine erweiterte Schweigepflicht in Bezug auf betriebliche und persönliche Geheimnisse (§ 79 BetrVG).

Der Betriebsrat wählt aus seinen Mitgliedern einen **Vorsitzenden** und seinen Stellvertreter (§ 26 BetrVG), wenn er aus mindestens drei Mitgliedern besteht. Wenn dem Betriebsrat sowohl Arbeiter als auch Angestellte angehören, sollen die Ämter des Vorsitzenden und des Stellvertreters unter diesen Gruppen aufgeteilt werden. Der Vorsitzende bzw. sein Stellvertreter vertritt den Betriebsrat im Rahmen der von ihm gefassten Beschlüsse, d.h. er handelt nur auf Beschluss des Betriebsrats. Dem Vorsitzenden unterliegt die Einberufung und Leitung von Betriebsratssitzungen (§ 29 BetrVG) und Betriebsversammlungen (§ 42 BetrVG).

Besteht der Betriebsrat aus mehr als acht Mitgliedern, übernimmt der sogenannte **Betriebsausschuss**, dem der Vorsitzende und sein Stellvertreter sowie drei bis neun weitere Betriebsratsmitglieder angehören müssen, die Führung der laufenden Geschäfte (§ 27 Abs. 3 BetrVG). Der Betriebsausschuss hat keine Mitwirkungs- und Mitbestimmungsrechte, es sei denn, sie wurden ihm ausdrücklich schriftlich übertragen. In Betrieben mit weniger als neun Betriebsratsmitgliedern kann die Führung der laufenden Geschäfte auf den Vorsitzenden oder andere Betriebsratsmitglieder übertragen werden.

Bestehen in einem Unternehmen mehrere Betriebsräte, muss ein **Gesamtbetriebsrat** gebildet werden, der für die Angelegenheiten, die das Gesamtunternehmen betreffen, zuständig ist (§ 47 BetrVG). Analoges gilt für Konzerne (§ 54 BetrVG). Weitere Organe sind die **Jugend- und Auszubildendenvertretung** und der **Vertrauensmann der Schwerbehinderten**, die an den Betriebsratssitzungen teilnehmen dürfen, um für ihre Interessen einzutreten. Unter gewissen Voraussetzungen (vgl. § 31 BetrVG) ist auch die beratende Teilnahme eines Beauftragten einer im Betrieb vertretenen Gewerkschaft möglich.

## (4) Aufgaben des Betriebsrats

Für die Zusammenarbeit zwischen Betriebsrat und Arbeitgeber gelten folgende Grundsätze (vgl. §§ 2, 74 und 78 BetrVG):

- Arbeitgeber und Betriebsrat haben vertrauensvoll zusammenzuarbeiten und sich einmal im Monat mit dem ernsten Willen zur Einigung zu treffen.
- Die Friedenspflicht verbietet jede Betätigung, die den Arbeitsablauf und den Betriebsfrieden gefährdet oder parteipolitisch ist.
- Mitglieder des Betriebsrats dürfen weder in ihrer Amtsausübung behindert noch bevorteilt oder benachteiligt werden.
- Zur Unterstützung des Betriebsrats haben die Gewerkschaften einen Zugangsanspruch zum Betrieb.

Der Kontakt zwischen Betriebsrat und Belegschaft kann auf verschiedene Weisen hergestellt werden. Nach § 39 BetrVG hat der Betriebsrat das Recht, während der Arbeitszeit **Sprechstunden** einzurichten, um die Arbeitnehmer zu beraten. Daneben regelt § 43 BetrVG die Bestimmungen bezüglich der regelmäßig einzuberufenden **Betriebsversammlungen**. Der Betriebsrat hat vierteljährlich eine Betriebsversammlung einzuberufen, in der er einen Tätigkeitsbericht erstatten muss (§ 43 Abs. 1 BetrVG). Dazu hat er den Arbeitgeber unter Bekanntgabe der Tagesordnung einzuladen (§ 43 Abs. 2 BetrVG). Der Arbeitgeber hat im Rahmen der Betriebsversammlung einmal jährlich einen Bericht über die wirtschaftliche Lage und Entwicklung des Betriebs abzulegen und über das Personal- und Sozialwesen zu berichten. Weiterhin ist der Betriebsrat berechtigt und auf Wunsch des Arbeitgebers oder 25 % der Wahlberechtigten verpflichtet, eine Betriebsversammlung einzuberufen (§ 43 Abs. 3 BetrVG). Wenn im vorangegangenen Kalenderhalbjahr keine Betriebsversammlung bzw. Abteilungsversammlung stattgefunden hat, ist auf Antrag einer im Betrieb vertretenen Gewerkschaft innerhalb von zwei Wochen eine Betriebsversammlung einzuberufen (§ 43 Abs. 4 BetrVG).

Die **allgemeinen Aufgaben** des Betriebsrats bestehen im Eintreten für gerechte, gleiche und angemessene Behandlung der Arbeitnehmer, in der Beseitigung von Meinungsverschiedenheiten zwischen Arbeitgebern und Belegschaft und im Beitragen zu einem reibungslosen Arbeitsablauf. Insbesondere hat der Betriebsrat darauf zu achten, dass jede Ungleichbehandlung von Arbeitnehmern aufgrund ihrer Abstammung, Nationalität, Religion, politischer Anschauung oder ihres Geschlechts unterbleibt (§ 75 BetrVG). Aus § 80 BetrVG ergeben sich dazu konkret die folgenden Aufgabenstellungen:

- Die Überwachung der Einhaltung und Durchführung der zugunsten der Arbeitnehmer erlassenen Gesetze, Unfallverhütungsvorschriften, Tarifverträge und Betriebsvereinbarungen.
- Beantragung von Maßnahmen, die der Belegschaft und dem Betrieb dienen.
- Entgegennahme von Anregungen der Arbeitnehmer sowie der Jugend- und Auszubildendenvertretung und entsprechende Verhandlungen mit dem Arbeitgeber.
- Förderung der Belange und der Eingliederung von Schwerbehinderten, Ausländern, Jugendlichen und Älteren.

## (5) Rechte des Betriebsrats

Zur Erfüllung seiner Aufgaben hat der Betriebsrat eine ganze Reihe von Mitwirkungs- und Mitbestimmungsrechten, die sich insbesondere auf die folgenden Bereiche beziehen:

- Soziale Angelegenheiten (§§ 87 - 89 BetrVG),
- Die Gestaltung von Arbeitsplatz, -ablauf und -umgebung (§§ 90 f. BetrVG),
- Personelle Angelegenheiten (§§ 92 - 105 BetrVG) und
- Wirtschaftliche Angelegenheiten (§§ 106 - 113 BetrVG)

Dabei unterscheidet man nach der Intensität und dem Umfang der Beteiligung an den Arbeitgeberentscheidungen zwischen folgenden Rechten:

- **Informationsrecht:** Das Recht auf Information ist die schwächste Form der Beteiligung. Es gewährleistet die rechtzeitige Information des Betriebsrats über Pläne des Arbeitgebers und besteht in nahezu allen betrieblichen Vorgängen, die für den Betriebsrat bzw. die Arbeitnehmer wichtig sein können.
- **Vorschlagsrecht:** Der Betriebsrat hat in einigen Fällen (z.B. bei der Personalplanung und bei der Aus- und Weiterbildung) das Recht, Vorschläge zu machen, die vom Arbeitgeber zur Kenntnis genommen und geprüft werden müssen.
- **Anhörungsrecht:** Das Anhörungsrecht ermöglicht es dem Betriebsrat, zu Entscheidungen des Arbeitgebers Stellung zu nehmen und so evtl. eine Einwirkung zu erreichen. Entscheidungen des Arbeitnehmers können blockiert werden oder unwirksam sein, wenn der Betriebsrat nicht zuvor angehört wurde.
- **Beratungsrecht:** Zu einigen Fragestellungen (z.B. Arbeitsplatzgestaltung, Einführung neuer Techniken) hat der Betriebsrat ein Beratungsrecht. Der Arbeitgeber muss aus eigener Initiative die Meinung des Betriebsrates einholen und mit diesem über die betreffende Sache beraten.

Die bisher genannten Rechte können unter dem Hauptbegriff "Mitwirkungsrechte" zusammengefasst werden. Einen Anspruch auf ein gleichberechtigtes Mitreden und Mitentscheiden bieten jedoch nur die Mitbestimmungsrechte, die sich ebenfalls in ihrer Wirkung abstufen lassen:

- **Widerspruchsrecht:** Bestimmte Entscheidungen (z.B. Einstellungen, Umgruppierungen, Versetzungen) können durch den Betriebsrat blockiert werden. Im Falle der Verweigerung der Zustimmung durch den Betriebsrat ist der Arbeitgeber gezwungen, seine Entscheidung vor dem Arbeitsgericht durchzusetzen.
- **Vetorecht:** Der Betriebsrat hat insbesondere im sozialen Bereich ein volles Mitbestimmungsrecht, indem er Arbeitgeberentscheidungen widersprechen kann. Im Gegensatz zum einfachen Widerspruchsrecht kann die Verweigerung des Betriebsrates beim Vetorecht nicht durch das Arbeitsgericht ersetzt werden.
- **Initiativrecht:** Die Initiativrechte garantieren dem Betriebsrat die weitgehendsten Mitwirkungsrechte, da er hier Entscheidungen selbständig treffen und auch durchsetzen kann. Initiativrechte bestehen z.B. hinsichtlich der Aufstellung eines Sozialplans.

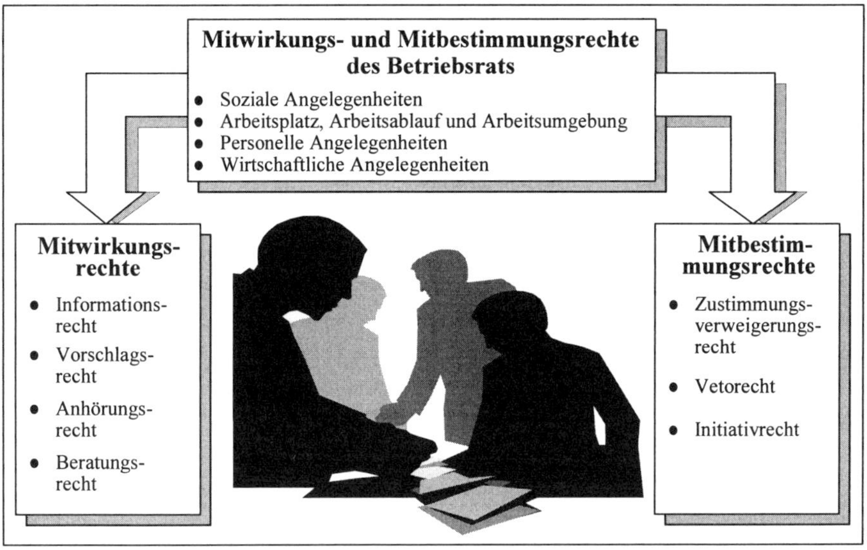


**Abb. 56:** Die Rechte des Betriebsrats

### a) Soziale Angelegenheiten

In **sozialen Angelegenheiten** ist die Beteiligung des Betriebsrats am stärksten ausgeprägt. Für die Wirksamkeit sozialer Maßnahmen ist die Zustimmung des Betriebsrats Bedingung. Nach § 87 gehören dazu folgende Bereiche:

- Fragen der Ordnung des Betriebs und des Verhaltens der Arbeitnehmer (z.B. Rauchverbote, Kleidungsvorschriften, Torkontrollen, Stechuhren, Parkplatzordnung).
- Beginn und Ende der täglichen Arbeitszeit und der Pausen (insbesondere die Ein- und Durchführung gleitender Arbeitszeit, Schichtarbeit) sowie vorübergehende Verlängerung oder Verkürzung der betriebsüblichen Arbeitszeit (Einführung von Überstunden, Kurzarbeit).
- Zeit, Ort und Art der Auszahlung der Arbeitsentgelte (Tages-, Wochen- oder Monatslohn, Einführung bargeldloser Zahlung).
- Aufstellung des Urlaubsplans (Einführung von Betriebsferien, Richtlinien über die Gewährung von Urlaub).
- Einführung und Anwendung von technischen Einrichtungen zur Überwachung des Verhaltens und der Leistung der Arbeitnehmer (Aufstellen von Film- oder Videokameras zur Arbeitsüberwachung, Zeiterfassungsgeräte an Anlagen).
- Regelungen über die Verhütung von Arbeitsunfällen und Berufskrankheiten (Einführung eines betriebsärztlichen Dienstes, Anstellung von Fachkräften für Arbeitssicherheit).
- Form, Ausgestaltung und Verwaltung von Sozialeinrichtungen (Betriebskantine, betriebliche Freizeit- und Erholungsheime).

- Zuweisung und Kündigung von Wohnräumen sowie die allgemeine Festlegung der Nutzungsbedingungen (Mietbedingungen, Verteilungsgrundsätze für Betriebsangehörige).
- Fragen der betrieblichen Lohngestaltung, insbesondere die Aufstellung von Entlohnungsgrundsätzen (Zeit-, Prämien-, Akkordlohn) und die Änderung von Entlohnungsmethoden (Art der Arbeitsbewertung). Festsetzung der Akkord- und Prämiensätze und vergleichbarer leistungsbezogener Entgelte.
- Grundsätze über das betriebliche Vorschlagswesen (Bewertung von Verbesserungsvorschlägen und deren Umsetzung).

Da die sozialen Angelegenheiten den gesamten Betrieb betreffen und längerfristig geregelt werden sollen, werden sie meist in **Betriebsvereinbarungen** verbindlich festgelegt. Ein ähnliches Gestaltungsmittel, jedoch ohne Rechtsnormcharakter, ist die sog. **betriebliche Übung**. Dabei handelt es sich um eine stillschweigende Vereinbarung, die auf fortgesetztem gleichmäßigen Verhalten des Arbeitgebers beruht.

### b) Gestaltung von Arbeitsplatz, -ablauf und -umgebung

Bei der Gestaltung von Arbeitsplatz, -ablauf und -umgebung hat der Betriebsrat das Recht, Maßnahmen zur Abwendung, Milderung oder zum Ausgleich von besonderen Belastungen zu verlangen (§§ 90 f. BetrVG). Die Aufgabe des Betriebsrats besteht also darin, beim Arbeitgeber darauf hinzuwirken, dass bei der Gestaltung von Arbeitsplatz und Arbeitsumgebung die Erkenntnisse der Arbeitswissenschaften berücksichtigt werden. Diese häufig unter dem Schlagwort "Humanisierung der Arbeitswelt" zusammengefassten Bestrebungen sollten bereits bei der Planung von Arbeitsplätzen zum tragen kommen, indem der Betriebsrat rechtzeitig unterrichtet wird und eine Beratung über die menschengerechte Gestaltung der Arbeit erfolgen kann.

### c) Personelle Angelegenheiten

Die personellen Angelegenheiten werden im Betriebsverfassungsgesetz in die folgenden drei Bereiche unterteilt:

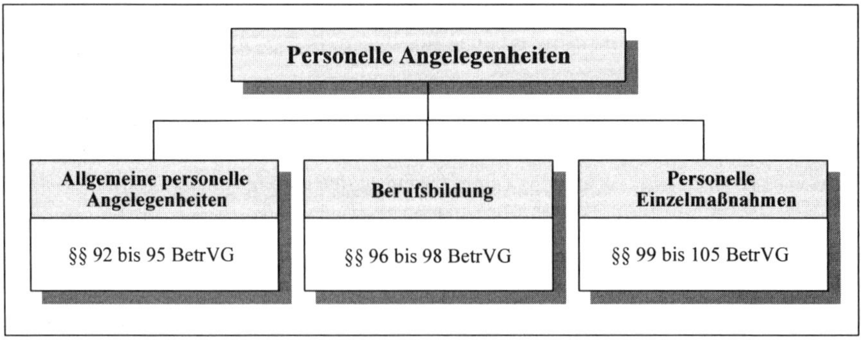


**Abb. 57:** Bereiche personeller Angelegenheiten

Im Rahmen der **allgemeinen personelle Angelegenheiten** hat der Betriebsrat ein Informations-recht bei der Personalplanung und ein Beratungsrecht bei den sich daraus ergebenden Maßnahmen und der Vermeidung von Härten (§ 92 BetrVG). Ein Mitbestimmungsrecht bei der Personalplanung besteht nicht, wohl aber beim Inhalt von Personalfragebögen und der Aufstellung von Grundsätzen der Beurteilung und der Auswahl von Personal (§§ 94 ff. BetrVG).

Wegen der zunehmenden Bedeutung der **Berufsbildung** räumt das Betriebsverfassungsgesetz dem Betriebsrat umfangreiche Mitwirkungsrechte ein. Er hat ein Beratungsrecht bei der Ausstattung betrieblicher Bildungseinrichtungen und der Einführung betrieblicher Bildungsmaßnahmen. Bei der Durchführung der Berufsbildung hat der Betriebsrat ein Mitbestimmungsrecht und bei der Bestellung von Ausbildern sogar ein Widerspruchsrecht.

Die **persönlichen Einzelmaßnahmen**, die dem Mitwirkungsrecht des Betriebsrats unterliegen, umfassen Einstellung, Eingruppierung, Umgruppierung und Versetzung. Bei Vorliegen der in § 99 BetrVG beschriebenen Gründe kann der Betriebsrat seine Zustimmung verweigern. Der Arbeitgeber kann dann beim Arbeitsgericht die Ersetzung der Zustimmung beantragen.

Außerdem ist der Betriebsrat vor jeder Kündigung anzuhören, sonst ist diese unwirksam. Dazu ist ihm eine umfangreiche Begründung abzugeben, damit er sich eine Meinung bilden kann, ohne eigene Ermittlungen anstellen zu müssen. Bei ordentlichen Kündigungen kann der Betriebsrat Widerspruch nach § 102 BetrVG einlegen. Bis zur rechtskräftigen Entscheidung besteht dann ein Weiterbeschäftigungsanspruch des Arbeitnehmers, falls der Widerspruch nicht offensichtlich unbegründet ist. Bei der außerordentlichen Kündigung hat der Betriebsrat lediglich ein Anhörungsrecht.

#### d) Wirtschaftliche Angelegenheiten

Die Mitbestimmung im Rahmen **wirtschaftlicher Angelegenheiten** bezieht sich in der Hauptsache auf die Bildung und die Tätigkeit eines sog. Wirtschaftsausschusses und auf Fragen, die im Zusammenhang mit Betriebsänderungen stehen.

Die Mitbestimmung in wirtschaftlichen Angelegenheiten geschieht in Unternehmen mit mehr als 100 Arbeitnehmern über den **Wirtschaftsausschuss** (§ 106 BetrVG). Dieser besteht aus drei bis sieben Mitgliedern, davon mindestens einem Betriebsratsmitglied, die vom Betriebsrat bestimmt werden. Der Arbeitgeber hat mit dem Wirtschaftsausschuss fortlaufend u.a. folgende wirtschaftliche Angelegenheiten zu beraten:

- die wirtschaftliche und finanzielle Lage des Unternehmens
- die Produktions- und Absatzlage
- das Produktions- und Investitionsprogramm
- Rationalisierungsvorhaben
- Fabrikations- und Arbeitsmethoden
- die Einschränkung oder Stillegung von Betrieben oder von Betriebsteilen
- die Verlegung von Betrieben oder von Betriebsteilen

- den Zusammenschluss von Betrieben
- die Änderung der Betriebsorganisation oder des Betriebszwecks

Bei **Betriebsänderungen** mit wesentlichen Nachteilen für die Belegschaft hat der Betriebsrat ein Beratungsrecht (§ 111 BetrVG). Ein Sozialplan soll die wirtschaftlichen Nachteile der Arbeitnehmer ausgleichen oder mildern. Strebt der Arbeitgeber dabei keinen Interessenausgleich an, entstehen den Arbeitnehmern Abfindungsansprüche. [74]

## (6) Die Einigungsstelle

Kommt es zu Meinungsverschiedenheiten zwischen Arbeitgeber und Betriebsrat, kann eine Einigungsstelle gebildet werden, die paritätisch von Arbeitgeber und Betriebsrat zusammengesetzt ist und deren Vorsitzender, auf dessen Person sich beide Seiten einigen müssen, unparteiisch zu sein hat (§ 76 BetrVG). Häufig wird als Vorsitzender ein Arbeitsrichter gewählt.

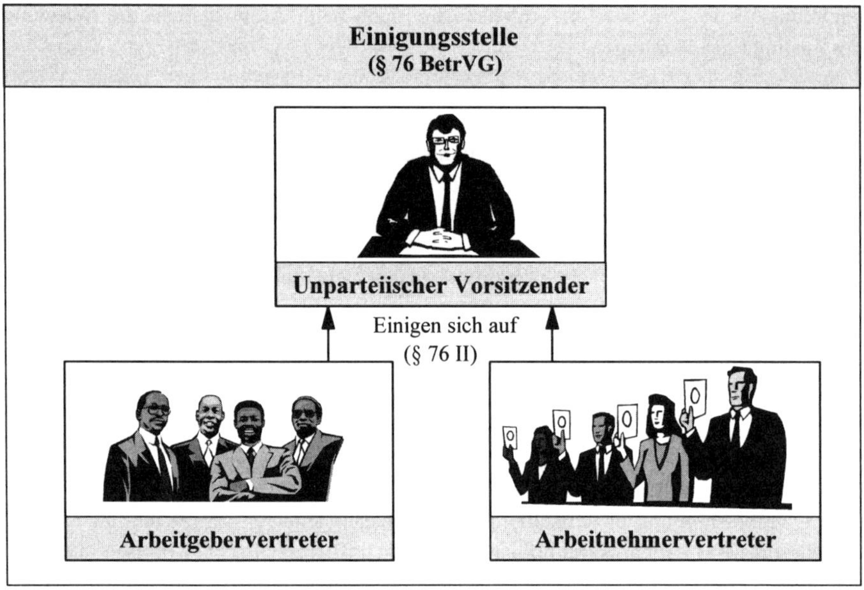


**Abb. 58:** Die Besetzung der Einigungsstelle

Die Einigungsstelle fasst ihre Beschlüsse nach mündlicher Beratung mit Stimmenmehrheit, wobei sich ihr Vorsitzender zunächst der Stimme zu enthalten hat. Kommt jedoch eine Stimmenmehrheit nicht zustande, nimmt der Vorsitzende nach einer weiteren Beratung an der erneuten Beschlussfassung teil. Die Einigungsstelle wird allerdings nur dann tätig, wenn beide Seiten es beantragen oder mit ihrem Tätigwerden einverstanden sind. In diesen Fällen ersetzt ihr Spruch die Einigung zwischen Arbeitgeber und Betriebsrat nur, wenn beide Seiten sich dem Spruch im voraus unterworfen oder ihn nachträglich

[74] Vgl. Cox, P.M./Offermann, J.: Wirtschaftsausschuss, Frankfurter/Main 2004, S. 28 ff.

angenommen haben. Anders ist es bei den Mitbestimmungsrechten, bei denen im Gesetz vorgeschrieben ist, dass die Einigungsstelle bei Nichteinigung entscheidet. Dies ist mittlerweile in über 25 Fällen im Gesetz vorgesehen, und zwar in allen kritischen Fällen. Damit bekam die Einigungsstelle eine Bedeutung, wie sie sie nach dem früheren Betriebsverfassungsgesetz von 1952 nicht hatte.[75]

Die Kosten der Einigungsstelle und auch die Kosten für das Arbeitsentgelt des neutralen Vorsitzenden trägt der Arbeitgeber (§ 76a BetrVG).

### (7) Die Stellung der Gewerkschaften

Gegenüber dem Betriebsverfassungsgesetz von 1952 hat das Gesetz von 1972 die Stellung der Gewerkschaften in den Betrieben wesentlich gestärkt. Von besonderer Bedeutung sind die folgenden Rechte:

- Das Zutrittsrecht zum Betrieb (§ 2 Abs. 2 BetrVG)
- Das Beuge- und Erzwingungsrecht bei erheblichen Verstößen des Arbeitgebers gegen seine Verpflichtung (§ 23 Abs. 2 BetrVG)
- Die Initiativrechte bei Betriebsratswahlen und Betriebsversammlungen (§ 14 Abs. 5 BetrVG: Wahlvorschlagsrecht, § 16 Abs. 2 BetrVG in Verb. mit § 23 Abs. 2 BetrVG: Bestellung des Wahlvorstandes, und § 43 Abs. 4 BetrVG: Einberufung der Betriebsversammlung)
- Das Strafantragsrecht bei Straftaten gegen Betriebsverfassungsorgane und ihre Mitglieder (§ 119 Abs. 2 BetrVG)

## 3.5.2 Die Jugend- und Auszubildendenvertretung

In Betrieben, denen regelmäßig mindestens fünf jugendliche Arbeitnehmer, die das 18. Lebensjahr noch nicht vollendet haben, oder zu ihrer Ausbildung beschäftigte Arbeitnehmer, die das 25. Lebensjahr noch nicht vollendet haben, angehören, kann eine Jugend- und Auszubildendenvertretung gewählt werden (§ 60 BetrVG).

Wählbar sind alle Arbeitnehmer des Betriebs, die das 25. Lebensjahr noch nicht vollendet haben, die nicht infolge strafgerichtlicher Verurteilung die Fahigkeit zur Wahrnehmung von Rechten aus öffentlichen Wahlen verloren haben und nicht Mitglieder des Betriebsrats sind (§ 61 BetrVG).

Die Jugend- und Auszubildendenvertretung soll sich aus Mitgliedern der im Betrieb vorhandenen Berufsgruppen zusammensetzen. Dabei soll sie aus männlichen und weiblichen Jugendlichen und Auszubildenden entsprechend ihrem zahlenmäßigen Verhältnis bestehen (§ 62, Abs. 2 u. 3 BetrVG). Die Zahl der Jugend- und Auszubildendenvertreter richtet sich nach der Anzahl der Jugendlichen und Auszubildenden im Betrieb und wird nach § 62, Abs. 1 BetrVG bestimmt:

[75] Vgl. Hase, D./Neumann-Cosel, R. v./Rupp, R./Teppich, H.: Handbuch für die Einigungsstelle, 2. Aufl., Köln 1993, S. 17 ff. und Schaub, G./Kreft, B.: Der Betriebsrat. Wahlen – Organisation – Rechte - Pflichten, 7. Aufl., München 2002, S. 621 ff.

| Zahl der Jugendlichen und Auszubildenden | Jugend- und Auszubildendenvertreter |
|---|---|
| 5 bis 20 | 1 |
| 21 bis 50 | 3 |
| 51 bis 150 | 5 |
| 151 bis 300 | 7 |
| 301 bis 500 | 9 |
| 501 bis 700 | 11 |
| 701 bis 1.000 | 13 |
| mehr als 1.000 | 15 |

**Abb. 59:** Zahl der Jugend- und Auszubildendenvertreter (§ 62, Abs. 1 BetrVG)

Die Amtszeit der Jugend- und Auszubildendenvertreter beträgt zwei Jahre (§ 64, Abs. 2 BetrVG). Die Wahlen finden daher regelmäßig alle zwei Jahre in der Zeit vom 1. Oktober bis zum 30. November statt, die Vorgehensweise ist in den §§ 63 und 64 BetrVG geregelt.[76]

Die Jugend- und Auszubildendenvertretung, die kein eigenständiges Organ der Betriebsverfassung, sondern eine **Unterstützung des Betriebsrats** ist,[77] soll die Belange aller Auszubildenden und aller jugendlichen Mitarbeiter wahrnehmen, die noch keine 18 Jahre alt sind. Sie hat weitgehende Mitspracherechte gegenüber Arbeitgeber und Betriebsrat und kann insbesondere Beschlüsse des Betriebsrates aussetzen, die sie als erhebliche Beeinträchtigung der Auszubildenden und jugendlichen Arbeitnehmer erachtet (§ 66 BetrVG). Weiterhin kann sie laut § 65, Abs. 2 BetrVG nach Absprache mit dem Betriebsrat eigene Sitzungen abhalten, an denen der Betriebsratsvorsitzende oder ein beauftragtes Betriebsratsmitglied teilnehmen kann.

Um ihre Aufgabe zu erfüllen, kann die Jugend- und Auszubildendenvertretung nach Verständigung des Betriebsrates **eigene Sprechstunden** abhalten (§ 69 BetrVG). Ebenso hat sie das Recht, zu allen Sitzungen des Betriebsrates einen Vertreter zu entsenden (§ 67 BetrVG). Darüber hinaus hat die gesamte Jugend- und Auszubildendenvertretung ein Teilnahmerecht, wenn in einer Sitzung des Betriebsrates Angelegenheiten besprochen werden, von denen besonders die jugendlichen Mitarbeiter und die zu ihrer Ausbildung Beschäftigten betroffen sind.

Die Jugend- und Auszubildendenvertreter können im Betriebsrat mitstimmen, wenn die anstehenden Beschlüsse vorwiegend jugendliche Arbeitnehmer betreffen (§ 67, Abs. 2 BetrVG). Der Betriebsrat muss sie zu Besprechungen mit dem Arbeitgeber hinzuziehen, wenn Angelegenheiten, die besonders jugendliche Arbeitnehmer betreffen, besprochen werden sollen (§ 68 BetrVG). Vor oder nach jeder Betriebsversammlung kann in Absprache mit dem Betriebsrat eine Jugend- und Auszubildendenversammlung einberufen werden. Diese Einberufung ist in Absprache mit dem Betriebsrat und dem Arbeitgeber auch zu einem anderen Zeitpunkt möglich (§ 71 BetrVG).

---

[76] Vgl. hierzu auch Pulte, P.: Die Wahl der Jugend- und Auszubildendenvertretung, München 1992, S. 22 ff.

[77] Vgl. Bundesministerium für Arbeit und Sozialordnung (Hrsg.): Mitbestimmung, 3. Aufl., Bonn 2000, S. 40 f.

### 3.5.3 Der Sprecherausschuss der leitenden Angestellten

Am 1.1.1989 trat das Sprecherausschussgesetz (SprAuG) in Kraft. Danach ist in Betrieben mit mindestens zehn leitenden Angestellten ein Sprecherausschuss zu wählen.

Die Größe des Sprecherausschusses ist in § 4 SprAuG in Abhängigkeit von der Zahl der leitenden Angestellten festgelegt, dabei sollen Männer und Frauen entsprechend ihrem zahlenmäßigen Verhältnis vertreten sein.

| Zahl der leitenden Angestellten | Zahl der Sprecherausschussmitglieder |
|---|---|
| 10 bis 20 | 1 |
| 21 bis 100 | 3 |
| 101 bis 300 | 5 |
| mehr als 300 | 7 |

**Abb. 60:** Zahl der Sprecherausschussmitglieder (§ 4 SprAuG)

Die Amtszeit des Sprecherausschusses beträgt vier Jahre (§ 5 SprAuG). Die Wahlen, deren Ablauf in den §§ 5 bis 8 SprAuG festgelegt ist, finden regelmäßig alle vier Jahre in der Zeit vom 1. März bis zum 31. Mai statt.

Der Sprecherausschuss vertritt die Belange der leitenden Angestellten (§ 25 SprAuG). Seine Aufgaben und Rechte entsprechen weitgehend denen des Betriebsrats. So hat er nach § 15 SprAuG einmal jährlich eine Versammlung der leitenden Angestellten einzuberufen und einen Tätigkeitsbericht zu erstatten. Er hat Mitwirkungsrechte bezüglich der Arbeitsbedingungen und Beurteilungsgrundsätze (§ 30 SprAuG), im Bereich personeller Maßnahmen (§ 31 SprAuG) und bei wirtschaftlichen Angelegenheiten (§ 32 SprAuG).

## 3.6 Mitbestimmung auf Unternehmensebene

Die Unternehmensverfassung beteiligt die Arbeitnehmer an der Gestaltung der Unternehmenspolitik und soll den Arbeitnehmern eine unmittelbare Einflussnahme auf die unternehmerischen Entscheidungen einräumen. Die Arbeitnehmer bilden dabei kein eigenes Organ wie den Betriebsrat, sondern werden in die Organe des Unternehmens integriert. Die Arbeitnehmermitbestimmung im Unternehmensbereich gilt im wesentlichen nur für Kapitalgesellschaften. Dabei vollzieht sich die Mitbestimmung auf Unternehmensebene durch die Mitgliedschaft der Arbeitnehmer im **Aufsichtsrat**, der als Kontrollorgan des Vorstandes dient, welcher das Unternehmen eigenverantwortlich führt. Der Aufsichtsrat stellt und entlässt die Vorstandsmitglieder. Die Hauptversammlung der Aktionäre und der Aufsichtsrat können durch eine Geschäftsordnung festlegen, welche Geschäfte der Vorstand nur mit Zustimmung des Aufsichtsrates durchführen kann.

Ziel der Mitbestimmung auf Unternehmensebene ist die Mitentscheidung der durch den Gesetzgeber zu Partnern der Eigentümer des Unternehmens gemachten Arbeitnehmer im "eigenen" Unternehmen. Die Mitbestimmung auf Unternehmensebene wird im Wesentlichen durch drei Gesetze geregelt, dem Montan-Mitbestimmungsgesetz von 1951

(Montan-MitbestG), dem Drittelbeteiligungsgesetz von 2004 (DrittelbG)[78] und dem Mitbestimmungsgesetz von 1976 (MitbestG). Welches dieser Gesetze jeweils für ein Unternehmen gültig ist, wird durch dessen Rechtsform, von der Art des Unternehmensgegenstandes und von der Anzahl der Mitarbeiter bestimmt (vgl. folgende Abbildung):

| Rechtsform / Zahl der Arbeitnehmer | | bis 500 | 501-1.000 | 1.001-2.000 | über 2.000 |
|---|---|---|---|---|---|
| Privatrechtliche Unternehmungen mit Ausnahme von Tendenz- und Montanunternehmungen | GmbH & Co KG<br>AG & Co KG | | | | § 4 MitbestG |
| | VVaG mit bestehendem Aufsichtsrat | | § 1 Abs. 1 Nr. 4 DrittelbG | § 1 Abs. 1 Nr. 4 DrittelbG | § 1 Abs. 1 Nr. 4 DrittelbG |
| | Erwerbs- und Wirtschaftsgenossenschaft | | § 1 Abs. 1 Nr. 5 DrittelbG | § 1 Abs. 1 Nr. 5 DrittelbG | § 1, Abs. 1 Montan-MitbestG |
| | GmbH | | § 1 Abs. 1 Nr. 3 DrittelbG | § 1 Abs. 1 Nr. 3 DrittelbG | § 1, Abs. 1 Montan-MitbestG |
| | KGaA | | § 1 Abs. 1 Nr. 2 DrittelbG | § 1 Abs. 1 Nr. 2 DrittelbG | § 1, Abs. 1 Montan-MitbestG |
| | AG | Keine Mitbest. bei Familiengesell. § 1 Abs. 1 Nr. 1 DrittelbG | § 1 Abs. 1 Nr. 1 DrittelbG | § 1 Abs. 1 Nr. 1 DrittelbG | § 1, Abs. 1 Montan-MitbestG |
| Montanunternehmungen nach § 1 Montan-MitbestG | GmbH | | § 1 Abs. 1 Nr. 3 DrittelbG | § 1, Abs. 2 Montan-MitbestG | § 1, Abs. 2 Montan-MitbestG |
| | AG | Keine Mitbest. bei Familiengesell. § 1 Abs. 2 Nr. 1 DrittelbG | § 1 Abs. 2 Nr. 1 DrittelbG | § 1, Abs. 2 Montan-MitbestG | § 1, Abs. 2 Montan-MitbestG |

**Abb. 61:** Die Unternehmensverfassung im Überblick

[78] Das Drittelbeteiligungsgesetz (DrittelbG) ist zum 01.07.2004 an die Stelle des BetrVG 1952 (§§ 76 bis 87 a) getreten, das bisher die Wahl der Arbeitnehmervertreter in den Aufsichtsrat von Kapitalgesellschaften mit mehr als 500, aber nicht mehr als 2.000 Beschäftigten regelte. Die übrigen Vorschriften des BetrVG 1952 waren bereits mit dem Inkrafttreten des BetrVG 1972 aufgehoben worden. Die Neuregelung soll das Verfahren für die Wahl der Arbeitnehmervertreter in den Aufsichtsrat vereinfachen und straffen, ohne jedoch den Geltungsbereich des BetrVG 1952 oder seinen Inhalt wesentlich zu verändern.

## 3.6.1 Das Montan-Mitbestimmungsgesetz

Die Montan-Mitbestimmung findet auf solche Unternehmen des Bergbaus oder der eisen- und stahlerzeugenden Industrie Anwendung, die in der Rechtsform einer Aktiengesellschaft, einer Gesellschaft mit beschränkter Haftung oder einer bergrechtlichen Gewerkschaft mit eigener Rechtspersönlichkeit betrieben werden und in der Regel mehr als 1000 Arbeitnehmer beschäftigen (§ 1 Montan-MitbestG).

Die Anzahl der Sitze im Aufsichtsrat ist von der Höhe des Grund- bzw. Stammkapitals abhängig. Bis 10 Mio. € sind 11 Sitze, bis 25 Mio. € 11 oder 15 Sitze und bei mehr als 25 Mio. € 11, 15 od. 21 Sitze vorhanden (§§ 4 und 9 Montan-MitbestG).

Die Zusammensetzung des Aufsichtsrates soll am Beispiel eines 11-köpfigen Aufsichtsrates erläutert werden:

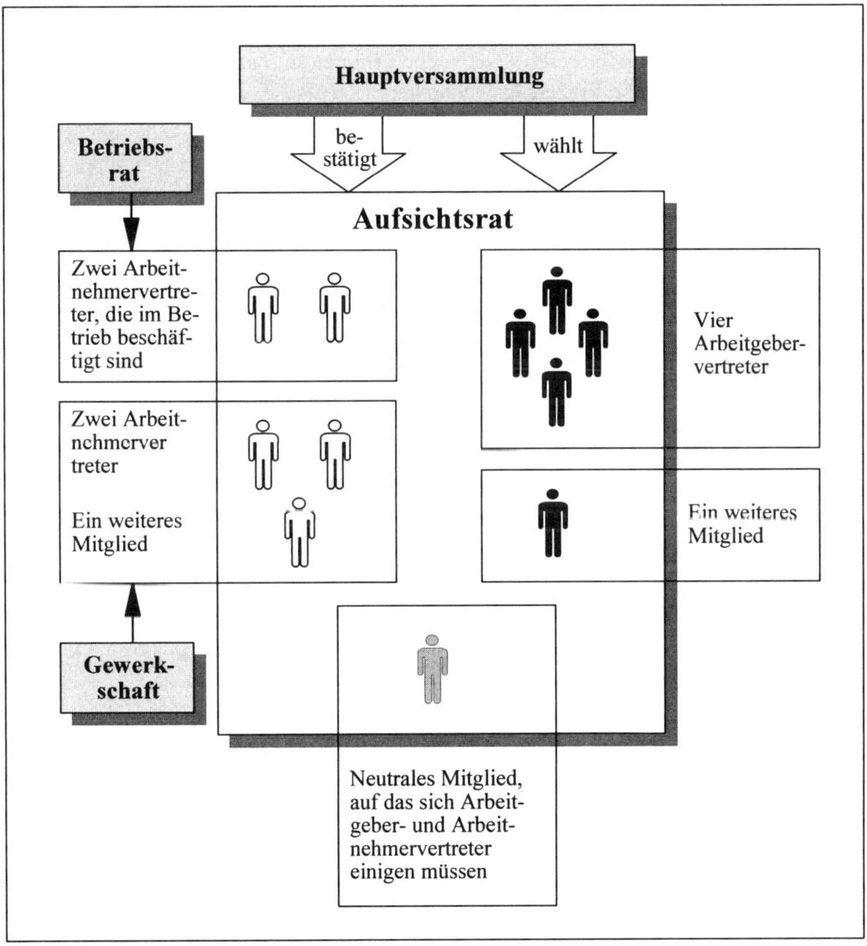


**Abb. 62:** Montanmitbestimmungsmodell

Die Anteilseignerseite entsendet 5 Mitglieder, die Arbeitnehmerseite ebenfalls 5 Mitglieder. Für die Zusammensetzung der Arbeitnehmerseite ist vorgeschrieben, dass mindestens 2 Mitglieder aus der Belegschaft stammen müssen, und zwar je ein Arbeiter und ein Angestellter. Damit sollen sowohl die Belegschaftsinteressen in ihrer Gesamtheit als auch die Gruppeninteressen der Arbeiter und Angestellten zur Geltung kommen. Weitere 3 Mitglieder der Arbeitnehmerseite müssen nicht unbedingt im Unternehmen beschäftigt sein ("außerbetriebliche Arbeitnehmervertreter"). Sie werden von den Spitzenorganisationen der im Unternehmen vertretenen Gewerkschaften vorgeschlagen.

Eines dieser 3 Mitglieder, vom Gesetz als **"weiteres Mitglied"** bezeichnet, darf nicht Repräsentant einer Gewerkschaft und im Unternehmen weder beschäftigt noch wirtschaftlich wesentlich an ihm interessiert sein. Dies soll gewährleisten, dass neben den Kapital- und Arbeitnehmerinteressen auch die öffentlichen Interessen bei den Beratungen des Aufsichtsrates berücksichtigt werden.

Die betrieblichen Arbeitnehmervertreter werden durch den Betriebsrat nach vorheriger Beratung mit den Gewerkschaften vorgeschlagen. Die Arbeitnehmervertreter sind durch die Hauptversammlung der Anteilseigner formell zu bestätigen. Die Anteilseignerversammlung ist an die Vorschläge gebunden.

Auch auf Seiten der Anteilseigner gibt es das sogenannte "weitere Mitglied". Es darf weder Repräsentant einer Organisation der Arbeitgeber sein, noch im Unternehmen als Arbeitgeber tätig bzw. am Unternehmen wirtschaftlich interessiert sein.

Das im Gesetz vorgesehene **neutrale Mitglied** soll als 11. Mitglied (bei größeren Aufsichtsräten als 15. bzw. 21. Mitglied) Patt-Situationen verhindern. Es soll sicherstellen, dass im paritätisch besetzten Aufsichtsrat eine Mehrheit bei Abstimmungen zustande kommt. Diese Funktion setzt voraus, dass es das Vertrauen der Beteiligten besitzt und als Persönlichkeit geeignet ist, bei Meinungsverschiedenheiten auszugleichen.

Das Montan-Mitbestimmungsgesetz kennt darüber hinaus eine besondere Beteiligung der Arbeitnehmer an der Geschäftsführung in der Person des **Arbeitsdirektors**. Zwar ist er gleichberechtigtes Vorstandsmitglied, kann aber nicht gegen die Mehrheit der Aufsichtsratsmitglieder, die vom Betriebsrat und den Gewerkschaften vorgeschlagen worden sind, be- oder abberufen werden (Sperrminorität). Der Arbeitsdirektor ist ebenso wie die anderen Direktoren für die Unternehmenspolitik mitverantwortlich. Obwohl eng mit den Arbeitnehmern verbunden, ist er nicht deren Beauftragter oder Interessenvertreter. Er übt eindeutig eine Arbeitgeberfunktion aus, denn er

- ist an den Entscheidungen des Vorstandes voll beteiligt und muss sie mittragen,
- tritt dem Betriebsrat bei betrieblichen Konflikten gegenüber,
- verhandelt mit den Arbeitnehmervertretern über Betriebsvereinbarungen.

Seine Hauptaufgabe liegt vor allem im Bereich des Personalwesens, Leistung und Lohn, Sozialwesen, Ausbildung, Siedlungs- und Wohnungswesen, allgemeine Verwaltung, Vorschlagswesen und Werksleitung.

Da der Zuständigkeitsbereich des Arbeitsdirektors eingeengt ist, sind dementsprechend seine Wirkungsmöglichkeiten auch nur beschränkt. Ein besonderes Problem ergibt sich zusätzlich, wenn er durch Vorstandsbeschlüsse möglicherweise überstimmt wurde und er gegenüber dem Betriebsrat und dem Wirtschaftsausschuss dennoch diese vertreten muss.

Wegen seiner Aufgabe und seiner Verbundenheit mit den Arbeitnehmern ist der **Arbeitsdirektor vorrangiger Ansprechpartner** der Belegschaftsvertreter, insbesondere der **Betriebsräte**. Wie erfolgreich andere Mitbestimmungsorgane tätig sein können, hängt häufig davon ab, wie intensiv er sie informiert.

Abschließend soll noch darauf hingewiesen werden, dass im Jahre 1956 das "Gesetz zur Ergänzung des Gesetzes über die Mitbestimmung der Arbeitnehmer in den Aufsichtsräten und Vorständen der Unternehmen des Bergbaus und der eisen- und stahlerzeugenden Industrie" erlassen wurde. Dieses Gesetz sichert die Montanmitbestimmung in den Obergesellschaften der Konzerne, z.B. Holding-Gesellschaft, die ihrem überwiegenden Unternehmenszweck nach der Montanindustrie angehören.

Darüber hinaus wurden 1967 das erste Mitbestimmungssicherungsgesetz und 1971 das zweite Mitbestimmungssicherungsgesetz geschaffen. Sie sollen das Ausscheren eines Unternehmens aus der Montanmitbestimmung erschweren. Solche Möglichkeiten können sich durch die Änderung der Unternehmensstruktur ergeben.

## 3.6.2 Das Drittelbeteiligungsgesetz

Für alle Aktiengesellschaften und Kommanditgesellschaften auf Aktien gilt die Ein-Drittel-Beteiligung der Arbeitnehmer im Aufsichtsrat nach dem Drittelbeteiligungsgesetz von 2004 (DittelbG). Ausgenommen sind Familiengesellschaften mit weniger als 500 Arbeitnehmern. Die Ein-Drittel-Beteiligung der Arbeitnehmer gilt neben der neuen Mitbestimmung nach dem Mitbestimmungsgesetz von 1976 fort, und zwar für Unternehmen und Konzerne unterhalb des Größenmerkmals von 2.000 Arbeitnehmern. Für folgende Unternehmen findet die Ein-Drittel-Beteiligung der Arbeitnehmer im Aufsichtsrat ebenfalls Anwendung, sofern diese Unternehmen mehr als 500 Arbeitnehmer beschäftigen: Gesellschaften mit beschränkter Haftung, Erwerbs- und Wirtschaftsgenossenschaften und, soweit ein Aufsichtsrat besteht, auch für Versicherungsvereine auf Gegenseitigkeit.

Die **Größe des Aufsichtsrats** wird von der Hauptversammlung festgelegt, er besteht aus mindestens drei und maximal aus 21 Mitgliedern (möglich sind 3, 6, 9, 12, 15, 18 oder 21 Mitglieder). Mindestens zwei der Arbeitnehmervertreter im Aufsichtsrat müssen dem Unternehmen angehören. Außerdem muss das Verhältnis von Arbeitern, Angestellten und, wenn mehr als die Hälfte der Arbeitnehmer weiblich sind, auch Frauen berücksichtigt werden (§ 4 DrittelbG).

Die Arbeitgebervertreter werden von den Anteilseignern in der Hauptversammlung gewählt. Die Vertreter der Arbeitnehmer werden i.d.R. nach einer Beratung mit der Gewerkschaft vom Betriebsrat oder direkt von den Arbeitnehmern vorgeschlagen und müssen dabei von mindestens 10 % oder 100 der wahlberechtigten Arbeitnehmer unterstützt werden. Die Wahl erfolgt unmittelbar durch die Arbeitnehmer. Ohne Angabe von Gründen kann ein Arbeitnehmervertreter auf Antrag des Betriebsrats oder von einem Fünftel der Arbeitnehmer abgewählt werden. Dazu ist eine Mehrheit von 3/4 der abgegebenen Stimmen erforderlich. Eine Mitwirkung der Arbeitnehmer im Vorstand ist im Gesetz nicht vorgesehen.

Die folgende Abbildung zeigt die Beteiligung der Arbeitnehmer im Aufsichtsrat nach dem Drittelbeteiligungsgesetz von 2004 in einem Modell mit neun Aufsichtsratssitzen:

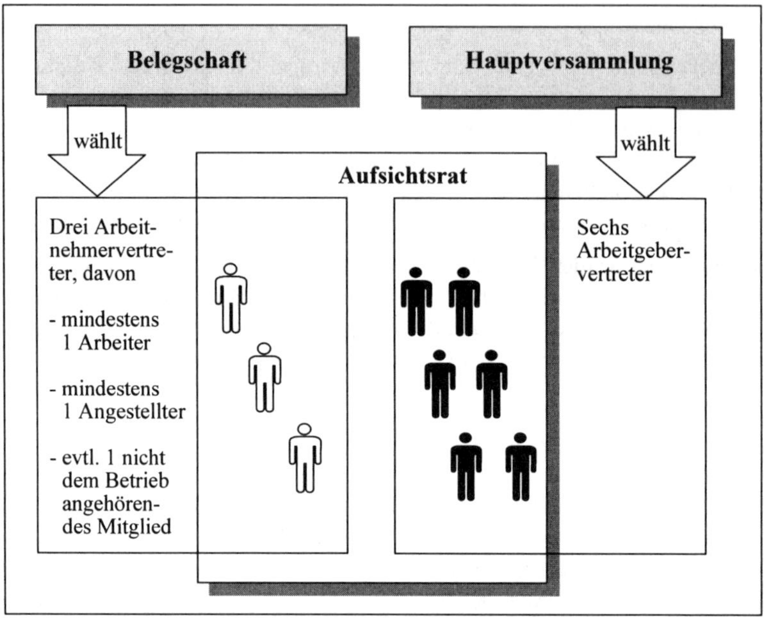


**Abb. 63:** Besetzung des Aufsichtsrates nach dem Drittelbeteiligungsgesetz von 2004

## 3.6.3 Das Mitbestimmungsgesetz von 1976

Nach einer zweijährigen harten Auseinandersetzung der politischen Parteien und der Sozialpartner wurde am 18.03.1976 das "Gesetz über die Mitbestimmung der Arbeitnehmer" vom Deutschen Bundestag verabschiedet, das am 01.07.1976 in Kraft trat.

Das Mitbestimmungsgesetz gilt für Unternehmen mit eigener Rechtspersönlichkeit, die in der Regel mehr als 2.000 Arbeitnehmer beschäftigen. Hierunter fallen Unternehmen in der Rechtsform einer Aktiengesellschaft, einer Gesellschaft mit beschränkter Haftung, einer bergrechtlichen Gewerkschaft mit eigener Rechtspersönlichkeit und einer Erwerbs- und Wirtschaftsgenossenschaft.

Erfasst werden auch kleinere Unternehmen in einer der genannten Rechtsformen, wenn sie herrschendes Unternehmen eines Konzerns oder Teilkonzerns sind und wenn die inländischen Unternehmen dieses Konzerns in der Regel mehr als 2.000 Arbeitnehmer beschäftigen. Ist ein mitbestimmtes Unternehmen herrschendes Konzernunternehmen, so nehmen an der Wahl der Aufsichtsratmitglieder auch die Arbeitnehmer der Tochterunternehmen teil. Außerdem gilt die Mitbestimmungsregelung auch für kleinere Unternehmen in einer der genannten Rechtsformen, wenn sie persönlich haftender Gesellschafter einer Kommanditgesellschaft sind und bei Hinzurechnung der Arbeitnehmer dieser Kommanditgesellschaft auf mehr als 2.000 Arbeitnehmer kommen.

Die Mitbestimmungsregelung gilt nicht für **Tendenzunternehmen** im Sinne von § 118 des Betriebsverfassungsgesetzes von 1972. Dies sind Unternehmen, die unmittelbar und überwiegend politischen, konfessionellen, karitativen, erzieherischen, wissenschaftlichen oder künstlerischen Bestimmungen oder Zwecken der Berichterstattung oder der Meinungsäußerung dienen.

Die Mitbestimmung im Montanbereich nach dem Montan-Mitbestimmungsgesetz von 1951 und dem Mitbestimmungsergänzungsgesetz von 1956 bleibt in den Unternehmen, die die Voraussetzungen dieser Gesetze erfüllen, unverändert erhalten.

Auch die nach dem Betriebsverfassungsgesetz von 1952 bestehende Ein-Drittel-Beteiligung bleibt in Unternehmen und Konzernen unterhalb des Größenmerkmals von 2000 Arbeitnehmern aufrechterhalten.

## (1) Zusammensetzung des Aufsichtsrats

Die Aufsichtsräte der mitbestimmten Unternehmen werden mit der gleichen Anzahl von Aufsichtsratsmitgliedern der Anteilseigner und der Arbeitnehmer besetzt, und zwar:

| Mitarbeiter | Aufsichtsrats-mitglieder (insgesamt) | Betriebs-interne Vertreter | Gewerk-schafts-vertreter | Anteils-eigner-vertreter |
|---|---|---|---|---|
| 2.000 - 10.000 | 12 | 4 | 2 | 6 |
| 10.000 - 20.000 | 16 | 6 | 2 | 8 |
| über 20.000 | 20 | 7 | 3 | 10 |

**Abb. 64:** Zusammensetzung des Aufsichtsrats nach dem Betriebsverfassungsgesetz von 1976

In der Satzung des Unternehmens kann vorgesehen werden, dass ein nach dem Gesetz aus 12 Mitgliedern zu bildender Aufsichtsrat auf 16 oder 20 Mitglieder und ein aus 16 Mitgliedern zu bildender Aufsichtsrat auf 20 Mitglieder vergrößert wird.

Ein Teil der Aufsichtsratssitze der Arbeitnehmer sind für die in dem Unternehmen bzw. im Konzern vertretenen Gewerkschaften reserviert, und zwar:

- 2 Sitze in Unternehmen mit einem 12- oder 16-köpfigen Aufsichtsrat
- 3 Sitze in Unternehmen mit einem 20-köpfigen Aufsichtsrat.

Die übrigen Aufsichtsratssitze der Arbeitnehmer, also je nach Größe 4, 6 oder 7 Sitze, müssen mit Arbeitnehmern des Unternehmens besetzt werden. Diese Sitze sind auf die Arbeiter und Angestellten sowie auf die leitenden Angestellten entsprechend ihrem Anteil an der Gesamtbelegschaft zu verteilen. Jeder dieser 3 Gruppen ist aus Gründen des Minderheitenschutzes jedoch mindestens ein Sitz garantiert.

In den Aufsichtsrat eines herrschenden Konzernunternehmens können in gleicher Weise Arbeitnehmer dieses Unternehmens sowie Arbeitnehmer der übrigen Konzernunternehmen gewählt werden. Für die Aufsichtsratswahlen gelten die Arbeitnehmer sämtlicher Konzernunternehmen als Arbeitnehmer des Unternehmens.

Die folgende Abbildung zeigt die Zusammensetzung des Aufsichtsrats nach dem Mitbestimmungsgesetz von 1976 (Modell mit 12 Aufsichtsratsmitgliedern):

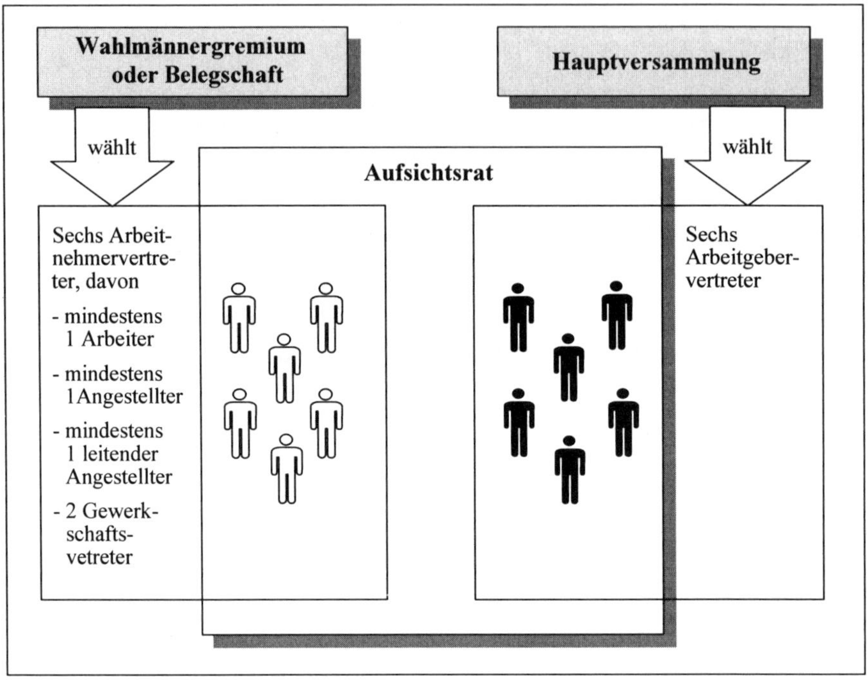


**Abb. 65:** Zusammensetzung des Aufsichtsrats nach dem Mitbestimmungsgesetz von 1976

## (2) Wahl der Aufsichtsratsmitglieder

Alle Aufsichtsratsmitglieder der Arbeitnehmer, sowohl die unternehmensangehörigen Arbeitnehmer als auch die Vertreter der Gewerkschaften, werden in Urwahl oder durch Wahlmänner gewählt.

In Unternehmen mit bis zu 8.000 Arbeitnehmern ist die Urwahl die Regel, abweichend hiervon können die Arbeitnehmer mit Mehrheit die Wahl durch Wahlmänner beschließen, wenn dies von mindestens einem Zwanzigstel der wahlberechtigten Arbeitnehmer des Unternehmens beantragt wird und wenn sich an der Abstimmung mindestens die Hälfte der wahlberechtigten Arbeitnehmer beteiligt.

In Unternehmen mit mehr als 8.000 Arbeitnehmern ist die Wahl durch Wahlmänner die Regel. Abweichend hiervon können die Arbeitnehmer mit Mehrheit die Urwahl beschließen, wenn dies von mindestens einem Zwanzigstel der wahlberechtigten Arbeitnehmer des Unternehmens beantragt wird und wenn sich an der Abstimmung mindestens die Hälfte der wahlberechtigten Arbeitnehmer beteiligt.

Die Aufsichtsratsmitglieder der Anteilseigner werden weiterhin von dem bisher dafür zuständigen Wahlorgan, z.B. Haupt-, Gesellschafterversammlung, gewählt oder wenn dies in der Satzung so vorgesehen ist, von einzelnen Anteilseignern in den Aufsichtsrat entsandt.

### (3) Entscheidungsfindung im Aufsichtsrat

Da der Aufsichtsrat paritätisch besetzt ist, können bei Abstimmungen Patt-Situationen auftreten. Um die Beschlussfähigkeit dennoch zu gewährleisten, erhält der **Aufsichtsratsvorsitzende** bei wiederholter Stimmengleichheit eine **zweite Stimme**.

Diese zweite Stimme ist an die Person des Aufsichtsratsvorsitzenden gebunden und nicht übertragbar. Der Aufsichtsratsvorsitzende und seine Stellvertreter benötigen zu ihrer Wahl vom Aufsichtsrat eine 2/3-Mehrheit. Mit dieser Mehrheit kann auch ein Aufsichtsratsmitglied der Arbeitnehmer zum Aufsichtsratsvorsitzenden gewählt werden. Wird jedoch die 2/3 Mehrheit für keinen der beiden erreicht, so wählen die Aufsichtsratsmitglieder der Anteilseigner den Aufsichtsratsvorsitzenden und die Aufsichtsratsmitglieder der Arbeitnehmer seinen Stellvertreter.

### (4) Der Vorstand

Die Mitglieder des Aufsichtsrates wählen mit einer 2/3-Mehrheit den Vorstand des Unternehmens. Kommt eine 2/3-Mehrheit nicht zustande, so wird ein Vermittlungsausschuss eingeschaltet, der vom Aufsichtsrat zu bilden ist. Diesem Vermittlungsausschuss gehören der Aufsichtsratsvorsitzende, sein Stellvertreter und je ein weiterer Vertreter der Anteilseigner und der Arbeitnehmer an. Dieser Ausschuss hat die Aufgabe, dem Aufsichtsrat einen neuen Vorschlag zu unterbreiten. Findet dieser Vorschlag wiederum keine Mehrheit, so erhält der Aufsichtsratsvorsitzende eine Zweitstimme.

Auch das neue Mitbestimmungsgesetz sieht einen **Arbeitsdirektor** als gleichberechtigtes Mitglied des Vorstandes vor. Im Gegensatz zum Montan-Mitbestimmungsgesetz soll dieses gleichberechtigte Vorstandsmitglied jedoch wie alle anderen Vorstandsmitglieder gewählt werden. Es ist also ausdrücklich nicht die rechtliche Stellung des Arbeitsdirektors nach dem Montan-Mitbestimmungsgesetz übernommen worden, der nicht gegen die Mehrheit der Arbeitnehmervertreter im Aufsichtsrat berufen oder abberufen werden kann. Somit wird der Arbeitsdirektor im Zweifel von der Arbeitgeberseite gestellt; seine Stellung und Aufgaben entsprechen denen des Arbeitsdirektors nach dem Montan-Mitbestimmungsgesetz.

## 3.7 Arbeitsgerichtsbarkeit

Die Arbeitsgerichtsbarkeit entscheidet bei Streitigkeiten, die die Arbeitswelt betreffen. Dies können Differenzen zwischen einzelnen Arbeitgebern und Arbeitnehmern oder deren Verbänden und Vertretungen sein. Durch das Arbeitsgerichtsgesetz (ArbGG) von 1953 ist die Arbeitsgerichtsbarkeit gegenüber anderen Gerichtszweigen selbständig. Grundlage für das ArbGG ist die Zivilprozessordnung (ZPO). Wichtigste Unterschiede sind:

- kürzere Fristen/erheblich billigere Verfahren
- ein höherer Stellenwert des Güteverfahrens
- größerer Praxisbezug durch Laienrichter
- die Rechtsschutzvertreter sind Rechtsanwälten gleichgestellt

### 3.7.1 Aufbau

Die Arbeitsgerichtsbarkeit besteht aus drei Stufen. Die erste Instanz bilden die Arbeitsgerichte (ArbG), bei einer Berufung sind die Landesarbeitsgerichte (LAG) zuständig, bei einer Revision kommt der Fall vor das Bundesarbeitsgericht (BAG) in Erfurt.

Die Arbeitsgerichte und die Landesarbeitsgerichte bestehen aus **Kammern**. Diese setzen sich zusammen aus einem Berufsrichter als Vorsitzenden und je einem Laienrichter von Arbeitnehmer- und Arbeitgeberseite, die mit annähernd gleichen Befugnissen wie der Vorsitzende ausgestattet sind.

Das Bundesarbeitsgericht besteht aus **Senaten**. Diese sind mit drei Berufsrichtern und zwei ehrenamtlichen Richtern besetzt. Kommen die Senate zu unterschiedlichen Rechtsauffassungen oder geht es um grundsätzliche Rechtsfragen von besonderer Bedeutung, tritt der Große Senat zusammen. Er besteht aus dem Präsidenten des Bundesarbeitsgerichts, dem dienstältesten Vorsitzenden aller Senate, vier weiteren Bundesrichtern und je zwei ehrenamtlichen Richtern.

### 3.7.2 Verfahren und Verfahrensablauf

Die §§ 2, 2a und 3 ArbGG legen fest, in welchen Fragen die Arbeitsgerichte zuständig sind. Dies sind individual- und kollektivrechtliche Streitigkeiten des Arbeitsrechts[79]. Ein Anwaltszwang besteht erst vor dem Bundesarbeitsgericht.

Durch die Klageerhebung wird das Verfahren in Gang gesetzt. Man unterscheidet Feststellungs- (z.B. Feststellung der Ungültigkeit einer Kündigung), Leistungs- (z.B. Zahlung eines Lohnanspruchs) und Gestaltungsklage (z.B. Auflösung des Arbeitsverhältnisses gegen Zahlung einer Abfindung). Der Beklagte wird zur Abgabe einer Stellungnahme, der sog. Klageerwiderung, aufgefordert.

Nach Klageerhebung wird seitens des Gerichtes die sogenannte Güteverhandlung angesetzt. Hierbei hat die zuständige Kammer zu prüfen, ob der Rechtsstreit gütlich beizulegen ist. Gelingt dies nicht, so entscheidet der Vorsitzende nach Zustimmung aller Parteien den Rechtsstreit allein, oder eröffnet die streitige Verhandlung. Die Kosten des Verfahrens werden nach § 12 ArbGG im Verhältnis des Obliegens zum Unterliegen einer Partei abgewogen. Einkommensschwachen Arbeitnehmern kann Prozesskostenhilfe gewährt werden.

Ist eine Partei vor dem Arbeitsgericht unterlegen, so hat sie gemäß § 64 ArbGG Anspruch auf Berufung. Bei vermögensrechtlichen Streitigkeiten sind alle Verfahren unterhalb eines Streitwertes von 600 EUR von der Berufung ausgeschlossen. Urteile bzw. Beschlüsse der Landesarbeitsgerichte können durch Revision bzw. Rechtsbeschwerde angefochten werden. Diese müssen jedoch vom Landesarbeitsgericht ausdrücklich zugelassen werden. Eine Sprungrevision bzw. Sprungrechtsbeschwerde ist nur in seltenen Fällen möglich (§§ 76, 96a ArbGG). In den höheren Instanzen trägt der Unterlegene die Verfahrenskosten.

---

[79] Vgl. Löwitsch, M.: Arbeitsrecht, a.a.O. S. 417 ff. und Pünnel, L./Quecke, M.: Was man vom Arbeitsrecht wissen sollte, 20. Aufl., München/Unterschleißheim 2004, S. 193 ff.

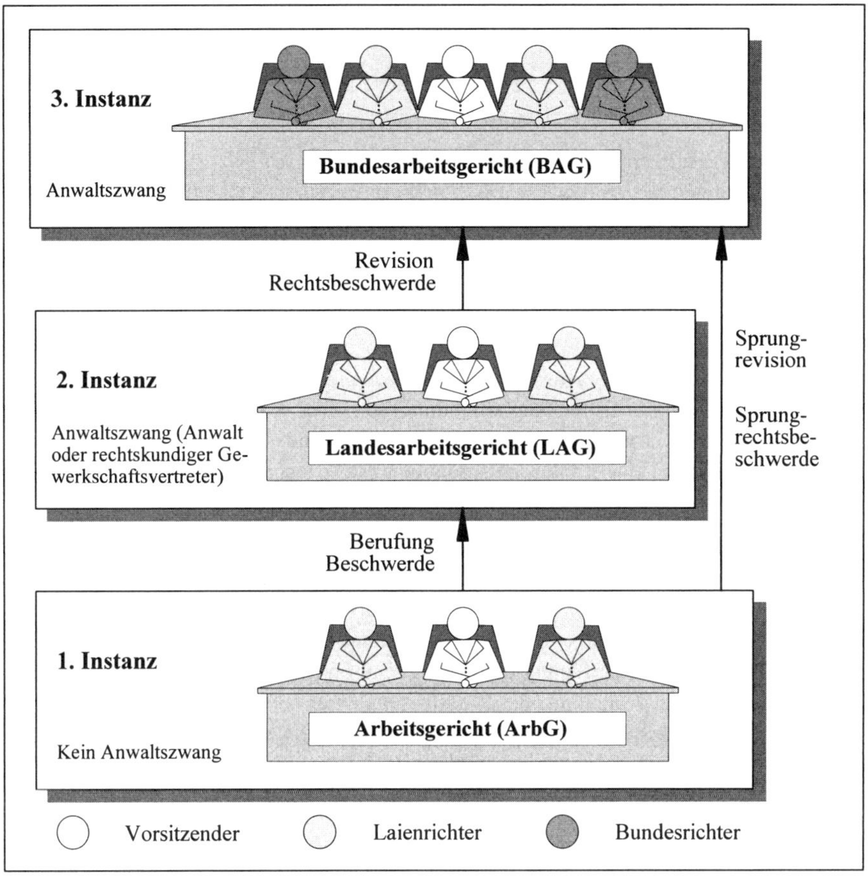


**Abb. 66:** Arbeitsgerichtsbarkeit

Neben dem bisher dargestellten Urteilsverfahren kennt die Arbeitsgerichtbarkeit drei weitere besondere Verfahrensarten:

- Das Beschlussverfahren
- Das Mahnverfahren
- Das Schnellverfahren

Das **Beschlussverfahren** dient zur Entscheidung in betriebsverfassungsrechtlichen und tarifrechtlichen Fragestellungen (§ 2a ArbGG). Meist stehen sich daher als Parteien der Betriebsrat auf der einen und der Arbeitgeber auf der anderen Seite gegenüber. Die Verfahrensgrundsätze des Beschlussverfahrens sind in §§ 80 ff. ArbGG geregelt. Eingeleitet wird das Beschlussverfahren durch einen Antrag (§ 81 Abs.1 ArbGG). Der streitige Sachverhalt wird dann durch das Gericht aufgeklärt, welches im Gegensatz zum Urteilsverfahren hier die Möglichkeit zur Beweiserhebung hat (§ 83 ArbGG). Das Beschlussverfahren kennt keine Güteverhandlung oder streitige Verhandlung, es kommt lediglich zu einem Anhörungstermin, an dessen Ende entweder die Rücknahme des Antrages, ein Vergleich der Parteien oder der Beschluss steht (§§ 83 f. ArbGG). Für das Beschlussverfahren fallen nach § 12 Abs. 5 ArbGG keine Gerichtskosten an, somit können den Beteiligten lediglich Kosten für ihre Vertretung entstehen.

Das **Mahnverfahren** erlaubt es dem Gläubiger, ausschließlich arbeitsrechtliche Zahlungsansprüche geltend zu machen. Dazu muss er beim zuständigen Arbeitsgericht ein "Gesuch auf Erlass eines Mahnbescheids" einreichen, indem er ein sog. Mahnbescheidsformular ausfüllt und vorlegt. Da das Gericht beim Erlass des Mahnbescheids die Rechtmäßigkeit des Anspruchs nicht prüft, kann der Schuldner innerhalb einer Woche nach Zustellung Widerspruch einlegen. Wurde ein Widerspruch eingelegt, erfolgt die weitere Klärung des Sachverhalts im Urteilsverfahren. Wenn kein Widerspruch erfolgt, wird nach Ablauf der Wochenfrist ein Vollstreckungsbescheid erlassen, mit dem der Gläubiger die Zwangsvollstreckung (Pfändung) einleiten kann. Auch gegen den Vollstreckungsbescheid besteht innerhalb einer Woche eine Einspruchmöglichkeit. Das Mahnverfahren ist in der Zivilprozessordnung (ZPO) festgelegt, von Bedeutung sind insbesondere die §§ 693 ff. ZPO.[80]

Bei den **Schnellverfahren**, die dem besonderen Schutz des Gläubigers dienen, unterscheidet man zwischen Arrest und einstweiliger Verfügung. Diese Mittel sichern die Ansprüche des Gläubigers, dienen jedoch nicht zu deren Durchsetzung. Der Arrest ist ein Mittel zur Sicherung der Zwangsvollstreckung aus einer Geldforderung (§ 916 ZPO), die einstweilige Verfügung dient zur Sicherung der Vollstreckung aus anderen Ansprüchen, z.B. die Vornahme oder Unterlassung einer Handlung oder die Herausgabe einer Sache (§ 935 ZPO). Wie beim Mahnverfahren ergibt sich auch aus dem Schnellverfahren die Möglichkeit zur Zwangsvollstreckung, die jedoch hier binnen Monatsfrist durchgeführt werden muss (§§ 929, 936 ZPO).

## 3.8 Sozialgerichtsbarkeit

Für alle Streitigkeiten auf dem Gebiet des Sozialrechts gibt es heute eine besondere, von den Verwaltungsbehörden getrennte Sozialgerichtsbarkeit mit drei Instanzen: Sozialgericht, Landessozialgericht, Bundessozialgericht. Verwaltung und Rechtsprechung sind klar voneinander getrennt (Grundsatz der Gewaltenteilung).

Das Sozialgericht verhandelt und entscheidet in Kammern und ist mit drei Richtern besetzt (ein Berufsrichter und zwei ehrenamtliche Richter). Das Landes- und das Bundessozialgericht entscheiden in Senaten (drei Berufsrichter und zwei ehrenamtliche Richter). Das Landessozialgericht entscheidet über die Berufung, das Bundessozialgericht über die Revision.

Rechtsmittel in der Sozialgerichtsbarkeit sind: Berufung, Revision und Beschwerde. Das Verfahren ist kostenlos.

[80] Vgl. Schaub, G./Künzl, R.: Arbeitsgerichtsverfahren, 7. Aufl., München 2004, S. 311 ff.

# Fragen zur Kontrolle und Vertiefung

(1) Definieren Sie die Begriffe: Personal, Management und Personalwirtschaft!

(2) Beschreiben Sie die fünf Eigenschaften, die dem Personal aus betrieblicher Sicht zugeordnet werden können!

(3) Welches sind die Merkmale eines leitenden Angestellten laut § 5 Abs. 3 BertVG?

(4) Was versteht man allgemein unter Personalmanagement? Welche Gruppen im Unternehmen sind die Träger des Personalmanagements und welche die Objekte?

(5) Unterscheiden Sie zwischen Sach- und Formalzielen unter Angabe von Beispielen in Bezug auf die Personalwirtschaft!

(6) Erklären Sie kurz, was man unter wirtschaftlichen Zielen innerhalb der Personalwirtschaft versteht! Welche zwei grundlegenden Funktionen des Personalmanagements lassen sich aus dieser Zielsetzung ableiten?

(7) Wie kann man den Produktionsfaktor menschliche Arbeit möglichst wirtschaftlich nutzen? Diskutieren Sie, warum in unserer heutigen Zeit eine Senkung der Löhne und Gehälter schwer möglich ist!

(8) Durch welche Maßnahmen kann man eine Steigerung des Produktionsfaktors menschliche Arbeit erreichen?

(9) Nennen Sie Beispiele sozialer Ziele des Unternehmens (materieller und immaterieller Natur)!

(10) Welche Schwierigkeiten entstehen bei der Errichtung und Realisation sozialer Ziele?

(11) Unterscheiden Sie komplementäre Ziele, Zielkonkurrenz und Zielindifferenz und nennen Sie jeweils Beispiele zu den drei Zielbeziehungen!

(12) Wie sieht eine Gliederung des Personalbereichs nach Objekten aus? Beschreiben Sie in diesem Zusammenhang das divisionale Referentensystem näher und nennen Sie dessen Vor- und Nachteile!

(13) Beschreiben Sie eine Möglichkeit, die Vorteile der objekt- und der funktionsorientierten Organisation zu kombinieren!

(14) Skizzieren Sie bei einem Großunternehmen die Eingliederung des Personalwesens in die Organisationsform der Sparten- und Matrixorganisation. Nennen Sie dazu Vor- und Nachteile!

(15) Wie organisieren Klein- und Mittelbetriebe ihr Personalwesen? Wer sind dort die Träger des Personalwesens und welche Schwierigkeiten ergeben sich daraus?

(16) Welche generellen Aufgaben ordnen Sie der Personalwirtschaft zu?

(17) In welche Bereiche kann man das Arbeitsrecht einteilen?

(18) Benennen Sie die Rechtsquellen des Arbeitsrechts! Was versteht man in diesem Zusammenhang unter Richterrecht?

(19) Was verstehen Sie unter Arbeitsschutzrecht?

(20) Was verstehen Sie unter einer Gewerkschaft, und welche Aufgaben erfüllt sie im Rahmen des kollektiven Arbeitsrechts?

(21) Was beinhaltet ein Tarifvertrag?

(22) Welche Ausprägungen der Mitwirkung und Mitbestimmung unterscheidet man bei den Rechten des Betriebsrats?

(23) Welche Aufgaben hat der Betriebsrat?

(24) Unterteilen Sie die Mitwirkungsbereiche des Betriebsrats!

(25) Was verstehen Sie unter einem Wirtschaftsausschuss und welche Aufgaben und Funktionen hat er?

(26) Erläutern Sie den Aufbau und die Funktion der Einigungsstelle!

(27) Welche Rechte werden den Gewerkschaften durch das Betriebsverfassungsgesetz eingeräumt?

(28) Wie ist die Vertretung der Jugendlichen und Auszubildenden bzw. der leitenden Angestellten im Hinblick auf die betriebliche Mitbestimmung geregelt?

(29) Beschreiben Sie die unternehmerische Mitbestimmung nach dem Montan-Mitbestimmungsgesetz!

(30) Wie ist der Aufsichtsrat nach dem Betriebsverfassungsgesetz von 1952 zusammengesetzt?

(31) Wie erfolgt die Entscheidungsfindung im Aufsichtsrat nach dem Mitbestimmungsgesetz von 1976?

(32) Welche Funktion hat der Arbeitsdirektor?

(33) Nehmen Sie kritisch Stellung zu dem Sachverhalt, dass im Aufsichtsrat nach dem Mitbestimmungsgesetz von 1976 ein leitender Angestellter als Arbeitnehmervertreter vorgesehen ist!

(34) Erläutern Sie, in welchen Fällen Streitigkeiten zur Person der Arbeitsgerichtsbarkeit zugeordnet werden!

(35) Wie läuft ein Verfahren vor dem Arbeitgericht ab? Nennen Sie in diesem Zusammenhang die möglichen Instanzen und deren Besetzung!

Teil 2

# Personelle Leistungsbereitstellung

# 1 Personalbedarfsplanung

Die Personalbedarfsplanung gehört mit zu den wichtigsten Aufgaben der Personalwirtschaft eines Unternehmens. Sie stellt die Grundlage der gesamten Personalplanung und die Nahtstelle zwischen den anderen Unternehmensplänen und den Personalplänen dar. Für sich isoliert betrachtet wäre sie wenig aussagefähig, da personelle Entscheidungen von anderen Unternehmensplanungen wie z.B. der Absatz-, Produktions- und Investitionsplanung wesentlich beeinflusst werden. Andererseits würde die Planung in den anderen Bereichen ohne Berücksichtigung der personellen Möglichkeiten zu unerwünschten Wirkungen und Konsequenzen führen. Die personalwirtschaftlichen Planungen müssen deshalb von Anfang an in allen planerischen Aktivitäten Berücksichtigung finden.

## 1.1 Planung des Personalbedarfs

Unter Planung versteht man allgemein die gedankliche Vorwegnahme zukünftigen Handelns. Die Zukunftsorientierung als Charakteristikum der Planung sowie die Tatsache, dass bei der Personalplanung das menschliche Verhalten nie exakt voraussehbar ist, bedingen, dass die Personalplanung mit einem gewissen Maß an Unsicherheit verbunden ist. Dennoch, oder gerade um dieses Risiko durch geeignete Entscheidungsalternativen zu minimieren, muss systematisch geplant werden.

Die Personalbedarfsplanung ist das Kernstück des Personalplanungssystems. Um die erforderlichen Maßnahmen zum Abgleich von Bedarf und Bestand (Personalbeschaffung bzw. -abbau, Personaleinsatz und Personalentwicklung) zu planen, muss erst eine Voraussage und Planung der benötigten Arbeitskräfte erfolgen.

Zu Beginn jeder Planungsperiode ist der **Personalbestand** Ausgangspunkt für die Planung des künftigen **Personalbedarfs**. Personalbestand und -bedarf stehen im direkten Vergleich zueinander. Aufschluss über den Personalbestand geben Informationsquellen des Personalbereichs (z.B. Personalstatistiken, Mitarbeiterbeurteilungen).

Da für die Dauer einer Planungsperiode der Personalbestand nicht konstant ist, ist es Aufgabe der Personalbedarfsplanung, diesen in quantitativer wie qualitativer Hinsicht neu zu planen und darüber hinaus, ausgehend von personalpolitischen Grundsätzen über den Personalbedarf, weitgehend zu entscheiden.

Die Ergebnisse betrieblicher Teilplanungen (z.B. Absatz- und Produktionsplanung) sind bei der Ermittlung des zukünftigen Personalbedarfs in quantitativer, qualitativer, zeitlicher und örtlicher Hinsicht zu berücksichtigen. Häufig werden innerhalb der Kostenplanung Personalbudgets vorgegeben, die der Personalplanung gewisse Grenzen setzen.

Durch eine Objektivierung der Verfahren garantiert die Personalbedarfsplanung eine Gleichbehandlung unterschiedlicher Unternehmensbereiche. Die genaue Abstimmung von Bedarf und verfügbarem Mitarbeiterpotenzial ermöglicht eine Rationalisierung des Personaleinsatzes. Durch eine rechtzeitige Ermittlung des Personalbedarfs kann die Realisierung technischer und organisatorischer Veränderungen gesichert werden.

Bei der **quantitativen Personalbedarfsplanung** wird die Stimmigkeit der Anzahl der Mitarbeiter mit den vorhandenen Arbeitsplätzen berücksichtigt. Da sich jedoch die Mitarbeiter in einer Vielzahl von Eigenschaften unterscheiden und sie nach diesen Eigenschaften eingesetzt werden, bedarf es auch einer qualitativen Personalbedarfsplanung.

Die **qualitative Personalbedarfsplanung** orientiert sich an der Qualifikation der Mitarbeiter, wobei einmal die Berufsausbildung, die Berufsart sowie die Lohn- und Gehaltsgruppe ausschlaggebend sind. Bei einer besonders detaillierten Planung werden die Fähigkeiten der Mitarbeiter berücksichtigt. Damit ist es möglich, bei einer Individualplanung mit detaillierten Fähigkeits- und Anforderungsprofilen zu arbeiten.

## 1.1.1 Einflussfaktoren auf den Personalbedarf

Der Personalbedarf wird von vielen unternehmensinternen und - externen Faktoren beeinflusst, d.h. mit jeder Veränderung variiert er sowohl in quantitativer als auch in qualitativer Hinsicht.

**Externe Einflussfaktoren**, die wirtschaftlich, politisch, rechtlich oder technologisch bedingt sein können, wirken über entsprechende Unternehmenspläne auf den Personalbedarf ein.[1] Dies können z.B. Änderungen des Konjunkturverlaufs oder des Konkurrenzverhaltens sein, die Veränderungen der Absatzchancen eines Unternehmens zur Folge haben.

Die Erweiterung des EU-Binnenmarktes stellt eine besondere Herausforderung für die Personalplanung dar, da die EU-Integration von vielen Unternehmen positiv für die künftige Nachfrage nach Gütern und Dienstleistungen eingeschätzt wird. Nach der Erweiterung der EU wird sich der Konkurrenzkampf um qualifizierte Arbeits- und Führungskräfte noch verschärfen, weil nicht nur die EU-Länder, sondern auch Japan, die USA und die Schwellenländer verstärkt Einfluss gewinnen wollen.[2]

Es ist die Aufgabe des Personalplanungsstabes, solche Entwicklungen zu verfolgen, voraussehbare Trends in ihren Auswirkungen einzuschätzen und bei den Planungen zu berücksichtigen. Die notwendigen Informationen über gesamtwirtschaftliche oder branchenspezifische Entwicklungen vermitteln Wirtschaftsforschungsinstitute, Wirtschaftsdienste, aber auch Fachverbände in Form von Prognosen, Konjunkturberichten oder Branchenanalysen.

**Interne Einflussfaktoren** sind vom Unternehmen bestimmte Faktoren, die den Personalbedarf entsprechend beeinflussen. Sie sind die im Absatz- und Produktionsplan konkretisierten unternehmenspolitischen Ziele. Die aus den Unternehmenszielen abzuleitenden Maßnahmen (z.B. Rationalisierungsmaßnahmen, Änderungen von Produktionsmethoden etc.) und auftretende Fehlzeiten haben Auswirkungen auf den Personalbestand. Mittel- und langfristig gesehen wird der Personalbedarf vor allem durch die Investitions-

---

1 Vgl. Rationalisierungskuratorium der Deutschen Wirtschaft: RKW-Handbuch Personalplanung, 2. Auflage, Neuwied 1990, S. 58.

2 Vgl. Buttler, F./Tessaring, M.: "Arbeitslandschaft 2010". Folgerungen für die Ausbildung und Beschäftigung von Führungskräften. In: Visionäres Personalmanagement, hrsg. von Kienbaum, J., 2. Auflage, Stuttgart 1994, S. 322.

und Organisationsplanung bestimmt. Diese legen fest, mit welchen Produktionsmitteln auf welche Weise künftig produziert wird. Ebenso können personalpolitische Grundsätze eines Unternehmens Einfluss auf den Personalbedarf ausüben. Ein kooperativer Führungsstil oder eine neue Arbeitsorganisation können z.B. die Leistungsbereitschaft und -fähigkeit der Mitarbeiter steigern.

Durch die Ausübung ihrer Mitwirkungs- und Mitbestimmungsrechte nach dem Betriebsverfassungsgesetz haben auch die Betriebsräte gewissen Einfluss auf den Personalbedarf. Betriebsräte werden im Rahmen der Unternehmensplanung vor allem darauf hinwirken, dass eine stabile Beschäftigung und ein möglichst hohes Maß an sozialer Sicherheit erreicht, menschengerechte Arbeitsbedingungen geschaffen und die Arbeitnehmerschutzgesetze und Tarifverträge eingehalten werden.[3]

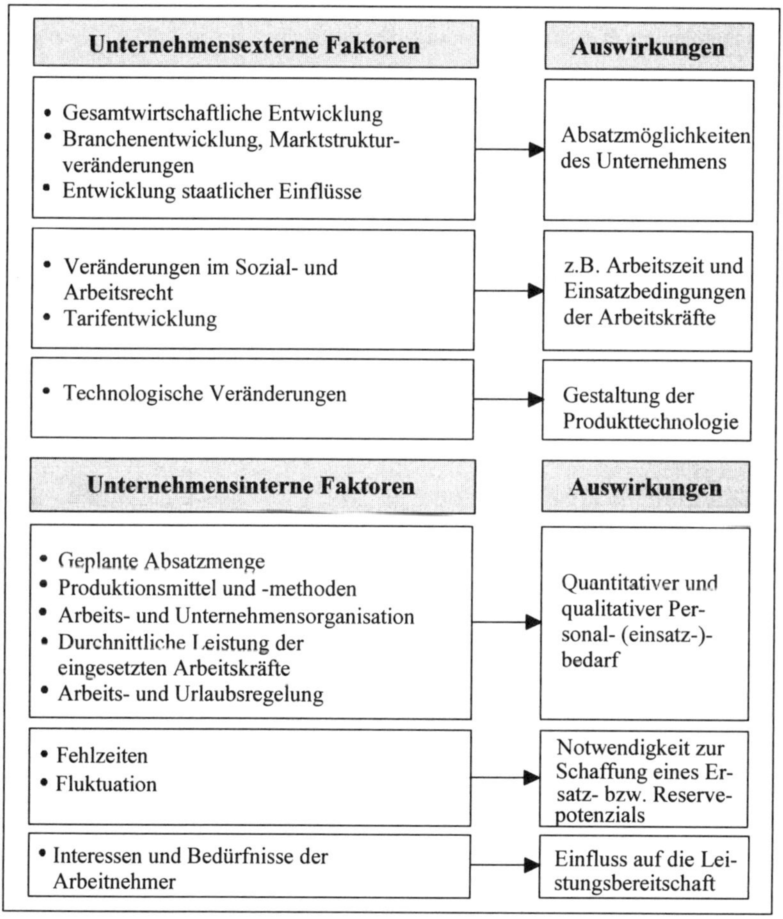


**Abb. 1:** Einflussfaktoren auf den Personalbedarf

[3] Vgl. Rationalisierungskuratorium der Deutschen Wirtschaft: RKW-Handbuch Personalplanung, a.a.O., S. 59.

## 1.1.2 Prognose der Entwicklung des Personalbestandes

Aufgabe der Personalbestandsplanung ist neben der Ermittlung des aktuellen Personalbestandes auch die Prognose des zukünftigen Personalbestandes.

Damit detaillierte Informationen über die Einsatzbereitschaft eines jeden Mitarbeiters vorhanden sind, fasst die aktuelle Personalbestandsplanung die Mitarbeiter in **Personalkategorien** mit unterschiedlichen Inhalten zusammen. Es wird unterschieden, ob es sich um Vollzeit- oder Teilzeitbeschäftigte, Leiharbeitnehmer oder Langzeiturlauber handelt und auf welcher Basis das Arbeitsverhältnis besteht. Damit wird festgestellt, ob es sich um arbeitsrechtliches Personal, bezahltes Personal oder leistungserbringendes Personal handelt.

Bei der Prognose des zukünftigen Personalbestandes muss das Unternehmen in seiner Personalplanung Personalveränderungen berücksichtigen.

Bei den Personalveränderungen, auf welche der Arbeitgeber keinen oder nur bedingten Einfluss hat, spricht man von **autonomen Personalveränderungen**. Sie äußern sich bei Zugängen z.B. in der Form, dass Mitarbeiter vom Dienst bei der Bundeswehr zurückkehren oder dass langzeitig unbezahlt beurlaubte Mitarbeiter ihre Arbeit wieder aufnehmen. Abgänge, die Änderungen bewirken, können durch Austritte wegen Kündigung, Pensionierung oder Invalidität, Todesfälle oder Einberufung zur Bundeswehr eintreten.

**Initiierte Personalveränderungen** treffen dann zu, wenn diese durch den Arbeitgeber ausgelöst oder zumindest beeinflusst werden. Als Beispiel für Zugänge wäre die Übernahme von Mitarbeitern nach ihrer Ausbildung zu nennen. Abgänge bei initiierten Personalveränderungen können Austritte auf Grund von Entlassungen sowie Abstellungen zu langzeitigen Fortbildungsmaßnahmen sein.

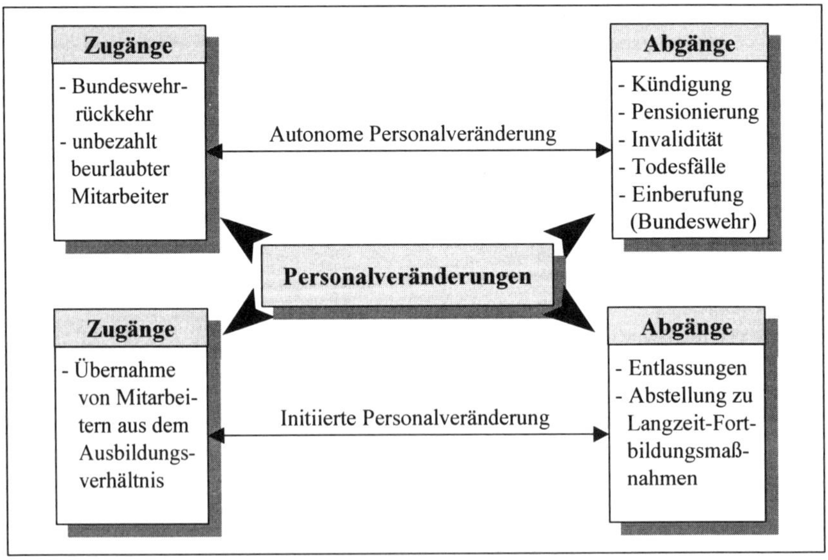


**Abb. 2:** Arten von Personalveränderungen

Mit Hilfe der Formel für den Personalbestand ist es möglich, bei entsprechender Erfassung der Zu- und Abgänge für jeden zukünftigen Stichtag den Personalbestand zu ermitteln.

$$B_Z = B_A + Z - A$$

$B_Z$ = Zukünftiger Personalbestand
$B_A$ = Aktueller Personalbestand
$A$ = Personalabgang
$Z$ = Personalzugang

Bei einer globalen Bestandsermittlung brauchen innerbetriebliche Beförderungen und Versetzungen nicht berücksichtigt zu werden. Erst bei detaillierteren Planungen mit qualitativen Inhalten müssen sie mit einbezogen werden.

## 1.2 Schritte der Personalbedarfsplanung

Aufgabe der Personalbedarfsplanung ist die Ermittlung des tatsächlichen Personalbedarfs, der zur Verwirklichung gegenwärtiger und zukünftiger Leistungen des Unternehmens unter Berücksichtigung der Qualifikation benötigt wird.

Die Fähigkeiten, Kenntnisse und Verhaltensweisen, die ein Mitarbeiter bei seinem Einsatz besitzen sollte, werden von der **qualitativen Personalbedarfsplanung** festgelegt.

Die **quantitative Personalbedarfsplanung** bestimmt dann die Personalmenge je Stellenkategorie oder Arbeitsgebiet, die zu bestimmten Zeitpunkten hin bis zum Planungshorizont im Unternehmen vorhanden sein müssen.

### 1.2.1 Arten des Personalbedarfs

Personalbedarf kann grundsätzlich in den Arten des Brutto-, Netto-, Ersatz- oder Neubedarfs auftreten.

- Unter dem **Bruttopersonalbedarf** versteht man die Menge aller Personen einer bestimmten Personalkategorie, die zur Leistungserstellung insgesamt benötigt werden.[4] Der Bruttopersonalbedarf, der auch als Soll-Personalbestand bezeichnet wird, setzt sich aus dem Einsatzbedarf und dem Reservebedarf zusammen.
  - Unter dem **Einsatzbedarf** versteht man die Zahl der Mitarbeiter, die nach technischen und organisatorischen sowie gesetzlichen und tariflichen Gesichtspunkten erforderlich sind.
  - Im **Reservebedarf** werden die erfahrungsgemäß eintretenden persönlichen Fehlzeiten und die betrieblichen Auslastungsspitzen berücksichtigt.

| Bruttopersonalbedarf = Einsatzbedarf + Reservebedarf |
|---|

4 Vgl. Drumm, H.J.: Personalwirtschaftslehre, 2. Auflage, Berlin/Heidelberg/New York/Tokyo 1992, S. 167.

- Der **Nettopersonalbedarf** ergibt sich als Saldo aus dem Bruttopersonalbedarf und dem Bestand je Personalkategorie. Dies kann grundsätzlich eine Unterdeckung oder eine Überdeckung sein.

  Ist der Bruttopersonalbedarf zum Planungszeitpunkt größer als der Ist-Personalbestand, so spricht man von **Unterdeckung**. Der Nettopersonalbedarf (= Neubedarf) ist positiv.

  Ist der Bruttopersonalbedarf hingegen kleiner als der Ist-Personalbestand, so besteht **Überdeckung**. Der negative Nettopersonalbedarf entspricht einem Personalüberhang bzw. Freistellungsbedarf.

| Nettopersonalbedarf = Bruttopersonalbedarf - Istbestand je Personalkategorie |
|---|

- Der **Ersatzbedarf** gibt die Anzahl der Mitarbeiter an, die bis zum Ende der Planungsperiode eingestellt werden müssten, um den Personalbestand zu Beginn der Planungsperiode zu erreichen.

  Er ergibt sich aus der Differenz von Zugängen und Abgängen während der Planungsperiode.[5] Die Höhe des Ersatzbedarfs wird durch vorhersehbare Abgänge wie Pensionierungen, durch statistisch zu erfassende Abgänge wie Kündigung oder Tod des Arbeitnehmers und durch den Arbeitgeber veranlasste Abgänge wie Kündigungen, Beförderungen oder Versetzungen bestimmt. Die Höhe der Zugänge kann analog autonom oder initiiert sein.

| Ersatzbedarf = Voraussichtliche Abgänge - Voraussichtliche Zugänge |
|---|

- Der **Neubedarf** ist die Summe aus dem Ersatzbedarf und einem Zusatzbedarf, der durch Erweiterungsinvestitionen oder zusätzliche Aufgaben der einzelnen Organisationseinheiten entsteht.

  Die Realisierung des **Zusatzbedarfs** bedeutet die Schaffung neuer Arbeitsplätze. Der Zusatzbedarf ergibt sich aus der positiven Differenz zwischen geplantem Soll-Personalbestand und dem Ist-Personalbestand zum Planungszeitpunkt.[6]

| | | |
|---|---|---|
| Neubedarf | = | Ersatzbedarf + Zusatzbedarf |
| | = | Nettopersonalbedarf |

Eine zusammenfassende Darstellung der Arten des Personalbedarfs und der geschilderten Zusammenhänge enthält die folgende Abbildung:

[5] Vgl. Hentze, J.: Personalwirtschaftslehre 1, 6. Auflage, Bern/Stuttgart 1994, S. 175 f.

[6] Vgl. Schmidt-Dorrenbach, H.: Personalplanung. In: Handbuch der Personalleitung, hrsg. von Wagner, D./Zander, E./Hauke, C., München 1992, S. 505

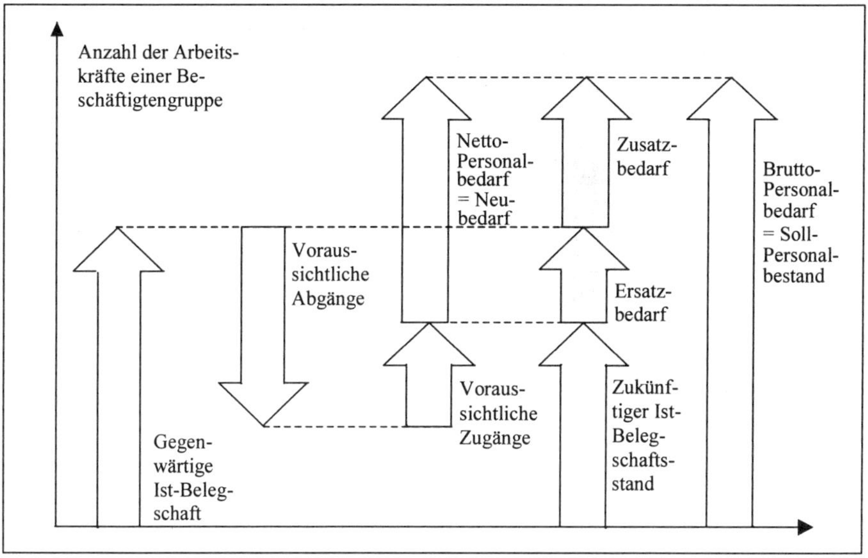


**Abb. 3:** Ermittlung des zukünftigen Personalbedarfs

## 1.2.2 Fristigkeit der Personalbedarfsplanung

Je nach dem, wie weit der Planungszeitpunkt in der Zukunft liegt, kann man zwischen kurz-, mittel- und langfristiger Planung unterscheiden.

- **Kurzfristige Personalbedarfsplanung:** Die kurzfristige Personalbedarfsplanung wird meist für ein Jahr (Folgejahr) aufgestellt, da ein großer Teil der in die Planung eingehenden Größen (Arbeitsproduktivität, tarifliche Arbeitszeit, verbindliches Produktionsprogramm) für diesen Zeitraum feststehen. In der kurzfristigen Personalbedarfsplanung wird auch der qualitative Bedarf erfasst.
- **Mittelfristige Personalbedarfsplanung:** Die mittelfristige Personalbedarfsplanung deckt meistens einen Zeitraum von drei bis fünf Jahren ab. Es sind dabei verschiedene Einflussgrößen wie technische und organisatorische Veränderungen der Produktion und Verwaltung, tarifliche Vereinbarungen sowie die Arbeits- und Sozialgesetzgebung zu berücksichtigen. Die qualitative Seite der Personalbedarfsplanung kann nur grob erfasst werden.
- **Langfristige Personalbedarfsplanung:** Die langfristige Personalbedarfsplanung reicht schließlich über fünf Jahre hinaus. Aufgrund der unsicheren, unvollständigen Informationen über die zukünftige Entwicklung kann nur noch eine quantitative und qualitative **Grobplanung** erfolgen. Sie ist von besonderer Wichtigkeit bei der Entscheidung über die Anzahl der einzustellenden Auszubildenden sowie für die Führungskräftenachwuchsplanung. Darüber hinaus sollte man mittels der langfristigen Personalbedarfsplanung die Entwicklung der Altersstruktur im Unternehmen beobachten, damit nicht plötzlich ein übergroßer Bedarf an Arbeitskräften entsteht, weil überdurchschnittlich viele Mitarbeiter in den Ruhestand gehen.

In Abhängigkeit von den unterschiedlichen Einflussfaktoren wie Branchenzugehörigkeit, Art der Produktion, Stellung des Unternehmens am Markt, Arbeitsmarktsituation etc. wird über die Planungsfrist entschieden.

### 1.2.3 Flexibilitätspotenziale in der Personalbedarfsplanung

In der derzeitigen Wirtschaftssituation nimmt die Bedeutung von Flexibilisierungsstrategien bezüglich der Personalplanung zu. Unternehmen, die mittel- oder langfristig mit einem Personalzuwachs rechnen, decken ihren Neubedarf eher durch Neueinstellungen ab als Unternehmen, die in Zukunft mit einem Personalabbau rechnen. Flexibilisierungsstrategien ermöglichen die unterschiedliche Ausgestaltungen von Personalbedarfsplänen, was zwar betriebswirtschaftlich als optimal gilt, jedoch gesellschaftspolitisch umstritten ist.

Politische, finanzielle und rechtliche Restriktionen stehen solchen Flexibilisierungsstrategien entgegen. Ob ein Unternehmen zur Bewältigung eines Auftragshochs Überstunden einplant oder neue Mitarbeiter einstellt, bedarf verschiedener Überlegungen und Erwägungen. Erst eine Wirtschaftlichkeitsberechnung kann sicherstellen, ob Überstunden letztendlich einen Kostenvorteil gegenüber Neueinstellungen, welche auch durch die hohe Arbeitslosigkeit gefordert wären, aufweisen.

Andere Flexibilisierungspotenziale zur vorübergehenden Erhöhung des Personalbestandes stehen dem Unternehmen in Form von Leiharbeitnehmern oder befristeten Beschäftigten zur Verfügung. Ebenso liegen große Flexibilisierungsreserven in der Bereitstellung von vielfältig einsetzbaren Arbeitsmitteln (z.B. umrüstbaren Maschinen), vielfältig einsetzbaren Mitarbeitern mit polyvalenten Qualifikationen, der Entwicklung neuer, durchlässiger sowie weniger spezialisierter Formen der Arbeitsorganisation und Arbeitsteilung oder der variablen Gestaltung der Fertigungstiefe.

### 1.2.4 Qualitative Aspekte der Personalbedarfsplanung

Qualitative Aspekte sind bei der Personalbedarfsplanung besonders zu berücksichtigen. Die grobe Unterteilung fängt bei Arbeitern und Angestellten an und lässt sich dann noch weiter differenzieren. Je kürzer die Planungsfrist ist, desto präziser muss und kann bestimmt werden, für welche Art von Arbeitskräften ein Bedarf besteht.

Wie schon erwähnt, berücksichtigt die mittelfristige Personalbedarfsplanung Veränderungen im Produktions-, Verwaltungs- und Vertriebsbereich. Da sich viele Tätigkeiten mit fortschreitender Technisierung in quantitativer und qualitativer Hinsicht verändern, ist es die Aufgabe der Personalbedarfsplanung, die Veränderungen der Anforderungen zu prognostizieren, um dann durch geeignete Maßnahmen im Rahmen der Personalentwicklung die Arbeitnehmer durch Fortbildung oder Umschulung an die veränderten Verhältnisse anzupassen.

Ein Unternehmen kann in seinen Prognosen über die Entwicklung künftiger Anforderungen jedoch nur begrenzte Aussagen machen, da weder die Auswirkungen neuer Technologien noch die Art und Zahl der künftigen Arbeitsplätze absehbar sind. Aus diesem Grund empfiehlt es sich für ein Unternehmen, Alternativstrategien einzuplanen. Verfügt ein Unternehmen über frühzeitig aufgebaute Qualifikationsreserven, so ist es in der Lage, auf eintretende Marktveränderungen entsprechend schnell zu reagieren.

## 1.3 Methoden zur Planung des Personalbedarfs

Einem Unternehmen stehen verschiedene Verfahren zur Ermittlung des Personalbedarfs zur Verfügung. Da bei der Personalbedarfsplanung technische, wirtschaftliche, organisatorische und personalpolitische Gesichtspunkte sowie menschliche Verhaltensweisen berücksichtigt werden müssen, kann man diese jedoch nur als einen Annäherungsprozess sehen.

Schwierigkeiten bei der Planung des zukünftigen Personalbedarfs ergeben sich bei der Findung realistischer **Bezugsgrößen**. Eine akzeptable Bezugsgröße muss einerseits einen großen Einfluss auf den Personalbedarf haben, aber andererseits muss sie auch quantifizierbar sowie deren Entwicklung prognostizierbar sein.

Das Verhältnis zwischen Bezugsgrößen und Personalbedarf wird häufig mit Hilfe von **Kennzahlen** festgehalten. Allgemeingültige Kennzahlen zur Messung des Bedarfs gibt es jedoch nicht. Für Unternehmensbereiche wie den Schreibdienst oder das Rechnungswesen lassen sich unter Berücksichtigung besonderer betrieblicher Gegebenheiten überbetriebliche Vergleiche anstellen. Jedoch sollte jedes Unternehmen eigene Kennzahlen entwickeln. Diese müssen durch Erfahrung gewonnen, durch die Analyse der in der Vergangenheit gesammelten Betriebsdaten und Statistiken überprüft, sowie durch Experimente und Tests im Laufe der Zeit präzisiert werden.

Sind aus unterschiedlichen Gründen erhebliche Konjunkturschwankungen zu erwarten, so kann der Personalbedarf nicht mehr auf dieser Basis prognostiziert werden. In diesem Fall müssen Annahmen über die Entwicklung der relativen Bezugsgröße gemacht werden und aus der wahrscheinlichsten Kombination der Personalbedarf abgeleitet werden.

Die einzelnen Methoden können mehr oder weniger kompliziert sein. Wichtig ist, dass die richtigen Ausgangsvoraussetzungen gegeben sind. Darüber hinaus sollte auch nicht vergessen werden, dass die rechnerischen Ergebnisse einer Bedarfsermittlung nur eine sachliche Entscheidungshilfe für die unternehmenspolitischen Entscheidungen darstellen.

Unabhängig davon, welche Methoden im einzelnen eingesetzt werden, vollzieht sich die Ermittlung des Personalbedarfs grundsätzlich in drei Planungsschritten:

1. Ermittlung des **Bruttopersonalbedarfs** (gesamter zukünftiger Personalbdarf)
2. Ermittlung des künftigen **Personalbestandes** (Prognose der Entwicklung)
3. Ermittlung des **Nettopersonalbedarfs** (als Differenz aus 1. und 2.)

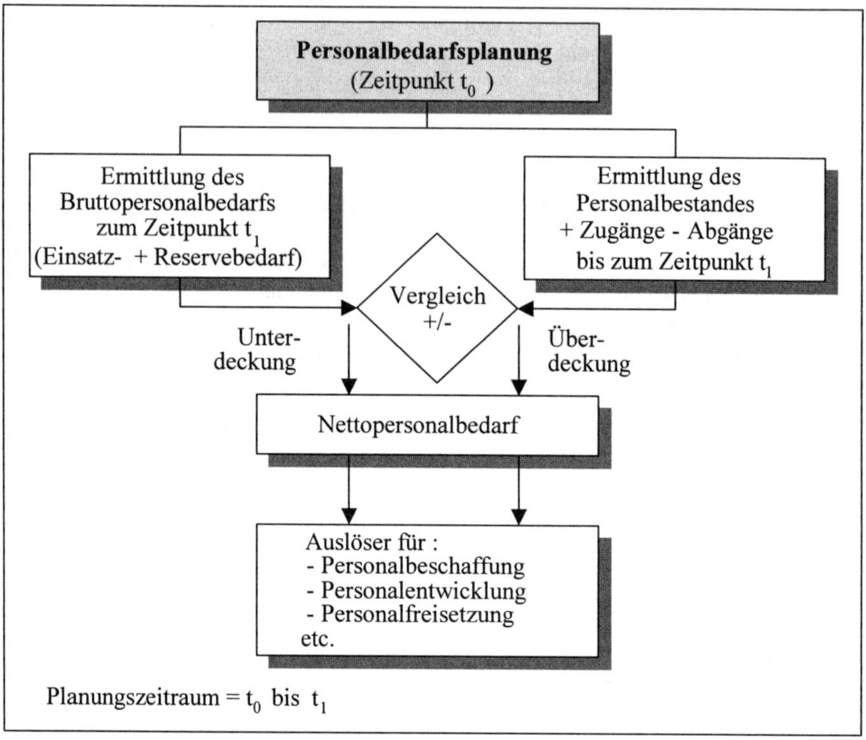


**Abb. 4:** Ablauf der Personalbedarfsplanung[7]

## 1.3.1 Die Ermittlung des Bruttopersonalbedarfs

Zur Planung des künftigen Bruttopersonalbedarfs muss zunächst eine zuverlässige Bezugsgröße bestimmt werden, an der der Personalbedarf gemessen werden kann. Das Verhältnis zwischen Bezugsgröße und Personalbedarf wird häufig mit Hilfe von unternehmensindividuellen Kennzahlen festgehalten.[8] Im Anschluss an die Auswahl einer Bezugsgröße erfolgt die Wahl einer Methode, die dazu geeignet ist, die Entwicklung der Bezugsgröße zu prognostizieren und deren Umrechnung in quantitative und qualitative Personalbedarfszahlen vorzunehmen.[9]

Da die Bezugsgröße aufgrund technisch-organisatorischer und sozioökonomischer Veränderungen einem ständigen Wandel unterliegt, sollten mehrere Methoden der Personalbedarfsplanung gleichzeitig angewendet werden. Im einzelnen kommen folgende Methoden zur Anwendung:

---

7 Vgl. Berthel, J./Becker, F.G.: Personal-Management: Grundzüge für Konzeptionen betrieblicher Personalarbeit, 7. Aufl., Stuttgart 2003, S. 194.

8 Vgl. Rationalisierungskuratorium der deutschen Wirtschaft: RKW-Handbuch Personalplanung, a.a.O., S. 94.

9 Vgl. Oechsler, W.A.: Personal und Arbeit: Einführung in die Personalwirtschaft, 7. Auflage, München/ Oldenburg 2000, S. 111 ff.

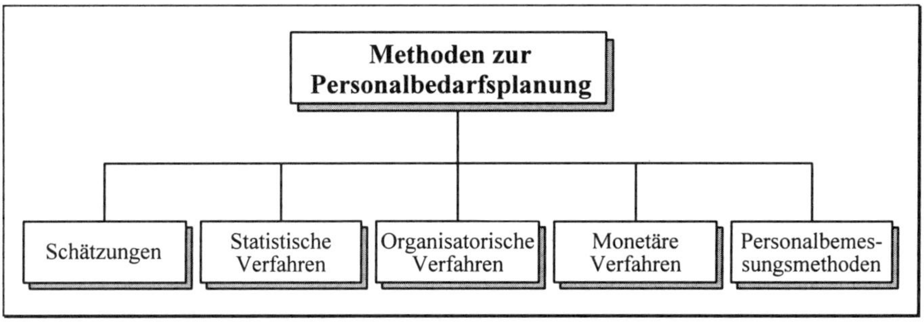


**Abb. 5:** Gliederung der Methoden zur Personalbedarfsplanung

## (1) Schätzungen

Die Schätzverfahren sind in der betrieblichen Praxis am weitesten verbreitet. Sie erfordern ein gewisses Maß an Intuition und Erfahrung, was auch für die meisten der weiteren Bedarfsermittlungsverfahren von Bedeutung ist.

Durch Schätzverfahren erhält man keine einheitlichen und zuverlässigen Bezugsgrößen und objektive Bedarfsangaben. Die Bedarfsangaben erfolgen ohne eine systematische Informationssammlung und Datenanalyse aufgrund subjektiver Bewertung einzelner Personen. Man unterscheidet:

- **Einfache Schätzung**

Eine Vielzahl von kleineren und mittleren Unternehmen bedienen sich dieser Art der Personalbedarfsermittlung. Die Personalabteilung solcher Unternehmen fragt bei allen betrieblichen Stellen nach ihrem quantitativen und qualitativen Personalbedarf für das nächste oder die nächsten zwei bis fünf Jahre. Die Ergebnisse werden dann auf ihre Plausibilität geprüft und eventuell korrigiert, da die Ermittlung einer recht subjektiven Bewertung unterliegt. Letztendlich entscheidet bei einer einfachen Schätzung nicht der einzelne Vorgesetzte, sondern das Gruppenurteil mehrerer kompetenter Personen.

- **Expertenbefragung**

Bei einer Expertenbefragung werden die Schätzungen kompetenter Personen (z.B. Betriebs- oder Abteilungsleiter) erfasst. Aus den so gewonnenen Einzelurteilen wird von den befragten Experten ein gemeinsames Gesamturteil gebildet. Der Vorteil dieser Methode liegt in ihrer einfachen Durchführung. Nachteilig ist, dass sie aufgrund der Subjektivität der Einzelurteile ein hohes Maß an Unsicherheit in sich birgt und es bei der Bildung des abschließenden Gesamturteils dazu kommen kann, dass sich die Einschätzung eines Experten durchsetzt, weil dieser besonders eloquent oder durchsetzungsstark ist.

- **Expertenbefragung nach der sog. "Delphi-Methode"**

Bei einer systematischen Expertenbefragung im Sinne der Delphi-Methode werden die betroffenen Führungskräfte und eventuell auch Außenstehende (z.B. Unternehmensberater) mit Hilfe eines Fragebogen nach ihren Schätzungen und Begründungen für den künftigen Personalbedarf befragt. Um das Verfahren zu objektivieren, greifen die Experten auf übertragbare Kennzahlen anderer Betriebe zurück. Es findet eine Auswertung und Analyse der Bedarfsschätzung durch den Personalplaner statt. Die Führungskräfte werden über die Ergebnisse der Auswertung aller Schätzungen informiert und zu einer zweiten Schätzung aufgefordert. Diese zweite Schätzung wird ausgewertet und zur Festlegung des Bedarfs zum Planungszeitpunkt angenommen.

Der Informationseffekt dieser Planungsmethode und die Teilnahme am Planungsprozess schaffen günstige Veränderungen für das Verständnis der Personalplanung und für die reibungslose Durchführung der Planung.[10]

## (2) Statistische Verfahren

Bei den statistischen Verfahren[11] handelt es sich um Verfahren der globalen Bedarfsprognose. Sie sind beschränkt für Mittel- und Großbetriebe mit kontinuierlicher Absatz- und Produktionsentwicklung geeignet. Ihre Prognosen beziehen sich auf Vergangenheitswerte und bestimmen global zukünftige Größen.

Sie sind einsetzbar für die mittel- und langfristige Personalbedarfsplanung unter der Voraussetzung, dass es sich um relativ konstante Einflussgrößen handelt. Bei diesen vergangenheitsbezogenen Verfahren müssen jedoch tarifliche Änderungen bzw. neue Gesetzesvorschriften immer wieder berücksichtigt werden.

- **Trendextrapolation**

Das Verfahren der Trendextrapolation findet dann Anwendung, wenn eine Kontinuität in der Entwicklung des Personalbedarfs angenommen wird. Das wesentliche Merkmal der Trendextrapolation liegt in der Fortschreibung von Daten einer stetigen Entwicklung aus der Vergangenheit in die Zukunft. Vorausgesetzt wird, dass die Verhältnisse, die in der Vergangenheit zu einem Trend führten, auch für die Zukunft gelten. Es werden Zeitreihen für die Bezugsgrößen aufgestellt, die bis zum Planungszeitpunkt fortgeschrieben werden.

Der Anwendungsbereich dieses Verfahrens liegt bei einfachen Sachverhalten, wenn keine Entwicklungssprünge erwartet werden und eine Messbarkeit gegeben ist. Das Verfahren ist um so genauer, je länger die vorangegangene Zeitreihe und um so breiter das erfasste Gebiet ist.

- **Trendanalogie**

Die Trendanalogie geht von der Annahme aus, dass in der Vergangenheit festgestellte Abhängigkeiten zwischen der Entwicklung zweier oder mehrerer Größen auch in Zukunft erhalten bleiben. Die Trendanalogie versucht also, Zusammenhänge zwischen Zeitreihen festzustellen und diese bis zum Planungszeitpunkt zu extrapolieren. Beispiele für Trendanalogien sind:

– Zahl der Verkaufskräfte und Zahl der Auftragseingänge

---

[10] Vgl. Burghardt, M.: Projektmanagement, 6. Aufl., Berlin/München 2002, S. 214 f.

[11] Zu den Grundlagen der statistischen Verfahren vgl. z.B. Schira, J.: Statistische Methoden der VWL und BWL. Theorie und Praxis, München 2003.

– Gesamtbelegschaft und Gesamtgeschäftsvolumen
– Mitarbeiter in der Produktion und produzierte Stückzahl

Trendanalogien können i.d.R. nur für einen relativ kurzen Zeitraum vermutet werden, da sich mittel- bis langfristig das der Trendanalogie zugrunde liegende Verhältnis der Bestimmungsfaktoren oft ändert (z.B. durch sprunghafte Veränderungen, die durch den technischen Fortschritt oder Investitionen begründet sind).

- **Regressions- und Korrelationsrechnung:**

Eine weitere Umrechnungsmethode der globalen Bedarfsprognose ist die Regressions- und Korrelationsrechnung. Diese Methode findet nur Anwendung in Großbetrieben, die über zahlenmäßig große Belegschaftsgruppen verfügen, und deren Mitglieder sich in bezug auf bestimmte Merkmale gleichen.

Bei der **Regressionsanalyse** wird eine Größe - hier der Personalbedarf - durch eine oder mehrere andere Größen ausgedrückt. Wird die abhängige Größe allein durch eine andere erklärt, spricht man von einer **Einfach-Regression**. Dabei kann der Personalbedarf beispielsweise durch die Produktionsstückzahl ausgedrückt werden. In der Praxis reicht dies häufig nicht aus, da i.d.R. mehrere Einflussgrößen nebeneinander in Beziehung zum Personalbedarf stehen, so dass hier eine **Mehrfach-Regression** (Stufen-Regression) durchgeführt werden muss. Dabei können z.B. der Umsatz, der technische Fortschritt und die Veränderung des Leistungsangebots oder der Personalqualität in Beziehung zum Personalbedarf gestellt werden. In einer Stufen-Regression versucht man also, die erklärenden Größen durch andere zu erklären. Ein Beispiel für die Vorgehensweise zeigt die folgende Abbildung:

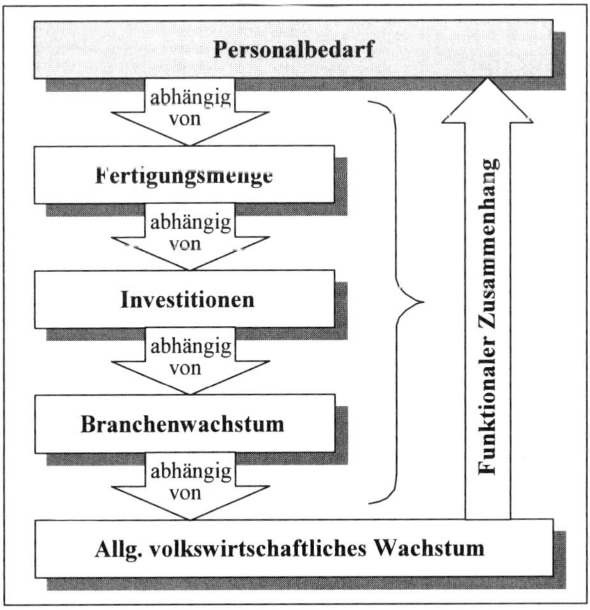


**Abb. 6:** Vorgehensweise bei der Stufen-Regression

Im Rahmen der Personalbedarfsplanung wird mittels der **Korrelationsrechnung** festgestellt, ob Größen vorhanden sind, die in fester Beziehung zum Personalbedarf stehen. Können Zusammenhänge nachgewiesen werden, so stellen die ermittelten Relationen die Grundlage zur weiteren Planung dar.

Die Anwendung von Trendextrapolationen und Trendanalogien in Verbindung mit der Regressionsanalyse hat den Vorteil, dass auf konkrete Erfahrungswerte zurückgegriffen werden kann. In der folgenden Abbildung ist die Schrittfolge der globalen Bedarfsprognose mittels statistischer Methoden zusammenfassend dargestellt:

| | |
|---|---|
| **1.** | Auswertung vorhandener Daten und Statistiken, um festzustellen, ob ein Zusammenhang zwischen einer oder mehreren Einflussgrößen und dem Personalbedarf besteht. |
| **2.** | Festhalten des Einflusses in Form einer mathematischen oder graphischen Funktion. (Verfahren der linearen oder exponentiellen Regression, Methode der kleinsten Quadrate). |
| **3.** | Feststellen des bisherigen Entwicklungstrends der Einflussgröße. Fortschreibung dieses Trends bis zum Planungszeitpunkt (Extrapolation). |
| **4.** | In Analogie hierzu Berechnung der Entwicklung des Personalbedarfs zum Planungszeitpunkt mit Hilfe der ermittelten Funktion zwischen Einflussgröße und Personalbedarf. |

**Abb. 7:** Verfahrensablauf der globalen Bedarfsprognose mittels statistischer Methoden

- **Kennzahlenmethode:**

Der Einsatz der Kennzahlenmethode erfolgt unabhängig von einer Betriebsgrößenklasse. Sie ermittelt den Personalbedarf für bestimmte Betriebsteile oder Gruppen von Arbeitsplätzen. Ihren Einsatzbereich findet sie vor allem im Dienstleistungs- und Verwaltungsbereich sowie in der direkten Produktion.

Wird die Personalbedarfsplanung mit Hilfe von Kennzahlen durchgeführt, so beruht dies auf der Voraussetzung, dass stabile Beziehungen zwischen einer oder mehreren Bezugsgrößen bestehen. Ziel ist es, Kennzahlen für diese Beziehungen zu bestimmen, um dann aus einer Veränderung der Bezugsgröße sofort auf den erforderlichen Personalbedarf schließen zu können.

Eine der wichtigsten Kennzahlen zur globalen Personalbedarfsrechnung ist die **Arbeitsproduktivität**. Setzt man eine Ertragsgröße (Umsatz, Mengenabsatz) in Beziehung zum Arbeitseinsatz (Beschäftigtenzahl, Arbeitszeit, Personalkosten), so errechnet sich die Arbeitsproduktivität z.B. wie folgt:

$$\text{Arbeitsproduktivität} = \frac{\text{X (Umsatz)}}{\text{Y (Beschäftigte)}}$$

Der Personalbedarf ermittelt sich dann nach folgender Gleichung:

$$\text{Brutto - Personalbedarf} = \frac{\text{Künftiger Ertrag}}{\text{Geschätzte künftige Arbeitsproduktivität}}$$

Der künftige Ertrag wird dabei als Zielgröße vorgegeben, die künftige Arbeitsproduktivität wird, gestützt durch Vergangenheitsanalysen wie Trendextrapolationen, Regressions- und Korrelationsrechnungen, Schätzungen und innerbetriebliche Quervergleiche, ermittelt.

Es ist empfehlenswert, getrennte Berechnungen für einzelne Funktionsgruppen und Betriebseinheiten aufzustellen, da die Anwendung einer globalen Produktivitätskennziffer auf kleinere betriebliche Einheiten meist mit Schwierigkeiten verbunden ist.

Eine ebenso große Rolle bei der Ermittlung des Personalbedarfs spielen die Kennzahlen zur **Arbeitskräftestruktur**. Die einzelnen Gruppen von Arbeitskräften werden zueinander ins Verhältnis gesetzt. Ein Beispiel ist die Aufgliederung von Facharbeitern und Hilfsarbeitern in den Produktionsabteilungen. Da man aufgrund von Erfahrungswerten eine Kennzahl des typischen Facharbeiter-Hilfsarbeiter-Verhältnisses festlegen kann, ist es nicht schwierig, nach Errechnung des Facharbeiterbedarfs die Anzahl der notwendigen Hilfsarbeiter festzulegen. Gleiches gilt z.B. für das Verhältnis Sachbearbeiter : Schreibkräfte oder Mitarbeiter : Vorgesetzte.

Mit Hilfe von **Führungs- und Kontrollspannen** bemisst man den Bedarf an Führungskräften. Führungs- und Kontrollspannen legen in Abhängigkeit von den arbeitsrechtlichen Rahmenbedingungen, von der Organisationsstruktur und der Qualifikation der Vorgesetzten sowie nach dem Schwierigkeitsgrad der Leistungserstellung fest, wie viel Beschäftigte ein Leiter maximal beaufsichtigen kann.

Häufig wird auch die Zeit als Bezugsgröße bei den Kennzahlen gewählt (z.B. die Höhe des in der Zeit gemessenen Arbeitsaufwandes für eine bestimmte Arbeitsmenge zu der üblichen Arbeitszeit je Mitarbeiter). Darüber hinaus ergibt sich noch eine Fülle anderer Kennzahlen, die in der betrieblichen Praxis für die Personalbedarfsplanung herangezogen werden.

## (3) Organisatorische Verfahren

Bei diesen Verfahren wird der Personalbedarf aufgrund von organisatorischen Gesichtspunkten festgelegt. Dabei orientiert sich der Personalbedarf weitgehend unabhängig von der Arbeitsmenge an anderen Einflussgrößen, wie z.B. an gesetzlichen Bestimmungen oder gewünschten Organisationsstrukturen.

- **Die Stellenplanmethode:**

Die Stellenplanmethode ist für alle Betriebe zur kurz- und mittelfristigen Planung geeignet. Organisatorische Voraussetzungen sind das Vorhandensein von Stellenplänen und Stellenbeschreibungen für alle Hierarchieebenen und Organisationsbereiche.

Insbesondere der Bedarf an technischem Personal, Forschungs- und Verwaltungspersonal, Führungskräften, Hilfskräften und Betreuungspersonal sowie Sicherheitspersonal wird häufig mit der Stellenplanmethode festgelegt. Ausgehend vom aktuellen Stellen- und damit Personalbedarf erfolgt bei der Stellenplanmethode eine systematische Fortschreibung des Stellenbedarfs.

Der für die Zukunft fortgeführte Stellenplan und die zugehörigen Stellenbeschreibungen sowie Anforderungsprofile liefern der Personalbedarfsplanung unmittelbar die nötigen Ausgangsdaten zur quantitativen (Stellenplan) und qualitativen (Stellenbeschreibungen, Anforderungsprofile) Bruttobedarfsermittlung. Wird der künftige Stellenplan auf der Bedarfsdeckungsseite durch den zukunftsbezogenen Stellenbesetzungsplan ergänzt, so kann der quantitative und qualitative Nettobedarf ermittelt werden.

- **Die Arbeitsplatzmethode:**

Die Arbeitsplatzmethode ist zur Personalbedarfsplanung für Stellen mit zwingend erforderlicher Anwesenheit (z.B. aufgrund von Gesetzen oder Vorschriften) oder für langfristig unveränderliche Stellen, die sich aus der Organisationsstruktur eines Unternehmens oder einer Behörde ergeben, geeignet.

Die Ermittlung des Personalbedarfs nach der Arbeitsplatzmethode erfolgt weitgehend arbeitsmengenunabhängig in Abhängigkeit von der betrieblichen Aufbau- oder Ablauforganisation oder unter Berücksichtigung der vorhandenen Betriebsmittel und Einrichtungen.

## (4) Monetäre Verfahren

Die monetären Verfahren ermitteln den Personalbedarf in erster Linie auf der Basis der zur Verfügung stehenden finanziellen Mittel eines Unternehmens. Dabei orientieren sich diese Verfahren an Einflussgrößen, die nur indirekt unter bestimmten Voraussetzungen mit dem Personalbedarf in Verbindung stehen. Da die entsprechenden Einflussgrößen sich immer am vorhandenen Budget ausrichten, bleiben technisch veränderliche Größen weitgehend unberücksichtigt.

- **Die Budgetierung:**

Wird die Planung des Personalbedarfs in Form einer Kosten-Budgetplanung durchgeführt, so erfolgt dies in einer Top-down-Vorgehensweise. Dabei werden die einzelnen Budgetpositionen vom Groben bis ins Detail aufgeschlüsselt und anschließend wieder auf den für die jeweilige Zielsetzung relevanten Grad verdichtet. Mit den zu erwartenden Lohnkosten kann der Personalbedarf errechnet werden.

Wie schon erwähnt, hat dieses Verfahren den Nachteil, dass der Personalbedarf durch Parameter bestimmt wird, die nicht mit der notwendigen Leistungserstellung zusammenhängen. Solche Parameter können z.B. die Summe der insgesamt zur Verfügung stehenden Geldmittel oder Kosten anderer Abteilungen sein.[12]

---

[12] Vgl. Jung, H.: Controlling, München/Wien 2003, S. 386 ff.

- **Zero-Base-Budgeting:**

Das Zero-Base-Budgeting ermittelt als Sonderform der Budgetierung von der Basis Null ausgehend alle unbedingt notwendigen Funktionen eines Unternehmens. Aus diesen unabdingbaren Funktionen werden entsprechende Budgetvorgaben zu deren Aufbau abgeleitet.[13] Die Berechnung des Personalbedarfs geht wie bei der oben geschilderten Budgetierung vom erwarteten Lohnkostenvolumen aus.

## (5) Personalbemessungsmethoden

Die Methoden der Personalbemessung ermitteln den Personalbedarf, indem sie den insgesamt erforderlichen Arbeitszeitbedarf als Produkt aus Arbeitsmenge und Zeitbedarf pro Arbeitsvorgang bestimmen und unter Berücksichtigung des notwendigen Reservebedarfs in die Anzahl benötigter Arbeitskräfte umrechnen.

$$\text{Personalbedarf} = \frac{\text{Arbeitsmenge} \cdot \text{Zeitbedarf pro Arbeitsvorgang}}{\text{Übliche Arbeitszeit pro Arbeitskraft}}$$

Bezugsgröße ist dabei der Zeitbedarf pro Arbeitsvorgang. Zu seiner Ermittlung bedient man sich meist verschiedener arbeitswissenschaftlichen Methoden[14], um auf diese Weise eine gewisse Objektivierung zu erreichen. Auch Schätzungen oder Tätigkeitsvergleiche können angewendet werden. Die Arbeitsmenge wird entweder direkt aus dem Produktionsplan abgeleitet oder sie ergibt sich bei sogenannten unproduktiven Tätigkeiten aufgrund von Erfahrungswerten.

- **Work-Factor Analyse (WF):**

Die Work-Factor-Analyse ist eine Arbeitszeitstudie, die Arbeitsabläufe in kleinste Bewegungselemente zerlegt. Man unterscheidet hierbei acht Grundbewegungen, denen jeweils sog. "Kleinstzeiten" zugeordnet werden.

Durch die Addition der für den betrachteten Arbeitsablauf erforderlichen Kleinstzeiten kann so eine Sollzeit ermittelt werden, die mit Hilfe von Zuschlags- und Umrechnungsfaktoren, deren Wert vom zurückgelegten Weg, dem bewegten Körperteil, dem Bewegungswiderstand und dem Grad der Bewegungsbeherrschung abhängt, in eine Vorgabezeit umgerechnet wird.

- **Methods-Time-Measurement-Analyse (MTM):**

Das MTM-Verfahren unterteilt, ähnlich wie das Work-Factor-Verfahren, einen Arbeitsablauf in einzelne Grundbewegungen, denen dann Zeitwerte zugeordnet werden. Der **Hauptunterschied** zwischen den beiden Verfahren besteht darin, dass bei der MTM-Analyse auch qualitativ zu beurteilende Einflussgrößen berücksichtigt werden, indem man verschiedene "Bewegungsfälle" mit verschiedener Anforderungshöhe unterscheidet.

---

[13] Vgl. Jung, H.: Allgemeine Betriebswirtschaftslehre, 9. Aufl., München/Wien 2004, S. 1138 f.

[14] Arbeitswissenschaft(en): Multi- und interdisziplinäre Wissenschaft von der Analyse, Gestaltung und Organisation der menschlichen Arbeit.

Da die Anwendung arbeitswissenschaftlicher Methoden auf Führungspositionen nur begrenzt möglich ist, weil bei diesen die Aufgabeninhalte nicht normierbar sind und häufig aus Einzelentscheidungen, Koordinierungs- oder Kontrolltätigkeiten bestehen, hat sich die Personalbemessungsmethode bisher nur im Fertigungsbereich stärker durchgesetzt.

## 1.3.2 Analyse des notwendigen Reservebedarfs

Die bisher betrachteten Verfahren prognostizieren einen Einsatzbedarf. Der Reservebedarf wird meist durch einen Zuschlag berücksichtigt. Damit es dennoch nicht zu Engpässen oder Überhängen an Personal kommt, muss dieser Zuschlag genau quantifiziert werden. Selbst Globalprognosen müssen Annahmen über die Entwicklung der Zuschlagsquoten beinhalten, da sich diese etwa durch Veränderungen der tariflichen Rahmenbedingungen im Zeitablauf erheblich ändern können.

Die Notwendigkeit eines Reservebedarfs ergibt sich aus der Tatsache, dass nicht alle Beschäftigten an allen Arbeitstagen anwesend sind. Gründe für das Fehlen von Beschäftigten können z.B. jegliche Art von Urlaub, Arbeitsunfähigkeit, Mutterschutz, Bundeswehr, Freistellung für Allgemeinbildung, Freistellung für berufliche Fortbildung usw. sein. Bedingt durch Fluktuation bleiben ebenfalls Arbeitsplätze unbesetzt. Außerdem kommt die Vorsorge für den Ausgleich von Arbeitsspitzen (z.B. saisonbedingt) hinzu.

Zuschlagsquoten sollten für einzelne Teilbereiche eines Unternehmens ermittelt werden, da sich diese in ihren Fehlzeiten beträchtlich unterscheiden können. Der Krankenstand einer Produktionsabteilung kann z.B. den der Verwaltungsabteilung der gleichen Unternehmung um das Fünf- bis Zehnfache übersteigen.

Mit der Einführung präziser Personalbemessungssysteme ist die betriebliche Personalabdeckung knapper kalkuliert als in der Vergangenheit. Bei eintretenden Personalausfällen wirkt sich dies stärker aus als zuvor. Dies bedeutet, dass mit der Präzisierung der Personalbedarfsplanung die Berücksichtigung des Reservebedarfs immer wichtiger wird.

## 1.3.3 Ermittlung des Personalbestandes

Aussagen über die künftige Entwicklung des Personalbestandes gehen grundsätzlich vom gegenwärtigen quantitativen und qualitativen Personalbestand aus. Die Feststellung des gegenwärtigen Personalbestandes bereitet i.d.R. keine Schwierigkeiten. Die entsprechenden Angaben sind dem Stellenbesetzungsplan zu entnehmen.

Der ermittelte Personalbestand verändert sich innerhalb des Planungszeitraumes durch Personalzugänge und -abgänge. In qualitativer Hinsicht führen darüber hinaus ein Erfahrungszuwachs bei den Beschäftigten oder inner- und außerbetriebliche Bildungsmaßnahmen zu einer Änderung des qualitativen Personalbestandes.

Mit Hilfe der im Folgenden dargestellten Verfahren wird ermittelt, welche quantitativen und qualitativen Veränderungen des Personalbestandes im Planungszeitraum zu erwarten sind.

## (1) Abgangs-Zugangs-Rechnung

Im Rahmen der Abgangs-Zugangs-Rechnung wird der gegenwärtige qualitative und quantitative Personalbestand um alle im Planungszeitraum zu erwartenden Zu- und Abgänge korrigiert. Der Aufbau einer Abgangs-Zugangs-Tabelle zur Ermittlung des gesamten zukünftigen Personalbestandes ist in der folgenden Abbildung dargestellt:[15]

| **Personalbestands-rechnung** | **Abteilung ...............................................** | | | | | |
|---|---|---|---|---|---|---|
| | **Gruppe ...................................................** | | | | | |
| | **Zeitraum ..05** | | **Zeitraum ..06** | | **Zeitraum ..07** | |
| | **gesamt** | **%** | **gesamt** | **%** | **gesamt** | **%** |
| **1 Bestand am Anfang der Periode** | | | | | | |
| **- Abgänge** | | | | | | |
| **2 Pensionierung** | | | | | | |
| **3 Einberufung Bundeswehr/Zivildienst** | | | | | | |
| **4 Beförderung innerhalb der Abteilung** | | | | | | |
| **5 Versetzung in andere Abteilung** | | | | | | |
| **6 Ausbildung** | | | | | | |
| **7 Entlassung** | | | | | | |
| **8 Tod** | | | | | | |
| **9 Kündigung durch Abreitnehmer** | | | | | | |
| **10 Sonstige** | | | | | | |
| **11 Summe der Abgänge (2 bis 10)** | | | | | | |
| **12 Bestand nach Abgängen (1 bis 11)** | | | | | | |
| **+ geplante (feststehende) Zugänge** | | | | | | |
| **13 Rückkehr Ausbildung** | | | | | | |
| **14 Beförderung innerhalb der Abteilung** | | | | | | |
| **15 Versetzung in der Abteilung** | | | | | | |
| **16 Rückkehr Bundeswehr/Zivildienst** | | | | | | |
| **17 Übernahme aus Lehrverhältnis** | | | | | | |
| **18 Sonstige** | | | | | | |
| **19 Summe der Zugänge (13 bis 18)** | | | | | | |
| **20 Personalbestand am Ende der Periode (12 + 19)** | | | | | | |

**Abb. 8:** Abgangs-Zugangs-Tabelle

[15] Vgl. Rationalisierungskuratorium der Deutschen Wirtschaft: RKW-Handbuch Personalplanung, a.a.O., S. 115.

Während Abgänge durch Pensionierungen, Einberufungen zur Bundeswehr, vorgesehene Versetzungen etc. vorausbestimmbar sind, lassen sich für Abgänge durch vorzeitige Pensionierungen, Entlassungen und Arbeitnehmerkündigungen nur Wahrscheinlichkeitswerte aufgrund vorliegender personalstatistischer Daten errechnen.

Personalzugänge durch z.B. Auszubildende, bereits feststehende Einstellungen etc. können einen Teil der Abgänge ersetzen. Dabei ist jedoch zu berücksichtigen, dass ein Teil der Neueinstellungen im Planungszeitraum den Betrieb möglicherweise wieder verlassen wird.[16]

Die Abgangs-Zugangs-Rechnung stellt ein relativ leicht zu handhabendes Verfahren zur Planung des künftigen Personalbestandes dar. Je langfristiger jedoch die Planung ist, desto bedenklicher ist es, Personalbewegungen mit Hilfe vergangenheitsbezogener Wahrscheinlichkeitswerte zu erfassen.

### (2) Methode der Beschäftigungszeiträume

Bei der Methode der Beschäftigungszeiträume wird beobachtet, wie lange es dauert, bis sich eine bestimmte Gruppe von Mitarbeitern durch Abgänge auf einen bestimmten Teil des ursprünglichen Bestandes verringert hat.

Je länger es dauert, bis sich der ursprüngliche Personalbestand beispielsweise auf die Hälfte reduziert hat, desto länger ist die Verweildauer der Arbeitskräfte im Betrieb. Nachteilig ist bei diesem Verfahren, dass lediglich Abgänge berücksichtigt werden. Zugänge sowie innerbetriebliche Veränderungen sind auf andere Weise zu erfassen.

### (3) Statistiken

Wichtig für die Ermittlung des künftigen Personalbestandes sind insbesondere die Statistiken über Personalbestände, Altersstrukturen und Fluktuationsraten. Sie ermöglichen es, innerhalb bestimmter qualitativer Kategorien Aussagen über quantitative Veränderungen zu machen.

- Die **Personalstatistik** gibt Auskunft über den Personalbestand eines Bereiches oder einer Gruppe an einem bestimmten Stichtag.
- Mit Hilfe der **Altersstatistik** lassen sich zum einen die Abgänge wegen Erreichen der Altersgrenze ermitteln, zum anderen die Altersstruktur überwachen, um ein möglichst ausgewogenes Verhältnis zwischen älteren und jüngeren Mitarbeitern zu gewährleisten.
- Die **Fluktuationsstatistik** differenziert die verschiedenen Fluktuationsgründe. Die erforderlichen Kennzahlen der Fluktuation lassen sich dann über[17]
  - Zeitvergleiche oder
  - zwischenbetriebliche Vergleiche

  berechnen.

---

[16] Vgl. Wagner, H./Sauer, M.: Personalmanagement, Münster 1989, S. 167.

[17] Vgl. Jung, H.: Controlling, a.a.O., S. 157

### 1.3.4 Ermittlung des Nettopersonalbedarfs

Der Nettopersonalbedarf ist die Differenz zwischen dem Bruttopersonalbedarf und dem Personalbestand zu einem bestimmten Zeitpunkt. Er stellt die Grundlage der anschließenden Planung von Maßnahmen der Personalbeschaffung, der Personalentwicklung, des Personaleinsatzes und der Personalfreisetzung dar.

Im Falle eines negativen Nettopersonalbedarfs (Überdeckung) beziehen sich diese Maßnahmen auf die Freisetzung von Personal. Ist der Nettopersonalbedarf hingegen positiv (Unterdeckung), erfolgt i.d.R. eine Kombination verschiedener Maßnahmenarten zur Beseitigung der ermittelten Differenz.[18]

## 1.4 Rechtliche Aspekte der Personalbedarfsplanung

Aus § 90 Abs.1 BetrVG ergibt sich für die Personalplanung ein allgemeines Mitwirkungsrecht des Betriebsrats. Werden Personalbedarfsplanungen dokumentiert, so ist der Betriebsrat vom Arbeitgeber nach § 92 Abs.1 BetrVG anhand geeigneter Planungsunterlagen rechtzeitig und umfassend über den gegenwärtigen und zukünftigen Personalbedarf zu informieren. Werden durch die Bedarfsplanung personelle Maßnahmen ausgelöst, so besitzt der Betriebsrat ein Beratungsrecht, um Härten für die betroffenen Mitarbeiter zu vermeiden.

Sind **Betriebsänderungen** geplant, so besteht nach den §§ 111-112 BetrVG ein indirektes Mitwirkungsrecht. Ist keine Personalbedarfsplanung vorhanden, so kann der Betriebsrat nach § 92 Abs. 2 BetrVG deren Aufbau anregen.

Für die Personalbestandsplanung gelten wie für die Personalbedarfsplanung die §§ 90 und 92 BetrVG sowie die Vorschriften des Bundesdatenschutzgesetzes. Werden Personalfragebögen und Beurteilungsgrundsätze zur Erfassung der Kenntnis- und Fähigkeitspotenziale der Mitarbeiter verwendet, so unterliegen diese der Mitbestimmung und dürfen nur mit Zustimmung des Betriebsrates entwickelt und eingesetzt werden (§ 94 BetrVG). Analog dazu besteht für die Beurteilungsgrundsätze bei leitenden Angestellten nach § 30 Ziff. 2 SprAuG ein Mitbestimmungsrecht des Sprecherausschusses.

---

[18] Vgl. Berthel, J./Becker, F.G.: Personal-Management: Grundzüge für Konzeptionen betrieblicher Personalarbeit, a.a.O., S. 193.

# 2 Personalbeschaffung

Es ist die Aufgabe der Personalbeschaffung, die benötigten Mitarbeiter in der geforderten Anzahl und Qualifikation zum geeigneten Zeitpunkt für die nachgefragte Funktion zu marktgerechtem und leistungsorientiertem Einkommen zu beschaffen. Dabei bedarf sie vor allem der Daten eines qualifizierten Nettopersonalbedarfsplanes, der sich aus der Personalbedarfs- und Personalbestandsplanung ergibt.

Kreativität und Gestaltungsbereitschaft sind die Mitarbeitermerkmale, die langfristig als gesuchte Anforderungen angesehen werden und im Umfeld des Unternehmens ausfindig gemacht werden müssen.

Mit der Beschaffung der personellen Kapazität ist die Beschaffungsaktivität jedoch nicht abgeschlossen. Hat die Personalplanung eine adäquate Beschaffungsalternative unter Berücksichtigung eines prognostizierbaren Erfolges und der entstehenden Kosten gewählt, so wird nach deren Durchführung das Unternehmen mit Bewerbern konfrontiert, unter denen es eine Auswahl zu treffen hat. Mit der Auswahl und Einarbeitung der Bewerber schließt die Personalbeschaffung ab.

## 2.1 Aufgaben der Personalbeschaffung

Das Planungsziel der Personalbeschaffung besteht in der rechtzeitigen Bereitstellung der mit Hilfe der Bedarfsplanung als notwendig ermittelten Zahl an Mitarbeitern, die entsprechend den Anforderungsprofilen der Arbeitsplätze über die erforderlichen Qualifikationen verfügen.

Um diesem Ziel gerecht zu werden, muss eine Unternehmung grundsätzliche Kriterien zur Entscheidung entwickeln und festlegen, ob der Personalbedarf innerbetrieblich oder außerbetrieblich gedeckt werden soll.

Darüber hinaus muss eine organisatorische Vorsorge für den Einzelfall der Personalbeschaffung getroffen werden. Die Festlegung künftiger Beschaffungsmaßnahmen und die laufende Beobachtung des Arbeitsmarktes durch die Arbeitsmarktforschung muss hierbei mitberücksichtigt werden.

Die genaue Kenntnis der in Frage kommenden **Arbeitsmärkte** ermöglicht der Personalbeschaffung aber auch eine Kontrollfunktion gegenüber der Bedarfs- und sogar der gesamten Unternehmensplanung. Zeigt der Arbeitsmarkt, dass das zur Verwirklichung aller unternehmerischen Vorhaben vorgesehene Personal nicht fristgerecht und mit vertretbarem Aufwand beschafft werden kann, so ist eine unverzügliche Rückkopplung zur Personalbedarfs- und zur Unternehmensplanung zwingend.

Die Entscheidung, ob grundsätzlich der interne oder externe Arbeitsmarkt bevorzugt werden soll, wird nicht nur von reinen zweckrationalen Argumenten geleitet. Vielmehr ist eine solche Entscheidung Resultat unterschiedlicher Kräfte und Interessen.[19] Die folgende Abbildung zeigt die beteiligten Interessengruppen:

---

[19] Vgl. Kompa, A.: Personalbeschaffung und Personalauswahl, Stuttgart 1989, S. 24.

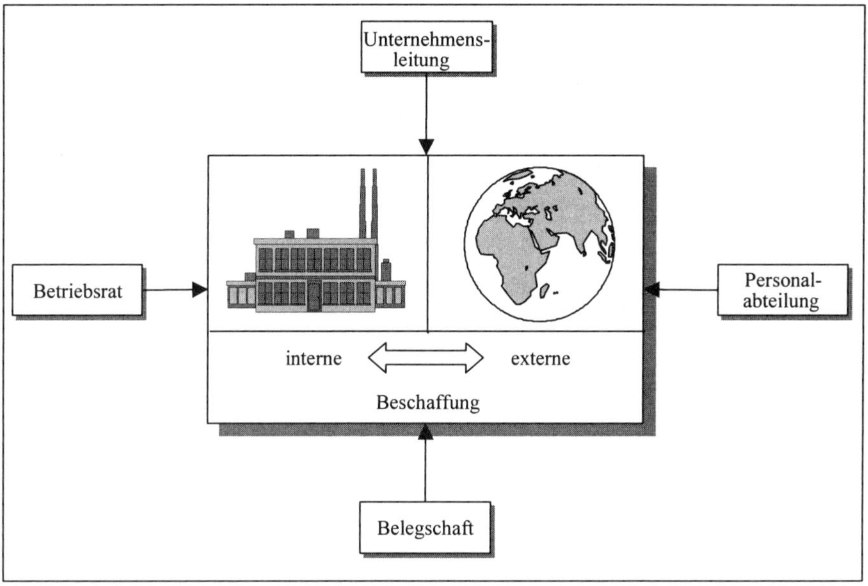


**Abb. 9:** Personalpolitik im Einflussfeld unterschiedlicher Interessengruppen

Kann das zur Verwirklichung aller unternehmerischen Vorhaben vorgesehene Personal nicht fristgerecht und mit vertretbarem Aufwand beschafft werden, dann müssen Plankorrekturen vorgenommen werden. Diese können sich beispielsweise in Form von Auftragsvergaben an sogenannte "Unterlieferanten", Reduzierung der Absatz-, Produktions- und Investitionspläne oder einer Verfahrensumstellung in der Produktion äußern.

Neben der Realisierung der Personalbedarfsplanung hat die Bedarfsdeckung und Beschaffung noch andere Planungsbestandteile. Oft fließen wegen der Kurzfristigkeit des Handlungsspielraumes Planung und Ausführung ineinander. Dies wird besonders deutlich bei der Deckung des Ersatzbedarfes, wenn er durch autonome Personalveränderungen verursacht wird (z.B. Kündigung, Invalidität, Tod). Um dem Gesichtspunkt der Planung dennoch Rechnung zu tragen, muss die Beschaffung in solchen Fällen allgemein durch Richtlinien, die Regelung der Ablauforganisation oder durch andere Hilfsmittel so vorbereitet sein, dass jeder einzelne Beschaffungsvorgang problemlos abgewickelt werden kann. Bestandteil einer allgemeinen **Vorsorge** sollten sein:

- **Organisatorische Voraussetzungen**, wie z.B. der Abschluss einer Betriebsvereinbarung über Auswahlrichtlinien und interne Stellenausschreibungen
- **Informatorische Voraussetzungen**, wie z.B. die Anknüpfung und laufende Pflege von guten Beziehungen zur Arbeitsverwaltung, zu Hochschulen und anderen Bildungsträgern, zu Industrie- und Handelskammern, Ausländerbehörden, Zeitarbeitsfirmen.
- **Richtlinien zur Personalwerbung**, wie z.B. die grundsätzliche Regelung der Zusammenarbeit mit Personalberatern, Werbeagenturen, Zeitungsverlagen
- **Hilfsmittel zur Einführung neuer Mitarbeiter**, wie z.B. die Entwicklung und der Einsatz von Einführungsbroschüren, Tonbildschauen und Filmen für neue Mitarbeiter.

## 2.2 Methoden der Personalbeschaffung

Zur Erfüllung der betrieblichen Beschaffungsziele stehen dem Unternehmen verschiedene Methoden (bzw. Instrumente, Maßnahmen, Aktionen) auf zwei weitgehend unterschiedlichen Beschaffungsmärkten zur Verfügung. Da die Bedarfsdeckung über den innerbetrieblichen Arbeitsmarkt auf anderen Voraussetzungen basiert als die Bedarfsdeckung über den außerbetrieblichen Arbeitsmarkt, muss im Einzelfall entsprechend der jeweiligen Situation entschieden werden, welcher Markt den größeren Erfolg verspricht.

Der personalpolitische Grundsatz, die Priorität auf eine Beschaffung von innen zu setzen, sollte nicht überzogen werden. Wird eine Rekrutierung aus den eigenen Reihen vorgenommen, so können nur gezielte Personalentwicklungsmaßnahmen und großzügige Fortbildungsangebote, die meistens mit entsprechend hohen Kosten verbunden sind, bewirken, dass nach einiger Zeit die ursprünglich ausreichende Qualifikation der Mitarbeiter mit der Entwicklung von Wissenschaft und Technik außerhalb des Unternehmens Schritt hält. Letztendlich erfordern interne Personalbewegungen auch Außenrekrutierungen, damit freiwerdende Arbeitsplätze besetzt werden können.[20]

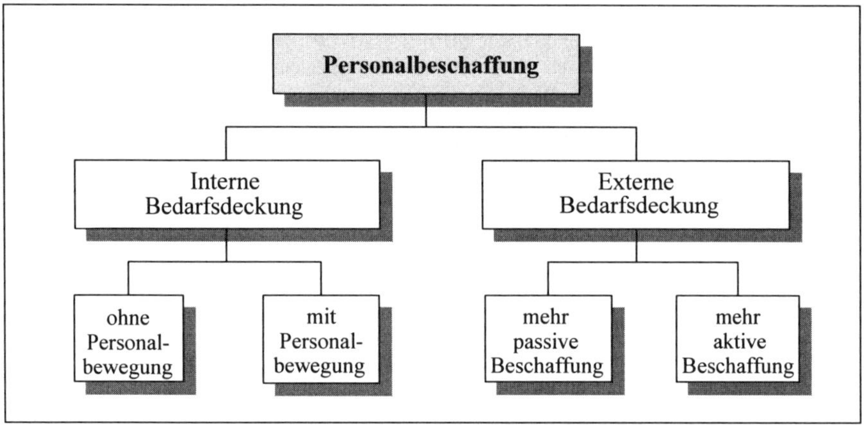


**Abb. 10:** Methoden und Maßnahmen der Personalbeschaffung

### 2.2.1 Interne Personalbeschaffung

Die unternehmensinterne Beschaffung gewinnt zunehmend mehr an Bedeutung. Einerseits beruht das sicherlich auf Karrierewünschen und auf Mitbestimmungseinflüssen des Personals, andererseits aber auf der Tatsache, dass der Arbeitsmarkt nicht die benötigten Arbeitskräfte mit den entsprechend differenzierten Qualifikationen bereithält. Unternehmen sind daher in verstärktem Maß gezwungen, ihren Personalbedarf durch interne Personalbeschaffung zu decken. Die innerbetriebliche Bedarfsdeckung kann mit und ohne Personalbewegung erfolgen.

---

[20] Vgl. Rationalisierungskuratorium der Deutschen Wirtschaft: RKW-Handbuch Personalplanung, a.a.O., S. 139.

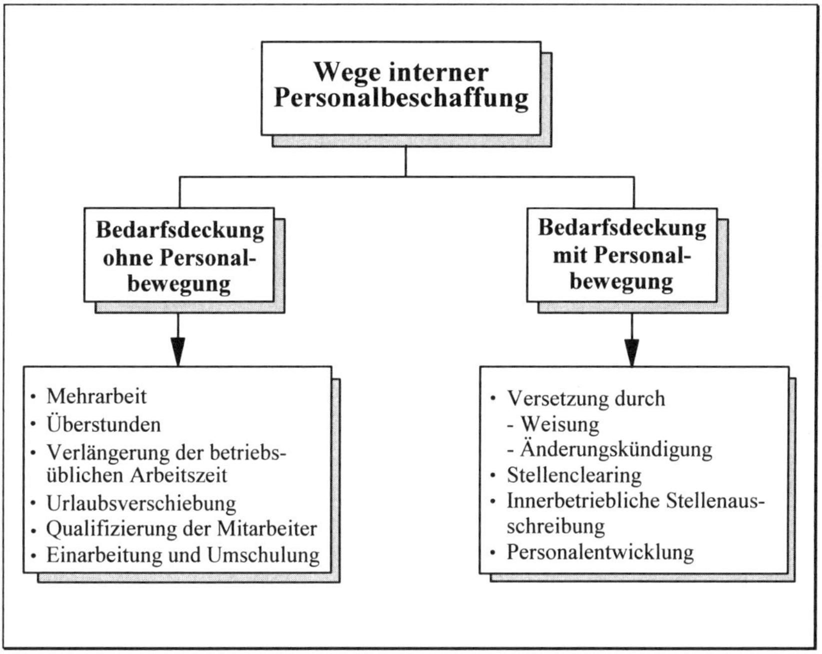


**Abb. 11:** Wege interner Personalbeschaffung

## (1) Bedarfsdeckung ohne Personalbewegung

Eine Bedarfsdeckung ohne Personalbewegung wird dann in Anspruch genommen, wenn es sich um einen vorübergehenden Personalbedarf handelt.

Der Arbeitgeber wird versuchen, diesen Bedarf durch **zusätzliche Arbeitsleistungen** auszugleichen, d.h. durch die Einführung von **Mehrarbeit bzw. Überstunden**, durch die Verlängerung der betriebsüblichen Arbeitszeit oder durch Urlaubsverschiebungen auf einen Zeitraum mit ruhigerem Geschäftsgang. Wird dies zu einer Dauerlösung, kann daraus eine starke Beanspruchung der Beschäftigten mit entsprechenden gesundheitlichen und sozialen Folgen resultieren, auch wenn ein Großteil der Beschäftigten die Möglichkeit eines Zusatzverdienstes nach wie vor positiv beurteilt.

Eine vorbeugende Maßnahme zur Bedarfsdeckung ist die **Qualifizierung der Mitarbeiter**. Es wird also nicht die Zahl der Mitarbeiter erhöht, sondern deren Qualifikation, um zu quantitativ und qualitativ besseren Arbeitsergebnissen und zu einem flexibleren Arbeitseinsatz zu kommen. Dem Mitarbeiter wird dadurch die Möglichkeit zum beruflichen Aufstieg geboten. Der Unternehmer hat den Vorteil, dem Mitarbeiter im Bedarfsfall mehr und schwierigere Arbeiten übertragen zu können.

Eine weitere Möglichkeit der internen Personalbedarfsdeckung ist die planmäßige Ausbildung sowie **Einarbeitung bzw. Umschulung von ungelernten** und die **Qualifizierung** von **angelernten Arbeitskräften**. Beim Vorliegen von Stellenbeschreibungen kann ersehen werden, welche Arbeitsplätze nach Qualifizierungsmaßnahmen mit angelernten Mitarbeitern besetzt werden können. Eröffnet die Unternehmensleitung die Möglichkeit einer Umschulung, so wird dies unter den Mitarbeitern positive Reaktionen auslösen und zu entsprechender Qualifizierungsbereitschaft führen.

## (2) Bedarfsdeckung mit Personalbewegung

Instrumente zur internen Personalbeschaffung sind die Versetzung, das Stellenclearing, die innerbetriebliche Stellenausschreibung sowie die Personalentwicklung.

### (a) Versetzung

Die wohl wichtigste Maßnahme zur internen Bedarfsdeckung ist die **Versetzung**. Bei der Bedarfsdeckung durch Versetzung kann es sich um eine Zuweisung zu einer gleich-, höher- oder geringwertigeren Stelle handeln.

Verbleibt der Mitarbeiter nach der Versetzung auf der gleichen Hierarchiestufe, so spricht man von **horizontaler Versetzung**, die im Gegensatz zur **vertikalen Versetzung** keinen hierarchischen Aufstieg bedeutet.[21] Insbesondere bei Aufstiegsversetzungen entsteht in der personalabgebenden Abteilung eine Lücke, die ggf. durch sogenannte **Kettenversetzungen** weiter verschoben werden kann, schließlich jedoch am externen Arbeitsmarkt durch Neueinstellungen geschlossen werden muss (bedarfsverschiebende Versetzungen).

Eine Versetzung erfolgt entweder durch **Weisung** oder durch **Änderungskündigung**:

- Eine **Weisung** des Arbeitgebers kann nur geschehen, wenn der Arbeitsvertrag mit dem Arbeitnehmer diese zulässt, d.h. die zugewiesenen Arbeiten innerhalb der Umschreibung der Tätigkeit des Arbeitnehmers liegen (z.B. innerhalb eines Berufsbildes) und der Ort der Leistungserstellung nicht auf den gegenwärtigen Ort beschränkt ist. Der zugewiesene Arbeitsplatz darf dabei in keinem Fall mit einer geringeren Entlohnung verbunden sein.

- Sind diese Voraussetzungen nicht gegeben, so kann die Versetzung nur durch eine **Änderungskündigung** erfolgen. Sie ist eine Erklärung des Arbeitgebers, mit der er das bestehende Arbeitsverhältnis einseitig kündigt, aber gleichzeitig dem Arbeitnehmer einen neuen Arbeitsvertrag mit geänderten Bedingungen anbietet.[22]

In beiden Fällen bedarf es der Anhörung des Betriebsrates, der die Zustimmung verweigern kann. Erfolgt die Weisung ohne Anhörung, hat der Betriebsrat einen Anspruch auf Aufhebung der Maßnahmen, entsprechend ist im zweiten Fall die Änderungskündigung unwirksam.

Bei einer weisungsbedingten Versetzung kann der Betriebsrat unter Angabe von Gründen, die in § 99 Abs. 2 BetrVG genannt sind, widersprechen. Verweigert der Betriebsrat seine Zustimmung, so hat er dies innerhalb einer Woche nach Unterrichtung

21 Vgl. Hentze, J.: Personalwirtschaftslehre 1, a.a.O., S. 237.

22 Vgl. hierzu auch Abschnitt 5.4.3 "Änderungskündigung".

durch den Arbeitgeber mit Angabe der Gründe schriftlich mitzuteilen. Im Falle der Verweigerung hat der Arbeitgeber die Möglichkeit, beim Amtsgericht die Ersetzung der Zustimmung zu beantragen (§ 99 Abs. 4 BetrVG).

**Mitbestimmung bei personellen Einzelmaßnahmen**

**§ 99 Abs. 2 BetrVG**

Der Betriebsrat kann die Zustimmung verweigern, wenn

(1) die personelle Maßnahme gegen ein Gesetz, eine Verordnung, eine Unfallverhütungsvorschrift oder gegen eine Bestimmung in einem Tarifvertrag oder einer Betriebsvereinbarung oder einer gerichtlichen Entscheidung oder eine behördliche Anordnung verstoßen würde,

(2) die personelle Maßnahme gegen eine Richtlinie nach § 95 verstoßen würde,

(3) die durch Tatsachen begründete Besorgnis besteht, dass infolge der personellen Maßnahme im Betrieb beschäftigte Arbeitnehmer gekündigt werden oder sonstige Nachteile erleiden, ohne dass dies aus betrieblichen oder persönlichen Gründen gerechtfertigt ist;...

(4) der betroffene Arbeitnehmer durch die personelle Maßnahme benachteiligt wird, ohne dass dies aus betrieblichen oder in der Person des Arbeitnehmers liegenden Gründen gerechtfertigt ist,

(5) eine nach § 93 erforderliche Ausschreibung im Betrieb unterblieben ist oder

(6) die durch Tatsachen begründete Besorgnis besteht, dass der für die personellen Maßnahmen in Aussicht genommenen Bewerber oder Arbeitnehmer den Betriebsfrieden durch gesetzwidriges Verhalten oder durch grobe Verletzung der in § 75 Abs. 1 enthaltenen Grundsätze stören werde.

**Abb. 12:** Mitbestimmung bei Versetzungen und Änderungskündigungen

## (b) Stellenclearing

Unter **Stellenclearing** versteht man einen systematischen Informationsaustausch zwischen den Führungskräften (z.B. Abteilungsleitern) und den Mitarbeitern der Personalabteilung über die innerbetrieblichen Deckungsmöglichkeiten vakanter Stellen (Vorschlagssystem zur Stellenbesetzung). Werden geeignete Mitarbeiter gefunden, so erfolgt die Kontaktaufnahme mit den betreffenden Personen.

Die **Vorteile** dieses Verfahrens liegen darin begründet, dass Führungskräfte aussagekräftige Beurteilungen über vorhandene Kenntnisse und Fähigkeiten ihrer Mitarbeiter erstellen können.

Der **Nachteil** dieses Verfahrens liegt darin, dass interne Stellenbesetzungen nach dieser Methode für die Belegschaft wenig transparent sind. Darüber hinaus besteht die Gefahr, dass sachfremde Überlegungen, wie beispielsweise Abteilungsegoismen, in die Entscheidungen eingehen.

### (c) Innerbetriebliche Stellenausschreibung

Bei der innerbetrieblichen Stellenausschreibung wird den Betriebsangehörigen eine vorhandene offene Stelle am "schwarzen Brett", durch Rundschreiben, Betriebsmitteilungen etc. bekannt gemacht.

Obwohl das Unternehmen, das eine Stelle zu besetzen hat, in der Wahl seines Beschaffungsweges grundsätzlich frei ist, kann der Betriebsrat nach § 93 BetrVG eine innerbetriebliche Stellenausschreibung verlangen. Dies gilt entweder für alle zu besetzenden Stellen oder nur für bestimmte Arten von Tätigkeiten. Ausgenommen davon sind Positionen leitender Angestellter nach § 5 BetrVG, die nicht ausgeschrieben werden müssen.

Hat der Betriebsrat eine innerbetriebliche Stellenausschreibung verlangt, muss das Unternehmen dem Verlangen entsprechen. Erfolgt dies nicht, kann der Betriebsrat nach § 99 Abs. 2 Nr. 5 BetrVG seine Zustimmung zu einer Versetzung verweigern.

Der Grundgedanke dieser gesetzlichen Vorschriften ist die Sicherung der Chancengleichheit auf dem innerbetrieblichen Arbeitsmarkt. Arbeitnehmer haben dadurch die Möglichkeit, sich um andere Arbeitsplätze im eigenen Unternehmen zu bewerben.

Aus den Bestimmungen des BetrVG ist allerdings nicht abzuleiten, dass ein innerbetrieblicher Bewerber vorrangig zu berücksichtigen ist. Die Auswahlentscheidung liegt letztendlich beim Arbeitgeber, der parallel zur innerbetrieblichen Stellenausschreibung auch externe Beschaffungswege nutzen kann. Der Betriebsrat kann lediglich der Entscheidung des Arbeitgebers widersprechen, wenn die Auswahlrichtlinien nach § 95 BetrVG nicht eingehalten werden.

Die innerbetriebliche Stellenausschreibung sollte alle für den potenziellen Bewerber wichtigen Informationen enthalten. Zu diesen zählen:

- Stellenbezeichnung
- Kurzbeschreibung der Tätigkeit
- Zugehörigkeit zu Abteilung, Filiale, Gruppe
- Arbeitszeit
- Erforderliche Qualifikation
- Vorgesehene Vergütung (Tarifgruppe)

In der Abbildung 13 wird beispielhaft ein Formular zur innerbetrieblichen Stellenausschreibung gezeigt.

Die innerbetriebliche Ausschreibung von Arbeitsplätzen kann durch den Abschluss von Betriebsvereinbarungen geregelt werden. Darin können beispielsweise folgende Punkte festgelegt werden:

- Umfang und Bedingungen der Ausschreibung (im Gesamtunternehmen oder lediglich für bestimmte Unternehmensbereiche)
- Zeitpunkt der Ausschreibung (Frist vor der geplanten Besetzung des Arbeitsplatzes)
- Angaben, die in die Stellenausschreibung aufzunehmen sind
- Bewerbungsunterlagen und -fristen
- Ort der Ausschreibung
- Mitteilung, ob gleichzeitig externe Beschaffungsmaßnahmen durchgeführt werden
- Bevorzugung von internen gegenüber externen Bewerbern bei gleicher Qualifikation
- Bevorzugung von Schwerbehinderten oder Frauen bei gleicher Qualifikation

**Innerbetriebliche Stellenausschreibung**

Kennziffer: ______________________

In (Werk, Filiale) ________________________________ ist ab _______________

eine Stelle als ________________________________________________________

zu besetzen.

Aufgaben:

____________________________________________________________________

____________________________________________________________________

____________________________________________________________________

____________________________________________________________________

Fachliche und persönliche Voraussetzungen:

____________________________________________________________________

____________________________________________________________________

____________________________________________________________________

____________________________________________________________________

Einstufung in Lohn-/Gehaltsgruppe: ________________________________________

Arbeitszeit: ____________________________________________________________

Falls Sie an der Stelle interessiert sind, bewerben Sie sich bitte mit dem in der Personalabteilung erhältlichen Bewerbungsformular unter Angabe der oben genannten Kennziffer bis zum: __________________

Für Rückfragen steht Ihnen Herr/ Frau _______________________________

auch telefonisch unter ______________________________________ zur Verfügung.

Personalleitung

_____________________ ____________________________________

(Datum) (Unterschrift)

**Abb. 13:** Formular zur innerbetrieblichen Stellenausschreibung[23]

Es sollte außerdem geregelt sein, innerhalb welcher Frist ein erfolgreicher interner Bewerber von seiner bisherigen Stelle freizugeben ist, um zu vermeiden, dass Vorgesetzte, die einen leistungsfähigen Mitarbeiter nur ungern abgeben, die vorgesehene Versetzung

23 Vgl. Rationalisierungskuratorium der Deutschen Wirtschaft: RKW-Handbuch Personalplanung, a.a.O., S. 156.

hinausschieben. Außerdem sehen verschiedene Unternehmen vor, dass beispielsweise Mitarbeiter, die weniger als ein Jahr an ihrem Arbeitsplatz sind (Sperre für "job-hopper"), sowie Mitarbeiter, die durch die Bewerbung nicht finanziell einen höheren Rang erreichen (Sperre für "Versetzungskarussells"), ausgeschlossen sind. Die Gewerkschaften haben in diesem Zusammenhang Mustervereinbarungen veröffentlicht.[24]

### (d) Personalentwicklung

Durch kurz-, mittel- und langfristige Personalentwicklungsmaßnahmen kann die Versetzungspolitik unterstützt werden. Kurzfristig können durch Einarbeitungshilfen die Voraussetzungen zur vollen Erfüllung der Arbeitsaufgabe am neuen Arbeitsplatz geschaffen werden. Mittelfristig sichert die planmäßige Personalentwicklung, dass bei künftigem Bedarf entsprechend qualifizierte Anwärter für freiwerdende Stellen zur Verfügung stehen. Langfristig geht es insbesondere um die Planung des Bedarfs an Auszubildenden.

Die interne Bedarfsdeckung kann durch verschiedene Personalentwicklungsmaßnahmen gefördert werden. Die Möglichkeit der Aufnahme gewerblicher und kaufmännischer Auszubildender wird genutzt, um einem Mangel an Fachkräften entgegenzuwirken. Die weitere Ausbildung an Berufsakademien, Fach- und Hochschulen kann durch ein attraktives betriebliches Angebot ergänzt werden.

Besteht der Wunsch der Höherqualifizierung bei Mitarbeitern, so kann man diese durch Beihilfen während eines Studiums unterstützen, ihnen die Wiedereinstellung nach erfolgreichem Studium garantieren oder sie für die Dauer des Studiums ohne Bezüge beurlauben. In Nachfolge- und Entwicklungsprogrammen können Mitarbeiter langfristig auf höhere Aufgaben vorbereitet werden (z.B. Führungskräftenachwuchspool).

Arbeitskräfte, für deren bisherige berufliche Qualifikation kein Bedarf mehr besteht, können umgeschult werden.

Eine bis jetzt noch wenig genutzte Möglichkeit der Personalentwicklungsmaßnahmen ist der planmäßige Stellenwechsel ohne Aufstieg. Dieser erhöht die berufliche Flexibilität und damit die soziale Sicherheit von Mitarbeitern. Durch einen Aufgabenwechsel erhält ein Mitarbeiter einen größeren Einblick in die Firmenorganisation, und eine Zusammenarbeit über mehrere Bereiche kann vertieft werden, was letztendlich das Interesse des Mitarbeiters am Unternehmen fördert (Corporate Identity).

## 2.2.2 Externe Personalbeschaffung

Im Vorfeld einer außerbetrieblichen Bedarfsdeckung sollte ein Unternehmen bereits eine gezielte Imagepflege betreiben.

Ein Unternehmen kann viele Möglichkeiten und Gelegenheiten der Außendarstellung nutzen, um der Öffentlichkeit Informationen über Einsatzmöglichkeiten, Arbeitsbedingungen, Arbeitsplatzsicherheit, finanzielle und soziale Leistungen zu liefern. Bei-

---

[24] Vgl z.B.: Hauptvorstand Gewerkschaft Handel, Banken und Versicherungen im DBG.

spielhaft kann man hier den "Tag der offenen Tür", Betriebsbesichtigungen, Pressegespräche anlässlich berichtenswerter Firmenveranstaltungen, Kontaktpflege zur Verwaltung der zuständigen Gemeinde, Beteiligung an Veranstaltungen von Universitäten, Fach- und Fachhochschulen nennen.

Ein guter **Kontakt zur Arbeitsverwaltung** ermöglicht deren Mitarbeitern, die firmenspezifischen Besonderheiten kennenzulernen und so gezielte Dienstleistungen anzubieten.

Eine **ständige Verbindung zu** den im Einzugsgebiet ansässigen **Ausbildungsstätten** kann einen Arbeitsmarktvorteil gegenüber weniger aufgeschlossenen Mitarbeitern bewirken, da sich Schulabsolventen bei ihrer Stellensuche sicherlich eher an die freundliche Atmosphäre und die geschilderten Arbeitsmöglichkeiten einer Unternehmung erinnern, die sie bei einer Betriebsbesichtigung kennengelernt haben.

Das Unternehmen hat durch die **Kontaktpflege zu Professoren und Studenten** frühzeitig die Möglichkeit, mittelfristig qualifizierte Fachkräfte für sich zu interessieren. Die Vergabe von praxisbezogenen Diplomarbeiten kann zweierlei erreichen: zum einen die Klärung von Fragestellungen, für deren Lösung die Mitarbeiter keine Zeit haben, zum anderen hat sich manch ein Diplomand anschließend dazu entschlossen, in diesem Unternehmen eine Dauerstellung anzunehmen. Ein weiterer Vorteil besteht darin, dass man im Rahmen der Anfertigung einer Diplomarbeit oder während eines betrieblichen Praktikums bzw. Praxissemesters die Gelegenheit hat, einen potenziellen Arbeitnehmer in Bezug auf seine fachliche und persönliche Eignung zu überprüfen.

Bei der außerbetrieblichen Personalbeschaffung kann man zwischen einem mehr aktiven und einem passiven Beschaffungsvorgang wählen. Welche Methode für den einzelnen Bedarfsfall gewählt wird, hängt von der Arbeitsmarktsituation und der Dringlichkeit sowie Größenordnung des Personals ab. Daneben spielt das zur Verfügung stehende finanzielle Beschaffungsbudget eine große Rolle.

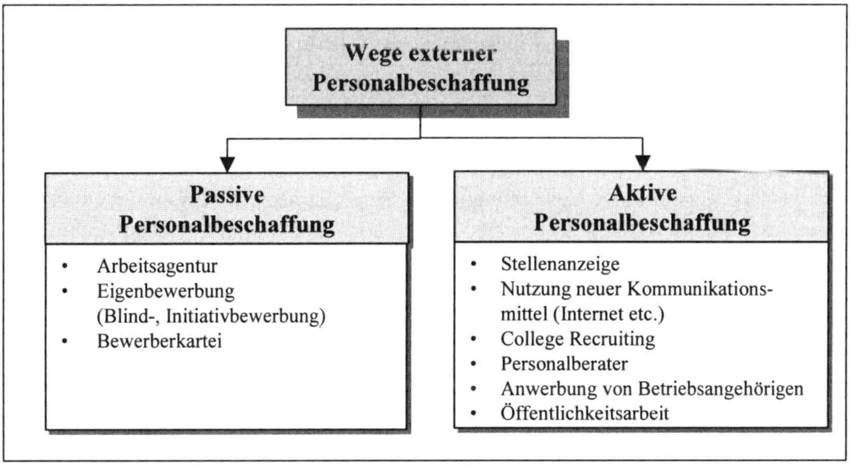


**Abb. 14:** Wege externer Personalbeschaffung

## (1) Passive Personalbeschaffung

Bei der **passiven Personalbeschaffung von außen** unternimmt das Unternehmen von sich aus kaum Anwerbungsmaßnahmen. Das Unternehmen greift entweder auf Stellengesuche oder selbstinitiierte Bewerbungen zurück oder nimmt die Dienste der Arbeitsverwaltung in Anspruch. Insbesondere bei hoher Arbeitslosigkeit und geringem, nicht dringlichem Personalbedarf brauchen Unternehmen kaum aktiv auf dem Arbeitsmarkt in Erscheinung zu treten.

### (a) Bundesagentur für Arbeit

Die Hauptaufgabe der **Bundesagentur für Arbeit** und ihrer Einrichtungen ist die Arbeitsvermittlung. Die 181 Agenturen mit 660 Jobcentern vermitteln mit regionaler Zuständigkeit insbesondere Tätigkeiten ausführender Art. Die Fachvermittlungsstellen sind vor allem für Bewerber mit Fachhoch-, Hochschulabschluss und besonders qualifizierte Fach- und Führungskräfte zuständig. Die 10 Regionaldirektionen nehmen koordinierende Aufgaben zwischen den einzelnen Einrichtungen der Bundesagentur für Arbeit wahr und bilden die Schnittstelle zu Bund und Ländern. Zu den Aufgaben der Zentralstelle für Arbeitsvermittlung (ZAV) in Bonn gehört die Arbeitsvermittlung von Fach- und Führungskräften ins Ausland aber auch aus dem Ausland. Sie bietet auch zahlreiche Vermittlungsprogramme für Studenten und junge Berufstätige.

### (b) Eigenbewerbung

Ein wichtiger Akquisitionsweg ist die Eigenbewerbung ("blinde Bewerbung"). Hier kontaktiert ein Bewerber von sich aus ein Unternehmen. Die Gründe für eine solche Bewerbung gestalten sich sehr vielfältig und können z.B. durch College-Recruiting oder durch Öffentlichkeitsarbeit motiviert sein.

### (c) Bewerberkartei

Bewerber, die zum Zeitpunkt der Bewerbung nicht berücksichtigt werden konnten, die jedoch für das Unternehmen interessant sind, können in die Bewerberkartei aufgenommen werden. Auch Frauen, die beispielsweise wegen Mutterschaft ihre Erwerbstätigkeit aufgegeben haben, aushilfsweise jedoch zur Verfügung stehen, können hier vorgemerkt werden. Da bei Bedarf eine sofortige Zugriffsmöglichkeit besteht, können Kosten gespart werden. Verweilt eine Bewerbung jedoch länger in der Kartei, so muss ein aktuelles Interesse des Bewerbers an einer zu besetzenden Stelle nicht mehr unbedingt vorhanden sein, da er eventuell schon eine andere Entscheidung getroffen hat.

### (d) Personal-Leasing

Wählt man die Beschaffungsformen des **Personal-Leasings**, so wird neben der Anwerbung auch der Auswahlprozess in die Verantwortung anderer übertragen. Zeitpersonal kann nach dem Arbeitnehmerüberlassungsgesetz allerdings bis zu höchstens sechs Monaten zur Bedarfsdeckung herangezogen werden. Bei dieser Form der Personalbeschaffung leiht sich das Unternehmen von speziellen Personalleasingfirmen Arbeitnehmer und beschäftigt diese.

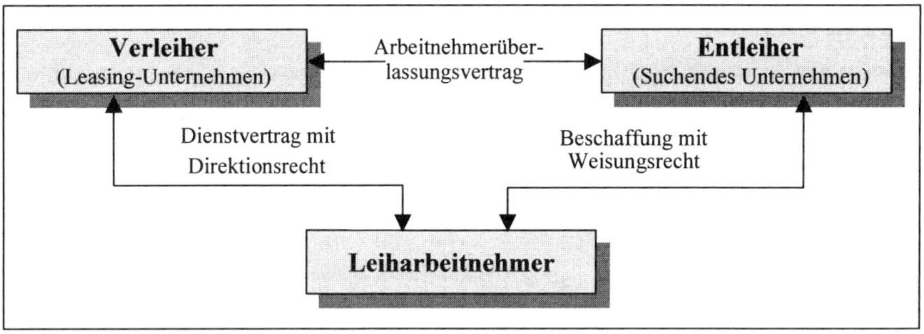


**Abb. 15:** Rechtliche Beziehung der Personalleasing-Parteien

Durch Personalleasing können kurzfristig Arbeitskräfte beschafft werden, die vorzugsweise bei Schreibarbeiten im Verwaltungsbereich oder als Monteure, Facharbeiter und technische Fachkräfte im gewerblichen Bereich eingesetzt werden. Ihr Einsatz kann z.B. zur Überbrückung kurzzeitiger Leistungsspitzen im Unternehmen oder zur Vertretung von eigenen Arbeitnehmern bei Urlaub, Krankheit etc. erforderlich werden.

Das Personalleasing ist durch ein Dreiecksverhältnis zwischen Verleiher, Entleiher und Leiharbeitnehmer gekennzeichnet (vgl. obige Abbildung). Dabei schließen die Leasing-Arbeitnehmer und der Personalleasing-Arbeitgeber (Verleiher) einen Arbeitsvertrag ab, während zwischen den Arbeitnehmer und dem Entleiher grundsätzlich keine vertraglichen Bindungen existieren.

Der Vergütungsanspruch der Arbeitnehmer besteht gegenüber dem Verleiher, der Anspruch auf Arbeitsleistung und das Weisungsrecht gehen auf den Entleiher über. Dafür zahlt er dem Verleiher eine vereinbarte Gebühr. Die Kosten für den Zeitarbeitnehmer liegen zwar höher als für einen eigenen Mitarbeiter, dafür werden jedoch Auseinandersetzungen nach dem Ablauf der vorgesehenen Beschäftigungszeit vermieden und das Risiko einer Fehleinstellung für das Unternehmen erheblich geringer (Möglichkeit der weiteren Personalauswahl).

### (e) Werkvertrag

Durch einen Werkvertrag (vgl. §§ 631 ff. BGB) wird ein anderes Unternehmen verpflichtet, eine Teilaufgabe (z.B. Gebäudereinigung oder Durchführung von Baumaßnahmen) laufend oder innerhalb einer bestimmten Zeit mit ihren eigenen Mitarbeitern zu übernehmen. Diese Form der Personalbeschaffung wird auch häufig für technische Verrichtungen (z.B. Wartung und Instandsetzung der elektrischen Anlagen) gewählt, wenn die Betriebsgröße es nicht erlaubt, eine eigene Mitarbeitergruppe für diese Tätigkeiten vorzuhalten. Auch für größere Betriebe gilt grundsätzlich, dass insbesondere bei unregelmäßig anfallenden Aufgaben ein Kostenvergleich angestellt werden sollte, der die Grundlage für eine "make-or-buy"-Entscheidung ist.

## (2) Aktive Personalbeschaffung

Eine **aktive Personalbeschaffung von außen** ist notwendig, wenn eine angespannte Arbeitsmarktlage oder ein dringlicherer und/ oder größerer Personalbedarf (z.B. Neugründung) vorliegt.

### (a) Stellenanzeige

Die Stellenanzeige kann auf zwei Arten erfolgen. Zum einen kann sie durch den Bewerber aufgegeben werden, der eine bestimmte Arbeitsstelle sucht, zum anderen durch ein Unternehmen, das seinerseits einen bestimmten Bewerber sucht.

> Sie suchen eine
>
> **Staatl. geprüfte Erzieherin**
>
> 36 J., Erfahrung als Gruppenleiterin in Kindergärten und Tagesstätten, auch mit behinderten Kindern. In ungekündigter Stellung. Bevorzuge verantwortungsvolle Position im Raum München. Angebote unter Chiffre 4711

**Abb. 16:** Beispiel für die Stellenanzeige einer Bewerberin (Stellengesuch)

Bei der Stellenanzeige als **Stellenangebot** sind folgende Kriterien zu beachten:

- **Anzeigenträger:** Die Wahl des Anzeigenträgers richtet sich nach den erforderlichen Qualifikationen des gewünschten Personals. Je nach Wahl des Mediums entstehen dabei sehr unterschiedliche Kosten. In Abhängigkeit von der Zielgruppe kommen als Anzeigenträger in Betracht:
  - Regionale Tageszeitungen: Arbeitskräfte der unteren und mittleren Hierarchieebene.
  - Überregionale Tages- und Wochenzeitungen: Arbeitskräfte der höheren bis hohen Hierarchieebene.
  - Fachzeitschriften: Arbeitskräfte mit Spezialkenntnissen, besonders im technischen Bereich.

- **Anzeigentermin:** Zeitlich sollte vier bis sechs Wochen vor der nächsten allgemeinen Kündigungsfrist inseriert werden, damit die interessierte Arbeitskraft sorgsam über das Angebot nachdenken kann. Schwierig wird dies bei den Arbeitnehmern der höheren Hierarchieebene, da dort meist Verträge mit längeren Kündigungsfristen vorliegen. Die typischen Kündigungstermine, insbesondere für Angestellte, sind die Quartalsenden, wobei sich jedoch nicht alle Quartalsenden, besonders für Arbeitnehmer, gleichermaßen zur Kündigung eignen.
  - Am günstigsten ist das Ende des ersten Quartals, da hier eine vom Arbeitgeber gezahlte Weihnachtsgratifikation eventuell nicht mehr zurückgezahlt werden muss.
  - Das Ende vom zweiten Quartal hat den Nachteil, dass es bereits in die Urlaubszeit fällt.
  - Das Ende vom dritten und vierten Quartal hat den Nachteil, dass die Weihnachtsgratifikation entweder nicht erhältlich ist, oder zurückgezahlt werden muss.

- **Anzeigenarten:** Als Anzeigenarten sind zu unterscheiden:
  - Offene Stellenanzeigen: der Name des Unternehmens ist genannt, eine gezielte Bewerbung ist möglich.
  - Chiffreanzeigen: der Name des Unternehmens ist nicht genannt.
  - Personalberateranzeigen: der Name des Unternehmens ist nicht genannt, negatives Image von Chiffreanzeigen soll dabei vermieden werden.

- Wortanzeigen, die auch Kleinanzeigen genannt werden. Sie können offene Anzeigen oder Chiffreanzeigen sein.
- Gesetzte Anzeigen, diese sind zumeist mehrspaltig und werden auf der Grundlage eines Spaltenpreises pro mm berechnet.

- **Anzeigengestaltung:** Bei der wirkungsvollen Gestaltung einer Stellenanzeige sind gewisse Regeln bezüglich des Aufbaus, der Struktur und des Inhalts zu beachten. Um Bewerbungen von ungeeigneten Kandidaten möglichst schon im Vorfeld auszuschließen, ist es erforderlich, klare Aussagen über das Unternehmen, die zu besetzende Stelle und vor allem über die Anforderungsmerkmale zu machen.

Eine Übersicht über die inhaltliche Gestaltung zeigt die folgende Tabelle: [25]

| **Wir sind** | **Aussagen über das Unternehmen:** | |
|---|---|---|
| | - Firmenname<br>- Firmenzeichen<br>- Branche | - Produktionsprogramm<br>- Standort des Unternemens<br>- Größe des Unternehmens |
| **Wir haben** | **Aussagen über die freie Stelle:** | |
| | - Ausschreibungsgrund<br>- Aufgabenbeschreibung<br>- Stellung innerhalb der Hierarchie | - Verantwortungsumfang<br>- Vertretungsmacht<br>- Entwicklungschancen |
| **Wir suchen** | **Aussagen über die Anforderungsmerkmale:** | |
| | - Berufsbezeichnung<br>- Vor- und Ausbildung<br>- Kenntnisse und Fähigkeiten | - Berufserfahrung<br>- Persönliche Eigenschaften<br>- Alter |
| **Wir bieten** | **Aussagen über die Leistungen:** | |
| | - Hinweis auf Lohn- oder Gehaltshöhe<br>- Spesen, Urlaub, Fahrtkostenzuschuss<br>- Unterstützung bei der Wohnungssuche | - Freizeitwert<br>- Sozialleistungen<br>- Gleitende Arbeitszeit etc. |
| **Wir bitten um** | **Nennung der Bewerbungsunterlagen:** | |
| | - Bewerbungsschreiben<br>- Lebenslauf | - Zeugnisse<br>- Persönliche Vorstellung |

Die folgende Abbildung zeigt ein Beispiel für die Gestaltung einer Stellenanzeige, die nach dem obigen Schema strukturiert wurde. Es ist jedoch auch möglich, eine Stellenanzeige völlig anders zu gestalten, indem man beispielsweise mit ungewöhnlichen Schlagzeilen oder mittels grafischer Effekte versucht, sich von anderen Inseraten optisch abzuheben. Wichtig bei der Gestaltung der Anzeige ist auch, welchen Personenkreis man ansprechen möchte bzw. welche Position angeboten werden soll. Darüber hinaus sollte beachtet werden, dass man sich mit dem Stelleninserat in der Öffentlichkeit präsentiert und somit dessen Gestaltung mit dem Firmenimage (corporate identity) übereinstimmen sollte (z.B. sollte die Anzeige einer Werbeagentur Kreativität zeigen, das Inserat einer Bank dagegen Seriosität vermitteln).

[25] Vgl. Lorenz, M./Rohrschneider, U.: Persoanlauswahl – schnell und sicher Top-Mitarbeiter finden, 2. Aufl., Freiburg/Berlin/München/Zürich 2002, S. 30.

Unser Unternehmen gehört europaweit zu den führenden Spezialisten im Bereich der Altbausanierung und der Erhaltung von Baudenkmälern

Zur Verstärkung unseres hochqualifizierten Teams suchen wir eine/n

**Bauingenieur/-in (TH/ FH)**

Sie interessieren sich für die stilgerechte Restauration historischer Baudenkmäler. Nach einer intensiven Schulung und Einarbeitung werden Sie die technische Leitung von Sanierungsprojekten im In- und Ausland übernehmen.

Wir erwarten von den Interessenten neben einem guten Hochschulabschluss ein sicheres Auftreten, Mobilität und Teamfähigkeit. Eine sichere Beherrschung der englischen Sprache ist unabdingbar, Französischkenntnisse sind wünschenswert.

Neben einer leistungsgerechten Dotierung und umfangreichen Sozialleistungen bieten wir Ihnen einen sicheren Arbeitsplatz mit außergewöhnlichen Entwicklungsmöglichkeiten in einer angenehmen Arbeitsatmosphäre.

Ihre Bewerbung mit allen aussagekräftigen Unterlagen richten Sie bitte unter der Kennziffer 08/ 15 an die von uns beauftragte Personalberatungsgesellschaft.

**XY-Personalberatung GmbH, Mustergasse 4711, 12345 Musterstadt**

**Abb. 17:** Beispiel für eine Stellenanzeige

## (b) Einsatz neuer Kommunikationstechniken

Als **E-Recruitment** wird die Stellenausschreibung in Online-Jobbörsen (Internet) bezeichnet. Personal kann über das Internet z.B. durch **Internet-Jobbörsen** geworben werden. Das sind Stellenanzeigen, die in das Netz gestellt werden, um qualifiziertes Personal bundesweit bzw. weltweit zu finden. Eine weitere, aber ähnliche Art ist das Verweisen mit Hilfe von Links auf der Unternehmens-**Homepage** mit dem Anliegen, die Bewerbung direkt über das Internet an das Unternehmen zu schicken, da dies zeitsparender ist. In einer Datenbank hinterlegt der Bewerber seine Tätigkeitsprofile z.B. mittels eines Fragebogens. Daraufhin überprüft ein Computerprogramm, ob die Profile zu den Anforderungen passen. Im Anschluss daran werden in Frage kommende Bewerber per E-Mail an die Unternehmen weitergeleitet.

Im Einzelnen ist zu beachten:

- **Rekrutierung über die Firmen-Homepage:**

  Eine eingerichtete **Schaltfläche** wie „Freie Stellen" weist auf der Startseite auf offene Stellen hin. Hier kann die Bewerbung per E-Mail oder per vorgedrucktem Formular erfolgen.

Häufige Fehler, die beim Homepage-Recruiting auftreten können sind z.B.:

- Stellenanzeigen im Internet sind nicht datiert
- Unternehmen listen eine Position für eine Empfangsdame unter der eines Entwicklungsingenieurs auf
- Der Personalbereich wird nicht als Teil des Unternehmens gesehen

- **Rekrutierung über Online-Stellenbörsen:**

  Es werden kostenpflichtige Anzeigen in Jobbörsen hinterlegt. Jobdatenbanken sind für den Bewerber bzw. Nutzer kostenlos. Die Bewerbung erfolgt auch hier über Formu lare oder E-Mail. Es muss auf der Startseite ein direkter Link auf die Bewerberseite gesetzt werden. Bei einer **Stellenanzeige im Internet** sollte darauf geachtet werden, dass das Unternehmen kurz vorgestellt wird wie z.B. durch Entwicklungsberichte. Es sollten möglichst wenig aufwendige Graphiken und kurze Texte verwendet werden. Auf eine differenzierte Benutzerführung (zwecks Zielgruppen) ist zu achten. Eine Schaltfläche für die Bewerbung auf freie Stellen sollte vorhanden sein.

Die Suche nach Personal im **Internet** in Form einer Stellenanzeige ist für viele Unternehmen kostengünstiger und zeitsparender. Durch eine Internet-Jobbörse wird schon im Vorfeld eine Vorselektion getroffen. Somit ergibt sich weniger Arbeitsaufwand für die Personalchefs.

Das Ausschreiben offener Stellen im Internet hat sich als effizientes und erfolgreiches Instrument des Personalmarketing behauptet. Es ist besonders gut geeignet für Unternehmen, die Hochschulabsolventen und gut ausgebildete Fachkräfte mit wenig Zeitaufwand suchen. Eine zunehmende Unterstützung des Mediums Internet ermöglicht somit neue Wege der Personalbeschaffung.

| **Bewerber** | |
|---|---|
| **Vorteile** | **Nachteile** |
| Fast kostenloser Zugriff 24 Stunden auf Stellenanzeigen | Eingeschränktes Angebot bei Berufsgruppen |
| Zeitersparnis, da eine spezifische Suche möglich ist | Durch zunehmende Jobbörsen eine zunehmende Informationsflut |
| Einfachheit durch Suchroutine | PC mit Internetzugang erforderlich |
| **Unternehmen** | |
| **Vorteile** | **Nachteile** |
| Durch das Internet Erschließung neuer interessanter Bewerbergruppen | Es müssen neben Internetjobangeboten auch noch Stellen in sogenannten Printmedien angeboten werden |
| Imagegewinn in der Öffentlichkeit | Unklare Erfolgsaussichten |
| Direkte Kontaktaufnahme zu Bewerbern per Mail | Gefahr aufgrund einer Flut von Bewerbungen |

**Abb. 18:** Vor- und Nachteile des E-Recruitment

Weitere Alternativen im Einsatz neuer **Kommunikationstechniken** sind:

- Abfrage harter Qualifikationen sowie der Einsatz von Fragebögen zur Erfassung der sozialen Kompetenzen mittels Internet
- Bewerber-Chats, bei denen sich Jobinteressenten und Personalverantwortliche austauschen können.
- Newsgroups im Internet, die nach dem Prinzip eines Schwarzen Bretts funktionieren.
- Online-Spiele, bei denen es zum einen um die Lösung einer Aufgabe und um die Erfassung der Bewerberprofile und Kompetenzen geht, zum anderen für die Teilnehmer aber auch Gewinnchancen locken.
- Virtuelle Assessments

### (c) Personalberater

Der Einsatz von externen Personalberatern (Executive-, Direct Searchers, Headhunters) ist besonders für Arbeitskräfte der höheren und hohen Hierarchieebene geeignet. Viele haben sich auf bestimmte Branchen oder Berufsgruppen spezialisiert. Der Vorteil resultiert aus dem großen Erfahrungsschatz, über den die Personalberater aufgrund ihrer Zusammenarbeit mit einer Vielzahl von Unternehmen verfügen. Das Risiko einer Fehleinstellung, das in höheren Hierarchieebenen zu gravierenden Folgen führen kann, wird dadurch erheblich minimiert. Daher sind auch die hohen Beratungshonorare, die üblicherweise nicht erfolgsabhängig sind, zu rechtfertigen.

Die Dienstleistungen eines Personalberaters umfassen Aufgaben wie:

- Erstellung von Stellenbeschreibungen und Anforderungsprofilen
- Gestaltung und Schaltung von Stellenanzeigen
- Auswertung der Bewerbungsunterlagen
- Teilnahme an Vorstellungsgesprächen
- Unterstützung beim Entscheidungsprozess

Das so genannte **Headhunting** oder **Executive** bzw. **Direct Search** ist eine spezielle, nur von einigen Personalberatungen angebotene Dienstleistung. Zunächst wird eine Zielfirmenliste mit Unternehmen, die für den Auftraggeber potentielle Kandidaten beschäftigen, erstellt. Im weiteren Verlauf werden diese Personen ausfindig gemacht und kontaktiert. Neben einem Abgleich von Eignungs- und Anforderungsprofil werden Wechselabsichten des Kandidaten herausgefunden. Weitere persönliche Gespräche können dann zu einem Vertragsabschluss führen.

### (d) College-Recruiting

In den USA wird schon seit längerem durch viele Unternehmen intensive Werbung an den Schulen und Hochschulen betrieben. Durch die Abstimmung dieser Werbeaktionen auf die Bedürfnisse der potenziellen Bewerber verfolgt man das Ziel, geeignete Kandidaten schon früh für sich zu gewinnen. Hochschulkontakte manifestieren sich in vielfältigen Maßnahmen, z.B.:

- Bereitstellen von Praktikantenstellen
- Unterstützung von Dissertationen
- Fachvorträge
- Förderpreise/ Stipendien
- Einsatz von Werkstudenten
- Zusammenarbeit bei Diplomarbeiten
- Forschungsprojekte
- Hochschulkontaktmessen
- Firmenpräsentationen
- Anzeigen in Hochschulpublikationen

Die direkte Art der Personalbeschaffung scheint besonders bei kontinuierlicher Aktivierung in Form eines langfristigen Kontaktes erfolgversprechend.

### (e) Anwerbung durch Betriebsangehörige

Dieser Akquisitionsweg, bei dem die Kontakte der Betriebsangehörigen von Bedeutung sind, spielen vor allem in den USA eine wichtige Rolle. Über offene Stellen sollte dabei nicht allein im Rahmen innerbetrieblicher Stellenausschreibung, sondern darüber hinaus am "Schwarzen Brett" oder in der Werkszeitung informiert werden. Aktionen wie "Mitarbeiter suchen Mitarbeiter" können durch kleine Aufmerksamkeiten belohnt werden.

Die Anwerbung durch Betriebsangehörige hat den Vorteil, dass sich dadurch das Betriebsklima verbessern kann. Es besteht jedoch die Gefahr der Cliquenbildung.

### (f) Öffentlichkeitsarbeit

Die Öffentlichkeitsarbeit dient der Unterstützung sowohl der aktiven als auch der passiven Personalbeschaffung. Folgende Maßnahmen werden häufig eingesetzt:

- Tag der offenen Tür
- Werksbesichtigungen
- Aktivitäten auf Messen und Ausstellungen
- Dia- und Filmwerbung
- Internet
- persönlicher Kontakt zu potenziellen Mitarbeitern

Die Aufzählung zeigt, dass es sich bei den Maßnahmen der Öffentlichkeitsarbeit zugleich um eine Kombination von Personal- und Imagewerbung handelt.

## 2.2.3 Vor- und Nachteile interner und externer Beschaffung

Immer mehr Unternehmen gehen dazu über, freiwerdende Positionen mit eigenen Kräften zu besetzen und nur dann Bewerber von außen in Betracht zu ziehen, wenn geeignete Kandidaten in den eigenen Reihen nicht zu finden sind.[26] Dies führt dazu, dass der Bedarf an hochqualifiziertem Personal meist unternehmensintern gedeckt wird, und dem Unternehmen vom unternehmensexternen Arbeitsmarkt außer bei raschen Wachstumsprozessen vorwiegend Berufsanfänger zufließen. Das ist darauf zurückzuführen, dass die Beschaffung von innen einfacher, aufwands- und risikoloser ist. Dem Mitarbeiter ist das Unternehmen vertraut, und umgekehrt kennt man seine Fähigkeiten und Leistungen. Kostspielige Insertions-, Vorstellungs-, Trennungsentschädigungs- und Umzugsaufwendungen entfallen.

Die interne Beschaffung ermöglicht es dem Unternehmen, "Kettenbeförderungen" durchzuführen, d.h. die Aufstiegschancen der eigenen Mitarbeiter verbessern sich und damit auch die Motivation. Diesen positiven Auswirkungen stehen jedoch auch Schattenseiten gegenüber. Bei der Kettenbeförderung nicht zum Zuge gekommene Mitarbeiter sind enttäuscht, es kommt zu Rivalitäten, und das Betriebsklima verschlechtert sich.

---

26 Vgl. Bisani, F.: Personalwesen. Grundlagen, Organisation, Planung, 3. Auflage, Wiesbaden 1992, S. 141.

Die in der folgenden Abbildung aufgeführten Vor- und Nachteile verdeutlichen, dass trotz der allgemeinen Tendenz zur internen Personalbeschaffung keine generelle Empfehlung für eine bestimmte Konzeption der Personalbeschaffung gegeben werden kann. Die Beschaffungsstrategie sollte vielmehr für den Einzelfall in Abhängigkeit von den Ergebnissen der Analyse der Einflussgrößen der Personalbeschaffung neu festgelegt werden. Bei der Wahl der Beschaffungsart kommt dem Wirkungszeitraum der Beschaffungsalternativen als Entscheidungskriterium besondere Bedeutung zu. Dieser muss so bemessen sein, dass der gesuchte Mitarbeiter zum gewünschten Zeitpunkt auch tatsächlich zur Verfügung steht.[27]

| | **Interne Personalbeschaffung** | **Externe Personalbeschaffung** |
|---|---|---|
| **Vorteile** | - Eröffnung von Aufstiegschancen (erhöht die Bindung an den Betrieb, verbessert Betriebsklima)<br>- Geringere Beschaffungskosten<br>- Betriebskenntnis<br>- Kennen des Mitarbeiters und seines Könnens (geringeres Risiko)<br>- Einhaltung des betrieblichen Entgeltniveaus (bei externer Einstellung ggf. überhöhtes Marktgehalt)<br>- Schnellere Stellenbesetzungsmöglichkeit<br>- Anfangsstellungen für Nachwuchskräfte werden frei<br>- Transparente Personalpolitik | - Breite Auswahlmöglichkeit<br>- Neue Impulse für den Betrieb (Verringerung der Betriebsblindheit)<br>- Der Externe wird leichter anerkannt<br>- Einstellung löst Personalbedarf direkt<br>- Eventuell Information über Konkurrenzverhalten |
| **Nachteile** | - Weniger Auswahlmöglichkeiten<br>- Ggf. hohe Fortbildungskosten<br>- Mögliche Betriebsblindheit<br>- Enttäuschung bei Kollegen, evtl. weniger Anerkennung bei Aufrücken in Vorgesetztenfunktion, ggf. auch Spannungen/Rivalitäten<br>- Zu starke kollegiale Bindungen, Sachentscheidungen werden verkumpelt<br>- Stellenbesetzung/Beförderung "um des lieben Friedens willen". Man will dem langgedienten Mitarbeiter nicht "nein" sagen.<br>- Nachlassende Mitarbeiterkreativität wegen Beförderungsautomatik, man verlässt sich auf die Nachfolge (Vertreter wird immer Nachfolger)<br>- Versetzung löst Bedarf quantitativ nicht; qualitativ oft nur in Verbindung mit Fortbildung und bei vertikaler Beförderung mit Führungsschulung | - Größere Beschaffungskosten<br>- Höhere externe Einstellungsquote wirkt fluktuations- und frustrationsfördernd ("Hier kann man nichts werden")<br>- Negative Auswirkung auf das Betriebsklima<br>- Höheres Risiko durch Probezeit<br>- Keine Betriebskenntnisse (allgemeine Einführung erforderlich - Kosten/Zeit) |

**Abb. 19:** Vor- und Nachteile interner und externer Personalbeschaffung

27 Vgl. Rationalisierungskuratorium der Deutschen Wirtschaft: RKW-Handbuch Personalplanung, a.a.O., S. 124 f.

## 2.3 Personalauswahl

Mit der Bewerberauswahl verfolgt das Unternehmen das Ziel, einen geeigneten Bewerber aus der Unternehmung oder vom externen Arbeitsmarkt zur Besetzung der vakanten Stelle zu finden. Personal, das einmal eingestellt wurde, kann meistens nur unter Schwierigkeiten wieder entlassen werden. Somit müsste es von großem Interesse für jede Unternehmung sein, hohe Einstiegsbarrieren für Bewerber in Form von strenger Bewerberselektion zu errichten.

### 2.3.1 Ablauf

Die Auswahl geeigneter Bewerber und die letztendliche Einstellung kann man als einen Prozess beschreiben, der sich in mehrere Phasen einteilen lässt.

**Abb. 20:** Ablauf der Bewerberauswahl und Einstellung

Im Rahmen der Bewerberauswahl werden die Bewerber bestimmt, die sich für die vorgesehenen Aufgaben wahrscheinlich am besten eignen. Hierzu werden die Kenntnisse und Fähigkeiten der Bewerber mit den Anforderungen der vakanten Stelle(n) verglichen und entsprechende Auswahlregeln erstellt und angewendet.

Die anzuwendenden **Auswahlverfahren** unterscheiden sich danach, ob es sich um betriebsinterne oder -externe Bewerber handelt. Bei der Auswahl betriebsinterner Bewerber kann sich die Personalabteilung auf bereits vorliegende Daten stützen und die Bewährung in augenblicklichen oder früheren Positionen überprüfen. Im Gegensatz dazu liegt der Schwerpunkt der Auslese betriebsexterner Bewerber auf der detaillierten Prüfung der Bewerbungsunterlagen, der Durchführung von Vorstellungsgesprächen und der Durchführung von Eignungstests und Gutachten.

Voraussetzung einer wirksamen **Bewerberauslese** ist die Kenntnis der Anforderungen des zu besetzenden Arbeitsplatzes. Für die Personalabteilung bedeutet dies, dass sie nicht nur die fachlichen und persönlichen Anforderungen der zu besetzenden Stelle kennen muss, sondern auch die Struktur und die Arbeitsweise der jeweiligen Arbeitsgruppe oder Abteilung. Der Stellenplan, der Stellenbesetzungsplan und die Stellenbeschreibung sowie die Anforderungsprofile sind daher unentbehrliche Hilfsmittel der Personalbedarfsdeckung.

Es bedeutet für die Personalbeschaffung eine Erleichterung, wenn sie nicht nur auf Hilfsmittel wie Formulare, Merkblätter und Checklisten zurückgreifen kann, sondern auch auf den Bestand von allgemeinen Verfahrensrichtlinien, Grundsätzen der Personalpolitik und Mitarbeiterführung sowie Betriebsvereinbarungen. Die organisatorische Ausstattung der Personalbeschaffungsstelle wird sich nach der Größe, der Fluktuation und der Erweiterungsabsicht eines Unternehmens richten. Selbst in mittelständischen Betrieben kann nur eine extra dafür abgestellte Kraft erfolgreich und kostensparend Personal beschaffen.

Aufgrund des Betriebsverfassungsgesetzes ist die Unternehmensleitung zur Aufstellung von Betriebsvereinbarungen bezüglich der folgenden Themen mit dem Gesamtbetriebsrat verpflichtet:

- Interne Stellenausschreibungen (§ 93 BetrVG)
- Aufstellung von Beurteilungsgrundsätzen (§ 94 BetrVG)
- Personalfragebogen (§ 94 BetrVG)
- Auswahlrichtlinien (§ 95 BetrVG)

## 2.3.2 Bewerbung

Die dem Unternehmen zugegangenen Bewerbungen, die meistens in schriftlicher Form vorliegen, sollten, nachdem sie formal in eine Bewerberliste aufgenommen wurden, einer groben Durchsicht unterzogen werden. Diese lässt erkennen, welche Bewerber von vorneherein für die zu besetzende Stelle nicht in Betracht kommen, weil sie bestimmten Mindesterwartungen oder Mindestanforderungen nicht gerecht werden. Grundsätzlich sollten die Bewerber darüber informiert werden, ob sie bei der weiteren Auswahl berücksichtigt werden oder nicht.

Nach der ersten groben Durchsicht der Bewerbungsunterlagen erfolgt die Auswertung der Bewerbungsunterlagen.

Die einzelnen Bewerbungsunterlagen haben für die Auswahl von Bewerbern unterschiedliche Bedeutung. Das liegt an ihrer allgemeinen Aussagefähigkeit, aber auch an der Art der zu besetzenden Stelle. Im Allgemeinen gehören neben dem Bewerbungsschreiben Schul- und Arbeitszeugnisse, Lebenslauf und beruflicher Werdegang, Lichtbild und gegebenenfalls Gesundheitszeugnisse sowie Arbeitsproben und Referenzen zu den Bewerbungsunterlagen.

| **Bewertung von Bewerbungsunterlagen - gesamt -** | |
|---|---|
| Kriterium | Bewertungshinweise |
| **Darstellung**<br>- Leserlichkeit<br>- Übersichtlichkeit | |
| **Aufbau**<br>- Chronologisch<br>- Sinnvoll | Sind beim Gesamteindruck besondere Abweichungen von der Norm vorhanden |
| **Vollständigkeit**<br>- Bewerbungsschreiben<br>- Lebenslauf<br>- Abschluss- und Arbeitszeugnisse<br>- Kursnachweise<br>- Personalbogen<br>- Lichtbild | Bei Unvollständigkeit der Bewerbungsunterlagen sollte der Grund nachgeprüft werden |

**Abb. 21:** Indirekte Beurteilungsmethode für gesamte Bewerbungsunterlagen

Aus diesen Unterlagen ergeben sich erste Hinweise auf Karrieremuster und die formale Qualifikation des Bewerbers. Zur Vermeidung von Informationslücken zum beruflichen Werdegang besteht außerdem die Möglichkeit, jeden Bewerber einen Personalfragebogen ausfüllen zu lassen. Bewusste Manipulationen beim Lebenslauf oder Werdegang werden aber auch hierdurch nur teilweise aufgedeckt, so dass gegenüber der Zuverlässigkeit der Bewerbungsunterlagen manche Vorbehalte angebracht sind. Sie genügen jedoch im Allgemeinen für die Entscheidung, ob der Auswahlprozess fortgesetzt werden soll.

Die folgende Abbildung enthält einen Überblick über die Aussagefähigkeit der oben genannten Bewerbungsunterlagen, wobei jedoch beachtet werden muss, dass hier nur Tendenzen aufgezeigt werden können. Im Einzelfall kann es zu anderen als den hier genannten Gewichtungen kommen.

| Berwerbungs-unterlagen | Kriterien | Aussagefähigkeit groß | mittel | gering |
|---|---|---|---|---|
| **1. Anschreiben** | Form | | • | |
| | Inhalt, Struktur | | • | |
| | Berufl. Aussagen | • | | |
| | Berufl. Erwartungen | • | | |
| **2. Lebenslauf** | Form | | • | |
| | Inhalt | • | | |
| **3. Foto** | Größe/Farbe/Alter | | | • |
| **4. Schulzeugnis** | Ausbildungsdauer | | • | |
| | Notentrend | | • | |
| **5. Ausbildungs-zeugnis** | Ausbildungsdauer | | • | |
| | Notentrend | • | | |
| | Benotungsschwerpunkt | | • | |
| **6. Weiterbildungs-zeugnis** | Fachbereiche | • | | |
| | Bewertung | • | | |
| **7. Arbeitszeugnis** | Leistung | • | | |
| | Führung | • | | |
| **8. Referenzen** | | | | • |
| **9. Personalbogen** | | | • | |
| **10. Arbeitsproben** | | • | | |

**Abb. 22:** Bedeutung von Bewerbungsunterlagen[28]

## (1) Bewerbungsschreiben (Anschreiben)

Das **Bewerbungsschreiben** dient dem Bewerber dazu, sein Interesse an der zu besetzenden Stelle darzulegen. Für das Unternehmen stellt das Bewerbungsschreiben eine wertvolle Informationsquelle dar. Es gibt Aufschluss über mehrere Kriterien, die zur Auswertung von Bewerbungen herangezogen werden.

Das äußere Erscheinungsbild eines Bewerbungsschreiben vermittelt den ersten Eindruck von der Persönlichkeit des Bewerbers und die Ernsthaftigkeit seiner Bewerbung. Ein klar gegliedertes und ordentlich gestaltetes Bewerbungsschreiben lässt auf einen qualifizierten Bewerber schließen. Es ist jedoch auch möglich, dass es sich um einen unsicheren Bewerber, einen Pedanten, einen in Normen denkenden Bewerber oder einen Blender handelt. Die Aufmerksamkeit, die dem äußeren Erscheinungsbild eines Bewerbungsschreibens geschenkt wird, ist bei den verschiedenen Berufsgruppen und Hierarchieebenen der zu besetzenden Stelle unterschiedlich hoch.

[28] Vgl. Knebel, H.: Das Vorstellungsgespräch, 14. Auflage, Freiburg i. Br. 1993, S. 63.

| Beurteilung von Bewerbungsschreiben | | |
|---|---|---|
| **Analysegrundlage** | **Kriterium** | **Bewertungshinweise** |
| Bewerbungsschreiben -allgemein | **Aufbau**<br>Systematik erkennbar?<br>- Bewerbungsgrund<br>- Selbstdarstellung<br>- Eintrittstermin<br>- Gehaltsvorstellung | Sind Anhaltspunkte zu Eigenschaften wie Sorgfalt, schriftliches Darstellungsvermögen zu erkennen? |
| | **Stil**<br>Wortschatz?<br>- Flüssig<br>- Unbeholfen<br>- Nüchtern<br>- Sachlich<br>- Überspitzt | Gibt es Anhaltspunkte für das schriftliche Ausdrucksvermögen? |
| | **Motivation**<br>Sachliche Gründe<br>- Wechsel des Tätigkeitsbereichs<br>- Ausdehnung der Verantwortung<br>- Höhe des Gehalts | Bewertung des Bewerbungsgrundes. Die Aussagen, die aus dem Bewerbungsschreiben abgeleitet werden, können im Gespräch überprüft werden. Bewerbungsschreiben sind manipulierbar und können ein verzerrtes Bild des Bewerbers liefern. |
| | Persönliche Gründe<br>- Fehlende Entwicklungsmöglichkeit<br>- Ablehnung des Führungsstils<br>- Ortswechsel | |
| Anschreiben<br>- ausgeschriebene Stelle | Gibt es einen konkreten Bezug zur Anzeige und den dort geschilderten Anforderungen? | Inwieweit hat sich der Bewerber mit der Stelle auseinandergesetzt? |
| | Ist die Motivation und das Interesse an der ausgeschriebenen Stelle erkennbar? | Gibt es Anhaltspunkte für die „geistige Beweglichkeit" des Bewerbers? |
| Anschreiben<br>- freie Bewerbung | Warum richtet sich die Bwerbung an diese Firma? | Zeigt der Bewerber ein konkretes Interesse an dieser Firma? |
| | Welche Gründe werden hierfür genannt? | Ist die Begründung schlüssig? Welche Haltung steht dahinter (z.B. Sicherheitsdenken) ? |
| | Grenzt der Bewerber seine Interessensbereiche ab? | Schränkt er sein Interessengebiet stark ein oder macht er nur vage Angaben über sein gewünschtes Aufgabengebiet? |
| | Begründet er dies? | Wird ein Zielbewusstsein erkennbar? Decken sich seine Interessen mit den Studienschwerpunkten? |

**Abb. 23:** Indirekte Beurteilungsmethode für Bewerbungsschreiben

Der Inhalt des Bewerbungsschreibens soll stellenspezifisch über den Bewerber informieren und den in einer Stellenanzeige oder sonstigen Ausschreibung genannten Informationserwartungen des Unternehmens gerecht werden.

Ein beträchtlicher Teil der Eignung eines Bewerbers für eine bestimmte Stelle kann aus dem Bewerbungsschreiben entnommen werden. Dazu gehören auch seine Fähigkeit bzw. seine Bereitschaft, auf Anforderungen, die in einer Stellenanzeige oder sonstigen Ausschreibung an ihn gestellt werden, genau einzugehen.

Der Stil des Bewerbungsschreibens gibt ebenfalls Auskunft über die Persönlichkeit des Bewerbers. Er zeigt, wie der Bewerber sich einschätzt, was er will und wie er von anderen gerne gesehen werden möchte. Der Ausdruck, der Satzbau, die Satzverbindungen und der Wortumfang machen insgesamt den Schreibstil einer Person aus. Die unterschiedlichen Ausprägungen lassen sich im Einzelnen bewerten und zu einem Gesamtbild zusammenfügen.

## (2) Schulzeugnisse

Die Aussagekraft von **Schulzeugnissen** bezüglich der Eignung eines Bewerbers ist nicht von allzu großer Bedeutung. Da die ihnen zugrundeliegenden Noten vielfältigen Einflüssen unterliegen, gewähren sie keine vollkommene Objektivität. Man kann eher die Noten als Ganzes oder als Gruppe betrachten.

Gute Noten ermöglichen Rückschlüsse auf Interessengebiete, schlechte Noten deuten auf mangelnde Eigeninitiative, Desinteresse oder mangelndes Wissen hin. Mit der Zahl der vorliegenden Zeugnisse steigt die Genauigkeit der Aussage.

| **Beurteilung von Zeugnissen** | | |
|---|---|---|
| **Analysegrundlage** | **Kriterium** | **Bewertungshinweise** |
| Schulzeugnisse | Sind aus den Noten in den einzelnen Fächern besondere Begabungen erkennbar? | Zeugnisnoten lassen gewisse Rückschlüsse auf das Leistungsverhalten zu |
| | (Beschränkung der Analyse auf Abschlusszeugnisse) | Aussagen über einen Bewerber, die aufgrund der Zeugnisnoten gemacht werden, sollten überprüft werden |
| Hochschulzeugnisse | Ist aus der Wahl der Studienschwerpunkte eine Zielsetzung erkennbar? | Stimmt die Zielsetzung mit den Anforderungen der zu besetzenden Stelle überein? |
| | Sind die Noten der Schwerpunkte relativ gut? | Der Bewerber hat bei der Diplomarbeit selbständig wissenschaftlich gearbeitet, deshalb sind Thema und Note der Arbeit aussagekräftig. |
| | Thema und Note der Diplomarbeit | Steht das Thema der Diplomarbeit in Bezug zum angestrebten Arbeitsgebiet? |

**Abb. 24:** Indirekte Beurteilungsmethode für Zeugnisse

## (3) Arbeitszeugnisse

Das **Arbeitszeugnis** liefert Informationen über die Beschäftigung des Bewerbers in anderen Unternehmen. Arbeitnehmer, zur Berufsausbildung Beschäftigte und arbeitnehmerähnliche Personen haben Anspruch auf die Ausstellung eines Arbeitszeugnisses.

Das einfache Zeugnis enthält lediglich Angaben zur Person des Arbeitnehmers sowie über die Art und Dauer der Beschäftigung, wobei die Art der Beschäftigung konkret zu beschreiben ist. Auf Wunsch des Arbeitnehmers ist der Grund der Beendigung des Arbeitsverhältnisses in das Zeugnis aufzunehmen.

Das qualifizierte Zeugnis, das auf Verlangen des Arbeitnehmers auszustellen ist, geht über die Dienstbeschreibung des einfachen Zeugnisses hinaus, da es zusätzlich eine Beurteilung der Führung und Leistung des Arbeitnehmers enthält.

Das Arbeitszeugnis muss die wesentlichen Tatsachen und Bewertungen enthalten, jedoch kann der Arbeitgeber nach eigenem Ermessen bestimmte Leistungen und Fähigkeiten des Arbeitnehmers hervorheben oder zurücktreten lassen.[29]

| **Beurteilung von Arbeitszeugnissen** | | |
|---|---|---|
| **Analysegrundlage** | **Kriterium** | **Bewertungshinweise** |
| Arbeitszeugnisse | Beachtung auffälliger Formulierungen<br>Vergleich mehrerer Arbeitszeugnisse (wenn möglich) | Unterscheidung<br>• individuelle Form (eher aussagekräftig)<br>• standardisierte Form (weniger aussagefähig) |

**Abb. 25:** Indirekte Beurteilungsmethode für Arbeitszeugnisse

## (4) Lebenslauf

Der **Lebenslauf** enthält Angaben über Vorname und Name, Wohnort und Straße, Geburtsdatum und Geburtsort, Familienstand, schulische und berufliche Ausbildung, Prüfungen, berufliche Tätigkeiten und Fähigkeiten und Weiterbildung. Er soll Aufschluss geben über die persönliche und berufliche Entwicklung.

Heute wird vielfach ein Lebenslauf in tabellarischer Form vom Bewerber gefordert. Er ist übersichtlich, gut auswertbar und kann als handschriftlicher Lebenslauf zu einer Schriftanalyse herangezogen werden (das Einverständnis des Bewerbers vorausgesetzt), was besonders für die Besetzung von höheren Positionen von Bedeutung ist. Auch der Lebenslauf gibt aufgrund seiner Gestaltung und Darstellungsweise Aufschluss über die Persönlichkeit des Bewerbers. Bei der Auswertung sind die Zeitfolgenanalyse und die Positionsanalyse zu unterscheiden.

Die **Zeitfolgenanalyse** untersucht den Arbeitsplatzwechsel und spürt so Lücken im Lebenslauf auf. Mehrfache kurzzeitige Arbeitsplatzwechsel, vor allem mit zunehmendem Alter des Bewerbers, werden eher negativ bewertet.

---

[29] Vgl. ausführlich Kapitel 4, Abschnitt 5. "Das Arbeitszeugnis".

Die **Positionsanalyse** legt einen beruflichen Aufstieg oder Abstieg, einen Berufswechsel oder einen Wechsel des Arbeitsgebietes offen. Offensichtlich negative Entwicklungen des Bewerbers können sich bei näherer Prüfung als weniger bedeutsam erweisen.

| **Lebenslauf** | |
|---|---|
| **Kriterium** | **Bewertungshinweise** |
| **Zeitfolgenanalyse**<br>• Häufigkeit des Stellenwechsels<br>• Zeitdauer der einzelnen Beschäftigungsverhältnisse | Analyse der Gründe für einen Stellenwechsel (Über-/ Unterforderung, Unstetigkeit usw.)<br>Anhaltspunkte für Leistung und Zielstrebigkeit |
| **Positionsanalyse**<br>• Beruflicher Auf- bzw. Abstieg<br>• Sind Trends erkennbar?<br>• Besonderheiten im Lebenslauf | Ist eine Steigerung oder Kontinuität in der beruflichen Entwicklung erkennbar?<br>(Die Analyse ist aufgrund vielfältiger Einflussmöglichkeiten unter Vorbehalt zu betrachten, eindeutige Aussagen können meist nicht getroffen werden). |

**Abb. 26:** Indirekte Beurteilungsmethode für Lebensläufe

Die Zeitfolgenanalyse und die Positionsanalyse können durch eine **Firmen-** oder **Branchenanalyse** ergänzt werden.

## (5) Bewerberfoto

Das **Bewerberfoto** soll einen unmittelbaren Eindruck des Bewerbers vermitteln. Es ist jedoch nicht ratsam, eine Typisierung des Bewerbers auf diese Weise vorzunehmen, da die Wirkungsweise eines Bewerbers von einem Fotographen geschickt beeinflusst werden kann.

Durch die Art (Format, Farbe), die Herstellung (Fotographenfoto, Automatenfoto), das Datum, die Kleidung (gepflegt, ungepflegt, altmodisch, modern, streng, salopp) oder besondere Äußerlichkeiten des Bewerbers können Rückschlüsse auf den Bewerber gezogen werden. Dem Bewerberfoto kann besondere Bedeutung zukommen, wenn die zu besetzende Stelle in die Öffentlichkeit gerichtet ist (z.B. Außendienstmitarbeiter) oder einen Kundenkreis ansprechen soll, der auf Äußerlichkeiten gerichtet ist (z.B. Kosmetikerin).

| **Bewertung des Lichtbildes** | |
|---|---|
| **Kriterium** | **Bewertungshinweise** |
| Einschätzung der äußeren Erscheinung | sehr subjektiv<br>- nur bei Extremfällen aussagekräftig<br>- bei bestimmten Positionen (z.B. Repräsentationsaufgaben) eher wichtig |

**Abb. 27:** Indirekte Beurteilungsmethode für Lichtbilder

## (6) Arbeitsproben

Die Nutzung von **Arbeitsproben** zur Beurteilung von Bewerbern ist nur bei bestimmten Berufsgruppen verwendbar. Sie sollen einen unmittelbaren Einblick in die Qualifikation des Bewerbers vermitteln. Ihre Auswertung ist relativ einfach.

Arbeitsproben können entweder eingereicht (z.B. Reportagen, Entwürfe, Texte) oder abgeleistet werden (z.B. gewerbliche Arbeiten, Übersetzungen, Stenogrammwiedergaben).

## (7) Referenzen

**Referenzen** sollen das Bild über den Bewerber abrunden. Sie werden vorwiegend bei Positionen der höheren oder hohen Hierarchieebene erwartet.

Die Auskunftsperson für Referenzen wird vom Bewerber selbst ausgewählt und ist daher nicht unparteiisch. Aus rechtlichen Gründen kann diese Person nicht ohne weiteres nachteilige Informationen über den Bewerber weitergeben. Wird von der Auskunftsperson wenig über berufliche Qualifikationen des Bewerbers gesagt, insbesondere über die Angabe von Renommierreferenzen, so ist dies negativ zu beurteilen. Insgesamt ist die Aussagekraft von Referenzen umstritten.

Das Einholen von **Auskünften beim derzeitigen oder früheren Arbeitgeber** ist von Referenzen zu unterscheiden. Sie können auch ohne die Zustimmung des Bewerbers erfragt werden. Der frühere Arbeitgeber ist berechtigt, wenn er sich nicht zur Unterlassung von Auskünften verpflichtet hat, dem anfragenden Arbeitgeber wahrheitsgemäße Auskünfte zu erteilen, auch wenn sie dem Bewerber schaden.[30]

## (8) Personalfragebögen

Immer mehr Unternehmen gehen dazu über, ihre Bewerber mit **Personalfragebögen** zu konfrontieren, um dadurch einen direkten Vergleich zwischen den Bewerbern zu ermöglichen.

Bei der Erstellung eines solchen Personalfragebogens ist zu beachten, dass der Betriebsrat hinsichtlich des Inhalts ein Zustimmungsrecht hat. Damit soll die zusätzlich rechtlich geschützte Privatsphäre gewahrt und möglichen indiskreten Fragen vorgebeugt werden.

Die Fragen im Personalbogen sind auf die Daten zu beschränken, die für die Einstellung und spätere Tätigkeit des Bewerbers von Wichtigkeit sind. Es sollte darauf verzichtet werden, mit den Fragen möglichst alle persönlichen Belange des Bewerbers umfassend zu beleuchten. Das ist unangemessen, für den Bewerber vielfach abschreckend und teilweise rechtlich unzulässig.

Auf den folgenden Seiten ist ein Muster für einen Personalfragebogen abgebildet, der als Beispiel dienen soll:

[30] Zum Einholen von Referenzeinkünften vgl. auch Lorenz, M./Rohrschneider, U.: Persoanlauswahl – schnell und sicher Top-Mitarbeiter finden, a.a.O., S. 99 ff.

## Personalfragebogen (bitte in Druckschrift ausfüllen)

**Persönliche Daten:**

Name, Vorname: __________

Geburtsort, -datum: __________

Anschrift: __________

Telefon: __________

Familienstand: ❑ ledig ❑ verheiratet ❑ verwitwet ❑ geschieden ❑ getrennt lebend

Staatsangehörigkeit: __________

Namen und Geburtsdaten der unterhaltspflichtigen Kinder: __________

**Schulbildung:**

| Schulart | Schulort | von | bis | Abschluss |
|---|---|---|---|---|
| | | | | |

Sonstige Schulen/Abschlüsse: __________

**Berufsausbildung:**

Lehre als: __________ von: _____ bis: _____

Lehrbetrieb: __________

Sonstige Ausbildung/Lehrgänge: __________

**Berufliche Tätigkeiten:**

| Firma | Adresse | von | bis | Tätigkeit als |
|---|---|---|---|---|
| | | | | |

Besondere Kenntnisse und Erfahrungen: __________

**Angaben zur momentanen Tätigkeit:**

Tätig als: ______________________________

Bei (Anschrift): ______________________________

Jetziges Gehalt bzw. Stundenlohn: ______________________________

Sonstige Bezüge (z.B. Weihnachtsgeld): ______________________________

Ist Ihr Arbeitsverhältnis bereits gekündigt? ❑ja ❑nein

**Angaben zu Wünschen bezüglich der zukünftigen Tätigkeit:**

Verdienstwunsch: ______________________________

Gewünschter Eintrittstermin: ______________________________

Kreuzen Sie bitte aus der folgenden Liste die zwei Eigenschaften an, die für Sie an Ihrem zukünftigen Arbeitsplatz besonders wichtig sind:

| | | |
|---|---|---|
| ❑ Verantwortung | ❑ Sicherheit | ❑ Hohes Einkommen |
| ❑ Aufstiegsmöglichkeiten | ❑ Selbständigkeit | ❑ Entscheidungsspielraum |
| ❑ Kontakt zu Menschen | ❑ Gutes Betriebsklima | ❑ Kooperativer Führungsstil |
| ❑ Interessante Tätigkeit | ❑ Gleitende Arbeitszeit | ❑ Weiterbildungsangebote |

**Fragen zum Gesundheitszustand:**

Sind Sie schwerbehindert oder haben Sie einen entsprechenden Antrag gestellt? ❑ja ❑nein

Wenn ja, ist die Behinderung für die vorgesehene Tätigkeit von Bedeutung? ❑ja ❑nein

In welcher Höhe ist Ihre Erwerbstätigkeit eingeschränkt? ______________________________

Haben Sie Krankheiten, die Ihre Eignung für die vorgesehene Tätigkeit beeinträchtigen könnten? ❑ja ❑nein

Wenn ja, welche? ______________________________

______________________________

Haben Sie chronische oder ansteckende Krankheiten? ❑ja ❑nein

Wenn ja, welche? ______________________________

______________________________

Sind Sie mit einer werksärztlichen Untersuchung einverstanden? ❑ja ❑nein

Ist eine Kur beantragt oder bereits bewilligt? ❑ja ❑nein

Bei welcher Krankenkasse sind Sie versichert? ______________________________

**Sonstiges:**

Haben Sie Wehr- oder Ersatzdienst geleistet? ❑ja, von __________ bis __________ ❑nein

Einberufung wird erwartet zum ______________________________

Unterliegen Sie einem Wettbewerbsverbot? ❑ja ❑nein

Wenn ja, für welchen Zeitraum? ______________________________

Liegen Lohn- oder Gehaltsabtretungen bzw. -pfändungen vor? ❑ja ❑nein

Beziehen Sie Rente oder Pension? ❑ja ❑nein

Wenn ja, welcher Art ist die Rente/Pension? ______________________________

Haben Sie einen Rentenantrag gestellt? ❑ja ❑nein

Mit meiner Unterschrift versichere ich, dass die vorstehenden Angaben vollständig und richtig sind. Mir ist bekannt, dass der Arbeitsvertrag wegen wissentlich unwahrer Angaben oder wegen Verschweigens wesentlicher Tatsachen fristlos angefochten bzw. gekündigt werden kann.

______________________________

(Datum) (Unterschrift)

**Abb. 28:** Personalfragebogen

Fragen, die in die vom Grundgesetz geschützte Menschenwürde (Art. 1 GG) oder in das Persönlichkeitsrecht (Art. 2 GG) des Bewerbers eingreifen, sind im Personalfragebogen und auch in Vorstellungsgesprächen nicht erlaubt. Die falsche Beantwortung solcher Fragen erfüllt daher nicht den Tatbestand der arglistigen Täuschung und kann somit nicht als Grund für die Anfechtung eines Arbeitsvertrages nach § 123 BGB dienen.[31]

| |
|---|
| **Erlaubt sind:** |
| alle Fragen, die in einer konkreten Beziehung zu dem angestrebten Arbeitsverhältnis stehen. Dies sind insbesondere der schulische und berufliche Werdegang (Prüfungsnoten) und die allgemeinen persönlichen Verhältnisse (Alter, Familienstand). |
| **Unzulässig sind:** |
| alle Fragen, die auf den rein persönlichen Bereich des Bewerbers abzielen. Hier sind insbesondere Fragen über private Gewohnheiten, Bindungen oder Pläne zu nennen (bevorzugte Verhütungsmittel, geplante Heirat etc.). |
| **Problemfragen:** |
| Gewisse Fragen sind zwar i.d.R. unzulässig, in einigen Einzelfällen jedoch erlaubt. Dabei handelt es sich insbesondere um Fragen nach:<br>**Gewerkschafts-, Religions- oder Parteizugehörigkeit:**<br>Diese Fragen sind nur in entsprechenden Tendenzbetrieben zulässig (z.B. Frage nach der Religionszugehörigkeit in einem katholischen Kindergarten).<br>**Vermögensverhältnisse (Schulden):**<br>Nur dann zulässig, wenn der Bewerber einen Beruf anstrebt, bei dem finanzielle Unabhängigkeit eine wichtige Voraussetzung ist (z.B. Richter, Bankier). Strittig ist in diesem Zusammenhang auch die Frage nach Lohn- und Gehaltspfändungen.<br>**Vorstrafen:**<br>Fragen nach Vorstrafen sind nur erlaubt, wenn diese die Eignung für den angestrebten Beruf in Frage stellen (Unterschlagung bei Buchhaltern, Sittlichkeitsverbrechen bei Ausbildern). Vorstrafen, die nach § 15 Bundeszentralregistergesetz nicht offenbart zu werden brauchen, dürfen in jedem Fall verheimlicht werden.<br>**Bisherige Gehaltshöhe:**<br>Nur dann erlaubt, wenn die bisherige Gehaltshöhe Grundlage der Verhandlungen zum Abschluss des Arbeitsverhältnisses war (z.B. Arbeitnehmer erhält 300,- EUR mehr als bisher)<br>**Schwangerschaft:**<br>Die Frage nach einer Schwangerschaft ist wegen der Geschlechtsdiskriminierung unzulässig (§ 611a BGB). Lediglich in Fällen, in denen die Schwangerschaft die Ausübung des Berufes direkt beeinflusst (Mannequin, Model) ist diese Frage zulässig (vgl. dazu auch die Entscheidung des Europäischen Gerichtshofes: EuGH, NJW 91, 628).<br>**Gesundheitszustand:**<br>Die Frage nach dem Gesundheitszustand und nach Krankheiten des Bewerbers ist nur erlaubt, soweit die Arbeitsfähigkeit des Bewerbers stark betroffen ist. Frühere, ausgeheilte Erkrankungen und Kinderkrankheiten sind i.d.R. für das Arbeitsverhältnis nicht relevant und Fragen danach somit unzulässig. |

**Abb. 29:** Zulässigkeit von Fragen in Personalfragebögen und Vorstellungsgesprächen

[31] Vgl. Hauptmann, P.H.: Arbeitsrecht "leicht gemacht", 5. Auflage, München 2002, S. 30.

| Bewertung von Personalfragebögen | |
|---|---|
| **Kriterium** | **Bewertungshinweise** |
| Überprüfung der Angaben durch Vergleich mit den übrigen Bewerbungs-unterlagen | Unstimmigkeiten mit den Bewerbungs-unterlagen können nachgeprüft werden |
| Enthält der Personalfrage-bogen zusätzliche Infor-mationen ? | Hat der Bewerber z.B. Gehalts-vorstellungen ? |

**Abb. 30:** Indirekte Beurteilungsmethode für Personalfragebögen

## (9) Grafologische Gutachten

Grafologische Gutachten sind ein weiteres Hilfsmittel zur Personalauswahl. Für eine grafologische Untersuchung ist ausreichendes Schriftmaterial notwendig, d.h. die Schriftprobe sollte möglichst mehr als 10 Zeilen umfassen. Außerdem sollte das Schriftstück möglichst spontan und ungezwungen erstellt sein. Das Einverständnis des Kandidaten muss eingeholt werden, wenn seine Schriftprobe für ein grafologisches Gutachten herangezogen wird. Kommt ein Bewerber der Bitte um die Abgabe einer Schriftprobe nach, so gilt dies als stillschweigendes Einverständnis. Wichtig für eine Analyse ist auch der Vergleich der Unterschrift des Schreibers mit der übrigen Schrift, da er Hinweise über die "Echtheit der Persönlichkeit, das Selbstwertgefühl, Entwicklungsmöglichkeiten und Fehlanpassungen"[32] gibt. Für die Deutung spielen außerdem Alter, Geschlecht, Nationalität und Bildungsgrad des Schreibers eine Rolle.

Als Grundmerkmale der Schrift gelten Bewegung, Form und Raum.[33] Bei der Beurteilung der Schrift werden nicht die einzelnen Merkmale, sondern die Schrift als Ganzes betrachtet, d.h. das Verhältnis der einzelnen Merkmale zueinander.

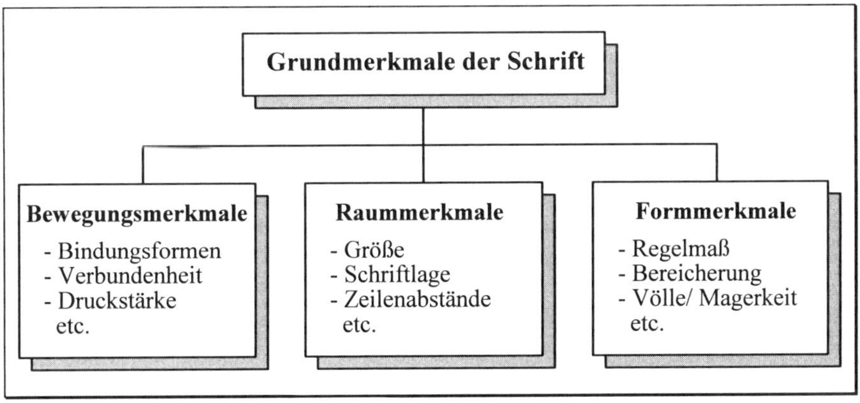


**Abb. 31:** Grundmerkmale der Schrift

32 Donig, C.: Betriebsgraphologie, München 1982, S. 24.

33 Vgl. Beer, U.: Graphologie, München/ Landsberg am Lech 1992, S. 49.

Die folgende Tabelle enthält eine Übersicht über die einzelnen Merkmale, deren mögliche Ausprägung und die daraus abzuleitenden Deutungen:

| Merkmal | Ausprägung/Deutung | |
|---|---|---|
| | **Bewegungsmerkmale:** | |
| **Bindungsformen:** | **Arkade** (oben geschlossene Bögen, ähnlich wie beim "m"): Abschirmung gegenüber der Umwelt, Scheu, Verkrampftheit, Höflichkeit, Anpassung. | **Girlande** (nach unten geschlossene Bögen, wie beim "u"): Aufgeschlossenheit, Toleranz, Beweglichkeit, Natürlichkeit, Wohlwollen, evtl. Distanzlosigkeit. |
| **Verbundenheit:** | **Blockbildung** (Zusammenhang der Buchstaben in den Wörtern): Logische Verknüpfungsfähigkeit, Konsequenz, rasche Auffassung. | **Unverbundenheit** (unzusammenhängende Buchstaben): Unlogik, Inkonsequenz, Kontaktstörung, Spontanität und Kreativität. |
| **Druckstärke:** | **Druckstarke Schrift** (erkennbar an der Profilierung des Papiers): Willensstärke, Energie, Durchsetzungsvermögen. | **Druckschwache Schrift** (blass, dünne Linien bei Füllfederhalter): Passivität, Laschheit, mangelnde Entschlossenheit und Zielbewusstheit. |
| | **Raummerkmale:** | |
| **Größe:** | **Große Schrift** (Grundstrich übersteigt drei Millimeter): Hohes Selbstwertgefühl, Darstellungsdrang, Großzügigkeit. | **Kleine Schrift** (Grundstrich kleiner als drei Millimeter): Geringeres Selbstwertgefühl, Kleinlichkeit, Vorsicht, Pflichtgefühl. |
| **Schriftlage:** | **Rechtslage** (Winkel der Senkrechten unter 50°): Außenzugewandtheit, Weltoffenheit, Dynamik, Aktivität, Unvernunft. | **Linkslage** (Winkel der Auf- und Abstriche über 100°): Ängstlichkeit, Ich-Zuwendung, Anlehnungsbereitschaft. |
| **Zeilenabstände:** | **Große Abstände:** Selbstbewusstsein, Nonkonformismus, wissenschaftliche Neigungen. | **Kleine Abstände:** Tendenz zur Einmischung in die Angelegenheiten anderer. |
| | **Formmerkmale:** | |
| **Regelmaß:** | **Regelmäßige Schrift** (Gleichmäßigkeit der Schrift): Konformismus, Beherrschung, Ordnungssinn, Angst vor Originalität. | **Unregelmäßige Schrift** (Ungleichmäßigkeiten in der Schrift): Unangepasstheit, Planlosigkeit, Unstetigkeit, Wechselhaftigkeit. |
| **Bereicherung:** | **Bereicherung** (Schrift ist mit Ornamenten, Schnörkeln etc. bereichert): Phantasie, Gefallsucht, Effekthascherei, Unsachlichkeit. | **Vereinfachung** (unwesentliche Züge fehlen bzw. sind vernachlässigt): Intelligenz, bei starker Vernachlässigung Achtlosigkeit |
| **Völle/Magerkeit:** | **Völle** (Rundungen der Schrift sind bewegungsfreudig und ausgefahren): Vitalität und Lebensfreude, von seinen Fähigkeiten überzeugt. | **Magerkeit** (Rundungen fehlen, "eckige" Schrift): Scharfsinn, Nüchternheit, Phantasielosigkeit, theoretische Denkweise. |

**Abb. 32:** Mögliche Merkmale einer Handschrift[34]

Zusammenfassend muss hervorgehoben werden, dass ein grafologisches Gutachten keinesfalls den persönlichen Eindruck ersetzen kann, den man durch ein Gespräch erhält; es sollte daher lediglich als Ergänzung dienen.

[34] Vgl. Beer, U.: Graphologie, a.a.O, S. 49 ff. und Gauquelin, M.: ABC der Charakterkunde, Bindlach 1990, S. 107 ff.

## (10) Abschließende Bewertung der Bewerbungsunterlagen

In einem Analysebogen zur abschließenden Beurteilung der Bewerbungsunterlagen können die Einzelbewertungen zusammengefasst und über die Eignung des Bewerbers und die weitere Vorgehensweise entschieden werden.

**Prüfung der Bewerbungsunterlagen**

**Stellenbezeichnung:**

**Stellennummer:**

| **Kriterium** | **Bewertung** | | | | **Einfluss des Kriteriums auf die Entscheidung** | |
|---|---|---|---|---|---|---|
| | ++ | + | - | -- | eher wichtig | eher unwichtig |
| 1. Alter des Bewerbers | | | | | | |
| 2. Schulausbildung | | | | | | |
| 3. Berufsausbildung | | | | | | |
| 4. Berufserfahrung/ Spezialkenntnisse | | | | | | |
| 5. Arbeitszeugnisse/ Praktika | | | | | | |
| 6. Fächerschwerpunkte | | | | | | |
| 7. Thema der Diplomarbeit | | | | | | |
| 8. Studiendauer | | | | | | |
| 9. Studienabschluss | | | | | | |
| 10. Examensnoten | | | | | | |
| 11. Ort der Fach-/ Hochschule | | | | | | |
| 12. Interesse am Aufgabengebiet | | | | | | |
| 13. Gesamteindruck der Bewerbung | | | | | | |
| Form | | | | | | |
| Inhalt | | | | | | |
| Lichtbild | | | | | | |
| Schriftprobe | | | | | | |
| 14. Sonstiges | | | | | | |

Bewerber ist

- ○ überqualifiziert
- ○ unterqualifiziert
- ○ geeignet
- ○ nicht geeignet

Vorstellungsgespräch wird

- ○ erbeten am.....
- ○ nicht empfohlen

____________________ (Auswerter) ____________________ (Datum)

**Abb. 33:** Fragebogen zur Beurteilung der Bewerbungsunterlagen

## 2.3.3 Das Vorstellungsgespräch

Nach der Sichtung und Bewertung der Bewerbungsunterlagen erfolgt als nächster Schritt das Vorstellungsgespräch. Die Einladung geht dabei an die Bewerber, die aufgrund der Anforderungen und ihres Angebots in die engere Wahl gelangen konnten.

Mit dem Vorstellungsgespräch werden mehrere Ziele verfolgt. Aus der Sicht der Unternehmung soll es persönliche Eindrücke und Informationen vermitteln, eine Überprüfung der schriftlichen Unterlagen ermöglichen und etwas über die Zielvorstellungen in Erfahrung bringen.

Dem Bewerber selbst soll das Gespräch die Chance geben, sich ein genaueres Bild über das Unternehmen und das in Frage kommende Arbeitsgebiet zu machen, Entwicklungsmöglichkeiten zu ermitteln und erste konkrete Antworten auf seine eigenen Erwartungen zu erhalten.

Um ein Vorstellungsgespräch erfolgreich durchzuführen, sollte es in organisatorischer, technischer und taktischer Hinsicht richtig vorbereitet sein.

- **Organisatorische Gesichtspunkte:**
  - Der Gesprächstermin sollte so liegen, dass der Bewerber ruhig und ohne Hektik in das Gespräch gehen kann.
  - Für das Gespräch muss ein Raum vorhanden sein, in dem man ungestört verhandeln kann.
  - Unterlagen, um den Bewerber umfassend zu informieren, (z.B. Organisationspläne, Stellenbeschreibung, Geschäftsbericht usw.) sowie Bewerbungsunterlagen sollten komplett vorhanden sein.
- **Technische Gesichtspunkte:**
  - Wer sind die Gesprächspartner?
  - Ist die Reisekostenabrechnung vorbereitet?
  - Ist eventuell eine kurze Betriebsbesichtigung notwendig? Wann wird (bei Notwendigkeit) der Arbeitsplatz gezeigt?
- **Taktische Gesichtspunkte:**
  - Man muss wissen, zu welchen Punkten tiefergehende Fragen wichtig sind (Gibt es Lücken in der beruflichen Entwicklung? Erscheint ein Stellenwechsel logisch? etc.)
  - Führt man ein Gespräch mit offenen oder geschlossenen Fragen?
  - Wie bringt man den Bewerber dazu, dass er sich "öffnet"? Hier hilft die nichtdirektive Gesprächsführung.
  - Mit welchen Argumenten und Einwänden muss man rechnen? Wie können diese geklärt und entkräftet werden?
  - Es empfiehlt sich auch, die "Rollen" der Gesprächspartner aus dem Fach- und Personalbereich vorher abzustimmen. Das erhält den "roten Faden" im Gespräch und erhöht die Erkenntniswerte.
  - Soll die Entscheidung noch am gleichen Tag gefällt werden?

Es hat sich als zweckmäßig erwiesen, einen Auswertungsbogen zur Bewertung des Vorstellungsgespräches einzusetzen, um die einzelnen Eindrücke schriftlich festzuhalten.

**Ergebnisse des Vorstellungsgesprächs**

| **Kriterium** | **Bewertung** | | | | **Einfluss des Kriteriums auf die Entscheidung** | |
|---|---|---|---|---|---|---|
| | ++ | + | - | -- | eher wichtig | eher unwichtig |
| **(1)** Fachwissen | | | | | | |
| - Wissensbreite | | | | | | |
| - Spezialwissen | | | | | | |
| - Praxiswissen | | | | | | |
| **(2)** Intellektuelle Fähigkeiten (z.B. Auffassungsgabe, Kreativität etc.) | | | | | | |
| **(3)** Motivation (z.B. Interesse an der Aufgabe, Zielstrebigkeit) | | | | | | |
| **(4)** Kooperationsvermögen | | | | | | |
| **(5)** Kontaktfähigkeit | | | | | | |
| **(6)** Äußere Erscheinung | | | | | | |
| **(7)** Auftreten | | | | | | |
| **(8)** Selbstständigkeit | | | | | | |
| **(9)** Urteilsvermögen | | | | | | |
| **(10)** Ausdrucksvermögen | | | | | | |
| **(11)** Belastbarkeit | | | | | | |
| **(12)** Initiative/Dynamik | | | | | | |
| **(13)** Vertrauenswürdigkeit/ Offenheit | | | | | | |

**Weitere Kriterien, die die Entscheidung beeinflussen:**

positiv ____________ negativ ____________

____________ ____________

**Entscheidung** [ ] [ ] [ ] [ ] [ ]

nicht geeignet … ohne Einschränkungen geeignet

**Abb. 34:** Fragebogen zur Beurteilung des Vorstellungsgesprächs

Die Praxis der letzten Jahre hat gezeigt, dass sich Besprechungspunkte herausbilden, die in einer bestimmten Reihenfolge geklärt werden können. Wie umfassend die einzelnen Punkte besprochen werden, ergibt sich aus der Bedeutung der Position und der Kompetenz des Bewerbers. Psychologische Gründe (wie Nervosität, rationale und gegenseitige Informationsbedürfnisse) lassen den thematischen Aufbau des Vorstellungsgesprächs in Stufen sinnvoll erscheinen. Man versucht dabei, von allgemeinen Fragen der Bewerberpersönlichkeit zu sachlichen und fachlichen Fragen überzugehen:[35]

In der **ersten Gesprächsphase** wird man durch gegenseitiges Vorstellen, durch die Frage nach der Anreise und ähnlichen allgemeinen Fragen eine entspannte Atmosphäre schaffen, die dem Bewerber Gelegenheit geben soll, sich auf seine Gesprächspartner einzustellen und mit dem Umfeld (Raum, Sitzordnung) vertraut zu machen. Auch hier kann bereits die Form der Eigeninitiative des Bewerbers und die Art der Hilfestellung durch andere in die Diskussion kommen.

In der **zweiten Phase** geht es um die persönliche, private Situation des Bewerbers. Durch Fragen nach seinem sozialen Umfeld will man erkennen, inwieweit er in die ihm zugedachte Arbeitsgruppe passt. Ähnliches gilt, wenn er nach seiner Familie gefragt wird, was Hinweise auf seine Gruppenzugehörigkeit und Kontaktfähigkeit ermöglicht. Dabei können sich Hinweise auf das soziale Verhalten und die Möglichkeiten seiner Integration ergeben. Schließlich ist noch die Frage nach Hobbies und Freizeitbeschäftigungen wichtig, da die Art der Freizeitbeschäftigung einige Aussagen über die Persönlichkeit des Bewerbers zulässt.

Wenn in der **dritten Phase** der Bildungsgang des Bewerbers erörtert und angesprochen wird, so kommt es hier vor allem darauf an, zu erkennen, inwieweit Interessen und Neigungen bereits frühzeitig wirksam geworden sind. Sind Bruchstellen in der schulischen Laufbahn vorhanden, so ist es wissenswert, inwieweit der Bewerber sich oder andere dafür verantwortlich macht. Auch ist es wichtig zu erfahren, inwiefern Ehrgeiz und Interesse für außerschulische Bildungsmaßnahmen gezeigt wurden.

In der **Phase vier** geht es vor allem um die berufliche Entwicklung des Bewerbers. An dieser Stelle des Gespräches steht die Diskussion im Vordergrund, wie sich die Entwicklung bis zu seiner jetzigen Position vollzogen hat. Hier ist zu hinterfragen, inwieweit für diese Laufbahn Zielstrebigkeit oder der Zufall ausschlaggebend war. Die Einstellung des Bewerbers zu seinem bisherigen Vorgesetzten ist ebenfalls von großer Bedeutung. Zeigt sich, dass die Verantwortung für eine vorhandene berufliche Frustration im Wesentlichen beim Unternehmensmanagement gesehen wird, so lassen sich daraus u.U. Schwierigkeiten bei der Persönlichkeitsentwicklung ablesen.

Wenn sich der Gesprächsführer ein Bild über die Möglichkeiten und Grenzen des Bewerbers gemacht hat, sollte er in **Phase fünf** ausführlich über das Unternehmen, die Abteilung und Arbeitsgruppe und die Stellung informieren. Es sollte nicht nur die bisherige Entwicklung des Unternehmens dargestellt werden, sondern auch zukünftige Perspektiven auf dem Beschaffungs- und Absatzmarkt. Hieraus kann sich der Bewerber ein Bild über die mögliche Dynamik des Unternehmens und die Chancen seiner Weiterent-

[35] Vgl. Pillat, R.: Neue Mitarbeiter - erfolgreich anwerben, auswählen und einsetzen, 6. Auflage, Freiburg i. Br. 1994, S. 146 ff. und Hentze, J.: Personalwirtschaftslehre 1, a.a.O., S. 295.

wicklung machen. Ebenso erhält der Bewerber Informationen über die Abteilung, die vorgesehene Position, seine Vorgesetzten sowie seine künftigen Arbeitskollegen. Damit sich der Bewerber eine Vorstellung von dem Verantwortungsumfang der Position und ihrer Bedeutung für Abteilung und Unternehmen machen kann, sollte ihm anhand der Stellenbeschreibung sein Aufgabengebiet vorgestellt werden. An dieser Stelle sollte sich der Bewerber klar werden, inwieweit die angebotene Aufgabe seinen Möglichkeiten entspricht und wie er einem möglichen Angebot gegenübersteht.

In der **Phase sechs** geht es um die eigentlichen Vertragsverhandlungen. Diese Verhandlungsphase zählt mit zu den schwierigsten innerhalb des Vorstellungsgespräches. Es erfordert ein hohes Einfühlungsvermögens seitens des Unternehmens, den künftigen Mitarbeiter in ein Gehaltsgefüge einzubauen, das eine innerbetriebliche Transparenz möglich macht und von allen Beteiligten weitgehend akzeptiert werden wird. Wird ein Gehalt zu hoch angesetzt, so kann es zu Konflikten kommen, die bei den anderen Mitarbeitern Fluktuationsanreize auslösen können. Wird das Gehalt zu niedrig angesetzt, kann es zu einer stärkeren Fluktuationsneigung bei dem neuen Mitarbeiter führen. Es sollte möglichst ein Gehalt in der Mitte der Gehaltsbandbreite ausgehandelt werden. Außerdem besteht auch die Möglichkeit der Zusage einer Gehaltserhöhung nach der Probezeit.

Die **Phase sieben** bildet den Gesprächsabschluss. An dieser Stelle werden noch einmal die Gesprächsergebnisse zusammengefasst. Es werden Absprachen getroffen und gegebenenfalls Hinweise auf ein weiteres Gespräch gegeben bzw. ein neuer Termin besprochen, bis zu dem eine endgültige Entscheidung von beiden Seiten erwartet werden kann. Zum Gesprächsabschluss sollte man dem Bewerber für sein Interesse und sein Kommen danken.

Nach einem solchen Vorstellungsgespräch darf ein Bewerber erwarten, dass er auch im Falle einer Ablehnung eine schriftliche Absage erhält. Dies sollte relativ kurzfristig unter Angabe plausibler Gründe erfolgen. Mit dem Absageschreiben erhält der Bewerber mit Ausnahme des Bewerbungsschreibens und des Personalfragebogens seine Bewerbungsunterlagen zurück.

Im Rahmen eines Vorstellungsgesprächs besteht meist nur die Möglichkeit, das Leistungs- und Ausdrucksverhalten eines Bewerbers zu prüfen, jedoch sind Fragen der Einordnungsfähigkeit in eine Gruppe sowie Fragen der Persönlichkeitsentwicklung schwer einschätzbar. Die geringe Prognosefähigkeit eines Vorstellungsgespräches führte in der Vergangenheit zur Entwicklung zusätzlicher **Testverfahren**, die eine differenziertere und damit bessere Bewerberbeurteilung erlauben.

## 2.3.4 Einstellungstests

Ein Unternehmen muss seine personalwirtschaftlichen Entscheidungen immer unter den Bedingungen möglichst großer Sicherheit treffen. Mit der Einstellung von neuen Mitarbeitern ist eine erhebliche Investition verbunden, die Bedingungen und Bindungen schafft, die lange wirken. Darüber hinaus wird der Erfolg eines Unternehmens stark von der Trefflichkeit der Auswahl und Einstellungsentscheidung beeinflusst.

Damit die dem Unternehmen vorliegenden Informationen über einen Bewerber dem Anspruch, "sicher zu sein" genügen, muss sein Bild noch vervollständigt werden.

In der Psychologie wurden Tests und Testbatterien entwickelt, die dem Unternehmen ein Instrumentarium liefern, ihre Bewerberauswahl und Mitarbeitereinstellung auf eine gesicherte, objektivere sowie von ihnen selbst zu kontrollierende Basis zu stellen. Sie ergänzen und sichern Urteile aus den persönlichen Begegnungen und Gesprächen.

Resultate als Ergebnisse von Tests und der damit verbundenen personalwirtschaftlichen Entscheidungen haben eine betriebliche und persönliche Tragweite. Deshalb sollte ihre Durchführung und Auswertung nur von Fachleuten durchgeführt werden.

Ein **Test** sollte mindestens **drei Anforderungen** gerecht werden:

- Die Testperson muss ihr typisches Verhalten zeigen können.
- Das Verhalten muss geeicht, erprobt und zuverlässig messbar sein.
- Die Ergebnisse müssen für ein zukünftiges Verhalten gültig sein.[36]

Um diesen Anforderungen gerecht zu werden, müssen wissenschaftlich fundierte psychologische Tests bestimmte Gütekriterien erfüllen. Zu diesen Gütekriterien gehören:

- **Standardisierung:** Dieses Kriterium verlangt von einem Test, dass jeder Getestete die gleichen Bedingungen für die Erfüllung gleicher Aufgaben antrifft, was eine Voraussetzung für die Vergleichbarkeit der Testergebnisse verschiedener Personen ist.
- **Normierung:** Ist ein Test standardisiert, so können quantitative Aussagen über die individuelle Leistungshöhe der Testperson gemacht werden, indem ihre relative Position auf einer Skala der ermittelten Testergebnisse angegeben wird.
- **Objektivität:** Dieses Kriterium ist dann erreicht, wenn die Testergebnisse verschiedener Testleiter übereinstimmen und die Testresultate nicht durch die individuelle Interpretation des Testauswerters zustandekommen.
- **Reliabilität:** Unter Reliabilität oder Zuverlässigkeit versteht man den Grad der Genauigkeit, mit dem ein Verfahren ein Merkmal misst.
- **Validität:** Unter Validität oder Gültigkeit versteht man den Grad der Genauigkeit, mit der ein Verfahren das misst, was es zu messen vorgibt, d.h. die Sicherheit der Schlüsse, die aus den Messwerten gezogen werden.

Die zur Bewerberauswahl eingesetzten Tests sind unterschiedlich geeignet. Grundsätzlich lassen sich zwei Arten von Eignungstests einsetzen.

Zum einen gibt es die **Persönlichkeitstests**, mit dessen Hilfe vor allem Interesse, Neigungen, innere Einstellungen, soziale Verhaltensweisen und charakterliche Eigenschaften festgestellt werden sollen.

Persönlichkeitstests können in unterschiedlichen Formen (z.B. Interessentests, Farbtests) durchgeführt werden. Praktische Erfahrungen zeigen jedoch, dass Persönlichkeitstests zu einer gezielten Bewerberauswahl nur eingeschränkt geeignet sind.[37]

---

[36] Vgl. Olfert, K.: Personalwirtschaft, 10. Aufl., Ludwigshafen (Rhein) 2003, S. 177.

[37] Vgl. Bröckermann, R.: Personalwirtschaft. Lehr- und Übungsbuch für Human Resource Management, 3. Aufl., Stuttgart 2003, S. 120 f.

Bewährt haben sich dagegen die **Fähigkeitstests**. Dies gilt insbesondere dann, wenn es sich um Auswahltests für einfache Tätigkeiten handelt. Mit Hilfe von Fähigkeitstests lassen sich die allgemeine Leistungsfähigkeit, die Intelligenz, spezielle Begabungen sowie spezielle Leistungsfähigkeiten untersuchen.

- **Allgemeine Leistungstests** versuchen, die geistigen Leistungsmerkmale eines Bewerbers zu erfassen. Sie beziehen sich dabei beispielsweise auf die Konzentration, die Aufmerksamkeit und den Willenseinsatz.
- **Intelligenztests** beziehen sich auf das gesamte Urteils- und Denkvermögen des Bewerbers. Untersuchen sie eine spezielle Intelligenz, so sprechen sie beispielsweise Sprachbeherrschung, Rechengewandtheit, Denkfähigkeit oder Raumvorstellung an.
- **Spezielle Begabungstests** versuchen, technische Begabung, Fingerfertigkeit und Geschicklichkeit festzustellen.
- **Spezielle Leistungstests** untersuchen das Verhalten in einer experimentellen Arbeitssituation, beispielsweise bei der Betrachtung sensorischer oder motorischer Funktionen.[38]

Da die Aussagekraft einzelner Tests begrenzt ist, werden mitunter mehrere Eignungstests nebeneinander in sogenannten Testbatterien durchgeführt. So erhält das Unternehmen ein einigermaßen abgesichertes Ergebnis. Ist die Position einer oberen Hierarchieebene zu besetzen, so sollte man ein Auswahlverfahren wählen, das mit differenzierten und komplexeren Methoden arbeitet als die bisher erwähnten.

## (1) MMPI-Test

Bei dem MMPI-Test (Minnesota Multiphasic Personality Inventory) handelt es sich um einen Fragebogentest zum Persönlichkeitsprofil. Dabei müssen vom Kandidaten Fragebögen, die insgesamt 550 Feststellungen enthalten, mit "stimmt", "stimmt nicht" oder "weiß nicht" beantwortet werden. Die Auswertung soll Aufschluss über die Intensität von 10 Persönlichkeitsmängeln geben.

Angelehnt an den MMPI-Test wurde der **FPI-Test** (Freiburger Persönlichkeitsinventar) entwickelt, der mit 212 Fragen, die zum Teil aus dem MMPI-Test übernommen wurden, ein aus 12 Wesenszügen (z.B. Dominanzstreben, Geselligkeit, Offenheit, Extraversion) zusammengesetztes Persönlichkeitsprofil ermittelt.

## (2) 16 PF-Test

Der 16 Persönlichkeitsfaktoren-Test ist ein Verfahren, mit dem die wichtigsten Charaktermerkmale eines Menschen gemessen werden sollen. Dazu wird die menschliche Seele in 16 Persönlichkeitsfaktoren zerlegt, deren jeweilige Ausprägung durch die Beantwortung und anschließende Auswertung eines umfangreichen Fragebogens festgestellt werden soll. Diese Auswertung wird dann in einem sogenannten Eignungsprofil graphisch dargestellt und mit einem Idealprofil verglichen.

---

[38] Vgl. Olfert, K..: Personalwirtschaft, a.a.O., S. 178.

Das Persönlichkeitsprofil eines erfolgreichen Vertriebsmanagers wird beispielhaft in folgender Abbildung dargestellt:

Persönlichkeitsprofil eines erfolgreichen Vertriebsmanagers

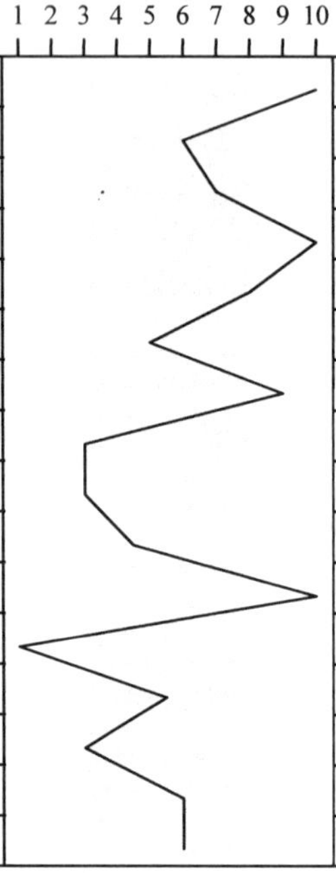


| | | |
|---|---|---|
| 1 | Sachinteresse | Kontaktinteresse |
| 2 | Konkretes Denken | Abstraktes Denken |
| 3 | Emotionale Störbarkeit | Emotionale Stabilität |
| 4 | Rücksichtnahme | Dominanzstreben |
| 5 | Besonnenheit | Begeisterungsfähigkeit |
| 6 | Flexibilität | Pflichtbewusstsein |
| 7 | Zurückhaltung | Selbstsicherheit |
| 8 | Robustheit | Sensibilität |
| 9 | Toleranz | Skepsis |
| 10 | Pragmatismus | Phantasie |
| 11 | Offenheit | Cleverness |
| 12 | Selbstvertrauen | Besorgtheit |
| 13 | Sicherheitsinteresse | Veränderungsbereitschaft |
| 14 | Teamorientierung | Eigenständigkeit |
| 15 | Spontanität | Selbstkontrolle |
| 16 | Ausgeglichenheit | Unrast |

**Abb. 35:** 16 PF-Test, Persönlichkeitsprofil eines erfolgreichen Vertriebsmanagers

## (3) Biographischer Informationsbogen (BIB)

Dieses insbesondere von der Personalberatung Frankfurt PA propagierte Instrument der Personalauswahl unterstellt, dass in der Vergangenheit gezeigtes Verhalten der beste Indikator für zukünftiges Handeln darstellt. Daher wird nicht wie bei den anderen Verfahren "aktuelles Verhalten" analysiert, sondern "vergangenes Verhalten". Es wird ein biographisches Profil erstellt, in dem Informationen gesammelt und zu Merkmalen wie z.B. bisherige Arbeits- und Berufserfahrungen, Ausbildung, Einstellung zur Arbeit, Interessen und Aktivitäten verarbeitet werden.

Dazu muss der Bewerber einen Fragebogen ausfüllen, der entsprechend der zu besetzenden Stelle zusammengestellt wurde. Der Vergleich der Antwortkonstellation mit erfolgreichen Mitarbeitern an dem betreffenden oder einem vergleichbaren Arbeitsplatz gibt Aufschluss über die Eignung des Kandidaten für die betreffende Stelle.

Der wesentliche Vorteil dieses Verfahrens liegt in seiner hohen Vorhersagegenauigkeit. Untersuchungen über die Prognosefähigkeit des Biographischen Informationsbogens bei bestimmten Berufsgruppen bestätigen, dass diese nur von Assessment-Centern übertroffen werden.

## 2.3.5 Assessment-Center-Technik

Die **Assessment-Center-Technik** (ACT) gehört zu den differenziertesten Auswahlverfahren. Unter der ACT versteht man ein systematisches Verfahren, das zur qualifizierten Feststellung von Verhaltensleistungen bzw. Verhaltensdefiziten dient. Es ist die aufwendigste und anspruchsvollste Form des Gruppengespräches. Dabei werden praxisnahe Übungen mit spezifischen, problemorientierten Situationen durchgeführt. Im Gegensatz zum Vorstellungsgespräch, in dem ein Fragenkatalog erörtert wird, ist die ACT eine Arbeitsprobe des Bewerbers. Es gibt eine Vielzahl von erprobten und bewährten Einzelkomponenten der Assessment-Center-Technik.

Früher dauerten Assessment-Center-Tests drei bis fünf Tage, heute benötigen moderne Verfahren nur noch ein bis zwei Tage, nicht zuletzt aus Kostengründen. Die Anzahl der Teilnehmer kann zwischen einer (Einzelassessment) und fünfzehn Personen schwanken. Sie liegt meist bei 6 bis 12 Personen.

Langzeituntersuchungen haben gezeigt, dass die ACT die besten Prognosen über zukünftiges Arbeitsverhalten erlaubt. Der Einsatz der ACT im Bereich der Personalbeschaffung beschränkt sich jedoch aufgrund ihrer hohen Verfahrenskosten auf die Bewerberauswahl von Führungskräften und Führungskräftenachwuchs.

### (1) Merkmale

Kennzeichnende Merkmale der Assessment-Center-Technik sind:[39]

- **Methodenvielfalt:** Es kommen mehrere klassische Instrumente der betrieblichen Eignungsdiagnostik zur Anwendung. Man unterscheidet dabei drei Arten der Datenerfassung:
  - Standardisierte Verfahren, z.B. alle herkömmlichen psychologischen Tests
  - Beobachtungen
  - Interviews
- **Mehrfachbeurteilung:** Jeder Teilnehmer wird durch möglichst viele Beobachter beurteilt.
- **Verhaltensorientierung:** Es werden hier im Gegensatz zu sonstigen Verfahren keine Eigenschaften festgestellt, sondern Übungen durchgeführt, die Verhalten provozieren und damit beobachtbar machen. Die Art der Übung richtet sich nach der zu besetzenden Stelle.
- **Anforderungsbezogenheit:** Alle Übungen werden im Idealfall vor dem Hintergrund eines Anforderungsprofils einer bestimmten Stelle durchgeführt.
- **Trennung von Beobachtung und Bewertung:** Um Beurteilungsfehler zu minimieren, wird streng zwischen einer Beobachtungsphase und einer Beurteilungsphase unterschieden. Dadurch soll eine objektivere Beurteilung gewährleistet werden.
- **Einsatz trainierter Beobachter:** Üblicherweise werden die Teilnehmer in der ACT von Führungskräften der Unternehmung beobachtet und beurteilt. Dabei ist ein intensives Training der Beobachter sowie der Einsatz eines kompetenten Moderators unabdingbar.

[39] Vgl. Kanning, U.P./Hofer, S./Schulze B.: Professionelle Personenbeurteilung. Ein Trainingsmanual, Göttingen/Bern/Toronto/Seattle 2004, S. 319 ff.

## (2) Aufgaben

Die **Aufgaben** sollen sich möglichst nah an den späteren Arbeitsaufgaben und dem Geschäftsbetrieb orientieren und lassen sich in 4 Hauptgruppen unterscheiden:

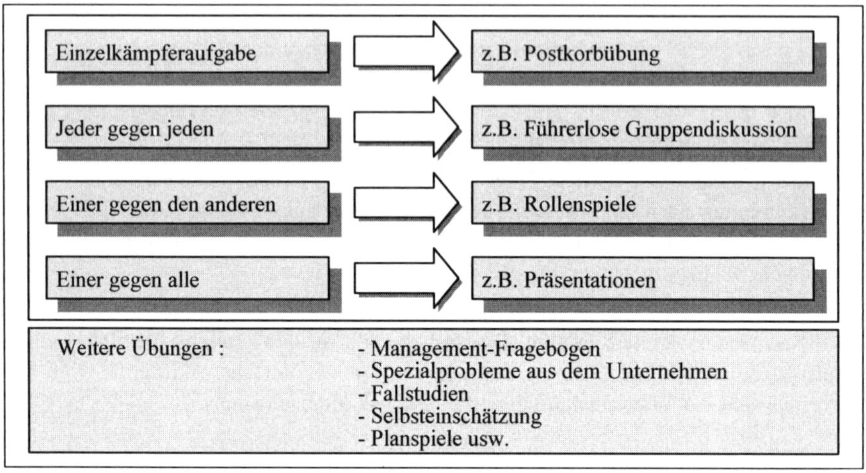


**Abb. 36:** Übungen im Rahmen eines Assessment-Centers

- **Einzelkämpferaufgaben/Postkorbübung**

Bei der sogenannten Postkorbübung wird eine Situation simuliert, in der der Bewerber unter Zeitdruck die Eingangspost einer Führungskraft bearbeiten muss. Es wird beobachtet, ob der Bewerber Wichtiges von Unwichtigem unterscheiden kann und ob er die richtigen Aufgaben an die Mitarbeiter weiterdelegiert. Die Situation soll Aufschluss darüber geben, wie gut und wie schnell ein Bewerber unter Stress in der Lage ist, Fakten und Probleme zu analysieren, zu sortieren und Aufgaben zu delegieren. Bewertet wird auch die Entscheidungsfähigkeit, die administrative Kommunikationsfähigkeit, die Risikobereitschaft, die Fähigkeit zu organisieren, zu delegieren und systematisch und planvoll vorzugehen. Die Bearbeitungszeit beträgt mindestens eine Stunde.

- **Jeder gegen jeden/Führerlose Gruppendiskussion**

Bei der führerlosen Gruppendiskussion soll sich eine Gruppe von 4 - 6 gleichberechtigten Mitgliedern über die Besetzung eines freien Arbeitsplatzes entscheiden. Dabei hat sich jeder für einen bestimmten Bewerber einzusetzen. Die Kandidaten müssen in einer bestimmten Zeit zu einem Ergebnis kommen. Die Beurteilungskriterien sind Durchsetzungsvermögen, Kooperationsbereitschaft, sprachliches Ausdrucksvermögen, Überzeugungskraft, Energie, Ausdauer, Engagement und Leistungsverhalten.

- **Einer gegen den anderen/Rollenspiele**

Bei den Übungen dieser Art handelt es sich meist um Rollenspiele. Beispielsweise hat der Bewerber als Vorgesetzter mit einem schwierigem Mitarbeiter ein Beurteilungsgespräch zu führen. Dabei werden aus dem gezeigtem Verhalten zumeist Rückschlüsse auf das spätere Führungsverhalten des Bewerbers gezogen. Beurteilungskriterien bei solchen

Rollenspielen sind diplomatisches Geschick, Auffassungsgabe, Redegewandtheit und die Fähigkeit, bei der Sache zu bleiben. Positiv wird auch vermerkt, wenn der Bewerber die volle Verantwortung für seine Entscheidungen übernimmt.

- **Einer gegen alle/Präsentationen**

Hierbei geht es um Vorträge und Präsentationen, in denen ein Bewerber die anderen von einer Sache überzeugen soll. Er erhält hierzu eine gewisse Vorbereitungszeit. Beispielsweise soll der Bewerber aus der Analyse vorgegebener statistischer Daten Schwachstellen im Unternehmen erkennen und Maßnahmen zu deren Beseitigung vorschlagen. Bewertet wird die Problemlösungsfähigkeit, die Präsentation und die Überzeugungskraft.

## (3) Beispiel für ein eintägiges Assessment-Center

Der Ablauf eines Assessment-Centers soll anhand eines Beispiels für ein eintägiges Assessment-Center erläutert werden. Der Zeitplan dieses Beispiels ist auf eine Teilnehmerzahl von sechs Bewerbern ausgelegt. Diesen Bewerbern sollten idealtypisch ebensoviele Beobachter zugeteilt werden.

- **Ablauf des Assessment-Centers**

Die Bewerber werden nach der Durchsicht der Bewerbungsunterlagen und dem Vorstellungsgespräch für die Teilnahme am Assessment-Center eingeladen. Die Veranstaltung findet in der Unternehmung statt. Getränke sowie Gebäck werden bereitgestellt. Nach dem Eintreffen der Bewerber wird ihnen der zeitliche und inhaltliche Ablauf durch den Moderator erläutert.

| | |
|---|---|
| 9.00 - 9.45 Uhr | Vorstellung des Unternehmens, Erläuterung des Ablaufs |
| 9.45 - 10.00 Uhr | Vorbereitung auf die Aufgabe 1:<br>Zusammenstellung von Arbeitsinteressen und –schwerpunkten |
| 10.00 - 12.00 Uhr | Aufgabe 1:<br>Die Teilnehmer stellen sich kurz der Gruppe vor und beschreiben Lebenslauf, Diplomarbeit[40] und ihr Interesse an einer Tätigkeit im Unternehmen. |
| 12.00 - 13.30 Uhr | Gemeinsames Mittagessen |
| 13.30 - 13.45 Uhr | Vorbereitung auf die Aufgabe 2 |
| 13.45 - 15.00 Uhr | Aufgabe 2 (Fallbeispiel):<br>Eigene Lösungsdarstellung des Fallbeispiels |
| 15.00 - 16.30 Uhr | Aufgabe 3:<br>Gruppendiskussion und gemeinsame Lösungsfindung zum Fallbeispiel. |
| 16.30 - 18.00 Uhr | Auswertung und Abschlussgespräch |

**Abb. 37:** Zeitplan für das Assessment-Center

[40] Alternativen sind zum Beispiel: Präsentation der letzten wissenschaftlichen Arbeit oder eine erfolgreich durchgeführte Projektarbeit

Der Moderator und die Beobachter stellen sich den Kandidaten vor. Ersterer erklärt die Funktion der Beobachter. Danach werden Informationen über die Unternehmung und die potenziellen zukünftigen Arbeitsfelder der Kandidaten in einem kurzen Vortrag gegeben. Hier, wie auch in dem folgenden Verlauf, ist es Aufgabe des Moderators, auf die Einhaltung des Zeitplans zu achten.

- **Aufgabe 1**

Im Anschluss an die Einführung erklärt der Moderator die Aufgabe 1: Die Kandidaten sollen sich innerhalb einer Viertelstunde in einem Nachbarraum darauf vorbereiten, sich dem Plenum vorzustellen. Um die Vergleichbarkeit und Standardisierung dieser Vorstellung zu gewährleisten, verteilt der Moderator einen Leitfaden. Die Selbstvorstellung soll in fünf Punkte gegliedert sein:

1. Schulischer Werdegang mit Interessenschwerpunkten
2. Studentischer Werdegang mit Interessenschwerpunkten
3. Private Interessen und Hobbies
4. Beschreibung der Inhalte der eigenen Diplomarbeit (Hierbei soll primär der Transfer des fachlichen Wissens des Kandidaten ermittelt werden)
5. Wünsche bezüglich der eigenen zukünftigen Tätigkeit in der Unternehmung

Während der Vorbereitungszeit steht der Moderator den Kandidaten für Fragen zur Verfügung. Anschließend werden die Bewerber ins Plenum gebeten und stellen sich einzeln laut Leitfaden vor. Jedem Kandidaten stehen dafür etwa 20 Minuten zur Verfügung. Nach Abschluss der Vorstellungsaufgabe bewerten die Beobachter die Kandidaten auf einem speziell entwickelten, standardisierten Fragebogen. Folgende Kriterien können beispielsweise beurteilt werden:

1. **Rhetorik**: spricht flüssig und verständlich.
2. **Selbstsicherheit**: sicheres Auftreten, wirkt beherrscht, behält die Übersicht.
3. **Fachwissen**: verfügt über Fachwissen, stellt Fachaspekte richtig und umfassend dar.
4. **Fachwissenstransfer**: stellt sein Fachwissen verständlich und praxisbezogen dar.

- **Aufgabe 2**

Es folgt die Bearbeitung eines Fallbeispiels. Dabei werden Führungs- und Arbeitsprobleme geschildert, für die Lösungen von den Kandidaten erarbeitet werden sollen. Das Fallbeispiel ist derart gestaltet, dass keine Ideallösung gefunden werden kann. Ziel ist es, Strategien und Argumente zur Lösung zu finden. Es steht hier somit nicht die Lösung im Mittelpunkt, sondern die Vorgehensweise. Wieder erhalten die Kandidaten eine Viertelstunde Zeit, um allein eine Lösung zu erarbeiten. Im Anschluss daran trägt jeder Bewerber seine Lösung im Plenum vor. Die Bewertung kann nach folgenden Kriterien erfolgen:

1. **Arbeitstechnik:** planvolles Vorgehen, Erkennen von Zusammenhängen, Entscheidungsfähigkeit.
2. **Konfliktverhalten:** wägt Problemstellung aus mehreren Sichtweisen ab, sucht nach Kompromissen.
3. **Führungsverhalten:** Delegieren, Informieren, Kontrollieren, Arbeitsklima schaffen.

- **Aufgabe 3**

Als dritte Aufgabe sollen sich die Kandidaten in der Gruppe innerhalb eines Fallbeispiels auf eine gemeinsame Lösung einigen. Dafür werden 30 Minuten angesetzt. Während bei der Aufgabe 2 die Argumente des Einzelnen im Vordergrund stehen, wird in der Aufgabe 3 das Überzeugungsverhalten und Durchsetzungsverhalten innerhalb der Gruppe analysiert.

Es werden folgende **fünf Kriterien** auf einer fünfstufigen Skala von den Beobachtern bewertet:

1. **Durchsetzungsfähigkeit:** kann sich in der Diskussion behaupten.
2. **Überzeugungskraft:** setzt stichhaltige Argumente und Logik ein, überzeugt durch Gesagtes.
3. **Ausdauer:** gibt bei Misserfolg nicht auf, versucht seine Überzeugung weiterhin einzubringen.
4. **Entscheidungsfähigkeit:** wägt Vor- und Nachteile sorgfältig ab und fällt dann eine Entscheidung konsequent.
5. **Soziales Verhalten:** zeigt Verhalten der Zusammenarbeit, akzeptiert Meinungen anderer, gibt Informationen weiter, versucht Anspannungen in der Gruppe zu mindern.

- **Abschlussgespräch und Auswertung**

Nach dem Abschluss der Aufgabe 3 folgt die Auswertung und das Abschlussgespräch. Hier können die Kandidaten je nach Bedarf auch weitere Fragen zur Unternehmung und zur persönlichen Entwicklung stellen. Die Bewertung erfolgt auf vorgefertigten Bewertungsbögen, in denen die Beobachter die Kandidaten zu jedem Beurteilungskriterium auf einer fünfstufigen Skala einordnen. Die folgende Abbildung zeigt einen solchen Bewertungsbogen für die Aufgabe 1:

| Bewerber (Name) / Kriterium | A | B | C | D | E | F |
|---|---|---|---|---|---|---|
| 1. Rhetorik<br>spricht flüssig und verständlich | 1-2-3-4-5 | 1-2-3-4-5 | 1-2-3-4-5 | 1-2-3-4-5 | 1-2-3-4-5 | 1-2-3-4-5 |
| 2. Selbstsicherheit<br>sicheres Auftreten, beherrscht, behält die Übersicht | 1-2-3-4-5 | 1-2-3-4-5 | 1-2-3-4-5 | 1-2-3-4-5 | 1-2-3-4-5 | 1-2-3-4-5 |
| 3. Fachwissen<br>verfügt über Fachwissen stellt Fachaspekte richtig dar | 1-2-3-4-5 | 1-2-3-4-5 | 1-2-3-4-5 | 1-2-3-4-5 | 1-2-3-4-5 | 1-2-3-4-5 |
| 4. Transfer des Fachwissens<br>verständliche Darstellung praxisbezogene Sprache | 1-2-3-4-5 | 1-2-3-4-5 | 1-2-3-4-5 | 1-2-3-4-5 | 1-2-3-4-5 | 1-2-3-4-5 |
| Sonstige Kommentare: | | | | | | |

**Abb. 38:** Bewertungsbogen für die Aufgabe 1: Selbstdarstellung

Nach etwa einer Woche erhalten die Bewerber einen Bescheid über Einstellung bzw. Ablehnung.

## 2.3.6 Ärztliche Eignungsuntersuchung

Mit Hilfe der verschiedenen Verfahren der Personalvorauswahl und -hauptauswahl werden Rückschlüsse auf die geistige Leistung und auf die Persönlichkeit des Bewerbers gezogen. Für ein Unternehmen ist es jedoch auch wichtig, die körperliche Eignung des Bewerbers im Hinblick auf die zu besetzende Stelle zu kennen. Aus diesem Grund bildet die ärztliche Eignungsuntersuchung in vielen Fällen den Abschluss des Auswahlverfahrens. Sie ist nach § 32 Abs. 1 JArbSchG bei jugendlichen Bewerbern unter 18 Jahren vorgeschrieben. Ein Jugendlicher, der unter 18 Jahre alt ist, darf eine Beschäftigung erst dann beginnen, wenn er innerhalb der letzten vierzehn Monate von einem Arzt untersucht wurde und eine entsprechende Tauglichkeitsbescheinigung vorlegt.

Die ärztliche Eignungsuntersuchung wird normalerweise vom Betriebsarzt durchgeführt. Dabei soll festgestellt werden, inwieweit ein Bewerber den physischen Anforderungen einer Tätigkeit gewachsen ist. Die Untersuchung erfolgt deshalb arbeitsplatz- bzw. anforderungsspezifisch. Für den Einsatz des Bewerbers ist für den untersuchenden Arzt folgendes von Bedeutung:[41]

1. Besteht bei der auszuführenden Tätigkeit eine gesundheitliche Gefährdung?
2. Für welche Aufgaben ist der Bewerber nicht geeignet?
3. Wie lange wird der Bewerber voraussichtlich arbeitsfähig sein?
4. Kann der neue Mitarbeiter die Aufgabe ohne Gefährdung der Gesundheit ausführen?

Die **Tauglichkeitsbescheinigung** muss darauf beschränkt sein, den Bewerber folgendermaßen einzustufen (ein weitergehendes ärztliches Urteil ist ohne die Zustimmung des Bewerbers nicht zulässig):

- ❑ tauglich
- ❑ nur für den vorgesehenen Arbeitsplatz tauglich
- ❑ anderweitig tauglich
- ❑ zur Zeit nicht tauglich
- ❑ untauglich

## 2.3.7 Auswertung

Sind die einzelnen Phasen des Auswahlverfahrens erfolgreich durchlaufen, erfolgt die Auswertung der Bewerberinformationen nach Fähigkeits- und Kenntnismerkmalen. Die einzelnen Ausprägungen werden mit den Anforderungen der offenen Stelle verglichen. Grundlage für einen solchen Vergleich ist das Anforderungsprofil, das aus einer Zusammenfassung der unterschiedlichsten Anforderungen an den potenziellen Stelleninhaber besteht. Diese Anforderungen können fachlich und persönlich gegliedert und in unabdingbare Muss-Anforderungen einerseits und in zu erfüllende Wunsch-Anforderungen andererseits getrennt werden. Ausgewählt wird dann der Bewerber, der die Merkmale des Anforderungsprofils am besten erfüllt.

[41] Vgl. Pillat, R.: Neue Mitarbeiter - erfolgreich anwerben, auswählen und einsetzen, a.a.O., S. 219.

In Betrieben mit mehr als zwanzig Beschäftigten ist der Arbeitgeber verpflichtet, vor jeder Einstellung unter Vorlage der Bewerbungsunterlagen den Betriebsrat zu unterrichten und dessen Stellungnahme abzuwarten. Bei positiver Antwort des Betriebsrates kann der ausgewählte Bewerber eingestellt werden. Verweigert der Betriebsrat seine Zustimmung, besteht die Möglichkeit, diese auf Antrag durch das Arbeitsgericht ersetzen zu lassen (§ 99 Abs. 4 BetrVG).

## 2.3.8 Der Arbeitsvertrag

Hat das Unternehmen eine Auswahl unter den Bewerbern getroffen, so ist der eigentliche Beschaffungsprozess vorläufig abgeschlossen. Es erfolgt die Einstellung des neuen Mitarbeiters durch den Abschluss eines Arbeitsvertrages zwischen der Unternehmung und dem Bewerber. Durch den Arbeitsvertrag wird der Bewerber an das Unternehmen gebunden. Er wird mit dem Arbeitsvertrag zum Mitarbeiter und damit zu einem Teil des Personals der Unternehmung.

Mit Ausnahme des Ausbildungsvertrages sind Arbeitsverträge an keine Form gebunden. Arbeitnehmer und Arbeitgeber können sowohl mündlich wie auch schriftlich bekunden, welche gegenseitigen Rechte und Pflichten sie miteinander eingehen wollen. Arbeitsverträge werden aber in der Regel schriftlich als Einzelarbeitsvertrag gemäß den Bestimmungen über den Dienstvertrag nach den §§ 611-630 BGB abgeschlossen. Diese gesetzliche Grundlage wird durch eine Vielzahl spezieller Gesetze zugunsten des Arbeitnehmers ergänzt. Unter anderem sind hier zu nennen:

| | |
|---|---|
| • Tarifvertragsgesetz | TVG |
| • Betriebsverfassungsgesetz | BetrVG |
| • Bundesurlaubsgesetz | BUrlG |
| • Schwerbehindertenrecht | SGB IX |
| • Arbeitsplatzschutzgesetz | ArbPlSchG |
| • Kündigungsschutzgesetz | KSchG |
| • Mutterschutzgesetz | MuSchG |
| • Jugendarbeitsschutzgesetz | JASchG |
| • Berufsbildungsgesetz | BBiG |
| • Arbeitszeitgesetz | ArbZG |
| • Gewerbeordnung | GewO |
| • Wehrpflichtgesetz | WehrpflG |
| • Bundespersonalvertretungsgesetz | BPersVG |

Grundsätzlich kann zwischen Zeit- und Dauerarbeitsverhältnissen unterschieden werden. Arbeitsverträge, die als Zeitverträge abgeschlossen werden, brauchen von keiner Seite gekündigt zu werden. Ausbildungs- und Aushilfsverträge sind Zeitverträge, die mit dem Zeitablauf enden. Aber auch sogenannte Dauerarbeitsverhältnisse können zeitlich begrenzt werden, wie beispielsweise durch die Erreichung des Rentenalters.

Die inhaltliche Gestaltung des Arbeitsvertrages unterliegt grundsätzlich der Vertragsfreiheit. Es empfiehlt sich jedoch, mindestens folgende Arbeitsbedingungen vertraglich zu regeln:

- Eintrittsdatum, Probezeit, Arbeitszeit, Kündigungsfristen, Urlaubszeit, Freistellungen
- Art der Tätigkeit, Einstufung in die Position und Tarifgruppe, Vollmachten, Mehrarbeitsverpflichtungen, Versetzungs- und Beurlaubungsvorbehalte
- Grundlohn, Zusatzlohn, Soziallohn, Erfolgsbeteiligung, Vermögensbeteiligung, Altersversorgung, Reise- und Umzugskostenerstattung, Vergütung und Behandlung von Patenten und Erfindungen
- Nebentätigkeiten, Wettbewerbsverbote, Schweigepflichten

Im Rahmen der Personalbeschaffung sind Probezeitregelungen von besonderer Bedeutung. Sie ermöglichen Korrekturen bei Beschaffungsfehlentscheidungen, da Kündigungsschutzregelungen während der **Probezeit** nicht greifen. Die Probezeit sollte zur gründlichen Überprüfung des neuen Mitarbeiters durch die Unternehmung und andererseits der Unternehmung und des zugewiesenen Tätigkeitsfeldes durch den neuen Mitarbeiter genutzt werden. Dabei lassen sich zwei Ausgestaltungsmöglichkeiten unterscheiden:

- Bei einem **unbefristeten** Arbeitsverhältnis kann die Anfangszeit (i.d.R. 3 - 6 Monate) als Probezeit vereinbart werden. Innerhalb der Probezeit bestehen erleichterte Kündigungsbedingungen für das Unternehmen und den Bewerber, da mit der kürzesten gesetzlichen Kündigungsfrist von zwei Wochen (§ 622 Abs. 3 BGB) ohne die Angabe von Gründen gekündigt werden kann. Kürzere Kündigungsfristen während der Probezeit können nur durch Tarifvertrag vereinbart werden. Bei Ausbildungsverhältnissen muss eine Probezeit von mindestens einem und höchstens drei Monaten vertraglich festgelegt werden (§ 13 BBiG).
- Die Vertragsfreiheit lässt es grundsätzlich zu, ein Arbeitsverhältnis nur für eine bestimmte Dauer zu begründen. Nach Ablauf der durch den Vertrag bestimmten Frist (§ 15 TzBfG) endet das Vertragsverhältnis. Eine **Befristung** von Arbeitsverträgen ist zulässig, wenn sie durch einen sachlichen Grund gerechtfertigt ist (§ 14 Abs. 1 TzBfG). Ohne Vorliegen eines sachlichen Grundes ist die Befristung jedoch auf zwei Jahren begrenzt mit einer höchstens dreimaligen Verlängerung in diesem Zeitraum (§14 Abs. 2 Satz 1).[42]

Die Probezeit sollte beim Ablauf mit einem Gespräch über das Ergebnis der Überprüfung/Beurteilung des Mitarbeiters abschließen, unabhängig von der dann zu treffenden Verbleibs- oder Austrittsentscheidung.

## 2.4 Einführung und Einarbeitung neuer Mitarbeiter

Der Prozess der Personalbeschaffung findet seinen endgültigen Abschluss erst mit der Zuweisung des neuen Mitarbeiters auf eine vakante Stelle und mit Abschluss der Einarbeitung und der Probezeit. Wird die Besetzung der offenen Stelle durch eine interne

---

42 Vgl. Korinth, M.H.: Teilzeit/Befristete Arbeitsverträge. Die neue Rechtslage für Lohn- und Personalbüro, 2. Auflage, Heidelberg/München/Berlin 2004, S. 111 ff.

Personalbeschaffung vorgenommen, so bildet die Versetzung in Verbindung mit der Einarbeitung den Abschluss.

Für die Zusammenarbeit zwischen dem Vorgesetzten und den bisherigen Mitarbeitern auf der einen und dem neuen Mitarbeiter auf der anderen Seite ist oftmals der erste Tag sehr wichtig. Aus diesem Grunde soll die Einführung neuer Mitarbeiter gut durchdacht sein. Da man die Einführung als einen überwiegend informativen Vorgang bezeichnen kann, ist es möglich, die notwendigen Maßnahmen im voraus zu bestimmen und den Ablauf zu planen. Ziel der Einführungsmaßnahmen ist es, die neuen Mitarbeiter möglichst schon am ersten Arbeitstag mit der für sie noch ungewohnten Umgebung vertraut zu machen und ihnen systematisch eine Vielzahl notwendiger, aber auch wissenswerter Informationen zu geben. Eine systematische Mitarbeitereinführung kann aufgeteilt werden in einen **allgemeinen Teil**, für den die Personalabteilung sorgt, und einen **speziellen Teil**, der in der Fachabteilung stattfindet.

Die **allgemeine Einführung** durch die Personalabteilung sollte mit einer persönlichen Begrüßung in freundlicher Atmosphäre beginnen. Es werden die Unterlagen der Personalabteilung vervollständigt und andere Formalitäten wie die Entgegennahme der Lohnsteuerkarte und der Sozialversicherungsunterlagen sowie die Ausstellung eines Werksausweises erledigt. Im nächsten Schritt findet eine Begrüßung und Einführung in das Unternehmen und seine Ziele durch einen Mitarbeiter des Personalwesens statt. Der neue Mitarbeiter erhält meist eine Einführungsbroschüre, die Arbeitsordnung, eine Mappe mit gültigen Rundschreiben und Betriebsvereinbarungen und die Führungsgrundsätze. Gleichzeitig sollte er allgemeine Informationen über die Betriebsordnung und die sogenannten Nebenbedingungen der Arbeit erhalten. Hinweise zur Arbeitszeitorganisation und Sicherheitsvorschriften sind besonders zu berücksichtigen. Die allgemeine Einführung endet mit der Vorstellung des neuen Mitarbeiters beim Betriebsrat.

Mit der Begrüßung durch den künftigen Vorgesetzten beginnt die **spezielle Einführung in die Fachabteilung.** Der neue Mitarbeiter wird mit seinen Kollegen und dem nächsthöheren Vorgesetzten bekannt gemacht. Er erhält von seinem Vorgesetzten oder von einem ihm zugeteilten "Paten" Informationen zu den Aufgaben der Abteilung und ihre Funktion im Betrieb, zum Ziel der Stelle sowie deren Arbeitsunterlagen. Alle anderen Stellen, mit denen er künftig zusammenarbeitet, sollte er in den folgenden Tagen kennenlernen.

Um Fluktuationen, die nachweislich in den ersten sechs Monaten am höchsten sind, vorzubeugen, sollte auch die **Einarbeitung** des neuen Mitarbeiters gezielt geplant werden. Das Unternehmen sollte diese Einarbeitungszeit nutzen, um sich rechtzeitig ein Bild über die erbrachten und noch künftig zu erwartenden Leistungen des Mitarbeiters zu machen. Erkennt ein Unternehmen, dass der Mitarbeiter nicht für die Stelle geeignet ist, was oft persönlich begründet sein kann, so ermöglicht die Probezeit eine sinnvolle Vereinfachung des Trennungsverfahrens. Am besten wird man daher für die Dauer der Probezeit einen Einarbeitungsplan vereinbaren. Im **Einarbeitungsplan** wird festgelegt, wer die Einarbeitung betreut (Vorgesetzter, Kollege, Ausbilder, Unterweiser), welche Methoden angewandt werden sollen (Arbeitsunterweisung, "Mitlaufen", selbständiges Trainieren), wie lange die Einarbeitungszeit voraussichtlich dauern soll und welcher Leistungsstand bis dahin erwartet wird.

Es ist empfehlenswert, eine Checkliste über Informationspflichten und für den neuen Mitarbeiter Wissenswertes anzufertigen. Diese Checkliste sollte an die für die Einführung und Einarbeitung des neuen Mitarbeiters verantwortliche Person übergeben und zu diesem Zweck ständig berücksichtigt werden.[43]

| |
|---|
| **I. Vorbereitung** |
| - Arbeitslohn und Zeit für Einführung vormerken |
| - genauen Einsatz planen |
| - Arbeitsplatz vorbereiten |
| - Arbeitsunterlagen überprüfen |
| - Vorgesetzten und Kollegen unterrichten |
| - Einarbeitung übertragen an (Betriebspate): .............. |
| **II. Begrüßung** |
| - Persönliches Gespräch (Werdegang und Ziele) |
| - Überblick über Betriebsorganisation geben |
| - Schwerpunkte seines Arbeitsgebietes erläutern |
| - Evtl. vorhandene Einführungsvorschriften erläutern |
| **III. Vorstellen** |
| - Beim unmittelbaren Vorgesetzten |
| - Bei den künftigen Kollegen |
| - Bei dem Mitarbeiter, der ihn einarbeitet |
| - Bei anderen Mitarbeitern, mit denen er zu tun hat |
| **IV. Orientieren** |
| - Arbeitsplatz zeigen |
| - Waschräume, Toiletten |
| - Sanitätseinrichtungen, Erste Hilfe |
| - Kantine (Essensmarken bzw. Essenszuschuss) |
| **V. Informieren** |
| - Die wichtigsten Arbeitsunterlagen |
| - Sicherheitsvorschriften, Hinweise auf besondere Unfallgefahren |
| - Hinweise über Verhalten bei Unfall, Krankheit |
| - Arbeitszeit, Pausen, Urlaubsregelung, Entgeltzahlungstermin |
| **VI. Einarbeiten** |
| - Stellenbeschreibung aushändigen |
| - Unterlagen und Arbeitsabläufe erklären |
| - Über Arbeitsgänge im Einzelnen unterweisen |
| - Arbeitsergebnisse besprechen |
| **VII. Nachbereitung** |
| - Um den Neuen systematisch kümmern, seinen unmittelbaren Vorgesetzten und ihn selbst nach seinen Erfahrungen fragen, Fortschritte anerkennen, Fragen beantworten, ggf. zusätzliche Hilfestellungen geben:<br>- nach 1 Woche<br>- nach 4 Wochen<br>- nach 3 Monaten |

**Abb. 39:** Checkliste zur Einführung neuer Mitarbeiter

Die Personalbedarfsdeckung im weiteren Sinne ist dann abgeschlossen, wenn auf der Stelle die volle Arbeitsleistung erzielt wird, so dass der ursprünglich vorhandene und gemeldete Bedarf wieder gedeckt worden ist.

[43] Vgl. Rationalisierungskuratorium der Deutschen Wirtschaft: RKW-Handbuch Personalplanung, a.a.O., S. 147.

## 2.5 Rechtliche Aspekte der Personalbeschaffung

Bei der Wahl des Beschaffungsweges kann der Betriebsrat nach § 93 BetrVG die unternehmensinterne Ausschreibung einer vakanten Stelle verlangen. Der Arbeitgeber ist aber nicht an eine interne Beschaffung und Stellenbesetzung gebunden. Kommt der Arbeitgeber einer Aufforderung des Betriebsrats nach interner Ausschreibung nicht nach, so kann der Betriebsrat nach § 99 Abs. 2 BetrVG Widerspruch gegen die Einstellung des Bewerbers einlegen, womit er vorbehaltlich einer Entscheidung des zuständigen Arbeitsgerichts gemäß § 99 Abs. 4 BetrVG Einstellung und Stellenbesetzung verhindern kann.

Wird eine interne Beschaffung durch Versetzung und Zuweisung eines Kandidaten durchgeführt, so muss der Betriebsrat in Betrieben mit mehr als 20 wahlberechtigen Arbeitnehmer gemäß § 99 Abs.1 BetrVG über die Kandidaten, die von der Versetzung betroffen sind, informiert werden und der Versetzung zustimmen. Unter den in § 99 Abs. 2 BetrVG genannten Bedingungen kann die Zustimmung verweigert werden. Jede Versetzung als Folge der internen Beschaffung ist in der Regel mit einer Änderungskündigung verbunden, die nach § 102 Abs. 2 BetrVG dem Betriebsrat mitzuteilen und mit ihm zu beraten ist. Verstößt die Änderungskündigung gegen eine Richtlinie nach § 95, so hat er nach § 102 Abs. 3 BetrVG ein Widerspruchsrecht. Treten Streitfälle auf, so entscheidet nach § 102 Abs. 5 u. 6 das Arbeitsgericht oder die Einigungsstelle.

Werden Auswahlrichtlinien für die Bewerberauswahl aufgestellt, bedürfen diese nach § 95 Abs. 1 BetrVG der Zustimmung des Betriebsrats. Wird keine Einigung erzielt, so entscheidet die Einigungsstelle. In Betrieben mit mehr als 500 Beschäftigten kann der Betriebsrat die Aufstellung solcher Richtlinien fordern. Die Auswahlrichtlinien legen u. a. die selektionsrelevanten Kenntnis- und Fähigkeitsmerkmale, die Methoden der Datenerhebung und die zu verwendenden Verfahren der Datenauswertung fest.

Nach § 94 Abs. 1 BetrVG ist auch ein Personalfragebogen zur Datenerhebung bei Bewerbern zustimmungspflichtig. Über den Inhalt und die Gestaltung des Fragebogens entscheidet bei Nichteinigung wiederum die Einigungsstelle. Der Arbeitgeber entscheidet jedoch allein über den Einsatz des Fragebogens. Werden aber für die Bewerber allgemeine Beurteilungsgrundsätze aufgestellt, so ist der Betriebsrat nach § 94 Abs. 2 BetrVG wieder zustimmungspflichtig. Der gesamte Komplex der Eignungsfeststellung ist somit mitbestimmungspflichtig.

Bei der Einstellung ist der Betriebsrat nach § 94 Abs. 2 BetrVG zustimmungspflichtig, wenn Formulararbeitsverträge mit persönlichen Angaben verwendet werden, die die Funktion eines Personalfragebogens haben. Mitbestimmungsrechte bei der Einstellung nach § 99 Abs. 2 BetrVG wurden bereits genannt.

Schriftliche Vereinbarungen von Richtlinien zu Inhalt und Abschluss von Arbeitsverhältnissen für leitende Angestellte werden durch § 28 Abs. 1 SprAuG ermöglicht. Der Sprecherausschuss ist gemäß § 31 Abs. 1 SprAuG rechtzeitig über die beabsichtigte Einstellung eines leitenden Angestellten zu unterrichten.

Bei personellen Veränderungen im Bereich der leitenden Angestellten besitzt auch der Sprecherausschuss nach § 31 Abs. 1 SprAuG ein Informationsrecht und nach § 31 Abs. 2 SprAuG ein Anhörungsrecht bei Änderungskündigungen.

# 3 Personaleinsatzplanung

Gegenstand der Personaleinsatzplanung ist die Zuordnung der im Unternehmen beschäftigten Mitarbeiter zu den einzelnen Stellen. Um einen optimalen betrieblichen Ablauf auf Dauer zu gewährleisten, müssen die Anforderungen der Stellen mit den Fähigkeiten, Bedürfnissen und Entwicklungspotenzialen der jeweiligen Mitarbeiter in Deckung gebracht werden.

Grundsätzlich berücksichtigt die Einsatzplanung quantitative, qualitative, zeitliche und örtliche Aspekte. Hieraus lassen sich folgende zentrale Fragen ableiten:

**Planungsaufgabe**

Wie viele Mitarbeiter benötigen wir?

Welche Qualifikationen sollten die Mitarbeiter für die Tätigkeiten aufweisen?

Ab wann und für welchen Zeitraum werden die Mitarbeiter eingesetzt?

Wo ist der Einsatzort der Mitarbeiter?

**Abb. 40:** Die zentralen Fragestellungen der Personaleinsatzplanung

Im Rahmen der Personaleinsatzplanung sind sowohl **unternehmens**- als auch **mitarbeiterbezogene** Ziele zu unterscheiden:[44]

- Entsprechend den **unternehmerischen Zielen** kann unter ökonomischen Gesichtspunkten die Zuordnung von Arbeitskräften zu Stellen so erfolgen, dass ein Optimum der Kosten-Leistungs-Relation erreicht wird. Optimierungskriterien können dabei z.B. die Mengenleistung pro Arbeitsplatz, die Minimierung der Lohn- und Gehaltskosten oder die Minimierung der Differenzen zwischen Eignungs- und Anforderungsprofilen sein.
- Die **mitarbeiterbezogenen Ziele** beziehen sich auf die sozialen Gesichtspunkte des Personaleinsatzes. Die Eingliederung der Mitarbeiter sollte so erfolgen, dass nicht nur ihre leistungsbezogenen Fähigkeiten, sondern auch ihre Interessen und individuellen Bedürfnisse berücksichtigt werden. Durch eine möglichst große Übereinstimmung von Anforderungen und Fähigkeiten soll die Arbeitszufriedenheit gesichert und erhöht werden.

[44] Vgl. Bröckermann, R.: Personalwirtschaft. Lehr- und Übungsbuch für Human Resource Management, a.a.O., S. 150 ff. und REFA: Methodenlehre der Betriebsorganisation, Datenermittlung, München 1997, S. 9 ff.

## 3.1 Aufgaben der Personaleinsatzplanung

Die Aufgaben der Personaleinsatzplanung lassen sich aus ihren Zielen ableiten. Man unterscheidet in Abhängigkeit vom zugrundeliegenden Zeitrahmen als Hauptaufgaben der Einsatzplanung zwischen Maßnahmen der Zuordnung und der Anpassung von Arbeitskräften zu den Stellen.

| Aufgaben der Einsatzplanung | |
|---|---|
| **Kurzfristig** | Zuordnung<br>- zeitlich<br>- kapazitätsmäßig |
| **Mittel- und langfristig** | Anpassung<br>- der Arbeitskräfte an die Arbeitsanforderungen<br>- der Arbeitsanforderungen an die Arbeitskräfte |

**Abb. 41:** Hauptaufgaben der Personaleinsatzplanung

### (1) Zuordnung

Die Personaleinsatzplanung organisiert **kurzfristig** die zeitliche und kapazitätsmäßige Einordnung der Arbeitskräfte, wobei sie sowohl das Anforderungsprofil der Stelle anhand der Stellenbeschreibung als auch das Fähigkeitsprofil der Arbeitskräfte anhand der Personalakte als Daten betrachten muss. Dadurch besteht ein **Zuordnungsproblem**.

- Im Rahmen des **quantitativen** Personaleinsatzes wird festgelegt, welcher Mengenbedarf an Arbeitskräften einer bestimmten Qualifikation zu einem bestimmten Termin einzusetzen ist, um eine personelle Über- bzw. Unterdeckung zu vermeiden. Dabei wird unterstellt, dass die Fähigkeiten der einzelnen Mitarbeiter den Anforderungen des Arbeitsplatzes entsprechen, also eine qualitative Zuordnung bereits erfolgt ist.
- Unter **qualitativen** Gesichtspunkten erfolgt die Zuordnung der Mitarbeiter durch den Vergleich des Anforderungsprofils der einzelnen Arbeitsplätze mit dem Fähigkeitsprofil des Mitarbeiters bei gleichzeitig möglichst weitreichender Berücksichtigung seiner Neigungen, Interessen und Entwicklungswünsche.

### (2) Anpassung

Die **mittel- und langfristige** Personaleinsatzplanung beschäftigt sich mit der **Anpassung** der Arbeitsplätze und -bedingungen an die Arbeitskräfte. Es besteht ein Anpassungsproblem mit ökonomischen und sozialen Einflussfaktoren, welches sowohl die betrieblichen Gesichtspunkte als auch insbesondere die individuellen Gesichtspunkte des Mitarbeiters zu berücksichtigen hat:

- Vermeidung von Über- bzw. Unterforderung
- Teilautonome Arbeitsablaufgestaltung
- Humane Arbeitsplatzgestaltung
- Entwicklungsmöglichkeiten

Durch zeitliche Veränderungen ist eine dynamische, in die Zukunft gerichtete Betrachtungsweise auf den Arbeitsplatz und den Mitarbeiter nötig. Die technologische Entwicklung fordert eine ständige Anpassung des Produktionsablaufes und der Arbeitsinhalte. Die Mitarbeiter sind im Rahmen der Personalentwicklung durch Qualifizierungsmaßnahmen auf die technischen und organisatorischen Veränderungen vorzubereiten.

Die Einsatzplanung hat auch den natürlichen **altersbedingten Leistungswandel** zu berücksichtigen. Durch Maßnahmen der Arbeitsplatzgestaltung und Ergonomie können die Arbeitsbedingungen insbesondere auch für ältere Mitarbeiter erleichtert werden.

Diese Gesichtspunkte verdeutlichen die Komplexität der Personaleinsatzplanung. Ihr müssen sämtliche Personal- und Arbeitsanforderungsdaten sowie Informationen über Personalentwicklungstrends, die aus den strategischen Entwicklungszielen des Unternehmens erwachsen, zur Verfügung stehen. Weiterhin sind detaillierte Produktions-, Ablauf- und Organisationskenntnisse für die Beurteilung von Einsatzproblemen von großer Wichtigkeit. Für die humane und individuelle Mitarbeitereinsatzplanung sind Erfahrungen in den geisteswissenschaftlichen Bereichen der Arbeitspsychologie und -soziologie hilfreich.

**Zusammengefasst** ergibt sich für die Personaleinsatzplanung ein einerseits bereichsübergreifend-globales, andererseits individuell-menschenorientiertes Tätigkeitsfeld.

## 3.2 Informationsgrundlagen des Personaleinsatzes

Um eine Personalzuordnung bzw. Anpassung vorzunehmen, die den unternehmens- und mitarbeiterbezogenen Zielen gerecht wird, sind detaillierte Informationen erforderlich über:

- die Anforderungen der einzelnen Arbeitsplätze
- die Fähigkeiten der Arbeitskräfte
- die tätigkeitsbezogene Bedürfnisstruktur der Arbeitskräfte

Die **Anforderungen des Arbeitsplatzes** lassen sich mit Hilfe der Arbeitsanalyse ermitteln, die Ausgangspunkt für die Arbeitsbewertung ist. Jeder Anforderungsart wird im Hinblick auf einen bestimmten Arbeitsplatz ein numerischer Wert zugeordnet, der es ermöglicht, ein Anforderungsprofil des Arbeitsplatzes zu erstellen. Diese Daten sind in Arbeitsplatz- bzw. Stellenbeschreibungen schriftlich festgehalten.

Die **Fähigkeiten der Arbeitskräfte** als Ergebnis der Personalbeschaffung und der Personalentwicklungsmaßnahmen lassen sich Personalunterlagen und -karteien sowie den Ergebnissen der Leistungs-, Entwicklungs- und Potenzialbeurteilung entnehmen, um ein entsprechendes Fähigkeitsprofil zu erstellen.

Die individuellen **Bedürfnisse der Mitarbeiter** bezüglich ihrer Tätigkeiten können im Rahmen eines persönlichen Gespräches mit dem unmittelbaren Vorgesetzten bzw. dem verantwortlichen Mitarbeiter der Personalabteilung festgestellt werden. Zu beachten ist oftmals eine intrapersonelle Bedürfniskonkurrenz. Besonders bei Führungskräften zeigt sich häufig eine Diskrepanz zwischen sozialen Bedürfnissen nach menschlichen Kontakten, Wärme und Geborgenheit in einer Gruppe und dem Karrierestreben mit den damit verbundenen Verdrängungsmechanismen. Dieser Zielkonflikt führt zu einem Problempotenzial, welches von dem Mitarbeiter und dem Einsatzplaner offen besprochen werden sollte.

Problematisch ist, dass das "Bedürfnisprofil" im Gegensatz zum Anforderungs- und Fähigkeitsprofil nicht in Messwerten ausgedrückt werden kann. Es kann daher nur ergänzend bei der Personaleinsatzplanung berücksichtigt werden, auch wenn die Zufriedenheit der Mitarbeiter und damit das Betriebsklima wesentlich davon abhängen, ob ihre persönlichen Bedürfnisse berücksichtigt werden.

Ansätze der Arbeitspsychologie (soziotechnische Systemoptimierung) und der modernen Unternehmensorganisation (Abbau der Hierarchien, teamorientierte Arbeitsabläufe) haben zum Ziel, die individuellen Bedürfnisse mit den Anforderungen des Arbeitsfeldes zu homogenisieren.

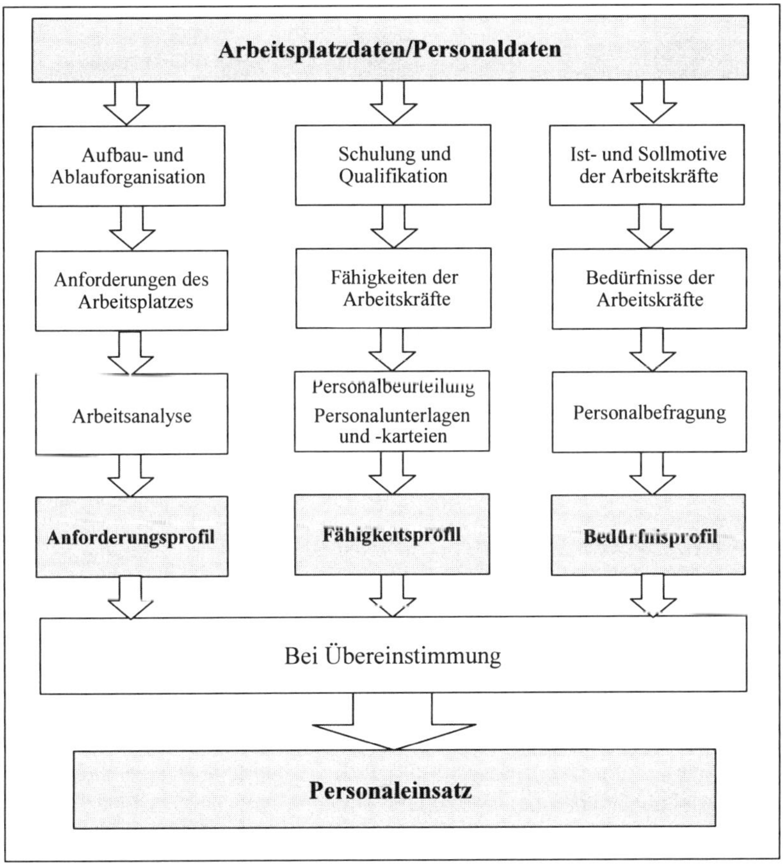


**Abb. 42:** Informationsgrundlagen der Personaleinsatzplanung

Die folgende Abbildung stellt beispielhaft den Vergleich zwischen Anforderungs- und Fähigkeitswerten tabellarisch und grafisch als Profilvergleich dar:

| Nr.: | Anforderungsart | Anforderungswert | Fähigkeitswert | Gewichtung | Profilvergleich |
|---|---|---|---|---|---|
| 1 | Fachliche Qualifikation | 4 | 5 | 40 % | + 0,4 |
| 2 | Psychische Belastung | 2 | 1 | 20 % | - 0,2 |
| 3 | Sensomotorik | 4 | 4 | 20 % | ± 0,0 |
| 4 | Körperliche Belastung | 3 | 4 | 10 % | + 0,1 |
| 5 | Gruppenverhalten | 3 | 2 | 10 % | - 0,1 |
| | Σ | 16 | 16 | 100 % | + 0,2 |

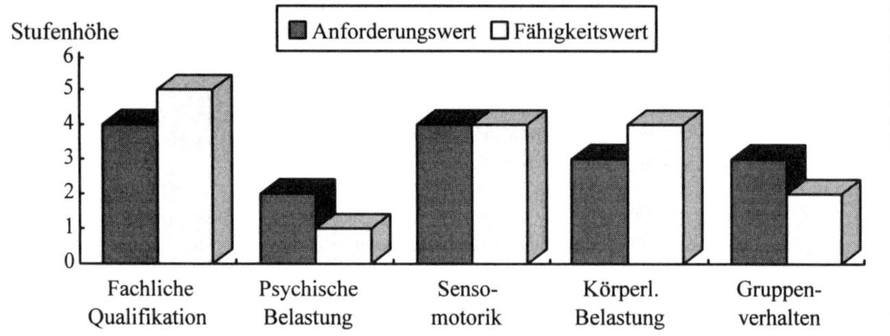


**Abb. 43:** Methode des Profilvergleichs

Neben den bereits genannten Aspekten muss beachtet werden, dass weder der Mitarbeiter noch der Arbeitsplatz statisch sind, sondern im Zeitablauf durchaus Veränderungen unterliegen (z.B. Qualifikationsveränderungen, altersbedingter Leistungswandel, technisch-organisatorische Veränderungen). Diese Veränderungen sind im Rahmen der Personaleinsatzplanung möglichst langfristig im voraus zu ermitteln und zu berücksichtigen.

## 3.3 Voraussetzungen des Personaleinsatzes

Damit die Planung des Personaleinsatzes effektiv gestaltet werden kann, bedarf sie bestimmter organisatorischer Voraussetzungen. Informationen über die Arbeitsplätze (Stellen) und deren Anforderungen (Anforderungsprofile) sowie über die Arbeitnehmer und deren Fähigkeiten (Bedürfnis- und Fähigkeitsprofile) sind notwendig.

Organisationsmittel wie Organisations- und Stellenplan, Stellenbesetzungsplan, Stellenbeschreibung und Anforderungsprofile geben Auskunft über eine Stelle. Entsprechende Informationen über die Arbeitskräfte erhält die Personaleinsatzplanung aus den Personalunterlagen und -karteien sowie aus den Ergebnissen der Mitarbeiterbeurteilungen, den Entwicklungsbeurteilungen und den Potenzialbeurteilungen. Die Anforderungs- und Fähigkeitsdatei bietet sich zu einer systematischen Speicherung der gewonnenen Informationen an.[45]

[45] Vgl. hierzu auch Teil 4: Informationssysteme der Personalwirtschaft.

## 3.3.1 Stelle und Stellenplan

Unter einer **Stelle** versteht man die Zusammenfassung von Teilaufgaben, die dem quantitativen und qualitativen Leistungsvermögen eines gedachten Aufgabenträgers entsprechen soll und im Rahmen der Aufgabenanalyse und -synthese gebildet wird. Diese Kombination einzelner Aufgaben ist die kleinste organisatorische Einheit in einem Unternehmen und ist grundsätzlich auf Dauer angelegt. Durch die Aufgabenkombination einer Stelle soll sie sich von anderen Stellen deutlich abgrenzen lassen. Stellen sind grundsätzlich unabhängig vom Wechsel des Stelleninhabers. Im Allgemeinen ist die Personalbedarfsplanung für die Bildung einer Stelle verantwortlich. Die Stellenbesetzung erfolgt durch den Personaleinsatz. Für die Bildung einer Stelle müssen folgende Punkte detailliert beschrieben sein:

- Definition dauerhafter Arbeitsaufgaben nach dem Verrichtungs- oder Objektprinzip und bei leitenden Stellen nach Rang und Phase
- Einbindung in die Aufbau- und Ablauforganisation
- Hierarchische Eingliederung in die Unternehmensstruktur

Die in einem Unternehmen gebildeten Stellen werden in einem **Stellenplan** zusammengefasst. Dieser Plan stellt mit den arbeitsteiligen Verknüpfungen die organisatorische Struktur des Unternehmens dar. Die Darstellung der Abteilungs- und Instanzenbildung mit den zugehörigen Über- und Unterstellungen sind die wesentlichen Informationen des Stellenplans. Durch den zweckmäßigen Aufbau eines Stellennummernsystems nach Verrichtungs-, Objekt-, Rang- oder Phasengliederungsmerkmalen lässt sich die Übersichtlichkeit erhöhen.

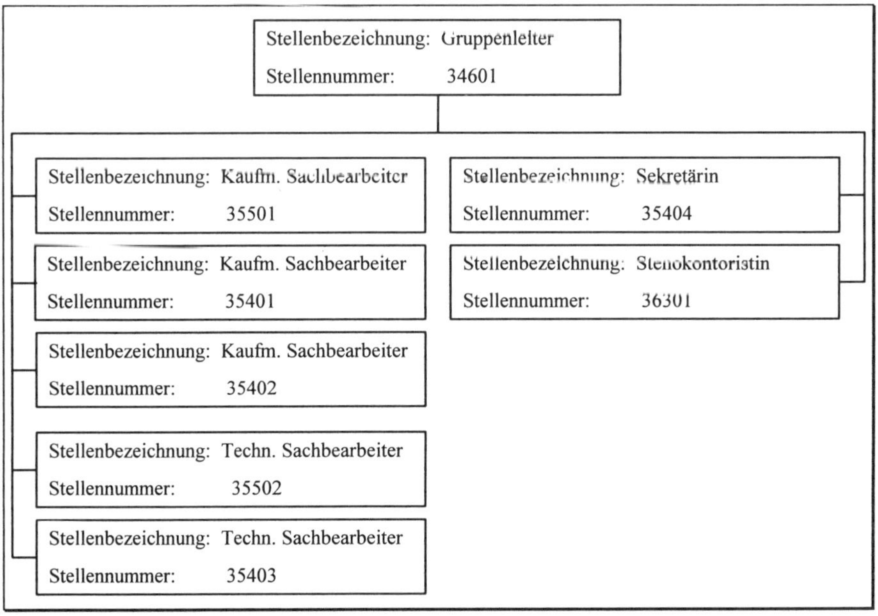


**Abb. 44:** Stellenplan

Eine Planstellen-Kennziffer kann Angaben über den Unternehmensbereich, die Hierarchiestufe des Stelleninhabers, die Tarifgruppe und eine Planstellenzählnummer enthalten.

| | |
|---|---|
| **1. Stelle der Kennziffer** | **Unternehmensbereich:**<br>1 = Unternehmensleitung<br>2 = Produktion<br>3 = Vertrieb<br>4 = Materialwirtschaft<br>5 = Personal/ Verwaltung |
| **2. Stelle der Kennziffer** | **Hierarchiestufe:**<br>1 = Geschäftsführung<br>2 = Hauptabteilungsleiter<br>3 = Abteilungsleiter<br>4 = Gruppenleiter, Meister<br>5 = Sachbearbeiter, Sekretärin<br>6 = Bürohilfskräfte, gewerbliche Mitarbeiter |
| **3. Stelle der Kennziffer** | **Tarifgruppe:**<br>1 = K1, T1 ... 6 = K6, T6<br>7 = AT |
| **4. und 5. Stelle der Kennziffer** | Laufende Zählnummer der Planstellen eines Unternehmensbereiches |

**Abb. 45:** Strukturierung eines Planstellenkennziffernschlüssels (Beispiel)

Danach ergibt sich für den Geschäftsführer die Planstellenkennziffer 11701, für einen Gruppenleiter im Vertrieb, der nach der Tarifgruppe K5 entlohnt wird, die Planstellenkennziffer 34501.

## 3.3.2 Stellenbewertungs- und Stellenbesetzungsplan

Für die Eingliederung der Stellen im Unternehmen sind weitere Informationen von Bedeutung. Diese Informationen lassen sich übersichtlich im **Stellenbewertungs**- bzw. im **Stellenbesetzungsplan** darstellen.

- Der **Stellenbewertungsplan** gibt über den Stellenplan hinaus Auskunft über den monetären Wert der Stelle für das Unternehmen, also die tariflichen und außertariflichen Einstufungen der Stellen. Beide Pläne sind personenunabhängig.
- Werden dem Stellenplan bzw. Stellenbewertungsplan die stellenbesetzenden Personen zugeordnet, so spricht man von einem **Stellenbesetzungsplan**. Der Stellenbesetzungsplan liefert die personenbezogenen Informationen des Stelleninhabers.

Durch die Verknüpfung des Stellenplans, des Stellenbewertungsplans und des Stellenbesetzungsplans lassen sich die Grunddaten der Personaleinsatzplanung verdichtet darstellen. Stellenbeschreibung und Anforderungsprofile ergänzen den Stellenplan. Sie stellen den Aufgabenbereich der Stelle, die Kompetenzen des Stelleninhabers sowie die Qualifikationserfordernisse bezüglich der Aufgabenausübung dar.

| Abt./Betrieb: **Verkauf Bayern** | | | | | | | | | Stand: 2005 |
|---|---|---|---|---|---|---|---|---|---|
| Filiale: ................................ | | | | | | | | | |
| Bereich: Vertrieb | | | | | | | | | |
| Zahl der Stellen | Stellen Nr. | Stellenbezeichnung | Ausbildung nach Anforderungsprofil | Stellenbewertung Soll | Tarifgruppe Ist | Stelleninhaber | Veränderungen | | Begründung |
| 1 | 34601 | Gruppenleiter | Dipl.-Kfm./ Dipl.-Wirt.Ing. | K6 | K6 | Brun, G | - | -1 | Ersatzbeschaffung/ Kündigung |
| 1 | 35404 | Sekretärin | Sekretärin | K4 | K4 | Bulk, D | - | -1 | Versetzung |
| 3 | 35501 | Kfm. Sachbearb. | Betriebswirt | K5 | K5 | Arnt, B | +2 | - | Ausbau des Vertriebsnetzes |
| | 35401 | | Industriekaufm. | K4 | K4 | Ruf, H | | | |
| | 35402 | | Industriekaufm. | K4 | K5 | Rutte, R | - | -1 | Ersatz für Mitarbeiter in Pension |
| 2 | 35502 | Techn. Sachbearb. | Dipl.-Ing. (FH) | T5 | T4 | Weiß, P | - | - | Vertriebsnachwuchs |
| | 35403 | | Techniker | T4 | - | | - | -1 | freie Stelle |
| 1 | 36301 | Stenokontoristin | Bürogehilfin | K3 | - | - | - | -1 | freie Planstelle |
| 8 | | | | | | | +2 | -5 | |
| **Stellenplan** | | | | | | | | | |
| **Stellenpln und Stellenbewertungsplan** | | | | | | | | | |
| **Stellenplan, Stellenbewertungsplan und Stellenbesetzungsplan** | | | | | | | | | |

**Abb. 46:** Kombination von Stellen-, Stellenbewertungs- und Stellenbesetzungsplan[46]

Mit Hilfe des **Stellenplans** ist es der Einsatzplanung möglich, quantitativ (Anzahl verfügbarer Stellen) und qualitativ (Austauschbarkeit verschiedener beruflicher Qualifikationen) zu disponieren. Die Personaleinsatzplanung steht immer in enger Zusammenarbeit mit der Personalbeschaffungs- und Personalentwicklungsplanung. Aus dem Stellenplan kann die Einsatzplanung in diesem Zusammenhang Erkenntnisse gewinnen bezüglich

- der Ersatzbesetzung,
- der Besetzung neuer Stellen und
- des Abbaus von vorhandenen Stellen.

Die Führung und die ständige Aktualisierung der Stellenpläne erfolgt zunehmend mit Hilfe der elektronischen Datenverarbeitung (EDV). In der EDV werden zu diesem Zweck die Stellendatei und die Personaldatei aufgebaut.

Der **Stellenbesetzungsplan** wird auf der Grundlage des Stellenplans erstellt. Er beinhaltet die Abteilung bzw. den Betrieb, die Stellennummer, die Stellenbezeichnung und den Namen des Stelleninhabers. Damit im Stellenbesetzungsplan nicht nur der Ist-Zustand dargestellt wird, ist er durch die aus der Personalbedarfsplanung kommenden Daten zu ergänzen. Feststehende Veränderungen auf der Besetzungsseite wie Versetzungen, Zugänge und Abgänge, die ebenfalls in den Stellenbesetzungsplan einfließen,

---

46 Vgl. Rationalisierungskuratorium der Deutschen Wirtschaft: RKW-Handbuch Personalplanung, a.a.O., S. 358.

machen ihn zukunftsorientiert, da er Auskunft über die Deckung des Personalbedarfs, über die prognostizierten Geschäftsjahre oder einen bestimmten Stichtag (z.B. Pensionierung) gibt. Hier werden die Mitarbeiter zweckmäßigerweise zu hierarchischen Gruppen - siehe Planstellenkennziffern - zusammengefasst.

Aus Gründen der Flexibilität und der angesprochenen Zukunftsorientiertheit sollte ein Stellenbesetzungsplan so gestaltet sein, dass er ohne besonderen Aufwand verändert werden kann.

Abt./Betrieb: Verkauf Bayern
Filiale: .........................
Bereich: Vertrieb Geschäftsjahr: 2005

| Stellen-Nr. | Stellenbezeichnung | Stelleninhaber | Jahr | | | | | | | | | | | |
|---|---|---|---|---|---|---|---|---|---|---|---|---|---|---|
| | | | 2005 | | | | 2006 | | | | 2007 | | | |
| | | | Quartal | | | | Quartal | | | | Quartal | | | |
| | | | 1 | 2 | 3 | 4 | 1 | 2 | 3 | 4 | 1 | 2 | 3 | 4 |
| 34601 | Gruppenleiter | Brun, G. | Kündigung zum Q4; Ersatz u. Einarbeitung zum Q3 | | | | | | | | | | | |
| 35502 | Techn. Sachbearbeiter | Weiß, P. | | | | | | | | | | | | |
| 35403 | Techn. Sachbearbeiter | - | | | | | | Voraussichtl. Besetzung Q2 2006 | | | | | | |
| 35501 | Kfm. Sachbearbeiter | Amt, B. | | Neueinstellung zwecks Vertriebsausbaus | | | | | | | | | | |
| 35401 | Kfm. Sachbearbeiter | Ruf, H, | | Neueinstellung zwecks Vertriebsausbaus | | | | | | | | | | |
| 35402 | Kfm. Sachbearbeiter | Rutte, R. | | Teilzeit bis Ende 2005 | | | | | | | | | | |
| 35404 | Sekretärin | Bulk, D. | Versetzung von | | | Frau Schmidt, ab Q3 Frau Bulk | | | | | | | | |
| 36301 | Stenokontoristin | - | bleibt unbestzt | | | | | | | | | | | |

**Abb. 47:** Stellenbesetzungsplan[47]

Damit ein Stellenbesetzungsplan für die Personaleinsatzplanung ausreichende Informationen für die Planung enthält, sind verschiedenartige Zusatzpläne (z.B. spezielle Einsatzpläne, Schichtpläne, Urlaubspläne, Ablösefolgepläne, Jobsharing-Pläne, Nachfolgepläne, Dispositionspläne für Springer und Aushilfen) zu berücksichtigen.

## 3.3.3 Organisationsplan

Der Organisationsplan (Organigramm) stellt im Gegensatz zum Stellenplan größere organisatorische Einheiten (z.B. Direktionsbereich, Abteilung, Werk, Betrieb) im Zusammenhang dar. Durch ihn wird die Beziehung zwischen unterschiedlichen organisatorischen Einheiten sowie die Zuordnung zu entsprechenden Geschäftsbereichen eindeutig.

47 Vgl. Rationalisierungskuratorium der Deutschen Wirtschaft: RKW-Handbuch Personalplanung, a.a.O., S. 363.

Mit der Darstellung der aufbauorganisatorischen Struktur des Unternehmens wird, ausgehend von der Unternehmensführung, der Stellenwert der Funktion und ihr Bewegungsspielraum in der Gesamthierarchie deutlich.

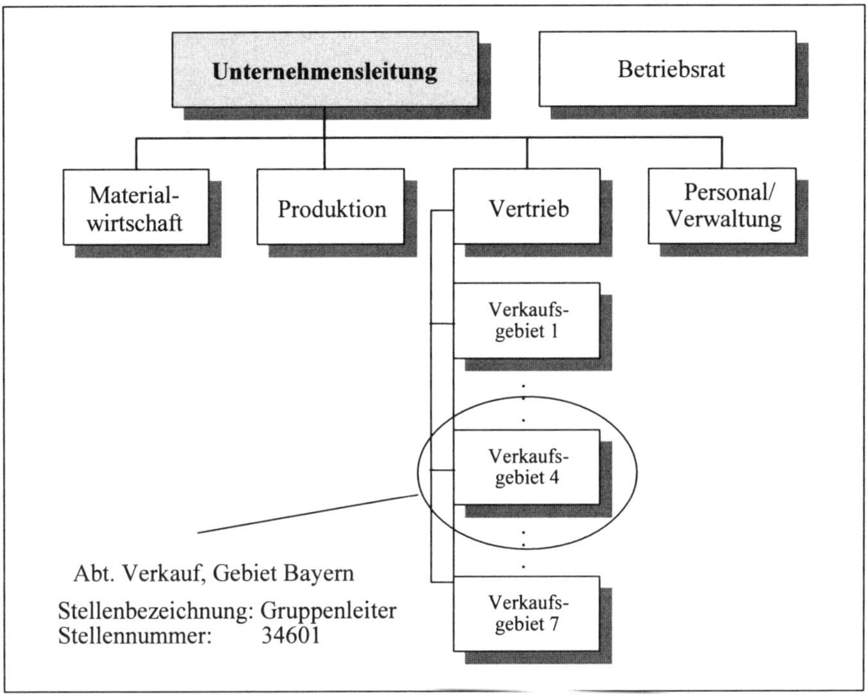


**Abb. 48:** Funktionale Organisationsstruktur

Organisationsplan und Stellenplan veranschaulichen gemeinsam die bestehende oder geplante betriebliche Aufbauorganisation. Die Aufgabengliederung, die Instanzeinbildung sowie die Rangordnung der Instanzen, die Unterstellungsverhältnisse und Anordnungswege sind ablesbar.

## 3.3.4 Stellenbeschreibung

Die Stellenbeschreibung stellt die höchstentwickelte Form der schriftlichen Festlegung organisatorischer Regelungen im Unternehmen dar. Sie erfüllt im Rahmen der Personalwirtschaft mehrere Funktionen:

- Die Personalbedarfsplanung orientiert sich an der Stellenbeschreibung bei der Festlegung von Aufgaben und Kompetenzen.
- In Verbindung mit den Anforderungsprofilen kann die Personalbeschaffung gezielt nach Stellenbewerbern suchen und sie auswählen.
- Innerhalb der Personalfreisetzungsplanung können abzubauende Stellen leichter ermittelt werden.

- In der Personalentwicklungsplanung können die Qualifikationsdefizite bei derzeitigen Stelleninhabern oder zukünftigen Stellenbewerbern mittels der Stellenbeschreibung festgelegt werden.
- Für den Inhaber der Stelle hat sie einen hohen Informationswert bezüglich der Ziele, Aufgaben und Befugnisse seiner Stelle sowie die organisatorische Einbindung der Tätigkeit.
- In der Personalkostenplanung ist die Stellenbeschreibung Grundlage zur Stellenbewertung. Sie erleichtert und objektiviert die Personalkostenplanung und –überwachung.

Eine Stellenbeschreibung sollte von einem Projektteam, dem Vertreter der Organisationsabteilung und der Personalabteilung angehören, erarbeitet werden. Weiterhin ist die rechtzeitige Einbeziehung des Betriebsrates angebracht.

| **Stellenbeschreibung** | |
|---|---|
| **Stellenbezeichnung, -nummer:** | |
| **Organisatorische Eingliederung:** | |
| **Hierarchische Einordnung:** | Unterstellung<br>Überstellung |
| **Aufgaben:** | |
| **Ziele:** | |
| **Kompetenzen:** | Sachkompetenz<br>Personalkompetenz |
| **Verantwortung:** | |
| **Vertretung:** | aktiv<br>passiv |
| **Anforderungsprofil:** | Ausbildung<br>Fachkenntnisse<br>Erfahrungen<br>persönliche Eigenschaften<br>Zusatzkenntnisse |
| **Vergütungsrahmen:** | |

**Abb. 49:** Stellenbeschreibung

Mittels eines Fragebogens können die erforderlichen Informationen zur Erarbeitung einer Stellenbeschreibung beim Stelleninhaber und/oder Vorgesetzten eingeholt werden. Gegenüber einer mündlichen Befragung hat das zum einen zeitliche Vorteile, und zum anderen kann sich der Stelleninhaber in aller Ruhe mit der Beantwortung der Fragen auseinandersetzen. Werden nicht alle erforderlichen Informationen durch den Fragebogen abgedeckt oder ausreichend beantwortet, so kann ein ergänzendes persönliches Gespräch die schriftlichen Ausführungen erläutern und ggf. erweitern. Bei der Auswertung der Fragebögen und der Aufstellung der Stellenbeschreibung können Fehler in der Organisation systematisch aufgedeckt werden. Möglicherweise sind Aufgabenzuordnungen, Befugnisse oder Unterstellungen neu zu überdenken und Arbeitsabläufe neu zu organisieren. Unzweckmäßige Arbeitsabläufe und Doppelarbeiten sind zu vermeiden. Die mit der Erarbeitung von Stellenbeschreibungen erkannten Mängel in der Organisation sind so zu beheben. Ein Beispiel für eine Stellenbeschreibung zeigt die folgende Abbildung:

<table>
<tr><th colspan="2">Stellenbeschreibung</th></tr>
<tr><td>1. Stellenbeschreibung:<br>Leiter Personaleinsatz</td><td>2. Rangstufe:<br>Gruppenleiter</td></tr>
<tr><td colspan="2">3. Ziel der Stelle bzw. Kurzbeschreibung des Aufgabengebietes:<br>Erarbeitung von geeigneten Hilfsmitteln und Maßnahmen für Personalplanung, -beschaffung, -einsatz.<br>Beraten der Führungskräfte und Mitarbeiter in schwierigen Fragen des Personaleinsatzes, so dass eine anforderungsgerechte Personalbesetzung unter Berücksichtigung der Wirtschaftlichkeit erreicht wird.</td></tr>
<tr><td>4. Stellenbezeichnung des direkten Vorgesetzten:<br>Leiter Personalabteilung</td><td>5. Der Stelleninhaber erhält zusätzlich fachliche Weisungen von (Stellenbezeichnung, Art und Umfang angegeben):</td></tr>
<tr><td>6. Stellenbezeichnung und Anzahl der direkt unterstellten Mitarbeiter:<br>Leiter Personalbetreuung<br>Leiter Personalplanung und -beschaffung<br>Personalaktenverwalter<br>(3 Mitarbeiter)</td><td>7. Der Stelleninhaber gibt zusätzlich fachliche Weisungen an (Stellenbezeichnung, Art und Umfang angegeben):</td></tr>
<tr><td>8. Der Stelleninhaber vertritt:<br>Leiter Personalabteilung</td><td>9. Der Stelleninhaber wird vertreten von:<br>Leiter Personalbetreuung</td></tr>
<tr><td colspan="2">10. Spezielle Vollmachten und Berechtigungen, die nicht in einer allgemeinen Regelung festgehalten sind:</td></tr>
<tr><td colspan="2">11. Beschreibung der Tätigkeiten, die der Stelleninhaber selbständig durchzuführen hat:<br>Der Stelleninhaber<br>- ermittelt Methoden zur Verbesserung der Personalplanung und berät Führungskräfte in der Anwendung der Personalplanungsmittel;<br>- schlägt der Personalabteilung langfristige Zielvorstellungen in Abstimmung mit den von der Abteilung Betriebswirtschaft gelieferten Daten und den Fachbereichen zur Verbesserung der Personalwirtschaftlichkeit vor;<br>- schlägt der Personalabteilung Maßnahmen in der Personalbeschaffung, die aus dem üblichen Rahmen fallen, unter besonderer Berücksichtigung der Wirtschaftlichkeit vor und führt sie durch;<br>- prüft alle Personalanzeigen intern und extern (auf Inhalt und zweckmäßigen Aufbau) und legt sie der Personalabteilung zur Entscheidung vor.</td></tr>
</table>

**Tarifbereich** (in Abstimmung mit den beteiligten Führungskräften)

Der Stelleninhaber

- entscheidet über Einstellungen und Versetzungen;
- führt Einstellungs- und schwierige Versetzungsgespräche;
- entscheidet über Einstellungs- und Versetzungsgehälter im Rahmen vorgegebener Richtlinien;
- berät alle Führungskräfte in schwierigen Fragen des Einsatzes und der Betreuung ihrer Mitarbeiter; entscheidet über Gehaltsänderungsanträge (Tarifgruppe, FZ, AZ, Leistungszulage);
- stellt den Terminplan für die periodische Leistungsbeurteilung auf, veranlasst die Durchführung und klärt evtl. Einsprüche;
- entscheidet im Rahmen der Richtlinien über Anträge auf Anrechnung von Dienstjahren, Berufsjahren, Sonderurlaub, Urlaubsverschiebungen, Überstundenauszahlung, Urlaubsabgeltung;
- berät die Führungskräfte und den Leiter Personalabteilung bei disziplinarischen Maßnahmen und Kündigungen durch den Arbeitgeber;
- bestätigt Arbeitnehmerkündigungen im Rahmen der Richtlinien;
- entscheidet über Zeugnisinhalt;
- berät Arbeitnehmer in persönlichen und betrieblichen Fragen (Einsatz-Förderfragen, aber auch in tarifrechtlichen Fragen);
- berät den Leiter Grundsatzfragen bei der Abfassung von Musterverträgen

**AT-Bereich**

- prüft Personalanforderungen hinsichtlich der sachlichen Voraussetzungen und legt sie der Personalabteilung vor;
- schlägt inner- und außerbetriebliche Bewerber vor und berät den Leiter der Personalabteilung bei Auswahl, Gehaltsvorstellung im unteren AT-Bereich;
- erarbeitet, empfiehlt und berät in personalpolitischen Grundsatzfragen, wirkt als Referent bei Führungskräfte-Seminaren mit;
- arbeitet im Sicherheitsbeirat mit.

**Die dargestellten Tätigkeiten werden- soweit nicht schon geschehen- spätestens nach 6 Monaten seit der Einführung der Stellenbeschreibung übernommen**

| | | | |
|---|---|---|---|
| Datum | Datum | Datum | Datum |
| Unterschrift Stelleninhaber | Unterschrift unmittelbarer Vorgesetzter | Unterschrift nächsthöherer Vorgesetzter | Unterschrift ausführende Stelle |

**12. Änderungsvermerke:**

**Abb. 50:** Stellenbeschreibung - Leiter Personaleinsatz[48]

[48] Pillat, R.: Neue Mitarbeiter - erfolgreich anwerben, auswählen und einsetzen, a.a.O., S. 362 f.

Innerhalb der Stellenbeschreibung werden die bestehenden Verhältnisse fixiert. Die dadurch entstehenden "Gefahren der Erstarrung und des Veraltens von Stellenbeschreibungen mindern den Wert dieses Instruments allerdings erheblich."[49] Deshalb muss die Stellenbeschreibung in einem bestimmten Rhythmus entsprechend aller eintretenden oder sich abzeichnenden Veränderungen angepasst werden. Eine Überprüfung der Stellenbeschreibung erfolgt in der Praxis etwa alle zwei bis drei Jahre.[50]

## 3.3.5 Personalakte und -kartei

In einer Personalakte sind sämtliche dem Mitarbeiter zugehörigen persönlichen Daten zeitlich und sachlich geordnet zu archivieren. Beginnend mit den Schriftstücken der Bewerbungskorrespondenz, den Bewerbungsunterlagen und dem Arbeitsvertrag wird die Personalakte durch Unterlagen wie Dienstzeitabrechnungen, Bewerbungen auf innerbetriebliche Stellenausschreibungen, Personalentwicklungspläne usw. ergänzt.

Um die Personalakte für die Personaleinsatzplanung schnell überschaubar zu gestalten, empfiehlt sich die Anfertigung einer Personalkarte. Die für die Einsatzplanung notwendigen Informationen werden dort übersichtlich angeordnet und im Zuge der EDV-Unterstützung als Personaldatei abgespeichert.

## 3.3.6 Anforderungs- und Fähigkeitskartei

Für die Personaleinsatzplanung ist es wichtig, die Informationen über Stelle und Stelleninhaber jederzeit in einheitlicher und vergleichbarer Form zur Verfügung zu haben. Um dies zu realisieren, müssen Anforderungs- und Fähigkeitsdateien aufgebaut werden. In Zusammenarbeit mit der Entwicklungsplanung, Arbeitsanalytikern, Werksärzten, Sicherheitsingenieuren und dem Betriebsrat können solche Dateien erstellt werden.

Der Aufbau von korrespondierenden Anforderungs- und Fähigkeitsprofilen erfordert eine Grobgliederung der Anforderungen an Stelle und Stelleninhaber. Sind die Anforderungsmerkmale der einzelnen Stellen und die Fähigkeitsmerkmale der Stelleninhaber analytisch erfasst und in Dateien, Karten, Listen oder Formularen registriert, so können sie über den Vergleich mit Hilfe der Profilmethode in der Einsatzplanung verwendet werden.

In der Anforderungs- und Fähigkeitskartei werden entsprechende Merkmale der Stelle und des Stelleninhabers gegenübergestellt (vgl. Abb. 51).

Beispielsweise erfordert die Merkmalsgruppe I. eine Gegenüberstellung von Stellennummer und Stellenbezeichnung auf der Stellenseite zu Name, Vorname und Geburtsdatum auf der Stelleninhaberseite. In der Merkmalsgruppe IV. findet man auf der Stellenseite Vorschläge über einzuleitende Maßnahmen (z.B. zur menschengerechten Stellengestaltung) und auf der Seite des Stelleninhabers Empfehlungen (z.B. zur Fortbildung oder zur Übernahme geeigneter Tätigkeiten).

---

49 Drumm, H.J.: Personalwirtschaftslehre, a.a.O., S. 391.

50 Zu Beispielen für die praktische Einführung von Stellenbeschreibungen vgl. auch Knebel, H./Schneider, H.: Die Stellenbeschreibung, 7. Auflage, Heidelberg 2000, S. 157 ff.

| **I.** | **Allg. Merkmale** | **Stellendaten** | **Stelleninhaberdaten** |
|---|---|---|---|
| 1.1 | Identifizierende Merkmale | - Stellennummer<br>- Stellenbezeichnung | - Name, Vorname<br>- Geburtsdatum |
| 1.2 | Allgemein beschreibende Merkmale | - Aufgaben<br>- Arbeitsmittelplatz<br>- Arbeitsabläufe | - Geschlecht<br>- Staatsangehörigkeit<br>- Familienstand<br>- Adresse, Telefon |
| 1.3 | Anforderungen an Kenntnisse | - Schul- und Fachausbild.<br>- Berufserfahrung<br>- Fort- und Weiterbildung | vorhandene Kenntnisse |
| **II.** | **Physische Merkmale** | **Physische Anforderungen** | **Physische Fähigkeiten** |
| 2.1 | Belastung der Muskeln | - Arbeitsschwere<br>- Kurzzeitige Höchstbelastung | |
| 2.2 | Körperhaltung | - Körperhaltung | |
| 2.3 | Sehen und Hören | - Sehschärfe, räumliches- u. Farbsehen<br>- Hörvermögen | |
| 2.4 | Funktion der Gliedmaßen | - Obere Gliedmaßen<br>- Untere Gliedmaßen | |
| 2.5 | Sonstige physische Merkmale | - Wechselschicht<br>- Maskentauglichkeit<br>- Schwindelfreiheit | |
| 2.6 | Umgebungseinflüsse | - Klima, Lärm, Schmutz<br>- Wasser, Chemikalien<br>- Staub, Gas, Dampf in der Atemluft | |
| **III.** | **Psychische Merkmale** | **Psych. Anforderungen** | **Psychische Fähigkeiten** |
| 3.1 | Geistige Merkmale | - Auffassungsgabe und Merkfähigkeit<br>- Mechanisch-technisches Verständnis<br>- Organisations- und Dispositionsfähigkeit<br>- Rechnerisches Verständnis<br>- Mündliche, schriftliche Ausdrucksfähigkeit<br>- Bewegungs- und Entfernungsschätzen<br>- Räumliches Vorstellungsvermögen | |
| 3.2 | Arbeits- und Gemeinschaftsverhalten | - Arbeitstempo und -qualität<br>- Selbständigkeit und Initiative<br>- Verantwortungsbereitschaft<br>- Belastbarkeit und Ausdauer<br>- Umstellungsfähigkeit<br>- Kontakt- und Führungsfähigkeit | |
| 3.3 | Sensomotorische Merkmale | - Reaktionsvermögen<br>- Handgeschicklichkeit<br>- Körpergeschicklichkeit | |
| 3.4 | Sonstige psychische Merkmale | - Konzentrationsfähigkeit<br>- Monotoniefestigkeit<br>- Fähigkeit zur Einzelarbeit | |
| **IV.** | **Maßnahmen** | **Einzuleit. Maßnahmen** | **Empfohlene Maßnahmen** |
| 4 | Einzuleitende und empfohlene Maßnahmen | - Arbeitsplatzgestaltung<br>- Ergonomie<br>- Arbeitssicherheit | - Fort- und Weiterbildung<br>- Einsatzveränderung<br>- Führungskräfteförderung |

**Abb. 51:** Gliederung der Stellen- und Stelleninhaberdaten

## 3.4 Wechselseitige Anpassung von Stelle und Stelleninhaber

Damit der Personaleinsatz in einem menschengerechten Rahmen möglich ist, muss die Arbeitsaufgabe, die Arbeitsmethode, der Arbeitsplatz und das Arbeitsumfeld so an den Menschen angepasst werden, dass einerseits der Arbeitseinsatz möglichst effizient, andererseits aber eine Beeinträchtigung der Gesundheit auszuschließen ist. Die Gestaltung von menschengerechten Arbeitsbedingungen umfasst die Analyse von Arbeitsplatzbereichen bzw. -tätigkeiten, die autonom und kurzfristig veränderbar sind, ohne dass ablauforganisatorische Interdependenzen zu anderen Arbeitsbereichen berührt werden und weiterreichende Analysen in der Gestaltung der Arbeitsbedingungen, die langfristigere organisatorische Regelungen und Prozessabläufe berücksichtigen. Man verfolgt damit folgende Ziele:

- Das Ziel der vom Arbeitsprozess unabhängigen und stelleninhaberorientierten Gestaltung der Arbeitsbedingungen ist die kurzfristige und unmittelbare Verringerung der individuellen Arbeitsbelastung.
- Ziel der vom Arbeitsprozess abhängigen und prozessorientierten Gestaltung der Arbeitsbedingungen ist die kurzfristige und unmittelbare Verringerung der kollektiven Arbeitsbelastung in dem betreffenden Arbeitsbereich.

Das übergeordnete Ziel ist die bestmögliche Nutzung der menschlichen Leistung innerhalb der Grenzen der individuellen Leistungsfähigkeit. Die Kriterien für eine menschengerechte Arbeitsgestaltung sind:[51]

1. **Ausführbarkeit der Arbeit:** Welche kurzzeitige Höchstbelastung kann ohne Gesundheitsschädigung erbracht werden?
2. **Erträglichkeit der Arbeit:** Welche langfristige Höchstbelastung kann ohne Gesundheitsschädigung erbracht werden?
3. **Zumutbarkeit der Arbeit:** Welche Belastungsdauer, bewertet durch soziale Normen, kann auf Dauer erbracht werden?
4. **Zufriedenheit durch die Arbeit:** Wie ist die subjektive Einschätzung der Arbeit durch den einzelnen Mitarbeiter?

Die menschliche Leistung wird aber nur zum Teil durch die Gestaltung der Arbeitsbedingungen aufrechterhalten bzw. vergrößert. Aspekte der Arbeitsmotivation, durch Anpassung der Arbeitsinhalte, Selbstverwirklichung im Arbeitsprozess oder soziale Komponenten wie menschlicher Umgang als intrapersonelle Komponente, beinhalten ein erhebliches Potenzial, welches als freiwillige Mehrleistung dem Unternehmen zufließt.

### 3.4.1 Arbeit und Arbeitsleistung

Die Personaleinsatzplanung orientiert sich an der arbeitswissenschaftlichen Unterteilung des Arbeitsbegriffs in Bewegungsarbeit, Haltearbeit und geistige Arbeit, an dem Arbeitsbegriff als Produktionsfaktor in ausführende und dispositive Arbeit und an der Un-

[51] Vgl. Rohmert, W.: Praktische Arbeitsphysiologie, 3. Auflage, Stuttgart/New York 1983, S. 17 ff. und Rudow, B.: Das gesunde Unternehmen. Gesundheitsmanagement, Arbeitsschutz und Personalpflege in Organisationen, München 2004, S. 231 f.

terscheidung aus der Ergonomie in **energetische** und **informatorische** Arbeit. Somit besteht eine Analogie der physischen menschlichen Arbeit (Bewegungs-, Halte- oder energetische Arbeit) zur physikalischen Arbeit (Kraft · Weg) und eine neue Dimension in Form der psychischen Arbeit (geistige oder informatorische Arbeit).

- **Energetische Arbeit:** Muskuläre Arbeit, durch statische (Haltearbeit) oder dynamische (Bewegungsarbeit) Muskelbelastung und sensomotorische, koordinatorische Arbeit, bei einseitiger dynamischer Muskelbelastung mit gleichzeitiger Konzentrationsbelastung.
- **Informatorische Arbeit:** Reaktive und kombinatorische Arbeit durch interaktive Informationsaufnahme und -weiterverarbeitung, bei Beanspruchung der Sinnesorgane und Nerven sowie kreative Arbeit bei mentaler und emotionaler Beanspruchung durch Informationserzeugung.

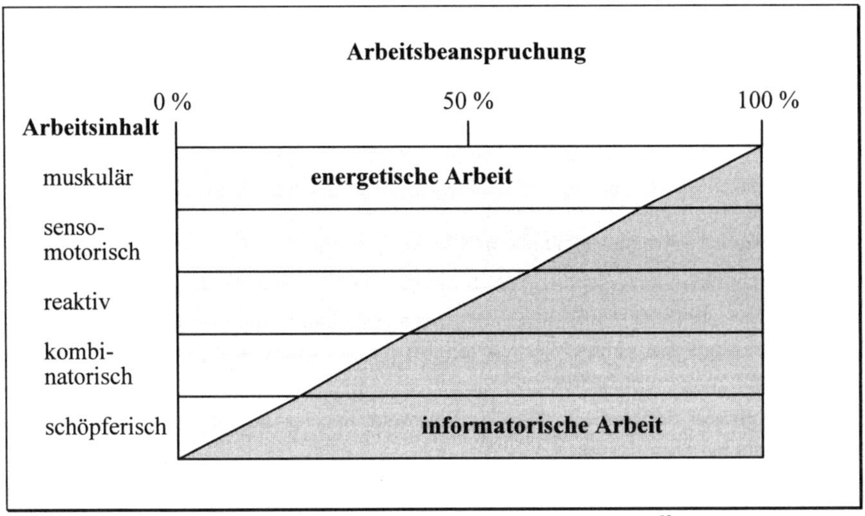


**Abb. 52:** Anteil von energetischer und informatorischer Arbeit am Arbeitsinhalt[52]

Im ökonomischen Sinn lässt sich der Arbeitsbegriff wie folgt zusammenfassen: "Arbeit ist die planmäßig vorbereitete, zweckgerichtete, bewusste und soziale Tätigkeit des Menschen, bei der er körperliche und geistige Kräfte verausgabt, die ersetzt werden müssen, um die Tätigkeit fortführen zu können. Die Arbeit verkörpert in sich die Einheit von äußerer Zwecksetzung (zum Beispiel Herstellung und Verkauf eines Gutes) und innerer Einstellung, geleitet von Motiven, die in Bedürfnissen begründet sind."[53]

Die Arbeit wird durch den zeitlichen Bezug zur Arbeitsleistung erweitert. Mathematisch ist die Arbeitsleistung der Quotient aus Arbeitsmenge pro Zeiteinheit. Die menschliche Arbeitsleistung hängt von dem Leistungsangebot des Menschen ab, das sich aus der Leistungsfähigkeit und der Leistungsbereitschaft zusammensetzt, und von der Leistungsanforderung durch die Arbeitsinhalte.

---

52 Vgl. Rohmert, W.: Praktische Arbeitsphysiologie, a.a.O., S. 25.

53 Manske, B.: Personaleinsatz und Arbeitsorganisation in Handel und Gewerbe, Berlin 1991, S. 8.

Die menschliche Leistung ist ein äußerst vielschichtiger Komplex. Die Leistung, die ein Mensch am Arbeitsplatz erbringt, kommt erst dann zustande, wenn einer Leistungsforderung auch ein Leistungsangebot der Arbeitsperson gegenübersteht.

Das Leistungsverhalten eines Aufgabenträgers ist immer ein Produkt mehrerer Einflussgrößen. Auf der einen Seite wirken aus dem Arbeitsplatz resultierende Einflussgrößen, auf der anderen Seite individuelle personenbedingte Faktoren:[54]

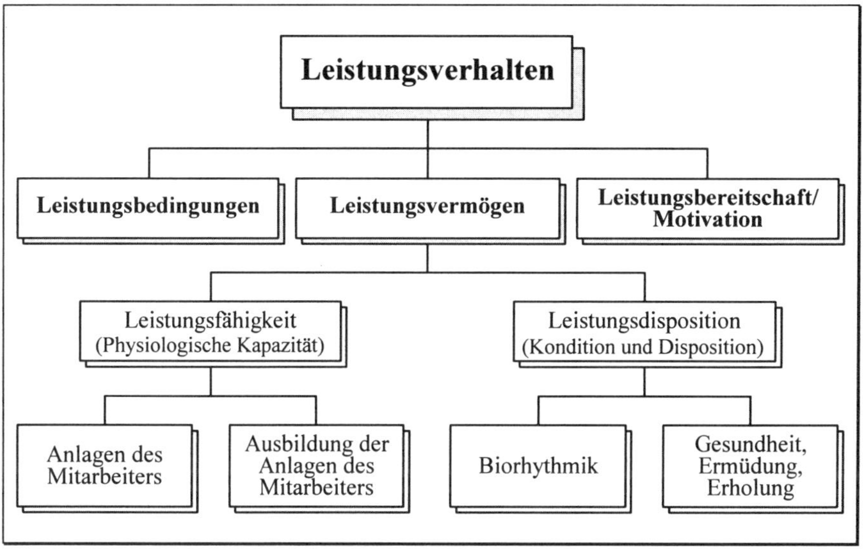


**Abb. 53:** Bestimmungsfaktoren menschlicher Arbeitsleistung

Im Wesentlichen wird das Leistungsverhalten determiniert von:

- den **Leistungsbedingungen**, als situative organisatorische und ablaufbezogene Gegebenheiten,
- dem **Leistungsvermögen** des Mitarbeiters, als Ausmaß in dem er Arbeitsleistungen erbringen kann. Es wird durch seine Leistungsfähigkeit und seine Leistungsdisposition bestimmt. Während die Leistungsfähigkeit die theoretisch maximale Kapazität eines Menschen darstellt, bestimmt die Leistungsdisposition, welcher Anteil der Leistungsfähigkeit aufgrund der Tagesrhythmik, des Gesundheitszustandes, der Ermüdung und Erholung etc. abgegeben werden kann,
- der **Leistungsbereitschaft** oder **Motivation** eines Mitarbeiters, als Umfang, in dem er bereit ist, sein Leistungsvermögen in der Unternehmung zur Verfügung zu stellen.

Die Leistungsfähigkeit ist die Leistung, die ein Mensch auszuüben in der Lage ist. Sie entspricht dem Gesamtniveau der individuell möglichen Leistung. Die Leistungsbereitschaft bestimmt, welcher Anteil der gesamten Leistungsfähigkeit für eine Arbeitsleistung freigesetzt wird.

---

[54] Vgl. REFA: Methodenlehre der Betriebsorganisation, Datenermittlung, a.a.O., S. 125 ff.

Während der Leistungsfähigkeit natürliche Grenzen gesetzt sind, kann die Leistungsbereitschaft durch Motivation gesteigert werden. Zur Beurteilung der Arbeitsleistung muss die Personaleinsatzplanung die Arbeitsbedingungen und die individuellen physischen und psychischen Fähigkeiten kennen. Die durchschnittliche Arbeitsleistung wird z.B. als Akkordrichtsatz bei Normalleistung quantifiziert.

## 3.4.2 Ergonomie

Die Ergonomie gibt die Rahmenbedingungen des humanen Arbeitseinsatzes als Konsequenz aus Belastung und Beanspruchung vor, die in der operativen Ebene als arbeitsplatzgestalterische Maßnahmen umgesetzt werden. Grundlage für gestalterische Maßnahmen sind die Prinzipien menschlicher **Informationsverarbeitung** und menschlicher **Kraft- und Energieerzeugung**.

- Allgemein basiert die **Informationsverarbeitung** auf der Transaktion von Reizen (Signale) durch Wahrnehmungsprozesse (Informationsaufnahme), die Weiterverarbeitung durch Bewertungs- und Gedächtnisoperationen und die Handlung durch entsprechende Entscheidungsprozesse. Im Rahmen arbeitswissenschaftlicher Untersuchungen zur Beanspruchung geben Modelle zur Informationsverarbeitung die Grunddaten zur Gestaltung von Arbeitssystemen.
- Die menschliche **Kraft- und Energieerzeugung** wird durch eine arbeits- oder situationsspezifische Belastung hervorgerufen. Das Erzeugen von Kräften ist das Ziel der energetisch-effektorischen Arbeit (Muskelarbeit). Unterschieden wird in schwere oder einseitige dynamische Muskelarbeit und statische Haltungsarbeit, statische Haltearbeit oder statische Kontraktionsarbeit. Bei statischer Arbeit führt der hohe Muskelinnendruck zu einer Unterversorgung des Muskels mit Blut. Der Mensch ermüdet schneller als bei dynamischer Arbeit, da bei dynamischer Arbeit die Durchblutung mit dem Blutbedarf i.d.R. im Gleichgewicht steht. Erst bei sehr hoher dynamischer Belastung kommt es durch die begrenzte Kapazität des Herz-Kreislaufsystems zu einer Unterversorgung.[55]

Schwerpunkte ergonomischer Arbeitsplatzgestaltung sind die Beurteilungskriterien der Ausführbarkeit und Erträglichkeit der Arbeit. Zumutbarkeit und Zufriedenheit sind Disziplinen der Arbeitssoziologie und -psychologie. Wegen der schlechten Trennung der vier Kriterien kann man für die ergonomische Arbeitsplatzgestaltung **zusammenfassen**:

| Arbeit muss ausführbar und erträglich und sollte zumutbar und zufriedenstellend sein. |
|---|

Die Ergonomie verfolgt somit die folgenden **Ziele**:

- Gesundheitsschutz
- Soziale Angemessenheit der Arbeit
- Technisch-wirtschaftliche Rationalität

[55] Vgl. Luczak, H.: Arbeitswissenschaft, Berlin/ Heidelberg/New York 1993, S. 214 ff.

Die Ergonomie hat im Zusammenhang mit der Humanisierung der Arbeit einen hohen Stellenwert, da sie geeignet ist, durch den Abbau bzw. die Verhinderung körperlicher und psychischer Belastungen sowohl die ökonomische als auch die soziale Effizienz einer Organisation zu erhöhen.

## (1) Belastung und Beanspruchung

Für einen ergonomischen Arbeitseinsatz müssen im ersten Schritt sämtliche Einflussfaktoren auf den Arbeitsplatzinhaber festgestellt werden. Die Einflussfaktoren sind durch die Art der Arbeitsinhalte (energetische und informatorische Arbeit), der Umweltbedingungen in Form physikalischer Faktoren (Schall, Licht, Klima, Farbe, Schwingungen, Strahlung), chemischer und biologischer Faktoren (chemische Stoffe, Bakterien, Staub, Rauch, Gase), arbeitsorganisatorischer und sozialer Faktoren zu unterscheiden.

Als zweiter Schritt werden die Einflussfaktoren nach Ausführbarkeit und Zumutbarkeit bewertet. Unterschieden werden hierbei die objektiv quantifizierbaren Belastungsgrößen (physikalische, biologische und chemische Faktoren) und die nur subjektiv quantifizierbaren Belastungsfaktoren (Stress, Wechselbelastung, Zeit- und Gruppendruck, Monotonie) nach Intensität und Dauer. Mit dieser Bewertung lässt sich dann durch Kumulation der Belastungsfaktoren die Arbeitsbelastung messen.

| Gesamtarbeitsbelastung = f (Intensität aller Belastungsgrößen und -faktoren über die Zeit) |
|---|

Die Beanspruchung ist die individuelle Reaktion des Mitarbeiters auf die Belastung. Die Belastung ist also die Voraussetzung für die Beanspruchung.

| Beanspruchung = f (Belastung, individuelle Fähigkeiten, Eigenschaften, Bedürfnisse) |
|---|

Bei gleicher Belastung ergeben sich inter- und intrapersonelle Unterschiede in der Beanspruchung. Diese Unterschiede sind Ausdruck von individuell und zeitlich verschiedener bzw. veränderlicher Kompetenz, Veranlagung, Kondition, Disposition und Motivation. Gerade die Disposition und Motivation und der damit verbundene Leistungswille können sich bei intrapersonellen Veränderungen positiv oder negativ verändern.

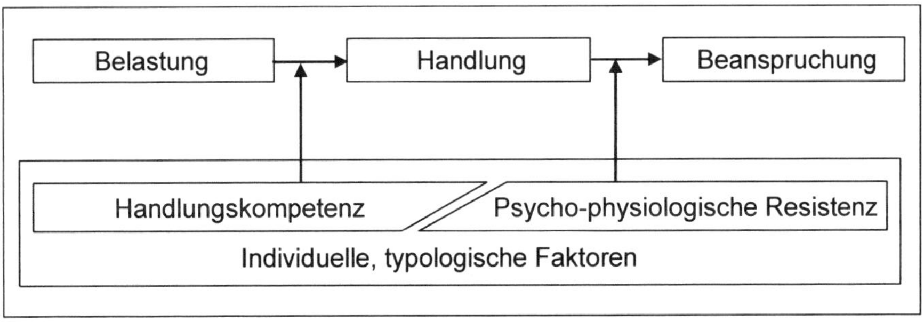


**Abb. 54:** Erweitertes Belastungs-Beanspruchungskonzept

Für die Beurteilung der Beanspruchung wird im Gegensatz zu der durchschnittlichen Arbeitsleistung nicht die ergonomisch zumutbare Durchschnittsbeanspruchung quantifiziert, sondern eine ergonomische Bandbreite im Rahmen ausführbarer und erträglicher Anforderungen festgelegt, deren Streubereich in dem Streubereich menschlicher Eigenschaften liegt.

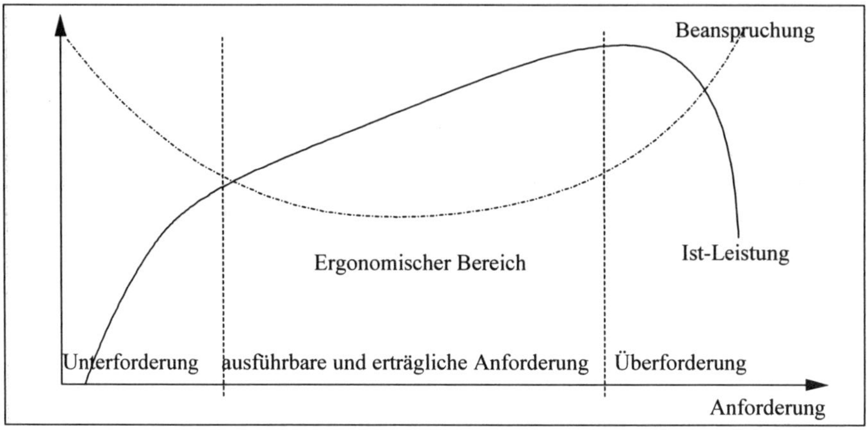


**Abb. 55:** Ergonomische Bandbreite[56]

## (2) Leistungsschwankung

Durch die Beanspruchung tritt auf Dauer eine Leistungsminderung ein. Der durch Ermüdung eintretende Verlust an Leistungsfähigkeit kann nur durch Erholung ausgeglichen werden. Durch Pausen während der Arbeitszeit lässt sich diese Minderung bis zu einem gewissen Grad kompensieren, wobei die optimale Pausenlage und Pausenzeit relevant für den Kompensationsgrad sind. Bei hoher körperlichen Belastung sind häufigere, kurze Pausen durch den exponentiell degressiven Verlauf der Erholungsfunktion günstiger als wenige und lange Pausen.

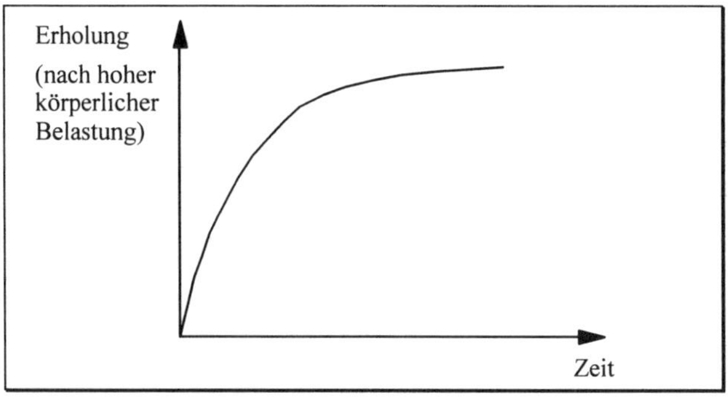


**Abb. 56:** Erholungsfunktion bei hoher körperlicher Belastung

56 In Anlehnung an Rohmert, W.: Ergonomie, was ist das?, Köln 1976, S. 15.

Weiterhin haben arbeitsmedizinische Untersuchungen ergeben, dass die menschlichen Organe keine gleichmäßige Leistung erbringen, sondern charakteristischen periodischen Schwankungen unterworfen sind.

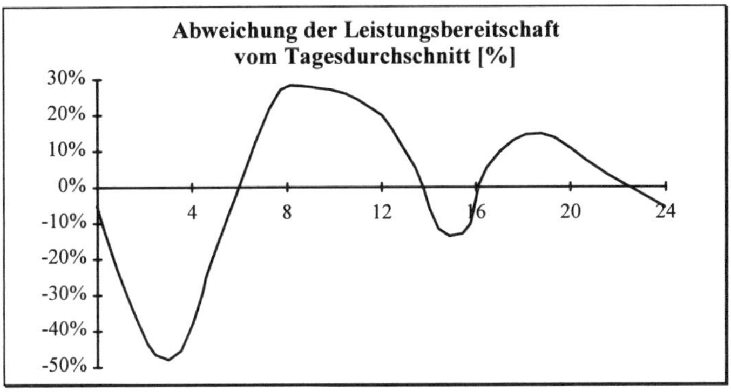


**Abb. 57:** Verlauf der physiologischen Leistungsbereitschaft über 24 Stunden[57]

Die dargestellte Kurve entspricht einem durchschnittlichen Kurvenverlauf der physiologischen Leistungsbereitschaft, die Maxima und Minima weisen jedoch von Mensch zu Mensch individuelle Abweichungen auf. Ein vom Willen nicht beeinflussbarer Regelmechanismus schaltet im Tagesablauf die Körperfunktionen in regelmäßigem Rhythmus in Arbeits- und Erholungsphasen.

Langfristig führt auch negativ bewerteter Stress zu einer Leistungsminderung bis zu stressbedingten Krankheitsbildern (Herzinfarkt). "Stress resultiert aus einem tatsächlichen oder wahrgenommenen Ungleichgewicht zwischen der aus einer Situation resultierenden Anforderung bzw. Belastung und der Einschätzung, diese mit den verfügbaren Ressourcen nicht bewältigen zu können."[58] In einer solchen Arbeitssituation melden Stress-Sensoren dem Organismus eine Stressreaktion durch Aktivierung des vegetativen Nervensystems und als Folge die Steigerung der Herzfrequenz. Dieser Beanspruchungszustand kann nicht auf Dauer von der Person bewältigt werden, kurzfristig aber durch vermehrte Hormonausschüttung zu einer Leistungssteigerung führen.

**Zusammenfassend** lassen sich die Aufgaben der Ergonomie und der methodischen Konzepte entsprechend der nachfolgenden Tabelle darstellen:

| Aufgaben | Theorie-Bezug |
|---|---|
| Analysieren | Arbeitssystem |
| Messen | Belastungs-Beanspruchung |
| Beurteilen | Bewertung: Ausführbarkeit, Erträglichkeit (Zumutbarkeit, Zufriedenheit) |
| Gestalten | Harmonisieren von Humanität und Wirtschaftlichkeit |

**Abb. 58:** Aufgaben und methodische Konzepte der Ergonomie

57 Vgl. Graf, O: Arbeitsphysiologie, Wiesbaden 1960, S. 16.

58 Ulrich, E., Arbeitspsychologie, 3. Aufl., Stuttgart 1991, S. 288

## 3.4.3 Arbeitsplatzgestaltung

"Die Gestaltung des Arbeitsplatzes soll die verschiedenen Elemente und Teilsysteme eines Arbeitssystems räumlich so zusammenfassen, dass die Tätigkeit möglichst optimal ausgeführt werden kann und dabei menschengerechte Tätigkeitsbedingungen sichergestellt sind."[59] Im engeren Sinne werden Arbeitsplatz und Mensch wechselseitig angepasst, im weiteren Sinne umfasst die Arbeitsplatzgestaltung auch die Anpassung des Arbeitsumfeldes.

Die ergonomische Arbeitsplatzgestaltung erweitert die Disziplin des klassischen Arbeitsstudiums (Effektivität und Produktivität) durch die interdisziplinäre Lehre von der Wechselwirkung zwischen Mensch und Arbeit. Durch diese Erweiterung soll eine Gesamtoptimierung des Arbeitssystems geschaffen werden.

Es kann zwischen den folgenden Disziplinen der Arbeitsplatzgestaltung unterschieden werden:

| Disziplin | Untersuchungsbereiche | Gestaltungsschwerpunkte |
|---|---|---|
| **Anthropometrie** | Lehre von durchschnittlichen menschlichen Körpermaßen und Bewegungsbereichen. | Grundlage für die maßliche Gestaltung von Arbeitsplätzen |
| **Physiologie** | Untersuchungsbereich ist die Beanspruchung des menschlichen Körpers durch körperliche und geistige Belastungen sowie die damit verbundene Ermüdung unter bestimmten Umgebungseinflüssen. | Wahl der Arbeitsform und Pausenform unter Berücksichtigung der Arbeitsschwere, -dauer und -intensität und der Arbeitsumgebung (Staub, Klima, Schall, Beleuchtung). |
| **Psychologie** | Die Erforschung der Wirkung von Umwelteinflüssen und der Aufgabengestaltung auf die Leistungsbereitschaft des Mitarbeiters steht im Mittelpunkt. | Förderung der Kooperation und Kommunikation, Job enlargement, Job enrichment, Job rotation, Wahl von Farben, Musik, Einrichtung. |
| **Technologie** | Gestaltung der Arbeitsinhalte im Hinblick auf die größtmögliche Wirtschaftlichkeit. | Technologische Form des Arbeitsplatzes, ablauforganisatorische Gestaltung des Arbeitsumfeldes, Art u. Umfang der informatorischen Unterstützung am Arbeitsplatz (akustisch, visuell, tastbar). |
| **Sicherheit** | Sicherheitstechnische Maßnahmen, die dem Schutz des Menschen bei der Arbeit dienen. | Sicherheitsgerechte Konstruktion sämtlicher Bauteile am Arbeitsplatz und im Arbeitsumfeld wie Abmessungen, eingesetzte Werk-, Betriebs- und Hilfsstoffe, elektrische Schaltungen, bewegliche, scharfe oder spitze Teile, Oberflächen, Kennzeichnungen, Schutzeinrichtungen etc. |

**Abb. 59:** Disziplinen der Arbeitsplatzgestaltung

59 Kirchner, J. H./ Baum, E.: Ergonomie für Konstruktion und Arbeitsgestalter, München 1990, S. 198.

Die dargestellte Breite der Untersuchungsformen zeigt die komplexen Möglichkeiten der Arbeitsplatzgestaltung zur Schaffung oder Wandlung humaner Arbeitsplätze, die im Einklang mit der Arbeitsleistungsmaximierung stehen bzw. diese erst ermöglichen.

## (1) Anthropometrische Arbeitsplatzgestaltung

Ziel der anthropometrischen Arbeitsplatzgestaltung ist die menschengerechte Anpassung der Arbeitsplatzabmessungen. Sie bildet die Grundlage für weitere ergonomische Disziplinen, wie z.B. für die informationstechnische Arbeitsgestaltung.

Die **Körpermaße** des Menschen sind die Konstruktionsgrundlage für die Arbeitsplatzgestaltung. Die Maßtabellen (z.B. DIN 33402) berücksichtigen, dass die Summenhäufigkeit der Körpermaße **normalverteilt** ist.

Die Arbeitsplatzabmessungen sollen für möglichst viele Menschen günstige Arbeitsbedingungen schaffen. Abgegrenzt wird die Bandbreite der Konstruktionsmaße durch die Summenhäufigkeit von unter 5% und über 95%. Somit liegen 90% der ausgewachsenen Bevölkerung innerhalb dieser Grenzen (zwischen unterem und oberem Grenzwert, vgl. folgende Abbildung).

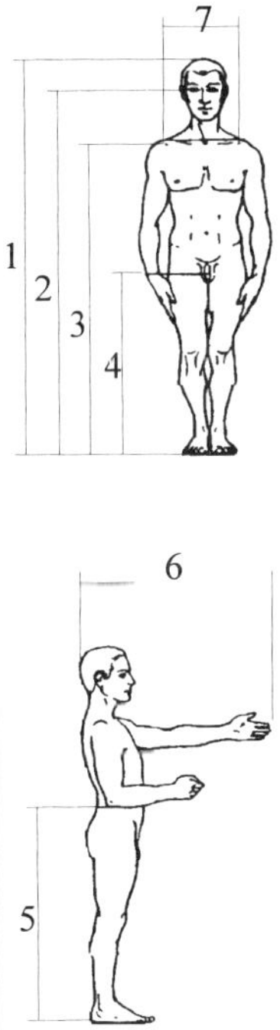


| Nr. | Maßbezeichnung | M: Männer F: Frauen | unterer Grenzwert | Mittelwert | oberer Grenzwert |
|---|---|---|---|---|---|
| 1 | Körperhöhe | M | 164,5 | 174,5 | 184,5 |
| | | F | 152,0 | 163,5 | 175,0 |
| 2 | Augenhöhe | M | 153,5 | 163,5 | 173,5 |
| | | F | 142,0 | 153,0 | 164,0 |
| 3 | Schulterhöhe | M | 137,0 | 146,5 | 156,0 |
| | | F | 124,0 | 132,0 | 140,0 |
| 4 | Schritthöhe | M | 75,4 | 81,5 | 88,4 |
| | | F | - | - | - |
| 5 | Ellenbogenhöhe | M | 102,0 | 109,5 | 117,0 |
| | | F | 92,5 | 100,0 | 107,5 |
| 6 | Armreichweite | M | 66,2 | 72,2 | 78,7 |
| | | F | 61,6 | 69,0 | 76,2 |
| 7 | Schulterbreite | M | 37,0 | 40,0 | 43,0 |
| | | F | 32,5 | 36,0 | 39,5 |

Alle Maßangaben in cm

**Abb. 60:** Körpermaße für Frauen und Männer [60]

[60] Körpermaße für unbekleidete Menschen in stehender Körperhaltung, Altersgruppe 26 - 40 Jahre (Auszug aus DIN 33 402, Teil 2).

Der Arbeitsplatzgestalter muss zusätzlich zu den Tabellenwerten die folgenden Randbedingungen beachten:

- Akzeleration (allgemeine Zunahme der Körpermaße)
- Einfluss von Lebensalter und Körpergewicht
- Geschlechtsspezifische Körperproportionen
- Ethnische Unterschiede (Südländer sind statistisch kleiner als Nordländer)
- Ermüdungsgrad (Unterschied zwischen zusammengesackter (ermüdeter) und aufrechter Haltung)
- Zu- und Abschläge für Arbeitskleidung (Winter-, Sommer-, Schutzkleidung)

Für die konstruktive Berücksichtigung der Randbedingungen wird zwischen den inneren und äußeren Arbeitsplatzmaßen unterschieden. "Als Innenmaße werden die Abmessungen bezeichnet, die mindestens notwendig sind, um auch den größten Personen ein ungehindertes Arbeiten zu ermöglichen (z.B. Kniefreiheit zwischen Tisch und Stuhl). Als äußere Maße bezeichnet man Abmessungen, die eingehalten werden müssen, um auch den kleinsten zu berücksichtigenden Personen ein ungehindertes Arbeiten zu ermöglichen (z.B. Abstand zu Griffen, Werkzeugen, Vorratsbehältern)."[61]

Hilfsmittel zur Arbeitsgestaltung sind:

- **Schablonen-Somatografie:** Schablonen des menschliche Körpers mit Gelenken zur Fixierung in verschiedenen Körperhaltungen.
- **Rechnergestützte Somatografie:** Entwickelt aus der CAD-Technologie (Computer Aided Design) werden 2- oder 3-dimensionale Flächen- oder Volumenmodelle aufgebaut, die Bewegungs- und Bedienungsabläufe im Vorfeld der Maschinenkonstruktion detailliert simulieren.
- **Video-Somatografie:** Der Arbeitsplatz und die Arbeitsperson werden durch mehrere Videobilder und aufwendige Bildweiterverarbeitung als Hardcopy phasenweise ausgegeben. Diese sehr aufwendige Methode setzt einen vereinfachten maßstäblichen Arbeitsplatz voraus.
- **Virtuelle Realität:** Weiterentwicklung der rechnergestützten Somatografie hin zu einer interaktiven "realen" Welt, bei der die Interaktion der Arbeitsperson über eine komplexe Sensorik und Optik in eine dreidimensionale Computersimulation in Echtzeit abgestimmt ist. Dabei hat die Person das Gefühl, sich tatsächlich auf dem virtuellen Arbeitsplatz zu bewegen und erlangt damit einen fast vollkommenen Realitätseindruck.[62]

## (2) Physiologische Arbeitsplatzgestaltung

Mittelpunkt der physiologischen Arbeitsplatzgestaltung ist die Anpassung der Faktoren Arbeitsplatz, Arbeitsmittel, Arbeitsmethode und Arbeitsablauf an den Menschen. Diese Maßnahmen sollen den Erhalt der individuellen Leistungsfähigkeit des Menschen wäh-

---

61 Luczak, H.: Arbeitswissenschaft, a.a.O., S. 466 f.

62 Vgl. Bokranz, R./Landau, K.: Einführung in die Arbeitswissenschaft, Stuttgart 1991, S. 294 ff.

rend seines Arbeitslebens sichern. Die physiologische Messtechnik liefert die notwendigen Grunddaten.

- Zur Ermittlung der Belastung bei energetisch-muskulären Arbeitsformen dient die Messung des Energieverbrauchs. Dabei wird mit einer Respirationsgasuhr der verbrauchte Sauerstoff, der zur Umwandlung energiereicher Stoffe des Körpers in mechanische Energie benötigt wird, gemessen und anschließend analysiert.
- Auskunft über die Tätigkeit des Herz-Kreislaufsystems gibt die Messung der Herzschlagfrequenz, die eine charakteristische Messgröße der Beanspruchung des Menschen am Arbeitsplatz ist. Diese Methode erlaubt eine Einschätzung der Beanspruchung durch energetische und mentale Arbeitsformen unter Berücksichtigung der individuellen Leistungsfähigkeit des Menschen.[63]
- Die Elektromyografie untersucht hingegen einzelne unter Belastung stehende Muskeln und Muskelgruppen. Dieses messtechnische Verfahren basiert auf der Messung der notwendigen Anregungsspannungen für die einzelnen Muskelpartien.

Grundsätzlich müssen die Umwelteinflüsse wie Luftqualität, Staub, Klima, Lärm, Beleuchtung u.a. als belastungswirksame Faktoren mit einbezogen werden. Die **wichtigsten Prinzipien** der physiologischen Arbeitsplatzgestaltung sind:

| Prinzip: | Umsetzung: |
|---|---|
| • Prinzip des optimalen Wirkungsgrades<br>• Prinzip der minimalen Ermüdung<br>• Prinzip der Vermeidung von ungünstigen Arbeitsformen | • Wahl einer kräftigen, der Arbeitsaufgabe besonders geeigneten Muskelgruppe.<br>• Wahl einer optimalen Gelenkstellung, um einen bestmöglichen Krafteinsatz zu erreichen.<br>• Wahl einer günstigen Arbeitsgeschwindigkeit mit harmonischen, energiesparenden Bewegungsvorgängen.<br>• Einsatz des Körpergewichts<br>• Gestaltung der Umgebungseinflüsse |

**Abb. 61:** Prinzipien der physiologischen Arbeitsplatzgestaltung

## (3) Informationstechnische Arbeitsplatzgestaltung

Vor der informationstechnischen Gestaltung von Arbeitsplätzen ist zu klären, welche Informationen durch welche Signale (Art, z.B. akustisch oder optisch), in welcher Stärke (Intensität, z.B. Lautstärke), in welcher zeitlichen Folge (Häufigkeit, z.B. permanent oder periodisch) und in welcher räumlichen Anordnung übertragen werden sollen, um als solche von den Mitarbeitern sicher wahrgenommen zu werden.[64]

---

63 Vgl. Luczak, H.: Arbeitswissenschaft, a.a.O., S. 473.

64 REFA: Methodenlehre der Betriebsorganisation, Arbeitsgestaltung in der Produktion, München 1991, S. 380.

Zur Informationsübertragung kommen alle Elemente (Anzeigen, akustische Signale, Bedienteile, Schalterstellungen, u.a.) in Betracht, die zwischen Mensch und Maschine als Kommunikationsschnittstelle dienen. Grundsätzlich muss von einem Signal die menschliche Wahrnehmungsschwelle deutlich überschritten werden, damit es als solches differenziert aufgenommen und unterschieden werden kann, wobei die Umgebungseinflüsse von großer Bedeutung sind.

Dabei sind sowohl die menschlichen physiologischen Grenzen der Informationsverarbeitung determiniert, als auch die technische Unterstützung. Somit sollten von dem Arbeitsplatzinhaber nur die Informationen wahrgenommen werden, die für die Erfüllung der Arbeitsaufgabe unmittelbar benötigt werden. Daneben erhöhen arbeitsplatzübergreifende Informationen, z.B. die Auslastung von vor- und nachgelagerten Arbeitsbereichen oder die nächsten in der Produktion aufgelegten Fertigungsvarianten, das Bewusstsein, über die eigene Tätigkeit hinaus im Sinne der ganzheitlichen Produktionsziele (Gesamtdurchsatz, Qualität u.a.) die eigene Arbeitsdisposition anzupassen.[65]

## 3.4.4 Gestaltung des Arbeitsinhaltes

Die inhaltliche Arbeitsgestaltung verfolgt durch die stärkere Anpassung des Arbeitsinhaltes an die physischen und psychischen Bedürfnisse des Menschen das Ziel, den Arbeitsprozess insgesamt humaner zu gestalten.

Durch abwechslungsreichere und interessantere Tätigkeiten soll insbesondere die Arbeitszufriedenheit erhöht und damit die Möglichkeit zur besseren Selbstverwirklichung bei der Arbeit gegeben werden. Weiterhin fördert die Arbeitsinhaltsvergrößerung auch das ganzheitliche und prozessorientierte Denken und Handeln. Schwerpunkt zur Humanisierung sind die Bereiche:

- Abbau der Aufgabenspezialisierung,
- Vergrößerung des Entscheidungs- und Kontrollspielraums und
- Abbau der menschlichen Isolation im Arbeitsprozess.

Zu unterscheiden ist die **horizontale Dimension** (Umfang der operativen Aufgabenelemente) und die **vertikale Dimension** (Umfang des Entscheidungs- und Kontrollspielraums). Beide Dimensionen legen den Handlungsspielraum des Mitarbeiters fest. Durch die Generalisierung, besonders im Produktionsbereich, haben sich die folgenden Formen der Arbeitsinhaltsvergrößerung herausgebildet:

| Arbeitsstrukturierung | individuell | kollektiv |
|---|---|---|
| horizontale, quantitative Vergrößerung des Aufgabeninhaltes | Job enlargement | Job rotation |
| vertikale, qualitative Vergrößerung des Aufgabeninhaltes | Job enrichment | Teilautonome Gruppen |

**Abb. 62:** Formen der Arbeitsinhaltsvergrößerung

[65] Vgl. Bühner, R.: Personalmanagement, Landsberg/Lech 1994, S. 152.

## (1) Job enlargement

Durch Aufgabenerweiterung soll primär der Monotonie und der einseitigen Belastung mit den daraus resultierenden Ermüdungsformen entgegengewirkt werden. Der Arbeitszyklus wird sinnvoll mit strukturell ähnlichen Arbeitsaufgaben verlängert, wodurch sich ein ganzheitlicher Produktionsprozess ergibt.

## (2) Job enrichment

Der individuelle Entscheidungs- und Kontrollspielraum wird vergrößert. Diese Form der Arbeitsinhaltvergrößerung gilt als die wichtigste Methode, da sie zu einer erweiterten Autonomie führt. Unter diesen Bedingungen sind persönliche Erfolgserlebnisse durch die Arbeit eher möglich, da für den Mitarbeiter sein Beitrag zum Erfolg zuzuordnen und damit auch nach außen sichtbar ist.

Die erhöhte Leistungsbereitschaft (freiwillige Mehrarbeit) und Qualifikation führt auch zu einer größeren Arbeitsplatzsicherheit, welche wiederum das individuelle Sicherheitsbedürfnis befriedigt.

## (3) Job rotation

Job rotation kann als Bildungsmethode zur Erweiterung der fachlichen Kenntnisse gesehen werden. In Abhängigkeit von der Arbeitssystemgestaltung kann sie in allen Bereichen der betrieblichen Praxis eingesetzt werden. Der planmäßige Arbeitsplatz- und -inhaltswechsel erhöht die Einsatzflexibilität und wirkt der Monotonie und der einseitigen Belastung entgegen.

In der Regel geht mit den häufigen Anforderungsänderungen eine Aufwertung der Stellung im Betrieb und damit eine Motivationswirkung einher, die sowohl Unternehmens- als auch Mitarbeiterzielen förderlich ist.[66]

Der Springereinsatz ist eine besondere Form der Job rotation. Springermodelle dienen der Flexibilisierung von Arbeitssystemen, was für den Mitarbeiter (Springer) zu einer tendenziell höheren Arbeitsbelastung führt.

## (4) Teilautonome Arbeitsgruppen

Der kollektive Entscheidungs- und Kontrollspielraum sowie die Autonomie der an einem geschlossenen Arbeitsprozess beteiligten Gruppe wird vergrößert. Diese Form ist die weitreichendste Form der Arbeitsinhaltsvergrößerung.

Der Autonomiegrad richtet sich nach dem Grad der Selbstständigkeit hinsichtlich der Planungs-, Regelungs- und Kontrollfunktionen. Meist fungiert ein Werkstattmeister als Koordinator von übergreifenden Aufgaben (operativer Personaleinsatz, Zu- und Abfluss von Material und Informationen etc.).

[66] Vgl. Hubberty, H.: Gruppenarbeit und Unternehmenskultur. Eine systemtheoretische Fallstudie zum Bochumner Werk der Adam Opel AG, München/Mering 2000, S. 62 ff.

Hauptvorteil gegenüber den vorhergehenden Methoden ist die **soziale Interaktion** innerhalb der Gruppe. Soziale Bindungen durch erhöhte Kommunikation und Zusammengehörigkeitsgefühle wirken sich vorteilhaft auf die Persönlichkeitsentwicklung und das Betriebsklima aus.

Die Folge sind Produktivitätssteigerungen durch eine in erster Linie deutlich verbesserte Fertigungsqualität. Durch formelle Kontakte bestimmter Gruppenmitglieder zu anderen Gruppen (z.B. Qualitätszirkel, Instandsetzung und Werkzeugbau) lässt sich die Fachkompetenz innerhalb der Gruppe weiter verbessern.[67]

Kritisch müssen jedoch in Arbeitsgruppen die Phänomene des Gruppendrucks und der gruppeninternen Machtdifferenzierung beachtet werden. Gruppenmitglieder, die störend auf das Gemeinschaftsklima oder auf die Zielerreichung einwirken, sollten unter Mitwirkung des Betriebsrates und des Personalbereiches versetzt werden.

## 3.4.5 Arbeitsplanung

Die Arbeitsplanung umfasst alle einmalig auftretenden Planungsmaßnahmen, wie die fertigungs- und ablaufgerechte Gestaltung der Arbeitsgegenstände und Betriebsmittel, die Festlegung der Arbeitsverfahren, -methoden und -bedingungen sowie die Bereitstellung der Menschen und Betriebsmittel.

Grundlage zur Erstellung von Arbeitsplänen sind z.B. Zeichnungen und Stücklisten. Hier sind die Daten über Abmessungen, Mengen, Qualitäten, Fertigungs- bzw. Kaufteile enthalten.

Weitere Informationen stehen in Form von Katalogen (oder bei EDV-Einsatz von Stammdateien) über die zu verwendenden Maschinen, Werkzeuge, Arbeitsverfahren und Arbeitszeiten zur Verfügung. Aus diesen Daten wird durch die Arbeitsvorbereitung für jede zu fertigende Position der Stückliste ein i.d.R. auftragsneutraler Arbeitsplan erstellt.

Je nach Erstellungszweck eines Arbeitsplans kann zwischen der Wiederholungsplanung, Ähnlichkeitsplanung, Variantenplanung und Neuplanung unterschieden werden.

## 3.4.6 Zeitplanung

Neben dem Know How, dem Personal und den Betriebsmitteln ist die Zeit eine wesentliche betriebswirtschaftliche Größe. Produktionstechnische Auftragszeitdaten (Vorgabezeiten) sind für die Planung und Steuerung betrieblicher Abläufe (Feinterminierung, Durchlaufzeiten, Maschinenbelegung) und für leistungsgerechte Lohnsysteme von entscheidender Bedeutung.

Vorgabezeiten beziehen sich auf das Zusammenwirken von Mensch, Material und Maschinen und sind ein Mittel, um den zeitlichen Ablauf und die Dauer der Produktion

---

67 Dombrowski, J.: Erziehung zur Selbstorganisation. Zum typischen Führungsverhalten von Meistern bei Einführung moderner Gruppenarbeit, München/Mering 2002, S. 43 ff.

eines Auftrags oder einer bestimmten Mengeneinheit zu planen. Die **Vorgabezeiten** sind Soll-Zeiten, die den Menschen, Betriebsmitteln und Werkstoffen für die Verrichtung der Arbeitsabläufe vorgegeben werden.

## (1) Gliederung der Arbeitszeit des Menschen

Die Gliederung der Arbeitszeit für den Menschen umfasst alle Ereignisse, die auftreten können, solange der Mensch im Sinne eines Arbeitsverhältnisses dem Unternehmen zur Verfügung steht, inklusive der vertraglich geregelten Pausen. Verschiedene Ablaufarten bezogen auf den Menschen sind in der folgenden Abbildung zu sehen:

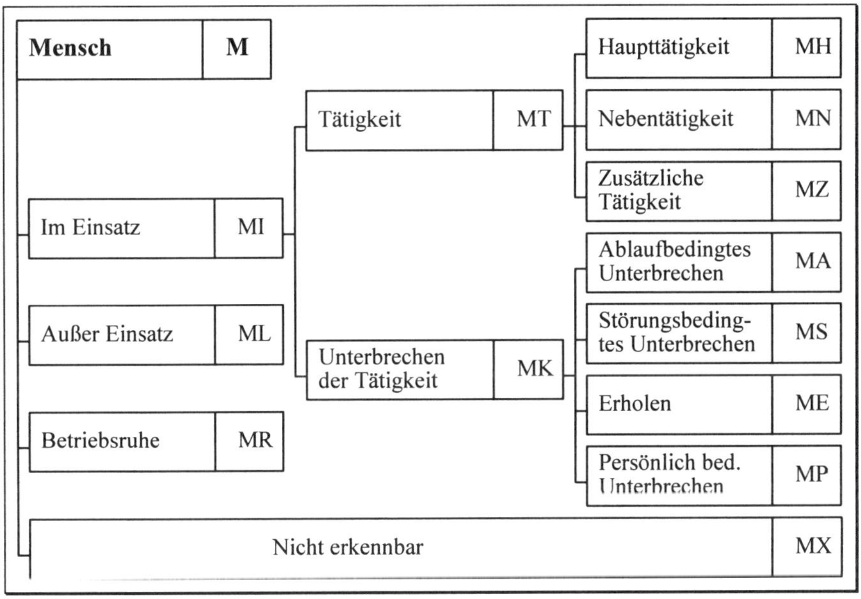


**Abb. 63:** Gliederung der Arbeitszeit des Menschen[68]

Führt der Mensch während der festgelegten Arbeitszeit Arbeitsaufgaben durch, ist er **im Einsatz**. Steht der Mensch während der festgelegten Arbeitszeit längerfristig nicht zur Verfügung oder kann vom Unternehmen längerfristig nicht beschäftigt werden, ist er **außer Einsatz**. Die gesetzlich, tariflich oder betrieblich geregelten Arbeitspausen oder sonstige Anlässe, bei denen nicht gearbeitet wird, bezeichnet man als **Betriebsruhe**.

Alle Tätigkeiten, die direkt der Erfüllung der Arbeitsaufgabe dienen, ordnet man unter dem Begriff der **Haupttätigkeit** ein. Die Tätigkeiten, die nur indirekt der Erfüllung der Arbeitsaufgabe dienen, sind **Nebentätigkeiten. Zusätzliche Tätigkeiten** fallen dann an, wenn deren Vorkommen oder Ablauf nicht vorausbestimmt werden können (z.B. Reparatur, Besprechungen).

Das planmäßige Warten des Menschen auf das Ende von Ablaufabschnitten, die beim Arbeitsgegenstand oder Betriebsmittel anfallen, ist eine **ablaufbedingte Unterbre-**

[68] Vgl. REFA: Methodenlehre der Betriebsorganisation, Datenermittlung, a.a.O., S. 25.

**chung**. Ein zusätzliches Warten des Menschen aufgrund von Mangel an Informationen bzw. technischen oder organisatorischen Störungen bezeichnet man als **störungsbedingte Unterbrechung**. Unterbricht der Mensch seine Arbeitstätigkeit wegen auftretender Arbeitsermüdung, spricht man vom **Erholen**. Hat die Unterbrechung der Tätigkeit durch den Menschen persönliche Gründe (Getränke holen, Privatgespräche, usw.), handelt es sich um eine **persönlich bedingte Unterbrechung**.[69]

## (2) Gliederung der Betriebsmittelzeit

Auch beim Produktionsfaktor "Betriebsmittel" erfolgt eine Gliederung des Arbeitsablaufes. Die folgende Abbildung stellt die Analyse der Ablaufarten für Betriebsmittel dar:

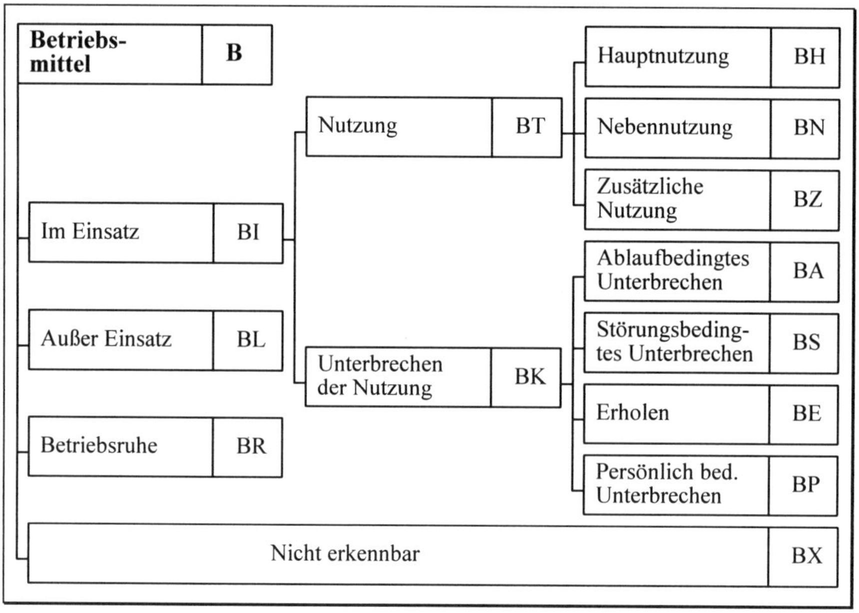


**Abb. 64:** Gliederung der Betriebsmittelzeit[70]

Ist ein Betriebsmittel durch Aufträge belegt, so ist es **im Einsatz**. Bei fehlenden Aufträgen, außerplanmäßig nicht anwesenden Arbeitskräften oder technischen Störungen ist das Betriebsmittel **außer Einsatz**. Zeiten, die für gesetzliche, tarifliche oder betrieblich geregelte Arbeitspausen anfallen, werden wie bei den Ablaufarten der menschlichen Arbeitszeit als **Betriebsruhe** bezeichnet.

Als **Hauptnutzung** wird der Einsatz des Betriebsmittels im Rahmen seiner Zweckbestimmung bezeichnet (z.B. Herstellung einer Kunststofffolie in einer Extrusionsanlage). Die **Nebennutzung** besteht in der Vorbereitung, Rüstung, Beschickung oder Entleerung des Betriebsmittels (z.B. Befüllung der Extrusionsanlage mit Granulat).

---

[69] Vgl. REFA: Methodenlehre der Betriebsorganisation, Datenermittlung, a.a.O., S. 24 ff.

[70] Vgl. ebd., S. 29.

Eine Unterbrechung der Nutzung kann durch eine planmäßige Tätigkeit (**ablaufbedingte Unterbrechung**) oder eine planmäßige Erholungszeit (**erholungsbedingte Unterbrechung**) der Arbeitskraft bedingt sein.

Weitere Unterbrechungsgründe sind Störungen am Betriebsmittel bzw. der Energieversorgung (**störungsbedingte Unterbrechung**) oder außerplanmäßige Unterbrechungen durch die Arbeitskraft (**persönlich bedingte Unterbrechung**).

## (3) Gliederung der Werkstoffzeit

Die Werkstoffzeit wird ähnlich wie die Arbeitszeit des Menschen und die Betriebsmittelzeit eingeteilt. Auch hier soll die Analyse der Ablaufarten in einer grafischen Übersicht dargestellt werden, der Ausdruck "Werkstoffe" wird dabei durch den weitergefassten Begriff "Arbeitsgegenstand" ersetzt:

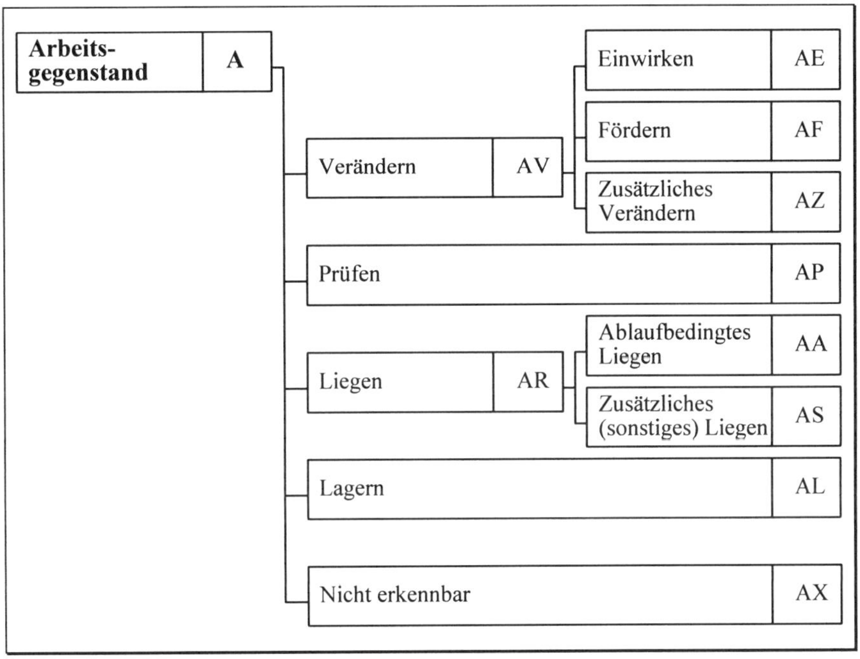


**Abb. 65:** Gliederung der Werkstoffzeit[71]

**Verändern** bezeichnet die Form-, Lage- oder Zustandsveränderungen an den Arbeitsgegenständen im Produktionsprozess. Zur Kontrolle der Werkstoffe dient das **Prüfen**.

Die übrige Zeit, während der die Arbeitsgegenstände vorrätig gehalten werden bzw. die durch ablauf- oder störungsbedingte Unterbrechungen verstreicht, wird als **Lagern** bzw. **Liegen** bezeichnet.

71 Vgl. REFA: Methodenlehre der Betriebsorganisation, Datenermittlung, a.a.O., S. 33.

## (4) Gliederung der Auftragszeit

In der folgenden Abbildung ist die Zeitgliederung für die Auftragszeit T, die Zeit je Einheit $t_e$ sowie die Grundzeit, die Erholungszeit und die Verteilzeit dargestellt. Hierbei wird vorausgesetzt, dass der Auftrag aus Rüsten und Ausführen besteht. Je nach der benötigten Mengeneinheit m kann das Ausführen wiederholt werden.

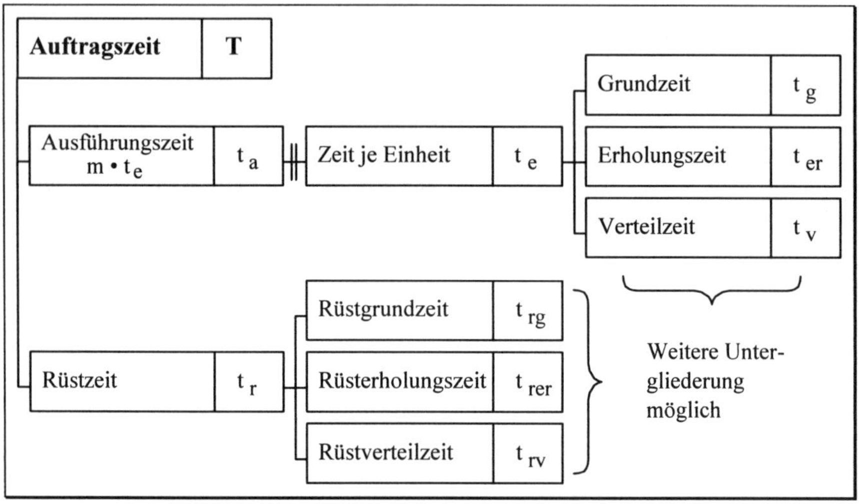


**Abb. 66:** Gliederung der Auftragszeit[72]

In den **Grundzeiten** werden die Zeiten zusammengefasst, die für die planmäßige Ausführung von Abläufen anfallen. Im Allgemeinen machen sie den wesentlichen Anteil der Vorgabezeiten aus.

Die **Erholungszeiten** setzen sich aus Soll-Zeiten für das aufgrund der Tätigkeit notwendige Erholen des Menschen zusammen. Der Anteil der Erholungszeit ist von der Belastung des Menschen stark abhängig. Hier ist die Höhe und die Dauer der Belastung ausschlaggebend.

Die **Verteilzeiten** sind die Soll-Zeiten, die mit zur planmäßigen Ausführung gehören. Es wird hier zwischen den sachlich und den persönlich bedingten Verteilzeiten unterschieden. Während des Arbeitsablaufes treten die Verteilzeiten mit unterschiedlicher Häufigkeit und Dauer auf. Sie sind z.T. bedingt als Folge der Erfüllung der Aufgabe, können aber auch ohne einen Zusammenhang zur Arbeitsaufgabe entstehen.[73]

## (5) Methoden zur Ermittlung von Vorgabezeiten

Die Vorgabezeiten (Planzeiten) sind **Soll-Größen** für bestimmte Ablaufabschnitte. Es werden z.B. Erfahrungswerte für bestimmte Tätigkeiten gesammelt und in der Zukunft

72 Vgl. REFA: Methodenlehre der Betriebsorganisation, Datenermittlung, a.a.O., S. 42.

73 Vgl. ebd., S. 44.

als Richtwerte verwendet. Planzeiten sind nach der Bezugsgröße, der Art und der Methode der Messung zu unterscheiden. Die folgende Abbildung zeigt einen Überblick über die verschiedenen Komponenten der Vorgabezeit und nennt die üblichen Messungs- bzw. Bestimmungsmethoden, ohne jedoch näher auf diese einzugehen:

| Bezugsgröße | Zeitart | Messung/ Bestimmung |
|---|---|---|
| Mensch | Rüstzeit | • Zeitaufnahme nach REFA<br>• Multimomentstudien<br>• Schätzungen |
| | Tätigkeitszeit | • Zeitaufnahme nach REFA<br>• Systeme vorbestimmter Zeiten<br>• Schätzungen |
| | Wartezeit | • Multimomentstudien |
| | Erholungszeit | • Methode zur Erholungszeitermittlung |
| | Verteilzeit (persönliche, sachliche) | • Verteilzeitaufnahme nach REFA<br>• Multimomentstudien |
| Betriebsmittel | Prozesszeit | • Berechnen<br>• Betriebsdatenerfassung (BDE) |
| | Nutzungszeit | • Zeitaufnahmen<br>• Messgeräte<br>• Betriebsdatenerfassung (BDE) |
| | Brachzeit | • Multimomentstudien |
| Arbeitsgegenstand | Liegezeit | • Ablaufstudien<br>• Multimomentstudien<br>• Schätzungen |

**Abb. 67:** Verfahren zur Messung/ Bestimmung von Vorgabezeiten[74]

Mit Hilfe der ermittelten Vorgabezeiten ist eine Leistungsbeurteilung des Mitarbeiters möglich:

$$\text{Leistungsgrad}\,[\%] = \frac{\text{Ist-Leistung}}{\text{Soll-Leistung (= Normalleistung)}} \cdot 100\%$$

Die Normalleistung basiert auf der zugrundegelegten Soll-Zeit (Vorgabezeit). Sie wird auch als Bezugsleistung bezeichnet und hat üblicherweise den Leistungsgrad 100%. Der **Leistungsgrad** drückt das Verhältnis von beeinflussbarer Ist-Leistung zur beeinflussbaren Bezugs-Mengenleistung in Prozent aus.

Die Beurteilung des Leistungsgrades basiert darauf, dass die menschliche Arbeit im Wesentlichen von der **Intensität** und der **Wirksamkeit** abhängig ist. Hinlangen und Bringen sind intensitätsbedingt, weil eine Bewegung sehr deutlich wahrnehmbar ist. Greifen und Montieren hingegen sind wirksamkeitsbetont, weil sie häufig aus minimalen, an der Zahl und Richtung sehr unterschiedlichen Korrekturbewegungen bestehen.[75]

---

74 Vgl. Eissing, G.: Arbeitsorganisation in Klein- und Mittelbetrieben, Köln 1993, S. 153.

75 Vgl. REFA: Methodenlehre der Betriebsorganisation, Datenermittlung, a.a.O., S. 128 ff.

## 3.4.7 Arbeitssicherheit

Die Arbeitssicherheit hat die Aufgabe, den Menschen vor Gefahren und gesundheitlichen Beeinträchtigungen in Verbindung mit seiner beruflichen Tätigkeit zu schützen. Gefahren können bei der Arbeit und durch die Arbeit entstehen. Das sicherheitstechnische Interesse an der körperlichen Unversehrtheit ist durch unterschiedliche Aspekte begründet:

- **Individuell-humaner Aspekt:** Abgeleitet von Artikel 2 II des Grundgesetzes: "Jeder hat das Recht auf Leben und körperliche Unversehrtheit..." haben die unmittelbar am Arbeitsprozess beteiligten Gruppen (Arbeitgeber und Arbeitnehmer) die Verpflichtung, für sichere Arbeitsplätze zu sorgen.
- **Betriebswirtschaftlicher Aspekt:** Störungen des Betriebsablaufs durch Arbeitsunfälle mindern die betriebliche Produktivität. Somit hat der Unternehmer ein kausales Interesse, den Arbeitsschutz zu verbessern und damit den Unternehmenserfolg zu erhöhen.
- **Volkswirtschaftlicher Aspekt:** Die Verhütung von Personen- und Sachschäden verbessert die volkswirtschaftliche Wertschöpfung und erhöht damit das Volkseinkommen.

Aufgaben der Arbeitssicherheit sind u.a. Gefahrenpotenzialermittlung, Durchführung von sicherheitstechnischen Maßnahmen, Kontrollen und Schulungen und das Festlegen von Verhaltensregeln.

### (1) Das "Duale Arbeitsschutzsystem" der BRD

In der Bundesrepublik Deutschland basiert der technische Arbeitsschutz auf dem "Dualen System" durch die **Gewerbeaufsicht** mit der Zentralstelle für Sicherheitstechnik und den verschiedenen **Berufsgenossenschaften**.

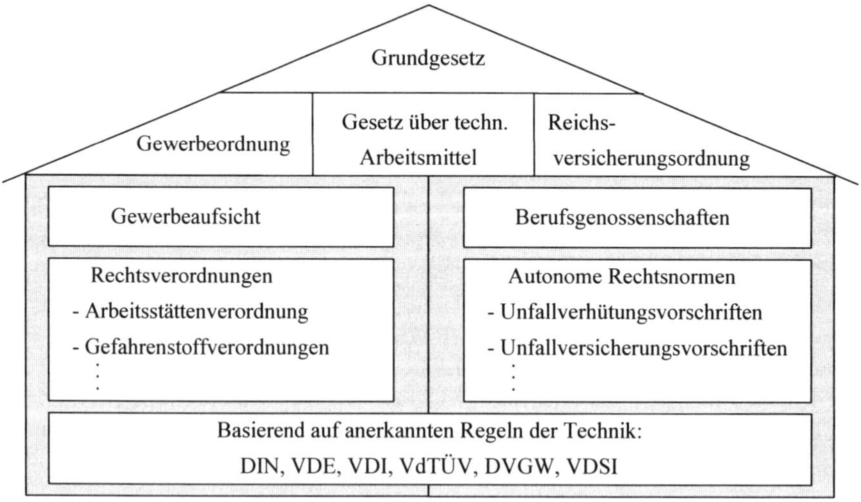


**Abb. 68:** Hierarchisches Arbeitsschutzsystem der BRD

In diesem Arbeitsschutzsystem sind die Institutionen zum Aufbau der gesetzlichen Rahmenbedingungen und der staatlichen bzw. quasistaatlichen Kontrollen verankert. Zu unterscheiden sind die **Rechtsverordnungen** zum Arbeitsschutz, die von der Bundes- oder den Landesregierungen erlassen werden, und die **autonomen Rechtsnormen**, die in erster Linie von den Berufsgenossenschaften im Auftrag eines Gesetzes erlassen werden. Beide Vorschriften sind gleichermaßen verbindlich. Die Gesetze, Rechtsverordnungen und autonomen Rechtsnormen basieren auf den anerkannten Regeln der Technik, die von Fachleuten unter Beteiligung der Öffentlichkeit erarbeitet werden.

Der Bereich des Arbeitsschutzes und der Unfallverhütung lässt sich in sechs ineinandergreifende Gebiete unterteilen:[76]

| **Technischer Arbeitsschutz** | **Rechtlicher Rahmen** |
|---|---|
| 1. Arbeitsstätten und Betriebshygiene | Arbeitsstättenverordnung, Arbeitssicherheitsgesetz, Unfallverhütungsvorschriften, Gewerbeordnung |
| 2. Arbeitsschutzorganisation im Betrieb | Gesetz über Betriebsärzte, Sicherheitsingenieure und Sicherheitsfachkräfte bzw. -beauftragte |
| 3. Maschinen, Geräte und technische Anlagen | Gerätesicherheitsgesetz |
| 4. Gefahrenstoffe | Gefahrenstoffverordnung |

| **Sozialer Arbeitsschutz** | **Rechtlicher Rahmen** |
|---|---|
| 5. Arbeitszeitregelungen | Arbeitszeitgesetz |
| 6. Schutz bestimmter Personengruppen | Betriebsverfassungsgesetz, Jugendarbeits- und Mutterschutzgesetz |

**Abb. 69:** Die Aufgabengebiete des Arbeitsschutzes

## (2) Technischer Arbeitsschutz

Der technische Arbeitsschutz beschäftigt sich in erster Linie mit technischen, technologischen und baulichen Maßnahmen zur Unfallverhütung. Die allgemeine Sicherheitstechnik befasst sich zusätzlich mit Sicherheitsgutachten, Bauartzulassungen, Ausbildung und der Öffentlichkeitsarbeit zum Thema Sicherheit. Die **Aufgaben** des technischen Arbeitsschutzes sind:

- Schutz vor Verletzungen (Unfallschutz)
- Schutz vor Erkrankungen (Berufsbedingte Krankheiten)
- Schutz vor Verlust der Arbeitsfähigkeit (Erhaltung der Arbeitskraft)

Für die **Personaleinsatzplanung** sind insbesondere die Sicherheit an Arbeitsstätten und die Arbeitsschutzorganisation von praktischer Bedeutung.

- **Sicherheit an Arbeitsstätten:** Die Mindestanforderungen für die Sicherheit an Arbeitsstätten sind in der Arbeitsstättenverordnung (ArbStättV) vom März 1975 festgelegt, in der u.a. folgenden Sammelpunkte enthalten sind:

[76] Vgl. Bundesministerium für Arbeit und Sozialordnung (Hrsg.): Soziale Sicherheit, Bonn 1994. und Kittner, M./Pieper, R.: Arbeitsschutzgesetz. Basiskommentar mit Betriebssicherheitsverordnung, 3. Aufl., Frankfurt am Main 2003, S. 22 ff.

- Allgemeine Vorschriften zum Geltungsbereich, Begriffsbestimmung, allgemeine Anforderungen und Ausnahmen. Die allgemeinen Anforderungen legen die Verpflichtung fest, dass der Arbeitgeber die Arbeitsstätte nach sicherheitstechnischen, arbeitsmedizinischen und hygienischen Regeln einzurichten und nach arbeitswissenschaftlichen Erkenntnissen zu betreiben hat.
- Allgemeine Anforderungen an Räume (Arbeits-, Sozial-, Sanitär- und Sanitätsräume), Verkehrswege und Einrichtungen in Gebäuden, an Betriebsgelände im Freien, an Baustellen und den Betrieb der Arbeitsstätten sind in den Kapiteln 2 bis 8 der Arbeitsstättenverordnung formuliert.

- **Arbeitsschutzorganisation im Betrieb:** Ziel der sicherheitsgerechten Arbeitsorganisation ist der störungsfreie Ablauf des betrieblichen Wertschöpfungsprozesses. Der sicherheitstechnische Organisationsgrad ist dabei abhängig von:
  - Gesetzlichen Vorschriften und Mindestanforderungen
  - Gewichtung des Arbeitsschutzes durch Unternehmensleitung und Betriebsrat
  - Größe und Struktur des Unternehmens

Der **Unternehmensleitung** kommt bezüglich des Arbeitsschutzes eine besondere Funktion zu. Aus der Dispositions- und Weisungsbefugnis leitet sich u.a. die Fürsorgepflicht ab, wodurch die Unternehmensleitung die Gesamtverantwortung für die Erfüllung der Arbeitsschutzbestimmungen trägt.

Der Unternehmer kann die Pflichten, die sich aus der Reichsversicherungsordnung ergeben, an einen **Betriebsangehörigen** (Meister, Vorarbeiter) schriftlich übertragen. Dieser muss in seinem Arbeitsbereich weisungsbefugt sein und somit die Möglichkeiten zur Schaffung und Erhaltung sicherheitsgemäßer Einrichtungen haben.

Ist ein **Betriebsrat** vorhanden, muss dieser bei allen sicherheitsrelevanten Fragen des Arbeitsschutzes und der Unfallverhütung hinzugezogen werden.

Hat das Unternehmen mehr als 20 Mitarbeiter, muss mindestens ein **Sicherheitsbeauftragter** bestellt werden, der einer neutralen Mitarbeitergruppe angehören sollte (z.B. betriebliche Facharbeiter). Der Sicherheitsbeauftragte ist Kontaktmann mit sicherheitstechnischer Fachkunde auf unterer Ebene. Er hat sich während seiner regulären Arbeitszeit laufend von der sicheren und den Vorschriften entsprechenden Ausführung der Arbeit zu überzeugen.

In größeren Betrieben bilden **Fachkräfte für Arbeitssicherheit** die sicherheitstechnische Organisation. Diese Fachkräfte (Arbeitsplatzgestalter, Sicherheitsingenieure, Betriebsärzte) haben eine beratende Funktion, insbesondere bei der Einführung und Inbetriebnahme neuer Produktionsanlagen. Zu den Aufgabenbereichen zählen die Ursachenforschung von Arbeitsunfällen, sicherheitstechnische Vorschläge sowie die Erforschung von sozialen und psychologischen Einflüssen auf Unfallhäufigkeiten. Sie sind wie auch die Sicherheitsbeauftragten jedoch nicht weisungsbefugt.

In Abhängigkeit von der Betriebsart und -größe hat der Arbeitgeber **Betriebsärzte** zu bestellen, die den ärztlichen Beruf ausüben oder über das nötige arbeitsmedizinische Fachwissen verfügen. Der Betriebsarzt unterstützt die Unternehmensleitung in Fragen des Gesundheitsschutzes.

Besonders in großen Unternehmen werden zunehmend auch **Umweltbeauftragte** zu den Fachkräften für Arbeitssicherheit gezählt. Durch das hohe sicherheitstechnische Potenzial u.a. der Bereiche Gewässerschutz, Immissionsschutz und Abfallwirtschaft hat der Umweltbeauftragte die zusätzliche Aufgabe, zur Wahrung und Verbesserung der ökologischen Umweltbedingungen beizutragen.[77]

Die organisatorische Eingliederung des Arbeitsschutzes richtet sich in erster Linie nach der Betriebsgröße. So wird die Arbeitssicherheit in Kleinunternehmen i.d.R. durch den Unternehmer selbst übernommen, in mittelgroßen Unternehmen meist hierarchisch der Linieninstanz (Produktionsingenieur ist gleichzeitig auch Sicherheitsingenieur) zugeordnet, während in Großunternehmen häufig ein eigenständiges Stabssystem von beratenden Sicherheitsfachkräften gebildet wird. Der organisatorische Grad der Betriebsärzte kann bis zum eigenständigen werksärztlichen Dienst ausgebaut werden.

## 3.5 Flexibilisierung und Individualisierung der Arbeit

Unter Flexibilisierung und Individualisierung ist die Anpassung des Arbeitssystems an die unternehmenspolitischen Interessen (schnelle Reaktion auf Veränderungen von innen und außen) und an die individuell unterschiedlichen Mitarbeiterbedürfnisse zu verstehen. Das Spannungsverhältnis dieser verschiedenen Interessengruppen führt zu einem Zielkonflikt mit der Notwendigkeit zur gegenseitigen Anpassung. Im Produktionsbereich wird die Flexibilisierung der Fertigung zur technisch-organisatorischen Leitlinie, während auf Seiten der Arbeitnehmerschaft durch die wachsenden Bedürfnisse nach größerer Zeitsouveränität und Selbstentfaltung die Forderung nach stärkerer Individualisierung besteht.

Es kann aber auch eine Zielkongruenz beider Kategorien vorliegen. Zum Beispiel werden bei Teilzeitarbeit und gleichzeitigem Schichtmodell die unternehmerischen Interessen von längeren Maschinenlaufzeiten gewahrt sowie das individuelle Bedürfnis nach mehr Freizeit befriedigt.

Die Personaleinsatzplanung sollte das Konfliktpotenzial unter der Prämisse abschätzen, die Individualisierung vor die Flexibilisierung zu stellen, wodurch die menschlichen Bedürfnisse zunehmend in der Arbeitswelt berücksichtigt werden. Durch flexibel einsetz- und steuerbare Technik ist die Anpassung auch unter dem Aspekt der Automatisierung möglich. Die Basistechnologie der Mikroelektronik schafft die Voraussetzungen, so dass man heute auch von der Flexibilisierung durch Automatisierung mit korrespondierendem Personaleinsatz sprechen kann.

### 3.5.1 Flexibilisierung durch die Produktionsorganisation

In Abhängigkeit von kurzfristigen Schwankungen des Auftrags- bzw. Produktionsniveaus muss der Personaleinsatz an die anfallende Arbeitsmenge angepasst werden. Je geringer der Umstellungsaufwand bei einem Aufgabenwechsel ist und je unterschiedlicher die Aufgaben sind, desto größer ist die Flexibilität.

[77] Vgl. Skiba, R.: Taschenbuch Arbeitssicherheit, 8. Auflage, Bielefeld 1994, S. 395 ff.

In den indirekten Unternehmensbereichen kann die Arbeitsintensität durch Steuerung der Auftragsdurchlaufzeiten und -reihenfolgen an die direkten Bereiche bewerkstelligt werden. Die Arbeitsvorbereitung ist Schnittstelle mit dem zentralen Auftragsleitstand als Steuerungsinstanz. Hier wird auch die Prozessanordnung vorgeplant. Zu unterscheiden sind parallele, serielle und überdeckende Abläufe mit den entsprechenden Restriktionen für die Arbeitsorganisation und Personaleinsatzplanung.

Im Produktionsbereich wird die Arbeitsintensität bei gegebenem Betriebsauftrags-Niveau durch die Anpassung der Prozesszeit und Prozessfolge flexibilisiert. Die in den folgenden Abschnitten beschriebenen Fertigungsorganisationen erlauben jeweils unterschiedliche Anpassungsmaßnahmen.

### (1) Werkbankfertigung

Die **Werkbankfertigung** ist durch unverkettete Arbeitssysteme ohne zwangsläufigen Materialfluss gekennzeichnet. Organisatorische Varianten sind Ein- bzw. Mehrstellenarbeitzuweisung sowie Einzel- bzw. Gruppenarbeit. Die Betriebsmittel sind ortsgebunden, während die Arbeitnehmer und Arbeitsgegenstände beweglich sind.

Bei der Werkbankfertigung liegt grundsätzlich eine hohe Anpassungsflexibilität vor. Durch autonome und unverkettete Prozesse wird die operative Personaleinsatzplanung i.d.R. durch die Werkstattmeister oder Vorarbeiter kurzfristig vor Ort durchgeführt. Der operative Planungshorizont liegt gerade bei Einzel- und Kleinserienfertigung bei wenigen Tagen oder sogar nur Stunden. Es lassen sich Kleinaufträge oder ungeplante Aufträge ohne hohen organisatorischen Aufwand einsteuern.

### (2) Werkstattfertigung

Die **Werkstattfertigung** ist durch unverkettete Arbeitssysteme ohne zwangsläufigen Materialfluss gekennzeichnet. Organisatorische Varianten sind Ein- bzw. Mehrstellenarbeitzuweisung sowie Einzel- bzw. Gruppenarbeit nach dem Verrichtungsprinzip. Die Be-triebsmittel sowie die Arbeitnehmer sind ortsgebunden und vorgangsorientiert gruppiert, während die Arbeitsgegenstände beweglich sind.

Bei der Werkstattfertigung liegt eine relativ hohe Anpassungsflexibilität vor. In Kleinunternehmen plant i.d.R. der Werkstattmeister die Produktionsaufträge in den Betriebsablauf ein. Die operative Personaleinsatzplanung wird meist ebenfalls durch den Werkstattmeister oder Vorarbeiter kurzfristig vor Ort durchgeführt. Der Planungshorizont ist wie bei der Werkbankfertigung relativ kurzfristig.

In mittelgroßen Betrieben ist ein Produktionsplanungs- und Steuerungssystem (PPS) unverzichtbar, da die Betriebsmittelauslastungen und die entsprechende Produktionsreihenfolgen sehr unübersichtlich sind. Werkstattleitstände sind hier sehr weit verbreitet. Die operative Personaleinsatzplanung muss Online an diese Systeme gekoppelt sein, um koordinativ die betriebliche Flexibilität zu erhalten.

## (3) Flussprinzip

Im Flussprinzip werden die Arbeitssysteme räumlich in der Reihenfolge der Arbeitsvorgänge angeordnet. Zu unterscheiden ist die **Reihenfertigung** und die **Fließfertigung**.

- Bei der **Reihenfertigung** liegt keine direkte zeitliche Bindung zwischen den Arbeitsvorgängen der im Fertigungsfluss stehenden Arbeitsplätze vor. Jeder Arbeitsplatz hat durch Zwischenpuffer einen gewissen Autonomiegrad.
- Bei der **Fließfertigung** ist die Fertigungsfolge zeitlich determiniert. Organisatorische Varianten des Arbeitssystems sind der Verrichtungs- oder Linienflussaufbau in starrer oder loser Verkettung. "Die Taktabstimmung ist die Aufteilung von Arbeitsinhalten auf alle Arbeitsplätze im Arbeitssystem. Sie verfolgt das Ziel, die Arbeitsinhalte innerhalb der Soll-Taktzeit möglichst gleichmäßig auf die Arbeitsplätze des Arbeitssystems aufzuteilen."[78] Der Steuerungs- und Überwachungsaufwand, insbesondere bei kundenorientierter Varianten-Serienfertigung, ist hoch.

Die Arbeitsintensität wird in erster Linie durch die Anpassung der Soll-Taktzeit an das Betriebsauftragsniveau erreicht. Wird der Arbeitstakt herauf- bzw. heruntergesetzt, stellt sich die entsprechende Mengenanpassung ein. Die Personaleinsatzplanung reagiert mit der Disposition von Springern oder bei Zuschaltung von Fertigungsreservelinien mit der Umverteilung des gesamten Personaleinsatzes der im Materialfluss befindlichen Fertigungslinien. Dadurch wird eine Überforderung der Arbeitsplatzinhaber vermieden.

## (4) Fertigungsinsel

Aufgabe der **Fertigungsinsel** ist es, aus gegebenem Ausgangsmaterial Produktteile oder Endprodukte möglichst vollständig zu fertigen. Dazu sind die notwendigen Betriebsmittel räumlich und organisatorisch in der Fertigungsinsel zusammengefasst. Das Tätigkeitsfeld der dort beschäftigten Gruppe ist gekennzeichnet durch:

- die weitgehende Selbststeuerung der Arbeits- und Kooperationsprozesse, verbunden mit Planungs-, Entscheidungs- und Kontrollfunktionen innerhalb vorgegebener Rahmenbedingungen und
- den Verzicht auf eine zu starre Arbeitsteilung und einer daraus resultierenden Erweiterung des Dispositionsspielraums für den Einzelnen.[79]

Bei unterschiedlichem Arbeitsanfall ist ein **autonomer Personalausgleich** innerhalb der Gruppe gut möglich, da der Personaleinsatz in Fertigungsinseln durch Mehrstellenarbeit gekennzeichnet ist und die Arbeitsverteilung und -steuerung innerhalb der Insel in den Verantwortungsbereich der Gruppe (Gruppenführer oder Gruppenmitglieder) fällt. Bei einem bedarfsgerechten Personaleinsatz zwischen den Fertigungsinseln sind zusätzlich die folgenden Aufgabenstellungen zu beachten:

- Die zur Verfügung stehenden Mitarbeiter sind entsprechend den kurzfristig geplanten Produktionsprogrammen den Fertigungsinseln zuzuordnen. Diese Aufgabe fällt dezen-

[78] REFA: Methodenlehre der Betriebsorganisation, Arbeitsgestaltung in der Produktion, a.a.O., S. 88.
[79] Vgl. ebd., S. 94.

tral dem Meister des Fertigungsbereiches zu. Dieser kann ablauforganisatorische Erfordernisse und informelle Beziehungen in seine Einsatzplanung einfließen lassen.

- In den übergreifenden Bereichen sind Qualifikationspools zu bilden. Mehrfachqualifizierte, frei und universell disponierbare Mitarbeiter bilden den Kern. Einsatzbereiche sind Betriebsmittel mit Personalengpässen, Instandhaltungs- sowie Schulungsmaßnahmen.[80]

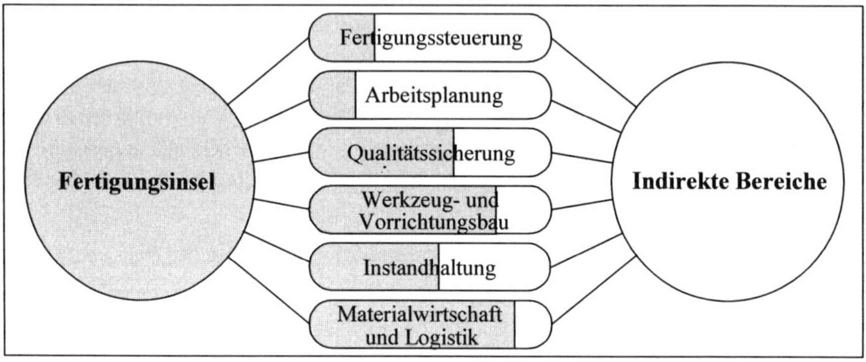


**Abb. 70:** Zuordnung der Aufgaben zur Fertigungsinsel und zu indirekten Bereichen (qualitativ)[81]

## 3.5.2 Flexibilisierung durch eine variable Fertigungsstruktur

Durch zunehmende Kundenorientierung der Unternehmen wächst die Variantenvielfalt in den Produktpaletten. Die Fertigung versucht dem Problem gerecht zu werden, indem die Fertigungsstruktur kurzfristig auf die unterschiedlichen Typen umgestellt werden kann. Für den Personaleinsatz kommen somit nur besser oder mehrfach qualifizierte Mitarbeiter in Frage, die entsprechende Fertigungskenntnisse über die Produktbandbreite besitzen. Bei niedrigem personellen Qualifikationsniveau ist die Differenzierung von Baugruppen mit Fertigungsteilung in kundenneutrale Basisbaugruppen und kundenspezifische Variantenbaugruppen sinnvoll (größere Arbeitsteilung). Für die Personaleinsatzplanung ist unter diesen Bedingungen die kurze Anlernzeit der Mitarbeiter und die gut planbare Kapazitätsauslastung vorteilhaft.

## 3.5.3 Flexibilisierung durch Personal-Leasing

Personal-Leasing ist für die Personaleinsatzplanung eine sehr flexible Möglichkeit, auf personelle Kapazitätsengpässe kurzfristig zu reagieren. Für das Unternehmen ist ein zusätzlicher temporärer Personaleinsatz möglich, ohne die Personalreserve zu erweitern. In allen unteren Unternehmensbereichen ist Personalleasing möglich, wobei der Einsatzplaner die höheren Kosten bei mittelfristigem Einsatz berücksichtigen muss.

80 Vgl. Bühner, R.: Personalmanagement, a.a.O., S. 231 ff.

81 Nach Eissing, G.: Arbeitsorganisation in Klein- und Mittelbetrieben, a.a.O., S. 323.

### 3.5.4 Flexibilisierung und Individualisierung der Arbeitszeit

Der Einsatz kostenintensiver Anlagen oder Fertigungsprozesse, wie z.B. die Herstellung von Halbleitern, erfordert längere oder kontinuierliche Betriebszeiten. Die Betriebszeit wirkt sich auf die ökonomischen Unternehmenszielgrößen aus, während sich die Arbeitszeit auf die Mitarbeiterbedürfnisse im Hinblick auf Einkommen und Freizeit auswirkt.

"Die **Arbeitszeit** umfasst die Zeit, in der der Arbeitnehmer pro Tag, Woche, Monat, Jahr dem Unternehmen seine Arbeitskraft vertraglich gegen Entgelt zur Verfügung stellt. Unter **Betriebszeit** wird die Zeit verstanden, in der ein Betrieb produktiv arbeitet und seine Abteilungen ansprechbar sind."[82]

Die Arbeitszeit ist grundsätzlich durch die Betriebszeit determiniert. Durch Entkopplung der individuellen Arbeitszeit von der Betriebszeit werden Arbeitszeitspielräume und eine höhere Flexibilität geschaffen. Die Entkopplung der Arbeitszeit erfolgt durch die Veränderung der Arbeitszeitlage und/oder -dauer.

Hat der Mitarbeiter innerhalb des Bezugsrahmens einen freien Dispositionsspielraum, spricht man von einem **offenen Arbeitszeitsystem** mit hohem Individualisierungsgrad, hat er keinen, von einem **geschlossenen Arbeitszeitsystem** mit geringem Individualisierungsgrad.

Bei quantitativer Unterbeschäftigung führt eine Verringerung der Arbeitszeit zu geringeren Beständen an Halb- und Fertigprodukten und der damit verbundenen geringeren Kapitalbindung durch Vorprodukt- und Lagerhaltungskosten. Bei quantitativer Überbeschäftigung ermöglicht eine längere Arbeitszeit eine höhere Betriebsmittelnutzung, Produktivitätssteigerung, erhöhten Auftragsdurchfluss und stärkere Verteilung der Gemeinkosten. Somit sind die **Unternehmensziele** der flexiblen Gestaltung von Arbeits- und Betriebszeit:

- Mengenanpassungen bei Auftragsschwankungen
- Verkürzung der Durchlaufzeiten
- Verringerung der Bestände
- Höhere Liefertermintreue

Dem stehen die mitarbeiterbezogenen Ziele gegenüber:

- Einbezug der individuellen Werte
- Zeitautonomie
- Dispositionsfreiheit durch bessere Abstimmung der Arbeitszeit mit privaten Interessen

Der gesellschaftspolitische Aspekt zur Bekämpfung der Arbeitslosigkeit durch Variation der Arbeitszeit findet im Zusammenhang mit der Personaleinsatzplanung keine Beachtung. Aus Sicht der Mitarbeiter ist die Arbeitszeitvariation durch soziale Punkte wie unsichere kurzfristige Freizeitplanung, verkehrstechnische Anbindung, Fahrgemeinschaften, Beziehungsprobleme oder Freizeitgestaltung in Vereinen problematisch.

---

[82] Wildemann, H., Flexible Arbeits- und Betriebszeiten- wettbewerbs- und mitarbeiterorientiert!, München 1991, S.13

## (1) Kurzfristige Personaleinsatzmaßnahmen

Für die Praxis wichtige kurzfristige Personaleinsatzmaßnahmen sind insbesondere Überstunden (Mehrarbeit) und die Urlaubsverschiebung.

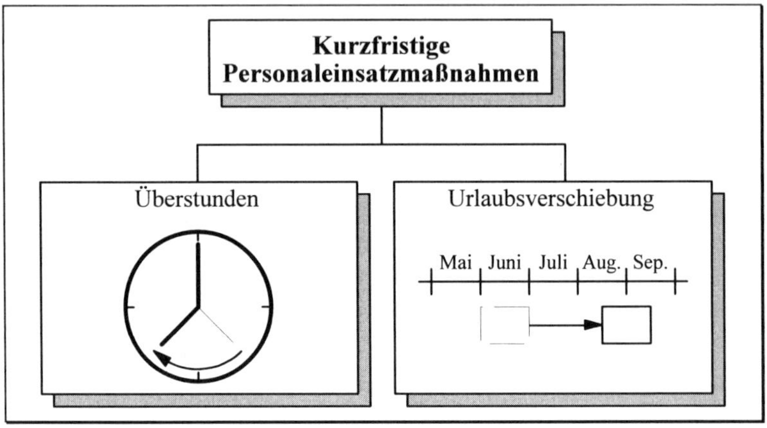


**Abb. 71:** Kurzfristige Personaleinsatzmaßnahmen

- **Überstunden**

Überstunden sind das klassische Mittel, um hohen Arbeitsanfall bei konstantem Personaleinsatz zu bewältigen. Ökonomisch sind Überstunden solange sinnvoll, wie die Mehrkosten (Zuschläge) geringer sind als die Kosten durch die Einstellung neuer Mitarbeiter. Sozial sind Überstunden wenig sinnvoll, da sie zu einer physischen und psychischen Überbelastung der betroffenen Mitarbeiter führen. Monetäre Motivationsaspekte führen meist zu einer Leistungsbereitschaft außerhalb der Normalarbeitszeit. Durch den natürlichen Leistungsabfall über die Zeit ist die Arbeitsproduktivität im Überstundenzeitintervall jedoch normalerweise geringer als in der Normalzeit.

- **Urlaubsverschiebung**

Die Urlaubsverschiebung in eine Periode mit geringerem Arbeitsanfall ist eine häufig angewendete Maßnahme zur Erhöhung der Arbeitskapazität. Die Personaleinsatzplanung muss dabei berücksichtigen, dass sich eine Urlaubsverschiebung negativ auf die Arbeitsmotivation des Mitarbeiters auswirken kann. Weiterhin muss das Mitbestimmungsrecht des Betriebsrates gemäß § 87 Abs. 1 BetrVG beachtet werden.

## (2) Chronometrische Arbeitszeitmodelle

Die Entkopplung der Arbeitszeit von der Betriebszeit geschieht durch die Veränderung der Arbeitszeitdauer.

- **Teilzeitarbeit**

Bei Teilzeitarbeit verkürzt sich die Arbeitszeit im Vergleich zur Vollarbeitszeit. Der feste Zeitrahmen kann stunden-, halbtage-, tage- oder wochenweise kontinuierlich oder in Intervallen festgelegt werden. Bei Personalüberhang oder Unterbeschäftigung sollen in Unternehmensbereichen, in denen die Einführung von Teilzeitarbeit möglich ist, in erster Linie Entlassungen vermieden werden. Bei Normal- oder Überbeschäftigung steht der beschäftigungspolitische Aspekt zur Schaffung neuer Arbeitsplätze im Vordergrund. Grundsätzlich müssen Arbeitsanalysen die Arbeitsplätze, die zu Teilzeitstellen gewandelt werden sollen, auf Eignung prüfen. Varianten der Teilzeitarbeit sind:[83]

- Halbtagsarbeit, bei der sich die Arbeitszeit an allen Tagen verkürzt.
- Teilzeitschichten, bei denen die oftmals dadurch verlängerte Betriebszeit in zwei oder mehreren Teilzeitschichten aufgeteilt wird.
- Blockteilzeitschichten, bei denen ein Wechsel zwischen Voll- und Freizeitblöcken besteht.

- **Gleitender Übergang in den Ruhestand**

Durch Arbeitszeitverkürzung und feste Lage der Arbeitszeit wird der gleitende Übergang in den Ruhestand eingeleitet. In erster Linie soll damit die Beanspruchung durch die veränderte Belastbarkeit älterer Mitarbeiter reduziert werden und gegebenenfalls ein längerer Verbleib im Berufsleben ermöglicht werden. Der Personaleinsatz jüngerer Mitarbeiter durch z.B. Job-Sharing wird unterstützt.

## (3) Chronologische Arbeitszeitmodelle

Die Entkopplung der Arbeitszeit von der Betriebszeit geschieht durch die Veränderung der Lage der individuellen Arbeitszeiten.

- **Gleitende Arbeitszeit:**

Der Mitarbeiter kann aufgrund eigener individueller Wünsche oder durch Schwankungen des Arbeitsanfalls den Beginn und das Ende der Arbeitszeit in einen gewissen Gleitzeitrahmen selbst frei bestimmen. Somit zählt die gleitende Arbeitszeit zu den offenen Arbeitszeitmodellen.

Die freie Disposition der Arbeitszeitlage und -dauer ist durch die bereichsbezogene **Personalmindestbesetzungsstärke** und durch die **Kernarbeitszeit**, in der jeder Mitarbeiter anwesend sein muss, determiniert. Die Rahmenarbeitszeit wird z.B. pro Woche mit 40 Stunden festgelegt und es besteht eine Zeitübertragung von Soll- bzw. Habenstunden am Abrechnungsende auf die nächste Periode. Durch den Aufbau von Habenstunden kann ein hoher Arbeitsanfall abgearbeitet werden. In Zeiten geringen Arbeitsaufkommens können diese Habenstunden in Form von Freizeit bis zu einer Woche abgebaut werden.

Anwendung findet die gleitende Arbeitszeit oft in den indirekten Unternehmensbereichen, in Dienstleistungsunternehmen oder in öffentlichen Verwaltungen. Für die Produktion sind Gleitzeitmodelle wegen der innigen Interdependenzen zwischen den Fertigungsbereichen meist nicht geeignet.

---

[83] Vgl. hierzu ausführlich: Teilzeitarbeit, ein Leitfaden für Arbeitnehmer und Arbeitgeber, hrsg. vom Bundesministerium für Arbeit und Sozialordnung, Bonn 1994.

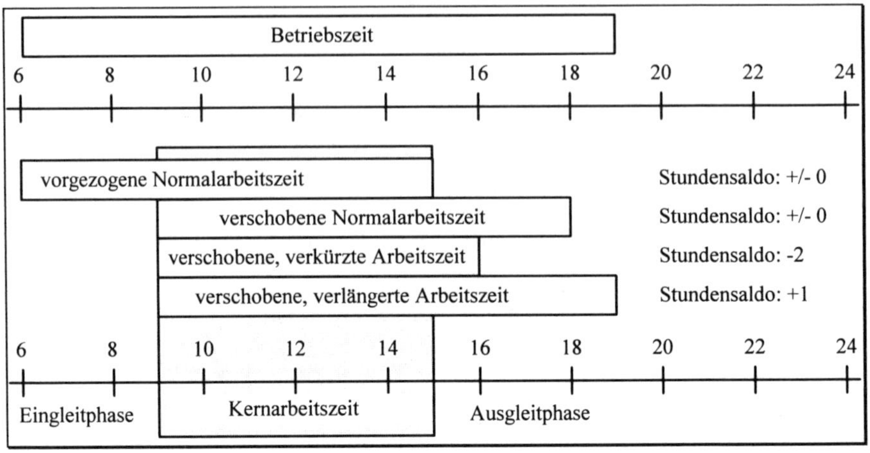


**Abb. 72:** Arbeitszeitvariation bei Gleitzeit

- **Versetzte oder gestaffelte Arbeitszeiten**

Versetzte oder gestaffelte Arbeitszeiten dienen der Nutzungszeitverlängerung von kapitalintensiven Anlagen, z.B. EDV-Anlagen. Es verlängert sich die Betriebszeit bei gleichzeitig konstanter oder verkürzter Arbeitszeit. Die Lage der Arbeitszeit wird in einem festen Arbeitsplatzbesetzungsplan mittelfristig festgelegt. Bei versetzten oder gestaffelten Arbeitszeiten besteht im Gegensatz zur gleitenden Arbeitszeit keine freie und mitarbeiterbezogene Arbeitszeitdisposition. Es handelt sich um ein geschlossenes Arbeitszeitmodell. Aspekte des Job-Sharing finden sich bei mehrfacher Arbeitsplatzbelegung.

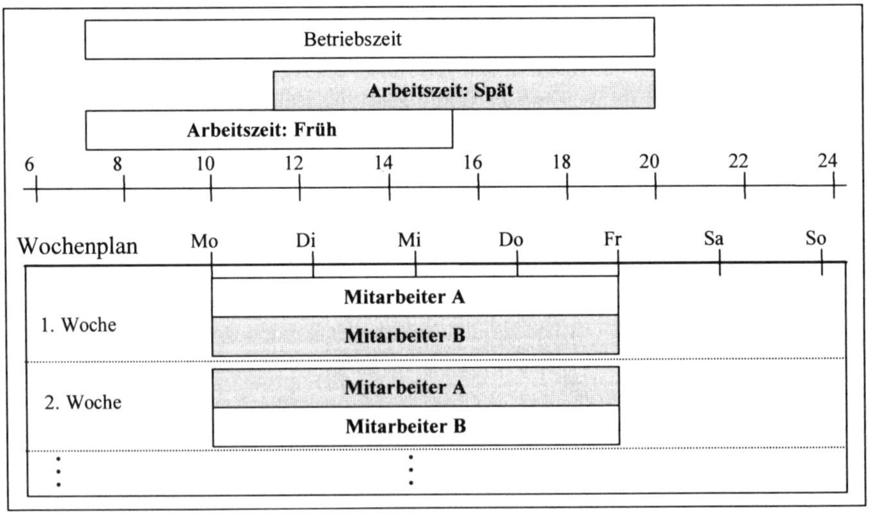


**Abb. 73:** Versetzte und gestaffelte Arbeitszeit

Zum Beispiel ist oftmals ein CAD-Arbeitsplatz von zwei technischen Zeichnern zu versetzten Arbeitszeiten belegt. Die Mitarbeiter können sich durch die Überlappung der jeweiligen Arbeitszeit gut über den Arbeitsfortschritt austauschen. Dadurch ist ein integriertes und projektorientiertes Arbeiten möglich.

- **Schichtarbeitszeiten**

Mit Frei- bzw. Zusatzschichten lassen sich starke betriebliche Unter- bzw. Überlastungen kurzfristig steuern. Dabei wird die Betriebszeit durch die Frei- bzw. Zusatzschichten verkürzt bzw. verlängert und die Produktionskapazität ohne technische Veränderungen erweitert bzw. verkleinert. Für die kurzfristige Personaleinsatzplanung stehen Maßnahmen der Ablauforganisation im Vordergrund.

Langfristige Planungsalternativen sind bei normaler Tagesschichtarbeit die Einführung der Zweischichtarbeit, bei Zweischichtarbeit die Einführung der Dreischichtarbeit bis hin zur Kontischicht. Nach der Einführung lassen Schichtmodelle keine Variation der Arbeitszeitlage zu und zählen somit zu den geschlossenen Arbeitszeitsystemen. Der Einsatzbereich von Schichtmodellen ist schwerpunktmäßig die Produktion, Qualitätssicherung und Instandhaltung. Organisatorische Schichtsystemvarianten sind:

- Permanente Schichtsysteme: Dauerfrühschicht, Dauerspätschicht oder Dauernachtschicht
- Wechselschichtsysteme ohne Nachtarbeit: Zweischichtarbeit mit oder ohne Wochenendarbeit
- Wechselschichtsysteme mit Nachtarbeit und ohne Wochenendarbeit: Zwei- oder Dreischichtsysteme
- Kontinuierliche Schichtarbeit mit Nachtarbeit und Wochenendarbeit: 3 bis 6 Schichtbelegschaften

## 3.5.5 Flexibilisierung und Individualisierung des Arbeitsortes

Bei Humanisierungsmaßnahmen wie Job rotation findet der Personaleinsatz betriebsintern an verschiedenen Arbeitsorten statt. Verabschiedet man sich von dem Postulat, dass die Arbeit zur gleichen Zeit am gleichen Ort stattfindet, erlangt die Heimarbeit unter dem Aspekt der Flexibilisierung und Individualisierung einen neuen und hohen Stellenwert. Außerhalb der Betriebsgrenzen ist der dezentrale Personaleinsatz möglich, der besonders durch leistungsstarke elektronische Technik (moderne Kommunikationssysteme wie mobile Mehrkanaltelephone, Telefax, Modem für Daten- und Bildübertragung und mobile Computersysteme) unterstützt wird. Kostendegressionen der Unternehmensgemeinkosten und bessere Abrechenbarkeit quantitativ und qualitativ variabler Leistungen sind durch den Einsatz freier bzw. fest angestellter und dezentral tätiger Mitarbeiter zu erwarten.

Aus der Sicht des Mitarbeiters beinhaltet die Heimarbeit ein hohes Individualisierungspotenzial. Kritisch müssen jedoch die dadurch mögliche soziale Isolation und die kaum vorhandenen Aufstiegschancen beachtet werden.[84]

---

[84] Vgl. Schanz, G.: Flexibilisierung und Individualisierung als strategische Elemente der Personalpolitik. In: Visionäres Personalmanagement, hrsg. von Kienbaum, J., 2. Aufl., Stuttgart 1994, S. 293.

## 3.6 Methoden der Zuordnung von Stellen und Stelleninhaber

Im Folgenden werden beispielhaft einige Methoden der quantitativen und qualitativen Zuordnung von Mitarbeitern zu Stellen dargestellt.

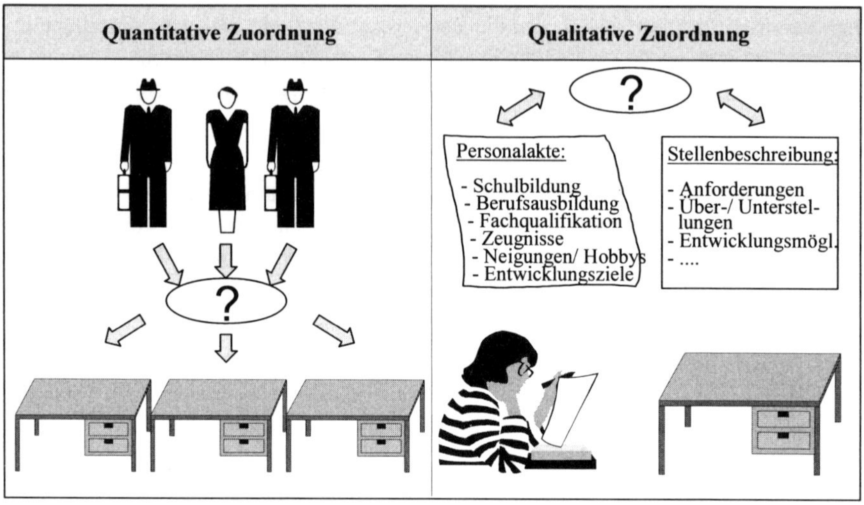


**Abb. 74:** Methoden der Personaleinsatzplanung

- Bei der **quantitativen** Zuordnung wird der zahlenmäßige Bedarf an Mitarbeitern einer bestimmten Qualifikation zu einer bestimmten Zeit bei Vermeidung von Über- bzw. Unterlastung festgestellt.
- Bei der **qualitativen** Zuordnung werden die Fähigkeiten der Mitarbeiter mit den Anforderungen der Stelle in Deckung gebracht.

### 3.6.1 Quantitativ-zeitlicher Aspekt

Im Rahmen der quantitativen Zuordnung von Stellen und Stelleninhabern wird festgelegt, wie viele Mitarbeiter mit welcher Qualifikation zu welchem Einsatzzeitpunkt und für welche Dauer auf einen bestimmten Stellenplan eingesetzt werden sollen. Dabei sind unvermeidliche Personalausfälle durch Urlaub, Krankheit, Unfall oder ähnliche Fehlzeiten zu berücksichtigen, damit die geforderte betriebliche Produktivität gleichbleibend erreicht wird.

Grundlage für dieses zahlenmäßig-zeitliche Pro-Kopf-Problem ist der **Bruttopersonalbedarf**, wobei man die individuellen qualitativen Komponenten des Zuordnungsproblems einer durchschnittlichen oder Mindestqualifikation gleichsetzt und im Folgenden nicht weiter berücksichtigt. Es wird also im Wesentlichen nur nach den Anforderungen des Einsatzes differenziert.

Die Bestimmung des **Nettobedarfs** in Form eines Soll-Ist-Vergleichs ergibt entweder eine Unter- oder Überdeckung mit den dazugehörigen Maßnahmen des Personalaufbaus bzw. -abbaus. Unternehmenspolitische Entscheidungen, die den Soll-Bestand fixieren, werden strategisch aufgrund folgender Aspekte getroffen:

- Produktivitätsanpassungen
- Technologisch bedingte Anpassung der Aufbau- und Ablauforganisation
- Abgleich der Personalstruktur
- Soziale Maßnahmen

Veränderungen des Ist-Bestands ergeben sich durch

- Kündigungen,
- Pensionierung und Frühruhestand,
- Versetzung,
- Außerdienstsetzung durch Mutterschaft oder Wehr- bzw. Zivildienst.

Im Gegensatz zur quantitativen Personalbedarfsplanung ist die quantitative Einsatzplanung kurzfristiger Art. Die arbeitszeitlichen Restriktionen, z.B. ungeplante Arbeits-anfallspitzen, verhindern die nahtlose Anpassung an den Personalstamm, der durch die Personalbedarfsplanung festgelegt wurde. Somit besteht das Personaleinsatzproblem in der Minimierung der kurzfristigen Differenzen zwischen dem Pro-Kopf-Einsatz und Pro-Kopf-Bedarf in Abhängigkeit von der Zeit (Tag, Woche bis maximal Monat).

## 3.6.2 Örtlich-zeitlicher Aspekt

Grundlage für den örtlich-zeitlichen Aspekt der Personaleinsatzplanung ist die Frage danach, wo und wann der Einsatz kurzfristig erfolgen soll. Die Notwendigkeit der Planung bzw. des operativen Einsatzes ist gegeben bei geplanter Unterbesetzung (die Anzahl der Stellen ist höher als die Anzahl der Arbeitskräfte) oder bei Schwankungen des Arbeitsanfalls, der sich stündlich, täglich oder saisonal ändern kann. In der Baubranche sind diese Einsatzprobleme von größter wirtschaftlicher Bedeutung, da sie oft mit kostenintensiven Betriebsmitteltransporten gekoppelt sind und somit eine große ökonomische Dimension aufweisen. Hier können Nutzwertanalysen die Entscheidungsfindung des Personaleinsatzes beeinflussen.

Der Einsatz von mehrfach qualifizierten Mitarbeitern (**Springer**) gleicht durch räumlich zeitliche Bewegung auf unbesetzten Arbeitsplätzen die Unterbesetzung aus. Voraussetzungen für den Einsatz von Springern sind:

- Kurze Wegezeiten
- Ausreichende Qualifikation des Springers bei heterogenen Arbeitsanforderungen oder Zusammenfassung von ähnlichen Arbeitsanforderungen
- Ausreichende Verfügbarkeit des Springers, was zu einem erhöhten Reservebestand führt

Die Zentralisierung von Springern in Abrufpools führt zu einer flexiblen Einsatzplanung für eine kurzfristige Vertretungs- und Aushilfeorganisation. Diese kann als Vorstufe zu der flexiblen Arbeits- und Produktionsplanung angesehen werden. Da aber gerade die sozialen Aspekte der Personaleinsatzplanung in Springermodellen unzureichend berücksichtigt werden können, sollten institutionalisierte Springerkonzepte sehr kritisch beurteilt werden. Ein solcher Arbeitseinsatz führt bei den betroffenen Mitarbeitern zu einer hohen psychischen und physischen Arbeitsbelastung (Wechselbelastung) und durch den ständigen Vertretungscharakter zu Motivations- und Zufriedenheitsdefiziten. Je nach der Höhe der Arbeitsbewertung stellt der monetäre Anreiz den einzigen Motivationsfaktor für den Arbeitnehmer dar.

### 3.6.3 Quantitative Zuordnung von Stellen und Stelleninhaber

Ein typisches Anwendungsgebiet der quantitativen Zuordnung ist die Aufstellung eines Stellenbesetzungsplans und eines optimalen Tages- oder Schichtplans bei kontinuierlichem Arbeitsanfall. Ziel ist dabei die Minimierung des Personaleinsatzes. Auch fallen Urlaubs- und Vertretungspläne in dieses Planungsgebiet. Mit Hilfe mathematischer Optimierungsverfahren, wie z.B. der linearen Programmierung oder der Netzplantechnik, lassen sich diese Pläne optimiert erstellen.

Schichtbesetzungspläne und Schichtwechselpläne werden auf der Grundlage des Ist-Personalbestands optimiert, wobei die Grobplanung schon in der Bedarfsplanung vollzogen sein muss. Es soll der Personalbedarf der einzelnen Schicht so geplant werden, dass der gesamte Personaleinsatz pro Tag minimiert wird.

Lösungsansatz: Simplex-Methode

$$\text{Schichtbesetzung} = \sum_{\text{Schichten}} \text{Dauer der Schicht} \cdot \text{Anzahl der Mitarbeiter} \Rightarrow \text{Min};$$

$$Sb = \sum_{i=1}^{n} DS_i \cdot MA_i = DS_1 \cdot MA_1 + DS_2 \cdot MA_2 + \ldots DS_n \cdot MA_n \Rightarrow \text{Min};$$

Restriktionen:

$$\begin{array}{lllll} MA_1, & MA_2, & \ldots & MA_i & \geq 0 \\ MA_1 + & MA_2 & & & \geq B_2 \\ & MA_2 + & MA_3 & & \geq B_3 \\ & & \ddots & \ddots & \geq \vdots \\ & & & MA_{n-1} + MA_n & \geq B_n \end{array}$$

Der Personalbedarf pro Zeitintervall $B_i$ (überlappter Schichtzyklus) sowie der gesamte frei verteilbare Mitarbeiterbestand pro Tag müssen bekannt sein. Für eine vertiefende mathematische Darstellung sei auf die Fachliteratur verwiesen.[85]

In der Praxis wird die Einsatzplanung durch Restriktionen und Interdependenzen u.U. so weit verkompliziert, dass klassische Methoden der linearen Optimierung nicht zu be-

[85] Vgl. Gaugler, E./Rummel, C./Huber, K.H.: Betriebliche Personalplanung, Göttingen 1974 und Zimmermann, W./Stache, U.: Operations Research, Quantitative Methoden zur Entscheidungsvorbereitung, 10. Aufl., München/Wien 2001.

friedigenden Lösungen führen. Gerade unter dem ökonomischen Gesichtspunkt der wirtschaftlichen Vertretbarkeit des Methodenaufwandes stellt die stochastische oder deterministische Computersimulation eine sinnvolle Methode dar.

Die Einsatzplanung muss in der heutigen hochoptimierten und zukunftsorientierten Produktionsplanung die folgenden Punkte in ihrer quantitativen Einsatzplanung berücksichtigen:

- Die Wertschöpfungszeit weicht von der Schichtzeit durch Schichtpausen ab. Die sachlichen und persönlichen Verteilzeiten und die Erholzeiten (außerhalb der Ruhepausen nach § 4 ArbZG), die i.d.R. durch Springer abgedeckt werden, müssen berücksichtigt werden.
- Tendenziell abnehmende Arbeitsleistung während des Arbeitseinsatzes
- Lage der Arbeitszeiten bzw. Schichtbeginn/ -ende (nicht immer volle Stunden)
- Deckungsprobleme bei geplanter Unterdeckung des Reservebestands mit der Folge von Einsatzprioritäten
- Wahrscheinlichkeit von ungeplanten Fehlzeiten ("Freitags- und Montagsgrippe")

Zusammengefasst wird die quantitative Personaleinsatzplanung durch ihre drei **Hauptfunktionen**:[86]

- **Ausgleichsfunktion:** Vermeidung von Überstunden und Sonderschichten an einer Stelle durch Heranziehen von Arbeitskräften aus anderen Stellen mit geringerer Arbeitsauslastung usw.
- **Überbrückungsfunktion:** Überbrücken von Fehlzeiten aller Art durch befristeten Einsatz von Mitarbeitern aus einer Personalreserve, Aushilfskräften und Springern.
- **Steuerungsfunktion:** Einteilung zu Sonderschichten und Überstunden, Verteilung von Aushilfskräften bei unregelmäßig auftretenden und kurzfristigen Spitzenbelastungen usw.

### 3.6.4 Qualitative Zuordnung von Stellen und Stelleninhaber

Für ein Unternehmen ist die richtige Zuordnung des Mitarbeiters auf die individuell passende Stelle von existentieller Bedeutung. Das Hauptziel ist die Vermeidung von Fehlbesetzungen. Die dazu entwickelten Methoden helfen bei der Entscheidungsfindung für eine optimale Personalzuordnung.

Wesentlich für alle Ansätze einer qualitativen Zuordnung (Assignment) ist, dass die Anforderungen der einzelnen Arbeitsplätze berücksichtigt und den verschiedenen individuellen Kenntnissen und Fähigkeiten der einzelnen Mitarbeiter gegenübergestellt werden. Festgestellt wird der Eignungsgrad als Differenz zwischen Anforderungs- und Fähigkeitsprofil.

Eine andere, eher quantitativ-ökonomische Sicht ist die Feststellung des effektiven Nutzwertes (z.B. Akkordleistung, Qualitätskennzahlen, Umsatzzahlen).

---

[86] Vgl. Rationalisierungskuratorium der Deutschen Wirtschaft: RKW-Handbuch Personalplanung, a.a.O., S. 389.

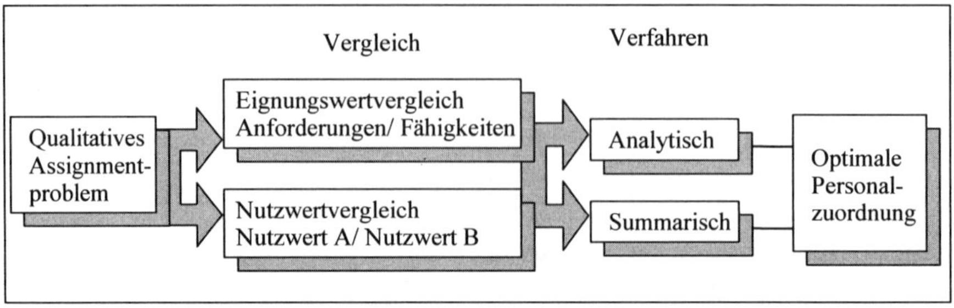


**Abb. 75:** Flussschema der Personalzuordnung

Die folgenden Tatbestände führen zu der Notwendigkeit einer Neu- oder Revisionszuordnung:

| Tatbestand | Zuordnungsfall |
|---|---|
| • Stellenneubildung und die dazugehörige interne oder externe Stellenbesetzung<br>• Abteilungsneubildung und die i.d.R. interne und externe Stellenbesetzung | Neuzuordnung |
| • Änderung der Unternehmensstrukturierung (z.B. von einer Linienorganisation zur Matrixorganisation)<br>• Technologischer Stellenanforderungswandel<br>• Alters- oder gesundheitsbedingter Leistungswandel des Stelleninhabers<br>• Unzufriedenheit des Stelleninhabers | Revisionszuordnung |

**Abb. 76:** Gründe für eine Neu- oder Revisionszuordnung

Da eine optimale Zuordnung, die dann erreicht ist, wenn sich Anforderungs- und Fähigkeitsprofil entsprechen, meist nicht realisierbar ist, wird eine möglichst weitgehende Deckung beider Profile angestrebt. Während eine qualitative Unterdeckung eine Überforderung des Mitarbeiters bedeutet und die Aufgabenerfüllung somit gefährdet, wird das Leistungspotenzial des Mitarbeiters bei qualitativer Überdeckung nicht optimal genutzt. Beiden Fällen ist gemein, dass die Effizienz und Arbeitsleistung für das Unternehmen unzureichend optimiert sind, was in dem betreffenden Bereich eine Produktivitätsminderung bewirkt.

## (1) Eignungsgradverfahren

Beim Eignungsgradverfahren ist der optimale Abgleich der individuellen und mitarbeiterbezogenen Fähigkeiten auf die Stellenanforderungen primäres Ziel. Es steht somit der Mitarbeiter im Vordergrund, womit die humanen Aspekte wie Zufriedenheit, Selbstverwirklichung, Neigungen etc. eine entsprechende Wichtung erhalten. Die optimale Stellenbesetzung ist dann erreicht, wenn die Summe der Eignungskoeffizienten $E_{ij}$ minimal ist, d.h. wenn die absoluten Differenzen zwischen Anforderungen $A_{ij}$ und Fähigkeiten $F_{ij}$ minimiert werden. Mathematisch lässt sich das Eignungsgradverfahren wie folgt definieren:

$$\sum_{i=1}^{n}\sum_{j=1}^{m} E_{ij} \cdot Z_{ij} \Rightarrow \min; \text{mit}: E_{ij} = |A_{ij} - F_{ij}|; Z_{ij} = \text{Zuordnung} MA_i \rightarrow \text{Stelle}_j$$

In den linearen Modellen ist die Anzahl der Stellen gleich der Anzahl der Mitarbeiter (m = n). Um den globalen qualitativen Eignungsgrad im Unternehmen zu erfassen, definiert man den Eignungsgrad $E_{ij}$ als Quotient aus Fähigkeit $F_{ij}$ und Anforderung $A_{ij}$.

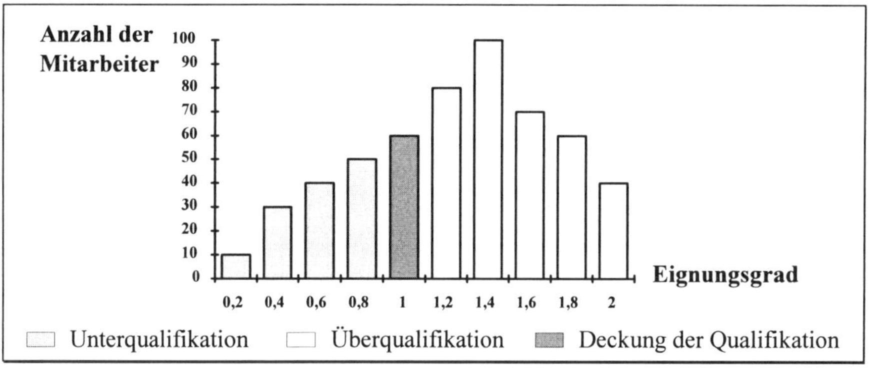


**Abb. 77:** Unternehmensverteilung von Eignungsgraden.

## (a) Summarische Zuordnung

Die summarischen Zuordnungsverfahren sind dadurch gekennzeichnet, dass die Eignung der Arbeitskräfte für eine bestimmte Stelle anhand eines einzelnen zusammenfassenden Merkmals beurteilt wird. Somit dient ein grob ermittelter Gesamtunterschied als Entscheidungshilfe für die Einsatzplanung, ohne partielle Differenzierung bestimmter Merkmale. Am Beispiel dieses in der Praxis häufig eingesetzten Verfahrens zum Eignungsgradvergleich soll die Vorgehensweise und das Bewertungsschema dargestellt werden:

1. Grobgliederung der Stellen zu Stellengruppen mit qualitativ ähnlichen Arbeitsanforderungen. Durchgängige und ausreichend detaillierte Stellenbeschreibungen bilden hier eine hilfreiche Datengrundlage.
2. Die Gesamtheit der Arbeitskräfte wird mit dem Arbeitsinhalt jeder Stellengruppe verglichen.
3. Eine grobe nominale Bewertungsskala klassifiziert die individuelle Eignung jedes Mitarbeiters zu jeder Stellengruppe.
4. Die Zielfunktion des Zuordnungsproblems ist, die Mitarbeiter den Stellengruppen so zuzuweisen, dass ein relatives Gesamtmaximum der Übereinstimmungen zwischen den Fähigkeiten und Anforderungen der Arbeitskräfte und Stellengruppen erreicht wird.

| | I | | | II | | III | IV | V | VI | | VII | | VIII |
|---|---|---|---|---|---|---|---|---|---|---|---|---|---|
| **Soll-Personalbestand** | 1 | 1 | 1 | 1 | 1 | 1 | 1 | 1 | 1 | 1 | 1 | 1 | 1 |
| **Name des Mitarbeiters** | | | | | | | | | | | | | |
| Preuß, W. | + | + | + | = | = | - | - | - | - | - | - | - | - |
| Blanck, K. | + | + | + | = | = | = | = | = | = | = | = | = | = |
| Loehner, E. | + | + | + | = | = | o | o | o | o | o | o | o | o |
| Funke, K.H. | = | = | = | + | + | + | - | - | - | - | - | - | - |
| Eberle, P. | = | = | = | + | + | = | + | + | + | + | + | + | + |
| Lux, W | - | - | - | = | = | + | o | o | o | o | o | o | o |
| Conrad, B. | - | - | - | = | = | o | + | + | = | = | = | = | = |
| Mertens, A. | o | o | o | - | - | o | + | + | - | - | - | - | - |
| Mutmann, R. | o | o | o | - | - | - | = | = | + | + | + | + | = |
| Leder, E. | = | = | = | + | + | - | + | + | + | + | + | + | + |
| Schmidt, B. | - | - | - | - | - | - | = | = | + | + | + | + | + |
| Schaefer, G. | o | o | o | o | o | o | = | = | + | + | + | + | + |
| Hellweg, R. | + | + | + | = | = | = | = | = | - | - | - | - | + |

**Bezeichnung der Arbeitsplätze**

| | |
|---|---|
| I | Kranfahrer |
| II | Anhänger |
| III | E-Karrenfahrer |
| IV | Bohrer |
| V | Richter |
| VI | Abstecher große Bank |
| VII | Abstecher kleine Bank |
| VIII | Säger |

| | |
|---|---|
| o | wenig geeignet |
| - | nur mit Einarbeitungszeit |
| = | gut geeignet |
| + | sehr gut geeignet |
| (grau hinterlegt) | Stammbeschäftigung |

**Abb. 78:** Beispiel einer qualitativen summarischen Zuordnung nach dem Eignungsgradverfahren[87]

Durch die Mehrfachbelegung der höchsten Klassifizierung von mehreren Mitarbeitern (hier z.B. Eberle, P. und Leder, E.) sind durch die Mehrfacheignungen verschiedene Personalzuordnungen möglich. Demzufolge muss man eine Zuordnungslösung mit nominaler Grobklassifizierung als zwar praxisnahen Ansatz bewerten, der aber mit hoher Wahrscheinlichkeit kein eindeutiges und optimales Ergebnis ermöglicht.

Verbessern lässt sich das Verfahren durch die Erhöhung der Messgenauigkeit der qualitativen Merkmale durch den Wechsel von der nominalen Grobklassifizierung, bei dem die Merkmalsausprägung isoliert bewertet wird, zur kardinalen Klassifizierung, bei der differenziell und relativ bewertet wird.[88] Anwendung findet bei dieser Betrachtung das Rangfolgeverfahren und bei Berücksichtigung des qualitativ-räumlichen Aspektes die sog. Ungarische Methode.

## (b) Analytische Zuordnungsverfahren

Grundlage der analytischen Zuordnungsverfahren ist eine differenzierte Bewertung der korrespondierenden Anforderungen und Fähigkeiten anhand einer größeren Anzahl von

---

87 Hackstein, R./Nüßgens, K.H./Opus, P.H.: Fortschrittliche Betriebsführung, 1972, Heft 2, S. 157.

88 Vgl. Scholz, C.: Personalmanagement. Informationsorientierte und verhaltenstheoretische Grundlagen, 5. Aufl., München 2000, S. 224 ff.

Einzelmerkmalen. Die kardinale Messung in einem Bewertungsrahmen ermöglicht die differenzierte Beurteilung der Einzelmerkmale.

- **Heuristische Verfahren**

Im Rahmen **heuristischer Verfahren** besteht die theoretische Möglichkeit, alle möglichen Zuordnungskombinationen festzustellen und damit den maximalen Eignungswert zu bestimmen. Da dies jedoch sehr aufwendig und ohne den Einsatz der EDV schwerlich durchführbar ist, werden in der Praxis meist einfachere Verfahren angewendet.

Das **Rangordnungsverfahren** verfolgt das Prinzip "Auf jeden Platz der beste Mann", das dann zu einer optimalen Lösung führt, wenn für jede Stelle ein anderer Mitarbeiter den jeweils höchsten Eignungswert besitzt. Weist jedoch z.B. ein Mitarbeiter für mehrere Stellen die höchste Eignung auf, so müssen weitere Zuordnungskriterien wie z.B. Mitarbeiterbedürfnisse etc. angewandt werden. Der **Nachteil** dieser Methode liegt darin, dass sie die Eignung der einzelnen Mitarbeiter isoliert betrachtet und damit das relative Eignungsverhältnis der Mitarbeiter untereinander unberücksichtigt lässt. Dies kann dazu führen, dass einzelnen Mitarbeitern Stellen zugeordnet werden, für die sie besonders ungeeignet sind.

| | Bewertungsmatrix $E_{ij} = \|A_{ij} - F_{ij}\|$ | | | Zuordnungsmatrix | | |
|---|---|---|---|---|---|---|
| | j=1 | j=2 | j=3 | j=1 | j=2 | j=3 |
| i=1 | 1 | 3 | 2 | 1 | 0 | 0 |
| i=2 | 2 | 1 | 3 | 0 | 1 | 0 |
| i=3 | 4 | 2 | 5 | 0 | 0 | 1 |

Der Gesamteignungsgrad beträgt: 1 + 1 + 5 = 7

Für die Stellenbesetzung aufgrund des **Spezialbegabungsverfahrens** gilt: "Jede Spezialbegabung an den Platz, für den sie am besten geeignet ist!" Mitarbeiter mit speziellen Fähigkeiten werden somit an jene Stellen gesetzt, für die sie besonders geeignet sind. Dabei wird in Kauf genommen, dass den vielseitig geeigneten Mitarbeitern eventuell nur noch Aufgabenbereiche verbleiben, für die ihr Eignungspotenzial möglicherweise nicht optimal ist. Ihre Zuordnung erfolgt dabei nach dem Rangordnungsverfahren.

| | Bewertungsmatrix $E_{ij} = \|A_{ij} - F_{ij}\|$ | | | Zuordnungsmatrix | | |
|---|---|---|---|---|---|---|
| | j=1 | j=2 | j=3 | j=1 | j=2 | j=3 |
| i=1 | 1 | 3 | 2 | 0 | 0 | 1 |
| i=2 | 2 | 1 | 3 | 1 | 0 | 0 |
| i=3 | 4 | 2 | 5 | 0 | 1 | 0 |

Der Gesamteignungsgrad beträgt: 2 + 2 + 2 = 6

Der **Vorteil** der Berücksichtigung von Spezialbegabungen liegt in der Verbesserung der Gesamteignung gegenüber der Rangordnungsmethode. Dabei beschränkt sich ihr Anwendungsbereich jedoch auf relativ gut überschaubare Problemstellungen, bei denen sich Spezialbegabungen für bestimmte Aufgaben und Fragestellungen ermitteln lassen.

- **Mathematische Verfahren**

Mit Hilfe der **mathematischen Verfahren** können qualitativ-räumliche Zuordnungsprobleme gelöst werden. Den Modellen liegt die Annahme zugrunde, dass die Mitarbeiter mit unterschiedlichen Eignungsgraden für mehrere verschiedene Arbeiten einsetzbar sind. Die i Mitarbeiter (i = 1, 2, 3, ..., n) sind so auf die j Arbeitsplätze (j = 1, 2, 3, ..., m) zu verteilen, dass der Gesamteignungsgrad maximal wird. In Form von Nebenbedingungen wird dabei berücksichtigt, dass jeder Mitarbeiter nur an einem Arbeitsplatz eingesetzt und an jedem Arbeitsplatz auch nur ein Mitarbeiter beschäftigt werden kann. Durch Lösungsalgorithmen (z.B. Simplex- oder Transportmethode) kommt man nach einer endlichen Zahl von Rechenschritten zu einer optimalen Zuordnungskombination.

- **Profilvergleich**

Bei der Methode des **Profilvergleichs** werden die Anforderungen des Arbeitsplatzes und die Fähigkeiten des Mitarbeiters für jeweils identische und möglichst gut bewertbare Merkmale einander gegenübergestellt. Die Profildistanz stellt die Differenz zwischen Stellenanforderung und Mitarbeiterfähigkeit dar. Dabei wird die absolute Differenz und die vorzeichenbehaftete Differenz unterschieden. Die absolute Differenz wird bei der Zuordnung des Personals auf die Stellen bestimmt. Die untransformierte Differenz dient zur Abbildung von Über- bzw. Unterdeckungen der Profile.

$$E_{ij} = \sqrt{\sum_{k=1}^{m}(A_{jk} - F_{ik})^2} \Rightarrow \min \qquad \text{oder} \qquad E_{ij} = \sum_{k=1}^{m}(A_{jk} - F_{ik}) \Rightarrow \min$$

| Merkmale: k = 1...4 | Anforderungsprofil | | | | Fähigkeitsprofil | | | |
|---|---|---|---|---|---|---|---|---|
| **Stelle/ Mitarbeiter** | j=1 | j=2 | j=3 | j=4 | i=1 | i=2 | i=3 | i=4 |
| Soziales Verhalten | 5 | 5 | 7 | 3 | 5 | 4 | 9 | 1 |
| Verantwortungsbereitsch. | 7 | 9 | 3 | 3 | 9 | 5 | 5 | 4 |
| Kommunikation | 6 | 7 | 7 | 2 | 4 | 6 | 5 | 2 |
| Kompetenz | 7 | 9 | 5 | 8 | 8 | 7 | 4 | 9 |
| **Summe** | 25 | 30 | 22 | 16 | 26 | 22 | 23 | 16 |

Durch die graphische Darstellung in Form eines Balkendiagramms wird z.B. der Vergleich zwischen dem 1. Mitarbeiter und der 1. Stelle gut überschaubar.

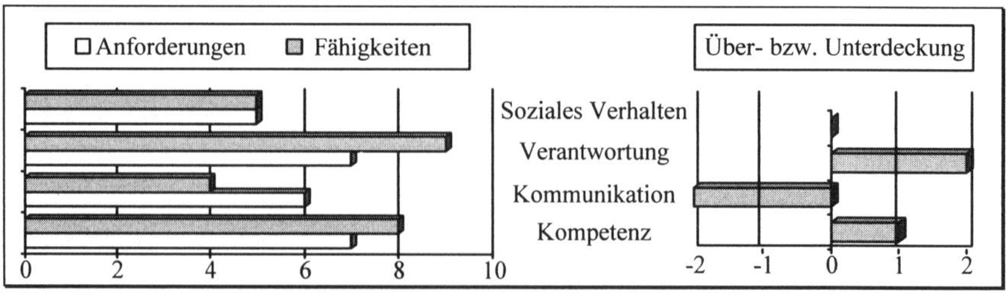


**Abb. 79:** Graphische Darstellung des Profilvergleichs

Eine totale Kongruenz zwischen dem Anforderungs- und Fähigkeitsprofil kann nur in Ausnahmefällen erreicht werden. Deshalb sind Bandbreiten anzugeben, innerhalb derer bei einer Über- bzw. Unterdeckung im Hinblick auf das jeweilige Anforderungsmerkmal eine Zuordnung dennoch erfolgen kann.[89] Diese Inkongruenz muss als **Bandbreitentoleranz** festgelegt werden und eventuell zusätzlich zwischen sensiblen und weniger sensiblen Abweichungen differenziert werden. Zusätzlich weist das Verfahren des Profilvergleichs einige methodische Probleme auf.

- So sind z.B. die Anforderungs- und Fähigkeitsmerkmale, wenn sie auf unterschiedlichen Ermittlungsmethoden beruhen, nicht immer vergleichbar.
- Das Anforderungsprofil darf sich nicht von dem Profil eines potenziellen Stelleninhabers ableiten, sondern nur die Voraussetzungen auflisten, die zur Aufgabenbewältigung erforderlich sind.

Für die Lösung praktischer Zuordnungsprobleme stellt der Profilvergleich dennoch ein geeignetes Verfahren dar.

Die mathematischen Verfahren sind zwar theoretisch exakt, jedoch wie auch die heuristischen Verfahren insofern problematisch, weil sie von oftmals unrealistischen Grunddaten ausgehen. Die folgenden Aspekte sollte der Einsatzplaner bei der Modellbildung berücksichtigen:

- Es handelt sich um statische Modelle, welche z.B. die Leistungsschwankungen nicht berücksichtigen.
- Die psychische Komponente der Leistungsbereitschaft (Motivation, Anreizsystem, Über- bzw. Unterforderung) wird stark pauschalisiert.
- Es müssen ausschließlich persönlich beeinflussbare Kriterien in die Beurteilung einfließen. Die Leistung vorgelagerter Stellen darf nicht die Leistungsbeurteilung der nachgelagerten Stellen beeinflussen.
- Die Ermittlung der Eignungskoeffizienten setzt beispielsweise voraus, dass Anforderungen und Fähigkeiten miteinander korrespondieren, d.h. sie müssen einheitlich quantifiziert bzw. bewertet werden können.
- Ein regelmäßig revolvierender Soll-Ist-Vergleich ist nötig, um die zeitlich instabilen Eignungsgradkennziffern oder Profile zu aktualisieren, womit die Verfahren durch die erforderliche zeitnahe Grunddatenaufnahme sehr aufwendig sind.

### (2) Nutzwertverfahren

Bei dem Nutzwertverfahren liegt ein Zuordnungsproblem vor, bei dem nicht der Eignungsgrad sondern der Nutzenwert die zuordnende Größe ist. Anwendung finden Lösungsansätze nach dem Rangordnungsverfahren, wenn der Mitarbeiter dort eingesetzt wird, wo er im Vergleich zu allen anderen Mitarbeitern den größten Nutzenbetrag hat.

89 Vgl. Marr, R./ Stitzel, M.: Personalwirtschaft. Ein konfliktorientierter Ansatz, a.a.O., S. 330.

Die Grunddaten des Nutzwertproblems sind quantifizierbare Nutzenbeiträge, die der potenzielle Mitarbeiter (i) an der Stelle (j) erzielt. Nutzwerte sind i.d.R. ökonomische betriebs- und produktionswirtschaftliche Daten wie z.B.:

- Akkordleistung
- Qualitätskennzahlen
- Gut-/Schlecht-Teilemengen
- Aufträge nach Menge und Wert
- Umsatz pro Periode

Die folgende Formel zeigt die mathematische Darstellung des Nutzwertverfahrens als lineares Modell (n = m):

$$\sum_{i=1}^{n}\sum_{j=1}^{m} N_{ij} \cdot Z_{ij} \Rightarrow \text{max mit}: Z_{ij} = \text{Zuordnung}\, MA_i \rightarrow \text{Stelle}_j$$

## 3.7 Einsatz von bestimmten Arbeitnehmergruppen

Bestimmte Arbeitnehmergruppen weisen besondere Anforderungen für den Arbeitseinsatz auf. Die Personaleinsatzplanung muss entsprechend den jeweiligen Restriktionen berücksichtigen, dass der Arbeitseinsatz nur in einem individuell angepassten, soziotechnischen Arbeitssystem rechtlich, technisch, sozial und ethisch möglich ist.

### 3.7.1 Jugendliche Arbeitnehmer und Auszubildende

Beim Einsatz von jugendlichen Arbeitnehmern und Auszubildenden ist allgemein auf adäquate Arbeitsinhalte und Arbeitsplätze zu achten, die den jungen Mitarbeitern den Einstieg in das Berufsleben erleichtern. Stark monotone oder körperlich anstrengende Arbeit wie Fließbandarbeit und Akkord oder physisch belastende Hilfsarbeit sind besonders bei dieser Personengruppe ungeeignet. Gesetzliche und tarifliche Regelungen (Jugendarbeitsschutzgesetz, Manteltarifverträge für Auszubildende, Berufsbildungsgesetz) regeln den Einsatzrahmen von jugendlichen Arbeitnehmern und Auszubildenden, wodurch das erhöhte Schutzbedürfnis zum Ausdruck kommt.

### 3.7.2 Ältere Arbeitnehmer

Als ältere Mitarbeiter werden Personen bezeichnet, deren Lebensalter zwischen der zweiten Lebensarbeitszeit und der Pensionierung liegt (50 bis 60 bzw. 65 Jahre), bzw. die nach der Karrierebiographie ihr Karriereplateau erreicht haben und körperlich und geistig arbeitsfähig sind.

Im Laufe des Lebens unterliegt der Mensch allgemein einem Leistungswandel. Unter Leistungswandel versteht man die Veränderung der möglichen Leistungsabgabe durch zeitlich sich ändernde physische und psychische Leistungsfähigkeit und -bereitschaft.

Dieser Wandel beginnt mit frühester Kindheit und endet mit dem Tod. Es ist festgestellt worden, dass sich im fortschreitenden Lebensalter die Fähigkeiten des Mitarbeiters nicht generell verringern, sondern dass sich seine Fähigkeitsstruktur wandelt. Die wissenschaftliche Erkenntnis, dass ältere Mitarbeiter nur in Bezug auf bestimmte Tätigkeiten weniger leistungs- und einsatzfähig sind, wird auch in der betrieblichen Praxis bestätigt. Für die meisten Arbeitsplätze gilt erfahrungsgemäß, dass auch der ältere Mitarbeiter der üblichen und gewohnten Arbeitsbeanspruchung sowohl im physischen als auch im geistig-psychischen Bereich gerecht wird. Die folgende Übersicht zeigt, wie sich die Fähigkeitsstruktur des Menschen mit zunehmendem Alter verändert:[90]

| **Mit steigendem Alter** | | |
|---|---|---|
| **erhöhen** sich i.d.R. bis zu einem individuellen Maximum | **bleiben** in der Regel weitgehend **erhalten** | **verringern** sich in der Regel |
| **Körperliche (physische) Eigenschaften und Fähigkeiten** | | |
| • Geübtheit (in Abhängigkeit von der Art und Dauer der Tätigkeit) | • Widerstandsfähigkeit gegen eine physische Dauerbelastung unterhalb der Dauerbelastungsgrenze | • Muskelkraft<br>• Beweglichkeit<br>• Widerstandsfähigkeit gegen eine Kurzzeitbelastung über der Dauerbelastungsgrenze<br>• Fähigkeit zur Anpassung an klimatische Umweltbedingungen<br>• Seh- und Hörvermögen |
| **Geistige (psychische) Eigenschaften und Fähigkeiten** | | |
| • Erfahrung<br>• Geübtheit (in Abhängigkeit von der Art und Dauer der Tätigkeit)<br>• Urteilsvermögen (u.a. Treffsicherheit bei Zuordnungs- und Konstruktionsaufgaben)<br>• Gesprächsfähigkeit (Ausdrucksverm., Gewandtheit)<br>• Fähigkeit zum dispositiven Denken, Selbständigkeit<br>• Genauigkeit bei geringerem Komplexitätsgrad<br>• Fähigkeit zur menschlichen Zusammenarbeit<br>• Verantwortungsbewusstsein<br>• Zuverlässigkeit<br>• Ausgeglichenheit und Beständigkeit<br>• Menschliche Reife<br>• Positive Einstellung zur Arbeit<br>• Sicherheitbewusstsein | • Allgemeinwissen<br>• Fähigkeit zur Informationsaufnahme und -verarbeitung<br>• Aufmerksamkeit<br>• Konzentrationsfähigkeit<br>• Merkfähigkeit (Langzeitgedächnis)<br>• Widerstandsfähigkeit gegen eine im Arbeitsprozess übliche psychische Belastung<br>• Lernfähigkeit (unter bestimmten didaktischen Voraussetzungen) | • geistige Beweglichkeit und Umstellungsfähigkeit<br>• Geschwindigkeit der Informationsaufnahme und -verarbeitung (Reaktionsvermögen) bei komplexer Aufgabenstellung<br>• Widerstandsfähigkeit gegen eine hohe psychische Dauerbelastung<br>• Kurzzeitgedächnis<br>• Risikobereitschaft |

**Abb. 80:** Die Veränderung des Leistungsvermögens mit zunehmenden Alter

90 Vgl. Kador, F.-J./Diergarten, D.: Unternehmerische Sozialpolitik, 4. Auflage, Köln 1993, S. 304 ff.

Psychische Leistungen, die im Alter zunehmen, wie Urteilsvermögen, sprachliche Gewandtheit, Verantwortungsbewusstsein usw., können auch unter dem Begriff der "**kristallisierten Intelligenz**" zusammengefasst werden. Unter dem Begriff der "**flüssigen Intelligenz**" versteht man die psychischen Leistungen, die im Alter nachlassen.[91]

Bei der Einsatzplanung hat der Planer in erster Linie die sich verringernden Potenziale zu berücksichtigen.

- Im **gewerblichen Bereich** sind Vorgabezeiten, Maschinentakte, Informations-, Steuer- und Kontrollsignale (Farben, Helligkeit, Anordnung), Arbeitszeitmodelle (besonders bei Schichtarbeit durch diskontinuierlichen Schlaf- und Essensrhythmus), Umgebungseinflüsse wie Klima, Schall und Staub sowie Halte- und Bewegungsarbeiten hinsichtlich ihrer altersgerechten Auslegung zu prüfen und ggf. anzupassen.
- Im **Angestelltenbereich** sind die schwerpunktmäßigen Einsatzschwierigkeiten das Nachlassen der psychischen Belastbarkeit bei der operativen Planung und Durchführung komplexer Aufgaben, eine leichte Erregbarkeit als Stressreaktion und geistige Immobilität (mangelndes Interesse, sich in neue Technologien und Prozesse einzudenken).

Entsprechend der Notwendigkeit der Arbeitsanpassung kommen ergonomische Aspekte der Arbeitsplatzgestaltung, die Gestaltung der Arbeitsinhalte und organisatorische Aspekte wie Stellenbildung, Versetzung oder Vorruhestandsregelungen in Betracht. Wichtig ist, dass die jeweilige Lösung auch die sozialen Bedürfnisse des Mitarbeiters berücksichtigt. Die Personaleinsatzplanung muss vermeiden, dass ältere Mitarbeiter das Gefühl bekommen, zum "alten Eisen" zu gehören oder dass eine Versetzung einer Degradierung gleichkommt, bei der die bisherige hierarchische Stellung aufgegeben werden muss.

### 3.7.3 Behinderte Arbeitnehmer

Für den Personaleinsatz behinderter Arbeitnehmer gelten ähnliche Prämissen wie bei der Einsatzplanung älterer Mitarbeiter. Schwerbehindert ist ein Arbeitnehmer mit einem Behinderungsgrad von über 50%, bzw. unter bestimmten Bedingungen auch Personen mit einem Behinderungsgrad zwischen 30 und 50 %.

Das Arbeitsumfeld muss dieser Personengruppe entsprechend ihres Behinderungsgrades angepasst werden. Neben **baulichen Maßnahmen** wie rollstuhlgerechten Wegen, Maschinenbedienung bei eingeschränkter Greiffunktion oder Umstellung auf akustische Signalgebung bei schlechter Sehfähigkeit sind auch **integrativ-soziale Aufgaben**, wie z.B. die Einrichtung von Kontaktgruppen bei Rehabilitation und Neueingliederung oder therapeutische Hilfestellungen aus dem medizinisch-soziologischen Bereich vom Arbeitsumfeld zu leisten. Hier muss die Sensibilität und das Verantwortungsgefühl der nichtbehinderten Mitarbeiter verstärkt werden. So ist der Einsatz von leistungsgeminderten bzw. leistungsgewandelten Personen im Arbeitsleben bei sozialer Gleichwertigkeit möglich.

---

[91] Vgl. Dobner, E./Dobner, G.: Älter werden im Beruf, Instrumente zur flexiblen Mitarbeiterführung, Heidelbeg 2002, S. 21.

Nach dem Schwerbehindertenrecht müssen Unternehmen mit mehr als 20 Mitarbeitern 6 % der Stellen schwerbehindertengerecht gestalten und reservieren (§ 71 SGB IX). Demzufolge muss die Einsatzplanung prüfen, welche Arbeitsplätze schwerbehindertengerecht sind oder welche mit vertretbarem Aufwand entsprechend angepasst werden können. Zweckmäßigerweise sollte der Stellenplan klassifizierende Merkmale enthalten, die eine Auswahl erleichtern. Weiterhin haben Schwerbehinderte oder ihnen gleichgestellte Mitarbeiter einen um 5 Tage erhöhten Urlaubsanspruch und einen besonderen Kündigungsschutz.

### 3.7.4 Weibliche Arbeitnehmer

Die berufliche Gleichstellung der Frau soll durch gesetzliche Bestimmungen verbessert werden. Bei dem Personaleinsatz von weiblichen Arbeitnehmern sind Diskriminierungsverbote und die erweiterten Schutzbestimmungen des Arbeitszeitgesetzes, des Mutterschutzgesetzes und arbeitsplatzgestalterische Maßnahmen zu beachten.

Für werdende oder stillende Mütter muss der Arbeitsplatz so gestaltet sein, dass eine Gefährdung von Frau und Kind auszuschließen ist, wobei die physische Arbeitsbelastung und das Arbeitsumfeld stark determiniert sind. Weiterhin sind Akkordarbeit und Arbeit bei fest getakteten Intervallen verboten.[92]

### 3.7.5 Ausländische Arbeitnehmer

Der Personaleinsatz ausländischer Mitarbeiter weist in erster Linie ein komplexes Integrationsproblem auf. Die Vielschichtigkeit dieses Problems hat verschiedene Ursachen:

- Sprachprobleme
- Unterschiedlicher technischer Ausbildungsstand
- Soziokulturelle Eigenheiten
- Unterschiedliche Werte
- Soziale Abgrenzungen von Personengruppen unterschiedlicher Nationalität durch mangelnde Kommunikationsbereitschaft oder -fähigkeit
- Niedriger sozialer Status durch schlechte Arbeitsbedingungen

Durch Sprachprobleme kommt es häufig zu unvorhersehbaren Missverständnissen, die zu Fehlhandlungen, Fehlproduktion und interpersonellen Konflikten führen können. Ein unterschiedlicher technischer Ausbildungsstand kann durch Fehlbedienungen zur Beschädigung von Betriebsmitteln führen. Somit ist die Vermittlung eines ausreichenden Bildungsstands die wichtigste Voraussetzung für einen Personaleinsatz. Schulungsmaßnahmen in deutscher Sprache oder der kurzfristige Einsatz mehrsprachiger Vorgesetzter helfen, sprachliche Barrieren abzubauen. Beim Personalleasing, insbesondere bei unqualifizierter Hilfsarbeit, sind die Sprachprobleme durch oftmals extrem heterogene Nationalitätengruppen besonders groß.

---

92 Vgl. Krell, G./Osterloh, M.: Personalpolitik aus Sicht der Frauen - Frauen aus der Sicht von Personalpolitik, München 1992, S. 29 ff.

Toleranz und Achtung vor dem fremden Kulturkreis erleichtern den Personaleinsatz. Überzeugungsarbeit und vertrauensbildende Maßnahmen legen hier den Grundstock für eine multikulturelle und auf gegenseitiger Achtung basierende Zusammenarbeit.

Von der Personaleinsatzplanung kann durch die Zuordnung von qualitativ anspruchsvollen Arbeitsplätzen und den notwendigen Schulungsmaßnahmen dem niedrigen sozialen Status durch die schlechten Arbeitsbedingungen der ausländischen Mitarbeiter begegnet werden. Die Frage nach dem langfristigen Verbleib im Unternehmen oder der mittelfristigen Rückkehr in das Heimatland sollte durch Mitarbeitergespräche geklärt werden. Zielgruppe ist insbesondere die zweite Ausländergeneration, da hier sprachliche Defizite selten vorhanden sind und die Schul- bzw. Berufsausbildung auf allgemeinem Bildungsniveau liegt.

## 3.8 Rechtliche Aspekte des Personaleinsatzes

Wichtige rechtliche Aspekte zur Personaleinsatzplanung sind in verschiedenen Gesetzen aufgeführt:

### (1) Betriebsverfassungsgesetz

Beteiligungsrechte der Arbeitnehmervertretungen sind Teil der Arbeits- und Sozialordnung. Im engeren Rahmen der Personaleinsatzplanung sind Mitbestimmungs- und Mitwirkungsrechte nach dem Betriebsverfassungsgesetz (BetrVG) gegeben: [93]

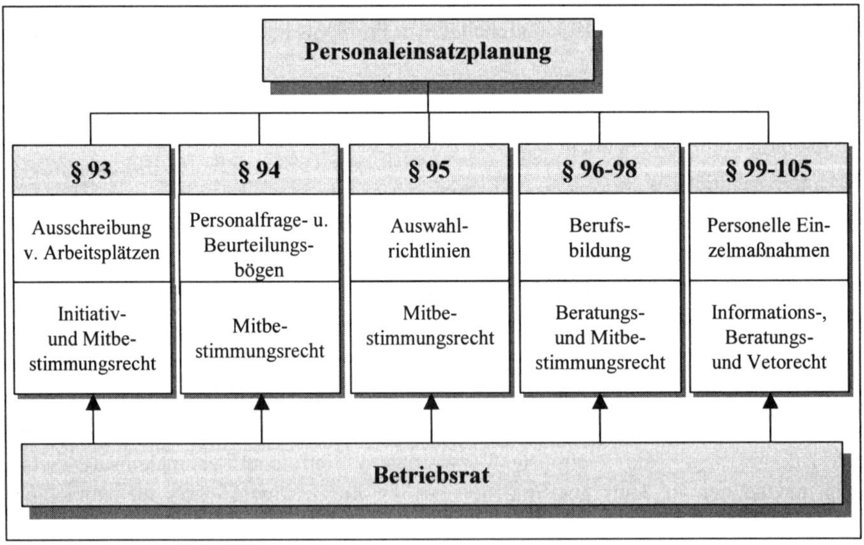


**Abb. 81:** Beteiligungsrechte des Betriebsrats bei der Personaleinsatzplanung

[93] Vgl. Löwitsch, M.: Arbeitsrecht, 7. Aufl., Düsseldorf 2004, S. 167 ff. und Kittner, M./Kittner, S.: Arbeits- und Sozialrecht, 5. Aufl., Frankfurt/Main 2004, S. 50 ff.

Im weiteren Rahmen der Personaleinsatzplanung sind Mitbestimmungsrechte für soziale Angelegenheiten gegeben:

- Mitbestimmungsrechte u.a. über Lage und Dauer der Arbeitszeit, Urlaubsgrundsätze, Einführung und Anwendung von Überwachungseinrichtungen, Sozialeinrichtungen und Festlegung von Prämien- und Akkordsätzen.
- Arbeitsschutz
- Gestaltung von Arbeitsplatz, Arbeitsablauf und Arbeitsumgebung

## (2) Arbeitszeitgesetz

Das Arbeitszeitgesetz (ArbZG) in der Fassung vom 30. Juli 1996 dient der Sicherheit und dem Gesundheitsschutz der Arbeitnehmer bei der Arbeitszeitgestaltung und soll die Rahmenbedingungen für flexible Arbeitszeiten verbessern. Regelungsbereiche sind die Arbeitszeiten, Ruhepausen, Ruhezeiten, Nacht- und Schichtarbeit und gefährliche Arbeiten der Arbeitnehmer an Werktagen und an Sonn- und Feiertagen. Durch das neue Arbeitszeitgesetz treten viele Einzelregelungen von Verordnungen der Arbeitszeiten in bestimmten öffentlichen und privaten Erwerbsbereichen außer Kraft.

Das ArbZG gilt für Arbeitnehmer über 18 Jahre (für Jugendliche gelten die Arbeitszeitregelungen des Jugendschutzgesetzes) in Betrieben und Verwaltungen aller Art. Ausgenommen sind leitende Angestellte nach § 5 Abs. 3 BetrVG, landwirtschaftliche Betriebe und bestimmte Verkehrsbetriebe. Die wesentlichen Vorschriften des ArbZG sind:

- Arbeitsverbot an Sonn- und gesetzlichen Feiertagen. Bei mehrschichtigem Betrieb kann die Lage der Sonn- und Feiertagsruhe bis zu 6 Stunden vor- oder zurückverlegt werden.
- Die Arbeitszeit ist die Zeit vom Beginn bis zum Ende der Arbeit ohne Ruhepausen.
- Nachtzeit ist die Arbeitszeit von 23 bis 6 Uhr.
- Nachtarbeit ist jede Arbeit von mehr als 2 Stunden innerhalb der Nachtzeit.
- Nachtarbeitnehmer leisten Nachtarbeit in Wechselschichten oder an mehr als 48 Tagen im Kalenderjahr.
- Die werktägliche Arbeitszeit beträgt 8 Stunden. Sie kann auf bis zu 10 Stunden verlängert werden, wenn innerhalb von 6 Kalendermonaten oder 24 Wochen im Durchschnitt 8 Stunden werktäglich nicht überschritten werden.
- Bei einer Arbeitszeit zwischen 6 und 9 Stunden müssen mindestens 30 Minuten Ruhepausenzeit mit feststehender Pausenzeitlage die Arbeit unterbrechen; bei über 9 Stunden Arbeitszeit verlängert sich die Pausenzeit auf 45 Minuten. Die Zeitabschnitte der Ruhepausen müssen mindestens 15 Minuten betragen.

## (3) Bundesurlaubsgesetz

Im Bundesurlaubsgesetz (BUrlG) ist der Erholungsurlaub mit einer Mindestdauer von 24 Werkstagen festgelegt. Weiterhin ist u.a. die Wartezeit auf den Urlaubsanspruch, Teilurlaub und der Urlaubszeitpunkt geregelt.

Abweichende Regelungen können in Betriebsvereinbarungen und in Einzelarbeitsverträgen festgeschrieben werden, wobei die Mindestregelungen nicht unterschritten werden dürfen. Urlaubsregelungen finden sich u.a. auch im Jugendarbeitsschutzgesetz, Mutterschaftsschutzgesetz, Bildungsurlaubsgesetzen der Bundesländer und dem Betriebsverfassungsgesetz.

## (4) Mutterschutzgesetz

Das Mutterschutzgesetz (MuschG) hat zum Ziel, die Arbeitstätigkeit von erwerbstätigen Frauen so zu gestalten ist, dass eine Beeinträchtigung der Gesundheit von Mutter und Kind auszuschließen ist. Geregelt sind im Mutterschutzgesetz u.a.:

- Arbeitsplatzgestalterische Maßnahmen
- Beschäftigungsverbote während der Schwangerschaft und nach der Entbindung (6 Wochen vor und 8 (12) Wochen nach der Entbindung besteht Freistellungspflicht)
- Beschäftigungsverbote bei schwerer körperlicher Arbeit und bei gesundheitsgefährdenden Umwelteinflüssen
- Mehrarbeit, Nacht- und Sonntagsarbeit sind verboten
- Besonderer Kündigungsschutz

## (5) Jugendarbeitsschutzgesetz

Das Jugendarbeitsschutzgesetz findet auf Beschäftigte von dem 15. bis zum 18. Lebensjahr Anwendung. Wichtige Bestimmungen des JArbSchG sind:

- Verbot der Beschäftigung von Kindern (unter dem 15. Lebensjahr, oder Vollzeitschulpflichtig) und von Jugendlichen, die noch nicht 18 Jahre alt sind oder der Vollzeitschulpflicht unterliegen
- Beschäftigungsverbote bei besonderen Gefahren, zu großen Belastungen, Gefährdung der Gesundheit und bei Akkordarbeit
- Dauer und Lage der Arbeitszeiten (maximal 8 Stunden pro Tag, 40 Stunden pro Woche und 5 Tage pro Woche)
- Arbeitsverbot an Samstagen, Sonntagen und Feiertagen
- Ruhepausen, Schichtzeiten, Ruhezeiten und Urlaub
- Bildungsmaßnahmen
- Besondere Pflichten des Arbeitgebers in Form von jugendgerechter Gestaltung der Arbeit, Unterweisung über Gefahren und erweiterte gesundheitliche Betreuung

## (6) Schwerbehindertenrecht

Der geschützte Personenkreis, der unter das Sozialgesetzbuch IX (SGB IX) fällt, sind schwerbehinderte Personen mit einem Behinderungsgrad von wenigstens 50 % oder gleichgestellte Personen mit einem Behinderungsgrad von wenigstens 30 % bis 50 %.

Wichtige Bestimmungen im SGB IX sind:

- Beschäftigungspflicht des Arbeitgebers, wenn jahresdurchschnittlich monatlich mindestens 20 Arbeitsplätze bestehen (§ 71 Abs. 1 SGB IX)
- Beschäftigung besonderer Gruppen Schwerbehinderter (§ 71 Abs. 1 S. 2 SGB IX)
- Ausgleichsabgabe bei unbesetzten Pflichtplätzen (§ 77 SGB IX)
- Pflichten des Arbeitgebers gegenüber der Bundesagentur für Arbeit und den Integreatinsämtern (§ 80 SGB IX)
- Pflichten des Arbeitgebers gegenüber Schwerbehinderten in sozialer, arbeitswissenschaftlicher und ergonomischer Weise (§§ 80 bis 84 SBG IX)
- Besonderer Kündigungsschutz (§§ 85 bis 92 SGB IX), Urlaubsanspruch (+5 Tage, § 125 SGB IX), Freistellung bei Mehrarbeit (§ 124 SGB IX)
- Im Betrieb besteht eine Schwerbehindertenvertretung. Der Vertrauensmann bzw. die Vertrauensfrau hat die gleiche Rechtsstellung wie ein Mitglied des Betriebsrates (§ 94 f SGB IX)

# 4 Personalentwicklung

Die Personalentwicklung verfolgt das Ziel, Mitarbeiter aller hierarchischen Stufen für die Bewältigung der gegenwärtigen und zukünftigen Anforderungen zu qualifizieren. In diesem Sinne werden unter Personalentwicklung Programme und Systeme verstanden, die sich mit Personalförderungsmaßnahmen sowie Methoden der Aus-, Fort- und Weiterbildung im Unternehmen befassen. Die Personalentwicklung kann unter zwei grundsätzlichen Aspekten gesehen werden:

- Innovationen bei Produktdesign, Technik und Unternehmensführung setzen eine regelmäßige und systematische Weiterentwicklung des Personals voraus. Aber auch die dynamische Veränderung der Märkte, die zunehmende Internationalisierung der Geschäftstätigkeit, der rasche Fortschritt der Technik, insbesondere der Mikroelektronik, sowie der Informations- und Kommunikationstechniken haben den Fortbildungsbedarf erheblich beeinflusst. Hierbei steht die Vermittlung unternehmensspezifischer Kenntnisse und Fähigkeiten im Vordergrund.
- Diesen betrieblichen Erfordernissen stehen die Wünsche, Bedürfnisse und Erwartungen der Mitarbeiter gegenüber. Hier sind vor allem die individuellen Wünsche des Personals nach Weiterbildung und Erfahrungsaustausch sowie berufliche Pläne der Mitarbeiter zu erfüllen. Gelingt dies, so kann die Personalentwicklung als wichtiger Bestandteil einer "Politik der Mitarbeiterzufriedenheit" des Unternehmens gewertet werden.[94]

Die Auswahl der zur Entwicklung geeigneten Mitarbeiter setzt eine genaue Bestimmung des Entwicklungsbedarfs voraus. Dieser wird an Verhaltens-, Kenntnis- und Fähigkeitsdefiziten einzelner Mitarbeiter in Gegenwart und Zukunft sichtbar. Aber auch Entwicklungswünsche der Mitarbeiter sind bei dem Entwicklungsbedarf zu berücksichtigen. Einzelne Entwicklungsmaßnahmen müssen in ihren Inhalten auf das Arbeitsfeld des Mitarbeiters abgestimmt sein, da bei mangelhaften Anwendungsmöglichkeiten von neu erworbenen Kenntnissen und Fähigkeiten die Gefahr von Motivationsbarrieren für nachfolgende Entwicklungsmaßnahmen entstehen kann.

Die genaue Bestimmung von Entwicklungsbedarf, Entwicklungsmaßnahmen und Entwicklungskandidaten ist in der Praxis häufig schwierig. Diese Bestimmung muss bereits frühzeitig erfolgen, da Lernprozesse zum Teil lange Zeit beanspruchen. Eine erfolgreiche Personalentwicklung kann somit nur auf der Grundlage einer guten Entwicklungsplanung erfolgen.

## 4.1 Ziele und Aufgaben der Personalentwicklung

In einem Unternehmen lassen sich in der Regel zwei Strategien der Personalentwicklung und den damit verbundenen Zielsetzungen erkennen. Bei der einen Strategie lässt sich eine Zielsetzung für Qualifikationen nach Maß beobachten, d.h. man versucht, möglichst

---

94 Vgl. Freund, F./Knoblauch, R./Racké, G.: Praxisorientierte Personalwirtschaftslehre, 5. Auflage, Stuttgart/Berlin/Köln/Mainz 1993, S. 142.

gegenwärtige Arbeitsplatzanforderungen und Qualifikationen in Einklang zu bringen. Qualifikationen, die über die Anforderungen des Arbeitsplatzes hinausgehen, sind insofern für das Unternehmen uninteressant, da sie lediglich den Aufwand erhöhen, Unzufriedenheit erzeugen und sich damit negativ auf das Betriebsklima auswirken und letztendlich qualifizierte Mitarbeiter zur Abwanderung bewegen.

Die zweite Strategie verfolgt das Ziel, flexible Mitarbeiterqualifikationen zu schaffen. Flexibilität in der Personalqualifikation und individuelle Personalentwicklung bedeuten Vermittlung arbeitsplatzunabhängiger **Schlüsselqualifikationen**,[95] die der **Halbwertzeit des Wissens**[96] und dem lebenslangen Lernen Rechnung tragen.

**Die Halbwertzeit des Wissens**

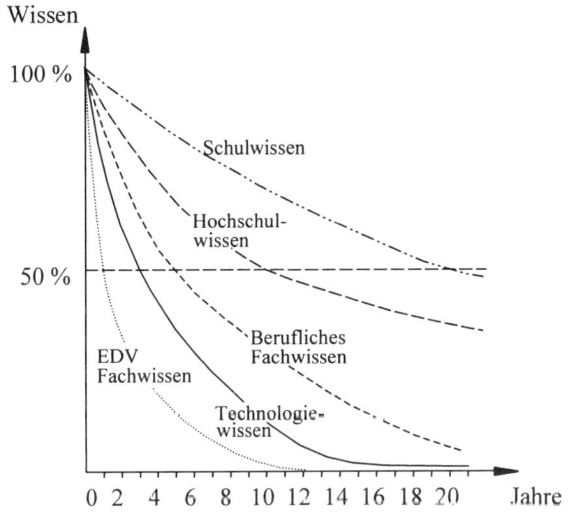


**Halbwertzeiten**

| | |
|---|---|
| Schulwissen | 20 Jahre |
| Hochschulwissen | 10 Jahre |
| Berufliches Wissen | 5 Jahre |
| Technologiewissen | 3 Jahre |
| EDV-Fachwissen | 1 Jahr |

**Abb. 82:** Die Halbwertzeit des Wissens[97]

Die rasante Informationszunahme auf allen Gebieten der Wissenschaft zwingt jeden Einzelnen zum lebenslangen Lernen. Gleichzeitig nimmt aufgrund dieser Informationsflut die Halbwertzeit des Wissens, die ein Maßstab für die Vergessensrate ist, stetig ab.

---

[95] Mit Schlüsselqualifikationen sind hier Kenntnisse gemeint, die einen flexiblen Arbeitseinsatz ermöglichen. Dazu gehören neben kommunikativ-sozialen Fähigkeiten und der Kenntnis moderner Technologien (z.B. Anwendung und Bedienung von Personal-Computern) insbesondere die Freisetzung von Kreativitätspotenzialen und als Grundvoraussetzung die Bereitschaft und die methodische Fähigkeit zum ständigen Weiterlernen.

[96] Die Halbwertzeit ist ein besonders in der Kernphysik gebräuchlicher Begriff und beschreibt dort die Zerfallsgeschwindigkeit radioaktiven Materials. Der hier benutzte Ausdruck "Halbwertzeit des Wissens" beschreibt die Zeitspanne, in der sich die Verfügbarkeit eines einmal erworbenen Wissens (z.B. Schulwissen) auf die Hälfte reduziert hat.

[97] Nagel, K.: Weiterbildung als strategischer Erfolgsfaktor. Der Weg zum unternehmerischen Denken der Mitarbeiter, 3. Aufl., Landsberg/Lech 1994, S. 32.

Daher müssen neben den Schulen und Hochschulen auch die Unternehmen zu einer dynamischen Wissensanpassung beitragen. Eine flexible Personalentwicklung vermittelt **Schlüsselqualifikationen**,[98] die eine horizontale, vertikale und soziale Flexibilität sichern können. Hierin ist nicht zuletzt die Erhöhung der Innovationspotenziale der Unternehmen zu sehen.

## 4.1.1 Ziele der Personalentwicklung

Die Personalentwicklung kann nur dann erfolgreich durchgeführt werden, wenn bei allen Beteiligten Klarheit über die zu erreichenden Ziele besteht. Das Unternehmen sowie seine Mitarbeiter verbinden mit der Personalentwicklung eigene Erwartungen.

Ziel der Personalentwicklung sollte ein Ausgleich der Interessen sein, indem sie versucht, die persönlichen Entwicklungs- und Karriereziele der einzelnen Mitarbeiter in die allgemeinen Ziele der Unternehmung zu integrieren. Auf diese Weise ergibt sich der doppelte Zielcharakter in der Personalentwicklung.

- **Unternehmensbezogene Ziele**
  - Die Mitarbeiter sollen mit ihren fachlichen und persönlichen Fähigkeiten aufgabengerecht eingesetzt werden.
  - Die Mitarbeiter sollen lernen, in neuen Situationen flexibel zu agieren und reagieren.
  - Die Eigenverantwortlichkeit der Mitarbeiter soll gesteigert werden.
  - Die Leistungsreserven der Arbeiter sollen genutzt werden.
  - Die zunehmende Komplexität und die wachsende Anforderung nach Veränderungen sollen von den Mitarbeitern erkannt werden.
- **Mitarbeiterbezogene Ziele**
  - Die Mitarbeiter wollen wissen, welches berufliche Ziel sie anstreben wollen.
  - Sie haben die Möglichkeit, zu prüfen, welche Aufgaben sie in der Organisation übernehmen möchten.
  - Sie können daran arbeiten, inwieweit sie ihre momentanen Tätigkeiten ausfüllen, unter- oder überfordern.
  - Ihre Zufriedenheit wird positiv beeinflusst.

Darüber hinaus existiert eine Reihe von weiteren Zielen:[99]

- **Verbesserung der Arbeitswelt:** Die strategische Aufgabe der Personalentwicklung liegt hier in der Entwicklung einer Unternehmenskultur. Durch Schaffung von Unternehmensleitbildern können Verhaltensweisen und Wertvorstellungen der Mitarbei-

[98] Vgl. hiezu auch Werner, E.: Schlüsselqualifikationen, Persönliche Voraussetzungen für beruflichen Erfolg, Heidelberg 2003.

[99] Vgl. Jung, H.: Allgemeine Betriebswirtschaftslehre, a.a.O., S. 894 f.

ter und die Unternehmensstrategie aufeinander abgestimmt werden. Es soll eine erhöhte Identifikation mit dem Unternehmen, verbesserte Handlungsorientierung und engagierte Selbstorganisation der Mitarbeiter erreicht werden.

- **Erhöhung der Mitarbeiterbereitschaft zu Neuerungen:** Personalentwicklung zielt nicht nur darauf ab, Fähigkeiten zu entwickeln, zu erweitern und zu erhalten, sondern auch darauf, dass Einstellungen und Wertvorstellungen des Mitarbeiters weiterentwickelt werden. Unter diesem Aspekt ist ein weiteres Ziel, dass die Mitarbeiter lernen, Veränderungen als Chance wahrzunehmen.
- **Lernen zu lernen:** Neben der Bereitschaft der Mitarbeiter, Neuerungen positiv gegenüberzustehen, liegt ein bisher zu wenig entwickelter Schwerpunkt der Personalentwicklungsarbeit darin, die Menschen in Organisationen das Lernen zu lehren. Die Mitarbeiter müssen in verstärktem Maße das Lernen lernen, denn ohne diese Fähigkeit können sie die auf sie zukommenden neuen Aufgaben nicht bewältigen.
- **Verbesserung von Image und Ansehen:** Durch neue, intelligente und qualitativ hochwertige Produkte und durch zuverlässigen Service sowie qualifizierte Kundenberatung tragen gut ausgebildete Mitarbeiter wesentlich dazu bei, den Ruf eines Unternehmens und dessen Ansehen in der Öffentlichkeit zu verbessern. Zufriedene Stammkunden und die Erweiterung des Kundenkreises sind die Voraussetzung für eine stabile Auftragslage. Auch das Image eines Unternehmens auf dem Arbeitsmarkt wird verbessert. Ein gutes Personalentwicklungskonzept senkt die Fluktuationsrate und hat positive Einflüsse auf die Personalbeschaffungsmöglichkeiten.

Obwohl die Implementierung der Personalentwicklung für Unternehmen und Mitarbeiter grundsätzlich Vorteile mit sich bringt, kann es zwischen betrieblichen und persönlichen Zielen zu erheblichen Zielkonflikten kommen.

Die Steigerung der innerbetrieblichen Mobilität der Mitarbeiter durch eine möglichst breit angelegte Aus- und Weiterbildung führt auch gleichzeitig zu einer Steigerung der außerbetrieblichen Mobilität. Dies verursacht für die Unternehmung die Gefahr, dass sich "entwickelte" Arbeitnehmer für eine andere Stelle in einer anderen Unternehmung entscheiden. Demgemäss liegt es im Interesse des Unternehmens, überwiegend betriebsbezogene Kenntnisse, Fähigkeiten und Verhaltensweisen zu vermitteln, während die Mitarbeiter an einer breiten Qualifikation interessiert sind.

Die Mitarbeiter eines Unternehmens verbinden mit der Personalentwicklung grundsätzlich verschiedene Erwartungen, die abhängig von ihrer persönlichen Motiv- und Bedürfnisstruktur sind. In der Motivationspsychologie existiert der Begriff des **"Karriereankers"**. Es handelt sich dabei um "individuenspezifische Orientierungsmuster innerhalb des Berufslebens, die einen deutlichen Bezug zur individuellen Motiv- bzw. Bedürfnisstruktur erkennen lassen."[100]

Die einzelnen **Karriereanker** sind:

- **Managementkompetenz:** Dieses Orientierungsmuster äußert sich vorrangig in dem Wunsch, typische Managementaufgaben zu übernehmen. Erforderlich ist hierzu ne-

100 Schanz, G.: Verhaltenswissenschaftliche Aspekte der Personalentwicklung. In: Strategien der Personalentwicklung, hrsg. von Riekhof, H.C., 3. Aufl., Wiesbaden 1992, S. 16 f.

ben interpersoneller Kompetenz[101] und analytischen Fähigkeiten die Übernahme von Verantwortung. Die typische Entwicklungsrichtung kann mit Aufwärtsmobilität zum Ausdruck gebracht werden.

- **Technisch-funktionale Kompetenz:** Hier wird die Herausforderung eines Spezialgebietes besonders hoch geschätzt. Ein hierarchischer Aufstieg scheint besonders erstrebenswert, wenn er sich innerhalb eines Spezialgebietes vollzieht und nicht mit der Übernahme sachfremder Aufgaben einhergeht.

- **Autonomie:** Ein künftig vermutlich an Bedeutung gewinnender Karriereanker, der von Mitarbeitern eingeschlagen wird, die möglichst frei von institutionellen Zwängen sein wollen. Sie suchen einen Arbeitsbereich, der ihnen größtmögliche Unabhängigkeit verspricht.

- **Varietät:** Dieses Orientierungsmuster ist deutlich auf berufliche Breite und Abwechslung ausgelegt. Der Mitarbeiter erwirbt nach und nach übergreifendes Know-how.

- **Kreativität:** Dieses Orientierungsmuster äußert sich in dem Wunsch, Neuland zu betreten. Hier wird ein hinreichend großer Handlungsspielraum angestrebt, um die Kreativität entfalten zu können.

- **Sicherheit:** Eine in ihrer Bedeutung nach wie vor wichtige Karriereorientierung, bei der es primär darum geht, die berufliche Entwicklung zu stabilisieren. Einem sicheren Arbeitsplatz mit einem ausreichenden Einkommen sowie einer Altersversorgung wird vergleichsweise hohe Bedeutung beigemessen.

Individualisierte "Entwicklungspfade" können den unterschiedlichen Motiv- bzw. Bedürfnisstrukturen Rechnung tragen.

Wie bereits erwähnt, ergibt sich die Forderung, dass durch die Personalentwicklung den Mitarbeitern Entwicklungsmöglichkeiten geboten werden sollen, die einen möglichst individuellen Zuschnitt aufweisen. Zweifellos stellt ein solches Konzept hohe Ansprüche an die Personalentwicklung.

Neben dem Menschenbild als Leitlinie für Personalentwicklungsmaßnahmen muss vor der Gestaltung von solchen Maßnahmen festgelegt werden, welche Fähigkeiten und Verhaltensweisen verändert bzw. entwickelt werden sollen. Im allgemeinen beziehen sich Personalentwicklungsmaßnahmen auf die folgenden drei Bereiche:

1. **Fachliche Kompetenz:** Unter der fachlichen Kompetenz eines Mitarbeiters versteht man sein Fachwissen. Hier handelt es sich also um Fähigkeiten und Fertigkeiten, die sich auf ein bestimmtes berufliches Aufgabengebiet beziehen.[102] Dazu gehören Waren- und Produktkenntnisse ebenso wie handwerkliche Geschicklichkeit und die Fertigkeiten, ein Produkt den Qualitätsmaßstäben entsprechend zu produzieren.

[101] Kompetenz: Zuständigkeit, Befugnis, Urteilskraft, im Zusammenhang mit einer Führungsaufgabe auch Befähigung.

[102] Vgl. hierzu auch Crisand, C.: Soziale Kompetenz als persönlicher Erfolgsfaktor, Heidelberg 2002.

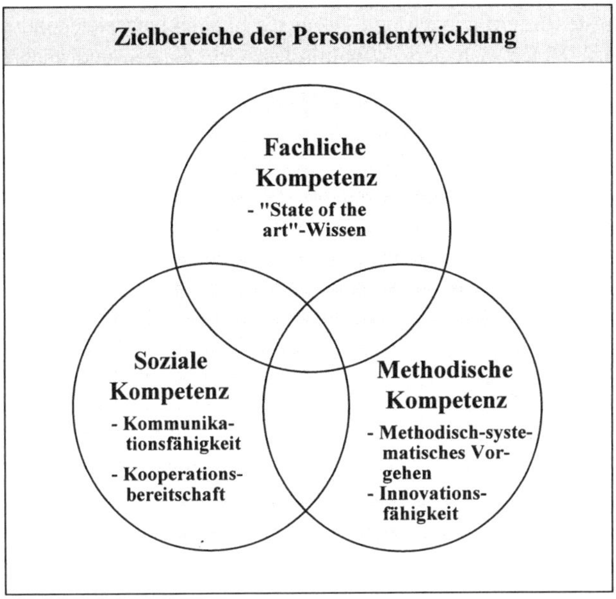


**Abb. 83:** Zielbereiche der Personalentwicklung

2. **Soziale Kompetenz:** Die soziale Kompetenz ist eine wichtige Voraussetzung für den Erfolg des Mitarbeiters in der Organisation, wobei die Bedeutung dieser Qualifikation noch weiter steigen wird. Das Beherrschen von Team- oder Gruppenarbeitsregeln ist ein notwendiger Bestandteil für erfolgreiche Gruppenarbeit im Unternehmen. Das Erlernen von sozialen Fähigkeiten ist heute nicht nur den Vorgesetzten vorbehalten, soziale Qualifikation wird zunehmend auch von Sachbearbeitern oder den Arbeitern in der Produktion verlangt.

3. **Methodische Kompetenz:** Methodisches Know-how beinhaltet Arbeits- und Managementmethoden, die die Mitarbeiter des Unternehmens befähigen, ihre fachlichen Potenziale zu nutzen und sich selbst zu organisieren. Zu solchen Methoden zählen Planungs-, Innovations-, Entscheidungs- und Organisationsmethoden sowie Methoden der Strategieplanung und Methoden der systematischen Schwachstellenanalyse.

## 4.1.2 Aufgaben der Personalentwicklung

Aus den Zielen, die das Unternehmen und die Mitarbeiter mit der Personalentwicklung verfolgen, lassen sich in erster Linie vier **Hauptaufgaben** ableiten:

Die **erste Aufgabe** ist die Bestimmung der **Entwicklungsziele**. Eine Personalentwicklung wird immer aus bestimmten Anlässen eingeleitet. Die an der Entwicklung direkt oder indirekt beteiligten Mitarbeiter oder Vorgesetzten erwarten von den betrieblichen Fortbildungs- und Entwicklungsmaßnahmen bestimmte Ergebnisse, die ihnen bei der Erfüllung der heutigen und künftigen Aufgaben helfen sollen.

Die wichtigsten Informationen und Daten für Entwicklungsziele sind den unternehmenspolitischen Zielen, den personalpolitischen Grundsätzen und anderen Teilen der Unternehmensplanung zu entnehmen. Im Detail müssen die Entwicklungsziele gemeinsam mit den verantwortlich beteiligten und planenden Stellen der zuständigen Unternehmensbereiche analysiert und festgelegt werden.

Die **zweite Aufgabe** der Personalentwicklung ist die Ermittlung des **Entwicklungsbedarfs**. Man kann allgemein sagen, dass ein Entwicklungsbedarf besteht, wenn beispielsweise Arbeitnehmer den derzeitigen Anforderungen ihres Aufgabengebiets nicht gerecht werden oder künftig neue Arbeitsanforderungen und Gebiete auf sie zukommen, auf die sie vorzubereiten sind.

Dabei kann ein Entwicklungsbedarf aufgrund von betrieblichen Veränderungen entstehen oder sich durch eine indirekte Bedarfsermittlung (z.B. überdurchschnittliche Fluktuation, hohe Fehlzeiten, übermäßiger Ausschuss, auffallendes Sinken der Qualität, Verschlechterung des Betriebsklimas und des Informationsflusses) ergeben.

Darüber hinaus haben externe Veränderungen Einfluss auf den Entwicklungsbedarf. Diese können u.a. Veränderungen tarifvertraglicher oder gesetzgeberischer Entwicklungen, ökonomischer Entwicklungen oder gesellschaftspolitischer Entwicklungen (Wertewandel) sein.

Anhaltspunkte für die Prognose des künftigen Entwicklungsbedarfs liefern Informationen anderer Bereiche der Unternehmensplanung. Beispielsweise können hier längerfristige personalpolitische Überlegungen, Ziele und geplante Vorhaben der Unternehmung (technische und organisatorische Veränderungen, Investitions- und Rationalisierungsvorhaben) oder die Veränderung von Berufsbildern genannt werden.

Die direkte Ermittlung des Entwicklungsbedarfs erfolgt durch einen Soll-Ist-Vergleich. Zum einen sind die sachbezogenen Daten zu ermitteln. Dazu muss ein entsprechendes Projektteam, das aus der Organisationsabteilung, der Planungsabteilung, der Arbeitswirtschaft, der Personalabteilung, der Personalentwicklung und dem Bildungswesen bestehen kann, zunächst die derzeitigen Arbeitsplatzanforderungen ermitteln. Stellenbeschreibungen und Anforderungsprofile geben Auskunft über die Anforderungen an Wissen, Können und Verhalten der einzelnen Arbeitsplätze. Daraufhin müssen die künftigen Arbeitsplatzanforderungen beispielsweise durch repräsentativ ausgewählte Arbeitsplatzbeobachtungen analysiert werden.

An dieser Stelle sind nun die vorhandenen Qualifikationen der Mitarbeiter festzustellen. Die personenbezogenen Daten können

- Personalunterlagen (Ausbildungsunterlagen, Fortbildungsnachweise etc.),
- Mitarbeiterbeurteilungen,
- Ergebnissen der Entwicklungsgespräche (§ 82 BetrVG),
- Hinweisen von Vorgesetzten,
- Anregungen von Mitarbeitern,
- Antworten der Mitarbeiter auf allgemeine Angebote betrieblicher Bildungsmaßnahmen oder auf gezielte Fragen der Vorgesetzten,
- Bewerbung auf innerbetriebliche Stellenausschreibungen

entnommen werden.

Des Weiteren müssen jetzt die künftigen Qualifikationsanforderungen analysiert und bewertet werden. Dies kann durch die vorher genannten Stellen erfolgen oder durch externe Experten. Mittel zu diesem Zweck sind Vergleiche mit anderen Unternehmen, Gruppeninterviews, Expertengespräche und Mitarbeitergespräche.

Nun bleibt festzustellen, inwieweit das vorhandene Personal entwicklungsfähig ist. Vorgesetzte, Personalentwicklung, externe Berater oder Betriebsrat können in Form von Mitarbeitergesprächen, Assessment Center und Fragen zur Laufbahn die Entwicklungspotenziale der Mitarbeiter analysieren und bewerten. Aus den gewonnenen Informationen wird dann der erforderliche Entwicklungsbedarf ermittelt.

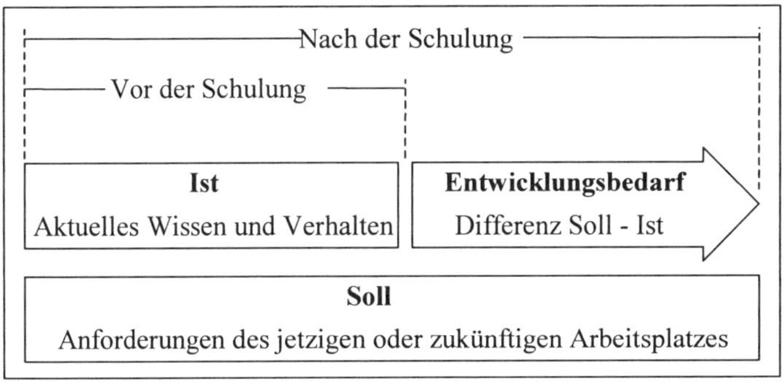


**Abb. 84:** Entwicklungsbedarf aus Soll-Ist-Vergleich

Die **dritte Aufgabe** der Personalentwicklung ist die **Bedarfsdeckung**. Ausgangspunkt für diese Aufgabe ist der ermittelte Entwicklungsbedarf und die daraus abgeleiteten Bildungsziele für einzelne Mitarbeiter oder Mitarbeiterkategorien. Damit sich eine Personalentwicklung effektiv gestaltet, muss ein Konzept erstellt werden, in dem alle für die Planung der Entwicklungsmaßnahmen notwendigen Faktoren berücksichtigt werden.

Als solche Faktoren sind die Kostenplanung, die Prioritäten der Entwicklungsmaßnahmen, die Maßnahmenart, die personellen, die zeitlichen, die sachlichen und die methodischen Voraussetzungen für die Durchführung von Maßnahmen anzusehen. Sind die notwendigen Daten bekannt, dann kann die Personalabteilung planen, wie sie die gesuchten Arbeitskräfte bereitstellt und auf die Arbeitsaufgaben vorbereitet.

Mit der Kenntnis über den Entwicklungsbedarf können die Entwicklungsmaßnahmen global und individuell geplant werden. Für die jeweilige Bezugsebene muss ein Curriculum[103] entwickelt und die entsprechenden Bildungsträger (Trainer) ausgewählt werden. Die zeitlichen und organisatorischen Durchführungsbedingungen müssen festgelegt werden. An dieser Stelle sind die bereitgestellten Mittel zur Kostendeckung zu berücksichtigen, die sich in direkte Kosten (haupt- und nebenamtliche Mitarbeiter im Rahmen der Personalentwicklung, Referenten, Gebühren, Lehr- und Hilfsmittel, Fahrtkosten

[103] Curriculum = lat. Verlauf, Ablauf; hier Theorie des Lehr- und Lernablaufs, Lehrplan.

u.a.) und indirekte Kosten (Löhne und Gehälter der Arbeitnehmer, zur Verfügung gestellte Ausbildungsplätze vor Ort u.a.) unterteilen.

Die indirekten Kosten sind nicht immer exakt zu erfassen und müssen deshalb teilweise geschätzt werden. Die direkten Kosten können den jeweiligen Maßnahmen direkt zugerechnet werden. Eine Wirtschaftlichkeitsberechnung kann erfolgen, indem das Ziel, das durch die Maßnahmen erreicht werden sollte, sowie der Grad der Zielerreichung den damit verbundenen Kosten gegenübergestellt wird.

Die Durchführung der Entwicklungsmaßnahmen kann durch ein Training on the job, off the job oder durch job rotation erfolgen. Dabei sind das Bildungswesen, externe Bildungsträger, Fachabteilungen und der Betriebsrat miteinzubeziehen.

Die **vierte Aufgabe** der Personalentwicklung besteht in der **Kontrolle der Zielerreichung**. Die Ergebniskontrolle und Verhaltenskontrolle hinsichtlich des Arbeitnehmers kann nicht allein an der Zielerreichung selbst festgestellt werden. Zu diesem Zweck wird eine Anwendungskontrolle des Vorgesetzten am Arbeitsplatz notwendig. Somit ist eine enge Zusammenarbeit mit den Vorgesetzten und auftraggebenden Fachbereichen sowie die Auswertung der Ergebnisse und Korrekturen der Entwicklungsbedarfsdeckung eine Voraussetzung.

Die Form der Erfolgskontrolle, z.B. die Analyse des Betriebsklimas, Ausschussproduktion, Tests und Leistungsbeurteilungen, wird beendend geplant und festgelegt. Die bereits genannte Wirtschaftlichkeitsberechnung ist eine weitere Möglichkeit der Erfolgskontrolle der Bildungsarbeit.

## 4.2 Planung der Personalentwicklung

Die Planung der Personalentwicklung sollte auf verschiedenen Planungsebenen erfolgen. Nach dem Grad der Konkretisierung und dem zeitlichen Bezug kann z.B. in strategische, taktische und operative Entwicklungsplanung, denen jeweils unterschiedliche Aufgaben zukommen, unterschieden werden.

### (1) Strategische Personalentwicklung

Aufgabe der **strategischen Entwicklungsplanung** ist die Erstellung von grundsätzlichen Entwicklungszielen für einen Zeitraum von 5 bis 10 Jahren. Dabei erfolgt eine Abstimmung dieser Entwicklungsziele mit der strategischen Zielsetzung des Unternehmens. Ergebnis der strategischen Entwicklungsplanung ist die Formulierung einer Bildungspolitik, die Aussagen über den Stellenwert der betrieblichen Weiterbildung (sollen nur Schwachstellen beseitigt werden oder soll ein umfassendes Bildungsangebot realisiert werden), ihren Umfang (Schulung aller oder nur ausgesuchter Mitarbeiter) und ihre grundsätzliche Gestaltung (Träger der Schulung, bevorzugte Form der Ausbildung, Schulung durch eigene Mitarbeiter oder externe Trainer) macht. Diese Bildungspolitik ist der Rahmen für alle weiteren Planungsstufen. Sie ist eine Art "Absichtserklärung" der Unternehmensleitung und sollte in Form von Schulungsgrundsätzen formuliert werden.

**Schulungsgrundsätze**

- Da der wirtschaftliche Erfolg unseres Unternehmens entscheidend von der Qualifikation unserer Fach- und Führungskräfte abhängt, legen wir großen Wert auf die kontinuierliche berufliche und persönliche Weiterentwicklung aller Mitarbeiter. Daneben streben wir die Sicherstellung des kaufmännischen und technischen Nachwuchses aus den eigenen Reihen an.
- Zur Erfüllung dieser Ziele wollen wir eine zukunftsorientierte Schulung aller Mitarbeiter durchführen, deren Aufgabe neben der Beseitigung von Schwachstellen vor allem in der Entwicklung des Mitarbeiterpotenzials für die Zukunft liegt.
- Schulungsmaßnahmen sollen nach Möglichkeit durch Vorgesetzte unserer Unternehmung am Arbeitsplatz durchgeführt werden. Beim Einsatz externer Ausbilder ist sicherzustellen, dass die vermittelten Kenntnisse und Fähigkeiten am jeweiligen Arbeitsplatz auch genutzt werden können.
- Die Schwerpunkte der Personalentwicklungsmaßnahmen sollen in der Führungsschulung nach den Prinzipien einer kooperativen Mitarbeiterführung und der Ausrichtung der betrieblichen Tätigkeit auf den europäischen Markt liegen.
- Die Personalabteilung ist für den Entwurf eines Schulungskonzeptes und die Planung und Durchführung der Ausbildungsmaßnahmen in Zusammenarbeit mit den Fachabteilungen verantwortlich.

**Abb. 85:** Beispiel für die Schulungspolitik eines Unternehmens in Form von Schulungsgrundsätzen

## (2) Taktische Personalentwicklung

Im Bereich der **taktischen Entwicklungsplanung** erfolgt eine Konkretisierung des Bildungskonzeptes für einen Zeitraum von 2 bis 4 Jahren. Die durchzuführenden Schulungsmaßnahmen werden in Bereiche (z.B. Führungskräfteschulung, Innovationsschulung, Fachausbildung, Persönlichkeitsbildung, Allgemeinbildung usw.) gegliedert, zu denen konkrete Themen angeboten werden. Mitarbeiter mit ähnlichen Schulungsbedürfnissen werden zu Gruppen zusammengefasst (z.B. nach Hierarchiestufen, Fachbereichen oder Problembetroffenheit). Im nächsten Schritt wird entschieden, welche Maßnahmen für die jeweilige Gruppe angeboten werden. Danach wird der zeitliche Rahmen (Dauer der Schulungsmaßnahme, zeitliche Lage innerhalb der Zwei- bzw. Vierjahresperiode) der Schulungsveranstaltungen festgelegt. Das Ergebnis der taktischen Entwicklungsplanung wird übersichtlich in einem Schulungskonzept in Form einer Matrix festgehalten (vgl. folgende Abbildung).

<table>
<tr><th colspan="6">Schulungskonzept 2005 – 2007 (Auszug)</th></tr>
<tr><th>Schulungsbereiche / Mitarbeitergruppen</th><th>Führungskräfteschulung</th><th>Innovationsschulung</th><th>Fachschulung</th><th>Persönlichkeitsbildung</th><th>Allgemeine Bildung</th></tr>
<tr><td>Führungsebene I</td><td>Führungsrichtlinien<br>2005/3 Tage<br>2006/2 Tage</td><td>Kreative Strategien<br>2006/3 Tage</td><td></td><td></td><td rowspan="5">Kontaktseminare mit allgem. Erfahrungsaustausch und gemeins. Besuch von Messen od. Veranstaltungen<br>jedes Jahr 1 Tag</td></tr>
<tr><td>Führungsebene II (Technik)</td><td rowspan="2">Führungsrichtlinien<br>2006/2 Tage</td><td></td><td></td><td>Stressbewältigung<br>2005/2 Tage</td></tr>
<tr><td>Führungsebene II (Verkauf)</td><td></td><td></td><td>Zeitmanagement<br>2005/2 Tage<br>2007/2 Tage</td></tr>
<tr><td>Mitarbeiter (Technik)</td><td></td><td>EDV<br>jedes Jahr 4 Tage</td><td>Elektronik<br>2005/4 Tage<br>2006/4 Tage<br>2007/3 Tage</td><td></td></tr>
<tr><td>Mitarbeiter (Verkauf)</td><td></td><td>EDV<br>jedes Jahr 3 Tage</td><td>Gesprächsführung<br>2006/3 Tage</td><td></td></tr>
</table>

**Abb. 86:** Beispiel für ein Schulungskonzept

## (3) Operative Personalentwicklung

Die **operative Entwicklungsplanung** stellt die detaillierteste Planungsstufe dar. Es wird ein Jahresplan erstellt, der alle Schulungsmaßnahmen aus dem Schulungskonzept für das Planungsjahr weiter konkretisiert. Dabei werden die Themen der im taktischen Schulungskonzept festgehaltenen Bereiche inhaltlich festgelegt. Diese Lehrinhalte werden zusammen mit Angaben über die Lernziele, die Lehrmethoden, die Dauer und den Termin der jeweiligen Veranstaltung in einem Schulungsprogramm festgehalten.

Eine weitere Aufgabe der operativen Planung ist die Bestimmung der Zahl der Mitarbeiter, die an der jeweiligen Veranstaltung teilnehmen sollen. Vielfach geht diese Teilnehmerzahl schon aus dem Schulungskonzept hervor, wenn z.B. eine Schulung in Führungsmethodik für alle Mitarbeiter einer bestimmten Führungsebene obligatorisch ist. Dazu können dann häufig noch freiwillige Teilnehmer kommen, deren Zahl in Zusammenarbeit mit der Geschäftsführung bzw. den Vorgesetzten und Abteilungsleitern geschätzt werden sollte. Die Entscheidung, welche Mitarbeiter an welchen Entwicklungsmaßnahmen teilnehmen können, wird in Absprache mit dem einzelnen Mitarbeiter und dessen Vorgesetztem getroffen, sofern sie nicht bereits durch das Schulungskonzept vorgenommen wurde. Häufig kommt es vor, dass Mitarbeiter sich für Entwicklungsmaßnahmen besonders interessieren, die ursprünglich nicht für sie vorgesehen waren. Bei einer freiwilligen Teilnahme kann man eine besonders hohe Motivation des Mitarbeiters und damit die Chance, dass er wirklich etwas lernt, voraussetzen, weshalb man freiwilligen Meldungen grundsätzlich entsprechen sollte, falls nicht andere betriebliche Interessen dagegen sprechen.

| **Thema:** | **Elektronische Datenverarbeitung (Grundkurs)** | | |
|---|---|---|---|
| **Ziel:** | Die Teilnehmer sollen mit den theoretischen Grundlagen für den Umgang mit der elektronischen Datenverarbeitung, deren Hard- und Softwarekomponenten und den Möglichkeiten des betrieblichen Einsatzes von Computern vertraut gemacht werden. | | |
| **Lehrinhalt** | **Lernziel** | **Dauer** | **Methodische Hinweise** |
| **1. Hardware** | | | |
| 1.1 Der Aufbau einer EDV-Anlage | Die Teilnehmer sollen den technischen Aufbau einer EDV-Anlage schematisch kennenlernen | 2 h | Theoretische Unterweisung |
| 1.2 Ein- und Ausgabegeräte | Funktionsweise und Anwendung moderner Ein- und Ausgabegeräte wie Drucker, Bildschirm, Magnetkarten- und Barcodeleser kennenlernen | 1,5 h | Theoretische Unterweisung mit Praxisbeispielen |
| 1.3 Speichermedien | Arten und Besonderheiten von magnetischen und optischen Speichermedien kennenlernen | 1 h | Theoretische Unterweisung mit Praxisbeispielen |
| **2. Software** | | | |
| 2.1 Betriebssysteme | Arten von Betriebssytemen für Einzelarbeitsplatz und Netzwerk unterscheiden können | 3 h | Theoretische Unterweisung mit praktischem Übungsteil (Windows XP) |
| 2.2 Standardsoftware | Funktionen und Einsatzgebiete von Textverarbeitung und Tabellenkalkulation erkennen | 4 h | Theoretische Unterweisung mit praktischem, arbeitsplatzbezogenen Übungsteil |
| 2.3 CIM-Systeme | Möglichkeiten eines Computereinsatzes für weitere betriebliche Funktionsbereiche erkennen | 4 h | Theoretische Unterweisung mit einer Analyse der Möglichkeiten im eigenen Unternehmen im Gruppengespräch |
| Schulungstermin: 9. - 10. Mai 2005<br>Die Teilnehmerzahl ist auf 12 Personen begrenzt | | | |

**Abb. 87:** Beispiel für einen Seminarablaufplan (Zeitplan)

## 4.3 Inhalte der Personalentwicklung

Wie eingangs beschrieben wurde, ist es Ziel der Personalentwicklung, durch Methoden und Maßnahmen die individuellen beruflichen Entwicklungen zu fördern und den Mitarbeitern die zur Wahrnehmung ihrer Aufgaben erforderlichen Qualifikationen zu vermitteln. In diesem Zusammenhang ist der Begriff "Qualifikation" sehr umfassend zu verstehen. Er beinhaltet alle Bestandteile, die die Eignung der Mitarbeiter für die Ausübung einer bestimmten Tätigkeit kennzeichnen. Hierunter fallen das Wissen, das Können und das Verhalten (Einstellung) des Einzelnen. Folglich muss der Inhalt der betrieblichen Bildungsarbeit die Mehrung des Wissens, die Erweiterung des Könnens sowie die Änderung der Einstellung des Mitarbeiters sein.

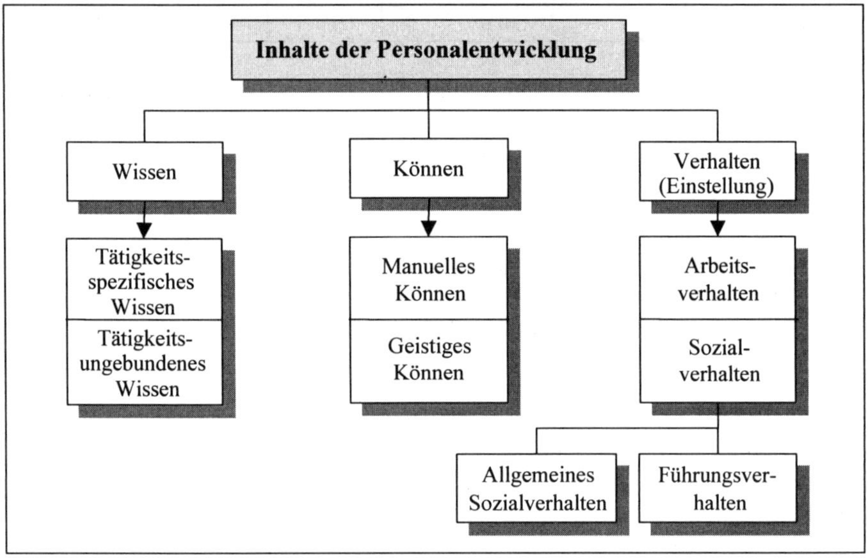


**Abb. 88:** Inhalt der betrieblichen Bildungsarbeit[104]

- Die Vermittlung von **Wissen** steht in Abhängigkeit zur Anforderung, die ein Arbeitsplatz stellt. Dem Mitarbeiter kann Wissen in Form von theoretischen und praktischen Kenntnissen und Erfahrungen vermittelt werden. Dazu gehören auch intellektuelle Fähigkeiten wie das Erkennen und Analysieren von Zusammenhängen oder das Beurteilen und Lösen von Problemen. Grundsätzlich wird zwischen tätigkeitsspezifischem und nicht tätigkeitsspezifischem Wissen unterschieden. Dabei soll unter tätigkeitsspezifischem Wissen ein Wissen verstanden werden, das zur Erfüllung ganz bestimmter Funktionen und/ oder als Anforderung innerhalb ganz bestimmter Tätigkeitsbereiche auftritt. Nur diejenigen Mitarbeiter, die zur Ausübung dieser Funktionen bestimmt sind, müssen über ein solches spezialisiertes Fachwissen verfügen. Beispielsweise gehören zu den tätigkeitsspezifischen Kenntnissen eines Buchhalters die Kenntnisse der Prin-

[104] Vgl. Mentzel, W.: Unternehmenssicherung durch Personalentwicklung. Mitarbeiter motivieren, fördern und weiterbilden, 6. Aufl., Freiburg i.Br. 1994, S. 166.

zipien der doppelten Buchhaltung sowie die Kenntnisse grundlegender Vorschriften der Abgabenordnung. Nicht tätigkeitsspezifische Kenntnisse ergänzen dieses Wissen, um die an den Arbeitnehmer gestellten Anforderungen zu erfüllen. Bei dem Buchhalter bedeutet das die zusätzlichen Grundkenntnisse der Kalkulation und Kostenrechnung.

- Unter **Können** versteht man die Fähigkeit, das erworbene Wissen bei einer geistigen oder manuellen Tätigkeit praktisch anzuwenden. Im Gegensatz zum Wissen kann Können nicht vermittelt werden, sondern nur durch Übung und Erfahrung entwickelt werden. Manuelles Können kann durch eine planmäßige Unterweisung am Arbeitsplatz entwickelt werden. Wendet man praktisch und theoretisch erworbenes Wissen bei der eigenen geistigen Arbeit sinnvoll an, so spricht man von geistigem Können. Je weiter man in der Hierarchie eines Unternehmens nach oben geht, um so dominierender wird die Rolle des geistigen Könnens bei der Ausübung der Tätigkeiten. Vermitteltes Wissen über die Techniken und Instrumente des Management müssen im Unternehmensalltag realisiert werden können.

- **Haltungen** und **Einstellungen** können einerseits durch die Motivationsstruktur des Betreffenden, aber auch durch Einflüsse der Umwelt geprägt werden. Einflussgrößen der Umwelt können organisatorischer Art (Gesamtheit der im Betrieb zu beachtenden Vorschriften und Regelungen), sachlicher Art (Arbeitsumgebung, -bedingungen, technische Hilfsmittel) und sozialer Art (bestehende formelle und informelle Beziehungen zu Kollegen, Vorgesetzten und Mitarbeitern) sein. Die Personalentwicklung kann Fehlverhalten beeinflussen und ändern. Das gilt für das Sozialverhalten sowie das Arbeitsverhalten. Eine qualitative Verbesserung des Arbeitsverhaltens kann sich in der schonenderen Behandlung von Werkzeugen und Maschinen, durch erhöhte Kreativität oder durch eine vergrößerte Innovationsbereitschaft zeigen. Eine Änderung im Sozialverhalten gegenüber Mitarbeitern und Kollegen drückt sich durch eine Verbesserung der Kooperationsbereitschaft und eine Erhöhung der Informationsbereitschaft aus.

In der Praxis der Personalentwicklung sind diese **drei Inhaltsbereiche** miteinander **gekoppelt**. Die Maßnahmen der Personalentwicklung sprechen Wissen, Können und innere Einstellung gleichzeitig an.

Jedes einsichtige Verhalten beruht auf einem zuvor vermitteltem Wissen. Wissen, das der beruflichen Praxis dienen soll, muss in Handlung umschlagen. Praktisches Handeln hat selten nur sachliche Folgen, sondern wirkt sich auch auf andere Personen aus. Zustimmung oder Ablehnung, wechselseitiges Einvernehmen oder Spannungen können die Folge sein. Das hängt wesentlich von der inneren Einstellung der Beteiligten und ihrer nach außen vertretenen Haltung ab.

## 4.4 Bereiche der Personalentwicklung

In einem Unternehmen können je nach Bedarf unterschiedliche Maßnahmen zur betrieblichen Bildung in Anspruch genommen werden. Die **Berufsausbildung**, die **Fortbildung** und die **Umschulung** sind Personalentwicklungsmaßnahmen, die als **Mittel zur qualitativen Anpassung** dienen. Daneben sollen sie als **Mittel des beruflichen Aufstiegs** die Mitarbeiter befähigen, eine höherwertige Stelle einzunehmen (vertikale Mobilität).

Die berufliche Wiedereingliederung als Personalentwicklungsmaßnahme gehört ebenfalls dieser Rubrik an. Sie umfasst Maßnahmen zur beruflichen Rehabilitation für Personen, die körperlich, seelisch oder geistig behindert sind, sowie Maßnahmen zur beruflichen Reaktivierung, die es ermöglichen, dass Personen nach längerer Pause im Erwerbsleben wieder an den Arbeitsplatz zurückkehren.

Während bei den genannten Bildungsmaßnahmen die individuelle Bildung im Vordergrund steht, werden bei der kollektiven Bildung einzelne Bereiche, Organisationsfamilien etc. als Ganzheit entwickelt. Ein Bereich der kollektiven Bildungsarbeit, der Einfluss auf das gesamte Unternehmen hat, befasst sich mit der Gestaltung der Unternehmenskultur.

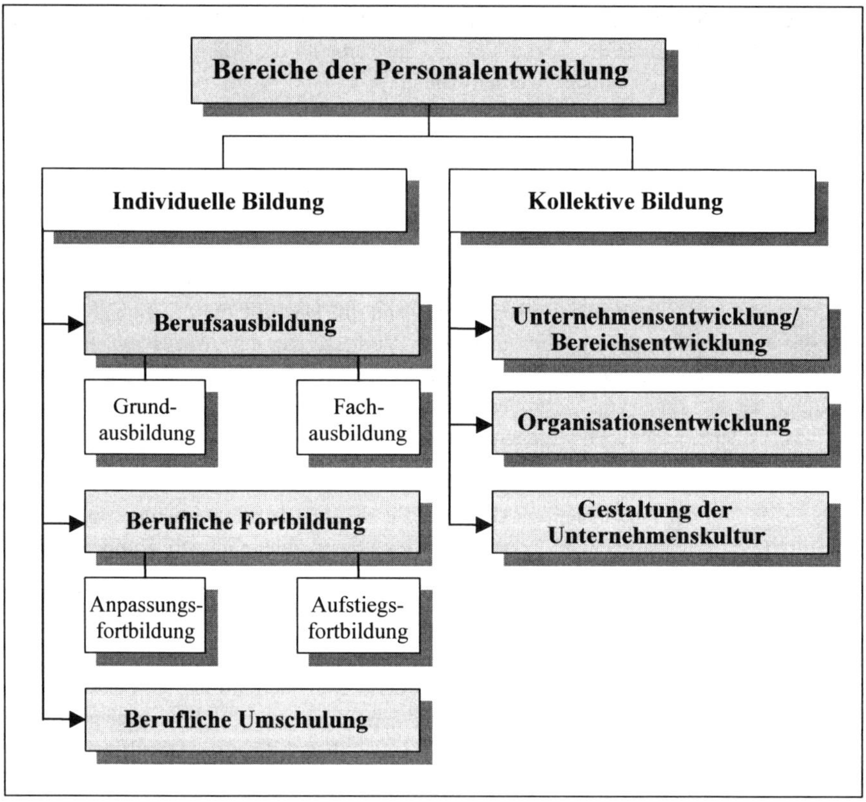


**Abb. 89:** Zielbereiche betrieblicher Bildungsarbeit

## 4.4.1 Berufsausbildung

Die Berufsausbildung ist in der Regel eine berufliche Erstausbildung und erfolgt in der Bundesrepublik Deutschland üblicherweise im **dualen System**. Grundgedanke der Ausbildung im dualen System ist eine Teilung der Funktionen zwischen staatlicher und unternehmerischer Berufsqualifizierung. Die staatlichen Ausbildungsinstitutionen sind Berufsschulen. Sie sind für die Vermittlung allgemeiner, theoretisch geprägter Ausbildungsinhalte zuständig, während die praktischen Kenntnisse und Fähigkeiten von der ausbildenden Unternehmung vermittelt werden. Die berufsqualifizierende Abschlussprüfung wird von staatlich kontrollierten Selbstverwaltungsorganisationen der Wirtschaft durchgeführt.

**Ziel staatlicher Bildungspolitik** ist es, nach dem Abschluss der Ausbildung die **Chancengleichheit** bei der Suche nach einem Erstbeschäftigungsverhältnis sicherzustellen. Daher soll die Berufsausbildung eine Basis von berufsspezifischen Grundkenntnissen und -fähigkeiten vermitteln.

Aus Sicht der Unternehmen wäre eine spezifischere Ausbildung, also überwiegend die Vermittlung unternehmensspezifischer Kenntnisse und Fähigkeiten, angebrachter. Die Berufsausbildung wird als eine besondere Form der Personalbeschaffung gesehen, die den unternehmensspezifischen Nachwuchsbedarf an kaufmännischen und gewerblichen Fachkräften sichert, eine weitgehende Abkopplung vom unternehmensspezifischen Arbeitsmarkt ermöglicht und Beschaffungskosten minimiert. Des Weiteren würden durch die alleinige Vermittlung branchen- bzw. unternehmensspezifischer Kenntnisse und Fähigkeiten Wettbewerbsvorteile aufgebaut, da sich die Mobilitätschancen des Personals reduzierten und somit eine geringere Chancengleichheit bestehen würde.

Dieser **Zielkonflikt** zwischen staatlicher Bildungspolitik und unternehmerischer Zielsetzung wird durch die **weitgehende Normierung der Ausbildung** seitens des Staates begrenzt. Die gesamte Ausbildung unterliegt den Regelungen des **Berufsbildungsgesetzes (BBiG)**. Es regelt die Verteilung der Ausbildungskompetenzen, Rechte und Pflichten von Ausbildern und Auszubildenden, das Prüfungswesen sowie weitere spezielle Probleme der Berufsausbildung. Der ausbildenden Unternehmung verbleiben aber dennoch erhebliche Freiräume, um Ausbildungsinhalte zu gestalten und an neue Entwicklungen von Technik, Verwaltung oder Unternehmensführung anzupassen.

Ob ein Unternehmen selbst ausbildet oder nicht, ist von mehreren Voraussetzungen abhängig. Im § 22 BBiG wird die generelle Eignung eines Unternehmens als Ausbildungsstätte geregelt. Des Weiteren müssen neben der Unternehmenseignung bestimmte Anforderungen bezüglich der persönlichen und fachlichen Eignung der Ausbilder erfüllt werden (§ 20 BBiG). Außerdem muss das Unternehmen in der Lage sein, den Ausbildungsaufwand tragen zu können.

Das Ausbildungsverhältnis beginnt mit dem Abschluss eines Ausbildungsvertrags zwischen dem Auszubildenden und der ausbildenden Unternehmung. Im ausbildenden Unternehmen werden dem Auszubildenden unter Anleitung eines Ausbilders am Arbeitsplatz oder in besonderen Lehrwerkstätten Grundkenntnisse und -fertigkeiten zur praktischen Berufsausübung vermittelt.

Die praktische Übung kann durch eine theoretische Schulung (betrieblicher Ergänzungsunterricht) ergänzt werden, die auf die Bedürfnisse der Unternehmung zugeschnitten ist. Neben der Ausbildung in der Unternehmung erfolgt parallel ein berufsschulischer Unterricht zur Vermittlung der allgemeinen, theoretisch geprägten Kenntnisse und Fertigkeiten.

Die Berufsausbildung endet mit dem Bestehen einer Abschlussprüfung, die vor dem Prüfungsausschuss der Industrie- und Handelskammer bzw. Handwerkskammer abgelegt wird.[105] Der Prüfungsausschuss ist paritätisch besetzt mit Vertretern der Arbeitgeber und der Arbeitnehmer, daneben gehört ihm auch noch mindestens ein Berufsschullehrer an (§§ 36, 37 BBiG). Die Bezeichnung, die Dauer, das Berufsbild, der Ausbildungsrahmenplan und die Prüfungsanforderungen der Berufsausbildung sind dabei bundeseinheitlich in der Ausbildungsordnung geregelt (§ 25 BBiG).[106]

### 4.4.2 Berufliche Fortbildung

Die berufliche Fortbildung setzt in der Regel eine abgeschlossene Berufsausbildung voraus, wobei die Berufsausbildung keine Ausbildung im dualen System sein muss, sondern ebenso eine Ausbildung an Fachschulen, Fachhochschulen, Universitäten oder Berufsakademien sein kann.

Normalerweise reicht die einmal erworbene berufliche Grundausbildung nicht für eine lebenslange Berufsausübung aus. Technischer und wirtschaftlicher Wandel erfordern eine Anpassung der beruflichen Kenntnisse und Fertigkeiten. Die berufliche Fortbildung dient der Verbesserung der fachlichen Qualifikationen der Mitarbeiter in ihrem Beruf oder in ihrem Einsatzgebiet und kann ggf. einen beruflichen Aufstieg ermöglichen. In Abhängigkeit von der Zielsetzung lässt sich die berufliche Fortbildung somit in die Anpassungsfortbildung und die Aufstiegsfortbildung einteilen:

- Unter **Anpassungsfortbildung** sollen solche Bildungsmaßnahmen verstanden werden, die auf die Aktivierung, Anpassung, Aktualisierung sowie den Erwerb zusätzlicher Kenntnisse, Fertigkeiten und Verhaltensweisen zielen und diese für einen einmal erworbenen Beruf vertiefen.
- Im Gegensatz dazu sollen die Bildungsmaßnahmen der **Aufstiegsfortbildung** zur Übernahme qualifizierterer Aufgaben und zu beruflichem Aufstieg verhelfen. Die Aufstiegsfortbildung beinhaltet somit auch Bildungsmaßnahmen zur Nachwuchsförderung und Führungskräftefortbildung.

Unter diesen Aspekten kann auch eine Unterteilung der Bildungsmethoden hinsichtlich des Adressatenkreises vorgenommen werden, nämlich in eine kollektive Bildungsmethode für alle Mitarbeiter oder bestimmte Mitarbeitergruppen (Anpassungsfortbildung) und in individuelle Bildungsmethoden für einzelne Mitarbeiter (Aufstiegsfortbildung).

### 4.4.3 Berufliche Umschulung

Während die berufliche Ausbildung in einen Beruf einführt und erste berufliche Qualifikationen vermittelt, führt die Umschulung entweder zu einem neuen Beruf oder zu einer anders qualifizierten beruflichen Tätigkeit. Die berufliche Umschulung zählt zu der

[105] Vgl. Preyer, K.: Auszubildende – Rechte, Pflichten, Orientierung, 2. Aufl., Frankfurt am Main 2004.
[106] Vgl. Pulte, P./Bontrupp, H.J.. Berufsausbildung im dualen System, München/Wien 2000.

beruflichen Erwachsenenbildung und unterscheidet sich somit von der Ausbildung Jugendlicher.

Personen, die ihren bisherigen Beruf aus verschiedenen Gründen nicht mehr ausüben können oder wollen, werden durch die Umschulung für einen anderen Beruf ausgebildet. Gründe für die Notwendigkeit einer Umschulung sind beispielsweise der Einsatz von neuen Techniken, Methoden und Anlagen, berufsstrukturelle Veränderungen, altersbedingte Tätigkeitsumorientierungen sowie unfall- oder krankheitsbedingte berufliche Veränderungen. Durch die berufliche Umschulung ergeben sich für die Mitarbeiter eine Reihe von Vorteilen. So schafft sie u.a. die Möglichkeit,

- frühere Berufswahlentscheidungen zu korrigieren,
- Arbeitslose wieder in die Arbeitswelt einzugliedern
- behinderte Erwachsene in der Berufswelt zu rehabilitieren,
- Berufskrankheiten durch Berufswechsel auszugleichen,
- straffällig gewordene Erwachsene zu resozialisieren und
- die Chance einer Neuorientierung solcher Arbeitnehmer, deren einmal erworbene Qualifikation nicht mehr gefragt ist.[107]

Bei der Umschulung besteht manchmal die Möglichkeit, auf Kenntnisse und Fertigkeiten des früheren Berufs aufzubauen, wie z.B. bei der Umschulung eines herzkrank gewordenen Maschinenschlossers zum technischen Zeichner.

Häufig erfolgen Mitarbeiterschulungen bei der Durchführung von organisatorischen Maßnahmen oder Kapazitätsveränderungen. Typische Beispiele sind hier die Schulung eines kaufmännischen Angestellten zum EDV-Sachbearbeiter oder eines Elektromechanikers zum Elektroniker. Solche Schulungen werden oftmals jedoch nicht als Umschulung erkannt und bezeichnet.

### 4.4.4 Bereichsentwicklung

Für den speziellen Bedarf einzelner Fachbereiche bzw. Abteilungen kann in Zusammenarbeit mit der Personalentwicklung ein Bildungskonzept entwickelt werden, das sich an der spezifischen Problematik des Bereichs orientiert. Bei der Ausarbeitung der erforderlichen Seminare sollten insbesondere folgende Kriterien berücksichtigt werden:

- Ziele und Probleme des Fachbereichs
- konkrete Aufgaben und Anforderungen
- individuelle Entwicklung der Mitarbeiter

Die wesentliche Schritte, die bei der Planung und Durchführung der Bildungsarbeit zu beachten sind, zeigt die folgende Abbildung:

[107] Vgl. Ruschel, A.: Personalentwicklung. In: Mensch und Arbeit, hrsg. von Schneider, H.J., 9. Aufl., Köln 1992, S. 410.

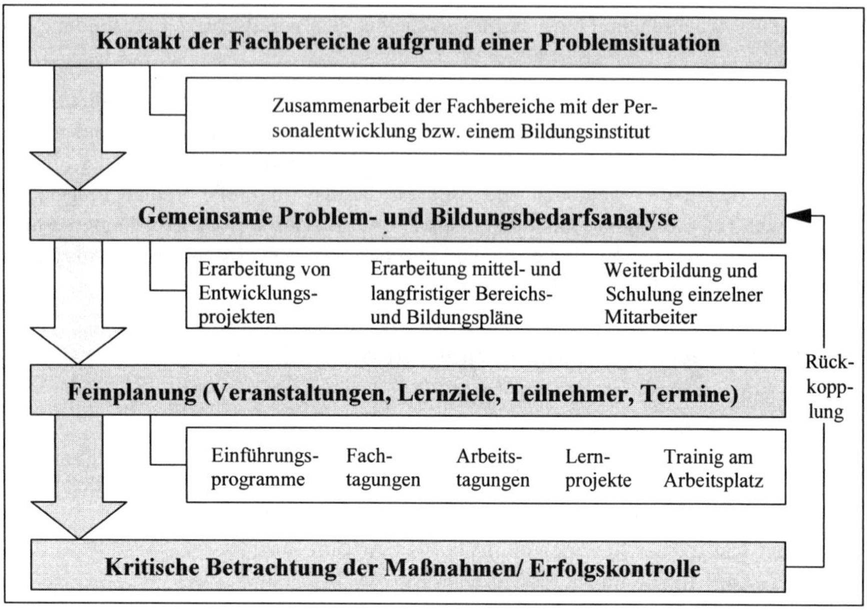


**Abb. 90:** Planung und Abläufe der bereichsbezogenen Bildungsarbeit

Die Bereichsentwicklung will Problemsituationen durch gezielte Ursachenforschung beseitigen, zukünftige Ziele erarbeiten und Richtlinien für die Zukunft aufstellen. An den erforderlichen Schulungen nehmen alle Bereichsmitglieder teil. In Sonderfällen müssen Mitarbeiter zur bereichserforderlichen Qualifizierung an Einzelseminaren teilnehmen. Die wichtigsten Vorteile der bereichsbezogenen Bildungsarbeit sind:

- Die Bedürfnisse des Bereichs und einzelner Adressaten können sehr weitgehend berücksichtigt werden.
- Eine Beteiligung der Betroffenen an der Planung und Durchführung der Bildungsmaßnahmen erhöht das Engagement und die Effizienz.
- Praxisnähe erleichtert die Übertragung des Gelernten in der täglichen Arbeit. Die Praxisnähe wird gewährleistet durch das Anknüpfen an die Erfahrungen der Teilnehmer.
- Durch die Möglichkeit, schneller auf die veränderten Anforderungen reagieren zu können, ist eine größere Flexibilität vorhanden.

## 4.4.5 Organisationsentwicklung

Sinnerfüllte Arbeit und höhere Effektivität für das Unternehmen sind Schlüsselprobleme unserer Zeit. Organisationsentwicklung will Produktivität und Menschlichkeit miteinander in Einklang bringen. Das geschieht in einem planmäßigen Entwicklungsprozess, in dem alle Beteiligten lernen, im Miteinander ihre Probleme selbständig zu lösen

Verbesserung der Produktivität und Humanität bedeutet daher Auseinandersetzung mit den gewachsenen Strukturen der Unternehmenshierarchie. Durch eine Neuorganisation der Bereiche können auf der Basis verbesserter Kommunikation und Information Fehler vermieden und Verbesserungen sowie Neuentwicklungen schneller im Unternehmen eingesetzt werden.

Organisationsentwicklung wird dabei als ein langfristig angelegter, umfassender Entwicklungs- und Veränderungsprozess von Organisationen und den in ihnen tätigen Menschen betrachtet. Der Prozess beruht auf dem Lernen aller Betroffenen durch direkte Mitwirkung und praktische Erfahrung. Sein Ziel besteht in der gleichzeitigen Verbesserung der Leistungsfähigkeit der Organisation (Effektivität) und der Qualität des Arbeitslebens (Humanität). Verbesserung der Produktivität bedeutet:

- Erhaltung und Steigerung der Flexibilität
- Förderung der Innovationsbereitschaft
- Förderung der Lernfähigkeit des Systems

Verbesserung der Arbeitssituation der beteiligten Mitarbeiter bedeutet:

- Mehr Entfaltungs- und Entwicklungsmöglichkeiten
- Mehr Handlungs- und Entscheidungsspielraum
- Mehr Mitwirkung an Beratungs- und Entscheidungsprozessen

Durch die gezielte bereichsübergreifende Schulung von Mitarbeitern verschiedener Abteilungen soll das Arbeiten, die Kooperation und die Kommunikation in Gruppen trainiert werden.

## 4.4.6 Wandel der Unternehmenskultur

Unternehmenskultur kann definiert werden als die Summe der von den Mitarbeitern eines Unternehmens oder Unternehmensteils gemeinsam getragenen Wertvorstellungen, Normen und Verhaltensmustern.[108] Die Kultur verleiht der Unternehmung ihre unverwechselbare Systemidentität nach innen wie nach außen.

- Nach außen bewirkt sie die Möglichkeit der Anpassung und des Überlebens des Unternehmens, wie z.B. das Erlangen oder Halten einer Marktstellung.
- Nach innen bewirkt sie die Integration der Systemmitglieder und somit das Funktionieren der Institution.

Aufgrund der sich immer schneller verändernden Umwelt (z.B. die Forderungen der Gesellschaft nach dem Schutz der Lebensräume) werden hohe Anforderungen an die Unternehmenskultur gestellt. Eine Änderung kann aber auch aufgrund von Diskrepanzen zwischen der Unternehmesspolitik, dem Image und den veränderten Marktbedingungen zustande kommen bzw. zwingend erforderlich werden.

Die Unternehmenskultur kann durch verschiedene Elemente zum Ausdruck gebracht werden, wie aus der folgenden Abbildung zu entnehmen ist:

---

[108] Vgl. Seidel, E.: Unternehmenskultur - Warnung vor der Selbstzerstörung eines Konzeptes, Stuttgart 1987.

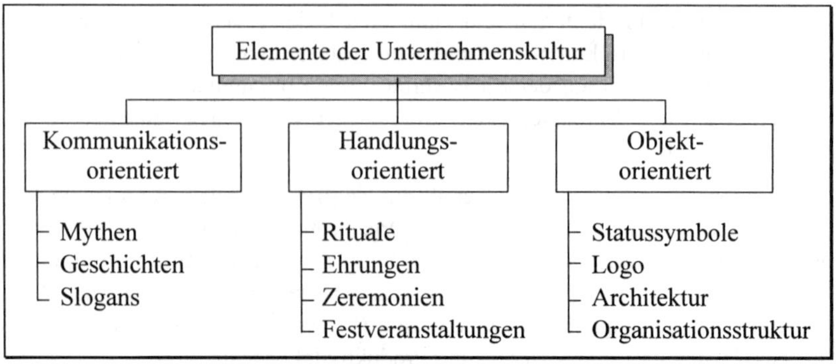


**Abb. 91:** Elemente der Unternehmenskultur[109]

Ein Wandel in der Unternehmenskultur kann durch verschiedene Maßnahmen auf die Mitarbeiter bzw. auf das gesamte Unternehmen übertragen werden:

- Führungskräfte (Meinungsführer) können durch ihr Verhalten Vorbildrollen übernehmen und gewünschte Kulturelemente demonstrieren
- Eine neue Kultur enthält oft eine neue Mission, etwa in Form eines Leitspruches für ein Erfolgspotenzial

Die Unternehmenskultur kann unter anderem durch geeignete Formen der Weiterbildung vermittelt bzw. gestaltet werden. Auch gezielte Versetzungsmaßnahmen können viel bewirken:

- Eine systematische Karriereplanung kann Akzente setzen
- Versetzungen von Mitarbeitern in Projektgruppen können Kooperation und Verständnis für andersartige Subkulturen wecken und stärken
- Ähnliches ist mit einer Rotation zwischen unterschiedlichen Subsystemen (Sparten, Konzernfirmen) zu bewirken
- Mit speziell konstruierten Anreizsystemen kann wertkonformes Verhalten provoziert und unterstützt werden[110]

## 4.5 Die effektive Gestaltung von Bildungsmaßnahmen

Hat das Unternehmen die Notwendigkeit einer systematischen und gezielten Personalentwicklung erkannt, müssen nach der Planung der Entwicklungsmaßnahmen zunächst einige grundlegende Aspekte zur erfolgreichen Durchführung dieser Maßnahmen geklärt werden.

Im Einzelnen geht es dabei um die Organisation der Veranstaltungen[111], die Bereitstellung von Hilfsmitteln und die Auswahl der Schulungsmethode. Eine effektive Schu-

[109] Vgl. Scholz, C./Hofbauer, W.: Unternehmenskultur und Personalführung. In: Zeitschrift für Betriebswirtschaft 1987.

[110] Vgl. Wunderer, R.: Führung und Zusammenarbeit, 5. Aufl., München und Neuwied 2003, S. 159 ff.

[111] Vgl. Beckmann, K.. Seminar-, Tagungs- und Kongressmanagement, Berlin 2003, S. 16 ff.

lung muss in ihrem Aufbau die Erkenntnisse über das menschliche Lernverhalten berücksichtigen. Bei der Gestaltung des eigentlichen "Unterrichts" sind wichtige didaktische Grundprinzipien zu beachten. Die folgenden Abschnitte befassen sich daher mit den folgenden Themen:

- Organisatorische Voraussetzungen
- Bestimmung der Zielgruppen
- Didaktische Grundprinzipien
- Menschliche Lerntypen
- Auswahl der Referenten
- Auswahl und Einsatz von Hilfsmitteln

## 4.5.1 Organisatorische Voraussetzungen

Unter der Organisation von Schulungsveranstaltungen und Seminaren fasst man eine breite Palette von Tätigkeiten zusammen. Eine vollständige Beschreibung oder Auflistung dieser Tätigkeiten ist nicht pauschal möglich, da jede Veranstaltung ihre eigenen Besonderheiten aufweist. Für die Vorbereitung eines Seminars ist es z.B. aus organisatorischen Gesichtspunkten wichtig, ob es sich um eine **"in-house"-Schulung** oder eine **externe Veranstaltung** handelt.

Damit alle wichtigen Voraussetzungen für den reibungslosen Ablauf einer Veranstaltung berücksichtigt sind, ist die Erstellung von Checklisten eine wertvolle Arbeitshilfe. Wichtige Punkte in einer solchen Checkliste können sein:

- Programm erstellen (mit Angaben über Ort, Termin und Vorauslektüre für die Veranstaltung)
- Kursteilnehmer einladen (möglichst ca. 4 Wochen vor Kursbeginn), Hinweise auf Anreise, Freizeitmöglichkeiten, Kleidung etc. beifügen
- Unterbringung der Teilnehmer (Angebote von Hotels einholen, Zimmer buchen, Mahlzeiten und Getränke auswählen)
- Referenten beauftragen, Hotelzimmer reservieren, Referenten in betriebliche Besonderheiten einführen (Werksbesichtigung, Vorbesprechung)
- Räume entsprechender Größe auswählen, auf ruhige Lage achten, Hilfsmittel (Tageslichtprojektor, Flip-Charts, Videoanlage etc.) bereitstellen (Funktion prüfen!)
- Unterlagen vorbereiten (Teilnehmerliste, Schreibmappe, Anschauungsmaterial, Veranstaltungsprogramm etc.)
- Rahmenprogramm festlegen (Besichtigungen, Messen, Ausflüge, Sport, Freizeitmöglichkeiten etc.)
- Zum Seminarabschluss Abrechnung mit Referenten und Hotel, evtl. Fahrtkostenerstattung für Teilnehmer, Nachbesprechung vorbereiten

Der Zweck einer guten Seminarorganisation ist es, dafür zu sorgen, dass die Schulung in einer angenehmen Atmosphäre reibungslos ablaufen kann. Sie muss die Voraussetzungen dafür schaffen, dass sich Kursteilnehmer und Referenten "gut aufgehoben" fühlen und sich somit ganz auf das Lernen konzentrieren können. Ein Kennzeichen für eine gelungene Organisation ist, dass die Teilnehmer sich einfach wohl fühlen, ohne die Seminarorganisation bewusst wahrzunehmen.

## 4.5.2 Bestimmung der Zielgruppen

Der Definition der Personalentwicklung entsprechend sind grundsätzlich alle Mitarbeiter in den Bildungsprozess zu integrieren. Wertvolles Potenzial, das lediglich einer "richtigen" Entwicklung bedarf, wird nicht genutzt, wenn dieser Grundsatz missachtet wird. Die unterschiedlichen Arbeitsplätze und Tätigkeiten innerhalb der Unternehmung stellen jedoch entsprechend vielseitige Anforderungen an den Bildungsbedarf und erfordern ebenso unterschiedliche Bildungsmaßnahmen.

Ein Kriterium für die Bildung einer Lerngruppe ist somit der gemeinsame Bildungsbedarf bzw. ein identisches Lernziel. Gemeinsamer Bildungsbedarf und identische Lernziele garantieren ebenso die Homogenität der Lerngruppe wie die Übereinstimmung der beruflichen Stellung und des Bildungsniveaus, des Grades der Lernbereitschaft und der beruflichen und betrieblichen Vorkenntnisse.[112]

Die Homogenität der Gruppe bestimmt neben der Teilnehmerzahl den Erfolg der Bildungsveranstaltung. Eine Über- oder Unterforderung der Teilnehmer sowie eine voreingenommene Über- oder Unterbewertung der Diskussionsbeiträge aufgrund eines unterschiedlichen Bildungsstandes werden vermieden; eine überschaubare Teilnehmerzahl vermeidet die Anonymität des Einzelnen und sichert die Möglichkeit einer ausreichenden Diskussion.

## 4.5.3 Didaktische Grundprinzipien

Die Gliederung des Unterrichtsinhalts ist im Sinne einer wirkungsvollen Unterrichtsgestaltung so aufzubereiten, dass die Teilnehmer das Lernziel erreichen. Die **Didaktik**[113] befasst sich daher mit der Strukturierung eines Lehrgebietes in **"lernfreundliche Schritte"**. Dabei ist es die Aufgabe des Ausbilders, jede Unterrichtseinheit in folgende Phasen zu gliedern:

### (1) Einstieg und Motivation

Der **Einstieg** soll den Teilnehmern ermöglichen, sich auf das Thema einzustimmen und Verbindungen mit bereits Bekanntem herzustellen. Dazu ist von den Erfahrungen der Teilnehmer ausgehend an deren Problemen anzuknüpfen und die Verbindung zum Thema der Unterrichtseinheit herzustellen. Weiterhin sollte der Ablauf der Schulung bekanntgegeben werden und auch während des Unterrichts immer wieder darauf hingewiesen werden, an welcher Stelle der Gliederung man sich gerade befindet.

---

[112] Vgl. Mentzel, W.: Unternehmenssicherung durch Personalentwicklung, Mitarbeiter motivieren, fördern und weiterentwickeln, a.a.O., S. 211 ff.

[113] Vom griech. didaktein = lehren, im weiteren Sinn Theorie der Bildung (spez. Unterrichtslehre).

Eine wichtige Bedingung für den Lernerfolg ist die **Lernmotivation**. Die Aufgabe des Ausbilders bzw. Trainers besteht darin, das Interesse der Teilnehmer für die Schulung oder das Seminar zu wecken und auch während des Ablaufs aufrecht zu erhalten. Dazu kann er sich der folgenden Techniken bedienen:

- Schaffung eines **positiven Lernklimas** durch optimale Arbeitsbedingungen (genügend Arbeitsfläche, entsprechende Sitzordnung etc.) und eine freundliche, entspannte Arbeitsatmosphäre (geduldiges und verständnisvolles Verhalten, Förderung von Kontakten in der Gruppe, Einhaltung von Pausen etc.)
- Schaffung von **sachbezogenen Anreizen** durch ein Anspruchsniveau, das herausfordernd aber nicht überfordernd ist, durch das Einbringen von Beispielen aus dem praktischen Alltag und durch die Förderung und Aktivierung von selbständigem Denken
- **Erfolgserlebnisse vermitteln** durch die Herbeiführung und Kenntlichmachung von Lernerfolgen und durch Lob des Einzelnen bzw. der Gruppe
- Das **Interesse** und die **aktive Teilnahme fördern** durch den Einsatz von Wettbewerben (dabei jedoch darauf achten, dass Schwächere nicht bloßgestellt werden) sowie durch Fragen und Widersprüche, die gemeinsam gelöst werden

Wichtig für die Motivation der Teilnehmer ist neben der Beachtung dieser allgemeinen Hinweise, gezielt die Anforderungen und Probleme der Adressatengruppe zu berücksichtigen.

Besonders schwierig ist es, die Interessen der Teilnehmer mit den Interessen des Unternehmens zu verknüpfen. Eine weitere Aufgabe des Ausbilders besteht also darin, diese Interessenlagen möglichst gut zur Deckung zu bringen, indem entweder die Teilnehmer für die Interessen des Unternehmens gewonnen werden oder deren persönliches Interesse in der gewünschten Richtung angeregt und vergrößert wird.

## (2) Bekanntgabe der Lernziele

Gerade in der Erwachsenenbildung ist die Angabe von Lernzielen von großer Bedeutung. Der Ausbilder sollte versuchen, durch einen groben Überblick festzustellen, wo sich die Gruppe gerade befindet und in welche Richtung sich die Schulung entwickeln wird. Damit werden Perspektiven aufgezeigt und der Sinn des Unterrichts verdeutlicht.

Durch die "Standortbestimmung" auch während des Unterrichts können die Teilnehmer ihren Lernfortschritt verfolgen. Bereits bei der Vorstellung der Gliederung und der Lernziele kann man auf Besonderheiten (z.B. besonders schwierige oder wichtige Stellen) hinweisen und den logischen Aufbau der Schulungsmaßnahme verdeutlichen (z.B. mit dem Hinweis, dass ein Kapitel auf den theoretischen Grundlagen des vorhergehenden Abschnitts aufbaut).

Wichtig ist, dass die Lernziele für die Teilnehmer verständlich sind und dass der Weg dorthin nicht zu detailliert beschrieben wird. Bei umfangreichen Stoffgebieten sind daher zunächst Zwischenziele zu setzen, auf denen dann in einer weiteren Unterrichtseinheit aufgebaut werden kann.

### (3) Lernphase

Die Hauptaufgabe des Ausbilders ist die Planung der eigentlichen Lernphase. Dabei muss er die Inhalte sowohl richtig auswählen und strukturieren als auch die erforderlichen Lernschritte und -prozesse bestimmen. Er muss sich also für eine Lehrstrategie entscheiden, mit der er den Teilnehmern die geplanten Lerninhalte am wirkungsvollsten vermitteln kann. An die **Lerninhalte** werden dabei folgende Anforderungen gestellt:

- Sie müssen exemplarisch bzw. repräsentativ sein. Sachzusammenhänge sollen erkennbar sein und so den Lernaufwand beschränken.
- Der Stoff soll möglichst wiederverwertbar sein. Eine Aufarbeitung der Lerninhalte wird vermieden und so ein ökonomisches Lernen und die Chancengleichheit aller Mitarbeiter gewährleistet.
- Die Lerninhalte müssen von den Bildungsteilnehmern akzeptiert werden. Erst dann kann ein Lernerfolg eintreten.
- Die Inhalte müssen zielgerichtet behandelt werden, berufsbezogen sein und mit bereits Erlerntem in Verbindung gebracht werden können. So wird die Lernmotivation gefördert und ein praxisbezogenes Lernen erleichtert.[114]

Bei der Frage der **Stoffauswahl** geht es darum, die Fakten, Begriffe, Definitionen, Regeln und Methoden auszuwählen und einzugrenzen, die der Teilnehmer zur Erreichung des Lernziels kennen muss. Dabei müssen für die Gestaltung eines erfolgreichen und praxisgerechten Unterrichts sowohl die Vorkenntnisse der Lernenden als auch die spezifischen betrieblichen Gegebenheiten und Erfordernisse berücksichtigt werden.

Besonders hohe Anforderungen an den Ausbilder stellt die **Strukturierung** des Stoffes. Das Lehrgebiet muss in überschaubare und logisch sinnvolle Einheiten gegliedert werden, die vom Schwierigkeitsgrad her zu bewältigen sind. Dabei sollen die einzelnen Unterrichtseinheiten aufeinander aufbauen und in ihrer Folge die größeren Zusammenhänge deutlich machen. Das Erkennen von Zusammenhängen ist besonders wichtig für das Verstehen, das Behalten und die Anwendung des Gelernten.

Die **Lehrstrategie** befasst sich mit der Steuerung des Lernprozesses im Unterricht. Sie legt die Vorgehensweise fest, mit der die Lerninhalte mit den Teilnehmern erarbeitet werden sollen. Zu unterscheiden sind zwei grundsätzliche Lehrstrategien:

- Das **induktive** Lehren geht von konkreten Einzelheiten aus und entwickelt aufbauend auf den Bestandteilen eines Wissensgebietes die komplexe thematische Struktur. Der Weg geht also vom Konkreten zum Abstrakten. Die induktive Methode ist problemorientiert und eignet sich besonders für die praxisbezogene Ausbildung von Teilnehmern mit wenig Lernerfahrung und für die Vermittlung fein gegliederter komplexer Inhalte.
- Die **deduktive** Lehrstrategie geht dagegen von abstrakten Zusammenhängen aus und leitet konkrete Einzelheiten aus der Gesamtsicht ab. Hier geht der Weg vom Komplexen zum Konkreten. Die deduktive Methode eignet sich besonders für die Vermitt-

[114] Vgl. Ruschel, A.: Personalentwicklung. In: Mensch und Arbeit, hrsg. von Schneider, H.J., a.a.O., S. 428.

lung komplexer, theoretischer Inhalte und für die Ausbildung leistungsfähiger und lerngewohnter Teilnehmer mit einem hohen Abstraktionsvermögen.

Obwohl die beiden geschilderten Lehrstrategien grundsätzlich verschieden sind, kann man durch die Verknüpfung von induktiver und deduktiver Vorgehensweise den Unterricht abwechslungsreicher gestalten, indem man z.B. innerhalb eines deduktiven Gesamtablaufs die Bearbeitung eines Beispiels induktiv gestaltet.

## (4) Lernprozesse

Lernprozesse können sich in den drei Ebenen der Persönlichkeit abspielen (kognitive, psychomotorische und affektive Ebene). Neben der Erweiterung von Wissen (kognitive Ebene) und Geschicklichkeit (psychomotorische Ebene) ist durch das Lernen auch eine emotionale Entwicklung möglich (affektive Ebene). Durch die Veränderung der Einstellung können langfristig Verhaltensänderungen erreicht werden, die sich z.B. im zwischenmenschlichen Kontaktverhalten äußern (bessere Kooperation und Kommunikation, mehr Konfliktfähigkeit etc.). Häufig sind zur Erreichung eines Lernziels Lernprozesse in allen drei Bereichen erforderlich.

| **Persönlichkeitsebene** | **Lernprozess** | | | | |
|---|---|---|---|---|---|
| **Kognitiv** | Erinnern an Bekanntes<br><br>Begriffe und Inhalte<br>- wiedergeben<br>- nennen<br>- reflektieren | → | Verstehen von Zusammenhängen<br><br>Zusammenhänge<br>- erkennen<br>- beschreiben<br>- begründen | → | Anwenden auf Problemstellungen<br><br>Probleme<br>- analysieren<br>- mit Wissen verknüpfen<br>- Alternativen erarbeiten |
| **Psychomotorisch** | Einzelne Bewegungen (Hand-, Bein- und Körperbewegungen) ausführen. | → | | | Komplexe Bewegungsabläufe (Bedienung einer Maschine, Autofahren etc.) beherrschen |
| **Affektiv** | Bemerken<br><br>Neues<br>- beachten<br>- prüfen<br>- akzeptieren | → | Interesse<br><br>Neues<br>- aufnehmen<br>- überdenken<br>- Widerstände überwinden | → | Einstellung (Verhalten)<br><br>Neues<br>- überzeugt annehmen<br>- dafür einstehen<br>- sich identifizieren |

**Abb. 92:** Die drei Lernbereiche

## (5) Vertiefung durch Übungen

Eine nicht zu unterschätzende Rolle spielt bei allen Lernprozessen die **Übung** des Gelernten. Dabei ist nicht nur gelerntes Wissen, z.B. durch die Anwendung in Übungsbeispielen, sondern auch das gelernte Verhalten (z.B. in Rollenspielen) und die gelernten

Bewegungsabläufe zur Beherrschung sich widerholender Prozesse (man spricht hier auch vom sog. "Automatisierungseffekt") zu trainieren.

Im Bereich von Fähigkeiten, die nicht automatisch in ständig wiederkehrender Weise anzuwenden sind, ermöglicht die Übung durch die Variation der Aufgabenstellung eine Vertiefung des Wissens und zeigt ein größeres Spektrum von Anwendungsmöglichkeiten auf. Übung hilft auch, die Urteilssicherheit bei der Lösung von Problemen zu verbessern, da diese abhängig von der speziellen Aufgabenstellung immer wieder neu durchdacht werden müssen.

### (6) Zusammenfassung und Lernkontrollen

Bei der **Zusammenfassung** des Stoffes sollte der Schulungsleiter nochmals einen Überblick über die Inhalte der jeweiligen Schulungseinheit geben, indem er alles Wichtige rekapituliert. Er kann jedoch auch die Teilnehmer auffordern, den Stoff aus ihrer Sicht zusammenzufassen, um diese so zu aktivieren und zu motivieren, indem sie selber darstellen, was sie bereits erreicht haben. Damit erhält er außerdem eine erste Lernkontrolle.

Zu einer weitergehenden **Lernkontrolle** ist es z.B. möglich, am Ende der Unterrichtseinheit Fragen zu stellen (mündlich oder schriftlich) und deren Lösungen anschließend zu besprechen. Lernkontrollen sind wichtig als Rückmeldung für die Teilnehmer (Erfolg wird sichtbar) und den Schulungsleiter (er erhält so Hinweise darauf, wo evtl. noch Lücken bestehen und wo weitere Hilfsmittel eingesetzt bzw. weitere Erklärungen gegeben werden müssen).

Ein Feedback zwischen Ausbilder und Teilnehmern sollte nicht nur am Ende, sondern auch während der Veranstaltung stattfinden, um bei auftretenden Schwierigkeiten sofort eingreifen und nachfassen zu können (unterrichtsbegleitende Lernkontrollen). Ein weiterer wichtiger Aspekt, die Motivationswirkung der Lernkontrollen, wurde bereits oben (unter "Einstieg und Motivation") angesprochen.

### (7) "Hausaufgaben" erteilen

Zur weiteren Vertiefung der Unterrichtseinheit empfiehlt es sich, Übungsaufgaben und Literaturhinweise zur selbständigen Bearbeitung zu vergeben. Die Schulungsteilnehmer können auch aufgefordert werden, ihre Eindrücke und Beobachtungen zu sammeln, zu überdenken und in Form einer Zusammenfassung zu notieren. Ein weiterer Zweck von Aufgaben ist die Vorbereitung auf die nächste Unterrichtseinheit.

## 4.5.4 Menschliche Lerntypen

Jeder Lernende lernt auf eine für ihn typische Art und Weise. Abhängig von seinen Erfahrungen bevorzugt jeder Mensch die Art der Wissensaufnahme, die für ihn persönlich am effektivsten ist. Man unterscheidet vier verschiedene Lerntypen:

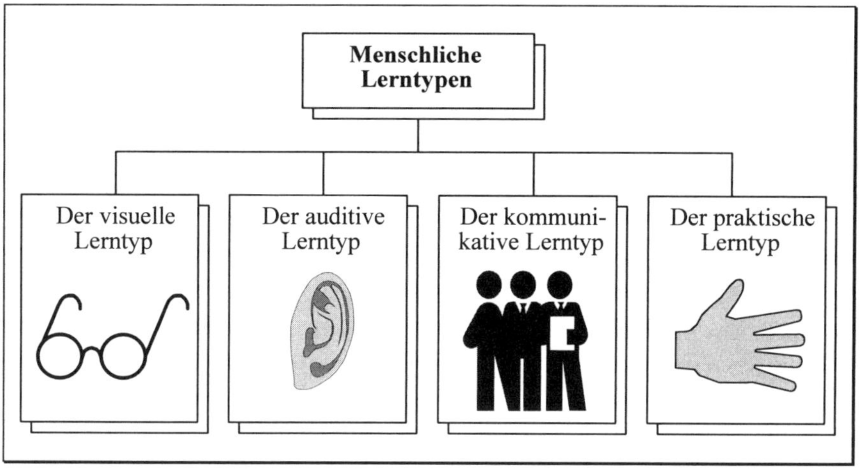


**Abb. 93:** Menschliche Lerntypen

- Der **visuelle Lerntyp** erreicht die besten Lernerfolge durch die Beobachtung von Handlungsabläufen, das Lesen entsprechender Bücher und Schriften sowie durch grafische Darstellungen. Die Aufgabe des Ausbilders ist hier, geeignete Literatur zur Verfügung zu stellen, wörtliche Vorträge mit optischen Hilfsmitteln zu ergänzen und zu erlernende Handlungsabläufe so zu gestalten, dass sie durch Beobachtung erlernt werden können.
- Der **auditive Lerntyp** lernt am besten durch zuhören. Er ist in der Lage, mündlichen Erklärungen geistig zu folgen und sie zu verarbeiten. Der Ausbilder muss hier insbesondere darauf achten, dass Erklärungen akustisch verständlich sind (klare Aussprache, angemessene Lautstärke), einen in sich logischen Aufbau haben und die Aufgabenstellung bzw. den Lehrinhalt möglichst genau beschreiben. Bedient sich der Ausbilder bestimmter Medien (z.B. Tonbandgerät), so trifft das zuvor Gesagte in besonderem Maße zu, da in diesem Fall unmittelbare Rückfragen des Lernenden ausgeschlossen sind.
- Der **kommunikative Lerntyp** gelangt durch Gespräche in Form von Fragen und Antworten zum größten Lernerfolg. Dabei wechseln die Rollen von Fragesteller und Beantworter zwischen Lehrer und Lernendem. Dies kann in der Weise geschehen, dass der zu erlernende Stoff zunächst vom Ausbilder erläutert wird, wobei der Lernende Verständnisfragen stellt. Danach wechselt die Frage-/ Antwortposition; der Lernende schildert den vorgetragenen Inhalt aus seiner Sicht, wobei der Ausbilder durch gezielte Fragen Hilfestellung leistet und gleichzeitig den Lernerfolg überprüft.
- Der **praktische Lerntyp** gelangt durch praktisches Tun zum geforderten Lernziel. Er lernt z.B. eine manuelle Tätigkeit durch Probieren und Üben richtig, sicher und zeitgerecht. Die Aufgabe des Ausbilders besteht in der Bereitstellung der notwendigen Werkzeuge und Hilfsmittel. Daneben soll er dem Lernenden beratend zur Seite stehen, damit z.B. nach arbeitspädagogischen Erkenntnissen unrationelle Bewegungsabläufe vermieden werden.

Bei den beschriebenen Lerntypen handelt es sich **lediglich** um vier **Grundtypen**, die auf keinen Lernenden in dieser extremen Ausprägung zutreffen. Häufig findet man bei einem Lernenden Merkmale verschiedener Grundtypen (z.B. visuell-auditiver Lerntyp).

Beachtet man weiterhin noch, dass jeder Mensch unterschiedliche Randbedingungen beim Lernen bevorzugt (z.B. Einzel- oder Gruppenlernen, völlige Ruhe oder Hintergrundmusik, bevorzugte Tageszeiten etc.), so stellt jeder Lernende einen individuellen Lerntyp dar. Daraus folgt, dass der Unterweiser jeden Lernenden hinsichtlich seines Lerntyps analysieren muss, um den Unterricht individuell auf ihn abstimmen zu können.

Da i.d.R. an einer Lehrveranstaltung mehrere Personen teilnehmen, ist diese Vorgehensweise meist nicht realisierbar. Man sollte daher versuchen, Lernende mit möglichst einheitlichen Lernprofilen zu Gruppen zusammenzufassen oder den Unterricht so abwechslungsreich gestalten, dass alle Lerntypen angesprochen werden.

## 4.5.5 Auswahl der Referenten

Eine wichtige Entscheidung im Rahmen der Entwicklungsplanung betrifft die Auswahl des Referenten. Aus dem breiten Aufgabenspektrum eines Referenten wird bereits seine Bedeutung für den Erfolg der betrieblichen Bildungsarbeit ersichtlich. Er soll:[115]

- erklären, informieren, zeigen, wie etwas gemacht wird
- bei der Beschaffung und Benutzung von Lehrmaterialien helfen
- Lernende befähigen, ihr Wissen und ihre Fertigkeiten einzusetzen
- Lernenden Sicherheit geben
- loben, verstärken, beraten, Fehler berichtigen
- bereits bei der Bestimmung der Lernziele und bei der Festlegung der Lerninhalte mitwirken
- initiieren, steuern, verwalten
- Gruppen zur Einigung verhelfen
- Lernschwierigkeiten diagnostizieren
- Sachverhalte problematisieren
- Methodenmix ermöglichen
- das selbständige, dozentenunabhängige Lernen fördern
- die Lernfreude steigern und Freude am Ergebnis schaffen

Die Verwirklichung derartiger Aufgaben verlangt entsprechende Persönlichkeitsmerkmale und daher eine sorgfältige Vorbereitung und Auswahl der in der betrieblichen Bildungsarbeit eingesetzten Referenten.[116]

Dabei sollte, unabhängig davon, ob es sich bei dem Dozenten um einen Betriebsangehörigen oder einen externen Referenten handelt, Wert auf die in der folgenden Abbildung genannten Persönlichkeitsmerkmale gelegt werden:

---

[115] Vgl. Olesch, G.: Praxis der Personalentwicklung, Weiterbildung im Betrieb, 2. Aufl., Heidelberg 1992, S. 97.

[116] Vgl. Mentzel, W.: Unternehmenssicherung durch Personalentwicklung, a.a.O., S. 222.

| Persönlichkeitsmerkmale von Referenten | |
|---|---|
| **Eigenschaften und Einstellungen** | 1. Physische und psychische Gesundheit<br>2. Positive Grundhaltung, -einstellung<br>3. Persönliches Engagement, Offenheit<br>4. Handlungsorientierung<br>5. Intuition, Einfühlungsvermögen |
| **Berufliches Können** | 1. Vertrauen erzeugen können<br>2. Integrationsfähigkeit<br>3. Konfrontationsfähigkeit<br>4. Prozesskompetenz, strategische Kompetenz |
| **Fachliches Wissen** | 1. Fachwissen<br>2. Fachübergreifendes Wissen<br>3. Gruppenpsychologie<br>4. Organisationswissen |
| **Praktische Erfahrungen** | 1. Erfahrungen mit sich selbst<br>2. Erfahrungen mit anderen Menschen<br>3. Erfahrungen mit Gruppen<br>4. Erfahrungen mit dem gesellschaftlichen Umfeld |
| **Methoden-kenntnis** | 1. Lehrmethoden, Lehrstil<br>2. Lehrmedien<br>3. Rhetorik, Moderation<br>4. Systematik |

**Abb. 94:** Persönlichkeitsmerkmale von Referenten[117]

## 4.5.6 Auswahl und Einsatz von Hilfsmitteln

Die Forderung nach Abwechslung und Variation der Methoden in der Ausbildung ist nicht nur durch die Existenz verschiedener Lerntypen, sondern auch durch eine erhöhte Motivation und Aktivierung der Teilnehmer begründet. Eine interessante und abwechslungsreiche Gestaltung des Unterrichts kann durch den **gezielten Einsatz** von **Medien** und **Hilfsmitteln** erreicht bzw. verstärkt werden.

Mit Medien sind die Materialien bzw. der Kanal gemeint, durch den die Lehrinhalte und Informationen an den Teilnehmer übermittelt werden. Bei einer Vorlesung ist z.B. der Referent das Medium, beim Videorecorder der Film und beim Buch der gedruckte Text. Der Einsatz von Medien in einer sinnvollen Kombination kann den Lerneffekt beachtlich steigern. Wichtig ist die bewusste Auswahl der geeigneten Medien, ein wahlloser Einsatz erreicht eher das Gegenteil dessen, was man anzustreben versucht: Statt einer Auflockerung des Unterrichts und der dadurch gesteigerten Effizienz führt der planlose Einsatz aller verfügbaren Medien dazu, dass man mit Informationen "überschüttet" wird und diese nicht mehr verarbeiten und behalten kann. Eine Faustregel besagt, dass nicht mehr als 2 bis 4 verschiedene Medien pro Unterrichtseinheit eingesetzt werden sollten.

Bei der Kombination verschiedener Medien ist vor allem dann eine Verbesserung des Seminars hinsichtlich der Aufnahme und des Behaltens des Stoffs zu erwarten, wenn verschiedene Kanäle angesprochen werden. Dieser Sachverhalt erklärt sich daraus, dass bei den meisten Menschen Merkmale der oben beschriebenen vier Lerntypen vorliegen,

[117] Vgl. Ruschel, A.: Personalentwicklung. In: Mensch und Arbeit, hrsg. von Schneider, H.J., a.a.O., S. 439 f.

die durch verschiedene Medien angesprochen werden können. Die folgende Abbildung zeigt die Effizienz von Unterweisungen in Abhängigkeit von den eingesetzten Medien:

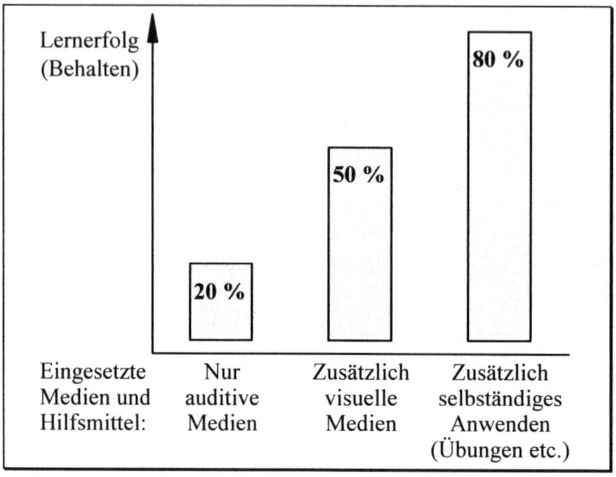


**Abb. 95:** Effiziente Kombination von Medien und Hilfsmitteln

Die folgende Tabelle enthält einen Überblick über die wichtigsten Hilfsmittel und Medien und deren Anwendungsmöglichkeiten:

| Hilfsmittel/Medien | Anwendungsmöglichkeiten |
|---|---|
| **1. Auditive Hilfsmittel/Medien** | |
| 1.1 Wörtlicher Vortrag | Zeitsparendes Instrument der Instruktion, erlaubt eine hohe Teilnehmerzahl |
| 1.2 Tonband/ Kassettenrecorder | Geeignet z.B. zum Abspielen von Hintergrundmusik zur Förderung der Konzentration und Entspannung |
| **2. Visuelle Hilfsmittel/Medien** | |
| 2.1 Wandtafel | Festhalten von Ideen, Notizen und inhaltlichen Strukturen im Unterricht |
| 2.2 Tageslichtprojektor | Wie die Wandtafel, jedoch auch Arbeiten mit vorbereiteten Folien möglich |
| 2.3 Flip-Chart | Wie die Wandtafel, jedoch kleinere Arbeitsfläche. Vorteil ist, dass Notizen erhalten bleiben (werden nicht ausgewischt, sondern umgeblättert) |
| 2.4 Pinwand (Metaplan) | Erarbeiten/Strukturieren von Vorschlägen u. Ideen |
| 2.5 Schaubild, Diagramm | Schematische Übersichten, Statistiken etc. |
| 2.6 Diaprojektor | Visualisierung komplexer Sachverhalte |
| 2.7 Anschauungsmaterial | Vermitteln anschaulicher, praxisnaher Informationen |
| 2.8 PC-Einsatz | Visualisierung- und Präsentationsmöglichkeiten |
| **3. Audiovisuelle Hilfsmittel/Medien** | |
| 3.1 Filmprojektion/Videofilme | Verdeutlichung komplexer Sachverhalte, Bewegungsabläufe und Verhaltensweisen |
| 3.2 Videoaufzeichnungen | Aufzeichnen des eigenen Verhaltens in gestellten Situationen |

**Abb. 96:** Hilfsmittel und Medien und deren Einsatzmöglichkeiten

## 4.6 Methoden der Personalentwicklung

Der Erfolg der Qualifikationsvermittlung hängt von der Wahl der richtigen Personalentwicklungsmethode ab. Die Vielzahl möglicher Methoden lässt folgende Systematisierung zu:

- **Aktive** oder **passive Methoden**, nach dem Grad der Beteiligung der Lernenden an der Erarbeitung des Lernstoffes
- **Methoden der Einzel-** oder **Gruppenbildung**, nach der Zahl der Teilnehmer
- **Interne** oder **externe Methoden**, nach dem Träger der Maßnahmen
- **Methoden der Aus- und Weiterbildung am Arbeitsplatz (on the job)** oder **außerhalb des Arbeitsplatzes (off the job)**, nach dem Lernort

Zwischen den verschiedenen Einteilungskriterien bestehen zahlreiche Interdependenzen. So werden beispielsweise unternehmensinterne Entwicklungsmaßnahmen aufgrund ihres hohen Aufwandes meist außerhalb des Arbeitsplatzes für Gruppen durchgeführt. Unternehmensexterne Schulungen können hingegen auch von einzelnen Mitarbeitern eines Unternehmens genutzt werden.

Bei "off the job" Maßnahmen können sowohl aktive als auch passive Methoden zum Einsatz kommen, während "on the job" Maßnahmen in hohem Maße die Aktivität der Mitarbeiter erfordern und meist individuell auf den einzelnen Mitarbeiter ausgerichtet sind. Die Mitarbeiter werden dabei meist unternehmensintern an einem Arbeitsplatz durch die Methode "learning by doing" geschult.

Die Frage, ob die Personalentwicklung am oder außerhalb des Arbeitsplatzes zu bevorzugen ist, kann nicht alternativ im Sinne eines "Entweder - Oder" beantwortet werden, da sich beide Alternativen ergänzen. Während die Personalentwicklung am Arbeitsplatz den Vorteil hat, dass sie stärker anwendungsorientiert ist, erscheint die Personalentwicklung außerhalb des Arbeitsplatzes für die Vermittlung neuen Wissens geeigneter.

Neben den genannten Maßnahmen sollen hier auch die weniger bekannten Möglichkeiten des Trainings "near the job" und "out of the job" kurz beschrieben werden:

- Unter dem Begriff des Trainings **"near the job"** versteht man in der Hauptsache das Lernen in Projektarbeit und in Qualitätszirkeln. Das Lernen in der Projektgruppe beinhaltet primär das Trainieren von Verhaltensweisen in einem anderen Umfeld und unter fremden Bedingungen. Bei der Qualitätszirkelarbeit kommen Mitglieder einer Arbeitsgruppe regelmäßig zusammen, um Produktionsprobleme "angstfrei" zu diskutieren und gemeinsam Lösungen zu entwickeln. Dem Moderator kommt bei der erfolgreichen Durchführung dieser Maßnahmen eine große Bedeutung zu, da er neben der fachlichen Leitung auch für den Abbau von "Berührungsängsten" zuständig ist.
- **"Out of the job"** Methoden dienen der Vorbereitung von Mitarbeitern auf einen internen oder externen Arbeitsplatzwechsel oder auf den Ruhestand, wobei neben wirtschaftlichen auch soziale und gesellschaftliche Aspekte eine gewisse Bedeutung haben.

Im Folgenden werden die Methoden der Qualifikationsvermittlung differenziert nach Methoden der Personalentwicklung am Arbeitsplatz (on the job) und außerhalb des Arbeitsplatzes (off the job) ausführlicher dargestellt. Einen Überblick über die angewandten Methoden zeigt die folgende Abbildung:

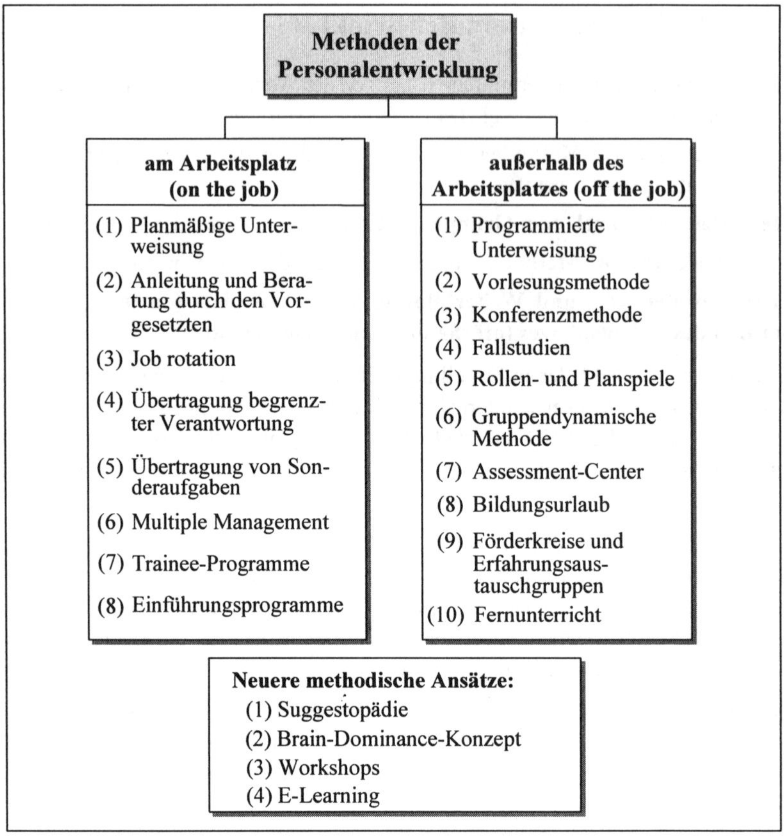


**Abb. 97:** Methoden der Personalentwicklung am und außerhalb des Arbeitsplatzes

## 4.6.1 Methoden der Bildung "on the job"

Die Methoden der Personalentwicklung am Arbeitsplatz sind dadurch gekennzeichnet, dass das Lernfeld des Mitarbeiters zugleich auch sein Funktionsfeld ist, für das ihm praktische Kenntnisse, Fertigkeiten und Erfahrungen vermittelt werden sollen. Durch die tägliche Auseinandersetzung mit den aktuellen sach- und personalbezogenen Problemen vollzieht sich die Personalentwicklung am Arbeitsplatz häufig unbewusst. In der Praxis kommt ihr aus diesem Grund außerordentlich große Bedeutung zu. Vom Vorgesetzten verlangen die Methoden der Personalentwicklung am Arbeitsplatz sowohl fachliche als auch pädagogische Fähigkeiten, da er sein Wissen an den Mitarbeiter weitergeben und ihn beim Erlernen neuer Qualifikationen unterstützen soll.

### (1) Planmäßige Unterweisung

Als Form der gelenkten Vermittlung von Erfahrungen ist die Unterweisung am Arbeitsplatz eine vom Vorgesetzten kontrollierbare Vorbereitung auf die Durchführung exakt definierter Aufgaben, die auch der Verbesserung der Aufgabenerfüllung dienen kann.

Im Rahmen der Erstausbildung ist die **"Vier-Stufen-Methode"** sehr bedeutsam. Dieser Ansatz basiert auf dem in den USA während des zweiten Weltkriegs entstandenen Programm "Training-within-industry" und wird heute noch z.B. vom REFA-Verband[118] gelehrt. Die vier Stufen sind im Wesentlichen wie folgt gekennzeichnet:

| **Abfolge der Vier-Stufen-Methode** | | |
|---|---|---|
| **Stufe** | **Aktion** | **Erläuterung** |
| 1. Vorbereitung | • Eigene Vorbereitung<br>• Vorbereitung des Unterweisungsvorgangs<br>• Vorbereitung, Einstimmung des Mitarbeiters | Die Lernsituation soll entkrampft und der Lernende auf die zu erlernende Arbeitstätigkeit eingestellt werden. |
| 2. Vorführen und Erklären durch den Unterweisenden | • Vorführen und erklären in geraffter Form<br>• Zweite Vorführung: Detailliertes Vormachen, Erklären und Begründen<br>• Dritte Vorführung: Vormachen und Kernpunkte wiederholen | Der Lernende soll die Arbeit verstehen lernen und soweit mit ihr vertraut gemacht werden, dass sein erster Versuch auch gelingen wird. Die Leitfragen der begleitenden Erläuterung sind: Was?, Wie?, Warum so? |
| 3. Ausführen (Nachmachen) durch den Mitarbeiter | • Erster Ausführungsversuch: Nachmachen durch den Mitarbeiter ohne zu sprechen<br>• Zweite Ausführung: Wiederholen mit detaillierter Erklärung und Begründung durch den Mitarbeiter<br>• Dritte Ausführung: Nachmachen und Kernpunkte wiederholen lassen. | Parallel zu den Phasen der Vorführung wird der Lernende aktiv. Er soll die Arbeit so zu bewältigen lernen, dass er dann selbständig weiterlernen kann. Beim Nachvollzug soll der Lernende seine Arbeitsschritte erklären |
| 4. Abschluss und Übung | • Mitarbeiter selbständig üben lassen<br>• Erfahrene Mitarbeiter für Rückfragen benennen<br>• Übungsfortschritte beobachten und kontrollieren<br>• Übung anerkennen und förmlich beenden | Der Lernende gelangt durch Übung zur sicheren Ausführung bzw. Beherrschung der Arbeitstätigkeit. Er soll entlang seiner Übung weitgehend eigenständig weiterlernen. Dem Lernenden sind Rückmeldung und Fortschritte zu geben. |

**Abb. 98:** Abfolge der Vier-Stufen-Methode[119]

Inhaltlich ähnlich ist die **Sieben-Stufen-Methode** aufgebaut. Im Vergleich zur Vier-Stufen-Methode weist sie jedoch eine stärkere Differenzierung der einzelnen Unterweisungsschritte auf.

Vorteile dieser planmäßigen Stufenunterweisung sind insbesondere ihre Anschaulichkeit und Realitätsnähe. Individuelles Lerntempo sowie vorhandene Kenntnisse und

[118] REFA: Verband für Arbeitsgestaltung, Betriebsorganisation und Unternehmensentwicklung e.V.

[119] Vgl. Berthel. J./Becker, F.G.: Personal-Management. Grundzüge für Konzeptionen betrieblicher Personalarbeit, a.a.O., S. 351 und Severing, E.: Arbeitsplatznahe Weiterbildung - Betriebspädagogische Konzepte und betriebliche Umsetzungsstrategien, Neuwied 1994, S. 107.

Fähigkeiten können berücksichtigt werden. Die laufende Bestätigung der erzielten Lernfortschritte und die genaue Erklärung der Arbeitsvorgänge wirkt stark motivierend.[120]

In den letzten Jahren haben die Vier- und Sieben-Stufen-Methode an Bedeutung verloren. Sie wurden z.T. durch die sogenannte **Leittextmethode** abgelöst.[121] Mit der Leittextmethode wird die traditionelle Aus- und Weiterbildung nicht ersetzt, sie wird dort ergänzt, wo es in der betrieblichen Praxis auf Selbständigkeit besonders ankommt.

Die Leittextmethode ist eine auf der Erstausbildung aufbauende Ausbildungsmethodik, deren Grundintention es ist, den Lernenden so anzuleiten, dass er das angestrebte Ausbildungsziel möglichst selbständig erreicht. Zu diesem Zweck wird eine Arbeitsmappe für ein Projekt oder einen Arbeitsablauf erstellt, die sämtliche Tätigkeiten enthält. Diese Arbeitsmappe bildet den sogenannten Leittext und besteht aus drei Teilen:

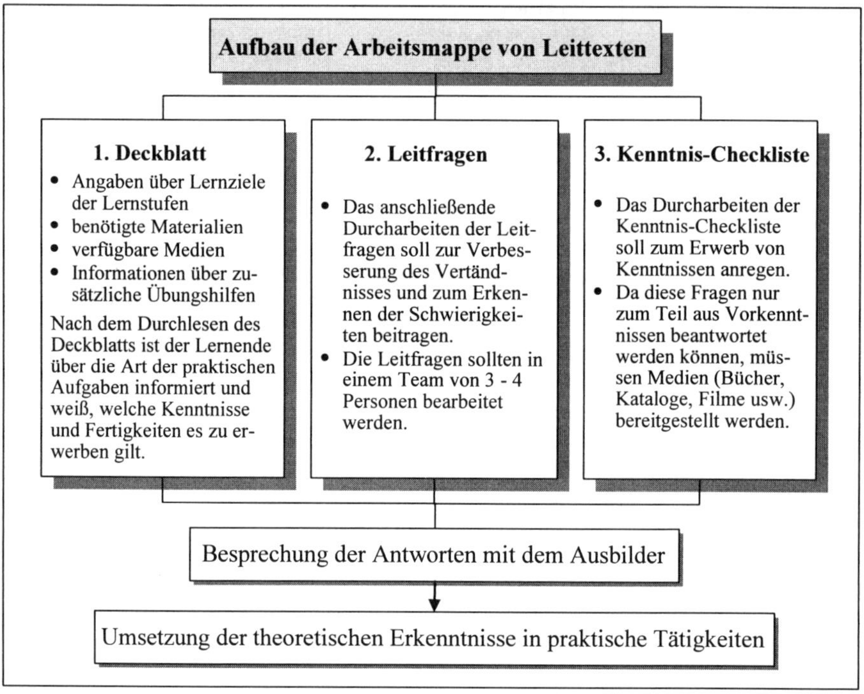


**Abb. 99:** Aufbau der Arbeitsmappe von Leittexten

Die Vorteile der Leittextmethode sind:

- Der Auszubildende kann das Lerntempo seinen Fähigkeiten anpassen und somit eine Über- bzw. Unterforderung vermeiden
- Alle Informationen muss sich der Mitarbeiter selbständig erarbeiten
- Die Bearbeitung der Leitfragen im Team fördert die Kooperation

[120] Vgl. Hentze, J.: Personalwirtschaftslehre 1, a.a.O., S. 348 f.

[121] Vgl. auch Severing, E.: Arbeitsplatznahe Weiterbildung - Betriebspädagogische Konzepte und betriebliche Umsetzungsstrategien, a.a.O., S. 113 ff.

- Die Methode gewährt Entscheidungsfreiheit und bietet Gestaltungsmöglichkeiten
- Übertragung von Verantwortung

Selbständigkeit und Kooperationsfähigkeit sind Punkte, die gerade in der jüngsten Bildungsdiskussion als Schlüsselqualifikationen gefordert werden. Dabei braucht die Leittextmethode nicht auf den Bereich der beruflichen Erstausbildung beschränkt zu bleiben. Sie kann vielmehr ebenso in der Erwachsenenausbildung (z.B. Anlernen, Umschulen) als auch in modifizierter Form für Trainees eingesetzt werden.[122]

Wenig Beachtung in der betrieblichen Ausbildung am Arbeitsplatz haben bisher die **mentalen Trainingsmethoden**[123] beim Erlernen komplexer Arbeitsverrichtungen, während zunehmend kognitiv-intellektuelle Fähigkeiten gefordert sind, sowie die Fähigkeit zur Abstimmung von kognitiven, sensorischen und motorischen Ablaufprozessen.

Unter mentalem Training versteht man das wiederholte Durchdenken bzw. Sich-Vorstellen einer zu erlernenden Tätigkeit. Durch die Kombination von Beobachtung und praktischer Durchführung mit dem mentalen Training lassen sich qualitativ bessere Lernresultate erzielen. Man unterscheidet dabei zwischen **kognitivem Training**, d.h. dem wiederholten, gezielten Durchdenken einer zu erlernenden senso-motorischen Tätigkeit (geschlossener Bewegungsvorgang) und dem **imagitiven Training**, d.h. dem planmäßigen Sich-Vorstellen eines komplexeren, zerlegten und daher abzustimmenden Handlungsablaufes. Das Hauptziel eines mentalen Trainings ist das Erlernen der Fähigkeit, den Handlungsablauf unter veränderlichen Bedingungen situationsgerecht zu modifizieren. Dieser Aspekt wird bei den konventionellen Stufen-Methoden und bei der Leittextmethode bisher noch zu wenig beachtet.[124]

## (2) Anleitung und Beratung durch den Vorgesetzten

Die Anleitung und Beratung durch einen Vorgesetzten kann nur als Methode gelten, wenn der Lernprozess systematisch geplant und kontrolliert wird und auf ein Lernziel ausgerichtet ist, d.h. als gelenkte Erfahrungsvermittlung (guided experience method) durchgeführt wird. Diese Lehrmethode umfasst folgende Stufen:

- Auswahl der Arbeitsplätze, die geeignet sind, fehlendes Wissen, Können und Verhalten durch praktische Tätigkeit zu vermitteln
- Auswahl geeigneter Ausbilder, die Anleitung und Beratung durchführen können
- Festlegung der Lernziele und Lerninhalte in Stoff- und Lernprogrammen
- Aufstellung eines Bildungszeitplans
- Abgabe von Beurteilungen über den Auszubildenden in festgelegten Zeitabschnitten
- Zusammen mit den Beurteilungen sind von den Ausbildungsvorgesetzten detaillierte Vorschläge für weitere Maßnahmen einzureichen

Die Vorteile dieser Methode liegen zum einen in den relativ geringen Kosten, weil der Auszubildende während der Ausbildungszeit für den Betrieb verwertbare Arbeiten ausführt, und zum anderen in der schrittweisen Übernahme von Verantwortung.

---

[122] Vgl. Berthel, J./Becker, F.G.: Personal-Management. Grundzüge für Konzeptionen betrieblicher Personalarbeit, a.a.O., S. 251 f.

[123] Mental = lat. geistig, gedanklich.

[124] Vgl. Hentze, J.: Personalwirtschaftslehre 1, a.a.O., S. 349 f.

Nachteile können in der mangelnden Qualifikation mancher Ausbilder bestehen und in dem ständigen Zeitdruck, der vielfach in den Betrieben herrscht.

Im Rahmen der Vermittlung von Führungsverhalten spielen Modeling und Mentoring eine bedeutende Rolle:

- **Modeling:** Modeling bedeutet, dass Führungsverhalten (aber auch andere Verhaltensweisen) beispielhaft von anderen Führungskräften abgeschaut werden. Dies ist nicht weiter verwunderlich, da der Mensch im Allgemeinen von seinen Bezugspersonen Verhaltensweisen und Einstellungen übernimmt. Modeling bedeutet nun nicht, diesen Vorgang dem Zufall zu überlassen, sondern umfasst eine planmäßige Entwicklung mit dem Ziel, gewünschte Verhaltensweisen zu vermitteln.
- **Mentoring:** Hierunter wird eine Beziehung zwischen einer erfahrenen Führungskraft und einem Nachwuchsmanager verstanden, wobei das ältere dem jüngeren Unternehmensmitglied hilft, seine Fähigkeiten zu entwickeln. Die Nachwuchskraft identifiziert sich mit dem Vorgesetzten und sieht ihn als Berater und Förderer. Nach Kram[125] können vier Stufen einer erfolgreichen Mentorbeziehung unterschieden werden:
  - **Initiierung (Initiation):** Diese Stufe dauert sechs bis zwölf Monate. Die Nachwuchskraft bewundert die Kompetenz des Vorgesetzten und erkennt Unterstützung und Beratung an. Die erfahrene Führungskraft sieht das Potenzial und die Förderungswürdigkeit des Jüngeren.
  - **Entwicklung (Cultivation):** Diese Stufe dauert zwischen zwei und fünf Jahren. Der Vorgesetzte sorgt für herausfordernde Tätigkeiten, Förderung, Schutz und Unterstützung. Der jungen Nachwuchskraft werden neue Einstellungen, Werthaltungen und Verhaltensstile vermittelt.
  - **Trennung (Separation):** Die dritte Phase ist durch ein gewisses Durcheinander, Angstgefühle und durch ein Gefühl des Verlorenseins gekennzeichnet. Der junge Manager erfährt Unabhängigkeit und Autonomie, während der Vorgesetzte seinen Erfolg präsentiert.
  - **Neubestimmung (Redefinition):** Die Beziehung wird eine Freundschaft. Der Vorgesetzte unterstützt den Jungmanager weiterhin und ist stolz auf die Leistung "seiner" Nachwuchskraft, die sich für die früheren Jahre dankbar zeigt und autark handelt.

## (3) Job rotation

Unter Job rotation (Arbeitsplatzwechsel) versteht man einen systematischen Arbeitsplatztausch zur Vermeidung von einseitiger körperlicher Belastung und Arbeitsplatzmonotonie sowie zur Vermittlung zusätzlicher Qualifikationen. Job rotation als Bildungsmethode bietet den Mitarbeitern die Möglichkeit, durch einen fortlaufenden Arbeitsplatzwechsel verschiedene Aufgaben zu übernehmen und auf diese Weise ihre Fachkenntnisse und Erfahrungen zu erweitern. Da sie dabei ständig mit neuen Vorgesetzten und Kollegen zusammenkommen, wird auch ihr Sozialverhalten gefördert.

Obwohl Job rotation als Bildungsmethode prinzipiell auf alle Zielgruppen anwendbar ist, wird es in der betrieblichen Praxis vorwiegend für Führungskräfte und Nachwuchs-

---

[125] Vgl. Kram, K.E.: Phases of the Mentor-Relationship. In: AMJ, 26. Jg. 1983, S. 608 ff.

kräfte eingesetzt. Diese beiden Einsatzmöglichkeiten unterscheiden sich im Umfang der auf den Auszubildenden übertragenen Führungsverantwortung.

Führungskräfte erlernen eine neue Tätigkeit bei gleichzeitiger Übernahme der vollen Verantwortung. Auf diese Weise sollen neue Kenntnisse erworben, die Mobilität gesteigert und ein enges Ressortdenken abgebaut werden. Aufgrund der sofortigen Übernahme der vollen Verantwortung kann es jedoch zunächst zu Stockungen im Betriebsablauf kommen.

Zu den Nachwuchskräften zählen Hochschulabsolventen sowie Auszubildende. Hochschulabsolventen üben im Rahmen der Job rotation häufig die Funktion eines Assistenten ohne Führungsverantwortung aus. Ebenso liegt der Ausbildung von Auszubildenden das Prinzip der Job rotation zugrunde, wenn diese die verschiedenen Ausbildungsbereiche nach einem den Vorgaben der Ausbildungsordnung entsprechenden Ausbildungsplan durchlaufen.

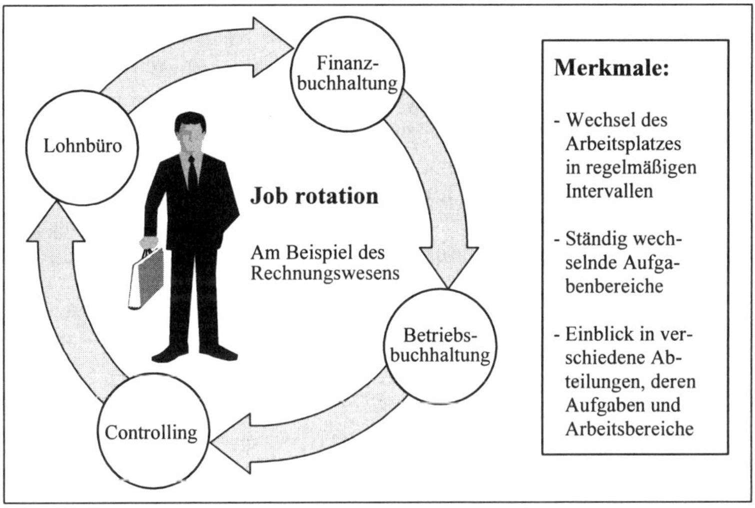


**Abb. 100:** Job rotation am Beispiel des Rechnungswesens

Als besondere Form des Arbeitsplatzwechsels gilt das sogenannte "Springersystem", bei dem der Springer auf mehreren Arbeitsplätzen angelernt wird, um ihn zum Ausgleich zeitweiliger Spitzenbelastungen oder zur Überbrückung von Fehlzeiten in den verschiedenen Abteilungen flexibel einsetzen zu können. Die folgende Abbildung stellt die Vor- und Nachteile der Job rotation gegenüber:

| Vorteile des Job rotation | Nachteile des Job rotation |
|---|---|
| • Mitarbeiter erhalten Einblick in mehrere Bereiche eines Unternehmens mit ständig wechselnden Aufgabengebieten | • Stockung des täglichen Arbeitsablaufes aufgrund der Einarbeitung des neuen Mitarbeiters |
| • Durch den neuen Mitarbeiter kommen neue Ideen in die Abteilung hinein | • Reservierte Einstellung von Vorgesetzten gegenüber dem Programm, die gute Mitarbeiter zu verlieren fürchten |
| • Für den Mitarbeiter wachsen die Karriere-Chancen | • Programm setzt eine bestimmte Mindestanzahl von Mitarbeitern voraus, damit die Rotation funktioniert |

**Abb. 101:** Vor- und Nachteile der Job rotation

### (4) Übertragung begrenzter Verantwortung

Die Übertragung begrenzter Verantwortung ist dadurch gekennzeichnet, dass dem Mitarbeiter Teilaufgaben ohne die entsprechende Führungsverantwortung übertragen werden. Auf diese Weise wächst er nach und nach unter Kontrolle des entlasteten Vorgesetzten in das Aufgabengebiet hinein. Der Mitarbeiter kann dabei die Position eines Nachfolgers oder eines Assistenten beziehen. Während sich der Nachfolger in ein Tätigkeitsgebiet einarbeitet, um dieses sowie die damit verbundene Verantwortung später dauerhaft zu übernehmen, wird die Assistentenstelle nur vorübergehend im Rahmen der beruflichen Entwicklung eingenommen.

### (5) Übertragung von Sonderaufgaben

Bei dieser Methode der Personalentwicklung werden dem Mitarbeiter Sonderaufgaben übertragen, die er eigenverantwortlich bearbeitet. Diese Aufgaben können aus allen Bereichen des Unternehmens kommen und einmalig oder unregelmäßig anfallen. Man bezeichnet diese Aufgaben auch als Querschnittsaufgaben. Ziel dieser Methode ist es, den Mitarbeitern die Möglichkeit zu geben, sich über Routineaufgaben hinaus zu bewähren. Eine besondere Form der Übertragung von Sonderaufgaben bildet der "Auslandseinsatz", bei dem Führungskräfte zur Bearbeitung von Sonderaufträgen vorübergehend zu ausländischen Unternehmen, meist Tochter- oder Muttergesellschaften, geschickt werden. Der Erwerb von Auslandserfahrungen ist speziell für Führungskräfte, die auslandsorientierte Funktionen wahrnehmen sollen, von Bedeutung.

### (6) Multiple Management

Das Multiple Management als mehrgleisige Unternehmensführung wurde in den Vereinigten Staaten entwickelt und dient der Schulung von Führungsnachwuchskräften. Aus Angehörigen der unteren und mittleren Führungsschicht wird ein Quasi-Vorstand gebildet, dem in regelmäßigen Abständen reale Entscheidungsprobleme vom eigentlichen Vorstand zur Bearbeitung vorgelegt werden. Dem Quasi-Vorstand stehen alle Informationen zur Verfügung, aber letztlich entscheidet der Vorstand über die Annahme oder Ablehnung der Vorschläge.

Auf der Ebene der kaufmännischen Berufsausbildung findet insbesondere im Bereich des Handels und bei Großfirmen die Juniorenfirma (früher: reale Übungsfirma) als Ergänzung der traditionellen Erstausbildung zunehmendes Interesse. Im Handel wird z.B. den Auszubildenden die Leitung einer Filiale bzw. einer Abteilung übertragen. Die Ziele einer solchen Einrichtung sind die Förderung von selbständigem handlungsbezogenem Lernen sowie die Erhöhung der Bereitschaft zur Übernahme von Verantwortung und zu selbständigem Entscheiden. Insgesamt wird die Motivation der Auszubildenden erhöht. Die Rolle des Ausbilders beschränkt sich wegen der weitgehenden Übertragung von Leitung und Verwaltung der Juniorenfirma an die Auszubildenden in der Regel auf die Beratung der "Junioren". Die Ausbilder greifen nur dann ein, wenn sich die Teilnehmer vom Ausbildungsziel entfernen.

Die Juniorenfirma kann also als spezielle Form der Lehrwerkstatt gelten, die als Sammelbezeichnung alle Ausbildungsstätten im kaufmännisch-verwaltenden Bereich sowie in der gewerblich-technischen Berufsausbildung umfasst. Wichtiges Ziel solcher Einrichtungen ist die praxisbezogene Vermittlung komplexer Zusammenhänge bzw. Wirkungen.

## (7) Trainee-Programme

Traineeprogramme sind spezielle Einarbeitungsprogramme, in denen Hochschulabsolventen systematisch mit dem gesamtbetrieblichen Geschehen, der Unternehmensphilosophie und -politik, den strukturellen Zusammenhängen und konkreten Arbeitsanforderungen des Unternehmens vertraut gemacht werden. Der Trainee nimmt dabei die Aufgaben der ihm zugewiesenen Stelle nicht eigenverantwortlich wahr, da sein Einsatz vielmehr der Orientierung und Information dient.

Mit dem Angebot eines Trainee-Programms sollen mehrere Funktionen erfüllt werden. Zum einen will man dem Trainee funktionsbezogene Zusammenhänge im Unternehmen zeigen, zum anderen versucht man, die Beschaffung von qualifizierten Führungsnachwuchskräften und die Imagebildung des Unternehmens nach außen sowie Anreize für Mitarbeiter innerhalb des Unternehmens zu verbessern. Die wesentlichen Merkmale eines Trainee-Programmes sind:

- Dauer mindestens sechs, höchstens vierundzwanzig Monate
- Das Programm ist systematisch geplant, organisiert und didaktisch strukturiert
- Der Teilnehmerkreis beschränkt sich in der Regel auf wenige Hochschulabsolventen
- Das Programm beinhaltet einen systematischen Arbeitsplatzwechsel in einem oder mehreren Funktionsbereichen
- Es enthält häufig ergänzende Bildungsmaßnahmen des Training-off-the-job

Welche Ziele mit Traineeprogrammen verfolgt und in welchem Zeitumfang sie angeboten werden, ist von Unternehmen zu Unternehmen unterschiedlich. Die Verweildauer und die Inhalte der Aufgaben in einem der Betriebsbereiche variieren ebenso. Die Ziele eines Trainee-Programms unterscheiden sich allgemein nach den Zielsetzungen des Trainees und denen des Unternehmens, wie in der folgenden Abbildung dargestellt:

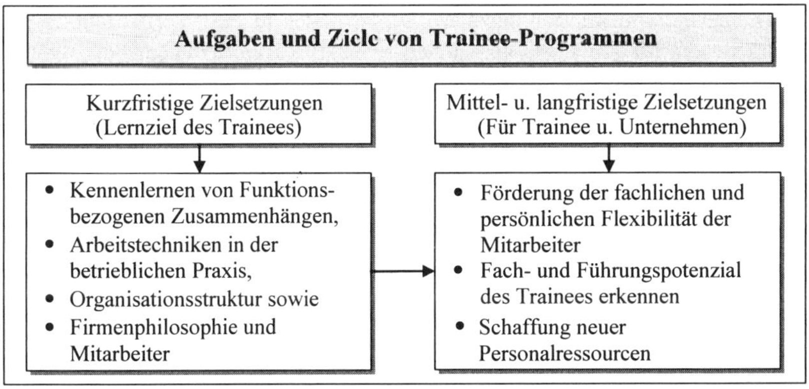


**Abb. 102:** Aufgaben und Ziele von Trainee-ProgrammenEinführungsprogramme

### (8) Einführungsprogramme

Eine Sonderform der arbeitsplatzgebundenen Bildung sind Einführungsprogramme. Sie erfüllen eine Doppelaufgabe. Einerseits weisen sie neue Mitarbeiter in ihr künftiges Aufgabengebiet ein. Andererseits führen sie sie in die Betriebsgemeinschaft mit ihren vielen und z.T. ungeschriebenen Gesetzen ein.

Die Unsicherheit der neuen Mitarbeiter in einem Unternehmen kann mit Hilfe eines ausführlichen Einführungsprogramms überwunden werden. Neben der Einarbeitung in die neue Tätigkeit sieht das Einführungsprogramm Gespräche und Vorstellungen bei Kollegen, Vorgesetzten oder anderen Abteilungen sowie umfassende Informationen über das Unternehmen, vorhandene Sozialeinrichtungen und die örtlichen Gegebenheiten vor.

## 4.6.2 Methoden der Bildung "off the job"

Die Methoden der Bildung am Arbeitsplatz sind mit dem Personaleinsatz in Verbindung zu sehen und zielen insbesondere auf die Vermittlung praktischer Kenntnisse, Fertigkeiten und Erfahrungen ab. Im Gegensatz dazu schließt sich bei den Methoden der Bildung außerhalb des Arbeitsplatzes (Training-off-the-job) der Personaleinsatz an die Durchführung der Maßnahme an. Es handelt sich hierbei überwiegend um die Vermittlung theoretischen Wissens und um das Erlernen von Verhaltensweisen. Dazu werden die Anforderungen eines bestimmten Aufgabengebietes simuliert, um dem Problem des Transfers gerecht zu werden.

### (1) Programmierte Unterweisung

Eine Lehrmethode, die als aktives Selbststudium durchgeführt wird, ist die programmierte Unterweisung. Sie ist meist an den Einsatz bestimmter Hilfsmittel wie z.B. Lehrbücher, Personal-Computer oder audiovisuelle Techniken gebunden. Dabei wird der gesamte Lernprozess nach dem Prinzip des Regelkreises strukturiert. Der Lernstoff wird in kleinste Elemente aufgegliedert, wobei jede Lerneinheit in vier Schritten absolviert wird: Information → Frage → Antwort → Kontrolle.

Der Lernende wird mit den einzelnen Lerneinheiten in einer vorbestimmten Folge konfrontiert. Er wird durch jede Lerneinheit zu einer aktiven Stellungnahme veranlasst, die er in Form einer vorprogrammierten Antwort abzugeben hat. Die Richtigkeit seiner Antwort kann er selbst-kontrollierend feststellen, so dass auf diese Weise eine laufende Lernerfolgskontrolle (Rückkopplung) stattfindet. Die kleinen Lehreinheiten erhöhen die Wahrscheinlichkeit einer richtigen Beantwortung, so dass es zu einer Verstärkung durch die kontinuierliche Erfolgsbestätigung kommt. Dies wiederum erhöht die Bereitschaft zum Weiterlernen.[126] Bei der programmierten Unterweisung können zwei Arten des Programmaufbaus unterschieden werden, die linearen und die verzweigten Programme:

- **Lineare Programme** sind durch kleine Schritte gekennzeichnet, die vom Lernenden der Reihenfolge nach mit dem Ziel bearbeitet werden müssen, zur richtigen Aufga-

[126] Vgl. Berthel, J./Becker, F.G: Personal-Management. Grundzüge für Konzeprtionen betrieblicher Personalarbeit, a.a.O., S. 362.

benlösung zu gelangen. Bei falscher Beantwortung wird der Teilnehmer zur erneuten Bearbeitung des Programmteils gezwungen.

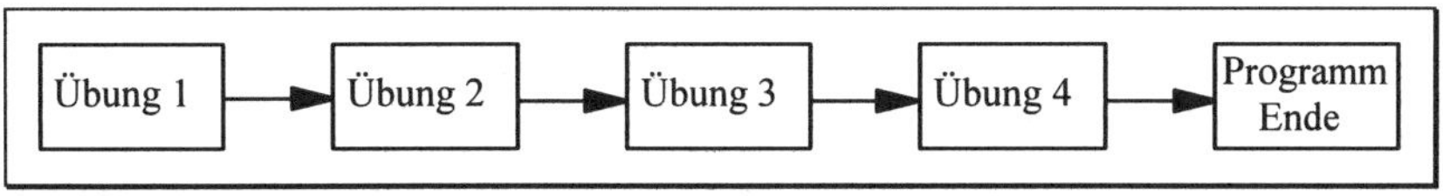


**Abb. 103:** Lineare Programmierung

- **Verzweigte Programme:** Dem Lernenden wird auch bei dieser Methode die Möglichkeit zur Antwortwahl gegebenen. Wählt der Teilnehmer die richtigen Antworten, so läuft das Programm wie bei der linearen Programmierung ab. Bei negativen Ergebnissen wird der Teilnehmer mit Hilfe von Unterprogrammen, in denen der Sachverhalt nochmals detaillierter geschildert wird, zum Lernziel geführt.

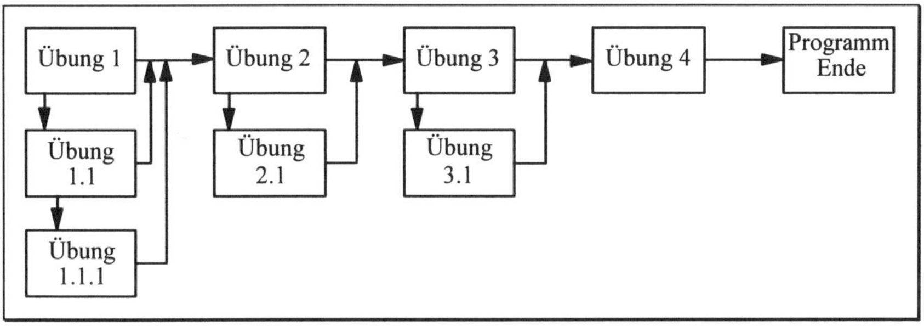


**Abb. 104:** Beispiel für eine verzweigte Programmierung

Der Vorteil der verzweigten Programmierung besteht darin, dass sie die Unterrichtung eines heterogenen Teilnehmerkreises ermöglicht. Ein guter Teilnehmer absolviert das Programm auf dem Hauptweg, während schwächere Teilnehmer den ihrem Leistungsvermögen angepassten Nebenweg gehen.

Innerhalb der betrieblichen Weiterbildung ist eine programmierte Unterweisung vor allem für folgende Trainingsbedarfskategorien geeignet:

- Bei Fakten und Informationen, die in großen Mengen vermittelt werden müssen (das trifft meist auf die Führungs- und Führungsnachwuchskräfte zu).
- Informationen über Aufgabeninhalte von Arbeitsplätzen, deren Besetzung häufig wechselt.
- Informationen über neue Geräte, Verfahren und Produkte, die an dezentral eingesetzte Mitarbeiter in gründlicher und in gleicher Weise mitgeteilt werden müssen.

Die programmierte Unterweisung ist vor allem dann vorteilhaft, wenn mit ihrer Anwendung die betriebliche Fortbildung in ihrer Systematik verbessert wird und ihre Inhalte zentralisiert und intensiviert werden. Ein weiterer Vorteil besteht darin, dass ihre Durchführung ohne Störungen des Betriebsablaufes erfolgen kann, denn der einzelne Mitarbeiter kann sein Lernprogramm individuell in der Zeit absolvieren, in der die geringste Ablaufstörung bei der Abwesenheit von seinem Arbeitsplatz zu erwarten ist. Der Fortbildungserfolg wird erhöht durch die Anpassung an die individuelle Lerngeschwindigkeit, durch den selbständig kontrollierten Fortbildungsstand und durch die Unabhängigkeit von der Qualifikation der Trainer oder deren subjektiven Beurteilungen.

Nachteile durch die programmierte Unterweisung entstehen, wenn der zu vermittelnde Stoff zur Programmierung nicht ausreichend geeignet ist, fertige bzw. genügend anpassungsfähige Programme fehlen und die Entwicklung und Hilfsmittelbeschaffung für neue Programme hohe Kosten verursacht, wenn kostspielige Programme mit dem Risiko des Veraltens behaftet sind und wenn die Zahl der Fortzubildenden gering ist.[127]

### (2) Vorlesungsmethode

Die Vorlesungsmethode hat den Vorteil der systematischen Stoffvermittlung. Sie gibt dem Vortragenden die Möglichkeit, konzentrierte Aussagen über ein großes Wissensgebiet einer beliebigen Anzahl von Zuhörern zeit- und kostengünstig zu vermitteln. Sie ist eine passive Lehrmethode, bei der der Informationsprozess einseitig vom Vortragenden zum Lernenden erfolgt.

Entscheidende Nachteile entstehen dadurch, dass ein entsprechendes Bildungsniveau vorausgesetzt wird, um dem Vortragenden bei seinen Ausführungen folgen zu können. Weiterhin führt die Passivität der Zuhörer und die permanent notwendige Aufmerksamkeit zur Ermüdung der Teilnehmer. Es besteht dadurch die Gefahr hoher Transferverluste. Dem kann durch entsprechenden Medieneinsatz (vgl. Abschnitt 4.5.6) begegnet werden. Zur Vermittlung komplexer Themenbereiche wird daher in der Praxis versucht, die Vorlesungsmethode durch aktive Lernmethoden zu ergänzen.

### (3) Konferenzmethode

Die Konferenzmethoden sind aktive Lernmethoden. Das Lernen erfolgt bei diesen Methoden durch die Beteiligung an der Diskussion. Eine Konferenz ist dadurch gekennzeichnet, dass sie von einem Konferenzleiter gelenkt wird. Dabei unterscheidet man zwischen der freien und der straff gelenkten Diskussion. Letztere zeichnet sich dadurch aus, dass von dem Konferenzleiter ein bestimmtes Lernziel angesteuert wird, indem er die Diskussion immer wieder auf dieses Thema bringt.

Bei einer freien Diskussion hat der Leiter lediglich die Ordnung und den Diskussionsablauf zu sichern. Die Gruppe setzte sich selbst ein Ziel und der Konferenzleiter achtet darauf, dass die Teilnehmer nicht vom gewählten Thema abschweifen. Diese Art der Diskussion wird vorwiegend zur Behandlung von Führungs- und Verhaltensfragen angewendet. Die drei wichtigsten Konferenzmethoden sind:

- **Lehrkonferenz:** Die Lehrkonferenz (Lehrgespräch) dient u.a. der Erweiterung bereits vorhandenen Wissens, der Durcharbeitung von Stoffgebieten und der Übung im folgerichtigen Denken. Der Konferenzleiter sollte ein Experte sein, der mit den Lernenden den Stoff in einem interaktiven Prozess in fragend-entwickelnder Form erarbeitet.

[127] Vgl. Berthel, J./Becker, F.G: Personal-Management. Grundzüge für Konzeprtionen betrieblicher Personalarbeit, a.a.O., S. 362.

- **Problemlösungskonferenz:** Bei dieser Form der Konferenz haben die Teilnehmer selbständig Probleme zu bearbeiten. Die Teilnehmer sollten ein gewisses Maß an Sachkenntnis besitzen, damit der Stoff nicht zu oberflächlich behandelt wird.
- **Ideenkonferenz:** Die Ideenkonferenz (Brainstorming) ist eine spezielle Form einer Gruppensitzung, in der kreative Leistungen erbracht werden sollen. Grundprinzipien sind das Aufgreifen und "Weiterspinnen" von Ideen nach bestimmten Regeln, um bisher nicht erkannte Lösungsmöglichkeiten eines Problems zutage zu fördern.

## (4) Fallstudien

Mit Hilfe von Fallstudien werden Problemsituationen aus dem betrieblichen Alltagsleben simuliert. Dabei wird einer Gruppe ein Fall zur Bearbeitung gegeben, für den sie innerhalb einer bestimmten Zeit unter Anwendung der vorgegebenen Informationen und der aktiven Mitarbeit aller einen Lösungsvorschlag erarbeiten soll. In einem anschließenden Vortrag können die gewonnenen theoretischen Kenntnisse mit den praktischen Erfahrungen verknüpft und der gesamten Gruppe präsentiert werden.

Die Vorteile von Fallstudien sind:

- Durch die häufige Anwendung von Fallstudien entwickeln die Teilnehmer analytische Fähigkeiten, die ihnen in der täglichen Praxis das Vorbereiten und Treffen von Entscheidungen erleichtern. Dies gilt auch, wenn nur wenig eigene Erfahrung vorliegt.
- Es wird die Bereitschaft zum kooperativen Handeln im Management verstärkt und durch die aktive Mitarbeit aller wird ein Erfahrungsaustausch zur Entscheidungsfindung herbeigeführt.
- Durch die aktive Beteiligung an den Diskussionen zur Vorbereitung und Entwicklung der Problemlösung werden die Persönlichkeitsmerkmale der Mitarbeiter gestärkt und durch das erfolgreiche Entscheiden das Selbstvertrauen erhöht.

Problematisch sind Fallstudien, wenn

- die Tatbestände die Vergangenheit schildern und keine zukunftsbezogenen Aussagen mit der Lösung verbunden werden können.
- in den Lösungen von Fallbeispielen erfolgreiches Vorgehen aus der Vergangenheit nachgeahmt wird, statt nach eigenen Problemlösungen zu suchen.
- die zugrundeliegenden Fälle nicht praxisnah sind.
- die Kosten für die Modellkonstruktion zu hoch sind oder die für die Durchführung benötigte Zeit zu lang ist.
- bei computergestützten Modellen durch die Vergrößerung der Komplexität die Übersicht für das gesamte Modell und dessen Zusammenhänge für den Teilnehmer verloren geht.[128]

---

[128] Fallstudien gibt es sowohl als Kurzfälle als auch sehr komplexe Fälle, in denen man die Situation einer Firma (Macht- und Statusverhältnisse, Konflikte, wirtschaftliche Sitution etc.) analysieren muss.

## (5) Rollenspiele

Rollenspiele sind sehr realistische Simulationsmethoden und daher besonders zum Training des Führungs- und Kooperationsverhaltens geeignet. Sie finden insbesondere Anwendung beim Lernen von Verhandlungsführung und beim Aufzeigen von Kommunikationsproblemen. Jeder Teilnehmer übernimmt verschiedene Rollen, um Verständnis für unterschiedliche Standpunkte zu bekommen (Empathie).[129] Seine Verhaltensweisen und Entscheidungen werden von den übrigen Teilnehmern beobachtet und anschließend in einem gemeinsamen Gespräch analysiert und kritisiert.

Der Inhalt von Rollenspielen ist meist die verhaltensmäßige Darstellung persönlicher oder allgemeiner Konflikt- und Entscheidungssituationen aus dem beruflichen Alltag.[130] Man verfolgt damit verschiedene Ziele:

- **Problemanalyse:** Rollenspiele können als diagnostisches Hilfsmittel zur Analyse von Problemsituationen genutzt werden, indem die als schwierig empfundene Situation nachgespielt und so das Verhalten und die Emotionen der Beteiligten offengelegt werden.
- **Situationstraining:** Neue und ungewohnte Verhaltensweisen und die vorausschauende Analyse von Konsequenzen und Reaktionen auf geplante Aktionen können durch das Rollenspiel im Sinne eines "Probe-Handelns" geübt werden. Der besondere Vorteil ist hier, dass Fehler korrigierbar sind, bevor sie im "Ernstfall" auftreten.
- **Rollentausch:** Die Motivation und die Verhaltensweise von anderen lässt sich besser verstehen, wenn man in deren Rolle schlüpft. Indem man z.B. die Rolle eines Kontrahenten übernimmt, ist man besser in der Lage, sich erlebens- und gefühlsmäßig in dessen Einschätzung der Situation hineinzudenken.

Weitere Möglichkeiten und Ziele des Rollenspiels werden in der folgenden Abbildung aufgezeigt:

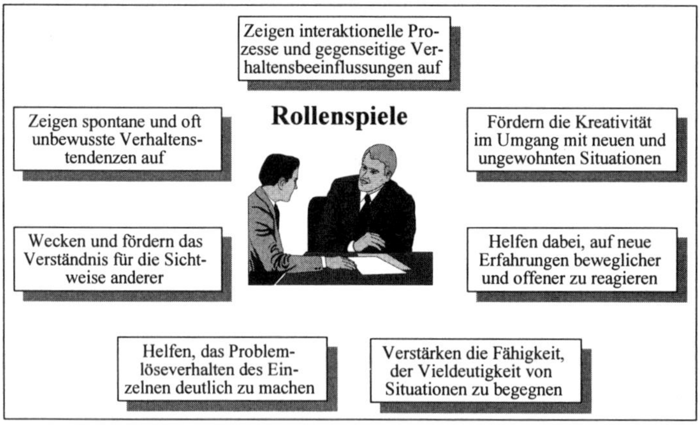


**Abb. 105:** Möglichkeiten und Ziele des Rollenspiels

[129] Empathie ist die Fähigkeit sich in Denken, Handeln, Logik und Rolle des anderen hineinzuversetzen und dessen Reaktion, Gefühle und Verhaltensmuster zu antizipieren.

[130] Rollenspiele werden daneben auch als therapeutische Hilfsmittel eingesetzt, da sie dem Patienten die Möglichkeit bieten, verdrängte Aspekte der eigenen Persönlichkeit kennenzulernen und zuzulassen. Sie helfen dem Patienten auf der Grundlage dieser Selbsterkenntnis zur Selbstakzeptanz, d.h., seine eigene Person zu akzeptieren und sein gesamtes Verhaltens- und Emotionsspektrum auszuleben.

## (6) Planspiele

Planspiele[131] sind auf der Praxis aufgebaute, computergestützte Modelle, mit deren Hilfe Entscheidungsprozesse im Laufe eines Seminars simuliert werden. Den Teilnehmern werden bei Beginn die Spielregeln und die internen und externen Daten, die das System beeinflussen können, ausgehändigt. Diese Daten dienen dem Seminarleiter als Aktionsgrundlage für die Simulation einer möglichen Situation.

Der Ablauf des Planspiels erfolgt über mehrere Perioden. Innerhalb des Modells haben die Teilnehmer die Möglichkeit, nach der jeweiligen Marktsituation ihre Entscheidungen zu treffen. Die Auswirkungen der getroffenen Entscheidungen und die geänderten externen Daten werden nach jeder Periode vom Spielleiter den Gruppen mitgeteilt. Mit der Hilfe von Planspielen können eine Reihe von Lernzielen verfolgt werden:

- Übung von systematischen Planungen
- Förderung der Kooperation der Teilnehmer beim Treffen von Entscheidungen unter Zeitdruck
- Zielfindung und Entscheidungsfindung unter Risiko aus einer Vielzahl von Informationen und Alternativen
- Lernen aus den Ergebnissen, erkennen von Zusammenhängen und Auswirkungen unter Berücksichtigung der Entscheidungen der anderen Gruppen

Der größte Vorteil von Planspielen bei der Aus- und Weiterbildung liegt in der Komplexität der simulierten Situationen. Planspiele ermöglichen eine Sensibilisierung der Teilnehmer für die vielfältigen Wirkungszusammenhänge von Entscheidungen in einem vernetzten System (Unternehmen).

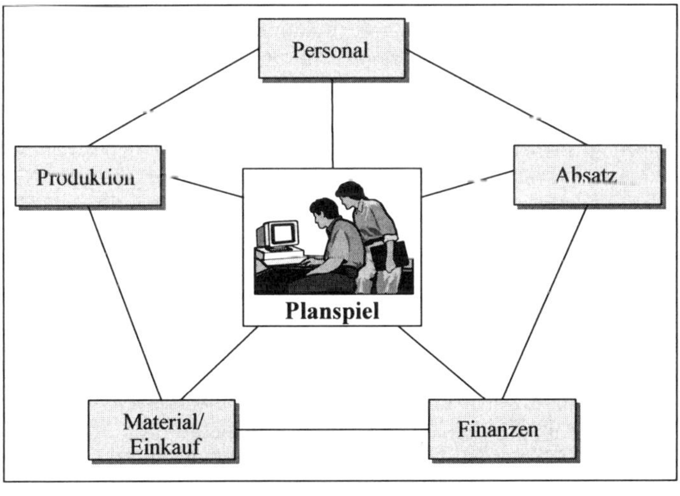


**Abb. 106:** Vernetzung der Unternehmensbereiche im Planspiel[132]

[131] Vgl. hierzu ausführlich Geilhardt, T./Mühlbradt, T. (Hrsg.): Planspiele im Personal- und Organisationsmanagement, Göttingen 1995.

[132] Vgl. ebd., S. 351.

Nachteile dieser Lernmethode sind:

- Durch die hohe Komplexität werden Einzelfragen nicht ausreichend berücksichtigt.
- Annahmen im Modell entsprechen nicht immer den realistischen Marktgegebenheiten. Daraus abgeleitete Entscheidungen für die Realität können zu folgenschweren Fehlern führen.
- Das Modell zeigt nicht, dass die Entscheidungen in der Realität von den Erfahrungen der Entscheidungsträger abhängig sind. Die Teilnehmer werden bei der Wahl ihrer Entscheidungen zu einer Strategie verleitet, die sich nur gegen das sich stets ändernde Modell richtet.[133]

## (7) Gruppendynamische Methoden

Der Zweck von gruppendynamischen Lernveranstaltungen (T-Gruppen, Sensitivity-Training) liegt darin, durch Selbsterfahrung im intrapersonellen Bereich sowie in interpersonellen Gruppenbeziehungen die Teamfähigkeit der Teilnehmer zu verbessern.

Als Voraussetzung dazu gelten "eine schärfere Beobachtungsfähigkeit gegenüber informellen Prozessen, eine erhöhte Einsicht in die Determinanten des eigenen Verhaltens sowie mehr Einsicht in gruppendynamische Prozesse und in die sozialpsychologischen Bedingungsfaktoren der Arbeitsweisen von Teams".[134]

Eine Trainingsgruppensitzung hat etwa folgenden Verlauf: Teilnehmer und Trainer versammeln sich im Kreis. Der Trainer erklärt, dass er keine formale Führungsposition innehat, dass keine bestimmten Verfahrensregeln vorgegeben sind und dass die Gruppe vermutlich dann am meisten lernen wird, wenn sie sich in allen Sitzungen an der tatsächlichen Situation ("here-and-now") orientiert.

Die Gruppe wird dadurch mit einer unstrukturierten Situation konfrontiert, die im Einzelnen durch fehlende Klarheit bezüglich der zu lösenden Aufgabe, der zu wählenden Verhaltensregeln und eine undefinierte Führungsstruktur gekennzeichnet ist. Diese Situation soll bei den Teilnehmern Unsicherheit und Frustration aufkommen lassen. In der vom Trainer in dieser Situation geförderten Gruppendiskussion stehen Führungsrivalitäten und Auseinandersetzungen um die Tagesordnung im Mittelpunkt. Auf diese Weise soll dem Einzelnen bewusst werden, welche Wirkung er auf andere Gruppenmitglieder ausübt, welche Emotionen er bei anderen auslöst und wie er selbst auf Kritik reagiert.

## (8) Assessment-Center

Neben dem Einsatz zu Zwecken der Personalauswahl (siehe Abschnitt 2.3.5) werden Assessment-Center auch im Rahmen der Personalentwicklung eingesetzt. Für die Personalentwicklung ist dabei die Rückmeldephase von Bedeutung, die sich aus einem Feedback-Gespräch und einem detaillierten Ergebnis-Gutachten zusammensetzt. Durch konstruktive Kritik erhält der Teilnehmer Anstöße zur Entwicklung eines nuancierten Selbstbildes. Aufbauend auf einem Stärken-Schwächen-Profil und der Potenzialschätzung kann ein langfristiges, individuelles Bildungskonzept gemeinsam mit dem Teilnehmer erarbeitet werden.

---

[133] Vgl. Berthel, J./Becker, F.G: Personal-Management. Grundzüge für Konzeprtionen betrieblicher Personalarbeit, a.a.O., S. 364 f.

[134] Hentze, J.: Personalwirtschaftslehre 1, a.a.O., S. 362.

## (9) Bildungsurlaub

Der Bildungsurlaub basiert auf einer gesetzlichen[135] oder tarifvertraglichen Anspruchsgrundlage. Er ist als Freistellung von anderer Arbeit zum Zweck der Bildung unter Fortzahlung des Arbeitsentgeltes definiert und soll der politischen und beruflichen Weiterbildung dienen. Der Teilnehmer übernimmt die Kosten der Veranstaltung (Kursgebühren, Unterbringung etc.). Veranstaltungen, die ausschließlich für betriebliche oder dienstliche Zwecke bestimmt sind, sind ausgeschlossen. Als Veranstalter können Einrichtungen fungieren, die Träger der Erwachsenen- und Jugendbildung sind. Die Dauer liegt i.d.R. bei 8-10 Tagen.

Für die Durchführung des Bildungsurlaubes lassen sich gesellschaftliche und didaktische Überlegungen anführen. Gesellschaftspolitisch soll der Bildungsurlaub einen Beitrag zur Chancengleichheit leisten. Außer den konkreten fachlichen Zielen lassen sich drei primäre Lernziele formulieren:

- Motivation zum Weiterlernen
- Befähigung zum Weiterlernen
- Praxisrelevanz durch Lernen erfahren

Als vorrangig wird die Vermittlung von Lernhilfen und -techniken angesehen. Der Bildungsurlaub bezieht sich in der Regel auf Aspekte der Berufs- und Arbeitswelt. Es steht weniger die Qualifikation für einen bestimmen Arbeitsplatz, als vielmehr die Erhöhung der Disponibilität im Vordergrund. Diese ist gekennzeichnet durch Flexibilität und Orientierungsfähigkeit sowie durch die Fähigkeit zum Rollenwechsel.

Der Bildungsurlaub leistet einen Beitrag zur persönlichen beruflichen Fortentwicklung. So positiv die allgemeine Einstellung zur Fortbildung ist, so umstritten ist der Bildungsurlaub. Schon der Begriff "Urlaub" ruft Gereiztheit hervor. Der Lohnfortzahlungsanspruch dieser mehr persönlichen und gesellschaftlichen Aufgabe wird den Unternehmen aufgebürdet und ruft so die Kritik der Arbeitgeber hervor.

## (10) Förderkreise und Erfahrungsaustauschgruppen

Eine Sonderform der Bildung "off the job" sind Förderkreise und Erfahrungsaustauschgruppen. Sie unterscheiden sich von den bisher erwähnten Methoden dadurch, dass sie in ihrem Ablauf nicht an bestimmte pädagogische Prinzipien gebunden sind.

Ihre Aufgabe besteht darin, den Teilnehmern in regelmäßigen oder unregelmäßigen Abständen Gelegenheit zu geben, über bestimmte Probleme Erfahrungen und Meinungen auszutauschen.

## (11) Fernunterricht

Eine weitere Sonderform ist der Fernunterricht. Er wird in der Regel von überbetrieblichen Fernlehrinstituten betrieben, die zumeist per Inserat versuchen, Privatpersonen für ihr Lehrangebot zu interessieren. Gelegentlich werden auch Betriebe angesprochen, um ihnen die Möglichkeit zu eröffnen, Mitarbeiter zur Teilnahme an einem bestimmten

[135] Nicht alle Bundesländer verfügen über die gesetzliche Regelung eines Bildungsurlaubs.

Fernkurs anzuregen oder - unter finanzieller Beteiligung des Betriebes - zu verpflichten. Soweit geeignete Themenangebote vorliegen, kann sich der Betrieb auf diese Weise die Organisation und die Durchführung eigener Veranstaltungen ersparen, was unter Kostenaspekten häufig günstiger ist.

### 4.6.3 Neuere methodische Ansätze der Personalentwicklung

Neben den geschilderten konventionellen Schulungsmethoden wollen wir an dieser Stelle einige neuere methodische Konzepte der betrieblichen Bildung kurz vorstellen. Es handelt sich dabei um die auch als "Superlearning" bekannte Suggestopädie und das ganzheitliche Brain-Dominance-Konzept, sowie die insbesondere zur Bereichs- und Organisationsentwicklung geeigneten Workshops.

#### (1) Suggestopädie

Die Suggestopädie ist eine Lehrmethode zur effektiven Vermittlung von Wissen mittels sog. Entspannungstechniken. Das wesentlichste Element der Suggestopädie ist zweifellos der Einsatz suggestiver Techniken, wie sie vom autogenen oder mentalen Training her bekannt sind.[136]

Die Suggestion wird eingesetzt, um durch Entspannung des gesamten Körpers das Gehirn in einen Zustand zu versetzen, in dem die Alpha-Wellen dominieren. Das Gehirn ist in diesem Zustand auf besondere Weise aktiv und aufnahmefähig; man strebt diesen Zustand also an, um das Behalten von Inhalten zu steigern.

Die Entspannung wird erreicht, indem die Teilnehmer bequem auf ihren Stühlen sitzen, Musik hören und sich selbst vorstellen, entspannt zu sein. Man setzt zur Entspannung also u.a. die Kraft der Vorstellung systematisch ein. Der Ablauf eines suggestopädischen Trainings kann folgendermaßen gestaltet werden:

| | |
|---|---|
| **1. Einführungsphase:** | Entspannungsübung, Wiederholung, Präsentation des Themas, Zeitanteil: ca. 15 % |
| **2. Kognitive Phase:** | Erarbeiten und Verstehen der Inhalte, Zeitanteil: ca. 40 % |
| **3. Rezeptive Phase:** | Einprägen der Inhalte in entspanntem Zustand bei Musik, Zeitanteil: ca. 15 %<br>a) Aktiv - Konzert (Teilnehmer lesen mit)<br>b) Passiv - Konzert (Teilnehmer hören konzentriert mit) |
| **4. Aktive Phase:** | Anwendung des Stoffes, Zeitanteil: ca. 30 % |

**Abb. 107:** Ablauf des suggestopädischen Trainings[137]

[136] Vgl. Jaehrling, D.: Effizienzsteigerung in der Personalentwicklung durch Suggestopädie? In: Strategien der Personalentwicklung, hrsg. von Riekhof, H.C., 3. Aufl., Wiesbaden 1992, S. 411.

[137] Vgl. ebd., S. 413.

Die **Einführungsphase** beinhaltet die Präsentation des Themas und einen Überblick über die zu erwartenden Inhalte und Zusammenhänge sowie eine erklärende Heranführung jener Teilnehmer, die bisher noch keine Erfahrung mit Suggestopädie haben. Grundsätzlich sollen die Inhalte möglichst anschaulich dargestellt und die Teilnehmer zur Aktivität ermuntert werden. Soweit irgend möglich, sollen alle Sinne genutzt werden, also außer der visuellen und auditiven Wahrnehmung auch Tast- und Geruchssinn und, was sicherlich selten der Fall sein wird, auch der Geschmackssinn.

Im Anschluss an die Einführungsphase folgt die **kognitive Phase**, die am meisten einem herkömmlichen Training ähnelt, sofern man darunter die lebendig gestaltete Erarbeitung eines neuen Wissensfeldes versteht. Durch Vielfalt und Abwechslung der Methoden sollen alle Sinne für das Lernen genutzt werden.

Auf die kognitive folgt die **rezeptive Phase**, die aus dem Aktiv- und dem Passivkonzert besteht. Die Teilnehmer versetzen sich unter Anleitung des Trainers in einen entspannten Zustand, der der Konzentration auf die Inhalte dient; alle störenden Einflüsse sollen ausgeschaltet werden. Jegliche Ablenkung durch Geräusche, Bewegungen oder Gespräche soll vorbeugend abgewehrt werden. Die Musik dient beidem, der Entspannung und der Abwehr störender Einflüsse.

- Im **Aktiv-Konzert** wird der Inhalt in Kernsätzen zusammengefasst vorgetragen. Die Teilnehmer lesen mit, haben die Kerninhalte also auf einem Papier vor sich liegen, oder die Inhalte werden mit einem Overhead-Projektor an die Wand projiziert.
- Im **Passiv-Konzert** hören die Teilnehmer mit geschlossenen Augen den Inhalt noch einmal. Der Inhalt soll hier in einer auch die Gefühlswelt miteinbeziehenden Form angeboten werden. Dies kann z.B. in Form einer Geschichte oder eines Märchens geschehen, das gleichzeitig dazu geeignet ist, die Zusammenhänge zwischen den Inhalten herzustellen. Beispielsweise kann die Funktionsweise eines Otto-Motors dargestellt werden, indem etwa der Zylinder erzählt, was alles um ihn herum vorgeht, was er dabei erlebt, wie ihn zuerst die Kurbelwelle schiebt, wie ihn die Verbrennung des Benzin - Luftgemisches erwärmt usw.[138]

Nach der rezeptiven Phase kann man davon ausgehen, dass die Teilnehmer den Inhalt soweit beherrschen, dass sie damit arbeiten können. Die nun folgende **aktive Phase** soll dazu dienen, dass durch die Anwendung das Gelernte noch weiter gefestigt wird.

Besonders geeignet für den Einsatz der Suggestopädie scheinen Stoffgebiete zu sein, bei denen in kurzer Zeit viele Informationen aufgenommen werden sollen, so z.B. im Sprachunterricht, sowie zur Reaktivierung verschütteter Kenntnisse. Aber auch andere Inhalte können auf diese Weise vermittelt werden, beispielsweise technische Kurse oder Lehrveranstaltungen auf dem Gebiet der elektronischen Datenverarbeitung.

Die Effektivität des suggestopädischen Trainings wird darauf zurückgeführt, dass die Teilnehmer einen Teil ihrer Ängste vor dem Lernen ablegen, wodurch eine Leichtigkeit des Lernens erzielt wird. Die Suggestopädie ist nicht als Ersatz, sondern als Erweiterung anderer Methoden der Personalentwicklung zu sehen.

---

138 Vgl. Jaehrling, D.: Effizienzsteigerung in der Personalentwicklung durch Suggestopädie? In: Strategien der Personalentwicklung, hrsg. von Riekhof, H.C., a.a.O., S. 414.

## (2) Brain-Dominance-Konzept

Seit einiger Zeit wird die Forderung nach einer "ganzheitlichen Denkweise" erhoben. Van der Ploeg[139] versucht darzulegen, dass ein ganzheitliches Denken auf einer ganzheitlichen Gehirnfunktion basiert, die dann gegeben ist, wenn beide Gehirnhälften harmonisch und synchron miteinander arbeiten.

Die Ergebnisse der Hirnforschung der letzten 20 Jahre belegen, dass das menschliche Gehirn in zwei Hemisphären aufgeteilt ist. Während die linke Gehirnhälfte für die Ausführung logischer, analytischer und mathematischer Aufgaben verantwortlich ist, beruht der non-verbale Ausdruck sowie die Durchführung von Aufgaben, die Intuition, Ganzheitlichkeit und Synthese erfordern, auf der rechten Gehirnhälfte.[140]

**Abb. 108:** Die Aufgaben und Denkmuster der beiden Gehirnhälften

Das Brain-Dominance-Konzept beruht auf der Erkenntnis, dass jeder Mensch eine bevorzugte Art zu denken und zu handeln hat. Amerikanische Forscher haben ein System entwickelt, mit dem diese unterschiedlichen Präferenzen sichtbar gemacht werden können. Anhand eines speziellen Fragebogens mit 120 Fragen nach Neigungen und persönlichen Merkmalen wird eine individuelle Profilerstellung möglich, die verdeutlicht, welche der beiden Gehirnhälften ein Mensch unbewusst vernachlässigt.

In der westlichen Welt sind "einseitige" Denkweisen in einem bestimmten Sinn weit verbreitet: Typischerweise dominiert die linke Gehirnhälfte.[141] Konkrete Schritte zur Verwirklichung des ganzheitlichen Denkens können durch die Sensibilisierung für die Funktionsweise der rechten Hirnhälfte gemacht werden.

Aus der Anwendung des Brain-Dominance-Konzeptes ergeben sich vielfältige Chancen und Aufgaben für die Personalentwicklung. Einerseits, dass Mitarbeiter ihre Einzigartigkeit begreifen und schätzen lernen und dass gezielte Fördermaßnahmen ergriffen werden können, andererseits für die Zusammensetzung von Gruppen z.B. für Teamarbeit zur Lösung kreativer Aufgaben.

[139] Vgl. Ploeg, S.v.d.: Warum denken wir "einseitig"? - Der Brain-Dominance-Test als Instrument der Personalentwicklung. In: Strategien der Personalentwicklung, hrsg. von Riekhof, H.C., 3. Aufl., Wiesbaden 1992.

[140] Vgl. ebd. 395 f.

[141] Vgl. ebd., S. 403 f.

Aufgrund des Gehirnprofiles können Neigungen, Fähigkeiten und Wünsche des Mitarbeiters erkannt und in die Maßnahmen zur Personalentwicklung einbezogen werden. Durch das Erkennen des eigenen Denkmodus und das Respektieren eines anderen lassen sich heterogene Gruppen zusammenstellen, die gleichfalls persönliche Erwartungen und Interessen der Mitarbeiter erfüllen.

## (3) Workshops

Workshops oder Arbeitstagungen sind ein Instrument, das in der Hauptsache zur Organisations- bzw. Bereichsentwicklung genutzt wird. Sie sollen helfen, die Leistungsfähigkeit (Effektivität) zu steigern und die Qualität des Arbeitslebens (Humanität) zu verbessern. Typische Inhalte solcher Workshops sind:

- Erarbeitung von Zielsetzungen bzw. Einigung auf gemeinsame Zielvorstellungen in einem Bereich
- Entwicklung von Problemlösungen für Sachaufgaben und Kommunikationsprozesse
- Suchen und finden neuer Ideen mit kreativen Arbeitsmethoden, Verfahren und Arbeitsabläufen
- Diagnose von Schwachstellen und Verbesserungsmöglichkeiten in der gegenwärtigen Arbeitssituation
- Umgang mit Konflikten (in und zwischen Bereichen)

Workshops sind zur Erreichung der genannten Ziele besonders geeignet, da sie die offene Kommunikation und das persönliche Engagement der Mitarbeiter fördern, indem diese gemeinsam mit den Vorgesetzten in Problemlösungen einbezogenen werden. Dadurch wird auch die Akzeptanz der gefundenen Problemlösungen bei allen Betroffenen wesentlich erhöht. Ein weiterer Vorteil ist, dass sich die Ergebnisse solcher Tagungen direkt am Arbeitsplatz auswirken.

Der Ablauf eines Workshops, bei dem Probleme des Unternehmens oder eines Unternehmensbereiches gemeinsam von Vorgesetzten und Mitarbeitern erörtert werden, lässt sich in fünf Phasen gliedern:

1. Problemsammlung und -auswahl
2. Problemdiagnose
3. Entwickeln von Lösungsansätzen und -alternativen
4. Auswahl und Vereinbarung von Lösungsalternativen
5. Entwicklung von Realisierungshilfen zur praktischen Anwendung der Lösungen

## (4) E-Learning

Das E-Learning ist eine Kombination aus selbst gesteuertem Lernen vor dem Computer mit den Übertragungsmöglichkeiten des Internets sowie der Telekommunikation. Es gilt als Synonym für die neuen, virtuellen Lernwelten in Netzen. Schon seit den frühen 80er-Jahren kommen, vorwiegend jedoch in den großen Unternehmen, Computer Based Training (CBT), computerunterstützter Unterricht (CUU) und computerunterstütztes Lernen (CUL) zum Einsatz.[142]

---

[142] Vgl. Ihm, E.: Vom CBT zum E-Learning: Die neuen netzbasierten Lernwelten. In: Personalführung 2/2001, S. 24.

Um den rasch wechselnden Anforderungen zu begegnen, bilden heute Computernetze (Internet/Intranet), die multimediale Lern- und Wissensinhalte bereitstellen, die Basis zur Förderung und Verbesserung von Lernprozessen und eine dementsprechende Qualifizierung der Mitarbeiter.

Zur Zeit dominieren beim E-Learning zwei Lösungstechnologien. Das sind zum einen Live-Trainings über das Internet. Hierbei arbeiten die Lernenden und der Trainer synchron zu einem vereinbarten Zeitpunkt in einem virtuellen Klassenzimmer. Die zweite Möglichkeit stellt der asynchrone Ansatz dar. Trainingsinhalte werden hier so aufbereitet, dass sie als Selbstlern-Module durchgearbeitet werden. Dabei erfolgt, in der Regel asynchron über E-mail und Newsgroups, eine Betreuung durch Trainer und Experten. Mit Hilfe des E-Learning werden eine Vielzahl von Vorteilen realisiert. Diese sind zum Beispiel:

- zeit- und ortsungebundener Zugriff auf Wissen,
- Einsparungen von Reise- und Tagungskosten,
- Reduzierung der durchschnittlich benötigten Lernzeit,
- jeder Lernende arbeitet in seiner eigenen Geschwindigkeit,
- Förderung der Entwicklung einer Lern- und Arbeitskultur, die vom Lernenden selbst getragen und weiterentwickelt wird,
- Wissen wird in kleinen Häppchen vermittelt, dadurch ist die Aufmerksamkeit des Lernenden oft höher als bei klassischen Seminaren,
- individuelle Betreuung und effiziente Erfolgskontrolle durch z.B. Teletutoren.

Im Zusammenhang mit E-Learning ist immer häufiger auch die Rede von sogenannten integrierten Lernsystemen wie Unternehmensinstitute, Akademien oder Corporate universities.

Diese integrativen Lernsysteme, d.h. sämtliche Trainingsprogramme, Kurse und spezifische Lernaktivitäten, sind an den Visionen und Strategien des Unternehmens ausgerichtet. Sie basieren auf der gegebenen Unternehmenskultur und sind zentrales Steuerungselement für dezentral organisierte Einheiten. Ziel ist es wettbewerbsfähig zu bleiben in einer Zeit, in der die Schnelligkeit, in der Unternehmen und ihre Mitarbeiter lernen, über den Platz im Marktgeschehen entscheidet. Dem Personalmanagement, speziell der Personalentwicklung, eröffnen sich durch die Möglichkeiten des E-Learning neue Aufgabenbereiche. „Das Thema E-Learning avanciert zum E-Business der Personalentwicklung.“[143]

## 4.7 Erfolgskontrolle der Personalentwicklung

Die Realisierung einer effizienten Personalentwicklung erfordert die Durchführung einer systematischen und regelmäßigen Erfolgskontrolle der Personalentwicklungsmaßnahmen. Sie umfasst den Vergleich des realisierten Personalentwicklungsergebnisses (Ist-Größe) mit den angestrebten Zielen (Soll-Größe). Die Kontrolle soll:[144]

---

[143] Kraemer, W.: Das E-Business der Personalentwicklung. In: Personalwirtschaft, 1/2001, S.27

[144] Vgl. Ruschel, A.: Personalentwicklung. In: Mensch und Arbeit, hrsg. von Schneider, H.J., a.a.O., S. 447 f.

- ermitteln, ob das Ergebnis einer Bildungsmaßnahme der zugrundeliegenden Zielsetzung von Unternehmen und Teilnehmern gerecht wurde,
- feststellen, ob die gewünschte Qualifikationsänderung und Arbeitsplatzveränderung bei den Mitarbeitern tatsächlich eingetreten ist,
- organisatorische Hemmnisse beim Lerntransfer aufdecken und deren Beseitigung ermöglichen,
- die im jeweiligen Fall geeignetsten Lehr- bzw. Lernmethoden ermitteln und deren geplanten Ablauf überprüfen,
- dazu beitragen, dass brauchbare Maßnahmen zur Verbesserung von Bildungsveranstaltungen erarbeitet werden können.

Dabei ist zum einen eine ökonomische, zum anderen eine pädagogische Erfolgskontrolle durchzuführen.

## 4.7.1 Ökonomische Erfolgskontrolle

Personalentwicklung stellt eine immaterielle Investition in Humankapital dar. Eine Investition liegt dann vor, wenn gegenwärtige Aufwendungen für die betriebliche Personalentwicklung mit der Absicht erfolgen, zukünftige Erträge zu erzielen oder aber andere zukünftige Aufwendungen zu vermeiden.

Die Aufwendungen der Personalentwicklung umfassen die Honorare der Ausbilder sowie die Kosten für die Bereitstellung von Sachmitteln und die verwaltungstechnische Abwicklung der betrieblichen Bildung. Die folgende Abbildung zeigt den prozentualen Anteil der Kosten der beruflichen Weiterbildung im Jahr 2002.

**Kosten der beruflichen Weiterbildung**

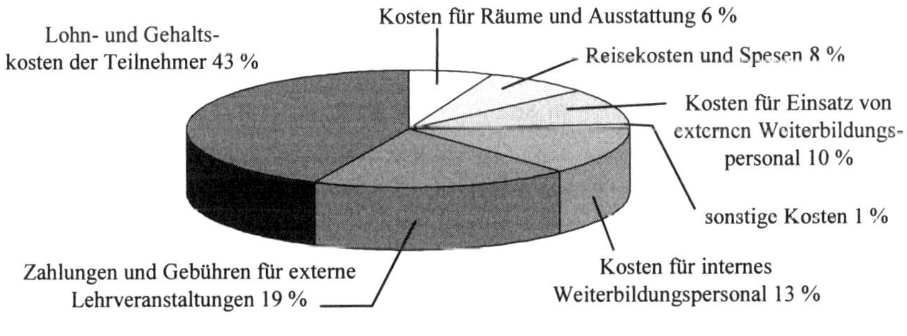


**Abb. 109:** Kosten der beruflichen Weiterbildung im Jahr 1999[145]

Mit gut 43 % haben die Lohn- und Gehaltskosten der Teilnehmer den größten Anteil an den Weiterbildungskosten. 19 % entfallen auf Zahlungen und Gebühren für externe Lehrveranstaltungen, 13 % auf Kosten für internes Weiterbildungspersonal und 10 % auf Kosten für den Einsatz von externem Weiterbildungspersonal. Reisekosten und Spesen (8 %)

145 In Deutschland wurden 10.000 Unternehmen mit 10 und mehr Beschäftigten aus nahezu allen Wirtschaftsbereichen befragt. Quelle: Statistisches Bundesamt, Pressemitteilung, Januar 2002.

oder Kosten für Räume und Ausstattungen (6 %) machen dagegen nur einen geringen Teil der Weiterbildungskosten aus.

Da die Personalentwicklung wie jeder andere betriebliche Funktionsbereich dem Prinzip der Wirtschaftlichkeit unterliegt, sind die Maßnahmen der Personalentwicklung systematisch zu planen und zu kontrollieren. Das Hauptproblem der eingesetzten Methoden, wie z.B. der Kosten-Nutzen-Analyse oder klassischen Investitionsrechenverfahren, liegt in der Schwierigkeit, einen konkreten Ursache-Wirkungs-Zusammenhang zwischen den Entwicklungsmaßnahmen und Erfolgsgrößen zu ermitteln. Außerdem besteht eine Unsicherheit bei der Schätzung der Nutzungsdauer der Bildungsinvestition, da sowohl die Geschwindigkeit der Wissensveralterung als auch das zukünftige Fluktuationsverhalten der geförderten Mitarbeiter nur schwer vorhersagbar ist.

Problematisch ist auch die exakte Bestimmung von Kosten und Nutzen, die bestimmten Bildungsmaßnahmen zugerechnet werden können. Dies erscheint im Falle von Kostenkontrollen weniger problematisch als bei der Quantifizierung des tatsächlichen betrieblichen Nutzens einer bestimmten Bildungsmaßnahme.

Systematische Kostenkontrollen ermöglichen einen weitgehenden Überblick über die Kosten, die durch Aus-, Fort- und Weiterbildung in einer bestimmten Periode entstehen. Sie bilden die Grundlage für spätere Wirtschaftlichkeitskontrollen, für die Erstellung der zukünftigen Bildungsbudgets und für Kostenvergleichsrechnungen alternativer Bildungsmaßnahmen. Nicht alle Kosten sind zuverlässig und exakt bestimmbar. Die Opportunitätskosten beispielsweise stellen Kosten nicht genutzter Kapazität dar. Insbesondere wenn kein messbares Produktionsergebnis entsteht, oder wenn die Unterrichtung am Arbeitsplatz erfolgt, ist die Erfassung äußerst problematisch. In einem solchen Fall muss man auf Schätzwerte zurückgreifen. Auch die Alternativkosten, worunter man die Kosten versteht, die daraus resultieren würden, wenn man eine andere Problemlösung (z.B. verstärkten Faktoreinsatz) mit noch höheren Kosten statt einer Weiterbildungsmaßnahme ergreift, sind nicht genau bestimmbar.

Ungleich schwieriger als die Kostenkontrolle gestaltet sich die Erfassung der aus den Bildungsmaßnahmen resultierenden Erlöse, die für eine Wirtschaftlichkeitskontrolle erforderlich ist. Mittlerweile wird allgemein anerkannt, dass es sich bei der betrieblichen Bildung um eine immaterielle Investition handelt. Es existieren jedoch Ansätze, in denen versucht wird, eine Investitionsrechnung für das Humanvermögen aufzustellen. Das Humanvermögen ist dabei der Wert, den der Mitarbeiterstamm in Form von spezifischen Kenntnissen und Fähigkeiten besitzt. Die Bildungskosten werden auf eine als angemessen erachtete Amortisationszeit verteilt. Demgegenüber ist aber kritisch einzuwenden, dass Investitionen in Mitarbeiter mit individuellen Interessen und Zielen kaum mit Sachinvestitionen vergleichbar sind und dass nicht exakt bestimmbare Faktoren, wie z.B. die Leistungsmotivation, weitere wesentliche Bestimmungsfaktoren für den Wert der Bildung darstellen.

### 4.7.2 Pädagogische Erfolgskontrolle

Die pädagogische Erfolgskontrolle zielt darauf ab, den Lernzielerreichungsgrad festzustellen und Möglichkeiten zur Beseitigung von Transferhemmnissen sowie zur Verbesserung der

Bildungsmaßnahmen zu untersuchen. Demgemäß unterscheidet man zwischen der Durchführungskontrolle, welche die Einhaltung der Bildungsinhalte, -kosten und -zeiten überprüft und parallel zur Personalentwicklungsmaßnahme erfolgt, und der Transferkontrolle, die überprüft, ob der Mitarbeiter das Erlernte am Arbeitsplatz anwenden kann.

Für die pädagogische Erfolgskontrolle kommen verschiedene Methoden zum Einsatz, die sich folgendermaßen systematisieren lassen:

- **Selbstkontrolle** oder **Fremdkontrolle**, je nachdem ob der Lernende selbst oder eine fremde Person den Erfolg beurteilt
- **Objektive Kontrolle** oder **subjektive Kontrolle**, je nachdem ob der Erfolg quantitativ messbar ist oder auf Aussagen und Vorstellungen von Personen beruht
- **Direkte Kontrolle** oder **indirekte Kontrolle**, je nachdem ob der Erfolg unmittelbar beim Lernenden ermittelt wird (z.B. durch Befragung oder Beobachtung)

Pädagogische Erfolgskontrollen sind insofern problematisch, weil die Messbarkeit des Bildungserfolges bei dispositiven Tätigkeiten meist nicht gegeben ist, so dass Hilfsindikatoren heranzuziehen sind. Darüber hinaus bereitet die Formulierung operationaler Entwicklungsziele, welche die Voraussetzung für die Erfolgskontrolle darstellen, im affektiven Bereich Schwierigkeiten.[146]

## 4.7.3 Methoden der Erfolgskontrolle

Zur Ermittlung des Erfolges der Personalentwicklung können folgende Methoden angewendet werden:

- **Befragung:** Mit der Befragung kann festgestellt werden, ob die Bildungsmaßnahme auf Ablehnung stößt und daher geändert werden sollte. Für die Leitung der Maßnahme ist das Urteil der Teilnehmer aufschlussreich, weil es Hinweise über das Bildungsklima liefert, das für den Bildungserfolg entscheidend ist und Auskunft über die richtige Proportionierung des Stoff-, Lern- und Zeitprogramms gibt. (Die Abbildung auf der folgenden Seite zeigt ein Beispiel für einen Beurteilungsbogen.)
- **Prüfungen und Tests:** Mit Hilfe von Prüfungen und Tests wird überwiegend der Wissenszuwachs gemessen. Es kann festgestellt werden, ob das gesetzte Bildungsziel erreicht wurde.
- **Erfolgsmessung durch Mitarbeiterbeurteilung:** Durch laufende Personalbeurteilung lässt sich eine Veränderung des Bildungsniveaus der Mitarbeiter ermitteln. Dabei kann man mit dieser Methode nicht nur den Wissenszuwachs, sondern auch die Veränderung von Verhaltensweisen feststellen.
- **Direkte Erfolgsmessung am Arbeitsplatz:** Im Rahmen des Anlernens werden oft sogenannte Anlernkarten verwendet, die Lernkurven enthalten. Die Lernkurven zeigen den Leistungsgrad auf, der als Mengenleistung in Abhängigkeit von der Bildungsdauer definiert ist. Der Vergleich der individuellen Lernkurve eines Mitarbeiters mit einer Idealvorgabe ermöglicht eine Aussage über den Bildungserfolg.

[146] Zur Transfersicherung und Evaluation vgl. auch Kießling-Sonntag, J.K.: Handbuch Trainings- und Seminarpraxis, Berlin 2003, S. 280 ff.

## Fragebogen zur Beurteilung einer Lehrveranstaltung

Bitte teilen Sie uns Ihre persönliche Meinung über die Lehrveranstaltung mit. Ihre Anregungen dienen zur Optimierung der Unterrichtsinhalte und -methoden und werden selbstverständlich vertraulich behandelt.

Bezeichnung des Seminars/der Veranstaltung: ______________________________

______________________________________________________________

Datum: ______________

I. Hat die Veranstaltung Ihre Erwartungen erfüllt? ☐ Ja ☐ Nein

Wenn Nein, warum nicht? ______________________________

______________________________________________________________

| | ++ | + | o | - | -- |
|---|---|---|---|---|---|
| II. Wie beurteilen Sie die Veranstaltung insgesamt? | ☐ | ☐ | ☐ | ☐ | ☐ |
| III. Wie beurteilen Sie den Referenten? | | | | | |
| - Fachkompetenz | ☐ | ☐ | ☐ | ☐ | ☐ |
| - Didaktische Fähigkeiten | ☐ | ☐ | ☐ | ☐ | ☐ |
| - Freundlichkeit, Hilfsbereitschaft | ☐ | ☐ | ☐ | ☐ | ☐ |
| IV. Wie beurteilen Sie die Veranstaltungsthematik? | | | | | |
| - Seminarinhalt | ☐ | ☐ | ☐ | ☐ | ☐ |
| - Neue Erkenntnisse | ☐ | ☐ | ☐ | ☐ | ☐ |
| - Praxisbezug | ☐ | ☐ | ☐ | ☐ | ☐ |
| - Verständlichkeit | ☐ | ☐ | ☐ | ☐ | ☐ |
| - Übungsteile | ☐ | ☐ | ☐ | ☐ | ☐ |
| - Zusammenfassung | ☐ | ☐ | ☐ | ☐ | ☐ |
| V. Wie beurteilen Sie die Arbeitsunterlagen? | ☐ | ☐ | ☐ | ☐ | ☐ |
| VI. Wie beurteilen Sie die Organisation? | ☐ | ☐ | ☐ | ☐ | ☐ |

VII. Wie beurteilen Sie die Kursdauer? ☐ zu kurz ☐ richtig ☐ zu lang

VIII. Was haben Sie als besonders positiv empfunden? ______________________________

______________________________________________________________

IX. Was haben Sie als besonders negativ empfunden? ______________________________

______________________________________________________________

X. Können Sie die Veranstaltung weiterempfehlen? ☐ ja ☐ bedingt ☐ nein

XI. Anregungen, Bemerkungen: ______________________________

______________________________________________________________

**Abb. 110:** Fragebogen zur Beurteilung einer Lehrveranstaltung

- **Erfolgsermittlung durch Betrachtung der betrieblichen Gesamtentwicklung:** Bei dieser Methode werden betriebliche Kennzahlen wie Ausbringungsmenge, Umsatz, Herstellkosten, Fehlzeiten, Fluktuation und Verbesserungsvorschläge herangezogen. Hier tritt aber das bereits angesprochene Zurechnungsproblem auf, denn diese Zahlen können nicht allein als Maßstab für den Bildungserfolg angesehen werden, da auch andere Einflussgrößen wirksam sind.
- **Kennziffern:** Schließlich sind auch Kennziffernverfahren in Ergänzung zu anderen Kontrollverfahren einsetzbar. Das sogenannte 90/90-Prinzip sagt aus, dass eine Bildungsmaßnahme erfolgreich war, wenn 90% der Lernenden 90% des Stoffes so aufgenommen und verarbeitet haben, dass sie ihn in einer Prüfung richtig wiedergeben können.

  Eine zweite Möglichkeit stellt die Lerneffizienzformel[147] dar.

| | |
|---|---|
| $E = \frac{W_a - W_v}{W_{max} - W_v}$ | $E$ = Erfolg<br>$W_a$ = Wissen nach Durchführung<br>$W_v$ = Wissen vor Durchführung<br>$W_{max}$ = Maximal erreichbares Wissen |

Sofern die Quantifizierungsprobleme gelöst werden können, deuten Werte zwischen 0,7 und 0,85 auf die Effektivität des Weiterbildungsprogramms hin.

Mit Hilfe von Kennzahlen lässt sich der Bildungsaufwand beurteilen und die Wirkung notwendiger Korrekturmaßnahmen kontrollieren. Allerdings sollte in jedem Fall bei der Kontrolle des Erfolges von Bildungsmaßnahmen berücksichtigt werden, dass der Mensch nicht genau berechenbar und erst recht kein zu optimierender Lernautomat sein kann.

## 4.8 Problemfelder der Personalentwicklung

Trotz der Vielfalt der Personalentwicklungsmaßnahmen und des Ideenreichtums, den die Unternehmen bei der Gestaltung solcher Maßnahmen zeigen, sind der Bildungsförderung gewisse Grenzen gesetzt. In den folgenden Abschnitten werden die wichtigsten Problemfelder der Personalentwicklung aufgezeigt.

### 4.8.1 Transferlücke

Das wohl größte Problem bei Personalentwicklungsmaßnahmen, die nicht am Arbeitsplatz durchgeführt werden, ist darin zu sehen, dass der anschließend notwendige Transfer des Erlernten von der Übungssituation auf die konkrete Aufgabe am Arbeitsplatz nicht gelingt. Es entsteht die sogenannte Transferlücke. Die Übertragung der in der Schulung erworbenen Kenntnisse, Fertigkeiten und Verhaltensweisen auf die praktische Anwendung am Arbeitsplatz kann durch eine Reihe von Faktoren beeinflusst werden. Innere und äußere Hemmnisse der Lernüberführung sind zu überwinden.

[147] Vgl. Hentze, J.: Personalwirtschaftslehre 1, a.a.O., S. 375.

Für den inneren Vollzug des Lerntransfers beim Lernenden sind folgende Voraussetzungen zu erfüllen:

- Die Kenntnisse, Fertigkeiten und Verhaltensweisen müssen auf eine Weise erworben werden, die es möglich macht, dass bereits der Lerninhalt die Verknüpfungen und den Aufbau der Elemente im Hinblick auf die konkrete Handlungssituation enthält. Der Lernende ist in die Lage zu versetzen, den Transfer selbständig durchzuführen.
- Beim Lernenden muss die Motivation, das Gelernte auch anzuwenden, durch entsprechende Anreize geschaffen werden. Beispiele sind Aufstiegsmöglichkeiten, befriedigende Arbeitsinhalte oder Gehaltserhöhungen.

Bei der Übertragung aus dem Lern- in das Funktionsfeld können weitere Barrieren hinzukommen, die im Lernenden selbst wurzeln oder aber durch das Umfeld bedingt sind:

- Die Arbeitsrolle des Ausgebildeten. Das Verhalten des Mitarbeiters wird stark von den Erwartungen anderer, mit denen er in Beziehung steht, beeinflusst. Je intensiver diese Beziehungen sind, desto mehr wird er bemüht sein, die Erwartungen zu erfüllen.
- Die Einstellung und die Erwartungen des direkten Vorgesetzten, der maßgeblich die Entlohnung und die Laufbahn des Mitarbeiters bestimmt. Akzeptiert er die neuen Verhaltensformen und Arbeitstechniken, so wird sie der Mitarbeiter auch weiterhin anwenden. Lehnt er sie ab, so wird der Mitarbeiter die neuen Qualifikationen wahrscheinlich wieder aufgeben.
- Die Haltung der Unternehmensleitung gegenüber der Anwendung neuer Verhaltensformen und Arbeitstechniken, da sie unmittelbaren oder mittelbaren Einfluss auf die vorgesetzten Mitarbeiter hat.
- Die Einstellung und das Verhalten der Kollegen und der unterstellten Mitarbeiter, denn neue Verhaltensformen können bei diesen zu Ablehnung und Isolation führen, sofern sie in den Neuerungen eigene Nachteile sehen.
- Die in der Organisation vorgegebenen Verhaltensnormen. Die Einstellungen und Verhaltensbereitschaften der Mitarbeiter werden entscheidend durch den Führungsstil und organisatorische Regelungen (Aufgabenverteilung, Unterstellungsverhältnisse etc.), sowie durch Führungsmittel (Arbeitsplatzbewertung, Beurteilungswesen etc.) geprägt.
- Die in der Unternehmung bestehende Arbeitstechnologie bestimmt in hohem Maße die Arbeitsrolle, so dass Verhaltensformen und Arbeitstechniken, die nicht darauf abgestimmt sind, auf Hindernisse stoßen.
- Das Betriebsklima, welches in der Zufriedenheit oder Unzufriedenheit der Mitarbeiter zum Ausdruck kommt. Je nach Ausprägung kann das Klima zur Förderung oder zum Hemmnis neuer Verhaltensformen beitragen.
- Die Bildungsmaßnahmen selber, wenn der Lernende nicht genügend viele praktische Übungen erfahren kann, die ihm die Sicherheit zur eigenen Anwendung des Lernstoffes ermöglichen.
- Die eingeschränkte Akzeptanz und Effizienz bei Teilnehmern, die über eine umfangreiche Trainingserfahrung verfügen, bei denen aber noch Schwächen vorhanden sind.

Die Aufstellung zeigt, dass der Lerntransfer in hohem Maße von individuellen Einstellungen und Erwartungen abhängt. Weitere Ursachen für die Umsetzungsprobleme können darin liegen, dass

- der deutliche Bezug zwischen Stärken und Schwächen des Teilnehmers und den angewandten Trainingsmethoden fehlt, weil sich eine solche individuelle Ausrichtung des Trainings aufgrund der Gruppenvielfalt sehr schwierig gestaltet,
- die Lernsituation sich häufig nicht exakt genug an den Aufgabenstellungen und Rahmenbedingungen einer spezifischen Position und des entsprechenden Aufgabenfeldes orientiert, denn je genauer die Aufgabensimulation im Training gestaltet wird, desto aufwendiger wird diese Maßnahme, so dass ein Widerspruch zur Ökonomie des Trainings entsteht.

Es empfiehlt sich daher eine maßnahmenorientierte Kontrolle, die sich auf den Lernprozess bezieht. Die den Lernvorgang beeinflussenden Größen und damit Prüfkriterien sind z.B. die Lehrmethodik, die Motivation der Teilnehmer, die Akzeptanz des Referenten, die Zusammensetzung des Teilnehmerkreises, der Medieneinsatz und die Praxisnähe. Graphisch kann die Transferlücke zusammenfassend dargestellt werden als die Diskrepanz zwischen dem angestrebten Zielverlauf (Soll-Kurve) und dem in der Praxis erreichten Ist-Verlauf des Weiterbildungserfolges.

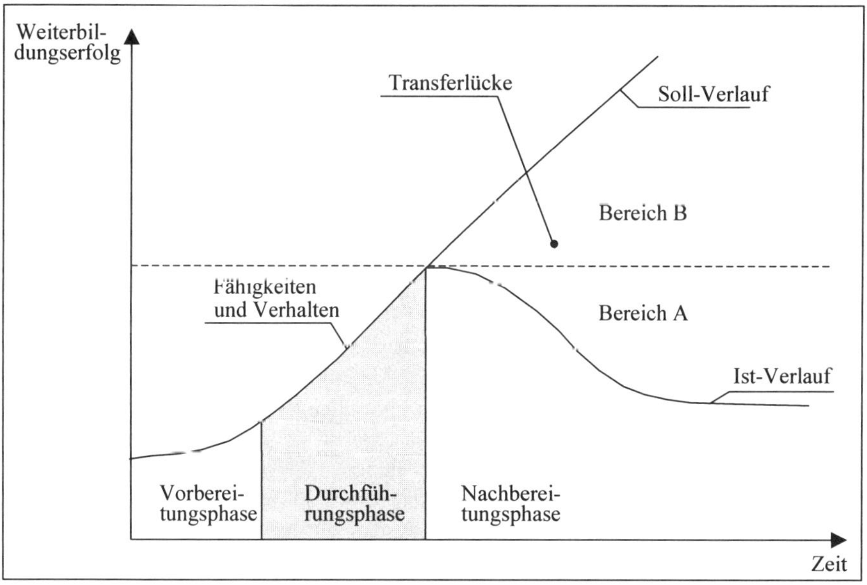


**Abb. 111:** Weiterbildungserfolg und Transferlücke[148]

Man kann davon ausgehen, dass der untere Bereich der Transferlücke bis zur Höhe des Maximalpunktes der Lernerfolge während der Trainingsphase durch den Einsatz angemessener Transferinstrumente abgedeckt werden kann (= Bereich A). Das Lerner-

[148] Vgl. Wilkening, O.: Bildungs-Controlling. In: Strategien der Personalentwicklung, hrsg. von Riekhof, H.-C., 3. Aufl., Wiesbaden 1992, S. 427.

folgsmaximum der Trainingsphase kann aber nur dann überschritten werden, wenn der Trainingsteilnehmer bereit und in der Lage ist, nach dem Training im Sinne des selbstorganisierten Lernens weiterzuarbeiten, um sich so immer mehr dem Soll-Kurvenverlauf zu nähern. Das heißt, der Bereich B der Transferlücke kann nur durch selbstorganisiertes Weiterlernen des Teilnehmers abgedeckt werden.

### 4.8.2 Entwicklungsunwillige Mitarbeiter

Ein weiteres Problemfeld der Personalentwicklung ergibt sich daraus, dass nicht wenige Mitarbeiter den ihnen unterbreiteten Bildungsangeboten entwicklungsgleichgültig oder sogar ablehnend gegenüberstehen.

Das Problem der Entwicklungsunwilligkeit scheint zunächst ein schichtenspezifisches Merkmal zu sein, da es häufig in jenen Gesellschaftsschichten anzutreffen ist, deren Mitglieder schon im vorberuflichen Stadium, z.B. durch die Eltern, darauf vorbereitet wurden, dass sie vom Beruf nicht viel zu erwarten haben. Hier macht sich bemerkbar, dass die Erfahrungen, die diese Mitarbeiter in ihrer Kindheit und Jugend gemacht haben, ihre individuelle Bedürfnisstruktur entscheidend geprägt haben. Für die Personalentwicklung stellt diese erfahrungsbedingte Entwicklungsunwilligkeit ein großes Problem dar, denn hier sind die Grenzen individueller Entwicklungsmöglichkeiten erreicht.

Allerdings gibt es noch einen weiteren Ursachenkomplex für die Entwicklungsunwilligkeit, der auf Erwartungsenttäuschungen zurückzuführen ist. Er entsteht, wenn Mitarbeiter, die mit beträchtlichen Hoffnungen in ein Unternehmen kommen, feststellen müssen, dass ihre Karrieremöglichkeiten aufgrund des engen Stellenkegels, den sie dort vorfinden, sehr begrenzt sind. Dies ist ein Beispiel dafür, dass das Phänomen fehlender Entwicklungsbereitschaft auch unternehmensinterne Ursachen haben kann. Hier zeichnen sich aber auch Möglichkeiten ab, durch gezielte Maßnahmen den individuellen Erwartungshorizont zu erweitern, und dadurch darauf hinzuwirken, dass die Mitarbeiter ein höheres Maß an Entwicklungsbereitschaft aufbauen.

Man sollte jedoch nicht dem Irrtum erliegen, dass sich der individuelle Erwartungshorizont schlagartig verändern lässt, wenn das Unternehmen seinen Mitarbeitern Entwicklungsangebote unterbreitet, die auf ihre speziellen Wünsche zugeschnitten sind. Einstellungen bilden sich nur allmählich heraus. Haben sie sich einmal verfestigt, können sie in der Regel nicht sehr schnell wieder rückgängig gemacht werden. Wenn Mitarbeiter die ihnen unterbreiteten Angebote nicht sofort annehmen, sollten sie vielleicht in modifizierter Form wiederholt unterbreitet werden.

### 4.8.3 Förderung von Frauen im Betrieb

Die Zahl der berufstätigen Frauen hat in den letzten Jahren erheblich zugenommen, was zu einem großen Teil auf einen Anstieg der Möglichkeiten der Teilzeitarbeit zurückzuführen ist. Bis etwa Mitte der sechziger Jahre war die Ausbildung der Frauen auf das traditionelle Rollenverständnis ausgerichtet, das für den beruflichen Aufstieg das größte Hindernis darstellt. Gleichberechtigung und die Wahlfreiheit zwischen Familie und Beruf haben sich in der letzten Zeit immer mehr durchgesetzt. Die berufliche Ausbildung gehört heute bei den meisten Frauen selbstverständlich zur Lebensplanung.

Bei der Fortbildung zeigt sich jedoch, dass viele Frauen ihre beruflichen Karrierepläne zugunsten familiärer Aufgaben zurückstellen und ggf. sogar aus dem Berufsleben ausscheiden. Die Fortbildung ist das zentrale Personalentwicklungsinstrument, um die Berufschancen von Frauen zu erhöhen, und zwar sowohl für die laufend Berufstätigen als auch für die Frauen mit familienbedingter Berufsunterbrechung, die ins Arbeitsleben zurückkehren.

Um die Berufstätigkeit von Frauen zu fördern, sollten die Unternehmen die betrieblichen Arbeitszeiten überprüfen und diese, soweit möglich, den berufstätigen Frauen anpassen. Frauen mit hohem beruflichen Engagement sollten durch gezielte berufliche Fortbildung gefördert werden. Frauen, die aufgrund von familiären Aufgaben aus dem Berufsleben ausscheiden, sollte während der Berufspause ein Fortbildungsangebot unterbreitet werden, um ihnen später den Berufseinstieg zu erleichtern. Die von einigen gesellschaftlichen Gruppen in diesem Zusammenhang geforderten Quotenregelungen werden überwiegend als ungeeignetes Instrument der Frauenförderung angesehen.

## 4.8.4 Grenzen in der Unternehmensstruktur

Die Unternehmensstruktur oder -kultur stellt nicht nur eine Grenze für die Bereitschaft der Mitarbeiter zur Personalentwicklung dar, sondern oft auch für die Wirksamkeit von Personalentwicklungsmaßnahmen. Die Gestaltung der Personalentwicklung geschieht zunächst immer auf der Grundlage des im Unternehmen herrschenden Werte- und Normengefüges, das sich allenfalls mittel- bis langfristig verändern lässt. Das Wertsystem einer Organisation aber prägt die Erwartungen, die ihrerseits wiederum die Motivation der Mitarbeiter beeinflusst. Die Organisationskultur ist daher eine Rahmenbedingung, wenn nicht gar die Restriktion der Personalentwicklungsprogramme.

Die Organisationskultur einer Unternehmung kann bestimmte unerwünschte Verhaltensweisen fördern, so dass der Erfolg von diesbezüglichen Personalentwicklungsmaßnahmen in Frage gestellt wird. Wenn z.B. in einem Unternehmen eine überstundenorientierte Grundhaltung existiert, die einen Rechtfertigungszwang für jeden nach sich zieht, der früher als die anderen das Büro verlässt, dann können Bildungsmaßnahmen zu Techniken des individuellen Zeitmanagements keine weitreichenden Verhaltensänderungen bewirken. Auch wenn zeitaufwendige Konferenzen, das Verfassen zu vieler Papiere, das Sammeln nutzloser Informationen und ähnlich ineffiziente Aktivitäten Teil der Unternehmenskultur sind, können Personalentwicklungsmaßnahmen allein wenig an diesen Zuständen ändern. Die Organisationskultur entfaltet ihre negativen Wirkungen.

## 4.8.5 Weitere Problembereiche der Personalentwicklung

Die betriebliche Weiterbildung ist noch durch einige weitere Problembereiche gekennzeichnet. Zu nennen ist in diesem Zusammenhang zunächst die hierarchisch-statusbetonte Zielgruppenbildung. Viele Weiterbildungsprogramme gliedern die oft beeindruckende Fülle ihrer Angebote nicht nach Themen, Inhalten, Aufgabenfeldern oder Kompetenzbereichen, sondern - zusätzlich oder ausschließlich - nach Zielgruppen.

Diese Zielgruppenbildung wird oftmals nicht nach der Funktion oder der objektiv-sachlichen Aufgabe in der Organisation, sondern nach formalen Bildungsabschlüssen (Ingenieure, Techniker etc.) vorgenommen. Es stellt sich die Frage, ob eine solche Zuordnung zeitgemäß ist, oder ob nicht andere Zielgruppenkriterien gewählt werden sollten, die die hierarchie- oder statusbezogenen Gesichtspunkte weniger stark berücksichtigen.

Ein weiteres Spannungsfeld ergibt sich aus der Überlegung, ob der geforderte Doppelzielcharakter, dass Unternehmens- und Mitarbeiterziele berücksichtigt werden, wirklich gegeben ist, oder ob die sogenannten "Mitarbeiterziele" nicht lediglich eine Konkretisierung der Unternehmensziele darstellen, den qualitativen Personalbedarf zu decken. Daraus resultiert die Frage, ob die Weiterbildung zuerst zum Nutzen der Unternehmung oder des Mitarbeiters erfolgen sollte bzw. tatsächlich erfolgt.

## 4.9 Rechtliche Aspekte der Personalentwicklung

Als Grundlage für das gesamte Arbeitsrecht ist der Artikel 12 des Grundgesetzes besonders wichtig. Er garantiert allen Deutschen, ihren Beruf, ihren Arbeitsplatz und ihre Ausbildungsstätte frei wählen zu können und dass niemand zu einer bestimmten Arbeit gezwungen werden kann. Ausnahmen gibt es nur im Rahmen einer herkömmlichen, allgemeinen und für alle gleichen öffentlichen Dienstleistungspflicht (z.B. der Wehrpflicht) sowie dadurch, dass die Ausübung mancher Berufe an eine bestimmte Vorbildung bzw. an Prüfungen gebunden ist.

Das Recht der Berufsausbildung als Teilbereich des Arbeitsrechtes war bis 1956 gesetzlich ungeregelt. Die Qualität der Berufsausbildung und die Notwendigkeit, die Ausbildung der modernen Berufswelt anzupassen, stellte die Wirksamkeit des bisherigen Berufsausbildungsrechts in Frage. Daher wurde den Kammern die Aufgabe übertragen, Normen für die Berufsausbildung zu schaffen.

Das 1969 in Kraft getretene Arbeitsförderungsgesetz (AFG) stellte der Berufsbildung die berufliche Fortbildung und Umschulung gleichberechtigt zur Seite. Der Gesetzgeber hat mit diesem Gesetz und dem Bundesausbildungsförderungsgesetz (BAföG) die materiellen Voraussetzungen geschaffen, den in Artikel 12 des Grundgesetzes festgeschriebenen Grundsatz der freien Berufs- und Ausbildungswahl zu verwirklichen.

Ebenfalls 1969 trat auch das Berufsbildungsgesetz (BBiG) in Kraft, mit dem besondere Rahmenbedingungen für die Berufsausbildung geschaffen wurden. Mit diesem Gesetz wurde erstmals die gesamte berufliche Bildung umfassend geregelt. Die Berufsbildung umfasst gemäß § 1 Abs. 1 BBiG sowohl die Ausbildung als auch Fortbildung und Umschulung. Personalentwicklung unterliegt in diesem Sinne den Vorschriften des Betriebsverfassungsgesetzes zur Berufsbildung in den §§ 96-98 BetrVG.

Arbeitgeber und Betriebsrat müssen bei der Berufsausbildung mit den zuständigen Stellen (Industrie- und Handelskammern, Handwerkskammern, Arbeitsverwaltung) zusammenarbeiten (§ 96 Abs. 1 BetrVG). Der Betriebsrat besitzt dabei ein Initiativrecht, das dazu genutzt werden kann, Verbesserungsvorschläge zur Berufsausbildung in der Unternehmung zu machen. Das Entscheidungsrecht verbleibt aber allein beim Arbeitgeber.

Wird bereits bei der Planung von technischen Anlagen, Arbeitsverfahren, Arbeitsabläufen oder Arbeitsplätzen eine Veränderung der Arbeitnehmertätigkeit ersichtlich, so muss der Arbeitgeber nach § 81 Abs. 3 BetrVG die beruflichen Kenntnisse und Fähigkeiten des Arbeitnehmers im Rahmen der betrieblichen Möglichkeiten anpassen. Dem Mitarbeiter ist der Besuch von internen oder externen Berufsbildungsmaßnahmen zu ermöglichen (§ 96 Abs.2 BetrVG).

Bei der Errichtung und Ausstattung betrieblicher Bildungseinrichtungen (z.B. Lehrwerkstätten, Schulungsräume, Bildungszentren) sowie bei der Einführung betrieblicher Bildungsmaßnahmen besteht ein Beratungsrecht des Betriebsrats (§ 97 BetrVG). Ein Mitentscheidungsrecht wird ihm allerdings nur bei der Durchführung von Bildungsmaßnahmen nach § 98 BetrVG gewährt.

Für die Personalentwicklung können weiterhin die Vorschriften des § 82 Abs. 1 BetrVG Bedeutung haben. Sie beschreiben das Recht des Mitarbeiters auf ein Mitarbeitergespräch über seine berufliche Entwicklung. Dieses Gespräch kann ferner zur Erörterung des Entwicklungserfolgs nach Personalentwicklungsmaßnahmen genutzt werden.

Zusammenfassend lässt sich zur Mitbestimmung bei der Personalentwicklung sagen, dass die betriebliche Ausbildung in den Grenzen des Berufsbildungsgesetzes weitgehender Mitbestimmung unterliegt und dass Mitbestimmung bei sonstigen Personalentwicklungsmaßnahmen nur dann greift, wenn die Unternehmung diese selbst intern durchführt oder externe Maßnahmen finanziert.

# 5 Personalfreisetzung

Personalfreisetzung erfolgt mit dem Ziel, personelle Überkapazitäten in qualitativer, quantitativer, zeitlicher und örtlicher Hinsicht zu vermeiden bzw. zu beseitigen. Wird im Rahmen der Personalbedarfsplanung eine personelle Überdeckung festgestellt, so ergibt sich die Notwendigkeit, Personalfreisetzungen einzuplanen. Dies kann sowohl durch eine Änderung als auch durch die Beendigung bestehender Arbeitsverhältnisse erfolgen. Je früher dabei nicht mehr benötigtes Personal identifiziert wird, desto größer ist die Zahl möglicher Verwendungsalternativen.

Für den Vorgang der Veränderungen der betrieblichen Beschäftigungssituation gibt es eine Reihe von Bezeichnungen, die zwar das Gleiche oder ähnliche Vorgänge meinen, aber jeweils andere Teilaspekte ansprechen. Die Begriffe "Personalfreisetzung" und "Personaleinsparung" sind in der Arbeitsmarktforschung verwendete Bezeichnungen. Sie machen eine Aussage über die Auswirkungen des technisch-organisatorischen Wandels auf die Zahl der in der Gesamtwirtschaft benötigten Arbeitsplätze in Abhängigkeit von der sich verändernden Arbeitsproduktivität. Die hier verwendeten Begriffe "Personalabbau", "Personalanpassung" und "Personaleinschränkung" setzen sich mit der Reduzierung eines bestehenden Personalbestandes innerhalb einer Unternehmung auseinander. Eine allgemeingültige und umfassende, exakt abgrenzbare begriffliche Festlegung von "Personalabbau" und "Personalfreisetzung" ist kaum möglich und wünschenswert, will man eine Ausklammerung wichtiger Gesichtspunkte vermeiden. Die sich aus der Praxis ergebenden Fragen und Probleme im Zusammenhang mit dem Beschäftigungsrückgang im Unternehmen werden im Folgenden angesprochen.

## 5.1 Ursachen der Personalfreisetzung

Die Ursachen für die Entstehung personeller Überkapazitäten sind vielfältig. Hier ist zwischen unternehmensinternen und unternehmensexternen Ursachen zu unterscheiden. Erstere gehören überwiegend zu den geplanten, letztere zu den ungeplanten Ursachen.[149]

- Zu den **unternehmensinternen** Ursachen zählen insbesondere die zunehmende Technisierung sowie Reorganisationsprozesse. Mechanisierung und Automation bewirken eine Substitution der menschlichen Arbeit durch Maschinen, die durch einen verringerten quantitativen Personalbedarf und eine veränderte qualitative Anforderungsstruktur gekennzeichnet ist. Der gleiche Effekt kann sich bei Reorganisationsprozessen einstellen, wenn sich durch die Änderung der Aufbau- und Ablauforganisation eine neue Zuordnung von Aufgaben, Personen und Sachmitteln ergibt. Desgleichen erfordert die oft gerade bei Rationalisierungsprozessen auftretende Verlegung von Betrieben oder Betriebsteilen bzw. die Verlagerung oder Umstellung von einzelnen Produktionen (z.B. ins Ausland), den Personalbestand quantitativ oder qualitativ, aber auch strukturell zu verändern. Schließlich sind in diesem Zusammenhang auch die Konzentrationsvorgänge zu nennen, die sich innerstaatlich wie auch in der Europäischen Union immer stärker bemerkbar machen.

[149] Vgl. Berthel, J./Becker, F.G: Personal-Management. Grundzüge für Konzeprtionen betrieblicher Personalarbeit, a.a.O., S. 362.

- Bei den **unternehmensexternen** Ursachen ist der Markt infolge der veränderten Umweltbedingungen nicht mehr in der Lage, das Leistungsangebot der Unternehmung zu akzeptieren. Kommt es als Folge der gesamtwirtschaftlichen Entwicklung zu einem Absatzrückgang, so muss die Produktion und somit auch der Personalbestand angepasst werden. Doch auch in Zeiten der Hochkonjunktur kann es infolge struktureller Veränderungen durch die Einführung neuer arbeitssparender Technologien oder aufgrund von Bedarfsverschiebungen zu einer rückläufigen Absatzentwicklung kommen. Die Folgeüberlegungen bezüglich einer Personalfreistellung hängen sehr stark von Art, Ausmaß und Dauer des Arbeitsrückgangs ab. Bei saisonal bedingten Beschäftigungsschwankungen, die z.B. durch Witterungseinflüsse bedingt sein können, ist die Vermeidung von Entlassungen eher möglich als bei strukturell- oder konjunkturbedingten Veränderungen.

Neben diesen unternehmensbedingten Ursachen existieren grundsätzlich auch **mitarbeiterbezogene** Freisetzungsursachen, die im Verhalten oder in der Person des Mitarbeiters begründet sein können und z.B. in seinen mangelnden Fähigkeiten bestehen.

## 5.2 Rahmenbedingungen der Personalfreisetzung

**Informationen und Daten** müssen auf betrieblicher Ebene vorhanden sein und genutzt werden, um so früh wie möglich Anzeichen für eventuell erforderliche Personaleinschränkungen wahrzunehmen. Wirtschaftsforschungsinstitute liefern anhand ihrer Prognosen und Konjunkturbeobachtungen Daten zur Trenderkennung der gesamtwirtschaftlichen Entwicklung. Im einzelwirtschaftlichen Bereich sind dabei die Auftragseingänge und Investitionstätigkeiten genauestens zu beobachten.

Exportabhängige Branchen sollten den durch die Globalsteuerung sowie der staatlichen Wirtschaftsförderungspolitik gesetzten Daten Aufmerksamkeit schenken, da zukunftsbezogene Trends im weltwirtschaftlichen Verbund auch für die betriebliche Beschäftigungspolitik von existenzieller Bedeutung sind.

Jede verantwortliche Personalplanung sollte auf **arbeitsmarktbezogene Informationen** eingehen. Sie machen Aussagen hinsichtlich der Entwicklung des Arbeitskräftebedarfs, der Arbeitsorganisation und der Einzelqualifikationen. Entsprechende Daten, durch die man sich ein Bild über die regionale wie überregionale Arbeitsmarktstruktur und -problematik machen kann, liefern Veröffentlichungen der Bundesagentur für Arbeit sowie ihres Instituts für Arbeitsmarkt- und Berufsforschung (IAB).

Aber auch **Daten**, die die **einzelnen Unternehmensbereiche** selber liefern, müssen in entsprechender Form berücksichtigt werden. Zur Früherkennung eventuell erforderlicher Personalverringerungen sind die Plandaten eines Unternehmens wichtiger als die Ist-Daten. Ausschlaggebend ist dabei die Absatz-, Investitions- und Produktionsplanung als Basis der jeweiligen sachlichen und personellen Kapazitätsplanung.

Von besonderer Bedeutung für den Personalabbau sind geplante Rationalisierungsmaßnahmen, gleich in welcher Form sie realisiert werden (z.B. Neu-, Erweiterungs- oder Ersatzinvestitionen). Ebenso spielt die Einführung neuer Techniken eine wichtige Rolle für den Planer. Diese Daten sind aussagefähiger als die Beobachtung von Auftragsentwicklungen oder die Umsatzziffern und die veröffentlichten Bilanzen.

**Organisatorische Hilfsmittel** sind bei der Planung des Personalabbaus sehr hilfreich. Stellenpläne und Stellenbesetzungspläne lassen Versetzungs- und Umsetzungsmöglichkeiten erkennen. Stellenbeschreibungen und Anforderungsprofile der bestehenden und eventuell der veränderten bzw. neu entstehenden Stellen dienen der Vorbereitung von berufsqualifizierenden Anpassungsmaßnahmen. Fähigkeitsprofile der freizusetzenden Arbeitnehmer zeigen an, zu welchen Arbeiten sie eingesetzt werden können. Betriebsvereinbarungen (z.B. über innerbetriebliche Stellenausschreibungen und Auswahlrichtlinien) regeln die Vorgehensweise bei Anpassungsmaßnahmen.

Wird der Abbau des Personalbestandes unausweichlich, so ist die Anfertigung einer **Personalbestandsstatistik** notwendig. Eine sorgfältig gefertigte Personalbestandsstatistik soll Aufschluss über die Struktur der Belegschaft geben. Daten über den Altersaufbau, Schwerbehinderte, Arbeitnehmer, die unter tarifvertragliche Alterssicherungsklauseln fallen und Arbeitnehmer mit Anspruch auf Altersruhegeld machen die Planung personeller und arbeitsgestalterischer Maßnahmen durchschaubarer. Das gleiche gilt auch für die Eingruppierungsstrukturen und Qualifikationsdaten, die Potenziale für die veränderten Einsatzmöglichkeiten erkennbar machen.

Anhand der Personalbestandsstatistik sind geplante Versetzungen, Umschulungs- und Fortbildungsmaßnahmen oder die Errichtung von Arbeitsplätzen, z.B. für ältere Arbeitnehmer und Leistungsgewandelte, als Alternativen zum direkten Abbau möglich. Sie kann zusammengefasst werden in einem integrierten **Personalinformationssystem,** das allerdings nur dann aussagekräftig und praktikabel ist, wenn es neben Personalbestands- und Personalbewegungs- sowie Plandaten auch Stellenbeschreibungen bzw. Anforderungsprofile einbezieht.

Grundsätzlich ist die **Information der Arbeitnehmervertretung** sehr wichtig. Dem Betriebsrat stehen im Zusammenhang mit der Personalabbauplanung eine Reihe von Informations-, Mitwirkungs- und Mitbestimmungsrechten zu. Um entsprechende Entscheidungen vorbereiten zu können, benötigt der **Betriebsrat** vollen Zugang zu Daten, Informationen und Unternehmensplänen.

Bei einem unabwendbaren Personalabbau ist die enge Zusammenarbeit zwischen Unternehmensleitung und Betriebsrat gefordert. Informationssperren und Konfrontationen sollten vermieden werden. Der Betriebsrat kann auf unterschiedliche Informationsquellen und Beratungsebenen zurückgreifen, dabei sind der Aufsichtsrat und der Wirtschaftsausschuss vorrangige Informationsquellen.

Die **Arbeitnehmervertretung im Aufsichtsrat** kann durch gezielte Anfragen im Aufsichtsrat weitgehende Erkenntnisse über unternehmenspolitische und betriebswirtschaftliche Planungen gewinnen, die im direkten Zusammenhang mit personellen Konsequenzen stehen. Im Aktiengesetz (§ 90 AktG) ist dieses Informationsrecht verankert und kann deshalb auch erzwungen werden. Ist eine Betriebsänderung geplant, so muss der Aufsichtsrat auf damit verbundene betriebspolitische Konsequenzen (u.a. die Notwendigkeit von Sozialplan und Interessenausgleich) vorbeugend hinweisen.

Der **Wirtschaftsausschuss** tritt einmal im Monat zusammen. Ergeben sich bei diesen Zusammenkünften Erkenntnisse über Tatbestände bezüglich der Personalplanung, insbesondere bei Betriebsänderungen (§ 111 BetrVG), so sind diese rechtzeitig und umfassend an den Betriebsrat weiterzugeben. Nach einer umfassenden Unterrichtung ist es dem Betriebsrat möglich, über entsprechende alternative Maßnahmen bzw. einen Interessenausgleich und einen Sozialplan zu verhandeln. In Abhängigkeit des Umfangs und der Größe der Maßnahmen bringt der Gesamtbetriebsrat mit der Unternehmensleitung den Interessenausgleich und Sozialplan zum Abschluss.

Ein funktionierender Informationsbund zwischen Betriebsrat und Arbeitnehmervertretern im Aufsichtsrat einerseits und Vertrauenskörper andererseits ist für die Informationsgewinnung unerlässlich.

## 5.3 Maßnahmen der Personalfreisetzung

Die mit dem Begriff Personalfreisetzung häufig verbundene Assoziation von "Entlassungen" bzw. "Ausscheiden aus dem Unternehmen" stellt nur eine Verwendungsalternative für nicht mehr benötigtes Personal dar. Darüber hinaus existiert eine breite Palette weiterer Maßnahmen der Personalfreisetzung, die eine personelle Überdeckung vermeiden oder nach dem Entstehen beseitigen sollen und entsprechend entweder antizipativ oder reaktiv ausgerichtet sind. Eine geplante Personalreduzierung kann auf unterschiedliche Ursachen zurückzuführen sein.

Sind der Anlass vorübergehende konjunkturelle Absatzschwierigkeiten oder Auftragseinbrüche, so besteht die Möglichkeit im Einzelunternehmen, diese mittels beschäftigungspolitischer Maßnahmen abzufangen. Im günstigsten Fall geschieht dies unter Vermeidung von Härten. Strukturelle Schrumpfungs- und Veränderungsprozesse, die einer Personalanpassung bedürfen, können oft beschäftigungspolitisch nur durch eine entsprechende Veränderung der Produktion oder des Einsatzes von Arbeit aufgefangen werden. Bei arbeitsorganisatorischen und technischen Rationalisierungsvorhaben entscheiden Anlass, Umfang und voraussichtliche Dauer des Personalüberhanges über die zu wählenden geeigneten Maßnahmen.

In Abhängigkeit von Anlass, Ausmaß und zeitlicher Dauer können die Maßnahmen der Personalfreisetzung unterschieden werden in:[150]

- Maßnahmen der Produktions- und Absatzplanung
- Arbeitszeitverkürzende Maßnahmen
- Maßnahmen der indirekten Personalfreisetzung
- Maßnahmen der direkten Personalfreisetzung

Daneben sind auch Maßnahmen der Qualifizierung von Mitarbeitern im Rahmen der Personalentwicklung sowie arbeitsgestaltende und arbeitsorganisatorische Maßnahmen von Bedeutung.

150 Vgl. Jung, H.: Allgemeine Betriebswirtschaftslehre, a.a.O., S. 908.

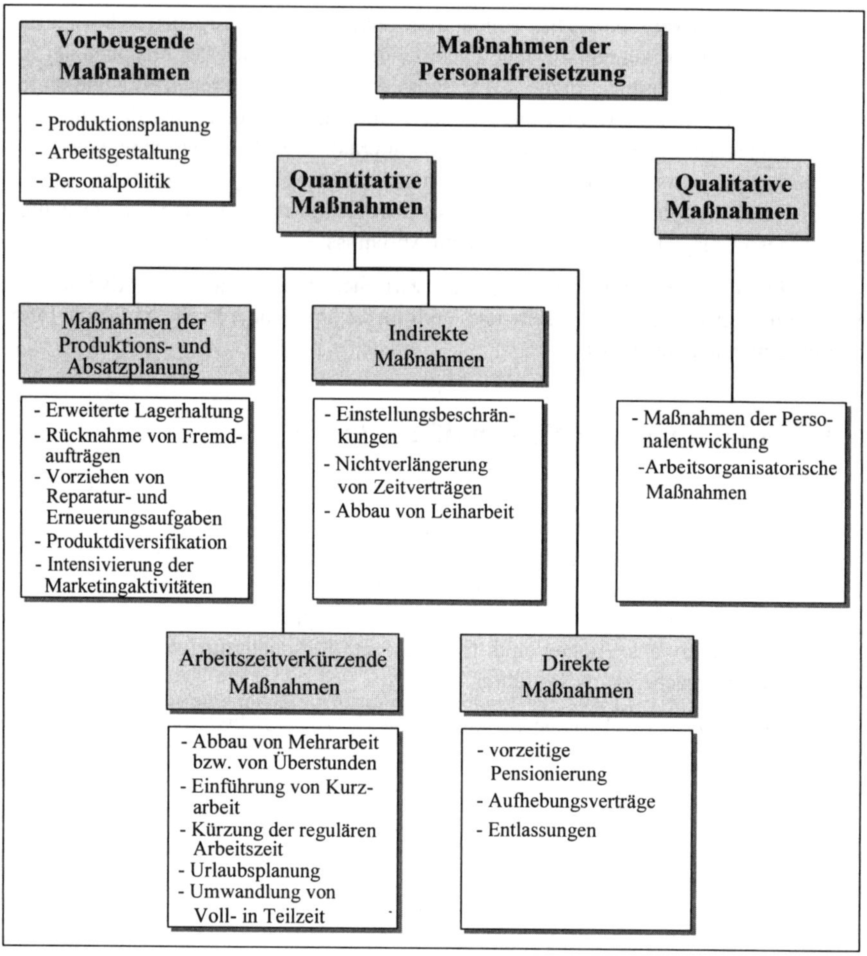


**Abb. 112:** Maßnahmen der Personalfreisetzung

Alternativen zu einer Personalfreisetzung, die bereits im Vorfeld greifen, sind die im Folgenden geschilderten **vorbeugenden Maßnahmen**. Durch den Einsatz dieser Maßnahmen können Personalfreisetzungen (die häufig mit sozialen und/oder ökonomischen Nachteilen verbunden sind) verhindert oder doch zumindest reduziert werden.

Im Bereich der vorbeugenden Maßnahmen zu betrieblichen Entlassungen können unterschiedliche Möglichkeiten in Betracht gezogen werden. **Produktionsplanerische und arbeitsgestaltende Maßnahmen** beziehen sich auf die Flexibilität des Produktionsprogrammes und des Arbeitseinsatzes:

- Eine Reduzierung der Arbeitskräfte ist nicht notwendig, wenn ein Produktionsprogramm langfristig so flexibel gestaltet wird (z.B. durch Diversifizierung für Spielräume in der Disposition), dass es in der Lage ist, betrieblich unbeeinflussbare konjunkturelle oder technisch bedingte Produktionseinschränkungen, -unterbrechungen oder -verzögerungen abzufangen.

- Ebenso führt die Flexibilisierung des Arbeitseinsatzes und Arbeitsvollzuges zur Beherrschung einer Mehrzahl von Arbeitsvorgängen im Fertigungsprozess (z.B. Job enrichment und Job enlargement). Kommt es bedingt durch Rationalisierungs- oder Umstrukturierungsmaßnahmen zu Versetzungen, so ist die Erhöhung der Qualifikationsstruktur mitunter weniger problematisch.

Auch **personalpolitisch** gesehen kommen einige Maßnahmen in Betracht, dem Personalabbau vorzubeugen:

- Um ihre Flexibilität bezüglich des Personalbedarfs zu sichern, gehen viele Unternehmen dazu über, mittelfristig ungesicherte Absatz- und Produktionssituationen durch bestimmte Mitarbeitergruppen abzudecken. Bei diesen Mitarbeitergruppen handelt es sich meist um Arbeitnehmer mit befristeten Arbeitsverträgen, Leiharbeitnehmer (wie z.B. Personal-Leasing), Teilzeitkräfte oder Hausfrauengruppen. Sie werden als **potenzielle Abbaureserven** gesehen, da man sich relativ schnell von ihnen trennen kann. Aus Arbeitnehmersicht ist die Einrichtung derartiger potenzieller Abbaureserven sehr bedenklich, jedoch kann sie dem Personalabbau längerwirkender Arbeitsverhältnisse erst einmal entgegenwirken.
- Durch eine **personelle Unterdeckung der Stammbelegschaft** können Personalschwankungen und Entlassungen unterdrückt werden. Das bedeutet, der Personal-Istbestand eines Unternehmens wird unter dem Personal-Sollbestand einschließlich der Reservequote gehalten. So versucht man in gewissem Maße, Einzelentlassungen bzw. Massenentlassungen zu vermeiden. Diese Lösung führt für die Mitarbeiter zu einer ständigen Leistung von Überstunden, was längerfristig unter gesundheitlichen Aspekten kritisch zu betrachten ist.

Grundsätzlich sollte jedes Unternehmen bei einer bevorstehenden Umschichtung des Personals zunächst den freizusetzenden Arbeitnehmerkreis auf seine Eignung im Hinblick auf den Einsatz für andere Aufgaben untersuchen. Sind ältere Arbeitnehmer unter den Betroffenen, so ist zu berücksichtigen, dass diese in den meisten Fällen durch tarifvertragliche Regelungen in ihrem Beschäftigungsverhältnis abgesichert sind. Beschäftigte, die für andere Aufgaben geeignet erscheinen, können frühzeitig an gezielten Umschulungs- und Fortbildungsmaßnahmen teilnehmen.

Im Folgenden soll ein Überblick über beschäftigungspolitische Reaktionsmöglichkeiten bei Personalüberhängen gegeben werden. Das Thema "Kündigung" wird dabei wegen des Umfanges der zu beachtenden arbeitsrechtlichen Vorschriften in einem eigenen Abschnitt ausführlich behandelt.

## 5.3.1 Maßnahmen der Produktions- und Absatzplanung

Grundsätzlich sollte ein Unternehmen immer bemüht sein, einen direkten Personalabbau zu vermeiden. Ist ein ernsthaftes Bestreben der Unternehmensleitung zur Erhaltung des Personalbestandes unter Berücksichtigung betriebswirtschaftlicher Aspekte vorhanden, so gibt es eine Reihe alternativer Möglichkeiten, einen Personalüberhang zu überbrücken.

**Im Rahmen der Produktions- und Absatzplanung** bietet sich der Einsatz einiger Maßnahmen an, die zum Ziel haben, die Belegschaft unter Beibehaltung der bisherigen Arbeitszeit in ihrer Gesamtzahl zu erhalten bzw. den Rückgang des Personalbedarfs und damit den Eintritt von Personalüberhängen hinauszuzögern, zu verlangsamen oder durch flankierende Produktionsmaßnahmen auszugleichen:

- **Erweiterte Lagerhaltung**

Ein Ausgleich für kurzfristig eingetretene Absatzrückgänge schafft eine unternehmensseitig erweiterte Lagerhaltung. Dies ist beschäftigungspolitisch ein effektives Mittel, wenn die Absatzschwankungen nicht von allzu großer Dauer sind. Darüber hinaus ist diese Maßnahme mit vorhandenen Lagerkapazitäten, den damit verbundenen Kosten sowie Art und Wertbeständigkeit der produzierten Güter gekoppelt. Beispielhaft sind Waren zu nennen, die verderblich sind oder in ihrem Wert schnell sinken. Sie können nicht für eine lange Lagerhaltung produziert werden. In Abhängigkeit von der Struktur des Betriebes (eher arbeits- oder kapitalintensiv) ist die erweiterte Lagerhaltung ein probates Mittel, in der ersten Problemphase von Absatzrückgängen Zeit zu gewinnen.

- **Rücknahme von Fremdaufträgen**

Sind rechtliche, technische und personelle Möglichkeiten gegeben, so kann ein Unternehmen Überlegungen anstellen, vergebene Fremdaufträge wieder zurückzunehmen. Man kann dies als ein realistisches Mittel zur Arbeitsbeschaffung ansehen, wenn innerbetriebliche Voraussetzungen (technisches Know-how, erforderliche Maschinen, unentbehrliche Spezialisten) geprüft sind. Dies gilt insbesondere dann, wenn es sich um Produktionsteile handelt, die aus Kapazitätsüberlegungen nach außen vergeben wurden. Bei diesem Schritt sollten jedoch auch die Auswirkungen auf Dritte beachtet werden. Es könnte sein, dass das Problem des Personalüberhanges des Auftraggebers durch die Rücknahme von Fremdaufträgen lediglich nur an einen anderen Betrieb weitergegeben wird.

- **Vorziehen von Reparatur- und Erneuerungsaufgaben**

Dies ist aufgrund der damit verbundenen Kosten nur als flankierende Maßnahme einsetzbar. Außerdem können Entlassungen durch den Aufschub möglicher Rationalisierungsinvestitionen vermieden werden. Dabei ist jedoch zu bedenken, dass zwar kurzfristig Arbeitsplätze gesichert werden, aber langfristig die Leistungsfähigkeit der Produktionsanlagen und die damit verbundenen Wachstumsmöglichkeiten des Unternehmens gefährdet sein könnten. Dies würde bedeuten, dass längerfristig eine größere Anzahl an Arbeitsplätzen in Gefahr geriete. Um einen möglichst positiven Effekt zu erzielen, empfiehlt sich eine frühzeitige Information, Beratung, Folgeabschätzung, ggf. das Durchspielen von Plan-Alternativen sowie ein einvernehmliches Vorgehen der Betriebsparteien.

- **Produktdiversifikation**

Die Absatzmarktforschung in Verbindung mit der Investitions- und Personalplanung versucht sicherzustellen, inwieweit ein Unternehmen mit einer **Produktdiversifizierung und -streuung** erfolgreich ist. Das Produktionsprogramm kann beispielsweise relativ kurzfristig erweitert werden, indem man Zulieferarbeiten für andere Branchen leistet oder Fremdaufträge Dritter in die Fertigung aufnimmt. Längerfristig kann ein Unternehmen versuchen, sein Produktionsprogramm durch die Nutzung der vorhandenen Produktionsmittel horizontal zu erweitern, wenn z.B. neben stark saisonabhängiger Tiefkühlkost Speiseeis produziert wird oder eine Brauerei neben Bier Mineralwasser herstellt.

- **Intensivierung der Marketingaktivitäten**

Auch eine Verstärkung der Marketingaktivitäten (erhöhte Werbung, Erweiterung des aktiven Verkaufs etc.) kann durch einen erhöhten Absatz einen vorübergehenden Ausgleich schaffen.

## 5.3.2 Arbeitszeitverkürzende Maßnahmen

Ist der Rückgang des Arbeitsumfanges durch die bisher genannten arbeitsplatzerhaltenden Maßnahmen nicht möglich, so muss überlegt werden, inwieweit **Möglichkeiten im Rahmen der Arbeitszeitplanung** erfolgreich sind, um einen direkten Personalabbau zu verhindern. Im Rahmen der Arbeitszeitplanung wird versucht, das Arbeitsvolumen anders zu verteilen, um so Arbeitsplätze zu erhalten oder auch neue zu schaffen. Den im Folgenden genannten Maßnahmen ist allen gemeinsam, dass diese den Mitbestimmungs-rechten des Betriebsrates unterliegen und dieser ggf. auch Initiativrechte besitzt.

- **Abbau von Mehrarbeit/ Überstunden**

Oft wird in Unternehmen trotz sich abzeichnender rückläufiger Produktions- und Absatzchancen von bestimmten Teilen der Belegschaft noch Mehrarbeit geleistet. Das kann mehrere Gründe haben. Beispielsweise ist die Bewältigung von Auftragsspitzen oder die Erledigung von Forschungs- und Entwicklungsarbeiten zu nennen. Je nach Art und Umfang der vorangegangenen Mehrarbeitszeit wird sich nunmehr die Möglichkeit der Anpassung geben. Hier kann es sich als positiv erweisen, dass nicht kurzfristig mit Neueinstellungen auf eine Erhöhung der Auftragseingänge reagiert wurde.

Es ergeben sich durch den Abbau von Überstunden Vorteile für den Arbeitgeber und den Arbeitnehmer. Durch den Wegfall tariflicher Zuschläge bei Überstunden reduzieren sich die Personalkosten enorm. Der Abbau von Überstunden wirkt sich sicherlich positiv auf den Gesundheitszustand der Arbeitnehmer und somit auf die Fehlzeiten aus.

Einige Arbeitnehmer reagieren bei verminderter Möglichkeit, Überstunden abzuleisten, mit einem Betriebswechsel. Die aufkommende Fluktuation kann vom Unternehmen gewünscht und bezweckt sein.

- **Einführung von Kurzarbeit**

Ein Unternehmen erwägt die Einführung von Kurzarbeit, wenn der Rückgang der Produktion durch andere Maßnahmen nicht mehr abzufangen ist, jedoch die Mitarbeiterzahl auf Dauer gehalten werden soll und nicht nur mit einer vorübergehenden Auslastungsschwierigkeit der technischen und personellen Kapazität gerechnet wird.

Kurzarbeit bedeutet die vorübergehende Herabsetzung der betriebsüblichen Arbeitszeit für den gesamten Betrieb, einige Betriebsabteilungen oder bestimmte Arbeitnehmergruppen. Sie ist ein in der Praxis bedeutsames und wirkungsvolles Instrument zur Verhinderung direkten Personalabbaus.

Die Einführung von Kurzarbeit bei gleichzeitiger Herabsetzung der Vergütung muss arbeitsrechtlich gesichert sein. Das zuständige Arbeitsamt muss die Zulässigkeit für das Einführen von Kurzarbeit (Notwendigkeit, inwieweit arbeitsplatzerhaltend) und die Zahlung von Kurzarbeitergeld prüfen (§§ 169 ff SGB III). Eine Notwendigkeit der Kurzarbeit würde sich bei gleichzeitiger Mehrarbeit im selben Unternehmen oder auch begleitendem Rationalisierungsprozess erübrigen. Die Bemessung des Kurzarbeitergeldes ist in § 178 SGB III geregelt und liegt gewöhnlich bei 60 % des um die gesetzlichen Abzüge verminderten Arbeitsentgeltes. Es kann bis zu 6 Monate gewährt werden (§ 177 SGB III) und vom Bundesminister für Arbeit und Sozialordnung jedoch für einzelne Betriebe oder Wirtschaftszweige auf 12 bis 14 Monate verlängert werden. Die Kurzarbeit sollte durch Betriebsvereinbarungen, die sich auf die jeweiligen tarifvertraglichen Bestimmungen stützen, geregelt werden.

- **Kürzung der regulären Arbeitszeit**

Eine Verkürzung der regelmäßigen jährlichen, wöchentlichen oder täglichen Arbeitszeit kann einen Arbeitskräftebedarf hervorrufen. Diese Maßnahme kann aber auch bei einer beschäftigungsbedingten Personalreduzierung beschäftigungssichernd wirken, vorausgesetzt, dass die rechtlichen Grundlagen (Tarifvertrag, Betriebsvereinbarungen, Einzelarbeitsvertrag) eingehalten sind. Eine Arbeitszeitverkürzung kann auch tariflich festgelegt werden und bezieht sich auf alle Unternehmen einer Branche, so dass die Wettbewerbsfähigkeit einzelner Unternehmen nicht beeinträchtigt wird. Die folgende Abbildung zeigt die Entwicklung der tariflichen Wochenarbeitszeit in der Metallindustrie:

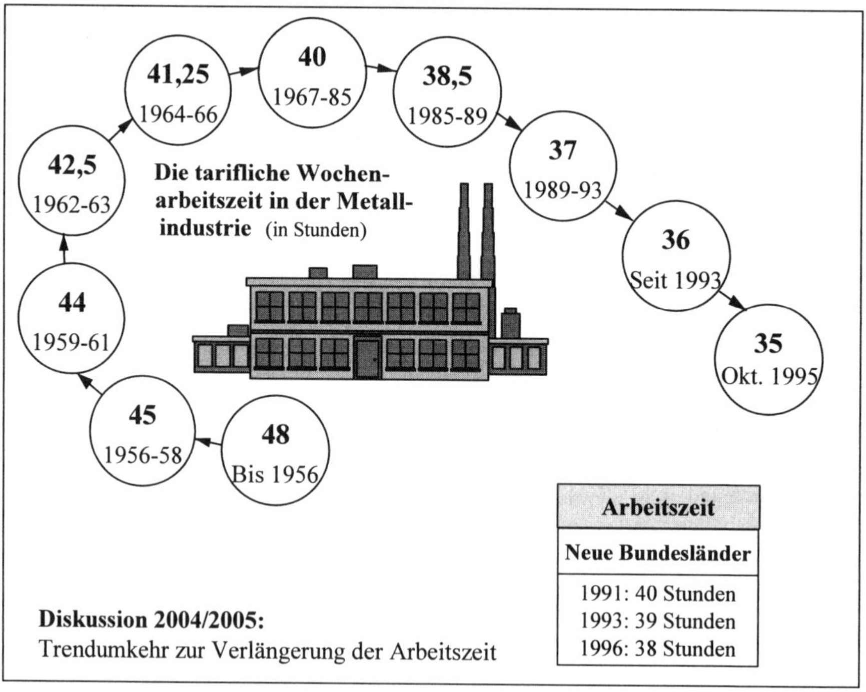


**Abb. 113:** Die Entwicklung der tariflichen Wochenarbeitszeit in der Metallindustrie (Stand 2004)

Bei gleichbleibendem Absatz führt diese tarifliche Verkürzung der Arbeitszeit zu einer Produktivitätssteigerung. Einen positiven beschäftigungspolitischen Effekt bringt eine tarifliche Arbeitszeitverkürzung, wenn sie vorher in der Personalbedarfsplanung entsprechend berücksichtigt wurde. Im Aufschwung kann eine restriktive Handhabung der Arbeitszeit zu Neueinstellungen führen.

- **Urlaubsplanung und -abwicklung**

Vorübergehende Auslastungsschwankungen können nach Absprache mit dem Betriebsrat durch allgemeingehaltene oder einzeln ausgehandelte Urlaubsregelungen abgefangen werden. Unter Berücksichtigung der rechtlichen Begebenheiten (z.B. Vorgriff auf Urlaubsansprüche des Folgejahres ist rechtlich unzulässig) und unter dem Gesichtspunkt der Zumutbarkeit gegenüber Mitarbeitern ist es durchaus denkbar, den üblichen Werksurlaub zeitlich zu verlegen oder in seinem Umfang auszudehnen, Urlaubsansprüche vorzuziehen oder geschlossene Betriebsferien für den Zeitraum um Feiertage einzuplanen.

Die Gewährung von unbezahltem Urlaub (z.B. zu Bildungszwecken) kann im Einzelfall auch den Personalüberhang vermindern und gleichzeitig bestimmten Beschäftigungsgruppen (z.B. ausländischen Arbeitnehmern) den Urlaub verlängern.

Die Urlaubsplanung als Instrument zum Ausgleich von Auslastungsschwankungen sollte jedoch nur im Ausnahmefall oder allenfalls mittel- und langfristig eingesetzt werden.

- **Umwandlung von Vollzeit- in Teilzeitstellen**

Viele Unternehmen nutzen die Möglichkeit der Umwandlung bestehender Vollzeitstellen in Teilzeitstellen. Für bestimmte Arbeitsgruppen (z.B. arbeitslose Hausfrauen, Weiterbeschäftigung von älteren Arbeitnehmern) ist die Einrichtung solcher Arbeitsstellen von Bedeutung.

Durch die Teilung oder Veränderung ansonsten wegfallender Stellen kann das individuelle Arbeitsvolumen ebenfalls zusätzlich reduziert werden. Teilzeitarbeit in Form von einzelarbeitsvertraglichen Arbeitszeitverkürzungen (z.B. Job-Sharing) kann Entlassungen verhindern.

Eine vielfach festzustellende höhere Arbeitsproduktivität gleicht die anfallenden Mehrkosten (erhöhte Sozialabgaben) annähernd aus. Dieser Maßnahme kommt auch eine übergeordnete Bedeutung zu. Sie verringert die Arbeitslosenzahl und vermindert die sozialen Gesamtkosten.

## 5.3.3 Maßnahmen der indirekten Personalfreisetzung

Maßnahmen des indirekten Personalabbaus kommen in Betracht, wenn ein Unternehmen trotz des Einsatzes arbeitsbeschaffender bzw. arbeitserhaltender Maßnahmen und veränderter Arbeitsgestaltung seine Arbeitskräfte in dem bestehenden zahlenmäßigen Umfang nicht halten kann. Das Unternehmen muss den bestehenden Belegschaftsstand soweit verringern, dass eine dauerhafte Beschäftigung der verbleibenden Arbeitnehmer gewährleistet ist.

Indirekte Abbaumaßnahmen, bei denen die bestehenden Arbeitsverhältnisse unberührt bleiben, sind:

- **Einstellungsbeschränkungen**

Einstellungsbeschränkungen können in verschiedenen Formen und Ausgestaltungen festgesetzt werden. Einstellungssperren können einen generellen Einstellungsstop (d.h. weder Deckung des Ersatz- noch Neubedarfs), nur Ersatz der durch Fluktuation freiwerdenden Stelle oder nur einen qualifizierten Einstellungsstop (Begrenzung auf bestimmte Berufe, Mitarbeitergruppen, Betriebsteile) bedeuten.

Sollen Einstellungsbeschränkungen als Maßnahmen des indirekten Personalabbaus eingesetzt werden, so hat das Unternehmen die Mitwirkung des Betriebsrates und die Beratung durch den Wirtschaftsausschuss zu berücksichtigen.

Langandauernde Einstellungsbeschränkungen sind auch mit negativen Aspekten verbunden, die ein Unternehmen bei seinen Entscheidungen berücksichtigen sollte. Es besteht die Gefahr, dass es zu einer Verschlechterung der Alters- und Qualifikationsstruktur kommt. Verschiebt sich die Personalstruktur derart, dass es zu einer Überalterung der Belegschaft kommt, dann ist damit ein Mangel an geeigneten Nachwuchskräften und Aufstiegsstellen gekoppelt.

Im Weiteren kann dies zu einer Unsicherheit in der Belegschaft führen, so dass qualifizierte Mitarbeiter einen Betriebswechsel anstreben und unqualifizierte Mitarbeiter im Betrieb verbleiben.

- **Nichtverlängerung von Zeitverträgen**

Die Bundesagentur für Arbeit hat 1974 durch einen Erlass bewirkt, dass bei der Sicherung der Beschäftigung deutschen sowie der Europäischen Union zugehörigen Arbeitnehmern Vorrang gewährt wird. Somit trifft die Maßnahme der Nichtverlängerung von Arbeitsverträgen zuerst Arbeitnehmer außerhalb der Europäischen Union.

Eine zusätzliche Unterstützung dieses Personenkreises (z.B. durch zusätzliche Entgeltleistungen) ist in diesen Fällen geeignet. Darüber hinaus sollte eine Kontaktaufnahme mit ausländischen Arbeits- und Sozialbehörden zum Zweck der Reintegration selbstverständlich sein.

- **Abbau von Leiharbeit**

In der Regel werden Leiharbeiter zum Auffangen von Produktionsspitzen und urlaubsbedingter Personalunterdeckung eingesetzt. In konjunkturschwachen Zeiten wird folglich zuerst die Leiharbeit abgebaut. Durch diesen Vorgang bleiben die Stammarbeitsplätze zwar gesichert, aber gesamtwirtschaftlich gesehen wird die Arbeitslosigkeit erweitert.

Die Instrumente der Leiharbeit sowie Zeitverträge können als sogenannte Personalpuffer bezeichnet werden, die eine Personalplanung flexibel machen. Die vom Gesetzgeber damit geschaffene erweiterte Möglichkeit der Personaldisposition mit dem Ziel, Neueinstellungen zu fördern, haben in der Praxis allerdings bewirkt, dass der Anteil von Dauerarbeitsplätzen bzw. unbefristeten Arbeitsverhältnissen insgesamt zurückgegangen ist.

Jedes Unternehmen, das einen Personalüberhang zu verzeichnen hat und diesen durch eine zweckmäßige Personalanpassung abbauen möchte, muss für sich im Einzelnen entscheiden, welche alternativen Maßnahmen zum direkten Personalabbau in Bezug auf Kosten, Praktikabilität und Risiken am ehesten in Betracht kommen. Es entstehen bei jeder Maßnahme Zielkonflikte zwischen:

- möglichst geringen Kosten
- möglichst geringen sozialen Härten
- einer möglichen Umgehung nachteiliger Wirkungen für das Unternehmen als Ganzes in seiner Personalpolitik, -struktur sowie der internen Beziehungen

## 5.3.4 Maßnahmen der direkten Personalfreisetzung

Ist das Ausmaß des Personalüberhangs so groß, dass Maßnahmen des indirekten Personalabbaus nicht mehr ausreichen, um den Personalbestand den betrieblichen Erfordernissen anpassen zu können, so muss ein Unternehmen zu einem direkten Personalabbau übergehen. Dem Unternehmen stehen dazu verschiedene Maßnahmen zur Verfügung, die im Folgenden näher betrachtet werden.

### (1) Altersteilzeit bzw. vorzeitige Pensionierung

Das Altersteilzeitgesetz ist 1989 in Kraft getreten und ermöglicht älteren Beschäftigten durch die Reduzierung ihrer wöchentlichen Arbeitszeit einen gleitenden Übergang in den Ruhestand. Mit dieser Regelung ist eine neue Beschäftigungsmöglichkeit für Arbeitslose verknüpft, die für die freiwerdenden (Teilzeit-)Arbeitsplätze eingesetzt werden.

Damit ein älterer Arbeitnehmer für das Modell der Altersteilzeit in Frage kommt, muss er einer Reihe von Vorbedingungen gerecht werden Er muss z.B. mindestens 55 Jahre alt sein und in den letzten fünf Jahren mindestens 1.080 Kalendertage arbeitslosenversicherungspflichtig beschäftigt gewesen sein (§ 2 Abs. 1 AltersteilzeitG). Sind diese Bedingungen erfüllt, dann kann seine Arbeitszeit auf die Hälfte der bisherigen wöchentlichen Arbeitszeit (§2 Abs. 2 Nr. 1 AltersteilzeitG).

Das Teilzeit-Arbeitsentgelt wird vom Arbeitgeber um einen zwanzigprozentigen Aufstockungsbeitrag erhöht. Dieser ist nicht einkommensteuerpflichtig und daher brauchen auch keine Sozialabgaben dafür gezahlt zu werden. Beiträge zur Höherversicherung werden durch den Arbeitgeber getragen. So kommt der Beschäftigte insgesamt auf ein monatliches Arbeitsentgelt, das knapp 70% seines vorherigen Vollzeit-Nettoentgeltes entspricht.

Der freiwerdende Arbeitsplatz wird durch Arbeitslose wieder neu besetzt. Hierbei sollen vorrangig Bezieher von Arbeitslosengeld oder Arbeitslosenhilfe berücksichtigt werden. Sind alle Voraussetzungen erfüllt, erstattet die Bundesagentur für Arbeit den Arbeitgebern die Aufwendungen für den Aufstockungsbeitrag und den Höherversicherungsbeitrag. Die Altersteilzeit endet mit Beginn der Altersrente, jedoch spätestens mit der Vollendung des 65. Lebensjahres.

Die **vorgezogene Pensionierung** wird meist im Rahmen gesetzlicher oder tariflicher bzw. betrieblicher Regelungen von Dienstaufhebungsverträgen oder Sozialplänen abgewickelt. Sie ist für Betroffene nur dann von Interesse, wenn sie ohne wesentliche materielle Einbußen vonstatten geht bzw. mit zusätzlichen Anreizen aus Abfindungen (Ausgleich der Rentenminderung) und betrieblichen Altersversorgungen ausgestattet ist. Es ist daher empfehlenswert, in der Übergangszeit bis zum Rentenanspruch einen Zuschuss zum Arbeitslosengeld zu gewähren, so dass die Höhe des zuletzt bezogenen Nettoentgeltes erreicht wird. Darüber hinaus sollte die Weitergewährung der betrieblichen Sozialleistungen (z.B. Werkswohnungen) selbstverständlich sein.

Die vorzeitige Pensionierung dient ebenfalls der Verbesserung der betrieblichen Altersstruktur. Qualifizierten jüngeren Mitarbeitern wird dadurch die Chance zum Aufstieg geboten. Nicht zu vergessen ist die Tatsache, dass durch solche Maßnahmen einerseits gesellschaftliche Mehrkosten entstehen und andererseits dem einzelnen Betroffenen die Verbesserung seiner Alterssicherung erschwert wird.

Das Instrument der vorzeitigen Pensionierung oder das Modell der Arbeitsteilzeit sind soweit wie erforderlich und vertretbar Alternativen zu Entlassungen.

### (2) Aufhebungsverträge

Ein Aufhebungsvertrag ermöglicht dem Arbeitnehmer und Arbeitgeber im Rahmen der allgemeinen Vertragsfreiheit eine einvernehmliche Lösung des Arbeitsverhältnisses. Alle im Arbeitsvertrag verankerten Rechte und Pflichten werden mit dem Aufhebungsvertrag außer Kraft gesetzt (Dienstaufhebungsvertrag).[151]

Im Vergleich zu anderen Abbaumaßnahmen bietet der Aufhebungsvertrag Vorteile in Bezug auf Planbarkeit und Steuermöglichkeit. Das Unternehmen kann Aufhebungsverträge gezielt anbieten, d.h. bestimmte Arbeitnehmergruppen in bestimmten Bereichen und in bestimmter Anzahl werden bereits vorher festgelegt. Dadurch besteht die Möglichkeit, die Alters- und Qualifikationsstruktur zu lenken und zu verbessern. Da ein Personalabbau in Verbindung mit Aufhebungsverträgen nicht anzeigepflichtig ist, besteht die Möglichkeit, eine Verringerung des Personalbestandes planmäßig mit der Verminderung der Produktion durchzuführen.

Unter dem Gesichtspunkt der Kosten ist die Beendigung von Arbeitsverhältnissen mittels Dienstaufhebungsverträgen günstiger als Massenentlassungen. Beispielsweise können die Personalkosten kurzfristig und ohne Rücksicht auf bestehende Kündigungsfristen verringert werden; die entstehenden Kosten für Abfindungen und Leistungen aus der betrieblichen Altersversorgung sind in ihrer Höhe und dem Zeitraum ihres Anfalls genau bestimmbar.

Die positive Wirkungsweise dieser Maßnahme hängt von der individuellen Entscheidung der Betroffenen ab. Es ist nicht immer voraussehbar, zu welchen Bedingungen die Bereitschaft zur Auflösung des Arbeitsverhältnisses vonseiten der Arbeitnehmer angenommen wird.

---

[151] Vgl. Bauer, J.H.: Arbeitsrechtliche Aufhebungsverträge, 3. Aufl., München 1993, S. 3 ff.

### (3) Entlassungen

Der als letzter in Betracht kommende Weg zum Abbau von Personal ist die Entlassung. Sie ist das folgenschwerste Instrument und sollte daher nur das äußerste Mittel im Rahmen der Abbaumaßnahmen sein. Einzel- und Massenkündigungen können für die Betroffenen wirtschaftlich-soziale und menschliche Folgen (z.B. im Bereich der Familie) haben. Deshalb sind zum Schutze des Arbeitnehmers bei der Aussprechung einer Kündigung eine Vielzahl von arbeitsrechtlichen Vorschriften zu beachten und zu prüfen. Stellt sich vor dem Arbeitsgericht heraus, dass eine Kündigung sozial ungerechtfertigt war, so hat der Arbeitnehmer gemäß § 1 Kündigungsschutzgesetz (KSchG) einen Wiedereinstellungsanspruch. Aufgrund der umfangreichen gesetzlichen Bestimmungen ist der Personalfreisetzung durch Kündigung der folgende Abschnitt gewidmet.

## 5.4 Kündigung

Die Kündigung ist eine einseitige, empfangsbedürftige Erklärung einer der beiden Vertragsparteien des Arbeitsvertrages, durch die das Arbeitsverhältnis für die Zukunft aufgelöst werden soll. Sie sollte die letzte Instanz zur Lösung eines betrieblichen Konfliktes sein und kann von beiden Parteien ausgesprochen werden.

Eine Kündigung muss deutlich und zweifelsfrei sein, jedoch nicht zwingend das Wort "Kündigung" oder "kündigen" enthalten. Es reicht dabei aus, wenn Synonyme eindeutig auf die Absicht des Kündigenden hinweisen. Folgende Erklärungen wären dabei denkbar:

- Ab dem 10.07.2004 sind Sie entlassen.
- Ich möchte ab dem 01.08.2004 nicht mehr für Sie arbeiten.

In solchen Fällen gehen etwaige Unklarheiten der Kündigungserklärung zu Lasten des Kündigenden. Dagegen sind Äußerungen wie etwa, "Wenn Sie innerhalb der nächsten 2 Wochen Ihre Leistung nicht verbessern, sind Sie entlassen" nicht zulässig, da der Eintritt der an diese Kündigung geknüpften Bedingung ungewiss ist.

Wichtig ist, dass seit Mai 2000, durch die Ergänzung des § 623 BGB, alle arbeitsrechtlichen Kündigungen schriftlich erfolgen müssen. Dabei gehen nach wie vor Unklarheiten zur Lasten des Kündigenden. Aufgrund der neuen Technologien (E-Mail, SMS, etc.) hat der Gesetzgeber sich zur Abänderung des § 623 BGB entschlossen. Beispielsweise kündigte ein Handwerksmeister nach altem Recht seinem Gesellen per Short Message Botschaft (SMS). Kündigungen per E-Mail sind seit der Einführung des § 623 BGB ebenfalls unwirksam. Verknüpft der Kündigende mit seiner Kündigung eine Bedingung, so ist diese unzulässig, da der Eintritt ungewiss bleibt.

Eine Kündigung ist generell erst dann wirksam, wenn sie dem Mitarbeiter, dem gekündigt werden soll, zugegangen ist. Es ist sinnvoll, dass Kündigungsschreiben als Einschreiben mit Rückholschein abzuschicken. Der Zugang wird dann vom entsprechenden Personal der Deutschen Post AG auf dem Rückholschein vermerkt, der dann an den Kündigenden weitergeleitet wird. Der Gekündigte bescheinigt dann mit seiner Unterschrift den Empfang des Schreibens. Insbesondere bei der Kündigung von Abwesenden sollte ein Empfangsnachweis geführt werden. Hier ist unter Umständen die Übergabe des Schreibens per Bote in Erwägung zu ziehen. Kann hier kein Zustellungsnachweis geführt werden, dann kann die Kündigung bereits mit der Zustellung scheitern.

Bei Mitarbeitern, die Verständigungsschwierigkeiten haben, ist darauf zu achten, dass diese den Sinn der Kündigung verstehen. Bei Schwerbehinderten wie beispielsweise Gehörlosen oder Blinden, ist auf deren Situation besonders einzugehen. Bei ausländischen Mitarbeitern sollte der Kündigung vorsorglich eine Übersetzung beigefügt sein. Zwar gilt grundsätzlich Deutsch als Amtsprache, jedoch ist es eine Frage des Nachweises, ob der Arbeitnehmer die Kündigung und deren Inhalt verstanden hat.

Man unterscheidet verschiedene Arten der Kündigung, für die z.T. unterschiedliche gesetzliche Regelungen bestehen. Die folgende Abbildung gibt einen Überblick über die in den kommenden Abschnitten näher beschriebenen Kündigungsarten:

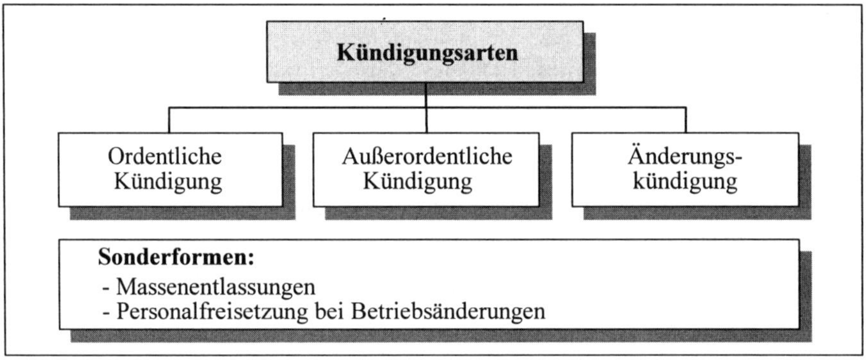


**Abb. 114:** Arten der Kündigung

## 5.4.1 Ordentliche Kündigung

Eine ordentliche Kündigung ist eine Kündigung, die zu Ihrer Wirksamkeit keines sachlichen Grundes bedarf, wenn sie durch den Arbeitnehmer ausgesprochen wurde. Dagegen bedarf es bei der Kündigung durch den Arbeitgeber bei Anwendbarkeit des Kündigungsschutzgesetzes eines Grundes, der sozial gerechtfertigt ist. Eine Kündigung ist gemäß §1 KschG sozial ungerechtfertigt, wenn:

- sie nicht durch Gründe, die in der **Person** oder in dem **Verhalten** des Arbeitnehmers liegen oder durch **dringende betriebliche Erfordernisse**, die einer Weiterbeschäftigung des Arbeitnehmers in diesem Betrieb entgegenstehen, bedingt ist;
- sie gegen eine **Richtlinie** verstößt, die der Betriebsrat mit dem Arbeitgeber bezüglich vorzunehmender Kündigungen ausgehandelt hat (§ 95 BetrVG);
- der Arbeitnehmer an einem **anderen Arbeitsplatz** in dem selben Betrieb oder einem anderem Betrieb des Unternehmens weiterbeschäftigt werden kann.

Ein typisches Merkmal der ordentlichen Kündigung ist, dass diese nach einer bestimmten Kündigungsfrist und oft nur zu bestimmten Terminen das Arbeitsverhältnis beendet. Dies gilt zumeist nur für auf unbefristete Zeit eingegangene Arbeitsverhältnisse. Befristete Arbeitsverhältnisse können in der Regel nicht ordentlich gekündigt werden, da sie durch Zeitablauf enden (§ 620 Abs. 1 BGB).

## (1) Gesetzliche Kündigungsfristen

Unter der gesetzlichen Kündigungsfrist versteht man den Zeitraum zwischen dem Zugang der Kündigung und ihrem Wirksamwerden. In diesem Zusammenhang sei darauf hingewiesen, dass eine verspätet zugegangene Kündigung als Kündigung zum nächstmöglichen Termin zu werten ist.

Am 30.5.1990 wurden die unterschiedlichen Kündigungsfristen für Arbeiter (damals 2 Wochen) und Angestellte (damals 6 Wochen zum Quartalsende), soweit sie nicht auf einem sachlichen Grund beruhen, für verfassungswidrig erklärt.[152]

Eine Neuregelung der gesetzlichen Kündigungsfristen erfolgte am 7.10.1993 durch die Änderung des § 622 BGB und die Aufhebung des § 55 DDR-AGB und des Gesetzes über die Fristen für die Kündigung von Angestellten.

Die Neufassung des § 622 BGB, der jetzt im gesamten Bundesgebiet gültig ist, sieht für alle Arbeitnehmer (Arbeiter und Angestellte) eine gesetzliche Kündigungsfrist von vier Wochen zum Fünfzehnten oder zum Ende eines Kalendermonats vor. Bei einer bestimmten Dauer der Betriebszugehörigkeit verlängert sich die gesetzliche Kündigungsfrist bei einer Kündigung durch den Arbeitgeber nach folgender Staffelung:

| Dauer des Arbeitsverhältnisses (mind.) | Kündigungsfrist bei Kündigung durch den Arbeitgeber |
|---|---|
| zwei Jahre | ein Monat zum Ende eines Kalendermonats |
| fünf Jahre | zwei Monate zum Ende eines Kalendermonats |
| acht Jahre | drei Monate zum Ende eines Kalendermonats |
| zehn Jahre | vier Monate zum Ende eines Kalendermonats |
| zwölf Jahre | fünf Monate zum Ende eines Kalendermonats |
| fünfzehn Jahre | sechs Monate zum Ende eines Kalendermonats |
| zwanzig Jahre | sieben Monate zum Ende eines Kalendermonats |

**Abb. 115:** Kündigungsfristen in Abhängigkeit von der Dauer der Betriebszugehörigkeit

Beschäftigungsjahre, die vor der Vollendung des 25. Lebensjahres liegen, werden nicht mitgerechnet. Unterbrechungen ohne Aufhebung des Arbeitsvertrages (Urlaub, Krankheit) sowie Unterbrechungen durch neu geschlossene Arbeitsverträge, die von den Vertragsparteien nicht als eine Fortsetzung des bisherigen Arbeitsvertrages angesehen werden, bleiben bei der Berechnung der Beschäftigungsdauer unberücksichtigt.

152 Vgl. Bundesverfassungsgericht: Beschluss vom 30.05.1990, Unterschiedliche Kündigungsfristen für Arbeitnehmer und Angestellte, 1. Senat, EZ,126,1

## (2) Allgemeiner Kündigungsschutz

Der Kündigungsschutz für Arbeitnehmer nach dem Kündigungsschutzgesetz (KSchG) beinhaltet, dass Kündigungen sozial ungerechtfertigt und damit unwirksam sind, wenn diese nicht durch bestimmte Gründe bedingt sind. Diese Unwirksamkeit tritt jedoch nicht von allein ein, sondern nur, wenn der Arbeitnehmer sie innerhalb von drei Wochen durch eine **Kündigungsschutzklage** (§ 4 KSchG) vor dem Arbeitsgericht geltend macht. Bei Unterlassung einer Kündigungsschutzklage wird die Kündigung selbst dann wirksam, wenn sie offenkundig sozial ungerechtfertigt ist, es sei denn, der Arbeitnehmer weist gemäß § 5 Abs. 1 KSchG besondere Umstände vor.

Der allgemeine Kündigungsschutz gilt für alle Arbeitnehmergruppen, die unter den Geltungsbereich des Kündigungsschutzgesetzes fallen. Arbeitsverhältnisse, die aus anderen Gründen beendet werden als durch Kündigung (Aufhebungsvertrag, Fristablauf bei befristeten Arbeitsverträgen) fallen nicht unter den Kündigungsschutz.

Der allgemeine Kündigungsschutz gilt nur dann, wenn das Arbeitsverhältnis des betroffenen Arbeitnehmers im Zeitpunkt der Kündigung länger als 6 Monate ohne Unterbrechung bestanden hat und in dem Betrieb mehr als 10 Arbeitnehmer regelmäßig beschäftigt sind (Auszubildende werden nicht mitgezählt). Bei der Feststellung der Arbeitnehmerzahl werden die Arbeitnehmer entsprechend ihrer Arbeitszeit berücksichtigt.

**Leitende Angestellte** sind unter Berücksichtigung einiger Ausnahmen in den allgemeinen Kündigungsschutz einbezogen. Die wichtigste dieser Ausnahmen ist, dass ein Antrag des Arbeitgebers auf Auflösung des Arbeitsverhältnisses gegen Zahlung einer angemessenen Entschädigung nach einer Feststellung des Gerichts, dass das Arbeitsverhältnis durch die Kündigung nicht aufgelöst ist, keiner Begründung bedarf. Das Gericht hat diesem Antrag stets stattzugeben (§ 14 Abs. 2 KSchG).

Das Kündigungsschutzgesetz findet auf Kündigungen im Zusammenhang mit Arbeitskämpfen zwischen Arbeitgebern und Arbeitnehmern keine Anwendung.

## (3) Kündigungsgründe und ihre Bewertung

Entsprechend den Kündigungsgründen sind zu unterscheiden:

- Personenbedingte Kündigung
- Verhaltensbedingte Kündigung
- Betriebsbedingte Kündigung

## (a) Personenbedingte Kündigung

Der häufigste Fall personenbedingter Kündigungen ist die Kündigung wegen **Krankheit** des Arbeitnehmers. An die soziale Rechtfertigung einer Kündigung wegen Krankheit sind strenge Anforderungen zu stellen. Der Arbeitgeber ist vor dem Ausspruch der Kündigung verpflichtet, dem Arbeitnehmer leichtere oder seinem Körperzustand sonst angemessene Arbeit zuzuweisen. Falls der Arbeitnehmer auch zu dieser Arbeit nicht fähig ist, kann der Arbeitgeber ihn kündigen. Die personenbedingte Kündigung aus Krankheitsgründen wird unter folgenden **Bedingungen** vom Bundesarbeitsgericht akzeptiert:

- Krankheitsbedingte Minderung der Leistungsfähigkeit mit unzumutbaren betrieblichen Beeinträchtigungen
- Wenn zur Zeit der Kündigung feststeht, dass es sich um eine Dauererkrankung handelt, die in absehbarer Zeit nicht zu beheben ist und unzumutbare Auswirkungen auf den Arbeitgeber hat
- Wenn der Arbeitgeber in der Vergangenheit außerordentlich häufig wegen Krankheit gefehlt hat und anzunehmen ist, dass sich dieser Gesundheitszustand auch in Zukunft nicht bessern wird, so dass weiter mit krankheitsbedingten Fehlzeiten zu rechnen ist

In diesem Zusammenhang scheint besonders erwähnenswert, dass die gerichtliche Prüfung dieser Kündigungen in **drei Stufen** erfolgt:

**1.** Zum Zeitpunkt der Kündigung ist immer eine negative Prognose hinsichtlich des Gesundheitszustandes des Arbeitnehmers erforderlich.

**2.** Die entstandenen und prognostizierten Fehlzeiten müssen zu einer erheblichen Beeinträchtigung der betrieblichen Interessen führen.

**3.** In der dritten Stufe erfolgt die Interessensabwägung, wobei zu klären ist, ob die erhebliche Beeinträchtigung zu einer unzumutbaren Belastung des Arbeitgebers führt.

Die dauernde Leistungsunfähigkeit eines Mitarbeiters stellt dabei grundsätzlich eine unzumutbare betriebliche Belastung dar. In Fällen langandauernder Arbeitsunfähigkeit eines Mitarbeiters, bei der regelmäßig mit einer Wiederherstellung der Leistungsfähigkeit des Betroffenen in absehbarer Zeit nicht zu rechnen ist, ist nahezu ausnahmslos von einer negativen Gesundheitsprognose auszugehen. Bei einer solchen dauernden Leistungsunfähigkeit, bei der ein Arbeitnehmer die geschuldete Arbeitsleistung in Zukunft überhaupt nicht mehr erbringen kann, ist schon aus diesem Grund das Arbeitsverhältnis auf Dauer ganz erheblich gestört und die erhebliche Beeinträchtigung der betrieblichen Interessen gegeben.[153]

Bei der Prüfung der erheblichen Beeinträchtigung der betrieblichen Interessen hat der Arbeitgeber sowohl bei einer Kündigung wegen Dauererkrankung als auch wegen häufiger Kurzerkrankungen im Einzelnen darzulegen, welche unzumutbaren Betriebsbeeinträchtigungen oder unzumutbaren wirtschaftlichen Belastungen in der Vergangenheit eingetreten sind und durch zu erwartende krankheitsbedingte Fehlzeiten voraussichtlich eintreten werden. Zu diesen Beeinträchtigungen und Belastungen zählen:

- Wesentliche Störungen im Arbeitsablauf
- Produktionsausfall
- Verlust von Kundenaufträgen
- Nichtbeschaffbares Ersatzpersonal
- Außerordentlich hohe Lohnfortzahlungskosten

Schwierigkeiten bot bislang die Kündigung wegen Dauererkrankung ohne absehbare andauernde Arbeitsunfähigkeit in der zweiten Prüfungsstufe: Störungen im Arbeitsablauf sind meist nicht nachweisbar; Lohnfortzahlungskosten fallen nach sechs Wochen nur noch

[153] Zu einzelnen Kündigungsgründen vgl. auch Hummel, D.: Krankheit und Kündigung, 2. Aufl., Frankfurt am Main 2004, S. 49 ff.

selten an, da die Mitarbeiter danach Krankenkassenleistungen beziehen. Gemäß BAG-Urteil vom 21. Mai 1992 wurde jedoch festgestellt, dass eine langanhaltende Krankheit eine Kündigung ohne zusätzliche wirtschaftliche Belastungen des Arbeitgebers rechtfertigen kann. Das Unternehmen kann das Arbeitsverhältnis beenden, wenn zum Zeitpunkt der Kündigung die Wiederherstellung der Arbeitsfähigkeit völlig ungewiss ist und die Krankheit bereits längere Zeit andauert. Die Ungewissheit über die Dauer der Krankheit kommt nunmehr einer feststehenden dauernden Arbeitsunfähigkeit gleich.

Bei einer Kündigung eines Arbeitnehmers aus Anlass einer Dauererkrankung ist der allgemein im Kündigungsschutzrecht geltende **Grundsatz der Verhältnismäßigkeit** zu beachten. Aus diesem Grundsatz ergibt sich für den Arbeitgeber die Verpflichtung, zunächst durch zumutbare anderweitige Maßnahmen die Zeit eines krankheitsbedingten Arbeitsausfalls zu überbrücken. Zu diesen zumutbaren Maßnahmen gehören die Einstellung einer Aushilfskraft, eine vorübergehende Umorganisation bzw. zeitweilige Organisationsänderungen im Arbeitsablauf sowie die vorübergehende Einführung von Über- oder Mehrarbeit.

Es herrscht keine feste allgemeingültige Meinung darüber, für wie lange solche Überbrückungsmaßnahmen dem Arbeitgeber zugemutet werden können. Nach dem Grundsatz der Verhältnismäßigkeit ist allerdings zu berücksichtigen, dass für einen langzeitig beschäftigten Arbeitnehmer ein längerer Zeitraum für die Durchführung von Überbrückungsmaßnahmen zumutbar ist als bei einem erst kürzlich eingestellten Arbeitnehmer.

Ist es dem Arbeitnehmer möglich, durch eine zeitlich absehbare Langzeittherapie seinen ursprünglichen Gesundheitszustand wiederherzustellen, so kann eine ordentliche Kündigung sozial ungerechtfertigt sein, wenn dem Arbeitgeber die Durchführung von Überbrückungsmaßnahmen möglich und zumutbar ist.

Ist es für den Arbeitgeber erkennbar, dass der Arbeitnehmer aufgrund der Art der Erkrankung (z.B. Querschnittslähmung) für den bisherigen Arbeitsplatz nicht mehr geeignet ist, hat er vor Ausspruch der Kündigung zu prüfen, ob der Arbeitnehmer **anderweitig im Unternehmen weiterbeschäftigt** werden kann. Zumutbare Umschulungs- und Fortbildungskosten sind dann vom Arbeitgeber zu tragen. Der Arbeitnehmer ist jedoch verpflichtet, dem Arbeitgeber mitzuteilen, wie er sich seine weitere Beschäftigung vorstellt.

Abschließend sei bemerkt, dass sowohl bei einer Kündigung wegen einer Dauererkrankung als auch bei einer Kündigung infolge häufiger Kurzerkrankungen eine umfassende **Interessensabwägung** zu erfolgen hat. Hierbei sind u.a. das Lebensalter des Mitarbeiters, die Dauer seiner Betriebszugehörigkeit und seine Stellung im Betrieb, etwaige Unterhaltspflichten, die Ursache der Erkrankung, die Situation auf dem Arbeitsmarkt und die wirtschaftliche Lage des Betriebes zu berücksichtigen.

Bei der Beurteilung einer Kündigung wegen **Alkoholkrankheit** ist nach neuerer Rechtsprechung die Beurteilung des Einzelfalles maßgebend, wobei insbesondere auf das Verhalten zum Zeitpunkt, in dem die Alkoholabhängigkeit eingetreten ist, abzustellen ist. Liegt ein Verschulden des Arbeitnehmers vor, kommt eine verhaltensbedingte Kündigung in Betracht; andernfalls kommt die personenbedingte Kündigung nur dann in Betracht, wenn die betrieblichen Interessen unzumutbar beeinträchtigt werden.[154]

---

[154] Vgl. Löwitsch, M.: Arbeitsrecht, a.a.O., S. 360.

### (b) Verhaltensbedingte Kündigung

Bei der verhaltensbedingten Kündigung liegt der Kündigungsgrund in dem Verhalten des Arbeitnehmers, das dieser gegen den Arbeitgeber oder auch gegen Arbeitskollegen richtet. Bei einer verhaltensbedingten ordentlichen Kündigung eines Arbeitnehmers kann eine rechtzeitige und deutliche Abmahnung[155] erforderlich sein. Um zu entscheiden, ob eine Abmahnung erforderlich ist, ist die **Art der Pflichtverletzung** von entscheidender Bedeutung. Dabei können Pflichtverletzungen in folgenden Bereichen unterschieden werden:

- Pflichtverletzung im Leistungsbereich (z.B. Minderleistung, Schlechtleistung)
- Pflichtverletzung im Vertrauensbereich (z.B. Fälschung, Diebstahl)
- Pflichtverletzung im betrieblichen Bereich (z.B. Störung des Betriebsablaufs)

Bei einer Pflichtverletzung im Leistungsbereich bedarf es vor Ausspruch einer Beendigungs- oder Änderungskündigung in der Regel einer vergeblichen Abmahnung. Handelt es sich bei der Kündigungsursache um eine Pflichtverletzung im Vertrauensbereich oder im betrieblichen Bereich, so bedarf es vorher regelmäßig keiner Abmahnung.

### (c) Betriebsbedingte Kündigung

Als betriebsbedingte Gründe, die vor allem in wirtschaftlich angespannten Zeiten Ursache von Kündigungen sein können, kommen innerbetriebliche Umstände wie Rationalisierungsmaßnahmen oder die Umstellung oder Einschränkung der Produktion oder außerbetriebliche Umstände wie Auftragsrückgang in Betracht.[156]

Kündigungen sind in einem solchen Fall jedoch nur dann wirksam, wenn es im Interesse des Betriebes und unter Abwägung beiderseitiger Interessen bei verständiger Würdigung wirklich notwendig und angemessen erscheint, das Arbeitsverhältnis zu kündigen und es dem Arbeitgeber nicht möglich ist, der wirtschaftlichen Lage durch andere Maßnahmen auf technischem, organisatorischem oder wirtschaftlichem Gebiet zu entsprechen. Aufgrund der beschränkten Kontrolle der Unternehmensentscheidung ist eine Interessenabwägung zwischen den Vorteilen, die der Arbeitgeber aufgrund der Kündigung erhält, und den Nachteilen, die dem Arbeitnehmer entstehen, nur selten möglich.

Wird vom Unternehmer vorgetragen, **außerbetriebliche Gründe** seien die Ursache für den Wegfall des Arbeitsplatzes einzelner Arbeitnehmer, so muss er dies in einem etwaigen Rechtsstreit beweisen. Er muss z.B. den von ihm als Kündigungsrechtfertigung angeführten Umsatzrückgang beweisen und nachweisen, nach welcher Berechnungsmethode er die Anzahl der zu entlassenden Arbeitnehmer errechnet hat. Des Weiteren muss der Unternehmer erläutern, dass und warum der Umsatzrückgang gerade zum Wegfall des konkreten Arbeitsplatzes des Betroffenen geführt hat. Alle Tatsachenbehauptungen des Arbeitgebers unterliegen in diesem Falle der vollen inhaltlichen Nachprüfung durch das Arbeitsgericht.

---

[155] Vgl. auch Abschnitt 5.4.4 "Exkurs: Die Abmahnung".

[156] Vgl. Löwitsch, M.: Arbeitsrecht, a.a.O., S. 261 ff.

Kommt es wegen einer betrieblichen Kündigung aus **innerbetrieblichen Gründen** zu einem Rechtsstreit, dann ist die Position des Arbeitgebers deutlich besser. Begründet sich die Kündigung durch eine unternehmerische Organisationsentscheidung, in deren Folge die Beschäftigungsmöglichkeit für mehrere Arbeitnehmer wegfällt, dann ist diese Maßnahme gerichtlich nur eingeschränkt nachprüfbar. Das Gericht darf dann nur nachprüfen, ob eine solche unternehmerische Entscheidung tatsächlich vorliegt und ob hierdurch eine Weiterbeschäftigung des Arbeitnehmers nicht mehr möglich ist. Dagegen steht es dem Gericht nicht zu, die unternehmerische Entscheidung selbst auf Ihre Zweckmäßigkeit oder Erforderlichkeit zu überprüfen.

Daraus ergibt sich, dass das Gericht nur eine **Missbrauchskontrolle** ausübt, in der geprüft wird, ob die Kündigung unsachlich oder willkürlich war. Die Entscheidungen bezüglich der organisatorischen, technischen oder wirtschaftlichen Belange bleiben dem Unternehmer vorbehalten.

Bei der Auswahl unter mehreren Arbeitnehmern, die wegen betriebsbedingter Gründe gekündigt werden können, hat der Arbeitgeber **soziale Aspekte** zu berücksichtigen. Die korrekte Sozialauswahl ist allein auf die Arbeitnehmer des betroffenen Betriebes zu erstrecken. Innerhalb des Betriebes sind die Arbeitnehmer, die unter Sonderkündigungsschutz stehen, von der Sozialauswahl auszunehmen. Aus dem Kreis der miteinander vergleichbaren Mitarbeiter (nach arbeitsplatzbezogenen Merkmalen) trifft die Kündigung denjenigen, der am wenigsten auf seinen Arbeitsplatz angewiesen ist.[157]

Dabei muss das Unternehmen eine Gewichtung der jeweiligen Sozialdaten vornehmen. Insoweit ist die Unternehmung in Zusammenarbeit mit dem Betriebrat befugt, sich für die Vorauswahl einer Punktetabelle zu bedienen. Hierbei sollten gemäß BAG folgende **Sozialindikatoren** angemessen berücksichtigt werden:

- Dauer der Betriebszugehörigkeit
- Lebensalter
- Unterhaltsverpflichtungen
- Schwerbehinderung des Arbeitnehmers

Diese vom BAG entwickelten Sozialindikatoren sind mit der Änderung des Kündigungsschutzgesetzes im März 1997 ausdrücklich in den § 1 Abs. 3 KSchG aufgenommen worden.

Im Anschluss an eine Vorauswahl anhand einer Punktetabelle muss eine individuelle Abschlussprüfung auf unbillige Härten vorgenommen werden.

Falls ein gekündigter Arbeitnehmer die Gründe, die zu seiner Kündigung führten, als ungerechtfertigt ansieht, kann er den Arbeitgeber auffordern, die Gründe anzugeben, die zu seiner sozialen Auswahl geführt haben.

Der Arbeitgeber muss nun nicht nur die seiner Meinung nach zur Auswahl stehenden Personen bekannt geben, sondern auch die Gründe wie Alter, Dauer der Beschäftigung und Unterhaltsverpflichtungen sowie den Bewertungsmaßstab, d.h. welches Gewicht die einzelnen Gründe für die Entscheidung hatten.

---

[157] Das am 01.01.2004 in Kraft getretene Gesetz zur Reform am Arbeitsmarkt hat neben einer Erhöhung der Schwellenwerte für den Kündigungsschutz auch die Regelungen zur Sozialauswahl geändert. Vgl. hierzu ausführlich Nicolai, A.: Das neue Kündigungsrecht, Bonn 2004, S. 8 ff.

Die folgende Abbildung zeigt ein Beispiel für eine Punktetabelle zur sozialen Vorauswahl. In seiner Entscheidung vom 05.12.2002 hat das BAG das folgende Punkteschema akzeptiert:[158]

**Punkteschema zur Durchführung der sozialen Vorauswahl**

**I. Dauer der Betriebszugehörigkeit:**

| | |
|---|---|
| bis 10 Dienstjahre: | je Jahr 1 Punkt |
| ab dem 11. Dienstjahr: | je Jahr 2 Punkte |

Es werden nur Zeiten der Betriebszugehörigkeit bis zum vollendeten 55. Lebensjahr berücksichtigt (d.h. es können maximal 70 Punkte erreicht werden).

**II. Lebensalter**

| | |
|---|---|
| für jedes volle Jahr: | 1 Punkt (maximal 55 Punkte) |

**III. Unterhaltsverpflichtungen/Familienstand**

| | |
|---|---|
| verheiratet: | 8 Punkte |
| je unterhaltsberechtigtes Kind: | 4 Punkte |
| Schwerbehinderung bis 50 GdB: | 5 Punkte |
| über 10 GdB für je 10 weitere GdB: | 1 Punkt |

Die endgültige Auswahl erfolgt unter Abwägung weiterer, oben nicht genannter Gesichtspunkte. Dabei kommen insbesondere in Betracht:

- besondere Lasten aus Unterhaltsverpflichtungen
- besondere Pflegebedürftigkeit von Angehörigen
- besondere Gründe, die einer Arbeitsvermittlung entgegenstehen
- Alleinverdiener in der Familie

**Abb. 116:** Punkteschema zur sozialen Vorauswahl bei betriebsbedingter Kündigung

Im Falle der Kenntnis all dieser Einzelheiten muss der gekündigte Arbeitnehmer nun im Einzelnen die Tatsachen vortragen, die seiner Meinung nach die Kündigung als ungerechtfertigt erscheinen lassen. Ist er hierzu nicht in der Lage, genügt es, wenn er Bewertungsfehler offen legen kann und Arbeitnehmer nennen kann, die vor ihm entlassen werden müssten. Ist er auch hierzu nicht in der Lage, kann er den Arbeitgeber auffordern, ihm die Gründe mitzuteilen, die diesen zu der getroffenen Sozialauswahl veranlasst haben.

Ist der Arbeitgeber diesem Auskunftsverlangen des Arbeitnehmers nachgekommen, so ist es Sache des Arbeitnehmers, darzulegen, welche Arbeitnehmer seiner Meinung nach weniger schutzbedürftig sind oder welche Arbeitnehmer zusätzlich in die soziale Auswahl miteinbezogen werden sollen.

Gibt der Arbeitgeber jedoch keine Auskunft, so hat der Arbeitnehmer schon durch das **Bestreiten der Ordnungsmäßigkeit** der sozialen Auswahl seine Darlegungslast erfüllt. Mit Hilfe dieses Verfahrens ist es dem Arbeitnehmer möglich, seine Aussichten auf den Erfolg einer Kündigungsschutzklage besser einstufen zu können.

---

[158] Ebenso schon das BAG vom 18.01.1990 zu einem identischen Punkteschema. Der Arbeitgeber ist allerdings gehalten, das Schema nur zur Vorauswahl zu verwenden. In jedem Fall muss an den Anschluss der Vorauswahl eine individuelle Abschlussprüfung stattfinden. , vgl. Bauer, J.H./Krieger, St.: Kündigungsrecht – Reformen 2004, Köln 2004, S. 133.

Nach § 1 Abs. 3 KschG können Arbeitnehmer wegen ihrer Kenntnisse, Fähigkeiten und Leistungen oder zur Sicherung einer ausgewogenen Personalstruktur im berechtigten betrieblichen Interesse für die Sozialauswahl unberücksichtigt bleiben. In einem Kündigungsschutzprozess trägt der Arbeitgeber die Beweislast dafür, dass betriebstechnische, wirtschaftliche oder sonstige berechtigte betriebliche Bedürfnisse den Ausschluss von sozial stärkeren Mitarbeitern aus der sozialen Auswahl bedingten. Wird dieser Beweis nicht erbracht, ist die gesamte Sozialauswahl ungültig und alle Kündigungen gegenüber sozial schwächeren Arbeitnehmern sind unwirksam.[159]

Eine weitere aus betriebsbedingten Gründen sozial gerechtfertigte Kündigung ist die sogenannte **Druckkündigung**. Bei einer Druckkündigung wollen Dritte (Mitarbeiter, Geschäftspartner) unter Androhung von Nachteilen für den Arbeitgeber von diesem eine Kündigung eines bestimmten Mitarbeiters erzwingen. Bei einer Druckkündigung kommen je nach Sachlage zwei Möglichkeiten der Kündigung in Betracht:

- Falls das Verlangen des bzw. der Dritten gegenüber dem Arbeitgeber aufgrund eines Verhaltens des Arbeitnehmers oder einem personenbedingten Grund objektiv gerechtfertigt ist, kommt eine **personen- oder verhaltensbedingte** Kündigung in Betracht.
- Falls es jedoch an einer objektiven Rechtfertigung der Drohung fehlt, kann eine **betriebsbedingte** Kündigung ausgesprochen werden. In einem solchen Fall muss der Arbeitgeber vor Aussprache der Kündigung aufgrund der Fürsorgepflicht alles Zumutbare versuchen, um die Belegschaft oder den Kunden von Ihrer Drohung abzubringen. Nur wenn daraufhin trotzdem Druck in Aussicht gestellt wird (z.B. Streik, Massenentlassungen oder Abbruch der Geschäftsbeziehungen), kann die Kündigung sozial gerechtfertigt sein. Dabei muss jedoch die Kündigung das einzig praktisch in Betracht kommende Mittel sein, um die Schäden abzuwenden.

## 5.4.2 Außerordentliche (fristlose) Kündigung

Die außerordentliche Kündigung, die in der Regel eine fristlose Kündigung ist, ist sowohl für Arbeitsverhältnisse auf bestimmte Zeit als auch für unbefristete Arbeitsverhältnisse möglich. Falls der Kündigende dennoch eine gewisse Frist einräumt, muss er darauf besonders hinweisen, um den Eindruck einer ordentlichen Kündigung zu vermeiden.

### (1) Kündigungsgründe

Für die Aussprache einer außerordentlichen Kündigung muss ein **wichtiger Grund** vorliegen (§ 626 BGB), der es dem Kündigenden unter Berücksichtigung aller Umstände des Einzelfalles und unter Abwägung der Interessen beider Vertragsteile unzumutbar werden lässt, das Dienstverhältnisses bis zum Ablauf der Kündigungsfrist fortzusetzen.[160] Außerordentliche Kündigungen können weder vertraglich ausgeschlossen oder übermäßig beschränkt, noch können bestimmte Gründe (z.B. Kassenfehlbetrag) als absolute Kündigungsgründe vereinbart werden.

[159] Vgl. Hoß, A./Jansen, H.: Gezielte Personalanpassung, Landsberg/Lech 1994, S. 62 f.

[160] Vgl. Ascheid, R.: Kündigungsschutzrecht: Die Kündigung des Arbeitsverhältnisses, Stuttgart/Berlin/Köln 1993, S. 90 ff.

Bei der Bewertung des zur außerordentlichen Kündigung führenden wichtigen Grundes darf weder das Verhalten des Arbeitgebers noch das des Arbeitnehmers isoliert betrachtet werden, sondern nur im Zusammenhang der bisherigen Entwicklung des Arbeitsverhältnisses und den gesamten Umständen des Einzelfalles.

Wichtige Gründe, die die Fortsetzung des Arbeitsverhältnisses für den Arbeitgeber unzumutbar machen, können sein:

- Anstellungsbetrug
- Dauernde oder anhaltende Arbeitsunfähigkeit
- Beharrliche Arbeitsverweigerung oder Arbeitsvertragsbruch
- Grobe Verletzung der Treuepflicht und Verstöße gegen das Wettbewerbsverbot

Mögliche wichtige Gründe, die die Fortsetzung des Arbeitsverhältnisses für den Arbeitnehmer unzumutbar machen, können sein:

- Dauernde Unfähigkeit zur Fortsetzung der Arbeit
- Nichtzahlung des Lohns oder Gehalts
- Tätlichkeit oder erhebliche Ehrverletzung

In diesem Zusammenhang muss jedoch erwähnt werden, dass nach der Rechtsprechung des Bundesverfassungsgerichts eine außerordentliche (fristlose) Kündigung nur in Betracht kommt, wenn alle anderen, nach den jeweiligen Umständen möglichen oder angemessenen Mittel erschöpft sind, wie z.B. die Abmahnung, eine Versetzung, die einverständliche Abänderung des Vertrages, eine außerordentliche Änderungskündigung oder eine ordentliche Kündigung.

Falls zumutbare Möglichkeiten bestehen, den betroffenen Arbeitnehmer mit dessen Einverständnis oder aufgrund einer Änderungskündigung vorübergehend oder auf Dauer eine andere Aufgabe zuzuweisen (notfalls auch schlechtere Arbeitsbedingungen), so ist eine außerordentliche Kündigung nicht gerechtfertigt. Die Änderungskündigung hat also Vorrang vor der Beendigungskündigung und die ordentliche Kündigung hat Vorrang vor der außerordentlichen.

Bei einer außerordentlichen Kündigung sind vom Kündigenden im Streitfall die Tatsachen, die zu dieser Kündigung geführt haben, zu beweisen. Der Arbeitgeber hat im Streitfall darzulegen und zu beweisen, dass es ihm nicht möglich und zumutbar gewesen ist, zur Vermeidung der außerordentlichen Kündigung den Arbeitnehmer auf einen anderen freien Arbeitsplatz zu versetzen. Die außerordentliche Kündigung kann nur innerhalb einer **zweiwöchigen Frist** nach Beginn des Zeitpunktes, in dem der Kündigungsberechtigte von den für die Kündigung maßgebenden Tatsachen Kenntnis erlangte, ausgesprochen werden (§ 626 BGB).

### (2) Kündigungsschutz bei außerordentlicher (fristloser) Kündigung

Arbeitnehmer, die unter den Geltungsbereiches des Kündigungsschutzgesetzes fallen, können die Unwirksamkeit einer außerordentlichen (fristlosen) Kündigung - genauso wie die Sozialwidrigkeit einer ordentlichen Kündigung - nur durch Klage vor dem Arbeitsgericht innerhalb von drei Wochen nach Zugang der Kündigung geltend machen.

Die Regelungen über die Auflösung des Arbeitsverhältnisses gegen Zahlung einer **Abfindung** gelten auch für die außerordentliche (fristlose) Kündigung, jedoch kann hier nicht der Arbeitgeber, sondern nur der Arbeitnehmer den Auflösungsantrag stellen.

## 5.4.3 Änderungskündigung

Bei einer Änderungskündigung werden einzelne Arbeitsbedingungen, die im Arbeitsvertrag festgelegt wurden, geändert. Falls der Kündigungsempfänger diese Änderungen nicht annimmt, ist der gesamte Arbeitsvertrag beendet. Falls Änderungskündigungen vom Arbeitgeber ausgesprochen werden, unterliegen sie den Vorschriften des Kündigungsschutzgesetzes (§ 2 KSchG).

**ÄNDERUNGSKÜNDIGUNG**

Sehr geehrte Frau Tsomiakos,

unter Bezugnahme auf das am 02.03.2004 mit Ihnen geführte Gespräch, in dem wir Ihnen die anhaltend schlechte Auftragslage im Bereich Textilmaschinen geschildert haben, kündigen wir den zwischen Ihnen und uns bestehenden Arbeitsvertrag fristgerecht zum 15.04.2004.

Zugleich bieten wir Ihnen an, das Arbeitsverhältnis mit uns ab dem 15.04.2004 unter folgenden geänderten Bedingungen fortzusetzen:

Sie werden als Montagearbeiterin in der Abteilung Vormontage Werkzeugmaschinen tätig. Ihr Arbeitsbereich umfasst die Vormontage von Steuerungsbauteilen.
Ihr Lohn/Gehalt beträgt ab dem 15.04.2004 ......................... EUR.
Im übrigen sollen die bisherigen Bedingungen unverändert weitergelten.

Bitte lassen Sie uns bis zum Ablauf der Kündigungsfrist, spätestens aber bis zum Ablauf von 3 Wochen nach Zugang dieses Schreibens, wissen, ob Sie das Arbeitsverhältnis zu den neuen Bedingungen fortsetzen.

Wenn Sie dies nicht wünschen, endet das Arbeitsverhältnis mit Ablauf der Kündigungsfrist.

Der Betriebsrat hat der Änderungskündigung nicht widersprochen und der Versetzung zugestimmt. (Im Falle eines Widerspruchs des Betriebsrates gegen die Änderungskündigung: "Die Stellungnahme des Betriebsrates fügen wir bei.")

Herne, den 10.03.2004 ____________________

(Unterschrift)

**Abb. 117:** Beispiel für eine Änderungskündigung

## (1) Kündigungsschutzklage bei Änderungskündigungen

Bei Änderungskündigungen kann der Arbeitnehmer innerhalb von drei Wochen nach Zugang vor dem Arbeitsgericht klagen. Wird die Kündigungsschutzklage nicht rechtzeitig erhoben, gilt die Änderungskündigung als von Anfang an wirksam, es sein denn, der Mitarbeiter weist gemäß § 5 Abs. 1 KSchG besondere Gründe vor.

- **Kündigungsschutzklage mit Vorbehalt bei einer Änderungskündigung**

Lehnt ein Arbeitnehmer die mit der Änderungskündigung angebotene Änderung der Arbeitsbedingungen strikt ab, so kann er, falls das Gericht die neuen geänderten Bedingungen als sozial gerechtfertigt ansieht, nachträglich nicht mehr ohne Zustimmung des Arbeitnehmers dieses Angebot annehmen. Aus diesem Grunde ist es dem Arbeitnehmer vom Gesetz ermöglicht worden, das Arbeitsangebot für die geänderten Bedingungen unter Vorbehalt anzuerkennen. Er muss hierzu innerhalb von drei Wochen nach Zugang der Kündigung seinen Vorbehalt erklären und binnen drei Wochen vor dem Arbeitsgericht Klage auf Feststellung erheben, ob die Änderung sozial gerechtfertigt ist (§ 2 KSchG). Eine widerspruchslose und vorbehaltslose Weiterarbeit zu geänderten Arbeitsbedingungen wird als eine Annahme des Änderungsanbotes gesehen .Stellt das Gericht fest, dass die Änderung sozial ungerechtfertigt ist, so gilt die Änderungskündigung als von Anfang an unwirksam. Der Arbeitgeber hat entsprechende Nachzahlungen (z.B. bei Akkordkürzung) zu leisten. Während der Prozessdauer gelten jedoch für den Arbeitgeber die ungünstigeren Arbeitsbedingungen.

- **Kündigungsschutzklage ohne Vorbehalt bei einer Änderungskündigung**

Falls der Arbeitnehmer auf keinen Fall zu den vom Arbeitgeber geänderten Bedingungen arbeiten will und das Gericht die angebotenen Änderungen als sozial gerechtfertigt anerkennt, gilt das Arbeitsverhältnis als beendet. Erkennt das Gericht die Änderung als sozial ungerechtfertigt an, so gilt das Arbeitsverhältnis unter den alten Arbeitsbedingungen als weiterbestehend.

## (2) Soziale Auswahl bei Änderungskündigungen

Bei der sozialen Auswahl des zu kündigenden Arbeitnehmers kommt es nicht so sehr darauf an, dass Arbeitnehmer in ihrer bisherigen Tätigkeit miteinander verglichen werden können, sondern vielmehr darauf, dass die Arbeitnehmer für die Tätigkeit des Änderungsangebotes wenigstens annähernd gleich geeignet sind. Die Austauschbarkeit muss sich also auch auf den mit der Änderungskündigung angebotenen Arbeitsplatz beziehen.[161] Bei den zu berücksichtigenden sozialen Gründen kommt somit als weiterer Gesichtspunkt in Betracht, welcher der vergleichbaren Arbeitnehmer durch die angebotenen neuen Arbeitsbedingungen schwerer belastet wird. Einfluss auf diese Belastung haben z.B.:

- Vorbildung
- persönliche Eigenschaften (schnelle Auffassungsgabe, Anpassungsfähigkeit etc.)
- Gesundheitszustand

[161] Vgl. Löwitsch, M.: Arbeitsrecht, a.a.O., S. 185 f.

### 5.4.4 Exkurs: Die Abmahnung

Die Abmahnung ist die missbilligende Äußerung des Arbeitgebers oder Arbeitnehmers bei **Verstößen** des Vertragspartners **gegen Haupt- oder Nebenpflichten** aus dem Einzelarbeitsvertrag mit dem unmissverständlichen Hinweis, dass im Wiederholungsfalle der **Inhalt oder der Bestand des Arbeitsverhältnisses gefährdet** ist. Es ist jedoch nicht erforderlich, bestimmte kündigungsrechtliche Maßnahmen (z.B. die ordentliche oder außerordentliche Beendigungs- oder Änderungskündigung) anzudrohen.

Bei der Abmahnung ist weiter erforderlich, dass ein genau bezeichnetes Fehlverhalten gerügt wird, mit der Aufforderung, das Verhalten zu ändern. Deshalb sollten Abmahnungen mit einer **genauen Schilderung** des zu bemängelnden Sachverhalts versehen und durch Hinweise auf den abgeschlossenen Arbeitsvertrag und die darin enthaltenden Mitarbeiterpflichten komplettiert werden. Zeugenaussagen sollten zur Erhärtung der Vorwürfe beigefügt sein und Konsequenzen aufgeführt werden, die im Wiederholungsfall für den Mitarbeiter entstehen. Eine Abmahnung kann z.B. wie folgt aussehen:

**ABMAHNUNG**

Sehr geehrte Frau Schneider,

leider sind Sie trotz einer mündlichen Ermahnung durch Ihren Vorgesetzten, Herrn Schmitz, gemäß Ihrer Stempelkarte im Monat April 2004 an folgenden Tagen erst zu den aufgeführten Uhrzeiten an Ihrem Arbeitsplatz eingetroffen.

7.04.: 08.40 Uhr 13.04.: 09.55 Uhr 17.04.: 08.05 Uhr

Aufgrund Ihres Arbeitsvertrages sind Sie jedoch verpflichtet, arbeitstäglich pünktlich um sieben Uhr am Arbeitsplatz zu sein. Auf Befragen haben Sie Ihrem Vorgesetzten gegenüber erklärt, Sie hätten an den aufgeführten Tagen verschlafen.
Wir fordern Sie deshalb auf, die Arbeitszeit in Zukunft pünktlich einzuhalten. Bei erneuter schuldhafter Unpünktlichkeit müssen wir zu unserem Bedauern die Kündigung Ihres Arbeitsverhältnisses in Betracht ziehen.

______, den _____ ____________________________
(Unterschrift)

Ich bestätige den Erhalt der Abmahnung und erkläre, dass ich gegen ihren Inhalt in tatsächlicher Hinsicht keine Einwendungen habe.

______, den _____ ____________________________
(Unterschrift)

**Abb. 118:** Beispiel für eine Abmahnung

In diesem Zusammenhang sei erwähnt, dass Abmahnungen, die aus Rationalisierungsgründen auf vorgedruckten Formularen erstellt werden, wo dann der Tatbestand durch

Ankreuzen eines bestimmten Wortes (z.B. Alkoholmissbrauch oder Kundenbeleidigung) geschildert wird, vor arbeitsgerichtlichen Untersuchungen nicht standhält. In einem solchen Fall ist die betriebliche Situation nicht exakt rekonstruierbar und der Mitarbeiter wegen der zu schematischen Behandlung des Falles im Vorteil.

In der Abmahnung darf kein Unwerturteil enthalten sein. Dies bedeutet jedoch nicht, dass nicht die Schwere der Pflichtverletzung zum Ausdruck gebracht werden darf.

## (1) Gesetzliche Anforderungen und Aspekte bei der Abmahnung

Um zu gewährleisten, dass die Abmahnung im juristischen Sinne auch **Rechtsgültigkeit** besitzt, müssen besondere Formvorschriften betreffend der folgenden Punkte eingehalten werden:[162]

- **Die inhaltliche Form**

Eine Abmahnung kann sowohl schriftlich als auch mündlich erfolgen. Aus Gründen der Beweissicherung ist die schriftliche Abfassung stets zu bevorzugen. Der Arbeitgeber muss die vorherige vergebliche Abmahnung im Zweifelsfall in einem Kündigungsschutzverfahren beweisen.

- **Der Zugang und die Kenntnisnahme der Abmahnung**

Zur Gültigkeit einer Abmahnung muss diese zugehen. Hierfür sind nach der bisherigen Rechtsprechung zwei Voraussetzungen notwendig:

1. Die schriftliche Abmahnung muss in verkehrsüblicher Weise in die tatsächliche Verfügungsgewalt des Absenders oder der empfangsberechtigten Dritten gelangen.
2. Für den Empfänger muss unter gewöhnlichen Umständen eine Kenntnisnahme zu erwarten sein.

Bei **ausländischen Arbeitnehmern**, die der deutschen Sprache nicht mächtig sind, erfolgt der Zugang jedoch nicht mit der Übergabe, sondern erst nach Ablauf einer Zeitspanne, die für eine Übersetzung des Schreibens als erforderlich angesehen werden kann. Der ausländische Arbeitnehmer kann sich nicht darauf berufen, er habe von der in deutscher Sprache abgefassten Abmahnung keine Kenntnis erlangt, wenn er aus den ihm bekannten Umständen damit rechnen musste, dass das ihm übergebene Schreiben im Zusammenhang mit einer Verletzung seiner Vertragspflichten steht. Wenn er nicht darauf hinweist, dass er den Inhalt des Schreibens nicht versteht oder für eine Übersetzung Sorge trägt, ist es ihm nach Treu und Glauben verwehrt, sich später auf fehlende Kenntnis zu berufen.[163]

---

[162] Vgl. hierzu auch Beckerle, K.: Die Abmahnung, 8. Aufl., Planegg bei München 2003, S. 9 ff.

[163] Um eventuelle Schwierigkeiten auszuräumen, die im Zusammenhang mit dem Zugang der Abmahnung an ausländische Arbeitnehmer auftreten können, ist es sinnvoll, die Abmahnung auch in der Sprache des ausländischen Arbeitnehmers abzufassen. Erfolgt die Abmahnung mündlich, ist dafür zu sorgen, dass dies unter Anwesenheit eines Zeugen geschieht. Bei fremdsprachigen oder hörbehinderten Arbeitnehmern ist der Zugang der mündlichen Abmahnung mittels eines Dolmetschers zu sichern.

- **Die einzuhaltenden Fristen**

Eine zeitliche Begrenzung, innerhalb der eine Abmahnung auszusprechen ist, gibt es nicht, jedoch muss die Abmahnung dem Verstoß unverzüglich Fuße folgen. Eine Abmahnung, die erst geraume Zeit nach dem beanstandeten Vorfall ausgesprochen wird, ist allerdings regelmäßig in ihrer Wirkung abgeschwächt,[164] es sein denn, in einer Abmahnung wird auf einen bislang nicht abgemahnten Vorgang verwiesen, wenn damit die mangelhafte Vertragstreue unterstrichen und damit eine wiederholte Verletzung vertraglicher Pflichten besonders gekennzeichnet werden soll. Handelt es sich um eine Vertragsverletzung, die eine außerordentliche Kündigung im Wiederholungsfalle rechtfertigen kann, dann muss die Abmahnung innerhalb einer zweiwöchigen Frist zugehen.

- **Die abmahnungsberechtigten Personen**

Abmahnungsberechtigt sind nicht nur die kündigungsberechtigten Vorgesetzten, sondern alle Arbeitnehmer, die befugt sind, verbindliche Anweisungen bezüglich des Ortes, der Zeit sowie der Art und Weise der arbeitsvertraglichen Leistungen zu erteilen. Die Abmahnungsbefugnis sollte betrieblich eindeutig geregelt und z.B. durch einen Aushang am "Schwarzen Brett" bekanntgegeben werden.

- **Klagerecht des Arbeitnehmers**

Ein Arbeitnehmer kann nicht auf Zurücknahme, Widerruf oder Nichtigkeitserklärung missbilligender Äußerungen des Arbeitgebers klagen, wenn diese keinen beleidigenden Inhalt haben und keine greifbare Gefahr für das berufliche Fortkommen des Arbeitnehmers darstellen. Hat der Arbeitgeber einen Arbeitnehmer wegen eines angeblich vertragswidrigen Verhaltens abgemahnt und hierüber einen Vermerk zu den Personalakten genommen, kann der Arbeitnehmer die Entfernung dieses Vermerks aus den Personalakten verlangen, wenn der Vorwurf ungerechtfertigt ist.

- **Entfernung der Abmahnung aus der Personalakte**

Es ist davon auszugehen, dass eine Abmahnung nach etwa 2 Jahren aus der Personalakte entfernt werden muss, wenn zwischenzeitlich keine weiteren Abmahnungen ausgesprochen worden sind. Dieser Zeitraum kann sich auf ca. 3 Jahre verlängern, wenn die Abmahnung wegen schwerer Verfehlungen (z.B. Diebstahl, Schlägerei) anstelle einer an sich zulässigen außerordentlichen Kündigung des Arbeitsverhältnisses ausgesprochen worden ist. Nach Auffassung des BAG kann für das Wirkungsloswerden einer Abmahnung eine Regelfrist nicht aufgestellt werden. Der Zeitablauf kann nur unter Berücksichtigung aller Umstände des Einzelfalles beurteilt werden. Eine Abmahnung verliert ihre Bedeutung auch dann, wenn aufgrund des eingetretenen Zeitablaufs oder aufgrund neuer Umstände (z.B. einer späteren unklaren Reaktion des Arbeitgebers auf ähnliche Pflichtverletzungen anderer Arbeitnehmer) der Arbeitnehmer im Ungewissen sein konnte, was der Arbeitgeber von ihm erwarten bzw. wie er auf eine Pflichtverletzung reagieren würde.

---

[164] Vgl. hierzu Becker, F.: Abmahnung und Betriebsbuße. In: Das Personalbüro in Recht und Praxis, Freiburg i. Br. 1991, S. 3c/8.

- **Gerichtliche Überprüfung**

Ein Arbeitnehmer ist berechtigt, aber nicht verpflichtet, gegen die Abmahnung gerichtlich vorzugehen. Hat der Arbeitnehmer davon abgesehen, die Berechtigung einer Abmahnung gerichtlich überprüfen zu lassen oder von dem Recht einer Gegendarstellung Gebrauch zu machen, so ist er grundsätzlich nicht daran gehindert, die Richtigkeit der abgemahnten Pflichtwidrigkeiten in einem späteren Kündigungsschutzprozess zu bestreiten.

- **Wiederholte Abmahnung**

Teilweise wird die Auffassung vertreten, dass eine weitere Abmahnung nur dann in Bezug auf eine bereits ausgesprochene Abmahnung kündigungsrechtliche Bedeutung erlangt, wenn sie die gleiche Vertragswidrigkeit betrifft. "Gleiche Vertragswidrigkeit" bedeutet jedoch nicht, dass exakt das gleiche Fehlverhalten gerügt wird (z.B. verspätete Arbeitsaufnahme). Es genügt, wenn eine weitere Störung des Vertragsverhältnisses sich entsprechend der vorangehenden Abmahnung entweder auf den Leistungsbereich, den Vertrauensbereich oder den Betriebsbereich bezieht ("Gleichwertigkeit" des Vorwurfs). Der Begriff "gleiche Vertragswidrigkeit" kann schon deshalb nicht eng ausgelegt werden, weil auch das Gesamtverhalten eines Arbeitnehmers zur Kündigung führen kann, d.h. wenn verschiedene vertragliche Pflichtverletzungen aufeinander folgen.

- **Abmahnung und Probearbeitsverhältnis**

Bei der Kündigung eines Probearbeitsverhältnisses finden regelmäßig die gleichen Grundsätze Anwendung wie bei einem Arbeitsverhältnis nach Ablauf der Probezeit. Die vom Arbeitgeber während der Probezeit festgestellten Eignungs- und Leistungsmängel sind dem Arbeitnehmer aufzuzeigen, damit dieser die Gelegenheit erhält, den Erwartungen und Anforderungen des Arbeitgebers noch bis zum Ablauf der Probezeit zu genügen.

- **Information und Mitbestimmung des Betriebsrates**

Abmahnungen des Arbeitgebers wegen Schlechterfüllung des Arbeitsvertrages oder sonstiger Verfehlungen des Arbeitnehmers, die allein dessen arbeitsvertragliche Pflichten oder den Vertrauensbereich berühren und keine Auswirkung auf die kollektive Ordnung haben, sind nicht mitbestimmungspflichtig. Es besteht für den Betriebsrat kein Anspruch auf Überlassung einer Durchschrift der Abmahnung zu Informationszwecken.

- **Beweislast bei Abmahnungen**

Der abmahnende Arbeitgeber hat im Bestreitensfall die Richtigkeit der Abmahnungsgründe voll zu beweisen.[165] Da das Beweisen des Nichtvorliegens von Rechtfertigungsgründen, wie z.B. bei einer zur Arbeitsunfähigkeit führenden Erkrankung, für die eine Entschuldigung nicht erfolgt ist, von dem Arbeitgeber schwer zu erbringen ist, kann von dem nicht beweispflichtigen Arbeitnehmer eine Substantiierung des Rechtfertigungsgrundes gefordert werden. Falls der Arbeitnehmer dieser Aufforderung nicht nachkommt, so ist dies zu seinem Nachteil. Dies gilt auch für den Fall, dass der Arbeitnehmer eine abgemahnte Pflichtwidrigkeit erst in einem späteren Kündigungsschutzprozess bestreitet.

---

[165] Vgl. Beckerle, K./Schuster, W.: Die Abmahnung: Vorstufe der Kündigung in der betrieblichen Praxis, 4. Aufl., Freiburg i. Br. 1993, S. 135 ff.

- **Abmahnung und Kündigung**

Bindende Grundsätze, wann arbeitsvertragliche Verstöße des Mitarbeiters im Einzelfall eine Kündigung des Arbeitsverhältnisses rechtfertigen, existieren nicht. Der Arbeitgeber hat jedoch die Möglichkeit, aktuelle Urteile mit konkreten Angaben zum jeweiligen Tatbestand seiner Entscheidung zugrunde zu legen. Über die notwendige Anzahl der auszusprechenden Abmahnungen, bis eine Kündigung erfolgen kann, bestehen keine allgemeinverbindlichen Regeln. Deshalb muss der Betrieb diese Entscheidung selbst abwägen (Dauer der Betriebszugehörigkeit, früheres Verhalten des Arbeitnehmers). Im Allgemeinen sollte eine Abmahnung ausreichend sein. Wird zu oft abgemahnt, verschlechtert sich die Rechtsposition des Arbeitgebers in einem eventuellen Kündigungsschutzprozess.

## (2) Gründe für die Abmahnung

Bei den Gründen für die Abmahnung unterscheidet man analog wie bei der verhaltensbedingten Kündigung Pflichtverletzungen im Leistungs-, im Vertrauens- und im betrieblichen Bereich:

- **Pflichtverletzungen im Leistungsbereich**

Vor Ausspruch einer ordentlichen oder außerordentlichen Kündigung eines Arbeitsverhältnisses durch den Arbeitgeber ist bei einer Pflichtverletzung im Leistungsbereich (verhaltensbedingte Gründe) in der Regel eine vorherige Abmahnung erforderlich. Zu den Pflichtverletzungen im Leistungsbereich zählen u.a.:

- Zu geringe oder zu schlechte Arbeit
- Zuspätkommen zur Arbeit
- Unentschuldigtes Fehlen
- Unbefugtes Verlassen des Arbeitsbereichs

Fehlt es in diesen Fällen an einer vorherigen Abmahnung, ist die Kündigung unwirksam, es sei denn, dass im Einzelfall besondere Umstände vorgelegen haben, aufgrund derer eine Abmahnung als entbehrlich angesehen werden durfte, z.B. wenn von vornherein feststeht, dass eine Abmahnung keinen Erfolg haben wird oder wenn es sich um eine eindeutige und schwerwiegende Pflichtverletzung handelt.

- **Pflichtverletzungen im Vertrauensbereich**

Einer vorherigen Abmahnung bedarf es nicht, wenn eine Pflichtverletzung im Vertrauensbereich vorliegt, es sei denn, ein vertragsgemäßes Verhalten ist in Zukunft zu erwarten. Zu den Pflichtverletzungen im Vertrauensbereich zählen:

- Fälschung einer Arbeitsunfähigkeitsbescheinigung
- Missbrauch der Zeiterfassungseinrichtung
- Gezielte Abwerbung von Belegschaftsmitgliedern
- Diebstahl
- Unrichtige Arbeitsberichte
- Missbrauch einer Vollmacht

Ergibt sich bereits aus dem Gesamtverhalten des Arbeitnehmers, dass er nicht bereit ist, die arbeitsvertraglichen Pflichten zu beachten, dann braucht der Arbeitgeber vor Ausspruch der Kündigung nicht zu versuchen, den Arbeitnehmer zur Einhaltung seiner Pflichten zu bewegen, deren Erfüllung er nach seinem Arbeitsvertrag schuldet. Einer Abmahnung vor Ausspruch einer Kündigung bedarf es nur insoweit, wenn diese dem Arbeitgeber möglich sowie zumutbar ist und Erfolg verspricht, oder wenn der Arbeitnehmer mit vertretbaren Gründen annehmen konnte, sein Verhalten sei nicht vertragswidrig oder werde vom Arbeitgeber zumindest nicht als ein erhebliches, den Bestand oder den Inhalt des Arbeitsverhältnisses gefährdendes Fehlverhalten angesehen.

- **Pflichtverletzungen im betrieblichen Bereich**

Bei Pflichtverletzungen im betrieblichen Bereich ist wie bei Pflichtverletzungen im Vertrauensbereich eine Abmahnung nicht erforderlich. Zu den Pflichtverletzungen im betrieblichen Bereich zählen z.B.:

- Die Verursachung einer erheblichen Arbeitsunterbrechung
- Störungen des Betriebsablaufes bzw. Betriebsfriedens (Schlägereien, Beleidigungen)
- Grobe Verstöße gegen die Betriebsordnung

Auch bedarf es bei der Kündigung wegen zahlreicher Lohnpfändungen keiner vorherigen Abmahnung.

## 5.4.5 Beteiligung des Betriebsrates bei der Kündigung

In allen Betrieben, in denen ein Betriebsrat besteht, ist dieser vor jeder Kündigung durch den Arbeitgeber zu hören. Ohne **vorherige Anhörung** des Betriebsrates ist eine Kündigung durch den Arbeitgeber, unabhängig davon, ob es sich um eine ordentliche, außerordentliche (fristlose) oder Änderungskündigung handelt, unwirksam.

Selbst bei einer Kündigung in den ersten 6 Monaten des Arbeitsverhältnisses ist der Betriebsrat zu hören. Bei diesen Anhörungen muss der Betriebsrat als Gremium gehört werden, soweit er nicht einen besonderen Ausschuss (Personalausschuss) gebildet hat, der zur Erledigung solcher Fälle berufen worden ist. Die Anhörung des Betriebsrates oder des Personalausschusses muss vor der Kündigung erfolgen, bei nachträglicher Anhörung ist die Kündigung unzulässig.[166] Der Arbeitgeber hat dem Betriebsrat bei der Anhörung folgende Informationen mitzuteilen:

- die Person, die gekündigt werden soll
- Art der Kündigung (ordentliche oder außerordentliche (fristlose)) Kündigung
- gegebenenfalls auch den Kündigungstermin
- Gründe für die Kündigung.

Bei der Nennung der Gründe genügt es nicht, diese nur pauschal und stichwortartig zu nennen. Vielmehr ist es erforderlich, dass der für die Kündigung maßgebende Sach-

---

166 Vgl. hierzu auch Jacobi, G.H.: Die Kündigung von Arbeitsverträgen, hrsg. von der Bundesvereinigung der Arbeitgeberverbände, 13. Aufl., Köln 1986, S. 37.

verhalt näher erläutert wird. Dem Arbeitgeber bleibt es dabei freigestellt, ob er alle Gründe nennt, also auch solche, die er nicht zum Anlass der Kündigung nennen möchte. Bei einer betriebsbedingten Kündigung muss der Arbeitgeber selbst ohne vorherige Aufforderung dem Betriebsrat die Gründe mitteilen, weshalb bei der sozialen Auswahl gerade diesem Arbeitnehmer gekündigt wird.

Zur Information des Betriebsrates haben sich Formblätter bewährt. Die folgende Abbildung zeigt ein Beispiel für ein solches Formblatt:

An den Betriebsrat
z. Hd. des Betriebsratsvorsitzenden
oder
An den Personalausschuss
z. Hd. des Ausschussvorsitzenden

Die Firma beabsichtigt, Herrn/ Frau

Name, Vorname, Pers.-Nr.: ____________________
Geburtsdatum, -ort: ____________________
Straße, Hausnummer: ____________________
Postleitzahl, Wohnort: ____________________
Familienstand: ❑ ledig ❑ verheiratet ❑ geschieden ❑ verwitwet
Zahl der unterhaltspflichtigen Kinder: ____________________

am ____________________

❑ ordentlich
❑ außerordentlich und hilfsweise ordentlich
❑ für den Fall der Nichtannahme der Vertragsänderung ordentlich

zu kündigen.

Der/Die zu Kündigende ist seit dem __________ als ____________________
zuletzt in der Abteilung ____________________ beschäftigt.

Die Kündigung ist erforderlich, weil ____________________
____________________
____________________

Der Betriebsrat wird gebeten, der Kündigung zuzustimmen. Für den Fall, dass der Betriebsrat nicht zustimmt, wird er gebeten, im Falle einer außerordentlichen Kündigung binnen 3 Tagen, einer ordentlichen Kündigung binnen einer Woche schriftlich seine Bedenken gegen die Kündigung mitzuteilen.

**Abb. 119**. Formblatt zur Anhörung des Betriebsrates vor einer Kündigung

Bei einem eventuellen **Widerspruch** gegen diese durch den Arbeitgeber beabsichtigte Kündigung muss der Betriebsrat eine Erklärungsfrist von einer Woche bei ordentlichen Kündigungen und von 3 Tagen bei außerordentlichen (fristlosen) Kündigungen einhalten. Äußert sich der Betriebsrat innerhalb dieser Fristen nicht, so wird sein Schweigen als Zustimmung gewertet und die Kündigungen können ausgesprochen werden.

Bei folgenden gesetzlich zugelassenen Gründen (§ 102 Abs. 3 BetrVG) kann der Betriebsrat innerhalb einer Woche bei ordentlicher Kündigung schriftlich widersprechen:

- Der Arbeitgeber hat bei dem zu kündigenden Arbeitnehmer soziale Gründe nicht oder nicht ausreichend berücksichtigt.
- Die Kündigung verstößt gegen Richtlinien, die über die personelle Auswahl bei Kündigungen zwischen Arbeitgeber und Betriebsrat vereinbart worden sind (siehe § 95 BetrVG).
- Der zu kündigende Arbeitnehmer kann an einem anderen Arbeitsplatz im selben Betrieb oder in einem Betrieb des Unternehmens beschäftigt werden.
- Die Weiterbeschäftigung ist nach zumutbaren Umschulungs- oder Fortbildungsmaßnahmen möglich.
- Eine Weiterbeschäftigung des Arbeitnehmers unter geänderten Vertragsbedingungen ist möglich und der Arbeitnehmer hat sein Einverständnis erklärt.

Nach der Rechtsprechung des BAG kann der Arbeitgeber die Anhörungsfrist grundsätzlich nicht abkürzen. Eine Abkürzung kann nur bei betriebsbedingten Kündigungen bei Existenzgefährdung des Betriebes zulässig sein.

Beim Widerspruch des Betriebsrates gegen eine **ordentliche Kündigung** muss dieser ausführlich die Einzelheiten begründen, die gegen eine Kündigung sprechen. Hat der Betriebsrat einer ordentlichen Kündigung frist- und ordnungsgemäß widersprochen und hat der Arbeitnehmer nach dem Kündigungsschutzgesetz Klage auf Feststellung erhoben, dass das Arbeitsverhältnis durch die Kündigung nicht aufgelöst ist, so muss der Arbeitgeber auf Verlangen des Arbeitnehmers diesen nach Ablauf der Kündigungsfrist bis zum rechtskräftigen Abschluss des Rechtsstreits bei unveränderten Arbeitsbedingungen weiterbeschäftigen (§ 102 Abs. 5 BetrVG).

Bei einer **außerordentlichen (fristlosen) Kündigung** kann der Betriebsrat nicht widersprechen, sondern nur seine Bedenken äußern. Während die Äußerung von Bedenken ohne rechtliche Bedeutung für die Wirksamkeit einer trotzdem vom Arbeitgeber ausgesprochenen Kündigung ist und nur den Arbeitgeber zu einer erneuten Prüfung des Falles veranlassen soll, wird die Rechtsposition des Arbeitnehmers im Falle eines Widerspruchs wesentlich verbessert.

Aufgrund des Sprecherausschussgesetzes vom 20.12.1989 ist vor jeder Kündigung eines leitenden Angestellten der gewählte **Sprecherausschuss für leitende Angestellte** durch den Arbeitgeber von der beabsichtigten Kündigung zu unterrichten. Die für den Betriebsrat entsprechenden Vorschriften bei Kündigungen wurden für den Sprecherausschuss übernommen, mit der Ausnahme, dass der Sprecherausschuss bei einer ordentlichen Kündigung keinen Widerspruch einlegen kann. Es verbleibt dem Sprecherausschuss nur, im Falle einer ordentlichen Kündigung seine Bedenken zu äußern.

### 5.4.6 Kündigungsschutzklage

Bei einer Kündigungsschutzklage muss der Arbeitnehmer innerhalb von 3 Wochen nach Zugang der Kündigung Kündigungsschutzklage gegen den Arbeitgeber vor dem Arbeitsgericht erheben. Nach Ablauf dieses Termins gilt die Kündigung als von Anfang an wirksam, falls sie nicht aus anderen Gründen als dem der Sozialwidrigkeit unwirksam ist (z.B. weil der Betriebsrat nicht gehört worden ist).

Falls ein Arbeitnehmer Kündigungsschutzklage erhebt, so muss er dennoch nach Ablauf der Kündigungsfrist den Betrieb verlassen, wenn der Betriebsrat der Kündigung nicht widersprochen hat. Es bleibt nun ihm überlassen, ob er sich eine neue Arbeitsstelle sucht oder sich arbeitslos meldet. Tritt der Arbeitnehmer eine neue Arbeitsstelle an und gewinnt den Kündigungsschutzprozess, so kann er sich innerhalb einer Woche nach Rechtskraft des Urteils entscheiden, ob er das neue Arbeitsverhältnis aufrechterhalten will oder ob er das alte Arbeitsverhältnis fortsetzen möchte.

#### (1) Weiterbeschäftigung während eines Kündigungsschutzprozesses

Der Arbeitgeber kann den Arbeitnehmer auffordern, noch nach Ablauf der Kündigungsfrist bis zur Entscheidung über eine Kündigungsschutzklage seine Tätigkeit fortzuführen. Bis zur endgültigen Klärung des Rechtsstreits bestimmen sich Rechte und Pflichten nach dem gekündigten Arbeitsvertrag, d.h. der Arbeitgeber kann sich bei Krankheit auf die geltenden unabdingbaren gesetzlichen Ansprüche berufen.

Stellt sich bei dem Kündigungsschutzprozess heraus, dass die Kündigung rechtmäßig war, so verbleiben dem Arbeitnehmer die für die Arbeitsleistung gezahlten Vergütungen einschließlich der Ansprüche auf Krankenbezüge bei Arbeitsunfähigkeit.

Falls der Arbeitgeber durch ein vorläufig vollstreckbares Urteil der ersten oder zweiten Instanz gezwungen wird, den Arbeitnehmer weiterzubeschäftigen, so hat der Arbeitnehmer nur Anspruch auf Wertersatz für geleistete Arbeit, d.h. für Zeiten der Nichtleistung (Krankheit, Urlaub) hat der Arbeitnehmer keinen Anspruch auf Lohn. Der Anspruch auf Urlaubsabgeltung für nicht genommenen Urlaub besteht nicht.

#### (2) Lohnzahlung bei unwirksamer Kündigung

Falls das Arbeitsgericht entscheidet, dass das Arbeitsverhältnis nicht durch eine Kündigung aufgelöst worden ist und es auch nicht selbst das Arbeitsverhältnis gegen die Zahlung einer Abfindung aufgelöst hat, so muss der Arbeitgeber den vereinbarten Lohn vom Ausscheiden des Arbeitnehmers aus dem Betrieb bis zum Wiedereintritt nachzahlen. Dazu wird jedoch vorausgesetzt, dass der Arbeitnehmer seine Arbeitsleistung anbietet.

#### (3) Auflösung des Arbeitsverhältnisses gegen Abfindung

Infolge einer Verfeindung der Parteien im Laufe eines Kündigungsstreits ist eine sinnvolle Zusammenarbeit oft nicht mehr möglich, so dass das Arbeitsverhältnis gegen die Zahlung einer **Abfindung** durch den Arbeitgeber beendet wird. Die Höhe der Abfindung kann dabei in Abhängigkeit von der Dauer der Betriebszugehörigkeit und dem Alter des Arbeitnehmers bis zu 18 Monatsverdienste betragen (§ 10 KSchG). Zur Beendung eines Arbeitsverhältnisses gegen die Zahlung einer Abfindung müssen folgende **Voraussetzungen** erfüllt sein:

1. Die Kündigung des Arbeitgebers muss unwirksam sein. Im Falle einer ordentlichen Kündigung bedeutet dies, dass sie sozial ungerechtfertigt im Sinne des Kündigungsschutzgesetzes ist. Bei einer außerordentlichen (fristlosen) Kündigung ist sie unwirksam, wenn sie unbegründet ist.
2. Es muss ein Antrag auf Abfindung gestellt werden. Der Antrag kann sowohl vom Arbeitgeber als auch vom Arbeitnehmer gestellt werden. Der Arbeitgeber ist jedoch nur dann berechtigt, einen Antrag zu stellen, wenn er eine ordentliche Kündigung aus-gesprochen hat und die Kündigung nach dem Kündigungsschutzgesetz sozialwidrig war, nicht aber bereits aus anderen Gründen unwirksam ist.
3. Der Auflösungsantrag muss begründet werden, d.h. aus der Sicht des Arbeitgebers müssen konkrete Tatsachen vorliegen, die eine weitere Zusammenarbeit, die dem Betriebszweck dient, unmöglich machen.

## 5.4.7 Besonderer Kündigungsschutz

Bestimmte Arbeitnehmergruppen genießen einen besonderen Kündigungsschutz, der es dem Arbeitgeber erschwert bzw. unmöglich macht, eine ordentliche oder außerordentliche Kündigung durchzusetzen. Meist ist eine Kündigung dieser Arbeitnehmer nur unter bestimmten Voraussetzungen zulässig. Eine Kündigung unter Verletzung der jeweiligen Vorschriften ist unwirksam.

Die folgende Abbildung zeigt einen Überblick über die unter den besonderen Kündigungsschutz fallenden Arbeitnehmergruppen:

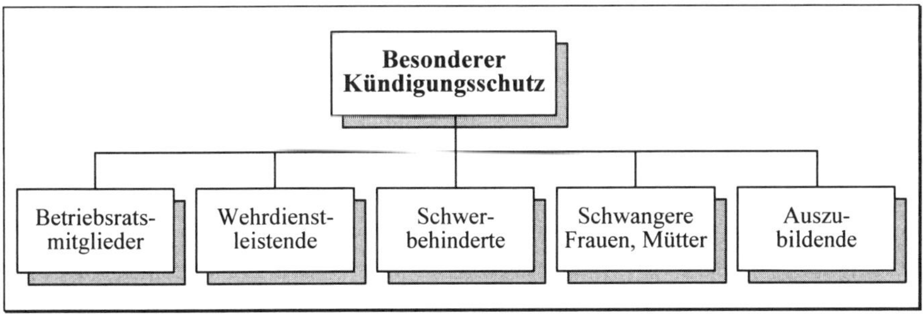


**Abb. 120:** Besonderer Kündigungsschutz

### (1) Betriebsratsmitglieder und Funktionsträger nach dem BetrVG

Die **ordentliche Kündigung** der zu dieser Personengruppe gehörenden Arbeitnehmer ist grundsätzlich **unzulässig** (gewisse Ausnahmen gibt es für den Fall der Betriebsstillegung oder Stillegung einer Betriebsabteilung). Das Kündigungsverbot gilt auch noch innerhalb eines Jahres nach dem Ende der Betriebsratsarbeit (bei Mitgliedern des Wahlvorstandes oder bei Wahlbewerbern verringert sich diese Frist auf ein halbes Jahr nach Beendigung ihrer Funktion).

Ein befristetes Arbeitsverhältnis endet unabhängig von einer Zugehörigkeit zum Betriebsrat oder der Jugend- und Auszubildendenvertretung mit Ablauf der Frist. Eine Ausnahme hiervon stellen **Auszubildende** dar, die in eine Betriebs- oder Jugend- und Auszubildendenvertretung gewählt worden sind. Diese können von dem Arbeitgeber die Weiterbeschäftigung in einem anschließenden Beschäftigungsverhältnis verlangen. Der Arbeitgeber kann sich hiervon nur durch eine gerichtliche Entscheidung befreien lassen, wenn ihm die Weiterbeschäftigung aus wichtigen Gründen nicht zugemutet werden kann.

Anders als bei der ordentlichen Kündigung ist eine **außerordentliche (fristlose) Kündigung** von Betriebsrats- oder Jugendvertretungsmitgliedern grundsätzlich **zulässig**. Diese bedarf aber der Zustimmung des Betriebsrates. Im Falle einer Verweigerung der Zustimmung kann der Arbeitgeber diese durch eine Arbeitsgerichtsentscheidung ersetzen lassen. Die Zustimmung des Betriebsrates oder des Arbeitsgerichtes muss vor dem Ausspruch der Kündigung erfolgen. Für die Bewertung eines wichtigen Grundes, der zu einer außerordentlichen Kündigung führen kann, gelten die gleichen Maßstäbe wie für Arbeitnehmer, die nicht dem Betriebsrat angehören oder betriebsverfassungsrechtliche Funktionen ausführen.

### (2) Wehrdienstleistende

Arbeitnehmer dürfen ab dem Zeitpunkt der Zustellung des Einberufungsbescheides bis zur Beendigung des Grundwehrdienstes sowie während einer Wehrübung nicht ordentlich gekündigt werden. Eine fristlose Kündigung aus wichtigem Grund bleibt, solange diese sich nicht auf die Einberufung zum Wehrdienst stützt, zulässig. Nur bei **Kleinbetrieben** mit weniger als 6 Beschäftigten (ohne Auszubildende), kann die Einberufung ein wichtiger Kündigungsgrund sein. Voraussetzungen hierfür sind, dass

- der Wehrdienstleistende unverheiratet ist,
- dem Arbeitgeber infolge der Einstellung einer Ersatzkraft die Weiterbeschäftigung des Arbeitnehmers nach der Entlassung aus dem Wehrdienst nicht zuzumuten ist und
- die Kündigung unter Einhaltung einer Frist von 2 Monaten vor Beendigung des Wehrdienstes ausgesprochen wird.

Des Weiteren darf der Arbeitgeber einen Arbeitnehmer nicht vor oder nach dem Wehrdienst aus Gründen, die im Zusammenhang mit dem Wehrdienst stehen, kündigen. Im Falle eines Streits zwischen Arbeitnehmer und Arbeitgeber muss der Arbeitgeber die Gründe darlegen (z.B. fehlende Aufträge), die zur Kündigung geführt haben.

### (3) Schwerbehinderte

Die **ordentliche Kündigung** eines Schwerbehinderten bedarf der vorherigen Zustimmung des Integrationsamtes. Dies gilt auch, wenn der Schwerbehinderte über die gesetzliche Pflichtquote hinaus beschäftigt ist oder älter als 65 Jahre ist. Der Arbeitgeber muss zunächst bei dem für seinen Firmensitz zuständigen **Integrationsamt** schriftlich den

Antrag auf Zustimmung zu der beabsichtigten Kündigung stellen. Bei Vorliegen der Zustimmung des Integrationsamtes kann der Arbeitgeber innerhalb von einem Monat unter Einhaltung einer Kündigungsfrist von 4 Wochen den Arbeitnehmer kündigen (Dies gilt auch bei Aushilfs- und Probearbeitsverhältnissen).

Bei der **außerordentlichen Kündigung** von Schwerbehinderten muss das Integrationsamt ebenfalls ihr Einverständnis dem Arbeitgeber mitteilen. Der Arbeitgeber ist verpflichtet, unverzüglich nach Erhalt der Zustimmung des Integrationsamtes den Betriebsrat anzuhören und nach dessen Stellungnahme unverzüglich zu kündigen. Eine Ausnahme von der Zustimmungsvoraussetzung liegt dann vor, wenn der Arbeitnehmer noch nicht länger als 6 Monate beschäftigt ist.

## (4) Schwangere Frauen, Mütter und Erziehungsurlaub

Während der Schwangerschaft und bis zum Ablauf von 4 Monaten nach der Entbindung genießen Arbeitnehmerinnen einen besonderen Arbeitsplatzschutz in Form eines **Kündigungsverbots**. Falls das Arbeitsverhältnis durch Fristablauf bei einer rechtmäßigen Befristung oder durch Anfechtung infolge Irrtums oder arglistiger Täuschung beendet wird, ändert die Schwangerschaft hieran nichts.

Das Kündigungsverbot gilt nur dann, wenn dem Arbeitgeber zum Zeitpunkt der Kündigung die Schwangerschaft oder Niederkunft bekannt war oder innerhalb von 2 Wochen nach Zugang der Kündigung mitgeteilt worden ist. Falls eine Arbeitnehmerin erklärt, sie sei wahrscheinlich schwanger, genügt es, wenn sie innerhalb einer angemessenen Zeit den Nachweis über ihre Schwangerschaft erbringt. Falls eine Kündigung vor Beginn einer Schwangerschaft ausgesprochen wurde, so gilt diese auch, wenn die tatsächliche Beendigung des Arbeitsverhältnisses erst während der Schwangerschaft eintritt.

Anders als für den Arbeitgeber ist es der Arbeitnehmerin gestattet, das Arbeitsverhältnis während der Schwangerschaft und der 8 - 12 wöchigen Schutzfrist nach der Entbindung jederzeit ohne Einhaltung der Kündigungsfrist zum Ende der Schutzfrist zu kündigen. Nur wenn die Kündigung zu einem früheren oder späteren Zeitpunkt wirksam werden soll, muss auch die Arbeitnehmerin die Kündigungsfrist einhalten.

Falls der Arbeitnehmer einen **Erziehungsurlaub** angetreten hat, kann er das Arbeitsverhältnis nur zum Ende des Erziehungsurlaubs mit einmonatiger Kündigungsfrist kündigen. Der Arbeitgeber kann während des Erziehungsurlaubes normalerweise nicht kündigen. Nur in wenigen Ausnahmefällen, die von der zuständigen Arbeitsschutzbehörde genehmigt werden müssen, ist eine Kündigung möglich (schwere Vertragsverletzung durch den Arbeitnehmer, Betriebsstillegung, Stillegung einer Betriebsabteilung, falls eine Umsetzung unmöglich ist).

## (5) Auszubildende

Nach der Probezeit kann das Berufsausbildungsverhältnis von beiden Seiten nur außerordentlich aus wichtigem Grund und vom Auszubildenden mit einer Frist von vier Wochen gekündigt werden, wenn dieser die Ausbildung aufgibt oder den Ausbildungsberuf wechselt. Bei der Kündigung des Ausbildungsverhältnisses durch den Arbeitgeber ist zu beachten, dass schlechte Leistungen, Pflichtverletzung, Aufsässigkeit oder Faulheit noch keine fristlose Beendigung des Ausbildungsverhältnisses erlauben. Erst falls alle Erziehungsmaßnahmen keine Besserung bewirken oder bei ungenügender Leistung trotz aller Ermahnung das Erreichen des Ausbildungsziels völlig ausgeschlossen erscheint, ist eine Kündigung zulässig.

### 5.4.8 Massenentlassungen

Werden in einem Unternehmen innerhalb eines kurzen Zeitraums eine große Zahl an Arbeitskräften mit zudem annähernd gleicher beruflicher Qualifikation entlassen, besteht die Gefahr, dass sie unmittelbar danach keine andere Beschäftigung finden und daher arbeitslos werden.

Um dieser Gefahr zu begegnen, hat man der Arbeitsverwaltung Möglichkeiten eingeräumt, um bei **Massenentlassungen** vorübergehend einzugreifen. Ihr wurde die Möglichkeit eingeräumt, den Zeitpunkt zu bestimmen, zu dem die Entlassung frühestens wirksam werden kann. Damit die Arbeitsverwaltung tätig werden kann, wurde die **Anzeigepflicht** der Massenentlassung bestimmt.

Eine Massenentlassung liegt nach dem Kündigungsschutzgesetz dann vor, wenn folgende Bedingungen gegeben sind:

| Betriebsgröße (Arbeitnehmer) | Entlassungen von mehr als ... Arbeitnehmern innerhalb von 4 Wochen |
|---|---|
| 21 - 59 | 5 |
| 60 - 499 | 10%, aber mind. 25 |
| über 499 | 30 |

**Abb. 121:** Zahlengrundlage für Massenkündigung nach § 17 KSchG

#### (1) Mitbestimmung

Der Arbeitgeber, der anzeigepflichtige Entlassungen vornehmen will, hat den Betriebsrat rechtzeitig über

- die Gründe für die Entlassungen,
- die Zahl der zu entlassenden Arbeitnehmer
- sowie den vorgesehenen Entlassungszeitraum schriftlich zu unterrichten.

Daneben ist die **Massenentlassung** mit dem Betriebsrat und dem Wirtschaftsausschuss bezüglich zweckdienlicher Auskünfte zu beraten. Eine Massenentlassung wird erst nach Ablauf einer Frist von einem Monat nach ihrer Anzeige beim Arbeitsamt wirksam.

### (2) Abwägung von Vor- und Nachteilen

Ein wesentlicher Nachteil der Massenentlassung ergibt sich aus den sich kurzfristig ergebenden Kosten durch sofort zu zahlende Sozialleistungen. Ein Vorteil dieser Maßnahme kann daher erst unter langfristigen Aspekten gegeben sein. Sofern durch Entlassungen eine befriedigende Relation von Personal zur Leistung hergestellt werden kann, ist über die Einsparung der Lohn- und Lohnnebenkosten durch die Entlassung von Arbeitnehmern eine **Sicherung der langfristigen Wirtschaftlichkeit** gegeben.

Die wirtschaftlichen Auswirkungen hängen dabei in starkem Maße von der Auswahl der Entlassenen ab. Findet sie entsprechend der Leistung statt, ergeben sich rasch positive Auswirkungen auf die Arbeitsproduktivität und damit auf die Wirtschaftlichkeit des Arbeitseinsatzes, z.B. durch Senkung des Anteils von Arbeitnehmern mit hohen Fehlzeiten.

Ein wesentlicher Nachteil der Massenentlassung ist darin zu sehen, dass das Ansehen am Arbeitsmarkt stark in Mitleidenschaft gezogen wird. Eine "hire and fire" Politik wirkt abschreckend. In ähnlicher Weise bedenklich wirken Entlassungen auf das Image am Beschaffungs- und Absatzmarkt. Das Vertrauen auf fortgesetzte Lieferung bzw. Abnahme erleidet durch Abbaumaßnahmen größeren Umfanges Schäden.

## 5.4.9 Personalfreisetzung bei Betriebsänderungen

Von Betriebsänderungen spricht man gemäß § 111 Satz 3 BetrVG, wenn es sich um

- Einschränkungen und Stillegungen des ganzen Betriebes oder von wesentlichen Betriebsteilen,
- Verlegung des ganzen Betriebes oder von wesentlichen Betriebsteilen,
- Zusammenschluss mit anderen Betrieben oder die Spaltung von Betrieben,
- grundlegende Änderungen der Betriebsorganisation, des Betriebszwecks oder der Betriebsanlagen oder
- Einführung grundlegend neuer Arbeitsmethoden und Fertigungsverfahren handelt.

Derartige Betriebsänderungen haben in der Regel Massenentlassungen zur Folge. In diesem Fall sind ein **Interessenausgleich**, der die wirtschaftlich-unternehmerischen Maßnahmen beinhaltet, und ein **Sozialplan** zum Ausgleich oder zur Milderung der wirtschaftlichen Nachteile, die den Arbeitnehmern wegen der Betriebsänderung entstehen, abzuschließen.[167] Der Interessenausgleich ist von dem Sozialplan zu unterscheiden. Für die genaue Bestimmung des Mitbestimmungsrechts ist die Unterscheidung von Bedeutung, da ein Teil der Fragen, die im Interessenausgleich geregelt werden, von der Einigungsstelle nicht verbindlich entschieden werden können. Das Unternehmen versucht, seine vorher durchdachten Verhandlungsziele unter Berücksichtigung seiner Möglichkeiten anzustreben. Der Betriebsrat versucht, die Interessen der Arbeitnehmer dabei zu sichern.

[167] Vgl. Hase, D./Neumann-Cosel, R.v./Rupp., R.: Handbuch Interessenausgleich und Sozialplan, 2. Aufl., Köln 1996, S. 27 ff.

## (1) Der Interessenausgleich

Nach § 112 Abs. 1 BetrVG haben sich Unternehmen und Betriebsrat zu bemühen, sich in der Form zu einigen, dass das Gesetz von einem Interessenausgleich sprechen kann. Grundsätzlich hat der Betriebsrat jedoch nur ein Mitwirkungsrecht am Interessenausgleich. Kommen Betriebsrat und Unternehmensleitung nicht zu einer Einigung beim Interessenausgleich, so kann der Vorstand der Bundesagentur für Arbeit um Vermittlung gebeten werden (§ 112 Abs. 2 BetrVG). Bleibt dieses Vermittlungsgesuch ungenutzt oder ergebnislos, können Unternehmer und Betriebsrat die Einigungsstelle anrufen (§ 112 und 112a in Verbindung mit § 76 BetrVG). Eine Einigung kann versucht werden, jedoch ist ein einigungs-ersetzender Spruch nicht möglich. [168]

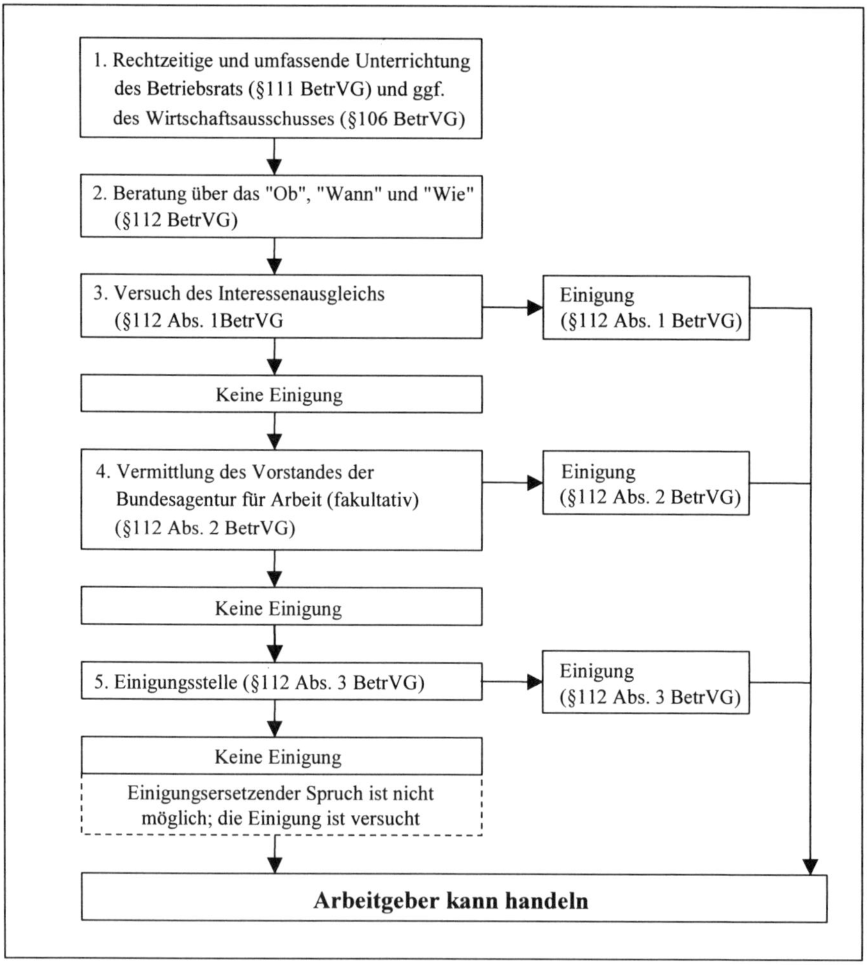


**Abb. 122:** Verfahrensschema für den Interessenausgleich

168 Vgl. Lowitsch, M.: Arbeitsrecht, a.a.O., S. 201 f.

Inhalt des Interessenausgleichs sollte die Regelung der technischen und der organisatorischen Abwicklung der Betriebsänderung sowie die Festlegung der Einzelheiten von Form und Durchführung sein. Im Besonderen sollten die von der Betriebsänderung betroffenen Abteilungen und Stellen, sowie der zeitliche Ablauf der einzelnen Maßnahmen aufgeführt werden. Da sich der Inhalt des Interessenausgleichs auf die Unternehmensentscheidungen bezieht, wird parallel zur Produktionsplanung eine Personalplanung erforderlich. Beispielsweise kann eine stufenweise Abwicklung der Maßnahmen vereinbart werden. Über die Zahl der Betroffenen und über die flankierenden Maßnahmen (Versetzungen, Umschulungen, Aufrechterhaltung bestimmter Produktionseinheiten auf Zeit und Dauer) ist zu verhandeln.

## (2) Der Sozialplan

Dem Betriebsrat stehen nach § 112 BetrVG bei der Ausarbeitung eines Sozialplans Mitbestimmungsrechte zu. Einigen sich Betriebsrat und Unternehmensleitung nicht bei der Ausarbeitung, so kann ebenfalls der Weg über das Landesarbeitsamt oder die Einigungsstelle erfolgen. Beim Sozialplan ersetzt letztendlich der Spruch der Einigungsstelle unter Berücksichtigung der sozialen Belange der Arbeitnehmer und der wirtschaftlichen Belastbarkeit des Unternehmens die Einigung zwischen Unternehmen und Betriebsrat.

Der Sozialplan soll den Ausgleich oder die Milderung der wirtschaftlichen Nachteile, die Arbeitnehmern aus der Betriebsänderung entstehen, regeln. Inhalt der im Sozialplan getroffenen Vereinbarungen sind in erster Linie die materiellen Leistungen der Unternehmen an die durch den Personalabbau Betroffenen. Materielle Leistungen können in Form von Abfindungen sowie Überbrückungsgeldern oder Ausgleichszahlungen (bei nachfolgender Verdienstminderung, Arbeitslosigkeit oder auch Frühpensionierung) stattfinden. Darüber hinaus sollten im Sozialplan im Einzelnen die Maßnahmen und die Verdienstsicherung bei Umsetzungen, Versetzungen, Fortbildungen und Umschulungen sowie vorzeitige Pensionierung geregelt werden. Angesichts der Arbeitsmarktsituation sollten solche Regelungen, auch unter Nutzung öffentlicher Mittel, immer angestrebt werden.

Ein Sozialplan ist in Bezug auf seinen Inhalt und die Ausgestaltungsmöglichkeiten nach den jeweiligen konkreten Gegebenheiten und nach der spezifischen betrieblichen Situation auszurichten. Grundsätzlich sollten folgende Punkte zu den Regelungstatbeständen eines Sozialplans gehören:

- Geltungsbereich (örtlich, sachlich, persönlich, zeitlich)
- Umsetzung (innerhalb des Betriebs oder Werksbereiches) ohne oder mit Entgeltminderung
- Versetzung
- Umschulung oder Fortbildung
- Entlassung

Bei der Aufstellung des Sozialplans müssen im Besonderen die entstehenden Nachteile für Problemgruppen wie Auszubildende, Schwerbehinderte, Teilzeitbeschäftigte, ältere Arbeitnehmer oder Ausländer berücksichtigt werden.

Entstehen besondere Härten bei Betriebsänderungen, die durch den Sozialplan nicht genügend abgedeckt werden, so müssen diese durch die Einrichtung von Härtefonds gemildert werden.

Werden aufgrund von Entlassungen Abfindungen gezahlt, so sollen diese den Verlust des Arbeitsplatzes und die damit verbundenen wirtschaftlichen und immateriellen Nachteile entschädigen. Die Höhe der Abfindung richtet sich meist nach dem Lebensalter, der Dauer der Betriebszugehörigkeit und dem Bruttoverdienst.

## 5.5 Abwicklung und Kontrolle des Personalabbaus

Es ist für ein Unternehmen wichtig, stets einen genauen Überblick über seinen aktuellen Personalbestand (Abgangsstatistik) und die Abgangsgründe zu haben. Damit wird die Fluktuation erfasst und ein Trendverlauf oder Trendveränderungen können rechtzeitig verfolgt und berücksichtigt werden. Für die gezielte Personalarbeit ist es notwendig, die Abgangsgründe differenziert zu beobachten und festzuhalten, um gesicherte Grundlagen für erforderliche Anpassungsschritte zu besitzen.

Die entsprechenden Informationen erhält man durch einen Fragebogen, den ein ausscheidender Mitarbeiter ausfüllt, oder durch ein Abgangsgespräch. Im Abgangsgespräch wird versucht, die tatsächlichen Kündigungsgründe zu ermitteln, betriebliche Schwachstellen, die zur Kündigung führten, zu erkennen und Aversionen gegen das Unternehmen abzubauen. Das Abgangsgespräch endet mit einer Danksagung und Verabschiedung.

Verlässt ein Arbeitnehmer ein Unternehmen, so hat er rechtlich einen Anspruch auf ein Arbeitszeugnis (vgl. Teil 4, Abschnitt 5. "Das Arbeitszeugnis"). Dieses Arbeitszeugnis wird zusammen mit anderen Arbeitspapieren, wie zum Beispiel der Lohnsteuerkarte und dem Sozialversicherungsheft, mit dem Ausscheiden aus dem Arbeitsverhältnis dem Arbeitnehmer übergeben.

## 5.6 Outplacement

Die lange Zeit vernachlässigte Problematik des Ausscheidens von Mitarbeitern aus dem Unternehmen hat in den letzten Jahren im Zusammenhang mit dem Konzept des Outplacement einen gewaltigen Aufschwung erfahren. Outplacement stellt ein bereits Ende der 60er Jahre in den USA entwickeltes Konzept zur Betreuung aus der Unternehmung ausscheidender Arbeitnehmer dar, das im deutschsprachigen Raum erst seit Beginn der 80er Jahre Beachtung findet.

Outplacement beschäftigt sich mit der Trennung von Mitarbeiter und Unternehmung durch Entlassungen. Outplacement bedeutet dabei zunächst nichts anderes als "Herausbefördern" oder "Herausplacieren" eines als ungeeignet erscheinenden Mitarbeiters. Die Leitidee des Outplacement liegt jedoch gerade in der Abkehr von rigorosen Freisetzungsstrategien. Indem die negativen Konsequenzen von Entlassungen für den Freigesetzten, für die im Unternehmen verbleibenden Mitarbeiter und das Unternehmen selbst analysiert werden, können Gestaltungsempfehlungen für eine einvernehmliche Trennung gegeben werden. Das Outplacement-Konzept verfolgt entsprechend das Ziel, Entlassungen in einer Form durchzuführen, die sowohl den Interessen des Unternehmens als auch der Mitarbeiter gerecht wird.

Aus Mitarbeitersicht sollte Outplacement die Durchführung von ordnungsmäßigen Entlassungen in einer Form ermöglichen, die:

- bei der Bewältigung psychisch-sozialer Spannungen beim Betroffenen hilft
- bei Auswahl und Aufbau von Kontakten unterstützt und bei einer gezielten Bewerbungskampagne hilfreich ist
- die Arbeitsplatzsuche noch in der ungekündigten Stellung durch systematische Karriereplanung fördert

Outplacement bedeutet nicht, dass dem Freizusetzenden ein neuer Wunscharbeitsplatz vom Outplacementberater problemlos und ohne aktive Mitarbeit des Klienten angeboten werden kann. Outplacement versucht vielmehr, meist unter Hinzuziehung eines externen Beraters, ein Dienstleistungsbündel bereitzustellen, welches den Stellensuchenden in die Lage versetzen soll, aus eigener Kraft eine neue adäquate Position zu erreichen. Man spricht deshalb auch immer stärker von "Newplacement" bzw. "Replacement".[169] Aus Sicht der Unternehmung besteht die Zielsetzung des Outplacements darin:

- den Trennungsprozess zu verkürzen und arbeitsrechtliche Auseinandersetzungen zu vermeiden
- die Motivation der im Unternehmen verbleibenden Mitarbeiter zu erhalten
- unternehmensextern ein positives Personalimage aufzubauen und
- dem verantwortlichen Vorgesetzten die Angst und Unsicherheit bezüglich der Durchführung von Kündigungsgesprächen zu nehmen[170]

Während die Zielgruppe des Outplacement ursprünglich lediglich auf Mitglieder der obersten Führungsebene begrenzt war, wurde sie im Laufe der Zeit immer weiter vergrößert und umfasst heute Mitglieder aller Hierarchieebenen.

## 5.7 Rechtliche Aspekte des Personalabbaus (Überblick)

Im Gegensatz zu den bisher dargestellten personellen Funktionsbereichen gibt es bei der Personalabbauplanung quantitativ und qualitativ bedeutsamere Rechtsvorschriften, die zu beachten sind. Das gilt vor allem, weil die Folgen von Personalabbau für die Arbeitnehmer (wie z.B. Kurzarbeit, Verlust des Arbeitsplatzes, Einkommenseinbußen, sozialer Abstieg) sehr nachteilig sein können, wobei Personalabbau mit Entlassungen folgenschwerer wirkt als Personalabbau ohne Entlassungen.

Im Zusammenhang mit dem Personalabbau werden alle Bestimmungen aus dem Arbeitsrecht (das den Tatbestand der abhängigen Arbeit regelt) angesprochen, die die Been-

---

[169] Vgl. Stoebe, F.: Outplacement. In: Handbuch Personalmarketing, hrsg. von Strutz, H., 2. Aufl., Wiesbaden 1993, S. 779 ff.

[170] Vgl. Sauer, M.: Outplacement-Beratung: Konzeption und organisatorische Gestaltung, Wiesbaden 1991, S. 49.

digung des Arbeitsverhältnisses zwischen Arbeitgeber und Arbeitnehmer berühren. Das Arbeitsrecht, das einen Lebensbereich abschließend regelt, beinhaltet Ausschnitte aus fast allen (privat- und öffentlichrechtlichen) Rechtsdisziplinen. Die Rechtsvorschriften, die zur Zeit auf den Personalabbau einwirken, sind das individuelle Arbeitsvertragsrecht, staatliche Schutzbestimmungen und die kollektiven Vereinbarungen der Sozialpartner.

## (1) Aspekte des individuellen Arbeitsrechts

Aus dem individuellen Arbeitsrecht sind die im Folgenden genannten Gesetze von Bedeutung. Sie sollen kurz erörtert werden:

- **Kündigungsschutzgesetz (KSchG)**

Nach § 1 KSchG muss die Kündigung eines mehr als sechs Monate bestehenden Arbeitsverhältnisses sozial gerechtfertigt sein, ansonsten ist sie unwirksam. Sie ist sozial ungerechtfertigt, wenn sie nicht personen- oder betriebsbedingt ist, gegen eventuell vereinbarte Auswahlrichtlinien verstößt (§ 95 BetrVG) oder wenn die Weiterbeschäftigung des Arbeitnehmers nach zumutbaren Umschulungs- und Fortbildungsmaßnahmen bzw. geänderten Arbeitsbedingungen möglich ist. Dabei hat der Arbeitgeber eine Beweispflicht für die Notwendigkeit der Kündigung ( § 1 KSchG).

In diesem Gesetz sind auch der erweiterte Kündigungsschutz für betriebliche Funktionsträger (§§ 15-16 KSchG) und der Kündigungsschutz bei Massenentlassungen (§§ 17-22) geregelt. Kündigungsfristen sind grundsätzlich im BGB geregelt (§§ 621-627).

- **Arbeitsplatzschutzgesetz (ArbPLSchG/Zivildienst)**

Das Arbeitsplatzschutzgesetz bestimmt in § 2, dass ein Arbeitnehmer während der Ableistung des Grundwehrdienstes bzw. Zivildienstes sowie Wehrübungen unkündbar ist. Dies gilt auch für den freiwillig erweiterten Grundwehrdienst von Soldaten auf eine Zeit bis zu 24 Monaten sowie für Zivildienstleistende (§ 78 Zivildienstgesetz).

- **Arbeitsförderungsgesetz (AFG)**

Das AFG wurde grundsätzlich zur Vermeidung von Entlassungen geschaffen. Vorbeugende Maßnahmen zur Verhinderung von Arbeitslosigkeit wurden deutlich herausgestellt. Dazu gehörte auch die Förderung der beruflichen Bildung. Das Gesetz wollte dadurch einerseits die berufliche Mobilität der Arbeitnehmer verbessern und anderseits die Beschäftigung sichern. Darüber hinaus regelte das AFG die materiellen Leistungen für die Berufsausbildung und die Erhaltung und Schaffung von Arbeitsplätzen. Zu nennen sind vor allem Kurzarbeitergeld, Einarbeitungsunterstützung, Förderung Behinderter, Schlechtwettergeld sowie Arbeitslosengeld und Arbeitslosenhilfe.

Das Arbeitsförderungsgesetz existiert in seinem ursprünglichen Umfang nicht mehr, seine Inhalte wurden jedoch fast vollständig in das Sozialgesetzbuch III übernommen.

- **Berufsbildungsgesetz (BBiG)**

Auszubildenden kann nach Ablauf der Probezeit nur bei Vorliegen eines wichtigen Grundes (d.h. außerordentlich) gekündigt werden.

- **Mutterschutzgesetz (MuSchG)**

Während der Schwangerschaft und bis zum Ablauf von vier Monaten nach der Entbindung sind Arbeitnehmerinnen grundsätzlich unkündbar.

- **Bundeserziehungsgesetz (BErzGG)**

Nach der Geburt eines Kindes und nach Ablauf des Mutterschutzes kann die Mutter oder ggf. ihr Ehegatte einen Erziehungsurlaub bzw. eine Teilzeitarbeit in Anspruch nehmen. Im Normalfall darf der Arbeitgeber in dieser Zeit das Arbeitsverhältnis nicht kündigen.

- **Schwerbehindertengesetz (SchwbG)**

Besteht das Arbeitsverhältnis mit einem Schwerbehinderten mehr als 6 Monate, so ist eine Kündigung nur mit Zustimmung der Hauptfürsorgestelle möglich. Die Kündigungsfrist beträgt 4 Wochen und läuft erst vom Tage der Zustimmung durch die Hauptfürsorgestelle.

- **Teilzeit- und Befristungsgesetz (TzBfG)**

Das Teilzeit- und Befristungsgesetz regelt die Inanspruchnahme befristeter Arbeitsverträge bis zu 24 Monaten. Es bildet die Grundlage für Teilzeitbeschäftigung und variable Arbeitszeiten entsprechend dem Arbeitsanfall sowie Job-Sharing (besonderer Kündigungsschutz § 14 Abs. 2 Satz 1). Es legitimiert die Überlassung von Leiharbeitnehmern bis zu 6 Monaten beim gleichen Entleiher.

Durch das Teilzeit- und Befristungsgesetz wurden die Rahmenbedingungen für Sozialpläne dahingehend modifiziert, dass Um- und Versetzungen, die mit einem Wohnungswechsel verbunden sind, nicht mehr als unzumutbar gelten und dass die Zahl der Mindest-Betroffenen bei Personalabbau über die bisherige maßgebliche Zahl gemäß § 17 KSchG wesentlich angehoben wurde.

## (2) Aspekte des kollektiven Arbeitsrechts

Unter die kollektiven Vereinbarungen der Sozialpartner fallen das Betriebsverfassungsgesetz, die Tarifverträge und das Rationalisierungsschutzabkommen. Die Gesetzgebungen des kollektiven Arbeitsrechts haben ganz entscheidenden Einfluss auf die Planungen beim Personalabbau.

- **Betriebsverfassungsgesetz (BetrVG)**

Mit der Novellierung des Betriebsverfassungsgesetz von 1972 stehen dem Betriebsrat erweiterte Mitwirkungs- und Mitbestimmungsrechte zu. Gerade beim Personalabbau bestimmt der Betriebsrat durch Zustimmung/Ablehnung oder Empfehlung in erheblichem Maße mit, ob und in welchem Umfang von der Unternehmung beabsichtigte Maßnahmen durchgeführt werden können.

Im Einzelnen sind die wichtigsten Vorschriften des Betriebsverfassungsgesetzes zu den Einflussmöglichkeiten des Betriebsrates auf die Personalabbauplanung in der folgenden Abbildung zusammengefasst:

| BetrVG | Bedeutsame Tatbestände | Zuständigkeit nach dem Betriebsverfassungsgesetz | | Ziel der Beratungen und Verhandlungen |
|---|---|---|---|---|
| § 90 | Veränderungen in den Arbeitsbedingungen und -anforderungen | Betriebsrat | Arbeitgeber | Beratung über Konsequenzen für Arbeitsgestaltg. u. Personalpolitik |
| § 92 | Personalbedarfs- und -entwicklungsplanung, Personalabbau | Betriebsrat | Arbeitgeber | Alternativen bzw. sozial befriedigende Lösung des Personalabbaus |
| § 106 | Wirtschaftliche und technische Plandaten sowie deren personelle Auswirkungen | Wirtschaftsausschuss | Unternehmer | Umfassende Information und Beratung über Auswirkungen auf die Personalplanung |
| § 87 | Verteilung und Veränderung der Arbeitszeit | Betriebsrat | Arbeitgeber | Mitbestimmung bei Mehr- bzw. Kurzarbeit |
| § 102 | Entlassungen | Betriebsrat | Arbeitgeber | Anhörungs- und Widerspruchsrecht des Betriebsrates |
| §§ 96/ 98 | Berufliche Weiterbildung | Betriebsrat | Arbeitgeber | Weiterbeschäftigung anstelle von Entlassungen |
| § 111 | Betriebsänderungen mit wesentl. Nachteilen für die Belegschaft | Betriebsrat | Unternehmer | Interessenausgleich, Sozialplan (§§ 112, 112a, 113) |

**Abb. 123:** Einflussmöglichkeiten des Betriebsrates auf den Personalabbau nach dem BetrVG

- **Tarifvertragsgesetz**

Die Bestimmungen tarifvertraglicher Vereinbarungen sind im Rahmen des Personalabbaus wichtig hinsichtlich:

- Kurzarbeit (Ankündigungsfristen, Beschränkung der Kürzung der regelmäßigen Arbeitszeit)
- Verdienstsicherung bei Versetzungen
- Verdienstsicherung und Unkündbarkeit älterer Arbeitnehmer
- quantitative und qualitative Bezugsvorschriften (vorzugsweise für Fachkräfte)
- Abfindungsregelungen bei Entlassungen und sonstigen Bestimmungen des Rationalisierungsschutzes

- **Rationalisierungsschutzabkommen**

Durch den Abschluss von sogenannten Rationalisierungsschutzabkommen sollen negative Folgen grundsätzlich wünschenswerter Rationalisierungen für die Arbeitnehmer vermieden oder gemindert werden. Solche Rationalisierungsschutzabkommen gelten für die Mehrzahl der Arbeitnehmer, vor allem in der Industrie und im öffentlichen Dienst.

Ihr Ziel ist es, Arbeitnehmer vor Auswirkungen zu schützen, die durch Umstellung von Produktionsabläufen oder Änderungen von Arbeitstechniken entstehen, bzw. Anpassungsmaßnahmen anstelle von Entlassungen zu fordern.[171]

[171] Vgl. Hentze, J.: Personalwirtschaftslehre 2, 5. Aufl., Bern/Stuttgart 1991, S. 274.

# Fragen zur Kontrolle und Vertiefung

(1) Aus welcher Problematik heraus ergibt sich die Notwendigkeit einer Personalbedarfsplanung?

(2) Nennen Sie einige externe und interne Einflussgrößen, die den Personalbedarf eines Unternehmens bestimmen!

(3) Erläutern Sie das Begriffspaar Brutto-/Nettopersonalbedarf und nennen Sie in diesem Zusammenhang die Methoden der Personalbedarfsplanung!

(4) Beschreiben Sie die Delphi-Methode und die Kennzahlen-Methode näher! Warum werden diese Methoden parallel angewendet?

(5) Beschreiben Sie eine Methode zur Ermittlung des Personalbestands für einen kurzen Planungszeitraum und eine Methode für einen längeren Zeitraum! Vergleichen Sie beide Methoden miteinander!

(6) Welche Rechte hat der Betriebsrat bezüglich der Personalplanung?

(7) Skizzieren Sie Lösungen zur kurz- bzw. langfristigen Personalbeschaffung!

(8) Wie geht ein Unternehmen üblicherweise bei der Beschaffung neuer Arbeitskräfte vor?

(9) Was versteht man unter "Kettenbeförderung"? Welche Vor- und Nachteile ergeben sich daraus?

(10) Welches ist die verbreitetste Auswahlmethode von Bewerbern auf dem externen Beschaffungsmarkt bei einer Vorauswahl?

(11) Beschreiben Sie den methodischen Ablauf eines Vorstellungsgesprächs! Welche Phase erscheint Ihnen besonders wichtig für eine spätere Bewerberauswahl?

(12) Welche Gütekriterien müssen Testverfahren zur Eignungsprüfung erfüllen? Worin liegt die Begründung, neben dem Bewerbungsgespräch zusätzliche Eignungstests heranzuziehen?

(13) Beschreiben Sie die Assessement-Center Technik! Welche Merkmale kennzeichnen sie?

(14) Was verstehen Sie unter einem grafologischen Gutachten? Nennen Sie wichtige Kriterien, auf denen ein solches Gutachten basiert!

(15) Nennen Sie einige Gesetze, in denen die Rechte der Arbeitnehmer bezüglich der Personalbeschaffung festgelegt sind!

(16) Beschreiben Sie das summarische und das analytische Zuordnungsverfahren bei der qualitativen Zuordnung von Stellen und Stelleninhabern! Erarbeiten Sie einige Vor- und Nachteile!

(17) Zeigen Sie auf, wozu eine Stellenbeschreibung dienen kann!

(18) Welche Aspekte müssen bei einer menschengerechten Arbeitsplatzgestaltung berücksichtigt werden?

(19) Stellen Sie kritisch die Arbeitsfeldverkleinerung der Arbeitsfeldvergrößerung gegenüber unter Beachtung des tayloristischen Prinzips!

(20) Was verstehen Sie unter dem "Dualen Arbeitsschutzsystem"?

(21) Was versteht man unter dem doppelten Zielcharakter in der Personalentwicklung?

(22) Befassen Sie sich mit dem Aufgabenfeld "Lernen zu Lernen"! Warum ist es für ein Unternehmen wichtig, wenn ein Mitarbeiter lernt zu lernen? Gilt dies für alle Hierarchieebenen im Unternehmen?

(23) Stellen Sie schrittweise die vier Hauptaufgaben der Personalentwicklung dar!

(24) Sind Maßnahmen der Personalentwicklung als Investition zu sehen (Begründung)?

(25) Welche Bildungsmaßnahmen kann ein Betrieb in Anspruch nehmen?

(26) Grenzen Sie die Methode der "planmäßigen Unterweisung" von der der "Anleitung und Beratung durch den Vorgesetzten" ab!

(27) Wozu eignen sich Rollenspiele im Rahmen der Personalentwicklung besonders?

(28) Was verstehen Sie unter "Bereichsentwicklung" und "Organisationsentwicklung"?

(29) Für welche Personengruppe wird die Methode "Job rotation" angewendet?

(30) Vergleichen Sie die Methoden "Planspiel" und "Vorlesungsmethode" im Rahmen der Bildungsmaßnahmen "off the job"!

(31) Zu den klassischen Methoden der Personalentwicklung gesellen sich die Methoden der Suggestopädie und das Brain-Dominance-Konzept. Was versteht man darunter und wie lassen sie sich den klassischen Methoden zuordnen? Wie bewerten Sie diese Ansätze für die Personalentwicklung?

(32) Welche Methoden der Erfolgskontrolle werden in der Personalentwicklung angewendet?

(33) Nennen Sie die am häufigsten auftretenden Ursachen für die Personalfreisetzung!

(34) Welche Maßnahmen kann das Unternehmen ergreifen, einen Personalüberhang zu überbrücken?

(35) Welche Arten der direkten Personalfreisetzung stehen dem Unternehmen zur Verfügung?

(36) Welche Rechte hat der Betriebsrat im Zusammenhang mit einer betriebsbedingten Kündigung?

(37) Welche Ziele verfolgt das Konzept des "Outplacements"?

(38) Unterscheiden Sie zwischen dem Interessenausgleich und einem Sozialplan!

(39) Der Personalabbau unterliegt gesetzlichen Bestimmungen. Welche Gesetze sind unter anderem von Bedeutung?

(40) Nennen Sie Personengruppen, für die ein besonderer Kündigungsschutz besteht!

Teil 3

# Leistungserhalt und -förderung

# 1 Motivation im Arbeitsprozess

Unter **Motivation** versteht man die Vorgänge und Faktoren, die menschliches Verhalten auslösen bzw. verständlich machen. Die Frage nach der Motivation ist daher eine Frage nach den Gründen für ein bestimmtes Verhalten. Die Deutung des Motivationsbegriffes ist in hohem Maße abhängig von der angewendeten Motivationstheorie. Definitionen aus der Tiefenpsychologie betrachten Motivation als psychische Energieform, wie z.B. Emotionen oder Triebe. Die Motivationsforschung hingegen geht heute nicht mehr allein von einer inneren Energieform eines Triebes aus sondern behauptet, dass die Motivation einem Steuerungsaspekt folgt, der vom Menschen im Laufe seines Lebens ausgebildet wird.

Die Motivation unterliegt einem Lernprozess, dessen Komplexität mit der fortlaufenden Entwicklung eines Menschen verbunden ist. Motive werden somit im Laufe eines Lebens erworben. Ebenso lässt sich die Motivation als komplexes Zusammenspiel verschiedener aktivierter Motive in konkreten Situationen definieren, wobei in Verbindung mit der Erfahrung, den Fähigkeiten und den Fertigkeiten eines Individuums die Richtung, Stärke und Dauer eines Verhaltens bestimmt wird. Die optimale Ausnutzung des Leistungsvermögens der Mitarbeiter zur Realisierung der Unternehmensziele hängt demnach mehr denn je davon ab, inwieweit die Mitarbeiter ihre eigenen Ziele durch ihren persönlichen Einsatz für das Unternehmen realisieren können.

## 1.1 Das Motiv

Grundlage der Motivation sind die **individuellen Bedürfnisse** des Menschen. Aus dem Streben des Menschen, seine Bedürfnisse zu befriedigen, resultieren Verhaltensbereitschaften, die als Motive bezeichnet werden. Mit Motiv wird alles das bezeichnet, was eine zielgerichtete Handlung in Gang setzt. Es ist ein Sammelbegriff für viele umgangssprachliche Ausdrücke, z.B. Trieb, Drang, Streben, Wollen.

Motive werden als **Beweggründe menschlichen Verhaltens** angesehen, die zwischen Mangelzustand und Sättigung periodisch hin und her schwanken. Ein Motiv beinhaltet zum einen ein Bedürfnis, welches aus einem Mangelempfinden resultiert und zum anderen eine Erwartung, durch ein Verhalten den Mangel zu befriedigen. Motive bestimmen demnach Antrieb und Richtung menschlichen Verhaltens.

Motive können sowohl aus einer bewussten als auch aus einer unbewussten Ebene heraus wirksam werden. Sie stellen subjektive Werte dar, die sich, sofern sie positiv empfunden werden, als Ursache und Zielvorstellung des Verhaltens auswirken. Hingegen führen negative Beurteilungen dieser Werte zu Abwehrreaktionen. Hierbei können Reize aus der Umwelt als auslösende Faktoren auftreten und vorhandene Motive entweder verstärken oder abschwächen.

Lange Zeit ging man davon aus, dass ausschließlich die Reize der Umwelt den Menschen zu Reaktionen veranlassen. Danach sollten alle Energien für menschliches Handeln aus der einfachen Koppelung REIZ → REAKTION entstehen. Zahlreiche Untersuchungen ergaben jedoch, dass nicht ausschließlich dieser Koppelungsmechanismus als

Motor für das Handeln der Menschen angesehen werden kann, sondern vielmehr psychische Energien im Inneren des Menschen.

Diese Energien entstehen, wenn der Mensch in einen Spannungszustand gerät, weil ein bestimmtes Bedürfnis geweckt, jedoch nicht erfüllt wird. So führt z.B. ein allmählich zunehmendes Hungergefühl (Anreiz) zu einer Spannung (Bedürfnis, etwas Essbares zu sich zu nehmen), die erst durch Sättigung (Bedürfnisbefriedigung) beseitigt werden kann. Das Verhalten des Menschen lässt sich vereinfacht wie folgt darstellen:

| Motiv + Anreiz = Aktion (Verhalten) |
|---|

## 1.1.1 Der Motivationsprozess

Im Motivationsprozess haben Anreize eine ausschlaggebende Funktion, denn durch sie können bei einem Menschen zunächst nur latent vorhandene Motive aktiviert werden. Durch Anreize wiederum werden gewisse Erwartungen ausgelöst. Diese Erwartungen beziehen sich auf die Eignung bestimmter Verhaltensweisen oder Handlungen zur Erreichung eines angestrebten Zieles.

Mittels des Verstandes werden Vergleiche mit ähnlichen Lebenssituationen angestellt (Reflexionen), wobei der Wille zur Erreichung bestimmter Ziele schließlich zur Schaffung von Motiven und/oder Stärkung bzw. Schwächung von vorhandenen Motiven führt. Als Reaktion auf die aus den Anreizen resultierenden Erwartungen und Bedürfnisse erfolgt ein zielgerichtetes Verhalten oder Handeln, um das im Motiv angestrebte Ziel zu erreichen.

Anreize, Erwartungen und Motive unterliegen Lernprozessen, die entweder auf eigene Erfahrungen des Menschen zurückzuführen sind, oder aus der Umwelt, aus Beobachtungen und mitgeteilten Erfahrungen resultieren.

Man kann den **Motivationsprozess** in **fünf Schritte** einteilen:

1. Ein Bedürfnis entsteht.
2. Es baut sich eine Bedürfnisspannung auf.
3. Unter der Voraussetzung, dass eine reale Chance zur Bedürfnisbefriedigung besteht, werden Energien frei, die eine bestimmte Aktivität bewirken.
4. Während der zunehmenden Bedürfnisbefriedigung kommt es zum Spannungsabbau.
5. Schließlich entsteht ein neues (anderes) Bedürfnis.[1]

"Motivation ist also ein Prozess, in dem Menschen ihre von individuell geprägten Bedürfnissen und Werten produzierte Energie auf ein Ziel hinlenken"[2]

Eine andere Darstellung des Motivationsprozesses, in der die einzelnen Phasen abgegrenzt und ausführlich beschrieben werden, bietet die Abbildung auf der folgenden Seite:

---

[1] Vgl. Stroebe, R.W./Stroebe, G.H.: Motivation, 6. Aufl., Heidelberg 1994, S. 30 f.

[2] Ebd., S. 31.

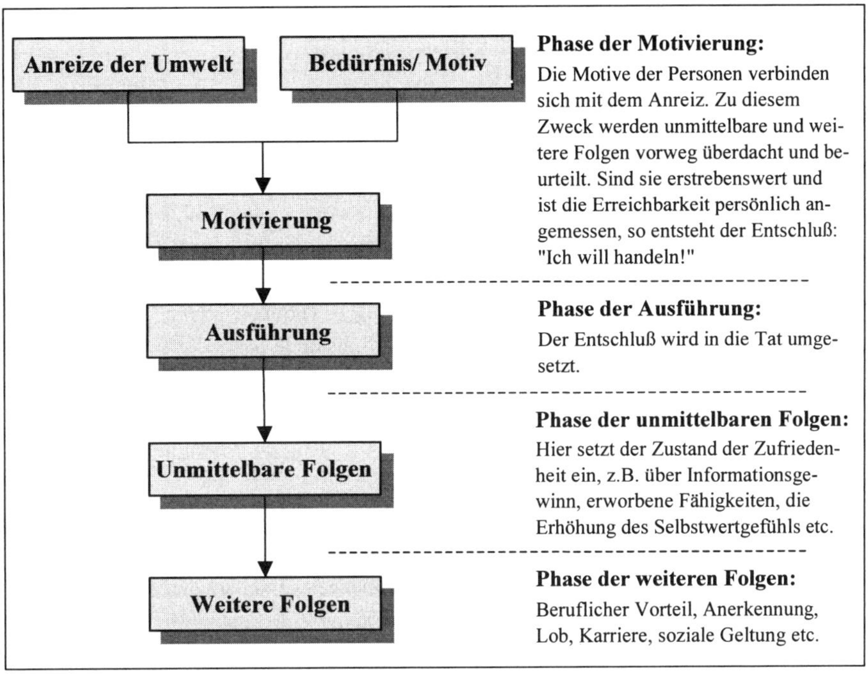


**Abb. 1:** Die einzelnen Phasen des Motivationsprozesses

## 1.1.2 Die Einteilung der Motive

Um die Aussagekraft der Motive und ihre Auswirkung auf die berufliche Tätigkeit zu verdeutlichen, werden die Motive nach verschiedenen Kriterien eingeteilt. In der Organisationspsychologie wird folgende Einteilung der Motive verwendet:

- Physische, psychische und soziale Motive
- Primäre und sekundäre Motive
- Intrinsische und extrinsische Motive

**1) Physische, psychische und soziale Motive**

Zu den **physischen Motiven** zählen biologische Bedürfnisse, wie z.B. Hunger, Durst und Wohnen. **Psychische Motive** können beispielsweise Unabhängigkeit, Selbstverwirklichung und Selbstentfaltung sein. **Soziale Motive** sind auf die Anerkennung durch andere Menschen ausgerichtet. Hier können Freundschaft und Zugehörigkeit zu bestimmten Gruppen genannt werden.

**2) Primäre und sekundäre Motive**

**Primäre Motive** wie beispielsweise Hunger und Durst sind Motive, die jeder Mensch von Geburt an instinktiv verfolgt. Die **sekundären Motive** sind Mittel zur Befriedigung anderer Motive. Das Geldmotiv stellt ein Beispiel sekundärer Motive dar, da sich mit Geld viele primäre Motive befriedigen lassen.

**3) Intrinsische und extrinsische Motive**

Bei den Motiven beruflicher Tätigkeit werden in der Motivationspsychologie intrinsische und extrinsische Motive unterschieden. Die **intrinsischen Motive** finden ihre Befriedigung in der Arbeit selbst. Je mehr einer Person eine Tätigkeit Spaß macht, desto produktiver ist sie. Bei einfachen Aufgaben ist die intrinsische Motivation gering, bei komplexen Aufgaben relativ hoch.

Die **extrinsischen Motive** können nicht durch die Tätigkeit alleine, sondern durch die Folgen der Arbeit oder durch deren Begleitumstände befriedigt werden. Die berufliche Tätigkeit ist somit nur Mittel zur Verfolgung anderer Motive. Als extrinsische Motive können das Geld-, Sicherheits- und Prestigemotiv genannt werden.[3]

Neben dieser Einteilung gibt es noch eine Reihe weiterer Einteilungskriterien, die von der jeweils angewandten Theorie abhängig sind:

| | |
|---|---|
| • Bewusstseinsgrad | bewusste oder unbewusste Motive |
| • Extensität | das Gesamte oder Teilbereiche des Erlebens ausfüllende Motive |
| • Intensität | starke oder schwache Motive |
| • Verlauf | periodisch oder aperiodisch auftretende Motive |
| • Zentralität oder Tiefe | bedeutende oder unwichtige Motive |

Für den Arbeitsprozess ist insbesondere die Einteilung in intrinsische und extrinsische Motive von Bedeutung.

### 1.1.3 Für den Arbeitsprozess bedeutsame Motive

Im Juni 1980 wurde eine Fragebogenaktion mit Führungskräften aus der Wirtschaft und dem öffentlichen Dienst gestartet mit dem Ziel, die entscheidenden Motivatoren der Mitarbeiter zu ermitteln. Das Ergebnis war:[4]

- Mitarbeiter erwarten eine bestimmte qualifikationsbedingte Aufgabenstellung mit gerechter Bezahlung und beruflicher Sicherheit,
- Mitarbeiter suchen in ihrer Tätigkeit nach Selbstbestätigung, Selbstbestimmung, Mitbestimmung bei Leistungszielen sowie nach eigener Weiterentwicklung,
- Mitarbeiter möchten den sozialen Austausch und Kontakt zu den Kollegen,
- Mitarbeiter sind in dem Maße zur Leistung motiviert, wie ihre Bedürfnisse erfüllt werden.

Aus dem Ergebnis der Fragebogenaktion lassen sich folgende, für den Arbeitsprozess bedeutsame Motive ableiten:

---

3 Vgl. Withauer, K.F..: Menschen führen. Mit praxisnahen Führungsaufgaben und Lösungswegen, 5. Aufl., Ehningen/Stuttgart/Zürich 1989, S. 43.

4 Vgl. Grünewald, H.. Motivation. In: Personalenzyklopädie, Bd. 2.

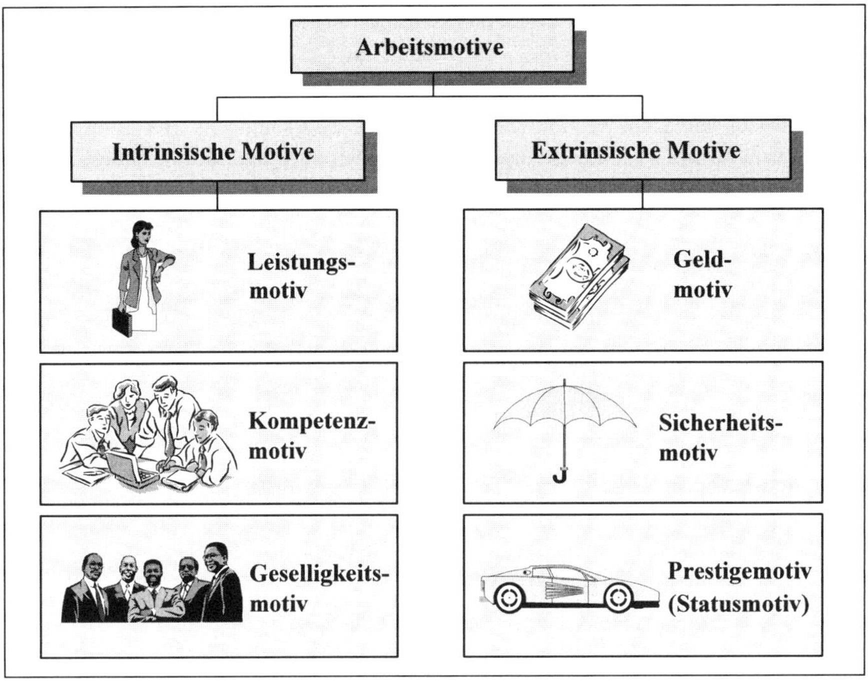


**Abb. 2:** Arbeitsmotive

## (1) Das Leistungsmotiv

Das Leistungsmotiv äußert sich beim Menschen dadurch, dass er Befriedigung erfährt, wenn er selbstgesetzte Leistungsziele erreicht. In einem bestimmten Umfang ist jeder Mensch leistungsmotiviert, jedoch ist der Leistungstrieb bei manchen Menschen stärker ausgeprägt als bei anderen.

Der leistungsmotivierte Mensch zeichnet sich dadurch aus, dass er andere durch seinen größeren Arbeitseifer, seine Anstrengungen und Anforderungen an sich selbst übertrifft. Für den leistungsmotivierten Mitarbeiter geht vor allem von der Aufgabenstellung ein besonderer Reiz aus, insbesondere schwierige Aufgaben fordern ihn zur Leistung heraus. Die materielle Belohnung stimuliert ihn nur wenig, das Geld dient lediglich als Mittel zur Beurteilung seiner eigenen Leistungen im Vergleich zu anderen Mitarbeitern.

Der leistungsmotivierte Mensch ist bereit, ein mäßiges Risiko einzugehen, da es einerseits einen genügend großen Reiz beinhaltet und andererseits ausreichende Erfolgswahrscheinlichkeiten bietet. Eine erzielte Leistung wird nur dann als persönlicher Erfolg gewertet, wenn er durch den Einsatz seiner Fähigkeiten, Anstrengungen und Initiative positiven Einfluss auf das Ergebnis nehmen kann.

## (2) Das Kompetenzmotiv

Das Kompetenzmotiv bringt den Wunsch des Menschen nach Beherrschung seiner Umwelt zum Ausdruck. Es äußert sich in dem Streben nach beruflicher Entfaltung, nach guten Leistungen und dem Wunsch, auf künftige Entwicklungen Einfluss nehmen zu können.

Für den Berufserfolg spielt das Kompetenzmotiv wahrscheinlich eine bedeutende Rolle insbesondere dann, wenn Initiative und Kreativität gefragt sind. Bei Konfrontation kompetenzmotivierter Mitarbeiter mit routinemäßigen oder stark beaufsichtigten Tätigkeiten kann dies zur Frustration der Mitarbeiter führen.

### (3) Das Geselligkeitsmotiv (Kontaktmotiv)

Das Geselligkeitsmotiv ergibt sich aus dem Wunsch des Menschen, mit anderen zusammen zu sein, bzw. aus dem Wunsch, in einer sozialen Gruppe integriert zu sein. Von der Zugehörigkeit zu einer Gruppe verspricht sich der Mensch Schutz und/oder Anerkennung, aber auch Geselligkeit. Diese Bedürfnisse sind jedoch von Mensch zu Mensch unterschiedlich stark ausgeprägt.

Selbstsichere Menschen, die dem Leben sorglos gegenüberstehen, haben ein geringeres Geselligkeitsbedürfnis als Menschen, die eher verunsichert und empfindlich auf soziale Einflüsse reagieren. Ein ebenfalls geringes Bedürfnis nach Geselligkeit besteht bei Personen, die anderen Menschen mit Misstrauen oder Verachtung begegnen.

Im Unternehmen resultiert das Geselligkeitsmotiv aus der zur Erfüllung betrieblicher Tätigkeiten erforderlichen Zusammenarbeit mit anderen Menschen. Durch betriebliche Freizeiteinrichtungen wie z.B. Sportvereine, Gesangsvereine, aber auch durch Betriebsfeiern, Ehrungen von Jubilaren, etc. kann das Geselligkeitsmotiv gefördert werden.

### (4) Das Geldmotiv

Dieses Motiv ist wahrscheinlich das offensichtlichste Arbeitsmotiv, aber zugleich auch der schwierigste und differenzierteste Beweggrund des Menschen, denn die Bedeutung dieses Motivs ist bei den verschiedenen Menschen sehr unterschiedlich ausgeprägt.

Das Geld kann sowohl materielle als auch emotionale Werte repräsentieren. Einerseits richtet sich der Wert, der dem Geld beigemessen wird, nach seinem Tauschwert für Güter aller Art, andererseits kann Geld aber auch als Maßstab für Leistung, Ansehen, Macht oder Sicherheit dienen.

Die Motivation, die von dem Faktor Geld ausgeht, richtet sich in ihrer Stärke nach den Erwartungen des Menschen. Gerade jüngere Menschen, die am Anfang des Berufs-lebens stehen und optimistische Erwartungen hinsichtlich der Zukunft haben, sind stark geldmotiviert. Das Geld stellt einen starken Motivator zur Leistung dar, da man sich dadurch die Befriedigung der unterschiedlichsten materiellen Bedürfnisse verschaffen kann.

Die Deckung des Bedarfs mit materiellen Gütern und die erzielten Ersparnisse wirken solange fördernd auf das Geldmotiv, bis die materiellen Bedürfnisse ausreichend befriedigt sind und das Einkommen als ausreichend empfunden wird. Finanzielle Anreize des Unternehmens und ein steigendes Einkommen verlieren in zunehmendem Maße ihre leistungssteigernde Wirkung, das Geld verliert seine vorrangige Bedeutung. Der Mensch wird nun von anderen, bisher als zweitrangig eingestuften Bedürfnissen geleitet.

### (5) Das Sicherheitsmotiv

Das Sicherheitsmotiv ist ein grundlegendes Bestreben des Menschen, das darauf abzielt, die tatsächlichen und möglichen Gefahren und Hindernisse, die der Befriedigung ihrer Bedürfnisse im Wege stehen, abzuwehren.

Es wird zwischen **bewussten** und **unbewussten** Sicherheitsmotiven unterschieden. Das bewusste Sicherheitsmotiv zielt darauf ab, den Menschen vor den möglichen Gefahren des Lebens zu schützen. Das unbewusste Sicherheitsbedürfnis kann bei einigen Menschen ihr ganzes Leben dominierend sein und alle ihre Entscheidungen bestimmen.

Jeder Mensch stellt Überlegungen bezüglich der Sicherheit an. Wie stark das Leben von diesen Überlegungen beeinflusst wird, ist jedoch von Person zu Person verschieden. Die meisten Menschen haben z.B. das Verlangen nach einem sicheren Arbeitsplatz. Eine zu starke Ausprägung dieses Sicherheitsbedürfnisses kann sich jedoch lähmend auf die Initiative, die Kreativität und die Leistung der Mitarbeiter auswirken.

Die Unternehmen, die Gewerkschaften und die Regierung sind daher bemüht, durch geeignete Maßnahmen, wie z.B. die Sicherung des Arbeitsplatzes, Unkündbarkeit, allgemeine und betriebliche Altersversorgung sowie Sozialversicherungen, zur Befriedigung der Sicherheitsbedürfnisse der Mitarbeiter beizutragen.

### (6) Das Prestigemotiv (Statusmotiv)

Das Prestigemotiv beruht auf dem Streben nach Differenzierung von anderen Menschen. Das Prestige wird vom einzelnen Menschen nicht nach Belieben ausgesucht, vielmehr erwächst es aus den erwarteten Verhaltensweisen, die die Gesellschaft bzw. das Unternehmen an den Einzelnen stellt. Diese von außen an den Menschen herangetragenen Erwartungen sind dazu geeignet, der einzelnen Person Ansehen, Bedeutung, Achtung und Ruhm zu verschaffen, wenn sie erfüllt werden.

Prestigemotivierte Mitarbeiter streben vorzugsweise berufliche Laufbahnen an, die ihnen hohe Einkommen, angesehene Positionen und schnelles Vorankommen bzw. Karriere ermöglichen. Empirische Untersuchungen ergaben, dass die Prestigeskala von Berufen angeführt wird, die ein hohes Ausbildungsniveau und/oder weitgehende wirtschaftliche Unabhängigkeit aufweisen (Unternehmer, Ärzte, Professoren etc.).

Das Prestigemotiv tritt verstärkt bei jüngeren Menschen auf; ältere Menschen haben zumeist schon einen befriedigenden Rang erreicht oder sie haben sich mit ihrer gegenwärtigen Position abgefunden.

## 1.2 Die Ermittlung von Motiven

Für die Führung eines Unternehmens ist es von Bedeutung, zu wissen, welche menschlichen Motive zu welchem menschlichen Arbeitsverhalten führen. Da es viele Motive gibt, stellt sich die Frage, wie sich diese ermitteln lassen. In der Literatur werden meist drei Wege aufgezeigt, Motive zu ermitteln:[5]

---

[5] Vgl. z.B. Withauer, K.F.: Menschen führen, a.a.O., S. 28 ff.

- Die Introspektion (Innenschau)
- Die Fremdbeobachtung
- Die Befragung

Bei der **Introspektion** untersucht der Mensch selbst die Ursache seines Handelns. Die persönlichen Beweggründe können jedoch nur subjektiv ermittelt werden, d.h. sie sind objektiv nicht nachprüfbar. Aus diesem Grund kommt für betriebliche Belange eine Introspektion nur bedingt in Frage, da die Ergebnisse lediglich durch Gespräche oder schriftliche Befragungen ermittelt werden können.

Die **Fremdbeobachtung** wird von einem oder mehreren Beobachtern durchgeführt, wobei durch Beobachtung des Verhaltens eines Mitarbeiters auf die zugrundegelegten Motive geschlossen wird.

In einigen Fällen sind die das Handeln verursachenden Motive leicht erkennbar, in schwierigen Situationen hingegen gibt erst der Vergleich von mehreren Beobachtungen durch verschiedene Personen Aufschluss über die Motive.

Weiterhin besteht die Gefahr, dass der Beobachter von der eigenen Motivation beeinflusst wird, oder dass lediglich zufälliges Verhalten beobachtet wird. Genaue Ergebnisse lassen sich daher nur durch mehrere Beobachtungsphasen von verschiedenen Beobachtern erstellen. Eine an die Beobachtung anschließende zusätzliche Befragung ist anzuraten.

Mittels einer **Mitarbeiterbefragung** lassen sich relativ genaue Ergebnisse erzielen. Voraussetzung hierfür ist allerdings ein hohes Vertrauensverhältnis zwischen den Führungskräften und den Mitarbeitern, da sonst Informationen zurückgehalten werden können.

Zu beachten bleibt, dass die Ergebnisse stets im Zusammenhang mit der Umwelt und der Stellung der Personen stehen, so wird z.B. ein Mitarbeiter in einer niedrigen Lohngruppe durch andere Motive beeinflusst als eine Führungskraft höherer Gehaltsstufe.

## 1.3 Grundmodelle der arbeitenden Menschen

Motivationstheorien haben die Aufgabe, das Zustandekommen und die Wirkungen der Motivation und des menschlichen Verhaltens zu erklären. Will man sich mit den verschiedenen Motivationstheorien befassen, ist es sinnvoll, das Menschenbild zu betrachten, das den Theorien zugrunde gelegt wird.

Je nach der Betrachtungsweise des Menschen entwickelten sich verschiedene Modelle der menschlichen Motivation bzw. der Arbeitsmotivation und es entstanden, teilweise aus diesen Modellen abgeleitet, verschiedene Führungstheorien und Organisationsformen. Vereinfacht dargestellt lassen sich vier Entwicklungsstufen der Menschenbilder unterscheiden:

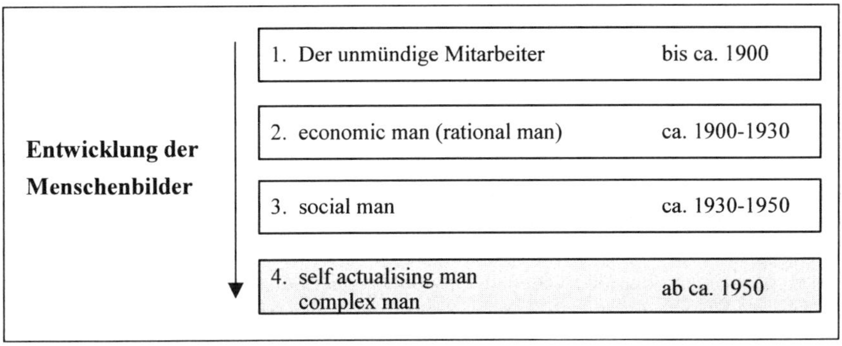


**Abb. 3:** Die Entwicklung der Menschenbilder[6]

## 1.3.1 Der unmündige Mitarbeiter

Lässt man den Hedonismus[7] und andere philosophischen Lehren beiseite, gab es bis zum Ende des 19. Jahrhunderts keine wissenschaftliche Auseinandersetzung mit den Motiven von Mitarbeitern und deren Bedürfnissen und Werten. Der einfache Mitarbeiter wurde als unmündiger Mensch gesehen, der geführt werden muss. Ebenso existierten keine wissenschaftlich fundierten Führungstheorien.

Es herrschte die Meinung vor, dass man zum Führen geboren sein muss. Die Betriebsführung wurde als Kunst angesehen, die man beherrscht oder eben nicht beherrscht. Das einzig entscheidende Kriterium für den Erfolg eines Unternehmens wurde allein in den Fähigkeiten des Unternehmers und seines Managements gesehen.

Vorherrschend war der patriarchalische Führungsstil, und allein der "Patriarch" entschied, sofern er sich mit diesem Thema überhaupt befasste, was gut oder schlecht für seine Mitarbeiter war.

Mit voranschreitender Industrialisierung errang die Arbeitsteilung eine immer größere Bedeutung. Kennzeichnend für diese Entwicklung war unter anderem die Trennung der dispositiven und der ausführenden Funktionen und deren Verteilung auf verschiedene Personengruppen. Dies warf jedoch Probleme in den Bereichen der Organisation und des Managements auf, was verschiedene Wissenschaftler dazu veranlasste, sich mit dem Thema "Führung" näher auseinanderzusetzen.

## 1.3.2 Der "economic man"

Der erste umfassende Versuch, wissenschaftliche Erkenntnisse zur Bewältigung menschlicher Probleme in der Industrie zu nutzen, geht auf den amerikanischen Ingenieur F. W. Taylor zurück.

6 In Anlehnung an Gonschorrek, U.: Verwaltungspädagogik und Führungslehre, Bd 2, Führungslehre, 2. Aufl., Heidelberg/Hamburg 1989, S. 27.

7 Auf den griechischen Philosophen Arisitippos zurückgehende Lehre, die den Sinngenuss, die Lust, die Freude (Hedone) zum höchsten Ziel erhebt.

Das Ziel Taylors[8] war es, durch die Anwendung wissenschaftlicher Methoden zur Analyse und Systematisierung der Arbeit nicht einseitig den Unternehmen zu nutzen, sondern auch durch die Erhöhung der Arbeitsleistung die Möglichkeit höherer Löhne zu schaffen und damit zu würdigeren Lebensbedingungen beizutragen.

Seine beiden Hauptwerke (Shop Management 1903, The Principles of Scientific Management 1911) werden als die Geburtsstunde der wissenschaftlichen Erforschung des Managements angesehen. Taylors Menschenbild und das der meisten seiner Zeitgenossen war das des "economic man", eines lediglich von ökonomischen Interessen ausgehenden Menschen, der überwiegend irrational ohne Selbstdisziplin handelt. Dieses Menschenbild kann man in Bezug zur Arbeit gesehen wie folgt beschreiben:[9]

- Der arbeitende Mensch lässt sich im Wesentlichen nur durch ökonomische Anreize motivieren. Motivation und Leistungssteigerung sind Funktionen der Bezahlung.
- Die Gefühle der Menschen sind irrational und ihre natürlichen Interessen sind denen der Unternehmensorganisation entgegengesetzt, außerdem sind die meisten Menschen unfähig zu Selbstdisziplin und Selbstkontrolle, daher sind Fremdkontrollen erforderlich.
- Es gibt grundsätzlich zwei Gruppen von Menschen; jene, die sich im oben beschrie-benen Sinne verhalten und solche, die weniger irrational handeln und über ein höheres Maß an Selbstdisziplin verfügen. Dieser zweiten Gruppe bleiben die Führungs- und Leitungspositionen vorbehalten und sie müssen die Verantwortung für die anderen übernehmen.

Ausgehend von diesem Menschenbild entwickelte Taylor 1911 seine "Wissenschaftliche Betriebsführung" ("Scientific Management"). Er behandelt den arbeitenden Menschen als maschinenähnliches Wesen, das sich ständig wiederholende, operative Tätigkeiten ausübt und dabei ausschließlich ökonomische Interessen mit der Arbeit verbindet (diesem Zusammenhang entstammt auch die Bezeichnung "Mechanisches Menschenbild").

> "Wenn Sie gut verdienen wollen, werden Sie ab morgen genau das tun, was dieser Mann Ihnen sagt, vom Morgen bis zum Abend. Wenn er Ihnen sagt, eine Last aufzunehmen und zu gehen, nehmen Sie sie auf und gehen, und wenn er Ihnen sagt, sich zu setzen und auszuruhen, dann setzen sie sich und ruhen sich aus. Das machen Sie den ganzen Tag hindurch. Und außerdem: keinerlei Widerrede! Verstehen Sie das? Wenn dieser Mann Ihnen sagt, zu gehen, dann gehen Sie; wenn er Ihnen sagt, sich zu setzen, dann setzen sie sich, und Sie widersprechen Ihm nicht. Sie kommen jetzt also morgen früh hier zur Arbeit, und ich werde noch vor dem Abend wissen, ob Sie wirklich 1.85 $ wert sind oder nicht." (Beispiel der Einweisung eines Arbeiters im Sinne von Taylors "Scientific Management")[10]

---

8 Taylor, Frederick Winslow (1856-1915) studierte Jura in Harvard, dann Lehre als Mechaniker, bei Midvale Steel (Philadelphia) vom Arbeiter zum Chefingenieur hochgearbeitet, Managementberatung vor allem bei Bethlehem Steel Comp., lehrte Scientific Management in Harvard von 1909-1914.

9 Vgl. zu diesem Menschenbild auch Mc Gregors Theorie X, Abschnitt 1.4.1 (5).

10 Vgl. Taylor, F.W., zitiert nach: Rosenstiel, L.v. u.a.: Organisationspsychologie, Stuttgart/Berlin/Köln/ Mainz 1972, S. 39.

Da Taylor annahm, dass der Mensch nur zu Leistungen bereit ist, wenn er dafür Geld erhält, sollte die Einführung eines leistungsgerechten Entgeltes (Akkordlohn) die Leistungsbereitschaft des arbeitenden Menschen sicherstellen. Neben der Entlohnung wird die Arbeitsleistung noch durch die technischen Arbeitsbedingungen, die Arbeitsmethode und die Anweisungen der Funktionsmeister bestimmt.

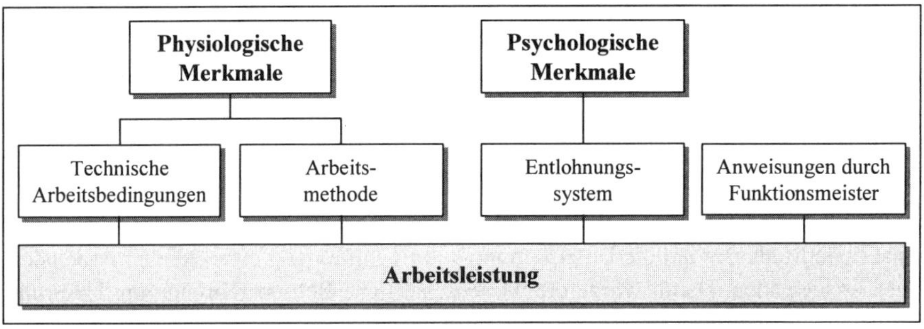


**Abb. 4:** Bestimmungsgrößen der Arbeitsleistung nach Taylor[11]

Diese Bestimmungsgrößen zugrundelegend, ging Taylor bei seinen Arbeiten folgendermaßen vor:

Er analysierte die Arbeitsvorgänge, zerlegte sie in einzelne Ablaufphasen, entfernte alle überflüssigen Bewegungen und verband sie wieder in zeit- und kräftesparender Weise. Die Arbeiter wurden daraufhin genauestens instruiert und angewiesen, den vorgegebenen Arbeitsablauf exakt und ohne jede eigenmächtige Veränderung einzuhalten.

Neben der Arbeitsmethodenentwicklung befasste sich Taylor mit der zweckmäßigsten Arbeitsplatzgestaltung, der Anpassung der Werkzeuge an die zu verrichtende Arbeit und mit der Arbeitsorganisation. Sein ingenieurwissenschaftlicher Ansatz basiert dabei auf drei Prinzipien:

1. Personelle Trennung von geistiger (dispositiver) und ausführender Arbeit.
2. Konzentration der Methodik der Arbeitszerlegung auf die ausführende Arbeit.
3. Räumliche Ausgliederung aller konzeptionellen, steuernden und überwachenden Arbeitsinhalte aus der Werkstatt.

Der Taylorismus hatte viele ökonomische Vorteile, führte aber zur extremen Arbeitsteilung (Taylor schuf mit seinen Arbeits- und Ablaufstudien die Voraussetzungen für die Fließbandarbeit), zu Akkordlohnsystemen und zu intensiver Kontrolle, welche bei der Anwendung von Taylors "Scientific Management" verständlicherweise auch in größerem Umfang als früher nötig wurde.

Dies wurde nicht nur durch die weniger motivierenden Arbeitsinhalte ausgelöst, sondern auch durch das von vornherein geringe entgegengebrachte Zutrauen der Leitung in die Fähigkeiten der Arbeitnehmer. Denn dort, wo wenig erwartet wird und von Anfang

---

11 Vgl. Kupsch, P.U./ Marr, R.: Personalwirtschaft. In: Industriebetriebslehre, hrsg. von Heinen, E., 9. Aufl., Wiesbaden 1991, S. 732.

an mit einer die Arbeit ablehnenden Haltung gerechnet wird, werden sich die Betroffenen auch nicht sehr engagieren und somit die negativen Erwartungen bestätigen. Diesen Vorgang bezeichnet man in der Psychologie als "selbst-erfüllende Prophezeiung" (self-fulfilling prophecy), welche aussagt, dass die Wahrscheinlichkeit des Verhaltens eines Menschen zunimmt, wenn dieses Verhalten erwartet wird.

Abschließend kann gesagt werden, dass durch Taylors Arbeiten die angestrebten ökonomischen Verbesserungen, vor allem durch die in Taylors Folge durch Ford eingeleitete Verbreitung der Fließbandarbeit, erreicht wurden. Jedoch wurden diese Vorteile nicht immer an die einfachen Arbeiter weitergegeben. Außerdem standen diesen ökonomischen Vorteilen erhebliche Nachteile, vorwiegend im Bereich der Arbeitsinhalte und der Arbeitsqualität und somit der Arbeitszufriedenheit, gegenüber.

Im Scientific Management wurde erstmals der Versuch unternommen, naturwissenschaftliche Methoden auf die Untersuchung und Beeinflussung menschlicher Arbeitsleistung anzuwenden. Damit wurde die wissenschaftliche Betriebsführung zum Ursprung der Arbeitswissenschaft. Aus heutiger Sicht ist der Einzug der Wissenschaft in die Betriebsführung als wichtigster Verdienst Taylors zu sehen.

### 1.3.3 Der "social man"

Als Gegenströmung zum "Scientific Management" mit seinem Bild des "economic man" bzw. dem mechanistischen Modell des arbeitenden Menschen entstand am Ende der 30er Jahre die sogenannte Human-Relations-Bewegung, die vom Menschenbild des "social man" ausging. Die Gründe für das Entstehen dieses Menschenbildes sind in dem damals zunehmenden Einfluss der Gewerkschaften, der Unzufriedenheit der Arbeiter mit autoritären Führungskräften sowie der Wirtschaftskrise zu sehen.

Das Menschenbild des **"social man"** beschreibt den Menschen als ein Wesen, dem soziale Bedingungen und zwischenmenschliche Beziehungen das Wichtigste im Leben sind. Bezogen auf die Arbeitswelt sagt es aus, dass der Mensch am produktivsten arbeitet, wenn seine sozialen Bedürfnisse möglichst umfassend durch seine Arbeit bzw. während seiner Arbeit befriedigt werden und dadurch eine hohe Arbeitszufriedenheit erreicht wird.

Den wissenschaftlichen Anstoß zu diesem Menschenbild und zur Human-Relations-Bewegung gaben die "Hawthorne-Studien". Im Jahr 1924 begann der Ingenieur George A. Pennok in den Hawthorne-Werken der Western Electric Company in Chicago mit Untersuchungen über die Beeinflussbarkeit der Produktionsleistung von Arbeitern. Bei dieser ursprünglichen Untersuchung sollten lediglich die Beziehungen zwischen den Arbeitsbedingungen, insbesondere der Beleuchtungsart und Beleuchtungsintensität, und der Arbeitsproduktivität aufgezeigt werden.[12]

Die anfänglich ganz im Geist des "Scientific Management" durchgeführten Experimente zeigten jedoch Ergebnisse, welche mit Taylors Bestimmungsgrößen der Arbeitsleistung nicht vereinbar waren. Unerwarteterweise stiegen während der Untersuchung

---

[12] Vgl. Engel, P./ Riedmann, W.: Die neuen Managementtechniken in Fällen, Bd. 2, Motivation und Führung, München 1973, S. 40.

sowohl die Leistungen einer Testgruppe, die bei wechselnden Lichtverhältnissen arbeitete, als auch die einer Kontrollgruppe, welche unter den gleichen Bedingungen wie vor der Untersuchung weiterarbeitete.

Aufgrund dieses mit dem damaligen Stand der Wissenschaft nicht erklärbaren Ergebnisses wurde der Psychologe Elton Mayo mit der Fortführung der Experimente beauftragt. Er und eine Forschergruppe der Harvard-Universität mit Roethlisberger, Dickson, Whitehead und Homans übernahmen die Untersuchungen und weiteten sie aus. Sie kamen zu dem Ergebnis, dass Lohn, Arbeitszeit, Beleuchtung, Temperatur usw. nicht allein bestimmend für die Arbeitsproduktivität der Mitarbeiter waren. Man vermutete, dass die beobachteten Produktivitätssteigerungen auf die erhöhte Aufmerksamkeit, die den Arbeitern während der Untersuchung von der Unternehmensleitung entgegengebracht wurde, als auch auf die informellen Beziehungen zwischen den Gruppen zurückzuführen waren. Dieser Sachverhalt ist als sogenannter **"Hawthorne-Effekt"** in die Sozialpsychologie eingegangen.

Weitere Untersuchungen zeigten, dass solche und ähnliche soziale Faktoren einen stärkeren Einfluss auf das Verhalten und die Leistung von Arbeitern haben können als ökonomische Anreize oder die Variierung von physisch-technischen Arbeitsbedingungen. Es entstand das Menschenbild des "social man". Ausgehend von diesem Menschenbild legte die Human-Relations-Bewegung besonderen Wert auf die sozialen Bedingungen und die zwischenmenschlichen Beziehungen am Arbeitsplatz. Ihre Vertreter forderten, die folgenden Annahmen planmäßig in die Organisationsstrukturen einzubeziehen:

- Der Mensch ist grundlegend durch seine sozialen Bedürfnisse motiviert. Seine eigentliche Identität erhält er durch diese und durch die Beziehungen zu anderen.
- Die Arbeit ist als Folge der industriellen Revolution sinnentleert. Deshalb muss der Arbeit durch die sozialen Beziehungen wieder ein Sinn gegeben werden.
- Der Mensch ist durch die Unternehmensführung besonders dann beeinflussbar, wenn die Vorgesetzten seine sozialen Bedürfnisse und das Bedürfnis nach Anerkennung befriedigen können.

Organisationstheorien, die sich auf das Bild des "social man" beziehen, berücksichtigen dementsprechend besonders die formellen und informellen Kommunikations- und Informationswege, den Aufbau und die Förderung von Gruppen innerhalb der Organisation und die soziale Anerkennung des einzelnen Mitarbeiters sowie der Gruppen durch das Management.

Die Human-Relations-Bewegung und das sozial orientierte Menschenbild führten zu Konzepten der Unternehmensführung, die sich bewusst von den Anschauungen des "Scientific Management" abkehrten. Sie waren in erster Linie darauf gerichtet, die sozialen Bedürfnisse der Mitarbeiter zu befriedigen und somit die Arbeitszufriedenheit der Mitarbeiter zu fördern. Dies führte aber teilweise zu einer Überbetonung dieser Faktoren und einem nahezu naiven Harmoniedenken, welches dem eigentlichen Ziel der Human-Relations-Bewegung, der Steigerung der Produktivität, nicht immer förderlich war.

Die Human-Relations-Bewegung hat aber zumindest deutlich gemacht, dass arbeitende Menschen nicht wie Automaten funktionieren, die nach dem Einwerfen von Geld eine Leistung erbringen. Es bleibt festzuhalten, dass die sozialen Bedingungen am Arbeitsplatz und die zwischenmenschlichen Beziehungen wichtige Faktoren für die Arbeitsproduktivität darstellen, jedoch die durch diese Faktoren erzielbare Erhöhung der Arbeitszufriedenheit allein noch keine Effizienzerhöhung bewirken muss.

## 1.3.4 Sozialwissenschaftliches Grundmodell

Ab ca. 1950 veränderte sich das Menschenbild erneut. Eine Strömung, vertreten durch Argyris, Miles, Lickert, Maslow, Mc Gregor, Herzberg, Rogers und anderen ging von einem Bild aus, das man den **"self-actualising man"** nennen kann.

Eine andere Strömung, repräsentiert durch Vroom/Yetton, Simon, March, Heinen, Ulrich und anderen, ging von einem mehr durch die Erkenntnisse der Sozialwissenschaften geprägtem Bild, dem des **"complex man"** aus.[13]

### (1) "self-actualising man"

Unter dem Bild des "self-actualising man" versteht man den sich selbst entwickelnden und sich selbst verwirklichenden Menschen, der nach Autonomie strebt und motiviert ist, wenn er sich entfalten kann.

Einige der auf diesem Menschenbild aufbauenden Motivationstheorien haben auch heute noch ihre Anhänger. Sie besitzen interessante Aspekte und werden deshalb in den folgenden Abschnitten genauer dargestellt.

Folge des Menschenbildes des "self-actualising man" und der von diesem Bild ausgehenden Motivationstheorien waren Diskussionen über Führung und Herrschaft, über Partizipation, Delegation und Kooperation. Verschiedenste Modelle wurden entwickelt und erprobt (z.B. MbD, MbO usw.). Die Personalentwicklung gewann an Bedeutung. Nach dem Einzug der rationalen ("Scientific Management") und der sozialen (Human-Relations-Bewegung) Dimension in die Führungslehre wurde nun eine weitere, die humane Dimension hinzugefügt.

### (2) "complex man"

Das Bild des "complex man" ist, wie schon die Bezeichnung ausdrückt, das Bild eines vielschichtigen, von den verschiedensten Faktoren beeinflussten Menschen. Geprägt ist es unter anderem durch die verschiedenen sozialwissenschaftlichen Erkenntnisse. Der "complex man" ist äußerst wandlungsfähig, die Dringlichkeit seiner Bedürfnisse unterliegt einem ständigen Wandel. Er ist lernfähig und erwirbt neue Motive, die in unterschiedlichen Systemen unterschiedlich wirksam sind.

---

13 Vgl.: Gonschorrek, U.: Verwaltungspädagogik und Führungslehre, a.a.O., S. 39 f.

Die verschiedenen, diesem Menschenbild zuzuordnenden Autoren (z.B. Vroom, Porter & Lawler, March & Simon) gehen jedoch nicht von einem exakt gleichen Menschenbild aus. Als Beispiel für eine mögliche Darstellung des "complex man" wird hier die Beschreibung des Menschenbildes nach B. Dietel vorgestellt:

> "Das Menschenbild der modernen Betriebswirtschaftslehre ergibt sich aus ihrer sozialwissenschaftlichen Verankerung. Verhaltensweisen des Menschen werden aus seinen persönlichen Bedürfnissen und Wertevorstellungen und seinen sozialen Beziehungen innerhalb der Organisation erklärt. In dieses Modell des Menschen fließen individualpsychologische, sozialpsychologische, soziologische und politologische Ansätze ein. Das Verhalten des Menschen innerhalb der Organisation ist das Ergebnis von Verhandlungs-, Anpassungs-, Beeinflussungs- und Problemlösungsprozessen."[14]

In den folgenden Kapiteln werden nun verschiedene, auf den Menschenbildern des "self-actualising man" und des "complex man" aufbauende Motivationstheorien beschrieben.

## 1.4 Motivationstheorien

Nach nunmehr fünfzigjähriger Motivationsforschung existiert zum gegenwärtigen Zeitpunkt noch keine einheitliche Theorie der Motivation. Es gibt jedoch mehrere unterschiedliche, einander ergänzende Versuche, zu erklären, wie das menschliche Verhalten und in diesem Zusammenhang die Leistung im Betrieb motiviert wird. Diese Erklärungsansätze können in **Inhaltstheorien**, **Erwartungsvalenztheorien** und **Gleichgewichtstheorien** untergliedert werden.

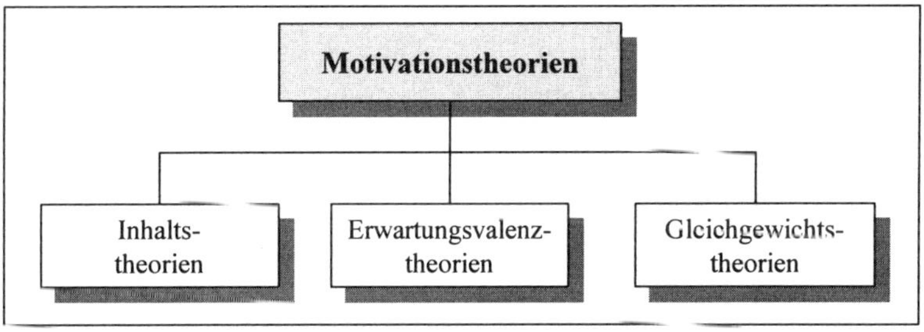


**Abb. 5:** Motivationstheorien

Die Erwartungsvalenztheorien und die Gleichgewichtstheorien werden in der Literatur auch unter dem Begriff "Prozesstheorien"[15] zusammengefasst.

---

[14] Dietel, B./Müller-Bader, P.: Elemente einer Theorie der Führung. In: Betriebswirtschaftliche Führungslehre - Ein entscheidungsorientierter Ansatz, 2. Aufl., hrsg. von Heinen, E., Wiesbaden 1978, S. 54.

[15] Unter der Bezeichnung Prozesstheorien werden die Motivationstheorien zugeordnet, die unabhängig von den Motivinhalten versuchen, eine Erklärung für den Prozess der Verhaltensaktivierung, seine Variablen sowie deren Zusammenwirken und gegenseitige Beeinflussung zu finden. Anhand der Prozesstheorien soll gezeigt werden, wie durch das Zusammenwirken der verschiedenen Variablen (z.B. Ziele, Anreize, Belohnung, Erwartungen etc.) die Motivation für ein bestimmtes Verhalten entsteht.

## 1.4.1 Inhaltstheorien

Die Inhaltstheorien konzentrieren sich auf Motivinhalte und den Versuch, diese zu klassifizieren. Es soll aufgezeigt werden, was und welche spezifischen Faktoren den Menschen zur Arbeit motivieren; u.a. werden auch die Bedürfnisse und die "Be- und Entlohnungen", die ein Verhalten verursachen, analysiert.[16]

Zu den bedeutenden Inhaltstheorien zählen:

- Die Bedürfnispyramide von Maslow
- Die E-R-G-Theorie von Alderfer
- Die Zweifaktorentheorie von Herzberg
- Die Theorie der gelernten Bedürfnisse von Mc Clelland
- Die X-Y-Theorie von Mc Gregor

### (1) Die Bedürfnispyramide von Maslow

Eine der verbreitetsten Inhaltstheorien ist die von dem amerikanischen Psychologen Abraham H. Maslow entwickelte Motivationstheorie. Maslow, ein Vertreter der humanistischen Psychologie, stellte erstmals 1942 sein als "Maslow-Pyramide" bekannt gewordenes, hierarchisch gegliedertes Motivationsmodell vor, welches er bis zu seinem Tod im Jahre 1970 weiterentwickelte.[17]

Besondere Bedeutung erlangte dieses Modell durch den Versuch, ausgehend von den Prioritäten unter den Bedürfnissen, eine Rangordnung in die Vielzahl der Bedürfnisse zu bringen und abhängig von der Situation und der Entwicklung des Einzelnen sein zurzeit dominierendes Bedürfnis aufzuzeigen. Die wichtigsten Annahmen, die diesem Modell zugrunde liegen, sind:

- Festlegung der Bedürfnisse in fünf Klassen
- allgemeiner Gültigkeitsanspruch für alle Individuen
- stufenweise Bedürfnisordnungen
- befriedigte Bedürfnisse motivieren den Menschen nicht mehr
- unbefriedigte Bedürfnisse motivieren generell

Maslow unterteilt die Grundbedürfnisse des Menschen in Defizitbedürfnisse und in Wachstumsbedürfnisse. Die Defizitbedürfnisse werden noch weiter unterteilt, so dass fünf einzelne Bedürfnisgruppen entstehen, die in hierarchisch geordneten Bedürfnisstufen in Form einer Pyramide dargestellt werden:

---

16 Vgl. Weinert A.B.: Organisationspsychologie, 3. Aufl., München 1992, S. 262.

17 Vgl. Maslow, A.H.: Motivation und Persönlichkeit, Olten 1977, S. 10.

**Abb. 6**: Die Hierarchie der Bedürfnisse nach Maslow (1954)

- Bei den **Defizitbedürfnissen** handelt es sich um sog. "leere Löcher", die um der Gesundheit willen erfüllt werden müssen. Sie werden bei Mangelzuständen und Störungen aktiviert.
- Die **Wachstumsbedürfnisse** hingegen sind auf die Entfaltung der im Menschen liegenden Möglichkeiten angelegt. Sie beinhalten, wie Maslow es ausdrückt, das Verlangen "immer mehr zu dem zu werden, was man idiosynkratisch ist, alles zu werden, was zu werden man fähig ist".[18] Sie werden erst nach ausreichender Befriedigung der Mangelbedürfnisse wirksam und haben die fortschreitende Potenzialverwirklichung zum Ziel (Menschenbild des "self-actualising man").

Bei seiner Gliederung geht Maslow davon aus, dass die einzelnen Bedürfnisstufen nacheinander verhaltenswirksam werden. Die nächsthöhere Bedürfnisstufe wird jeweils dann angestrebt, wenn die Bedürfnisse der vorangegangenen Stufe subjektiv als ausreichend befriedigt angesehen werden.

Zu den Defizitbedürfnissen zählt Maslow die physiologischen Bedürfnisse, die Sicherheitsbedürfnisse, die sozialen Bedürfnisse und die Bedürfnisse nach Achtung, die entsprechend der physischen Dringlichkeit befriedigt werden sollen.

Während die Defizitbedürfnisse mit zunehmender Befriedigung an Motivationskraft verlieren, führt die Befriedigung von Wachstumsbedürfnissen, zu denen die Bedürfnisse nach Selbstverwirklichung zählen, nicht zu einer Verringerung, sondern sogar zu einer Erhöhung der Motivationsstärke.

Die einzelnen Bedürfnisgruppen lassen sich wie folgt beschreiben:[19]

---

[18] Vgl. Maslow, A.H.: Motivation und Persönlichkeit, a.a.O., S. 10.

[19] Vgl. ebd., S. 74 ff.

- **Physiologische Bedürfnisse:** Bei den physiologischen (körperlichen) Bedürfnissen handelt es sich um Grundbedürfnisse, die auf die Selbsterhaltung ausgerichtet sind und sich aus der physischen Natur des Menschen ergeben wie z.B. das Verlangen nach Nahrung, Wohnung, Ruhe, sportlicher Betätigung.
- **Sicherheitsbedürfnisse:** Bei den Sicherheitsbedürfnissen wird unterschieden zwischen den Bedürfnissen nach Sicherheit vor physischen, psychischen und ökonomischen Gefahren. Hierzu zählen beispielsweise Bedürfnisse nach Geborgenheit, Ordnung, Gesetzen, Sicherheit des Arbeitsplatzes.
- **Soziale Bedürfnisse:** Diese Bedürfnisse kennzeichnen den Wunsch nach zwischenmenschlicher Zuwendung und Kontakt zu anderen Menschen, nach Liebe, Intimität, Gemeinschaft, Zugehörigkeit zu bestimmten Gruppen.
- **Achtungsbedürfnisse:** Die Bedürfnisse nach Achtung können in zwei Gruppen unterteilt werden. Auf der einen Seite stehen die Bedürfnisse nach Achtung in Form von Selbstbestätigung oder Selbstachtung aufgrund eigener Leistungen und Erfolge, eigener Unabhängigkeit und Macht. Auf der anderen Seite stehen die Bedürfnisse nach Achtung und Anerkennung durch andere Menschen (Fremdbestätigung).
- **Bedürfnisse nach Selbstverwirklichung:** Die Bedürfnisse nach Selbstverwirklichung kennzeichnen den Wunsch des Menschen nach bestmöglicher Entfaltung der individuellen Anlagen und nach ständiger Selbstentwicklung. Menschen, bei denen das Bedürfnis nach Selbstverwirklichung stark ausgeprägt ist, streben danach, die in ihnen verborgenen Möglichkeiten und Fähigkeiten voll auszuschöpfen, und damit sich selbst zu entfalten.

In seinem wahrscheinlich wichtigsten Werk "Motivation und Persönlichkeit" fügte er diesen fünf Bedürfnisgruppen weitere hinzu, so z.B. die ästhetischen Bedürfnisse und das Verlangen nach Wissen und Verstehen.[20] Jedoch betrachtete er diese Bereiche als noch weitgehend unerforscht und arbeitete sie nicht mehr vollständig in seine Bedürfnishierarchie ein. Das entscheidende an Maslows Theorie ist jedoch nicht die Klassifikation der Bedürfnisse, sondern die hierarchische Ordnung dieser Bedürfnisgruppen und die von ihm aufgestellte Entwicklungslogik der Bedürfnisse.

In Bezug auf die Bedürfnisse der arbeitenden Menschen in einem Unternehmen lassen sich die einzelnen Bedürfnisstufen folgendermaßen interpretieren:

| **Bedürfnisse nach Selbstverwirklichung** | **Achtungsbedürfnisse** | **Soziale Bedürfnisse** | **Sicherheitsbedürfnisse** | **Physiologische Bedürfnisse** |
|---|---|---|---|---|
| – Macht, Einfluss<br>– Realisierung der eigenen Pläne | – Fachliche Kompetenz<br>– Lob, Status<br>– Guter Lohn | – Kommunikation mit den Mitarbeitern<br>– Teamarbeit<br>– Information | – Sicherheit des Arbeitsplatzes<br>– Kündigungsschutz<br>– Betriebliche Altersversorgung<br>– Weiterbildung | – Ausreichende Bezahlung<br>– Gesunder Arbeitsplatz<br>– Existenzielle Versorgung |

**Abb. 7:** Die Befriedigung der Bedürfnisse am Arbeitsplatz

20 Vgl. Maslow, A.H.: Motivation und Persönlichkeit, a.a.O., S. 95 ff.

Mit seiner Theorie hat Maslow nicht nur eine Rangfolge vorgegeben, die angibt, welche Dringlichkeit ein durchschnittlicher Mensch seinen Grundbedürfnissen gibt. Er nimmt vielmehr an, dass immer die niedrigsten, subjektiv als nicht ausreichend befriedigt empfundenen Bedürfnisse von dem Menschen als besonders wichtig empfunden werden und handlungsmotivierend wirken. Sie sind dominant. Niedrigere, aber ausreichend befriedigte und höhere, unbefriedigte Bedürfnisse werden als kaum wichtig empfunden und wirken kaum handlungsmotivierend oder verhaltensbestimmend.

Jedoch ist Maslow, seine Theorie einschränkend, der Meinung, dass die dargestellte Rangordnung der Grundbedürfnisse nicht für alle Menschen gleichermaßen gilt, sondern dass es eine größere Anzahl von Ausnahmen gibt. Er selbst nennt z.B. "scheinbar geboren kreative Menschen" oder Menschen, bei denen ein Bedürfnis sehr lange Zeit hindurch befriedigt wurde, so dass dieses Bedürfnis auch bei Nichtbefriedigung über einen längeren Zeitraum als unwichtig angesehen wird.[21]

Maslows Theorie erregte viel Aufsehen, fand aber neben vielen Anhängern, die seine Überlegungen weiterführten, auch viele Kritiker. Die meisten Kritiker bemängelten vor allem folgende Punkte:

- Da es sich um eine reine Inhaltstheorie handelt, werden nur Aussagen darüber gemacht, was motiviert, nicht aber, wie ein Mensch motiviert wird.
- Maslow nennt keine genauen Abgrenzungskriterien für die einzelnen Bedürfnisstufen.
- Die von Maslow angenommene Rangfolge der Bedürfnisse kann nicht für jeden Menschen unterstellt werden.
- Die aufgestellte Entwicklungslogik, das automatische Fortschreiten von niedrigeren zu höheren Bedürfnissen und die Dominanz des niedrigsten unbefriedigten Bedürfnisses, werden in Frage gestellt.
- Seine Theorie umfasst nicht alle Bedürfnisse, er selbst nennt z.B. die ästhetischen Bedürfnisse.
- Das Bedürfnis nach Selbstverwirklichung wird vielfach als Leerformel angesehen, da es sich, aufbauend auf Maslows bürgerlich humanistischem Weltbild, auf das "Gute im Menschen" beschränkt.[22] Geht man davon aus, dass zum vorgegebenen Selbst des Menschen auch Aggressivität, Egoismus, Angst, etc. gehören, müsste die angestrebte Selbstverwirklichung des Menschen auch diese Anlagen berücksichtigen.
- Die Rangfolge der Bedürfnisgruppen wird angegriffen, da es, wie Maslow selber angibt, sehr viele Ausnahmen gibt.
- Auch die aufgestellte Entwicklungslogik, das automatische Fortschreiten von niedrigeren zu höheren Bedürfnissen und die Dominanz des niedrigsten unbefriedigten Bedürfnisses, werden in Frage gestellt. Auch in diesem Punkt gesteht Maslow zumindest insofern Abweichungen von seiner Theorie zu, dass immer mehrere Bedürfnisse gleichzeitig wirken und nur die meisten Menschen, nicht aber alle die Grundbedürfnisse ungefähr in der angedeuteten Rangfolge haben.

---

[21] Vgl. Maslow, A.H.: Motivation und Persönlichkeit, a.a.O., S. 95 ff.

[22] Vgl. z.B. Neuberger, O.: Arbeit: Begriff - Gestaltung - Motivation - Zufriedenheit, Stuttgart 1985, S. 136.

- Die von Maslow erstellte Rangfolge der Bedürfnisse darf nicht als ein starres, unbewegliches Gefüge verstanden werden. Das Verhalten des Menschen wird in der Regel von mehreren Bedürfnissen oder Motiven bestimmt, so dass Überlappungen hinsichtlich der Bedürfnisse und Motive nicht ausgeschlossen werden dürfen, wie die nachfolgende Abbildung zeigt:

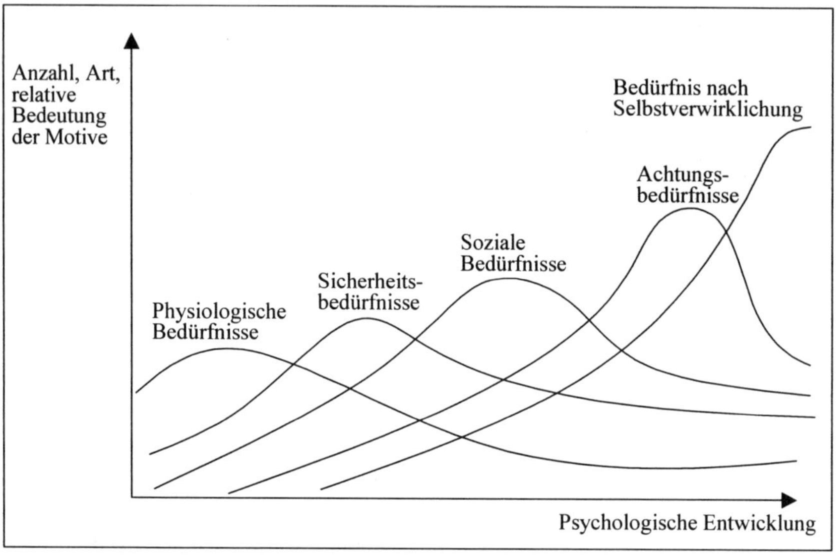


**Abb. 8:** Dynamische Betrachtung der Bedürfnisstufen

Eine dynamische Entwicklung der Bedürfnisse kommt außer durch die psychologische Entwicklung des Einzelnen auch durch den Zeitverlauf bzw. den technischen Fortschritt zustande. "Die Eskalation der Bedürfnisse führt dazu, dass ein Durchschnittshaushalt in der Bundesrepublik heute über 200 Bedienstete benötigen würde, um seinen selbstverständlichen Komfort zu gewährleisten, wenn wir auf dem technischen Entwicklungsstand des Mittelalters stehengeblieben wären."[23]

Die Motivationstheorie nach Maslow sollte heute mehr als geeigneter Ansatz gesehen werden, der in verständlicher Weise Bedürfnisse aufzeigt, die im Rahmen des Führungsprozesses gezielt als Motive ansprechbar sind.

## (2) Die E-R-G-Theorie von Alderfer

Die von C.P. Alderfer entwickelte und 1969 veröffentlichte E-R-G-Theorie ist eine Weiterentwicklung der Maslow'schen Motivationstheorie.

Während Maslow versuchte, ein möglichst allgemeingültiges Motivationsmodell in Form einer Bedürfnispyramide zu entwickeln, war Alderfer bestrebt, ein Modell zu entwickeln, welches dem arbeitenden Menschen im Unternehmen gerecht werden sollte. Nach Alderfers Ansicht kommt es bei der Motivationstheorie nach Maslow zu Über-

[23] Stroebe, R.W./Stroebe, G.H.: Motivation, a.a.O., S. 62.

schneidungen einzelner Hierarchiestufen. Daher reduziert er die Bedürfnispyramide auf die drei Bedürfnisebenen:

- **E**xistence needs (Existenzbedürfnisse)
- **R**elatedness needs (Soziale Bedürfnisse)
- **G**rowth needs (Wachstums- und Selbstverwirklichungsbedürfnisse)

| Gliederung nach Maslow | Überlappungsbereich | Gliederung nach Alderfer |
|---|---|---|
| Physiologische Bedürfnisse | Physiologische Bedürfnisse | Existenzbedürfnisse |
| Sicherheit | materielle Sicherheit | |
| | zwischenmenschliche Sicherheit | Beziehungsbedürfnisse |
| Zugehörigkeit | Liebe | |
| Wertschätzung | Schätzung durch andere | |
| | Selbstwertgefühl | Wachstumsbedürfnisse |
| Selbstverwirklichung | Selbstverwirklichung | |

**Abb. 9:** Gliederung der Bedürfnisse nach Alderfer und nach Maslow

Neben der veränderten Gliederung der Bedürfnisse legt Alderfer keine strenge Hierarchie der Bedürfnisse mehr fest. Er beschreibt vielmehr einen neuen Ansatz für den Zusammenhang der Bedürfnisklassen.[24]

Die Beziehungen von Bedürfnisbefriedigung und Bedürfnisaktivierung innerhalb und zwischen den von ihm aufgestellten Bedürfnisstufen beschreibt er durch sieben Thesen:[25]

1. Je weniger die Existenzbedürfnisse befriedigt sind, desto stärker wirken sie.
2. Je weniger die Beziehungsbedürfnisse befriedigt sind, desto stärker werden die Existenzbedürfnisse.
3. Je mehr die Existenzbedürfnisse befriedigt sind, desto stärker werden die Beziehungsbedürfnisse.
4. Je weniger die Beziehungsbedürfnisse befriedigt sind, desto stärker werden sie.
5. Je weniger die Wachstumsbedürfnisse befriedigt sind, desto stärker werden die Beziehungsbedürfnisse.

---

24 Vgl. Alderfer, C.P.: Existance, Relatedness and Growth, Human needs in Origanizational Settings, New York 1972, S. 13 ff.

25 Vgl. Hentze, J.: Personalwirtschaftslehre 2, 5. Aufl., Bern/Stuttgart 1991, S. 32.

6. Je mehr die Beziehungsbedürfnisse befriedigt sind, desto stärker werden die Wachstumsbedürfnisse.
7. Je mehr die Wachstumsbedürfnisse befriedigt sind, desto stärker werden sie.

Alderfer geht nicht wie Maslow ausschließlich von einer Befriedigungs-Progressions-Hypothese aus, bei der durch die Befriedigung eines Bedürfnisses das nächsthöhere Bedürfnis aktualisiert bzw. verstärkt wird. Die von ihm aufgestellten Thesen basieren auf drei Annahmen:

- **Frustrations-Hypothese** Sie besagt, dass ein Bedürfnis im Ausmaß seiner Nichtbefriedigung dominant wird (Grundlage für die Thesen 1 und 4).
- **Frustrations-Regressions-Hypothese** Sie besagt, dass eine Nicht-Befriedigung eines höheren Bedürfnisses zu einer Aktivierung der nächst niederen Bedürfnisstufe führt (Grundlage für die Thesen 2 und 5).
- **Befriedigungs-Progressions-Hypothese** Sie besagt, dass durch die Zufriedenstellung eines Bedürfnisses das nächsthöhere Bedürfnis aktiviert wird (Grundlage für die Thesen 3, 6 und 7).[26]

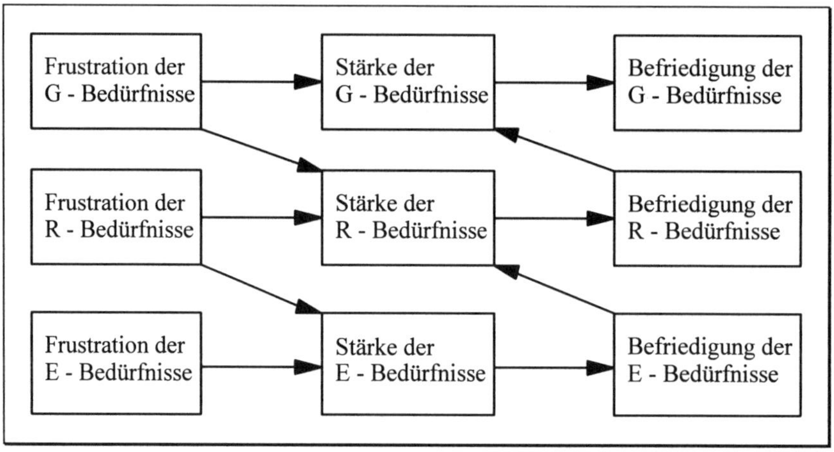


**Abb. 10:** Das Motivationsmodell nach Alderfer[27]

Die Annahmen, die Alderfers E-R-G-Theorie zugrundeliegen, unterscheiden sich in zwei wesentlichen Aspekten von den Überlegungen, die Maslow seinem Modell zugrunde legt. Zum einen müssen die Bedürfnisse der unteren Stufen nicht zuerst befriedigt sein als Voraussetzung dafür, dass die Bedürfnisse der nächsten Stufen in Erscheinung treten, und zum anderen kann auch in umgekehrter Richtung das nächstniedrige Bedürfnis aktiviert werden, sofern eine Befriedigung der oberen Ebene blockiert ist. Damit stellen selbst befriedigte Bedürfnisse noch solange Motivatoren dar, wie sie als Ersatz für noch unbefriedigte Bedürfnisse dienen.

---

[26] Vgl. Wagner, H./Städler, A./Weber, D.: Führung: Grundlagen, Prozesse und Konzeptionen der Mitarbeiterführung in Unternehmungen. In: Managementwissen, H. 2, 1990, S. 43.

[27] Vgl. Weinert, A.B.: Organisationspsychologie, a.a.O., S. 267.

Die E-R-G-Theorie relativiert somit die Annahme Maslows derart, dass auch in umgekehrter Richtung das nächstniedrigere Bedürfnis aktiviert werden kann, sofern eine Befriedigung der Bedürfnisse der oberen Ebene blockiert ist.

Damit stellen selbst bereits befriedigte Bedürfnisse noch so lange Motivatoren dar, wie sie als Ersatz für noch unbefriedigte Bedürfnisse dienen. Alderfer hat seine Theorie aufgrund verschiedener empirischer Untersuchungen mehrfach modifiziert, wobei er die Hauptaussagen aus den Thesen 3 und 5 als nicht nachgewiesen ersatzlos strich und die Aussagen in den Thesen 2, 4, 6 und 7 geringfügig abänderte.

Die von Alderfer aufgestellte E-R-G-Theorie weist, im Vergleich zur strengen Bedürfnishierarchie in Maslows Motivationsmodell, aufgrund der verschiedenen Modifikationen einen größeren Informationsgehalt auf, dennoch hat sie in der Unternehmenspraxis keine große Beachtung gefunden.

### (3) Die Zwei-Faktoren-Theorie von Herzberg

Die im Jahre 1959 von F. Herzberg[28] veröffentlichte Motivationstheorie befasst sich nicht mit den allgemeinen menschlichen Bedürfnissen und Motiven, sondern speziell mit Faktoren, die Arbeitszufriedenheit bzw. Arbeitsunzufriedenheit auslösen.

Die Aussagen, die dieser Theorie zugrunde liegen, sind das Ergebnis einer Befragung von ca. 200 Ingenieuren und Büroangestellten nach Situationen im Arbeitsleben, in denen die Befragten ihrer Tätigkeit besonders positiv oder negativ gegenüberstanden, und nach den für die jeweilige Situation ausschlaggebenden Ursachen.

Es zeigte sich, dass die Befragten ihre positiven Einstellungen in der Regel auf andere Faktoren zurückführten als ihre negativen Einstellungen. Diese Theorie konnte durch eine Reihe weiterer Befragungen bestätigt und gefestigt werden.

Herzberg geht bei seinen Überlegungen ebenfalls davon aus, dass der Mensch eine feste Anzahl von Grundbedürfnissen hat, die befriedigt werden müssen. Während jedoch Maslow von insgesamt fünf Grundbedürfnissen und Alderfer später von drei Grundbedürfnissen ausgeht, unterteilt Herzberg die Grundbedürfnisse des arbeitenden Menschen in zwei Kategorien, in die

- **Motivationsbedürfnisse** oder **Motivatoren** und in die
- **Hygiene**- oder **Maintenancebedürfnisse**.

Er kam zu dem Ergebnis, dass das Fehlen bestimmter Arbeitsbedingungen (wie z.B. Bezahlung, Sicherheit des Arbeitsplatzes, Beziehungen zu Vorgesetzten und Kollegen, Betriebspolitik und Administration, Art und Qualität der Führung) beim Einzelnen Unzufriedenheit oder eine negative Einstellung hervorruft. Das Vorhandensein dieser Bedingungen verhindert zwar die Unzufriedenheit, führt aber nicht unbedingt zur Zufriedenheit oder Motivation des Mitarbeiters. Diese Faktoren, die Unzufriedenheit verhindern, Zufriedenheit jedoch nicht bewirken, bezeichnet Herzberg als Hygiene- oder Maintenancefaktoren. Durch die Hygienefaktoren werden vor allem extrinsische Arbeitsbedürfnisse

---

28 Herzberg. F./Mausner, B.M./Snydermann, B.B.: The Motivation to Work, New York 1959.

befriedigt, sie beziehen sich daher nicht unmittelbar auf die Tätigkeit, sondern stellen vielmehr Rahmenbedingungen des Arbeitsvollzugs dar.[29]

Die zweite Gruppe umfasst Faktoren, die Zufriedenheit oder eine positive Einstellung herbeiführen. Sie beziehen sich unmittelbar auf die Tätigkeit und tragen, wenn sie vorhanden sind, speziell zur Befriedigung intrinsischer Arbeitsbedürfnisse des Mitarbeiters bei. Sind diese, als Motivatoren oder Zufriedensteller bezeichneten Faktoren (wie z.B. Leistung, Anerkennung, die Art der Arbeit, Verantwortung, Beförderung) nicht vorhanden, führt dies nicht zwangsläufig zur Unzufriedenheit, aber auch nicht zur Motivation des Mitarbeiters.

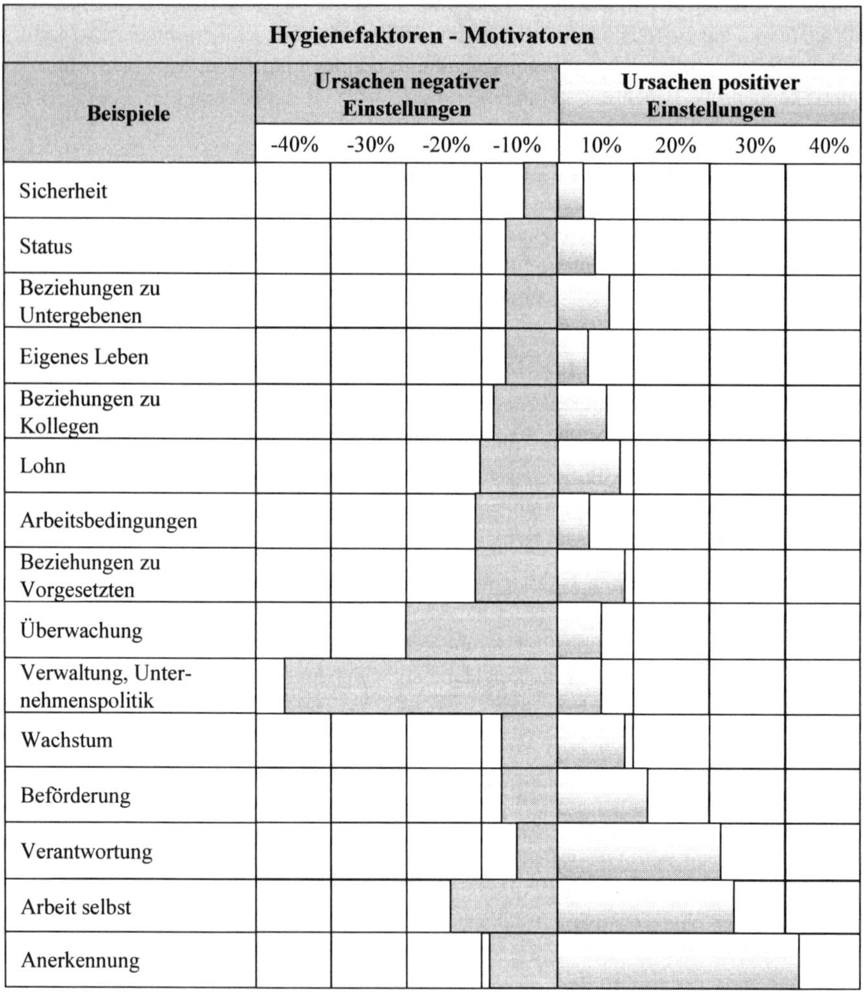


**Abb. 11:** Prozentuale Häufigkeit der Faktoren, die auf die positive oder die negative Einstellung des Mitarbeiters zu seiner Tätigkeit Einfluss nehmen (Ergebnis von 12 Untersuchungen).[30]

[29] Vgl. Weinert, A.B.: Organisationspsychologie, a.a.O., S. 268 ff.

[30] Vgl. Harlander, N. u.a.: Lehrbuch der Personalwirtschaft, 2. Aufl., Landsberg 1991, S. 54.

Bei einem Vergleich der Zwei-Faktoren-Theorie von Herzberg mit der von Maslow entwickelten Bedürfnispyramide können die von Herzberg ermittelten Hygienebedürfnisse als Grundbedürfnisse angesehen werden, während die Motivationsbedürfnisse die Bedürfnisse "höherer Ordnung" darstellen. Herzbergs Motivationstheorie lässt eine hierarchische Gliederung in zwei dynamische Prozess- und Handlungsstufen zu:

- Erste Stufe: **Suche nach Hygiene**
- Zweite Stufe: **Suche nach Motivation**

Die Erkenntnis Herzbergs, dass Mitarbeiter ihre positiven Einstellungen zur Arbeit auf andere Ursachen zurückführen als ihre negativen Einstellungen, veranlasste ihn, dass klassische Zufriedenheitskonzept abzulehnen. Bei diesen Theorien handelt es sich um eine eindimensionale Darstellung der Zufriedenheit und der Unzufriedenheit als einander entgegengesetzte Pole.

Herzberg hingegen betrachtet die Zufriedenheit und die Unzufriedenheit als zwei getrennte Kontinua.

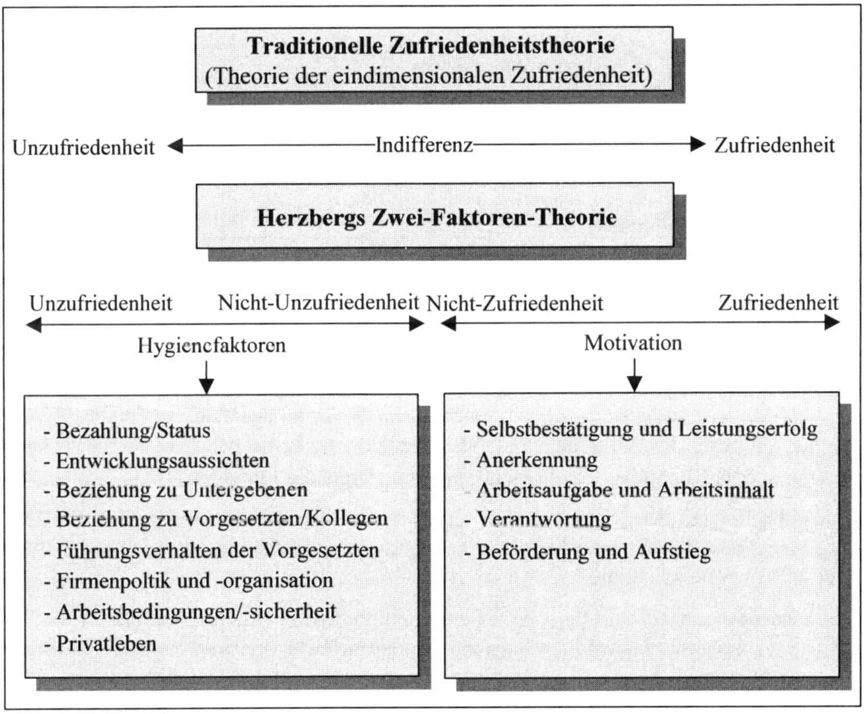


**Abb. 12:** Vergleich der traditionellen Theorie der Zufriedenheit mit Herzbergs Zwei-Faktoren-Theorie

Im Unternehmen wird der Mitarbeiter in seinem Verhalten durch die Suche nach Hygiene und Motivation beeinflusst, wobei sich positive Einstellungen zur Tätigkeit auf andere Faktoren zurückführen lassen als negative Einstellungen. Allein die Beseitigung der Faktoren, die Unzufriedenheit auslösen, führt jedoch noch nicht zur Motivation.

Um den Mitarbeiter zu motivieren schlägt Herzberg vor, den Aufgaben- und Arbeitsbereich des Einzelnen mit interessanten und aktivierenden Tätigkeiten zu bereichern.[31] Dabei soll nach den in der folgenden Abbildung dargestellten Prinzipien vorgegangen werden:

| **Prinzipien einer vertikalen Aufgabenerweiterung (Job enrichment)** | |
|---|---|
| **Prinzip** | **Angesprochene Motivatoren** |
| Abbau einiger Kontrollen unter Beibehaltung der Verantwortlichkeit | Verantwortung und persönliche Leistung |
| Gesteigerte Verantwortlichkeit der Mitarbeiter für ihre Arbeit | Verantwortung und Anerkennung |
| Zuteilung einer vollständigen ursprünglichen Arbeitseinheit (Funktionsbereich, Abteilung, Gebiet etc.) | Verantwortung, Leistung und Anerkennung |
| Mehr Befugnisse und mehr Unabhängigkeit für einzelne Mitarbeiter im Rahmen ihrer Tätigkeit | Verantwortung, Leistung und Anerkennung |
| Periodische Berichte den Mitarbeitern direkt zugänglich machen, nicht nur den Vorgesetzten | Interne Anerkennung |
| Einführung neuer und schwieriger Aufgaben, die vorher nicht zu bewältigen waren | Entwicklung und Lernen |
| Vergabe von genau definierten bzw. Sonderaufgaben an Einzelne, um ihnen zu ermöglichen, Experten zu werden | Verantwortung, Entwicklung und Aufstieg |

**Abb. 13:** Prinzipien des Job enrichment[32]

Neben den Befürwortern der Zwei-Faktoren-Theorie von Herzberg gibt es auch viele Kritiker, die verschiedene Einwände gegen diese Theorie erheben. Sie bemängeln vor allem die Methodengebundenheit der Informationserhebung. Es hat sich gezeigt, dass die von Herzberg aufgestellte Differenzierung zwischen Hygienefaktoren und Motivatoren nur mit Hilfe der Befragungsmethode (Methode der kritischen Ereignisse) zustande kommt, andere Methoden jedoch nicht zu diesem Ergebnis führen.

Weiterhin kann den Daten nur eine begrenzte Gültigkeit zuerkannt werden, da Herzberg bei seinen Befragungen lediglich die Berufsgruppen der Ingenieure und der Büroangestellten berücksichtigte.

Ebenso werden die von Person zu Person individuellen Unterschiede in der Bedürfnisstruktur nur unzureichend berücksichtigt, denn größere Freiräume und Selbstverantwortung müssen nicht für alle Mitarbeiter einen motivierenden Charakter haben. Auch die Bereitschaft, schwierige Aufgaben anstatt nur leichte Aufgaben zu erledigen, kann nicht für alle Mitarbeiter angenommen werden. Ferner bleibt der Bereich zwischen den Dimensionen "sehr zufrieden" und "sehr unzufrieden" unberücksichtigt, was zu fehlerhaften

---

31 Vgl. Herzberg, F.: Was Mitarbeiter wirklich in Schwung bringt. In: Harvard Manager: Führung und Organisation, Bd. 3, Lübeck, S. 67 ff.

32 Vgl. ebd., S. 68.

Schlüssen führen kann, da nicht erwiesen ist, dass die Folgerungen, die aus extremen Erfahrungen abgeleitet werden, auch auf den alltäglichen Arbeitsablauf zutreffen.

## (4) Die Theorie der gelernten Bedürfnisse nach Mc Clelland

D.C. Mc Clelland[33] unterscheidet in seiner Motivationstheorie drei "Schlüsselbedürfnisse":

- Achievement oder Leistungsbedürfnis,
- Affiliation oder Angliederungsbedürfnis und
- Power oder Machtbedürfnis.

Dabei konzentrieren sich die Untersuchungen Mc Clellands auf das Leistungsbedürfnis. Leistungsmotivation findet immer dann statt, wenn durch die Konstellation bestimmter Situationen dem Menschen ein Anreiz gegeben wird, durch spezifische Leistungen das Leistungsbedürfnis zu befriedigen. Der Mensch lernt im Laufe seiner Entwicklung, dass mit dem Einsatz einer bestimmten Leistung eine entsprechende Bedürfnisbefriedigung verbunden ist.

Die Neigung zur Bedürfnisbefriedigung (tendency) ist dabei abhängig von der Stärke der Anregung (motivate), der subjektiven Wahrscheinlichkeit eines Erfolges (probability) und dem Attraktivitätswert oder der Verlockung (incentive) eines Erfolges. Das resultierende Arbeitsverhalten fällt stets subjektiv aus. Daher ergibt sich folgender Zusammenhang:[34]

$$T_s = M_s \cdot P_s \cdot I_s$$

Mc Clelland schätzt, dass ca. 10% der Menschen durch eine außergewöhnlich starke Leistungsmotivation geprägt sind. Die Motivation dieser Menschen lässt sich in den meisten Fällen auf die Erziehung in ihrer Jugend zurückführen. Offensichtlich fördert eine leistungsbewusste Erziehung die Leistungsmotivation. Charakteristisch für leistungsmotivierte Menschen sind folgende Eigenschaften:

- Sie wollen Probleme selbst lösen, d.h. sie bevorzugen Situationen, in denen sie ohne die Hilfe anderer, mit alleiniger Verantwortung und durch eigene Identifikation mit der Aufgabe Probleme zu bewältigen haben.
- Sie bevorzugen Ergebnisse, die ein schnelles "Feedback" (sichtbarer Leistungserfolg) nach vollzogener Arbeit ermöglichen.
- Sie beachten Vorschläge, die der Leistungssteigerung zuträglich sind.
- Sie setzen sich mittelschwere Ziele, da eine Nicht-Erreichung unbedingt verhindert werden soll, und andererseits ein leicht erreichbares Ziel keine ausreichende Befriedigung darstellt.

---

33 Mc Clelland, D.C. u.a.: The Achievement Motive, New York 1953.

34 Vgl. Weinert, A.B.: Organisationspsychologie, a.a.O., S. 271.

Das Leistungsverhalten aller anderen Menschen, die eine weniger starke Leistungsmotivation aufweisen, lässt sich fördern durch:

- klare Zielsetzungen,
- relativ überschaubare Risiken,
- kurzfristig formulierte Ziele bzw. situationsgerechte Anpassung langfristiger Ziele,
- Informationen über den Leistungsstand des Einzelnen,
- Förderung der Verantwortungsbereitschaft,
- zielbezogene Kontrollen,
- leistungsgerechte Be- und Entlohnung
- geringe Tadelungen und
- besondere Ehrungen.

Leistungsmotivation wird immer dann eintreten, wenn der Mensch subjektiv aus seinen Erfahrungen lernt, dass Erfolgserlebnisse und die entsprechende Bedürfnisbefriedigung in Verbindung zu dem jeweiligen Leistungseinsatz stehen.

Führungskräfte fordern durch eine gezielte Aufgabenübertragung zu Leistungen auf, die eine gesteigerte Leistungsmotivation bei den Mitarbeitern hervorrufen soll. Dieser Vorgang lässt sich wie folgt darstellen:[35]

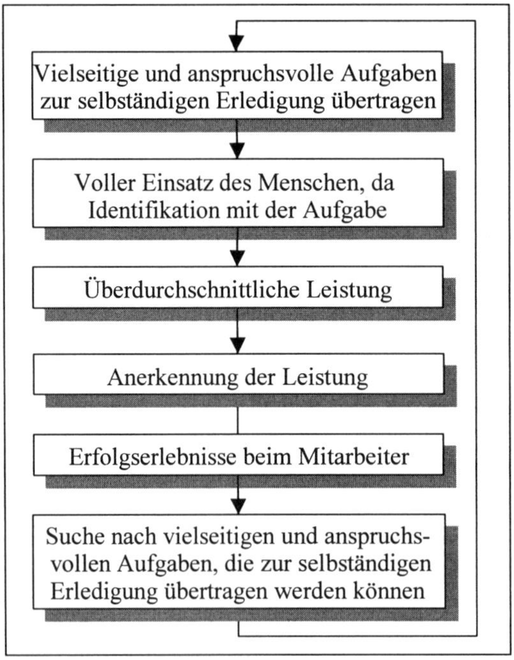


**Abb. 14:** Der Regelkreis des Faktors Leistung

[35] Vgl. Maeck, H.: Motivation und Manipulation in der Führungspraxis, Köln 1987, S. 73.

Zusammenfassend lässt sich Mc Clellands Motivationsmodell so beschreiben:

- Durch ein positives Feedback wird eine Verhaltenstendenz verstärkt
- Durch Zielsetzungen sind Kontrollmöglichkeiten vorhanden
- Kontrollen ermöglichen wiederum ein Feedback

## (5) Die X-Y-Theorie von Mc Gregor

Im Jahre 1960 entwickelte Mc Gregor seine Theorien X und Y,[36] die zwei extreme Bilder des Menschen in der Arbeitswelt und darauf aufbauende Folgerungen für Führungsverhalten darstellen. Ausgangspunkt seiner Gedanken waren dabei sowohl Maslows Bedürfnispyramide, die er auf die Arbeitsmotivation anwandte, als auch Teile von Herzbergs Zwei-Faktoren-Theorie.[37]

In der Theorie X stellt Mc Gregor die traditionellen Ansichten über die Führung und die Lenkung der Mitarbeiter aus der Sicht des Managements oder der Unternehmensführung dar. Dabei geht er davon aus, dass Führungskräfte bei ihren Entscheidungen oder Maßnahmen sich von folgenden Auffassungen bzw. Vorurteilen gegenüber den Mitarbeitern leiten lassen:[38]

**Das Menschenbild nach der Theorie X**

1. Der Durchschnittsmensch hat eine angeborene Abneigung gegen Arbeit und versucht, ihr aus dem Weg zu gehen, wo er nur kann.
2. Weil der Mensch durch Arbeitsunlust gekennzeichnet ist, muss er zumeist gezwungen werden, gelenkt, geführt und mit Strafe bedroht zu werden, um ihn mit Nachdruck dazu zu bewegen, das vom Unternehmen gesetzte Soll zu erreichen.
3. Der Durchschnittsmensch zieht es vor, an die Hand genommen zu werden. Er möchte sich vor Verantwortung drücken, besitzt verhältnismäßig wenig Ehrgeiz und ist vor allem auf Sicherheit bedacht.

**Abb. 15:** Das Menschenbild nach der Theorie X

In der Theorie X wird nicht die wirkliche Einstellung der Mitarbeiter wiedergegeben, sondern die Auffassung der Führungskräfte, dass Arbeit abstoßend sei.

Die Theorie X zielt lediglich auf die Befriedigung der physischen Bedürfnisse der Mitarbeiter ab. Eine Führung, die sich auf die Theorie X stützt, bietet dem Mitarbeiter keine Gelegenheit, soziale und höhere psychische Bedürfnisse zu befriedigen.

Höhere Bedürfnisse können erst befriedigt werden und damit auch motivierend wirken, wenn die Führung von einem anderen Menschenbild ausgeht. Dieses Menschenbild

---

36 Mc Gregor, D.: The Human Side of Enterprise, New York 1960.

37 Vgl. Haberkorn, K.: Praxis der Mitarbeiterführung: Ein Grundriss mit zahlreichen Checklisten zur Verbesserung des Führungsverhaltens, 4. Aufl., Renningen bei Böblingen 1992, S. 70.

38 Vgl. Mc Gregor, D.: Der Mensch im Unternehmen, Düsseldorf/Wien 1970, S. 47 ff.

und die daraus folgenden Auffassungen über die Einstellungen der Mitarbeiter wird durch die Theorie Y dargestellt. Sie unterstellt folgende Voraussetzungen:[39]

**Das Menschenbild nach der Theorie Y**

1. Die Verausgabung durch körperliche und geistige Anstrengung beim Arbeiten kann als ebenso natürlich gelten wie Spiel oder Ruhe.
2. Von anderen überwacht und mit Strafe bedroht werden, ist nicht das einzige Mittel, jemanden zu bewegen, sich für die Ziele des Unternehmens einzusetzen. Zugunsten von Zielen, denen er sich verpflichtet fühlt, wird sich der Mensch der Selbstdisziplin und Selbstkontrolle unterwerfen.
3. Wie sehr er sich Zielen verpflichtet fühlt, ist eine Funktion der Belohnungen, die mit ihrem Erreichen verbunden sind.
4. Der Durchschnittsmensch lernt, unter geeigneten Bedingungen Verantwortung nicht nur zu übernehmen, sondern sogar zu suchen.
5. Die Anlage zu einem verhältnismäßig hohen Grad von Vorstellungskraft, Urteilsvermögen und Erfindungsgabe für die Lösung organisatorischer Probleme ist in der Bevölkerung weit verbreitet und nicht nur hier und da anzutreffen.
6. Unter den Bedingungen des modernen industriellen Lebens ist das Vermögen an Verstandeskräften, über das der Durchschnittsmensch verfügt, nur zum Teil genutzt.

**Abb. 16:** Das Menschenbild nach der Theorie Y

Die Theorie Y stellt, ausgehend von den autonomen Antrieben der Mitarbeiter, nicht die Anpassung des Menschen an die Arbeit dar, sondern strebt die Umgestaltung der Organisation, des Aufgabenbereiches und des Arbeitsplatzes unter Berücksichtigung der Bedürfnisse des Einzelnen an. Mit der Theorie Y sollen die höheren Bedürfnisse des Menschen angesprochen werden. Dies geschieht beispielsweise durch:

| **Führungshandeln:** | **Befriedigung des Bedürfnisses nach:** |
|---|---|
| Beachtung kontaktbewusster Führung | Selbstachtung |
| Etwas Zutrauen und Selbstkontrolle | Vertrauenswürdigkeit |
| Behandlung ohne Statusautorität | Menschliche Gleichwertigkeit |
| Anhören, Fragen | Mitdenken |
| Gruppenarbeit | Zusammenarbeit |
| Selbstständige Arbeit | Selbstverantwortlichkeit |

**Abb. 17:** Führungshandeln nach der Theorie Y

Als Konsequenz seiner Theorie Y fordert Mc Gregor nicht die völlige Aufhebung von Kontrollen und die Abschaffung von materiellen Anreizen. Vielmehr soll sie nur dazu anregen, überall dort wo dies möglich ist, die verschiedenen Bedürfnisse und Wünsche

---

39 Vgl. Mc Gregor, D.: Der Mensch im Unternehmen, a.a.O., S. 61 ff.

der Mitarbeiter in die Pläne der Unternehmung einzubauen und bei der Art der Führung zu berücksichtigen. Geschieht dies, werden sich die Mitarbeiter nach der Meinung von Mc Gregor mit besonderer Intensität um die Verwirklichung der Ziele bemühen. Zur Verwirklichung dieses Ansatzes schlägt er Dezentralisierung und Delegation von Verantwortung, Partizipation, Aufgabenerweiterung und Beteiligung an der Kontrolle und der Beurteilung der eigenen Arbeit vor.

Mc Gregors Theorien zeigen besonders deutlich, inwieweit das Führungsverhalten durch das Bild des Menschen, das der Führende hat, beeinflusst wird. Auch wenn an der Theorie Y, die nach Mc Gregor das eigentliche Menschenbild wiederspiegelt, Kritik in Bezug auf die mangelnde empirische Bestätigung geäußert wird, liefert sie jedoch dem Führenden als Denkmodell wertvolle Ansätze.

## 1.4.2 Erwartungsvalenztheorien

Die verschiedenen Erwartungsvalenztheorien sind den Prozesstheorien zuzuordnen und gehen im Gegensatz zu den Inhaltstheorien nicht davon aus, dass die Stärke der Motivation allein durch ein unbefriedigtes Bedürfnis bestimmt wird. Vielmehr erklärt sie sich aus dem Zusammenwirken eines solchen Bedürfnisses mit der Bewertung eines speziellen Anreizes und mit der Einschätzung der Wahrscheinlichkeit, in den Genuss dieses Anreizes zu kommen.

Die Motivation und die Situation bewirken gemeinsam das beobachtbare Verhalten. So unterbleibt z.B. eine Handlung nicht nur, wenn durch den gebotenen Anreiz kein Bedürfnis befriedigt werden kann, sondern es existiert auch dann keine Motivation zum Handeln, wenn nicht erwartet wird, durch die Handlung in den Genuss des Anreizes zu kommen. Die Arbeitsmotivation wird also nach den verschiedenen Erwartungsvalenztheorien grundsätzlich aus dem Zusammenwirken von mehreren Faktoren bestimmt.[40] Die bekanntesten Erwartungsvalenztheorien sind:

- Der Path-Goal-Ansatz von Georgopoulus, Mahoney und Jones
- Die VIE-Theorie von Vroom
- Die Zirkulationstheorie von Porter und Lawler

### (1) Der Path-Goal-Ansatz von Georgopoulus, Mahoney und Jones

Georgopoulus, Mahoney und Jones[41] gehen davon aus, dass Mitarbeiter zur Arbeit motiviert werden, wenn sie in ihrer Arbeitsleistung einen Weg (path) sehen, der ihnen die Erreichung persönlicher Ziele (goal) ermöglicht. Dieser erste Ansatz stellt die Basis für alle weiteren instrumentalitäts- oder erwartungstheoretischen Ansätze dar.

Wenn die Mitarbeiter einmal diesen Zusammenhang im Arbeitsprozess erfahren haben, dann werden sie sich auch im weiteren Verlauf ihrer Entwicklung an diesen Erfahrungen

---

[40] Vgl. Dietel, B./Müller-Bader, P.: Elemente einer Theorie der Führung, a.a.O., S. 74.

[41] Vgl. Georgopoulus, B./Mahoney, G./Jones, N.: A path-goal approach to productivity. In: Journal of Applied Psychology, 1957, S. 345 ff.

orientieren. Sie werden also versuchen, einen einmal erlernten Prozess immer wieder ablaufen zu lassen.

Umgekehrt kann angenommen werden, dass von Abläufen, die der Mitarbeiter als ungeeignet zur Erreichung seiner Ziele ansieht, nur eine geringe Motivation ausgeht, und ein dementsprechendes Verhalten des Mitarbeiters resultieren wird. Sieht z.B. ein Mitarbeiter in seiner Arbeitsleistung kein Mittel zur Erreichung seiner persönlichen Ziele, so wird seine Arbeitsleistung nur gering sein.

Es wird also mit dem Ablauf eines Prozesses eine bzw. keine Erwartung verknüpft. Somit stellt der Prozess an sich ein bzw. kein Instrument zur Erreichung der persönlichen Ziele dar.

### (2) Die VIE-Theorie von Vroom

Die von Vroom im Jahre 1964 veröffentlichte VIE-Theorie[42] stellt eine Weiterentwicklung des "Path-Goal-Ansatzes" dar, wobei hier näher auf den erwarteten Prozessablauf eingegangen wird.

Ausgehend von der Annahme, dass die Leistungsmotivation des Mitarbeiters davon abhängt, inwieweit er eine hohe Arbeitsleistung oder eine gute Arbeitsqualität als Mittel zur Erreichung seiner persönlichen Ziele ansieht, ist der erwartete Prozessablauf abhängig von den folgenden Faktoren:

**V** = die **Valenz** ist die subjektive Belohnung, die mit der Zielerreichung verbunden ist. Sie wird bestimmt durch die Motive des Mitarbeiters und den Anreiz, der von einer Leistung ausgeht.

**I** = die **Instrumentalität** gibt an, inwieweit eine bestimmte Handlung und deren Ergebnis von dem Mitarbeiter als ein geeignetes Mittel (Instrument) zur Zielerreichung, d.h. zur Erlangung des angestrebten Anreizes, gehalten wird.

**E** = die **Erwartung** stellt die subjektive Einschätzung der Wahrscheinlichkeit des Mitarbeiters dar, mit der eine bestimmte Handlung auch zu einem erfolgreichen Ergebnis führt.

**Abb. 18:** Bestimmungsfaktoren der VIE-Theorie

Die Motivation entsteht demnach durch das multiplikative Zusammenwirken dieser drei Faktoren. Die Verknüpfung der drei Faktoren wird in der folgenden Abbildung gezeigt:

---

42 Vroom, V.H.: Work and Motivation, New York/London/Sydney 1964.

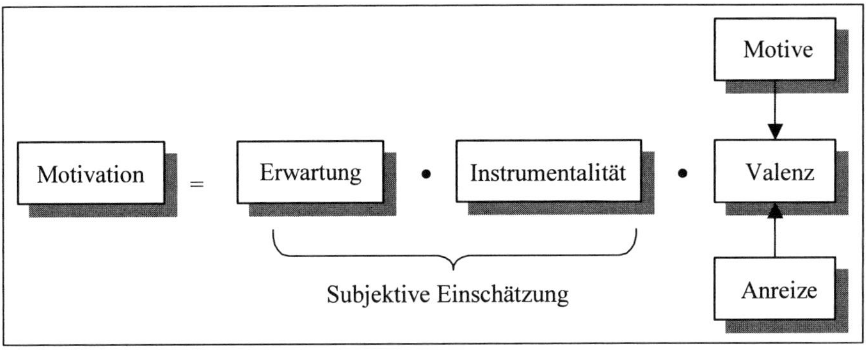


**Abb. 19:** Bestimmungsfaktoren der Motivation in der Erwartungsvalenztheorie

In seiner Arbeitsrolle stehen dem Mitarbeiter zwei Alternativen zur Verwirklichung seiner Ziele zur Auswahl, entweder hohe Arbeitsleistung oder geringe Arbeitsleistung. Der Mitarbeiter trifft seine Wahl in Abhängigkeit von der Valenz, die er in dem Zwischenziel sieht, und mit dessen Instrumentalität das Endziel erreicht werden soll. Die Verknüpfung der einzelnen Elemente zu einem Prozess geschieht dabei nach folgender Darstellung:[43]

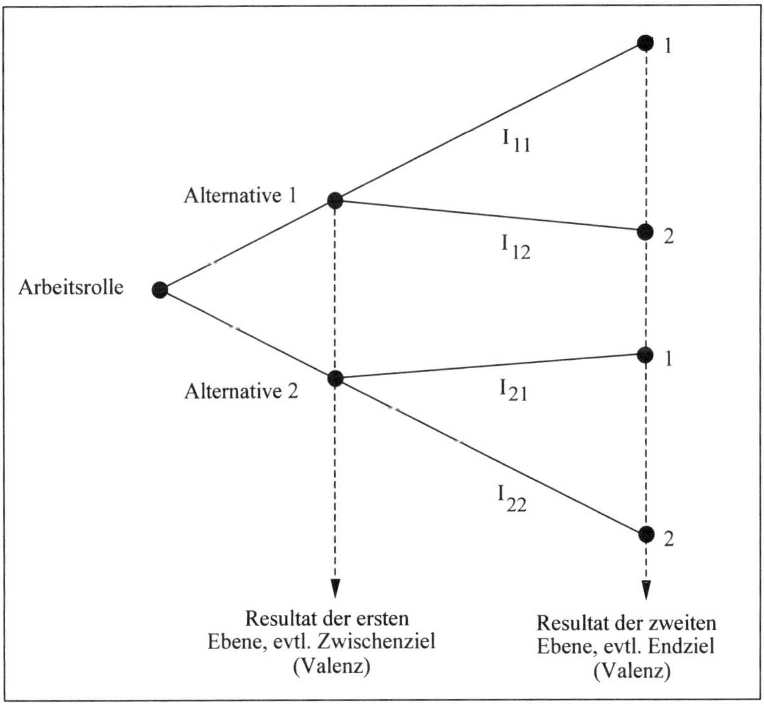


**Abb. 20:** Der Auswahlprozess

43 Vgl. hierzu auch Weinert, A.B.: Organisationspsychologie, a.a.O., S. 274 ff.

- **Das Valenzmodell:**

  Die Valenz macht eine Aussage darüber, wie sehr der Mensch etwas schätzt, und welche Bedeutung er einem Ergebnis oder seinem Ziel gibt. Entsprechend der Darstellung legt Vroom fest, dass die Valenz des Handlungsergebnisses oder Resultates j eine Funktion der subjektiven Bedeutung der verfolgten Ziele (der Valenz des Zieles k) und der wahrgenommenen Instrumentalität des Handlungsergebnisses j für das Erreichen des Resultates k ist.[44]

$$V_j = f\left[\sum_{k=1}^{n}\left(V_k \cdot I_{jk}\right)\right]$$

$V_j$: Valenz des Handlungsergebnisses oder des Handlungsaspektes j

$V_k$: Valenz des verfolgten Zieles k

$I_{jk}$: subjektiv wahrgenommene Instrumentalität des Handlungsergebnisses oder des Handlungsaspektes j für das Erreichen des Zieles k. Dieser Wert kann zwischen -1 (d.h. das Handlungsergebnis führt nicht zur Zielerreichung und ist sogar hinderlich) und +1 (d.h. das Handlungsergebnis führt zur Zielerreichung) liegen.

n: Anzahl der in Betracht gezogenen Ziele

- **Das Kraftmodell:**

  Aufbauend auf dem Valenzmodell definiert Vroom die treibende Kraft oder Motivation, die sich für den Mitarbeiter ergibt, anhand des sog. Kraftmodells. Die Motivation (oder treibende Kraft) $F_i$ lässt sich darstellen als eine Funktion der einzelnen Valenzen der Handlungsergebnisse $V_j$ multipliziert mit der erwarteten Wahrscheinlichkeit $E_{ij}$, dass die Handlung i auch zum Handlungsergebnis j führt.

$$K_i = f\left[\sum_{j=1}^{n}\left(E_{ij} \cdot V_j\right)\right]$$

$K_i$: treibende Kraft (Motivation), die Handlung i auszuführen

$E_{ij}$: erwartete Wahrscheinlichkeit, dass die Handlung i zum Ergebnis j führt. Dieser Wert kann zwischen 0 (d.h. die Handlung kann nicht erfolgreich durchgeführt werden) und 1 (d.h. das Individuum kann die Handlung erfolgreich durchführen) liegen.

$V_j$: Valenz des Handlungsergebnisses oder des Aspektes j

n: Anzahl der in Betracht gezogenen Ziele

Bezieht man Vrooms VIE-Theorie auf die Situation in einem Unternehmen, kann zusammenfassend gesagt werden, dass der Mitarbeiter dann eine hohe Motivation haben wird, wenn folgende Bedingungen erfüllt sind:

1. Der Mitarbeiter glaubt, dass seine Bemühungen und Handlungen mit hoher Wahrscheinlichkeit auch zu den erwünschten Ergebnissen führen. (E)
2. Er eine hohe Wahrscheinlichkeit sieht, dass die Handlungsergebnisse zum Erreichen der Anreize und zum Erlangen seiner persönlichen Ziele führen. (I)
3. Die gebotenen Anreize von ihm als möglichst attraktiv und positiv empfunden werden, d.h. wenn diese Anreize seinen aktuellen Bedürfnissen entsprechen. (V)

---

44 Vgl. hierzu auch Weinert, A.B.: Organisationspsychologie, a.a.O., S. 275.

## (3) Die Zirkulationstheorie von Porter und Lawler

Die von Porter und Lawler formulierte Motivationstheorie[45] ist eine Erweiterung der von Vroom aufgestellten Erwartungsvalenztheorie. Die Erweiterung bezieht sich auf eine genauere Betrachtung der in dieses Modell einfließenden Erwartungsgrößen.

Sie beschreiben den Vorgang der Erwartungsbildung detaillierter, um die Instrumentalität $I_{jk}$ und die Erwartung $E_{ij}$ des Vroomschen Modells zu konkretisieren. Zu diesem Zweck wird $E_{ij}$ ersetzt durch eine E-P-Erwartung (Effort-Performance) und $I_{jk}$ wird ersetzt durch eine P-O-Erwartung (Performance-Output).

Die E-P-Erwartung bringt zum Ausdruck, dass der Mitarbeiter die Erwartung hat, mit einer entsprechenden Anstrengung auch bestimmte Handlungsergebnisse zu erzielen. Der Wert dieser Erwartungswahrscheinlichkeit hängt jedoch nicht nur von der Selbsteinschätzung des Mitarbeiters ab, denn gleichermaßen wird er von der jeweiligen Situation, z.B. den organisatorischen Umständen beeinflusst.

Die P-O-Erwartung drückt die Erwartungshaltung des Mitarbeiters aus, wie unter Berücksichtigung der entsprechenden Valenzen, durch die erfolgreiche Handlungsdurchführung auch die erwarteten Ergebnisse bzw. die persönlichen Ziele verwirklicht werden können, ob z.B. eine in Aussicht gestellte Beförderung auch wirklich erfolgt.

Dieser Wert ist abhängig von früheren Erfahrungen, aber auch von der Persönlichkeit des Einzelnen und einer diesbezüglich eher optimistischen oder pessimistischen Einstellung.

Ausgehend von der von Vroom entwickelten Formel zur Motivation stellen Porter und Lawler folgenden Zusammenhang dar:[46]

$$\text{Motivation} = \sum\left[(E \rightarrow 1P) \cdot \sum\left[(2P \rightarrow O) \cdot V\right]\right]$$

E : Bemühung
1P : Niveau der Arbeitsleistung
2P : Arbeitsleistung
O : Resultat
V : Valenz

Die beiden Erwartungswahrscheinlichkeiten sollen Werte zwischen 0 und 1 erhalten und werden multiplikativ miteinander verknüpft. Dieser formale Zusammenhang stellt einen besonderen Effekt dar, denn falls ein Wahrscheinlichkeitsfaktor gleich Null wird, dann entfällt jegliche Motivation.

Dieser Aspekt kann z.B. bei Mitarbeitern beobachtet werden, die keinen Sinn mehr in ihrer Arbeit sehen, oder allgemein bei Menschen auftreten, die bemüht sind, unangenehme Aufgaben möglichst lange aufzuschieben.

Neben der formalen Darstellung soll hier anhand eines Schaubildes, das noch weitere Einflussgrößen beinhaltet, ein Überblick über das von Porter und Lawler entwickelte Erwartungsvalenzmodell gegeben werden:

---

[45] Vgl. Porter, L./Lawler, E.E.: Managerial Attitudes and Performance, Homewood 1968.

[46] Vgl. Weinert, A.B.: Organisationspsychologie, a.a.O., S. 277.

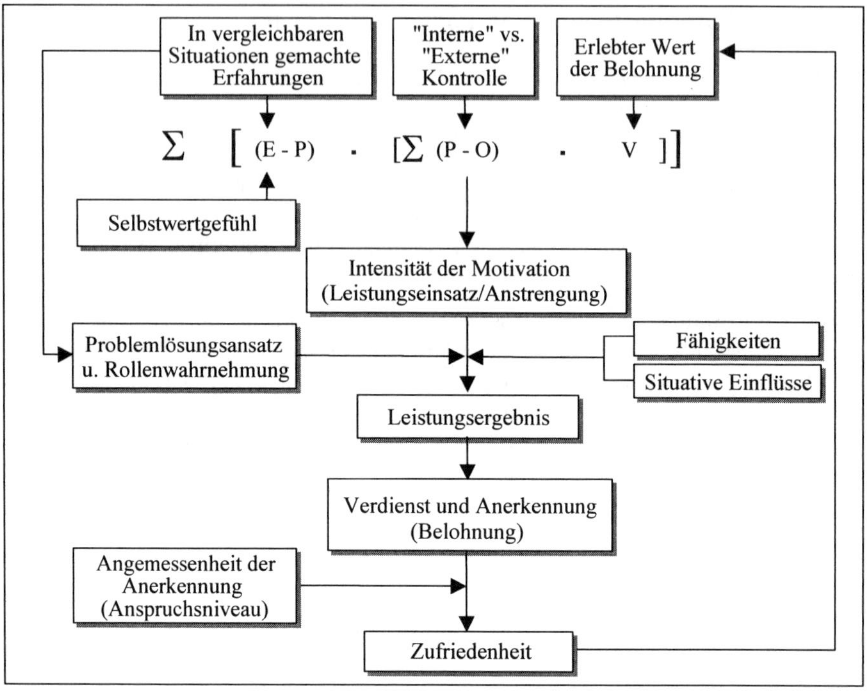


**Abb. 21:** Einflussgrößen im Erwartungsvalenzmodell nach Porter und Lawler

Zusammenfassend kann festgestellt werden, dass die Erwartungsvalenztheorien der Komplexität des menschlichen Verhaltens eher gerecht werden als die Inhaltstheorien. Im Rahmen der Erwartungsvalenztheorien wird das Zusammenwirken verschiedener Faktoren berücksichtigt und es wird deutlich, dass eine höhere Motivation nicht nur durch die Erhöhung von Anreizwerten zur Deckung von Bedürfnissen möglich ist.

Die praktische Anwendbarkeit der Erwartungsvalenztheorien ist jedoch relativ gering. Dies liegt vor allem an der Schwierigkeit der Ermittlung der verschiedenen zu berücksichtigenden Werte. Um ein realistisches Ergebnis zu erzielen, ist für die multiplikative Verknüpfung von Erwartungswerten und Valenz eine genaue Angabe der Werte notwendig. Bei komplexen Handlungen ist eine genaue Angabe der Werte allerdings nicht möglich. Ebenfalls werden keinerlei Hinweise auf konkrete Bedürfnisse gegeben, wodurch sie zwar weniger angreifbar sind, sie besitzen dadurch jedoch eine geringere Aussagekraft.

## 1.4.3 Gleichgewichtstheorien

Gleichgewichtstheorien gehen von dem Homöostase-Konzept aus, welches besagt, dass der menschliche Organismus im physiologischen, im kognitiven und im sozialen Bereich grundsätzlich Gleichgewichtszustände anstrebt. So führen beispielsweise als Durst erlebte Gewebespannungen zur Aufnahme von Flüssigkeit oder eine als zu niedrig empfundene Entlohnung (d.h. ein Ungleichgewicht von Leistung und Gegenleistung) zur Senkung eigener Leistungen. Die bedeutendsten Gleichgewichtstheorien sind:

- Die Balance-Theorie von Adams
- Die (Anreiz-Beitrags-Theorie) von March und Simons

## (1) Die Balance-Theorie von Adams

Der Grundgedanke dieser Motivationstheorie[47] beruht auf der Annahme, dass soziale Beziehungen mit wirtschaftlichen Tauschaktionen verglichen werden können. In Bezug auf die Arbeitssituation im Unternehmen erwartet ein Mitarbeiter entsprechend seinem Arbeitseinsatz, seiner Leistung und seiner Erfahrung eine Gegenleistung in Form von Bezahlung, Beförderung, sozialer Sicherheit etc. Die Arbeitszufriedenheit des Mitarbeiters ist nur so lange gewährleistet, wie er das subjektiv empfundene "Einsatz-Belohnungsverhältnis" im Gleichgewicht sieht.

Der Mitarbeiter vergleicht hierzu seine persönliche Leistung und seine Be- bzw. Entlohnung mit den Leistungen und Be- bzw. Entlohnungen der Kollegen. Das Gleichgewicht bleibt bestehen, solange der Mitarbeiter zwischen den Leistungen und Belohnungen keine Differenzen feststellen kann. Werden die Verhältnisse als nicht äquivalent empfunden, so entstehen im Mitarbeiter innere Spannungen, die er zu reduzieren versucht.

Die Anstrengung, die der Mitarbeiter nun aufwendet, um das Gleichgewicht (Balance) wieder herzustellen, bezeichnet Adams als Motivation. Der Mitarbeiter hat verschiedene Alternativen, um seine Spannungen abzubauen:

- Er fordert einen höheren Lohn, wenn dieser unter dem Lohn seiner Vergleichspersonen liegt oder
- er passt seine Leistung den Leistungen der Vergleichspersonen an.

Hat der Mitarbeiter hingegen keinen Einfluss auf die beiden genannten Möglichkeiten, wie es z.B. bei Fließfertigung der Fall ist, dann kann dies bei ihm zur Frustration führen. Er kann versuchen, die Tätigkeit zu wechseln oder aber er verlässt das Unternehmen.

## (2) Die Anreiz-Beitrags-Theorie von March und Simon

Die von March und Simon im Jahre 1960 veröffentlichte Anreiz-Beitrags-Theorie[48] kann ebenfalls den Gleichgewichts-Theorien zugeordnet werden. March und Simon gehen von der Annahme aus, dass die Mitglieder einer Organisation ihre von der Organisation erhaltenen Anreize in Bezug auf die Beiträge bewerten, die sie wiederum selbst an die Organisation leisten. Wendet man diese Theorie auf die Situation in einem Unternehmen an, dann bestimmt das Ergebnis des oben genannten Bewertungsvorganges nicht nur das Verhalten des einzelnen Mitarbeiters im Unternehmen, sondern es ist auch ausschlaggebend für Entscheidungen wie das Verlassen eines Unternehmens (Kündigung) oder die Frage, ob überhaupt in das Unternehmen eingetreten wird.

---

[47] Vgl. Adams, J.S.: Toward an Understanding to Inequity. In: Journal of Abnormal and Social Psychology, 67. Jg. 1963, S. 422 - 436.

[48] Vgl. March, J.G./Simon, H.A.: Organizations, 7th ed., New York 1967.

Da es sich um eine sehr umfassende Theorie handelt, sollen hier nur die Grundgedanken und die wichtigsten Aussagen von March und Simon wiedergegeben werden.

Die folgende Abbildung zeigt eine vereinfachte Darstellung des von March und Simon aufgestellten Erklärungsmodells für rollenkonformes Verhalten, das ein Indikator für die Motivation des Mitarbeiters ist:

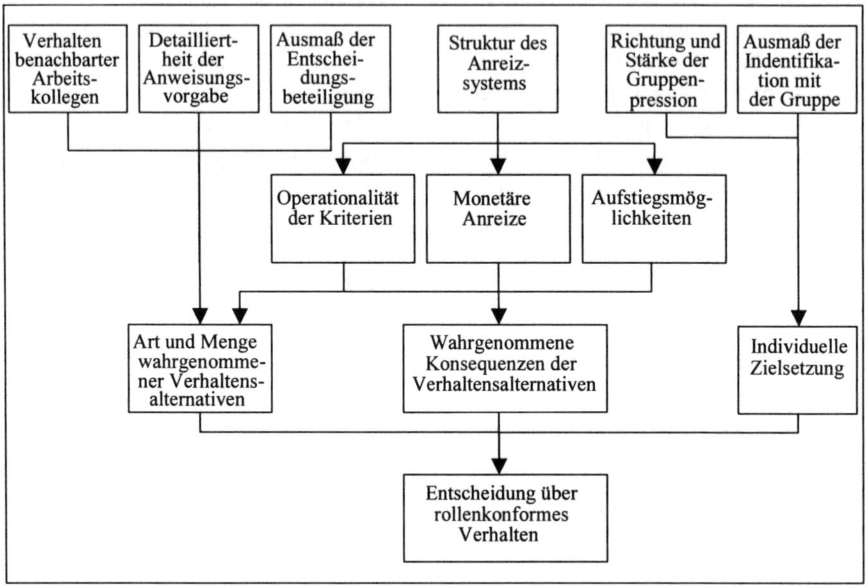


**Abb. 22:** Vereinfachte Darstellung der Einflussgrößen für rollenkonformes Verhalten[49]

Den Leistungen der Mitarbeiter müssen entsprechende Angebote, sog. Anreize der Unternehmung gegenüberstehen. Die Anreize dienen der Bedürfnisbefriedigung der Mitarbeiter und bewirken die Motivation zu weiteren Leistungen und zu rollen-konformen Verhalten. Die Anreize gestalten sich sehr vielfältig, d.h. sie müssen nicht ausschließlich monetärer Natur sein. Für den Mitarbeiter stellt alles einen Anreiz dar, was zur Erfüllung seiner Bedürfnisse beiträgt. Es ist jedoch darauf zu achten, dass leistungsfördernde Anreize in einem erkennbaren Zusammenhang zur erbrachten Leistung stehen müssen, und nicht etwa Regelleistungen darstellen oder als soziale Komponente empfunden werden.

Anreize können beispielsweise sein:

- Leistungsbezogene Beförderungen
- Eine eindeutig leistungsgerechte Bezahlung
- Maßnahmen, die einem guten Betriebsklima zuträglich sind
- Mitarbeitergerechte Arbeitsplatzgestaltung
- Das Einräumen von Entfaltungsspielräumen etc.

---

[49] Vgl. die Gesamtdarstellung der Einflussgrößen und ihrer Zusammenhänge in Kupsch, P.U./Marr, R.: Personalwirtschaft. In: Industriebetriebslehre, hrsg. von Heinen, E., a.a.O., S. 750 ff.

Die Beiträge, die der Mitarbeiter liefert, umfassen nicht nur seine eigentliche Arbeitsleistung, sie beinhalten ebenso die Erfüllung der formalen Rollenerwartungen und der sonstigen Verhaltensansprüche, die an den Mitarbeiter herangetragen werden. Den Wert der geleisteten Beiträge bemisst der Mitarbeiter nach dem Nutzen alternativer Handlungsmöglichkeiten, die ihm aufgrund der zu leistenden Beiträge entgehen.

Die Bewertung der Anreize und der Beiträge, welche die Grundlage des Verhaltens des Mitarbeiters bilden, erfolgt subjektiv, d.h. sie orientiert sich an individuellen Normen und Erwartungen. March und Simon versuchen daher anhand umfangreicher Verhaltensmodelle die wichtigsten Einflussgrößen der Verhaltensentscheidung zu identifizieren und zu systematisieren.

Dieses Modell ist insofern interessant, da hier viele Faktoren, die das Verhalten der Mitarbeiter in Unternehmen bestimmen, berücksichtigt werden und die Zusammenhänge dieser Faktoren untereinander aufgezeigt werden. Insgesamt ergibt sich jedoch ein so komplexes Erklärungsmodell, dass eine vollständige praktische Anwendung bei der Führungs- und Personalarbeit nicht mehr möglich ist.

Ein allgemeiner Kritikpunkt an den Gleichgewichtstheorien ist, dass der grundsätzliche Ansatz viele Verhaltensweisen nicht befriedigend erklären kann. So bietet er z.B. keine Erklärung für spontane Neugier, für die Suche nach Abenteuern oder etwa für das Verhalten eines Märtyrers.

Die Theorien versuchen daher, dieses Verhalten durch Zusatzannahmen zu integrieren, z.B. durch Hierarchien von Gleichgewichten oder durch die zeitliche Verschiebung des Strebens nach Gleichgewicht.[50] Jedoch verlieren die Theorien dadurch, dass diese ergänzenden Aussagen sehr dehnbar sind, an Aussagekraft.

## 1.5 Die Wirkung der Motivationsmittel in der Praxis

Um eine Aussage über die Wirkung der einzelnen Motivationsmittel in der Praxis zu machen, wurde vom Institut der Deutschen Wirtschaft im Wuppertaler Kreis eine Untersuchung durchgeführt, bei der in rund 500 Klein- und Mittelbetrieben aus Industrie und Handel Fragebögen an Inhaber und Funktionsträger (Geschäftsführer, Personalleiter, Prokuristen etc.) verteilt wurden.

Die Aktion sollte Aufschluss über die Wirkungsdauer (kurz oder lang) und die Wirkungsweise (individuell oder gruppenbezogen) verschiedener Motivationsmittel geben.

Die Untersuchung ergab, dass die Mitarbeiter auf der Basis sozialer Sicherheit und eines sicheren Arbeitsplatzes ihre Fähigkeiten anwenden und erweitern wollen, um Aufstiegschancen wahrzunehmen. In dieser entfaltungsorientierten Aufstiegsmobilität liegen Chancen, die durch das Unternehmen genutzt werden sollten.

Daneben möchte sich der Mitarbeiter mit seinem Unternehmen identifizieren, seinen Vorgesetzten als Vorbild akzeptieren und im Rahmen seiner Arbeit selbständig tätig werden. Bezahlung und Statussymbole motivieren dagegen langfristig nur wenig.

---

[50] Vgl. Neuberger, O.: Arbeit: Begriff - Gestaltung - Motivation - Zufriedenheit, a.a.O., S. 134.

| Wirkungsdauer Angaben in % | eher lang | eher kurz |
|---|---|---|
| Persönliche Entfaltungsmöglichkeit | 92 | 8 |
| Soziale Absicherung | 86 | 14 |
| Aufstieg | 85 | 15 |
| Identifikation | 79 | 21 |
| Vorbild | 78 | 22 |
| Arbeitsbedingungen | 76 | 24 |
| Partizipation | 74 | 26 |
| Delegation | 72 | 28 |
| Weiterbildung | 67 | 33 |
| Information | 57 | 43 |
| Anerkennung | 48 | 52 |
| Statussymbol | 44 | 56 |
| Bezahlung | 37 | 63 |

**Abb. 23:** Wirkungsdauer von Motivationsmitteln[51]

Die Untersuchung ergab weiterhin, dass Anerkennung, Aufstieg, Entfaltungsmöglichkeiten, Statussymbole, Bezahlung und Weiterbildung eine auf den einzelnen Mitarbeiter ausgerichtete Wirkung haben, während die anderen Motivationsmittel eher gruppenbezogen wirken.

| Wirkungsweise Angaben in % | individuell | gruppenbezogen |
|---|---|---|
| Anerkennung | 94 | 6 |
| Aufstieg | 91 | 9 |
| Persönliche Entfaltungsmöglichkeit | 89 | 11 |
| Statussymbol | 89 | 11 |
| Bezahlung | 88 | 12 |
| Weiterbildung | 76 | 24 |
| Delegation | 59 | 41 |
| Soziale Absicherung | 53 | 47 |
| Partizipation | 52 | 48 |
| Vorbild | 48 | 52 |
| Identifikation | 45 | 55 |
| Arbeitsbed. | 29 | 71 |
| Inform. | 21 | 79 |

**Abb. 24:** Wirkungsweise von Motivationsmitteln[52]

51 Vgl. Harlander, N.: So motiviere ich meine Mitarbeiter, Köln 1989, S. 110.
52 Vgl. ebd., S. 112.

## 1.6 Das Betriebsklima

Die Stimmung, die in einem Betrieb herrscht, spiegelt sich im Betriebsklima wieder. Jeder Betriebsangehörige trägt seinen Anteil im negativen sowie im positiven Sinn zum Betriebsklima bei. Entscheidend ist, dass durch das Betriebsklima die Motivation und damit das Leistungsvermögen der Mitarbeiter stark beeinflusst wird.

Das Ergebnis einer Umfrage bei Mitarbeitern, welche Faktoren das Betriebsklima positiv bzw. negativ beeinflussen, zeigt die folgende Abbildung. Bei dieser Umfrage wurden 1078 Arbeitnehmer befragt.[53]

| Faktoren für ein schlechtes Betriebsklima | Faktoren für ein gutes Betriebsklima |
|---|---|
| • Intrigen | • Teamgeist |
| • Anschwärzen beim Chef | • Selbständiges Arbeiten |
| • Kollegenneid | • Anerkennung durch den Chef |
| • Fehlende Anerkennung | • Kooperation der Kollegen |
| • Missgelaunter Chef | • Gerechte Aufteilung der Arbeit |

**Abb. 25:** Die wichtigsten Einflussfaktoren des Betriebsklimas

Es zeigt sich also, dass die Arbeitswelt nicht nur von objektiv fassbaren Elementen beeinflusst wird, sondern das **soziale Beziehungen** in der Arbeitswelt eine große Rolle spielen. Diese sozialen Beziehungen können als zwischenmenschliche Beziehungen bei der Arbeit bezeichnet werden. Sie kommen in den Einstellungen und Verhaltensweisen der Arbeitnehmer sowie in der Form ihrer Zusammenarbeit zum Ausdruck.

Für die Zufriedenheit am Arbeitsplatz haben die zwischenmenschlichen Beziehungen eine zentrale Bedeutung. Es kann zwischen vertikalen und horizontalen sozialen Beziehungen unterschieden werden:

- Unter der **vertikalen sozialen Beziehung** versteht man das Verhältnis von Mitarbeitern zu Vorgesetzten bzw. zur Unternehmensleitung.
- Die **horizontale soziale Beziehung** findet sich im menschlichen Verhältnis der Arbeitnehmer untereinander bzw. in der Zusammenarbeit von Arbeitsgruppen wieder.[54]

In den Unternehmen ist bisher durch die Weisungen von oben nach unten zuviel unnötige, nicht mehr notwendige, nicht mehr gerechtfertigte und nicht mehr zumutbare Herrschaft ausgeübt worden. Dies führte zu einer Disziplinierung und Einschränkung der Arbeitnehmer im Beruf. Durch die bisherigen Anweisungen, Betriebsordnungen oder Handbücher sieht sich der Arbeitnehmer nur als "Faktor Arbeit". Demotivation, Misstrauen und Distanz zum Arbeitgeber sind für den Arbeitnehmer die Folge. Der Arbeitnehmer **kündigt innerlich** und macht nur noch "Dienst nach Vorschrift".

Die **demokratische Kultur** wird im Arbeitsleben immer wichtiger. Es gilt, den Mitarbeitern Freiräume einzuräumen, damit sie sich kreativ entfalten können. Hierzu ist eine **Vertrauensbasis** zwischen Mitarbeitern und Führungspersonen notwendig. Der Vorgesetzte muss in der Lage sein, dem Mitarbeiter Handlungsspielräume zu lassen. Er muss auf

53 Vgl. Kador, F.J./Diergarten, D.: Unternehmerische Personalpolitik, 4. Aufl., Köln 1993, S. 65.
54 Vgl. ebd., S. 139.

ständige Weisungen verzichten und dem Mitarbeiter die Selbstkontrolle erlauben. Nur so kann ein Mitarbeiter Engagement bei der Arbeit entwickeln und sich mit ihr identifizieren.

Das **Kreativitätspotenzial** ist bei den Mitarbeitern vorhanden. Jeder zweite Arbeitnehmer ist in seiner Freizeit aktiv und hat Freude am Werkeln. Damit dieses Kreativitätspotenzial aus der Hobby- und Freizeitkulturarbeit wieder in die Unternehmen zurückfließen kann, ist eine Umstrukturierung des Betriebsklimas im Unternehmen erforderlich. In den Betrieben müssen neue Werte und damit soziale Beziehungen entwickelt und gelebt werden.

Das **Vertrauen** gehört zur Würde des Menschen. Mit dem Vertrauen der Vorgesetzten kann der Mitarbeiter seine eigenen Möglichkeiten entdecken. Die Verantwortungsbereitschaft des Mitarbeiters, das gegenseitige Lernen und die Anerkennung von Kompetenz wird durch das gegenseitige Vertrauen gefördert. Die Selbstabsicherung und das "Weiterreichen von Schuld" entfällt durch das gegenseitige Vertrauen.

**Bescheidenheit und Demut** sind gefragt. Als Mitarbeiter oder Vorgesetzter sollte man auch andere Lösungen akzeptieren. Wer nur seine eigenen Ideen durchsetzen will, begrenzt sich selbst.

Die **Andersartigkeit** muss dem anderen eingeräumt werden. Einen Menschen manipulieren zu wollen, kann die Vertrauensbasis zerstören. Dies bedeutet auch, dass die Ausübung von **Toleranz** sehr wichtig ist. Die Schwächen und Stärken des anderen müssen so angenommen werden, wie er ist.

Die Entwicklung des **Selbstbewusstseins** jedes einzelnen Mitarbeiters ist zu fördern. So kann jeder Mitarbeiter ein Selbstwertgefühl erlangen, so dass er zu einem sehenden, hörenden, offenen, einsatzfreudigen und mit seiner Umwelt vertrauten Menschen wird.

Eine **Teilung der Macht** im Unternehmen ist sinnvoll. Wer viel Macht hat, verteilt schnell Befehle, ohne nachzudenken. Dies kann katastrophale Auswirkungen für einen Betrieb haben. Wichtig ist auch das **Informieren, Kommunizieren und Zuhören** im Unternehmen. Nur wer gut zuhört und versucht den anderen zu verstehen, erhält das Vertrauen des anderen. Die Bereitschaft zur **Selbsterfahrung durch Rückkoppelung** ist für die Mitglieder eines Unternehmens erstrebenswert. Durch das Feedback mit dem Dialogpartner erkennt man seine Stärken und Schwächen schneller und wesentlich deutlicher.

Die intellektuellen Fähigkeiten jedes einzelnen können so besser erkannt werden und die menschlichen Qualitäten der Mitarbeiter können das Ergebnis einer Unternehmung verbessern. Ein weiterer wichtiger Punkt im Umgang mit dem Mitarbeiter ist, dass man die **Transparenz der Interessen** ermöglicht. Der Mitarbeiter muss seine eigenen Ziele mit den Zielen der Unternehmung in Einklang bringen können. So wird die Arbeitsaufgabe des Einzelnen seine persönliche Angelegenheit. Er wird alle Mittel, über die er verfügt, einsetzen. Ein Produktivitätssprung für die Unternehmung ist die Folge.[55]

---

[55] Vgl. Then, W.: Dialogische Führungskonzepte für selbststeuernde Arbeitseinheiten: Wir brauchen eine menschengerechte Arbeitskultur. In: Personalführung, Ausgabe 1/1994, S. 52 ff.

## 1.7 Mobbing

Der schwedische Arbeitspsychologe und Betriebswirt Leymann führte den Begriff Mobbing als erster in der Betriebswirtschaftslehre ein. Sprachlich lässt sich Mobbing von dem englischen Verb „to mob" ableiten, was soviel bedeutet wie jemanden bedrängen, anpöbeln oder angreifen.

Leymann definiert **Mobbing** wie folgt: „Der Begriff Mobbing beschreibt negative kommunikative Handlungen, die gegen eine Person gerichtet sind (von einer oder mehreren) und die sehr oft oder über einen längeren Zeitraum hinaus vorkommen und damit die Beziehungen zwischen Täter und Opfer kennzeichnen."[56]

Einmalige und kurzfristige Interaktions- und Kommunikationsprobleme werden mit dem Begriff **Bullying** beschrieben. Folgende Mobbing-Handlungen lassen sich im Allgemeinen unterscheiden:

- Angriffe auf die Mitteilungsmöglichkeiten der Mitarbeiter,
- Angriffe auf die sozialen Beziehungen der Belegschaft,
- Attacken auf das soziale Ansehen einer Persönlichkeit,
- Beschränkungen der Qualität der Berufs- und Lebenssituation,
- Angriffe auf die Gesundheit einer Person.[57]

Mobbing hat einen negativen Einfluss auf das Betriebsklima. Sind Mitarbeiter anhaltenden Attacken ihrer Kollegen oder Vorgesetzten ausgesetzt, führt das zu einem Rückgang der betrieblichen Mitarbeit, das Betriebsergebnis wird dadurch für den einzelnen uninteressant. Für „Gemobbte" bleibt die innere Kündigung als Abwehrmittel oft unausweichlich. Schätzungen gehen davon aus, dass fast jeder sechste Arbeitsnehmer in Deutschland „gemobbt" wird und dabei gesundheitliche Schäden davonträgt. Die Behandlungskosten, die das Sozialversicherungssystem und die Unternehmen zu tragen haben, werden jährlich auf 500 Millionen Euro geschätzt.[58] Darüber hinaus werden die Betriebsergebnisse der Unternehmen auf unnötige Fehl- und Krankenzeiten beeinträchtigt, so dass Mobbing Gewinneinbußen verursacht.

Mobbing stellt daher anhaltende Interaktions- und Kommunikationsstörungen zwischen Arbeitsnehmer einer oder mehrerer Hierarchiestufen dar, die anhaltend das allgemeine Betriebsklima beeinträchtigen und den unternehmerischen Gewinn negativ beeinflussen. Es ist daher eine zentrale Aufgabe des betrieblichen Personalmanagements Gegenstrategien zum betrieblichen Mobbing zu entwickeln.

---

[56] Leymann, H.: Mobbing: Psychoterror am Arbeitsplatz und wie man sich dagegen wehren kann, Reineck bei Hamburg 1993, S.21.; Vgl. Esser, A./Wolmerath, M.: Mobbing. Der Ratgeber für Betroffene und ihre Interessenvertretung, 5. Aufl., Franfurt am Main 2003.

[57] Vgl. Industriegesellschaft Metall (Hrsg.): Mobbing – Wo andere leiden, hört der Spaß auf, Frankfurt am Main 1997, S.3ff.

[58] Vgl. Hesse,J./Schrader, H.C.: Krieg im Büro – Konflikte am Arbeitsplatz und wie man sie löst, Frankfurt am Main 1995, S.28.; Vgl. Kolodej, Ch.: Mobbing – Psychoterror am Arbeitsplatz und seine Bewältigung, Wien 1999, S.107.

# 2 Personalführung

Führung ist überall dort erforderlich, wo das Verhalten einer Vielzahl von Menschen auf Ziele hin koordiniert werden muss. Die Führung eines Unternehmens hat im Vergleich zu den anderen Produktionsfaktoren (Betriebsmittel, Roh- und Werkstoffe) in den letzten Jahren ständig an Bedeutung gewonnen. Erfolg und Misserfolg der unternehmerischen Tätigkeit werden heute mehr von der Qualität der Unternehmensführung als vom optimalen Kapital- oder Materialeinsatz bestimmt.

Ulrich bezeichnet Führung als **Gestalten**, **Lenken** und **Entwickeln** gesellschaftlicher Institutionen. Mit diesen drei Hauptfunktionen der Führung gelingt es dem Unternehmen, in einer hochkomplexen und turbulenten Umwelt zu überleben. Da die Unternehmen nicht evolutionär entstandene Ökosysteme sind, sondern menschlichen Absichten und Zielen dienen sollen, müssen diese Funktionen auch bewusst von Menschen konzipiert und wahrgenommen werden.[59]

## 2.1 Personalführung als Teil der Unternehmensführung

Die Führungsverantwortung der **Unternehmensleitung** richtet sich auf Sachverhalte, die für das Unternehmen als Ganzes von zentraler Bedeutung sind.

Die **Personalführung**, mit der wir uns an dieser Stelle befassen wollen, ist ein Teil der Unternehmensführung. Unter Personalführung versteht man allgemein einen kommunikativen Prozess der Einflussnahme auf die Mitarbeiter zum Zweck zielgerichteter Leistungserstellung.[60] Charakteristisch für die Personalführung sind folgende Merkmale:

- mindestens zwei Personen sind beteiligt: Führer und Geführter,
- es findet eine soziale Interaktion statt,
- die Führung erfolgt zielorientiert; bestimmte Ergebnisse sollen erreicht, bestimmte Aufgaben erfüllt werden,
- sie bewirkt eine Verhaltensauslösung bzw. -steuerung.

Die Personalführung umfasst zwei Funktionsbereiche: Zum einen ist die Erfüllung der Sachziele unter Leistungs- und Zeitvorgaben sicherzustellen.[61] Die Mitarbeiter müssen zu kooperativem Handeln auf ein gemeinsames Ziel hin aktiviert und motiviert werden. Damit steht die **Lokomotionsfunktion** der Führung im Mittelpunkt. Zum anderen bedeutet Personalführung, dass sowohl für den einzelnen Mitarbeiter als auch für die Gruppe motivierende Arbeitsbedingungen geschaffen werden. Die **Kohäsionsfunktion** besteht somit darin, Zusammenhalt und Loyalität innerhalb der Gruppe zu fördern.

---

[59] Vgl. Ulrich, H./Probst, G.J.B.: Anleitung zum ganzheitlichen Denken und Handeln, 3. Aufl., Bern/Stuttgart 1991, S. 261.

[60] Vgl. Wagner, D.: Organisation, Führung und Personalmanagement, 2. Aufl., Freiburg i.Br. 1991, S. 112 f.

[61] Vgl. Zander, E.: Personalführung. In: Handbuch der Personalleitung, hrsg. von Wagner, D./Zander, E./Hauke, C., München 1992, S. 52.

Wie eine effektive Führung des Personals möglich ist, d.h. warum, wie und unter welchen Gegebenheiten bestimmte Personen in der Lage sind, das Verhalten anderer Gruppenmitglieder zielgerichtet zu beeinflussen, ist Gegenstand verschiedener führungstheoretischer Ansätze. Diese versuchen entweder zu erklären, warum jemand ein effektiver Führer wird oder wie eine effektive Führung auszusehen hat, je nachdem, von welchen die Führung grundlegend beeinflussenden Faktoren die Ansätze ausgehen.

Wie zu führen ist, d.h. die Ausgestaltung und Beschreibung der Form der Führung geschieht häufig mit Hilfe von verschiedenen, unterschiedlich umfassenden Beschreibungsformen. So werden Führungsstile, Führungsmodelle, Führungskonzepte, Führungsprinzipien, Führungsverhalten, Führungstechniken usw. zur Beschreibung der "Führung" benutzt. Grundsätzlich ist zu diesen Begriffen zu sagen, dass sie in der Literatur unterschiedlich verwendet werden und daher keine einheitliche Definition möglich ist. Im Folgenden wird daher versucht, eine Abgrenzung der genannten Begriffe vorzunehmen.

## 2.1.1 Macht und Autorität als Führungsvoraussetzungen

Je nach der Position im Hierarchiegefüge eines Unternehmens werden den Stelleninhabern in gewissem Umfang Einflussmöglichkeiten auf das betriebliche Geschehen zugesprochen. Die Möglichkeit, auf andere Mitarbeiter Einfluss zu nehmen bzw. ihr Verhalten zu lenken und zu kontrollieren (sie zu führen), beruht auf Autorität und Macht.[62]

### (1) Macht und ihre Grundlagen

Unter dem Begriff "Macht" werden nach Art, Stärke und Dauer verschiedene Möglichkeiten der Einflussnahme oder des Durchsetzungsvermögens zusammengefasst.[63] Betrachtet man zwischenmenschliche Machtbeziehungen, dann ist Macht hier gleichzusetzen mit der Möglichkeit und der Fähigkeit einer Person, ihren Willen bzw. ihre Interessen gegenüber anderen auch gegen deren Willen durchzusetzen.

Auch in Unternehmen treffen verschiedene Interessen und Ziele von Menschen aufeinander, so dass Führungskräfte aufgrund der ihnen bezüglich ihrer Position in der Unternehmenshierarchie übertragenen Machtgrundlagen zur Wahrung der Interessen des Unternehmens auf das Verhalten von Mitarbeitern einwirken und es zielorientiert beeinflussen.

Bezüglich der verschiedenen Machtgrundlagen zählt die von French und Raven[64] 1959 formulierte Typologie der fünf Machtgrundlagen, die später um eine sechste Machtgrundlage ergänzt wurde, wohl zu den bekanntesten Klassifikationen. Nach dieser

62 Vgl. Jung, R.H./Kleine, M.: Management, Personen - Strukturen - Funktionen - Instrumente, München/Wien 1993, S. 56.

63 Vgl. Richter, M.: Personalführung im Betrieb, Die theoretischen Grundlagen und ihre praktische Anwendung, 2. Aufl., München/Wien 1989, S. 82.

64 Vgl. French, J.R.P./Raven, P.H.: The bases of social power. In: Studies in social power, hrsg. von Cartwright, D., Ann Arbor, Mich. 1959, S. 150 ff.

Typologie basiert die Fähigkeit von Personen (Führungskräften), gegenüber anderen Personen (Mitarbeitern) Macht auszuüben, auf folgenden Grundlagen:[65]

- **Macht durch Belohnung:** Sie ist dann gegeben, wenn der Vorgesetzte unterstellten Mitarbeitern Belohnungen in Form von Lohnerhöhungen oder Förderungsmaßnahmen gewähren kann. Daneben werden Kollegialität und Zuwendung vom Mitarbeiter ebenfalls als positiv empfunden. Die Macht durch Belohnung wirkt positiv verhaltensbeeinflussend auf die Mitarbeiter, da ihnen die Befriedigung ihrer diesbezüglich bestehenden Bedürfnisse ermöglicht wird.
- **Macht durch Bestrafung:** Sie zeichnet sich dadurch aus, dass der Vorgesetzte die Möglichkeit hat, unterstellten Mitarbeitern bei nicht angemessener Verhaltensbereitschaft Bestrafungen in Form von Zuteilung unangenehmer Aufgaben, Versetzungen, Entlassungen oder Lohnkürzungen auszusprechen. Die Stärke dieser Machtgrundlage hängt ebenso wie die Macht durch Belohnung davon ab, ob die Bestrafungen tatsächlich realisiert werden.
- **Macht durch Identifikation:** Sie entsteht dann, wenn Führungskräfte den Mitarbeitern als Bezugspersonen dienen. Sie identifizieren sich mit den Führungskräften, indem sie bestimmte Werte, Überzeugungen oder Handlungsweisen von ihnen übernehmen. Je attraktiver dabei die Führungskräfte für die Mitarbeiter erscheinen, desto größer ist die Macht der Führungskräfte.
- **Macht durch Legitimation:** Grundlage der Macht durch Legitimation bilden die Position in der hierarchischen Organisationsstruktur eines Unternehmens sowie Normen und Werte, die den Positionsinhabern das Recht zubilligen, Einfluss auszuüben. Solange die Mitarbeiter dieses Recht der Führungskräfte anerkennen, werden sie sich ihren Weisungen fügen. Werden die Normen und Werte nicht mehr akzeptiert, so wird der Machtausübung durch Legitimation die Grundlage entzogen.
- **Macht durch Sachkenntnis:** Diese sog. Expertenmacht basiert auf dem Wissen und den Fähigkeiten von Führungskräften und auf der Annahme der Mitarbeiter, dass Führungskräfte einen gewissen Wissensvorsprung haben. Dabei ist die Machtgrundlage um so stärker, je größer die Sachkenntnis in einem bestimmten Bereich ist. Die Expertenmacht beschränkt sich auf Wissensbereiche, in denen Führungskräften von den Mitarbeitern Wissensvorteile zugeschrieben werden. Eine Möglichkeit der Beeinflussung aufgrund der Expertenmacht besteht nicht für Bereiche, in denen Mitarbeiter den Führungskräften keine ausreichenden Sachkenntnisse und Fähigkeiten zusprechen.
- **Macht durch Information:** Diese Form der Macht gründet sich auf die Weitergabe von Informationen an die Mitarbeiter. Wichtig sind hier die Inhalte von Informationen, die bei den Mitarbeitern bestimmte Reaktionen bzw. Verhaltensweisen hervorrufen sollen. Die Information selbst steht im Mittelpunkt, und nicht die Führungskraft, die sie übermittelt. Die Macht durch Information ist also nicht an eine Person gebunden.

Mit Hilfe von Macht ist es Führungskräften möglich, zielorientiert Einfluss zu nehmen und/oder Kontrolle auszuüben. Führungskräfte verfügen zumeist über mehrere Machtgrundlagen, die allerdings unterschiedlich stark ausgeprägt sein können.

---

65 Vgl. Sandner, K.: Prozesse der Macht, Zur Entstehung, Stabilisierung, und Veränderung der Macht von Akteuren im Unternehmen, Berlin/Heidelberg 1990, S. 17 ff.

Die verschiedenen Machtgrundlagen repräsentieren den Umfang der Macht über die eine Führungskraft verfügen kann. Sie werden herangezogen um gegebene Situationen erfolgreich zu handhaben. Dabei gilt es abzuwägen, ob und in welchem Ausmaß die Machtgrundlagen eingesetzt werden.

In Abhängigkeit von der persönlichen Einstellung und Überzeugung können bestimmte Machtgrundlagen bevorzugt angewendet werden. Daneben sind auch situationsbezogene Faktoren wie z.B. die Art der Aufgabe, Werte und bestimmte Normen der Machtnutzung mitbestimmend für den Einsatz und die Nutzungsintensität von Machtgrundlagen.[66]

## (2) Autorität und ihre Grundlagen

Autorität, d.h. die Bereitschaft der Mitarbeiter, sich unterzuordnen, stellt eine grundlegende Voraussetzung der Leistungserstellung in einem Unternehmen dar. Im Gegensatz zur Macht wird die Autorität als Einflussbeziehung interpretiert, die das Ansehen, die Anerkennung und die freiwillige Unterordnung der Mitarbeiter voraussetzt.

Autorität entsteht somit nicht nur durch die Ausstattung einer Führungsposition mit Machtgrundlagen, sondern schließt die freiwillige Unterstellung der Mitarbeiter unter die Führungskraft in Anerkennung ihrer persönlichen Werte mit ein. Die Anerkennung der Über- und Unterordnungsverhältnisse beruht auf folgenden Grundlagen:[67]

- Die **personale oder charismatische Autorität** begründet sich auf der Anerkennung der persönlichen Eigenschaften einer Person, wie z.B. den Fähigkeiten und Fertigkeiten, der Integrität und der sozialen Kompetenz, der Vertrauenswürdigkeit, der Zuverlässigkeit und der Hilfsbereitschaft.
- Die **funktionale oder Fachautorität** begründet sich in der Anerkennung der Führungsqualitäten einer Führungskraft. Diese beruhen auf den Fachkenntnissen, der Qualifikation, den Erfahrungen und den Fähigkeiten einer Person, der Situation entsprechend sachgerecht zu entscheiden und zu handeln.
- Die **positionale oder Amtsautorität** leitet sich aus der Inhaberschaft einer als überlegen angesehenen Stelle im hierarchischen Gefüge eines Unternehmens ab und beruht zudem auf der Anerkennung der Zweckmäßigkeit und Rechtmäßigkeit hierarchischer Ordnungen durch die Mitarbeiter.

Um einen Überblick zu erhalten, welche Eigenschaften und Verhaltensweisen sich als autoritätsfördernd bzw. autoritätsgefährdend erweisen, führte M. Richter eine Befragung von über hundert Führungskräften durch. Anhand dieser Befragung konnten bezüglich der Tätigkeit eine ganze Reihe von autoritätsfördernden bzw. autoritätsgefährdenden Eigenschaften bzw. Verhaltensweisen ermittelt werden:[68]

[66] Vgl. Steinmann, H./Schreyögg, G.: Management - Grundlagen der Unternehmensführung, 2. Aufl., Wiesbaden 1991, S. 496.

[67] Vgl. Richter, M.: Personalführung im Betrieb, a.a.O., S. 89 f. und Jung, R.H./Kleine, M.: Management, a.a.O., S. 59.

[68] Vgl. Richter, M.: Personalführung im Betrieb, a.a.O., S. 90 f.

| Autoritätsfördernd | Autoritätsgefährdend |
|---|---|
| - Rollengemäßes Verhalten<br>- Mitarbeiterinteressen nach oben vertreten<br>- Angemessene Forderung der Mitarbeiter<br>- Zuverlässigkeit<br>- Persönlichkeit, Leistung und Zuständigkeit anderer respektieren<br>- Klare Anweisungen erteilen<br>- Eigene Fehler eingestehen<br>- Gerechtigkeit<br>- Sachbezogene Kritik üben<br>- Qualifizierte Mitarbeiter fördern<br>- Toleranz gegenüber anderen Meinungen<br>usw. | - Unkontrolliertes Verhalten<br>- Nervosität, Angst<br>- Gleichgültigkeit gegenüber Mitarbeiterbelangen<br>- Unpünktlichkeit<br>- Unloyalität gegenüber Mitarbeitern<br>- Ungerechtfertigte und übereilte Kritik<br>- Menschen manipulieren<br>- Eigene Fehler anderen zuschieben<br>- Besserwisserei<br>- Unsicherheit und Unentschlossenheit bei drängenden Entscheidungen<br>- Rhetorische Unfähigkeit<br>usw. |

**Abb. 26:** Autoritätsfördernde und autoritätsgefährdende Eigenschaften bzw. Verhaltensweisen

Die Autorität stellt ein wichtiges Instrument für effektives Führen dar. Im Hinblick auf moderne Personalführungskonzepte verliert die positionale Autorität zunehmend an Gewicht, hingegen erlangen die personale und die funktionale Autorität wachsende Bedeutung und tragen zur einer insgesamt "effektiven Autorität" bei.

## 2.1.2 Formen der Personalführung

Personalführung kann entweder im direkten Kontakt zwischen Führungskraft und Mitarbeiter erfolgen, oder durch Regeln und Normen als indirekte Verhaltensbeeinflussung vorgenommen werden.

Bei der direkten Führung, die auf zwischenmenschlichen Interaktionen[69] zwischen Führer und Geführten beruht, erfolgt eine Verhaltensbeeinflussung durch die persönliche Einflussnahme des Vorgesetzten auf seine Mitarbeiter. Diese kann daher auch als **"interaktive Führung"** bezeichnet werden.

Bei der indirekten oder **"organisatorischen Führung"** erfolgt die Lenkung des Mitarbeiterverhaltens durch organisatorische Hilfsmittel (Stellenbeschreibung, hierarchische Unternehmensstruktur, Instanzenbildung, Führungsgrundsätze). Die Bestandteile der organisatorischen Führung sind i.d.R. in Form von Normen, Regeln oder Strukturen schriftlich fixiert.

---

69 Interaktion = aufeinander bezogenes Handeln zweier oder mehrerer Personen (Begriff aus der Psychologie und Soziologie).

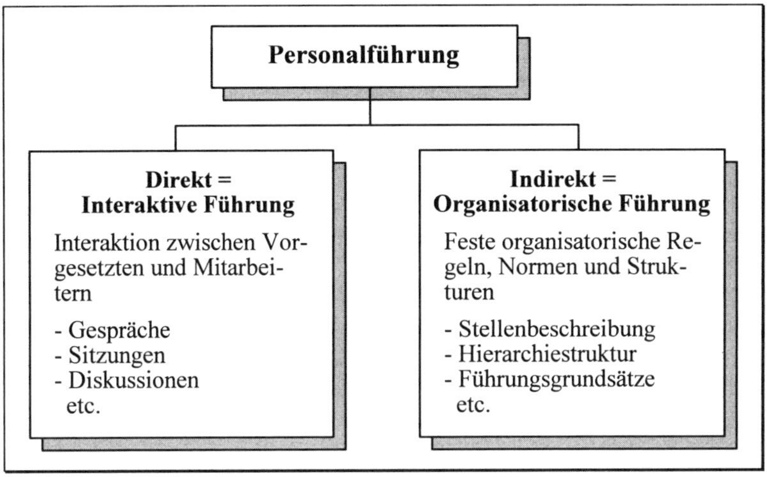


**Abb. 27:** Formen der Personalführung

Beide Formen der Personalführung beeinflussen sich gegenseitig. Während die interaktive Führung besonders geeignet ist, auf die speziellen Gegebenheiten einer konkreten Führungssituation einzugehen, bilden die Hilfsmittel der organisatorischen Führung einen für alle Mitarbeiter gleichen und verbindlichen Rahmen. So können durch die sinnvolle Kombination beider Führungsformen individuelle Eigenheiten der Mitarbeiter berücksichtigt werden, ohne den Grundsatz der Gleichbehandlung zu verletzen.

## 2.2 Führungstheorien und Führungsforschung

Ziel jeder Personalführung ist der Führungserfolg, der in einer Optimierung der ökonomischen Effizienz (Arbeitsleistung) und der sozialen Effizienz (Arbeitszufriedenheit) besteht. In den Führungstheorien wird untersucht, welche Einflussfaktoren diesen Führungserfolg im Wesentlichen bestimmen. Dabei unterscheidet man folgende Ansätze:

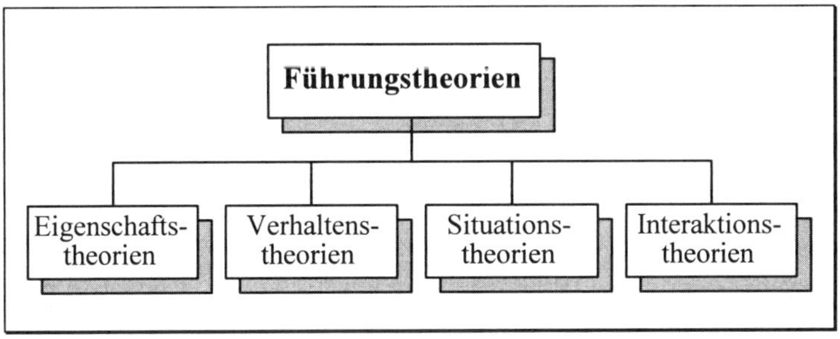


**Abb. 28:** Führungstheorien

Im Rahmen der Führungsforschung gehen die verschiedenen **führungstheoretischen Ansätze** der Frage nach, aufgrund welcher Gegebenheiten eine Person zum Führer wird und/oder wie eine effektive Führung möglich ist.

## 2.2.1 Eigenschaftstheorien (Trait Approach)

Der in seiner ursprünglichen Form wahrscheinlich älteste wissenschaftliche Erklärungsansatz der Führung ist die Eigenschaftstheorie. Diesem Ansatz liegt die Vorstellung zugrunde, dass Führerschaft in der Person des Führers begründet ist. Personen mit "Führungseigenschaften" sind unabhängig von der Situation oder der Gruppenstruktur zur Führung geeignet. Jeder erfolgreiche Führer besitzt aber nicht nur bestimmte Eigenschaften, sondern jemand, der diese Eigenschaften besitzt, wird durch diesen Tatbestand automatisch zum Führer. Dieser Theorie liegen in ihrer ursprünglichen Form die Menschenbilder des "unmündigen Mitarbeiters" und des "economic man" zugrunde, die beide davon ausgehen, dass nur wenige Menschen zum Führen geeignet sind. Neuere Auffassungen weichen jedoch von dieser Sichtweise ab und gehen davon aus, dass führungsrelevante Eigenschaften erlernbar sind und somit viele zu einem Führer werden können.

Die Forschung, welche insbesondere zwischen 1930 und 1950 betrieben wurde, versuchte die Eigenschaften zu ermitteln, die einen Führer in hohem Maße auszeichnen. Die dabei erstellten Eigenschaftskataloge können je nach der Art der Datengewinnungsmethode eingeteilt werden in:[70]

- **Intuitiv-introspektiv** gewonnene Eigenschaftskataloge, in denen Eigenschaften wie Selbstvertrauen, Entschlusskraft, Willenskraft, breites Wissen, Überzeugungskraft, Selbstgenügsamkeit und Intelligenz genannt werden. Unberücksichtigt bleibt bei diesen Untersuchungen die Frage nach den Beziehungen der einzelnen Eigenschaften untereinander, wie z.B. ob durch großes Wissen und hohe Intelligenz die Entschlussfähigkeit gefördert oder behindert wird.
- **Empirisch-statistisch** gewonnene Kataloge, die ausgehend von empirischen Untersuchungen durch Sammeln und Vergleichen versuchen, die Führungseigenschaften zu bestimmen. Eine Vielzahl solcher Untersuchungen wurde von Stogdill[71] ausgewertet. Insgesamt analysierte er 124 derartige Untersuchungen. Er fand jedoch nur wenige Eigenschaften, die in mehr als 20 Untersuchungen bei Führern häufiger auftraten als bei Geführten. Aus den Eigenschaftskatalogen der untersuchten Arbeiten leitete er fünf Kriterien ab, die einen Menschen als Führungspersönlichkeit auszeichnen:[72]
  1. **Befähigung:** Intelligenz, Wachsamkeit, sprachliche Gewandtheit, Originalität und Urteilskraft.
  2. **Leistung:** Arbeitsleistungen, Wissen, Schulleistungen und sportliche Leistungen.
  3. **Verantwortlichkeit:** Zuverlässigkeit, Initiative, Ausdauer, Angriffslust, Selbstvertrauen und der Wunsch, sich auszuzeichnen.
  4. **Teilnahme:** Handlungsfreude, Kontaktfähigkeit, Einsatzwille und Anpassungsfähigkeit.
  5. **Status:** Soziale und wirtschaftliche Lage, die sozioökonomische Position des Einzelnen.

---

70 Vgl. Steinmann, H.: Grundlagen der betriebswirtschaftlichen Führungslehre: Die Führungsfunktionen im Managementprozess, 4. Aufl., Nürnberg 1987, S. 293 f.

71 Stogdill, R.M.: Personal Factors. Associated with Leadership, A survey of the Literature. In: The Journal of Psychology 1948 (25), S. 35 ff.

72 Vgl. Dietel, B./Müller-Bader, P.: Elemente einer Theorie der Führung, a.a.O., S. 55.

Es erwies sich jedoch, dass die Ergebnisse der Untersuchungen nicht generalisiert werden dürfen. Ein Vergleich von 15 verschiedenen Studien ergab eine durchschnittliche Korrelation[73] zwischen Führung und Intelligenz von +0.26. Die Werte der Korrelationskoeffizienten bei den einzelnen Untersuchungen lagen aber zwischen +0.90 und -0,14, d.h. sie widersprachen sich teilweise. Das bedeutet, dass selbst das Merkmal Intelligenz, als relativ gute Prognosevariable im Vergleich zu vielen anderen, als einfach aufgelistetes Kriterium für gute Führer problematisch ist. Es ist z.B. durchaus denkbar, dass bei einer Gruppe mit durchschnittlich sehr geringer Intelligenz ein sehr intelligenter Mensch in der Führungsrolle nicht erfolgreich ist, da der Abstand zwischen Führer und Geführten zu groß ist. Bei Untersuchungen von Kindern wurde dies schon belegt. Hollingworth zeigte, dass der IQ der Führer von durchschnittlich intelligenten Kindern mit hoher Wahrscheinlichkeit zwischen 115 und 130 liegt. Kinder mit einem extrem hohen IQ (um 160) haben jedoch kaum eine Chance, von durchschnittlichen Kindern als Führer akzeptiert zu werden. Ist die Gruppe aber selber überdurchschnittlich intelligent, können sie sehr wohl die Führerrolle übernehmen.[74]

Dies zeigt, dass es allein nicht ausreicht, lediglich die Eigenschaften eines Führers zu katalogisieren, ohne sonstige Faktoren zu berücksichtigen. Dies ist auch der Haupteinwand gegen die Eigenschaftstheorie, weil die Besonderheiten der jeweils zu führenden Gruppe, der zu lösenden Aufgaben und sonstige Faktoren unberücksichtigt bleiben. Das bedeutet jedoch nicht, dass Persönlichkeitsmerkmale keinen oder nur einen sehr geringen Einfluss auf das Einnehmen der Führerrolle und den Führungserfolg haben. Eine zusätzliche Berücksichtigung weiterer Faktoren ist aber nötig. Damit wird jedoch der ursprüngliche Ansatz der Eigenschaftstheorie verlassen, da ausdrücklich Eigenschaftsmerkmale der Gruppe oder der Situation mit einzubeziehen sind.

## 2.2.2 Verhaltenstheorien (Behavioral Approach)

Aufgrund der unbefriedigenden Ergebnisse der Eigenschaftstheorie wendete sich das Interesse der Führungsforschung gegen Ende der 40er Jahre immer mehr von der Suche nach typischen Eigenschaften eines Führers ab und konzentrierte sich vorwiegend auf die Frage, wie erfolgreiche Führer sich verhalten. Das Ergebnis dieser Bemühungen war eine große Anzahl verhaltensorientierter Ansätze zur Klärung folgender Fragen:

- Was haben Vorgesetzte in Führungssituationen eigentlich vor allem zu tun?
- Welche Tätigkeiten von Führungskräften korrelieren am stärksten mit dem Führungserfolg?
- Welche Verhaltensmaßnahmen können sinnvollerweise über Fortbildungsmaßnahmen entwickelt oder verbessert werden?
- Wie kann die Führungssituation organisiert werden, so dass sie dem tatsächlich gezeigten Verhalten der Führungskräfte besser entspricht?

---

73 Statistischer Zusammenhang: +1 oder -1 bedeuten 100% lineare Abhängigkeit der beiden Merkmale voneinander, 0 bedeutet, dass keine lineare Abhängigkeit besteht.

74 Vgl. Rosenstiel, L. v.: Leistung und Zufriedenheit. Die motivationalen Grundlagen des Verhaltens in Organisationen, a.a.O., S. 110.

Eine Unterteilung der verschiedenen verhaltensorientierten Ansätze ist mit Hilfe der Frage möglich, durch wie viele Dimensionen das Führungsverhalten bestimmt wird, d.h. von der Frage, wie viele unabhängige Merkmale einen Führungsstil beschreiben.

Eine Sonderstellung innerhalb der Verhaltenstheorien nehmen die **Gruppentheorien** ein, die versuchen, den Führungserfolg durch das persönliche Verhalten innerhalb von Gruppen oder Teams zu erklären.

Nach den Erkenntnissen der Betriebspsychologie beschränkt sich die Gruppen- oder Teamführung nicht nur auf formale Aspekte (Organisationsstruktur). Bedeutsam für das Verhalten sind auch für einen Außenstehenden häufig nicht erkennbare informale Abläufe, die von persönlichen Beziehungen im Team und von den Positionen und Rollen, die von den Gruppenmitgliedern eingenommen werden, abhängen. Anschaulich lässt sich der Unterschied zwischen formaler und informaler Gruppenstruktur als Eisberg darstellen, dessen sichtbare Spitze die formale Teamhierarchie zeigt, während die informalen Einflüsse unter der Oberfläche verdeckt bleiben:

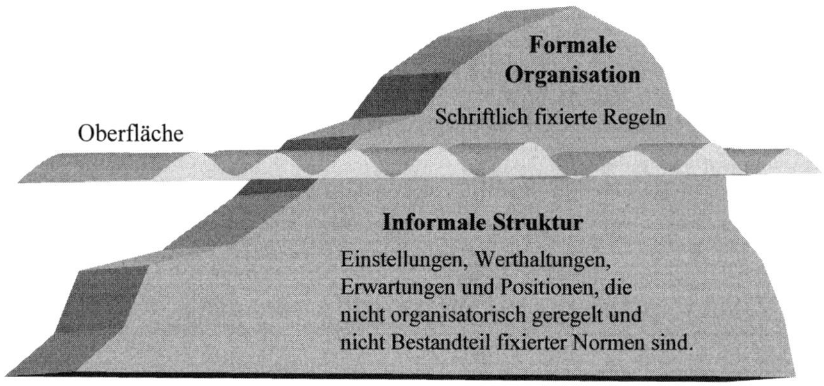


**Abb. 29:** Der "organisatorische Eisberg"

Die Rolle des informalen Gruppenführers fällt demjenigen Teammitglied zu, das die Bedürfnisse der anderen Teammitglieder am besten befriedigen kann. Die Besetzung dieser auch als "Alpha-Position" bezeichneten Rolle hängt in hohem Maße von den zwischenmenschlichen Beziehungen der Gruppenmitglieder ab. Die erfolgreiche Führung einer Gruppe setzt daher einerseits die Kenntnis der formalen und informalen Struktur voraus, andererseits das Bewusstsein des Führers, dass die Erreichung der Sachziele auf der Motivation und der Bedürfniserfüllung der Gruppenmitglieder basiert.

## 2.2.3 Situationstheorien (Situational Contingency Approach)

Die verschiedenen Verhaltensansätze haben einen großen Schwachpunkt: die mangelnde Berücksichtigung von weiteren, für den Führungserfolg ebenfalls wichtigen Faktoren. So lässt sich mit diesen Theorien z.B. nicht erklären, warum autoritäre Vorgesetzte von Großgruppen eher akzeptiert werden als von kleineren Gruppen, oder warum sich consideration (Mitarbeiterorientierung) im nichtproduktiven Bereich positiv, im produktiven Bereich dagegen eher negativ auf die Leistung auswirkt usw.

Solche Erkenntnisse führten dazu, dass neue Modelle entwickelt wurden, die versuchen, weitere Merkmale, die die Führung beeinflussen, einzubeziehen. Diese Situations- oder Interaktionsansätze unterscheiden nicht nur nach verschiedenen Führungsverhalten oder Führungsstilen, sondern berücksichtigen auch situative Faktoren, wie z.B. die Beziehung zwischen Vorgesetztem und Mitarbeiter, zur Bestimmung des in dieser Situation effektivsten Führungsverhaltens.

Der Führungserfolg wird durch die in der folgenden Abbildung dargestellten Einflussfaktoren bestimmt:

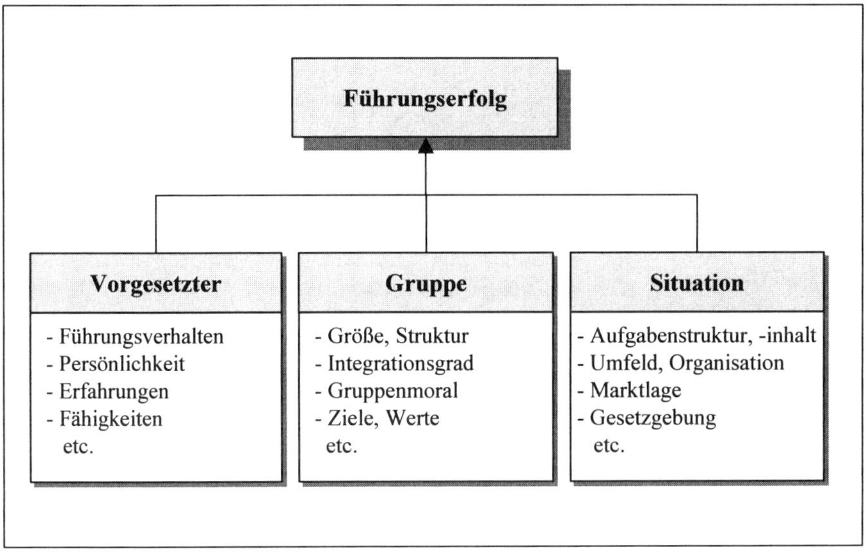


**Abb. 30:** Determinanten des Führungserfolgs

## 2.2.4 Interaktionstheorien

Interaktionstheorien betrachten nicht nur das Verhalten der Führungskraft gegenüber den unterstellten Mitarbeitern als ausschlaggebendes Kriterium für den Führungserfolg, sondern stellen die wechselseitigen interpersonalen Beziehungen (Interaktionen) zwischen Führungskräften und Mitarbeitern in den Mittelpunkt der Analyse. Gibb[75] befasste sich als Erster mit den interaktionistischen Führungstheorien und bezeichnet die Führung als Funktion der Interaktionen zwischen Personen und Situationen.[76] Es handelt sich somit um einen wechselseitigen Einflussprozess, der sich folgendermaßen darstellen lässt:

---

[75] Gibb, C.A.: Leadership. In: The handbook of social psychology, Bd. 4, hrsg. von Lindsey, G./Aronson, E., 2. Aufl., Reading/Mass 1969, S. 210 ff.

[76] Vgl. Staehle, W.H.: Management. Eine verhaltenswissenschaftliche Perspektive, 6. Aufl., München 1991, S. 329.

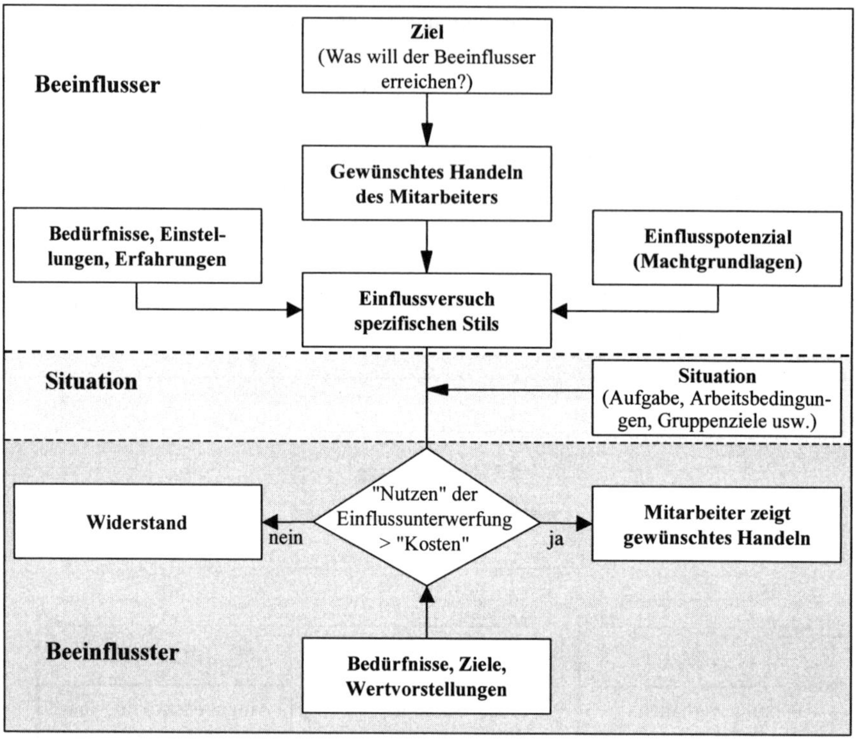


**Abb. 31:** Führung als wechselseitiger Einflussprozess[77]

Zu den relevanten Einflussfaktoren der Interaktionstheorien zählen:

- Die Persönlichkeit der Führungskraft einschließlich ihrer Bedürfnisse, Erfahrungen und Einstellungen
- Die Persönlichkeit der Mitarbeiter einschließlich ihrer Bedürfnisse, Erfahrungen, Einstellungen und Erwartungen
- Die Struktureigenschaften und die Funktionen der Gruppe, also die interpersonalen Status-Rollen-Beziehungen und die gemeinsamen Normen
- Die spezifische Situation, in der sich die Gruppe befindet, die äußeren Bedingungen, usw.

Macharzina[78] befasste sich eingehend mit dem interaktionistischen Ansatz der Führungsforschung und kam zu dem Schluss, dass hier der Führungserfolg $F_e$ von den Eigenschaften und Fähigkeiten P der beteiligten Personen, den Situations- oder Kontextbedingungen K und den Interaktionsprozessen $I_e$ abhängt.

$$F_e = f(P, K, I_e)$$

[77] Vgl. Klaus, H.: Führung: Können oder Kunst? In: Personal, Heft 5/1994, S. 227.

[78] Vgl. Macharzina, K.: Neuere Entwicklungen in der Führungsforschung. In: ZfO Heft 46/1977, S. 7 ff. und S. 101 ff.

Insgesamt gesehen sind die Interaktionsansätze sehr umfassend und theoretisch anspruchsvoll, für die praktische Anwendung lassen sich jedoch nur wenig konkrete Ratschläge ableiten, was auf die Vielzahl und die Komplexität der Variablen und die Tatsache, dass bisher nur eine geringe Anzahl empirischer Untersuchungen vorliegen, zurückzuführen ist. Die Interaktionsansätze dienen daher vorrangig als Ausgangspunkt für weiterreichende Forschungen im Führungsbereich.

## 2.3 Führungsstiltheorien

Das Wort "Stil" findet man in vielen Lebensbereichen, so z.B. in der Kunst, in der Politik, im Sport usw. Sprachlich geht es auf das lateinische Wort "stilus" zurück, was eigentlich die Bedeutung "spitzer Pfahl" hat und als Bezeichnung für einen Schreibstift benutzt wurde. Später wurde das Wort für die besondere Eigenart der Schriftzüge und des sprachlichen Ausdrucks gebraucht und wurde so zu einem allgemeinen Begriff, mit dem man typische Gestaltungs-, Ausdrucks- oder Verhaltensweisen bezeichnet.

Führungsstil im personalwirtschaftlichen Sinn ist die Form, in der die Führungs- und Leitungsaufgaben von den Führungskräften im Rahmen der Organisation ausgeübt werden. Der Führungsstil findet seinen Ausdruck in der konkreten Verhaltensweise der Führungskräfte gegenüber ihren Mitarbeitern. Der Bezug ist primär auf die Führung von Mitarbeitern ausgerichtet und kennzeichnet das wechselseitige Verhalten von Führer und Geführtem. Unterschiedliche Führungsstile drücken sich demzufolge in einem unterschiedlichen Kooperationsverhältnis zwischen Vorgesetzten und Untergebenen aus.

In der Führungsliteratur finden sich viele unterschiedliche Definitionen, wobei vor allem Unterschiede in der Beantwortung der Frage bestehen, durch wen der Führungsstil geprägt wird und was der Begriff alles umfassen soll.

So beschreibt Lattmann den Begriff als die Grundausrichtung des Führungsverhaltens eines Vorgesetzten bei der Gestaltung seiner Beziehungen zu seinen Mitarbeitern.[79] Er legt also den Schwerpunkt auf das Vorgesetzten-Mitarbeiter-Verhältnis und sieht die prägende Rolle eindeutig beim Vorgesetzten.

Ähnlich beschreibt Hentze den Führungsstil, betont jedoch, dass es sich um situationsunabhängige, regelmäßig wiederkehrende Verhaltensmuster des Vorgesetzten gegenüber dem Mitarbeiter handelt.[80] Auch Staehle betont mit seiner Aussage, der Führungsstil sei "ein langfristig relativ stabiles, situationsinvariantes Verhaltensmuster des Führers",[81] vor allem die Prägung des Führers und die Konstanz des Verhaltens.

Andere Autoren, wie z.B. Baumgarten, der allgemein von Führungsverhalten spricht, oder Häusler, der die Form der Ausübung der Führungs- und Leitungsaufgaben im Rahmen der Organisation mit Führungsstil bezeichnet, sprechen mit ihren Definitionen

---

79 Vgl. Lattmann, C.: Führungsstil und Führungsrichtlinien, Bern/Stuttgart 1975, S. 9 u. Lattmann, C.: Die verhaltenswissenschaftlichen Grundlagen der Führung des Mitarbeiters, Bern/Stuttgart 1982, S. 325.

80 Vgl. Hentze, J.: Personalwirtschaftslehre 2, a.a.O., S. 171 ff.

81 Vgl. Staehle, W.H.: Management, a.a.O., S. 309.

das ganze Führungsverhalten an, und nicht nur das Verhältnis Vorgesetzter-Mitarbeiter.[82] Noch umfassender beschreibt Rühli den Begriff Führungsstil:

> "Der Führungsstil umfasst die charakteristischen, zeitspezifischen aber situativ adaptierbaren Grundausrichtungen der Führung, wie sie von allen Beteiligten im Bereiche der Führungstechnik, der Menschenführung und der Führungsinhalte mitgestaltet werden."[83]

Insgesamt kann man festhalten, dass es keine allgemeingültige Definition des Begriffes Führungsstil gibt. Vielmehr handelt es sich beim Begriff des Führungsstiles um ein umfassendes, vieldimensionales Phänomen, welches von dem jeweils benutzten führungstheoretischen Ansatz geprägt ist.

## 2.3.1 Führungsstiltypologien

Die traditionellen Führungsstile gelten heute als überholt, da sie für die Philosophie und die soziologischen und politischen Anschauungen vergangener Zeiten stehen und durch den Wandel der Menschenbilder und den Wertewandel der Mitarbeiter ihre Existenzgrundlage eingebüßt haben. Dennoch soll hier auf eine kurze Schilderung dieser idealtypischen Führungsstile nicht verzichtet werden, da auch heute noch in einigen Fällen ähnliche Formen der Führung praktiziert werden. Bei den traditionellen Führungsstilen werden vier verschiedene Formen unterschieden:

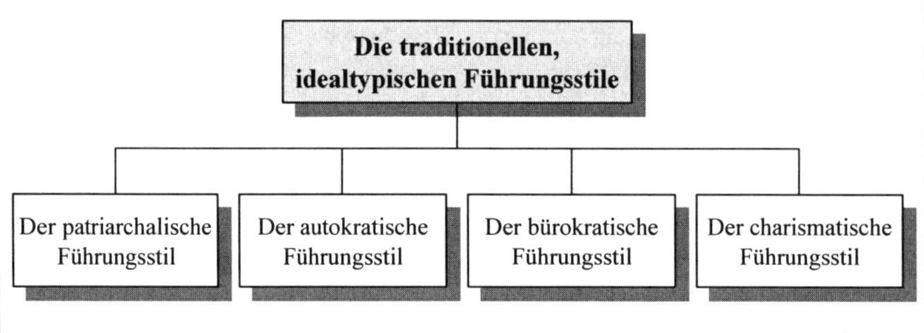


**Abb. 32:** Die traditionellen, idealtypischen Führungsstile

Der **patriarchalische Führungsstil** wird geprägt von seiner Leitfigur, dem Patriarchen, der durch seinen Alters- und Reifeunterschied gegenüber seinen Mitarbeitern einen Alleinherrschaftsanspruch begründet. Die Mitarbeiter werden nicht an der Führung beteiligt, haben jedoch jederzeit direkten Zugang zum Führer (Treuepflicht des Führers). Dadurch wird bei größeren Organisationen schnell die Führungsspanne überschritten, da

[82] Vgl. Baumgarten, R.: Führungsstile und Führungstechniken, Berlin/New York 1977, S. 16.

[83] Rühli, E.: Gestaltungsmöglichkeiten der Unternehmensführung: Führungsstil, Führungsmodelle, Führungsrichtlinien, Mitwirkung und Mitbestimmung, Bern/Stuttgart/Wien 1992, S. 21.

der Patriarch nicht in der Lage ist, sich einer größeren Zahl von Mitarbeitern zu widmen. Ein weiterer Nachteil dieses Führungsstils besteht in dem Verzicht auf die Nutzung des geistigen und kreativen Potenzials der Mitarbeiter.

Auch der **autokratische Führungsstil** setzt einen mit unbegrenzter Machtfülle ausgestatteten Führer voraus. Dieser Führer ist alleiniger Entscheidungsträger. Zur Durchsetzung seiner Entscheidungen bedient er sich eines hierarchisch gestaffelten Führungs-apparates, was die exakte Ausführung von Anweisungen auch in größeren Organisationen ermöglicht. Nachteilig an diesem Führungsstil ist, dass der Führer über ein hohes Maß an Spezialkenntnissen in vielen Bereichen verfügen muss, um ökonomisch richtige Entscheidungen treffen zu können. Diese Voraussetzung kann in der heutigen, von kom-plexen Zusammenhängen bestimmten Führungssituation ebenso wenig erfüllt werden wie das Vorhandensein von unkritischen, zu Gehorsam verpflichteten Mitarbeitern, das ebenfalls ein Kennzeichen für den autokratischen Führungsstil ist.

Aus der autokratischen Führung entwickelte sich der **bürokratische Führungsstil**, bei dem der alles beherrschende oberste Führer abgeschafft wurde. Die Führung ist in einen hierarchischen Apparat mit genau abgegrenzten Kompetenzen und exakten Stellenbefugnissen eingebunden. Ein Hauptelement dieses Führungsstils ist die Kontrolle, durch die vor allem Übergriffe und Kompetenzüberschreitungen vermieden werden sollen. Die heutige Kritik an der bürokratischen Führung begründet sich insbesondere durch die Starrheit des Systems, dadurch, dass aus dem "Überreglement" ein Formalismus entstand, der jegliche Flexibilität verhindert.

Beim **charismatischen Führungsstil** leitet der Führer seinen alleinigen Herrschaftsanspruch aus seiner Persönlichkeit und seiner Einmaligkeit ab. Der Führer ist eine Art "Übermensch", er ist unfehlbar und lässt keine Kritik zu. Im Gegensatz zum Patriarchen hat der charismatische Führer keinerlei Verpflichtungen gegenüber seinen Mitarbeitern, von denen er jedoch bedingungslosen Gehorsam verlangen kann. "Obgleich rationalen Überlegungen dieser Führungsstil schwer zugänglich ist, haben schon hervorragende Persönlichkeiten mit diesem Führungsstil Unternehmen gründen und zur Blüte bringen als auch aus dem Niedergang retten können."

## 2.3.2 Der Ansatz von Tannenbaum und Schmidt

Der verbreitetste verhaltensorientierte Ansatz ist die auf Tannenbaum und Schmidt zurückgehende Klassifikation des Führungsverhaltens, bei dem die Art der Entscheidungsfindung das bestimmende Merkmal ist. Hierbei werden einerseits der autoritäre (autoritative) Führungsstil und anderseits der kooperative (demokratische, partizipative) Führungsstil als Extrempunkte eines eindimensionalen Kontinuums aufgefasst.

Insgesamt werden sieben idealtypische Führungsstile, hier mit Verhaltensweisen der Führung gleichzusetzen, unterschieden:

| **Autoritärer Führungsstil** → | | | | | | ← **Kooperativer Führungsstil** |
|---|---|---|---|---|---|---|
| Entscheidungsgewicht beim Führer | | | | | | Entscheidungsspielraum der Gruppe |
| 1. Vorgesetzter entscheidet und teilt die Entscheidung mit | 2. Vorgesetzter "verkauft" Entscheidungen | 3. Vorgesetzter schlägt Ideen vor und erwartet Fragen | 4. Vorgesetzter schlägt Versuchsentscheidung vor, die geändert werden kann | 5. Vorgesetzter zeigt das Problem, erhält Lösungsvorschlag und entscheidet | 6. Vorgesetzter gibt Grenzen an und fordert die Gruppe auf, zu entscheiden | 7. Vorgesetzter gestattet den Mitarbeitern, in den systembedingten Grenzen frei zu handeln |

**Abb. 33:** Eindimensionale Klassifikation von Führungsstilen[84]

Tannenbaum und Schmidt sind der Auffassung, dass keiner der sieben Führungsstile grundsätzlich zu bevorzugen ist. Sie nennen stattdessen einige Faktoren, die bei der Wahl des "richtigen" Führungsstils zu berücksichtigen sind:

- **Charakteristika des Vorgesetzten**: Wertesystem, Vertrauen in die Mitarbeiter, Führungsqualitäten, Sicherheitsempfindungen in einer bestimmten Situation
- **Charakteristika der Mitarbeiter**: Erfahrungen, fachliche Kompetenz, Problemengagement, Ansprüche im Hinblick auf die berufliche und persönliche Entwicklung
- **Charakteristika der Situation**: Art der Organisation, Eigenschaften der Gruppe, Art des Problems, zeitlicher Abstand zur Handlung

Je nach Konstellation der einzelnen Charakteristika wird ein unterschiedlicher Führungsstil erforderlich. Um erfolgreich zu sein, muss der Führer demgemäß die verschiedenen Einflussfaktoren realistisch einschätzen können und darüber hinaus in der Lage sein, sein Führungsverhalten den jeweiligen Gegebenheiten flexibel anzupassen.

Die Kontinuumtheorie von Tannenbaum und Schmidt wird insofern kritisiert, weil sie als eindimensionaler Ansatz nur ein Verhaltensmerkmal der Führung, nämlich die Entscheidungspartizipation berücksichtigt.

Diesen sieben durch den Entscheidungsspielraum bestimmten Führungsstilen müssen alle anderen Führungsstilmerkmale, z.B. die Kontrollform oder die Informationspolitik zugeordnet werden. So wird beispielsweise beim autoritären Führungsstil eine ausgeprägte sachliche Kontrolle bis in das Detail durchgeführt, während dem kooperativen Führungsstil ein niedriges Kontrollniveau unter Betonung der Selbstkontrolle zugeordnet wird.

Neben dem kooperativen und dem autoritären Führungsstil unterscheidet man noch den liberalen Führungsstil, der genaugenommen als Stil der "Nicht-Führung" beschrieben werden müsste, da der Führende in der Hoffnung, dass "schon alles gut gehen wird", auf Eingriffe verzichtet und den Mitarbeitern völlig freie Hand lässt. Diese auch als **laissezfaire-Führungsstil** bekannte Vorgehensweise ist jedoch im Hinblick auf die Er-

[84] Vgl. Tannenbaum, R./ Schmidt, W.H.: How to Choose a Leadership Pattern. In: Harvard Business Review Nr. 2, 1958, S. 96.

reichung wirtschaftlicher Ziele nicht praktikabel und daher für unsere Betrachtungen nicht weiter relevant.

Die Berücksichtigung der Entscheidungspartizipation als dem einzigen unabhängigen Aspekt des Führungsverhaltens wird allgemein als unzulänglich angesehen. Deshalb soll dieser eindimensionale Ansatz hier nicht tiefergehend behandelt werden.

## 2.3.3 Das Verhaltensgitter von Blake und Mouton

Eine Erweiterung der Diskussion über die Führungsstile begann mit der Loslösung von der Vorstellung eines eindimensionalen Kontinuums, wie es oben dargestellt wird. Eine der wegweisenden Untersuchungen war die von Fleishman u.a. 1953 durchgeführte Führungsstudie.[85] In diesen sogenannten Ohio-Studien wurde in großangelegten Feldstudien mit Hilfe von Fragebögen eine Vielzahl von Daten über das Führungsverhalten gesammelt. Ergebnis war, dass die bisherige Annahme, die Mitarbeiterorientierung und die Aufgabenorientierung seien, ähnlich wie autoritäre und kooperative Führung, zwei sich ausschließende Dimensionen der Führung, nicht stimmen muss. Vielmehr werden sie aufgrund dieser Studien als unabhängig voneinander angesehen.

### (1) Grunddimensionen des Führungsverhaltens

Aufbauend auf diesem zweidimensionalen Modell der Ohio-Gruppe werden zwei Grunddimensionen des Führungsverhaltens unterschieden:

1. **Die Mitarbeiterorientierung (consideration)**

   "Consideration" bedeutet sinngemäß übersetzt etwa "wohlwollende Berücksichtigung". Gemeint ist ein Verhalten zwischen dem Vorgesetzten und der Gruppe, das auf gegenseitigem Vertrauen, Respekt, menschlicher Wärme, Zugänglichkeit, Rücksichtnahme u.ä. beruht. Dies bedeutet jedoch nicht, dass die Anweisungs- und Kontrollbefugnis oder die Sanktionsmacht aufgehoben werden. Wichtig ist bei diesem Verhalten in erster Linie, dass die Vorgesetzten wirkliches Interesse an den Bedürfnissen der Mitarbeiter zeigen und dies durch ihr Verhalten auch zum Ausdruck bringen.

2. **Aufgabenorientierung (initiating structure)**

   "Initiating structure" lässt sich sinngemäß mit "vorstrukturierender und stimulierender Aktivität" übersetzen. Gemeint sind die Aktivitäten und Verhaltensweisen der Vorgesetzten, die unmittelbar den Produktionsprozess fördern. Dies kann beispielsweise ein eindeutiges Abgrenzen der Rolle jedes Gruppenmitgliedes, eine strikte Aufgabenzuteilung, das Aufzeigen von Wegen zur Zielerreichung oder das Drängen auf Produktivität und auf Erfüllung der Planziele sein. Charakteristisch ist dabei für den Vorgesetzten, dass er seine Mitarbeiter durch seine Aktivitäten mitreißen kann.

Verschiedene andere Untersuchungen bestätigten die These der Ohio-Gruppe, dass Aufgabenorientierung und Mitarbeiterorientierung keine gegensätzlichen Ausrichtungen sind. Allerdings wurde auch häufig die Annahme vertreten, dass eine Aufgabenorientie-

[85] Vgl. Gonschorrek, U.: Verwaltungspädagogik und Führungslehre, a.a.O., S. 97.

rung und eine Mitarbeiterorientierung nur in Ausnahmefällen durch eine Person verkörpert werden kann. Eine hohe Ausprägung eines Merkmales ist vielmals von einer geringeren Ausprägung des anderen Merkmals begleitet und umgekehrt.[86]

## (2) Das Verhaltensgitter

Von einer absoluten Unabhängigkeit der beiden Dimensionen Aufgaben- und Mitarbeiterorientierung oder, wie sie hier genannt werden, der Menschen- und Sachorientierung, geht das von Robert R. Blake und Jane S. Mouton entwickelte Verhaltensgitter aus. Auf diese Darstellung von effektivem Führungsverhalten wird hier aufgrund der großen Verbreitung näher eingegangen. Allein das erste, 1964 veröffentlichte Buch "The Managerial Grid" (1968 in der deutschen Übersetzung unter dem Titel "Verhaltenspsychologie im Betrieb" erschienen)[87] wurde weltweit mehr als eine Million Mal verkauft und Seminare zur Vermittlung des nach dieser Theorie optimalen Führungsstiles sind weit verbreitet.

Blake und Mouton verwendeten zur Beschreibung der beiden Verhaltensdimensionen Sachorientierung und Menschenorientierung jeweils eine neunstufige Skala und kombinierten diese beiden Skalen zu ihrem Führungsverhaltensgitter (Managerial Grid).

Sie gehen also von der Annahme aus, dass sich ein Führungsstil[88] immer in beiden Dimensionen charakterisieren lässt, diese voneinander unabhängig sind und somit beliebig kombiniert werden können.

Die Sach- und die Menschenorientierung werden in dem Verhaltensgitter auf die Skalen aufgetragen. Eine 1 heißt sehr niedrige Orientierung, 5 bedeutet eine mittlere Orientierung und 9 ist die Höchstorientierung. Der Begriff "Orientierung" soll in diesem Zusammenhang keine exakte Messgröße für die Menge des tatsächlichen Ausstoßes oder das tatsächliche Verhalten gegenüber Menschen sein. Es soll damit vielmehr Art und Stärke der jedem Führungsstil zugrunde liegenden inneren Wertskala angegeben werden.[89]

Welche Orientierungen eine Führungskraft vertritt, ist von ihrer inneren Einstellung (Grundeinstellung) abhängig. Diese Grundeinstellung bildet sich schon in der Kindheit heraus und wird durch die Erfahrungen mit den Eltern, mit den Geschwistern, in der Schule mit den Lehrern, in der Nachbarschaft mit den Spielkameraden und durch viele Erfahrungen aus weniger persönlichen Quellen wie Fernsehen, Radio, Kino usw. geprägt.

Nach Blake und Mouton lassen sich die Grundeinstellungen und die daraus folgenden Führungsverhalten mit Hilfe des Verhaltensgitters identifizieren. Insgesamt lassen sich 81 verschiedene Führungsstile unterscheiden. Blake und Mouton gehen jedoch nur auf 5 Stile näher ein, die sie als die 5 Grundtheorien bezeichnen.

---

86 Vgl. Steinmann, H.: Grundlagen der betriebswirtschaftlichen Führungslehre. Die Führungsfunktionen im Managementprozess, a.a.O., S. 315.

87 Blake, R. R./Mouton, J. S.: Verhaltenspsychologie im Betrieb, 2. Aufl., Düsseldorf 1986.

88 "Führungsstil" und "Führungsverhalten" werden hier gleichbedeutend gebraucht. Vgl. Anmerkung des Übersetzers in Blake, R.R. Mouton, J.S.: Verhaltenspsychologie im Betrieb, a.a.O., S. 28.

89 Vgl. ebd., S. 24 f.

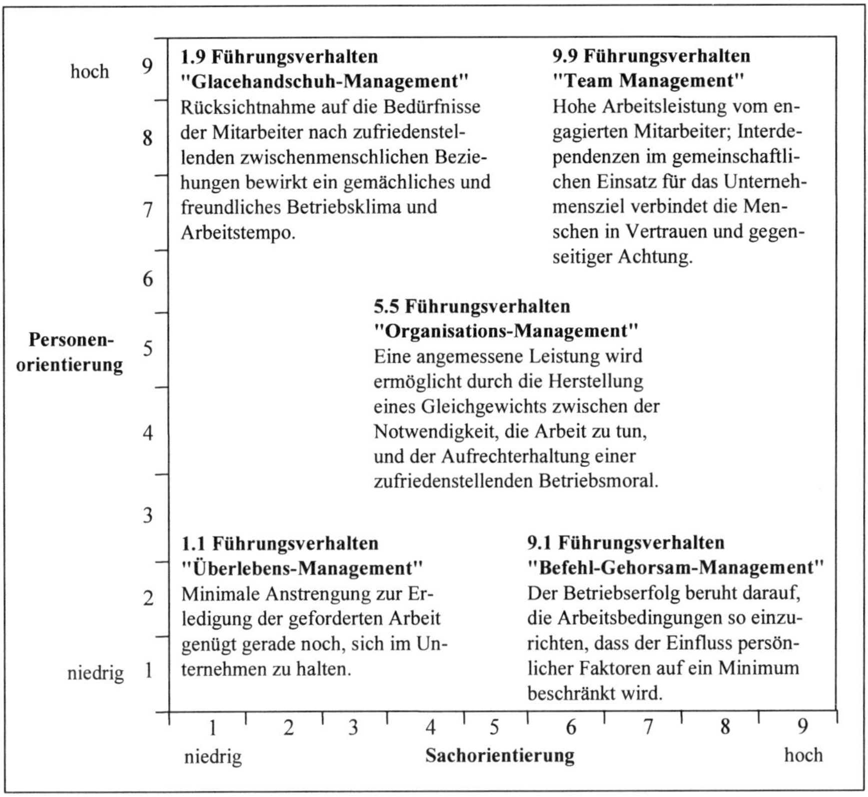


**Abb. 34:** Das Führungsverhaltensgitter (Managerial Grid) nach Blake & Mouton[90]

Jeder Führungsstil wird durch seine Sachorientierung und seine Menschenorientierung definiert. Blake und Mouton nennen aber noch ein drittes Merkmal bzw. eine dritte Orientierung, die Macht. Sie ist kein unabhängiges Kennzeichen eines Führungsstiles, sondern wird durch die beiden anderen Orientierungen bestimmt. Jeder der 81 Führungsstile repräsentiert ein Bündel von Grundeinstellungen der Führungskraft, die den Gebrauch ihrer Macht bestimmen. Zusammengefasst können die fünf Grundstile bzw. Grundorientierungen wie folgt beschrieben werden:[91]

- Der **9.1-Führungsstil** repräsentiert ein Höchstmaß an Sachorientierung, gepaart mit einem niedrigen Maß an Menschenorientierung. Die Führungskraft konzentriert sich auf ein Maximum an Ausstoß. Sie setzt ihre Macht und Autorität ein und gewinnt Kontrolle über ihre Mitarbeiter, indem sie Gehorsam verlangt. Sie treibt sich und andere an und untersucht Tatsachen, Überzeugungen und Positionen, damit sie die Kontrolle über jegliche Situation behält und sich sicher ist, dass andere keine Fehler machen. Sie steht für ihre Ideen, Meinungen und Einstellungen ein, auch wenn sie

---

90 Vgl. Blake, R.R./Mouton, J.S.: Verhaltenspsychologie im Betrieb, a.a.O., S. 27.

91 Vgl. ebd., S. 12 f. und Blake, R.R./Mouton, J.S.: Besser führen mit GRID. Probleme lösen mit dem Grid-Konzept, Düsseldorf/Wien/New York/Moskau 1994, S. 47 ff.

anderen dadurch manchmal "auf die Füße tritt". Konflikte versucht sie im Keim zu ersticken oder für sich zu entscheiden.

- Bei dem **1.9-Führungsstil** geht es um die Paarung einer niedrigen Sachorientierung mit einer hohen Menschenorientierung. Die Hauptaufmerksamkeit des Führungsverhaltens richtet sich auf die Förderung positiver Gefühle unter Kollegen und Mitarbeitern. Der Führende unterstützt deshalb alle Entscheidungen, die die zwischenmenschlichen Beziehungen fördern. Er macht sich lieber Meinungen, Einstellungen und Ideen anderer zu eigen, als eigene Ideen durchzusetzen. Er bemüht sich, Konflikte erst gar nicht entstehen zu lassen. Wenn trotzdem Konflikte auftreten, versucht er, die Gegner zu beruhigen und zu versöhnen. Er reagiert immer herzlich und freundlich, um Spannungen und Missfallensäußerungen zu vermeiden. Anstatt von sich aus etwas zu unternehmen, unterstützt er lieber andere.
- Der **1.1-Führungsstil** hat eine sehr geringe Sachorientierung und eine sehr geringe Menschenorientierung. Der Manager, der diesen Stil vertritt, tut gerade nur soviel, wie unbedingt erforderlich ist, um sich in der Organisation halten zu können. Er nimmt die Entscheidungen anderer gleichgültig hin, vermeidet es, Partei zu ergreifen und legt seine Meinungen, Ideen und Einstellungen nicht offen dar. In Konfliktfällen versucht er neutral zu bleiben. Er ist unbeteiligt und regt sich deshalb selten auf. Er tut nur das Allernötigste (laissez-faire-Führung).
- Bei dem **5.5-Führungsstil** handelt es sich um eine Kompromisslösung. In den Orientierungen liegt er in der Mitte. Der Führende vertritt die Einstellung "leben und leben lassen". Er bemüht sich um durchführbare Entscheidungen, wenn diese auch nicht immer perfekt sind. Ideen, Einstellungen und Meinungen anderer kommt er möglichst auf halbem Wege entgegen. Er versucht, in Konfliktfällen eine faire Lösung für alle Seiten zu finden. In Spannungssituationen fühlt er sich unsicher. Er weiß nicht genau, wie er die Erwartungen anderer erfüllen soll und versucht immer gleichmäßig gut und schnell zu arbeiten.
- Der **9.9-Führungsstil** verbindet hohe Sachorientierung mit hoher Menschenorientierung. Das Führungsverhalten ist sehr zielorientiert und versucht, qualitativ und quantitativ hochwertige Ergebnisse durch Mitwirkung, Mitverantwortung, durch gemeinschaftlichen Einsatz für das Unternehmensziel und durch gemeinschaftliche Konfliktlösung zu erreichen. Der Führende legt großen Wert auf vernünftige und schöpferische Entscheidungen, die Verständnis und Einverständnis herbeiführen. Er hört zu und sucht nach alternativen Ideen, Meinungen und Einstellungen. Er hat feste Überzeugungen, reagiert aber auf vernünftige Ideen anderer und ändert seine Meinung. In Konfliktfällen versucht er, die Gründe festzustellen und die Lösung bei den tieferliegenden Ursachen anzusetzen. Er setzt seine ganze Kraft ein und dient so als Vorbild, andere folgen ihm.

**Blake** und **Mouton** untersuchten die Auswirkungen dieser fünf Grundstile und geben die jeweiligen Vor- und Nachteile der verschiedenen Verhaltensweisen an. Als optimalen Führungsstil und deshalb als erstrebenswert stellen sie schließlich den 9.9-Führungsstil dar. Sie vertreten die Meinung, dass mit diesem Führungsstil nicht nur die größte Produktivität erreicht werden kann, Führungskräfte mit dieser Orientierung können auch die erfolgreichsten Karrieren nachweisen und vermeiden gleichzeitig seelische und körperliche

Störungen, die mit anderen Gitterstilen einhergehen.[92] Sie gehen zwar davon aus, dass die im Laufe des Lebens gewonnenen Grundeinstellungen den Führungsstil jeder Führungskraft bestimmen, glauben aber, dass diese Grundeinstellungen änderbar sind.

Zu diesem Zweck entwickelten sie Seminare, die durch **Bewusstmachung** der eigenen Einstellungen und durch **Einübung** anderer Einstellungen und Verhaltensweisen Führungskräfte anregen sollen, ihr Führungsverhalten in Richtung des 9.9-Führungsstiles zu ändern.

Dem Ansatz von Blake und Mouton kann vor allem zugute gehalten werden, dass er auf anschauliche Weise den breiten Spielraum von möglichen Führungsverhaltensweisen darstellt. Jedoch sind auch einige Kritikpunkte zu nennen. Es werden z.B. keine wirklich operablen Regeln zur exakten Einstufung von Führungsverhalten in das Verhaltensgitter gegeben. Auch die Aussage, der 9.9-Führungsstil sollte immer bevorzugt werden, wird nicht wirklich nachgewiesen. Es wird teilweise auf ungenannte wissenschaftliche Untersuchungen verwiesen und die Frage, ob der optimale Führungsstil nicht doch situationsabhängig ist, wird nicht überzeugend beantwortet.

Insgesamt enthält der Ansatz von Blake und Mouton jedoch viele Anregungen für die Praxis und stellt für Seminare ein gutes **didaktisches Mittel** dar, um Führungsprobleme, vor allem Probleme beim vereinbaren von humanen und ökonomischen Zielen, zu verdeutlichen. Abweichend von Blake und Mouton kann man auch die Auffassung vertreten, dass sich eine erfolgreiche Personalführung durch einen Führungsstil kennzeichnen lässt, der im Verhaltensgitter rechts der Diagonale zwischen den Führungsstilen 1.9 und 9.1 liegt, was die praktische Umsetzung dieser Theorie realistischer macht als die Forderung nach einem 9.9-Führungsstil als einzig effektivem Führungsverhalten.

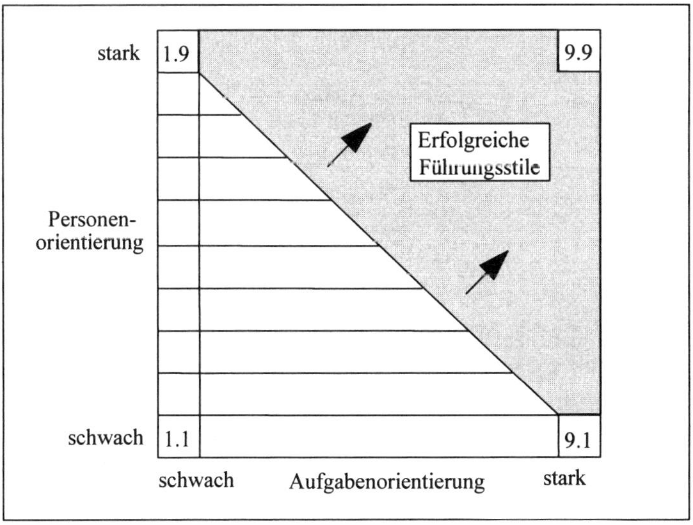


**Abb. 35:** Erfolgreiche Führungsstile im Managerial-Grid

[92] Vgl. Blake, R.R./Mouton, J.S.: Verhaltenspsychologie im Betrieb, a.a.O., S. 10.

## 2.3.4 Das 3-D-Modell von Reddin

Das 3-D-Modell von Reddin geht von den Dimensionen Aufgabenorientierung und Beziehungsorientierung, vergleichbar mit den Dimensionen Sachorientierung und Menschenorientierung im Verhaltensgitter von Blake und Mouton, aus. Aus diesen zwei Dimensionen leitet er vier Grundstile ab:[93]

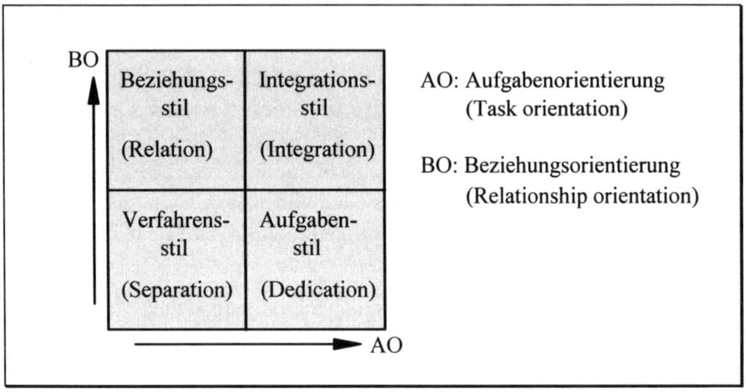


**Abb. 36:** Die vier Grundstile von Reddin

Er bestreitet dabei die Existenz eines einzigen optimalen, situationsunabhängigen Führungsstiles. Reddin ist vielmehr der Meinung, dass alle vier Stile je nach Situation effizient und gut sein können. Es ist die Aufgabe der Führungskraft, die konkrete Führungssituation zu analysieren und daraufhin den geeigneten Führungsstil zu wählen. Als Variable zur Bestimmung der Führungssituation unterscheidet Reddin:

- Arbeitsweise
- Mitarbeiter
- Kollegen
- Vorgesetzter
- Organisation

Die **konkrete Führungssituation** wird danach analysiert, welche Grundstilanforderung jede dieser fünf Situationsvariablen stellt, z.B. Mitarbeiter: Integrationsstil, Organisation: Verfahrensstil usw. Aus der Schnittmenge der Anforderungen aller fünf Variablen wird die Situationsvariable "Feld des potenziell effektiven Verhaltens" abgeleitet, welche den oder die Grundstil(e) angibt, der oder die in der konkreten Situation angewendet werden sollte(n), um effektiv zu führen.

[93] Vgl. Reddin, W.J.: Das Drei-D-Programm zur Leistungssteigerung des Managements, Landsberg/Lech 1981.

Je nach Übereinstimmungsgrad bzw. Passgenauigkeit von situativ gefordertem Führungsstil und angewandtem Stil wird eine hohe oder eine niedrige Effizienz erreicht. Um dies zum Ausdruck zu bringen, führt Reddin eine dritte Dimension, die Effektivität ein:

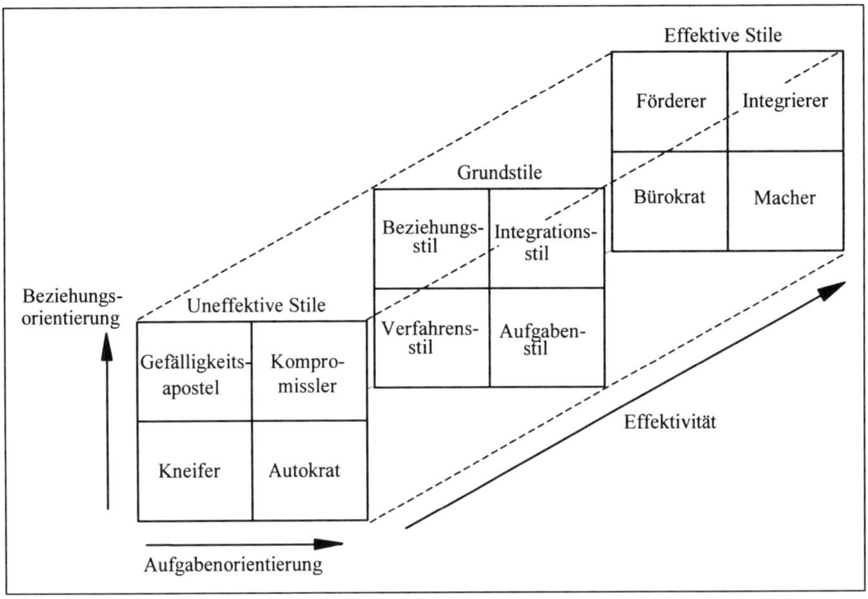


**Abb. 37:** Führungsstile und Effektivität in Reddins 3-D-Theorie[94]

- Der **verfahrensorientiert** führende Manager (seperated manager) verlässt sich primär auf Verfahren, Methoden und Systeme und bevorzugt stabile Umweltbedingungen. Als Bürokrat beherrscht er in statischen Umweltsituationen Routineprozesse durch die absolute Einhaltung genereller Regeln und Verfahrensrichtlinien. Als Kneifer beharrt er auch in dynamischen Umweltsituationen auf die Einhaltung überkommener, veralteter Regeln und Vorschriften.
- Der **beziehungsorientiert** führende Manager (related manager) betont gute zwischenmenschliche Beziehungen und berücksichtigt Mitarbeiterbedürfnisse. Als Förderer delegiert er soviel und soweit wie möglich, da er von der Mitarbeiterentwicklung eine langfristig bessere Aufgabenerfüllung erwartet. Als Gefälligkeitsapostel vernachlässigt er die Aufgabenerreichung, da er glaubt, dass zufriedene Mitarbeiter mehr leisten.
- Der **aufgabenorientiert** führende Manager betont Leistungsergebnisse und denkt produktivitätsorientiert. Als Macher überzeugt er durch sein überlegenes Expertenwissen und setzt anspruchsvolle aber realistische Ziele, die keinen Widerstand heraufbeschwören. Als Autokrat beharrt er auf seiner Amtsautorität und überfordert seine Mitarbeiter, was zu erheblichen Widerständen mit allen negativen Begleiterscheinungen wie Fluktuation, Absentismus etc. führen kann.

[94] Vgl. Kupsch, P.U./Marr, R.: Personalwirtschaft. In: Industriebetriebslehre, hrsg. von Heinen, E., a.a.O., S. 858.

- Der **integrationsorientiert** führende Manager strebt nach gleichgewichtiger Beachtung von Mensch und Aufgabe. Als Integrierer entscheidet und führt er kooperativ, motiviert und fördert seine Mitarbeiter zielorientiert. Als Kompromissler versucht er Konfrontationen um jeden Preis zu vermeiden und es allen recht zu machen, auch wenn er dazu Kompromisse eingehen muss, die im Sinne der Aufgabenstellung nicht optimal sind.[95]

Um entsprechend dieser Theorie immer effektiv führen zu können, sollte eine Führungskraft möglichst alle vier Grundstilarten beherrschen. Jeder Führende besitzt aber normalerweise nur einen Hauptstil (einen der vier Grundstile) und eine Stilbandbreite (Stilflexibilität), die seine Fähigkeit angibt, neben seinem Hauptstil noch einen oder mehrere andere Grundstile auszuüben. Deshalb stellt Reddin, um den Vorgesetzten in die Lage zu versetzen, effektiver zu führen, ein umfassendes Trainingskonzept bereit, welches zwei Ziele verfolgt:

1. Eine Vergrößerung der Stilbandbreite.
2. Erlernen von Situationsmanagement, welches den Vorgesetzten befähigt, eine Führungssituation so zu verändern, dass sie einem von ihm beherrschten Führungsstil entgegenkommt.

Das 3-D-Modell von Reddin beschreibt mit der Annahme, dass der optimale Führungsstil situationsabhängig ist, sicher eher die Realität als das Modell von Blake und Mouton. Die praktische Anwendung von Reddins Modell wird aber den meisten Führungskräften große Probleme bereiten. Von der Führungskraft wird nicht nur eine ständig zu wiederholende Analyse und Auswertung aller Situationsvariablen verlangt, sondern auch die Fähigkeit, den jeweils effektivsten Führungsstil überzeugend anwenden zu können, bzw. die Situation so zu verändern, dass ein beherrschter Stil der effektivste ist. Diese Anforderungen, will man ihnen wirklich genügen, können aber leicht zu Unsicherheit und Überforderung führen.

## 2.3.5 Die situative Führungstheorie von Hersey & Blanchard

**Hersey** und **Blanchard**[96] gehen in ihrer Führungstheorie ebenso wie Reddin von einer Aufgaben- und einer Beziehungsorientierung des Führungsverhaltens aus. Auch sonst finden sich viele Gemeinsamkeiten. So gehen sie von vier grundsätzlich möglichen Führungsstilen aus und vertreten die Meinung, dass der optimale oder effizienteste Führungsstil situationsabhängig ist. Sie führen jedoch als dritte Dimension, von der der effizienteste Führungsstil abhängig ist, den **Reifegrad** des Mitarbeiters ein.

Folgende vier Führungsstile werden von Hersey und Blanchard unterschieden:

1. Autoritärer Führungsstil (telling)
2. Integrierender Führungsstil (selling)

---

[95] Vgl. Staehle, W.H.: Management. Eine verhaltenswissenschaftliche Perspektive, a.a.O., S. 776 f.

[96] Hersey, P./Blanchard, K.H.: Management of Organizational Behaviour, 3. Aufl., Englewood Cliffs 1977 und Englewood Cliffs 1982.

3. Partizipativer Führungsstil (participating)
4. Delegationsstil (delegating)

Welcher dieser vier Führungsstile in der konkreten Führungssituation der effektivste ist, wird, wie oben gesagt, durch nur eine Variable, den aufgabenrelevanten Reifegrad des Mitarbeiters bedingt. Bestimmt wird dieser Reifegrad durch den Vorgesetzten mittels tätigkeitsbezogener (z.B. Zielsetzungsverhalten, Leistungsorientierung, Kenntnisstand) und psychologischer Indikatoren (z.B. Selbstvertrauen).

Die Grundannahme ist bei diesem Modell, dass mit steigender Mitarbeiterreife der aufgabenorientierte Führungsbedarf abnimmt. Der Bedarf an beziehungsorientiertem Führungsverhalten ist dagegen besonders bei mittelmäßigem Reifegrad des Mitarbeiters hoch und nimmt sowohl für reifere als auch für weniger reife Mitarbeiter ab.

Eine Übersicht über die Abhängigkeit der vier Führungsstile von der Reife des Mitarbeiters, die dem Vorgesetzten als Orientierungsschema zur Auswahl des geeignetsten Führungsstiles dient, zeigt die folgende Abbildung:

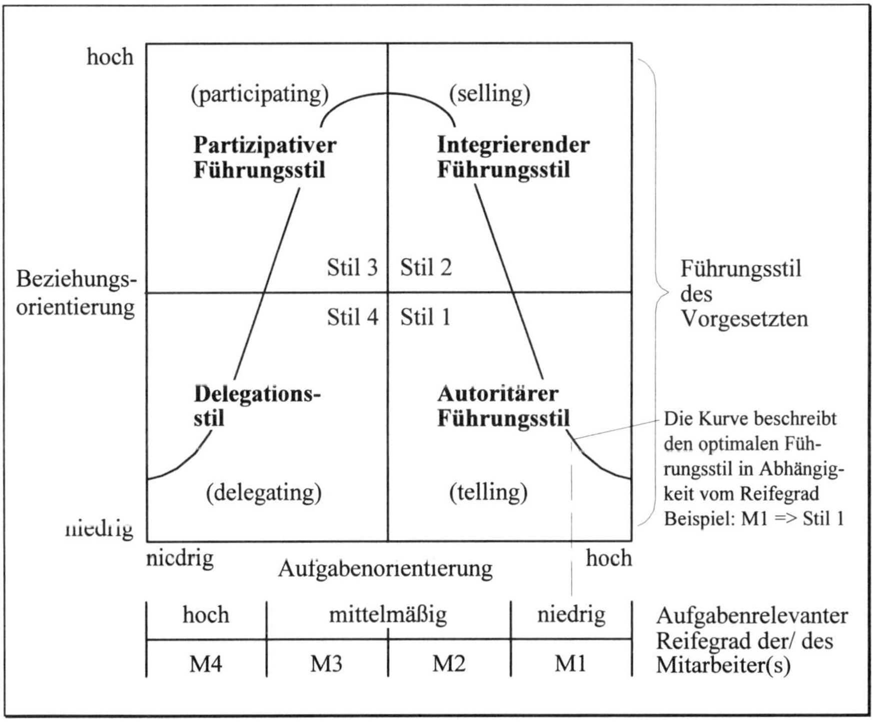


**Abb. 38:** Das situative Führungskonzept nach Hersey & Blanchard[97]

Besitzt ein Mitarbeiter in Bezug auf eine Aufgabensituation einen geringen Reifegrad, so muss der Vorgesetzte ihm sagen, was dieser zu tun und zu lassen hat. Er muss

---

97 In Anlehnung an Hersey, P./Blanchard, K.H.: Management of Organizational Behaviour, a.a.O.

den Mitarbeiter in der Aufgabenausführung unterweisen, d.h. den autoritären Führungsstil wählen.

Einem Mitarbeiter mit mäßiger Reife, also zum Beispiel ein Mitarbeiter mit mangelnden Fähigkeiten aber hoher Motivation, muss die Aufgabe eher "verkauft" werden. Der Vorgesetzte führt durch rationale Argumentation und emotionale Unterstützung, er wendet den integrierenden Führungsstil an.

Der partizipative Führungsstil ist dann der effektivste Stil, wenn der Mitarbeiter, auf die Aufgabe bezogen, einen höheren Reifegrad hat. Er besitzt beispielsweise Fachkompetenz, aber seine Motivation ist nur gering. Der Vorgesetzte muss hier durch Beteiligung führen und versuchen, die Motivation des Mitarbeiters zu erhöhen.

Fähige und reife Mitarbeiter sollten selbständig arbeiten können. Deshalb beschränkt sich bei ihnen die effektivste Führung auf gelegentliche Überprüfungen ihrer Arbeit. Der Vorgesetzte führt durch Delegation.

Im Gegensatz zu Reddin gehen Hersey und Blanchard davon aus, dass der Vorgesetzte nicht in der Lage ist, die Situation seinen Fähigkeiten, d.h. seinem beherrschten Führungsstil entsprechend anzupassen. Das bedeutet, der Vorgesetzte muss zur optimalen Führung in allen vier Führungsstilen kompetent sein. Mit Hilfe des sogenannten LEAD-Fragebogens (**L**eader **E**ffectiveness and **A**daptability **D**escription) wird beim Vorgesetzten gemessen, welche der vier Stile er in welchem Umfang beherrscht. Durch intensives Training wird dann versucht, den Vorgesetzten in die Lage zu versetzen, auch die anderen Stile jederzeit anwenden zu können.

Diese extrem hohen Anforderungen an die Stilflexibilität des Vorgesetzten sowie die hohen Anforderungen an seine selbst- und fremddiagnostischen Fähigkeiten sind auch als Kritikpunkte an diesem Modell zu nennen. Des Weiteren kann man die Vernachlässigung anderer situationsrelevanter Faktoren kritisieren, sowie insbesondere die Annahme, dass "reife Mitarbeiter" stets im Sinne der Führungsziele handeln und somit weder eine stärker aufgabenorientierte Führung noch eine stärker mitarbeiterorientierte Führung benötigen.[98]

Positiv herauszustellen ist aber die besondere Berücksichtigung der geführten Personen, d.h. der Mitarbeiter. In vielen Modellen werden die Fähigkeiten und die Einstellungen der Mitarbeiter kaum oder gar nicht in die Überlegungen einbezogen, obwohl diese sicherlich die Führungssituation stark beeinflussen.

## 2.3.6 Die Kontingenztheorie von Fiedler

Kontingenztheorien erklären den Führungserfolg aus dem Zusammenwirken von Merkmalen der führenden Person einerseits und den spezifischen Bedingungen der Führungssituation andererseits. Es lassen sich so mühelos viele Faktoren aufzählen, von denen der Führungserfolg entscheidend abhängig ist:[99]

---

98 Vgl. Kupsch, P.U./Marr, R.: Personalwirtschaft. In: Industriebetriebslehre, hrsg. von Heinen, E., a.a.O., S. 859 f. u. Neuberger, O.: Führung: Ideologie-Strukturen-Verhalten, Stuttgart 1984, S. 167.

99 Vgl. Gonschorrek, U.: Verwaltungspädagogik und Führungslehre, a.a.O., S. 129 f.

- Verhaltensmuster der Führungskräfte
- Gruppenstruktur
- Situationswahrnehmung der Mitarbeiter
- Einstellungen der Mitarbeiter
- Erwartungen der Mitarbeiter an das Führungsverhalten
- Wertesystem, das in der Organisation gilt usw.

Wollte man diese Faktoren alle berücksichtigen, wäre die daraus folgende Theorie zu komplex, um damit etwas erklären zu können oder um praxisrelevante Aussagen zu machen.

Fiedler traf daher aus der Vielzahl von Einflussgrößen eine Auswahl von seiner Meinung nach besonders entscheidenden und umfassenden Faktoren.[100] Grundsätzlich geht er davon aus, dass der Führungserfolg von zwei Faktoren, der "Günstigkeit der Situation" und vom gewählten Führungsstil abhängt. Wichtig für den Führungserfolg ist das Zusammenpassen dieser beiden Faktoren. Die "Günstigkeit der Situation" gliedert sich wiederum in drei Teilkomponenten, in

- die mit der Führungsposition verbundene Macht und Autorität,
- den Grad der Strukturiertheit der Aufgabe und in
- die persönliche Beziehung zwischen Vorgesetzten und Mitarbeiter (vgl. Abbildung).

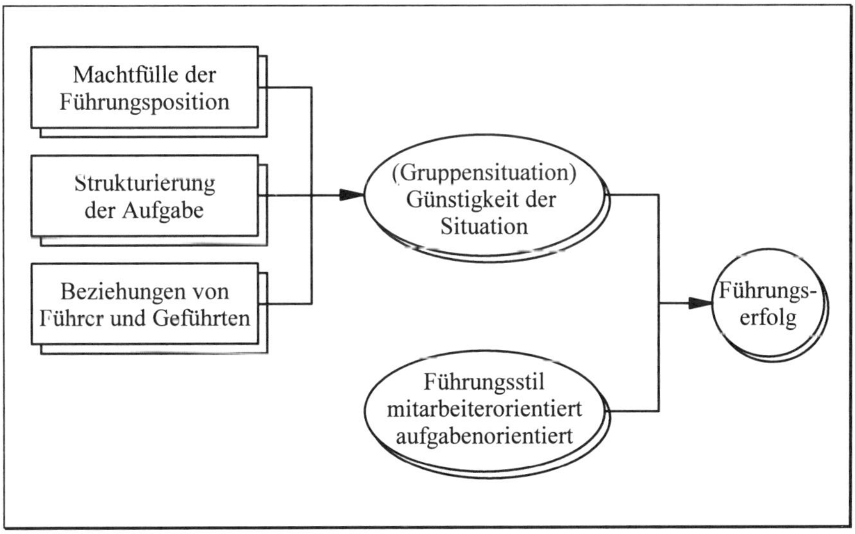


**Abb. 39:** Komponenten des Führungserfolges nach Fiedler

Fiedler nimmt bei seinem Ansatz nur eine Führungsverhaltensdimension an. Er geht von der Annahme aus, dass man entweder aufgabenorientiert oder mitarbeiterorientiert

[100] Vgl. Fiedler, F.E.: A Theory of Leadership Effectiveness, New York 1967

führt. Er vertritt also nicht die Meinung von einer Unabhängigkeit dieser zwei Orientierungen.

Zur Ermittlung des praktizierten Führungsstiles schlug Fiedler die Messung des LPC-Wertes (**L**east **P**referred **C**oworker: der am wenigsten geschätzte Mitarbeiter) vor. Hierzu erhält der Vorgesetzte einen Fragebogen, in dem 16 gegensätzliche Adjektivpaare aufgeführt sind.

Auf einer Skala von 1 bis 8 soll er nun den Mitarbeiter kennzeichnen, mit dem er am schlechtesten zusammenarbeiten konnte. Der höchste Wert (8) ist jeweils der positiven Merkmalsausprägung, der niedrigste Wert (1) der negativen Ausprägung zugeordnet.

Beispiel:

| | | |
|---|---|---|
| freundlich | 8 7 6 5 4 3 2 1 | unfreundlich |
| kooperativ | 8 7 6 5 4 3 2 1 | unkooperativ |
| zuverlässig | 8 7 6 5 4 3 2 1 | unzuverlässig |
| usw. | | |

Hierbei soll ausdrücklich die Aufgabenerfüllung und nicht die persönliche Wertschätzung bewertet werden. Der LPC-Wert wird als einfacher Durchschnittswert dieser Bewertung gebildet.

Ein hoher LPC-Wert besagt somit, dass ein Vorgesetzter seinen am wenigsten geschätzten Mitarbeiter relativ wohlwollend beschreibt und wird als Indikator für einen mitarbeiterorientierten Führungsstil betrachtet; ein niedriger LPC-Wert soll einen aufgabenbezogenen Führungsstil anzeigen.[101]

Die Führungssituation wird, wie oben erwähnt, von der Beziehungsstruktur, der Aufgabenstruktur und der Positionsmacht bestimmt. Eine günstige Führungssituation liegt vor, wenn

- die Beziehung zwischen Führer und Mitarbeiter gut ist (vierfach gewichtet),
- die Aufgabe in hohem Maße strukturiert ist (zweifach gewichtet) und
- der Führende eine starke Positionsmacht besitzt (einfach gewichtet).

Danach unterscheidet Fiedler zwischen acht unterschiedlich günstigen Situationen, welche jeweils zusammen mit einem bestimmten Führungsstil die besten Führungsergebnisse erwarten lassen.

Die Effektivität der Führung wird durch die Messung von Produktivitäts- oder Outputgrößen ermittelt. Setzt man die aus empirischen Untersuchungen gewonnenen Korrelationen zwischen der so bestimmten Führungseffizienz und den LPC-Werten in Bezug

---

[101] Zur Methodik der Messung des LPC-Wertes vgl. auch Gebert, D./Rosenstiel, L.v.: Organisationspsychologie, 5. Aufl., Stuttgart 2002, S. 201 ff.

zur "Günstigkeit der Führungssituation", erhält man den in der folgenden Abbildung dargestellten Zusammenhang:

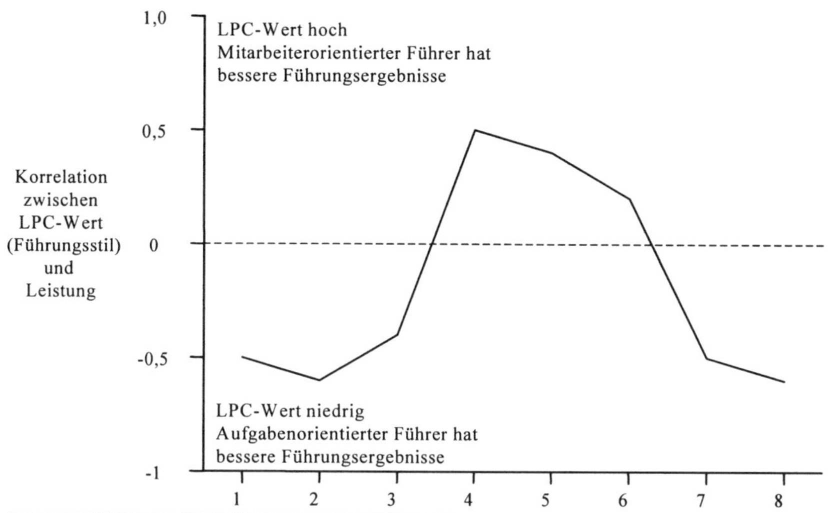


| | | | | | | | | |
|---|---|---|---|---|---|---|---|---|
| Beziehungen Führer-Mitarbeiter | Gut | | | | Schlecht | | | |
| Aufgaben-struktur | Hoch | | Niedrig | | Hoch | | Niedrig | |
| Positionsmacht des Führers | Stark | Schwach | Stark | Schwach | Stark | Schwach | Stark | Schwach |

**Abb. 40:** Kontingenzmodell der Führung[102]

Nach Fiedler soll also in sehr günstigen und sehr ungünstigen Führungssituationen eine aufgabenorientierte Führung (niedriger LPC-Wert) die besten Erfolge erzielen, in mäßig günstigen Situationen ein Vorgesetzter mit starker Mitarbeiterorientierung (hoher LPC-Wert) besonders erfolgreich sein.

Fiedler billigt kurzfristigen Schulungs- und Förderkursen für Führungskräfte keine Erfolge beim Erlernen neuer Führungsstile zu, da in diesen Seminaren bestimmte Führungsverhalten eingeübt würden, die der Arbeitssituation nicht entsprechen. Daher ist er der Meinung, dass eine Anpassung des Führers an die Situation nur selten möglich ist. Eine Steigerung der Leistungswirksamkeit kann daher nur durch eine Änderung der Situation erreicht werden. Die Situation soll also an das Führungsverhalten angepasst werden und nicht, wie in den meisten Modellen vertreten, umgekehrt.

Fiedlers Modell ist eines der meistuntersuchtesten Führungsmodelle. Die meisten Analysen betrachten dieses Modell aber sehr kritisch. Hier sollen nur die wichtigsten Kritikpunkte angesprochen werden:

---

[102] In Anlehnung an Fiedler, F.E.: A Theory of Leadership Effectiveness, a.a.O., S. 176.

Weder die theoretische Fundierung noch die empirischen Untersuchungen reichen aus, um gültige Voraussagen für Führungseffizienz treffen zu können. So werden weder die Wahl der berücksichtigten Führungsdimensionen noch die der Situationsvariablen und deren Gewichtung theoretisch begründet. Empirische Untersuchungen von anderen Forschern ermittelten von Fiedler deutlich abweichende Kurven und konnten somit seine Hypothese nicht bestätigen. Außerdem hat die Korrelation von LPC-Werten und der Führungseffizienz nur dann eine Aussagekraft, wenn die von Fiedler angenommene Eindimensionalität von Führungsstilen stimmt bzw. zur Beschreibung des Führungsstils ausreicht. Dies wird aber von anderen Untersuchungen bestritten und somit eine Grundvoraussetzung der Theorie in Frage gestellt. Eine Bedeutung für die Praxis hat das Modell von Fiedler deshalb nur insofern, weil es besondere Aufmerksamkeit auf die situativen Bedingungen im Führungsprozess legt und die Bedeutung der Interaktionen zwischen Führer und Geführten besonders herausstellt.

## 2.3.7 Der Entscheidungsbaum von Vroom & Yetton

Der 1973 von Victor H. Vroom und Philip Yetton[103] vorgestellte Entscheidungsbaum ist ebenfalls den die Situation berücksichtigenden Führungstheorien zuzuordnen. Er zeichnet sich jedoch, verglichen mit den meisten anderen Führungstheorien, durch einen betonten Anwendungsbezug aus.

Der Entscheidungsansatz geht von der Annahme aus, dass die Schlüsselaktivität eines Führenden das Entscheidungsverhalten ist. Die Führungssituation, in diesem Modell reduziert als Entscheidungssituation dargestellt, wird mit Hilfe von sieben Situationsvariablen analysiert. Diese Situationsvariablen beschreiben die Eigenschaften des zu lösenden Entscheidungsproblems jeweils durch die Aussage "vorhanden" oder "nicht vorhanden" bzw. "ja" oder "nein". Verkürzt dargestellt lauten diese sieben Situationsvariablen oder, genauer gesagt, Entscheidungsproblemeigenschaften wie folgt:

**A:** Ist die Qualität der Lösung von besonderer Bedeutung?

**B:** Besitzt der Führende selbst alle nötigen Informationen?

**C:** Ist das Problem strukturiert, d.h. ist bekannt, welche Informationen benötigt werden und wie sie zu erhalten sind?

**D:** Ist die Annahme der Entscheidung durch die Mitarbeiter wichtig für eine Durchsetzung?

**E:** Würde eine Alleinentscheidung des Führenden von den Mitarbeitern akzeptiert?

**F:** Werden die mit der Problemlösung verfolgten Organisationsziele von den Mitarbeitern akzeptiert?

**G:** Wird es bei der Einigung über die vorzuziehende Lösung unter den Mitarbeitern zu Konflikten kommen?

Mit Hilfe dieser Entscheidungsfragen kann der Vorgesetzte ein Profil seiner Entscheidungssituation erstellen. Theoretisch sind 128 ($2^7$) verschiedene Situationsprofile möglich. Vroom und Yetton berücksichtigen jedoch nur vierzehn, ihrer Meinung nach praxisrelevante Situationsprofile, von ihnen Problemtypen genannt. Durch sieben Füh-

[103] Vroom, V.H./Yetton, P.W.: Leadership and Decision-Making, Pittsburg 1973.

rungsregeln, welche in einen Entscheidungsbaum eingearbeitet werden, wird dann eine Beziehung zwischen der so beschriebenen Situation und zulässigen bzw. nichtzulässigen Führungsstilen hergestellt. Z.B. ist die Partizipationsform I (autoritäre Entscheidung ohne Befragung der Mitarbeiter) nicht zulässig, wenn der Führende nicht genügend Informationen besitzt und deshalb die Situationsvariable B mit "nein" bewertet wurde.

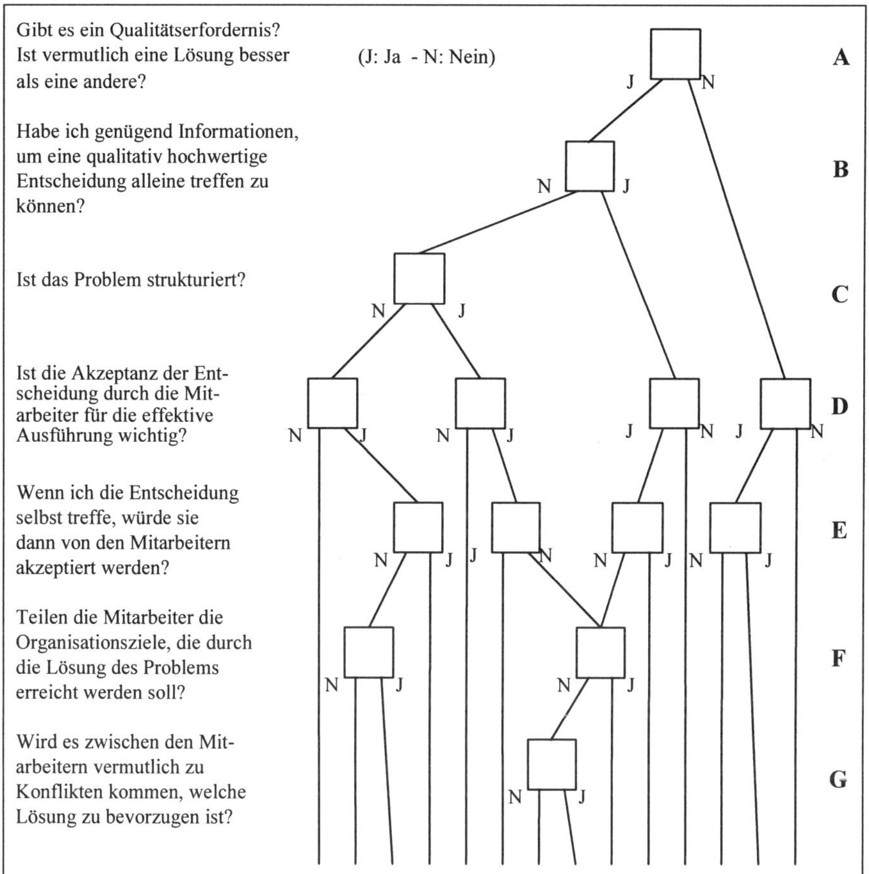


| Problemtyp | 14 | 13 | 12 | 11 | 10 | 9 | 8 | 7 | 6 | 5 | 4 | 3 | 2 | 1 |
|---|---|---|---|---|---|---|---|---|---|---|---|---|---|---|
| effizienteste Partizipationsform | IV | IV | V | IV | II | II | III | IV | V | I | I | V | I | I |
| Zulässige Partizipationsformen | V* | | | V* | III IV V* | III IV V* | IV | | | II III IV V* | II III IV V* | | II III IV V | II III IV V |

*Nur zulässig, wenn die Frage bezüglich Problemeigenschaft F positiv beantwortet wird

**Abb. 41:** Entscheidungsbaum nach Vroom & Yetton[104]

Vroom und Yetton unterscheiden bei ihrem Modell fünf Führungsstile, die von ihnen Partizipationsformen genannt werden. Ihr einziges Unterscheidungskriterium ist dabei

[104] In Anlehnung an Vroom, V.H./Yetton, P.W.: Leadership and Decision-Making, a.a.O., S. 36.

das Maß der Partizipation der Mitarbeiter an Entscheidungen, d.h. sie gehen von einer Eindimensionalität des Führungsverhaltens aus. Die folgende Abbildung gibt die fünf verschiedenen Verhaltensweisen wieder, die vorhergehende Abbildung gibt an, wann welcher der fünf Stile angewendet werden darf. Sind mehrere verschiedene Stile zulässig, bestimmen sie den effektivsten Stil nach dem Kriterium der Minimierung der Lösungszeit (eine Weiterentwicklung dieses Modells durch Vroom & Jago berücksichtigt zusätzlich bei dieser Entscheidung Ziele der Personalentwicklung[105]).

| |
|---|
| **Partizipationsform I:** Der Manager entscheidet ohne weitere Aktivitäten der Informationsgewinnung aufgrund seines gegebenen Informationsstandes. |
| **Partizipationsform II:** Der Manager fordert zusätzliche Informationen von seinen Mitarbeitern an und entscheidet dann selbst. Die Rolle der Mitarbeiter beschränkt sich auf die Vermittlung von notwendigen Informationen; sie sind nicht an der Entwicklung und Bewertung von Alternativen beteiligt. |
| **Partizipationsform III:** Der Manager diskutiert das Entscheidungsproblem getrennt mit den einzelnen Mitarbeitern und nimmt deren Ideen und Vorschläge zur Kenntnis. Dann fällt der Manager die Entscheidung, die nicht notwendigerweise den Einfluss der Mitarbeiter widerspiegeln muss. |
| **Partizipationsform IV:** Der Manager diskutiert das Entscheidungsproblem mit seinen Mitarbeitern in einer Gruppensitzung und nimmt die Gruppenideen und Vorschläge zur Kenntnis. Dann fällt der Manager die Entscheidung, die nicht notwendigerweise den Einfluss der Gruppe widerspiegeln muss. |
| **Partizipationsform V:** Der Manager präsentiert das Entscheidungsproblem seinen Mitarbeitern auf einer Gruppensitzung. Gemeinsam werden in der Gruppe Alternativen entwickelt und bewertet sowie der Versuch der Erzielung einer Einigung unternommen. Der Manager übernimmt dabei gewissermaßen die Funktion eines Moderators. Er versucht nicht, die Gruppe zur Übernahme der eigenen Lösung zu bewegen. Vielmehr ist er bereit, jede Lösung, die von der Gruppe getragen wird, zu akzeptieren und durchzusetzen. |

**Abb. 42:** Partizipationsformen nach Vroom & Yetton[106]

Bei dem Modell von Vroom und Yetton ist vor allem der betonte Anwendungsbezug positiv hervorzuheben. Kritik gegenüber diesem Modell bezieht sich insbesondere auf folgende Punkte:

- Die Führungssituation wird auf eine reine Entscheidungssituation reduziert, wodurch wichtige beeinflussende Faktoren übersehen werden können.

---

[105] Vgl. Vroom, V.H./Jago, A.G.: Vom Vroom/Yetton- zum Vroom/Jago-Führungsmodell: Neue Überlegungen zur Partizipation in Organisationen. In: Die Betriebswirtschaft, Jg. 49 (1989), S. 5 ff.

[106] Vgl. Gebert, D./Rosenstiel, L.v.: Organisationspsychologie, a.a.O., S 208.

- Es existiert kein explizites Effizienzkonzept, wodurch die Auswahl der sieben Situationsvariablen willkürlich erscheint.
- Es werden enorm hohe Anforderungen an die Stilflexibilität des Vorgesetzten gestellt. Er soll in einer Situation partizipativ und in einer anderen Situation autokratisch führen. Der ständige Wechsel zwischen allen Stilformen dürfte aber viele Führende überfordern.
- Auch die Eindimensionalität des Führungsstils kann kritisiert werden, da diese, wie schon häufiger erwähnt, eine starke Vereinfachung darstellt.

Zusammenfassend lässt sich festhalten, dass bei Entscheidungen in der Praxis eine Orientierung an diesem Modell durchaus sinnvoll ist und dadurch die Qualität von Entscheidungen und insbesondere die Wahrscheinlichkeit ihrer erfolgreichen Durchsetzung erhöht werden kann.

## 2.4 Der Führungsprozess

Führungskräfte tragen die Verantwortung dafür, dass gemeinsam mit den Mitarbeitern bestimmte Leistungen erbracht werden. Hieraus ergeben sich zwei Kategorien von Aufgaben, die Sachaufgaben und die Führungsaufgaben. Während die Sachaufgaben von Führungskräften je nach funktionaler Tätigkeit (z.B. Vertrieb oder Produktion) unterschiedlich geartet sind, lassen sich Führungsaufgaben formal in folgende Führungsfunktionen unterteilen:

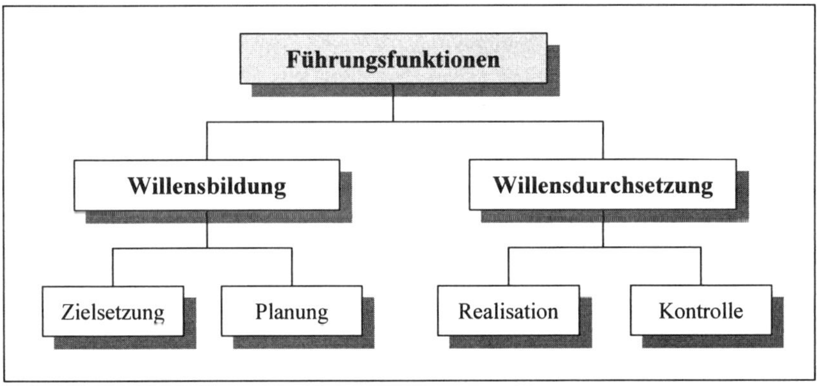


**Abb. 43:** Funktionen der Führung

Eine andere Darstellung der Führungsfunktionen, die mehr auf deren zeitliche Abfolge abstellt, bietet der in der folgenden Abbildung dargestellte **Managementkreis**. Hier wird auch deutlich, dass Führung ein Prozess ist, in dem die Führungsfunktionen nacheinander immer wieder durchlaufen werden müssen. Zusätzlich zu den o.g. Führungsfunktionen wird auch die Entscheidung als weitere Funktion in den Prozess eingebunden:

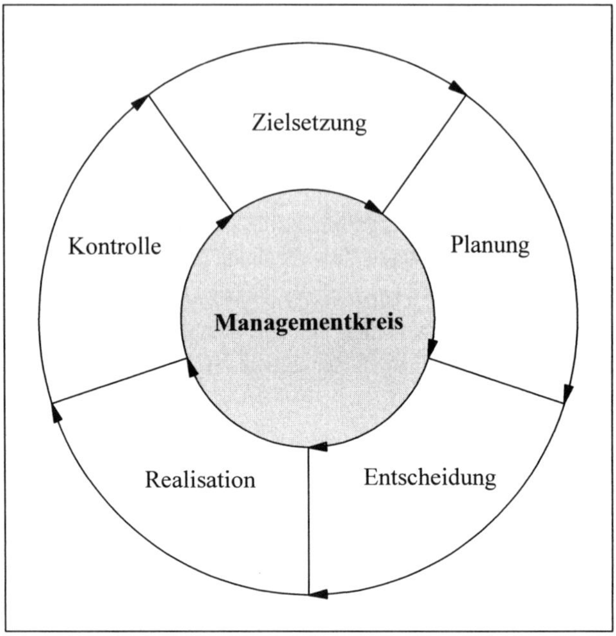


**Abb. 44:** Managementkreis

Die Begriffe Management und Führung werden sowohl im täglichen Sprachgebrauch als auch in der Literatur oft synonym gebraucht. Weder in der Betriebsnoch in der Sozialwissenschaftslehre existiert derzeit ein allgemeingültiger Führungsbegriff.

Management wird häufig als weitergefasster Begriff gesehen, da er die Steuerung der technischen Elemente einschließt, während Führung in engerem Sinne als Personalführung verstanden wird.[107] Übereinstimmend werden jedoch beiden Begriffen die in den folgenden Abschnitten erläuterten Führungsfunktionen zugeordnet.

## 2.4.1 Die Zielsetzung

Grundlage für jegliches wirtschaftliches Handeln und somit aller Zielsetzungen eines Unternehmens ist das Handeln nach dem ökonomischen Prinzip (Wirtschaftlichkeitsprinzip). Ausnahmen könnten durch kurzfristige Zielsetzungen gegeben sein. Als Ziel wird ein erstrebenswerter Zustand verstanden, der in der Zukunft liegt und dessen Eintritt nicht automatisch erfolgt, der also von bestimmten Handlungen bzw. Unterlassungen abhängig ist.

Die Zielsetzung erfolgt in einem mehrstufigen Zielbildungsprozess, der durch die in der folgenden Abbildung dargestellten Schritte gekennzeichnet ist:

---

[107] Vgl. Küppers, H.: Innovation und Management, Zur innovationstheoretischen Analyse moderner Managementkonzeptionen, Diss., Hamburg 1975, S. 154.

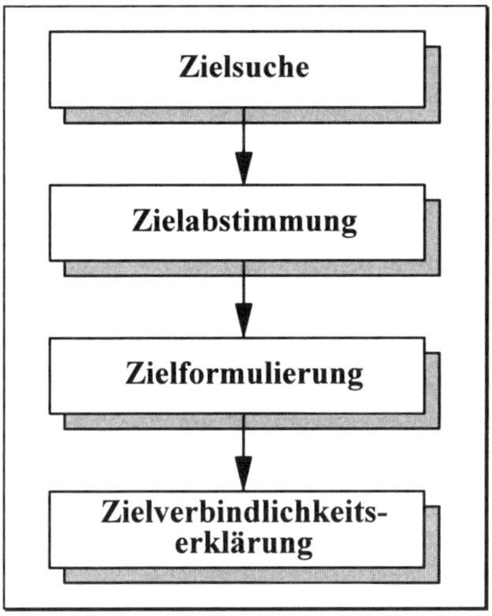


**Abb. 45:** Zielbildungsprozess

- **Die Zielsuche:** Die Zielsuche beinhaltet das Auffinden von Zielideen. Hierzu bedarf es aussagekräftiger Informationen. Ziele können in der zukünftigen Entwicklung gesucht werden, Konsequenzen aus der Analyse des betrieblichen Geschehens bzw. der Vergangenheit sein oder aus externen Forderungen (Prognosen für die Zukunft) resultieren. Die Zielsuche sollte auch immer die Suche nach Zielalternativen einschließen. Zielideen entstehen in allen Bereichen eines Unternehmens. Die Zielsuche kann durch die verschiedenen Methoden der Ideenfindung (z.B. Brainstorming) betrieben werden.
- **Die Zielabstimmung:** Die gefundenen Zielideen eines Arbeitsbereiches müssen mit den Zielvorstellungen der anderen Abteilungen und Bereiche eines Unternehmens verglichen werden. Oft ist es so, dass die Zielideen verschiedener Abteilungen aufgrund unterschiedlicher Einstellungen, Wünsche, Bedürfnisse usw. nicht übereinstimmen. Die Führung dieser Bereiche muss versuchen, die gefundenen Zielideen mit den Zielen des gesamten Unternehmens in Einklang zu bringen.
- **Die Zielformulierung:** In der Zielformulierung sollen konkrete Sachziele definiert werden, um zu brauchbaren Formulierungen für die Führungskräfte zu gelangen, denn nur konkret definierte Ziele können später überprüft werden. In einer brauchbaren Zielformulierung muss eindeutig festgelegt werden:
  - Was erreicht werden soll → **Zielinhalt**
  - Wie viel erreicht werden soll → **Zielausmaß**
  - Bis wann es erreicht werden soll → **Zeitpunkt**
  - Wo das Ziel Gültigkeit hat → **Räumlicher Geltungsbereich**
- **Die Zielverbindlichkeitserklärung:** An die Formulierung der Ziele schließt sich die Zielvorgabe an, welche für die Verbindlichkeit der festgelegten Ziele sorgt. Durch die Zielvorgabe an die Mitarbeiter ist die Voraussetzung dafür geschaffen, dass diese sich den Zielen verpflichtet fühlen und hinsichtlich ihrer Erreichung motiviert sind bzw. motiviert werden können.

## 2.4.2 Die Planung

Planung kann als die Gesamtheit der Überlegungen über die Handlungen sowie den Einsatz von Mitteln zur Erreichung der festgelegten Ziele definiert werden. Die Hauptaufgabe der Planung besteht im rationalen Durchdringen der betrieblichen Zukunft. Als Gemeinsamkeit lässt sich bei allen betriebswirtschaftlichen Definitionsversuchen erkennen, dass Planung als ein systematisches zukunftsbezogenes Durchdenken und Festlegen von Zielen, Maßnahmen, Mitteln und Wegen zur künftigen Zielerreichung aufzufassen ist.[108]

Unternehmensplanung kann nach zeitlichen Gesichtspunkten in strategische, taktische und operative Planung unterschieden werden. Zur strategischen Planung zählen alle Pläne, die einen Zeitraum von mehr als fünf Jahren berücksichtigen. Die strategische Planung ist demnach vornehmlich Aufgabe des Top-Managements. Taktische Planung umfasst einen mittelfristigen Zeitraum, der sich i.d.R. auf bis zu fünf Jahre erstreckt. Die operative Planung oder kurzfristige Planung beläuft sich auf die Dauer von bis zu einem Jahr.

### (1) Die Prinzipien der Planung

Da alle in der Zukunft liegenden Ereignisse mit einer gewissen Unsicherheit behaftet sind, kann selbst durch die kurzfristige Planung keine Garantie für die absolute Sicherheit gegeben werden. Doch kann die Sicherheit der Planung beträchtlich erhöht werden, wenn bei der Durchführung der Planung folgende Prinzipien beachtet werden:[109]

- **Prinzip der Vollständigkeit:** Das Prinzip der Vollständigkeit verlangt, dass alle erreichbaren Informationen aufbereitet, bewertet und verarbeitet werden. Es sollen soweit wie möglich alle relevanten inner- und außerbetrieblichen Tatbestände in die Planung mit einbezogen werden.
- **Prinzip der Genauigkeit:** Alle Informationen sollten auf ihre Richtigkeit oder Zuverlässigkeit überprüft werden. Entscheidend hierbei ist jedoch eine aufgabenspezifische Genauigkeit, dass heißt, die Genauigkeit ist abzustimmen auf die Planungsaufgaben.
- **Prinzip der Kontinuität:** Um systematische und langfristige Entscheidungshilfen erarbeiten zu können, darf nicht nur sporadisch geplant werden, sondern die Planung sollte in möglichst fortlaufenden und in zeitlich aufeinander abgestimmten Perioden durchgeführt werden.
- **Prinzip der Flexibilität:** Oft sind die Umweltbedingungen, die bei der Aufstellung des Planes galten, gewissen Wandlungen unterlegen. Eine Planung sollte Flexibilität besitzen, um diese Änderungen in den laufenden Plan mit einbeziehen zu können.
- **Prinzip der Wirtschaftlichkeit:** Die Planung muss unter dem Aspekt der Wirtschaftlichkeit durchgeführt werden, d.h. der Aufwand für die Planerstellung muss immer in einem vertretbaren Verhältnis zur Aussagefähigkeit und Anwendbarkeit des Plans stehen.

---

[108] Vgl. Jung, H.: Allgemeine Betriebswirtschaftslehre, 9. Aufl., München/Wien 2004, S. 168.
[109] Vgl. ebd., S. 172 f.

### (2) Der Planungsprozess

Obwohl die Planungstatbestände in den verschiedenen Unternehmen sehr unterschiedlich sind, ist bei allen Planungen eine einheitliche formale Struktur des Planungsprozesses sichtbar. Es ist zu erkennen, dass sechs Stufen durchlaufen werden:

- Setzen der Planungsziele (Was will ich erreichen und wie will ich es erreichen?)
- Situationsanalyse (Wie ist die Lage?)
- Entwicklung von Planalternativen (Welche Handlungsmöglichkeiten habe ich?)
- Bewertung von Alternativen (Welche Vor- und Nachteile sind damit verbunden?)
- Auswahl der optimalen Planalternative (Welche Möglichkeit ist die günstigste?)
- Abweichungskontrolle und Plankorrektur (Liege ich noch richtig?)

## 2.4.3 Die Entscheidung

"Das Treffen von Entscheidungen ist eine Erscheinung, die das menschliche Handeln allgemein kennzeichnet. Grundlage menschlicher Entscheidungen sind sachliche Informationen und rationale Überlegungen. Sie werden aber auch geprägt durch weltanschauliche, religiöse, ethische, politische und soziale Normen; weitere Einflüsse psychologischer Art ergeben sich aus Hemmungen in Form von Zögern oder Vermeidens risikoreicher Entscheidungen."[110]

In betrieblichen Abteilungen, in Arbeitsgruppen, Ausschusssitzungen und am Schreibtisch der Führungskräfte wird jeden Tag eine Vielzahl von Entscheidungen getroffen. Dabei können die Entscheidungen nach ihrem Inhalt, der Häufigkeit oder der Zahl der beteiligten Personen sehr unterschiedlich sein. Dennoch ist ihnen ein Merkmal gemeinsam: Entscheiden bedeutet die Auswahl aus alternativen Möglichkeiten.

Erschwert wird das Treffen von Entscheidungen dadurch, dass die Ziele nicht in jedem Fall eindeutig quantifiziert werden können. Dazu kommt noch die Beachtung von Nebenbedingungen, deren Einfluss oftmals nur grob geschätzt werden kann. Dadurch entsteht eine gewisse Unsicherheit hinsichtlich der Wirkung der Entscheidung - das Entscheidungsrisiko.

Es gibt Entscheidungen, die einfach zu treffen sind. Bei solchen Entscheidungen ist das **Entscheidungsrisiko** - also die Wahrscheinlichkeit, falsch zu handeln - gering. Es handelt sich hierbei um sogenannte Routine-Entscheidungen, die dann vorliegen, wenn es nur wenige, vielleicht nur zwei Handlungsmöglichkeiten gibt, wenn man genau weiß, wie sich die Handlungsmöglichkeiten auswirken werden, wenn die Entscheidungen keine große Tragweite haben oder wenn man ähnliche Entscheidungen häufig trifft. Entscheidungen dieser Art laufen wie von selbst ab und sind relativ unproblematisch. Problematisch und mit Schwierigkeiten verbunden sind solche Entscheidungen, bei denen ein hohes Entscheidungsrisiko besteht:

- es muss aus einer Vielzahl von Handlungsalternativen ausgewählt werden
- ähnliche Entscheidungen fallen selten an; es gibt kaum Erfahrungswerte

---

[110] Withauer, K.F.: Die Management-Funktion, Stuttgart 1974, S. 39.

- es ist nicht genau bekannt, wie sich die verschiedenen Handlungsmöglichkeiten auswirken werden
- der "Gegenstand" der Entscheidung bzw. das zu beseitigende Problem ist von großer Tragweite.

Bei diesen komplexen, wichtigen Entscheidungen ist es sicher notwendig, das Entscheidungsrisiko zu senken. Deshalb erscheint eine Systematisierung des **Entscheidungsprozesses** sinnvoll. Die Entscheidung erschöpft sich nicht in der Auswahl der optimalen Möglichkeit. Die Führungsfunktion "Entscheiden" kann nämlich nicht isoliert gesehen werden. Es besteht ein enger Zusammenhang mit den anderen Funktionen des Managementkreises (Zielsetzung, Planung, Realisation und Kontrolle).

Bevor eine Entscheidung getroffen wird, sollten auch mögliche negative Auswirkungen der Entscheidung durchdacht werden. Je wichtiger und schwerwiegender die Entscheidung, desto mehr Zeit und intensive Überlegungen sind notwendig. Man sollte daher wissen, welchen Entscheidungs-Kriterien man folgt, darauf achten, alle möglichen Alternativen in die Entscheidung miteinzubeziehen und die Auswirkungen der Entscheidungen durchdenken, bevor man handelt.

## 2.4.4 Die Realisation

Dem Planungs- und Entscheidungsprozess schließt sich die Funktion Realisation an. In dieser Phase erfolgt die Durchführung der gedanklich im Plan festgelegten Maßnahmen. Es geht hier um die praktische Umsetzung des Gewollten zur Erreichung des Planziels. Es ist nicht die Aufgabe der Führungskräfte, die zur Verwirklichung der Sachaufgaben erforderlichen Tätigkeiten selbst auszuführen, sondern es geht vielmehr darum, generelle Regelungen der Verteilungs- und Arbeitsbeziehungen (Organisation) zu treffen und durch Einwirken auf die Mitarbeiter dafür zu sorgen, dass der Plan verwirklicht wird.

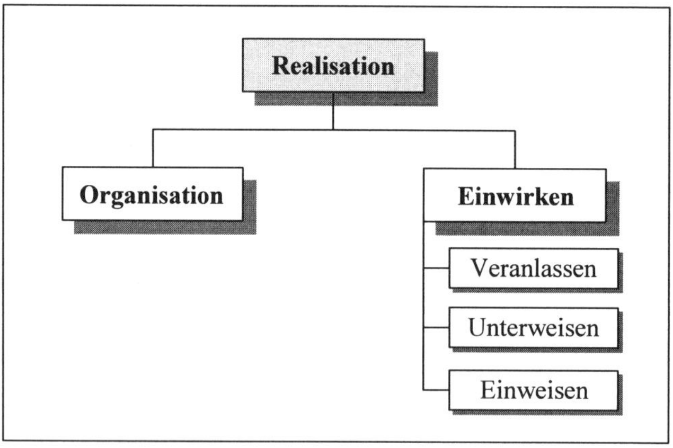


**Abb. 46:** Die Realisationsfunktion

Aus der Abbildung wird ersichtlich, dass die Organisation und die Einwirkung Teilfunktionen der Realisation sind.

### (1) Die Organisation

Die Organisation drückt die generellen Regelungen aus, mit denen die Führung die rationale Erfüllung von Daueraufgaben zu erreichen sucht. Ausgangspunkt für die Gestaltung der Organisation sind stets die Bestandsaufnahme der auszuführenden Aufgaben, eine daran anschließende Aufgabenanlyse und die Aufgabensynthese.

Als Aufgabenanalyse wird die schrittweise Zerlegung der Gesamtaufgabe in ihre einzelnen Bestandteile[111] bezeichnet. Anschließend erfolgt die aufbauorganisatorische Gestaltung, die als Aufgabensynthese bezeichnet wird. Im Rahmen der Aufgabenanalyse werden Teilaufgaben ermittelt, die dann zu synthetischen Teilaufgabenkomplexen kombiniert und an Aufgabenträger verteilt werden. Im Rahmen dieses Prozesses ergeben sich unterschiedliche Organisationsformen (funktionale, produktorientierte). Folgende Forderungen soll jede der entstandenen Organisationsformen erfüllen:

- bestmögliche Erfüllung der Aufgabe
- Aufgabe, Verantwortung und Kompetenzen müssen übereinstimmen
- Flexibilität
- weitgehende Eigenverantwortung der Mitarbeiter.

Die Organisationsstruktur eines Unternehmens beeinflusst entscheidend seinen Erfolg bzw. seinen Misserfolg. Daher ist die Entscheidung über die Organisationsstruktur eine der bedeutsamsten und wichtigsten, die vom Top-Management gefällt werden muss. Eine den Aufgaben entsprechende Aufbauorganisation ist eine Bedingung für die Verwirklichung einer erfolgreichen Führung.

### (2) Aktuelles Einwirken

Es können nicht für alle auftretenden Situationen generelle Regelungen getroffen werden und die Führungskräfte können auch nicht alle Aufgaben selbst wahrnehmen. Die Führungskräfte müssen dafür sorgen, dass die erforderlichen Aufgaben dennoch ausgeführt werden. Dies geschieht durch das unmittelbare Einwirken auf die Mitarbeiter. Die Führungskraft wird veranlassen, dass bestimmte Arbeiten ausgeführt werden, aber nur dann, wenn sie sicher ist, dass der Mitarbeiter die angewiesenen Arbeiten auch ausführen kann. Besitzt der Mitarbeiter nicht die erforderlichen Fachkenntnisse, so muss er zuvor in der Durchführung der Aufgaben unterwiesen werden. Ist der Mitarbeiter neu eingestellt, so spricht man von Einweisen in neue Aufgaben.

## 2.4.5 Die Kontrolle

Während die vorhergehenden Management-Funktionen die Steuerung des Betriebsprozesses ermöglichen, ist für eine Regelung die Funktion Kontrolle notwendig. Erst dadurch ist es möglich, dass eine für die Regelung des Betriebsgeschehens erforderliche Rückkoppelung (Feedback) stattfindet. Bei der Kontrolle werden Soll-Größen der Pla-

[111] Vgl. Kapitel 1, Abschnitt 2. "Die Organisation der Personalwirtschaft".

nung mit Ist-Größen der Realisation verglichen, um Auskunft über den Grad der Planerfüllung zu erhalten. Um Kontrollen durchführen zu können, müssen Kontrollstandards festgelegt werden.

Um das Wesen der Kontrolle weiter zu kennzeichnen, sollen im folgenden die Elemente des Kontrollvorganges betrachtet werden. Der Kern des Kontrollprozesses ist der Vergleich der Kontrollstandards mit den tatsächlich realisierten Ergebnissen.

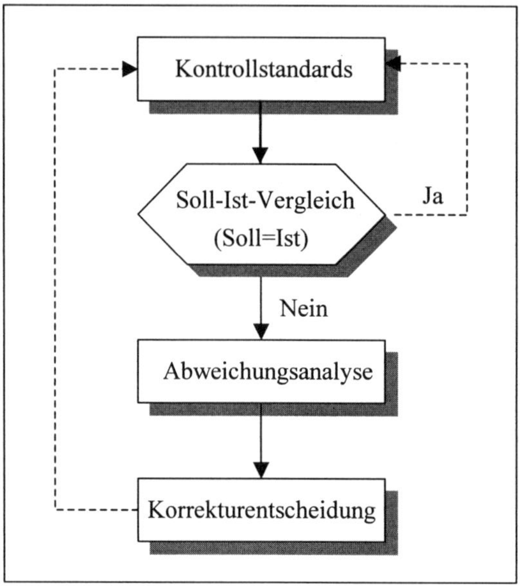


**Abb. 47:** Der Kontrollprozess

Bei kleineren Soll-Ist-Abweichungen ist eine sofortige Umsetzung in Entscheidungen zu deren Korrektur möglich. Dies ist natürlich nur dann der Fall, wenn alle Ursachen dieser Soll-Ist-Abweichung bekannt sind oder bereits Handlungsmöglichkeiten zu deren Korrektur bekannt und erprobt sind.

Wird aber die zulässige Toleranz von der Abweichung überschritten, so dass sich das Problem nicht durch sofortiges Nachregeln beseitigen lässt, so muss eine Abweichungsanalyse vorgenommen werden. Diese Abweichungsanalyse wird immer dann notwendig sein, wenn die Ursachen der Soll-Ist-Abweichung nicht oder nicht vollständig klar sind oder wenn keine vorbereiteten Handlungsalternativen zur Lösung des Problems existieren. Durch die Abweichungsanalyse kann es zu einem völlig neuen Handlungsablauf kommen, welcher die Veränderungen in Zielsetzung, Planung, Entscheidung und Realisation zur Folge haben kann. Ebenso kann hierdurch der Soll-Wert verändert werden.

Da jede Kontrolle die Einhaltung oder Herstellung der Übereinstimmung von Plan und Wirklichkeit bezweckt, müssen die Zielsetzungen und Pläne als Kontrollstandards formuliert werden. Diese Kontrollstandards sind Richtmaße, die eindeutig und knapp die zu erbringende Soll-Leistung beschreiben. So wird die Möglichkeit geschaffen, dass ein hinreichend genauer Vergleich mit der erbrachten Ist-Leistung durchgeführt werden kann.

## 2.5 Führungsaufgaben

Die konkrete Umsetzung der Führungsfunktionen erfolgt durch die Wahrnehmung von Führungsaufgaben. Man kann dabei unterscheiden zwischen den z.T. formalisierten Sachaufgaben (Entlohnung, Personalentwicklung, Personalbeurteilung sowie Personalbedarfs- und Personaleinsatzplanung etc.), die in diesem Buch jeweils in eigenen Abschnitten behandelt werden, und den mehr situations- und personenbezogenen Aufgaben der Führungskräfte (Treffen von Zielvereinbarungen, Delegieren, Erteilung von Weisungen etc.), denen wir uns an dieser Stelle zuwenden wollen.

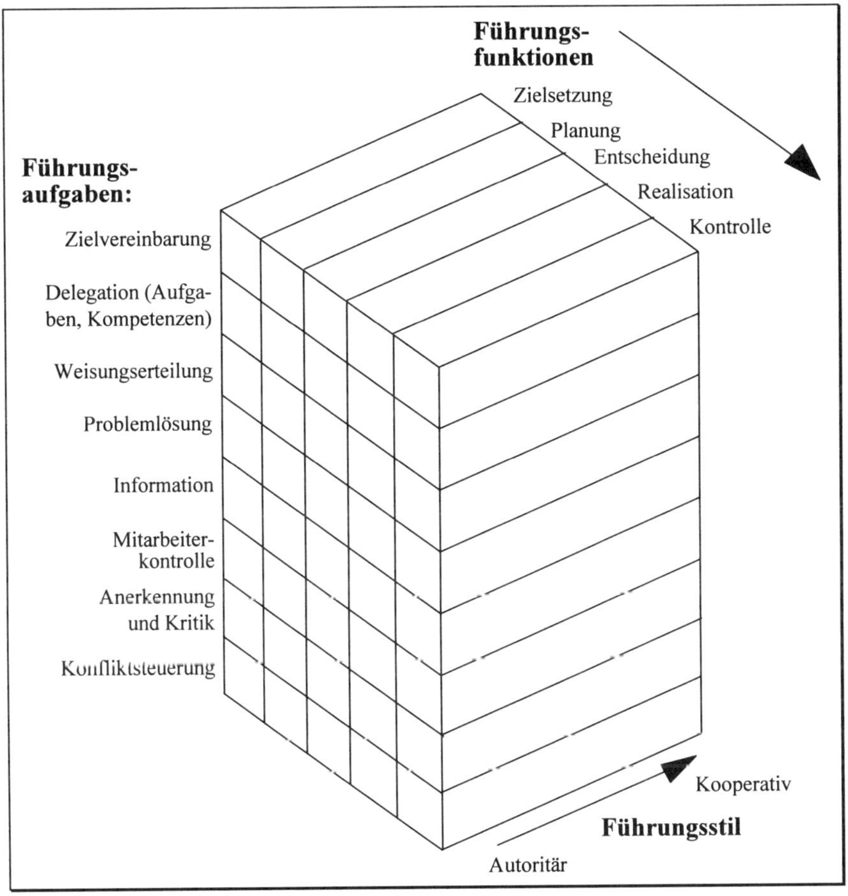


**Abb. 48:** Zusammenhang von Führungsaufgabe, -funktion und -stil

Der Zusammenhang von Führungsaufgaben und Führungsfunktionen besteht darin, dass bei jeder Führungsaufgabe die Führungsfunktionen durchlaufen werden müssen. So muss z.B. die Führungsaufgabe "Personalentwicklung" die Phasen Zielsetzung (was soll durch die Entwicklungsmaßnahme erreicht werden?), Planung (wie soll die Schulung durchgeführt werden?), Entscheidung (Auswahl einer konkreten Schulungsalternative), Realisation (Organisation und Durchführung der Entwicklungsmaßnahme) und Kontrolle (wurde das angestrebte Entwicklungsziel zu den geplanten Kosten erreicht?) durchlaufen. Die konkrete Ausgestaltung der Führungsaufgaben wird dabei maßgeblich vom Führungsstil bestimmt, so dass sich die in der obigen Abbildung dargestellte, dreidimensionale Konstellation ergibt.

### 2.5.1 Zielvereinbarung

Die strategischen Unternehmensziele werden von der Unternehmensleitung vorgegeben (Führungsfunktion des Top-Managements). Zur Umsetzung durch die Mitarbeiter müssen diese Ziele operationalisiert werden, d.h. jedem Mitarbeiter muss ein auf die Unternehmensziele abgestimmtes, individuelles Teilziel vorgegeben werden. Häufig erfolgt diese individuelle Zielsetzung jedoch nicht als Zielvorgabe, sondern wird zwischen Führungskraft und Mitarbeiter vereinbart.

Der **Vorteil** dieser Zielvereinbarung zwischen Vorgesetzten und Mitarbeitern liegt im Vergleich zur reinen Zielvorgabe in einer höheren Motivation des Mitarbeiters, da dieser am Zielbildungsprozess aktiv beteiligt ist und so seine Identifikation mit dem Ziel und seiner Tätigkeit erhöht wird. **Nachteilig** ist der bei dieser Art der Zielsetzung höhere Zeitaufwand, der allerdings in Kauf genommen werden sollte, da die Zielvereinbarung eine stark motivierende und verhaltensbestimmende Wirkung hat, sofern es der Führungskraft gelingt, die Bedürfnisse der Mitarbeiter im Zielvereinbarungsprozess zu berücksichtigen.

### 2.5.2 Delegation

Aufgrund der vielfältigen Aufgaben, die heute in einem Unternehmen zu erfüllen sind, ist es unmöglich, jede anfallende Aufgabe selber zu erledigen. Je höher die Position einer Führungskraft ist, desto mehr besteht ihre Aufgabe darin, Arbeit zu planen und an ihre Mitarbeiter zu verteilen, dass sie geeignete Mitarbeiter auswählt und entsprechend deren Fähigkeiten richtig einsetzt, dass sie Verbesserung in ihrem Arbeitsbereich einführt und ihre Mitarbeiter an- und unterweist. Um diese Führungsaufgaben erfüllen zu können, muss ein Vorgesetzter Arbeit an seine Mitarbeiter delegieren. Delegieren im Führungsalltag heißt also: Übertragen von Aufgaben mit genau abgegrenzten Befugnissen und Verantwortlichkeiten zur selbstständigen Erledigung an geeignete Mitarbeiter.

Damit das Delegieren den erhofften Erfolg erbringt, sind drei Faktoren aufeinander abzustimmen:

1. Die **Aufgaben**, die mit der Position verbunden sind.
2. Die **Befugnisse** (Kompetenzen), die der Mitarbeiter besitzt, um der Aufgabe gerecht zu werden.
3. Die **Verantwortung**, die sich aus der Aufgabenstellung und den zugehörigen Befugnissen ergibt.

Das entsprechende Vertrauen zu seinen Mitarbeitern vorausgesetzt, kann in den meisten Fällen davon ausgegangen werden, dass Mitarbeiter an selbstständiger und selbstverantwortlicher Arbeit interessiert sind. Mitarbeiter, die es nicht gewohnt sind, selbstständig zu arbeiten, müssen erst nach und nach an eigenverantwortliches Handeln herangeführt werden. Die Mitarbeiter sollten bereit und fähig sein, Initiative, Mitdenken und Mitverantwortung zu entwickeln.

Neben der Frage der richtigen Mitarbeiterauswahl hat eine Führungskraft zu entscheiden, was zu den delegierbaren Arbeiten zu zählen ist. Ein häufiger Fehler besteht darin, dass den Mitarbeitern ausschließlich Routineaufgaben übertragen werden, interessante Gebiete bearbeitet die Führungskraft selbst. Diese Vorgehensweise ist deshalb kritisch, weil gerade neue und interessante Aufgaben die Mitarbeiter motivieren und dazu beitragen können, dass sie an eben diesen Aufgaben wachsen und so ihr volles Potenzial ausschöpfen können. Verhaltensweisen, die ein Delegieren erschweren, sind:

- Geringes Zutrauen des Vorgesetzten in die Fähigkeiten seiner Mitarbeiter und die dadurch bedingte Angst des Vorgesetzten vor Fehlern und deren Rückwirkungen.
- Der Vorgesetzte erkennt brauchbare Vorschläge der Mitarbeiter nicht an.
- Die Mitarbeiter dürfen andere Meinungen über die Durchführung einer Aufgabe nicht offen äußern.
- Die Furcht des Vorgesetzten, an Autorität zu verlieren, wenn Mitarbeiter die Aufgabe ebenso gut oder besser lösen.
- Das Einmischen in den delegierten Verantwortungsbereich des Mitarbeiters.

Diesen Reaktionen und Einstellungen kann entgegengewirkt werden, um die Vorteile des Delegierens für Vorgesetzte und Mitarbeiter voll nutzen zu können:

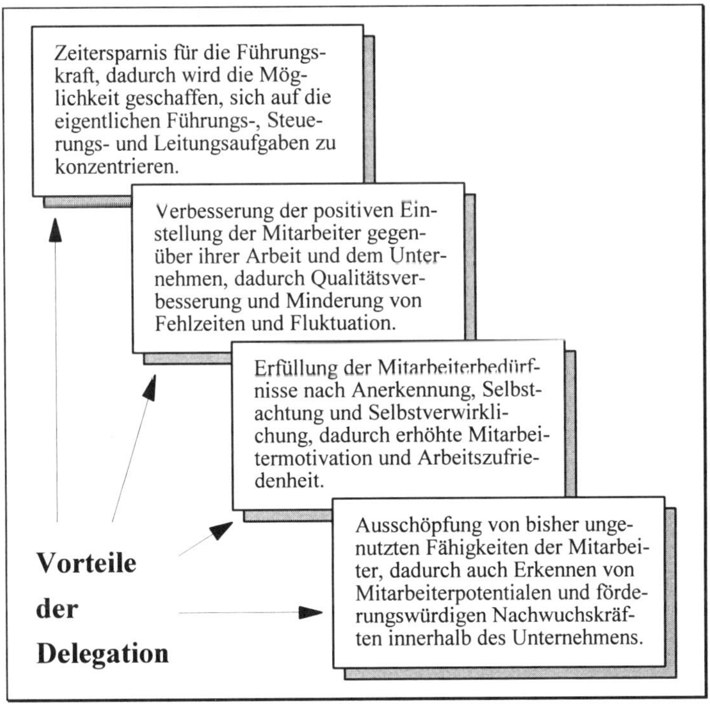


**Abb. 49:** Vorteile der Delegation

## 2.5.3 Erteilung von Weisungen

Um Mitarbeiter zu bestimmten Handlungen zu veranlassen, bedient sich der Vorgesetzte **Weisungen**. In der täglichen Praxis stellt sich aber häufig heraus, wie schwierig es ist, Anweisungen eindeutig zu geben, so dass sie klar und vollständig sind, dass nichts offen bleibt und dem Mitarbeiter vollkommen klar ist, was gemeint ist.

Für den Mitarbeiter muss dabei deutlich werden, ob es sich um eine Unterhaltung, einen Ratschlag oder um eine strikte Anweisung handelt. Bei fehlerhaft ausgeführten Arbeiten sollte zunächst der Vorgesetzte sich fragen, ob der Grund dafür nicht auf unklare Anweisungen zurückzuführen ist. Je nach Situation lassen sich vier typische **Weisungsformen** unterscheiden:

**1. Der Befehl:**

Diese Form der Weisung ist heute in den wenigsten Fällen als Mittel zur Führung gebräuchlich. Der Befehl ist bei Mitarbeitern unbeliebt und schließt das Mitdenken und die Fähigkeit, eigeninitiativ zu arbeiten, aus. Lediglich zur Abwehr einer unmittelbaren Gefahr dient ein knapper und unmissverständlicher Befehl als effektives Kommunikationsmittel. Ein derartiger Befehl muss anschließend erläutert und begründet werden, um beim Mitarbeiter die Einsicht für die Situation zu fördern.

**2. Das Kommando:**

Die Absicht des Kommandos ist es, die Kräfte von verschiedenen Mitarbeitern gleichzeitig an einem Ort zu konzentrieren, etwa beim Anheben einer Last. Das Kommando muss zuvor mit allen Beteiligten vereinbart, kurz und mitreißend sein. Es ist nicht wichtig, dass das Kommando vom Vorgesetzten selber kommt. Der Kommandogeber muss aber von seiner Position alles übersehen können und alle Sicherheitsvorkehrungen getroffen haben.

**3. Die Anweisung:**

Anweisungen müssen dann vom Vorgesetzten gegeben werden, wenn die Art und Weise, wie eine Arbeit erledigt werden soll, genau vorgeschrieben ist. Eine effektive Anweisung sollte die folgenden sieben Fragen beantworten können:

| | |
|---|---|
| WAS | soll getan werden? Welches Ergebnis wird erwartet? |
| WER | soll es tun? Den Geeignetsten und nicht unbedingt den Bereitwilligsten auswählen. Formulierungen, wie "hier sollte jemand..." oder "man müsste..." führen zu nichts. |
| WANN | soll mit der Arbeit begonnen werden, wann soll sie erledigt sein? |
| WIE | soll die Arbeit erledigt werden? Auf Schwierigkeiten und Gefahren hinweisen, Arbeitserleichterungen nennen. |
| WOMIT | soll die Arbeit durchgeführt werden? Mit welchen Werkzeugen und Hilfsmitteln? |
| WO | soll die Arbeit durchgeführt werden? |
| WARUM | soll etwas so und nicht anders getan werden? Das Warum fördert das Verständnis und nimmt der Anweisung den Befehlscharakter. |

**Abb. 50:** Merkmale einer Anweisung

Schwierigkeiten können sich bei der Anweisung dadurch ergeben, dass zwischen dem, was der Vorgesetzte durch seine Anweisung glaubt, angewiesen zu haben und dem, was dann letztlich vom Mitarbeiter verstanden wird, Diskrepanzen entstehen können. Um zu erreichen, dass Mitarbeiter die Anweisungen richtig verstehen und ausführen, sollte man:

- Sich kurz und knapp ausdrücken, nicht ausschweifen oder vom Thema abkommen. Sich deutlich und präzise ausdrücken, den Mitarbeiter zum Nachfragen ermuntern und ihm Zeit geben, das Gesagte zu überdenken.
- Möglichst den direkten Weg wählen, beim Einschalten einer dritten Person kommt es häufig zu nicht zu unterschätzenden Informationsverlusten (Das Spiel "Stille Post" lebt davon). Außerdem wird der Eindruck vermittelt, die Anweisung sei weniger wichtig, als wenn sie vom Vorgesetzten kommt.
- Ungeduldiges Handeln und Redewendungen, wie "Das habe ich Ihnen doch schon hundert mal gesagt.." oder " ..wie oft soll ich Ihnen denn noch sagen, dass.." völlig weglassen. Sie verärgern den Mitarbeiter nur und helfen der Sache nicht weiter.
- Die Anweisung begründen, denn nur wer weiß, warum er etwas tun soll, kann dies auch mit der erforderlichen Einsicht erledigen.
- Die entsprechende Anredeform wählen, wie Herr oder Frau (Nicht: Meier, holen sie mir mal das....), und die Anweisung in der Form einer Bitte formulieren, denn bekanntlich macht der Ton die Musik.
- Die "Sprache " des Mitarbeiters sprechen. Keine Worte oder Begriffe wählen, die der Mitarbeiter nicht versteht, es sei denn, man erklärt sie anschließend.
- Wichtig: Nichts vorschreiben, was der Mitarbeiter ohnehin schon kann oder weiß, da sonst der Eindruck entsteht, der Mitarbeiter sei unfähig, die Arbeit durchzuführen.

**4. Der Auftrag:**

Wesentlich zeitsparender als die Anweisung ist der Auftrag. Hierbei wird dem Mitarbeiter nur ein grober Rahmen vorgeben, WAS bis WANN und WARUM zu tun ist und es weitgehend seiner Selbstständigkeit überlassen bleibt, WIE und WOMIT er die Arbeit ausführt.

Der Übergang von der Anweisung zum Auftrag erfordert sehr viel Geduld und kann nur schrittweise erfolgen, da es besonders bei Mitarbeitern, die diese Arbeitsweise nicht gewohnt sind, zunächst zu Schwierigkeiten kommen kann. Aufträge erledigen zu lassen, statt Anweisungen geben zu müssen, gelingt umso besser, je höher qualifiziert der Mitarbeiter ist. Trotzdem lohnt sich diese Vorgehensweise auch bei weniger qualifizierten Mitarbeitern, die nach einer der Qualifikation angemessenen Zeit und einem schrittweisen Vorgehen durchaus zur selbstständigen Aufgabenerledigung in der Lage sind.

## 2.5.4 Problemlösung

Ein Problem ist dadurch gekennzeichnet, dass für eine Frage oder einen Fragenkomplex eine Antwort (Lösung) gefunden werden soll. Probleme können sich aus aktuellen Anlässen (z.B. erhöhter Ausschuss), aus potenziellen Fragestellungen (Erkennen einer Gefahr, z.B. Erwartung einer zukünftigen Personalüberkapazität durch schlechte Auftragslage) und aus innovatorischen Schwierigkeiten (z.B. bei der Entwicklung neuer Produkte) ergeben.[112] Allgemeines Merkmal eines Problems ist demnach die Diskrepanz zwischen angestrebten Soll- und aktuellen oder erwarteten Istzuständen.

Probleme können sachliche Gründe haben (z.B. Ausfall einer Maschine) oder ihre Ursache in gestörten interpersonellen Beziehungen haben. Aufgabe einer Führungskraft ist es, solche Probleme zu erkennen, ihre Ursachen zu analysieren, sie zu vermeiden oder zu lösen bzw. in Kooperation mit den Mitarbeitern eine Problemlösung zu erarbeiten. Die Lösung eines Problems ist ein Prozess, der sich durch sechs Phasen kennzeichnen lässt:

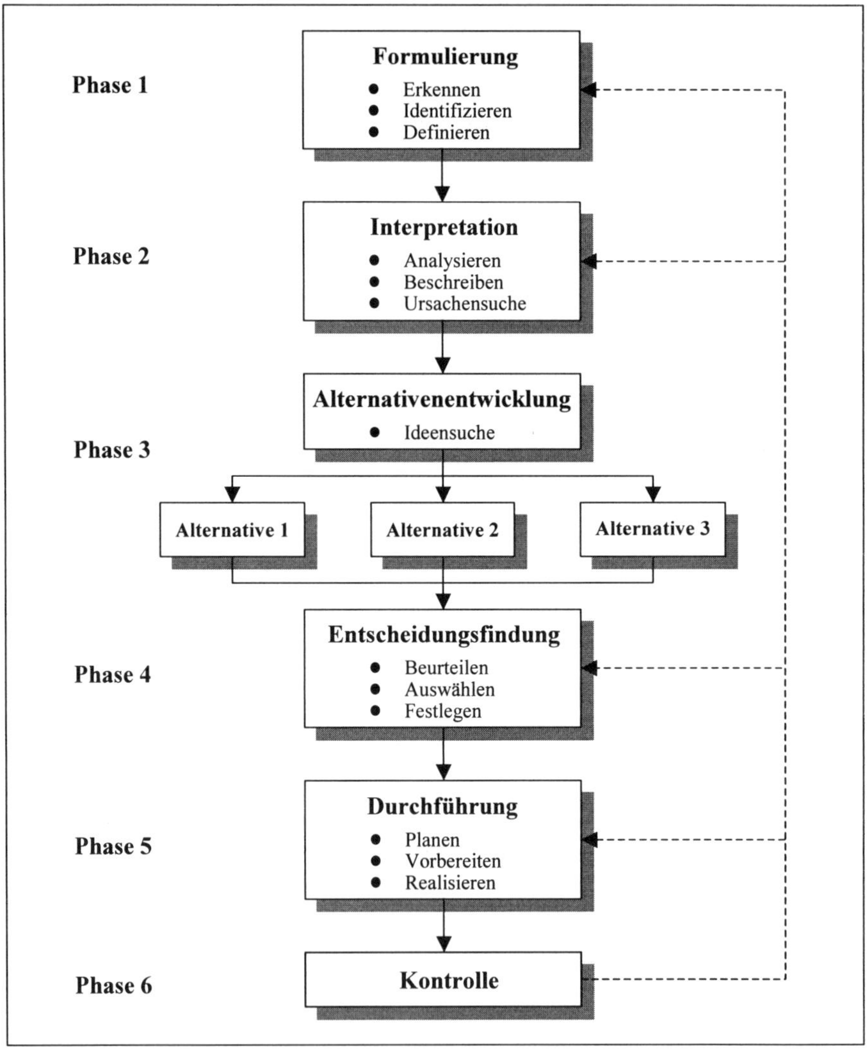


**Abb. 51:** Problemlösungsprozess

[112] Vgl. Stroebe, R.W./ Stroebe, G.H.: Grundlagen der Führung, 8. Aufl., Heidelberg 1994, S. 37.

## 2.5.5 Information

In der heutigen Zeit ist es aus Gründen der Wirtschaftlichkeit unbedingt erforderlich, alle vorhandenen Ressourcen des Unternehmens zu nutzen. Für die Mitarbeiter heißt das, dass sie bereit und in der Lage sind, mitzudenken und mitzuverantworten. Eine wichtige Voraussetzung dafür ist der hinreichende **Informationsstand** der Mitarbeiter, daher ist es eine Aufgabe der Führungskraft, den Mitarbeiter mit den entsprechenden Informationen zu versorgen. Dabei lassen sich Informationen wie folgt unterteilen:

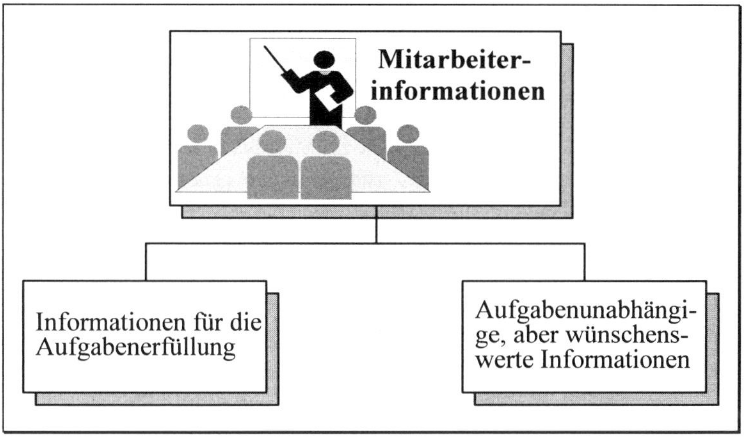


**Abb. 52:** Mitarbeiterinformationen

### (1) Informationen für die Aufgabenerfüllung

Sollen Anweisungen befolgt oder Aufträge ordnungsgemäß erledigt werden, so ist es notwendig, dass der Mitarbeiter vom anweisenden Vorgesetzten alle erforderlichen und mit dieser Aufgabe zusammenhängenden Informationen erhält.

Ebenso gehören alle Informationen über Arbeitssicherheitsvorschriften, betriebliche Arbeitsordnung und wichtige gesetzliche und tarifliche Vorschriften zu dieser Gruppe. Nicht zuletzt gehören auch die sogenannten "ungeschriebenen Spielregeln" eines Unternehmens dazu, in denen z.B. der Umgang mit Kollegen und Kunden, aber auch andere Aspekte, wie z.B. Kleidungsrichtlinien festgelegt sind (beim amerikanischen Büromaschinen- und Computerhersteller IBM ist es z.B. ein ungeschriebenes Gesetz, dass alle Führungs- und Verkaufskräfte während ihrer Arbeit, insbesondere aber bei Kundenkontakten, einen dunkelblauen Anzug tragen müssen).

Neben diesen Informationen gibt es noch weitere, für die Aufgabe nützliche Informationen, die dem Mitarbeiter vermittelt werden sollten. Dazu zählen alle Informationen, die zwar zur Aufgabenerfüllung nicht unbedingt notwendig sind, aber mit ihr im weiteren Sinne zusammenhängen. So weiß ein Mitarbeiter, der ausreichend über den Zweck und die Zusammenhänge seiner Tätigkeit informiert worden ist, welche Folgen es für das Unternehmen unter Umständen haben kann, wenn er seine Aufgabe nicht ordnungsgemäß erfüllt. Er wird sich weniger als unmündiger Befehlsempfänger empfinden, sondern als (im wahrsten Sinne des Wortes) Mitarbeiter des Unternehmens verstehen, auf dessen zuverlässige und verantwortliche Mitarbeit es ankommt. Zu diesen Informationen gehört beispielsweise, dass der Mitarbeiter weiß,

- welche Kostenprobleme es gibt,
- welche Aufgaben in den vorgeschalteten Abteilungen erledigt wurden,
- welche Aufgaben in den nachfolgenden Abteilungen durchgeführt werden,
- um welches Material es sich handelt und wo es herkommt,
- wie das fertige Produkt aussieht und wie es verwendet wird,
- wie und mit welchem Ergebnis es auf dem Markt verkauft wird,
- wer die größten Konkurrenten sind.

Die Auffassung mancher Führungskräfte, dass Mitarbeiter nicht an diesen Fragen des Unternehmens interessiert sind, ist nicht zutreffend. So gehört die unzureichende Informationspraxis nach Meinung vieler Mitarbeiter zu den wichtigsten zu verbessernden Maßnahmen. Auch der von vielen Führungskräften befürchtete Autoritätsverlust stellt sich in der Regel nicht ein, vielmehr wächst das Vertrauen und das Verständnis für betriebliche Probleme. So sind das Unverständnis für manche Entscheidung der Unternehmensleitung und die daraus resultierenden Motivationsdefizite oft auf die unzureichende Information der Mitarbeiter zurückzuführen.

## (2) Aufgabenunabhängige, aber wünschenswerte Informationen

Das Informationsbedürfnis der Mitarbeiter geht über die oben genannten Bereiche noch hinaus. So besteht ebenso ein Interesse an Dingen im Betrieb, die nichts mit den Aufgaben der Mitarbeiter zu tun haben. Legt die Geschäftsleitung Wert auf eine vertrauensvolle Zusammenarbeit und ein gutes Betriebsklima, so sollte diesem Bedürfnis, soweit es sich nicht um Betriebsgeheimnisse handelt, auch nachgekommen werden.

Zudem - und dies ist ein nicht zu vernachlässigender Aspekt - wird der Entstehung von Gerüchten entgegengewirkt, die auf unzureichende, falsche, fehlende und vor allem unklare und missverständliche Informationen zurückzuführen sind. Sind erst einmal Gerüchte entstanden, so sind Führungskräfte gut beraten, wenn sie statt zu dementieren alle für diesen Fall notwendigen Informationen bereitstellen und an die Mitarbeiter weitergeben, so dass sie sich selbst ein Bild über den Wahrheitsgehalt des Gerüchtes machen können. Zu den wünschenswerten Informationen zählen z.B.:

- Personelle Umbesetzungen in der Unternehmensführung
- Mit dem Unternehmen zusammenhängende öffentliche Ereignisse (z.B. bei festlichen Anlässen, aber ebenso bei kritischen Presseäußerungen)
- Bauliche Veränderungen (Neubau oder Abriss von Gebäuden, neue Parkplätze usw.)
- Geschäftsverläufe (auch negative)
- Fusionen mit anderen Unternehmen
- Jubiläen langjähriger Mitarbeiter

## 2.5.6 Mitarbeiterkontrolle

Zu den Aufgaben des Führungsalltags zählt auch die Mitarbeiterkontrolle. An dieser Stelle soll nicht die Führungsfunktion "Kontrolle", sondern die konkrete Umsetzung dieser Aufgabe zwischen Vorgesetzten und Mitarbeitern dargestellt werden.

### (1) Arten der Kontrolle

Ausgehend vom Objekt der Kontrolle lassen sich zwei grundsätzliche Arten der Kontrolle unterscheiden:

- Bei der **Ergebniskontrolle** wird geprüft, inwieweit der Mitarbeiter seine Aufgabe quantitativ und qualitativ durchgeführt hat. Hier steht also das Ergebnis im Mittelpunkt der Kontrolle. Oft wird die Ergebniskontrolle von den Mitarbeitern nicht nur hingenommen, sondern auch gewünscht, denn es wird festgestellt, in welchem Maße das Ziel erreicht wurde. Diese Art der Kontrolle dient also auch der Information und der Bestätigung der Mitarbeiter. Sie dient somit auch der Leistungsmotivation der Mitarbeiter.
- Die **Verfahrenskontrolle** hat den Vergleich zwischen tatsächlich angewandten und aufgrund vorgelagerter Planungsakte vorgeschriebenen Handlungsweisen zum Inhalt. Die Handlungsvorschrift bildet die Grundlage der verhaltensorientierten Kontrollen. Dieser Form der Kontrolle kommt eine große Bedeutung zu, weil die vielen Einzeltätigkeiten durch die Vorgabe von Entscheidungs- und Handlungsprogrammen koordiniert werden. Die Verfahrenskontrollen sollen die Einhaltung eines vorgegebenen Verfahrens kontrollieren und als Instrument der Verhaltenssteuerung dienen. Diese Form der Kontrolle ist bei den Mitarbeitern meist unpopulär und unbeliebt, da sie persönliche Erwartungen, Empfindungen und Einstellungen oftmals nicht berücksichtigt.

Aus der Sicht des Kontrollträgers sind als weitere Arten der Kontrolle die sog. Selbstkontrolle und die Fremdkontrolle zu unterscheiden, bei denen die Differenzierung danach durchgeführt wird, durch wen die Kontrollfunktion ausgeübt wird:

- **Die Selbstkontrolle:** Jeder einzelne Mitarbeiter im Betrieb sollte zunächst seine eigene Tätigkeit kontrollieren, d.h. er soll selbstkritisch darüber wachen, ob das, was er tut, zur Erfüllung des Betriebszweckes notwendig ist. Werden bei der Selbstkontrolle Fehler festgestellt, so können Korrekturmaßnahmen schneller und wirksamer eingeleitet werden. Die Menschen neigen in der Regel dazu, sich Korrekturen von außen zu widersetzen, da deren Anerkennung das Zugeben eigener Fehler bedeuten würde. Die Selbstkontrolle ist angebracht bei qualifizierten, gut informierten und unterwiesenen Mitarbeitern. Die Selbstkontrolle entlastet den Vorgesetzten, da das Messen, Vergleichen, Klären der Vergleichsergebnisse und die Einleitung von Korrekturmaßnahmen nicht mehr vom Vorgesetzten vollzogen wird, sondern vom Mitarbeiter.
- **Die Fremdkontrolle:** Die Fremdkontrollen können einerseits von Personen und andererseits von technischen oder organisatorischen Kontrolleinrichtungen durchgeführt werden. Man spricht daher in diesem Zusammenhang auch von der anonymen und der persönlichen Kontrolle. Der Vorteil der Fremdkontrolle liegt darin, dass es

keine Selbsttäuschung gibt. Fremdkontrollen objektivieren Urteile über Leistungen. Das Unternehmen benötigt solche objektiven Urteile als Ergänzung der mehr subjektiv orientierten Selbstkontrolle.

## (2) Die Kontrollhäufigkeit

Die Frage nach der Häufigkeit der Kontrolle ist nicht einfach zu beantworten. Grundsätzlich lässt sich sagen, dass so wenig wie möglich, aber so viel wie nötig kontrolliert werden sollte.

Zu wenig kontrollieren ist schädlich. Die Führungskraft, die nur Anweisungen gibt und sich darauf verlässt, dass diese schon irgendwie ausgeführt werden, wird oftmals enttäuscht. Die Mitarbeiter "probieren" bei jedem neuen Vorgesetzten, wie weit sie seine Anweisungen ernst nehmen müssen. Wenn bei Nichtbefolgung nichts geschieht, verlieren seine Anweisungen an Gewicht. Außerdem wollen die Mitarbeiter für gute Arbeitsergebnisse Anerkennung. Wenn die Führungskraft sich nicht darum kümmert, wie ihre Anweisungen ausgeführt werden, bekommen die Mitarbeiter leicht das Gefühl, dass ihre Arbeit überflüssig und unwichtig ist.

Zu viel kontrollieren ist allerdings genauso schädlich. Wenn der Vorgesetzte dauernd hinter den Mitarbeitern steht, ihnen über die Schulter schaut und in ihre Arbeit eingreift, tötet er jede Arbeitsfreude und Eigeninitiative. Die Mitarbeiter sehen dahinter das Misstrauen in ihre Fähigkeiten und reagieren entsprechend, indem sie einen fast sportlichen Ehrgeiz entwickeln, der Kontrolle "ein Schnippchen" zu schlagen.

## (3) Merksätze für eine sinnvolle Kontrolle

Bei der Durchführung von Kontrollen ist es sinnvoll, insbesondere folgende Aspekte zu berücksichtigen:

- Kontrollen sollen objektiv, sachlich und emotionsfrei durchgeführt werden, das gilt auch für eventuell notwendige Kritik.
- Ohne Kontrolle lassen sich Ziele nicht sicher erreichen. Kontrolle ist kein Misstrauensbeweis, sie ist zur Steuerung von Arbeitsabläufen und Verhaltensweisen auf allen Ebenen unumgänglich.
- Führungskräfte sollen nicht nur kontrollieren, wie die Mitarbeiter ihre Sachaufgaben erledigen. Sie sollen sich auch davon überzeugen, wie - falls vorhanden - Führungsaufgaben wahrgenommen werden.
- Unangemessene, allzu häufige Kontrollen sind zu vermeiden.
- Es sollte der Grundsatz gelten: Soviel Selbstkontrolle wie möglich, soviel Fremdkontrolle wie nötig.
- Ergebnisse von Kontrollen sollen besprochen werden (gute ebenso wie schlechte).
- Bei der Besprechung von Kontrollergebnissen ist darauf zu achten, dass Kontrollen keine Persönlichkeits-, sondern Leistungsbeurteilungen sind.
- Kontrolle als Hilfe und Anleitung fördert den Mitarbeiter.

## 2.5.7 Anerkennung und Kritik

In einem guten Betriebsklima ist ein Mitarbeiter in der Regel interessiert, gute Arbeitsergebnisse zu erzielen. Er ist bestrebt, die an ihn gestellten Anforderungen zu erfüllen und Bestätigung in seiner Arbeit zu finden. Er hat daher ein Recht auf Informationen darüber, ob die übertragenen Arbeiten zur Zufriedenheit ausgeführt worden sind. Daneben ist dieses "Feedback" auch für den Vorgesetzten eine gute Möglichkeit, dem Grundbedürfnis des Mitarbeiters nach Anerkennung nachzukommen und so zu seiner Motivation und Arbeitszufriedenheit beizutragen.

Eine Führungskraft ist aber ebenso dazu verpflichtet, unzureichende Arbeitsergebnisse sachlich zu kritisieren. Nur so ist es dem Mitarbeiter möglich, herauszufinden, ob seine Arbeit zur Zufriedenheit ausgeführt worden ist oder ob er seine Arbeitsweise oder sein Verhalten zukünftig ändern muss.

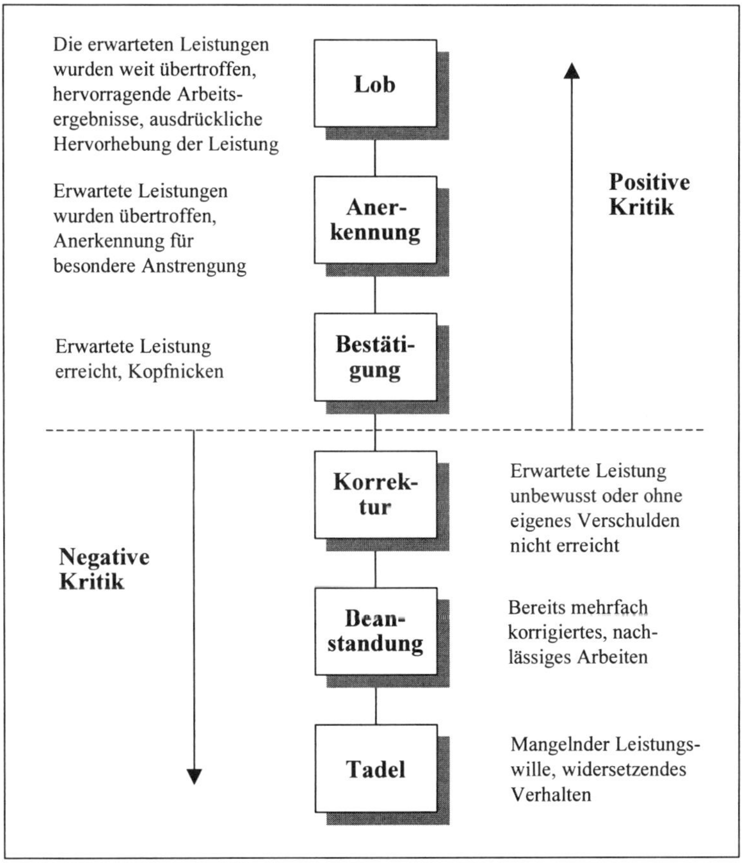


**Abb. 53:** Formen der Kritik

Häufig verbindet man mit dem Begriff "Kritik" etwas Negatives. Das aus dem griechischen stammende Wort bedeutet aber lediglich "Werturteil", ist zunächst also wertneutral. Erst mit einem Zusatz lässt sich eine positive oder negative Richtung erkennen. Die Kritik kann vom scharfen Tadel bis zum hervorragenden Lob gehen. Zwischen beiden Extremen liegen die abgeschwächteren Formen wie Anerkennung, Bestätigung, Korrektur und Beanstandung.

## (1) Positive Kritik

Ein Grund dafür, dass es auch heute noch manchen Führungskräften schwerfällt, gute Arbeitsergebnisse ihrer Mitarbeiter ausdrücklich anzuerkennen und zu loben, kann darin liegen, dass die meisten Menschen mit mehr Tadel als Lob erzogen worden und aufgewachsen sind. Dies drückt sich auch in der irrigen Meinung aus, dass das Loben dazu führt, dass sich die Mitarbeiter auf "ihren Lorbeeren ausruhen". Das Gegenteil ist der Fall. In der Regel wird Anerkennung, Bestätigung und Ansporn Arbeitsfreude hervorrufen, so dass der Gelobte in zukünftigen Situationen versucht sein wird, sich ähnlich zu verhalten. Dieser Regelkreis ist in der nächsten Abbildung dargestellt:

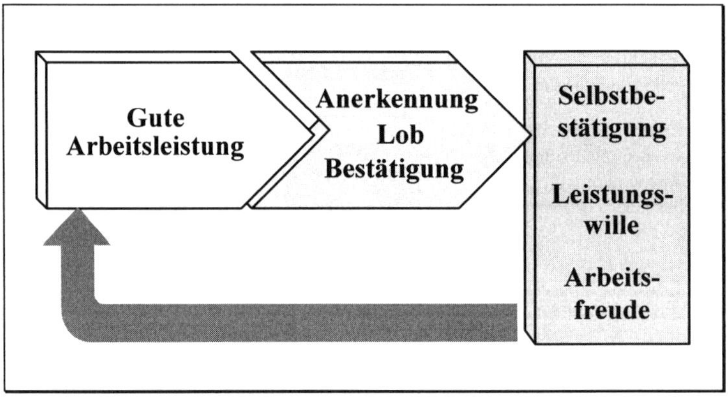


**Abb. 54:** Positive Kritik

Im Folgenden sind einige Empfehlungen aufgeführt, die bei Lob, Anerkennung und Bestätigung beachtet werden sollten:

- Die Leistung oder die Sache und nicht die Person loben.
- Die Ich-Form im Lob vermeiden (statt: "Ich finde ihren Vorschlag ausgezeichnet, weil..." besser "Der Vorschlag ist ausgezeichnet, weil..").
- Bedenken, dass das Loben eines einzelnen Mitarbeiters vor der Gruppe für diese eine Herabsetzung bedeuten kann. Daher bei lobenswerten Gruppenleistungen immer die Gruppe als ganzes und nicht Einzelne unterschiedlich stark loben.
- Nicht zu häufig oder überschwänglich loben, da sonst der Eindruck entsteht, dass Lob nur als Mittel zum Zweck benutzt worden ist.
- Regelmäßige Anerkennung guter Leistungen erleichtert die Beanstandung unzureichender Arbeitsergebnisse.
- Wenn möglich, die Anerkennung sofort aussprechen.

- Regelmäßig prüfen, ob einzelne Mitarbeiter hinreichend Anerkennung erhalten haben oder ob aus Überlastung, Bequemlichkeit oder gar Überheblichkeit gar nicht oder zu selten gelobt wurde.
- Sich nicht von der Einstellung leiten lassen "Leistungen sind selbstverständlich, dafür werden die Mitarbeiter schließlich bezahlt".

## (2) Negative Kritik

Ein häufiger Fehler ist es, zunächst gar nicht auf ein Fehlverhalten des Mitarbeiters zu reagieren, um dann - wenn das Maß voll ist - um so heftiger und häufig auch unsachlich zu tadeln. Der Mitarbeiter reagiert darauf mit Verstimmung, Sperrung und Arbeitsunlust. In solchen Fällen wird er kaum noch mit besonderer Arbeitsfreude an seinen Platz zurückgehen. Um eine Fehlleistung korrigieren zu können, muss der Vorgesetzte daher bestrebt sein, die Fehlleistung so sachlich wie möglich zu beanstanden. Nur so erreicht man eine Einsicht, die zur Änderung des zukünftigen Verhaltens führen kann. Genau wie bei der oben besprochenen positiven Kritik lässt sich diese Situation als Regelkreis darstellen:

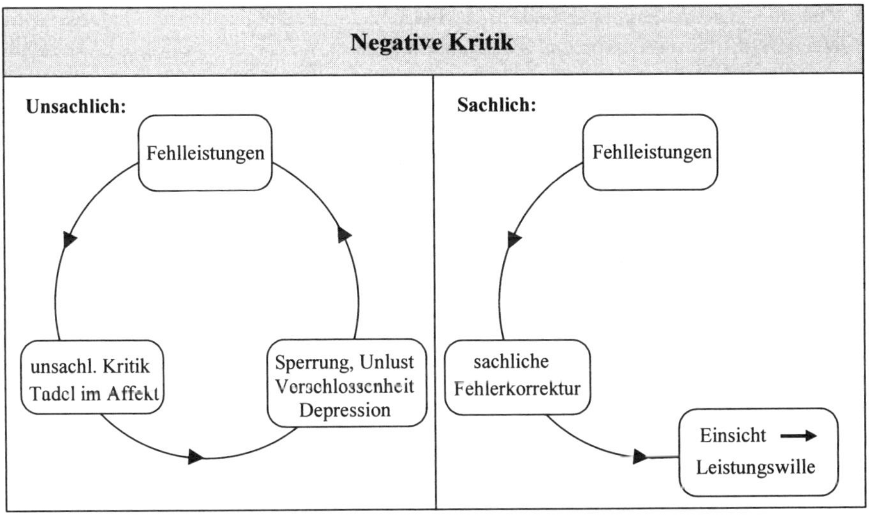


**Abb. 55:** Negative Kritik

Damit der Mitarbeiter Fehler einsieht und bereit ist, sich zukünftig anders zu verhalten, sollten auch bei der negativen Kritik bestimmte Regeln eingehalten werden:

- Fehlerhaftes Verhalten des Mitarbeiters möglichst sofort korrigieren, da sonst die Fehler zur Gewohnheit werden und sich dann umso schwerer beseitigen lassen. Bei emotional angespannten Situationen ist es unter Umständen ratsam, den Mitarbeiter zunächst etwas zeitlichen Abstand zu seinem Fehlverhalten gewinnen zu lassen, bevor dann ein Gespräch erfolgt.
- Nie persönlich werden, sondern ausschließlich die Sache kritisieren.

- Eine Beanstandung nur "unter vier Augen" aussprechen, da sonst die Gefahr besteht, dass der Mitarbeiter sein Gesicht verliert.
- Nie etwas hinter dem Rücken eines Mitarbeiters beanstanden.
- Möglichst nicht am Beginn oder am Ende einer Arbeitswoche tadeln. Den Start einer Arbeitswoche mit Anerkennung beginnen und den Mitarbeiter nicht mit einem Tadel ins Wochenende entlassen.
- Nicht aus einem Affekt heraus tadeln, wenn man sich gerade geärgert hat oder selbst gerade getadelt worden ist. Eine Kritik nicht übertreiben (Worte, wie "Nichts", "nie", "immer" vermeiden).
- Beanstandungen nicht unter Zeitdruck aussprechen. Ein erfolgversprechendes Kritikgespräch braucht Zeit. Die Beanstandung möglichst in ungestörter Atmosphäre aussprechen und zuerst ein Klima schaffen, das die Einsicht erleichtert.
- Nicht einen ironischen oder herablassenden Ton verwenden. Den Mitarbeiter so ansprechen, wie man selbst angesprochen werden möchte. Möglichst richtige Fragetechniken verwenden und den Mitarbeiter möglichst selbst auf den Fehler kommen lassen.
- Im Durchschnitt mehr anerkennen als tadeln, da dadurch Beanstandungen leichter akzeptiert werden.
- Zuhören, Entschuldigungsgründe des Mitarbeiters geduldig anhören. Dadurch wird Verständnis für die Person und die Situation gezeigt.
- Fälschlicherweise ausgesprochene Tadel sind offen zuzugeben. Auf keinen Fall mit Phrasen herausreden wollen. Nicht nachtragend sein.
- Eine Beanstandung klar und verständlich aussprechen. Wird das Fehlverhalten nur angedeutet, so kann der Eindruck entstehen, dass der Fehler nicht so gravierend war.
- Das Ausmaß einer kritischen Äußerung von der Person des Mitarbeiters abhängig machen. Vorgesetzte, die ihre Mitarbeiter kennen, wissen, dass manche schon auf ein Stirnrunzeln reagieren, während bei anderen erst eine Reaktion eintritt, wenn sie deutlich, vielleicht sogar wiederholt getadelt werden.

## 2.5.8 Konfliktsteuerung

Konflikte entstehen überall dort, wo mehrere Menschen zusammen sind. Dies gilt ebenso für Unternehmen und die in ihnen arbeitenden Menschen. Sie sind alltägliche Ereignisse und können nicht von vorneherein ausgeschlossen werden. Konflikte sind nicht nur unvermeidlich, sondern auch notwendig und sinnvoll, um Stillstand zu vermeiden und Veränderung, Weiterentwicklung und Fortschritt herbeizuführen.[113]

Konflikte entstehen dann, wenn mindestens zwei nicht zu vereinbarende Tendenzen aufeinandertreffen. Das Entstehen von Konflikten im Unternehmen kann dabei auf die unterschiedlichsten Ursachen zurückgeführt werden, ebenso können Konflikte vielfältige Gestaltungsformen annehmen. Konflikte dürfen nicht nur im negativen Sinne als zerstörend und destruktiv betrachtet werden, es müssen auch immer mögliche positive Kon-

[113] Vgl. Dahrendorf, R.: Gesellschaft und Demokratie in Deutschland, München 1975, S. 181 ff.

fliktverhalten bzw. positive Konfliktfunktionen mitberücksichtigt werden. Demnach können Konflikte verschiedene Vor- als auch Nachteile mit sich bringen:

- Konflikte können vorteilhaft sein, denn sie sind eine Voraussetzung für den Wandel, sie setzen Energie und Aktivitäten frei, sie fördern das Interesse, regen die Kreativität an und können letztendlich zur Reduzierung von Spannungen führen.
- Nachteilig äußern sich Konflikte dann, wenn sie zu Instabilität und Chaos führen, den Handlungsablauf unterbrechen und Organisationsveränderungen bewirken. Extreme Konflikte können das Vertrauen in die Vernunft erschüttern und emotionales Verhalten hervorrufen.

## (1) Der Konfliktprozess

Neben den möglichen Auswirkungen von Konflikten ist es wichtig, Konflikte als Prozesse anzusehen, die über einige Vorstufen bis hin zu offen manifestierten Konflikten reichen.[114]

- **Latente Konflikte** sind objektiv vorhanden, werden aber von den Beteiligten noch nicht wahrgenommen.
- Sind sich die Beteiligten ihrer Konflikte bewusst, unterdrücken sie aber dann, handelt es sich um **aktuelle Konflikte**.
- Werden sie ausgetragen, bezeichnet man sie als **manifestierte Konflikte**.[115]

Die oben aufgeführte Definition für einen möglichen Konfliktverlauf verdeutlicht, dass auch ganz alltägliche Situationen als konfliktträchtig eingeordnet werden können. Konflikte sind demnach völlig normal und allgegenwärtig. Wichtig ist in diesem Zusammenhang, wie mit den Konflikten umgegangen wird; kann oder will man offene Konflikte vermeiden, oder ist es besser, den Konflikt offen auszutragen, um gemeinsame, konstruktive Lösungen zu erzielen.

Alle diese Punkte haben Führungskräfte bei der Handhabung und Bewältigung von Konflikten abzuwägen. Im Laufe der letzten Jahre hat sich dementsprechend auch die Einstellung der Unternehmen gegenüber Konflikten gewandelt. Während in der Vergangenheit Konflikte als zerstörerisch angesehen und daher vertuscht oder ignoriert wurden, ist man heute der Auffassung, dass Konflikte zum alltäglichen Leben gehören und man sich mit ihnen auseinandersetzen muss und versuchen sollte, das Beste aus ihnen zu machen.

## (2) Die Konfliktarten

Nach der Anzahl der an einem Konflikt beteiligten Personen lassen sich zwei verschiedene Konfliktarten, die intrapersonellen und die interpersonellen Konflikte, unterscheiden.

---

[114] Vgl.Czichos, R.: Change-Management, 2. Aufl., München/Basel 1993, S. 540 ff.

[115] Vgl. Ruschel, A.: Konfliktmanagement. In: Handbuch Personalentwicklung und Training, hrsg. von Geißler, K.A./Landsberg, G.v./Reinartz, M., Köln 1994, S. 6. und Höher, P./Höher, F.: Konfliktmanagement, 3. Aufl., Freiburg 2004.

**Interpersonelle Konflikte** entstehen zwischen verschiedenen Personen, Gruppen oder Organisationseinheiten. Ihre Hauptursachen sind unerfüllte Bedürfnisse, unklare Abgrenzung der Aufgaben und Befugnisse, unzureichende Übereinstimmung der Erwartungen des Einzelnen mit den Rollenerwartungen in der Organisation, mangelnde Information und mangelhafte oder fehlerhafte Kommunikation.

**Intrapersonelle Konflikte** liegen dann vor, wenn in einer bestimmten Situation innerhalb einer Person gegensätzliche Motivationen, Entscheidungszwänge oder Verhaltenserwartungen aufeinandertreffen. Sie können vielfach der Auslöser für interpersonelle Konflikte im Unternehmen sein. Als Beispiel für intrapersonelle Konflikte können Ziel- oder Motivkonflikte genannt werden, bei denen gleichzeitig verschiedene, nicht miteinander zu vereinbarende Bedürfnisse auftreten. Muss sich eine Person je nach vorliegender Situation für eine von zwei möglichen Alternativen entscheiden, können entsprechend der Entscheidungsform drei verschiedene Konfliktarten auftreten:[116]

- **Der Appetenz-Appetenz-Konflikt:** Von zwei valenten Möglichkeiten kann nur eine erfüllt werden, d.h. die Person muss den bestehenden Konflikt durch eine intrapersonelle Entscheidung zugunsten des einen oder des anderen Vorteils lösen. Beispiel: Eine Person muss sich entscheiden, ob sie weiterhin im Innendienst tätig sein will (Kontakte) oder ob sie die höher dotierte Stellung im Außendienst (Geld, Autonomie) übernehmen will.
- **Der Appetenz-Aversions-Konflikt:** Hier ist die Entscheidung für eine bestimmte angestrebte Alternative zugleich mit einem nachteiligen Aspekt verbunden. Beispiel: Einer Person bietet sich die Möglichkeit, den Verdienst zu erhöhen, allerdings ist dies nur in Verbindung mit Schichtarbeit möglich.
- **Der Aversions-Aversions-Konflikt:** Die Person muss sich für eine von zwei unangenehmen, jedoch unumgänglichen Möglichkeiten entscheiden. Beispiel: Ein Mitarbeiter steht vor der Wahl, sich entweder mit einer geringer dotierten Position zufrieden zu geben (Geld, Status) oder das Unternehmen zu verlassen (Existenz, Sicherheit).

## (3) Die Konfliktsteuerung

Wie sich Konflikte letztendlich auswirken ist abhängig von der Art, dem Verlauf und dem Ergebnis der Konflikthandhabung, d.h. es kommt darauf an, was die an einem Konflikt beteiligten Personen aus dem Konflikt machen.[117]

Für die **Handhabung von intrapersonellen Konflikten** bieten sich vor allem das Suchverhalten (Suche nach Lösungsalternativen oder verfeinerte Bewertung durch zusätzliche Zielkriterien) oder die Anspruchsanpassung (Veränderung bzw. Neudefinition des Anspruchniveaus) an.[118]

Kann der Konflikt mit Hilfe des Suchverhaltens oder der Anspruchsniveauanpassung nicht bewältigt werden, so führt dies zur Enttäuschung und schließlich zur Frustration. Das Selbstwertgefühl der Person ist gestört. Um es wieder zu stabilisieren, werden fortan

[116] Vgl. Rahn, H.J.: Betriebliche Führung, 2. Aufl., Ludwigshafen 1992, S. 203.

[117] Vgl. Berkel, K.: Konlikttraining. Konflikte verstehen, analysieren, bewerten, 7. Aufl., Heidelberg 2002, S. 62 ff.

[118] Vgl. Hentze, J.: Personalwirtschaftslehre 2, a.a.O., S. 59.

Abwehrmechanismen zur Konflikthandhabung eingesetzt. Die Abwehrmechanismen können sich in Form von Aggression, Restriktion, Verdrängung, Rationalisierung und Kompensation äußern.

Unterbleibt die Konfliktbewältigung, kann dies auf Dauer zu Neurosen bis hin zu körperlichen Krankheiten führen. Um das zu vermeiden, ist es wichtig, die Konfliktursachen zu erkennen und Konflikte nicht zu verdrängen, sondern sich damit auseinanderzusetzen und geeignete Lösungen zur Bewältigung der Konflikte zu finden.[119]

Für die **Regelung betrieblicher Konflikte** lässt sich aufgrund der Vielzahl der verschiedenen Einflussmöglichkeiten keine allgemeingültige Lösungsstrategie formulieren. Ein einfacher Weg der Konfliktbewältigung besteht darin, dass Vorgesetzte die ihnen aufgrund ihrer Stellung in der Unternehmenshierarchie übertragene Macht einsetzen, um Konflikte zu ihren Gunsten zu lösen, indem sie ihren Willen und ihre Interessen gegenüber den Mitarbeitern durchsetzen. Diese Art der Konflikthandhabung erscheint auf Dauer jedoch sehr kurzsichtig, da sich die Mitarbeiter hier stets in der Verliererposition sehen und womöglich frustriert und demotiviert reagieren, was nicht erstrebenswert ist, da dies der Auslöser für weitere Konflikte sein kann.

Eine bessere Konfliktlösungsmöglichkeit besteht darin, neben den Interessen des Unternehmens auch die Interessen und Belange der Mitarbeiter zu berücksichtigen um so einvernehmliche, kooperative und konstruktive Lösungsstrategien anzubieten.[120]

Weiterhin besteht die Möglichkeit der Konfliktregelung mittels Verhandlung oder Kompromissbildung; durch Schlichtung (indem die Konfliktlösung an eine unbeteiligte Person übertragen wird) oder durch Veränderung im Beteiligtengefüge, d.h. Versetzung innerhalb des Unternehmens oder Verlassen des Unternehmens.[121]

Welche Konflikthandhabungsmöglichkeit letztendlich gewählt wird, ist von einer Vielzahl von Faktoren abhängig. Ausschlaggebend ist neben der vorliegenden Situation auch die Konfliktursache und der im Unternehmen praktizierte Führungsstil. Hinsichtlich des erfolgreichen Umganges mit Konflikten ist es vor allem wichtig, dass Führungskräfte die Konfliktsymptome schon im Vorfeld erkennen, um eventuell einem Konflikt entgegenzuwirken bzw. wenn er unvermeidbar erscheint, ihn von vornherein besser handhaben zu können oder ihn in eine entsprechend konstruktive Richtung zu lenken.

Das Ziel der Konfliktlösung besteht nicht darin, die Konfliktsymptome zu handhaben, sondern die Konfliktursachen zu beseitigen.

## 2.6 Die Kommunikation im Führungsprozess

Das wichtigste Führungsinstrument ist die Kommunikation. Unter Kommunikation versteht man einen gegenseitigen Austausch von Signalen zwischen Sender und Empfänger: Miteinander sprechen, sich gegenseitig Briefe schreiben, Meinungen austauschen, miteinander fühlen und erleben.

[119] Vgl. Ruschel, A.: Konfliktmanagement, a.a.O., S. 6 ff.
[120] Vgl. List, K.H.: Sind Führungskräfte konfliktscheu? In: Personal, Heft 8/1994, S. 381.
[121] Vgl. Hentze, J.: Personalwirtschaftslehre 2, a.a.O., S. 60 f.

Alles Verhalten in einer zwischenmenschlichen Situation hat Mitteilungscharakter. Gleichgültig, wie man sich verhält, ob man spricht oder sich abwendet, ist Kommunikation. In einer zwischenmenschlichen Situation gibt es keine Nichtkommunikation. Wird auf eine Mitteilung nicht reagiert, so bedeutet das nicht, dass man sich nicht verhalten hätte. Kommunikation ist, vereinfacht gesagt, ein Verhalten, das anderen etwas mitteilt. Das Verhalten jedes Einzelnen wirkt auf das der anderen ein und es findet eine Rückkopplung statt.

Die Bedeutung moderner Mitarbeiterkommunikation ergibt sich im Wesentlichen aus den folgenden Faktoren:

- **Wertewandel:** Kennzeichen der modernen Industriegesellschaft sind der Rückgang der Wirksamkeit der "materiellen Motivation" sowie ein Rückgang der Bereitschaft, Regeln und Normen ungefragt hinzunehmen und ihnen zu folgen. Hieraus ergibt sich, dass in der Zukunft die Leistungsbereitschaft in wesentlich stärkerem Maße über die Befriedigung immaterieller Bedürfnisse angeregt werden muss. Sie kann allein durch zusätzliches Einkommen, Anordnungen und Regeln nicht länger erzielt werden. Dies wird einen zunehmenden Kommunikationsaufwand erfordern.
- **Unterstützung positiver Einstellungen:** Ein Gesichtspunkt, den keine Unternehmensleitung unberücksichtigt lassen sollte, ist die Erfahrung, dass die Kommunikationszielgruppe "Mitarbeiter" im Gegensatz zu verschiedenen externen Zielgruppen dem Unternehmen und seinen Wert- und Zielvorstellungen positiv gegenübersteht. Diese Haltung beruht auf einer fortbestehenden prinzipiellen Übereinstimmung von Wertvorstellungen zwischen den vom Unternehmen repräsentierten und den eigenen Werten. Diese Tatsache wird von vielen Unternehmensleitungen nicht beachtet, so dass sich Mitarbeiter mit ihrer (positiv-bejahenden) Einstellung alleingelassen fühlen.
- **Die Außenwirkung effektiver interner Kommunikation:** Ein weiterer Aspekt innerbetrieblicher Kommunikation ist die Außenwirkung, die gut informierte und loyale Mitarbeiter entfalten können. Die primäre Zielrichtung der internen Kommunikation ist sicherlich unternehmensinterner Natur. Im Rahmen der externen Öffentlichkeitsarbeit nimmt die Gruppe der Mitarbeiter als Meinungsmultiplikator jedoch eine besondere Position ein. Sie besitzt hier eine Schlüsselfunktion bei der Vorbereitung von Botschaften des Unternehmens und beim Ausgleich von Informationsdefiziten (die die Massenmedien hinterlassen). Unternehmen, die diesen wichtigen Aspekt und diese erweiterte Funktion in seiner internen Kommunikationsarbeit übersehen, verzichten auf ein äußerst wirksames Mittel zur Durchsetzung ihrer externen Ziele.

Entscheidend für den Erfolg jeglicher Mitarbeiterkommunikation ist zunächst die Untersuchung der Erwartungen, die die Beteiligten an die Kommunikationspolitik des Unternehmens knüpfen. Eine Kommunikationsstrategie, die diese Untersuchung versäumt, läuft Gefahr, am Empfänger "vorbei" zu kommunizieren und damit erfolglos zu bleiben.

### 2.6.1 Kommunikationsformen

Um der heutigen Bedeutung des Begriffes "Kommunikation" näher zu kommen, ist es zweckmäßig, zwischen Medienkommunikation und interpersoneller Kommunikation zu unterscheiden. Die Medienkommunikation ist in erster Linie der Einsatz klassischer Medien (Zeitung, Rundfunk und Fernsehen) und neuer Kommunikationstechnologien, die hauptsächlich der Massenkommunikation dienen.

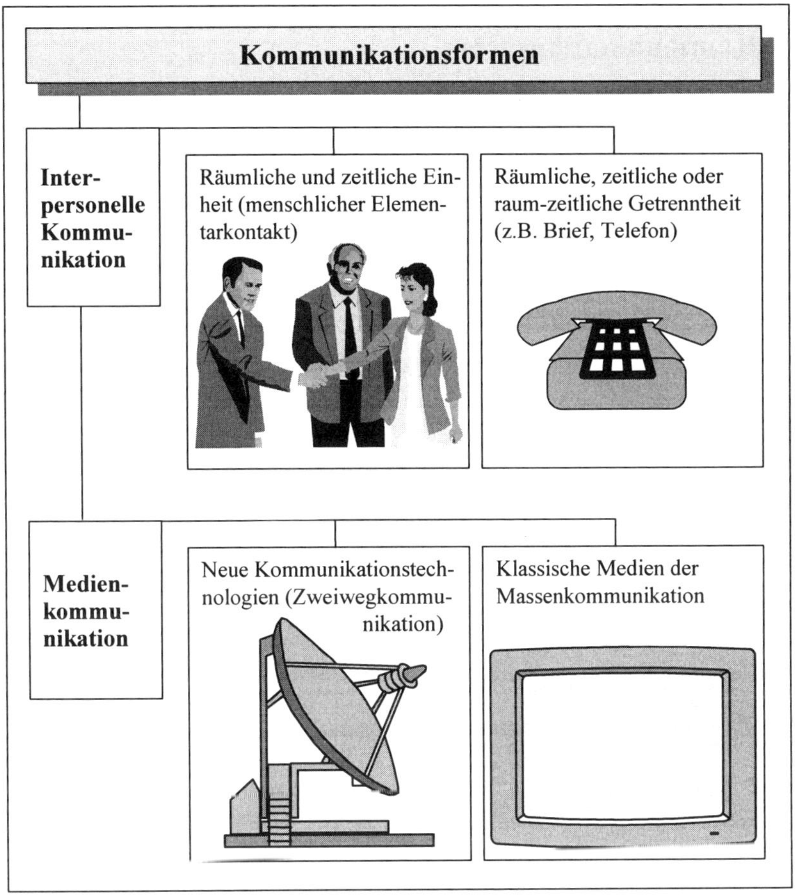


**Abb. 56:** Kommunikationsformen

Im Bereich der interpersonellen Kommunikation bilden die Kommunikationsformen, bei denen die Partner in direktem Kontakt miteinander stehen, den wesentlichen Gegenstand der Behandlung von Kommunikationsprozessen. Wegen ihrer besonderen Bedeutung für die Führungskraft wollen wir unsere Betrachtungen im Folgenden auf die interpersonelle Kommunikation beschränken.

Aufgrund zunehmender Spezialisierung und Arbeitsteilung hat die Information bzw. Kommunikation im Hinblick auf die Erfüllung der betrieblichen Sachaufgaben zentrale Bedeutung erlangt. Die Kommunikation dient jedoch außer zur Übertragung betriebsnotwendiger Informationen auch zur Mitarbeitermotivation. Indem die Kommunikation den Mitarbeitern das Wissen um betriebliche Zusammenhänge und den Stellenwert der eigenen Tätigkeit vermittelt und ihnen Einblick in die Hintergründe und Notwendigkeit der

Anforderungen gibt, fördert sie das Interesse an der Arbeit und die Identifikation mit den Unternehmenszielen. Die Fähigkeit einer Führungskraft, mit Menschen "durch das Wort" umzugehen bzw. für ihre Tätigkeit zu gewinnen, ist daher von großer Bedeutung.

## 2.6.2 Kommunikationsarten

Bei jeder Art der Kommunikation haben wir es mit einem Sender zu tun, der eine "Botschaft" (Nachrichten, Informationen) an einen Empfänger richtet und sich dabei zur Verschlüsselung seiner Ideen, Wünsche, Gefühle, Einstellungen, Absichten, Erwartungen usw. eines Mediums bedient und dieses einem sinnlich wahrnehmbaren Kanal zur Übertragung anvertraut.

### (1) Asymmetrische Kommunikation

Geht die Botschaft nur vom Sender zum Empfänger, dann spricht man von **Einwegkommunikation** oder auch von asymmetrischer Kommunikation. Dabei hat der Empfänger so gut wie keine Möglichkeit, auf die Kommunikation Einfluss zu nehmen. Einwegkommunikation findet man vor allem bei den Massenmedien, aber auch bei technischen Anlagen, wie etwa einer Lautsprecheranlage für wichtige Durchsagen im Unternehmen.

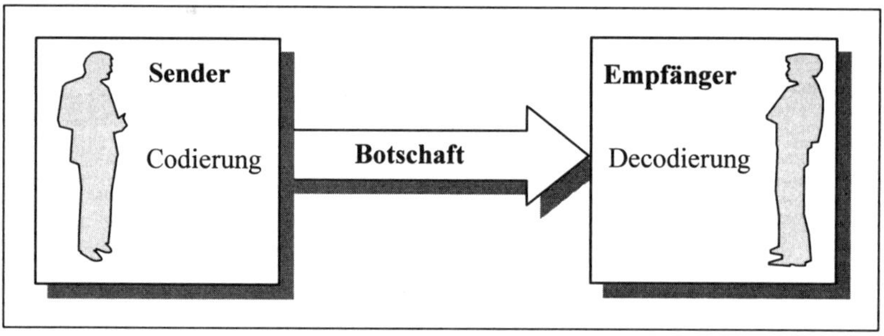


**Abb. 57:** Asymmetrisches Kommunikationsmodell

Auch das "Gespräch" zwischen Vorgesetzten und Mitarbeitern verläuft in der betrieblichen Realität häufig nach dem Schema der Einwegkommunikation: Der Vorgesetzte sendet, die Mitarbeiter empfangen. Diese "Einwegkommunikation" ist für Besprechungen und Gespräche im Betrieb ungeeignet und deshalb nach Möglichkeit zu vermeiden.

"Ich weiß nicht, was ich gesagt habe, solange ich nicht die Antwort darauf gehört habe."[122] Dieser Ausspruch des Kybernetikers Norbert Wiener beschreibt sehr deutlich die Bedeutung der Kommunikation als Führungsinstrument. Es ist weniger wichtig, was der Sender ausstrahlt, es kommt vielmehr darauf an, wie der Empfänger die aufgenommenen Signale deutet.

[122] Langmaack, B./Braune-Krickau, M.: Wie die Gruppe laufen lernt, 4. Aufl., Weinheim 1993, S. 109.

### (2) Symmetrische Kommunikation

Bei der **Zweiwegkommunikation** oder auch symmetrischen Kommunikation folgt auf die Botschaft des Senders auch immer eine Rückmeldung (Feedback) durch den Empfänger.

Die symmetrische Kommunikation ist also auf "Rückkopplung" angelegt. Zweiwegkommunikation ermöglicht den Rollentausch von Sender und Empfänger, so dass die Botschaft des Senders in veränderter Weise dem Empfänger rückgemeldet wird.

Rückkopplung kann mit Hilfe verbaler, aber auch nonverbaler (körpersprachlicher) Signale geschehen, und gewollt oder ungewollt sein. Im Falle symmetrischer Kommunikation wird die Botschaft des Senders ständig verbal und nonverbal beantwortet, kommentiert und interpretiert.

Entsprechend der Darstellung in der folgenden Abbildung erfolgt die symmetrische Kommunikation, deren wesentliches Kennzeichen der ständige Rollentausch von Sender und Empfänger ist, in Form eines Kommunikationskreislaufes, bei dem:

- der Sender als Signal codierte Informationen (Fakten, Meinungen, Absichten) über einen bestimmten Kanal (z.B. mündlich oder schriftlich) an den Empfänger übermittelt.
- der Empfänger das Signal decodiert und ein entsprechendes Feedback als Reaktion oder Antwort vom Empfänger zum Sender erfolgt.

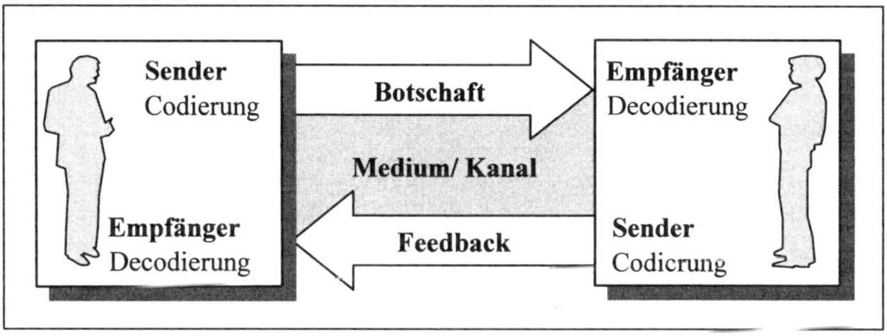


**Abb. 58:** Symmetrisches Kommunikationsmodell (Kommunikations-Kreislauf)

Für die Mitarbeiterführung ist das gesamte Kommunikationsspektrum (z.B. auch Mimik, Gestik und Körperhaltung) von Bedeutung, wichtig ist daher eine ganzheitliche Betrachtungsweise.

## 2.6.3 Das Vier-Seiten-Modell der Kommunikation

Das Vier-Seiten-Modell der Kommunikation als das bekannteste Kommunikationsmodell wurde von Schulz von Thun entwickelt.[123] Kernaussage des Modells ist, dass jede Nachricht stets vier Seiten beinhaltet, die gleich wichtig sind.

[123] Schulz von Thun, F.: Miteinander reden, Bd. 1: Störungen und Klärungen, Reinbek bei Hamburg 1994, S. 23 ff.

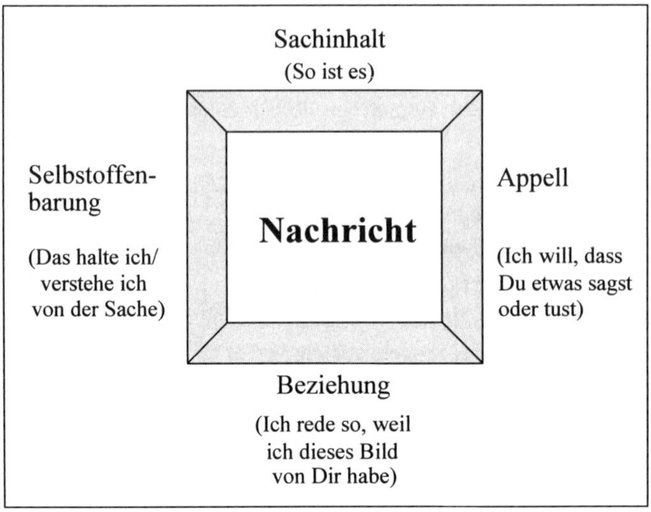


**Abb. 59:** Die vier Seiten der Nachricht[124]

Die **inhaltliche Seite** der Kommunikation besteht aus ihrem Sachinhalt bzw. ihrer Sachinformation. Beim Austausch von Sachinformationen können vor allem Probleme mangelnder Sachlichkeit und Verständlichkeit auftreten. Eine Botschaft ist häufig unsachlich, sofern emotionale Spannungen bestehen, die den eigentlichen Sachinhalt in den Hintergrund treten lassen. Ein Mangel an Verständlichkeit hingegen ist dann gegeben, wenn die Botschaft akustisch nicht verstanden oder der Inhalt schwer verständlich dargestellt wird.

Die **Selbstoffenbarungsseite** der Kommunikation beruht darauf, dass jeder Sender durch die Art der verbalen oder nonverbalen Kommunikation Informationen über seine eigene Persönlichkeit mitteilt. Sie umfasst dabei sowohl die gewollte Selbstdarstellung als auch die unfreiwillige Selbstenthüllung. Unter Selbstdarstellung versteht man die bewusste und gezielte Darstellung der eigenen Person. Die Vielzahl der Techniken, die hierzu zur Verfügung stehen, lassen sich unterteilen in:

- **Imponiertechniken:** Sie sind gekennzeichnet durch das Bemühen, sich von seiner besten Seite zu zeigen.
- **Fassadentechniken:** Sie zielen darauf ab, negativ empfundene Anteile der eigenen Person zu verbergen oder zu tarnen.
- **Selbstverkleinerungstechniken:** Sie sind darauf ausgerichtet, sich selbst als klein, hilflos, schwächlich und wertlos darzustellen, d.h. das eigene Licht unter den Scheffel zu stellen.[125]

Die unfreiwillige Selbstenthüllung bezieht sich auf die Tatsache, dass ein Sender auch ungewollt Selbstoffenbarungsbotschaften vermittelt.

[124] Vgl. Schulz von Thun, F.: Miteinander reden, Bd. 1: Störungen und Klärungen, a.a.O., S. 14.
[125] Vgl. ebd., S. 107 ff.

Die **Beziehungsseite** der Nachricht besteht darin, dass der Sender durch die Art der Formulierung, durch Tonfall, Mimik und Gestik eine bestimmte Art der Beziehung zum Empfänger zum Ausdruck bringt. Es sind dabei zwei Arten von Botschaften zu unterscheiden. Zum einen drückt der Sender aus, was er vom Empfänger hält, zum anderen teilt er ihm mit, wie er die Beziehung zwischen sich und dem Empfänger sieht.

Die Beziehungsseite, die strenggenommen einen speziellen Teil der Selbstoffenbarung darstellt, unterscheidet sich von dieser somit dadurch, dass sie statt Ich-Botschaften Du- und Wir-Botschaften enthält. Da die Beziehungsseite einer Botschaft bestimmt, wie sich der Empfänger als Person behandelt fühlt, ist sie für die zwischenmenschliche Kommunikation von außerordentlich großer Bedeutung.

Die **Appellseite** der Nachricht dient dazu, wirkungsvoll Einfluss zu nehmen, d.h. den Empfänger dazu zu veranlassen, Dinge zu tun oder zu unterlassen, zu denken oder zu fühlen. Appelle treten nicht immer in Erscheinung und werden dann als Manipulation bezeichnet.

Gerade bei betrieblichen Kommunikationsvorgängen, in denen Vorgesetzte die Mitarbeiter zu einem bestimmten Handeln bewegen sollen, spielt der Appell eine wesentliche Rolle. Dabei sind drei Arten von Appellen zu unterscheiden:

- **Offene Appelle:** Wünsche und Aufforderungen werden hierbei direkt und offen ausgedrückt.
- **Verdeckte Appelle:** Der Sender erzeugt durch die Art, etwas von sich zu geben, beim Empfänger ein ganz bestimmtes emotionales Klima, so dass dieser von sich aus bereit ist, wunschgemäß zu reagieren,
- **Paradoxe Appelle:** Der Sender appelliert genau an das Gegenteil dessen, was er beim Empfänger zu erreichen versucht. Die Grundannahme ist dabei, dass für den Empfänger mit einem Appell oft ein Druck empfunden wird, der beim Empfänger einen Gegendruck hervorruft, derart, dass dieser die Nicht-Befolgung als Beweis der eigenen Unabhängigkeit betrachtet und somit als Gelegenheit, die eigene Größe zu demonstrieren und zu fühlen.

Der Empfänger nimmt bei der Kommunikation alle vier Seiten einer Nachricht auf. Welche Seite er stärker aufnimmt (hört oder spürt) bzw. auf welche Seite er reagiert, hängt von seinen Interessen und Erfahrungen ab, aber auch von seiner Beziehung zum Sender und von der jeweiligen Situation.

Kommunikationsstörungen entstehen häufig dadurch, dass der Empfänger einen Aspekt einer Information wichtig nimmt, während der Sender Wert auf einen anderen Aspekt legt. Ein wesentlicher Ansatzpunkt zur Verbesserung der Kommunikation besteht daher darin, die vier Seiten der Nachricht bei der Kommunikation stets im Auge zu behalten.

Das folgende Beispiel zeigt, wie sehr gesendete und empfangene Nachricht voneinander abweichen können: Der Mann fragt beim Mittagessen: "Was ist denn das Grüne hier in der Suppe?" Seine Frau erwidert: "Wenn es dir hier nicht schmeckt, kannst du ja woanders essen gehen!" Wenn man davon ausgeht, dass der Mann eine reine Informationsfrage stellen wollte, seine Frau jedoch auf den Beziehungsteil der Frage reagiert hat, wird das Missverständnis klar. Die folgende Abbildung nimmt die vier Seiten der gesendeten und der empfangenen Nachricht "unter die Lupe" und stellt sie gegenüber:

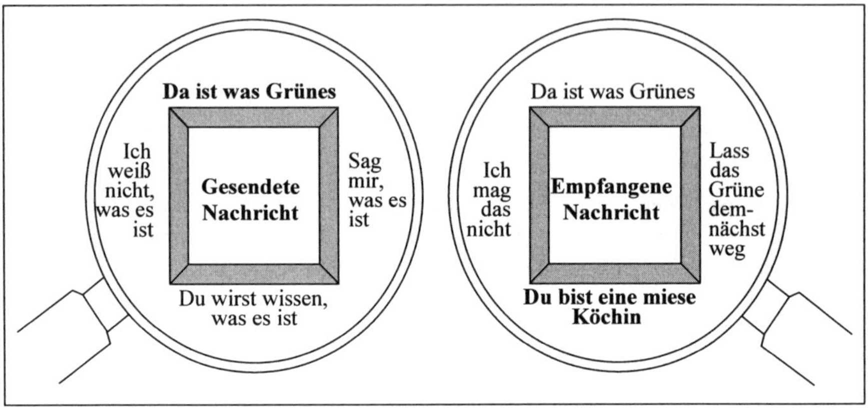


**Abb. 60:** Gegenüberstellung von gesendeter und empfangener Nachricht[126]

## 2.6.4 Einflussfaktoren der Kommunikation

Kommunikation ist ein vielschichtiger und störanfälliger Prozess. Dies wird besonders in Gruppen deutlich, aber auch im Gespräch zwischen Vorgesetzten und Mitarbeitern. Besonders aufgabenbezogene Gruppen sind ständig mit einem doppelten Kommunikations-problem konfrontiert, denn einerseits besteht ein Sachziel, d.h. die Gruppe hat eine Auf-gabe zu erfüllen, andererseits sind die zwischenmenschlichen Beziehungen in der Gruppe optimal zu gestalten. In einer Gruppe bestehen daher zwei Kommunikationsebenen:

- die Arbeits- oder Sachebene
- die emotionale- oder Gefühlsebene

Eine wichtige Rolle spielen in jedem Kommunikationsprozess die sozialen Beziehungen zwischen Sender und Empfänger, da es keine interpersonelle Kommunikation ohne solche sozialen Beziehungen gibt. Während der Sach- oder Inhaltsaspekt die Informationen beinhaltet, bestimmt der Beziehungsaspekt, wie diese Informationen aufzufassen sind. Probleme entstehen häufig, weil die sozialen Beziehungen zwischen den Kommunikationspartnern nicht ausreichend definiert oder bewusst sind.

Aus der Alltagserfahrung ist bekannt, dass in jedem Kommunikationsvorgang (z.B. Gespräch, Konferenz, Diskussion) auch andere als sogenannte sachliche Gesichtspunkte eine Rolle spielen, wie Sympathie, Rivalität, Vorurteile, Kooperationsbereitschaft, Erfahrungen von Misserfolgen usw. Diese emotionalen Gesichtspunkte sind in vielen Ent-

126 Vgl. Schulz von Thun, F.: Miteinander reden, Bd. 1: Störungen und Klärungen, a.a.O., S. 62 f.

scheidungsvorgängen und allgemein in der Mitarbeiterführung oft ausschlaggebend. Oft wird dazu bildlich gesagt: "Unter dem Tisch wird anders verhandelt als auf dem Tisch."

Beispiele für solche Kommunikationsprobleme sind folgende Fragen:

- Warum kommt jemand trotz guter Argumente nicht an?
- Warum empfindet jemand einen Widerstand gegen XY, obwohl dessen Argument sachlich einleuchtend ist?
- Warum wird plötzlich einem Außenseiter zugestimmt, obwohl dessen Argumente sachlich gar nicht einleuchten?

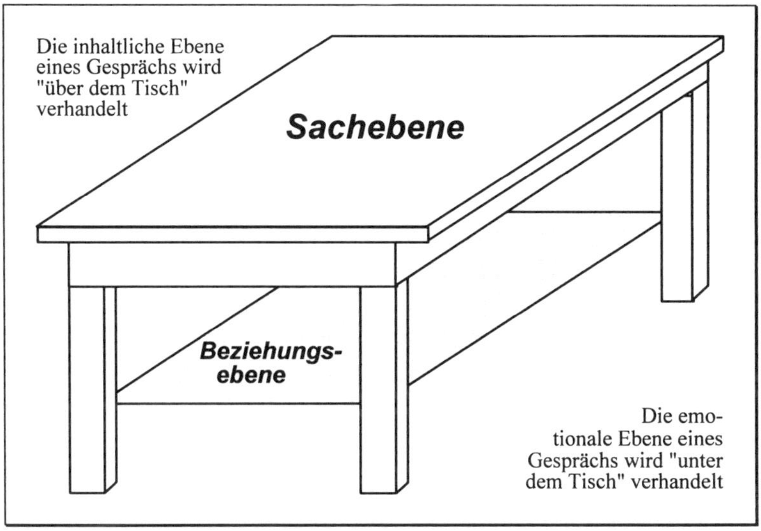


**Abb. 61:** Der sogenannte "grüne Tisch", auf dem verhandelt wird

Die genannten emotionalen Gesichtspunkte fallen meistens nur in negativen Beispielen auf. Darum wird das Wort "emotional" auch durchweg im negativen Sinn verwendet, z.B.: "Jetzt wollen wir einmal ganz sachlich und nicht emotional vorgehen!" Allerdings wird diese Forderung von der Gegenpartei in der Regel als ein emotionales Argument empfunden, das nicht weiterhilft.

Insgesamt kann man jedoch erkennen, dass die Kräfte der emotionalen Ebene sich auf den Sachbereich nicht nur negativ auswirken. Vielmehr sind auch an jedem guten sachgerechten Ergebnis emotionale Kräfte in hohem Maße beteiligt. Darüber wird jedoch in der Regel keine Rechenschaft gegeben.

Bei einer Kommunikationsstörung sollte zunächst festgestellt werden, ob die Störung ihren Ursprung auf der Inhalts- oder auf der Beziehungsebene hat:

- Bin ich inhaltlich anderer Meinung als mein Gesprächspartner?
- Besteht zwischen meinem Kommunikationspartner und mir ein Beziehungsproblem?

Falls eine dieser Fragen bejaht wird (oder sogar beide), ist eine Klärung der Kommunikationssituation unter den Beteiligten erforderlich.

## 2.6.5 Kommunikationsstörungen

Kommunikationsstörungen können mehrere Ursachen haben. Sie treten beispielsweise auf bei:

- Unklarheiten bezüglich des Inhaltsaspekts: Unterschiedlicher Informationsstand der Gesprächspartner, "aneinander vorbei reden" (Sender und Empfänger sprechen nicht von der gleichen Sache).
- Missverständnissen auf der Beziehungsebene: Die verbale Kommunikation entspricht nicht der Mimik/ Gestik (Körpersprache). Beispielweise behauptet jemand mit schmerzverzerrtem Gesicht, dass es ihm gut geht.
- Vertauschen von Inhalts- und Beziehungsaspekt: Häufig ist die Ursache eines ergebnislosen Gesprächs nicht die Uneinigkeit in der Sache, sondern der Umstand, dass ein Teilnehmer dem anderen aus persönlichen Gründen nicht zustimmen will (Man will z.B. nicht, dass der andere Recht bekommt oder man ist verärgert, weil der andere den besseren Vorschlag gemacht hat).
- Vorurteilen, die das Gespräch bestimmen: Es werden nur noch Wahrnehmungen aufgenommen, die das Vorurteil bestätigen; Missverständnisse sind so vorprogrammiert.
- Verletzten Wertvorstellungen und Gefühlen des Gesprächspartners: Unbedachte Äußerungen können den Gesprächspartner verletzen (z.B. könnte sich ein gläubiger Mensch durch einen Witz über die Kirche, der als Auflockerung gedacht war, persönlich angegriffen fühlen). Auch Äußerungen wie: "Sie sind aggressiv" oder "Sie sind als Sturkopf bekannt" wirken auf den Gesprächspartner verletzend.

Jedes Missverständnis beeinträchtigt die Wirksamkeit der Kommunikation, deren Ziel die Übermittlung von Informationen ist. Missverständnisse führen zu Informationsverlusten, wie das Modell in der folgenden Abbildung zeigt:

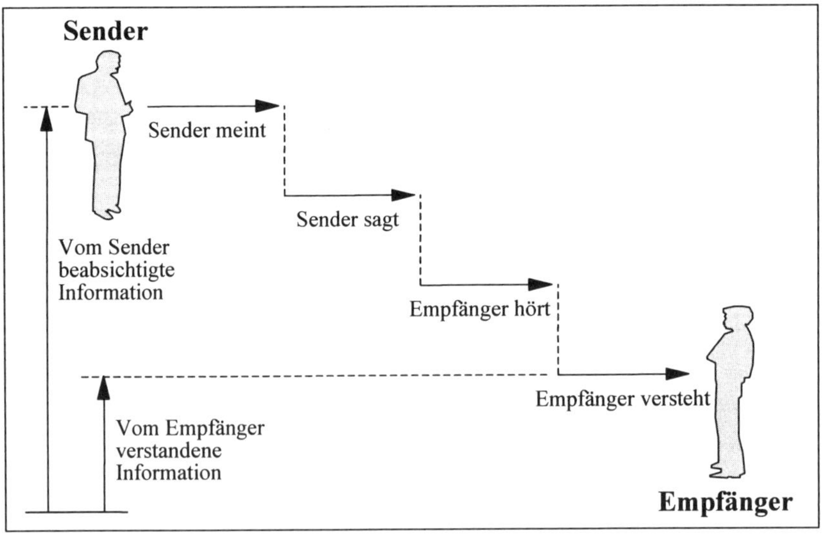


**Abb. 62:** Modell der Kommunikationsstörungen

## 2.6.6 Möglichkeiten zur Kommunikationsverbesserung

Es gibt eine Vielzahl von Möglichkeiten zur Verbesserung der Kommunikation. Man unterscheidet dabei generell die folgenden drei Ansatzpunkte:

### 1. Ansatzpunkte auf der Senderseite

Ein wesentlicher Ansatzpunkt auf der Senderseite sind zunächst die rhetorischen Fähigkeiten. Rhetorik wird dabei verstanden als die Fähigkeit, mittels Übermittlung von verbalen und nonverbalen Nachrichten Sachverhalte klar darzustellen. Weitere Ansatzpunkte zur senderorientierten Verbesserung der Kommunikation sind:

- **Dosierung der Informationsmenge:** Innerhalb einer bestimmten Zeitspanne sollten nicht zu viele Informationen übermittelt und hierdurch der Empfänger überfordert werden.
- **Wiederholung der vorgetragenen Informationen:** Informationen prägen sich leichter ein, wenn eine entsprechende Redundanz vorliegt. Deshalb sollten Informationen in Variationen bzw. unter Berücksichtigung neuer Aspekte wiederholt werden.
- **Verwendung empfängerorientierter Formulierungen:** Für den Empfänger unbekannte Fachausdrücke, Fremdworte, aber auch zu lange Sätze sollten vermieden werden.
- **Offenlegung von Gesprächszielen:** Dem Empfänger sollte klar sein, was der Sender errreichen möchte, damit er die einzelnen Informationen auf das Gesprächsziel hin einordnen kann.

### 2. Ansatzpunkte auf der Empfängerseite

Wie bereits dargestellt wurde, stimmt das, was der Sender mit seiner Information meint, und das was der Empfänger versteht, nur in Teilbereichen überein. Die verstandene Information - als Ergebnis eines mehrstufigen Wahrnehmungsprozesses - ist in weiten Teilen ein Produkt des Empfängers. Informationen werden hierbei durch eine gefühlseitige, selektive Erfassung von Ganzheiten, durch Vorurteile und Stereotype, durch Fehldeutung, aber auch durch Prophezeiungen und Phantasien verformt. Deshalb gilt es zunächst zu prüfen, in welchem Umfang verstandene Informationen verfremdet wurden.

Dass erfolgreiche Kommunikation vor allem auch davon abhängt, dass man einander richtig zuhört, ist zwischenzeitlich fast schon zu einer Alltagsweisheit geworden. Fast immer, wenn von Kommunikationsproblemen gesprochen wird, geht es auch um das Zuhören. Zuhören ist, wenn es erfolgreich sein soll, jedoch kein reaktives Verhalten, sondern vielmehr auch ein aktiver Prozess im Sinne eines einfühlenden Verstehens, bei dem die Achtung des anderen und die Anteilnahme an seinen Problemen im Vordergrund stehen.

### 3. Verbesserung der Kommunikation durch Feedback

Ohne Feedback - im Sinne von Rückmeldungen - wird ein Gespräch zum Monolog. Erst das Feedback kommentiert den Kommunikationsvorgang. Es zeigt dem Sender an, wie seine Informationen vom Empfänger aufgenommen wurden. Wie das aktive Zuhören benötigt auch das Geben von Feedback Echtheit, eine positive Wertschätzung sowie einfühlendes Verstehen. Die wesentliche Funktion des Feedback besteht in der Aufdeckung von zwei Diskrepanzen für den Feedback-Partner:

1. Seine Selbstwahrnehmung und die Fremdwahrnehmung weichen voneinander ab, weil sich die Selbstwahrnehmung z.B. zu sehr am eigenen Wunsch- oder Idealbild orientiert.
2. Die realen Verhaltensauswirkungen entsprechen nicht den beabsichtigten Verhaltenszielen.

Diese Wahrnehmungs- und Verhaltensdiskrepanzen veranlassen den Feedback-Partner, sein eigenes Gesprächsverhalten zu ändern, indem er durch Feedback (Rückmeldung) versucht, diese Abweichungen zu minimieren. Die Rückmeldung sollte folgende Komponenten umfassen:

- Jedes Feedback sollte mit einer Situationsbeschreibung eingeleitet werden, die möglichst konkrete Beobachtungen enthält und auf einen überschaubaren Bereich begrenzt ist. Die Grundform wäre hier: "Ich habe gesehen/ verstanden ...."
- Die Situationsbeschreibung sollte ergänzt werden um eine Beschreibung der Gefühle, die der Empfänger in der aktuellen Situation hat. Die Grundform wäre hier: "Ich habe hierbei gefühlt ...."
- Generell sollte das Feedback in Form von Ich-Botschaften erfolgen; außerdem sollte man auch grundsätzlich auf Wertungen verzichten.
- Abgerundet werden Feedbackmitteilungen idealerweise durch die Hinzufügung eigener Wünsche und die Nennung eigener Ziele, die durch das Verhalten des Senders unter Umständen beeinträchtigt werden.

Zudem sollte sich jedes Feedback an folgende Regeln halten:

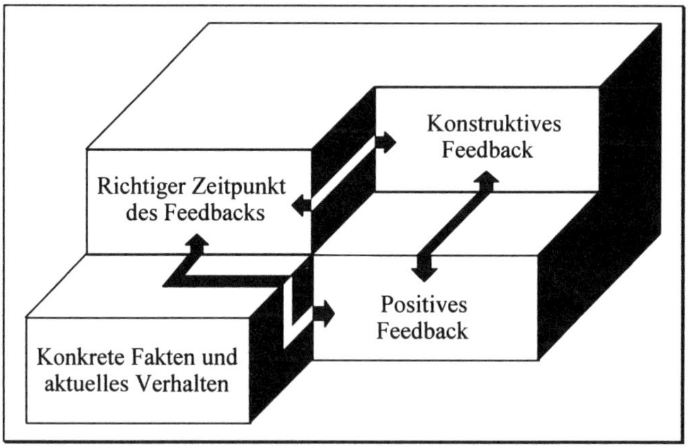


**Abb. 63:** Vier Regeln zum Feedback

- **Konstruktives Feedback:** Aufbauendes Feedback, kein Abreagieren des eigenen Ärgers. Ziel ist Verhaltensänderung, keine nachträgliche Schuldzuweisung.
- **Wahl des richtigen Zeitpunkts für das Feedback:** Möglichst nah an der betreffenden Aktivität, nicht zum Projektende.

- **Positives Feedback:** Aktive Suche nach Gelegenheiten und Beispielen, um das erzielte/gewünschte Verhalten zu bewirken und entsprechend positiv zu kommentieren. Verstärken von positivem Verhalten, nicht Nachkarten von Vorwürfen.
- **Konzentration auf konkrete Fakten und aktuelles Verhalten:** Gegenstand ist aktuelles Verhalten, keine Charakteranalyse. Besprechung von Fakten, nicht der Persönlichkeit.

Durch gewisse Normen in unserer Kultur, die das Vermitteln persönlicher Gefühle gegenüber anderen hemmen, wird das Feedback ebenso erschwert wie durch die Befürchtung, dass der Empfänger von Feedback gereizt reagiert und so die Beziehung verschlechtert wird. Weitere Hemmnisse bestehen in:

- Befürchtungen von Sanktionen seitens des Feedback-Empfängers.
- Befürchtungen, dass das Feedback missverstanden wird.
- Unsicherheit über das "richtige" Feedback-Geben.
- Angst, dass der Empfänger das Feedback nicht verkraftet.

Dennoch ist das Feedback die wahrscheinlich wichtigste Möglichkeit zur Kommunikationsverbesserung, da es hilft, unbeabsichtigte Verhaltensweisen zu korrigieren bzw. erwünschte Verhaltensweisen zu bestärken und dazu beiträgt, die Beziehungen zwischen Personen zu klären. Feedback ermöglicht es, voneinander zu lernen und ist der beste Weg, seine Selbsteinschätzung mit den Einschätzungen anderer zu vergleichen. Voraussetzung für diese positiven Aspekte und die Wirksamkeit des Feedback ist jedoch das gegenseitige Vertrauen zwischen den jeweils betroffenen Kommunikationspartnern.

## 2.6.7 Gespräche als Mittel der Mitarbeiterkommunikation

Ein Großteil der Führungsaufgaben wird mittels Gesprächen wahrgenommen. Aus einer Steigerung der Wirksamkeit dieses Führungsmittels resultiert daher eine direkte und unmittelbare Verbesserung der Gesamteffizienz der Führung. Ein offenes Gespräch fördert die Zusammenarbeit, lässt Verständnis für die Probleme anderer entstehen und ist Grundlage für gegenseitiges Vertrauen. Nach dem Gesprächszweck unterscheidet man:

- **Allgemeine Unterhaltung**: Hierbei wird kein konkreter Betriebszweck verfolgt. Es werden sowohl betriebliche wie außerbetriebliche Sachverhalte angesprochen.
- **Aufträge, An- und Unterweisungen**: Hier steht der konkrete Betriebszweck im Vordergrund, z.B. die Erledigung einer Aufgabe.
- **Informative Gespräche** dienen der Übermittlung von betrieblichen Zuständen. Dabei kann die Information von unten nach oben laufen, etwa die Kontrolle über den Stand einer Arbeit, oder aber von oben nach unten, wie beispielsweise die Information über personelle Veränderungen oder die Wirtschaftlichkeit einer Abteilung.
- **Beratende Gespräche**, in denen der Vorgesetzte den Mitarbeiter bei der Arbeitsausführung berät oder sich von seinen Mitarbeitern bei Arbeitsproblemen beraten lässt.

Eine weitere Unterscheidung kann nach der Art des Gesprächs erfolgen. Es werden bei der Mitarbeiterkommunikation zwei Arten von Gesprächen unterschieden: das Mitarbeitergespräch (persönliches Gespräch) und das Gruppengespräch (Besprechung).

## (1) Das Mitarbeitergespräch

Bei dem Mitarbeitergespräch handelt es sich um ein Gespräch zwischen Mitarbeiter und Vorgesetztem unter vier Augen. Beim periodisch stattfindenden persönlichen Gespräch erörtert der Vorgesetzte wichtige Entscheidungstatbestände bzw. bedeutsame Vorgänge im Arbeitsablauf seines Tätigkeitsbereiches. Es werden die Arbeitssituation, die persönlichen und sachlichen Leistungsvoraussetzungen, die gegenseitige Aufgabenverteilung und das Kooperationsverhalten der Partner zueinander besprochen.

Durch dieses Gespräch wird die Initiative und das Mitdenken des Mitarbeiters zur Entscheidung bzw. Willensbildung des Vorgesetzten genutzt. Außerdem kann der Vorgesetzte auch die Motive und die Einstellung seiner Mitarbeiter zuverlässig kennenlernen. Durch das Mitarbeitergespräch kann der Mitarbeiter die Entscheidungen des Vorgesetzten besser verstehen, hierzu Stellung nehmen und Alternativvorschläge entwickeln.

Für das Vorgehen bei Mitarbeitergesprächen sollten folgende Aspekte berücksichtigt werden:

**Die Vorgehensweise bei Mitarbeitergesprächen**

1. Das Gespräch sollte möglichst getrennt vom Arbeitsplatz und stets unter vier Augen durchgeführt werden.
2. Bei Gesprächsbeginn sollte zunächst der Kontakt zum Mitarbeiter hergestellt und eine entspannte Atmosphäre geschaffen werden.
3. Das Gesprächsthema muss gekennzeichnet, Inhalt und Sinn herausgearbeitet werden.
4. Der Mitarbeiter soll zum selbständigen Denken angeregt werden und möglichst viele seiner persönlichen Erfahrungen einbringen können.
5. Frühzeitiges Bewerten und Einbringen von Kritik sollte vermieden werden, um den Mitarbeiter nicht zu demotivieren.
6. Die eigene Meinung nicht an den Gesprächsbeginn stellen. Ebenso sollte nicht Stellung genommen werden, bevor der Mitarbeiter ausgesprochen hat.
7. Am Ende des Gesprächs eine Ergebniszusammenfassung durchführen.

**Abb. 64:** Die Vorgehensweise bei Mitarbeitergesprächen

Anlässe für ein Mitarbeitergespräch sind:

- Ein neuer Mitarbeiter wird eingeführt. Der Neue fühlt sich zwangsläufig unsicher. Diese Unsicherheit kann der Vorgesetzte abbauen, wenn er mit dem neuen Mitarbeiter ein persönliches Gespräch führt.
- Ein Mitarbeiter wird beurteilt. Zur Beurteilung gibt es viele Anlässe. Jeder Mitarbeiter hat ein Recht, zu erfahren, wie er von seinem Vorgesetzten beurteilt wird.

- Ein Mitarbeiter soll befördert werden. In einem Gespräch kann festgestellt werden, ob er sich der neuen Aufgabe gewachsen fühlt und welche Entwicklungsmaßnahmen evtl. erforderlich sind.
- Ein Mitarbeiter wird kritisiert. Zur richtigen Kritik gehört in jedem Fall das Gespräch unter vier Augen.
- Ein Mitarbeiter wird umgesetzt. Mitarbeiter können für Umsetzungen leichter gewonnen werden, wenn sie in einem persönlichen Gespräch darauf vorbereitet werden.
- Ein Mitarbeiter kündigt. Nur in einem persönlichen Gespräch kann der Vorgesetzte die wahren Gründe für die Kündigung in Erfahrung bringen.

Je nach Persönlichkeit eines Gesprächspartners lassen sich manchmal besonders ausgeprägte Verhaltensmuster feststellen, denen man dann mit geeigneten Führungsmaßnahmen zu begegnen versucht. Einige solche Fälle sind hier aufgeführt:

| Verhaltensmuster | zeichnet sich aus durch | Führungsmaßnahmen |
|---|---|---|
| Der Bösartige | Fühlt sich schnell angegriffen. | Persönliches weglassen und sachlich bleiben. |
| Der Alleswisser | Weiß alles und jedes besser. | Ihn bitten, auch die andere Seite zu sehen. Nicht zu sehr loben. |
| Der Schwätzer | Redet häufig ohne Ende. | Höflich unterbrechen und Beitrag zusammenfassen. |
| Der Schüchterne | Traut sich nicht, seine Meinung zu sagen. | Mit zunächst einfachen Fragen zu Äußerungen motivieren. Häufiger loben. |
| Der Widerspenstige | Hat häufig Bedenken, ist gegenüber Neuem unaufgeschlossen. | Zu konkreten Vorschlägen auffordern. |
| Der Desinteressierte | Beteiligt sich so gut wie nicht. | Ihn nach seiner Meinung fragen und das Gefühl vermitteln, wichtig zu sein. |
| Der Hochnäsige | Beteiligt sich kaum, kritisiert aber hinterher das Gesprächsergebnis. | Beim Gespräch sich festlegen lassen. |
| Der Vorsichtige | Legt sich nicht gern fest. | Ihn bitten, seine Meinung klar darzulegen. |
| Der Positive | Ist ein guter Gesprächspartner und sucht gemeinsam nach Lösungen. | Ok. |

**Abb. 65:** Verhaltensmuster und Führungsmaßnahmen

Eine allgemeine Handlungsempfehlung für die Vorgehensweise bei der Durchführung von Mitarbeitergesprächen kann es nicht geben, da diese von der jeweiligen Situation, von der Einstellung des jeweiligen Mitarbeiters und auch vom Verhältnis Führungskraft-Mitarbeiter abhängig ist.

Das Ziel von Mitarbeitergesprächen ist letztlich die Wiederherstellung bzw. Förderung der Leistungsbereitschaft und Zufriedenheit der Mitarbeiter. Die Vorgehensweise muss daher im Einzelnen an diesem Ziel gemessen werden.

Die folgende Checkliste zeigt Anhaltspunkte und Anregungen zur Verbesserung von Gesprächen durch einen systematischen Aufbau und eine gezielte Vorbereitung:

| **Checkliste Gesprächsführung** | |
|---|---|
| **1. Inhalt** | Was will ich mit dem Gespräch erreichen?<br>Was ist für mich - unumstößlich?<br>- diskussionsfähig?<br>- verhandelbar?<br>Wo sehe ich inhaltlich/ emotional die größten Schwierigkeiten? |
| **2. Umstände** | Raum vorbereiten<br>Störungen ausschalten<br>Gesprächszeit festlegen |
| **3. Einstellung** | Ich will verstehen, was der andere mir sagt<br>Ich will auf Angriffe/ Konter verzichten<br>Ich will ohne Vorurteile ins Gespräch gehen |
| **4. Gesprächseröffnung** | Dem Partner zuwenden, Blickkontakt herstellen<br>Anlass, Dauer und Ziel des Gesprächs nennen bzw. vereinbaren. |
| **5. Gesprächsführung** | Zuhören, Sicht des Partners erfragen<br>Gemeinsames Ordnen der Informationen<br>Prioritäten setzen, bewerten, gewichten<br>Gemeinsam Lösung festlegen<br>Kontrollzeitraum festlegen |

**Abb. 66:** Checkliste zur Gesprächsvorbereitung und -führung

Eine sehr erfolgreiche Methode, Mitarbeiter zum offenen Sprechen bei Arbeitsproblemen, Beschwerden, Kritikgesprächen usw. zu bewegen ist die **Nichtdirektive Gesprächsführung**. Hierbei wird das Thema nur kurz angedeutet und dem Mitarbeiter im Wesentlichen die Gesprächsführung überlassen. Der Vorgesetze unterlässt jede Behauptung oder Feststellung und beschränkt sich auf das Fragen oder besser Hinterfragen. In diesem Zusammenhang gilt die Regel:

**"Wer (richtig) fragt, der führt!"**

Seine Meinung stellt der Vorgesetze zurück. Er widerspricht nicht direkt, sondern baut bewusst "Puffer" ein. Beispiele sind:

- Er macht eine Gesprächspause und zeigt sich nachdenklich. Häufig kommt vom Mitarbeiter selbst ein neuer Vorschlag.
- Er verneint nicht sofort, sondern verhält sich "neutral" (keine Zustimmung, keine Ablehnung).
- Er stellt statt zu widersprechen eine Rückfrage (z.B.: "Was ist der Grund für Ihre Meinung?").
- Er achtet bei einem widersprechenden Mitarbeiter auf sogenannte "Einsichtssignale", auf die er ansprechen kann, statt die Argumente des Mitarbeiters zu widerlegen.

Die folgende Abbildung zeigt die Vor- und Nachteile der nichtdirektiven Gesprächsführung:

| Nichtdirektive Gesprächsführung | |
|---|---|
| **Vorteile:** | **Nachteile:** |
| • Der Mitarbeiter ist aktiver und redefreudiger, er wird "aus der Reserve gelockt".<br>• Er ist zufriedener, weil er sich aussprechen und seine Meinung offen äußern kann.<br>• Er steht nicht unter Zeitdruck und kann besser mitdenken.<br>• Der Vorgesetzte erhält mehr Informationen. | • Das Gespräch kann länger dauern und schneller ins Unwichtige abgleiten.<br>• Der Gesprächspartner erkennt nicht, was man von ihm will. Es entsteht dann der Eindruck von Unsicherheit des Vorgesetzten. |

**Abb. 67:** Vor- und Nachteile der nichtdirektiven Gesprächsführung

Ungeeignet für die nichtdirektive Gesprächsform sind Anweisungen, Aufträge, Unterweisungen, Informationen und Auskünfte.

## (2) Die Besprechung

Besprechungen werden im Unterschied zu Mitarbeitergesprächen mit mehreren Mitarbeitern gleichzeitig geführt. Sie dienen der möglichst schnellen und gleichzeitigen Kommunikation, wollen also die Information sowohl von oben nach unten wie auch von unten nach oben sicherstellen.

Ziel der Kommunikation in der Form der Besprechung ist, eine Gruppe von Mitarbeitern im Hinblick auf einen bestimmten zu erreichenden Zustand zu überzeugen, zu aktivieren und zu motivieren. In Besprechungen geht es inhaltlich um Arbeitsbesprechung, Entscheidungsvorbereitung und Problemermittlung.

- In der **Arbeitsbesprechung** gibt der Vorgesetzte selbst Informationen und vermittelt eigene Vorkenntnisse. Das Gruppengespräch soll sicherstellen, dass die Information ankommt und verarbeitet werden kann.

- Bei der **Entscheidungsvorbereitung** geht es um Probleme, die nur gemeinschaftlich gelöst werden können und bei denen das Vorwissen des Vorgesetzten nicht mehr ausreicht. Aus der Sicht der Arbeitserfahrung können und sollen die Mitarbeiter beitragen.
- Bei der **Problemermittlung** hält sich der Vorgesetzte zurück. Er stimuliert und fordert zu möglichst vielen Beiträgen auf. Er kritisiert und korrigiert Äußerungen möglichst nicht.

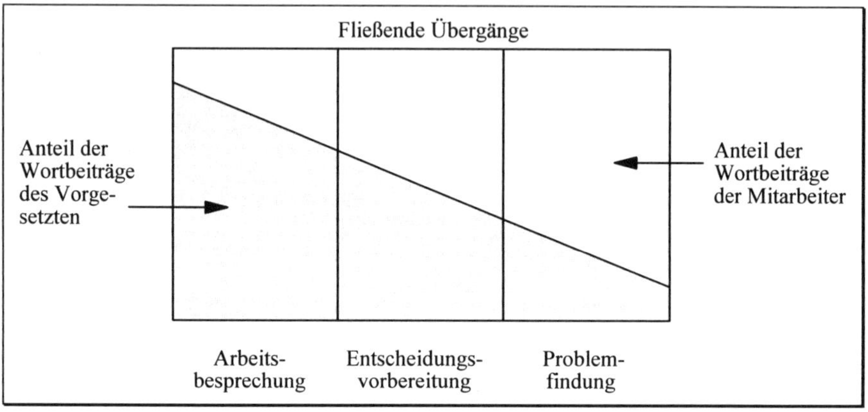


**Abb. 68:** Anteil der Wortbeiträge in Gruppengesprächen

Die Besprechung bedarf i.d.R. einer intensiveren Vorbereitung, als dies bei einem Mitarbeitergespräch der Fall ist. Die folgende Abbildung zeigt die erforderlichen Schritte zur Organisation einer Besprechung:

| **Organisation und Rahmenbedingungen der Besprechung** | | | |
|---|---|---|---|
| **Raum** | ausreichende Größe<br>gute Belüftung<br>ruhige Lage | **Termin** | günstiger Zeitpunkt<br>rechtzeitige Bekanntgabe<br>möglichst regelmäßig |
| **Sitzordnung** | jeder muss jeden gleich gut sehen können 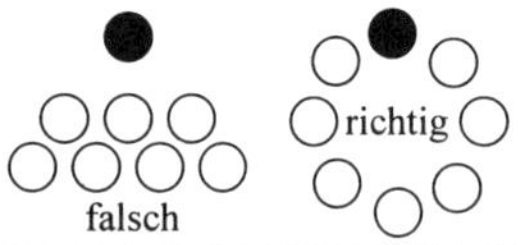  | **Zeitstruktur** | Dauer festlegen (realistisch, aber nicht zu lang)<br>Pausen vorsehen<br>pünktlich beginnen und ebenso pünktlich enden |
| **Hilfsmittel/ Medien** | Flip-Chart, Metaplan<br>Overhead-Projektor<br>Dia- oder Videogerät<br>Tafel | **Störungsfreiheit** | keine Telefonate<br>keine Besuche |
| | | **Einladung** | schriftlich, mit Angabe von Inhalt und Dauer |

**Abb. 69:** Organisation und Rahmenbedingungen der Besprechung

Auch bei der Durchführung einer Besprechung ist es sinnvoll, einen bestimmten Abfolgeplan einzuhalten:

1. **Erledigungscheck:** Zu Beginn des Gespräches ist eine "Standortbestimmung" sinnvoll, bei der die aktuelle Situation dargelegt wird und ein Statusbericht bezüglich früherer Vereinbarungen erfolgt.
2. **Protokollführung:** Es wird geklärt, wer das Protokoll anfertigt und welchen Inhalt es haben soll (z.B. auf was man sich geeinigt hat und wer bis wann was zu tun hat).
3. **Inhaltsbestimmung:** Die Inhalte der Tagesordnung werden genau festgelegt, ggf. geprüft und ergänzt oder korrigiert.
4. **Umfangsbestimmung:** Es wird exakt festgelegt bzw. vereinbart, in welchem Umfang die einzelnen Punkte behandelt werden, z.B.
   - ob nur ein Statement abgegeben werden soll,
   - die Meinung aller Anwesenden gehört werden soll,
   - eine Diskussion stattfinden soll,
   - oder ob eine gemeinsame Entscheidung gefällt werden soll.
5. **Prioritäten:** Es müssen klare Prioritäten gesetzt werden, die auch die Reihenfolge der Tagesordnung bestimmen (Dramaturgie).

## 2.7 Kommunikatives Gruppenmanagement

Gruppenbildung ist im Unternehmen immer dann erforderlich, wenn die zu bewältigende Aufgabe von ihrer Quantität oder Qualität her von Einzelnen nicht mehr erfüllt werden kann. Dies ist z.B. dann der Fall, wenn

- kreative Lösungen gefunden werden müssen,
- Kompetenzen, Erfahrungen und Informationen auf verschiedene Personen oder Gruppen verteilt sind,
- Entscheidungen von mehreren Personen voll getragen oder Aktionen von einer Gruppe vorbereitet und durchgeführt werden müssen.

Die menschlichen Gründe, die zur Gruppenbildung führen, lassen sich aus der sozialen Natur des Menschen erklären: seinem Bedürfnis nach Kontakt und sozialer Anerkennung. Wichtig und möglicherweise problematisch ist das Phänomen Gruppe deshalb, weil aus den Kommunikations- und Abstimmungsprozessen innerhalb der Gruppe Verhaltensweisen entstehen, die sich nicht einfach als eine Addition der Verhaltensweisen einer Mehrzahl von Individuen erklären lassen.

Die Zusammensetzung von Gruppen erfolgt sinnvollerweise nicht nach hierarchischen Gesichtspunkten, sondern nach sachlich-funktionalen Aspekten (z.B. Betroffenheit, Informationsstand, Fachkompetenz).

Das hauptsächliche Arbeitsforum von Gruppen ist das Gruppengespräch (Sitzung, Meeting, Konferenz). Die Leitung solcher Gruppengespräche besteht hauptsächlich darin, die unterschiedlichen Interessen und Meinungen der Teilnehmer zu erfassen, zu koordinieren und möglichst aufeinander abzustimmen. Ein wesentliches Merkmal von Gruppen ist hierbei, dass die Teilnehmer (unabhängig von ihrer hierarchischen Stellung) in der Gruppe gleichberechtigt sind.

Um die Leistungsfähigkeit einer solchen Gruppe zu gewährleisten bzw. zu optimieren, müssen verschiedene Dimensionen der Zusammenarbeit berücksichtigt werden:

- **Inhaltliche Dimension:** Die richtigen Aufgaben müssen den richtigen Leuten übertragen werden.
- **Methodische Dimension:** Die Vorgehensweise bei der Problemlösung muss auf die Gruppenzusammensetzung abgestimmt werden.
- **Interaktionelle Dimension:** Die Art und Weise, wie die Gruppenmitglieder miteinander umgehen, bestimmt das Arbeitsklima und damit die Leistung der Gruppe.

Da sich diese Elemente gegenseitig beeinflussen, können Störungen auf einer Ebene sich negativ auf die anderen Ebenen auswirken. Umgekehrt lassen sich jedoch Defizite in einer Ebene nur unvollständig durch ein besonderes Engagement auf den anderen Ebenen ausgleichen.

## 2.7.1 Kommunikationsnetze

Die Kommunikationsprozesse in einer Gruppe werden durch deren Strukturen beeinflusst. Die Kommunikationsstruktur innerhalb einer überschaubaren Gruppe aus mehreren Personen weist differenzierte Formen auf. Hierbei dominieren in der Regel die vier dargestellten Kommunikationsnetze:

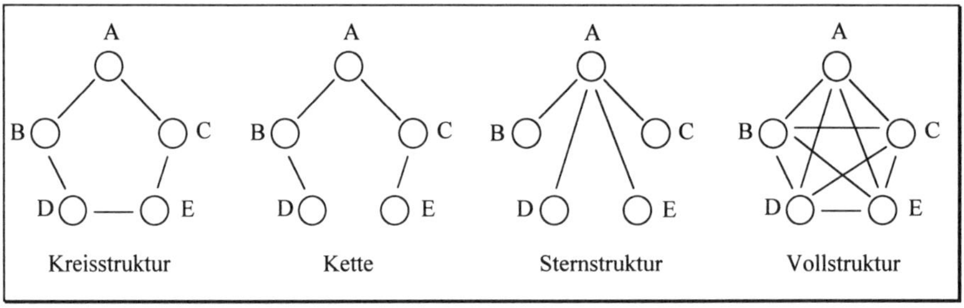


**Abb. 70:** Kommunikationsnetze in einer Gruppe

- Bei der **Kreisstruktur** ist die Anzahl der zulässigen Kommunikationswege für den Einzelnen auf die Kontakte zu seinen unmittelbaren Nachbarn reduziert, die somit zur Übermittlung seiner Informationen an die anderen Angehörigen der Gruppe als Relaisstation dienen müssen. Eine intensive Kommunikation, die über die Grenzen der reinen Informationsübermittlung reichen soll, ist nur mit dem unmittelbaren Kommu-nikationspartner möglich. Die symmetrische Kommunikation in Form von Dialog und Interaktion bleibt somit stets auf wenige Gruppenteilnehmer beschränkt.
- Bei der **Ketten-Struktur** durchläuft die Kommunikation kettenförmige Wege mit dem Entscheidungsträger im Mittelpunkt. Für Informationen verschiedenener Art müssen die Kommunikationswege die Grenzen der jeweiligen Organisationseinheit überschreiten.
- Die **Sternstruktur** repräsentiert das Minimum an Kommunikationsbahnen zur Verbindung mehrerer Gruppenmitglieder. Ein Gruppenmitglied verfügt über direkte Wege

zu allen übrigen (Informationsmonopol), die selbst keine Möglichkeit der unmittelbaren Kontaktaufnahme haben. Das sternförmige Kommunikationsnetz führt daher im Hinblick auf die Informationssammlung und -bearbeitung zu einer Privilegierung des Gruppenmitgliedes in der Zentralposition, das daher als informaler Führer bezeichnet wird. Ein direkter Gedanken- und Erfahrungsaustausch ist für die Mitglieder kaum möglich. Das sternförmige Informationsnetz bietet keine Möglichkeit für die Ausübung einer breiten symmetrischen Kommunikation. Im Aufbau ähnelt es der Struktur der vertikalen oder hierarchischen Kommunikation.

- Die **Vollstruktur** entspricht dem aus der betrieblichen Organisationslehre bekannten freien oder ungebundenen Kommunikationssystem. In ihm kann jedes Gruppenmitglied mit jedem anderen in einen direkten Informationsaustausch treten. Die hohe Anzahl an Kommunikationspartnern ermöglichen ein hohes Maß an Informationsaustausch. Sie bietet aber auch die Gelegenheit, verschiedenartige Gespräche zu führen und personale und soziale Kommunikation zu betreiben. Das vollständige Netz bietet im Vergleich zur kreis- oder sternförmigen Struktur die beste Voraussetzung für häufige Kommunikation. Doch gerade weil im vollständigen Netz mehr Informationen ausgetauscht werden als in jedem anderen Netzwerk, entstehenden hier auch die größten Kommunikationsprobleme (Missverständnisse, Übertragungsfehler).

## 2.7.2 Problemlösung im Gruppengespräch

Das Gruppengespräch gliedert sich in drei Elemente, die mit Prozedur, Inhalt und Interaktion bezeichnet werden. Die Elemente bewirken, dass die Gruppe über einen bestimmten Zeitraum eine Entwicklung von der Problemerkennung über die Entscheidungsvorbereitung bis zur Zielfindung durchführt.

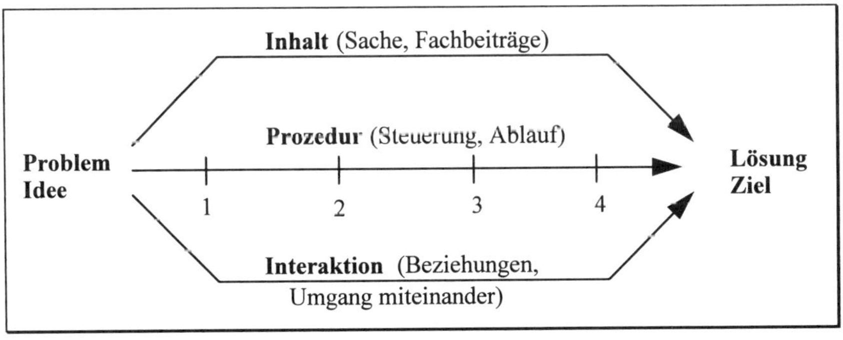


**Abb. 71:** Die drei Elemente des Gruppengespräches (NPI-Modell)

### (1) Der Inhalt

Der sachliche Inhalt des Gespräches stellt das erste Element des Gruppengesprächs dar. In Gruppen mit einer schwach ausgebildeten "Gesprächsfähigkeit" sollte man sich fast ausschließlich auf den inhaltlichen Aspekt des Gespräches konzentrieren, wobei die Gedankenfolge und das inhaltliche Ergebnis im Mittelpunkt stehen.

Für die effiziente Lösung der inhaltlich-sachlichen Problematik als Hauptbestandteil der Gruppenarbeit sind folgende Aspekte von Bedeutung:

- Die "richtigen" Leute für die jeweilige Aufgabenstellung müssen nach Kompetenz, Betroffenheit und Informationsstand ausgewählt werden.
- Die Gruppe muss mit den erforderlichen Mitteln und Kompetenzen ausgestattet werden.
- Es muss zwischen konkreten, eindeutigen und eher diffusen Aufgabenstellungen unterschieden werden. Daneben spielt es eine Rolle für die Gruppenzusammensetzung, ob die Aufgabe handlungs- und entscheidungsrelevant oder mehr philosophischer Natur ist.
- Der Gruppe muss die Bedeutung des Problems dargelegt werden, da sonst der Eindruck entstehen könnte, dass es sich bei der Arbeit um eine "Beschäftigungstherapie" handelt.

Nur wenn diese inhaltlichen Aspekte und die Zusammensetzung der Gruppe aufeinander abgestimmt sind, ist eine effiziente Problemlösung in Form der Gruppenarbeit möglich.

## (2) Die Prozedur

Das zweite Element des Gruppengespräches ist die Prozedur, die die Steuerung bzw. den chronologischen Ablauf des Gespräches festlegt. Mit der Prozedur sind somit die formellen Phasen des Gesprächs gemeint, die von der Fixierung bis hin zum Ergebnis des Gesprächs reichen.

Die Phasen werden als Planungsphase (1), Bildgestaltungsphase (2), Urteilsphase (3) und Entschlussphase (4) bezeichnet:

| **1 Planungsphase** | **2 Bildgestaltungs-phase** | **3 Urteilsphase** | **4 Entschlussphase** |
|---|---|---|---|
| Problemformulierung und -abgrenzung<br>Klärung von Kompetenzen und Informationsstand<br>Festlegen des Ziels | Sammeln von Daten und Fakten<br>Alle Aspekte im Zusammenhang erfassen<br>Wertungsfreie Beiträge, noch keine Lösungen | Ordnen, Abwägen und Bewerten der Fakten<br>Gegenüberstellung der Lösungsalternativen<br>Szenario der gewünschten Zukunft entwickeln | Festlegen einer optimalen Lösung<br>Akzeptanz der Lösung von allen Beteiligten<br>Festlegen von Aktionsplan und Kontrollen |
| Die Gruppe findet sich zusammen. | Alle Teilnehmer haben ein gemeinsames Bild vom Sachverhalt. | Gemeinsam akzeptierte Zielvorstellung und Lösungsalternativen | Gemeinsamer, von allen getragener Entschluss |

**Prozedur** →

**Abb. 72:** Die vier Phasen der Prozedur

### (3) Die Interaktion

Die Interaktion ist die wechselseitige Beeinflussung von Teilnehmern eines Gruppengesprächs hinsichtlich ihres Handelns und Verhaltens. In einer Gesprächssituation bewirken alle Beiträge der Teilnehmer auch Gefühlsreaktionen bei den Gesprächspartnern. Je nachdem, ob diese negativ oder positiv aufgenommen werden, erfolgt eine entsprechende Reaktion. Für den Gesprächsleiter können sich durch Interaktionen aufschlussreiche Hinweise auf den weiteren Gesprächsverlauf ergeben.

Das Gesprächsklima ist entscheidend von der Art der Interaktionen abhängig. Jeder Teilnehmer trägt auf seine persönliche Art zum Gesprächsklima bei. Vorteilhaft ist daher eine Gesprächsführung durch Fragen, um die Gesprächsteilnehmer zu aktivieren. Jeder Teilnehmer soll sich zu anstehenden Fragen äußern und eigene Gedanken vorbringen. Alle Beteiligten sollten den Mut aufbringen, sich auch einmal vom Gegenteil überzeugen zu lassen und sachlich vorgetragene, konstruktive Kritik ertragen können. Unsachlichkeit, Vorurteile und Aggressivität haben in Gruppengesprächen keinen Platz und sind zu unterbinden.

## 2.7.3 Gruppenprozess (von der Gruppe zum Team)

Ein wesentlicher Aspekt des kommunikativen Gruppenmanagements ist der Entwicklungsprozess (Gruppenprozess), den jede Gruppe durchläuft. Unter dem Gruppenprozess versteht man den Weg einer Gruppe zu ihrem Ziel im Wandel ihrer Beziehungen nach innen und nach außen.

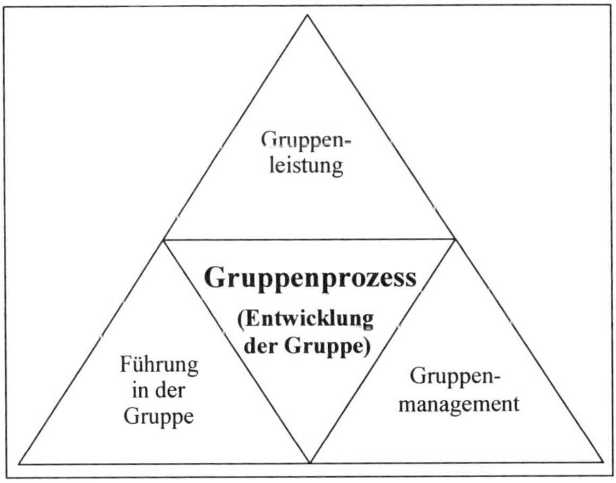


**Abb. 73:** Einflussfaktoren im Gruppenprozess

Jede Gruppe entwickelt sich auf zwei Ebenen: im Bereich der Arbeit (an der Gruppenaufgabe) und im Bereich der sozialen Struktur (durch Interaktion). Die Entwicklung der kommunikativen Fähigkeiten und damit der sozialen Struktur spielt eine entscheidende Rolle für die Leistungsfähigkeit der Gruppe. Vor allem, wenn Gruppen über längere Zeiträume zusammenarbeiten (z.B. Projektgruppen oder hierarchische Gruppen) gilt es, die Entwicklung dieser Gruppen bewusst zu machen und phasengerecht zu unterstützen.

| Phasen | Merkmale | Unterstützung |
|---|---|---|
| **Kennenlernphase** | • Wer sind eigentlich die anderen?<br>• Wie werde ich ankommen?<br>• Muss ich Angst haben oder werde ich mich wohlfühlen? | • Eis brechen<br>• Kontakte schaffen<br>• Ankommen ermöglichen |
| **Orientierungsphase** | • Was ist das Thema?<br>• Wie wollen wir arbeiten?<br>• Will ich überhaupt mitmachen?<br>• Unterschiedliche Erwartungen und Interessen, erste Prioritätendiskussion | • Informationen geben, Entspannung schaffen<br>• Erwartungen erfragen, Vielfalt zulassen, Strukturen anbieten<br>• Ziele verdeutlichen bzw. erarbeiten |
| **Machtkampfphase** | • Wer hat hier was zu sagen?<br>• Selbstdarstellung<br>• Macht- und Interessenkonflikte, Kampf um die eigene Position<br>• Status und Identität | • Möglichkeiten zur Konfliktlösung anbieten |
| **Organisationsphase** | • Wer tut was?<br>• Machtpositionen und Rollen geklärt; Spielregeln, Normen, Standards formuliert<br>• Ziele, Aufgaben und Aufgabenverteilung geregelt | • Rollenanalysen und Erwartungsaustausch ermöglichen<br>• Stärken und Schwächen analysieren, Funktionen zuordnen |
| **Produktionsphase** | • Wir-Gefühl, Leistung, Kreativität, Zufriedenheit<br>• Arbeit, Geschäftigkeit, Energie<br>• Öffnung nach außen<br>• Freude durch Arbeit am Thema und Erfolge | • Moderation und Führung<br>• System-Umwelt<br>• Arbeitsmethoden anbieten<br>• Konfliktmanagement |
| **Auflösungsphase** | • Energieverlust (Auftrag erfüllt)<br>• Distanzierung<br>• Formeller Umgang, Sentimentalität | • Reflexion<br>• "Trauerarbeit"<br>• Transfer (neue Situation) |

**Abb. 74:** Entwicklungsphasen in der Gruppe/ Team[127]

Die Steuerung des Gruppenprozesses kann seitens des Leiters oder der Teilnehmer durch Interventionen erfolgen, die unterschieden werden können nach Ebene (individuell, institutional), Typ (begrifflich, erfahrungsorientiert) und Intensität (hoch, mittel, niedrig dosiert). Durch Feedback kommt es im Gruppenprozess zu einer fortschreitenden Rückkopplung aller Teilnehmer.

---

[127] Vgl. Henning, K./Marks, S.: Kommunikations- und Organisationsentwicklung, 2. Aufl., Aachen 1992, S. 76.

## 2.7.4 Selbst- und Fremdwahrnehmung im Gruppenprozess

Die Aufstellung in der obigen Abbildung zeigt, dass der Gruppenprozess (insbesondere in seinen sozialen und kommunikativen Aspekten) durch Veränderungen der Selbst- und Fremdwahrnehmung gekennzeichnet ist. Dies ist wichtig, weil die Arbeitsfähigkeit, die Leistung und die Effizienz einer Gruppe stark von der Vertrautheit der Mitglieder untereinander abhängen. Ein Hilfsmittel zur Analyse und zur Verbesserung der Teamsituation und -kommunikation stellt das sog. **Johari-Fenster** dar.[128] Das Johari-Fenster ist ein einfaches graphisches Modell, das die Veränderungen von Selbst- und Fremdwahrnehmung im Verlaufe eines Gruppenprozesses darstellt.

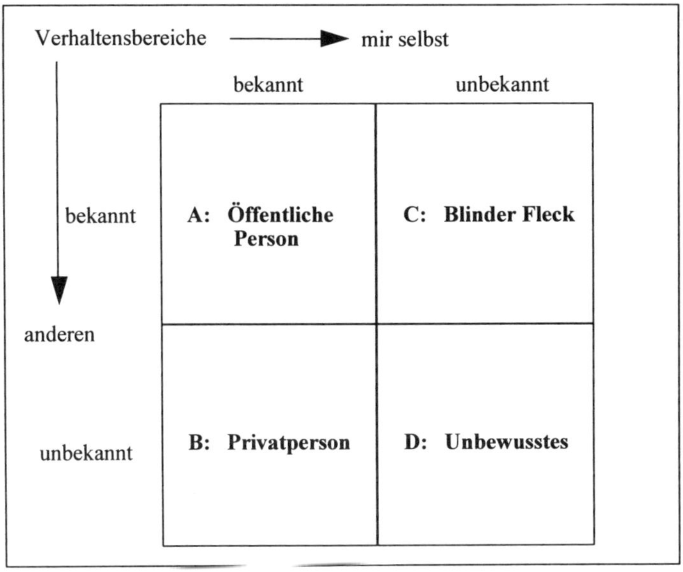


**Abb. 75:** Grundmodell des Johari-Fenster

Die vier Quandranten des Fensterkreuzes bilden jeweils die unterschiedlichen Bewusstseinsbereiche eines Interaktionspartners ab:

**A. Öffentliche Person:** Der Bereich der freien Aktivität, der öffentlichen Sachverhalte und Tatsachen. Das Verhalten und die Motive sind mir bekannt und für andere wahrnehmbar.

**B. Privatperson:** Das Verhalten und die Motive sind mir bekannt und bewusst, werden aber anderen nicht bekannt gemacht.

**C. Blinder Fleck:** Das Verhalten ist für andere sichtbar und erkennbar, mir selbst jedoch nicht bewusst (Verdrängtes und unbewusste Gewohnheiten).

**D. Unbewusstes:** Es wird im Bereich der Psychologie Unterbewusstsein genannt. Es wird in betrieblichen Trainingsgruppen nicht bearbeitet.

---

[128] Die Bezeichnung "Johari"-Fenster ist ein Anagramm, das sich aus den Vornamen der beiden Autoren Joe Luft und Harry Ingham ableitet.

Bei Menschen, die sich kaum kennen, etwa bei den Mitgliedern einer neuen Gruppe, ist die öffentliche Person (Quadrant A) naturgemäß sehr klein. Es gibt zwischen ihnen nur wenige freie und spontane Aktivitäten; man ist zunächst misstrauisch. Erst nach und nach wächst die Bereitschaft zu mehr Offenheit einerseits und zu mehr Rückkopplung (Feedback) andererseits. Die Beteiligten werden freier und offener in ihren Beziehungen. Sie sind eher bereit, sich so zu verhalten, wie sie wirklich sind, ihre Schutzwälle abzutragen und auch andere so wahrzunehmen, wie diese wirklich sind.

Durch mehr Offenheit wird die Privatperson (Quadrant B) kleiner, durch mehr Zuhören und durch aufmerksames Wahrnehmen wird der blinde Fleck kleiner. In beiden Fällen wird die öffentliche Person größer. Das ist die beste Voraussetzung dafür, zu einem produktiven Informationsaustausch zu kommen. Je größer die öffentliche Person wird, desto weniger erscheint es uns notwendig, Gedanken oder Gefühle zu verbergen. Mehr Rückkopplung und mehr Offenheit helfen, das Wissen übereinander zu vergrößern. Wir müssen uns aber davor hüten, durch einseitige Offenheit und Feedback neue oder zusätzliche Probleme zu schaffen.

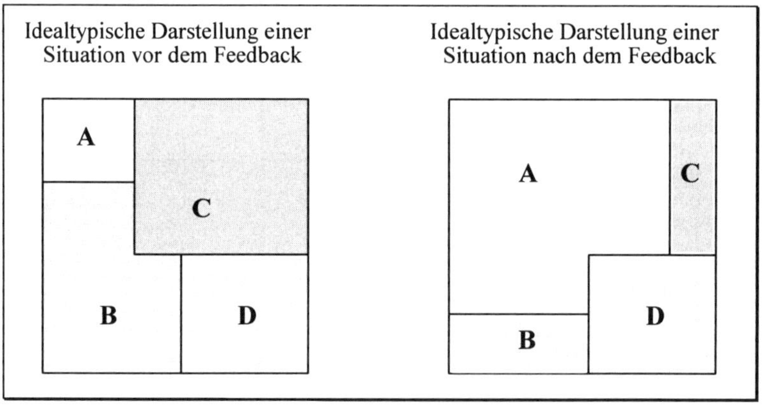


**Abb. 76:** Auswirkungen von Feedback

Die Erkenntnisse, die sich aus dem Johari-Fenster für die leistungsgerechte Führung einer Gruppe ergeben, lassen sich also in der Forderung nach einem konstruktiven Feedback zusammenfassen. Die Ziele, die mit Hilfe des Feedback-Prozesses erreicht werden können, sind: Quadrant B und C zu verringern und Quadrant A zu vergrößern. Das bedeutet die Verschiebung der Grenzen dessen, was der Bearbeitung zugängig ist, und damit eine Erweiterung der freien Aktivität des Einzelnen. Blinde Flecken werden dadurch aufgehellt.

## 2.7.5 Gruppenprobleme - Ursachen und Maßnahmen

Die Verantwortlichen, die eine Arbeitsgruppe zusammengestellt haben, verfolgen ein bestimmtes Teilziel. Die Arbeitsgruppe soll sich in einem Zeitraum zu einem Hochleistungsteam entwickeln. Das ist nicht immer ohne Probleme zu bewältigen. Die Gruppenleiter sollten daher rechtzeitig die Signale für mögliche Gruppenprobleme erkennen bzw. beschreiben und nach bestimmten Kriterien beurteilen. Die folgenden Beispiele zeigen eine Auswahl von typischen Gruppenproblemen:

- Gruppenmitglieder halten sich nicht an den Zeitplan. Sie erscheinen unpünktlich zum Gruppengespräch. Sie beteiligen sich nicht an der gemeinsamen Diskussion.
- Die Gruppenmitglieder identifizieren sich nicht mit dem Projektziel bzw. mit dem Arbeitsergebnis. Es ensteht eine Gleichgültigkeit gegenüber dem Projekt.
- Es besteht wenig Kontakt zwischen den Gruppenmitgliedern.
- Es erfolgen gegenseitige Schuldzuweisung.

Bei dieser Aufzählung einzelner Gruppenprobleme stellt sich die Frage, woraus diese Schwierigkeiten resultieren. Hier spielen insbesondere die erwähnte Interaktion, der damit verbundene Prozess der Gruppenbildung und Gruppenentwicklung und die Kommunikation eine große Rolle. Einige Beispiele sollen verdeutlichen, wie mögliche Ursachenfaktoren für Gruppenprobleme aussehen können:

- **Unklare Ausrichtung/Zielsetzung**
  - Unangemessene oder schlecht definierte Ziele
  - Irrtümliche Annahme, jeder in der Gruppe hätte dasselbe Verständnis von der Zielsetzung
  - Unausgesprochene Differenzen im Gruppenverständnis und in der eigenen Gruppenrolle
- **Unzureichende und unterschiedliche Beteiligungen an der Gruppenarbeit**
  - Mangelnde Mitarbeit und unterschiedliches Engagement als Konfliktquelle zwischen Gruppenmitgliedern
  - Problemdiskussion über persönlichen Stil anstatt über Leistungsziele
  - Mangelndes gegenseitiges Vertrauen
- **Mangel an Kompetenz in kritischen Aufgabenbereichen**
  - Kompetenzlücken bei der Gruppenzusammenstellung
  - Dauerhafte Kompetenzdefizite ohne Bereitschaft zur Know-how-Ergänzung
- **Unzureichende interne Unterstützung**
  - Interner Kampf in der empfindlichen Startphase kann zu Rivalitäten und Profilierungsbedarf einzelner Gruppenmitglieder führen
  - Mangelnde interne Koordination der Gruppenarbeit, d.h. jedes Problem im Projektverlauf kann zum kritischen Stolperstein werden

Aus der Perspektive der Führungproblematik ist vor allem interessant, wie die Gruppenumwelt auf deren Zusammenhalt regelmäßig einwirkt. Das Management bzw. der Vorgesetzte sollte nicht zu Maßnahmen greifen, die zu einer Erhöhung des internen Wettbewerbs der Gruppenmitglieder untereinander führen könnten (z.B. Leistungslöhne, Prämien, unterschiedliche Arbeitsbedingungen).

Gerade hier sollte das Vorgesetztenverhalten bzw. das Verhalten des Führers sich wandeln. In gemeinsamen Schritten sollten die nachfolgend beschriebenen Maßnahmen zur Lösung von Gruppenproblemen erarbeitet werden:

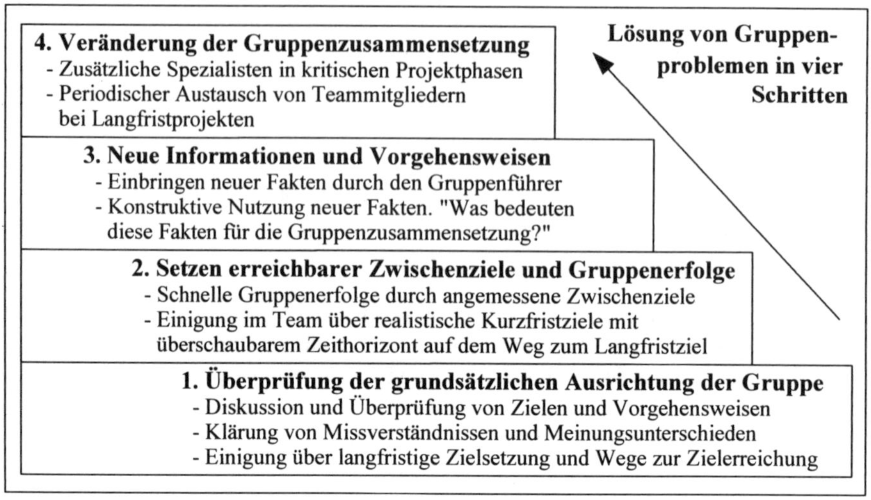


**Abb. 77:** Vier Schritte zur Lösung von Gruppenproblemen

## 2.7.6 Moderation in Gruppen

Ein Charakteristikum für die Problemlösung in Form von Gruppenarbeit ist, dass die Teilnehmer nicht oder nur unzureichend bereit sind, sich von ihren gewohnten Denk- und Verhaltensweisen zu trennen. So ver(sch)wenden sie häufig einen Großteil ihrer Energie darauf, alle Informationen für sich "passend" einzuordnen oder auszufiltern. Dies führt zu den oben angesprochenen Gruppenproblemen und zu einer mangelhaften Teameffektivität.

Dies steht jedoch im Widerspruch zu den Zielen und Möglichkeiten der Zusammenarbeit in Gruppen und Teams:

- Schaffung eines gemeinsamen Problembewusstseins
- Kooperative Meinungsbildung, Entscheidungen und Aktionen
- Ausgleich von Informationsgefällen; Lerneffekt durch Erfahrungsvermittlung
- Zielorientierter Gesprächsverlauf, effiziente Ressourcennutzung (Zeit-Nutzen-Verhältnis)
- Kreativität und Innovationsfreudigkeit, Synergieeffekte
- Interessante und lebendige Gestaltung der Arbeitsabläufe (Motivation durch Verantwortung und Kompetenz)

Ungesteuerte Gruppen erreichen diese Ziele nur selten, hierarchisch gelenkte Gruppen so gut wie nie. Eine mögliche Lösung ist die **Moderation**. Der Moderator hat die Aufgabe, die Gruppenmitglieder bei einer problemorientierten und gemeinschaftlichen Lösungsfindung methodisch zu unterstützen. Dazu ermöglicht und fördert er den kooperativen Meinungs- und Willensbildungsprozess in der Gruppe, ohne jedoch inhaltlich einzugreifen oder zu steuern. Zweck der Moderation ist:

- Eine Freisetzung psychischer Energien durch das methodische Aufbrechen der "Ordnung", die in eingefahrenen Gruppen für Ineffizienz sorgt.
- Die Kanalisation dieser Energien in Richtung Problemlösung zu bewirken, indem ein gemeinsames Problembewusstsein geweckt und modellhaft gruppenkonforme Verhaltensalternativen aufgezeigt werden.

Die Moderation bzw. die Führung einer Gruppe hat grundsätzlich die Erhöhung der Teameffektivität zum Ziel. Diese Teameffektivität ist von mehreren Faktoren abhängig:

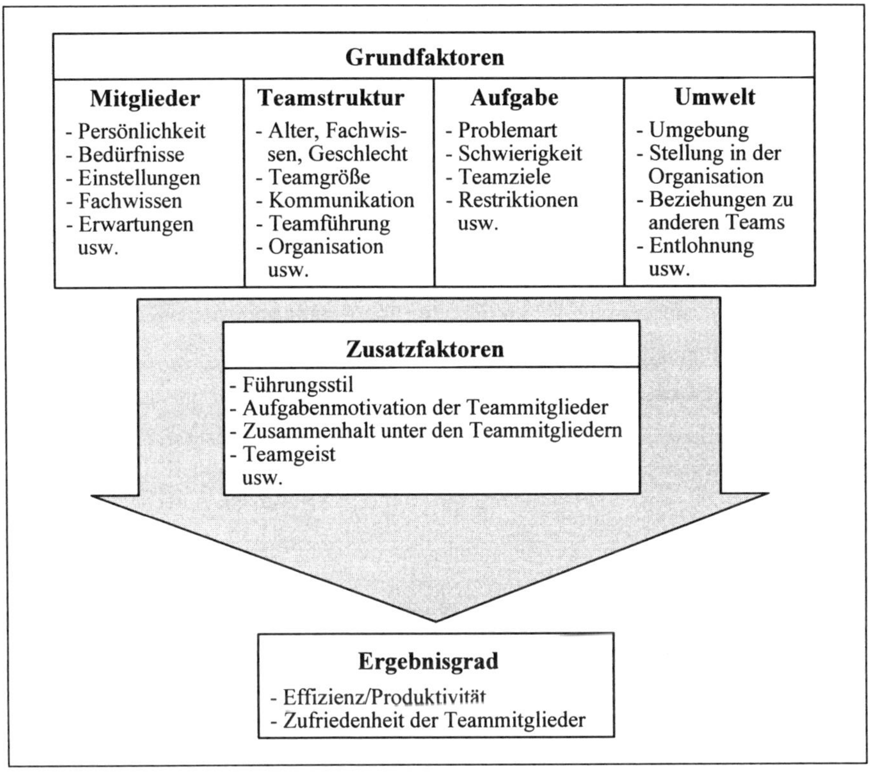


**Abb. 78:** Bestimmungsgrößen der Teameffektivität

Zur Erfüllung dieser Aufgaben sind gewisse **Anforderungen an den Moderator** zu stellen. Neben einem ausgeprägten Einfühlungsvermögen in gruppendynamische Vorgänge muss er eine hohe Motivations- und Aktivierungsfähigkeit im Hinblick auf die Gruppenleistung aufweisen. Der Moderator muss die Entwicklungsphasen von Gruppen kennen und erkennen, um situationsgerecht auf die Teamentwicklung einwirken zu können.

Weiterhin muss der Moderator seine eigene Reaktion und die Wirkung, die er auf die Gruppe hat, wahrnehmen und in seinem Verhalten berücksichtigen, da es nicht seine Aufgabe ist, Ergebnisse vorzugeben, sondern eine selbständige Zielformulierung und Ergebnisorientierung durch die Gruppe zu fördern. Dazu muss er mit den Techniken und Spielregeln der Moderation vertraut und in der Auswahl und Anwendung des Methodeninstrumentariums geübt sein.

Zur erfolgreichen und effizienten Moderation sind die in der folgenden Aufzählung genannten Regeln des Moderierens zu beachten:

- Diskussionsregeln bekanntgeben und deren Einhaltung kontrollieren
- Sozialkonflikte bewusst machen und zur Versachlichung beitragen
- Teilnehmer zur Aktivität anregen, ohne selbst in den Mittelpunkt zu rücken
- Kreativität und ausgewogene Kommunikation fördern
- Entscheidungssituationen und Entscheidungszwänge herbeiführen
- Fragen stellen statt Antworten und Lösungen vorzugeben
- Bewertung und Lösungsfindung der Gruppe überlassen
- Ergebnisse dokumentieren und für Folgeaktivitäten motivieren

Eines der wichtigsten Gestaltungselemente der Moderation ist die **Fragetechnik**, da man durch richtiges Fragen die Kenntnisse, Meinungen und Motive des Gesprächspartners erfahren kann. Fragen bestimmen den Diskussionsverlauf:

- Sie begrenzen oder erweitern, konkretisieren oder verallgemeinern eine Thematik
- Sie strukturieren und setzen Schwerpunkte
- Sie helfen, die Diskussion in eine bestimmte Richtung zu lenken

Die Fragestellungen müssen dazu antwortorientiert sein. Dies setzt die Kenntnis möglicher Antwortalternativen und Frage-Antwort-Strukturen voraus (bei einer rhetorischen Frage ist z.B. mit einer neutralen Antwort, i.d.R. Schweigen, zu rechnen).

| | | | |
|---|---|---|---|
| Art der Fragen | Offene Fragen<br>Fragen, die eine Selbststeuerung ermöglichen<br>Fragen, die eine differenzierte Antwort ermöglichen<br>Fragen, die zur Beantwortung reizen<br>Transparenz-Fragen | | Rhetorische Fragen<br>Ja/ Nein-Fragen<br>Peinliche Fragen<br>Fangfragen<br>Selbstverständliche Fragen |
| Zu erwartende Antworten | Sachliche Antworten<br>- Fakten, Wissen<br>- Ideen, Vorschläge<br>- Erfahrungen, Meinungen | Emotionale Antworten<br>- Haltungen<br>- Stimmungen<br>- Provokationen | Neutrale Antworten<br>- Schweigen<br>- Ja, Nein<br>- Phrasen, Platitüden |
| Erkenntniswert | Sachliche und emotionale Antworten tragen zur Klärung von Sachverhalten und Verhaltensweisen bei. | | Neutrale Antworten haben wenig Erkenntniswert. |

**Abb. 79:** Frage-Antwort-Konstellationen und Erkenntniswert

Auch bei der Beachtung der oben genannten Regeln und dem richtigen Einsatz der Fragetechnik kann es zu bestimmten Problemsituationen in der Gruppenarbeit kommen, die durch gezielte Maßnahmen des Führenden "entschärft" werden müssen. Die folgende Abbildung zeigt typische Schwierigkeiten und Ansätze zu deren Beseitigung auf:

| Situation in der Gruppe | Maßnahme |
|---|---|
| Monologe von Teilnehmern<br>- zur Selbstdarstellung<br>- zur Meinungsdurchsetzung<br>- wegen Passivität | - Karte mit Aufschrift "30 Sekunden" hochhalten<br>- Aufforderung, die Aussage zu visualisieren<br>- Transparenzfragen stellen<br>- Killerphrasen sammeln |
| Sachliche Meinungsunterschiede<br>- wegen unterschiedlichen Wissens<br>- wegen unterschiedlichen Informationen | - Transparenz nach Lern- oder Informationsbedarf<br>- Bestandsaufnahme von Wissen und Informationen<br>- Gemeinsame Strategieentwicklung für Deckung von Lern- und Informationsbedarf |
| Gegensätzliche Interessen (Gruppenmanagement durch Ausspielen von Fachwissen töten) | - Rollenspiel der Interessenvertreter<br>- Pro-und-Kontra-Spiel<br>- Interesse der Gruppe abfragen<br>- Interessenlage durch Kleingruppe darstellen lassen |
| Persönliche Differenzen zwischen den Teilnehmern | - Zuordnung der Kontrahenten zu verschiedenen Kleingruppen<br>- Erweiterung des Diskussionskreises<br>- Wechsel der Kontaktpersonen |
| Desinteresse der Gruppe | - Interessenlage abfragen<br>- Gruppenmeinung über Situation/ Verhalten abfragen<br>- Pro und Kontra über vorhandenes/ nichtvorhandenes Interesse<br>- Provozierende Äußerungen gegenüber der Gruppe<br>- Parathesen |
| Abhängigkeitsgefühle einzelner, hierarchische Selbstbestätigung anderer | - Offenlegung des Problems durch Moderatoren<br>- Hilfe durch Dritte<br>- Bildung von Koalitionen<br>- Aufzeigen von Verhaltensweisen |
| Ablehnung der Moderatoren | - Diskussionsleitung auf andere Gruppenmitglieder übertragen<br>- Gruppe allein arbeiten lassen<br>Neufestlegung der Spielregeln<br>- Pro-und-Kontra-Spiel über Moderation |
| - Abwälzen/ Einmischen<br>- Prestigedenken<br>- Rechtfertigung<br>- Lokalpatriotismus<br>- falsche Information<br>- Vorurteile | - Transparenzfragen<br>- Pro-und-Kontra-Spiele<br>- Rollenspiele<br>- Utopiespiele<br>- Bewertungen<br>- Kleingruppenarbeiten |

**Abb. 80:** Interventionen bei der Gruppenmoderation (Quelle: Daimler-Benz Führungskräfte-Kolleg)

Zu den Vorbereitungsmaßnahmen einer Moderation können Einzelinterviews mit einzelnen Teilnehmern und ein Vorgespräch mit der Gruppe sinnvoll sein. Diese vorbereitenden Maßnahmen sind vom Moderator auf die jeweilige Gruppe abzustimmen. Entscheidende Kriterien sind die Zusammensetzung der Zielgruppe, die örtlichen und zeitlichen Rahmenbedingungen und die Erfahrungen der Teilnehmer mit Moderation.

## 2.8 Führungsprinzipien, -modelle und -grundsätze

Zur Darstellung und Erklärung komplexer Sachverhalte werden in der Betriebs- und Volkswirtschaftslehre häufig Modelle gebildet.[129] **Führungsmodelle** haben das Ziel, den gesamten Aufgabenkomplex "Führung" als ein umfassendes System darzustellen und ein integriertes, ganzheitliches Konzept von Handlungsempfehlungen für Führungskräfte zu liefern. Durch die Bildung von Führungsmodellen wird versucht, die Erkenntnisse aus den Führungs- und Motivationstheorien einer praktischen Nutzung zugänglich zu machen. Eine Definition, die sich mit dem Inhalt anderer Erklärungsversuche des Begriffs Führungsmodell in etwa deckt, gibt Rühli:

"Führungsmodelle sind vereinfachte, pragmatische, teilweise normativ gemeinte Darstellungen des Führungsgeschehens im Bereiche der Menschenführung, der Führungstechnik und der Führungsinhalte."[130]

Synonym zum Ausdruck Führungsmodell werden häufig die Ausdrücke Führungskonzept, Managementkonzept, Managementsystem usw. verwendet. Eine Unterscheidung der Führungsmodelle bezüglich ihres Inhaltes besteht allgemein in der Aufteilung in Teil- (Partial) und in Totalmodelle. Totalmodelle versuchen, das gesamte Führungsgeschehen zu erfassen, während Partialmodelle lediglich einen oder mehrere Teilaspekte der Führung hervorheben.

**Führungsprinzipien** können als Partialmodelle verstanden werden, da sie allgemein nur die Beseitigung von einzelnen Schwachstellen im Führungsprozess anstreben und lediglich bestimmte Teilaspekte der Führung behandeln. Sie sind konkrete Gestaltungsregeln, die Führungskräfte bei der Ausführung einer bestimmten Führungsaufgabe befolgen sollen (z.B. bei der Zielvereinbarung und bei der Delegation). Die meisten Führungsprinzipien sind heute als "Management by ..."-Prinzipien bekannt. Häufig werden Führungsprinzipien auch als Führungstechniken bezeichnet. Die konkrete praktische Umsetzung der Führungsmodelle und -prinzipien erfolgt meist im Rahmen unternehmensspezifischer **Führungsgrundsätze** (Führungsrichtlinien).

### 2.8.1 Führungsprinzipien

Bei den in den letzten Jahrzehnten entwickelten Führungs- oder "Management by ..."-Prinzipien handelt es sich oft um längst bekannte Prinzipien, die nur mit einer neuen Bezeichnung belegt werden, teilweise handelt es sich aber auch um neue, durchaus beachtenswerte Konzepte. Sie sind in ihren Formulierungen meist so allgemein gehalten,

---

[129] Bei der Modellbildung reduziert man die Anzahl der Einflussfaktoren des zu betrachtenden Sachverhalts auf ein überschaubares Maß. Nach der Art der Aussage des Modells unterscheidet man Beschreibungsmodelle (deskriptive Modelle), Erklärungsmodelle (explikative Modelle) und Entscheidungsmodelle. Durch Beschreibungsmodelle werden empirische Erscheinungen abgebildet, ohne sie dabei zu analysieren. Mit Hilfe von Erklärungsmodellen wird versucht, Hypothesen über Gesetzmäßigkeiten aufzustellen, während Entscheidungsmodelle zur Aufgabe haben, die Bestimmung optimaler Handlungsmöglichkeiten zu erleichtern (vgl. auch Jung, H.: Allgemeine Betriebswirtschaftslehre, a.a.O., S. 54 f.).

[130] Rühli, E.: Gestaltungsmöglichkeiten in der Unternehmensführung. Führungsstil, Führungsmodelle, Führungsrichtlinien, Mitwirkung und Mitbestimmung, a.a.O., S. 48.

dass sie in jedes umfassende Führungsmodell einbezogen werden können oder bereits einbezogen worden sind. Aus der Vielzahl der existierenden "Management by ..."-Prinzipien sollen im Folgenden die wichtigsten beschrieben werden:

## (1) Management by Exception (MbE)

Dieses Führungsprinzip geht vom Grundsatz der Führung durch Eingriff im Ausnahmefall aus, d.h. ein Eingriff des Vorgesetzten erfolgt nur in den Fällen, die außerhalb bestimmter Grenzen liegen. Der Mitarbeiter kann in seinen genau festgelegten Arbeitsgebieten so lange selbstständig handeln, bis ein Ausnahmefall eintritt. Solche Ausnahme-situationen sind dann dem Vorgesetzten bekanntzugeben, damit dieser eine Entscheidung treffen kann bzw. der Vorgesetzte greift von sich aus ein, falls ihm die Ausnahmesituation bereits bekannt ist.

Ziel dieses Prinzips ist in erster Linie die Entlastung des Vorgesetzten von Routineaufgaben und die eindeutige Regelung von Zuständigkeiten. Die folgende Abbildung zeigt die Phasen des MbE, die bei der Einführung des Prinzips und danach immer wiederkehrend durchlaufen werden müssen.

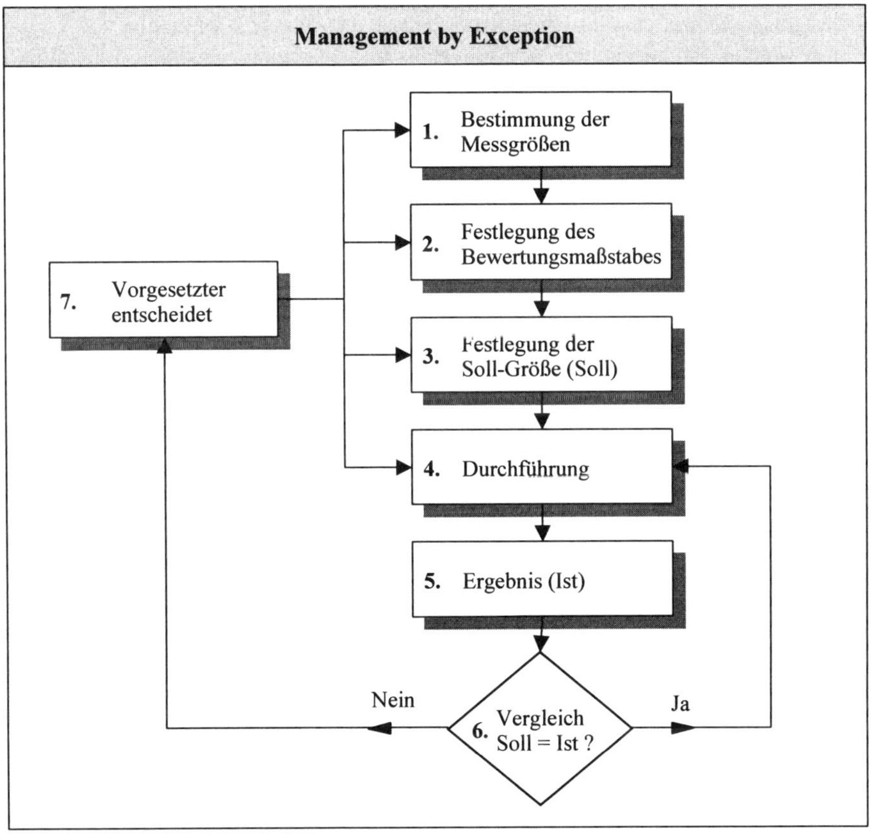


**Abb. 81:** Ablauf des Management by Exception

1. **Bestimmung der Messgrößen**

   Als erstes müssen die Größen ausgewählt werden, mit denen MbE praktiziert werden soll. Das heißt, die Größen müssen festgelegt werden, die bei der Frage, ob es sich um eine Normal- oder um eine Ausnahmesituation handelt, berücksichtigt werden sollen. Besonders geeignet zum Einsatz von MbE sind Bereiche, in denen sich leicht geeignete Messgrößen finden lassen, also z.B. Bereiche der Produktion, der Beschaffung oder des Verkaufs. Eine mögliche Messgröße innerhalb des Verkaufsbereiches ist beispielsweise der Umsatz.

2. **Festlegung des Bewertungsmaßstabes**

   Für alle Messgrößen muss nun ein Bewertungsmaßstab gefunden werden, der angibt, wie die Größen gemessen werden sollen und was unter einer außergewöhnlichen Abweichung verstanden wird. So könnte z.B. festgelegt werden, dass bei der in EUR gemessenen Größe "Umsatz" eine Abweichung von mehr als 10% als Ausnahmefall anzusehen ist.

3. **Festlegung der Soll-Größe**

   Die zu erreichenden Soll-Größen der unter 1. bestimmten Messgrößen müssen so festgelegt werden, dass ihr Erreichen realistisch ist. Zu hohe oder zu niedrige Vorgaben würden sich negativ auf die Motivation der Mitarbeiter auswirken. Eine mögliche Soll-Größe ist z.B. ein in EUR festgelegter zu erreichender Umsatz, etwa ein Umsatz-Soll von 1,5 Mio. EUR im ersten Quartal.

4. **Durchführung**

   Die Durchführung erfolgt nun selbstständig durch den Mitarbeiter. Hierzu muss ihm ein klar umrissener Entscheidungsspielraum zur Verfügung stehen, in dem der Mitarbeiter seine Arbeiten eigenverantwortlich durchführt. Der Vorgesetzte darf in die normalen Routineaufgaben des Mitarbeiters nicht eingreifen.

5. **Ergebnis**

   Die Durchführung oder Bearbeitung der Aufgaben durch den Mitarbeiter führen zu Ist-Werten, z.B. wird ein Umsatz von 1,3 Mio. EUR erzielt.

6. **Soll-Ist-Vergleich**

   Die Ist-Werte müssen mit den vorgegebenen Soll-Größen verglichen werden und die Größe eventueller Abweichungen festgestellt werden. Liegen die Abweichungen innerhalb eines erlaubten, als normal angesehenen Bereiches, führt der Mitarbeiter seine Aufgaben nach eigenen Vorstellungen weiter fort. Sind die Abweichungen aber so groß, dass ein "Ausnahmefall" vorliegt, muss der Vorgesetzte unterrichtet werden.

7. **Vorgesetzter entscheidet**

   Der Vorgesetzte entscheidet, wie in diesem Ausnahmefall vorzugehen ist. Aufgrund der Abweichungen können eventuell auch die Vorgaben, also z.B. die Sollgrößen oder der Bewertungsmaßstab geändert werden, wenn anzunehmen ist, dass diese unrealistisch waren oder sich nicht zur Bestimmung von Ausnahmesituationen eignen.

Als wichtigste Voraussetzungen für das oben beschriebene Vorgehen und die Funktionstüchtigkeit des MbE sind folgende Bedingungen zu nennen:

- Aufgabengebiete mit klar umrissenen Entscheidungsspielräumen für die Mitarbeiter.
- Vorgabe klarer Regeln und Zuständigkeiten.
- Messgrößen müssen ermittelbar sein, nach denen sinnvoll zwischen Normal- und Ausnahmefall unterschieden werden kann.
- Ein funktionstüchtiges Kontrollsystem.
- Die Mitarbeiter müssen fähig und gewillt sein, in ihren Aufgabengebieten ihre Funktionen voll zu übernehmen und die Verantwortung für ihre Entscheidungen zu tragen.

Insgesamt stellt das MbE eine Konzeption dar, die es den Führungskräften erlaubt, sich stärker auf die eigentlichen Managementaufgaben zu konzentrieren. Durch klare Zuständigkeiten können Entscheidungen schnell und einfach gefällt werden und die Mitarbeiterbeurteilung wird durch objektive Bewertungskriterien erleichtert. Diesen Vorteilen stehen jedoch einige Nachteile gegenüber. So werden Kreativität und Initiative tendenziell dem Vorgesetzten vorbehalten ("Delegation nach oben"). Lerneffekte treten bei den Mitarbeitern kaum auf, da alle "interessanteren" Probleme von den Führungskräften entschieden werden. Für die Mitarbeiter gibt es so kaum motivierende Erfolgserlebnisse und es besteht die Gefahr, dass der Leistungs- und Verantwortungswille der Mitarbeiter nachlässt. Insgesamt steht und fällt dieses System mit der Fähigkeit des Unternehmens, Messgrößen als Beurteilungskriterien bereitzustellen. Eine Kopplung mit dem unten beschriebenen MbO ist daher durchaus überlegenswert.

## (2) Management by Delegation (MbD)

Der Grundgedanke dieses Führungsprinzips ist die möglichst weitgehende Übertragung von Aufgaben, Entscheidungen und Verantwortung auf untere Instanzen. Verfolgt wird dabei das Ziel, einerseits die Vorgesetzten zu entlasten und anderseits die Initiative, Leistungsmotivation und Eigenverantwortung der Mitarbeiter zu fördern. Verwirklicht ist dieses Prinzip in dem sogenannten Harzburger-Modell, mit dem es allgemein gleichgesetzt wird. Der Unterschied zwischen MbD und Harzburger Modell besteht jedoch darin, dass MbD lediglich als ein Führungsprinzip angesehen wird, also nur einen Teil des Führungsprozesses erfasst, während es sich beim Harzburger Modell um ein Totalmodell handelt, also versucht wird, das ganze Führungsgeschehen zu umfassen.

## (3) Management by Objectives (MbO)

Das MbO, häufig als "Führung durch Zielvorgaben" übersetzt, wird in der Literatur unterschiedlich gesehen. Einmal als reine Führungstechnik, die an der Erreichung der Ziele ausgerichtet ist, die Mitarbeiter und Vorgesetzte gemeinsam erarbeitet haben, und anderseits als Führungsmodell, bei dem der Zielbildungsprozess im Unternehmen das Kernstück dieses Modells darstellt. Obwohl es nicht wie das Harzburger Modell in einem einheitlichen, handbuchartigen Ansatz zu finden ist, ist diese Einordnung gerechtfertigt.

Der Inhalt dieser Führungstechnik ergibt sich aus den Konzeptionen mehrerer Autoren, die sich mit Fragen der zielorientierten Unternehmensführung beschäftigt haben.[131]

Kerngedanke des MbO ist, dass grundsätzlich nur gemeinsam von Vorgesetzten und Mitarbeitern erarbeitete Ziele vorgegeben werden, nicht jedoch Vorschriften darüber, wie diese Ziele zu erreichen sind. Anstatt bestimmte Arbeiten und Aufgaben vorzugeben, die nach festgelegten Regeln und Methoden zu erledigen sind, sollen Ziele erreicht werden. An die Stelle der "Aufgabenorientierung" tritt die "Zielorientierung", wobei die Auswahl der zur Zielerreichung notwendigen Mittel und Maßnahmen weitgehend dem einzelnen Mitarbeiter überlassen bleibt. Die Führung des Vorgesetzten beschränkt sich im Wesentlichen auf die gemeinsame Zielvereinbarung und auf die Kontrolle der Zielerreichung. MbO ist dabei nicht als ein einmaliger Führungsvorgang zu sehen, sondern als permanenter institutionalisierter Prozess. Die folgende Abbildung zeigt die einzelnen Phasen dieses Prozesses des MbO.

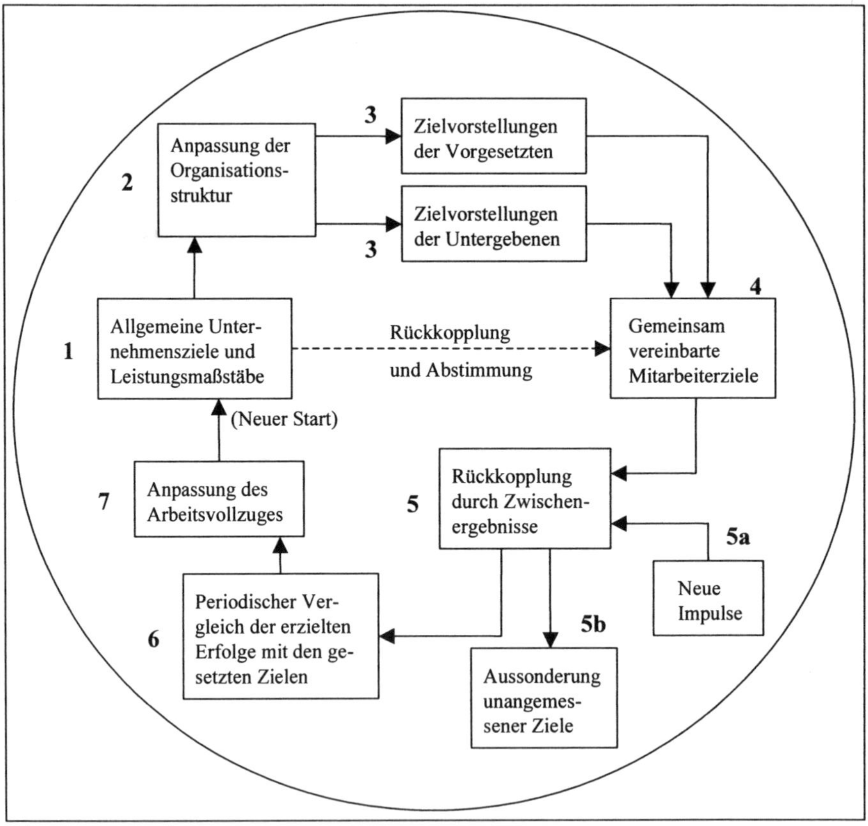


**Abb. 82:** Management by Objectives als Kreislaufschema[132]

[131] Hierzu gehören u.a. P.F. Drucker, J. Humble, G.S. Odiorne und D. Mc Gregor.

[132] Odiorne, G.S., entnommen aus: Häusler, J.: Führungssysteme und Modelle, Köln 1977, S. 66.

Um das oben beschriebene Prinzip innerhalb des ganzen Unternehmens verwirklichen zu können, sind folgende Voraussetzungen zu erfüllen:

- Allgemeine Führungsrichtlinien sind zu erstellen, die Führungsgrundsätze und Führungsleitsätze enthalten und die Zusammenarbeit im Unternehmen regeln.
- Ein Zielsystem muss aufgebaut werden, d.h. es müssen operationale Ziele, ausgehend von den Unternehmenszielen, für alle Bereiche, Abteilungen und Mitarbeiter, formuliert werden.
- Eine zielorientierte Organisation mit Stellenbeschreibungen für die eindeutige Zuordnung von Subzielen ist notwendig.
- Ein Kontrollsystem ist aufzubauen, das Information zur Eigen- und zur Fremdkontrolle sowie zur Leistungsbeurteilung liefert.

Die allgemeinen Führungsrichtlinien sollen den Vorgesetzten und ihren Mitarbeitern zeigen, wie sie sich verhalten sollen und in welcher Form die Zusammenarbeit erfolgt. Es muss dargestellt werden, wie die Planung, die gemeinsame Zielermittlung und die Kontrolle durchzuführen sind. Die verschiedenen Autoren, die das MbO ursprünglich populär gemacht haben, machen keine allgemeingültigen Aussagen zum anzuwendenden Führungsverhalten bzw. Führungsstil. Es wird lediglich ausgesagt, dass Ziele gemeinsam erarbeitet werden sollen. Wieweit die Partizipation der Mitarbeiter bei dieser Zielfestlegung gehen soll, wird nicht definitiv vorgegeben, sondern soll teilweise situationsabhängig entschieden werden. Odiorne empfiehlt z.B., den Mitarbeiter gar nicht erst zu befragen, wenn abzusehen ist, dass sein Vorschlag nicht angenommen werden kann. Drucker und Mc Gregor fordern im Gegensatz dazu auch für diesen Fall eine Beteiligung des Mitarbeiters zumindest an der Entscheidungsvorbereitung.[133]

Insgesamt fordert das MbO so wie es heute gesehen wird aber einen eher kooperativen Führungsstil, da sich beide, die Mitarbeiter und die Vorgesetzten, den erarbeiteten Zielen verpflichtet fühlen sollen. Dies ist aber nur bei wirklicher Partizipation am Zielfestlegungsprozess zu erwarten. Die heute gebräuchlichen Begriffe der "Zielvereinbarung" und des "Aushandelns" der Ziele betonen auch dieses Anliegen des MbO.

Die Planung des Zielsystems beginnt mit der Entwicklung der allgemeinen und allen anderen Bereichen übergeordneten Unternehmensziele. Aus diesen Oberzielen werden nun stufenweise alle Ziele der Bereiche, der Abteilungen und der Mitarbeiter abgeleitet. An die einzelnen Ziele sind folgende Ansprüche zu stellen:

- Die Ziele müssen mit der Unternehmenspolitik und den allgemeinen Unternehmenszielen vereinbar sein.
- Das Ausmaß der Zielerreichung muss dem Einfluss des Stelleninhabers unterliegen.
- Die Ziele müssen klar und exakt formuliert sein. Zielinhalt, Zielausmaß und zeitlicher Bezug müssen festgelegt sein.
- Die Ziele sollen eine Herausforderung, aber keine Überforderung für den Stelleninhaber darstellen. Daher müssen sie an seinen Fähigkeiten ausgerichtet werden.
- Die Ziele müssen, um eine Kontrolle zu ermöglichen, objektiv messbar sein.

---

133 Vgl. Schindel, V./Wenger, E. In: Betriebswirtschaftliche Führungslehre, Bd. 2, hrsg. von Heinen, E., Wiesbaden 1978, S. 167.

Der Vergleich der vorgegebenen Ziele mit den Ergebnissen und deren Analyse stellt eine der Hauptaufgaben der Führung dar. Dieser Soll-Ist-Vergleich bildet einerseits die Grundlage für die Mitarbeiterbeurteilung und stellt andererseits zusammen mit der Abweichungsanalyse die Basis zur Beantwortung der Frage dar, welche Entwicklungen eingetreten sind und inwieweit Änderungen der Ziele oder des Arbeitsvollzuges notwendig sind.

Die folgende Abbildung stellt die Vor- und Nachteile des MbO gegenüber:

| **Management by Objectives** | |
|---|---|
| **Vorteile** | **Nachteile** |
| • Die Führungsspitze wird entlastet.<br>• Mobilisierung der geistigen Ressourcen, d.h. die Förderung der Leistungsmotivation, der Eigeninitiative und der Verantwortungsbereitschaft.<br>• Bessere Identifikation der Mitarbeiter mit den Unternehmenszielen.<br>• Schaffung von Kriterien für eine leistungsgerechte Entlohnung. | • Probleme bei der operationalen Formulierung von Zielen für alle Ebenen, insbes. für die Führungs- und Stabsstellen.<br>• Der Planungs- und Zielbildungsprozess ist zeitaufwendig. Die Kosten für die Einführung des MbO sind relativ hoch.<br>• Gefahr des überhöhten Leistungsdrucks auf die Mitarbeiter.<br>• Die Konzentration auf messbare Größen und die Vernachlässigung von qualitativen Aspekten kann gefördert werden.<br>• Nicht alle Mitarbeiter werden gefördert (vgl. Mc Gregors Theorie X). |

**Abb. 83:** Vor- und Nachteile des MbO

Grundsätzlich hängt die Zielwirksamkeit des MbO im wesentlichen davon ab, inwieweit es gelingt, mit Hilfe operationaler Zielvorgaben das Zielsystem der Organisation unter gleichzeitiger Berücksichtigung der Zielsetzungen der einzelnen Stelleninhaber zu erfassen. Dies ist in erster Linie von dem Zielbildungsprozess abhängig, weshalb ihm eine dominierende Bedeutung innerhalb des MbO eingeräumt werden muss.

## (4) Management by System (MbS)

Der Begriff MbS wird in zwei unterschiedlichen Bedeutungen benutzt. Einerseits versteht man unter diesem Begriff die Gestaltung eines umfassenden, computerunterstützten Informations-, Planungs- und Steuerungssystems (Management-Informations-System: MIS) und, durch dessen Einsatz, die Erreichung einer weitgehenden Selbststeuerung der im Unternehmen vorhandenen Teilsysteme. Das Unternehmen wird als System betrachtet, bei dem die elektronischen Datenverarbeitungseinrichtungen ein Element bilden, das mit den anderen Elementen des Systems (z.B. Menschen) in Verbindung steht.

Die unten beschriebenen Führungsmodelle gehen jedoch von einem etwas anderen Verständnis vom MbS aus, von einem Management, welches die Systemtheorie zur

Grundlage hat. Hier handelt es sich um ein Konzept, welches versucht, das Gedankengut der allgemeinen Systemtheorie auf betriebliche Gegebenheiten zum Zweck der Analyse und zur Gewinnung von Informationen anzuwenden und somit eine effektivere Führung zu ermöglichen. Auch hier wird das Unternehmen als ein System betrachtet.

Unter dem Begriff "System" versteht die allgemeine Systemtheorie eine Ansammlung miteinander in Beziehung stehender Teile, die ein Ganzes bilden.[134] Systeme, welche auf Einwirkungen von außerhalb des Systems reagieren können, nennt man kybernetische Systeme. Solche Systeme finden sich in der Natur und in der Technik. Ein beliebtes technisches Beispiel ist eine Heizungsanlage, die auf äußere Gegebenheiten reagieren kann, indem sie durch die Regelung der Wärmeabgabe in Abhängigkeit von der Umgebungstemperatur in einem Raum die Temperatur konstant halten kann.

Diesen kybernetischen Systemen sind auch Unternehmen zuzuordnen. Das Unternehmen selber besteht wiederum aus Untersystemen oder Elementen. Ziel ist es nun, (alle) Teilsysteme des Unternehmens zu bestimmen und die Wechselbeziehungen zwischen diesen Systemen zu erfassen und ein harmonisches Zusammenspiel des Ganzen zu erreichen.[135] Ganzheitliches Denken, welches die Probleme und Zusammenhänge in ihrer Vielschichtigkeit erfasst, und die Berücksichtigung und Hervorhebung der Dynamik des Systems werden angestrebt. Die Vorteile dieser Denkweise liegen darin, dass die Notwendigkeit von Anpassungsvorgängen und Lernprozessen erkannt und herausgestellt wird. Nachteile ergeben sich aus der geringen Operabilität, da die Auswirkungen des Führungsverhaltens unberücksichtigt bleiben.

## (5) Management by Motivation (MbM)

Management-by-Motivation ist ein Führungsprinzip, bei dem die Führung durch Leistungsanreize im Mittelpunkt steht. Dieses Führungsprinzip orientiert sich an der Individualität der Mitarbeiter und dem Bestreben, diese in das betriebliche Handeln mit einzubeziehen.[136]

Die persönlichen Antriebskräfte der Mitarbeiter stellen demnach ein erhebliches Potenzial zur Leistungssteigerung dar, das von den Führungskräften erkannt und genutzt werden sollte. Dem MbM-Prinzip entsprechend muss sich die Führung an den Bedürfnissen der Mitarbeiter orientieren, um so Unternehmensziele und zugleich individuelle Motivationsvorstellungen zu koordinieren und zu verwirklichen.

Voraussetzung hierfür ist, dass Führungskräfte die individuellen Bedürfnisse der Mitarbeiter kennen und geeignete Instrumente, Methoden und Anreize anbieten, die zur Befriedigung der Mitarbeiterbedürfnisse durch die Arbeit beitragen und gleichzeitig zur Erreichung der Unternehmensziele führen. Die Mitarbeiter sollen also durch die richtige Motivation zu höherer Leistungsbereitschaft und -abgabe aktiviert werden. Dabei spielen die monetären Anreize eine untergeordnete Rolle, da diesen lediglich eine kurzfristige

---

[134] Vgl. Riedmann, W.: Führung durch Management by..., München 1979, S. 189.

[135] Vgl. Malik, F.: Die Orientierung: Managementsysteme, Schriftenreihe der Schweizerischen Volksbank, 3. Aufl., Bern 1987, S. 12.

[136] Vgl. Heidack, C.: Betriebspsychologie, Betriebssoziologie, a.a.O., S. 182.

Wirkung zugesprochen wird, vielmehr müssen die höherstehenden Bedürfnisse der Mitarbeiter dauerhaft durch geeignete nicht monetäre Anreize befriedigt werden. Hierzu zählen z.B. Selbstkontrolle in größerem Umfang, Partizipation am Entscheidungsprozess, Möglichkeiten der Aus- und Weiterbildung und der Entwicklung und attraktive Arbeitsaufgaben mit erweitertem Autonomiebereich.[137]

Bei dem Einsatz dieses Management-by-Prinzips in der betrieblichen Praxis muss kritisch angemerkt werden, dass hier Motivation ohne Einschränkungen gefordert wird. Es wird davon ausgegangen, dass alle Mitarbeiter nach Befriedigung höherer Bedürfnisse bzw. nach Selbstverwirklichung bei ihrer Arbeit streben, was in der betrieblichen Praxis jedoch nicht immer der Fall ist.

## 2.8.2 Führungsmodelle

Eine Ausweitung und Verknüpfung der Führungsprinzipien auf der Grundlage der Erkenntnisse der Führungsforschung stellen die Führungsmodelle dar, die durch die Berücksichtigung der Elemente Führungsstil, -funktion und -aufgabe in einem umfassenden Führungskonzept versuchen, praxisorientierte Handlungsempfehlungen für die Führung anzubieten. Die bekanntesten Führungsmodelle sind das Harzburger Modell, das St. Galler Management-Modell, das 7-S-Modell und der Züricher Ansatz.

### (1) Das Harzburger Modell

Das von der Akademie für Führungskräfte der Wirtschaft in Bad Harzburg unter der Leitung von Reinhard Höhn entwickelte Harzburger Führungsmodell[138] geht von der Konzeption einer "Führung im Mitarbeiterverhältnis" aus und verfolgt das Ziel, die Führungs- und die Organisationsprinzipien an die heute benötigten Mitarbeiter anzupassen, welche als selbstständig denkende, handelnde und entscheidende Menschen gesehen werden. Kernstück dieses Konzeptes ist die Delegation von Verantwortung nach folgenden Gesichtspunkten:

- Der Mitarbeiter erhält keine Einzelaufträge mehr, sondern einen fest umgrenzten Aufgabenbereich und die entsprechenden Kompetenzen, um innerhalb dieses Bereiches selbstständig handeln und entscheiden zu können. Er trägt dabei die volle Verant-wortung für seine Handlungen.
- Der Vorgesetzte darf, außer bei akuter Gefahr oder beim Auftreten von Fehlern zur stichprobenartigen Kontrolle, nicht in den Aufgabenbereich des Mitarbeiters eingreifen. Der Schwerpunkt der Führung liegt in der Kontrolle.

Alle Entscheidungen werden dadurch auf den Ebenen getroffen, zu denen sie ihrem Wesen nach gehören und nicht mehr von einzelnen Personen an der Spitze. Bei der Delegation der Verantwortung ist darauf zu achten, dass die mit der Position verbundene Aufgabe, die für die Aufgabe benötigten Befugnisse (Kompetenzen) und die sich aus der

137 Vgl. Fieten, R.: Management by Konzept. Idee und Anwendungsmöglichkeiten. In: RKW-Handbuch Führungstechnik und Organisation, Düsseldorf 1994.

138 Vgl. Höhn, R.: Führungsbrevier der Wirtschaft, 9. Aufl., Bad Harzburg 1977, S. 5 f.

Aufgabe und den Befugnissen ergebende Verantwortung übereinstimmen. Die Verantwortung muss demnach getrennt werden in:

- Die **Führungsverantwortung** trägt der Vorgesetzte. Er hat dafür einzustehen, dass er seine Pflichten als Vorgesetzter seinen Mitarbeitern gegenüber erfüllt, nicht aber, wie bei der autoritären Führung, für alles, was in seinem Bereich geschieht.
- Die **Handlungsverantwortung** trägt der Mitarbeiter. Er muss für alles einstehen, was er in seinem delegierten Aufgabenbereich tut oder unterlässt.

Organisatorische Voraussetzung für die Delegation von Verantwortung ist die Festlegung der Delegationsbereiche. Fixiert werden die Delegationsbereiche mit Hilfe von Stellenbeschreibungen. Diese dienen zur Konkretisierung des geltenden Grundsatzes, dass der Mitarbeiter im Rahmen seines Bereiches selbstständig zu handeln und zu entscheiden hat. Die Stellenbeschreibungen bieten sowohl dem Mitarbeiter als auch dem Vorgesetzten und dem Unternehmen eine Reihe von Vorteilen:

- Das Unternehmen wird in seiner Gesamtorganisation durchsichtig. Es müssen klare Aussagen über die Aufgabenzuordnung und über die Unterstellungs- und Überstellungsverhältnisse gemacht werden, wodurch eine lückenlose Zuständigkeitsordnung geschaffen wird.
- Kompetenzen werden klar zugeordnet, wodurch Konflikte vermieden werden.
- Die fachliche Beurteilung des Mitarbeiters wird erleichtert und der Mitarbeiter weiß, welche Anforderungen an ihn gestellt werden.
- Die analytische Arbeitsbewertung und damit die Entwicklung eines möglichst gerechten Lohn- und Gehaltsgefüges wird erleichtert.
- Informations- und Kommunikationsrechte und -pflichten werden geregelt und somit gesichert.

Neben den Stellenbeschreibungen ist zur Verwirklichung des Harzburger Modells das Einhalten festgelegter Regeln für das Zusammenwirken von Mitarbeitern und Vorgesetzten notwendig. Diese Grundsätze der "Führung im Mitarbeiterverhältnis", welche von allen Vorgesetzten und Mitarbeitern zu befolgen sind, werden in der "Allgemeinen Führungsanweisung" verbindlich festgelegt, die neben Regelungen und Grundsätzen für die Handhabung von Richtlinien, für die Festlegung des Beschwerdeweges, für die Abwicklung von Einzelaufträgen, für den Einsatz von Teams usw. folgende Punkte umfasst:

- Eine kurze Darstellung des Wesens der Führung im Mitarbeiterverhältnis in Gegenüberstellung zu einer autoritären Führung.
- Die Kennzeichnung der Delegation von Verantwortung als Kernstück dieser Führung und die Grundregeln ihrer Anwendung.
- Die Pflichten des Mitarbeiters gegenüber seinem Vorgesetzten.
- Die Pflichten des Vorgesetzten gegenüber seinen Mitarbeitern.
- Die Darstellung der Verantwortung bei einer Führung im Mitarbeiterverhältnis, d.h. ihre Unterscheidung in Führungs- und in Handlungsverantwortung.
- Die Grundsätze der Anwendung von Mitarbeitergespräch und -besprechung.

- Die Grundsätze für die Dienstaufsicht und die Erfolgskontrolle.
- Die Regeln für die Anwendung von Kritik und Anerkennung.
- Die Grundsätze für die Information von oben nach unten, von unten nach oben und vom Stelleninhaber zu gleichgeordneten Stellen.
- Die Grundsätze für die Einrichtung von Stellvertretungen und Platzhalterschaft.

Voraussetzung für die Realisierung des Harzburger Modells sind neben klar abgrenzbaren Aufgabengebieten und der Einhaltung des Verbotes der Rück- oder der Weiterdelegation vor allem die Bereitschaft aller Mitarbeiter eines Unternehmens, den dazugehörenden Führungsstil zu akzeptieren und zu verwirklichen. Die Vorgesetzten müssen ihren Mitarbeitern die geforderten Freiheiten und Kompetenzen in ihren Aufgabenbereichen zugestehen und die Mitarbeiter müssen fähig und bereit sein, diese durch eigene Initiative zu nutzen.

Das Harzburger Modell weist neben den schon oben angesprochenen Vorteilen der Stellenbeschreibung vor allem folgende Vor- und Nachteile auf:

| **Harzburger Modell** | |
|---|---|
| **Vorteile** | **Nachteile** |
| • Es werden Aufgaben, Befugnisse und Verantwortung anstatt permanenter Einzelaufträge delegiert.<br>• Die Leistungsmotivation und Verantwortungsbereitschaft der Mitarbeiter wird durch die gegebenen Freiheiten gefördert.<br>• Das selbstständige Handeln, vor allem der Spezialisten, wird gefördert.<br>• Eine Dezentralisation der Kompetenzen statt einer zentralen Entscheidungsgewalt. Die Entscheidungen werden auf der Ebene getroffen, wo sie am sachgerechtesten entschieden werden können.<br>• Die Vorgesetzten werden entlastet.<br>• Jeder weiß genau, was er tun soll und darf.<br>• Das "Mitarbeiter-Vorgesetzten" Verhältnis kann verbessert werden. | • Es wird keine partizipative Führung realisiert, sondern es besteht eine Tendenz zu "einsamen" Einzelentscheidungen. Auch ist in der Praxis die Führung im Mitarbeiterverhältnis häufig nicht kooperativ, sondern versteckt autoritär.<br>• Es werden in erster Linie nur die vertikalen Hierarchiebedingungen berücksichtigt, die häufig notwendige horizontale Koordination wird weitgehend vernachlässigt.<br>• Es ist statisch, d.h. der Planungsaspekt und die Entwicklungen des Unternehmens werden nicht ausreichend berücksichtigt.<br>• Motivationstheoretische und gruppendynamische Aspekte werden vernachlässigt, es wird die These vertreten, dass Führung im Mitarbeiterverhältnis der optimale Führungsstil ist.<br>• Die große Anzahl von Organisationsregeln (315) führt zu einer Bürokratisierung der innerbetrieblichen Beziehung.<br>• Durch die Delegationsbereiche besteht die Gefahr von "Kästchendenken", die Kreativität der Mitarbeiter wird kaum gefördert. |

**Abb. 84:** Vor- und Nachteile des Harzburger Modells[139]

[139] Vgl. Gusel, R./Hofmann, M.: Das Harzburger Modell. Idee und Wirklichkeit und Alternative zum Harzburger Modell, 2. Aufl., Wiesbaden 1976, S. 243 ff. und Becker, H.L.: Ganzheitliche Management-Methodik, 2. Aufl., Renningen bei Böblingen 1991, S. 98.

Trotz der umfangreichen Kritik hat sich das Harzburger Modell in vielen Fällen, teilweise in leicht modifizierter Form, bewährt, insbesondere dort, wo viele gleichbleibende und im Voraus bekannte Aufgaben zu erfüllen sind. Der dem Modell zugrundeliegende Delegationsgedanke berücksichtigt die fortschreitende Funktionsteilung und Spezialisierung und wird bzw. wurde daher in vielen neueren Führungsmodellen aufgenommen.

## (2) Das St. Galler Management-Modell

Das St. Galler Management-Modell ist an der dortigen Hochschule von H. Ulrich in den frühen 70er Jahren entwickelt worden.[140] Aufbauend auf dem Systemansatz der Betriebswirtschaftslehre sollte damit für die Lehre, die Forschung und die Dienstleistung (Schulung und Beratung) eine ganzheitliche, integrierte Sicht der Führung entwickelt werden. Das Ordnungskonzept für dieses Führungsmodell wird dabei durch den Systemansatz dargestellt. Das St. Galler Management-Modell ist in der Weise aufgebaut, dass man schrittweise vom Allgemeinen zum Besonderen übergeht. Hierzu ist es in vier Bereiche untergliedert:

1. **Das Unternehmen:** Zuerst erfolgt eine mehrdimensionale Unternehmensanalyse. Sie untersucht die Umwelt des Unternehmens, die Märkte und Marktleistungen und die Funktionsbereiche, Gestaltungsebenen und Aufgaben des Unternehmens.
2. **Die Unternehmensführung:** Die Unternehmensführung umfasst die Gesamtheit aller Gestaltungs-, Lenkungs- und Entwicklungsprozesse, die das Unternehmen bestimmen. Zur allgemeinen Charakterisierung der Aufgaben und Tätigkeiten der Unternehmensführung werden drei sich gegenseitig durchdringende Dimensionen verwendet:

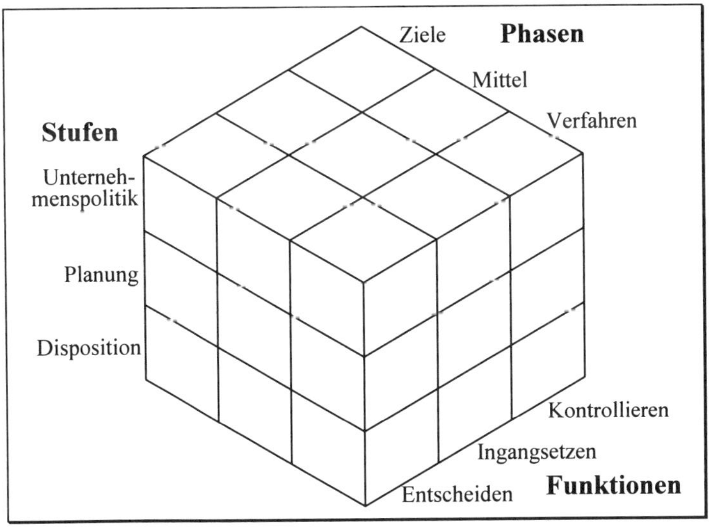


**Abb. 85:** Die drei Dimensionen der Unternehmensführung[141]

[140] Vgl. Ulrich, H./Krieg, W.: Das St. Galler Management-Modell, Bern 1973.

[141] Ulrich, H./Krieg, W., entnommen aus: Rühli, E.: Gestaltungsmöglichkeiten in der Unternehmensführung, a.a.O., S. 66.

- Die **Führungsstufen** beinhalten die Unternehmenspolitik, die Unternehmensplanung und die Disposition.
- Die **Führungsphasen** gliedern sich in die Zielbestimmung (was), die Mittelbestimmung (womit) und die Verfahrensbestimmung (wie).
- Die **Führungsfunktionen** umfassen, einem einfachen Regelkreis entsprechend, die Funktionen Entscheiden, Ingangsetzen und Kontrollieren.

Die so als vernetztes Informations-Entscheidungs-System erscheinende Unternehmensführung wird damit einer umfassenden kybernetischen Betrachtung zugänglich und kann beispielsweise analysiert oder gestaltet werden nach den Funktionsprinzipien und Verhaltensmustern lebensfähiger Systeme.[142]

3. **Die Unternehmensorganisation:** Die organisatorische Gestaltung dient dem Erreichen der Unternehmensziele, d.h. sie ist nur Mittel zum Zweck. Vor der Festlegung der konkreten Organisationsstruktur müssen in einem Organisationskonzept folgende Grundsatzfragen beantwortet werden:

- Nach welchen Kriterien sollen die dezentralen operationellen Einheiten gebildet werden?
- Nach welchen Kriterien soll das Top-Management organisiert werden?
- Welche zentralen Dienststellen sind erforderlich, um die notwendigen Kontrollen bei dezentralisierten operationallen Einheiten aufrecht erhalten zu können?
- Welche Aufgaben und Probleme können im Rahmen der dauerhaften Organisationsstruktur nicht oder nur schwer unter Kontrolle gebracht werden?
- Durch welche Spielregeln und Prozesse sollen alle Einzelteile der Organisation zusammengehalten werden, und wie soll ihr Zusammenspiel gestaltet sein?

Auf der Basis dieses Konzeptes können dann die konkreten Organigramme für das Unternehmen und für die einzelnen Bereiche erstellt werden.

4. **Die Führungsbereiche des Vorgesetzten:** Hier geht es um das richtige Erfassen und Verstehen von Management-Aufgaben durch den Vorgesetzten. Die generellen Strukturen enthalten dabei einen mehr oder weniger großen Spielraum für individuelles Verhalten und die unmittelbare Art der Führung. Damit die einzelnen Führungskräfte in die Lage versetzt werden, diese Spielräume sinnvoll zu gestalten, ist die Beherrschung gewisser Verhaltensweisen und verschiedener Methoden und Verfahren zur Lösung von Problemen notwendig. Dieser vierte Teil der Unternehmensführung beschäftigt sich daher mit dem Gebiet der Menschenführung, mit Führungsverhalten und mit Verfahren und Hilfsmitteln der Führung, um so das individuelle Führungsverhalten zu verbessern.

Insgesamt kann gesagt werden, dass es sich bei dem St.-Galler-Management-Modell aufgrund der umfassenden und ganzheitlichen Erfassung der Unternehmensführung um ein Totalmodell handelt. Eine kritische Würdigung des St.-Galler-Management-Modells ist in allgemeiner Form jedoch kaum möglich, da es mit seinem systemorientierten Ansatz lediglich einen Bezugsrahmen bildet, der unternehmensspezifisch ausgefüllt werden muss.

---

142 Vgl. Ulrich, H./Krieg, W., In: Rühli, E.: Gestaltungsmöglichkeiten in der Unternehmensführung, a.a.O., S. 65.

Hier soll deshalb ein Kritikpunkt erwähnt werden, der sich gegen alle Systemansätze richtet: Ihnen wird vorgeworfen, dass die allgemeine Systemtheorie und die Kybernetik, z.B. aufgrund von Unklarheit, mangelnder Konkretisierung, sachlicher Inkompetenz usw. kaum Relevanz für die Modellierung spezifischer realer Systeme besitzen. Ihr Beitrag zur Lösung von konkreten Entscheidungsproblemen in menschlichen Organisationen sei vernachlässigbar und somit sei die Managementforschung auf systemorientierter Grundlage irrelevant.[143]

Ob diese Kritik zutrifft, oder ob der Systemansatz noch große Wachstumsmöglichkeiten besitzt und in einigen Jahren in viel stärkerem Ausmaß angewendet werden wird, wie viele seiner Vertreter behaupten, kann nur die zukünftige Entwicklung zeigen. Vom Autor wird die Meinung vertreten, dass die Führung als ein außerordentlich vielfältiges und umfassendes Phänomen nicht dauerhaft durch die Beobachtung und Verbesserung von Einzelproblemen, Teilaspekten und Teilsystemen gestaltet werden kann und sollte, falls kein Stillstand in der Führungsforschung eintreten soll. Vielmehr ist eine ganzheitliche Sichtweise der Unternehmensführung anzustreben, in der möglichst alle den dauerhaften Erfolg des Unternehmens beeinflussende Faktoren berücksichtigt werden.

Einen Schritt in diese Richtung stellen die vom Systemansatz ausgehenden Führungsmodelle dar, auch wenn diese aufgrund der Komplexität der Thematik häufig den Nachteil haben, nur einen Rahmen und eine Vorgehensweise für die Gestaltung der "Führung" vorgeben zu können und konkretisierende Ergänzungen im Einzelfall notwendig sind.

### (3) Das 7-S-Modell

Ausgehend von den Studien von R. T. Pascale und A. G. Athos[144] zum "Japanischen Management" wurde das sogenannte 7-S-Modell entwickelt. Dieses Konzept besteht aus drei eher führungstechnischen (harten) und vier mehr menschenbezogenen (weichen) Elementen. Für diese Elemente wurden Bezeichnungen gewählt, die mit dem Buchstaben "S" beginnen und die Bezeichnung des Modells erklären. Im einzelnen sind mit diesen Elementen des Modells folgende Probleme oder Bereiche angesprochen:[145]

- **Structure:** Formale Aufbauorganisation; die Kompetenzordnung, Delegation, Zentralisation/Organisation, Strukturtypen etc.
- **Systems:** Führungsprozesse; Planung, Kontrolle, Steuerung, Anreizsysteme, Informationssysteme etc.
- **Strategy:** Unternehmenspolitik; Strategie, Marktverhalten, Sortimentspolitik etc.
- **Style:** Führungsstil; Vorgesetzten-Mitarbeiter-Beziehung, Umgang mit Kunden, Lieferanten, Mitarbeitern etc.
- **Staff:** Aufbau und Pflege der Human-Ressourcen; Attraktivität auf dem Arbeitsmarkt, Wertung des Mitarbeiters etc.

143 Vgl. Schwaninger, M.: Zur Zukunft systemorientierter Managementforschung, St. Gallen 1989, S. 8 ff.

144 Vgl. Pascale, R.T./Athos, A.G.: The Art of Japanese Management, Hamondsworth 1981.

145 Vgl. Rühli, E.: Gestaltungsmöglichkeiten in der Unternehmensführung, a.a.O., S. 76 ff.

- **Skills:** Entwicklung der Fähigkeiten der Mitarbeiter; Management Developement, Schulung etc.
- **Shared Values:** Unternehmenskultur; gemeinsam getragene Werte, Normen und Wissensbestände (in einzelnen Darstellungsformen wird an Stelle der Shared Values auch der Ausdruck Superordinate goals verwendet).

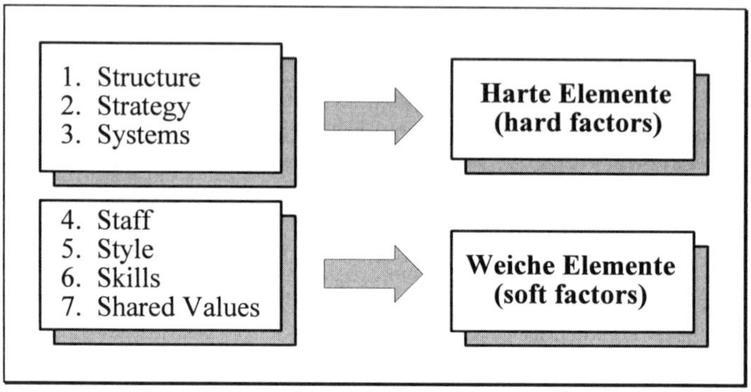


**Abb. 86:** Die Elemente des 7-S-Modells

Die wichtigsten Aussagen des 7-S-Modells lassen sich wie folgt zusammenfassen:

- Voraussetzung für eine erfolgreiche Führung ist die angemessene Berücksichtigung aller 7 Elemente mit ihren gegenseitigen Abhängigkeiten.
- Im Gegensatz zur euro-amerikanischen Art des Management sollen bei einer erfolgreichen Führung die weichen Faktoren einen höheren Stellenwert einnehmen als die harten Faktoren.
- Der Unternehmenskultur (Shared Values) kommt bei der Führung eine zentrale Bedeutung zu. Sie ist das tragende Element der Führung.

Das 7-S-Modell ist den Totalmodellen zuzuordnen. Es berücksichtigt sowohl führungstechnische Probleme als auch Fragen der Menschenführung und Fragen bezüglich des Führungsinhaltes. Eine Besonderheit des 7-S-Systems ist die praktisch vollständige Vernachlässigung der Außenbeziehungen. Die sieben Elemente dieses Modells erfassen in erster Linie nur die Geschehen im Unternehmen. Es wird auch keine optimale Ausprägungsform der Elemente vorgegeben, sondern ausgesagt, dass diese situativ zu gestalten sind. Nähere Angaben, wie dies zu geschehen hat, werden jedoch kaum gemacht. Aufgrund dieser Unverbindlichkeit des Modells ist auch eine abschließende Beurteilung schwierig.

Die Aussagen, dass den weichen Faktoren eine größere Aufmerksamkeit geschenkt werden soll und für eine erfolgreiche Führung alle sieben genannten Elemente zu berücksichtigen sind, sind bestimmt nicht falsch, stellen aber auch keine neuen Erkenntnisse dar. Die weitgehende Vernachlässigung von unternehmensexternen Bedingungen muss jedoch eindeutig kritisiert werden.

Positiv hervorzuheben ist an diesem Modell seine Eigenschaft, mit Hilfe der sieben Elemente systematisch die Schwachstellen eines Unternehmens aufdecken zu können und die Erkenntnis, dass alle Elemente in einer vernetzten Beziehung zueinander stehen, eine isolierte Betrachtung also meist nicht sinnvoll ist. Die gegenseitigen Wechselbeziehungen, d.h. die Vernetztheit der sieben Elemente dieses Systems untereinander, wird in der folgenden Abbildung dargestellt:

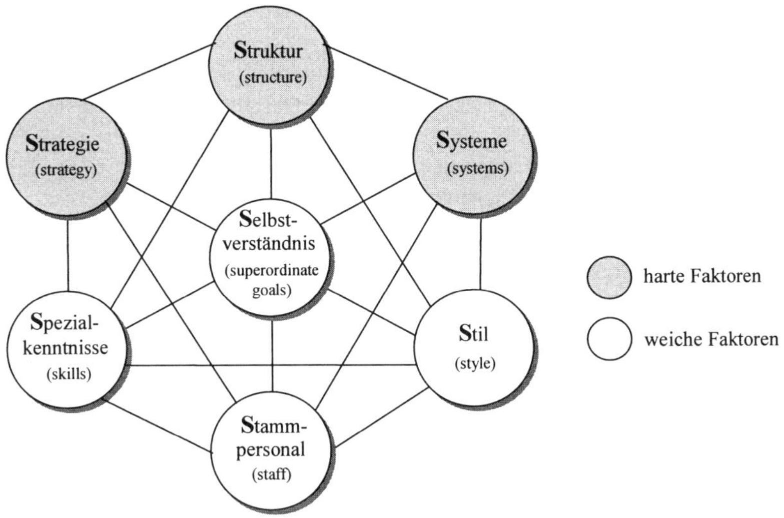


style ... Denk- und Verhaltensstil der Mitarbeiter
skills ... Sachverstand, spezielle Fähigkeiten
staff ... Auswahl, Schulung und talentmäßiger Einsatz der Mitarbeiter
superordinate goals ... oberste Ziele und Grundwerte

**Abb. 87:** Das 7-S-Modell

## (4) Der Züricher Ansatz

Der Züricher Ansatz ist ein relativ neues, unter Mitwirkung von E. Rühli an der Universität in Zürich in den letzten Jahren entwickeltes bzw. weiterentwickeltes Führungsmodell.

Um die Führung als ein komplexes Phänomen systematisch und angenähert ganzheitlich erfassen zu können, geht der Züricher Ansatz als erstes von der Annahme aus, dass Führung überall dort nötig ist, wo Menschen gemeinsam Probleme zu lösen haben. Führung wird, auf dieser Annahme aufbauend, als Steuerung der multipersonalen Problemlösung definiert.[146]

Die so beschriebene Führung wird in zwei Hauptdimensionen aufgeteilt, in eine formelle Seite der Führung und in eine inhaltliche Seite der Führung. Die formelle Seite der

[146] Vgl. Rühli, E.: Gestaltungsmöglichkeiten in der Unternehmensführung, a.a.O., S. 2 ff.

Führung hat wiederum, unabhängig vom jeweiligen Problem, eine menschenbezogene und eine führungstechnische Dimension.

- Eine menschenbezogene Dimension, da jede Form der Führung Interaktionen zwischen Menschen bedingt und somit immer eine Menschenführung ist.
- Eine führungstechnische Dimension, weil die Führung immer auch eine institutionelle sowie eine raum-zeitliche Dimension aufweist und mit Instrumenten unterstützt werden kann.

Die andere Hauptdimension, die inhaltlich-materielle Seite der Führung, beinhaltet die eigentlichen Hauptaufgaben der Führung, die Gestaltung der Unternehmenspolitik im realen Kontext. Sie umfasst einerseits die Vertretung der Unternehmenspolitik nach Außen (Außenpolitik) und anderseits die Entwicklung und Durchsetzung der Unternehmenspolitik im Inneren (Innenpolitik).

Diese beiden Dimensionen, welche vielfältig untereinander abhängig sind und sich beliebig weiter verfeinern lassen, bilden das Ordnungsgerüst des Züricher Ansatzes (vgl. folgende Abbildung).

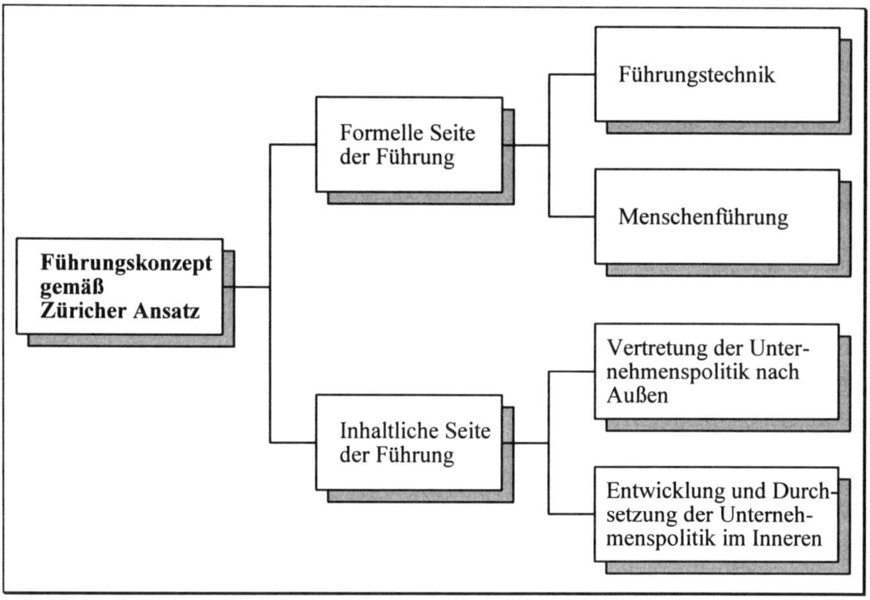


**Abb. 88:** Das Ordnungsgerüst des Züricher Ansatzes[147]

Im Folgenden werden nun für die einzelnen Dimensionen dieses Ordnungsgerüstes die Grundelemente oder, wie Rühli sie nennt, die konstitutiven Elemente beschrieben:

Im Zentrum der Führungstechnik steht das Problemlösungsverhalten, für das als idealtypische Elemente die Planung, Entscheidung, Ausführung und Kontrolle genannt werden. Diese vier Elemente bilden die konstitutiven Elemente einer Problemlösung. Bei ei-

[147] Vgl. Rühli, E.: Gestaltungsmöglichkeiten in der Unternehmensführung, a.a.O., S. 3.

ner arbeitsteiligen Bewältigung eines Problems lassen sich diese Elemente wiederum in dirigierende und exekutive, d.h. in führende und ausführende Tätigkeiten aufteilen. Der Führung werden folgende Aktivitäten zugeordnet:

- Planung
- Entscheidung
- Anordnung
- Kontrolle

Jedes dieser vier Elemente lässt sich in einer arbeitsteiligen Organisation unter verschiedenen Gesichtswinkeln betrachten. Drei Aspekte werden vom Züricher Ansatz unterschieden:

- institutionelle (strukturelle)
- funktionelle (prozessuale)
- instrumentale

Damit ergibt sich aus führungstechnischer Sicht ein zweidimensionales Raster zur Erfassung und Strukturierung des Führungsphänomens:

| Elemente / Aspekte | Willensbildung | | Willensdurchsetzung | |
|---|---|---|---|---|
| | **Planung** | **Entscheidung** | **Anordnung** | **Kontrolle** |
| **institutionelle** | Planungs-instanzen | Entscheidungs-instanzen | Anordnungs-instanzen | Kontroll-instanzen |
| **funktionelle** | Planungs-prozesse | Entscheidungs-prozesse | Anordnungs-erteilungs-prozesse (Befehlsausgabe) | Kontroll-prozesse |
| **instrumentale** | Planungs-instrumente | Entscheidungs-instrumente | Anordnungs-instrumente | Kontroll-instrumente |

**Abb. 89:** Die konstitutiven Elemente der Führungstechnik[148]

Zur Ermittlung der konstitutiven Elemente bzw. der Grundtatbestände der Menschenführung wird beim Züricher Ansatz davon ausgegangen, dass sich bei jeder multipersonalen Problemlösung im Rahmen einer Unternehmung Beeinflussungsvorgänge zwischen allen beteiligten Menschen abspielen. Das bedeutet, die Mitarbeiter beeinflussen die Vorgesetzten, Gleichgestellte beeinflussen sich gegenseitig und - unter dem Blickwinkel der Führung von zentraler Bedeutung - die Vorgesetzten beeinflussen die Mitarbeiter.

Von dieser Überlegung ausgehend werden drei Elemente als wesentliche oder grundlegende Merkmale des Beeinflussungsvorganges bzw. der Menschenführung gesehen:

[148] Vgl. Rühli, E.: Gestaltungsmöglichkeiten in der Unternehmensführung, a.a.O., S. 6.

- Die beteiligten Menschen (Individuen oder Gruppen) mit ihren Eigenheiten und Verhaltensmustern.
- Die bei der Führung besonders relevante Vorgesetzten-Mitarbeiter-Beziehung.
- Der soziale Kontext.

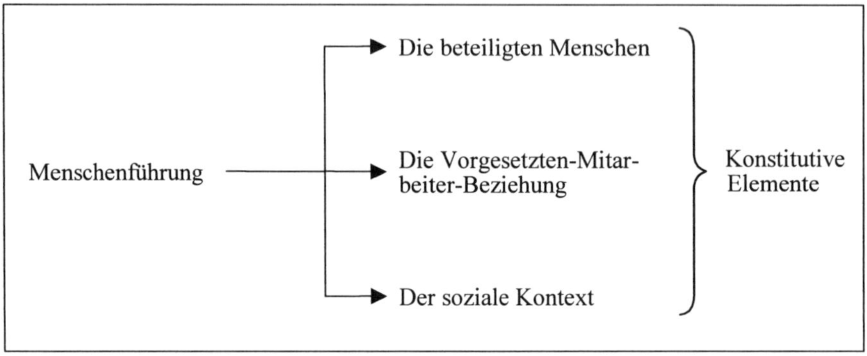


**Abb. 90:** Die konstitutiven Elemente der Menschenführung[149]

Führung hat aus sich selbst heraus keinen ursprünglichen Zweck, sondern dient der Bewältigung von Problemen. Dies bedingt die Frage, welche Probleme bewältigt werden sollen, also welchen eigentlichen Inhalt die Führung hat. Zur Beantwortung dieser Frage müssen zuerst die Kernprobleme einer Unternehmensführung ermittelt werden. Diese sieht der Züricher Ansatz in der Bestimmung der Position und des Verhaltens des Gesamtunternehmens im Wirtschafts-, Gesellschafts- und Ökosystem. Die Aufgabe der Unternehmensführung ist somit die Entwicklung und Durchsetzung einer diesbezüglichen Unternehmenspolitik. Diese Unternehmenspolitik, die wie oben erwähnt immer eine Außen- und eine Innenpolitik umfasst, kann wiederum in einzelne konstitutive Elemente aufgegliedert werden.

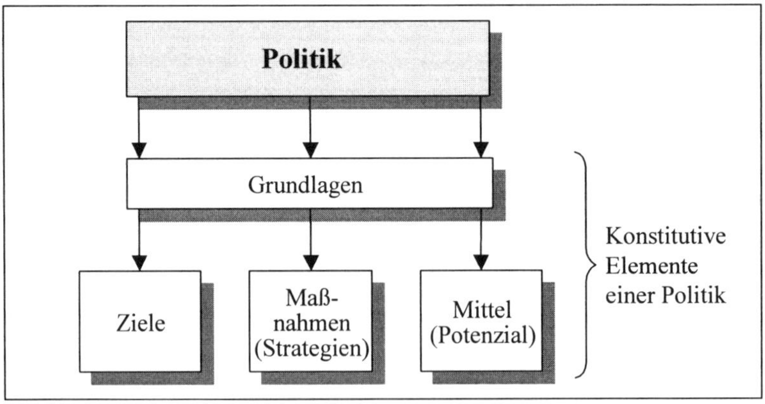


**Abb. 91:** Die konstitutiven Elemente einer Unternehmenspolitik[150]

[149] Vgl. Rühli, E.: Gestaltungsmöglichkeiten in der Unternehmensführung, a.a.O., S. 7.
[150] Vgl. ebd., S. 9.

Im Züricher Ansatz werden so die Klärung der unternehmenspolitischen Grundlagen, die Wahl und Anpassung der Unternehmensziele, die Entwicklung, Ausgestaltung und Durchsetzung von Maßnahmen (Strategie im engeren Sinne) und die Bereitstellung und der Einsatz der erforderlichen Mittel (Potenziale) zu Kernproblemen der Unternehmenspolitik.[151]

Wie diese Grundlagen, Ziele, Strategien und Mitteleinsätze im Einzelnen aussehen, d.h. welches die konkreten Führungsinhalte sind, lässt sich nur situationsabhängig sagen. Der Züricher Ansatz befasst sich nur mit den situationsunabhängigen Grundfragen der Unternehmungspolitik. Eine Ergänzung mit den situativen Ausprägungen für die konkreten Einzelfälle ist also notwendig.

Für die Analyse, Beurteilung und Gestaltung der Unternehmensführung benutzt der Züricher Ansatz drei vorrangige Perspektiven, d.h. drei Ansätze, von denen ausgehend die Unternehmung betrachtet wird:

- die **Strategie** (die hier im sehr weiten Sinne benutzt wird und den eigentlichen Führungsinhalt, d.h. die Unternehmenspolitik meint),
- die **Struktur** (die hier ebenfalls sehr umfassend gemeint ist und nicht nur den organisatorischen Aufbau, sondern auch die Abläufe und äußere strukturelle Aspekte, z.B. geographische Strukturen beinhaltet) und
- die **Kultur** (hiermit sind die in einem Unternehmen gemeinsam getragenen Normen, Werte und Wissensbestände gemeint).

Die Strategie, die Struktur und die Kultur eines Unternehmens stehen in einem intensiven Interaktionsverhältnis zueinander und werden zusätzlich durch ihre Vernetzung mit der Umwelt bestimmt. Das Unternehmen ist ein Teil

- des Wirtschaftssystems,
- des Gesellschaftssystems und
- des Ökosystems

und ist auf vielfältige Weise mit diesen Systemen vernetzt.

Zur systematischen Erfassung und Gestaltung der verschiedenen auftretenden Interaktionen benutzt der Züricher Ansatz das Stakeholder- bzw. das **Anspruchsgruppenkonzept**. Die verschiedenen Anspruchsgruppen (intern z.B. die Mitarbeiter, extern z.B. Arbeitnehmerorganisationen) stehen in unterschiedlichen Beziehungsverhältnissen zum Unternehmen und beeinflussen es bzw. werden durch das Unternehmen beeinflusst.

Aufgabe ist nun, einerseits die Einflüsse dieser Anspruchsgruppen auf das Unternehmen zu erfassen und anderseits die Möglichkeit des Einwirkens des Unternehmens auf diese Anspruchsgruppen zu bestimmen und zu nutzen.

Die folgende Abbildung zeigt die Unternehmung, eingebettet in die verschiedenen Systeme mit ihren unterschiedlichen Anspruchsgruppen:

---

[151] Vgl. Rühli, E.: Gestaltungsmöglichkeiten in der Unternehmensführung, a.a.O., S. 9 f.

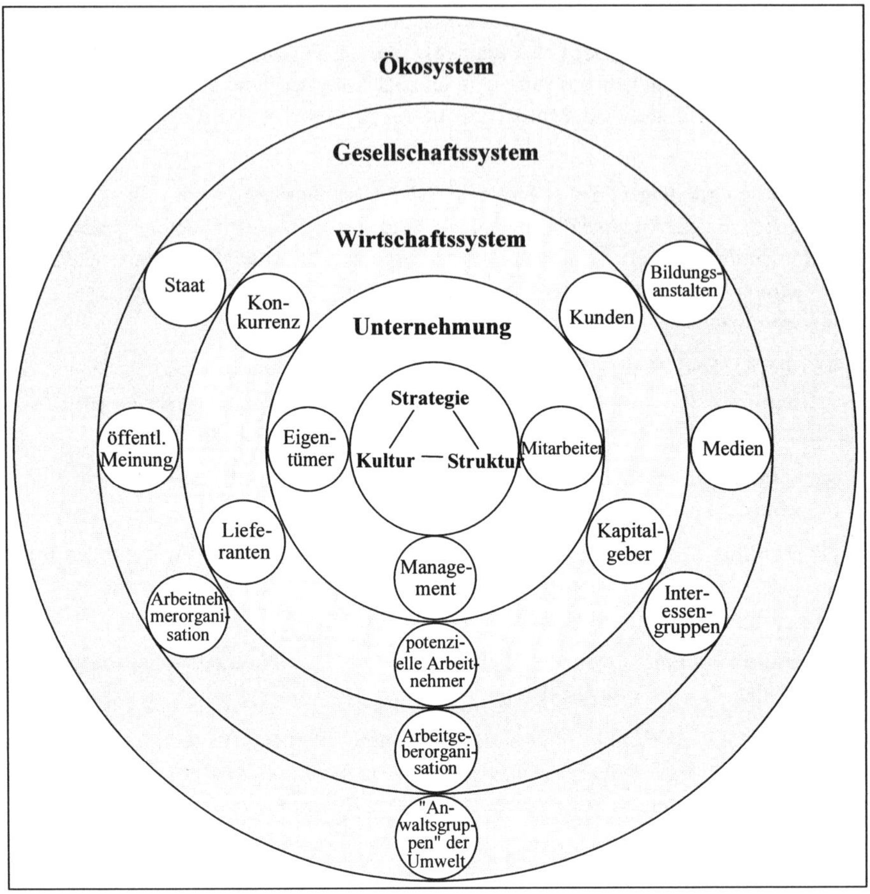


**Abb. 92:** Die Unternehmung als Teil des Umfeldes[152]

Der Züricher Ansatz ist, ebenso wie die vorher dargestellten Führungsmodelle, den Totalmodellen zuzuordnen. Positiv herauszuheben ist die Tatsache, dass er konsequent versucht, dem Gedanken der vernetzten Ganzheitlichkeit Rechnung zu tragen und bemüht ist, alle wichtigen Aspekte der Führung und alle wichtigen beeinflussenden Größen zu erfassen. Dieses Bestreben hat jedoch entsprechend komplexe Analysen und Darstellungen zur Folge, welche sicherlich bei der Anwendung dieses Ansatzes in der Praxis Probleme verursachen. Insgesamt ist der Züricher Ansatz sehr unverbindlich und macht keine Aussagen darüber, wie die angeführten Elemente im Einzelnen ausgestaltet werden sollen. Es wird darauf verwiesen, dass verallgemeinerungsfähige Aussagen, d.h. Angaben, wie die Gestaltungsaufgabe in der Praxis zu lösen ist, bei der Komplexität und Wandelbarkeit des Führungsphänomens kaum möglich sind. Auch bei dem Züricher Ansatz kann deshalb keine konkretere allgemeine Würdigung erfolgen, sondern es muss jeweils die unternehmensspezifische Ausgestaltung dieses Modells betrachtet werden.

---

152 Vgl. Rühli, E.: Gestaltungsmöglichkeiten in der Unternehmensführung, a.a.O., S. 14.

### (5) Würdigung der Führungsmodelle

Abschließend werden hier noch einmal die schon kurz in Bezug auf das St.-Galler- Management-Modell geäußerten Gedanken aufgegriffen und vertieft.

Alle nicht von einem Systemansatz ausgehenden Führungsansätze, -prinzipien und -modelle setzen bevorzugt nur an einem Teilbereich des Führungsprozesses an. Jedes dieser Führungskonzepte, das in der Praxis angewendet wird, hat Befürworter, die von überzeugenden Erfolgen berichten, aber auch Gegner, die auf Fehlschläge verweisen können. So existieren z.B. sowohl erfolgreiche sehr autoritative Führungskräfte als auch erfolgreiche überzeugt kooperative Führungskräfte.

Diese Diskrepanz muss auftreten, so lange in diesen Konzepten Teilbereiche des Führungsprozesses vernachlässigt werden und somit bei gleichem Ansatz verschiedene Ausgestaltungen der Führung entstehen.

Der Führungsprozess bzw. das Phänomen Führung besteht nicht aus isolierten Einzelfunktionen, sondern aus einem Zusammenwirken vieler Faktoren. Es beinhaltet die verschiedensten Gebiete, z.B. die Motivation, die Kommunikation, die Information, die Delegation, die Kontrolle usw., ebenso aber auch die Einbeziehung des Einflusses der die Unternehmung umgebenden Systeme.

Bei der Ausgestaltung der Führung sind nicht nur Kosten-Nutzen-Überlegungen einzubeziehen, sondern auch Aspekte der gesellschaftlichen Akzeptanz sowie Beurteilungen über die sonstigen Auswirkungen, z.B. auf das Ökosystem. Eine Hinwendung des Denkens und Handelns des Managements auf ganzheitliche Problemlösungen und ein Erkennen der vernetzten Beziehungen zwischen den verschiedenen Einzelaspekten ist daher, will man langfristig Erfolg haben, notwendig.

Die von dem Systemansatz ausgehenden Führungsmodelle sind ein erster Schritt in diese Richtung und sollten daher, trotz ihrer durch die Komplexität des Themas "Führung" verursachten mangelnden Konkretisierung der Gestaltung von Einzelaspekten, weiter verfolgt werden.

Für die im Einzelfall notwendigen Ergänzungen und für die reale Ausgestaltung der Führung können hingegen die verschiedenen dargestellten Führungsansätze und -prinzipien hilfreiche Anregungen geben. Ein auf die spezifischen Belange und die spezielle Situation eines Unternehmens abgestimmtes Anwenden einzelner Elemente aus den verschiedensten "Führungs-Rezepten" in Form von unternehmensspezifischen Führungsgrundsätzen ist daher sinnvoll.

## 2.8.3 Führungsgrundsätze

Führungsprinzipien und -modelle kommen in der betrieblichen Praxis meistens in Verbindung mit sog. "Führungsgrundsätzen", die auf das jeweilige Unternehmen abgestimmt werden, zum Einsatz. Solche Führungsgrundsätze enthalten für das Unternehmen verbindliche Personalführungsvorschriften und dienen so zur Schaffung eines einheitlichen Führungsstils. Sie sind somit Bestandteil der Unternehmenspolitik und ein Hilfsmittel zur

Zielerreichung. Führungsgrundsätze sind in der Praxis auch unter anderen Bezeichnungen (Führungsanweisungen oder -richtlinien, Leitlinien für Zusammenarbeit und Führung usw.) bekannt.[153]

Führungsgrundsätze enthalten speziell für den Personalbereich definierte Grundsätze und Prinzipien, die von der Unternehmensleitung erarbeitet, schriftlich fixiert und verbindlich vorgegeben werden. Sie befassen sich mit den Vorgesetzten-Mitarbeiter-Beziehungen und bilden so einen Orientierungsmaßstab für das Handeln und das Verhalten von Führungskräften im Unternehmen.

Nach Wunderer "beschreiben oder normieren Führungsgrundsätze die Führungsbeziehungen zwischen Vorgesetzten und Mitarbeitern in wertorientierter, generalisierter und relativ dauerhafter Weise - meist im Rahmen einer Führungskonzeption."[154]

Ziel ist es, ein einheitliches Führungsverhalten von Führungskräften zu gewährleisten und sicherzustellen. In Verbindung mit Führungskonzepten sind Führungsgrundsätze jedoch nur dann ein sinnvolles Instrument, wenn sie sowohl methodisch als auch inhaltlich frei von Widersprüchen sind und sich operationalisieren lassen.

Im Rahmen der Führungsgrundsätze wird der als wünschenswert erachtete Führungsstil festgelegt. Hierbei handelt es sich heute vorwiegend um den kooperativen Führungsstil, den es von den Führungskräften auf allen Unternehmensebenen zu pflegen gilt. Dies bedingt eine partizipative, partnerschaftliche Zusammenarbeit und die gegenseitige Unterstützung von Vorgesetzten und Mitarbeitern bei der Erfüllung ihrer Aufgaben zur Erreichung der Unternehmensziele.

Neben diesen grundsätzlichen Richtlinien für die Ausgestaltung der Vorgesetzten-Mitarbeiter-Beziehung werden auch konkrete Aussagen darüber getroffen, wie Delegation, Information, Kontrolle, Motivation usw. im Unternehmen praktiziert werden sollen.[155]

Beispiele für solche **Führungsgrundsätze** oder -richtlinien sind:

- Die Führung der Mitarbeiter ist an der Erreichung der Unternehmensziele auszurichten. Dabei gelten als Unternehmensziele sowohl ökonomische Erfolgsgrößen als auch die Mitarbeiterzufriedenheit und eine partnerschaftliche Arbeitsatmosphäre.
- Die Bildung von Zielen und die Planung von Aufgaben haben unter Einbeziehung der Mitarbeiter in den einzelnen Teilbereichen zu erfolgen. Die gemeinsame Zielvereinbarung trägt zur erhöhten Identifikation mit den eigenen Aufgaben und Tätigkeiten bei und wirkt positiv auf Motivation und Leistungsbereitschaft der Mitarbeiter.
- Hinsichtlich der Realisierung sollen Vorgesetzte bestimmte Aufgaben an die Mitarbeiter delegieren, die durch Übertragung von Kompetenz und Verantwortung von diesen eigenständig und eigenverantwortlich zu erfüllen sind.

---

[153] Vgl. Schumacher, B.: Handbuch Führungsgrundsätze-Führungshilfen entwickeln und einführen, Bausteine der Organisationskultur, Landsberg/Lech 1985, S. 479.

[154] Wunderer, R.: Führungsgrundsätze. In: Handwörterbuch des Personalwesens, hrsg. von Gaugler, E./ Weber, R., 2. Aufl., Stuttgart 1992, Sp. 923.

[155] Vgl. Fakesch, B.: Führung durch Mitarbeiterbeteiligung. Ein Konzept zur Steigerung der Mitarbeitermotivation, München 1991, S. 166 ff.

- Voraussetzungen für eine wirkungsvolle Zusammenarbeit bilden dabei gegenseitiges Vertrauen, Loyalität, Aufrichtigkeit, Offenheit und der sachliche Informations- und Meinungsaustausch zwischen Führungskräften und unterstellten Mitarbeitern.
- Der wechselseitige Informationsaustausch ist ein wichtiger Bestandteil des kooperativen Führungsstils. Informationen müssen schnell und eindeutig überall dahin vermittelt werden, wo sie benötigt werden. Führungskräfte als auch Mitarbeiter müssen sich die zur Erfüllung der Aufgaben benötigten Informationen beschaffen und sich gegenseitig sowie auch untereinander und bereichsübergreifend mit den notwendigen Informationen versorgen.
- Die im Rahmen der Kontrolle angestrebten Methoden und Maßstäbe sind den Mitarbeitern vorher mitzuteilen. Kontrollen dienen der Überwachung der Arbeitsabläufe und der Arbeitsergebnisse im Hinblick auf die Erreichung der Unternehmensziele. Sie sollten unter Einbeziehung der Mitarbeiter durchgeführt werden. Die Ergebnisse der Kontrollen sind mit den Mitarbeitern zu besprechen, bei fehlerhaften Abweichungen sind die Ursachen festzustellen und geeignete Korrekturmaßnahmen einzuleiten.
- Die Beurteilung der Leistungen und des Verhaltens von Mitarbeitern sollte ebenfalls unter Einbeziehung der Mitarbeiter geschehen. Die Beurteilung sollte das Ergebnis eines gemeinsamen Beurteilungsgespräches sein, in dessen Verlauf der Mitarbeiter selbst Stellung nehmen kann.
- Gute Leistungen müssen von den Führungskräften anerkannt und herausgestellt werden, ebenso müssen unzureichende Leistungen im Rahmen eines Kritikgespräches unter vier Augen erörtert werden.
- Die Unternehmensleistung wird durch die Leistungsfähigkeit und die Leistungsbereitschaft der Mitarbeiter geprägt, daher ist es wichtig, dass diese von den Führungskräften entsprechend motiviert und gefördert werden.
- Führungskräfte haben die Aufgabe, leistungsorientierte Mitarbeiter nach gemeinsamer Absprache durch den Einsatz geeigneter Maßnahmen zu fördern, um ihnen einen Aufstieg im Unternehmen zu ermöglichen.
- Jede Führungskraft hat neben der Förderung und Entwicklung geeigneter Mitarbeiter im Rahmen personeller Einzelmaßnahmen auch dafür Sorge zu tragen, dass ihr Führungsbereich (Organisationseinheit) bezüglich seines Wissensstandes, seiner Leistungsfähigkeit und seiner Wirtschaftlichkeit kontinuierlich verbessert wird.

Die oben aufgeführten Führungsgrundsätze stellen nur beispielhaft und auszugsweise mögliche Inhalte von umfassenden Grundsätzen der Personalführung dar. Wie bereits angesprochen, werden Führungsgrundsätze immer unternehmensspezifisch festgelegt, wobei auch die genannten Aspekte, abgestimmt auf die Belange und die Philosophie des Unternehmens, Berücksichtigung finden können.

Die Aufstellung solcher unternehmensspezifischen Führungsrichtlinien setzt aber selbstverständlich die Kenntnis der verschiedenen Führungsprinzipien und -modelle voraus. Daher sollte jede Führungskraft die Grundzüge der einzelnen Konzepte kennen und sich ihre jeweiligen Vor- und Nachteile bewusst machen.

## 2.9 Trainingsmethoden für Führungskräfte

In den folgenden Abschnitten sollen beispielhaft einige Trainingsmethoden vorgestellt werden, die heute häufig für Führungskräfte angeboten und durchgeführt werden. Dabei stehen Fragen der Menschenkenntnis (Selbsterkenntnis und Einschätzung von Mitarbeitern), Verbesserungsmöglichkeiten der Kommunikation sowie Möglichkeiten zur Entwicklung und Stärkung des Selbstwertgefühls im Vordergrund der Betrachtungen.

### 2.9.1 Das Peter-Prinzip

In seiner satirisch-soziologischen Veröffentlichung "Das Peter-Prinzip oder die Hierarchie der Unfähigkeit" versucht der amerikanische Pädagoge L.J. Peter, das Phänomen der Inkompetenz in Unternehmen und Behörden zu erklären.

Durch intensive Beobachtung seiner Umwelt und aufgrund persönlicher Erfahrung entwickelte Peter eine Lehre der Hierarchie, die sogenannte Hierarchilogie. Seinen Erkenntnissen zufolge ergibt sich die Verteilung der Unfähigkeit in der Gesellschaft aus dem Gaußschen Verteilungsgesetz. Sein erster Merksatz, der letztendlich auch die Grundlage des Peter-Prinzips bildet, lautet:[156]

> "In einer Hierarchie neigt jeder Beschäftigte dazu, bis an die Stufe seiner Unfähigkeit aufzusteigen."

Bei der Einstellung eines neuen Mitarbeiters sind die Anforderungen an den Neuling im Allgemeinen deckungsgleich mit dessen Kenntnissen. Einige Zeit später wird dieser Mitarbeiter gewollt oder ungewollt befördert. Seine neue Position entspricht möglicherweise nicht mehr seiner Eignung, und Inkompetenz und Unfähigkeit haben ihren Nährboden gefunden.

Wie bei jeder Theorie gibt es auch beim Peter-Prinzip Ausnahmen, die die Regel bestätigen. L.J. Peter bezeichnet diese Lücken in seiner hierarchologischen Theorie als die fünf scheinbaren Abweichungen. Er unterteilt diese Ausnahmen in:

1. **"Die geräuschlose Sublimierung"**, die einer Pseudo-Beförderung gleichzusetzen ist, da der Beförderte keinen größeren Verantwortungsbereich erhält. Er wird im Prinzip lediglich von einem unproduktiven Posten auf den nächsten versetzt.
2. **"Die seitliche Arabeske"**, die ebenfalls unter die Pseudo-Beförderung fällt. Der Beförderte erhält einen neuen Titel und wird in ein neues Büro verfrachtet, wo er noch weiter vom Geschehen entfernt ist.
3. **"Peters Umkehr"**, die vor allem bei kleinen Beamten und Angestellten zu beobachten ist. Sie findet ihren Ausdruck darin, dass beispielsweise Fragen nicht beantwortet werden, die von der üblichen Routine abweichen. Die Antwort, dass man nicht zuständig sei, ist für die 3. Ausnahme bezeichnend.

[156] Peter, L.-J./Hull, R.: Das Peter-Prinzip, Reinbek bei Hamburg 1992, S. 19.

4. **"Ausschluss aus der Hierarchie"**. Die Randgruppen der Super-Inkompetenten sowie der Super-Kompetenten bringen gleichermaßen Unruhe in die Hierarchie. Aus diesem Grunde sind sie auszuschließen.
5. **"Paternalistischer Zugang"**. In diesem Fall werden Personen auf Posten gesetzt, die sie (noch) nicht verdient haben. Diese Personen sind wegen ihrer guten Beziehungen zu einflussreichen Menschen befördert worden.

Um zu vermeiden, dass Führungskräfte selbst oder deren Mitarbeiter die Stufe der Inkompetenz erreichen, hat Peter einen 66-Punkte-Plan entwickelt.[157] Es werden Lösungsansätze dargestellt, die sich zum einen auf die eigene Persönlichkeitsbildung und zum anderen auf den Umgang mit anderen Personen beziehen. Peter hat diese 66 Punkte in Form von Slogans formuliert. Typische Beispiele sind:

- Peter-Prolongation: Stellen Sie die Vorteile der hierarchischen Stufe über Ihnen fest!
- Peter-Patent: Konzentrieren Sie Ihre Bemühungen auf Ihren Kompetenzbereich!
- Peter-Prophet: Erkennen Sie die Stufe ihrer Fähigkeit!
- Peter-Posse: Täuschen Sie, um eine unerwünschte Beförderung abzuwenden, Unfähigkeit vor!
- Peter-Phantasie: Spielen Sie eine künftige Realität in allen Einzelheiten durch!

Das Peter-Prinzip erklärt, wie es insbesondere in wirtschaftlichen Boomzeiten zum Aufblähen von Hierarchien kommt. Moderne hierarchische Systeme lassen den Einzelnen von unten her aufrücken, um so die durch Pensionierung, Entlassungen, Beförderungen oder Todesfälle in den oberen Rängen entstandenen Lücken zu füllen. Außerdem neigt man dazu, mehr als ein Minimum von Beförderungen vorzunehmen, um so nach Möglichkeit die Leistung der Organisation zu steigern ("wenn drei Geschäftsführer nützlich sind, müssen sechs besser sein"). Die Hierarchie vergrößert sich so zusehends.[158]

### (1) Das Syndrom des Pseudo-Erfolgs und das Endplatzierungs-Syndrom

Das Syndrom des Pseudo-Erfolgs wird häufig mit extremen Ehrgeiz verwechselt. Der Ehrgeiz ist zwar ein Bestandteil des Pseudo-Erfolgs, jedoch nicht das einzige Kriterium. Ehrgeiz im beruflichen Bereich zeichnet sich durch abnormen Lerneifer, extremen Fleiß, sowie die Teilnahme an Fachkursen und Fortbildungsseminaren aus.

Pseudo-Erfolgreiche leiden, medizinisch gesehen, an den gleichen Beschwerden wie jemand, der viel arbeitet und sehr fleißig, sprich ehrgeizig ist. Diese Leute haben nicht, wie vielleicht angenommen, ihre Stufe der Inkompetenz erreicht, sondern sie leiden unter den Folgen ihrer Arbeit. Das Prinzip des Pseudo-Erfolgs beruht also auf übertriebenem Ehrgeiz, während das Endplatzierungs-Syndrom seinen Ursprung im Erreichen der Stufe der Inkompetenz findet. Diese Tatsache besagt jedoch nicht, dass man beim Erreichen dieser Stufe faul wird. Ein ehemals fleißiger Arbeiter wird mit Sicherheit auch noch dann fleißig weiterarbeiten; schließlich will er seine Endplatzierung nicht wahrhaben, wenn er überhaupt von ihr weiß.

---

[157] Vgl. Peter, L.J.: Das Peter-Programm, Reinbek bei Hamburg 1992, S. 14 ff.
[158] Vgl. Peter, L.J./Hull, R.: Das Peter-Prinzip, a.a.O., S. 19.

### (2) Merkmale der Endplatzierung

Der Pseudo-Erfolg ist im eigentlichen Sinne noch nicht unproduktiv, daher wollen wir uns hier auf das Endplatzierungs-Syndrom konzentrieren, da es hilft, einige Probleme im Berufsleben zu verstehen, wenn man das Prinzip der Endplatzierung dabei berücksichtigt.

Normalerweise wird jeder, der die Stufe seiner Inkompetenz erreicht hat, merken, dass er nicht mehr imstande ist, etwas Produktives zu leisten. Diese Person beginnt dann unter dem Endplatzierungs-Syndrom zu leiden. Erkenntnisse aus der Medizin belegen, dass ohne erkennbare organische Ursachen u.a. Symptome wie Magengeschwüre, Magenkrämpfe, Schleimhautreizungen, erhöhter Blutdruck und Verstopfung auftreten können.[159] Aufgrund der medizinischen Merkmale lässt sich jedoch nicht ohne weiteres auf die Endplatzierung schließen. Es gibt einige weitere Merkmale und bestimmte Verhaltensweisen, die Hilfe leisten können, das Endplatzierungs-Syndrom zu erkennen. Die Betroffenen neigen z.B. dazu, auf ihren Schreibtischen ganz charakteristische Arrangements anzuordnen. Kompetente Mitarbeiter haben i.d.R. nur Bücher, Papiere und andere Arbeitsmaterialien auf ihrem Schreibtisch angeordnet, während die Unfähigen häufig ein Sammelsurium von Telefonen, unsortierten Papierablagen u.ä. aufweisen.

### (3) Reaktionen beim Erreichen der Stufe der Inkompetenz

Wenn eine Person die Stufe ihrer Inkompetenz erreicht hat, dann können zwei alternative Zustände auftreten. Entweder sieht man der Wahrheit ins Auge, oder aber die Inkompetenz wird nicht erkannt, so dass man sich selbst zu mehr Leistung antreibt.

Für viele Betroffene wäre es sicherlich von Vorteil, nicht zu erkennen, dass sie an der Stufe ihrer Inkompetenz angelangt sind, denn so kann der Glaube an eine weitere Beförderung sie zufriedenstellen. Wird die eigene Unfähigkeit jedoch erkannt, so erfolgt meist ein Ausgleichsverhalten durch Ersatzhandlungen wie:[160]

- **Ständige Vorbereitungen:** Der Inkompetente wird, bevor er mit seiner Arbeit beginnt, erst einmal sehr viel Zeit mit Vorbereitungen auf die eigentliche Aufgabe verschwenden.
- **Spezialisierung auf Nebensächlichkeiten:** Für den unfähigen Mitarbeiter bietet sich die Möglichkeit, sich auf Nebensächlichkeiten zu spezialisieren. Dabei fixiert sich die Person auf Tätigkeiten, welche ihr bekannt sind, und auch leicht von der Hand gehen. Somit hat sie die Möglichkeit, in ihrem Bereich Erfolgserlebnisse zu haben.
- **Konvergente Spezialisierung:** Merkt ein Inkompetenter, dass er in bestimmten Bereichen unfähig ist, dann zerlegt er die Gesamtaufgabe in mehrere, für ihn leicht zu erfüllende Teilbereiche, um so Zufriedenheit zu erlangen.

Diese Ersatzhandlungen verdeutlichen, dass es durchaus angenehme Möglichkeiten gibt, die Inkompetenz zu ertragen. Sie erlauben denjenigen, die an die Stufe der Inkompetenz gelangt sind, ihr Leben trotzdem glücklich und gesund zu erfahren.

---

[159] Vgl. Peter, L.J/ Hull, R.: Das Peter-Prinzip, a.a.O., S. 16.

[160] Vgl. Weber, D.: Hinterlist aus Hilflosigkeit. Foulspiel im Management. In: Management-Wissen, 59. Jg., S. 93.

### (4) Einsatz des Peter-Programms in der Führungskräfteentwicklung

Das Peter-Prinzip macht auf die Mängel einer hierarchischen Struktur aufmerksam. Hat man dieses Prinzip einmal kennengelernt, begegnen einem immer wieder Situationen, die das Peter-Prinzip in Erinnerung rufen. Dann sagt man sich: "Diese Person hat wohl die Stufe der Unfähigkeit erreicht".

Letztendlich wird man sich jedoch auch fragen, wie diese Person mit ihrer Unfähigkeit zurechtkommt. Aus diesem Problem ergeben sich zwei grundlegende Fragen:[161]

1) Was kann man tun, um das Endplatzierungs-Syndrom zu vermeiden?

2) Wie kann man als Manager seine Mitarbeiter auf der ihren Fähigkeiten angemessenen Stufe halten?

Im Rahmen von Führungskräftetrainings können die dargestellten Leitgedanken des Peter-Prinzips genutzt werden, um Fähigkeiten des Erkennens von Kompetenz und Unfähigkeit zu vermitteln. Der Trainingseffekt besteht darin, die eigenen Fähigkeiten und die von Mitarbeitern zu erkennen und dadurch Beförderungen zu vermeiden, die Mitarbeiter in die Unzulänglichkeit treiben.

## 2.9.2 Das Gordon-Konzept

Zahllose Menschen haben Schwierigkeiten mit ihrer Führungsrolle. Sie stoßen bei ihren Bemühungen auf lästigen Widerstand - oder auf Feindseligkeit, Eifersucht und Unfreundlichkeit - und viele geben auf.

Für sie hat Thomas Gorden ein Konzept der **effektiven Führerpersönlichkeit** entwickelt. Führer müssen Techniken und Methoden lernen, mit denen die ideale Beziehung zwischen Führer und Gruppenmitgliedern Wirklichkeit wird. Dieses Konzept liefert ein wertvolles Instrumentarium für die Praxis des Managements. Die Zielsetzung dieses Trainings wird von Schönhammer wie folgt formuliert:

"Durch die heutigen Leistungsanforderungen werden Vorgesetzte vor die Aufgabe gestellt, sowohl Motivation, Verantwortung, Initiative, Zuverlässigkeit, als auch Zufriedenheit ihrer Mitarbeiter auf eine kostensparende Weise zu verbessern. Deshalb wird die Zahl jener, die ihre Mitarbeiter am Entscheidungsprozess beteiligen wollen und die dafür ausschlaggebenden Techniken dringend benötigen, immer größer. Das Gordon-Führungstraining lehrt diese Techniken und befähigt Vorgesetzte, sie in der Praxis erfolgreich anzuwenden."[162]

Die Beteiligung der Mitarbeiter am Entscheidungsprozess wird bei Gordon als Technik des Vorgesetzten bezeichnet; weiterhin ist die Anwendbarkeit dieser Technik nicht auf die Beziehungen zu den Mitarbeitern beschränkt. Es sollen neue Fähigkeiten im Umgang mit allen Menschen erworben werden.

---

[161] Vgl. Peter, L.J.: Das Peter-Programm, a.a.O., S. 9.

[162] Schönhammer, R.: Psychologisches Führungstraining und die Mentalität von Führungskräften, Dissertation, München 1983, S. 50.

Den Teilnehmern wird neben der universellen Anwendbarkeit dieser Technik auch noch ein positiver Effekt für die Identität des Trainierten versprochen:

"Anstatt einmal die Rolle des Chefs, dann wieder die des Freundes usw. spielen zu müssen, handelt der Gordon-Führungstrainings-Absolvent mit der Zeit ganzheitlich und erlebt sich als Einheit."[163]

Wesentlich ist bei diesem Training, dass es sich um einen Fortbildungskurs und nicht um eine Einzeltherapie oder eine Selbsterfahrungsgruppe handelt. Das Training ist weder psychoanalytisch noch therapeutisch.

In seinem Buch "Managerkonferenz" schildert Gordon die normale Beziehung von Vorgesetzten und Untergebenen als von "Argwohn, Misstrauen, Feindseligkeit, Unterwürfigkeit, passivem Widerstand und Unsicherheit" gekennzeichnet. Als Erklärung für diesen Zustand führt er aus: "Solche vorgegebenen negativen Reaktionsmuster sind dem Menschen zur zweiten Natur geworden. Sie haben sie als Kinder gelernt."[164]

Die Führungskraft sollte sich auf das "einstige Kind", das jedes Mitglied der Gruppe noch mit sich herumträgt, einstellen. Denn jeder Mensch besitzt seine eigene Kindheitsgeschichte, in der er in vielfältige Beziehungen zu einer großen Anzahl Erwachsener verstrickt war: zu Eltern, Großeltern, Lehrern usw. All diese Erwachsenen haben durch ihre Macht und Autorität Einfluss ausgeübt.

Diese Grundlagen der Philosophie des Führungstrainings von Gordon lenken die Aufmerksamkeit auf hässliche Erscheinungen der Beziehung von Vorgesetzten und Mitarbeitern. Wenn Gordon im Weiteren auch von einem der Führungsaufgabe selbst innewohnenden Dilemma spricht, so meint er damit einen Konflikt, der dieser Harmonie keinen Abbruch tut - sofern sich die Führungskraft nur als kunstfertig genug erweist:

"Die Kunst besteht darin zu lernen, ein Gleichgewicht zwischen den Bedürfnissen beider Seiten herzustellen, so dass sowohl die Vorgesetzten wie auch die Mitarbeiter den Führer für tüchtig halten. Wie jeder weiß, der einmal in einer solchen Organisation tätig war, ist das keine leichte Aufgabe. Denn die Bedürfnisse der Organisation richten sich in erster Linie auf wachsende Produktivität und Wirtschaftlichkeit, während die Gruppenmitglieder durch ihre Bedürfnisse häufig motiviert sind, diesem Druck nach höherer Produktivität und Wirtschaftlichkeit Widerstand zu leisten."[165]

Was Führungskräfte nach Gordon zum Beherrschen dieser Kunst neben Flexibilität, Fingerspitzengefühl und größerer Ehrlichkeit in der Kommunikation benötigen, ist vor allem eine gerechte Methode (jeder-gewinnt-Methode) zur Lösung von Bedürfniskonflikten.

Ein weiteres Trainingselement, dem bei Gordon ein hoher Stellenwert zugemessen wird, ist das "aktive Zuhören". Hierbei handelt es sich im Prinzip um das Abstellen der weit verbreiteten Angewohnheit, Gesprächspartnern das Wort abzuschneiden, aus dem Gedanken heraus, man wisse, was der andere sagen möchte. Durch das Anwenden der

---

[163] Schönhammer, R.: Psychologisches Führungstraining und die Mentalität von Führungskräften, a.a.O., S. 50.

[164] Gordon, Th.: Managerkonferenz - Effektives Führungstraining, 11. Aufl., München 1994, S. 23.

[165] Ebd. S. 30.

Technik des "aktiven Zuhörens" können einerseits kommunikative Missverständnisse verringert bzw. ausgeschaltet werden, andererseits bedeutet "aktives Zuhören" auch eine Bejahung des anderen.

## (1) Führer als Problemlöser

Eine der zentralen Aufgaben eines Gruppenführers ist nach Gorden die Aufgabe des Problemlösers. Wenn Gruppen Probleme haben, bedürfen sie dringend eines Führers, d.h. entweder wenn die Mitglieder sich vor dem Problem sehen, dass ihren eigenen Bedürfnissen nicht genüge getan wird, oder wenn die Gruppe den Führer vor Probleme stellt, weil sie die Ziele der Organisation nicht erreicht.

- **Das Verhaltensfenster:**

Das Verhalten eines jeden Gruppenmitgliedes kann durch ein Fenster anschaulich dargestellt werden. Dieses Fenster hat zwei Zonen: in der einen zeigen sich Verhaltensweisen, die man als Führer akzeptieren kann, in der anderen Zone zeigen sich Verhaltensweisen die man nicht akzeptieren kann, weil sie ein Problem aufgeben (unterer Teil des Fensters). Ein kurzes Beispiel mag die Sichtweise verdeutlichen:

Carrie, eine Gruppenmitglied, arbeitet fleißig an ihrem Schreibtisch. Seit kurzem zeigt Tom, ein anderes Gruppenmitglied, ein großes Bedürfnis, in ihr Büro zu kommen. Der dies beobachtende Führer meint, Tom verschwende ihre und seine Zeit. Dieses Verhalten kann man nicht akzeptieren, Tom wird im unteren Teil des Fensters untergebracht.[166]

**Abb. 93:** Das Verhaltensfenster

[166] Vgl. Gordon, Th.: Managerkonferenz - Effektives Führungstraining, a.a.O., S. 36 ff.

Mit diesem Verfahren lässt sich das Verhalten eines jedes Gruppenmitgliedes sehr gut beurteilen. Zunächst einmal zwingt es einen dazu, sich selbst ehrlich einzugestehen, wie man bestimmte Verhaltensweisen empfindet.

Die Linie zwischen den beiden Bereichen ist nicht fest vorgegeben. Häufig bewegt sie sich nach oben oder nach unten. Sie ist abhängig von der eigenen Verfassung, von dem Ort, an dem man sich befindet und von ähnlichen Dingen. Nicht nur die eigenen Sichtweisen vom Verhalten anderer können variieren, sondern auch die der unterstellten Gruppenmitglieder. Als Führer wird man Verhaltensweisen von Gruppenmitgliedern beobachten, die signalisieren, dass sie Schwierigkeiten haben, ihre eigenen Bedürfnisse zu befriedigen. In der Regel kann man dies aus verbalen Hinweisen, wie "Der Betrieb kann mich mal" oder ähnlichem erkennen.

Diese Verhaltensweisen werden in einem besonderen Feld im oberen Teil des Verhaltensfensters dargestellt. Die mittlere Zone des Verhaltensfensters - man nennt sie problemfreie Zone - bleibt den Verhaltensweisen eines Mitarbeiters vorbehalten, die nicht anzeigen, dass er ein Problem hat. In dieser Zone kann produktive Arbeit geleistet werden.[167]

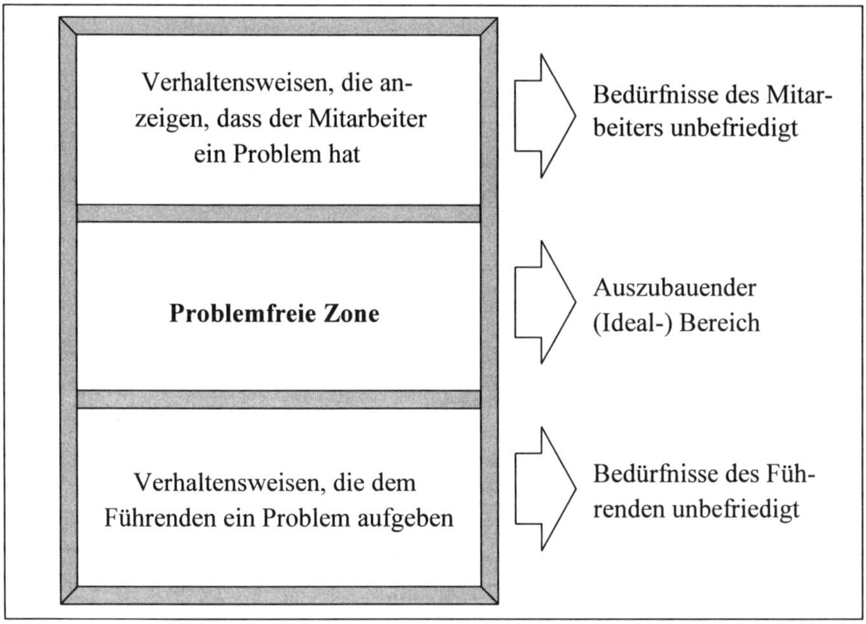


**Abb. 94:** Die drei Zonen des Verhaltensfensters

Die wesentliche Aufgabe des Führers liegt also darin, die Problemlösung in Gang zu setzen, wenn entweder er selbst oder die ihm unterstellten Mitarbeiter ein Problem haben. Sein Ziel ist es, die problemfreie Zone auszuweiten bzw. das Zeitaufkommen zu vergrößern, das für produktive Arbeit zur Verfügung steht.[168]

---

[167] Vgl. Gordon, Th.: Managerkonferenz - Effektives Führungstraining, a.a.O. S. 43.

[168] Vgl. ebd. S. 58.

- **Techniken, die helfen Probleme zu lösen:**

Wenn Gruppenmitglieder Probleme haben, muss notwendigerweise die Gesamteffektivität ihrer Gruppe darunter leiden. Es kann also nur von Vorteil sein, wenn ein Führer so früh wie möglich die Symptome erkennt, die auf persönliche oder aufgabenbezogene Probleme hinweisen. Das zuvor erklärte Verhaltensfenster bietet als "Frühwarnsystem" dafür gute Möglichkeiten. Das Ziel des Führers muss es sein, das Problem zu erkennen und dafür zu sorgen, dass das Problem gelöst wird.

- **Türöffner:** Eine Person sendet meist eine kurze Eröffnungsbotschaft über ein Gefühl, die den Hörer auf das mögliche Vorhandensein eines Problems hinweist. Die hilfsbedürftige Person wird meist erst dann mit dem Problemlösungsprozess beginnen, wenn der Hörer eine Einladung sendet - wenn er dem anderen, der die Hilfe braucht, die Tür öffnet. Ein solcher Türöffner könnte eine Bemerkung sein wie: "Ich hätte Zeit, wenn Sie welche haben. Möchten wir darüber reden?"
- **Passives Zuhören:** Wer ein Problem hat und jemanden findet, der einfach nur aufmerksam zuhört, wird dadurch gewöhnlich ermutigt, weiter über sein Problem zu berichten. Die Bereitschaft des Hörers, sich ruhig zu verhalten, wird in der Regel als Interesse oder Anteilnahme verstanden. Schweigen ist ein wirksames Instrument, welches oft Menschen dazu bringt, über das zu sprechen, was sie bekümmert.
- **Aufmerksamkeitsreaktionen:** Die meisten Menschen, die sich mit Problemen belasten, brauchen von einem Zuhörer jedoch mehr als nur vollkommenes Schweigen. Sie brauchen ein Anzeichen dafür, dass der Zuhörer nicht zerstreut ist oder seinen eigenen Gedanken nachhängt. Er muss ihnen von Zeit zu Zeit zeigen, dass er ihre Botschaften mit Aufmerksamkeit aufnimmt. Solche Anzeichen können sein: Augenkontakt, Nicken oder auch unterstützende Bemerkungen wie: "Ich verstehe" u.ä.
- **Aktives Zuhören:** Türöffner, passives Zuhören und Aufmerksamkeitsreaktionen bringen Menschen dazu, mit dem Reden anzufangen. Keine der drei Techniken stellt jedoch sicher, dass der Hörer alles versteht und es nicht zu Missverständnissen kommt. Die Kunst des aktiven Zuhörens besteht darin, dass der Zuhörer dem Erzähler ständig über ein Feedback zu verstehen gibt, wie er ihn verstanden hat. Die Bestätigung des Senders würde dem Hörer beweisen, dass seine Ausdrucksweise richtig war. Eine Korrektur hingegen zeigt auf, wo es zu Missverständnissen gekommen ist. Das aktive Zuhören liefert dem Erzähler somit den Beweis, dass er verstanden wurde.
- **Zum Kernproblem vordringen:** Die Probleme der Menschen sind wie Zwiebeln - sie bauen sich in Schichten auf. Erst nachdem die äußeren Schichten abgeschält sind, stößt man auf das eigentliche Kernproblem. Manchmal wissen die Menschen, was das Kernproblem ist, nur haben sie Angst es anzuschneiden. Häufiger sind sie sich jedoch gar nicht bewusst, was sich hinter ihren Problemen eigentlichen verbirgt. Dieses Kernproblem gilt es als Führungskraft zu erkennen und zu beseitigen.

## (2) Konfliktbehandlung

Konflikte sind für die Beziehungen einzelner unerfreulich und gefährlich, in Gruppen und im Unternehmen unproduktiv und unökonomisch. Trotzdem kommt man wohl nicht an dem Schluss vorbei, dass manche Konflikte im zwischenmenschlichen Bereich unvermeidbar sind. Daraus ergeben sich zwei Aufgaben: Der Führer muss herausfinden, wie er die Zahl der Konflikte so gering wie möglich halten und wie er die unvermeidlichen lösen kann.

- **Wer siegt - wer unterliegt?**

Viele Führungskräfte verstehen es nicht, Konflikte zu lösen. Es sieht kompliziert aus und sie haben das Gefühl, darauf gar nicht oder nur schlecht vorbereitet zu sein. Manche Führungskräfte sehen Konflikte gar als ein Symptom ihrer Unfähigkeit an, als sicheres Zeichen für eine drohende Niederlage. Auf alle Fälle verbinden die meisten mit Konflikten negative Gefühle.

Die ausnahmslos negativen Erfahrungen mit Konflikten lassen sich leicht erklären. Ihr ganzes Leben lang haben die Menschen in den meisten ihrer Beziehungen Methoden der Konfliktlösung mit Gewinnern und Verlierern angewandt. Tatsächlich gibt es zwei Methoden mit Gewinnern und Verlierern, derer sich die meisten Menschen bedienen.[169]

- **Methode I: Ich gewinne, du verlierst.** In Methode I erzwingt der Führer eine Lösung, durch die er auf Kosten des anderen Gruppenmitgliedes seinen Willen durchsetzt. Seine Bedürfnisse werden befriedigt, die des anderen nicht. Unvermeidlich wird dadurch der Groll des Verlierers auf den Gewinner geweckt, weil jenem der Ausgang des Konfliktes ungerecht erscheint. In der Ausdrucksweise der sozialen Austauschtheorie liegt ein ungleicher sozialer Austausch vor. Die Vorteile sind ganz auf der Seite des Führers.

  Bei dieser Methode der Konfliktlösung gibt es offensichtlich am Ende Gewinner und Verlierer. Man kennt sie unter verschiedenen Bezeichnungen: einseitige Entscheidungsfindung, autoritäre Entscheidungsfindung oder Domination.

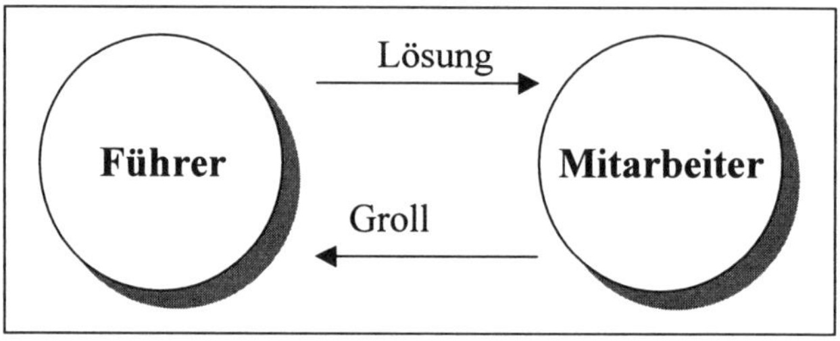


**Abb. 95:** Ich gewinne, du verlierst - Methode

- **Methode II: Du gewinnst, ich verliere.** In Methode II erzwingt das Gruppenmitglied eine Lösung, es setzt auf Kosten des Führers seinen Willen durch. Seine Bedürfnisse werden befriedigt, die des Führers nicht. Dies ist oft dann der Fall, wenn Führer ihre Meinung aufgeben und dem Mitarbeiter zögerlich nachgeben. Auch diese Methode ist eine mit Gewinnern und Verlierern. Sie trägt auch verschiedene andere Namen wie: Permissivität, nachgiebiges Management und Laissez-faire-Führungsstil.

[169] Vgl. Gordon, Th.: Managerkonferenz - Effektives Führungstraining, a.a.O., S. 149.

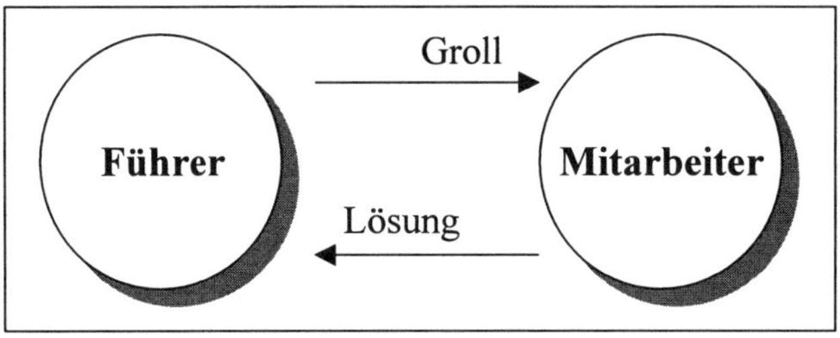


**Abb. 96:** Du gewinnst, ich verliere - Methode

Wem macht es Spaß, Konflikte zu verlieren? Wenn man auf seine Bedürfnisse verzichten muss, damit ein anderer die seinen befriedigen kann, so wird man dies als nicht billig empfinden. Man wird böse und ärgerlich sein und gewiss nicht die beste Meinung von der Beziehung haben.

Beide Methoden laufen auf lange Sicht auf eine Selbstaufgabe hinaus. Daraus erklärt sich die Tatsache, dass die meisten Führer sich nicht mit der Methode II anfreunden können. Die meisten greifen auf eine autokratische Methode der Konfliktlösung zurück, was ihnen als das kleinere Übel erscheint. In diesem Falle sind die Mitarbeiter jedoch nicht zufrieden und hegen einen permanenten Groll gegen ihren Führer. Dies ist eine Situation, in der neue Konflikte sehr leicht entstehen können.

- **Die Jeder-Gewinnt-Methode:**

Die Alternative zu den Konfliktlösungsmethoden mit Gewinnern und Verlierern ist eine dritte Methode, bei der jeder gewinnt. Nur sie schafft eine Lösung, die zu gegenseitiger Bedürfnisbefriedigung führt.

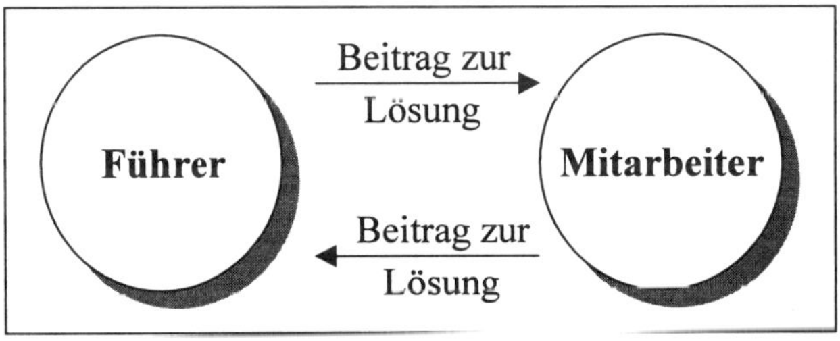


**Abb. 97:** Die Jeder-Gewinnt-Methode

Wenn Menschen Macht über andere besitzen, neigen sie leicht dazu, von ihr Gebrauch zu machen. Die Jeder-Gewinnt-Methode setzt jedoch voraus, dass ein Führer, der in der Regel mehr Macht als die Gruppenmitglieder besitzt, sich dazu verpflichtet, sie nicht zu verwenden. Statt dessen nimmt der Führer im Konfliktfall etwa folgende Haltung ein:

"Du und ich wir haben einen Bedürfniskonflikt. Ich achte Deine Bedürfnisse, aber ich darf auch meine nicht vernachlässigen. Ich will von meiner Macht Dir gegenüber keinen Gebrauch machen, so dass ich gewinne und Du verlierst, aber ich kann auch nicht nachgeben und Dich auf meine Kosten gewinnen lassen. So wollen wir im gegenseitigen Einverständnis gemeinsam nach einer Lösung suchen, die ebenso Deine wie auch meine Bedürfnisse befriedigt, so dass wir beide gewinnen."[170]

Jede Konfliktpartei muss ein Stück weit nachgeben und auf den anderen zugehen. Zur Suche nach einer Lösung ist nicht Macht, sondern kreatives Denken erforderlich. Zur effektiven Problemlösung sollte man in mehreren Schritten vorgehen:

- Das Problem wird erkannt und definiert
- Alternative Lösungen werden entwickelt
- Die alternativen Lösungen werden bewertet
- Die Entscheidung wird getroffen
- Die Entscheidung wird ausgeführt
- Anschließende Bewertung der Lösung

Wenn man über eine solche Entscheidungsfindung zu einer Problemlösung kommt, so hat dies für alle Beteiligten nur Vorteile. Da die Gruppenmitglieder bei der Entscheidungsfindung beteiligt waren, kostet es den Führer nicht so viel Energie, die Einhaltung der getroffenen Entscheidung durchzusetzen. Häufig kommt man bei dieser Methode auch auf bessere, kreativere Lösungen für Probleme. In jedem Fall wird jedoch das Klima in der Gruppe verbessert, so dass die Gruppenmitglieder offenere Beziehungen zueinander entwickeln und so auch eine bessere Produktivität der Gruppe zu erwarten ist.

## 2.9.3 Die neurolinguistische Programmierung (NLP)

Die neurolinguistische Programmierung befasst sich schwerpunktmäßig mit den Zusammenhängen von körperlichen (neurophysiologischen) Zuständen, Sprache (Linguistik) und inneren Denkprozessen. Nach dem Motto, "Was ein Mensch kann, kann auch jeder andere lernen"[171] haben in den 70er Jahren R. Bandler und J. Grinder diese Methode ins Leben gerufen. NLP ist ein umfassender Ansatz, die Kommunikation mit anderen erfolgreich zu gestalten und die eigenen Fähigkeiten weiterzuentwickeln.

NLP basiert auf der Annahme, dass alle psychischen und physischen Prozesse sich gegenseitig beeinflussen. Weil jeder Mensch seine Sinne unterschiedlich einsetzt und dadurch seine Umwelt anders wahrnimmt, verhält sich auch kein Mensch genauso wie ein anderer. Daraus ergibt sich ein Grundsatz der NLP:

> Im Umgang mit anderen Menschen darf man nie davon ausgehen, dass der andere so reagiert wie man selbst. Denn jeder Mensch ist einzigartig.

Basierend auf der Erkenntnis, dass der Mensch über die Augen, die Ohren und die Haut 95 % der ihm bewussten Informationen aufnimmt, unterscheidet man bei der NLP drei verschiedene Typen. Den "Augen-Typ", der Dinge bevorzugt visuell aufnimmt, den

[170] Vgl. Gordon, Th.: Managerkonferenz - Effektives Führungstraining, a.a.O., S. 182.
[171] Vgl. Ulsamer, B.: Exzellente Kommunikation mit NLP,2. Aufl., Bremen 1993, S. 27.

"Ohren-Typ", welcher verstärkt auditiv aufnimmt, und den "Kinästhetischen-Typ“, der hauptsächlich Gefühltem den Vorrang gibt. Es wird unterstellt, dass jemand seine bevorzugte Wahrnehmung auch in seinem Sprachstil zum Ausdruck bringt. Achtet man auf spezifische Ausdrücke seines Gesprächspartners, kann man leichter herausfinden, was der andere vor seinem geistigen Auge sieht. Man erkennt, von welchen Vorstellungen er ausgeht.

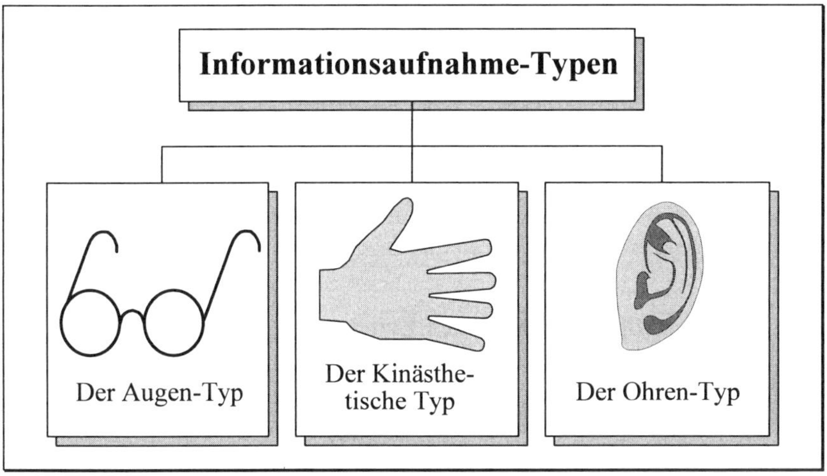


**Abb. 98:** Informationsaufnahme-Typen

Ebenso wie der Sprachstil ist die Körpersprache ein probates Mittel, Signale zu setzen um eine gemeinsame Ebene mit anderen aufzubauen. Zur Körpersprache werden die Körperhaltung, Gestik, Mimik, Tonfall und die Atmung gezählt. Körpersprache kann allerdings immer nur im Kontext mit anderen Signalen und mit der gesamten Situation, in der Kommunikation stattfindet, gesehen werden.

Besondere Bedeutung in der NLP erfährt das menschliche Auge. Die Augen sind über Nerven direkt mit dem Gehirn verbunden. Erwiesenermaßen geben Augenbewegungen einen Hinweis, auf welchem Informationskanal der Denkprozess stattfindet, wie also jemand denkt (nicht was).[172] Während der "Augen-Typ" dazu neigt, seine Augen nach rechts oder links oben zu richten, hält der "Ohren-Typ" sie waagerecht und der "Kinästhetische-Typ" bewegt sie nach unten.

NLP wird vor allem dort angewendet, wo es auf gekonnte Kommunikation ankommt. Wenn beispielsweise Führungskräfte bewusst wahrnehmen, was die Mitarbeiter nicht nur sagen, sondern auch mit ihrer Körpersprache ausdrücken, können sie angemessen und erfolgreich auf die Mitarbeiter reagieren. Durch das NLP-Training und die an dieser Stelle nicht im Einzelnen vorgestellten Techniken wie Rapport, Pacing, Leading, Ankern, Refraiming und anderen mehr, wird versucht, durch Körpersprache und Sprachstil Gesprächspartner einander näher zu bringen. NLP will den Anwender dazu bringen, sich für den Gesprächspartner zu sensibilisieren, um auch verdeckte Informationen aufnehmen zu können und das eigene Potenzial voll auszuschöpfen.

[172] Vgl. Schwarz, A.A./Scheppe, R.P.: Praxisbuch NLP, 6. Aufl, München 2003.

## 2.9.4 Die Transaktionsanalyse

Die Transaktionsanalyse stellt ein einfaches Erklärungsmodell zur Psychologie der menschlichen Persönlichkeit dar. Unter einer Transaktion versteht man einen Reiz und die darauf folgende Reaktion.

Ein einfaches Erklärungsmodell ist die Transaktionsanalyse deshalb, weil sie mit einem einfachen Vokabular arbeitet, das jedermann versteht. Dieses Modell ermöglicht es, soziale Interaktionen zu analysieren und zu steuern. Es wurde von Eric Berne und seinem Schüler Thomas Harris in den 50er und 60er Jahren entwickelt.

Durch die Transaktionsanalyse soll man in die Lage versetzt werden, den Umgang mit seinen Mitmenschen offen und störungsfrei zu gestalten sowie angemessen und flexibel auf schwierige Situationen zu reagieren. Die direkten Ziele der Transaktionsanalyse sind somit ein besseres Verständnis der Kommunikation zwischen den Menschen, aber auch die Verbesserung der eigenen Charakterkenntnis.

### (1) Das Transaktions-Modell nach Eric Berne

Nach Berne[173] zeichnet das Gehirn Erlebnisse mitsamt den empfundenen Gefühlen wie ein Tonbandgerät exakt auf. Durch bestimmte Reize lassen sich in der Vergangenheit aufgezeichnete Erinnerungen wieder abrufen. Empfindungen werden dann unweigerlich mit den zusammen aufgezeichneten Erinnerungen wieder erlebt.[174]

Das Tonband, das alles aufzeichnet, funktioniert also wie ein doppelspuriges Stereotonband mit einer Spur für die Ereignisse und einer Spur für die empfundenen Gefühle. Bei der Transaktionsanalyse werden diese Tonspuren zergliedert. Diese Analyse nennt man Strukturanalyse. Sie stellt ein Teilgebiet der Transaktionsanalyse dar. Mit ihrer Hilfe versuchen Transaktionsanalytiker, die Verhaltensweisen von Menschen zu analysieren. Diese Verhaltensweisen nennt man in der Transaktionsanalyse die **Ich-Zustände** des Menschen.

Jede Persönlichkeit hat nach Berne drei Ich-Zustände in sich. Diese sind das Eltern-Ich (EL), das Erwachsenen-Ich (ER) und das Kindheits-Ich (K).

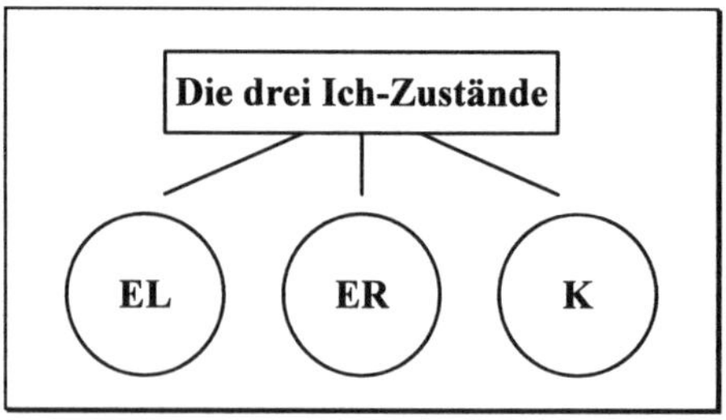


**Abb. 99:** Die drei Ich-Zustände

[173] Berne, E.: Games People play, New York 1967.

[174] Vgl. Harris, T.A.: Ich bin o.k. - Du bist o.k., Reinbeck bei Hamburg 1975, S. 26.

## • Das Eltern-Ich

Das Eltern-Ich ist eine ungeheure Sammlung von Aufzeichnungen im Gehirn über ungeprüft hingenommene oder aufgezwungene äußere Ereignisse, die ein Mensch in seiner frühen Kindheit wahrgenommen hat. Diese Periode umfasst etwa die ersten fünf bis sechs Lebensjahre. Da das Kleinkind noch nicht in der Lage ist, die auf es eindringenden Daten zu prüfen oder kritisch zu hinterfragen, werden diese ohne Kontrolle abgespeichert. Man unterscheidet zwischen dem fürsorglichen und dem kritischen Eltern-Ich.[175]

Das **kritische Eltern-Ich** enthält unreflektierte Wertungen und Vorurteile. Es moralisiert und neigt eher dazu zu sagen, "tu das nicht" als "tu das". Das kritische Eltern-Ich ist somit ein schlechter Problemlöser, denn es neigt eher dazu, einen Schuldigen zu finden, anstatt das Problem anzugehen.

Das **fürsorgliche Eltern-Ich** hingegen enthält einige gutgemeinte Normen, die uns vor größerem körperlichen und geistigen Schaden bewahren sollen. Durch diese Normen bleibt es uns erspart, zahllose Trivial-Entscheidungen treffen zu müssen.

| Das Eltern-Ich | Körperliche Indizien: | Sprachliche Indizien: |
|---|---|---|
| 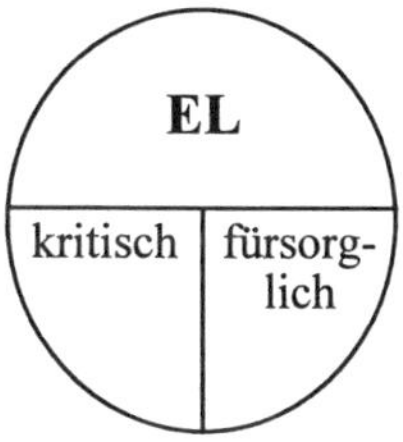  | • Warnende Bewegungen<br>• Belehrendes Gebaren<br>• Der ausgestreckte Zeigefinger<br>• Mit dem Fuß auf den Boden klopfen<br>• Einem anderen den Kopf tätscheln<br>• Die Arme vor der Brust verschränken | • Kann ich dir helfen?<br>• Tut dir etwas weh?<br>• Tu gefälligst.......!<br>• Das musst du aber anders machen!<br>• Nie machst du etwas richtig!<br>• Wie oft habe ich dir schon gesagt......!<br>• Was werden denn die anderen sagen? |

**Abb. 100:** Merkmale des Eltern-Ich

## • Das Erwachsenen-Ich

Das Eltern-Ich entspricht in gewisser Weise dem gelernten Lebenskonzept, während das Kindheits-Ich das gefühlte Lebenskonzept darstellt. Das Erwachsenen-Ich hat nun die Funktion eines Mittlers zwischen diesen beiden Konzepten.

Das Erwachsenen-Ich funktioniert folglich wie ein Computer, der die auftreffenden Daten empfängt und mit den schon gespeicherten Informationen der beiden anderen Ich-Zuständen vergleicht.

Da dem Erwachsenen-Ich die drei Informationsquellen Eltern-Ich, Kindheits-Ich und die Realität zur Verfügung stehen, ist es ein guter Problemlöser. Es ermöglicht dem Menschen, schnell und richtig zu entscheiden ohne erst lange überlegen zu müssen.

[175] Vgl. Rüttinger, R.: Transaktionsanalyse, Arbeitshefte zur Arbeitspsychologie Nr. 10, 8. Aufl., Heidelberg 2001, S. 20.

| Das Erwachsenen-Ich | Körperliche Indizien: | Sprachliche Indizien: |
|---|---|---|
| 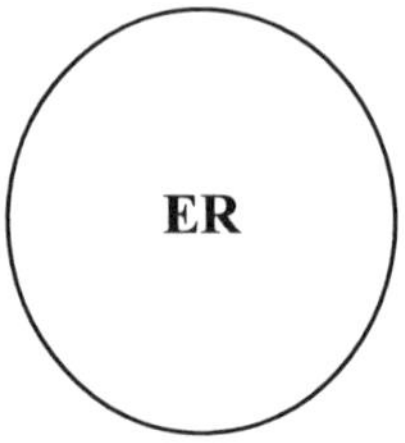 | • Ruhige, sachliche Haltung und Einstellung<br>• Interesse an der Umgebung und dem Geschehen, ausgedrückt durch Mimik, Haltung usw.<br>• Nachdenklichkeit, Erwägungen<br>• Finger an der Nase, Fingerspitzen zusammen | • Was?<br>• Warum?<br>• Wie?<br>• Wer?<br>• Wo?<br>• Meiner Meinung nach ...<br>• Wahrscheinlich ...<br>• Ich denke ... |

**Abb. 101:** Merkmale des Erwachsenen-Ich

## • Das Kindheits-Ich

Das Kindheits-Ich kann man sich - ebenso wie das Erwachsenen-Ich - als riesigen Datenspeicher vorstellen. Hierin werden aber nun innere Ereignisse aufgezeichnet. Damit sind alle Gefühle gemeint auf das, was das Kind sieht und hört. Im Wesentlichen wird auch dieser Speicher in den ersten fünf oder sechs Lebensjahren aufgefüllt. Später findet höchstens noch von außen eine Verstärkung dessen statt, was bereits im Speicher vorhanden ist. Auch hier differenziert man in ein angepasstes und in ein natürliches Ich.

Im **angepassten Kindheits-Ich** sind negative Gefühle verankert. So hat das Kind den Drang, in den ersten Lebensjahren alles zu erkunden und kennenzulernen. Auf der anderen Seite steht jedoch die ständige Forderung der Umwelt, vor allem der Eltern, auf diese Urbefriedigung zu verzichten, um dafür mit Anerkennung belohnt zu werden. Diese Anerkennung kann jedoch auch schnell entzogen werden, was in dem Kind negative Gefühle weckt und es so zu einer ständigen Anpassung zwingt.

Im **natürlichen Kindheits-Ich** ruhen Kreativität, Neugier, Spontanität, Freude und Begeisterung am Leben. Alle Gefühle, die bei Erlebnissen entstanden sind, die durch keinerlei Restriktionen eingeschränkt wurden, sind in diesem Ich-Zustand aufgezeichnet.

| Das Kindheits-Ich | Körperliche Indizien: | Sprachliche Indizien: |
|---|---|---|
| 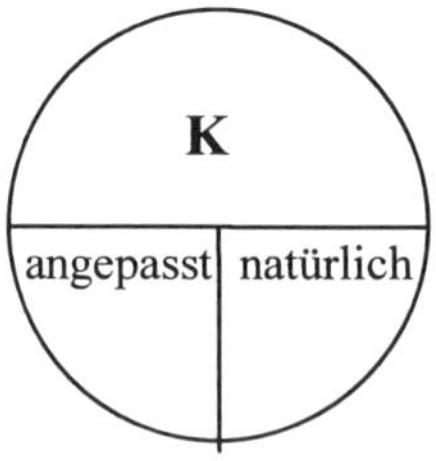 | • Niedergeschlagene Augen<br>• Hohe, weinerliche Stimme<br>• Die Hand heben, wenn man etwas sagen möchte<br>• Entzücken<br>• Hüpfen, springen, lachen | • Ich will.......!<br>• Gib mir das!<br>• Ich wünsche mir....<br>• Schau mal, was ich kann!<br>• Immer bin ich schuld!<br>• Ich bin ja unmöglich......<br>• Das ist aber alles sehr traurig. |

**Abb. 102:** Merkmale des Kindheits-Ich

Wie das Eltern-Ich so ist auch das Kindheits-Ich ein Zustand, in den ein Mensch fast jederzeit während seiner alltäglichen Transaktionen versetzt werden kann. Jederzeit können dem Menschen Dinge widerfahren, die wieder eine Kindheitssituation heraufbeschwören und dieselben Gefühle wecken, die man damals schon empfunden hat.

## (2) Transaktionsanalyse im eigentlichen Sinne

Wie bereits erwähnt, bezeichnet eine Transaktionsanalyse einen Reiz und eine darauffolgende Reaktion, die zwischen den einzelnen Ich-Zuständen von Individuen stattfinden. Alle Transaktionen lassen sich auf drei unterschiedliche Grundformen zurückführen, die parallelen Transaktionen, die Überkreuz-Transaktionen und die verdeckten Transaktionen.

### • Parallele Transaktionen

Eine parallele Transaktion liegt dann vor, wenn der Empfänger einer Transaktion aus dem Ich-Zustand reagiert, in dem er auch angesprochen wurde, und damit beim Sender auch wieder den Ich-Zustand anspricht, von dem dieser gesendet hat. In der Regel sind parallele Transaktionen problemlos und können beliebig lange fortgesetzt werden, ohne dass im Gespräch Überraschungen auftreten.

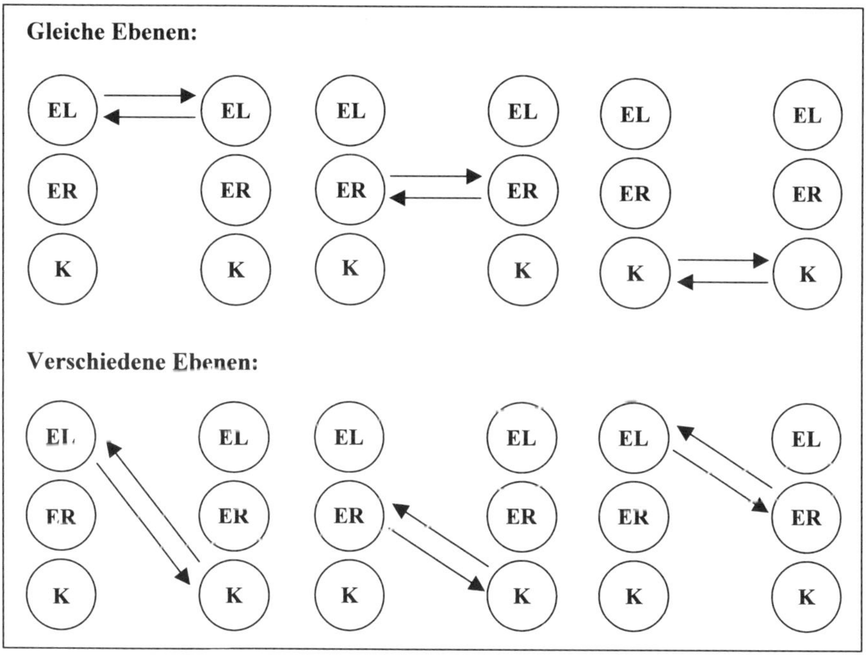


**Abb. 103:** Parallele Transaktionen[176]

Parallele Transaktionen können auch zwischen zwei verschiedenen Ich-Zuständen ablaufen. Dabei müssen die Transaktionspfeile jedoch immer parallel verlaufen (z.B. Eltern-Kind-Transaktion).

[176] Vgl. Klaus, H./Schneider, H. J.: Personalführung, a.a.O., S. 288.

## • Überkreuz-Transaktionen

Die zweite Form der Transaktionen ist die Überkreuz-Transaktion. Diese Transaktion führt meistens zu Konflikten, da Überkreuz-Transaktionen den erwarteten Gesprächsablauf unterbrechen können. Der Empfänger antwortet aus einem anderen Ich-Zustand, als der Sender gesendet hat. Wenn Reiz und Reaktion sich überkreuzen (siehe gekreuzte Pfeile im Schaubild), also auf eine Transaktion des Senders eine für ihn unerwartete Reaktion erfolgt, wird die Kommunikation unterbrochen und es kommt zum Konflikt.

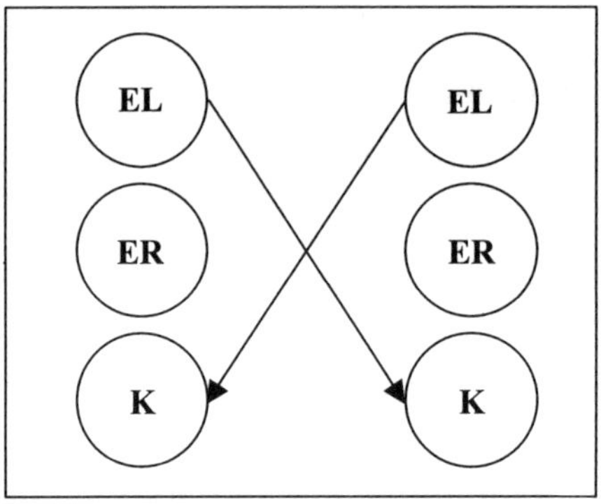


**Abb. 104:** Überkreuz-Transaktion

## • Verdeckte Transaktionen

Bei der verdeckten Transaktion besteht der ausgesendete Reiz aus einem Hauptreiz und einem Nebenreiz (verdeckter oder auch psychologischer Reiz). Die verdeckte Transaktion ist für Außenstehende nur schwer zu durchschauen, da neben der offenen Transaktion über die verdeckte Transaktion oft persönliche Informationen ausgetauscht werden und etwas anderes gesagt wird, als gemeint ist. Es wird z.B. auf einer sachlichen Ebene gesprochen, aber gleichzeitig eine verdeckte Mitteilung an einen anderen Ich-Zustand gesendet.

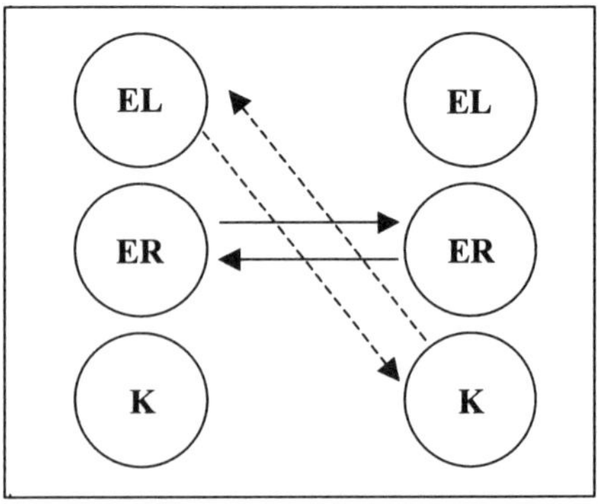


**Abb. 105:** Verdeckte Transaktion

**Beispiel:**[177]

Der Hauptreiz besteht aus einer ER-ER-Transaktion, die folgenden Inhalt haben könnte:

Ehemann: "Was hast Du mit meinem Hemd gemacht?"
Ehefrau: "Das habe ich Dir in den Schrank gehängt."

Der verdeckte Reiz wird erkennbar, wenn wir die Mimik und den Tonfall betrachten:

Ehemann: Schroff, laut, Augenbrauen zusammengezogen.
Ehefrau: Hohe, zitternde Stimme, gesenkter Kopf, hochgezogene Schultern.

Auf der psychologischen Ebene haben wir es mit einer parallelen Eltern-Kind-Transaktion zu tun, der wahre Inhalt der Botschaften könnte etwa folgender sein:

Ehemann: "Du bringst ständig mein Zeug durcheinander!"
Ehefrau: "Ich tue ja alles, was ich kann, und ständig schimpfst Du noch!"

Neben dieser Form der verdeckten Transaktion gibt es noch die von Schlegel als "unterschwellige Verführung"[178] bezeichnete verdeckte Transaktion. Dabei verläuft die Haupttransaktion auf der ER-ER-Ebene, mit der verdeckten Botschaft wird jedoch versucht, den Gesprächspartner in eine Rolle in seinem Kindheits-Ich zu drängen.

## (3) Die Lebensanschauungen nach Thomas Harris

Bei den Lebensanschauungen handelt es sich um die Frage, wie jemand sich selbst und seine Mitwelt bewertet. Von den Transaktions-Analytikern werden vier Grundeinstellungen unterschieden:[179]

| | **Ich bin o.k.** | **Ich bin nicht o.k.** |
|---|---|---|
| **Du bist o.k.** | konstruktiv umgehen mit dem Problem/dem anderen | sich zurückziehen von dem Problem/dem anderen |
| **Du bist nicht o.k.** | loswerden das Problem/den anderen | nichts anfangen, steckenbleiben |

**Abb. 106:** Grundeinstellungen in der Transaktionsanalyse

### • Ich bin o.k. - du bist nicht o.k.

Diese Grundeinstellung mit Überlegenheitsgefühlen ist oft nur andeutungsweise zu erkennen. Die Einstellung "Ich mache lieber alles selbst!" kann diese Lebensanschauung ausdrücken. Da sich diese Menschen eher auf sich selbst als auf andere verlassen, wirken sie oft recht autonom und es fällt ihnen verhältnismäßig leicht, eine Erwachsenenhaltung einzunehmen. Wer eine solche Grundeinstellung annimmt, findet an jedem anderen Fehler, seiner Meinung nach sind immer die anderen Schuld (oder das Schicksal oder der liebe Gott), nur nie sie selbst.

177 Vgl. Stewart, I./Joines, V.: Die Transaktionsanalyse, Reinbek 1992, S. 108.
178 Vgl. Schlegel, L.: Die Transaktionale Analyse, 3. Aufl., Tübingen 1987, S. 80 f.
179 Vgl. Harris, T.A.: Ich bin o.k. - Du bist o.k., a.a.O., S. 60.

- **Ich bin nicht o.k. - du bist o.k.**

Diese Grundeinstellung ist durch Unterlegenheitsgefühle geprägt. Es ist die Grundeinstellung, in der diejenigen befangen sind, die bewusst an Minderwertigkeitsgefühlen leiden. Geraten solche Menschen in Schwierigkeiten mit anderen, denken sie: "Was habe ich nur wieder angestellt?" Es sind Menschen, welche die Neigung haben, sich zu entschuldigen, wenn sie von anderen angerempelt, angegriffen oder herabgesetzt werden.

Menschen mit dieser Grundeinstellung kommen sich anderen gegenüber ohnmächtig vor. Sie sind der Überzeugung, dass ihr Leben keinen großen Wert hat. Sie kommen sich ausgeschlossen vor und schließen sich selbst aus.

- **Ich bin nicht o.k. - du bist nicht o.k.**

Diese Grundeinstellung ist geprägt durch Sinn- und Wertlosigkeit und stützt sich nicht in erster Linie auf den Vergleich seiner selbst mit anderen. Es geht nicht darum, dass der Betreffende sein Leben oder das der anderen als sinn- und wertlos erfährt, sondern das Leben überhaupt. Seine Devise kann lauten: "Es hat ja doch alles keinen Sinn". Mit "alles" meint er die menschliche Existenz als solche.

Es muss allerdings nicht sein, dass diese Menschen einen verzweifelten oder hoffnungslosen Eindruck machen, im Gegenteil, denn oft verbergen sie nicht nur vor anderen, sondern auch vor sich selbst die Überzeugung von der Sinnlosigkeit und Hoffnungslosigkeit der Existenz hinter einem durchaus umgänglichen, manchmal jedoch von einem ironischen Unterton geprägten Verhalten.

- **Ich bin o.k. - du bist o.k.**

Diese Grundeinstellung ist die einzig konstruktive. Diese Haltung verzichtet auf jeden Vergleich und bezieht sich auch nicht auf ein nach irgendwelchen Grundsätzen zu beurteilendes Verhalten seiner selbst oder des anderen.

Wer diese positive Grundeinstellung besitzt oder derjenige, dem es doch gelingt, sie anderen gegenüber - besonders in kritischen Situationen - einzunehmen, wird diesen Menschen wertungsfrei, offen und gelassen begegnen. Sein Grundsatz ist "jeder auf dieser Welt ist wichtig". Er gesteht sich selbst und anderen Fehler zu und bekennt sich zu seinen eigenen Bedürfnissen, Gefühlen und Ansichten, ohne die Forderung, dass die anderen diese teilen. Durch diese Grundeinstellung hat er gelernt, Kritik entgegenzunehmen, ohne beleidigt zu sein, und kann auf der anderen Seite Menschen kritisieren, ohne dabei abwertend oder verletzend zu sein.

Von den meisten Menschen muss eine solche Grundeinstellung erarbeitet werden. Sie zeichnet echte Führungspersönlichkeiten aus, die selbst unter widrigen Umständen ihre Selbstachtung und die Achtung vor denen, die ihnen anvertraut sind, aufrechterhalten.

Die meisten Transaktions-Analytiker nehmen an, dass die Grundeinstellung, in der sich jemand befindet, je nach Situation verschieden sein kann, dass jedoch bei einem Menschen eine dieser vier Haltungen dem Leben gegenüber überwiegt. Sie kommt in Krisensituationen meist deutlich zum Ausdruck. Die Grundeinstellung entwickelt sich schon recht früh im Leben: Schlüsselerlebnisse im frühen Säuglingsalter können bereits Anlass sein, zu einer bestimmten Grundeinstellung zu neigen.

## (4) Die manipulativen Rollen

Einige Transaktionalytiker haben Untersuchungen angestellt, ob in dem unbewussten Lebensplan eines Menschen typische Vorgänge zu finden sind. Unter diesen typischen Eigenheiten sind bestimmte Rollen gefunden worden, die bei ein und demselben Menschen, besonders in Beziehung zu anderen, wechseln.

Es lassen sich drei unterschiedliche Rollen feststellen, die durch ein Dreieck veranschaulicht werden können:

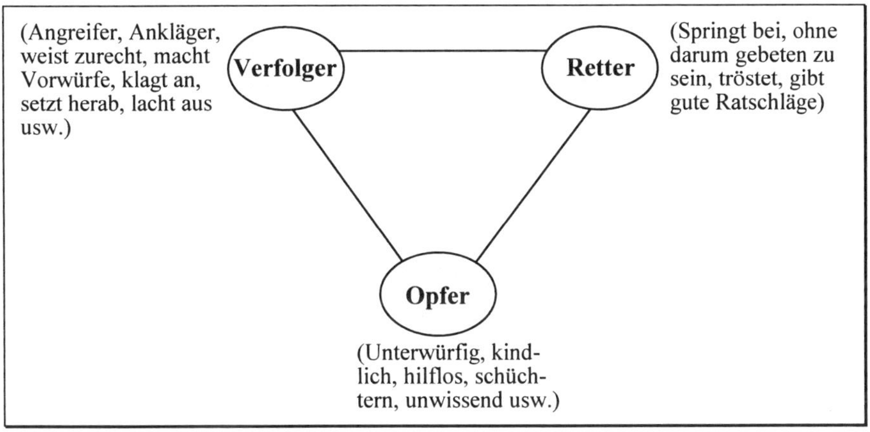


**Abb. 107:** Die manipulativen Rollen

- In einer Retter-Rolle befangen ist, wer um vor sich selbst bestehen zu können, jeman-den braucht, dem er helfen kann. Er hat dadurch die Neigung, andere in eine komple-mentäre Opferrolle zu drängen. Somit vertritt er die Anschauung, dass der andere (das Opfer) nicht o.k. ist und er selbst der überlegene ist.
- Jemand, der sich mit einer Verfolger-Rolle identifiziert, macht anderen gerne Vor-würfe, klagt sie an, beschuldigt sie, kritisiert sie oder setzt sie gar herab, was alles so-wohl mit Gebärden wie mit Worten geschehen kann. Dem Verfolger können die anderen "nicht das Wasser reichen", sie sind also auch bei ihm nicht o.k.
- Wer eine Opfer-Rolle einnimmt, gibt sich abhängig, hilflos, kindlich, unwissend oder schüchtern. Das Opfer ist davon überzeugt, dass es alleine nicht zurechtkommt, dass es selbst also nicht o.k. ist.

Für die erfolgreiche Kommunikation ist es wichtig, selbst nicht aus einer dieser manipulativen Rollen heraus zu agieren und sich auch nicht in eine dieser Rollen drängen zu lassen. Das wird um so besser gelingen, je mehr das Erwachsenen-Ich und die "Ich bin o.k. - Du bist o.k." -Einstellung zum tragen kommt.

### (5) Die Transaktionsanalyse in der Managemententwicklung

Die durch die Transaktionsanalyse gewonnenen Einsichten können bei der Mitarbeiterführung sehr wertvoll sein. Eine Führungskraft, die merkt, in welchem Ich-Zustand sie sich befindet, kann ihren zukünftigen Transaktionen eine nützlichere oder produktivere Richtung geben. Um ein starkes Erwachsenen-Ich aufzubauen, ohne dabei das Eltern-Ich und das Kindheits-Ich abzutöten, empfiehlt es sich:

1. Eine Analyse des eigenen Kindheits-Ich vorzunehmen, um seine verwundbaren Stellen, seine Ängste und Nöte kennenzulernen.
2. Ebenso ist eine Analyse des eigenen Eltern-Ich erforderlich, denn ohne genaue Kenntnis seiner Gebote und Verbote, seiner unverrückbaren Grundsätze und der Möglichkeiten, diese auszudrücken, ist der Aufbau eines gesunden Erwachsenen-Ich nicht möglich.
3. Im Gespräch und im Umgang mit anderen Menschen (sowohl im privaten Bereich als auch mit Vorgesetzten und Mitarbeitern) ist es gut, deren Kindheits-Ich zu achten und sein Verlangen nach Kreativität anzuerkennen. Nicht jeder hat gelernt, seine Gefühle zu beherrschen.
4. Wenn man selbst Gefahr läuft, die Beherrschung zu verlieren, sollte man sich einen gewissen Abstand von den augenblicklichen Geschehnissen verschaffen, um dem Erwachsenen-Ich Gelegenheit zu geben, zwischen Eltern- oder Kindheits-Ich einerseits und der Realität andererseits zu trennen (wenn nötig, bis 10 zählen).
5. Wenn Zweifel bestehen, wie man reagieren soll, ist es besser, nichts zu unternehmen. Man kann nicht angegriffen werden wegen einer Sache, die man nicht getan oder gesagt hat, und man hat keine Wunden geschlagen, die vielleicht nie wieder heilen.
6. Um Entscheidungen treffen zu können, die gerecht sind, ist es ratsam, sich ein Wertesystem zu schaffen. Ohne ein solches Wertesystem kann man nicht gerecht sein.

Ein Vorgesetzter, der eine positive Grundeinstellung (ich bin o.k. - du bist o.k.) entwickelt, wird in der Lage sein, die Kreativität seiner Mitarbeiter zu fördern und sie dazu ermutigen, sich voll zu entfalten. Er kann das Klima der gegenseitigen Interaktionen in jeder beliebigen Gruppe, für die er verantwortlich ist, entscheidend beeinflussen. Im Grunde genommen muss eine Führungskraft nur zwei Probleme meistern:

- Sie muss im Erwachsenen-Ich bleiben, auch wenn andere auf vielfache und bekannte Weise versuchen, sein Eltern-Ich oder Kindheits-Ich hervorzulocken.
- Sie sollte versuchen, eine Atmosphäre des beidseitigen o.k.-Seins zu schaffen, damit gegenseitiges Vertrauen entstehen kann.

## 2.9.5 Die Themenzentrierte Interaktion (TZI)

Die Themenzentrierte Interaktion (TZI) wurde von Ruth C. Cohn[180] aus gruppentherapeutischen, gruppendynamischen, kommmunikationstheoretischen und pädagogischen

---

[180] Vgl. Cohn, R.C.: Themenzentrierte Interaktion. In: Psychologie des 20. Jahrhunderts, hrsg. von Heigel-Evers, A., Zürich 1979, S. 877.

Ansätzen entwickelt. Sie findet heute dort zunehmend Anwendung, wo die bewusste Pflege und Gestaltung der Kultur einer Gruppe als wichtige Aufgabe des Leiters erkannt wird.

TZI wird charakterisiert durch die Balance der drei Strukturelemente ICH (das einzelne Gruppenmitglied), WIR (die Gruppe) und ES (das Thema der Gruppe), eingebettet in die Umwelt.

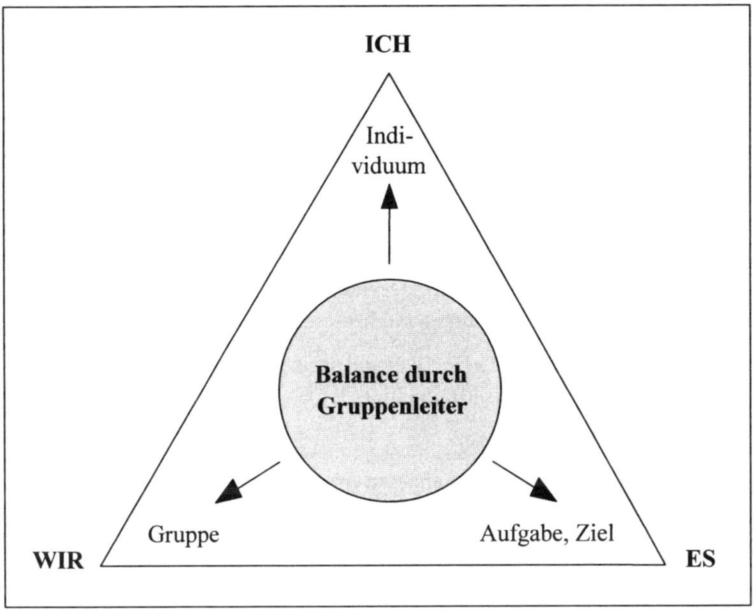


**Abb. 108:** Die Strukturelemente der TZI

Der (partizipierende) Leiter der TZI Gruppe ist der "Hüter der Balance" zwischen ICH-WIR-ES. Wird zum Beispiel die WIR-ES-Achse zu stark betont, so geht der Ich-Aspekt als der individuelle Standpunkt der Persönlichkeit verloren. In einer solchen Situation muss der Gruppenleiter die Balance der drei Strukturelemente wieder herstellen, indem er zum Beispiel der Meinung des einzelnen Individuums mehr Gewicht beimisst.

Im Folgenden sind die erforderlichen Reaktionen des Gruppenleiters auf ein Ungleichgewicht bei einer Diskussion oder einem Gespräch aufgelistet:

1 Balance wiederherstellen durch das Einbringen individueller Gefühle in die Gruppe. Betonung des ICH-Aspektes.

2 Balance wiederherstellen durch das Einbringen eigener Sachbeiträge, um entsprechend mehr Sachbeiträge hervorzurufen. Betonung des ES-Aspektes.

3 Balance wiederherstellen durch die Betonung der Beziehungsbildung und Interaktion. Betonung des WIR-Aspektes.

Eine weitere Aufgabe des Gruppenleiters ist es, darauf zu achten, dass die TZI-Postulate und die Spielregeln beachtet werden. Diese existentiellen Forderungen (Postulate) lauten wie folgt:

- **Sende Ich-Botschaften!**

  Durch Man-, Es- und Du-Botschaften werden Fassaden aufgebaut. Fassaden machen die Kommunikation unpersönlich und dienen sehr oft zum Verbergen eigener Gedanken und Wünsche. Ich-Botschaften senden heißt, mit den Menschen, denen man begegnet, offen, ehrlich und direkt umzugehen.

- **Sei dein eigener Chairman!**

  Sei selbständig, steh auf eigenen Füßen, sei autonom, sei dir deiner Entscheidungsfähigkeit bewusst, nütze (entdecke) den Freiheitsraum, der dir zusteht. Sein eigener Chairman sein, bedeutet somit, dass man sich weder von Selbstoffenbarungs- noch von Selbstdarstellungs-Wünschen zu stark beeinflussen lassen und dass man authentisch sein sollte, wenn man an einem Gespräch teilnimmt.

- **Störungen haben Vorrang!**

  Unterbrich das Gespräch, wenn du nicht wirklich teilnehmen kannst, zum Beispiel wenn du gelangweilt, ärgerlich oder aus einem anderen Grund unzufrieden bist. Die Akzeptanz von Störungen macht das Gespräch effektiver, lebendiger und engagierter. Verlorene Zeit wird fast immer durch ein besseres Ergebnis ausgeglichen.

Die Spielregeln, die für eine effektive und produktive Kommunikation notwendig sind und an die sich jeder Gesprächsteilnehmer halten sollte, sind:

- Sprich per ich und nicht per man!
- Mach persönliche Aussagen, statt anderen Fragen zu stellen! (Wenn dir einmal eine Frage notwendig erscheint, so sag, was für eine Motivation dahinter steht!)
- Vermeide es, andere zu interpretieren, oder ihnen Ratschläge zu geben! (Teile statt dessen mit, was du fühlst, wo du bist, was es dir bedeutet, dass ein Gruppenmitglied so ist, wie du es siehst.)
- Sende Ich-Botschaften und nicht Du-Botschaften (z.B. "Peter, ich merke, dass du böse auf mich bist"). Zu vermeiden sind Sätze, die den Partner für immer festlegen (z.B. "Du bist aggressiv").
- Sätze in der dritten Person sind zu vermeiden. Sprich direkt zu einem anwesenden Gruppenmitglied!
- Seitengespräche haben Vorrang und sind oft wichtig.
- Es soll nur einer auf einmal sprechen.
- Beachte Signale des Körpers bei dir und anderen.
- Sei selektiv authentisch! (d.h. du brauchst nicht alles zu sagen, was dir einfällt, aber das, was du sagst, soll echt sein.)

## 2.9.6 Persönlichkeitstypologie als Führungsinstrument

Für eine Führungskraft ist es wichtig, Kenntnisse über die Besonderheiten von Charakterstrukturen der einzelnen Menschen (Mitarbeiter) zu besitzen. Sich damit auseinanderzusetzen erfüllt einen dreifachen Zweck:

1) Die Führungskraft ist im Umgang mit den Mitarbeitern besser in der Lage, sich auf die individuelle Wesensart der verschiedenen Menschen einzustellen, wenn sie über gute Menschenkenntnis verfügt. Der Vorgesetzte kann die unterschiedlichen Bedürfnisse der Mitarbeiter besser erkennen und seine Möglichkeiten der Motivation darauf ausrichten.
2) Eine Führungskraft, die über menschliche Verhaltensweisen Bescheid weiß, gewinnt ein entscheidendes Hilfsmittel zur Selbsterkenntnis und zur Arbeit an sich selbst.
3) Ein weiterer Nutzeffekt aus dem Wissen über die Wesensart des Menschen ist die bessere Beurteilung der Mitarbeiter im Hinblick auf Personalentscheidungen: "der richtige Mann am richtigen Platz".

## (1) Die vier Persönlichkeitstypen

Die Persönlichkeitstypologie von Riemann[181] umfasst vier Charaktere und die daraus abgeleiteten Verhaltensmuster. Der tiefenpsychologische Ansatz beruht auf vier Grundformen der Angst, die in jedem Menschen in unterschiedlicher Richtung und Intensität vorhanden sind. Angst besitzt einen Doppelaspekt: sie kann aktiv machen aber auch lähmen, z.B. lähmende Angst vor Prüfungen oder das aktive Weglaufen vor Gefahren. Jeder Mensch erlebt seine persönliche Form der Angst.

Der Versuch, die Angst anzunehmen, bedeutet einen Schritt in Richtung ihrer Überwindung. Die Verdrängung der Angst bzw. die Weigerung, die Angstschranke zu überwinden, führt zur Stagnierung der Weiterentwicklung des Menschen. Jede Weiterentwicklung ist von der Auseinandersetzung und Bewältigung von Ängsten abhängig. Alle Ängste lassen sich auf vier Grundformen zurückführen:

- **Angst vor Selbsthingabe**
  wird als Ich-Verlust und Abhängigkeit empfunden
- **Angst vor Selbstwerdung**
  wird als Einsamkeit und Isolation empfunden
- **Angst vor Wandlung**
  wird als Vergänglichkeit und Unsicherheit empfunden
- **Angst vor Ordnung und Notwendigkeit**
  wird als Endgültigkeit und Unfreiheit empfunden

**Abb. 109:** Grundformen der Angst

Jeder der vier Grundformen der Angst entspricht analog eine zugehörige Persönlichkeitsstruktur, je nachdem, welche Angstform besonders stark ausgeprägt ist. Die vier Persönlichkeitsstrukturen sind Normalstrukturen, die bei dem einzelnen Menschen unterschiedlich stark akzentuiert sein können. Tritt bei einem Menschen eine Angstform sehr

[181] Vgl. Riemann, F.: Grundformen der Angst, 35. Aufl, München/Basel 2003.

einseitig auf und wird sehr stark ausgelebt, dann führt das in der Endstufe zu einer der vier großen **Neuroseformen**:

- Schizophrenie
- Depression
- Zwangsneurose
- Hysterie

Nach Riemann werden unter den Persönlichkeitsstrukturen die "gesunden" und die neurotischen Formen zusammengefasst. Die Persönlichkeitsstrukturen sind zwar teilweise von der menschlichen Entwicklung abhängig, sie können aber in gewissen Grenzen durch den Menschen selbst gestaltet und verändert werden.

Eine Persönlichkeitsstruktur an sich hat nichts Krankhaftes. Jeder kann sich einer dieser Strukturen zuordnen. Der Übergang vom Gesunden zum Kranken erfolgt kontinuierlich. Wenige Menschen sind definitiv nur einer Struktur zuzuordnen, meistens liegen Kombinationen vor. In der folgenden Abbildung wird der Zusammenhang zwischen den Angstformen auf der einen Seite und den sich daraus ergebenden Persönlichkeitsstrukturen auf der anderen Seite dargestellt:

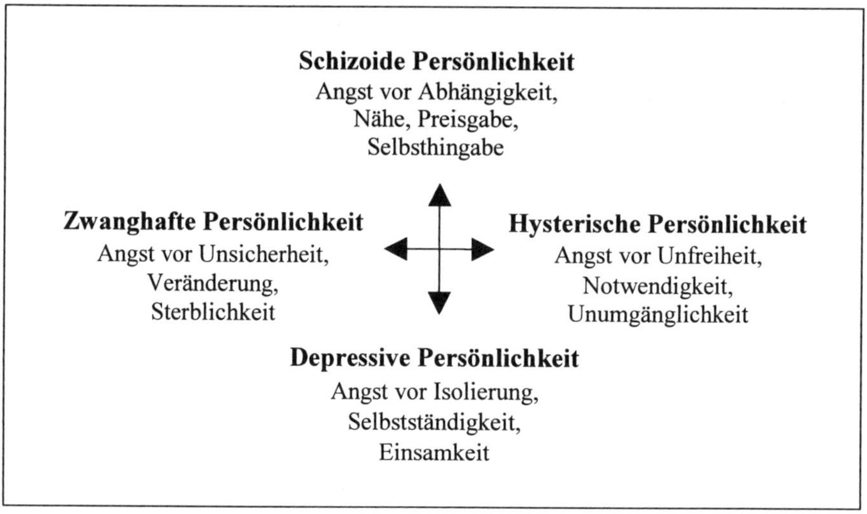


**Abb. 110:** Zusammenhang zwischen Persönlichkeitsstrukturen und Angstformen

Die Verhaltensweisen treten sehr selten in reiner und konzentrierter Form, sondern fast immer in Mischformen auf. Daher weisen die einzelnen Charaktere sowohl positive als auch negative Eigenschaften auf. Wenn bei einem Menschen jeweils eine Angst ein starkes Übergewicht hat, lassen sich folgende vier Persönlichkeitstypen unterscheiden:

- **Die unabhängige (schizoide) Persönlichkeit**

Die Angst vor Selbsthingabe zu den Mitmenschen zwingt die schizoide Person, die Selbstbewahrung und Ich-Abgrenzung in ihrem Leben in den Vordergrund zu stellen.

Dies kann in verschieden starken Stufen bis hin zur Krankheitsform auftreten. Dieser Mensch besitzt einen starken Drang nach Autarkie und Unabhängigkeit.

Im Kontakt mit der Umwelt wird sich der schizoide Mensch eher unpersönlich verhalten und distanziert auftreten. Durch die fehlende Selbsthingabe wächst der Abstand zwischen der unabhängigen Persönlichkeit und ihrer Umwelt. Durch diese Entfernung zur mitmenschlichen Umwelt weiß der schizoid Veranlagte zu wenig von anderen Menschen, er wird unsicher im Umgang mit ihnen.

- **Die fürsorgliche (depressive) Persönlichkeit**

Im Gegensatz zur unabhängigen Persönlichkeit hat der Depressive Angst vor der Ich-Werdung. Er ordnet sich lieber in ein größeres Ganzes ein. Für den depressiven Menschen bedeutet Individualität und Unabhängigkeit von anderen Menschen Einsamkeit und Isolation. Er lebt nicht sich selbst, sondern lebt durch andere Menschen. Der fürsorgliche Menschentyp benötigt den anderen, um seine Liebesfähigkeit und Liebesbereitschaft zu zeigen und um sein Bedürfnis nach Liebe zu stillen. Die Abhängigkeit, die von ihm mit Sicherheit gleichgesetzt wird, taucht in zwei Varianten auf

1) Die depressive Persönlichkeit verhält sich eher hilflos und schafft das Abhängigkeitsverhältnis selbst.
2) Die depressive Persönlichkeit macht den Partner zum Kind und so zum Abhängigen.

- **Die beherrschte (zwanghafte) Persönlichkeit**

Unter dem Begriff "zwanghafte Persönlichkeit" werden alle Formen des Strebens nach Dauer und Beständigkeit zusammengefasst.

Den zwanghaften Menschen belastet vor allem die Angst vor Risiko, Veränderung und Erneuerung, deshalb hält er an Erfahrungen, Einstellungen, Grundsätzen und Gewohnheiten "eisern" fest. Er lebt vorsichtig, vorausschauend und mit zielbewusster Planung auf lange Sicht. Auf diese Art und Weise befriedigt die beherrschte Persönlichkeit ihr übergroßes Sicherheitsbedürfnis, welches für ihre Veranlagung charakteristisch ist. Der Kampf gegen alles Neue lähmt die Entwicklung des Menschen und wird mit der Zeit immer aufwendiger.

- **Die lebhafte (hysterische) Persönlichkeit**

Der hysterische Mensch lebt von Augenblick zu Augenblick, immer auf der Suche nach neuen Reizen, planlos und ohne klare Ziele. Das Wichtigste für derart veranlagte Personen ist das Gefühl der Freiheit, ohne das sie nicht leben können. Dinge, die von vornherein durch Gesetze, Konventionen oder die Natur unausweichlich festgelegt sind, sind für sie problematisch. Sie versuchen der Realität durch den Aufbau einer Scheinwelt zu entfliehen, indem sie die Wirklichkeit in Frage stellen oder übersehen. Sie erleben Enttäuschungen beim Kontakt mit der Realität, in der sie sich nicht mehr zurechtfinden.

Zwei sich gegensätzlich zueinander verhaltende Persönlichkeitsstrukturen wie zwanghaft-hysterisch und schizoid-depressiv scheinen eine instinktive Anziehung aufeinander auszuüben. Der eine besitzt Eigenschaften und zeigt Verhaltensweisen, die der andere an sich selbst vermisst oder unterdrückt. Riemann interpretiert dies als unbewusste Suche nach Ergänzung und Vollkommenheit. In der folgenden Abbildung werden zu jedem Typ die positiven und negativen Eigenschaften aufgeführt:

| **Schizoide Persönlichkeit** | |
|---|---|
| positive | negative |
| -konsequent | -intolerant |
| -selbstsicher | -gleichgültig |
| -distanzfähig | -kontaktschwach |
| -autonom | -unsensibel |
| -entscheidungs-freudig | -einsame Entschlüsse |
| -unbeirrbar | -störrisch |
| -kritisch | -misstrauisch |
| -eigenständig | -abweisend |

| **Beherrschte (zwanghafte) Persönlichkeit** | |
|---|---|
| positiv | negativ |
| -exakt | -pingelig |
| -pünktlich | -pedantisch |
| -systematisch | -starr |
| -ausdauernd | -verbissen |
| -fleißig | -streberhaft |
| -zuverlässig | -langweilig |
| -ordentlich | -putzwütig |
| -genau | -unflexibel |
| -verlässlich | -bieder |
| -korrekt | -doktrinär |
| -vorsichtig | -kleinlich |

| **Lebhafte (hysterische) Persönlichkeit** | |
|---|---|
| positiv | negativ |
| -spontan | -chaotisierend |
| -gewandt | -oberflächlich |
| -flexibel | -sprunghaft |
| -einstellungsfähig | -ablenkbar |
| -risikofreudig | -leichtsinnig |
| -innovations-freudig | -unstetig |
| | -unrealistisch |
| -großzügig | -launisch |
| -mitreißend | -flatterhaft |
| -überzeugend | -zigeunerhaft |
| -anregend | -unruhig |

| **Depressive Persönlichkeit** | |
|---|---|
| positive | negative |
| -resonanzfähig | -resonanzabhängig |
| -einfühlsam | -nachgiebig |
| -kameradschaftlich | -kumpelhaft |
| -kontaktfähig | -aufdringlich |
| -empfindsam | -empfindlich |
| -hilfsbereit | -lästig |
| -beratend | -entscheidungs-schwach |
| -tolerant | |
| -verstehend | -lasch |
| | -sich überfordernd |

**Abb. 111:** Charaktereigenschaften der Persönlichkeitstypen[182]

[182] Vgl. Jung, H.: Persönlichkeitstypologie mit Persönlichkeitstest, 2. Aufl., München/Wien 2000, S. 52.

### (2) Die Bedeutung der Persönlichkeitstypologie für die Führungskraft

Der Einsatz von Menschenkenntnis bedeutet für die Führungskraft, Konflikte mit Mitarbeitern, Gleichgestellten und/oder Vorgesetzten besser zu bewältigen.

Weiterhin stellt sich für die Führungskraft die Frage nach der Leistungsfähigkeit, die der einzelne Persönlichkeitstyp besitzt und welches Entwicklungspotenzial er in das Unternehmen einbringen kann.

| | Schizoide Persönlichkeit | Depressive Persönlichkeit |
|---|---|---|
| **Leistungs-fähigkeit** | - Leistungsminderung durch fehlenden Aufforderungscharakter der Umwelt<br>- Leistungsmangel bei Tätigkeiten mit zwischenmenschlichem Kontakt, wie z.B. Teamarbeit<br>- Höchstleistungen werden erbracht, wenn die Persönlichkeitsstruktur noch nicht so ausgeprägt ist | - keine große Leistungsfähigkeit, bedingt durch die fehlende aggressive Auseinandersetzung mit der Ich-Schwäche<br>- ist der Stärkegrad noch nicht so intensiv, dann sind sie leistungsfähig, aber zu angepasst und betont pflichtbewusst |
| | **Zwanghafte Persönlichkeit** | **Hysterische Persönlichkeit** |
| | - die frühkindliche Überforderung kann zu Arbeitsstörungen führen<br>- Leistung nur in eingefahrenen Bahnen<br>- keine schöpferische Leistung<br>- Höchstleistungen bei geringer Intensität möglich | - Leistungsbereitschaft ist personenabhängig<br>- Leistungsstärken liegen im Überzeugen und Begeistern<br>- Leistungsschwächen liegen in Verantwortlichkeit, Konsequenz und Ausdauer |

**Abb. 112:** Leistungsfähigkeit der Persönlichkeitstypen[183]

Da jeder der vier Charaktertypen sowohl wünschenswerte wie auch weniger wünschenswerte Verhaltensweisen und Eigenschaften besitzt, ist es für jeden Einzelnen wichtig, diese charakterspezifischen Eigenschaften zu erkennen, zu nutzen und gegebenenfalls abzuschwächen. Seelisch gesund ist, wer die vier Grundrichtungen in einem ausgewogenen Verhältnis zu leben vermag.

Das Fazit der vorangegangenen Betrachtungen ist, dass die Erkenntnisse der Persönlichkeitstypologie ein wichtiges Führungsmittel sind, das - wenn es von der Führungskraft richtig und bewusst angewendet wird - viel zum Betriebsklima und damit zur Lebensenergie eines Unternehmens beitragen kann.

In den folgenden Abbildungen werden die Auswirkungen der typischen Charaktermerkmale auf das Arbeitsverhalten und die Motivationsmöglichkeiten sowohl für Mitarbeiter als auch für Manager bzw. Führungskräfte dargestellt.

[183] Vgl. Jung, H.: Persönlichkeitstypologie, a.a.O., S. 58.

**Das Verhalten der vier Mitarbeitertypen**

**Der unabhängige Mitarbeiter**

selbstständig, eigenständig, möchte alleine arbeiten, distanziertes Verhalten zur Arbeit, wird schnell aggressiv, kritisiert viel, arrogant, typischer Einzelgänger

**Der beherrschte Mitarbeiter**

Furcht vor Veränderung, Ordnungsfanatiker, korrekte Ausführung der Arbeit, unspontan, neigt zum Nach- und Überdenken, Perfektionist, wird mit Aufgaben nicht fertig, die Arbeit an sich befriedigt ihn

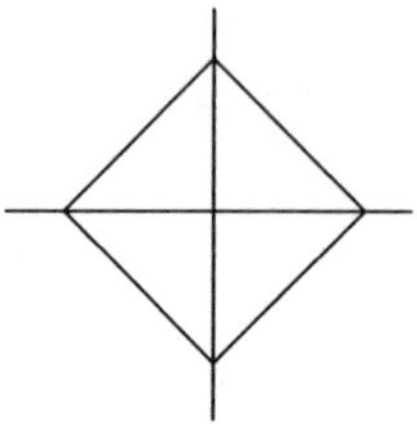

**Der lebhafte Mitarbeiter**

sucht Abwechslung und Spannung, aufgeschlossen, dynamisch, unberechenbar, unpünktlich, will bewundert werden, kontaktfreudig, kreativ, unzuverlässig, wenig Durchhaltevermögen, inkonsequent

**Der fürsorgliche Mitarbeiter**

sucht Kontakt zu Kollegen, freundlich, idealisiert andere, identifiziert sich mit Vorgesetzten, bescheiden, friedfertig, passiv, geringes Selbstbewusstsein, geringes Arbeitstempo, Beruf wird zur Berufung

**Abb. 113:** Verhalten der vier Mitarbeitertypen

**Einsatzmöglichkeiten der vier Mitarbeitertypen**

**Der unabhängige Mitarbeiter**

keine Gruppenarbeit oder Teamwork, Einzelaufgaben anvertrauen, eignet sich für "management by objectives" und Stabstellen, sachliche und rationelle Tätigkeiten, wenig Kontakt mit Menschen zumuten

**Der beherrschte Mitarbeiter**

eignet sich für bürokratische, hierarchische Organisationen, Einsatz falls hohes Maß an Perfektion und Verantwortung gefordert werden, Einzelarbeit zuteilen, störende Effekte suchen und beseitigen lassen

**Der lebhafte Mitarbeiter**

Einsatz in innovativen, schnellebigen Bereichen, für Aufbauphase von neuen bzw. Reorganisation von alten Betrieben, Versetzung bei monotoner Arbeit, günstig für PR u.ä., Einsatz zur Motivierung anderer

**Der fürsorgliche Mitarbeiter**

eignet sich zur Gruppenarbeit und zum Teamwork, Kontakt mit Menschen ermöglichen, Einsatz wenn "Not am Manne ist", Einsatz zur Kundenpflege und -beratung, vermeiden von Konfliktsituationen

**Abb. 114:** Einsatzmöglichkeiten der vier Mitarbeitertypen

**Führung und Motivation der vier Mitarbeitertypen**

**Der unabhängige Mitarbeiter**

Abstand halten, sich seiner Aggressivität bewusst sein, bei der Kontaktaufnahme Zeit lassen, sachliches und emotionsfreies Arbeitsverhältnis anstreben, häufig steht Kompetenzmotiv im Vordergrund

**Der beherrschte Mitarbeiter**

erwarten von der Führungskraft klare Anweisungen, ihm keine häufigen Veränderungen zumuten, seiner Perfektion Grenzen setzen, zur Meinungsäußerung auffordern, häufig Leistungsmotiv ausgeprägt

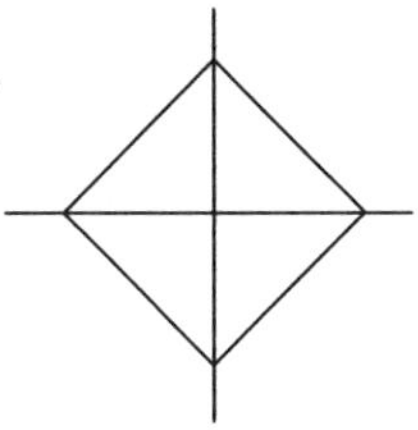

**Der lebhafte Mitarbeiter**

überspitzte und traumtänzerische Ideen müssen gebremst werden, sich nicht vom Charme fesseln lassen, Fehler nicht übersehen, Leichtsinn durch frühe Erfolge bremsen, oft Prestigemotiv wichtig

**Der fürsorgliche Mitarbeiter**

seine hilfsbereite Art nicht ausnutzen, zögerndes "Nein" richtig deuten, nicht zu sehr belasten, sich von Jammern und Klagen nicht irritieren lassen, loben und anerkennen, Geselligkeitsmotiv wichtig

**Abb. 115:** Führung und Motivation der vier Mitarbeitertypen

**Persönlichkeiten der vier Managertypen**

**Der unabhängige Manager**

strebt Eigenständigkeit an, arrogant, entschlussfähig, radikal, hält an Meinungen fest, kompromisslos, bevorzugt sachliche und wissenschaftliche Konzepte, trennt Arbeit und Leben, desinteressiert an Unternehmensentwicklung

**Der beherrschte Manager**

geht Veränderungen aus dem Weg, Innovationsfeindlich, korrekt, konservativ, führt Regeln ein, risikoscheu, reißt alle Macht an sich, in Verhandlungen standfest, sucht Sicherheit in Plänen, langatmig

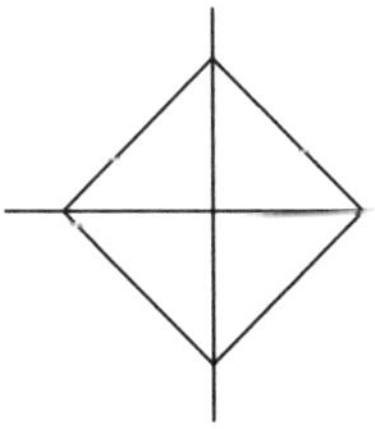

**Der lebhafte Manager**

allem Neuen zugewendet, verliert schnell das Interesse, routinemäßige Aufgaben werden delegiert, keine genauen Pläne und Konzepte, geringe Selbstdisziplin, "Stehaufmännchen", Imponiergehabe, dominant

**Der fürsorgliche Manager**

großes Harmoniebedürfnis, will alle zufrieden stellen, fühlt sich schnell überfordert, geringes Selbstbewusstsein, Angst vor Erfolg, in Verhandlungen nicht konsequent und hartnäckig genug, unmotiviert, "touchy-feely-manager"

**Abb. 116:** Persönlichkeiten der vier Managertypen

**Führungsstrategien der vier Managertypen**

**Der unabhängige Manager**

kein Lob, keine Anerkennung der Leistungen, Leitungsvakuum, kein Teamwork oder Projektarbeiten, Mitarbeiter werden voneinander abgetrennt, kein "Chefzimmer der offenen Tür"

**Der beherrschte Manager**

starre, hierarchische Unternehmensordnung, autoritärer, militärischer Führungsstil, Ideen u. Innovationen werden eingeschränkt und abgeblockt, Beschlüsse werden "oben" gefasst, dogmatische Führung

**Der lebhafte Manager**

starke Motivation z.B. durch Urkunden und Preise, Macht ist in der Führung gebündelt, keine Beratungs- oder Informationsgespräche, aufgeschlossen gegenüber Innovationen, moderne, neue Führungsstile werden getestet

**Der fürsorgliche Manager**

"eine große Familie", Leitungsvakuum, Initiativen werden nicht gefördert, keine Motivation, kooperatives Arbeiten, Teamgeist wird gefördert, Team- und Projektarbeiten, Beziehungs- und Klimapflege

**Abb. 117:** Führungsstrategien der vier Managertypen

**Auswirkungen der vier Managertypen auf das Unternehmen**

**Der unabhängige Manager**

Fluktuation des Personals, Freude und Motivation fehlen, untergeordnete Mitarbeiter werden aktiv und leiten das Unternehmen mit, Beschlüsse werden aus "politischen" Gründen gefasst, Misstrauen vor der Konkurrenz

**Der beherrschte Manager**

gute Kontrolle, meist gut informiert, Strategien stehen frühzeitig fest, zu autoritäre Führung, Unternehmen ist "überreglementiert", Kreativität der Mitarbeiter verkümmert, Arbeitsmoral sinkt, feste Hierarchie

**Der lebhafte Manager**

alles wird widerspruchslos von den Mitarbeitern ausgeführt, demokratische Entscheidungen fehlen, Personenkult, moderne Führungsmethoden möglich, Fluktuation des Personals, Stimmung abhängig von der Führung

**Der fürsorgliche Manager**

kooperativer Führungsstil, Teamwork, Mitbestimmung, Mitarbeiter fühlen sich unterfordert, Mittelmaß wird angestrebt, Kreativität und Initiative der Mitarbeiter verkümmert, Politik der offenen Tür, "wohltätige" Ausgaben, Sozialleistungen

**Abb. 118:** Die Auswirkungen der vier Managertypen auf das Unternehmen

## 2.9.7 Coaching

Das Umfeld des Unternehmens unterliegt einem immer stärker beschleunigten Wandel. Sozialer Wertewandel, wirtschaftliche und technologische Veränderungen prägen unser heutiges Leben. Ebenso befinden sich die althergebrachten Organisationsformen sowie die Führungsstile in einem ständigen Wandel. Coaching ist ein Hilfsmittel, das sowohl dem Manager wie dem Mitarbeiter dient, überholte Vorstellungen zu erkennen und sich neu zu orientieren.[184]

Unter dem Begriff Coaching findet man in der Literatur eine Vielzahl von Definitionen. Es ist kein neuer Begriff, aber seine Inhalte haben sich in neuerer Zeit gewandelt. Coaching ist im ursprünglichen Sinn ein Beratungsprozess, bei dem z.B. eine Führungskraft (Coach) durch Diskussion und mit Hilfe geeigneter Interventionen beim Mitarbeiter (Coachee) eine Wahrnehmungsblockade oder ein Problem löst. Dieser Prozess soll nach Möglichkeit durch Eigeninitiative des Mitarbeiters zu einem Selbstorganisationsprozess führen, der es ihm ermöglicht, sein Potenzial zur Lösung seiner Probleme zu nutzen.[185]

Bei diesem Entwicklungsprozess sollen Schwachstellen des Mitarbeiters insbesondere in seinem Aufgabenfeld nachhaltig beseitigt und in Stärken umgewandelt werden. Es wird der Umgang mit Defiziten und deren Bewältigung gelernt. Es werden Veränderungen im Verhalten und in der Einstellung des Mitarbeiters erwartet. Im Einzelnen sind das: Mehr Verständnis, größere Fähigkeiten und mehr Vertrauen (steigendes Selbstbewusstsein des Mitarbeiters, verbunden mit einer wachsenden Fähigkeit zur Übernahme kalkulierbarer Risiken).

**Coaching**

- ist eine Führungs- und Betreuungsaufgabe des Unternehmens, die häufig auch von direkten Vorgesetzten übernommen wird,
- fördert Elite und Spitzenleistungen, kann nur auf kleine Zielgruppen ausgerichtet sein und benötigt interne oder externe anerkannte Persönlichkeiten zur Durchführung,
- ist Impulsgeber zur Selbsthilfe und hat weniger mit Therapie und psychischen Problemen zu tun,
- benutzt Methoden, die Basis und Schlüsselqualifikationen vermitteln,
- läuft eher partnerschaftlich ab, ist individuell und konzentriert sich nicht auf fachliche Erfahrungen, sondern auf Managementqualifikationen,
- ist ein Prozess zur Bewältigung von Krisen und dient der Persönlichkeitsentwicklung.

**Abb. 119:** Bestandteile und Ziele des Coaching[186]

---

[184] Vgl. Czichos, R.: Coaching, München 1991, S. 10.

[185] Vgl. Hauser, E.: Coaching: Führung für Seele und Geist. In: Personal 2000, hrsg. von Feix, W.E., Wiesbaden 1991, S. 212.

[186] Vgl. Kienbaum, J./Jochmann, W.: Coaching. Ein Instrumentarium zur Absicherung und Förderung von Karriereentwicklungen. In: Visionäres Personalmanagement, hrsg. von Kienbaum, J., 2. Aufl., Stuttgart 1994, S. 23.

## (1) Die heutige Bedeutung des Coaching

Der Bedarf an Coaching wächst ständig. Die Gründe dieser starken Nachfrage sind vielschichtiger Natur. Das heutige Leben in der Arbeitswelt wie auch im sonstigen Alltag wird zunehmend komplexer und verschachtelter. Wir erfahren, wie vernetzt die Dinge miteinander sind und erleben ständig, dass heutige Werte, Prioritäten und Entscheidungen morgen keinen Bestand mehr haben.

Diese schnelllebige Zeit führt nicht selten zur Vereinsamung. Bestärkt wird dieses Gefühl durch das Verhalten der Kollegen in den Führungsebenen, die Kommunikation und Kooperation nach ihrem jeweiligen Interesse ausrichten. Daher wird Selbstbestätigung, Beratung und Unterstützung in Form von Coaching immer wichtiger. Es soll Sicherheit und Orientierung in Form von persönlicher Betreuung geben, die zunehmend von vielen Führungskräften gefordert wird.[187]

| Gründe für die zunehmende Coaching-Bereitschaft |
|---|
| • Führungstätigkeit wird zunehmend komplexer, |
| • Mitarbeiter sind anspruchsvoller geworden (Wertewandel), |
| • Förderung des Führungs- und Managementpotenzial, |
| • psycho-soziale Beratung wird normale Sache, |
| • mangelnde Rückkopplung führt zur Vereinsamung und Unsicherheit, |
| • es gibt professionellere Angebote intern als auch extern. |

**Abb. 120:** Gründe für die zunehmende Coaching-Bereitschaft

Immer mehr hat sich die Haltung durchgesetzt, Mitarbeiter in der persönlichen Entwicklung zu unterstützen, um somit auch den wirtschaftlichen Erfolg des Unternehmens langfristig zu sichern. Führungsqualitäten und Persönlichkeitsentwicklung lassen sich nicht voneinander trennen. Daher gehen immer mehr Firmen dazu über, mit firmeninternem Coaching zu experimentieren.[188]

## (2) Formen des Coaching

In der Literatur werden verschiedene Formen des Coaching vorgestellt. Sie unterscheiden sich zum einen durch die Anzahl der beteiligten Personen, entweder Einzel-, Gruppen- oder auch Systemcoaching genannt, und zum anderen durch die Wahl des Coaches. Hier wird zwischen dem firmeninternen, dem firmenexternen Coach und Coaching durch den Vorgesetzten unterschieden. Aufgrund der verschieden Ansätze in der Form des Coaching entstehen Anwendungsformen wie etwa firmenexternes Gruppencoaching oder firmeninternes Einzelcoaching. Nachfolgend soll das Einzelcoaching anhand der Wahl verschiedener Coachtypen behandelt werden.

---

[187] Vgl. Doppler, K.: Coaching-Markt, Mode und Notwendigkeiten. In: Personalentwicklung im Wandel, hrsg. von Papmehl, A./Walsh, I., Wiesbaden 1991, S. 93.

[188] Vgl. Hauser, E.: Coaching: Führung für Seele und Geist, a.a.O., S. 209.

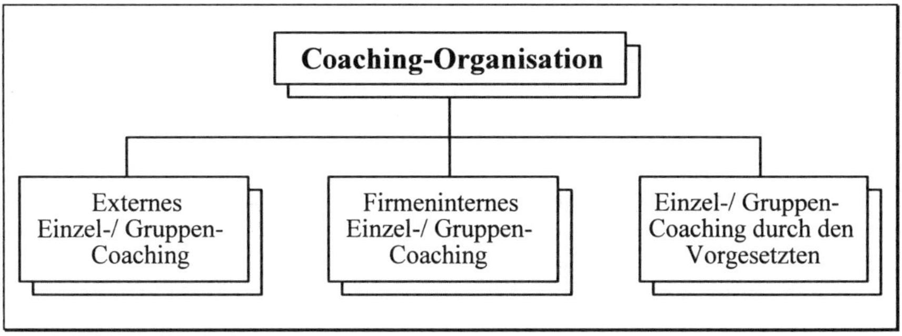


**Abb. 121:** Organisationsformen des Coaching

## • Coaching durch firmenexternen Berater

Im außerbetrieblichen Bereich ist das Einzelcoaching am weitesten verbreitet. Hierbei handelt es sich meist um Führungskräfte in höheren Positionen, die sich offen oder geheim mit einem Coach treffen, um durch diesen Hilfestellung zu erhalten. Es gibt verschiedene Gründe für diesen externen Kontakt. Einige von ihn sollen nachfolgend kurz erläutert werden.

- **Mangelndes oder falsches Feedback:** Führungskräfte in gehobenen Positionen haben meist keine oder nur vereinzelt ehrliche Rückmeldungen über ihr Verhalten. Die Mitarbeiter müssen aus ihrer Sicht mit Repressalien rechnen und äußern deshalb öffentlich keine Kritik gegen den "Chef". Gleichgesetzte Kollegen wiederum stellen eine Konkurrenz dar.
- **Berufliche Veränderungen:** Wenn ein beruflicher Wechsel oder ein Karrieresprung vollzogen wurde, soll der Coach über die ersten Hindernisse helfen und den Einstieg erleichtern. Solche Maßnahmen kann man als Krisen-Prophylaxe bezeichnen. Auch beim Ausscheiden aus einem Unternehmen, ob frei- oder unfreiwillig, wird ein Coach in Anspruch genommen, um gemeinsam Perspektiven für das zukünftig Berufsleben zu erforschen.
- **Symptomträger:** Ein Mitarbeiter in einer Gruppe glaubt von sich selbst, dass er ein Problem darstellt. Die Gruppe empfindet dies ebenso, unabhängig davon, ob es sich um wahre Defizite oder nur um eine Sündenbockfunktion handelt. Diese Art Mitarbeiter sind zum Symptomträger in ihrem Arbeitsbereich geworden und stoßen auf allgemeine Ablehnung. Hier ist der Coach oft überfordert und dient als Lotse für einen Kontakt mit einem Psychotherapeuten.
- **Persönliches Interesse:** Viele Führungskräfte wollen mehr über sich und ihr Verhalten lernen. Sie wissen, dass Feedback eine unverzichtbare Informationsquelle in der Persönlichkeitsentwicklung darstellt. Sie nutzen die Treffen, um mit dem Coach am eigenen Führungsverhalten zu arbeiten. Es handelt sich meist um Leute, die schon vorher Erfahrungen dieser Art durch Teilnahme an Seminaren und Workshops gesammelt haben.[189]

[189] Vgl. Hauser, E.: Coaching: Führung für Seele und Geist, a.a O., S. 216 ff.

## • Ablauf des externen Coaching

Vor dem eigentlichen Beginn muss der formale Rahmen abgeklärt werden. Darunter fallen die Absprachen über Bezahlung, Treffpunkt, Zeit und Dauer. Neben dem formalen muss ein psychologischer Kontrakt (Situationsanalyse) geschlossen werden, um eine Vertrauensbasis für eine gemeinsame Arbeit zu schaffen. Es wird über den Ablauf und den Inhalt des Coaching gesprochen und Kriterien erarbeitet, an denen der Erfolg gemessen wird. Beim Erstellen dieser Situationsanalyse sind folgende Kernfragen hilfreich:

- Sind Sie mutig genug, die momentane Situation objektiv zu sehen?
- Sind Sie überhaupt bereit, sich helfen zu lassen?
- Sind Sie bereit, eigene Anteile an Missverständnissen, Leerlauf und Patt-Situationen wahrzunehmen?
- Was haben Sie zu gewinnen oder zu verlieren, wenn Sie sich auf einen Veränderungsprozess einlassen?

Diese Fragen ergeben schon erste Anhaltspunkte, wo die Grenzen des Betroffenen liegen und wieweit seine Veränderungsbereitschaft geht. Der Coach erkennt schon aus diesen Antworten mögliche Problemfelder und kann seine Arbeitsweise darauf einstellen. Der Coach merkt, ob sein Klient Stützung oder Konfrontation sucht. Der vorher festgelegte Ablauf im psychologischen Kontrakt ist für die Dauer des Coaching nicht bindend, sondern kann bei Bedarf inhaltlich erweitert oder umgestellt werden.

Der eigentliche Prozess hängt im starken Maße von den jeweiligen Methoden und Erfahrungen des Coachs ab, denn Coaching ist nicht in planbaren Arbeitseinheiten abzuleisten, sondern entwickelt sich in einem dynamischen Prozess. Ziel ist es, dem Coachee immer neue Wege des Denkens und Handelns aufzuzeigen. Es geht nicht um die Frage, ob der Coachee etwas richtig oder falsch gemacht hat, sondern warum er gerade so gehandelt hat. Ihm müssen Alternativen und Erklärungen für sein Verhalten dargeboten werden.

Da Coaching eine Art Hilfe zur Selbsthilfe darstellt, wird der Coach nach einiger Zeit überflüssig. Der Zeitpunkt wird meist vom Coach erkannt. Oft sind weitere Treffen vonseiten des Coachees erwünscht, weil sie als angenehm empfunden wurden und eine Angst besteht, den Coach zu verlieren. Es können aber später in unregelmäßigen Abständen oder bei Bedarf erneute Kontakte stattfinden.

## • Coaching durch firmeninternen Berater

Das Aufgabengebiet des firmeninternen Beraters ist vergleichbar mit dem des externen. Unterschiedlich sind allerdings die Arbeitsbedingungen und die zu beratenden Coachees, die mehr im mittleren und unteren Management angesiedelt sind. Die Gründe für eine Beratung sind die gleichen: fehlende Rückmeldung, berufliche Übergänge und die bereits erwähnten Symptomträger suchen den Kontakt zu einem Coach.

Die Anlaufphase ist oft leichter als beim externen Coaching, da sich beide häufig von Management-Seminaren und Workshops kennen. Weiterhin verfügt der Coach über eine bessere Einsicht in die Arbeitsverhältnisse und kennt die inneren Strukturen und die beteiligten Personen. Dies bringt ihn aber gleichzeitig in eine schwierige Lage, da die Vermutung naheliegt, dass Gesprächsinhalte evtl. nicht vertraulich behandelt werden.

Mit diesen Vorbehalten muss der Coach rechnen und kann sie nur durch absolute Integrität und Diskretion entkräften. Man kann die Arbeit des Coach erleichtern, indem seine Position unabhängig in die Organisationsstruktur eingeordnet und mit möglichst weitem Abstand von der Personalabteilung angesiedelt wird. Nur so ist es möglich, große Akzeptanz zu finden und das Coaching als ein selbstverständliches firmeninternes Angebot für die Mitarbeiter und Mitarbeiterinnen zu realisieren.

Wichtig ist, dass der Vorgesetzte sein Einverständnis zum internen Coaching gibt, was ihm aber keinesfalls erlaubt, Auskunft über den Inhalt der Gespräche einzuholen. Der Coach darf auch niemals in Konkurrenz zu dem Vorgesetzten treten, denn der direkte Vorgesetzte muss für die Entwicklung seiner Mitarbeiter verantwortlich bleiben.

Diese Form des Coachings wird in der Zukunft sicher vermehrt anzutreffen sein, da es auf der einen Seite kostengünstig arbeitet und auf der anderen Seite eine effiziente Unterstützung in der Personalentwicklung darstellt.

Vorsicht bleibt jedoch geboten mit der Eingliederung in die Organisationsstruktur. Die Zugehörigkeit zum System "Firma" begrenzt die Handlungsmöglichkeiten, bietet aber gleichzeitig gute Voraussetzungen für eine Arbeitsgrundlage.

### • Coaching durch den Vorgesetzten

Bei dieser Form des Coaching ist der Coach ein Vorgesetzter, der seine Mitarbeiter fördert und motiviert. Der Coach zeigt dadurch eine partnerschaftliche Einstellung zur Macht und Führung und fördert durch sein persönliches Engagement die Entwicklung der Mitarbeiter. Das Coaching kann auch als reines Instrument der Mitarbeiterentwicklung genutzt werden und wie die beiden zuvor geschilderten Formen ein klar definiertes Entwicklungsziel als Vorgabe haben.

Der Vorgesetzte von morgen muss gut ausgeprägte Kommunikations- und Kooperationsfähigkeiten besitzen, um seiner Rolle als Coach gerecht zu werden. Seine Grundeinstellung auf der Basis **"ich bin ok, du bist ok"** verlangt eine hohe soziale Kompetenz. Um ein erfolgreiches Coaching zu gewährleisten, müssen darüber hinaus noch andere Bedingungen seitens des Coachees erfüllt werden:

- er muss echtes Interesse am Coaching und der gecoachten Person haben,
- er muss sich für ein effektives Coaching genügend Zeit nehmen,
- der Vorgesetzte als Coach trägt mehr Verantwortung als ein externer Coach. Er muss sich daher seiner Diagnosen und Interventionen bewusst sein und die Auswirkungen der Präventivmaßnahmen absehen können.[190]
- Der Vorgesetzte muss seine eigenen Interessen gegenüber den Interessen des Coachee zurückstellen und nicht durch taktisches Kalkül seine eigenen Motive miteinbringen.[191]

---

[190] Vgl. Kastner, M.: Personalmanagement heute, Landsberg/Lech 1990, S. 317 f.

[191] Vgl. Jung, W.: Coaching im Unternehmen. Beratung zwischen Therapie und Training. In: Personalentwicklung im Wandel, hrsg. von Papmehl, A./Walsh, I., Wiesbaden 1991, S. 137.

Diese Form von Coaching birgt viele Konfliktsituationen in sich. Es hat sich gezeigt, dass sich viele Führungskräfte beim Vorgesetzten gehemmt fühlen, wenn es um die Reflexion von Persönlichkeitsthemen geht. Es kommt zu Schwierigkeiten, wenn die Grundsätze der Unternehmensethik nicht mit denen der zu coachenden Führungskraft übereinstimmen.[192]

Aus diesem Grund ist das echte Coaching durch einen Vorgesetzten nur bedingt durchführbar, da er im extremen Fall sogar selbst von den Problemen des Ratsuchenden betroffen ist.

Wünschenswert sind sicherlich Beratungsgespräche und Formen von Mentoring im US-amerikanischen Sinn. Dort ist eine Führungskraft eine Art Sponsor und Betreuer, die den Schützling in dem mikropolitischen "Gestrüpp" vorwärts bringt.[193]

- **Gruppencoaching**

Eine weitere Art des Coaching ist das Gruppen- oder auch Systemcoaching. Im Gegensatz zum Einzelcoaching wird hier z.B. ein komplettes Führungsteam innerhalb eines Unternehmens gecoacht. Kennzeichen des Systemcoaching sind:

- es bezieht mehrere Personen in den Prozess ein,
- macht neugebildete Gruppen arbeitsfähig,
- fördert die Entwicklung der Gruppe zum Team,
- gibt Feedback über das momentane Gruppen-Konflikt-Profil und
- klärt und berät bei Konflikten innerhalb von Arbeitsgruppen.[194]

Bezugspunkt ist hier nicht der Einzelne, sondern die Interaktionen und Interaktionsgrundmuster des jeweiligen Gesamtsystems. Auch hier steht die Selbststeuerungsfunktion der Gruppe im Vordergrund.

Aufgabe des Coach ist es nicht, mangelndes Feedback zu kompensieren, sondern das Klientensystem mit seinem relevanten Umfeld zu analysieren und die Selbststeuerungsfähigkeit wieder herzustellen oder zu optimieren. Starken Einfluss haben die Umweltfaktoren. Sie können stabilisierend auf die Systemleistung wirken.

### (3) Der Coaching-Prozess

Der Coaching-Prozess lässt sich in fünf zeitlich aufeinanderfolgende Phasen einteilen. Dabei werden diese Phasen unabhängig von der jeweiligen Coachingform i.d.R. immer im Verlauf des Coaching-Prozesses durchlaufen.

Nachfolgend sollen noch einmal die einzelnen Phasen des Coaching-Prozess und deren Inhalte in Form einer Abbildung zusammengefasst dargestellt werden. Sie stehen für alle genannten Coachingformen.

---

[192] Vgl. Michahelles, R.: Einzel-Coaching. In: Handbuch Personalentwicklung und Training, hrsg. von Geißler, K.A./Landsberg, G.v./Reinartz, M., Köln 1993, S. 5 f.

[193] Vgl. Kastner, M.: Personalmanagement heute, a.a.O., S. 314 f.

[194] Vgl. Michahelles, R.: Einzel-Coaching, a.a.O., S. 3.

| Coaching-Prozess | | |
|---|---|---|
| **Phase** | **Inhalt** | **Beteiligte** |
| **1. Problem-wahrnehmung** | • Misserfolg<br>• Konflikte<br>• Unzufriedenheit | Einzelne Führungskräfte oder Gruppen ohne Beratung |
| **2. Problem-analyse** | • Was stört mich/uns?<br>• Wie äußert sich das Empfinden?<br>• Welche Ursachen gibt es? | Einzelne Führungskräfte oder Gruppen mit Coach |
| **3. Lösungs-suche** | • Welche Verhaltensweisen sollen aufgegeben oder verändert werden<br>• Wie gehe ich/wir vor?<br>• Festlegen des Zeitrahmens, der Feedbacksicherung<br>• Mit wem arbeite ich/wir zusammen? | Einzelne Führungskräfte oder Gruppen, Coach und Betroffene |
| **4. Umsetzungs-phase** | • Verändertes, neues Verhalten wird angewendet, erprobt | Einzelne Führungskräfte oder Gruppen mit Coach oder ohne Beratung |
| **5. Evaluie-rungsphase** | • Welches Verhalten hat sich bewährt?<br>• Welches Verhalten passt zu mir/uns?<br>• Was soll beibehalten/verändert werden?<br>• Wird das Coaching beendet/fortgesetzt? | Einzelne Führungskräfte oder Gruppen, Coach und Betroffene |

**Abb. 122:** Verschiedene Phasen des Coaching-Prozess[195]

## (4) Anforderungs- und Qualifikationsprofil des Coach

Durch die steigende Nachfrage nach Coaching steigt auch zwangsweise das Angebot. In diesem Markt werden sich Leute den nicht genau definierten Titel Coach aneignen, obwohl sie kein fundiertes Wissen oder gar eine geeignete Qualifikation oder Ausbildung nachweisen können.

Daher heißt es, sorgsam auszuwählen und zu prüfen, in wessen Hände man sich begibt. Die nachstehenden Punkte sowie die folgende Abbildung sollen bei der Auswahl eines seriösen Coachs helfen:

- Er muss fundierte betriebswirtschaftliche als auch psychologische Kenntnisse (Psychologie-Studium/Ausbildung zum Psychotherapeuten) besitzen, vorzugsweise auf dem Gebiet der Organisationspsychologie und der klinischen Psychologie.
- Vorteilhaft sind Kenntnisse über die Unternehmensstruktur, deren Aufbau und das betriebliche Umfeld.
- Er sollte sich über mehrere Jahre eine intensive Selbsterfahrung aneignen und seine Arbeit in regelmäßigen Seminaren und Kongressen unter Beweis stellen.[196]

[195] Vgl. Becker, M.: Personalentwicklung. Die personalwirtschaftlichen Herausforderungen der Zukunft, Bad Homburg 1993, S. 291.

[196] Vgl. Hauser, E.: Coaching: Führung für Seele und Geist, a.a.O., S. 233 ff.

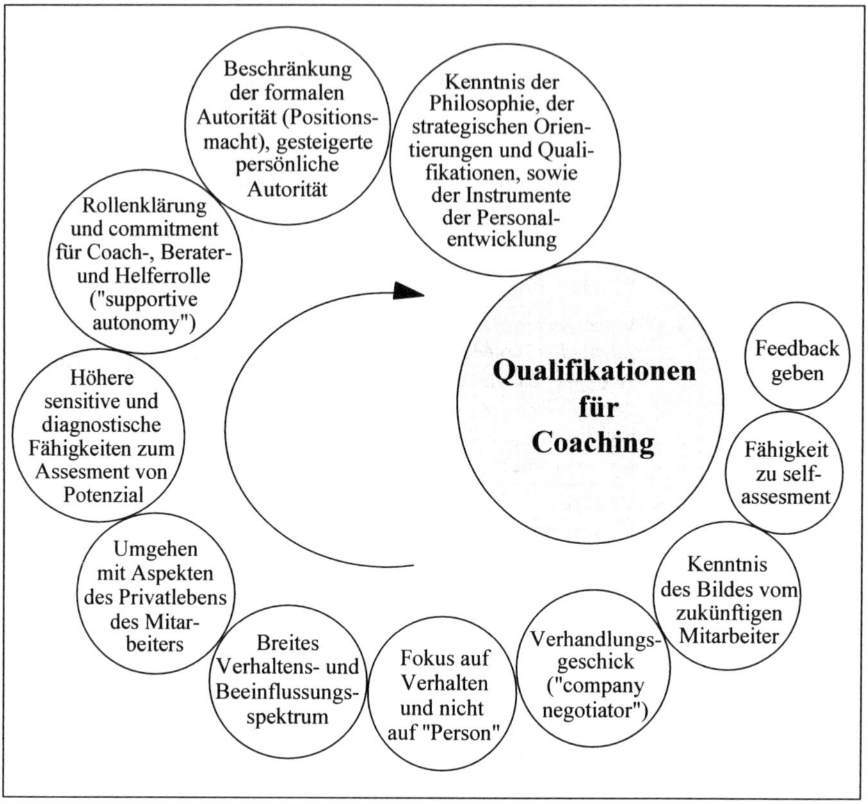


**Abb. 123:** Qualifikationen für Coaching[197]

Wenn noch keine Kenntnisse über das Unternehmen vorhanden sind, muss anfangs ausführlich über die Unternehmensstruktur gesprochen werden. Hier ist der Coach gefordert, sich möglichst schnell aufgrund seiner Erfahrungen in die Unternehmensrealität zu versetzen. Der Coach darf seine Klienten nicht mit denen in einer psychologischen Therapie vergleichen, da die zu bearbeitenden Ausgangssituationen meist viel konkreter sind. Weiterhin muss er über eine schnelle Auffassungsgabe und entsprechendes Einfühlungsvermögen verfügen, denn seine Managementklientel ist stärker als üblich handlungs- und ergebnisorientiert.

## (5) Kritik am Coaching

Berechtigte Kritik am Coaching äußert sich an einer gewissen Konzeptlosigkeit. Die Gründe hierfür liegen wohl in der mangelnden Ausbildung und insofern wenig klaren Vorstellungen bezüglich einer idealen Verhaltensregulation. Coaching als Prozess der psychologischen Management-Beratung ist stark abhängig von der Qualität des Coachs.

---

[197] Vgl. Sattelberger T.: Personalentwicklung als strategischer Erfolgsfaktor, In: Innovative Personalentwicklung, hrsg. von Sattelberger, T., 2. Aufl., Wiesbaden 1991, S. 36.

Es gibt keine eindeutige theoretische Fundierung des Coaching. Daher hängt das Ergebnis des Prozesses vor allem von den individuellen Fähigkeiten des Coach und den von ihm subjektiv eingesetzten Methoden ab. Erlangt er damit keine Akzeptanz bei seinem Schützling, ist das Coaching umsonst. Daneben existieren noch andere Kritikpunkte, die in der folgenden Abbildung in der Kernaussage dargestellt werden.

| **Kritik am Coaching-Konzept** |
|---|
| • Unseriöse "Trittbrettfahrer" aus der Berater-Szene fungieren als Coach. |
| • Führungskräfteentwicklung als nicht delegierbare Aufgabe des Managers muss in und mit der Arbeitsorganisation bewältigt werden. |
| • Vermarktung von Coaching ist oft Vermarktung von "altem Wein in neuen Schläuchen". |
| • Helfende Unterstützung sollte nicht gleich extern "gekauft" werden, sondern in der Organisation stattfinden. |

**Abb. 124:** Kritik am Coaching-Konzept[198]

Der Einsatz des Coachings kann falsche Anwendung finden, wenn der Coach nur als treuer Gesprächspartner fungiert und nicht seiner eigentlichen Aufgabe als Problemlöser nachkommt. Es besteht die Gefahr, dass die Coaches als eine Art "graue Eminenz" zuviel Macht durch den großen Informationsfluss bekommen. Dies trifft vor allem auf das interne Coaching zu, bei dem der Weg vom Coaching schnell zu einer institutionalisierten Form der "Seilschaft" führen kann.[199]

## (6) Ausblick

Aufgrund des Bedarfs hat sowohl das externe, sowie auch gerade das interne Coaching zugenommen. Es hat als fester Bestandteil in der Personalpolitik und -entwicklung etabliert. Coaching ist die erfolgreiche Antwort auf ein Bedürfnis am Markt. Dankbar ist hier auch die Bezeichnung Coaching, die einen positiveren und konstruktiveren Beiklang hat als z.B. der Titel "Berater", mit dem eher Hilflosigkeit, Schwäche und Abhängigkeit verbunden wird.

Das Coaching ist nicht unbedingt auf die höheren Führungsebene beschränkt. In abgewandelter Form ist es auch zunehmend in den unteren Ebenen anzutreffen. Dies geht einher mit der Ausweitung des internen Coaching. Ein nicht geringer Anteil der Personalarbeit richtet sich zukünftig auf die Verbesserung und Ausweitung der Kommunikation und des Feedbacks. Ob innerhalb der einzelnen Organisationen, ob einzelne Personen, die Projektteams oder ganze Abteilungen, überall wird eine natürliche Art der Rückkopplung an Bedeutung gewinnen.

---

[198] Vgl. Becker, M.: Personalentwicklung. Die personalwirtschaftlichen Herausforderungen der Zukunft, a.a.O., S. 291 f.

[199] Vgl. Kastner, M.: Personalmanagement heute, a.a.O., S. 325.

## 2.9.8 Zusammenfassung

"Da sitzen sie und spielen mit Knetgummi.... Esotherik für Manager? Die knetende Versammlung erlernt ´Charisma für Führungskräfte´, eine neue Trainingsmethode aus den USA, die den Untertitel ´Persönlichkeit und Kompetenz´ trägt."[200]

Solche und ähnliche Berichte, die kritisch-ironisch, teilweise satirisch dazu Stellung nehmen, was in den letzten Jahren unter dem Stichwort "Führungskräftetraining" angeboten wird, finden sich recht häufig in der Fachpresse. Wir wollen hier nicht Stellung beziehen zu Themen wie "Selbstfindung durch ZEN-Buddhismus" oder "Survival-Training für Manager", sondern Methoden aufzeigen, die geeignet sind, durch eine Verbesserung der Kommunikation und der Menschenkenntnis die Führungseffizienz und das Vorgesetzen-Mitarbeiter-Verhältnis im praktischen Führungsalltag zu verbessern.

Das **Peter-Prinzip** scheint auf den ersten Blick nicht recht in diesen Rahmen zu passen. Dennoch tritt es hier gleichberechtigt neben die rennomierte Transaktionsanalyse und die zur Zeit populäre Neurolinguistische Programmierung, um die Wichtigkeit dieser Erkenntnisse zu verdeutlichen. Es ist sehr schwer, Führungskräfte zu trainieren, die eine Position bekleiden, auf der sie völlig inkompetent sind. Führungsfähigkeiten sind zwar durch Lernen zu verbessern, aber nur selten wird man durch ein Führungskräftetraining zum Führungstalent. Ein gut geführter Mitarbeiter ist schließlich für ein Unternehmen von größerem Nutzen als eine schlechte Führungskraft.

Wichtig ist, zu erkennen, ob jemand zur Leitung oder zum Geleitetwerden prädestiniert ist. Ein falsch besetzter Posten erzeugt bei dem Inhaber nur Minderwertigkeitsgefühle, da der Mitarbeiter seine Unfähigkeit zumindest erahnt. Auf Minderwertigkeitsgefühlen lässt sich jedoch kein Führungsstil aufbauen und durch ein Führungskräftetraining wird diese Problematik allenfalls gemildert. Besser ist die "Vorsorge", die eine Überforderung der Mitarbeiter verhindert. Das Peter-Prinzip liefert daher wertvolle Grunderkenntnisse für alle Führungstrainings.

Das **Gordon-Konzept**, die **neurolinguistische Programmierung**, die **Transaktionsanalyse** und die **themenzentrierte Interaktion** sind methodische Ansätze zur Verbesserung der Kommunikation und der zwischenmenschlichen Beziehungen in der Führungspraxis. Dabei gehen diese Methoden aus verschiedenen "Bildungstrends" hervor. So ist z.B. die Transaktionsanalyse eine sehr verbreitete und erfolgreiche Methode, die auf psychologisch-wissenschaftlichen Erkenntnissen beruht, während sich bei der Neurolinguistischen Programmierung ein Trend "weg vom Psychoboom" bemerkbar macht.

Alle diese Methoden sind jedoch weitgehend ausgereift und bieten für jede Trainingssituation etwas anderes an. Der gemeinsame Nenner der genannten Verfahren ist, dass Interaktion, Kommunikation und Beziehungspflege Hand in Hand gehen mit besserem Zuhören, Fairness, Unvoreingenomenheit und einer konstruktiven statt destruktiven Grundhaltung. Die Schulungsmethoden helfen, Konflikten zu begegnen und Tricks und Spielchen im Umgang miteinander zu durchschauen. Sie zeigen Möglichkeiten auf, um Energien, die z.B. zum Spinnen von Intrigen verschwendet werden, in produktivere Bahnen

---

[200] Sturm, S.: Fingerübungen. In: Manager Magazin, H. 12/1991, S. 294.

zu lenken. Sie bieten somit Chancen, die tägliche Führungsarbeit durch einen verbesserten Kontakt zum Mitarbeiter effizienter zu gestalten.

Ein Führungskräftetraining soll neben der Vermittlung von Führungswissen auch eine kritische Auseinandersetzung mit der eigenen führungsbezogenen Einstellung und den persönlichkeitsbezogenen Stärken und Schwächen der eigenen Person und der unterstellten Mitarbeiter herbeiführen. Eine Führungskraft sollte ihre eigenen Grenzen erkennen, um so vorhandene Defizite abbauen zu können. Ebenso ist es für die Motivation und die Zufriedenheit der Mitarbeiter wichtig, die Führungstätigkeit an der Persönlichkeit des jeweiligen Mitarbeiters auszurichten. Eine Möglichkeit zur Verbesserung der Menschenkenntnis bietet hier die **Persönlichkeitstypologie nach Riemann**. Sie zeigt Ansätze, um die eigene Person mit ihren Stärken und Schwächen ebenso zu erkennen wie die Persönlichkeitsstrukturen der Mitarbeiter.

Viele Führungskräfte lassen sich auch heute nur schwer zu einem Training bewegen. Sie empfinden eine solche Weiterbildung als Demontage ihres Selbstbildes, da sie hierdurch ihre Führungsfähigkeit und -kompetenz in Frage gestellt sehen. Zu vergleichen ist diese Situation mit einem Bäcker, der zum "Backlehrgang" geschickt wird. Das Führungskräftetraining wird daher heute durch **Coaching** in einen neuen Rahmen gesetzt. Coaching hat dabei den Vorteil, dass die Führungskräfte zur eigenen Weiterbildung veranlasst werden. Während früher der Begriff "Therapeut" gebräuchlich war, der mit der "Couch" assoziiert wurde, ist heute der "Coach" zum Modewort geworden. Mit dieser Umschreibung lassen sich Führungskräfte einfacher überzeugen, einmal über ihre eigene Führungsmoral und ihre eigenen Führungsdefizite nachzudenken.

Auch wenn viele Führungskräfte immer noch einer Eigenschaftstheorie der Führung hinterherlaufen, nach der Führungsqualität angeboren und daher nicht erlernbar ist, hat sich das Führungstraining als Instrument der ökonomischen und sozialen Leistungsverbesserung in den Unternehmen weitgehend durchgesetzt. Die Zahl der "Naturtalente" ist bei weitem zu gering, so dass auch "schlummernde" Führungsqualitäten durch Schulung geweckt werden müssen. Wie ein Führungskräftetraining gestaltet wird, hängt von der Arbeitsgruppe und dem Problemfeld ab. Ein Kurzzeitseminar bringt i.d.R. einen geringeren Lernerfolg als tiefergreifende Seminare mit Workshops und "training on the job". Dabei muss das Training nicht unbedingt außerhalb des betrieblichen Umfeldes stattfinden. Durch ein internes oder ein mit externen Schulungsphasen gemischtes "on the job"-Training ist der Transfererfolg besser gesichert. So wird das innerbetriebliche Coaching und die verstärkte Anbindung des Führungstrainings an die Prinzipien und Arbeitsweisen der Organisationsentwicklung in Zukunft an Bedeutung gewinnen.

# 3 Betriebliche Anreizsysteme

Unternehmensinterne Anreizsysteme versuchen die verschiedenen menschlichen Bedürfnisse durch bestimmte Anreize zu befriedigen. Diese Anreize können in

- **materielle** und in
- **immaterielle Anreize** gegliedert werden.

Die wichtigste Gruppe der materiellen Anreize sind die **monetären Zahlungen**. Sie sind die Gegenleistung für die Leistung des Arbeitnehmers an der betrieblichen Wertschöpfung. Sie setzen sich aus **Lohn-** und **Gehaltszahlungen** und aus **betrieblichen Sozialleistungen** und **Erfolgsbeteiligungen** zusammen.[201]

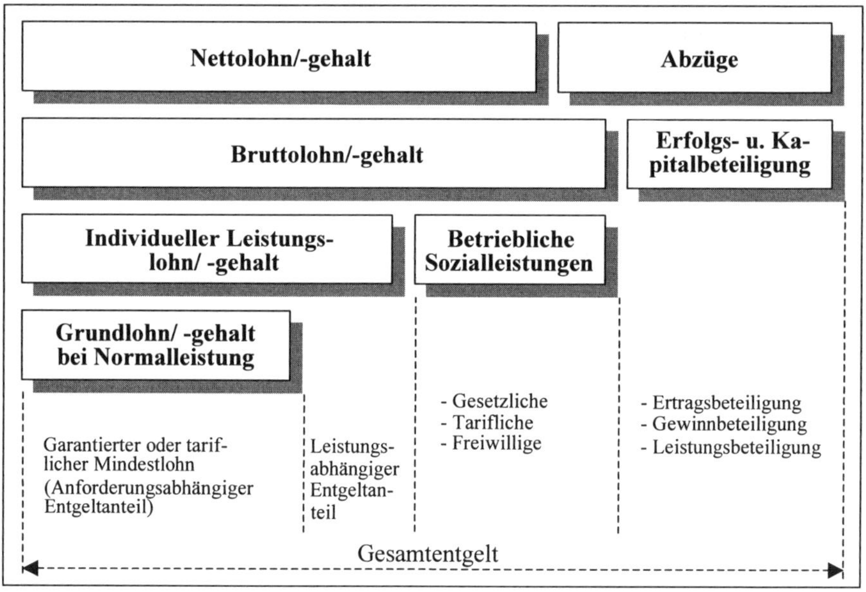


**Abb. 125:** Bestandteile des Arbeitsentgeltes

Die immateriellen Anreize, wie z.B. die Mitwirkungsmöglichkeiten bei Entscheidungen, soziale Kommunikation und das Streben nach Selbstverwirklichung, können durch die Anwendung bestimmter Führungsstile, -prinzipien oder -modelle befriedigt werden.

## 3.1 Die Bestandteile des Arbeitsentgeltes

Ausgangspunkt der Gestaltung des Arbeitsentgeltes ist ein **garantierter Mindestlohn**, der von der Arbeitsleistung des Mitarbeiters unabhängig ist. Damit ist gewährleistet, dass die Mitarbeiter auch bei Minderleistungen nicht in ihrer Existenz bedroht sind.

[201] Vgl. auch Becker, F.G.: Strategische Ausrichtung von Beteiligungssystemen. In: Entgeltsysteme - Lohn, Mitarbeiterbeteiligung und Zusatzleistungen, hrsg. von Weber, W., Stuttgart 1993, S. 314 ff.

Der anforderungsabhängige Entgeltanteil entspricht dem **Grundlohn bei Normalleistung.**[202] Er wird auch als Basislohn oder Ausgangslohn bezeichnet. Liegt das Leistungsergebnis über der Normalleistung, dann kann dies durch einen **leistungsabhängigen Entgeltanteil** berücksichtigt werden. Hinzu kommen die betrieblichen Sozialleistungen und gegebenenfalls Erfolgs- und Kapitalbeteiligungen.

Die betriebliche Entgeltpolitik durch monetäre Zahlungen dient allgemein der "Lösung" des grundlegenden Konflikts zwischen dem Gewinnstreben der Unternehmenseigentümer und den Einkommenszielen der Arbeitnehmer. Die **Lohnpolitik** verfolgt die Ziele, die Arbeitsproduktivität zu steigern und die Fluktuation der Arbeitnehmer zu verringern. Sie kann damit als Motivationsinstrument der Unternehmensleitung verstanden werden. Die Bestimmung der absoluten und der relativen Lohnhöhe sind zwei Hauptprobleme der Entgeltpolitik.

- Die **absolute Lohnhöhe** ist der Geldbetrag, den der Arbeitnehmer für seine nach Art und Umfang bestimmte Arbeitsleistung erhält. Hierbei wird das Verteilungsproblem der Zurechnung der Wertschöpfung auf die Arbeitnehmer und Kapitaleigner angesprochen.
- Die **relative Lohnhöhe** betrifft die Bestimmung der Verhältnisse der Einzellöhne untereinander, also die Festlegung der Höhe der Entlohnung für eine Tätigkeit im Verhältnis zu anderen Tätigkeiten.

Für die Festlegung der absoluten Lohnhöhe gibt es keine festen Regeln oder Grundsätze. Sie wird durch historische, soziale und politische Bedingungen geprägt und durch die jeweiligen gesamt- und einzelwirtschaftlichen Verhältnisse konkretisiert. Die Personalwirtschaftslehre befasst sich deshalb in erster Linie mit der Bestimmung der relativen Lohnhöhe.

Insgesamt wird ein **Lohnsystem** angestrebt, welches einerseits als möglichst gerecht und fair empfunden wird und andererseits leistungsfördernd wirkt. Die **Lohngerechtigkeit** ist jedoch ein ethischer Wert und es ist schwierig, Kriterien festzulegen, die bei der Lohnfindung allen Arbeitnehmern gerecht werden. Die folgende Abbildung zeigt Kriterien, die für eine gerechte Lohnfindung eine Rolle spielen können:

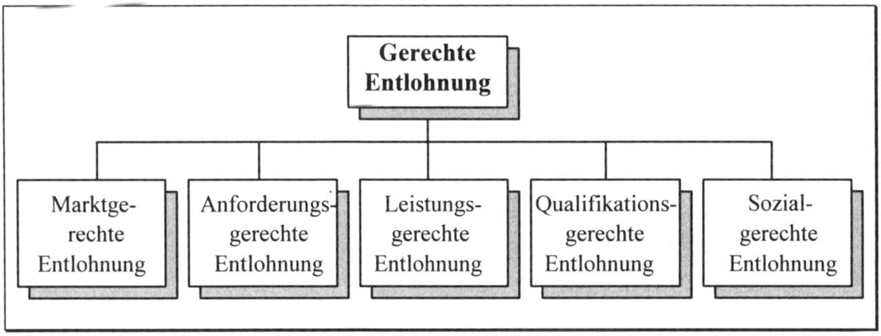


**Abb. 126:** Ansätze für eine gerechte Entlohnung

[202] Zur Bestimmung der Normalleistung vgl. REFA: Methodenlehre der Betriebsorganisation, Datenermittlung, München 1997, S. 133 ff.

- Es handelt sich um eine **marktgerechte Entlohnung**, wenn sie der Marktsituation entspricht, d.h. wenn sie einerseits durch Angebot und Nachfrage nach bestimmten Qualifikationen und anderseits durch die konjunkturelle Lage bestimmt ist.
- Man spricht von einer **anforderungsgerechten Entlohnung**, wenn der Lohn der Arbeitsschwierigkeit entspricht, und von einer **leistungsgerechten Entlohnung**, wenn der Lohn der Leistung des einzelnen Arbeitnehmers entspricht. Diese angestrebte Übereinstimmung von Lohn und Leistung wird von Kosiol[203] als **Äquivalenzprinzip** bezeichnet, welches sich in zwei Unterprinzipien gliedert:
  - Das Prinzip der Äquivalenz von Lohn und Anforderungsgrad (Arbeitsschwierigkeit).
  - Das Prinzip der Äquivalenz von Lohn und Leistungsgrad (Arbeitsmenge und Arbeitsgüte).

  Für die Ergiebigkeit der Arbeitsleistung ist es dabei wesentlich, dem Arbeitnehmer das Gefühl zu geben, dass er nach dem Wert seiner Leistung entlohnt wird und dass sein Lohn in einem angemessenen Verhältnis zu dem Lohn seiner Arbeitskollegen steht.
- Eine **qualifikationsgerechte Entlohnung** liegt vor, wenn die Qualifikation und damit die Vielseitigkeit des Mitarbeiters als Kriterium für die Vergütung herangezogen wird.
- Auch die **sozialgerechte Entlohnung** spielt bei der Entgeltfindung für den Arbeitnehmer eine Rolle. Aus ethischen Gründen ist es wichtig, dass sich die Vergütung nach den Kriterien des Bedarfs bzw. nach sozialen Gesichtspunkten richtet. Wird der Arbeitslohn von sozialen Faktoren bestimmt, spricht man von einem Soziallohn oder sozialem Entgelt. In den heutigen Lohntarifen sind durch sozial- oder gesellschaftspolitische Maßnahmen z.B. folgende Gesichtspunkte berücksichtigt worden:
  - Die Staffelung der Entgelte nach dem Lebensalter
  - Die Staffelung der Entgelte nach dem Familienstand
  - Anspruch auf bezahlten Urlaub
  - Anspruch auf Krankengeld
  - Garantie auf Mindestlohn bei Akkordarbeit
  - Anspruch auf Lohnzulagen bei Mehrarbeit und Überstunden, Nachtarbeit, Sonn- und Feiertagsarbeit

In der Praxis führen diese unterschiedlichen Ansätze der Lohnbestimmung zu Entgeltsystemen, die sich aus verschiedenen, auf diesen Kriterien beruhenden Lohnbestandteilen zusammensetzen.

## 3.2 Die Arbeitsbewertung

Will man zu einem anforderungsgerechten Lohn oder Lohnanteil kommen, benötigt man Verfahren, die die Anforderung einer Arbeit möglichst genau bestimmen können. Diese Verfahren werden unter dem Begriff **Arbeitsbewertung** zusammengefasst. Die

---

[203] Vgl. Kosiol, E.: Leistungsgerechte Entlohnung, 2. Aufl., Wiesbaden 1962, S. 29 ff.

Arbeitsbewertung hat die Aufgabe, die Anforderungen zu ermitteln, die eine Arbeit bei **normaler Leistung** an einen Mitarbeiter stellt. Die mit Hilfe der Verfahren ermittelte Höhe der Anforderungen wird allgemein als **Arbeitswert** bezeichnet, welcher als arbeitswissenschaftlicher Begriff und nicht als ökonomischer Begriff zu verstehen ist.

Der Schwierigkeitsgrad einer Tätigkeit ist bei dieser Vorgehensweise der Maßstab für die relative Einstufung einer Arbeitsverrichtung, d.h. ob ihr Arbeitswert höher oder niedriger eingestuft wird als der einer anderen Tätigkeit. Der Schwierigkeitsgrad bestimmt somit die relative Lohnhöhe.

Im Allgemeinen geht man davon aus, dass der größte Teil der Lohnbestandteile aufgrund der Arbeitsschwierigkeit festgesetzt, d.h. anforderungsbezogen ist, während der Rest durch andere Faktoren wie z.B. durch die Leistungsbewertung oder durch die Berücksichtigung sozialer Bedürfnisse abgedeckt wird.

Unterschiedliche Verfahren der Arbeitsbewertung ergeben sich aus der Art des Bewertungsvorganges. Die Bestimmung der Arbeitsschwierigkeit erfolgt jedoch bei allen Verfahren in drei Schritten:

- Beschreibung der Arbeit (Stellenbeschreibung)
- Qualitative Analyse der zu bewertenden Arbeitsbeiträge
- Anschließende Bewertung

Die Verfahren der Arbeitsbewertung haben die Gemeinsamkeit, dass sie von der Person des Stelleninhabers abstrahieren, d.h. sie gehen von einer Normalleistung aus, um personenbezogene Leistungsmerkmale auszuschalten.

Die angewandten **Bewertungssysteme**, die die Arbeitsplatzanforderungen erfassen, gewichten und bewerten, sind sehr vielfältig. Aufgrund ihrer Verfahrensweise können sie zwei grundsätzlichen Methoden zugeordnet werden:

- **Summarische Arbeitsbewertung** und
- **Analytische Arbeitsbewertung**

Erfolgt eine Gesamtbeurteilung der Arbeitsschwierigkeit eines Arbeitsplatzes mit Hilfe eines globalen Bewertungsvorganges, der alle Anforderungsarten gleichzeitig einbezieht, handelt es sich um eine summarische Arbeitsbewertung.

Eine getrennte Analyse der einzelnen Anforderungsarten und die Zusammenfassung der Teilschwierigkeiten zu einem Arbeitswert stellt eine analytische Arbeitsbewertung dar.

Für die Quantifizierung der Beurteilung der Arbeitsschwierigkeit gibt es zwei Prinzipien. Gleichgültig, ob von der summarischen oder analytischen Arbeitsbewertung Gebrauch gemacht wird, kann die Schwierigkeit eines Arbeitsplatzes durch

- **Reihung** oder
- **Stufung** festgelegt werden.

Die **Reihung** ist ein Verfahren, bei der die Arbeitsplätze bzw. die einzelnen Anforderungsarten entsprechend ihrer Schwierigkeit in eine mit dem höchsten Schwierigkeitsgrad beginnende und mit dem niedrigsten Schwierigkeitsgrad endende Rangordnung eingeordnet werden. Es entsteht so eine Reihung, bei der die Anzahl der Rangplätze identisch mit der Anzahl der zu bewertenden Arbeitsplätze ist.

Bei der **Stufung** werden dagegen Anforderungsklassen festgelegt, die unterschiedliche Schwierigkeitsbereiche darstellen. Die einzelnen Arbeitsplätze bzw. Anforderungsarten werden, entsprechend ihres Schwierigkeitsgrades, diesen Klassen zugeordnet. Die Anforderungs- bzw. Schwierigkeitsbereiche der einzelnen Stufen sind durch verbale Umschreibungen, Vergleichsbeispiele oder Messwerte der Anforderungsarten gekennzeichnet.[204]

Werden die summarische und analytische Methode mit den Prinzipien der Reihung und der Stufung kombiniert, ergeben sich vier Grundmethoden der Arbeitsbewertung:

| **Methoden der qualitativen Analyse** / **Methoden der Quantifizierung** | **summarisch** (Gesamtbewertung der Tätigkeit) | **analytisch** (Teilbewertung und Gewichtung einzelner Anforderungsarten) |
|---|---|---|
| **Reihung** (Sortieren nach dem Schwierigkeitsgrad der Tätigkeit) | Rangfolge-verfahren | Rangreihen-verfahren |
| **Stufung** (Einsortieren in festgelegte Gruppen) | Lohngruppen-verfahren | Stufenwertzahl-verfahren |

**Abb. 127:** Arbeitsbewertungsverfahren

## 3.2.1 Summarische Methoden

Die wichtigsten summarischen Methoden sind das Rangfolgeverfahren und das Lohngruppenverfahren. Es erfolgt eine Bewertung der Arbeitsverrichtung als Ganzes, d.h. es wird eine Gesamtbeurteilung der Arbeitsschwierigkeit vorgenommen. Bei diesen Methoden werden die verschiedenen Arbeitsanforderungen also nicht einzeln, sondern nur global berücksichtigt.

### (1) Das Rangfolgeverfahren

Durch die Kombination der summarischen Methode mit dem Prinzip der Reihung ergibt sich das Rangfolgeverfahren. Beim **Rangfolgeverfahren** werden sämtliche Arbeitsplätze eines Unternehmens aufgelistet und anschließend durch vergleichendes Schätzen nach

[204] Vgl. Kupsch, P.U./Marr, R.: Personalwirtschaft, a.a.O., S. 822.

sinkenden Schwierigkeitsgraden in eine Rangfolge gebracht. Dabei stehen zwei Verfahren zur Verfügung:

- **Spielkartensortiermethode**, bei der in einem ersten Schritt die Arbeiten einer Abteilung eines Unternehmens auf Karten geschrieben und nach Schwierigkeit sortiert werden und in einem zweiten Schritt die Arbeiten aller anderen Abteilungen in die Schwierigkeitsskala dieser "Vergleichsabteilung" einrangiert werden.
- **Paarweiser Vergleich**, bei dem alle Arbeiten unmittelbar auf Karten erfasst werden und bei einem paarweisen Vergleich jeweils die schwieriger einzustufende Arbeit mit einem Zeichen versehen wird. Die Rangfolge ergibt sich am Ende des Vergleichs durch die Anzahl der Kennzeichnungen auf jeder Karte.

Die anforderungsabhängige Kennzahl, als zahlenmäßiger Ausdruck der Gesamtschwierigkeit der Aufgabe, ist hier die Entgelt- bzw. Lohngruppe. Den Lohngruppen werden durch Tarifvertrag Entgeltsätze zugeordnet.[205]

Der Vorzug des Rangfolgeverfahrens liegt in seiner einfachen Handhabung und relativ leichten Verständlichkeit. Es macht jedoch keine Aussagen über die unterschiedlichen Abstände zwischen den einzelnen Rängen, die bei der Lohn- und Gehaltsfestsetzung zu berücksichtigen sind. Durch das Fehlen eines Beurteilungsmaßstabes besteht bei wachsender Betriebsgröße die Gefahr von Fehlbewertungen. Daneben ist schon bei einer geringen Anzahl von Arbeitsplätzen die Zahl der Paarvergleiche sehr hoch (z.B. machen 15 Arbeitsplätze 105 Vergleiche erforderlich). Die Anwendbarkeit des Rangfolgeverfahrens ist deshalb auf kleine Unternehmen mit gleichartigen Arbeitsplätzen beschränkt.

## (2) Das Lohngruppenverfahren

Aus der Kombination der summarischen Methode und dem Prinzip der Stufung ergibt sich als weitere Methode der Arbeitsbewertung das **Lohngruppenverfahren**. Bei dieser Methode wird eine bestimmte Anzahl von Lohngruppen gebildet, in denen die unterschiedlichen Anforderungen und Schwierigkeitsgrade der Arbeiten zum Ausdruck kommen.

Die einzelnen Arbeiten werden entsprechend ihren spezifischen Anforderungen in Lohngruppen eingeordnet. Die Arbeiten einer Lohngruppe entsprechen ihrem Schwierigkeitsgrad. Die Arbeitsanforderungen oder Schwierigkeitsgrade können durch

- allgemeine Begriffe,
- Normtätigkeiten oder durch
- Richtbeispiele näher beschrieben werden.

Die Zahl der Lohngruppen richtet sich nach dem angestrebten Genauigkeitsgrad und liegt in der Praxis zwischen 6 und 12. Folgende Beispiele verdeutlichen die Einteilung verschiedener Arbeitsverrichtungen in einzelne Lohngruppen mit Hilfe allgemeiner Begriffe:

---

[205] Vgl. REFA: Methodenlehre der Betriebsorganisation. Entgeltdifferenzierung, 3. Aufl., München 1991, S. 17.

| |
|---|
| **Lohngruppe 1:**<br>Einfache Arbeiten, die ohne jegliche Ausbildung nach einer Unterweisungszeit von in der Regel drei Tagen ausgeführt werden können. |
| **Lohngruppe 2:**<br>Einfache Arbeiten, die eine geringe Sach- und Arbeitskenntnis verlangen, aber ohne jegliche Ausbildung nach einer Unterweisungszeit von bis zu 1 Monat und einer entsprechenden Einarbeitungszeit ausgeführt werden können oder einfache Arbeiten der Lohngruppe 1 mit überwiegend zusätzlich belastenden Arbeitsbedingungen. |
| **Lohngruppe 3:**<br>Arbeiten, die eine Zweckausbildung oder ein systematisches Anlernen bis zu 6 Monaten, eine entsprechende Fertigkeit, Übung und Erfahrung verlangen, oder einfache Arbeiten der Lohngruppe 2 mit überwiegend zusätzlich belastenden Arbeitsbedingungen. |
| **Lohngruppe 4:**<br>Arbeiten, die ein Teilfacharbeiterkönnen verlangen, wie es durch eine abgeschlossene Anlernausbildung oder durch eine Zweckausbildung bzw. ein schematisches Anlernen mit zusätzlicher Berufserfahrung erzielt wird oder Arbeiten der Lohngruppe 3 mit überwiegend zusätzlich belastenden Arbeitsbedingungen. |
| **Lohngruppe 5:**<br>Facharbeiten, die berufliche Handfertigkeiten und Berufskenntnisse verlangen, wie sie entweder durch eine fachentsprechende, ordnungsgemäße Berufsausbildung oder durch eine abgeschlossene Anlernausbildung und zusätzliche Berufserfahrung erzielt werden. |
| **Lohngruppe 6:**<br>Schwierige Facharbeiten, die besondere Fähigkeiten und langjährige Berufserfahrung verlangen. |
| **Lohngruppe 7:**<br>Besonders schwierige und hochwertige Facharbeiten, die an das fachliche Können und Wissen besonders hohe Anforderungen stellen sowie Selbständigkeit und hohes Verantwortungsbewusstsein voraussetzen. |
| **Lohngruppe 8:**<br>Hochwertigste Facharbeiten, die meisterliches Können, absolute Selbständigkeit, Dispositionsvermögen, umfassendes Verantwortungsbewusstsein und entsprechende theoretische Kenntnisse erfordern. |

**Abb. 128:** Lohngruppenvereinbarung für die Arbeiter der Metall- und Elektroindustrie in Berlin und Brandenburg Tarifgebiet II vom 10. März 1991

In den Lohngruppenbeschreibungen werden die Begriffe Unterweisung (Gruppe 1 und 2), Einarbeitung (Gruppe 2), Zweckausbildung (Gruppe 3), Systematisches Anlernen (Gruppe 3), Anlernausbildung (Gruppe 4) und Berufsausbildung (Gruppe 5 bis 8) angewendet. Diese Begriffe haben bei der Arbeitsbewertung eine definierte Bedeutung:

1. **Unterweisung:** Methodisches Vertrautmachen der Beschäftigten mit den zur Durchführung einfacher Arbeiten erforderlichen Kenntnissen, Handgriffen, Erfahrungen und Besonderheiten, um sie in die Lage zu versetzen, die Arbeit durch Übung ausführen zu können.

2. **Einarbeitung:** Eine Einarbeitung ist notwendig, um die Beschäftigten mit bestimmten Arbeitsgeräten, Maschinen und/oder Arbeitsmethoden vertraut zu machen, obwohl sie grundsätzlich Kenntnisse und Fertigkeiten zur Ausführung der Tätigkeit besitzen.

3. **Zweckausbildung:** Zweckausbildung ist die Ausbildung für bestimmte Arbeitsverrichtungen, die nicht nur nach Unterweisung ausgeführt werden können, für die je-

doch keine abgeschlossene Anlernausbildung notwendig ist (vgl. systematisches Anlernen).

4. **Systematisches Anlernen:** Das systematische Anlernen ist gleichzusetzen mit einer Zweckausbildung in Form der Vermittlung von Kenntnissen und Fertigkeiten, die zur Verrichtung einer zugewiesenen Arbeit notwendig sind, damit die Arbeit richtig, sicher und möglichst rationell verrichtet wird. Die Zweckausbildung und das systematische Anlernen sind in der Regel auf betriebsindividuelle Arbeitsplätze und Anforderungen ausgerichtet.
5. **Anlernausbildung:** Hierunter sind zu verstehen:
   - Staatlich geregelte Teilfacharbeiterausbildungen nach der alten Rechtslage in Berlin (Ost) und Brandenburg.
   - Anerkannte Anlernausbildungsberufe im Sinne des Berufsbildungsgesetzes, die nach einer Ausbildungszeit von in der Regel bis zu zwei Jahren mit einer Abschlussprüfung enden.
6. **Berufsausbildung:** Hierunter sind zu verstehen:
   - Staatlich geregelte Ausbildungsberufe (Facharbeiterberufe) nach der alten Rechtslage in Berlin (Ost) und Brandenburg.
   - Anerkannte Ausbildungsberufe, die nach einer Ausbildungszeit von in der Regel 3 bis 3,5 Jahren mit einer Abschlussprüfung enden.

Für die einzelnen Lohngruppen werden die Tätigkeiten der Arbeitnehmer von den Tarifpartnern in die Lohngruppen eingeteilt.

**Beispiele für Tätigkeiten der Lohngruppe 5:**

- Drehen schwierig zu spannender Werkstücke bei mittlerer Oberflächengüte und kleinen Stückzahlen an selbständig eingerichteten Drehmaschinen.
- Verantwortliches Verwalten von Werkzeuglagern.
- Zusammenbau kompletter Geräte und Baugruppen nach Zeichnung oder Muster in Einzel- oder Kleinserienfertigung.
- Justieren von feinen und empfindlichen Instrumenten durch Messungen und Vergleichen mit Normalinstrumenten und rechnerisches Auswerten nach Zahlentafeln.
- Besonders schwierige Transportarbeiten oder Bedienen von Krananlagen mit Führerkorb mit sechs bis sieben Bedienungselementen oder für schwere Lasten, die besonders feinfühlig gesteuert werden müssen oder Führen von großen Elektrokarren oder ähnlichen Fahrzeugen mit Hebevorrichtungen.
- Führen von Personen-, Liefer- und Lastkraftwagen, wenn der Fahrer kleine Störungen beseitigt.
- Anfertigen umfangreicher Formkabel nach Prinzipstromlaufplänen
- Schlosserfacharbeiten, die nach Zeichnungen oder sonstigen Angaben auszuführen sind wie Pass- oder Zurichtearbeiten oder selbständiger Zusammenbau vollständiger Baugruppen.
- Schwierige, besondere Aufmerksamkeit erfordernde Arbeiten in der Fließfertigung.
- Umfangreiche Lichtbogen- und Autogenschweißarbeiten an vorgerichteten und zusammengepassten Werkstücken unter erschwerenden Umständen, bei denen saubere, gut durchgeschweißte und dichtgelegte Nähte in festgelegter Reihenfolge zu ziehen sind.

Mit der gleichen Vorgehensweise wie bei der Lohngruppenvereinbarung werden auch die Gehaltsgruppen zwischen den Tarifpartnern festgelegt. Die folgende Abbildung zeigt eine Beschreibung der **Gehaltsgruppen** nach dem Manteltarifvertrag für die Metallindustrie in Bayern:[206]

| |
|---|
| **Gehaltsgruppe 1a:**<br>Tätigkeiten einfacher, schematischer, gleichbleibender Art, für die der Ablauf und die Ausführung festgelegt sind. |
| **Gehaltsgruppe 1b:**<br>Tätigkeiten einfacher, aber unterschiedlicher Art, für die Ablauf und Ausführung weitgehend festgelegt sind. |
| **Gehaltsgruppe 2:**<br>Tätigkeiten unterschiedlicher Art, die nach Anweisung ausgeübt werden. |
| **Gehaltsgruppe 3:**<br>1. Tätigkeiten schwieriger Art, die nach allgemeinen Anweisungen in beachtlichem Umfang selbständig ausgeführt werden.<br>2. Meistertätigkeiten, die nach allgemeinen Anweisungen in beachtlichem Umfang selbständig ausgeführt werden und mit Verantwortung für die Arbeitsleistung unterstellter Arbeitnehmer verbunden ist. |
| **Gehaltsgruppe 4:**<br>1. Tätigkeiten schwieriger Art, die nach allgemeinen Anweisungen selbständig ausgeführt werden.<br>2. Meistertätigkeiten, die nach allgemeinen Anweisungen selbständig ausgeführt werden, mit Führungsaufgaben und fachlicher Verantwortung für die unterstellten Arbeitnehmer und/ oder Auszubildenden. Hierzu können auch Arbeitnehmer mit Vorgesetztenfunktion zählen. |
| **Gehaltsgruppe 5:**<br>1. Tätigkeiten erhöht schwieriger Art, die nach Richtlinien selbständig ausgeführt werden und Entscheidungen in eigener Verantwortung zulassen.<br>2. Meistertätigkeiten, die in einem größeren Arbeitsbereich nach Richtlinien selbständig ausgeführt werden, mit Führungsaufgaben und fachlicher Verantwortung für die unterstellten Arbeitnehmer und/ oder Auszubildenden. Hierzu können auch Arbeitnehmer mit Vorgesetztenfunktion, einschließlich anderer Meister, zählen. |
| **Gehaltsgruppe 6:**<br>1. Tätigkeiten sehr schwieriger Art, die nach allgemeinen Richtlinien selbständig ausgeführt werden und in eigener Verantwortung Entscheidungen von erheblicher Bedeutung für den Betriebs- oder Geschäftsablauf in einem Arbeitsbereich einschließen und/ oder Grundlagen für derartige Entscheidungen liefern.<br>2. Meistertätigkeiten, die in großen, vielseitigen oder mehreren Arbeitsbereichen in der Regel mit unterstellten Meistern nach allgemeinen Richtlinien selbständig ausgeführt werden, mit Führungsaufgaben und fachlicher Verantwortung für die unterstellten Arbeitnehmer und/ oder Auszubildenden. |
| **Gehaltsgruppe 7:**<br>Tätigkeiten hochqualifizierter Art, die nach allgemeinen Richtlinien selbständig ausgeführt werden und in eigener Verantwortung Entscheidungen von erheblicher Bedeutung für den Betriebs- oder Geschäftsablauf auch in angrenzenden Arbeitsbereichen einschließen und/ oder Grundlagen für derartige Entscheidungen liefern. |

**Abb. 129:** Beschreibung von Gehaltsgruppen (Manteltarifvertrag für die Metallindustrie in Bayern)

[206] IG Metall: Daten, Fakten, Informationen, Frankfurt 2003, S. 23.

Die **Vorteile des Lohngruppenverfahrens** sind die einfache Durchführung, die leichte Verständlichkeit und die wirtschaftliche Arbeitsweise. In Tarifverträgen wird deshalb diese Methode der Arbeitsbewertung häufig benutzt.

Die Praktikabilität dieser Methode hängt jedoch stark von der exakten Definition der Lohngruppenmerkmale ab. Ist diese Definition ungenau oder sind die Richtbeispiele unvollständig, kann es bei der Zuordnung der Arbeiten in die Lohngruppen zu Fehlurteilen kommen. Daneben können die Richtbeispiele durch den technischen Fortschritt schnell veralten.[207]

Als **Nachteil aller summarischen Verfahren** ist die geringe Gewichtung der einzelnen Anforderungsmerkmale anzusehen, da bei diesem Bewertungsverfahren nicht die einzelne Anforderungsart, sondern die einzelne Arbeitsverrichtung als Ganzes bewertet wird.

## 3.2.2 Die Umsetzung der Lohngruppen in Entgelte

Die ermittelten Lohngruppenzuordnungen stellen die Grundlage für eine Lohnsatzdifferenzierung dar. Je nach der Höhe des Arbeitswertes erfolgt eine Einordnung in die zugehörige Lohngruppe. Das Arbeitsentgelt der verschiedenen Lohngruppen wird von den Tarifpartnern in ein relatives Verhältnis gesetzt. Als Basis wird der Ecklohn, der 100% entspricht, ausgewählt. In der folgenden Abbildung wird zum Beispiel in der Lohngruppe 8 ein Arbeitsentgelt gezahlt, das 33% über dem Ecklohn liegt.

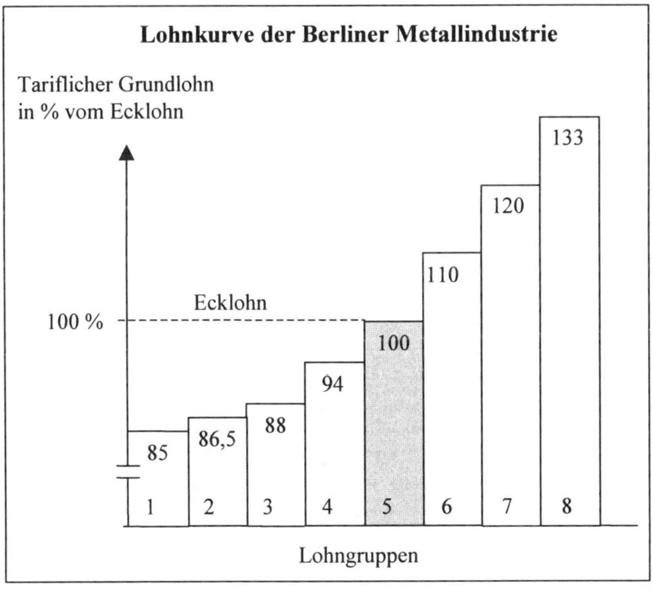


**Abb. 130:** Lohnkurve in der Berliner Metallindustrie Stand: Mai 2003[208]

[207] Vgl. Lücke, W.: Arbeitsleistung und Arbeitsentlohnung, 2. Aufl., Wiesbaden 1992, S. 67.

[208] Vgl. IG Metall: Daten, Fakten, Informationen 2003, a.a.O., S. 30.

Nachdem durch die Arbeitsbewertung die Relationen zwischen den Schwierigkeitsgraden und damit die relativen Lohnhöhen bestimmt wurden, werden die **absoluten Geldwerte** für die Entlohnung von den Tarifpartnern ausgehandelt. Hierbei wird nicht über jede Lohngruppe verhandelt, es wird nur der Ecklohn berücksichtigt (der Ecklohn in der Metallindustrie Berlin lag z.B. 2003 bei 11,81 EUR).

Die Relationen der einzelnen Lohngruppen können von Gruppe zu Gruppe gleich sein. Dies bedeutet, dass Lohnsatz und Arbeitsschwierigkeit sich von Lohngruppe zu Lohngruppe in gleichem Maße verändern (linearer Zusammenhang). Der Abstand zwischen den Lohnsätzen muss aber nicht immer gleich sein, er kann auch progressiv, degressiv oder linear-geknickt verlaufen. In welchem Verhältnis die **Lohnsatzdifferenzierung** betrieben wird, liegt im Ermessen der Unternehmung (unter Beachtung der Tarifverträge). Hierbei sind zwei allgemeine Tendenzen zu beachten:

1. Stärkere Abstufung der Lohnsätze erbringt einen größeren Reiz zur Übernahme schwieriger Aufgaben.
2. Schwache Lohnsatzdifferenzierung, die oberhalb des Mindestlohnes einsetzt, führt zu einer besseren Befriedigung des Sicherheitsbedürfnisses und zur Erhöhung der Kooperationsbereitschaft.

Die folgende Abbildung zeigt die Lohngruppenrelationen in der Metallindustrie (2003):

| Tarifgebiet | Prozentsatz in der Lohngruppe | | | | | | | | | | | |
|---|---|---|---|---|---|---|---|---|---|---|---|---|
| | 1 | 2 | 3 | 4 | 5 | 6 | 7 | 8 | 9 | 10 | 11 | 12 |
| Bayern* | 82,9 | 83 | 88 | 88 | 90,6 | 97 | 100 | 110 | 120 | 133 | | |
| Berlin/Brandenbg. | 85 | 86,5 | 88 | 94 | 100 | 110 | 120 | 133 | | | | |
| Hamburg | | 86 | 87,5 | 91 | 95 | 100 | 108 | 118 | 133 | | | |
| Niedersachsen | 85 | 85 | 86,3 | 88,6 | 90,5 | 94,5 | 100 | 110 | 120 | 133 | | |
| Nordrhein-Westfalen[2] | | 85 | 86 | 88 | 92 | 96 | 100 | 108 | 118 | 133 | | |
| Nordwestliches Niedersachsen | | 86 | 87,5 | 90 | 95 | 100 | 110 | 116[1] | 133 | | | |
| Nordwürttemberg/Nordbaden* | 85 | 85 | 86,4 | 87,7 | 90,9 | 94,9 | 100 | 106,9 | 113,8 | 120,7 | 127,8 | 135 |
| Saarland | 84 | 86,3 | 88,5 | 93,5 | 100 | 110 | 120 | 133 | | | | |
| Sachsen | | 82,9 | 83 | 88 | 88 | 90,6 | 97 | 100 | 110 | 120 | 133 | |
| Schleswig-Holstein | | 86 | 87,5 | 93 | 96 | 100 | 108 | 117 | 133 | | | |
| Thüringen | | 84 | 86,3 | 88,5 | 93,5 | 100 | 110 | 120 | 133 | | | |

1) Oldenburg = 120% 2) Altersabschläge im Zeitlohn *)errechnet

**Abb. 131:** Lohngruppenrelationen, Stand Mai 2003[209]

[209] IG Metall: Daten, Fakten, Informationen, a.a.O., S. 30 f.

Je nach Tarifgebiet gibt es eine unterschiedliche Anzahl an Lohngruppen. Die Lohngruppe 1 ist in einigen Tarifgebieten abgeschafft worden, weil die Tarifpartner der Meinung sind, dass die **Lohnspanne** (= Lohnunterschied zwischen zwei Lohngruppen) zur Lohngruppe 2 nicht mehr berechtigt ist. Allgemein lässt sich eine Tendenz zur Verringerung der Lohnspannen insbesondere in den unteren Lohngruppen beobachten. Die folgende Abbildung zeigt stellvertretend für alle Tarifgebiete die Entwicklung der untersten Lohngruppe im Vergleich zur 100%-Gruppe in Bayern, Nordrhein-Westfalen und Schleswig-Holstein:

| **Unterste Lohngruppe im Vergleich zur 100%-Gruppe (Metallindustrie)** | | | | | |
|---|---|---|---|---|---|
| Tarifgebiet | 1950 [%] | 1960 [%] | 1970 [%] | 1990 [%] | 2003 [%] |
| Bayern | 62,5 | 67 | 75 | 76 | 82,9 |
| Nordrhein-Westfalen | 58,7 | 70 | 75 | 82 | 85 |
| Schleswig-Holstein | 63 | 72,5 | 72,5 | 82 | 86 |

**Abb. 132:** Zeitlicher Vergleich der Lohnspanne zwischen unterster und 100%-Gruppe[210]

## 3.2.3 Analytische Methoden

Die analytischen Methoden sind durch eine Aufgliederung der Arbeit in einzelne **Anforderungsarten** oder **Anforderungsmerkmale** gekennzeichnet. Jede dieser verschiedenen Anforderungen einer Arbeit wird einzeln analysiert und beurteilt. Durch das Zusammenfassen dieser so ermittelten Teilschwierigkeiten erhält man die Höhe der Anforderungen, die diese Arbeit stellt bzw. den Arbeitswert der einzelnen Arbeitstätigkeit. Die qualitative Analyse der Arbeit erfolgt also mit Hilfe verschiedener Anforderungsmerkmale.

Bei den meisten analytischen Verfahren wird von dem im Jahr 1950 auf einer Konferenz für Arbeitsbewertung in Genf entwickelten **Genfer Schema** ausgegangen. Das Genfer Schema enthält vier Anforderungsarten:

- Können
- Belastung
- Verantwortung
- Arbeitsbedingungen

Die Anforderungsarten Können und Belastung werden in geistige und körperliche Anforderungen aufgeteilt. Eine klare Trennung zwischen geistigen und körperlichen Anforderungen ist in der Praxis meist nicht möglich. Man unterscheidet deshalb die Begriffe "vorwiegend muskelmäßiges Können" bzw. Belastung und vorwiegend "nicht muskelmäßiges Können" bzw. Belastung. Für die praktische Anwendung ergeben sich damit sechs Anforderungsarten. Sie sind in der folgenden Abbildung (Genfer Schema der Anforderungsarten) dargestellt:

---

[210] Vgl. IG Metall: Daten, Fakten, Informationen, a.a.O., S. 28f.

| | Können | Belastung |
|---|---|---|
| **Geistige Anforderungen** | • Fachkenntnisse<br>• Berufserfahrung<br>• Befähigung, fachlich zu denken und zu urteilen | • Nachdenken<br>• Aufmerksamkeit<br>• angestrengtes Beobachten |
| **Körperliche Anforderungen** | • Geschicklichkeit<br>• Handfertigkeit | • Überwindung von Arbeitswiderständen (dynamische Belastung der Muskeln)<br>• Arbeitshaltung (statische Belastung der Muskeln) |
| **Verantwortung** | | • Verantwortungsbewusstes Arbeiten, um persönliche und sachliche Schäden zu vermeiden |
| **Arbeitsbedingungen** | | • Anforderungen, die den Organismus zusätzlich belasten und denen er passiv entspricht (Temperatur, Nässe, Lärm etc.) |

**Abb. 133:** Anforderungsgruppen nach dem Genfer Schema

Die Anforderungen werden in der Praxis noch genauer unterteilt. Eine zu starke Differenzierung ist aber aus Gründen der Wirtschaftlichkeit und Übersichtlichkeit nicht sinnvoll. Einerseits soll die Zahl der Anforderungsarten auf die typischen und wichtigsten beschränkt werden, um damit eine Vereinfachung des Systems herbeizuführen. Zum anderen sollen möglichst alle Arbeitsschwierigkeiten erfasst werden, was eine große Menge von Anforderungsarten bedingt. Hier steht die Frage nach einer optimalen Anzahl an Anforderungsarten im Raum, die aber nicht allgemeinverbindlich beantwortet werden kann. Zander/Knebel[211] erläutern die Auswirkungen zu vieler bzw. zu weniger Anforderungsarten wie folgt:

| Zu wenige Anforderungsarten | Zu viele Anforderungsarten |
|---|---|
| – Der Begriffsinhalt der Merkmale ist so weit gefasst, dass spezielle und wesentliche Anforderungen nicht erkannt und erfasst werden. Feine Unterschiede zwischen Arbeiten kommen nicht zur Geltung.<br>– Der Bewerter hat einen großen Bewertungsspielraum, an seine Ausbildung und sein Vorstellungsvermögen werden hohe Anforderungen gestellt.<br>– Einzelne Stellen werden ungerecht beurteilt, viele Arbeitnehmer haben das Gefühl, dass ihre Arbeit nicht umfassend gewürdigt und bewertet wird. Die Gewerkschaften werden schwerer zu gewinnen sein. | – Arbeits-, Zeit- und Geldaufwand steigen.<br>– Begriffsinhaltliche Überschneidungen und Wechselbeziehungen zwischen einzelnen Merkmalen, dadurch Doppelbewertung und Doppelbezahlung, Genauigkeit leidet, Treffsicherheit nimmt ab.<br>– Das Verfahren wird komplizierter, das System unübersichtlicher, dadurch ist die Bewertung für den Bewerter und die Betriebsleitung schwerer zu handhaben, dem Arbeitnehmer wird sie unverständlich. |

**Abb. 134:** Nachteile zu weniger und zu vieler Anforderungsarten

211 Vgl. Zander, E./Knebel, H.: Arbeitsbewertung und Eingruppierung: Ein Leitfaden für die Entgeltfestlegung, 2. Aufl., Heidelberg 1989, S. 34 f.

Das **erweiterte Genfer Schema** ist heute in den meisten Tarifverträgen für gewerbliche Arbeitnehmer verankert. Mit Hilfe dieser Anforderungsmerkmale werden Kennzahlen für den Schwierigkeitsgrad einer Verrichtung bzw. Arbeitswerte gewonnen. Diese Maßstäbe gelten für jeden Arbeiter, der eine bestimmte Tätigkeit ausübt.

| **Hauptmerkmale** | **Untermerkmale (Anforderungsarten)** |
|---|---|
| **1. Geistige Anforderungen** | a) Fachkenntnisse<br>b) Nachdenken (geistige Beanspruchung) |
| **2. Körperliche Anforderungen** | a) Geschicklichkeit<br>b) Muskelbelastung<br>c) Aufmerksamkeit (Belastung der Sinne und Nerven) |
| **3. Verantwortung für** | a) Betriebsmittel und Produkte<br>b) Sicherheit und Gesundheit anderer<br>c) Arbeitsablauf |
| **4. Arbeitsbedingungen**<br>(Belastungen durch) | a) Temperatur<br>b) Nässe (Wasser, Feuchtigkeit, Säure)<br>c) Schmutz (Öl, Fett, Staub)<br>d) Gas, Dämpfe<br>e) Lärm, Erschütterung<br>f) Blendung, Lichtmangel<br>g) Erkältungsgefahr, Arbeiten im Freien<br>h) Unfallgefährdung |

**Abb. 135:** Erweiterung des Genfer Schemas

Eine weitere Fortentwicklung der Anforderungsarten nach dem Genfer Schema stellt der Anforderungskatalog von Bloch[212] dar. Er kann unabhängig von der speziellen Branche, überregional und sowohl für ausführende als auch für dispositive Tätigkeiten angewendet werden.

Jede Anforderung beinhaltet immer Können und Belastung. Es wird von der Überlegung ausgegangen, dass für bestimmte Tätigkeiten stets bestimmte Fähigkeiten bzw. Kenntnisse vorhanden sein müssen, die bei der Ausübung der Tätigkeit in Form von Belastung bzw. Beanspruchung in Erscheinung treten.

Die verschiedenen Anforderungsarten lassen in einem Arbeitssystem mit seinen Organisationsbeziehungen in Bezug auf ihre Bedeutung für die Gesamtanforderung unterschiedliche Wertauffassungen zu. Belastende Umwelteinflüsse wie Lärm oder Nässe können höher eingestuft werden als körperliche Anstrengungen für einen bestimmten

[212] Vgl. Bloch, W.: Arbeitsbewertung. In: Enzyklopädie der Betriebswirtschaftslehre, Band V: Handwörterbuch des Personalwesens, hrsg. von Gaugler, E., Stuttgart 1975, S. 146 f.

Arbeitsgang. Diese Abstufungen bzw. Bewertungen werden von den Tarifpartnern durch eine **Gewichtung** der Anforderungsarten durchgeführt.

<table>
<tr><th></th><th>Kenntnisse<br>Fähigkeiten</th><th>Belastungen<br>Beanspruchungen</th></tr>
<tr><td>Grundlagen</td><td>• Schulkenntnisse<br>• Systematische Ausbildung und Lehre<br>• Erfahrung<br>• Zusatzkenntnisse</td><td rowspan="2">• Geistige Anstrengung</td></tr>
<tr><td>Geistige Merkmale</td><td>• Ausdrucksfähigkeit<br>• Logische Denkfähigkeit<br>• Schöpferische Denkfähigkeit<br>• Geistige Regsamkeit</td></tr>
<tr><td>Charaktermerkmale</td><td>• Autorität<br>• Sinn für Zusammenarbeit<br>• Takt<br>• Initiative<br>• Entschlusskraft<br>• Verantwortungsbewusstsein<br>• Aufmerksamkeit</td><td>• Belastung aus Verkehr mit Personen<br>• Verantwortung für Folgen von Anordnungen<br>• Verantwortungen<br>• Beanspruchung der Aufmerksamkeit</td></tr>
<tr><td>Körperliche Merkmale</td><td>• Geschicklichkeit<br>• Anforderung an Sinnesorgane<br>• Körperliche Konstitution</td><td>• Anstrengung der Sinnesorgane<br>• Körperliche Anstrengung</td></tr>
<tr><td>Umgebungsmerkmale</td><td></td><td>• Gesundheitsgefährdung<br>• Umweltbedingungen</td></tr>
</table>

**Abb. 136:** Erweitertes Genfer Schema nach Bloch[213]

Für die Durchführung der Gewichtung gibt es verschiedene Anwendungsformen und Arten der Gewichtung:

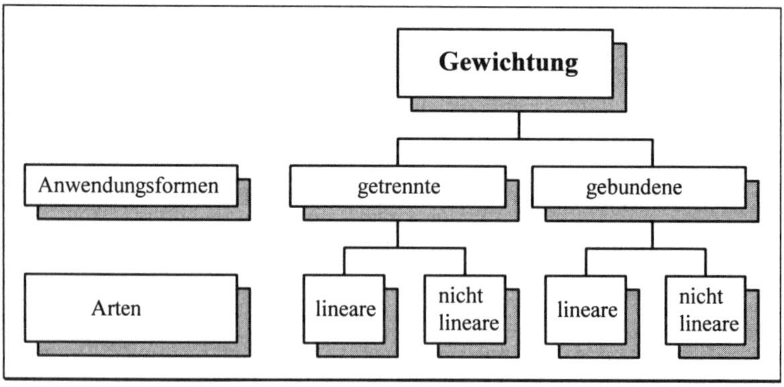


**Abb. 137**: Anwendungsformen und Arten der Gewichtung

[213] Vgl. Bloch, W.: Arbeitsbewertung, a.a.O., S. 147.

Die Gewichtung der Anforderungsarten wird bei der Anwendungsform der **getrennten Gewichtung** nach der Bestimmung der Rangplatznummer oder der Stufenzahl durch die Multipikation mit den Gewichtungsfaktoren berücksichtigt.

Bei der Anwendungsform der **gebundenen Gewichtung** ist die Gewichtung der Anforderungsarten zueinander in den Rangplatznummern und Stufenzahlen bereits berücksichtigt. Die Anforderungswerte erhält man unmittelbar beim Bewerten.[214]

Bei den Arten der Gewichtung unterscheidet man die lineare und die nicht lineare Gewichtung. Bei der **linearen Gewichtung** werden für jede Anforderungsart Faktoren festgelegt, mit denen die in Rangreihen geordneten Anforderungsarten in Anforderungswerte umgerechnet werden.

Die **nicht lineare Gewichtung** wird angewendet, wenn einzelne Rangplätze durch eine lineare Gewichtung einen unverhältnismäßig hohen oder niedrigen Anforderungswert erhalten würden. Es gibt verschiedene Verläufe der Gewichtungen:

- Progessiver Verlauf der Gewichtung
- Degressiver Verlauf der Gewichtung
- Wechselnd degressiver/progressiver Verlauf der Gewichtung
- Unstetiger Verlauf der Gewichtung
- Stufenförmiger Verlauf der Gewichtung

## (1) Das Rangreihenverfahren mit getrennter Gewichtung

Wird das analytische Bewertungsverfahren mit der Methode der Reihung kombiniert, ergibt sich als Bewertungsmethode das Rangreihenverfahren. Das Rangreihenverfahren nimmt, ähnlich wie das summarische Rangfolgeverfahren, eine Einordnung von der einfachsten bis zur schwierigsten Verrichtung vor.

- **Das Rangreihenverfahren mit getrennter Gewichtung:** Jede Arbeit wird in die Rangreihen der verschiedenen Anforderungsarten entsprechend ihrer Anforderungshöhe eingeordnet. Sie erhält damit einen Rangplatz. Anschließend werden die Anforderungsarten mit den Gewichtungsfaktoren multipliziert.

**Beispiel:**[215]

| Anforderungsart | Kenntnisse | Geschicklichkeit | Verantwortung | Belastung | | Umgebungseinflüsse |
|---|---|---|---|---|---|---|
| | | | | geistig | körperlich | |
| Gewichtungsfaktor | 1,0 | 0,5 | 0,8 | 0,8 | 0,4 | 0,6 |

[214] Vgl. REFA: Methodenlehre der Betriebsorganisation: Anforderungsermittlung (Arbeitsbewertung), 2. Aufl., München 1991 , S. 89.

[215] Vgl. ebd., S. 74.

Die Kenntnisse und die muskelmäßige Belastung haben bei diesem Beispiel die höchste bzw. die niedrigste Gewichtung. Die Anforderungswerte und der Arbeitswert ergeben sich wie folgt:

| Anforderungsart | Rangplatz-Nr. | Gewichtungsfaktor | Anforderungswert |
|---|---|---|---|
| Kenntnisse | 35 | 1,0 | 35 |
| Geschicklichkeit | 35 | 0,5 | 17,5 |
| Verantwortung | 60 | 0,8 | 48 |
| geistige Belastung | 65 | 0,8 | 52 |
| muskelmäßige Belastung | 45 | 0,4 | 18 |
| Umgebungseinflüsse | 35 | 0,6 | 21 |
| | | **Arbeitswert** | **191,5** |

- **Das Rangreihenverfahren mit gebundener Gewichtung:** Gebundene Gewichtung heißt, dass die Rangplatznummer unmittelbar die Anforderungswerte (häufig auch Punkte genannt) wiedergeben. Die Gewichtung ist dabei direkt im Bewertungssystem eingebaut, was zu unterschiedlich langen Rangreihen der einzelnen Anforderungsarten führt. In der Praxis gibt es nur wenig Beispiele, bei denen in Tarifverträgen oder in Betriebsvereinbarungen das Rangreihenverfahren mit gebundener Gewichtung angewendet wird.

## (2) Das Stufenwertverfahren

Eine weitere Methode der analytischen Arbeitsbewertung ist das Stufenwertverfahren. Bei diesem Verfahren werden für jede Anforderungsart **Anforderungsstufen** festgelegt, denen Wertzahlen bzw. Punkte zugeordnet werden. Es entsteht so für jede Anforderungsart eine Punktwertreihe. Die unterschiedliche Belastung der Arbeitskraft durch die betreffende Anforderungsart wird durch die Zuordnung zu diesen Wertzahlen zum Ausdruck gebracht. Die Wertzahlen können linear, degressiv oder progressiv steigen:

| **Stufe** | **Verbale Beschreibung der Arbeitsschwierigkeit** | **Wertzahlen** | | |
|---|---|---|---|---|
| | | **Lineare Steigung** | **Degressive Steigung** | **Progressive Steigung** |
| 1 | äußerst gering | 0 | 0 | 0 |
| 2 | gering | 2 | 5 | 1 |
| 3 | mittel | 4 | 9 | 3 |
| 4 | groß | 6 | 12 | 6 |
| 5 | sehr groß | 8 | 14 | 10 |
| 6 | extrem groß | 10 | 15 | 15 |

**Abb. 138:** Beispiel für lineare, degressive und progressive Punktereihen[216]

Für jede Anforderungsart einer Arbeitsverrichtung oder eines Arbeitsplatzes wird die Wertzahl ermittelt. Richtbeispiele können die Zuordnung der Anforderungshöhe des Arbeitsplatzes erleichtern. Die Summe der Wertzahlen aller Anforderungsarten einer Arbeitsverrichtung ermöglicht die Einordnung in eine Arbeitswertgruppe. Eine unterschied-

[216] Vgl. Lücke, W.: Arbeitsleistung und Arbeitsentlohnung, a.a.O., S. 71.

liche Gewichtung der einzelnen Anforderungsarten ist möglich. Außerdem kann eine unterschiedliche Unterteilung der Wertzahlen erfolgen, d.h. die Gesamtzahl der Wertzahlen kann für die einzelnen Anforderungsarten verschieden groß sein, die Wertzahlen können auch progressiv oder degressiv steigen und nicht nur linear verlaufen. Für die Gewichtung der Anforderungsarten gibt es keine objektiven Merkmale, sie ist häufig von subjektiven Überlegungen beeinflusst. Dies zeigen z.B. die durchschnittlichen Gewichtungen, die bei Untersuchungen deutscher und amerikanischer Systeme ermittelt wurden:

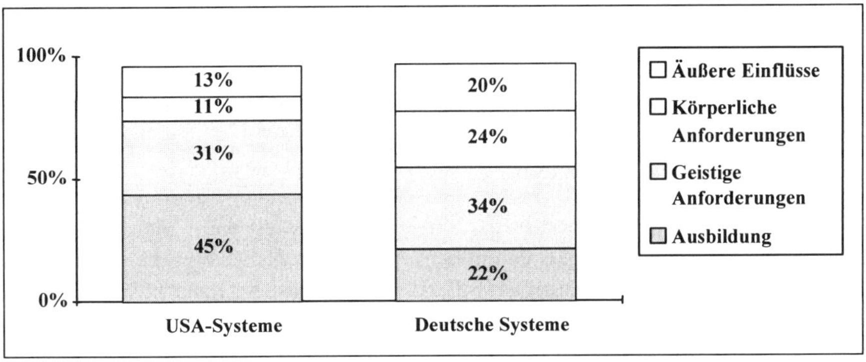


**Abb. 139:** Gewichtung der Anforderungsarten[217]

Ein **Vorteil des Stufenwertverfahrens** liegt in der leichten Verständlichkeit für den Bewerter und den Arbeitnehmer, dessen Arbeitsplatz bewertet wird. Der Geldwert wird aus den Wertzahlen ermittelt, indem der Gesamtarbeitswert durch Addition der gewichteten Punktzahlen gebildet und dieser mit einem Geldfaktor multipliziert wird. In der Praxis werden Elemente verschiedener Methoden miteinander kombiniert. So ist es möglich, dass angewendete Bewertungsmethoden die Prinzipien der Stufung und Reihung verbinden, indem für die einzelnen Anforderungsarten die Punkte bestimmt, und im Anschluss eine Rangreihe für jedes Merkmal gebildet wird. Hierdurch verringert sich erheblich die Zahl der auszuführenden Vergleiche.[218]

Grundsätzlich sollten die ermittelten Arbeitswerte immer das Ergebnis einer Gemeinschaftsarbeit von Bewertern und Vertretern der Unternehmensleitung und der Belegschaft sein. Einerseits um Bewertungsfehler möglichst zu vermeiden und andererseits, damit die Arbeitsbewertung von den Arbeitnehmern akzeptiert wird.

## 3.2.4 Die Umsetzung von Arbeitswerten in Entgelte

Die Umsetzung der Arbeitswerte (Punktesummen) in Entgelte kann auf zwei verschiedene Arten vorgenommen werden. Eine Möglichkeit besteht darin, Wertzahlsummen zu Arbeitswertgruppen zusammenzufassen (analog zu den Lohngruppen), die bei den sum-

---

217 Zahlen aus: Lücke, W.: Arbeitsleistung, Arbeitsbewertung, Arbeitsentlohnung. In: Industriebetriebslehre, hrsg. von Jacob, H., 4. Aufl., Wiesbaden 1990, S. 260.

218 Vgl. Hentze, J.: Personalwirtschaftslehre 2, a.a.O., S. 79.

marischen Verfahren verwendet werden. Jeder Arbeitswertgruppe wird dann ein Monatsgrundlohn zugeordnet, der Bestandteil der Tarifverhandlungen zwischen Arbeitgebern und Gewerkschaften ist. Die folgende Abbildung zeigt die Arbeitswertgruppen und die zugehörigen Monatsgrundlöhne für die Metallindustrie im Tarifgebiet Nordwürttemberg/Nordbaden (Stand 2003):

| **Arbeitswertgruppen und Monatsgrundlöhne in der Metallindustrie (Tarifgebiet Nordwürttemberg/Nordbaden, Stand 2003)** | | | | | | | | | | |
|---|---|---|---|---|---|---|---|---|---|---|
| 1 | 2 | 3 | 4 | 5 | 6 | 7 | 8 | 9 | 10 | 11 |
| 0-3,5 | über 3,5-6 | über 6-8,5 | über 8,5-11,5 | über 11,5-14,5 | über 14,5-17,5 | über 17,5-21 | über 21-24,5 | über 24,5-28 | über 28-31,5 | über 31,5-35 |
| 1.558,- | 1.558,- | 1.596,- | 1.633,- | 1.704,- | 1.796,- | 1.904,- | 2.011,- | 2.117,- | 2.227,- | 2.333,- |
| Arbeitswertgruppe 12: Für jeden weiteren angefangenen Arbeitswert über 35 wird dem Grundlohn ein Betrag von 1,7% des Geldbetrages der Arbeitswertgruppe 6 hinzugerechnet. | | | | | | | | | | |

**Abb. 140:** Arbeitswertgruppen und Monatsgrundlöhne[219]

Eine zweite Möglichkeit besteht darin, jedem Arbeitswert einen Monatsgrundlohn zuzuordnen. Da es auch Tätigkeiten mit dem Arbeitswert Null gibt, beginnt die Lohnstaffelung entweder beim Arbeitswert Null, oder die geringsten Arbeitswerte (z.B. 0-10) werden zu einer Gruppe zusammengefasst. Ausgangspunkt für die Entgelthöhe dieser untersten Arbeitswertgruppe ist der Tariflohn der untersten Lohngruppe. Pro weiterem Arbeitswert wird dieser Grundbetrag um einen sog. (tariflich festgelegten) Steigerungsbetrag vermehrt, der in Abhängigkeit von den erreichten Arbeitswerten mit einem unterschiedlichen Steigerungsfaktor multipliziert wird. So lassen sich lineare, aber auch progressive oder degressive Lohnlinien realisieren. Die folgende Abbildung zeigt die verschiedenen Steigerungsfaktoren am Beispiel der Metallindustrie in Nordrhein-Westfalen:

| | | |
|---|---|---|
| Tariflohn der untersten Lohngruppe (Grundlohn für Arbeitswerte 0-10) | EUR/ Monat | 1.488,94 |
| Steigerungsbetrag für Arbeitswerte über 10-13 | EUR/ Monat | 10,22 |
| Steigerungsbetrag I für Arbeitswerte über 13-14 | EUR/ Monat | 23,71 |
| Steigerungsbetrag II für Arbeitswerte über 14-29 (1,1 x Steigerungsbetrag I) | EUR/ Monat | 26,09 |
| Steigerungsbetrag III für Arbeitswerte über 29-45 (1,3 x Steigerungsbetrag I) | EUR/ Monat | 30,82 |
| Berechnungsbeispiel für den Arbeitswert 22: | | |
| Tariflohn der untersten Lohngruppe | | 1.488,94 |
| + 4 x Steigerungsbetrag AW 10-13 | | 40,88 |
| + 1 x Steigerungsbetrag I | | 23,71 |
| + 8 x Steigerungsbetrag II | | 208,72 |
| | EUR/ Monat | 1.762,25 |

**Abb. 141:** Bestimmung der Lohnhöhe aus Arbeitswerten (Stand 2003, Zahlen gerundet)

219 Vgl. IG Metall: Daten, Fakten, Informationen, a.a.O., S. 36.

An den wachsenden Steigerungsfaktoren erkennt man, dass die Lohnhöhe mit den Arbeitswerten progressiv steigt. Bei Arbeitswerten über 45 steigt der Monatsgrundlohn linear um einen Wert von EUR 31,63 (gerundet) pro weiterem angefangenen Arbeitswert. Die folgende Abbildung zeigt die Monatsgrundlöhne nach der Tarifvereinbarung der Metallindustrie in Nordrhein-Westfalen (Stand 2003):

| **Monatsgrundlöhne in der Metallindustrie (Tarifgebiet Nordrhein-Westfalen, Stand 2003)** | | | | | |
|---|---|---|---|---|---|
| Arbeitswert | Monatslohn | Arbeitswert | Monatslohn | Arbeitswert | Monatslohn |
| 0-10 | 1.528 | über 21 | 1.781 | über 33 | 2.122 |
| über 10 | 1.538 | über 22 | 1.808 | über 34 | 2.154 |
| über 11 | 1.549 | über 23 | 1.835 | über 35 | 2.185 |
| über 12 | 1.559 | über 24 | 1.862 | über 36 | 2.217 |
| über 13 | 1.570 | über 25 | 1.888 | über 37 | 2.248 |
| über 14 | 1.594 | über 26 | 1.915 | über 38 | 2.280 |
| über 15 | 1.621 | über 27 | 1.942 | über 39 | 2.312 |
| über 16 | 1.647 | über 28 | 1.969 | über 40 | 2.343 |
| über 17 | 1.674 | über 29 | 1.995 | über 41 | 2.375 |
| über 18 | 1.701 | über 30 | 2.027 | über 42 | 2.407 |
| über 19 | 1.728 | über 31 | 2.059 | über 43 | 2.438 |
| über 20 | 1.755 | über 32 | 2.090 | über 44 | 2.470 |
| Über 45 Arbeitswerte wird für jeden angefangenen Arbeitswert mit dem Steigerungsbetrag 31,6319 EUR weitergerechnet | | | | | |

**Abb. 142:** Monatsgrundlöhne in der Metallindustrie, Tarifgebiet Nordrhein-Westfalen, Stand 2003[220]

Die beiden gezeigten Möglichkeiten der Umsetzung von Arbeitswerten in Entgelte sind zwar in der Praxis gebräuchlich, es gibt jedoch außer tarifvertraglichen Abkommen keine einheitliche Regelung oder Bestimmung, die eine dieser Methoden vorschreibt. Die betriebliche Durchführung der Entgeltfestsetzung aufgrund einer analytischen Arbeitsbewertung hängt von vielen Faktoren ab, unter anderem z.B. von der maximal erreichbaren Wertzahlsumme.[221]

## 3.2.5 Beurteilung der Verfahren

Die Vor- und Nachteile der summarischen und analytischen Arbeitsbewertung sind unter Berücksichtigung der betrieblichen Gegebenheiten abzuwägen. Da es in der Regel in Betrieben eine Vielzahl von zu bewertenden Tätigkeiten gibt, ist allgemein den analytischen Methoden der Vorzug zu geben.

Die **Vorteile der analytischen Arbeitsbewertung** liegen in dem genaueren Maßstab für die Einstufung, in dem größeren Maß an Objektivität sowie in der Reproduzierbarkeit der Ergebnisse.

[220] Vgl. IG Metall: Daten, Fakten, Informationen, a.a.O., S. 37.

[221] Vgl. REFA: Methodenlehre der Betriebsorganisation: Entgeltdifferenzierung, a.a.O., S. 20.

Der **Vorteil der summarischen Arbeitsbewertung** ist der geringe Aufwand. Bei einfachen Arbeitsverrichtungen oder in kleinen Betrieben führt die summarische Arbeitsbewertung zu brauchbaren Ergebnissen.

Ein allgemeiner Vorteil der Arbeitsbewertung ist z.B., dass durch die genaue Untersuchung der betrieblichen Arbeiten allen Beteiligten ein vollständiges Bild von den Arbeiten, den Arbeitsplätzen und den Unterschieden der gestellten Anforderungen vermittelt wird. Die für die Arbeitsbewertung erforderliche Arbeitsbeschreibung deckt oft betriebliche Mängel auf, die sonst unbeachtet bleiben, und führt zu Hinweisen auf Möglichkeiten zur Verbesserung einzelner Teilvorgänge einer Tätigkeit, der erforderlichen Arbeitsmittel und des gesamten Arbeitsablaufs.

Durch die Kenntnis der Anforderungen der einzelnen Arbeiten wird der Betrieb in die Lage versetzt, den Personaleinsatz nach Maßgabe der Anforderungen und der verfügbaren Eignungen zu steuern.

Ohne die Kenntnis der Anforderungen ist es schwieriger, die einzelnen Mitarbeiter an den ihren Fähigkeiten am besten entsprechenden Arbeitsplätzen einzusetzen. Da die Anwendung der Arbeitsbewertung bei allen Beteiligten zu einem besseren gegenseitigen Verstehen in der Beurteilung der betrieblichen Arbeiten hinsichtlich der Entlohnung, aber auch der Arbeitsgestaltung, der Ausbildung und des Einsatzes des Personals führt, trägt sie zu einer Verbesserung des Betriebsklimas bei.

Die bisher beschriebenen Arbeitsbewertungsverfahren berücksichtigen bei der Bestimmung des Lohnes bzw. des Gehaltes lediglich die Anforderungen, die ein Arbeitsplatz an einen Arbeitnehmer stellt. Sie gehen dabei von einer "Normalleistung" aus, die für den Arbeitnehmer eine Bezugsleistung darstellt, an der er sich orientieren kann.

Nach dem Grundsatz der leistungsgerechten Entlohnung müssen sich aber unterschiedliche Leistungsgrade bei Arbeiten der gleichen Schwierigkeitsstufe auch auf die Höhe des Arbeitsentgeltes auswirken. Die Erfassung solcher individueller Leistungsabweichungen kann direkt durch die Lohnform (Akkord- oder Prämienlohn) oder unabhängig von der Lohnform durch Leistungszulagen erfolgen.

## 3.2.6 Arbeitsbewertung im außertariflichen Bereich

Zwischen der Arbeitsbewertung im tariflichen Bereich und der außertariflichen Arbeitsbewertung besteht eine Reihe von Unterschieden.[222] Vielfach ist das eigentliche fachliche Können für die Stelle nicht mehr ausschlaggebend; es muss ohnehin vorausgesetzt werden. Auch das Ansehen der Funktion im Unternehmen und die Repräsentation des Unternehmens nach Außen spielen eine wichtige Rolle. Bei Stelleninhabern, die oft wechselnde Aufgabengebiete bearbeiten, fällt eine Einstufung meist schwer. Der Bewerter hat kaum eine Möglichkeit, die Erfordernisse des Arbeitsplatzes von dem Erfolg des Stelleninhabers zu trennen. Schwierigkeiten ergeben sich auch dadurch, dass der Inhalt des Arbeitsplatzes häufig von der Person des Arbeitsplatzinhabers geprägt wird.

---

[222] Vgl. Zander, E.: Lohn- und Gehaltsfestsetzung in Klein- und Mittelbetrieben, 11. Aufl., Freiburg i. Br. 1997, S. 97 f.

Eine Möglichkeit, um dennoch eine möglichst gerechte Entlohnung vornehmen zu können, besteht darin, das AT-Gehalt aus zwei Teilen zusammenzusetzen. Der eine Teil des Gehalts (meist > 50% vom Gesamtgehalt) basiert auf einer analytischen Arbeitsbewertung. Hier wird durch die Bewertung von festen Anforderungsmerkmalen eine Differenzierung der Arbeitsplätze erreicht. Alle AT-Stelleninhaber werden nach einem Rangreihenverfahren aufgelistet und in AT-Gehaltsstufen eingruppiert. Dieses Modell ist für jeden Betrachter transparent und auch auf neue Stelleninhaber leichter anzuwenden.

Aufgrund der besonderen Anforderungsstruktur sind für die leitenden Funktionen spezifische Merkmale zur analytischen Arbeitsbewertung heranzuziehen. Die Bewertung der körperlichen Belastung entfällt. Die geistige Belastung wird unterteilt in Nachdenken, Disponieren und Kontakte.

- Unter **Nachdenken** versteht man das Anwenden des vorhandenen Wissens. Das Gewicht liegt hier im selbstständigen Überlegen, Kombinieren und Urteilen.
- Die Anforderung **Disponieren** verlangt, Aufträge in geistiger Form vorzubereiten, die Vergabe zu koordinieren und anschließend die Ausführung zu überwachen.
- In der Bewertung der **Kontakte** wird berücksichtigt, wie intensiv betrieblich notwendige Kontakte aufzubauen oder zu pflegen sind. Es wird unterteilt in unternehmensinterne und -externe Kontakte.

Weitere Kriterien sind der Verantwortungsumfang, der sich durch die Ausstattung der Stelle mit Befugnissen und Vollmachten und die Reichweite der Entscheidungen charakterisieren lässt, und die Personalführung, deren Bewertung von Rang und Anzahl der unterstellten Mitarbeiter abhängig ist.

Die folgende Übersicht veranschaulicht den analytischen Teil der Arbeitsbewertung:

| **Anforderungsart** | | **Wertzahl** | | | | |
|---|---|---|---|---|---|---|
| | | **1** | **2** | **3** | **4** | **5** |
| **Belastung** | A Nachdenken und Disponieren | gering | normal | hoch | sehr hoch | außergewöhnlich |
| | B Kontakte | gering | normal | hoch | sehr hoch | außergewöhnlich |
| **Verantwortung** | C Befugnisse/ Vollmachten | gering | normal | hoch | sehr hoch | außergewöhnlich |
| | D Entscheidungsreichweite | nur auf eigenen Delegationsbereich | auf ein Anschlussgebiet | auf Teile des Unternehmens | auf das ganze Unternehmen | |
| **Personalführung** | E direkt unterstellte Mitarbeiter (TG = Tarifgruppe) | ab 3 und mehr Mitarbeiter bis TG 8 | ab 6 und mehr Mitarbeiter bis TG 8 | ab 3 und mehr Mitarbeiter ab TG 12 | ab 6 und mehr Mitarbeiter ab TG 12 | |
| | F gesamte Mitarbeiterzahl | bis 10 | 11-19 | 20-49 | ab 50 | |

**Abb. 143:** Analytische Arbeitsbewertung für AT-Angestellte[223]

223 Vgl. Zander, E.: Lohn- und Gehaltsfestsetzung in Klein- und Mittelbetrieben, a.a.O., S. 101.

Entsprechend der Punktesumme aus den Wertzahlen der verschiedenen Anforderungsarten werden die leitenden Angestellten in 7 AT-Gehaltsstufen eingruppiert. Die Abstufung kann frei gewählt und eventuell noch stärker untergliedert werden. Die so erreichte Bewertung stellt den Grundanteil des Gehalts dar.

Der andere Teil des Gehalts (meist < 50% vom Gesamtgehalt) geht aus der persönlichen Beurteilung des Stelleinhabers hervor. Hier soll der persönliche Beitrag innerhalb eines gewissen Zeitraumes zum Unternehmenserfolg herangezogen werden. Um auch dies messbar zu erfassen, können Vergleiche von Soll- und Ist-Kennzahlen erfolgen, die sich an Zielvereinbarungen orientieren. Die persönliche Beurteilung wird vom direkten Vorgesetzten des jeweiligen leitenden Angestellten vorgenommen. In den meisten Fällen wird dies der Geschäftsführer oder der Bereichsleiter sein.

Ein Beispiel für die Bewertung nach dem oben gezeigten Verfahren für die Abteilungsleiter eines fiktiven Unternehmens zeigt die folgende Abbildung:

**Ergebnis der analytischen Arbeitsbewertung**

| Abteilungs-leiter | Anforderungsart/ Punkte | | | | | | |
|---|---|---|---|---|---|---|---|
| | A | B | C | D | E | F | Σ |
| Verwaltung | 2 | 4 | 2 | 2 | 1 | 1 | 12 |
| Einkauf | 3 | 3 | 3 | 3 | 2 | 1 | 15 |
| Controlling | 3 | 4 | 3 | 3 | 2 | 1 | 16 |
| Personalwesen | 4 | 3 | 5 | 4 | 3 | 3 | 22 |
| Produktion | 4 | 3 | 5 | 4 | 3 | 3 | 22 |
| Vertrieb | 5 | 3 | 5 | 4 | 4 | 3 | 24 |

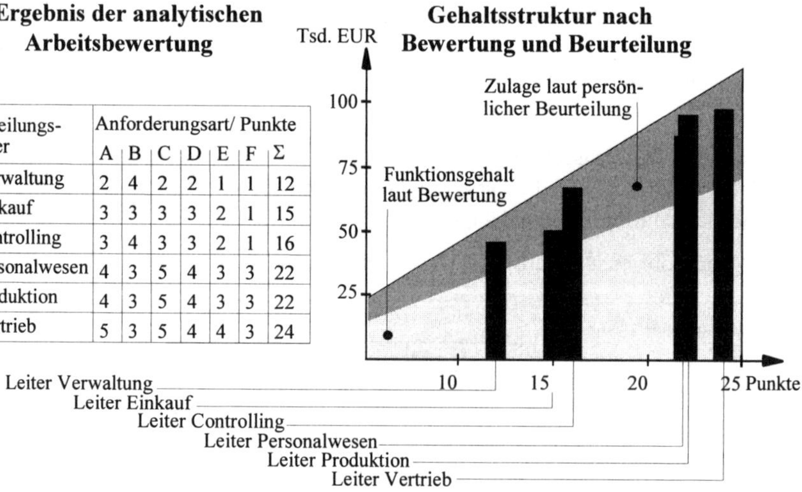


**Abb. 144:** Beispiel für eine außertarifliche Arbeitsbewertung[224]

## 3.3 Lohnformen

Lohnformen bzw. Entlohnungsgrundsätze bezeichnen Verfahren zur Berechnung des Arbeitsentgeltes für eine Arbeitsleistung bei gleicher Arbeitsschwierigkeit. Ein Entlohnungsverfahren muss so elastisch sein, dass **Leistungsunterschiede** im Arbeitsentgelt berücksichtigt werden können. In diesem Zusammenhang müssen jedoch die sozialen Komponenten des Arbeitsentgeltes, die in den Tarifverträgen enthalten sind, in das Entlohnungsverfahren eingeschlossen werden. Auch im Falle einer niedrigen Leistung ist z.B. die Zahlung eines tariflich garantierten Mindestlohns bei Akkordentlohnung verbindlich.

[224] Vgl. Zander, E.: Lohn- und Gehaltsfestsetzung in Klein- und Mittelbetrieben, a.a.O., S. 98 ff.

Es können drei Hauptlohnformen unterschieden werden, die jeweils in verschiedenen Varianten praktiziert werden:

1. der Zeitlohn,
2. der Akkordlohn und
3. der Prämienlohn.

Der **Akkordlohn** und der **Prämienlohn** werden häufig unter der Bezeichnung Leistungslohnsystem oder Lohnanreizsystem zusammengefasst, da diese Lohnformen eine direkte Beziehung zwischen Lohnhöhe und Leistungshöhe aufweisen. In der Regel ist die Leistung messbar und in Beziehung zu einer Normalleistung zu setzen.

Bei der Systematisierung der Lohnformen ist es zweckmäßig, von den **Bemessungsgrundlagen** auszugehen. Bemessungsgrundlagen sind:

- die Leistungszeit und
- die Leistungsmenge

Je nachdem, ob sich die Lohnform ausschließlich auf eine Bemessungsgrundlage oder auf mehrere stützt, kann zwischen reinen und zusammengesetzten Lohnformen unterschieden werden.

## 3.3.1 Zeitlohn

Die Entlohnung beim Zeitlohn erfolgt nach der Dauer der Arbeitszeit ohne Berücksichtigung der während dieser Zeit geleisteten Arbeit. Beim Zeitlohn wird für eine bestimmte Zeiteinheit ein bestimmter Lohnsatz festgelegt. Bei Arbeitern wird als Bezugsgröße gewöhnlich die Stunde gewählt. Jedoch erhalten gewerbliche Arbeitnehmer aufgrund der immer mehr angestrebten Gleichbehandlung von Arbeitern und Angestellten häufig einen sogenannten Monatslohn. Dieser ist ein festes Entgelt, das für die Normalarbeitszeit gezahlt wird. Eventuelle Mehrarbeit oder Zulagen und Zuschläge werden in diesem Fall gesondert berechnet und gezahlt.

Das Gehalt bzw. die Vergütung für Angestellte und die Besoldung für Beamte sind ebenfalls Zeitlöhne. Auch Schicht-, Tages-, Wochen-, Dekaden- und Jahreslöhne sind den Zeitlöhnen zuzuordnen.

### (1) Reiner Zeitlohn

Zeitlohn ist ein Entlohnungsgrundsatz,[225] bei dem sich die Vergütung eines Arbeitnehmers nach der Zeit richtet, die er seinem Arbeitgeber zur Verfügung steht. Leistungsvorgaben dürfen nicht vorhanden sein, außer wenn sie durch das Betriebsmittel bedingt sind und die Arbeitskraft keinen Einfluss auf die Intensität nehmen kann. Auch wenn keine feste Beziehung zwischen der Höhe des Entgelts und der Leistung der Arbeitsperson besteht, wird bei der Ermittlung des Zeitlohns eine bestimmte Leistung vorausgesetzt (Normalleistung).

---

[225] Vgl. REFA: Methodenlehre der Betriebsorganisation. Entgeltdifferenzierung, a.a.O., S. 63.

Beim Zeitlohn steht die Arbeitsleistung somit nicht im freien Ermessen der Arbeitsperson. Das bewusst langsame Arbeiten wird bereits als Verletzung der Arbeitspflicht gewertet.[226] Daher wird für die Ermittlung des periodenbezogenen Lohnsatzes eine Durchschnittsleistung angenommen.

Beim Zeitlohn bestehen zwei Grundbeziehungen:

1. Der Lohn pro Zeiteinheit (Stundenverdienst) des Arbeitnehmers ist konstant, d.h. der Gesamtverdienst ist zur Arbeitszeit proportional, unabhängig davon, ob während der Arbeitszeit der Leistungsgrad über- oder unterdurchschnittlich ist.

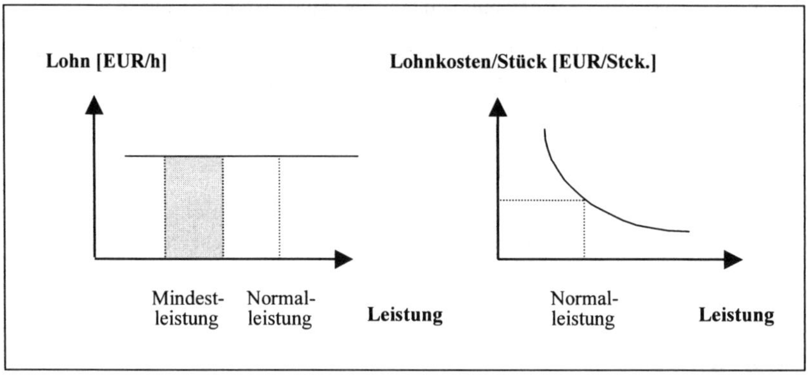


**Abb. 145:** Verhalten des Lohnes bzw. der Lohnkosten pro Stück beim Zeitlohn in Bezug zur Leistung

2. Die Lohnkosten pro Stück verändern sich proportional zur in Anspruch genommenen Zeit, d.h. sie fallen bei überdurchschnittlichem Leistungsgrad und damit abnehmendem Zeitverbrauch pro Leistungseinheit und steigen bei unterdurchschnittlichem Leistungsgrad und damit steigendem Zeitverbrauch pro Einheit.

**Die Anwendung von Zeitlohn** ist sinnvoll, wenn:

- ein Anreiz aus wirtschaftlichen Gründen nicht zweckmäßig ist (Tätigkeiten, die Sorg-falt, Gewissenhaftigkeit und Präzision erfordern);
- wenn die Leistung nicht messbar bzw. die Messung mit hohen Kosten verbunden ist;
- wenn ein überhöhtes Arbeitstempo Gesundheitsschäden hervorrufen würde bzw. Un-fälle oder Schäden an den Betriebsmitteln eintreten könnten;
- wenn nur wenige Arbeitsverrichtungen anfallen und dazwischen längere Wartezeiten liegen;
- wenn aus arbeitsrechtlicher oder psychologischer Sicht eine Leistungslohnform nicht eingeführt werden kann;
- wenn nicht genügend qualifiziertes Personal für die Arbeitsvorbereitung und die Zeitwirtschaft zur Verfügung steht.

[226] Vgl. Jung, H.: Allgemeine Betriebswirtschaftslehre, a.a.O., S. 941.

**Vorteile beim Zeitlohn** sind die Einfachheit der Abrechnung, die Schonung von Mensch und Maschine, das Vermeiden von Unruhe, überhastetem Arbeitstempo und dadurch bedingten Qualitätseinbußen. Daneben stellt der Zeitlohn für den Arbeitnehmer einen sicheren, gleichmäßigen Verdienst dar.

**Der Nachteil des Zeitlohns** besteht darin, dass das Unternehmen das volle Risiko bei Minderleistung trägt. Weiterhin bietet er den Mitarbeitern keinen Anreiz zur Leistungssteigerung. Dieser Nachteil kann durch die Gewährung von Leistungszulagen zum Zeitlohn beseitigt werden.

## (2) Zeitlohn mit Leistungszulage

Beim reinen Zeitlohn besteht für den Mitarbeiter ein Leistungsanreiz lediglich durch die Lohnsatzdifferenzierung, die sich aus der Arbeitsbewertung ergibt.

Häufig werden, um darüber hinaus einen direkten Lohnanreiz zu schaffen, Entgelte für persönliche Leistungen in Form von Leistungszulagen zum Grundlohn gezahlt. Leistungszulagen sollen kein Ersatz für Leistungslöhne sein, sie sollen normalerweise nur verwendet werden, wenn die Voraussetzungen für Akkord- oder Prämienlohn nicht gegeben sind.

Der Unterschied zwischen Leistungszulagen und Leistungslöhnen besteht darin, dass bei Leistungslöhnen die Prämie an objektiv messbare Bezugsgrößen (z.B. Stückmengen) anknüpft, während die Leistungszulage in einer relativen Abstufung ermittelt wird. Die Leistungszulagen werden entweder betrieblich oder tariflich vereinbart.

Der Zeitlohn mit Leistungszulage setzt eine Leistungsbewertung des Arbeitnehmers voraus. Daher müssen alle betroffenen Mitarbeiter bezüglich ihres Arbeitsverhaltens, ihrer Einsatzbereitschaft oder bezüglich anderer Leistungen beurteilt werden. Die Leistungsbewertung beurteilt im Unterschied zur Arbeitsbewertung nicht die Arbeitsstelle, sondern die Person, die eine bestimmte Arbeitsverrichtung ausübt.

Die **Bemessungsgrundlagen für Leistungszulagen** sind sehr variabel, in der Regel beurteilt der Vorgesetzte seine Mitarbeiter mit Hilfe vorgegebener Merkmale. Als Bemessungsgrundlage können z.B. folgende Kriterien ausgewählt werden:

| **Mögliche Kriterien als Bemessungsgrundlage** | | |
|---|---|---|
| • Arbeitsgüte | • Arbeitsmenge | • Arbeitssicherheit |
| • Arbeitszielerreichung | • Betriebszugehörigkeit | • Fachkenntnisse |
| • Auftreten | • Belastbarkeit | • Erfahrungen |
| • Führungsverhalten | • Kostenverantwortung | • Ordnung |
| • Pünktlichkeit | • Organisation | • Planung |
| • Sorgfalt | • Termintreue | • Flexibilität usw. |

**Abb. 146:** Bemessungskriterien für die Leistungszulage

Leistungszulagen werden normalerweise in Verbindung mit einem Zeitlohn bezahlt. Grundsätzlich ist aber auch eine Leistungszulage bei einem Akkordlohn denkbar, wenn neben der Mengenleistung weitere Leistungskriterien bei der Entlohnung berücksichtigt werden sollen.[227]

Allgemein ist zu erwähnen, dass Leistungszulagen aufgrund der normalerweise sehr langen Beurteilungszeiträume (von einem Monat bis zu zwei Jahren) nur einen sehr geringen Leistungsanreiz ausüben. Sie können insofern den Führungskräften nur als zusätzliches Hilfsmittel zur Leistungsmotivation dienen.

## 3.3.2 Akkordlohn

Beim Akkordlohn wird der Lohn anforderungs- und leistungsabhängig differenziert. Als Leistungskennzahl wird die vom Menschen beeinflussbare Mengenleistung bzw. der daraus abgeleitete Zeitgrad benutzt.

Der Stundenlohn verhält sich beim Akkordlohn proportional zur erzielten Mengenleistung, während die Lohnkosten pro Stück konstant bleiben.

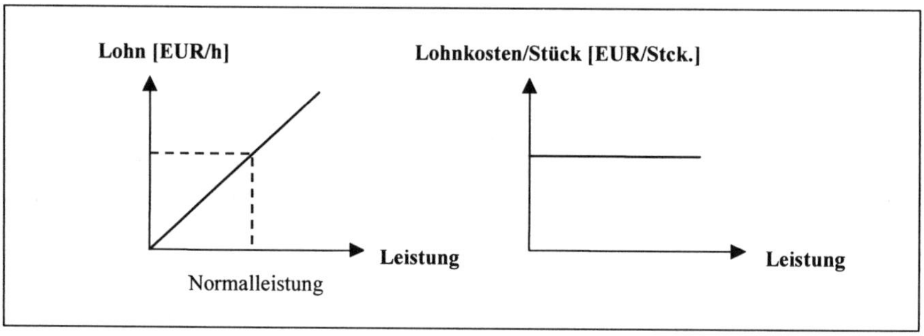


**Abb. 147:** Verhalten der Lohn- bzw. der Stückkosten beim Akkordlohn

Den Arbeitnehmern im Akkordlohn wird ein tarifvertraglich abgesicherter Mindestlohn garantiert, der der Lohnhöhe bei Normalleistung entspricht und der vom Unternehmen mindestens zu zahlen ist.[228]

Der Akkordlohn wird aus dem **Akkordrichtsatz** ermittelt. Die Akkordrichtsätze sind nach Arbeitswerten bzw. Lohngruppen gestaffelt und orientieren sich an einer Normalleistung. Die Akkordrichtsätze werden in Lohntarifverträgen festgelegt. Durch Multiplikation mit dem Zeitgrad lässt sich dann daraus der Stundenlohn errechnen.

Der **Zeitgrad** wird, je nachdem ob die Abrechnung auftrags- oder periodenbezogen erfolgt, nach einer der beiden folgenden Gleichungen ermittelt.[229]

$$\text{Zeitgrad} = \frac{\text{Vorgegebene Auftragszeit}}{\text{Ist-Auftragszeit}}$$

[227] Vgl. Zander, E.: Lohn- und Gehaltsfestsetzung in Klein- und Mittelbetrieben, a.a.O., S. 120 ff.
[228] Vgl. Jung, H.: Allgemeine Betriebswirtschaftslehre, a.a.O., S. 942.
[229] Vgl. REFA: Methodenlehre der Betriebsorganisation. Entgeltdifferenzierung, a.a.O., S. 34.

$$\text{Zeitgrad} = \frac{\text{Summe der abgerechneten Auftragszeiten in einer Periode}}{\text{Summe der Ist - Zeiten in der Periode, wo im Akkord gearbeitet wurde}}$$

Durch den Einsatz von Maschinen nehmen die unbeeinflussbaren Zeitanteile zu. Je größer jedoch dieser Anteil wird, desto weniger kann die Arbeitsperson die Mengenleistung bzw. den Zeitgrad beeinflussen. Dieser Zusammenhang wird durch die folgende Gleichung wiedergegeben:

$$Z[\%] = \frac{t_b + t_u}{t_b/L \cdot 100\% + t_u} \cdot 100\%$$

$Z$ = Zeitgrad
$t_b$ = beeinflussbare Zeitabschnitte
$t_u$ = unbeeinflussbare Zeitabschnitte
$L$ = Leistungsgrad der Arbeitsperson in %

Wenn der Anteil der unbeeinflussbaren Zeiten zu groß wird, dann sollte zunächst versucht werden, durch job rotation oder job enlargement den auf den einzelnen Mitarbeiter bezogenen Anteil an beeinflussbaren Abläufen zu erhöhen, bevor die Lohnform gewechselt wird.

Es gibt zwei **Formen des Akkordlohnes**, den Zeitakkordlohn und den Geldakkordlohn. Beim **Zeitakkordlohn** wird eine feste Zeit je Produktionseinheit zugrunde gelegt, die dem Mitarbeiter vergütet wird.

Stundenverdienst = Stück je Stunde x Vorgabezeit je Stück x Geldfaktor je Zeiteinheit

Der **Geldakkordlohn** richtet sich hingegen direkt nach einem festen Geldwert je Produktionseinheit.

Stundenverdienst = Stück je Stunde x Geldsatz je Mengeneinheit (Stücklohn)

Beide Formen des Akkordlohnes unterscheiden sich im Ergebnis nicht, jedoch hat der **Zeitakkordlohn den Vorteil**, dass bei Tariflohnänderungen die Vorgabezeit, die durch Schätzungen oder durch exakte Messungen mit Hilfe von Zeitstudien ermittelt werden, unverändert bleibt und lediglich mit einem veränderten Geldfaktor multipliziert wird. Beim Geldakkordlohn hingegen müssen sämtliche Stücklohnsätze neu berechnet werden.

Beim Akkordlohn kann ein starkes Absinken des Stundenverdienstes durch eine Minderleistung des Arbeiters eintreten. Aus diesem Grunde ist der Akkordlohn heute im allgemeinen mit einem garantierten Mindestlohn (Zeitlohn) verbunden, der auch bei geringerer Leistung gezahlt wird.

Zur Ermittlung des Akkordlohnes wird zuerst ein **Akkordrichtsatz** bestimmt, der den Grundlohn bildet. Dieser Akkordrichtsatz setzt sich zusammen aus dem

- tariflichen Mindestlohn und
- dem Akkordzuschlag.

Der **Akkordzuschlag** entspricht etwa 15-20 % des Mindestlohnes und soll die Bereitschaft zum Akkord honorieren und berücksichtigen, dass der Akkordarbeiter gegenüber dem Zeitlohnarbeiter eine höhere Arbeitsintensität aufweist.

Der **Akkordrichtsatz**, der auch bei Leistungen unter der Normalleistung gezahlt wird, liegt somit höher als der tarifliche Grundlohn.

Wird der Akkordrichtsatz durch 60 dividiert, erhält man den **Minutenfaktor**. Geht man von einem tariflichen Mindestlohn von z.B. 10,00 EUR pro Stunde und von einem Akkordzuschlag von 20 % aus, ergibt sich ein Akkordrichtsatz von 12,00 EUR pro Stunde.

Dividiert man diesen Akkordrichtsatz durch 60, erhält man einen Minutenfaktor von 0,20 EUR pro Minute. Beträgt die Vorgabezeit für die Herstellung eines Werkstückes 10 Minuten, entspricht der Lohn 10 x 0,20 EUR = 2,00 EUR. Werden sechs Werkstücke pro Stunde bearbeitet, entspricht diese Leistung einem Lohn von 12,00 EUR pro Stunde. Bei sieben Werkstücken erhöht sich der Stundenverdienst auf 14,00 EUR.

| **Beispiel für die Berechnung von Zeit- und Geldakkord** | | |
|---|---|---|
| **1. Vorgaben:** | Tariflicher Mindestlohn | 10,00 EUR |
| | Akkordzuschlag | 20 % |
| | Vorgabezeit je Einheit | 10 Minuten |
| | Wirklich pro Stunde bearbeitete Stückzahl | 7 Stück |
| **2. Rechnung:**<br>Akkordrichtsatz (Er entspricht dem Lohn bei Normal- oder darunter liegender Leistung)<br>= 10,00 EUR + 20 % = 12,00 EUR | | |
| Geldfaktor je Zeiteinheit (Minutenfaktor)<br>= Akkordrichtsatz : 60 = 12,00 EUR : 60 = 0,20 EUR/ Minute | | |
| **Zeitakkord:**<br>Stundenverdienst = 7 · 10 Min. · 0,20 EUR/ Min. = 14,00 EUR<br><br>**Geldakkord** (Vorgabe: Stücklohn = 10 Min. · 0,20 EUR/ Min. = 2,00 EUR):<br>Stundenverdienst = 7 · 2,00 EUR = 14,00 EUR | | |

**Abb. 148:** Beispiel für die Berechnung von Zeit- und Geldakkordlohn

Für die Einführung eines Akkordlohnes müssen zwei Voraussetzungen gegeben sein. Die Arbeit muss akkordfähig und akkordreif sein. **Akkordfähigkeit** bedeutet:

- Es muss ein festliegender und zeitlich im voraus bestimmter Arbeitsablauf vorliegen, der regelmäßig oder unregelmäßig sein kann.
- Der Arbeitsablauf muss weitgehend durch den Mitarbeiter beeinflussbar sein.

- Das Leistungsergebnis muss messbar sein.
- Der Aufwand für das Messen des Leistungsergebnisses muss wirtschaftlich vertretbar sein.
- Die zu erwartende Leistungssteigerung der Mitarbeiter darf nicht zu einer Qualitätsminderung der Produkte, zu Unfällen mit Personen- oder Sachschaden oder zu einer Überforderung der Mitarbeiter führen.

Eine Arbeit ist **akkordreif**,

- wenn sie akkordfähig ist,
- wenn sie von allen Mängeln befreit ist, die einen geregelten Arbeitsablauf eventuell noch behindern könnten, so dass das Verfahren für längere Zeit nicht verändert zu werden braucht und
- wenn der Mitarbeiter durch seine Leistungshergabe das Sachergebnis maßgeblich beeinflussen kann.

Die folgende Abbildung zeigt die **Vor- und Nachteile** des **Akkordlohns**:

| | **Vorteile** | **Nachteile** |
|---|---|---|
| **Mitarbeiter** | • Leistungsgerechte und leistungsfördernde Entlohnung mit unmittelbarem Leistung-Verdienst-Verhältnis | • Gefahr der Überschätzung der eigenen Leistungsfähigkeit<br>• Akkordrisiko bringt Lohnschwankungen (Folge: Es werden Sicherheitsreserven angelegt.) |
| **Unternehmen** | • Vorplanung der Arbeitsabläufe, des Arbeitskräfte- und Betriebsmittelbedarfs, der Termine, Lohn- und Gemeinkosten<br>• Gut funktionierende Fertigungssteuerung<br>• Aufdeckung betrieblicher Schwachstellen | • Aufwand für Leistungspflege<br>• Anpassen der Vorgabezeiten und Arbeitswerte an den technischen Fortschritt<br>• Leistungszurückhaltung bei nicht mehr zutreffenden Akkorden<br>• Qualitätseinbußen wegen zu hohem Arbeitstempo |

**Abb. 149:** Vor- und Nachteile des Akkordlohns

Bei der Akkordentlohnung gibt es neben dem beschriebenen **Einzelakkord** auch den sog. Gruppenakkord. Der **Gruppenakkord** ist eine besondere Variante des Akkordlohnes. Hier wird die Vorgabezeit und der Minutenfaktor nicht für den einzelnen Arbeiter, sondern für eine Gruppe von Arbeitnehmern ermittelt.

Der Gruppenakkord kann z.B. angewendet werden, wenn verschiedene Arbeiter (Facharbeiter, angelernte Arbeiter und Hilfsarbeiter) an einem Werkstück arbeiten, oder wenn alle Arbeiter die gleichen Tätigkeiten bei der Bearbeitung eines Werkstückes haben und an der Arbeit gleich lange beteiligt sind. Im letzten Fall wird der Mehrverdienst gleichmäßig auf die Beteiligten verteilt.

In anderen Fällen ist eine Verteilung mit Hilfe eines Verteilungsschlüssels möglich, der die zeitliche Beteiligung, die unterschiedlichen Lohnsätze oder andere Merkmale berücksichtigt.[230]

Ist eine Gruppe gut eingespielt, kann sich der Gruppenakkord positiv für den Betrieb auswirken, da die Beteiligten sich gegenseitig kontrollieren und Arbeitskräfte, die allein langsamer arbeiten würden, werden zu größerer Leistung angehalten. Bei der Einführung eines Gruppenakkordes muss die Gruppe jedoch klein sein, da bei zunehmender Gruppengröße der Anreiz zur Leistungssteigerung bei der einzelnen Arbeitskraft abnimmt, weil die Leistung der anderen Arbeitskollegen nicht mehr überschaubar ist.

Als Nachteil des Gruppenakkordes ist die Tatsache anzusehen, dass das Gefühl, dass ein anderer einen Teil der eigenen Leistung vergütet bekommt, leistungshemmend wirkt.

### 3.3.3 Prämienlohn

Der Prämienlohn ist eine anforderungs- und leistungsabhängige Lohnform, da er neben einem vereinbarten Grundlohn planmäßig und regelmäßig eine zusätzliche Prämie für eine bestimmte Mehrleistung des Arbeitnehmers gewährt.

Durch die tariflich festgelegte Mindestlohngarantie beim Akkordlohn haben sich der Akkordlohn und der Prämienlohn teilweise angeglichen. Jedoch werden neben der reinen Mengenleistung beim Prämienlohn auch andere Bezugsgrößen oder deren Kombinationen benutzt.

Je weniger der einzelne Arbeitnehmer durch die zunehmende Mechanisierung des Produktionsprozesses das mengenmäßige Produktionsergebnis beeinflussen kann, desto geringer wird die Bedeutung des Akkordlohnes. Der Prämienlohn tritt in zunehmendem Maße an seine Stelle, da mit ihm vor allem auch qualitative Faktoren der Arbeitsleistung berücksichtigt werden können.[231]

Im Gegensatz zum reinen Akkordlohn (ohne Mindestlohn) ist beim Prämienlohn nicht der gesamte Lohn leistungsbezogen. Auf den vereinbarten leistungsunabhängigen Grundlohn wird die leistungsabhängige Prämie als zusätzliches Entgelt gewährt. Die Ausgestaltung des Prämienlohns kann mit den folgenden Elementen geschehen:

- Prämienausgangsleistung
- Prämienendleistung
- Prämiengrundlohn
- Höchstprämie
- Prämienspannweite

[230] Vgl. hierzu auch Lücke, W.: Arbeitsleistung und Arbeitsentlohnung, a.a.O., S. 55 ff.
[231] Vgl. Fremmer, H./Voigtländer, H./Weil, R.: Handbuch des Prämienlohns, hrsg. vom Institut für angewandte Arbeitswissenschaft e.V., Köln 1989, S. 20.

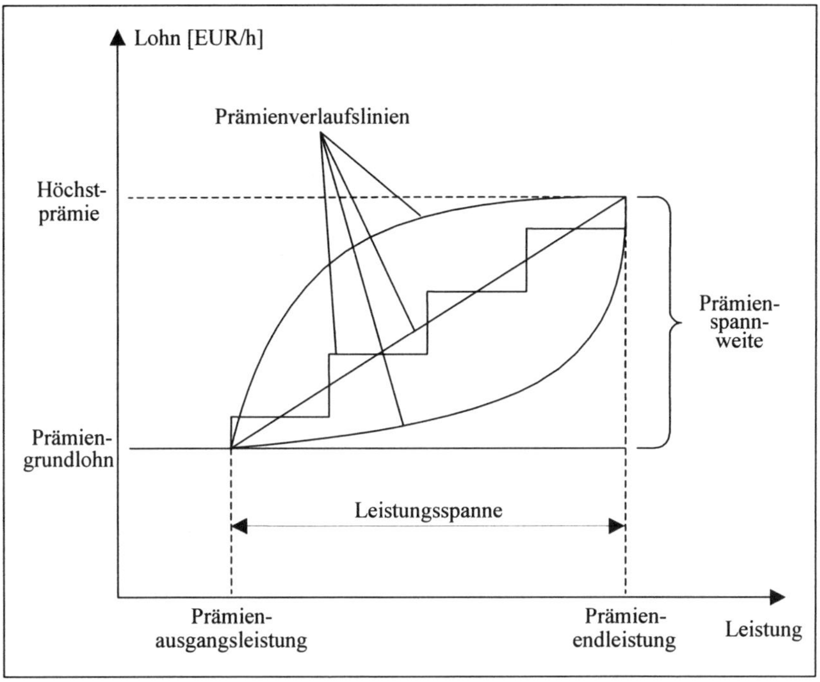


**Abb. 150:** Grundelemente des Prämienlohns

Der Anreiz zur Mehrleistung ist besonders groß, wenn die Prämie linear oder progressiv verläuft. In diesem Zusammenhang muss beachtet werden, dass beim Überschreiten einer bestimmten Leistungshöhe Gesundheitsschäden für den Arbeiter oder Beschädigungen an den Maschinen eintreten können. In diesem Fall ist das Steigungsmaß der Prämie von Anfang an oder von einer bestimmten Leistungshöhe an zu verkleinern, damit der Anreiz zur Leistungssteigerung nachlässt.

Die Prämie darf nicht mit der Leistungszulage verwechselt werden, da das Arbeitsergebnis beim Prämienlohn in jeder Periode objektiv und materiell neu festgestellt werden muss und an objektiv messbare Ergebnisse anknüpft. Bei der Leistungszulage werden hingegen nach allgemein größeren Zeitabständen Leistungen durch relative Abstufungen subjektiv bestimmt.[232]

Ein weiterer Unterschied des Prämienlohns zum Akkordlohn ist, dass die Mehrleistung je nach angewandtem Prämienlohnverfahren nicht unbedingt wie beim Akkordlohn dem Mitarbeiter voll vergütet wird, sondern eventuell nach einem Verteilungsschlüssel zwischen Betrieb und Arbeitnehmer aufgeteilt wird.

Dies hat zur Folge, dass der Stundenverdienst des Arbeiters bei Mehrleistung steigt, aber gleichzeitig die Lohnkosten pro Stück sinken, während beim Akkordlohn die Lohnkosten pro Stück konstant bleiben.[233]

---

232 Vgl. Hentze, J.: Personalwirtschaftslehre 2, a.a.O., S. 93.

233 Vgl. ebd., S. 94.

Die Prämie ist in der Praxis selten die Folge einer quantitativen Mehrleistung, sondern wird meist für eine Leistung qualitativer Art gewährleistet. Der Prämienlohn ist somit eine Lohnform, die auch für die Entlohnung von Arbeitsergebnissen einführbar ist, die von der Arbeitszeit unabhängig sind, während der Akkordlohn der Mengenleistung proportional und damit arbeitszeitabhängig ist. Die Anwendung des Prämienlohns ist auch sinnvoll, wo das Arbeitsergebnis zwar von der Arbeitszeit abhängt, eine Akkordentlohnung jedoch nicht durchführbar ist. Dies kann der Fall sein, wenn eine Ermittlung genauer Akkorde bzw. Vorgabezeiten nicht möglich ist, sich wirtschaftlich nicht rentiert oder keine geschulten Fachkräfte für die Durchführung von Arbeits- und Zeitstudien vorhanden sind.[234]

Es gibt mehrere **Prämienarten**, die nach den Bezugsgrößen der Prämienberechnung einzuteilen sind:[235]

1. **Mengenleistungsprämien:** Sie werden angewendet, wenn die Arbeitsverrichtung nicht für Akkordarbeit geeignet ist, da genaue Vorgabezeiten aufgrund wechselnder Arbeitsbedingungen nicht ermittelt werden können oder die unbeeinflussbaren Zeitenteile zu groß sind. Auch wenn in einem Betrieb vorwiegend Prämienlöhne gezahlt werden, kann aus Gründen der Einheitlichkeit ein Prämienlohn gezahlt werden, auch wenn die Arbeit akkordgerecht ist.
2. **Qualitätsprämien:** Sie werden für eine Steigerung der qualitativen Produktionsergebnisse angewendet. Ziele sind hier die Vermeidung von Verlust durch Ausschuss, Ausfall, Nachtarbeit und Ware zweiter Wahl. Des Weiteren kann es zweckmäßig sein, Qualitätsprämien für Arbeiten in der Qualitätskontrolle anzuwenden, damit ein hoher Qualitätsstandard erreicht wird. Diese Prämienart wird häufig in Verbindung mit Mengenleistungsprämien gezahlt und hat in der letzten Zeit an Bedeutung gewonnen.
3. **Ersparnisprämien:** Sie werden mit dem Ziel der Einsparungen an Produktionsfaktoren gezahlt. Bezugsgrößen können hier Rohstoffersparnisse, Ausbeutegrad der Stoffe, Verbrauch an Hilfs- und Betriebsstoffen, Energieverbrauch und Instandhaltungskosten/ Wartungskosten sein.
4. **Nutzungsgradprämien:** Diese Prämienart ist vor allem bei teuren Maschinen von Bedeutung. Mit ihrer Hilfe soll eine optimale Ausnutzung der Betriebsmittel sichergestellt werden. Ziele können hier die Reduzierung der Wartezeiten, der Leerlaufzeiten und der Reparaturzeiten sein. Die Bezugsgröße für diese Prämie ist der Nutzungsgrad.
5. **Kombinierte Prämien:** Die verschiedenen Prämienarten werden oft kombiniert angewendet. In diesem Zusammenhang spricht man von kombinierten Prämien oder Mehrfaktorenprämien. Diese kombinierten Systeme basieren auf zwei, drei oder mehreren Bezugsgrößen. Bei solchen Kombinationen ist darauf zu achten, dass die Mitarbeiter nicht dazu verleitet werden, eine Prämienart gegen die andere "auszuspielen", indem sie diejenige bevorzugen, die im Verhältnis zur nötigen Anstrengung den höchsten Verdienst ermöglicht.

---

[234] Vgl. auch Weber, R.: Entlohnungssysteme bei steigender Automatisierung und in der Lean-Production - Voraussetzungen, Methoden, Beispiele, Renningen-Malmsheim 1994, S. 34.

[235] Vgl. Fremmer, H./Voigtländer, H./Weil, R.: Handbuch des Prämienlohns, hrsg. vom Institut für angewandte Arbeitswissenschaft e.V., a.a.O., S. 72 ff.

Beim **Prämienlohnsystem nach Halsey** wird dem Mitarbeiter eine bestimmte Menge zu erstellender Einheiten vorgegeben, was bei konstanter Arbeitszeit auf die Bestimmung einer Vorgabezeit pro Stück führt. Gelingt es dem Mitarbeiter nicht oder nur knapp, dieses Pensum einzuhalten, wird der tariflich vereinbarte Grundlohn gezahlt.

Wird die Vorgabezeit unterschritten, erhält der Arbeiter nach diesem System zum Grundlohn eine Prämie in Höhe eines bestimmten Prozentsatzes des ersparten Zeitlohnes. Diese Prämie beträgt 33,3 bis 67 % des ersparten Zeitlohnes, den anderen Teil erhält der Betrieb. Der Ertrag der Mehrleistung wird demnach zwischen Arbeiter und Betrieb aufgeteilt. Beträgt der Prämiensatz z.B. 50 % des ersparten Zeitlohnes und der Arbeiter benötigt statt der vorgegebenen 10 Stunden nur 8 Stunden, so erhält er bei einem Zeitlohn von z.B. 10,00 EUR pro Stunde insgesamt 80,00 EUR Grundlohn plus 10,00 EUR Prämienlohn. Die Prämie berechnet sich in diesem Fall aus 50 % des auf die Vorgabezeit eingesparten Zeitlohnes von 20,00 EUR.

Der Monatslohn errechnet sich aus folgender Formel:

$$\text{Lohn / Monat} = \underbrace{\text{Ist-Zeit} \cdot \text{Std.-Lohn}}_{\text{Grundlohn}} + \underbrace{\frac{\text{Soll-Zeit / Ist-Zeit}}{2} \cdot \text{Std.-Lohn}}_{\text{Prämie}}$$

Der durchschnittliche Stundenverdienst steigt somit linear in Abhängigkeit vom Prämienfaktor zur Leistungssteigerung. Die Lohnkosten pro Stück, der in der ersparten Zeit produzierten Stücke, sind konstant. Sie betragen genau Prämienfaktor x Vorgabezeit x Stundenlohn.

**Ziel der Prämienentlohnung** ist neben der Leistungssteigerung vor allem die Verminderung des Risikos einer unsicheren Lohnentwicklung, das bei ungenauen Vorgabezeiten entsteht.

Neben diesem Prämienlohnsystem mit einem linearen Verhältnis von Mehrleistung und Prämie existieren andere Verfahren, die z.B. einen progressiven oder degressiven Prämienverlauf aufweisen:

- **Progressive Lohnlinien** honorieren Höchstleistungen besonders stark und werden z.B. angewendet, wenn für sehr teure Maschinen eine maximale Auslastung angestrebt wird oder wenn eine nur schwer erreichbare Qualitätsverbesserung realisiert werden soll.
- **Degressive Lohnlinien** fördern hingegen sehr hohe Leistungen wenig, allgemein mit dem Ziel, Überlastungen von Menschen und Maschinen oder Qualitätsminderungen zu vermeiden.

Es sind auch **gestufte Prämienverläufe** möglich, z.B. um den Bearbeitungsaufwand zu vermindern oder auch Wendekurven, die bestimmte Leistungsbereiche mehr oder weniger fördern sollen.

### 3.3.4 Pensumlohn

Zwischen Akkord- und Prämienlohn existieren verschiedene Lohnsysteme, die Elemente beider Lohnformen aufweisen. Zu diesen zählt der Pensumlohn, der ähnlich dem Prämienlohn aus zwei Bestandteilen, dem Grundlohn und dem periodenfixen Pensumentgelt, besteht.

Das periodenfixe Pensumentgelt wird in der Praxis für ein festgelegtes Arbeitsvolumen gewährt, wodurch sich die Beziehung zum Akkordlohn ergibt. Im Gegensatz zum Akkord- und Prämienlohn, bei denen die tatsächliche Leistung nach Abschluss der Abrechnungsperiode festgestellt und entlohnt wird, nimmt der Pensumlohn Bezug auf die **erwartete Leistung**. Er wird entsprechend dem vereinbarten Arbeitsergebnis für die künftige Abrechnungsperiode festgelegt. Ein Über- oder Unterschreiten der Soll-Leistung wirkt sich nicht direkt, sondern allenfalls in einer zukünftigen Periode auf den Lohn aus.[236] Der Pensumlohn ist somit zwar von dem erbrachten Arbeitsergebnis abhängig, hat gleichzeitig jedoch "Festlohncharakter".[237]

Der Pensumlohn ist auch unter den Bezeichnungen "measured day work", "fair days work", "überwachter Zeitlohn", "Kontraktlohn" und "Programmlohn" bekannt.

| Vorteile des Pensumlohns | Nachteile des Pensumlohns |
|---|---|
| • Die Mitarbeiter erhalten einen garantierten Lohn. Dadurch entfällt der Leistungsdruck.<br>• Weil die Mitarbeiter einen konstanten Lohn erhalten, kommt es seltener als bei den anderen Lohnanreizsystemen zu Unstimmigkeiten über die Vorgabezeiten. Die Zeiten können daher leichter an neue Arbeitsmethoden angepasst werden.<br>• Die Lohnabrechnung ist einfacher als bei Akkord- und Prämienlöhnen, weil das Auswerten der Lohnscheine entfällt.<br>• Für eine Leistungszurückhaltung aus kollegialen Gründen besteht kein Grund mehr.<br>• Die Mitarbeiter werden nicht zu steter Er-gebnissteigerung motiviert, wenn dies unzweckmäßig ist oder das Erfüllen fester Pensen den Geschäftsablauf besser unterstützt. | • Ein direkter Leistungsanreiz fehlt.<br>• Deswegen hängt die Produktivität einer Gruppe hauptsächlich von der Führungs-kraft ab.<br>• Ein EDV-gestütztes Fertigungssteuerungssystem muss installiert werden.<br>• Die Betreuung und Motivation der Mitarbeiter nimmt den Vorgesetzten stärker als bei anderen Leistungslohnsystemen in An-spruch. Dadurch wird die Zahl der unterstellten Mitarbeiter eingeschränkt.<br>• Die Vorgesetzten müssen intensiv geschult werden, damit sie den hohen Anforderungen gerecht werden können. |

**Abb. 151:** Vor- und Nachteile des Pensumlohns

236 Vgl. REFA: Methodenlehre der Betriebsorganisation: Entgeltdifferenzierung, a.a.O., S. 59.

237 Vgl. Bokranz, R.: Entlohnungsgrundsätze, Lohnformen. In: Mensch und Arbeit, Taschenbuch für die Personalpraxis, hrsg. von Schneider, H.J., 9. Aufl., Köln 1992, S. 345.

## 3.4 Betriebliche Sozialleistungen

Unternehmen bieten ihren Arbeitnehmern im Rahmen der Gesetzgebung und zum Teil auf freiwilliger Basis verschiedene soziale Leistungen an. Diese betrieblichen Sozialleistungen lassen sich einteilen in:

- Gesetzliche Sozialleistungen
- Tarifliche Sozialleistungen
- Freiwillige Sozialleistungen

### 3.4.1 Gesetzliche Sozialleistungen

Die gesetzlichen Sozialleistungen sollen die Grundrisiken des Lebens der Arbeitnehmer und deren Familien abdecken. Sie werden vom Gesetzgeber unter dem Sammelbegriff der Sozialversicherung zusammengefasst.

Die **Sozialversicherung** ist eine öffentlich-rechtliche Pflichtversicherung. Sie wird vom Gesetzgeber vorgeschrieben. Die Inhalte der Sozialversicherung werden also nicht durch eine gegenseitige Willenserklärung zwischen Gesetzgeber und Arbeitnehmern erklärt. Jeder Arbeitnehmer ist damit "Pflichtmitglied". Die Wechselfälle des Arbeitsleben wie Krankheit, Arbeitsunfähigkeit, Mutterschaft, Arbeitsunfall, Invalidität, Berufsunfähigkeit, Alter oder Todesfall werden durch die Sozialversicherung abgedeckt.

Die Vorläufer unserer heutigen Sozialversicherungen entstanden im 17. und 18. Jahrhundert. In dieser Zeit entstanden im Deutschen Reich überall Witwen-, Waisen- und Sterbekassen. Beim Tod des Ernährers konnten diese Kassen den Hinterbliebenen zumindest kurzfristig eine finanzielle Unterstützung geben. Eine Fortentwicklung in diesem Bereich gab es dann durch die Industrialisierung im 19. Jahrhundert. Viele selbstverwaltete Vorsorgeorganisationen und Zunftprivilegien wurden aufgrund der neu eingeführten Gewerbefreiheit in staatlich verwaltete Institutionen übernommen. Die sozialen Leistungen werden ständig zur sozialen Sicherung von Arbeitnehmern ausgebaut.

**Abb. 152:** Die fünf Säulen der Sozialversicherung

In der Abbildung sind die verschiedenen **Versicherungszweige** dargestellt. Die jeweiligen **Versicherungsträger** haben durch den Staat die Aufgabe, die Versicherung unmittelbar durchzuführen, das Versicherungsrisiko zu tragen und die Versicherung zu verwalten. Die Versicherungsträger sind:

- **Unfallversicherung:** Berufsgenossenschaften, Ausführungsbehörden des Bundes und der Länder und Unfallversicherungsverbände der Gemeinden.
- **Kranken- und Pflegeversicherung:** Orts-, Betriebs-, Innungs-, Ersatz- und berufsständige Krankenkassen.
- **Arbeitslosenversicherung:** Bundesagentur für Arbeit.[238]
- **Rentenversicherung:** Landes- und Bundesversicherungsanstalten.

## (1) Die Unfallversicherung

Die Unfallversicherung ist eine Pflichtversicherung. Versichert sind alle Arbeitnehmer, Personen in der Aus- und Fortbildung sowie für das Gemeinwohl tätige Personen. Der Versicherungsschutz tritt bei Arbeits-, Wegeunfällen und bei Berufskrankheiten in Kraft.
Die Leistungen der Unfallversicherung erfolgen in den Bereichen der Verletzten- (z.B. Kosten der Heilbehandlung), der Hinterbliebenenhilfe (z.B. Witwenrente) und der Unfallverhütung.

Finanziert werden die Beiträge zur Unfallversicherung allein vom Arbeitgeber. Je höher die Unfallgefahr der Mitarbeiter im Betrieb ist, um so höher ist auch der Beitrag, den der Arbeitgeber zu zahlen hat.

## (2) Die Krankenversicherung

Die gesetzliche Krankenversicherung ist eine Pflichtversicherung, wenn ein abhängiges, entgeltliches Beschäftigungsverhältnis besteht. Damit sind alle Arbeitnehmer unabhängig von der Höhe ihres Lohnes in einer Krankenkasse pflichtversichert. Dies gilt auch für die Mitarbeiter im Angestelltenverhältnis, wenn das Jahresgehalt einen bestimmten Betrag nicht übersteigt. Weiterhin sind Personen wie Auszubildende, Studenten, Hausgehilfen, Rentner und Arbeitslose Pflichtmitglieder. Leistungen werden von den Krankenkassen bei folgenden Versicherungsfällen erbracht:

- Unfall und Krankheit (Arbeitsunfähigkeit)
- Schwangerschaft und Entbindung
- beim Tod des Versicherten
- Gesundheitsvorsorge
- Krankengeld.

[238]Das dritte Gesetz für moderne Dienstleistungen am Arbeitsmarkt („Hartz III") enthält die Neuregelungen der Organisationsreform von der Bundesanstalt zur Bundesagentur für Arbeit sowie Änderungen bei den arbeitsmarktpolitischen Instrumenten, im Leistungsrecht des SGB III und dem Altersteilzeitgesetz.

Die Versicherung und damit die Leistungen der Krankenkassen gelten auch für die Familienangehörigen des Pflichtversicherten. Ausnahmen sind Familienangehörige, die ein eigenes Einkommen als Arbeitnehmer haben.

Die Beiträge für die Krankenversicherung tragen Arbeitnehmer und Arbeitgeber jeweils zur Hälfte. Der Arbeitgeber hat die Aufgabe, den Anteil des Arbeitnehmers bei der Lohnabrechnung direkt abzuziehen und den gesamten Beitrag des Arbeitnehmers an die zuständige Krankenkasse zu überweisen.

## (3) Die Pflegeversicherung

Ein weiterer Bestandteil der gesetzlichen Sozialversicherung ist die 1995 neu eingeführte Pflegeversicherung. Im Gesetzgebungsverfahren sind die Leistungen der neuen Versicherung nach dem Grad der Pflegebedürftigkeit gestaffelt.

Mit der neuen Säule der Sozialversicherung werden die Pflegebedürftigen und deren Pflegepersonen begünstigt. Anspruch auf die Leistungen der Pflegeversicherung hat jeder Krankenversicherte, der pflegebedürftig ist. Pflegebedürftig sind Personen, die wegen einer körperöichen, geistigen und regelmäßig immer wiederkehrenden Verrichtungen im Ablauf des täglichen Lebens auf Dauer, voraussichtlich für sechs Monate, in erheblichem oder höherem Maße der Hilfe bedürfen (§ 14 Abs. 1 SGB XI). Sie sind entscheidend für die Höhe des Pflegegeldes und den Umfang der Sachleistungen, die unter anderem die häusliche, teilstationäre und vollstationäre Pflege umfassen.

- Die **häusliche Pflege** umfasst die Finanzierung eines Pflegeldes, Pflegehilfe, häusliche Pflege bei Verhinderung der Pflegeperson, Pflegemittel und technische Hilfen.
- In Einrichtungen der Tages- und Nachtpflege wird die **teilstationäre Pflege** gewährt, wenn häusliche Pflege oder die notwendige Beförderung nicht in ausreichendem Umfang sichergestellt ist.
- Pflegebedürftige haben Anspruch auf **Pflege in vollstationären Einrichtungen**, wenn eine häusliche oder teilstationäre Pflege nicht mehr möglich ist.

Auch hier wird die Finanzierung dieser Versicherung jeweils zur Hälfte vom Arbeitnehmer und Arbeitgeber getragen. Infolge der schlechten Konjunktur und Wirtschaftslage zur Zeit der Planung der Pflegeversicherung wurde ein Feiertag für die Arbeitnehmer gestrichen, um die Wirtschaft nicht durch eine weitere Steigerung der Personalzusatzkosten zu belasten.

## (4) Die Arbeitslosenversicherung und Arbeitsförderung

Für alle Arbeitnehmer ist die Arbeitslosenversicherung eine Pflichtversicherung. Sie wird vom Arbeitnehmer und Arbeitgeber zu gleichen Teilen getragen und finanziert.

Kann der Arbeitnehmer die Arbeitslosigkeit nicht verhindern, hat er Anspruch auf Arbeitslosengeld bzw. Arbeitslosenhilfe (ab 2005 Arbeitslosengeld II).[239]

- Anspruch auf **Arbeitslosengeld** haben Arbeitnehmer, die arbeitslos sind, sich bei der Arbeitsagentur arbeitslos gemeldet und die Anwartschaft erfüllt haben. Die Höhe des Arbeitslosengeldes beträgt 60 % des letzten Nettogehaltes. Ist der Arbeitslose mindestens gegenüber einem Kind unterhaltspflichtig, beträgt das Arbeitslosengeld 67 %. Die Dauer, in dem das Arbeitslosengeld bezahlt wird, hängt von der Länge der Versicherungszeit ab (bis zu 18 Monaten).
- **Arbeitslosenhilfe** bzw. ab 2005 **Arbeitslosengeld II** wird dann gewährt, wenn kein Anspruch auf Arbeitslosengeld besteht oder erloschen ist. Hier muss der Antragsteller allerdings seine Bedürftigkeit nachweisen.

In der Zeit der Arbeitslosigkeit zahlt die Bundesagentur für Arbeit die Beiträge für die Kranken,- Unfall- und Rentenversicherung der jeweils Betroffenen. Als Träger der Arbeitslosenversicherung trägt die Bundesagentur für Arbeit für weitere Leistungen die Verantwortung:

- Arbeitsvermittlung und Berufsberatung
- Konkursausfallgeld
- Erhaltung und Schaffung von Arbeitsplätzen
- Berufliche Rehabilitation
- Förderung der beruflichen Bildung

## (5) Die Rentenversicherung

Mit der gesetzlichen Rentenversicherung soll Arbeitern, Angestellten, Bergleuten und Landwirten die Möglichkeit gegeben werden, ihren bisherigen Lebensstandard auch im Alter fortführen zu können. Es wird eine Vorsorge für **Invalidität**, **Alter** und **Tod** getroffen. Die Hauptleistungen der Landesversicherungsanstalten und der Bundesversicherungsanstalt sind die Renten. Der Anspruch auf Rente bzw. Altersruhegeld ist abhängig von Lebensalter und Dauer der Versicherungszeit. Daneben werden noch Leistungen für die Rehabilitation sowie die Beiträge für die Rentner zur Krankenversicherung gewährt.

Die Finanzierung der Rentenversicherung basiert auf dem Generationenvertrag. Die jetzt Erwerbstätigen zahlen heute ihre Beiträge und finanzieren damit die Renten für die aus dem Erwerbsleben ausgeschiedene Generation.

Das Rentenalter für Männer und Frauen ist gleich. Früher bestehende Unterschiede sind aufgehoben worden. Die früher niedrigeren Altersgrenzen für Frauen sind ebenso wie andere unter 65 Jahren liegenden Altersgrenzen stufenweise bis spätestens im Jahr 2018 auf 65 Jahre angehoben worden.[240]

---

[239] Das vierte Gesetz für moderne Dienstleistungen am Arbeitsmarkt („Hartz IV“) beinhaltet die Zusammenfassung der Transfersysteme Arbeitslosen- und Sozialhilfe für erwerbsfähige Hilfeempfänger zu einem Arbeitslosengeld II ab 2005.

[240] Vgl. hierzu auch Kittner, M./Kittner, S.: Arbeits- und Sozialrecht kompakt, 5. Aufl., Franfurt/Main 2004.

## 3.4.2 Tarifliche Sozialleistungen

Die tariflichen Sozialleistungen werden zwischen der zuständigen Gewerkschaft und dem Arbeitgeber bzw. dem Arbeitgeberverband vereinbart. Hier besteht seit Jahren ein nahezu lückenloses Netz von Tarifverträgen für die Wirtschaft und Dienstleistungsbereiche, in denen rund 90% aller Arbeitnehmer beschäftigt sind. Als wesentliche Regelungen dieser Tarifverträge sind zu nennen:

- Arbeitszeitregelungen,
- Urlaub,
- Vermögenswirksame Leistungen,[241]
- Schutz älterer Arbeitnehmer (z.B. Kündigungsschutz) und
- die Entgeltfortzahlung im Krankheitsfall über die gesetzliche Dauer von sechs Wochen hinaus

In der Vergangenheit sind immer mehr freiwillige soziale Leistungen als Bestandteile in die Tarifpolitik übernommen worden.

## 3.4.3 Freiwillige Sozialleistungen

Bei den freiwilligen Sozialleistungen beginnen die Gestaltungsmöglichkeiten für die Arbeitgeber im Betrieb. Die bisher erwähnten gesetzlichen und tariflichen Sozialleistungen sind den Arbeitgebern mehr oder weniger durch den Gesetzgeber und den Druck der Gewerkschaften auferlegt worden. Doch gerade die Arbeitgeber haben auch im eigenen Interesse viele Gründe, dem Arbeitnehmer freiwillige Sozialleistungen anzubieten:

- Freiwillige Sozialleistungen des Arbeitgebers steigern die Leistung, die Arbeitsmoral, die Betriebsverbundenheit und das Vertrauen der Mitarbeiter in die Unternehmensleitung.
- Sie binden den Arbeitnehmer an das Unternehmen.
- Sie fördern eine hohe Anziehungskraft auf den Arbeitsmarkt.
- Sie können den Einfluss der Gewerkschaften verringern.
- Sie können für das Unternehmen zu Steuerersparnissen führen.

Für den Arbeitgeber sind die freiwilligen betrieblichen Sozialleistungen außerhalb der staatlichen und tariflichen Kontrolle die einzige Möglichkeit, dem Mitarbeiter individuelle Leistungen anzubieten. Demzufolge lassen sich die freiwilligen betrieblichen Leistungen als diejenigen Sozialleistungen definieren, die auf dem freien Entschluss des Arbeitgebers beruhen. Die Mitarbeiter haben auf diese Sozialleistungen keinen Rechtsanspruch (Ausnahme: gewohnheitsrechtlichen Inanspruchnahme dieser Leistungen im Rahmen der betrieblichen Übung, vgl. Teil 1 - Grundlagen des Arbeitsrechts).[242]

---

[241] Über einzelne tarifliche Leistungen vgl. auch IG Metall: IG Metall, Daten, Fakten, Informationen, a.a.O., S. 75.

[242] Vgl. Haberkorn, K.: Der Sozialbericht: Aufgaben, Voraussetzungen und Gestaltungsmöglichkeiten, Essen 1964, S. 12.

Unter Berücksichtigung des finanziellen Volumens freiwilliger betrieblicher Sozialleistungen sowie ihrer Wertschätzung durch den Mitarbeiter, sind Gratifikationen und die betriebliche Altersversorgung von besonderer Bedeutung, die aus diesem Grund nachfolgend kurz erläutert werden sollen.

### (1) Betriebliche Altersversorgung

Die betriebliche Altersversorgung nimmt vom Volumen her den ersten Platz unter den betrieblichen Sozialleistungen ein. Sie umfasst alle Leistungen des Unternehmens, die über die Pflichtbeiträge zur gesetzlichen Rentenversicherung hinaus zur Zukunftssicherung der Mitarbeiter beitragen sollen. Nach Ausscheiden aus ihrer Erwerbstätigkeit sollen die Mitarbeiter einen angemessenen Lebensstandard aufrecht erhalten können. Das Gesetz zur Verbesserung der betrieblichen Altersversorgung vom 19.12.1974 (zuletzt geändert am 15.08.2003) ist für den Arbeitnehmer mit einigen Vorteilen verbunden:[243]

> Die **Unverfallbarkeit von Rentenansprüchen** (§ 1 b Abs. 1 BetrAVG), nach der die Ansprüche auf betriebliche Altersversorgung weitgehend vor dem Verfall bei einem Arbeitsplatzwechsel geschützt sind. Für Arbeitnehmer über 30 Jahre und mindestens fünfjähriger Versorgungszusage ist diese Anwartschaft unverfallbar und verfällt auch nicht, wenn das Arbeitsverhältnis vor Eintritt des Versorgungsfalles endet.
>
> Die Einführung des **Aufzehrungsverbotes** (§ 5 BetrAVG), nach dem Betriebsrenten nicht mit anderen Versorgungsleistungen aufgerechnet werden dürfen.
>
> Die Einführung der **Insolvenzversicherung** (§ 7 BetrAVG), durch die die Rentenansprüche im Konkursfall der Unternehmung durch einen privatrechtlichen Versicherungsverein auf Gegenseitigkeit sichergestellt sind.

Als Träger der betrieblichen Altersversorgung kommen neben der Unternehmung selbst Unterstützungskassen, Pensionskassen oder andere Versicherungsgesellschaften als indirekte Träger in Betracht, die als Versorgungsträger zwischengeschaltet werden.

### (2) Gratifikationen

Gratifikationen sind Vergütungen, die das Unternehmen aus besonderem Anlass an einen Mitarbeiter zusätzlich zu seinem sonstigen Entgelt zahlt. Hierzu zählen Weihnachtsgeld, Firmenjubiläumsgratifikationen, Urlaubs-, Heiratsgeld sowie das 13. Monatsgehalt. Gratifikationen können nach der individuellen Lohn- und Gehaltssumme, der Dauer der Betriebszugehörigkeit, Familienstand, Alter, Zahl der Kinder etc. bemessen werden. Die zunehmende Tendenz, Gratifikationen durch Betriebsvereinbarungen oder Tarifvertrag festzulegen, schränkt den Dispositionsspielraum des Unternehmens bei ihrer Gewährung stark ein. Es handelt sich deshalb nur noch in geringem Umfang um freiwillige Sozialleistungen.

---

[243] Die Entscheidung, ob ein Betrieb seinen Beschäftigten eine Altersversorge anbietet, lag früher allein beim Arbeitgeber. Ab dem 01.01.2002 hat jeder Arbeitnehmer einen Anspruch darauf, Teile des Lohnes oder des Gehaltes in eine betriebliche Altersversorgung einzuzahlen.

## 3.5 Mitarbeiterbeteiligungen

Unter dem Begriff der Mitarbeiterbeteiligung[244] ist die Beteiligung des Mitarbeiters an materiellen Rechten und Funktionen zu verstehen, die über die regelmäßig in Arbeitsverträgen festgelegte Rechte und Funktionen (z.B. das Gehalt) hinausgehen.

Unternehmen verfolgen mit der Einführung von Mitarbeiter-Beteiligungsmodellen folgende Ziele:[245]

| Ziel | Zielinhalt |
|---|---|
| **Motivation** | • Verbesserung der Leistungsmotivation und Produktivität<br>• Förderung des Mitdenkens und Mitentscheidens<br>• Erhöhung des Kostenbewusstseins und des persönlichen Einsatzes<br>• Anregung des wirtschaftlichen Denkens<br>• Verstärkung der Identifikation und des Interesses am Unternehmen<br>• Schaffung zusätzlicher Leistungsanreize |
| **Finanzierung** | • Verbesserung der Eigenkapitalbasis und der Kapitalstruktur<br>• Schaffung zusätzlicher Liquidität<br>• Verbesserung der materiellen Situation der Mitarbeiter<br>• Etablierung eines erfolgsabhängigen Entgeltsystems |
| **Personalpolitik** | • Abrundung des Sozialleistungspakets<br>• Unterstützung bzw. Neuordnung der betrieblichen Altersversorgung<br>• Maßnahme der Personalpolitik<br>• Anwendung als Führungsinstrument |
| **Partnerschaft** | • Abbau der Konfrontation zwischen Kapital und Arbeit<br>• Teilnahme am Unternehmenserfolg<br>• Erfüllung des Teilanspruchs auf erwirtschafteten Gewinn |
| **Gesellschaftspolitik** | • Beteiligung am Produktivvermögen<br>• Sicherung und Ausbau der Wirtschaftsordnung |
| **Vermögensbildung** | • Gerechtere Vermögensverteilung<br>• Ergänzung der Geldvermögensbildung |
| **Mitarbeiter-Potenzial** | • Reduzierung der Fluktuation<br>• Bindung an den Betrieb<br>• Verbesserung der Position des Unternehmens am Arbeitsmarkt<br>• Fehlzeitenverringerung |

**Abb. 153:** Die Ziele der Mitarbeiterbeteiligungen

In der Praxis haben sich bei den Mitarbeiterbeteiligungs-Modellen die Formen der **Erfolgs-** und **Kapitalbeteiligung** herauskristallisiert.

---

244 Vgl. auch Schanz, G.: Entwicklungsstadien und Perspektiven der Mitarbeiterbeteiligung. In: Entgeltsysteme - Lohn, Mitarbeiterbeteiligung und Zusatzleistungen, hrsg. von Weber, W., Stuttgart 1994.

245 Klötzl, G./Schneider, H.: Mitarbeiter am Erfolg beteiligen, München 1990, S. 18.

## 3.5.1 Erfolgsbeteiligung

Bei den Erfolgsbeteiligungen haben sich in der Praxis zahlreiche Modelle etabliert, die sich vereinfacht in Ertragsbeteiligungen, Gewinnbeteiligungen und Leistungsbeteiligungen aufgliedern lassen.

Eine detailliertere Einteilung zeigt die folgende Abbildung:

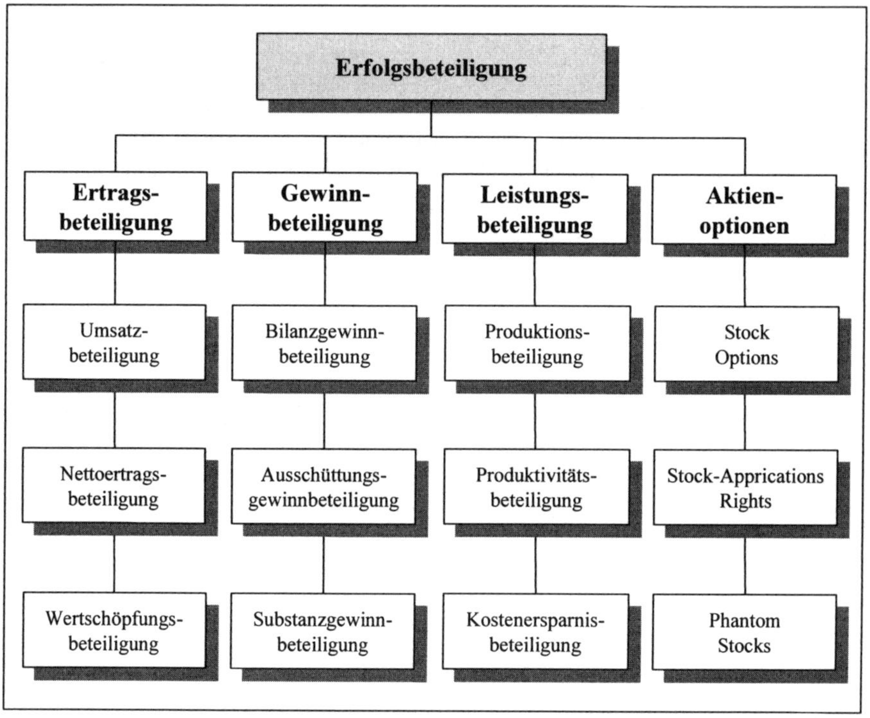


**Abb. 154:** Die Formen der Erfolgsbeteiligung[246]

### (1) Ertragsbeteiligung

Die Ertragsbeteiligung hängt von den Einflüssen des Absatzmarktes ab, da die Höhe der Beteiligung vom tatsächlich erzielten Absatz abhängig ist. Es lassen sich je nach der Basis der Beteiligung folgende Formen unterscheiden:[247]

- Die Mitarbeiter sind bei der **Umsatzbeteiligung** an den erwirtschafteten Umsatzerlösen beteiligt. Eine Bereinigung der Beteiligungsbasis um Preisschwankungen und Lagerbestandsveränderungen ist hierbei möglich. Bei der **Rohertragsbeteiligung** werden die außerordentlichen Erträge bei der Verteilungsbasis nicht berücksichtigt.

---

[246] Vgl. Jung, H.: Allgemeine Betriebswirtschaftslehre, a.a.O., S. 953 ff.
[247] Vgl. ebd., S. 955.

- Die Verteilungsbasis **Nettoertrag** ergibt sich durch den weiteren Abzug von kalkulatorischen Kosten (Unternehmerlohn, Eigenkapitalverzinsung, usw.) und betrieblichen Aufwendungen vom Rohertrag.
- Unter dem Begriff der betrieblichen **Wertschöpfung** versteht man in der Regel die Differenz zwischen Umsatz bzw. Nettoertrag und dem betrieblichen Aufwand zur Leistungserstellung. Dieser Betrag ist dann für die Beteiligung maßgebend.

## (2) Gewinnbeteiligung

Die Gewinnbeteiligung ist sowohl von der betrieblichen Entwicklung als auch von der Situation auf dem Absatzmarkt abhängig. Auch hier gibt es je nach Ausgestaltung der Beteiligungsbasis verschiedenen Formen:[248]

- Die Mitarbeiter werden bei der **Bilanzgewinnbeteiligung** an dem in der Bilanz ausgewiesenen Gewinn beteiligt. Die Verteilungsbasis kann aufgrund der Steuer- oder Handelsbilanz erfolgen.
- Bei der **Ausschüttungsgewinnbeteiligung** wird für die Ermittlung des Gewinnanteils der Mitarbeiter der an die Anteilseigner ausgeschüttete Gewinn herangezogen.
- Sind die Mitarbeiter am **Substanzgewinn** beteiligt, wird zum Bilanzgewinn zusätzlich die Veränderung des Unternehmenswertes zu Grunde gelegt.

## (3) Leistungsbeteiligung

Die Mitarbeiter werden an den von ihnen beeinflussbaren innerbetrieblichen Ergebnissen beteiligt. Die Situation des Absatzmarktes mit seinen Schwankungen wird hierbei nicht berücksichtigt.

- Erhalten die Mitarbeiter eine Beteiligung für eine quantitative Erhöhung der Produktionsleistung, spricht man von der **Produktionsbeteiligung**.
- Das Verhältnis der Leistung zu den Kosten ist bei der **Produktivitätsbeteiligung** ausschlaggebend. Der Mitarbeiter erhält also dann eine Beteiligung, wenn sich dieses Verhältnis verbessert hat.
- Die Bemessungsgrundlage bei der **Kostenersparnisbeteiligung** sind allein die Kosten. Die Mitarbeiter können durch Kosteneinsparungen Beteiligungen erwirtschaften.[249]

Als Beispiel für die beschriebenen Erfolgsbeteiligungen zeigt die folgende Abbildung einen Praxisfall. Das Beispiel beschäftigt sich mit einer Kostenersparnisbeteiligung und fällt in die Gruppe der Leistungsbeteiligungen.[250]

---

248 Vgl. Schwetzler, B.: Mitarbeiterbeteiligung und Unternehmensfinanzierung, Wiesbaden 1989, S. 10.

249 Vgl. Klötzl, G./ Schneider, H.: Mitarbeiter am Erfolg beteiligen, a.a.O., S.89 f.

250 Schneider, H.J./ Zander, E.: Erfolgs- und Kapitalbeteiligung der Mitarbeiter in Klein- und Mittelbetrieben, 3. Aufl., Freiburg i. Br. 1990, S. 64.

### (4) Aktienoptionen

**Aktienoptionen** sind eine moderne Art, Arbeitnehmer am Unternehmenserfolg zu beteiligen. Sie verbriefen das Recht, Aktien zu den im Optionsvertrag festgelegten Bedingungen (Aktienanzahl, Ausübungspreis) zu erwerben. Die Aktienoptionen erhalten die Mitarbeiter unentgeltlich als zusätzliche Vergütung. Formen sind:

- Stock Options
- Stock-Apprecations-Rights
- Phantom Stocks

Diese Form der Erfolgsbeteiligung ist in der betrieblichen Praxis vor allem bei jungen Wachstumsunternehmen verbreitet. Das resultiert daraus, dass die Technologie- und Medienunternehmen einen sehr hohen Bedarf an qualifizierten Kräften haben, die an das Unternehmen mit Hilfe von Aktienoptionen gebunden werden sollen. Neben dem Motiv der Mitarbeiterbindung wird diese Vergütungsform aber auch von Startup-Firmen wegen des Effektes der Verbesserung der Liquidität gewählt, da bei diesen neugegründeten Firmen häufig die nötige Liquidität nicht vorhanden ist, um die hoch qualifizierten Mitarbeiter bezahlen zu können. Als weiterer Vorteil kann genannt werden, dass durch die gekoppelte Entlohnung an die Entwicklung des Aktionärsvermögens der Mitarbeiter zur Steigerung des eigenen Arbeitseinsatzes stimuliert wird.

## 3.5.2 Kapitalbeteiligungen

Für die Alternativen der Mitarbeiter-Kapitalbeteiligung gibt es die Möglichkeiten der direkten und indirekten Beteiligung.

- Bei der **direkten Beteiligung** besteht unmittelbar das Beteiligungsverhältnis zwischen den Mitarbeitern und dem Unternehmen. Zwischen jedem einzelnen Mitarbeiter und dem arbeitgebenden Unternehmen werden gesonderte Verträge (meist gleichlautend) geschlossen.
- Bei der **indirekten Beteiligung** bestehen zwischen den Mitarbeitern und dem Unternehmen keine Einzelverträge. Zwischen die Mitarbeiter und das Unternehmen wird eine Institution, ein Pool, ein Sammelbecken für das Mitarbeiter-Kapital geschoben. Eine "Mitarbeiter-Gesellschaft" sammelt die Einlagen der Mitarbeiter und gibt diese an das Unternehmen in "einem" Vertrag weiter.

Ein weiteres Kriterium für das Unternehmen ist die Frage, ob die Mitarbeiter am Eigen- oder Fremdkapital beteiligt werden.

- Für eine **Fremdkapitalbeteiligung** ist typisch, dass der Gläubiger (Mitarbeiter) dem Schuldner (Unternehmen) für einen vorgegebenen Zeitraum eine bestimmte Geldsumme zur Verfügung stellt, wofür er in der Regel einen festen Zins erhält.
- Bei einer **Eigenkapitalbeteiligung** ist der Kapitalgeber (Mitarbeiter) am Gewinn und Verlust des Unternehmens beteiligt.

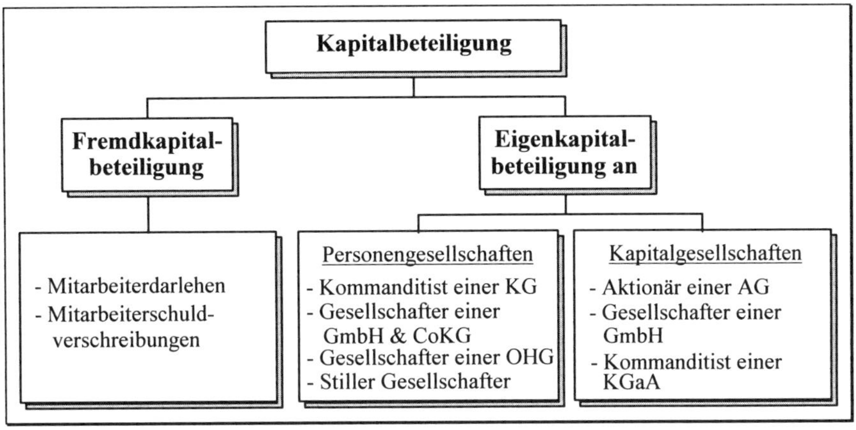


**Abb. 155:** Formen der Kapitalbeteiligung

## (1) Fremdkapitalbeteiligung

Eine Form der Beteiligung der Mitarbeiter am Fremdkapital ist das **Mitarbeiterdarlehen**. Der Mitarbeiter stellt dem Unternehmen für einen vereinbarten Zeitraum einen Geldbetrag zur Verfügung. Neben der Rückerstattung nach dem vereinbarten Zeitraum erhält der Mitarbeiter ein Entgelt für die Kapitalüberlassung. Die Vertragsmodalitäten können in Bezug auf Fristen, Höhe und Zeitpunkt der Rückzahlungen sowie der Zinshöhe frei gestaltet werden. Die Zinshöhe orientiert sich in der Regel zum Zeitpunkt des Vertragsabschlusses an der Situation auf dem Kapitalmarkt. Man spricht hier von einem einfachen Mitarbeiterdarlehen. Der Begriff des patriarchalischen Mitarbeiterdarlehens wird dann benutzt, wenn die Zinshöhe von der Ertragslage des Unternehmens abhängig gemacht wird.

Als **Mitarbeiterschuldverschreibungen** bezeichnet man festverzinsliche Wertpapiere, die von den Mitarbeitern zu einem bestimmten Kurswert erworben werden können. Die Konditionen auf dem Kapitalmarkt können den Emissionskurs, den Zinssatz und die Zinshöhe beeinflussen. Dem Mitarbeiter können aber auch günstigere Konditionen und/ oder weitere Rechte eingeräumt werden. Eine Gewinnschuldverschreibung kann zum Beispiel neben einer Mindestverzinsung eine Beteiligung am Unternehmensgewinn vorsehen. Bei Wandelschuldverschreibungen besteht die Möglichkeit einer späteren Umwandlung der Schuldverschreibung in Aktien der Unternehmung.[251]

## (2) Eigenkapitalbeteiligung

Die Mitarbeiter werden bei einer Eigenkapitalbeteiligung zu Miteigentümern des Unternehmens. Sie haben keine Garantie auf die Rückzahlung ihrer Kapitaleinlage und sind sowohl am Gewinn als auch am Verlust beteiligt. Die Form der Beteiligung hängt von der Rechtsform des jeweiligen Unternehmens ab. Es kann zwischen Beteiligungen an

[251] Vgl. Jung, H.: Allgemeine Betriebsirtschaftslehre, a.a.O., S. 959.

Personen- und Kapitalgesellschaften unterschieden werden. Bei Personengesellschaften sind folgende Formen der Eigenkapitalbeteiligung möglich:

- Stiller Gesellschafter
- Gesellschafter einer OHG
- Gesellschafter oder Kommanditist einer GmbH & Co. KG
- Kommanditist einer KG

Bei der **stillen Gesellschaft** wird eine vertraglich vereinbarte Kapitaleinlage des stillen Gesellschafters in das Vermögen des Unternehmens vorgenommen. Der stille Gesellschafter tritt nicht nach außen, da er weder im Geschäftsverhältnis noch im Handelsregister erkennbar ist. Der stille Gesellschafter ist damit nur Kapitalgeber. Für das Unternehmen stellt die Kapitaleinlage Fremdkapital dar. Die gebräuchlichste Form der Mitarbeiterbeteiligung in Personengesellschaften ist die stille Gesellschaft, wobei bei einer obligatorischen Gewinnbeteiligung eine Verlustbeteiligung in der Regel ausgeschlossen wird.

Als **Gesellschafter einer OHG** hat man eine unbeschränkte Haftung. Aus diesem Grund kommt diese Form der Mitarbeiterbeteiligung in der Praxis so gut wie nicht vor.

Die **GmbH-Beteiligung** in einer GmbH & CoKG ist durch eine grundsätzliche Haftungsbeschränkung und darüber hinaus durch die Gestaltungsfreiheit des Gesellschaftsvertrages gekennzeichnet. Sie ist wenig praktikabel, weil die Gesellschafter in das Handelsregister einzutragen sind und jede Änderung der Einlagenhöhe und/ oder der Zahl der Gesellschafter zu beurkunden ist.

Die Beteiligung als **Kommanditist einer KG** oder **GmbH & CoKG** bietet sich aufgrund der Haftungsbeschränkung für eine Eigenkapitalbeteiligung der Arbeitnehmer an. Die Praktizierung dieser Beteiligungsform wird jedoch dadurch weitgehend verhindert, dass der Kommanditist unter steuerlichen Gesichtspunkten Mitunternehmer ist, mit der Konsequenz, dass seine gesamten Lohneinkünfte durch Gewerbesteuer belastet werden. Darüber hinaus erschweren auch handelsrechtliche Vorschriften (notarieller Vertrag, Handelsregistereintragung, Fixcharakter des Stammkapitals) die Anwendung dieser Beteiligungsform.

Bei **Kapitalgesellschaften** sind folgende Formen der Eigenkapitalbeteiligung möglich:

- Aktionär einer AG
- Gesellschafter einer GmbH
- Kommanditaktionär einer KGaA

Die zur Zeit bedeutendste und unproblematischste Form der Mitarbeiterbeteiligung stellt die **Belegschaftsaktie** dar. Sie ist jedoch nur für Aktien- und Kommanditgesellschaften auf Aktien möglich. In verschiedenen Formen der Kapitalerhöhung können Unternehmen Aktien zu einem Vorzugskurs an ihre Mitarbeiter ausgeben. So werden die Mitarbeiter zu Miteigentümern. Sie sind dabei nur mit ihrer Einlage haftbar und sind gleichzeitig anteilig am Vermögenswachstum und Ertrag des Unternehmens beteiligt. In Krisenzeiten kann sich ein Eigentumsverlust bezogen auf die Aktien für die Mitarbeiter negativ auswirken. Das Unternehmen kann durch die Ausgabe von Belegschaftsaktien seine Mitarbeiter enger an das Unternehmen binden. Es ergeben sich keine zukünftigen Rückzahlungsverpflichtungen, da der Verkauf der Belegschaftsaktien nach Ablauf der Sperrfrist die Liquidität des Unternehmens nicht berührt.[252]

Gegen eine **GmbH oder KGaA** als Rechtsformen zur Mitarbeiterbeteiligung sprechen handelsrechtliche bzw. steuerrechtliche Bestimmungen, die zu finanziellen Nachteilen führen.

## 3.6 Motivationsfördernde Arbeitsorganisationen

Durch eine Umstrukturierung der bisherigen Arbeitsorganisationen versuchen Unternehmen die **Motivation** und **Arbeitszufriedenheit** ihrer Mitarbeiter zu verbessern. Hier werden zwei wesentliche Ziele verfolgt:

- Der Mitarbeiter soll in der Unternehmensorganisation vom "Einzelkämpfer" zum **Teammitglied** geschult werden.
- Der **Aufgaben- und Kompetenzbereich** der Mitarbeiter wird erheblich erweitert.

Schon in der Schule werden die zukünftigen Mitarbeiter als Einzelkämpfer trainiert. Mit nur wenigen Ausnahmen sind die Prüfungen der Schüler in Form von Einzelleistungen angelegt. Diese Gestaltung der Aufgaben setzt sich in der Ausbildung und im Studium fort. Auch durch die bisherigen Organisationsstrukturen in den Unternehmungen ist das Einzelkämpfertum gestärkt worden. Jeder Arbeitnehmer ist dort "nur" für seinen Arbeitsbereich zuständig. Andere erhalten oft nur sehr wenig Einsicht in diesen Arbeitsbereich. So ist in den traditionellen Betriebsorganisationen vor allen Dingen in den unteren Hierarchien kaum eine Grundlage gegeben, um im Team Probleme und Lösungen zu erarbeiten. Nun werden die Betriebsstrukturen so umgestaltet, damit die Kreativität mehrerer Arbeitnehmer bei Problemen genutzt werden kann.

Mit der Erweiterung der Aufgaben- und Kompetenzbereiche der Mitarbeiter wird das Verantwortungsbewusstsein und damit auch die Motivation der Mitarbeiter gestärkt. Ziel ist eine **Identifikation** des Mitarbeiters mit dem Produkt und dem Unternehmen.

### 3.6.1 Gruppenarbeit

Die Gruppenarbeit ist eine relativ neue Form der Arbeitsorganisation. In der Vergangenheit haben Trends wie Arbeitsteilung, Technisierung und vor allen Dingen Automatisierung zu einer Weiterentwicklung und Erhöhung der Produktivität geführt. Diese Entwicklung hat sich bis zur Massen- und Fließbandproduktion (Taylorismus und Fordismus) entwickelt. Für die Mitarbeiter hatte dies eine ständige Verkleinerung der Arbeits- und Tätigkeitsinhalte zur Folge. Die Qualifikationsanforderungen an die Mitarbeiter und

---

[252] Vgl. Wagner, H./Sauer, M.: Personalmanagement, Münster 1989, S. 129.

damit auch das Motivationspotenzial der Mitarbeiter an der Arbeitsaufgabe reduzierte sich dadurch ständig. Die Arbeitsaufgabe wurde immer monotoner. Das Potenzial an Eigeninitiative und Kreativität, das Mitarbeiter für das Unternehmen entwickeln können, wurde immer mehr blockiert.

Bedingt durch die Marktentwicklung und den verschärften Wettbewerbsdruck scheint diese Entwicklung nun an ihre Grenzen zu stoßen. Die Unternehmen müssen ihre Flexibilität und ihre Produktivität erheblich steigern, um konkurrenzfähig zu bleiben.

Durch den heutigen Bildungsstand besitzen die Unternehmen nicht selten ein Mitarbeiterpotenzial, das sehr hohe Qualifikationen besitzt. Hier stellt sich die Frage, ob die Arbeitsorganisation nicht besser auf diese Qualifikation neu zugeschnitten wird. Einmal kann die Arbeitsteilung in der Fertigung verringert werden, zum anderen kann die Trennung von Hand- und Kopfarbeit zurückgenommen werden. Dies führt zu einer Zusammenfassung der bisher getrennten Tätigkeitsbereiche wie Arbeitsplanung, Maschinenbedienung, Montage, Qualitätskontrolle, Wartung, Instandhaltung und Personaleinsatzplanung. Bei einer solchen neuen Arbeitsorganisation wachsen die Anforderungen an die Qualifikation der Mitarbeiter. Die Mitarbeiter erhalten neue Motivationselemente und ihre Verantwortungsbereitschaft steigert sich.[253]

### 3.6.2 Der Qualitätszirkel

Die sich ausweitenden und verschärfenden Qualitätsanforderungen in einem Unternehmen sind nicht nur ein technisches, sondern zum großen Teil auch ein Problem der Motivation und der Kenntnisse aller beteiligten Mitarbeiter. Sämtliche Mitarbeiter sollen deshalb an dem ständigen Prozess der Qualitätsverbesserung beteiligt werden, weil sie über die besten Kenntnisse in ihren Arbeitsbereichen verfügen. Sie kennen alle Einzelheiten und damit die auftretenden Schwierigkeiten und Probleme in ihrem Bereich. Diese auftretenden Schwierigkeiten und Probleme sollen in dem Qualitätszirkel diskutiert und gelöst werden. Der produzierende Mitarbeiter wird automatisch mit in Entscheidungsprozesse einbezogen. Seine Kenntnisse über die Arbeitsabläufe in seinem Arbeitsbereich können durch das Unternehmen genutzt werden. Neben einer Optimierung des Arbeitsablaufes und einer Verbesserung der Produktqualität soll eine

- verbesserte Einstellung der Mitarbeiter zur Arbeit,
- mehr Interesse für die Abläufe im Unternehmen und
- eine Erhöhung der Kooperationsbereitschaft erreicht werden.

Qualitätszirkelrunden finden wöchentlich oder in einem Abstand von ungefähr zwei bis vier Wochen statt und haben eine Dauer von ca. 90 bis 120 Minuten. Außerdem ist für die erfolgreiche Arbeit von Qualitätszirkeln eine langfristige und kontinuierliche Ausrichtung von großer Bedeutung.

Während der Einführungszeit ist es für die Mitarbeiter sehr schwierig, einen gemeinsamen Arbeitsstil zu finden, um eine effektive Zusammenarbeit zu entwickeln. Erfahrun-

[253] Vgl. Meyer, T.: Was kann Gruppenarbeit leisten? In: Personalführung, Ausgabe 5/1994, S. 426 ff.

gen zeigen, dass ein gewisser Entwicklungsprozess erforderlich ist, bis die Mitarbeiter in der Lage sind, Probleme in der Gruppe gemeinsam zu lösen.

Ein Qualitätszirkel arbeitet nur dann erfolgreich, wenn die Teilnahme für den Arbeitnehmer freiwillig ist. Außerdem ist die offene und zwanglose Gestaltung der Gesprächsrunden, die gelöst von starren Führungsverhalten und hierarchischen Beziehungen durchgeführt werden soll, wichtig. Der Organisationsaufbau im Qualitätszirkel muss von den bisherigen Hierarchiestrukturen in den Unternehmen gelöst werden. Nur so kann eine gut funktionierende Arbeitsweise des Qualitäszirkels erfolgen.[254]

## (1) Der Organisationsaufbau

Wie die Unternehmensstruktur hat auch die Qualitätszirkelorganisation eine eigene Hierarchie. Durch die Zuordnung der einzelnen Unternehmensbereiche zu den Arbeitsfeldern der Qualitätszirkelorganisation zeigt sich, wie eine mögliche Aufgabenteilung entsprechend der bisherigen Unternehmenshierarchie aussehen kann. Je nach Größe einer Unternehmung kann es eine andere Aufgabenteilung im Qualitätszirkel geben (siehe Abbildung).[255]

**Abb. 156:** Verknüpfung der Qualitätszirkelorganisation mit Unternehmensorganisation

[254] Vgl. Küchler, J.: Theorie und Praxis der Qualitätszirkel, Köln 1984, S. 18.

[255] Vgl. Breisig, Th.: Betriebliche Sozialtechniken: Handbuch für Betriebsrat und Personalwesen, Neuwied 1990, S. 437.

Die **Steuergruppe** setzt sich aus Mitgliedern der Unternehmensleitung und dem Koordinator zusammen. Steht die Unternehmensleitung nicht hinter der Durchführung des Qualitätzirkels, besteht die Gefahr, dass es Interessenkonflikte zwischen der obersten Führungshierarchie und dem Qualitätszirkel gibt. Der Qualitätszirkel kann dann in ein Schattendasein gedrängt werden und verliert seine Wirkung. Die Steuergruppe ist verantwortlich für die strategische Planung, die Vorgehensweise bei der Einführung des Qualitätszirkels, die Förderung und Schulung der Mitarbeiter, finanzielle Angelegenheiten (z.B. für Anschaffungen, Durchführung von Projekten) sowie das Anhören und die Realisation von Lösungsansätzen.

Der **Koordinator** wird von der Unternehmensleitung bestimmt. Auch hier ist es wichtig, dass der Koordinator hinter seiner Aufgabe steht. Der Koordinator sollte aufgrund seiner Aufgabe eine erfahrene Persönlichkeit sein, der von allen Unternehmenshierarchien voll akzeptiert wird. Er fungiert als Bindeglied der Steuergruppe und den verschiedenen Qualitätszirkeln und hat somit ständigen Kontakt zu allen Bereichen des Unternehmens. Der Koordinator ist verantwortlich für die Umsetzung der strategischen Planung der Steuergruppe in praktische Arbeiten in den Qualitätszirkeln, für die Unterstützung der Qualitätszirkel bei übergreifenden Problemen, die Koordination der Probleme (Vermeidung von Doppelarbeit), für die Aus- und Weiterbildung der Qualitätszirkelleiter und die Organisation der Qualitätszirkeltreffen.

Im Qualitätszirkel selbst ist der **Qualitätszirkelleiter** für die Moderation zuständig. Diese Position kann von einem Mitglied aus dem Qualitätszirkel oder von einem Vorgesetzten der Qualitätszirkelgruppe besetzt werden. Der Qualitätszirkelleiter bereitet die Sitzungen vor und ist während der Sitzung Gesprächsleiter. Die Ergebnisse der Sitzung werden von ihm aufgearbeitet. Er hilft bei der Realisation der Problemlösungen und vertritt den Qualitätszirkel bei externen Angelegenheiten nach außen.

**Qualitätszirkelmitglieder** sind die Mitarbeiter, die in dem Qualitätszirkel mitarbeiten. Die Qualitätszirkel können sowohl von Mitarbeitern eines Arbeitsbereiches als auch von Mitarbeitern aus verschiedenen Arbeitsbereichen bzw. Abteilungen zusammengesetzt werden. Dies ist stark von den zu lösenden Problemen abhängig. Die Größe der Qualitätszirkel sollte auf die Anzahl von fünf bis acht Personen begrenzt werden. Steigt die Zahl über diesen Rahmen hinaus, besteht die Gefahr, dass nicht alle Zirkelmitglieder aktiv mitarbeiten. Der Qualitätszirkel bearbeitet produktbezogene Angelegenheiten sowie Fragen zu Arbeitsabläufen innerhalb eines Tätigkeitsfeldes und dessen Zusammenhänge mit Nachbarbereichen.

Abschließend sind noch die **Vorgesetzten** zu erwähnen. Hiermit sind die Führungskräfte gemeint, die nicht unmittelbar eine Aufgabe im Qualitätszirkel wahrnehmen. Jedoch können die Qualitätszirkel stark von dem Verhalten dieser Vorgesetzten beeinflusst werden. Besonders das mittlere Management hat hier eine zentrale Funktion. In ihrem Aufgabenbereich liegt es, Vorbehalte und Widerstände gegenüber den Qualitätszirkeln im Unternehmen abzubauen und zu beseitigen. Mit ihrer Überzeugung können sie eine positive Atmosphäre schaffen und die Arbeit der Qualitätszirkel unterstützen.[256]

---

[256] Vgl. Engel, P.: Japanische Organisationsprinzipien, Zürich 1981, S. 85.

## (2) Die Arbeitsweise von Qualitätszirkeln

Bevor ein Problem gelöst werden kann, läuft ein systematischer Prozess ab, der dazu dienen soll, alle Faktoren eines Problems zu berücksichtigen, um die optimale Lösung zu finden. Dabei geht man systematisch vor:[257]

- Sammlung arbeitsbezogener Probleme
- Auswahl spezieller Probleme und Festlegung der Bearbeitungsreihenfolge
- Sammlung von Informationen zu den entsprechenden Problemen
- Analyse von Ursachen für das Problem
- Erarbeitung alternativer Lösungsmöglichkeiten
- Bewertung der Lösungsmöglichkeiten
- Auswahl einer Lösungsalternative
- Realisierung der ausgewählten Alternative
- Kontrolle der Ergebnisse

Das Arbeitsergebnis muss der Leitung des betreffenden Bereiches vorgelegt werden, mit dem Ziel, eine Entscheidung vorzubereiten.

## (3) Rechtliche Grundlagen

Es gibt zwar keine Gesetze, in denen der Qualitätszirkel direkt erwähnt wird, das bedeutet jedoch nicht, dass keine rechtlichen Vorschriften anwendbar sind. Folgende Übersicht soll zeigen, unter welchem Aspekt einzelne Gesetze zur Anwendung kommen können:[258]

| Anwendungsaspekte | Gesetzliche Grundlagen |
|---|---|
| Mitbestimmungsrecht des Betriebsrates im Qualitätszirkel | §§ 2, 80, 87, 95 bis 99 BetrVG |
| Ausbildungsmaßnahmen (z.B. für den Koordinator) | §§ 96 bis 98 BetrVG |
| Umsetzung von Vorschlägen, die die Arbeitsorganisation verändern | §§ 90, 91 BetrVG |
| Teilnehmerregelungen als Element der Gestaltung der betrieblichen Ordnung | § 87 Abs. 1 Nr. 1 BetrVG |
| Übertragung von Einzelaufgaben im Sinne einer Versetzung | § 95 Abs. 3 BetrVG |
| Allgemeine Grundlagen | Arbeitnehmererfindungsgesetz, Arbeitsförderungsgesetz |

**Abb. 157:** Rechtliche Grundlagen im Qualitätszirkel

[257] Vgl. Küchler, J.: Theorie und Praxis der Qualitätszirkel, a.a.O., S. 29 ff. und Strombach, M.: Qualitätszirkel im Unternehmen, Köln 1983, S. 43.

[258] Vgl. Deppe, J.: Qualitätszirkel, 4. Band, Bern 1986, S. 77 ff.

### 3.6.3 Betriebliches Vorschlagswesen

Das betriebliche Vorschlagswesen[259] hat im Gegensatz zu den Formen der Betriebsorganisationen wie Gruppenarbeit oder Qualitätszirkel eine über einhundertjährige Tradition vorzuweisen.

"Im General-Regulativ für die Firma Fried. Krupp (1872) heißt es im § 13 in sehr höflichem Tone, dass Anregungen und Vorschläge zu Verbesserungen, auf solche abzielenden Neuerungen, Erweiterungen, Vorstellungen über Bedenken gegen die Zweckmäßigkeit getroffener Anordnungen aus allen Kreisen der Mitarbeiter dankbar entgegenzunehmen sind."[260]

Das aktive Mitdenken aller Mitarbeiter sichert und stärkt die **Wettbewerbsfähigkeit** der Unternehmen. Zu den wichtigsten Wachstumsquellen der Unternehmungen zählt die Innovationsfähigkeit und Innovationsbereitschaft seiner Mitarbeiter.

Neue Ideen entstehen nicht durch Zufall. Sie müssen gezielt gefördert werden. Das betriebliche Vorschlagswesen versucht, die Mitarbeiter zum Mitdenken über Möglichkeiten der Verbesserung der betrieblichen Arbeitsvorgänge, der Produkte bzw. Dienstleistungen sowie der Zusammenarbeit im Betrieb anzuregen. Damit ist das betriebliche Vorschlagswesen nicht nur ein Motivationsmittel, sondern gleichzeitig ein Führungsinstrument.

Die neueren Führungskonzepte setzen auf die Erweiterung des Handlungs- und Entscheidungsspielraums der Mitarbeiter und auf ihre stärkere Beteiligung an der Lösung wichtiger betrieblicher Aufgaben. Genau diese Kriterien erfüllt das betriebliche Vorschlagswesen in besonderem Maße. Die Mitarbeiter können mit ihren eigenen Ideen zur Arbeitsverbesserung, Kostensenkung, Arbeitssicherheit oder Arbeitsgestaltung beitragen. Hierdurch wird die Motivation und Arbeitsfreude der Mitarbeiter gefördert. Gerade diese Aktivitäten bringen eine stärkere Identifikation des Mitarbeiters mit dem Unternehmen mit sich. Es gehört damit zum Konzept der Corporate Identity (CI), um das sich viele Betriebe intensiv bemühen. Weitere Vorteile des betrieblichen Vorschlagswesen sind:

- Das Bewusstsein der Mitarbeiter für betriebliche Probleme und Erfordernisse wächst.
- Durch die eigene Mitwirkung werden die Mitarbeiter aufgeschlossen für notwendige technische und organisatorische Entwicklungen.
- Mitarbeitervorschläge zur Verhütung von Unfällen verbessern nicht nur den Unfallschutz und die Arbeitssicherheit, sondern fördern gleichzeitig das Sicherheitsbewusstsein und Sicherheitsverhalten aller Beschäftigten.
- Bisher nicht erkannte Fähigkeiten bestimmter Mitarbeiter können entdeckt und gefördert werden.

Es zeigt sich, dass das betriebliche Vorschlagswesen die Interessen der Mitarbeiter und des Unternehmens berücksichtigt. Beide Seiten sollten daher bestrebt sein, auf diesem Gebiet zusammenzuarbeiten. Durch das betriebliche Vorschlagswesen werden die Pro-

---

[259] Es wird oft auch als Ideenmanagement bezeichnet.

[260] Koczkas, S.: Betriebspsychologisches Taschenbuch für Führungskräfte, 6. Aufl., Heidelberg 1985, S. 168.

dukte und Dienstleistungen verbessert, woraus vor allen Dingen auch der Kunde profitiert. Das betriebliche Vorschlagswesen ist damit eine sinnvolle Ergänzung der Unternehmens- und Personalpolitik.[261]

### (1) Der Verbesserungsvorschlag

Die besonderen Initiativen der Mitarbeiter sollen mit dem betrieblichen Vorschlagswesen honoriert werden. Im Sinne des betrieblichen Vorschlagswesen werden daher nur die Verbesserungsvorschläge eines Mitarbeiters anerkannt und belohnt, die über seinen Rahmen des betrieblichen Aufgaben- und Verantwortungsbereiches hinausgehen.

Die Abgrenzung, ob der Verbesserungsvorschlag des Mitarbeiters in seinen Aufgabenbereich fällt, ist oft sehr schwierig. Die Stellenbeschreibung oder der Einstellungsvertrag können dabei nützlich sein. In der Praxis hat es sich bewährt, die Abgrenzung nicht zu hart zu gestalten.

Im Sinne des betrieblichen Vorschlagswesen muss der Verbesserungsvorschlag außer diesem Kriterium noch eine Reihe von weiteren Bedingungen erfüllen, um anerkannt werden zu können:

- Mit seiner Realisation muss eine Verbesserung gegenüber dem bisherigen Zustand erreicht werden.
- Die Durchführung des Verbesserungsvorschlages muss rentabel sein oder die Sicherheit erhöhen, Gesundheitsschädigungen und Umweltbelastungen reduzieren, das Unternehmensimage steigern oder der guten Zusammenarbeit im Betrieb dienen.
- Der Verbesserungsvorschlag darf nicht Bestandteil geplanter Projekte sein.
- Er darf nicht nur Kritik an bestehenden Umständen sein. Lösungswege des Problems sollen mündlich oder schriftlich aufgezeigt werden.

### (2) Teilnehmerkreis

Es ist sinnvoll **alle Mitarbeiter** am betrieblichen Vorschlagswesen teilnehmen zu lassen. Oft werden gerade die besser qualifizierten Mitarbeiter ausgeschlossen. Auf das Ideengut dieser Gruppe, die sich auch Gedanken über Verbesserungen außerhalb ihres eigenen Ressorts machen, wird so verzichtet. Bei der Prüfung der Frage, ob ein Verbesserungsvorschlag zum Aufgaben- und Verantwortungsbereich des Einreichers gehört oder darüber hinausgeht, kann bei Führungskräften oder höher qualifizierten Mitarbeitern ein strengerer Maßstab angelegt werden. Der funktionsbedingte Informationsvorsprung dieser Gruppe kann durch einen Abschlag bei der Prämierung berücksichtigt werden. Allen Mitarbeitern wird also die gleiche Chance eingeräumt. Das Innovationsklima wird gefördert und das Unternehmen kann auf das gesamte Ideengut seiner Mitarbeiter zurück-

261 Vgl. Arbeitsberichte des Ausschusses Betriebliche Personalpolitik bei der Bundesvereinigung der Deutschen Arbeitgeberverbände: Betriebliches Vorschlagswesen, Arbeitsbericht 26, Köln 1988, S. 1.

greifen. Auch Versuche den Ausschluss aus dem betrieblichen Vorschlagswesen zu umgehen, können durch die Einbeziehung aller Mitarbeiter verhindert werden.[262]

## (3) Organisation des betrieblichen Vorschlagswesen

Ein Beauftragter der Unternehmensleitung kann Träger des betrieblichen Vorschlagswesens sein. Die eingereichten Verbesserungsvorschläge werden von ihm bearbeitet und ordnungsgemäß behandelt. Er berät den Einsender, sorgt für die fachliche Begutachtung der Verbesserungsvorschläge, bereitet die Sitzungen der betrieblichen Vorschlagswesenkommission vor und verfolgt die von der Unternehmensleitung genehmigte Durchführung.

Weiterhin ist er für die Art und Weise der Werbung für das betriebliche Vorschlagswesen im Unternehmen zuständig. Von der beauftragten Person ist der dauerhafte Erfolg des betrieblichen Vorschlagswesen abhängig. Deshalb benötigt er die notwendigen Fachkenntnisse, menschliches Einfühlungsvermögen und Kontaktfähigkeit. Je nach Größe der Unternehmung kann der Beauftragte haupt- oder nebenamtlich tätig sein.

Betriebliche Experten entscheiden in der Regel über einen Verbesserungsvorschlag. Ihr Gutachten entscheidet letztlich über die Realisierung.

Die Frage der Prämienberechtigung des Einreichers sowie über Art und Höhe der Prämie wird in der betrieblichen **Vorschlagswesen-Kommission** anhand von festgelegten Grundsätzen und Bewertungsmethoden entschieden. Dieses Gremium besteht in der Regel aus 3 bis 9 Personen. Es besteht aus dem Vorsitzenden, der gleichzeitig auch der Beauftragte für das betriebliche Vorschlagswesen sein kann, einigen weiteren ständigen Mitgliedern aus den für die Beurteilung der Vorschläge wichtigen betrieblichen Sachbereichen sowie aus Vertretern der Mitarbeiter, die vom Betriebsrat benannt werden.

Das betriebliche Vorschlagswesen wird durch eine klare Abgrenzung der Zuständigkeiten und eine genaue Festlegung des Verfahrens sowie der Fristen rationell gestaltet.[263]

## (4) Bewertung und Prämierung

Von der Bewertung eines Verbesserungsvorschlags ist der Erfolg des betrieblichen Vorschlagswesens wesentlich abhängig. Das Vertrauen der Mitarbeiter muss durch eine gerechte Bewertung und Prämierung der Verbesserungsvorschläge gewonnen werden. Die Aufgabe, einheitliche und für jedermann verständliche Bewertungsmaßstäbe festzusetzen, liegt in den Händen der Vorschlagswesen-Kommission bzw. der Unternehmensleitung.

Ein Verbesserungsvorschlag hat für das Unternehmen und für den Einreicher einen unterschiedlichen Wert. Es handelt sich um den objektiven und den subjektiven, d.h. einen Wert für das Unternehmen und einen Wert, der im persönlichen Einsatz des

---

[262] Vgl. Kador, F.-J./Diergarten, D.: Unternehmerische Sozialpolitik, 4.Aufl., Köln 1993, S. 288 ff.

[263] Vgl. Thom, N.: Betriebliches Vorschlagswesen. Ein Instrument der Betriebsführung, 3. Aufl., Bern/Berlin/Frankfurt am Main/New York/Paris/Wien 1991, S.71 ff.

Einsenders liegt. Bei der Bewertung der Verbesserungsvorschläge sind die Betriebe bestrebt, beide Wertfaktoren zu berücksichtigen.

- Der **objektive Wert**, d.h. der Wert für das Unternehmen kann aufgrund errechenbarer Einsparungen ermittelt werden. Dies können Einsparungen an Lohn-, Material-, Energie-, Ausschuss- oder Reparaturkosten sein. Die Höhe der Grundprämie beträgt in der Regel 20% bis 30% der Ersparnis.
- Der **subjektive Wert** eines Verbesserungsvorschlages hängt von der Stellung des Einreichers im Betrieb (z.B. ungelernter Arbeitnehmer, Facharbeiter, Angestellter, Führungskraft) sowie von dem Schwierigkeits- und Reifegrad des Vorschlages ab. Dies wird mit Auf- oder Abschlägen von der Grundprämie berücksichtigt.

Weiterhin gibt es Vorschläge, die keine berechenbaren Einsparungen erbringen. Dies können Vorschläge zur Unfallverhütung, zur Verbesserung der Arbeitsplatzgestaltung, der Qualität, der Verpackung oder ähnliches sein. Für diese Fälle sind Bewertungsmaßstäbe von der Vorschlagswesen-Kommission zu gestalten. Kriterien können sein:

- die Güte des Vorschlages,
- die Qualität der Verbesserung,
- der Umfang des Anwendungsbereiches oder
- die persönliche Leistung des Einreichers.

Gerade die Vorschläge, die keinen direkten wirtschaftlichen Nutzten bringen, sollen im Vergleich bei der Prämierung nicht unterbewertet werden. Sie sind Ausdruck des Mitdenkens und der konstruktiven Mitarbeit des Einzelnen.[264]

## (5) Rechtliche Grundlagen

Auch beim betrieblichen Vorschlagswesen ist die rechtliche Regelung nur ungenügend dem Gesetzestext zu entnehmen. Die folgenden Aspekte sind jedoch durch Gesetz oder Richterrecht geklärt:

| Anwendungsaspekte | Gesetzliche Grundlagen |
|---|---|
| Mitbestimmungsrecht des Betriebsrates bei der Festlegung der Grundsätze des betrieblichen Vorschlagswesen | § 87 Abs. 1 Nr.12 BetrVG |
| Initiativrecht des Betriebsrates bei der Aufstellung von Grundsätzen für das betriebliche Vorschlagswesen | nach Auffassung des Bundesarbeitsgerichts (BAG) |
| Mitbestimmungsrecht des Betriebsrates bei der Aufstellung der allgemeinen Grundsätze für die Bewertung der Prämien | nach Auffassung des Bundesarbeitsgerichts (BAG) |

**Abb. 158:** Rechtliche Grundlagen des Betrieblichen Vorschlagswesen[265]

[264] Vgl. Arbeitsberichte des Ausschusses Betriebliche Personalpolitik bei der Bundesvereinigung der Deutschen Arbeitgeberverbände: Betriebliches Vorschlagswesen, Arbeitsbericht 26, a.a.O., S. 3 f.

[265] Vgl. ebd., S. 5.

# 4 Betriebliche Sozialarbeit

Die betriebliche Sozialarbeit beinhaltet eine breite Palette verschiedener Leistungen, die Unternehmen ihren Mitarbeitern unabhängig von den gesetzlichen und tariflichen Verpflichtungen zukommen lassen. Die betriebliche Sozialarbeit unterliegt einem ständigen Wandel. Entstanden sind die Rahmenbedingungen der betrieblichen Sozialarbeit weitgehend unter Abstinenz der staatlichen Sicherungssysteme. Der Umfang und die Ausgestaltung der betrieblichen Sozialarbeit war und ist bis heute jedoch immer abhängig vom Niveau der staatlichen Sozialpolitik und der jeweiligen Beschäftigungssituation.

Sozialleistungen, die Betriebe ihren Mitarbeitern angeboten haben, sind in der Vergangenheit mehr und mehr in staatliche Aktivitäten übernommen worden. Vielfach hat sich die betriebliche Sozialarbeit auf die Funktion, das staatliche System zu ergänzen, reduziert.

In Zukunft wird die betriebliche Sozialarbeit jedoch wieder an Bedeutung gewinnen. Dies deutet sich durch folgende Aspekte an:[266]

- Der Arbeitgeber kann seine Attraktivität für seine Mitarbeiter bei steigenden Frauenerwerbsquoten und bei unzureichender Ausstattung kommunaler Kinderbetreuungseinrichtungen mit innerbetrieblichen oder betriebsnahen Kindertagesstätten steigern.
- Betriebswohnungen werden durch die vom Arbeitgeber geforderte Mobilität der Mitarbeiter aufgrund der häufigeren Arbeitsplatzwechsel und der herrschenden Wohnungsnot interessanter.
- Betriebsrenten gewinnen durch die Probleme der staatlichen Alterssicherungssyteme wieder an Bedeutung.
- Die betriebliche Sozialarbeit ist in der Vergangenheit schon der Vorläufer der staatlichen Sozialversicherung gewesen. Sie ist für das Unternehmen die Gestaltungsebene für kreative Sozialleistungs-Regelungen. Dies zeigt sich in den aktuellen Bereichen der Suchtkrankenhilfe oder bei Berufsunterbrechungsmodellen, verlängertem Erziehungsurlaub und im Bereich Arbeit und Familie.

Die finanziellen und wirtschaftlichen Voraussetzungen für kostenträchtige soziale Pionierleistungen sind zurzeit eher schlecht. Dennoch sollte das existierende Potenzial an sozialen Innovationen in der betrieblichen Sozialarbeit genutzt werden.

## 4.1 Personalpflege

Unter Personalpflege versteht man eine Unternehmensphilosophie. Es ist ein System von Prinzipien und Methoden für die Umsetzung von Maßnahmen zur Optimierung individueller sowie betrieblicher Gesundheit und Leistungsfähigkeit.[267]

---

[266] Vgl. Mittelstädt, A. (Hrsg.): Betriebliche Sozialpolitik, Angestelltenkammer Bremen, Hamburg 1993, S. 9 ff.

[267] Vgl. Musolesi, F./Brinkmann, R./Mitterweger, E: Für tragfähige Strukturen sorgen. In: Personalwirtschaft, Ausgabe 2/1994, S. 10 ff. und Rudow, B.: Das gesunde Unternehmen. Gesundheitsmanagement, Arbeitsschutz und Personalpflege in Organisationen, München 2004, S. 16 ff.

Die Personalpflege zielt darauf ab, allen Mitarbeitern auf dem Wege der Gesunderhaltung, Arbeitszufriedenheit und Corporate Identity eine gute Leistungsfähigkeit und Beanspruchbarkeit bei zugleich angemessenen Belastungen, sicheren Arbeitsverhältnissen und möglichst geringen gesundheitsschädlichen Einflüssen zu vermitteln. Ein "gesundes" Unternehmen fühlt sich für die Gesundheit seiner Mitarbeiter verantwortlich.

Das harmonische Zusammenwirken der **Mitarbeiter**, der **Arbeitsorganisation** und der **Situation** (z.B. Anforderungen des Arbeitsplatzes) ist Voraussetzung für die Gesundheit eines Unternehmens. In allen drei Bereichen ist es erforderlich zu handeln. Die zur Verfügung stehenden Maßnahmen sind die Diagnose, die Therapie und die Prävention.

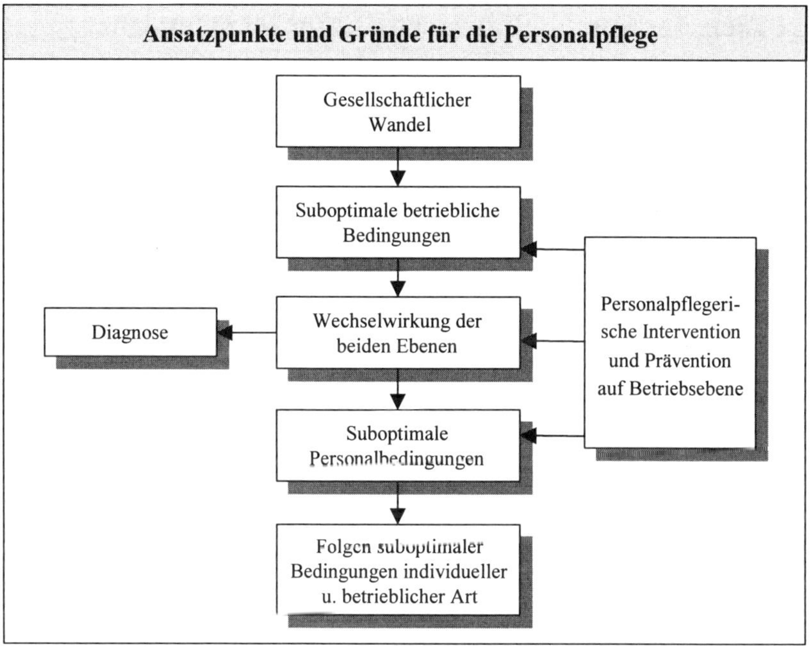


**Abb. 159:** Ansatzpunkte und Gründe für die Personalpflege[268]

Die **Diagnose** ist die Feststellung des Ist-Zustandes. Hier kann z.B. laufend der Gesundheitszustand der Mitarbeiter protokolliert werden. Nach der Diagnose können erste Maßnahmen eingeleitet werden, die der Beginn der **Therapie** (Intervention) sind. Die **Prävention** ist die Vorsorge, die langfristig Gesundheitsschäden bei den Mitarbeitern vorbeugen soll.[269]

Unter der **individuellen Gesundheit** ist der Zustand für die soziale, psychische und körperliche Aktionsfähigkeit eines Menschen zu verstehen. Im Rahmen der sozialen, ökonomischen, ökologischen und kulturellen Bedingungen wird die individuelle Gesundheit des Menschen beeinflusst. In den letzten Jahren hat man die multikausale Verur-

[268] Musolesi, F./Brinkmann, R./Mitterweger, E.: Für tragfähige Stukturen sorgen, a.a.O, S. 11.
[269] Vgl. Kastner, M.: Personalmanagement heute, a.a.O., S. 333.

sachung vieler Krankheiten erkannt. Hieraus geht auch der Wunsch hervor, die betriebliche Gesundheitsförderung mit umfassenden Konzepten zu fördern.

Die Personalpflege versucht präventiv, d.h. vorbeugend zu handeln. Der Krankheitsfall des Mitarbeiters soll erst gar nicht auftreten. Hierzu werden in der Personalpflege direkte und indirekte Vorbeugungsmaßnahmen eingesetzt und vernetzt. Zu den **direkten Vorbeugungsmaßnahmen** zählen Programme zur Herz-Kreislauf-Vorsorge, Stressbewältigung, Ernährungsberatung usw. Die betriebliche Alterssicherung, der Betriebskindergarten, die Arbeitssicherheit und vieles mehr können in die Kategorie der **indirekten Vorbeugungsmaßnahmen** eingeordnet werden.[270]

## 4.1.1 Ziele der Personalpflege aus Unternehmenssicht

Die Ziele der Personalpflege aus Unternehmenssicht können sehr unterschiedlich sein:[271]

- Fehlzeiten, Unfälle und der Krankenstand sollen bei den Mitarbeitern reduziert werden (z.B. durch stressreduzierende Maßnahmen).
- Die Fluktuation kann durch aktive Personalpflege verringert werden (z.B. durch betriebliche Altersversorgung o.ä.).
- Gleichzeitig hat die durchgeführte Personalpflege eine interessante Wirkung nach außen. Die Bereitschaft potenzieller Mitarbeiter, in das Unternehmen einzutreten, erhöht sich.
- Leistungssteigerung, Arbeitszufriedenheit und zusätzliche Motivation der Mitarbeiter.
- Verbesserung der sozialen Beziehungen und Kontakte der Mitarbeiter untereinander.
- Förderung der Corporate Identity.
- Identifikation der Mitarbeiter mit dem Unternehmen und seiner Philosophie.
- Stärkung des Firmenimages nach außen.

## 4.1.2 Mittel der Personalpflege

Die folgenden Mittel können für die Personalpflege eingesetzt werden:[272]

- Mit Aufklärungskampagnen, Seminaren, usw. kann das Gesundheitswissen der Mitarbeiter verbessert werden. Dies führt zu einer Veränderung der Einstellung zur Gesundheit bei den Mitarbeitern.
- Durch Entspannungstechniken, Raucherentwöhnungen oder ähnliches können dem Mitarbeiter Mittel und Methoden zur Gesundheitsförderung aufgezeigt werden.
- Die Handlungskompetenz des Mitarbeiters muss gesteigert werden. Er soll mehr Verantwortung für seinen Arbeitsplatz übernehmen und ihn so gestalten, dass seine Gesundheit so wenig wie möglich belastet wird.

---

270 Vgl. Musolesi, F./Brinkmann, R./Mitterweger, E.: Für tragfähige Strukturen sorgen, a.a.O., S. 11 f.

271 Vgl. Brinkmann, R.: Personalpflege, Heidelberg 1993, S. 32. und Rudow, B.: Das gesunde Unternehmen. Gesundheitsmanagement, Arbeitsschutz und Personalpflege in Organisationen, München 2004, S. 24 ff.

272 Vgl. ebd., S. 33 f.

- Durch nicht-monetäre Anreize wie gute Aufstiegsbedingungen, betriebliche Weiterbildung, usw. wird eine soziale Sicherheit und Chancengleichheit an den Mitarbeiter vermittelt, womit das Betriebsklima und die Arbeitszufriedenheit positiv beeinflusst wird.
- Problem- und Konfliktlösetechniken werden dem Mitarbeiter vorgestellt, um Stress zu vermeiden und ein gutes Arbeitsklima aufrechtzuerhalten.
- Mit Sport- und Fitnessangeboten wird der allgemeine Gesundheitszustand der Mitarbeiter gefördert.

### 4.1.3 Grundsätze der Personalpflege

Im Rahmen der Personalpflege sind einige Grundsätze zu beachten:

- Personalpflege umfasst nicht ausschließlich besondere Risikogruppen, sondern alle Mitarbeiter in ihren täglichen Lebenszusammenhängen.
- Personalpflege hat das Ziel, die Bedingungen im Unternehmen positiv zu beeinflussen.
- Personalpflege verbindet unterschiedliche, aber einander ergänzende Maßnahmen oder Ansätze, einschließlich Information, Gesetzgebung, steuerliche oder sonstige monetäre Maßnahmen, organisatorische Regelungen sowie spontane Aktivitäten.
- Personalpflege bemüht sich besonders um eine konkrete und wirkungsvolle Teilnahme der Öffentlichkeit.

## 4.2 Die Gesundheit der Mitarbeiter

Wissenschaftliche Untersuchungen zeigen die erschreckenden Ausmaße der sogenannten "Zivilisationskrankheiten". Die Gesundheit der Bevölkerung[273] vor allem in den westlichen Wohlstandsgesellschaften verschlechtert sich ständig. Die aus den Sterbestatistiken hervorgehenden Symptome der Überzivilisation bestätigen diesen Trend deutlich:[274]

Die **Herz-Kreislauf-Erkrankungen** sind von besonderer Bedeutung. Fast jeder zweite Todesfall in Deutschland ging im Jahr 2001 auf eine Erkrankung des Herz-Kreislauf-Systems zurück.

Rund 31 % der krankheitsbedingten Fehlzeiten werden durch Erkrankungen der Muskeln und des Skeletts verursacht (Erkrankungen des **Stütz- und Bewegungsapparates**).

Einen weiteren Schwerpunkt stellt die Suchtproblematik dar. Aus der arbeitenden Bevölkerung konsumieren ca. 15-20 % soviel **Alkohol**, dass er für sie gesundheitsschädigend wirkt. Nur ca. 20 % der Bevölkerung sind fast oder ganz abstinent. Auch das **Zigarettenrauchen** und der **Konsum anderer Tabakwaren** führt jährlich tausendfach zu Todesfällen aufgrund von Herz- und Schlaganfällen sowie von Lungen-, Blasen- oder anderen Krebsarten. Ebenso spielt der **Medikamentenmissbrauch** eine Rolle. Von Medikamenten sind etwa 1,5 % der Bevölkerung abhängig. Die Psychopharmaka sind hier führend.

---

[273] Zum Gesundheitsbegriff vgl. Bedner, K.: Gesundheitsschutz und Gesundheitsförderung in Betrieben, München/Mering 2001, S. 13.

[274] Vgl. Musolesi, F./Brinkmann, R./Mitterweger, E.: Für tragfähige Strukturen sorgen, a.a.O., S. 10.

Die Anzahl der **psychosomatischen Krankeiten** (z.B. Magengeschwüre) nimmt ebenfalls zu.

Durch raumlufttechnische Anlagen bzw. Klimaanlagen ist das **Building-illness-Syndrom** entstanden. Aufgrund voll- oder teilklimatisierter Gebäude treten gehäuft Gesundheits-, Befindlichkeits- und Behaglichkeitsstörungen bei den Mitarbeitern auf.

Die Gesundheitsvorsorge gehört zu den Aufgaben des Betriebes. Sie eignet sich besonders als präventiver Handlungsrahmen, weil:[275]

- arbeitsbedingte Mitverursachungen und Verstärkungsmomente direkt am Entstehungsort bekämpft und Verstärkungsmomente ausgeschaltet werden können.
- die nötigen Partner wie Betriebsrat, Arbeitgeber, Betriebspsychologe und -arzt sowie Sicherheitsfachkräfte vor Ort sind.
- die potenziellen Zielgruppen im Betrieb räumlich und zeitlich konzentriert sind.

## 4.2.1 Die Herz-Kreislauf-Vorsorge

Herz-Kreislauf-Erkrankungen sind in Deutschland die häufigste Todesursache. Ca. 50 % aller Sterbefälle haben ihre Ursache in Herz-Kreislauf-Erkrankungen. Insgesamt sind 2002 bundesweit rund 234 Mrd. Euro für die Behandlung von Krankheiten ausgegeben worden, davon betrugen die Herz-Kreislauf-Krankheiten 30,4 Mrd. Euro.[276] Die wesentlichen Risikofaktoren sind falsche Ernährung, Bewegungsmangel, Übergewicht, Bluthochdruck, Stress und nicht zuletzt das Rauchen.

Gerade beim Herz-Kreislauf-Problem ist die Prävention von besonderer Bedeutung. Ist der Herzinfarkt eingetreten und der Kranke überlebt, schränkt sich sein Wohlbefinden und seine Leistungsfähigkeit erheblich ein. Die in unteren und mittleren Führungsebenen tätigen Mitarbeiter stellen durch inadäquate Beanspruchungen eine potenzielle Risikogruppe dar. Es können verschiedene Arten der Prävention unterschieden werden:[277]

| Die Präventionsarten | | |
|---|---|---|
| **Primärprävention** | **Sekundärprävention** | **Tertiärprävention** |
| Die Primärprävention beinhaltet die Beeinflussung von Lebensstilen und Lebensweisen. Bevor die ersten Krankheits-zeichen auftreten, werden dem Mitarbeiter optimale Verhal-tensregeln gegeben, damit er ein breitgefächertes Gesund-heitswissen erlangt und sich entsprechend verhalten kann. | Die Sekundärprävention ist bei der Früherkennung von Vorstadien und ersten Krankheitserscheinungen von Bedeutung. Als Präventionsmittel werden hier ebenfalls Maßnahmen der Verhaltensbeeinflussung als auch schon Medikamente eingesetzt. | Bei Maßnahmen während oder nach Krankheiten, die schlimmeres verhüten sollen, spricht man von der Tertiärprävention. |

**Abb. 160:** Die Präventionsarten

[275] Vgl. Musolesi, F./Brinkmann, R./Mitterweger, E.: Für tragfähige Strukturen sorgen, a.a.O., S. 10 f.
[276] Statistisches Bundesamt, Februar 2004.
[277] Vgl. Kastner, M.: Personalmanagement, a.a.O., S. 328 ff.

Konkrete Präventivmaßnahmen können z.B. folgende Vorkehrungen sein:

- Seminare zur Stressbewältigung
- Ernährungsberatung
- Sport-Programme

## (1) Seminare zur Stressbewältigung

Diese Seminare sind besonders für Mitarbeiter zu empfehlen, die sich durch ihren Alltag überlastet und oft unsicher, ängstlich, depressiv und gereizt fühlen. Ziele dieser Seminare sind eine verbesserte Bewältigung aktueller und ständig wiederkehrender Belastungen im Alltag sowie eine Erhöhung der allgemeinen Belastbarkeit.

Ein solches Seminar kann z.B. einmal wöchentlich bei zwei Stunden Dauer in kleinen Gruppen durchgeführt werden. Zuerst steht die Analyse der relevanten Problemsituationen, die den Stress verursachen, auf der Tagesordnung. Dann werden die Techniken und Fertigkeiten vermittelt, die der Mitarbeiter benötigt, um die Stresssituationen im Alltag zu bewältigen. In der Gruppe werden für aktuelle Belastungssituationen Bewältigungstechniken trainiert. Das Seminar kann durch das Verändern ungünstiger Lebenseinstellungen oder durch den Aufbau von erholsamen Freizeit- oder Feierabendaktivitäten unterstützt werden. Möglichkeiten der langfristigen Problemlösung und ihre Umsetzung in den Alltag werden aufgezeigt.[278]

## (2) Die Ernährungsberatung

Die Mitarbeiter lernen durch Selbstbeobachtung und Selbstprotokollierung ihre eigenen Ernährungsgewohnheiten besser kennen. Dadurch lassen sich die Gesundheitsrisiken jedes Einzelnen durch falsche Ernährung herausfiltern. Die erkannten Fehler führen in einem zweiten Schritt zu einer positiven Änderung der Ernährungsgewohnheiten der Mitarbeiter. Im Weiteren gilt es, das neue Ernährungsverhalten zu stabilisieren.

## (3) Sport-Programme

Die Durchführung von Sportprogrammen innerhalb des Unternehmens kann finanzielle Vorteile für den Betrieb mit sich bringen. Krankheitsausfälle können durch sportliche Vorbeugung vermieden werden. Die Folgen des Bewegungsmangels zeigen sich bei vielen Mitarbeitern durch:

- sinkende Belastbarkeit des Herz-Kreislauf-Systems,
- Wirbelsäulenschäden,
- Zunahme des Körpergewichts und
- schmerzhafte Muskelverspannungen.

---

[278] Zur einzelnen Methoden und praktischen Übungen vgl. auch Kairies, K.: Stress bewältigen durch Kreativität, Heidelberg 2001, S. 66 ff.

Diese auftretenden Symptome können durch einfache Programme frühzeitig bekämpft werden. Wichtig ist es, die möglichen Sportprogramme dem Alter und der körperlichen Verfassung der Mitarbeiter anzupassen. Die folgenden Beispiele zeigen eine Auswahl von sportlichen Aktivitäten, die in einem Unternehmen durchgeführt werden können:

- Tägliche Bürogymnastik
- Wandern und Walking (= bewusstes Gehen, vier- bis fünfmal die Woche jeweils ca. 30 Minuten)
- Radfahren bzw. Radwandern
- Schwimmen

Neben der vorbeugenden Wirkung haben die Sportprogramme einen weiteren wichtigen Effekt. Es ist bekannt, dass Bewegungsmangel bei der Entstehung von Stress eine wichtige Rolle spielt. Je größer der Bewegungsmangel ist, desto häufiger kann Stress zu Krankheiten führen. Fazit: Wer sich mehr bewegt, fühlt sich psychisch wohler. Damit ist er auch auf seinem Arbeitsplatz leistungsfähiger.

### 4.2.2 Die Schuldnerberatung

Die Verschuldungsproblematik nimmt aufgrund der gesellschaftlichen und wirtschaftlichen Entwicklung seit einigen Jahren in der Gesellschaft ständig zu. Das vielfältige Angebot von Kreditformen und die Verbreitung des bargeldlosen Zahlungsverkehrs sowie die aggressive Konsum- und Verbrauchswerbung unterstützen diesen Trend. Für einen Teil der Bevölkerung werden die finanziellen Verbindlichkeiten so hoch, dass sie mit ihren zur Verfügung stehenden Einkommen nicht mehr in der Lage sind, ihre Schulden zu tilgen. Dies passiert besonders häufig, wenn nicht eingeplante zusätzliche Kosten oder Umstände zum Schuldenberg dazukommen. Dies kann plötzliche Arbeitslosigkeit, Scheidung, Verdienstausfall infolge von Krankheit oder erhöhte Miete sein.

Nicht abtragbare Schuldenberge sind für die Betroffenen erhebliche Stressfaktoren. Als Folge können Schwierigkeiten mit Kollegen, mangelnde Arbeitsmotivation, ein deutlicher Leistungsabfall durch Zweitjobs oder der Alkoholmissbrauch eintreten. Diese Folgen zu verhindern liegt im Interesse aller Unternehmen. Der Betrieb kann interventive und präventive Maßnahmen ergreifen:

- **Interventive Maßnahmen:** Für Mitarbeiter, die von der Schuldenproblematik betroffen sind, kann mit einer firmeninternen Beratung geholfen werden. Der Betriebsrat oder die Personalabteilung sollte für den Betroffenen jederzeit zur Verfügung stehen und ihm diskret Informationen geben, wo und wie ihm geholfen werden kann. Die direkte Hilfe kann aus begrenzter finanzieller Hilfe bestehen. Sie kann zum Beispiel aus einem Unterstützungsverein finanziert werden.
- **Präventive Maßnahmen:** Die Schuldenproblematik kann in Rahmen von Betriebsversammlungen oder in Betriebszeitschriften angesprochen und behandelt werden. In Form eines Vortrages durch einen Vertreter der Personalabteilung oder des Betriebsrates können die potenziellen Gefahren und Risiken der privaten Verschuldung für den Mitarbeiter aufgezeigt werden. Aber auch die Einladung von Experten, die Vertreter

kommunaler oder karitativer Schuldnerberatungsstellen sein können, zu Vorträgen erweitern den Maßnahmenkatalog.

Eine weitere Möglichkeit, der privaten Verschuldung entgegenzuwirken, sind **Präventionsseminare**. Ein- oder mehrtägige Veranstaltungen können den Mitarbeitern die private Verschuldungsproblematik unter psychosozialen Aspekten näher bringen. In Form von Vorträgen, Gruppenarbeiten, praktischen Übungen sowie spielerischen Aktivitäten können folgende Themenbereiche theoretisch und praktisch vermittelt werden:[279]

- Ursachen und Folgen der Verschuldung
- Psychologisches Basiswissen zum Kaufverhalten
- Werbepsychologische Aspekte der menschlichen Wahrnehmung
- Motivationale Komponenten des individuellen Konsums
- Kosten von Konsumentenkrediten und Vergleichsmöglichkeiten
- Optimierung der Planungs- und Handlungskompetenz in finanziellen Fragen
- Adäquater Umgang mit gerichtlichen Mahnbescheiden
- Beratungsmöglichkeiten bei eingetretener Verschuldung usw.

## 4.2.3 Psychotherapeutische Beratungen

Die Einrichtung einer psychotherapeutischen Beratungsstelle im Unternehmen kann sowohl für den Mitarbeiter als auch für das Unternehmen von Vorteil sein. Der Arbeitnehmer hat bei Problemen direkt einen Ansprechpartner und das Unternehmen kann durch eine vorzeitige Beratung Kosten, die durch Fehlzeiten der Arbeitnehmer entstehen, reduzieren. Eine psychotherapeutische Beratung und Betreuung kann z.B. erfolgen bei:

- einer HIV-Infektion,
- psychischen Störungen wie z.B. Depressionen,
- Erkrankungen wie z.B. Krebs,
- Suchtproblemen oder
- krankheitsbedingten Problemen wie z.B. Isolation, Angst (Verlust des Arbeitsplatzes).

Bei den erwähnten Problemen der Arbeitnehmer kann eine betriebliche psychotherapeutische Beratungsstelle zum Beispiel mit folgenden Maßnahmen helfen:

- Persönliche, individuelle und umfassende Beratung
- Hilfestellung bei der Ausschöpfung und Beantragung von Vergünstigungen (z.B. finanzielle Unterstützung)
- Individuelle Beratung und Hilfestellung bei der Beantragung von Rehabilitationsmaßnahmen (z.B. bei Alkohol oder Krebs)
- Finanzielle Unterstützung über einen Fond
- Information über und Vermittlung an Beratungsstellen, psychosoziale Dienste, Selbsthilfegruppen usw.

---

[279] Vgl. Musolesi, F./Brinkmann, R./Mitterweger, E.: Für tragfähige Strukturen sorgen, a.a.O., S. 13 f.

## 4.2.4 Das Rückkehrgespräch

Das Rückkehrgespräch ist ein Instrument für den Abbau von Fehlzeiten. Es wird von einer Führungskraft mit dem Mitarbeiter, der gerade nach einer überstandener Krankheit in den Betrieb zurückgekehrt ist, über seine Krankheit geführt.

Hierbei ist es wichtig, sehr sensibel mit dem Mitarbeiter umzugehen, damit das Gespräch erfolgreich ist. Die Führungskraft muss sich vorher überlegen, wie das Gespräch eröffnet werden kann und welches Ziel mit dem Gespräch erreicht werden soll. Die folgende Aufstellung nennt mögliche Ziele eines Rückkehrgesprächs:

- Nach seiner Abwesenheit soll dem zurückkehrenden Mitarbeiter die Arbeitsaufnahme erleichtert werden, indem man ihn über offizielle wie nichtoffizielle Ereignisse während seiner Abwesenheit informiert.
- Das Rückkehrgespräch soll in Erfahrung bringen, ob die Abwesenheit des Mitarbeiters ursächlich mit seiner Arbeitssituation in Verbindung steht. Auftretende Ursachen können abgebaut werden, wobei die Arbeitssituation die Bereiche Umgebung des Arbeitsplatzes (Staub, Zugluft, Lärm, etc.), die Organisation im weiteren Sinne, die Tätigkeit (monoton), das Vorgesetztenverhalten und das Gruppenklima umfasst.
- Weiterhin soll das Rückkehrgespräch dem Mitarbeiter verdeutlichen, dass er als Mensch und nicht (nur) die mit ihm verbundene Arbeitskraft vermisst wurde. Der Mitarbeiter erhält das Gefühl, dass sich der Vorgesetzte um ihn kümmert.

Das Rückkehrgespräch wird zu einem Erfolg, wenn der direkte Vorgesetzte das Gespräch unmittelbar nach der Rückkehr mit dem betroffenen Mitarbeiter führt. Wichtig ist außerdem, dass das Rückkehrgespräch mit jedem Mitarbeiter durchgeführt wird, der aus einer Abwesenheit zurückkehrt.

In den Rückkehrgesprächen kann der Vorgesetzte erkennen, ob die Abwesenheit der Mitarbeiter **krankheits-** oder **motivationsbedingt** war. Für Vorgesetzte sind die Gespräche mit motivationsbedingt Abwesenden besonders schwierig und problematisch. Diese Situation verschärft sich, wenn diese Person häufige Kurzzeitabwesenheiten produziert, die vor oder nach dem Wochenende liegen. Das Rückkehrgespräch wird zu einem Fehlzeitengespräch. Auf diese Situation sollten die Führungskräfte z.B. durch Seminare und Rollenspiele vorbereitet sein.

Das Rückkehrgespräch ist ein bedeutender Baustein zur Reduzierung von Fehlzeiten. Gleichzeitig fördert und entwickelt es die Kommunikation zwischen den Vorgesetzten und Mitarbeitern, was wiederum zu einer Verbesserung des Betriebsklimas führt. Es ist in erster Linie eine Serviceleistung des Vorgesetzten an seine Mitarbeiter und keine disziplinarische Maßnahme.

Zusätzlich kann das Rückkehrgespräch jedoch eine Hemmschwelle bei den Mitarbeitern aufbauen, so dass Fehlzeiten von alleine abgebaut werden können. Damit hat das Rückkehrgespräch unbeabsichtigt auch einen disziplinarischen Effekt.[280]

---

[280] Vgl. Bitzer, B.: Das Rückkehrgespräch: Ein Instrument zum Abbau von Fehlzeiten. In: Personalführung, Ausgabe 2/1994, S. 18 f.

## 4.3 Die Suchtprobleme

In den deutschen Unternehmen sind laut Statistik fünf bis zehn Prozent aller Mitarbeiter suchtkrank oder suchtgefährdet. Die Unternehmen werden auf die Problemfälle durch folgende Ursachen aufmerksam:

- Auffallend hohe Fehlzeiten
- Information durch den Betroffenen
- Hinweise von Kollegen des Betroffenen
- Auffallend mehr Arbeitsunfälle
- Nachlassende Arbeitsleistung
- Auffälliges Verhalten

Früher sind diese Probleme eher "totgeschwiegen" worden. Doch durch die hohen Abwesenheitsquoten, die zahlreichen Arbeitsunfälle und die daraus resultierenden erheblichen Kosten haben die Suchtprobleme in den letzten zehn Jahren für die Firmen erhebliche Schwierigkeiten aufgeworfen. Die verantwortlichen Stellen in den Unternehmen wurden sensibilisiert und Programme als Gegenmaßnahmen entwickelt.

Allein die **fehlzeitbedingten Kosten** sind für eine Unternehmung eine erhebliche Belastung. Durch Fehlzeiten verursachte Kosten können direkter, indirekter oder sonstiger Natur sein. Betriebe haben doppelt unter Fehlzeiten zu leiden, da sowohl eine Kostensteigerung als auch eine Leistungsminderung (Erlöseinbuße) das Betriebsergebnis negativ beeinflussen.[281] Eine sinnvolle Einteilung der fehlzeitbedingten Kosten kann wie folgt aussehen:[282]

| **Direkt anfallende Kosten** | **Indirekt anfallende Kosten** | **Sonstige Kosten** |
|---|---|---|
| • Kosten der Entgeltfortzahlung im Krankheitsfall<br>• Anteilige Kosten für Ausfallzeiten durch unbezahlte Krankheitstage (z.B. Urlaubsgeld, 13. Monatsgehalt usw.)<br>• Zuschüsse für Heilverfahren<br>• Mehrkosten für Heilverfahren | • Arbeitgeberbeiträge zur Krankenversicherung<br>• Gesetzliche Unfallversicherung<br>• Freiwillige Versicherungsbeiträge zu Krankenkassen<br>• Personal- und Sachaufwendungen für die Betriebskrankenkasse<br>• Betrieblicher Gesundheitsdienst<br>• Kosten für Mehrarbeit (z.B. Überstundenzuschläge) | • Kostenanteile Personalwesen, Lohnbüro (z.B. Administrierung der Fehlzeiten)<br>• Kapital- und Sachkosten wegen ungenutzter Kapazitäten<br>• Sachkosten aufgrund von Terminüberschreitungen<br>• Ersatzbeschaffung von Mitarbeitern (Personal-Leasing)<br>• Kosten durch Abstimmung, Improvisation im Betrieb, wegen plötzlichen Fehlens eines Mitarbeiters |

**Abb. 161:** Fehlzeitenbedingte Kosten

281 Vgl. Salowsky, H.: Fehlzeiten, Köln 1983, S. 13

282 Vgl. Derr, D.: Fehlzeiten im Betrieb. Ursachenanalyse und Vermeidungsstrategien, Köln 1995, S. 14. und Rudow, B.: Das gesunde Unternehmen. Gesundheitsmanagement, Arbeitsschutz und Personalpflege in Organisationen, München 2004, S. 20.

### 4.3.1 Das Alkoholproblem

Rund 7,8 Millionen Menschen in der Bundesrepublik Deutschland konsumieren täglich mehr als 40 Gramm Alkohol.[283] Wie aus arbeitsmedizinischen Untersuchungen hervorgeht, beeinträchtigen schon 0,3 Promille Alkoholgehalt im Blut die Leistung und die Arbeitsqualität erheblich. Auf Alkoholkonsum sind mindestens 30% aller Arbeitsunfälle zurückzuführen, da das Unfallrisiko mit zunehmender Blutalkoholkonzentration beträchtlich steigt:[284]

| Blutalkoholkonzentration | Unfallrisiko |
|---|---|
| 0,0 Promille | Unfallrisiko normal |
| 0,3 Promille | 2,0-fach erhöhtes Unfallrisiko |
| 0,6 Promille | 3,0-fach erhöhtes Unfallrisiko |
| 0,8 Promille | 4,5-fach erhöhtes Unfallrisiko |
| 1,0 Promille | 6,5-fach erhöhtes Unfallrisiko |
| 1,2 Promille | 9,5-fach erhöhtes Unfallrisiko |
| 1,5 Promille | 16,0-fach erhöhtes Unfallrisiko |

**Abb. 162:** Zusammenhang von Blutalkoholkonzentration und Unfallrisiko

Mitarbeiter mit Alkoholproblemen haben wesentlich mehr Fehlzeiten als Nicht-Alkoholiker. Ein Alkoholabhängiger fehlt durchschnittlich 30 Tage im Jahr, ein Nicht-Abhängiger nur knapp 12 Tage im Jahr. Amerikanische Studien zeigen, dass ein Alkoholabhängiger 16 mal häufiger fehlt, 2,5 mal häufiger krank ist und 1,4 mal länger nach Unfällen fehlt als vom Alkoholismus nicht betroffene Mitarbeiter. Weiterhin begünstigt der Alkoholismus zusätzlich weitere Krankheiten. Hierzu zählen die Leberzirrhose, Krankheiten des Nervensystems, verschiedene Krebsarten usw. Bis heute sind rund 150 Krankheiten, die durch Alkohol vermehrt auftreten, bekannt.[285]

In der Liste der ernährungsbedingten Krankheiten, die zu einem früheren Tod führen, liegt der Alkoholismus an erster Stelle mit einem mittleren Lebensverlust von 23,4 Jahren. An zweiter Stelle liegt die Leberzirrhose mit 17,8 Lebensjahren und an dritter Stelle die Pankreatitis (Bauchspeicheldrüsenentzündung) mit 17 Jahren Lebensverlust.[286]

Ein Alkoholkranker kann die Produktivität einer ganzen Gruppe einschränken und führt häufig zu Störungen der Arbeitsabläufe und des Betriebsklimas. Er selbst erbringt von seiner möglichen Arbeitsleistung höchstens 75 Prozent.[287] Die Fehlzeiten und der Leistungsabfall kosten das Unternehmen ungefähr 25% eines Monatsgehaltes. Die Indust-

[283] Vgl. Deutsche Hauptstelle gegen die Suchtgefahr (DHS): Jahrbuch Sucht, Hamm 2002, S. 8.

[284] Vgl. DHS (Hrsg.): Substanzbezogene Störungen am Arbeitsplatz, Hamm 2001, S. 11.

[285] Vgl. DHS (Hrsg.): Sucht und Gesellschaft - Ursachen, Folgen, Zusammenhänge, Hoheneck 1984, S. 7 f.

[286] Vgl. Ziegler, H.: Zum gesundheitspolitischen Stellenwert des Alkoholismus in der BRD. In: Ernährungs-Umschau, 11/1987, S. 369.

[287] Vgl. DHS (Hrsg.): Substanzbezogene Störungen am Arbeitsplatz, a.a.O., S. 12.

riegewerkschaft Metall schätzt den jährlichen wirtschaftlichen Schaden auf ca. 20 Milliarden EUR. Die Ausmaße dieser Kosten zeigen, dass der Alkoholismus nicht nur ein Problem des betroffenen Mitarbeiters, sondern ein Problem für das Unternehmen und die Gesellschaft darstellt.[288]

## (1) Auswirkungen auf den Betroffenen und sein Umfeld

Für die Betroffenen ist das Alkoholproblem nicht mit der Ratio zu lösen, da hier ein emotionales Verhaltensregulationsproblem vorliegt. Der Alkoholismus, der auf Dauer zu einer Hirnschädigung führt, ist auch für eine allgemeine Verlangsamung, ein Nachlassen der Urteils- und Kritikfähigkeit sowie für eine Veränderung des Gefühlserlebens mit Enthemmung, Rührseligkeit und zunehmender Gleichgültigkeit verantwortlich. Im Rauschzustand kommt es nicht selten zu aggressiven Handlungen. Depressive Verstimmungen lassen dagegen sogar Selbstmordgedanken aufkommen, die etwa 12 bis 75 mal so oft in die Tat umgesetzt werden wie in der übrigen Bevölkerung. Im Extremfall führt der Alkoholismus auch zu Geisteskrankheiten.[289]

Der übermäßige Alkoholkonsum und das damit verbundene Verhalten des Alkoholikers bieten erheblichen Konfliktstoff im Rahmen der Familie. Trotzdem nimmt der Partner den Betroffenen häufig den Kollegen, Vorgesetzten, Verwandten, Bekannten und Freunden gegenüber in Schutz und versucht, den Schein einer intakten Familie zu wahren. Kann das Problem nicht länger verheimlicht werden, versucht die Familie, den Kranken vom übermäßigen Alkoholkonsum abzuhalten und fordert von ihm Versprechungen. Da er diese nicht einhalten kann, erhält er Vorwürfe, die ihn häufig zum vermehrten Trinken veranlassen und damit seine Krankheitsentwicklung fördert. Der Alkoholiker wird immer unfähiger, seinen Aufgaben nachzukommen. Die Scheidung, Probleme mit den Kindern und sogar Kriminalität sind nicht mehr ausgeschlossen.

Auch das weitere soziale Umfeld im Betrieb schützt den Alkoholiker aus mehreren Gründen recht lange:

- Man kennt den Betroffenen schließlich sehr gut und trinkt auch selbst schon mal.
- Das Privatleben des Betroffenen ist tabu.
- Das betriebliche Umfeld (z.B. der aufstrebende Mitarbeiter) gewinnt Macht über den Alkoholkranken.
- Der Alkoholkranke ist für die anderen viel zu wichtig, als dass man zwecks einer Therapie ein halbes Jahr auf ihn verzichten könnte.

Falsche Rücksichtnahme ist aber der größte Fehler. Der Betroffene befindet sich in Lebensgefahr. Er kann nur aus dem Alkoholismus gerettet werden, wenn sein Umfeld alle sentimentalen Einstellungen ablegt und ignoriert.

---

[288] Vgl. DHS (Hrsg.): Jahrbuch Sucht, a.a.O., S. 8.

[289] Vgl. Hoegg, U.: Die Rolle des Betriebsarztes bei der Rehabilitation von Suchtkranken im Betrieb. In: Alkohol im Betrieb, hrsg. von Knischewski, E., Kassel 1989, S. 29.

Bei der Alkoholkrankheit kommt im Gegensatz zu vielen anderen Krankheiten ein Vertuschen und Lügen hinzu. Der Alkoholkranke versucht, seine Krankheit besonders im Betrieb bewusst oder unbewusst so lange wie möglich geheimzuhalten. Er baut eine Fassade auf und fixiert sich immer mehr auf Alkoholkonsum und -beschaffung.

## (2) Motive für die Lösung des Alkoholproblems

Vom Alkoholproblem werden alle Interessengruppen eines Betriebes berührt: die Unternehmensleitung, der Betriebsrat, die Mitarbeiter aller Ebenen sowie deren jeweilige Vorgesetzte. Diese unterschiedlichen Gruppen haben auch unterschiedliche Motive für eine Lösung des Alkoholproblems:

| **Unternehmensleitung** |
|---|
| • **Senkung alkoholbedingter Folgekosten**: Fehlzeiten, Produktionsausfälle, Personalwechsel, Fürsorgeaufwand<br>• **Kontinuierliche Betriebsabläufe**: Vermeidung von Planänderungen wegen Personalproblemen, Terminüberschreitungen oder Unfällen<br>• **Personalfürsorge**: Gesundheitsvorsorge, wirtschaftliche Sicherheit<br>• **Gutes Betriebsklima**: Harmonie, Zufriedenheit, Engagement<br>• **Positives Firmenimage**: Geltung als Firma mit guter sozialer Fürsorge |
| **Betriebsrat** |
| • **Personalfürsorge**: Erhaltung bzw. Wiederherstellung der Gesundheit, Arbeitsplatzsicherung, Schutz vor sozialem Abstieg<br>• **Gutes Betriebsklima**: Verständnis, Solidarität, Spannungsfreiheit<br>• **Mitwirkung**: Einflussnahme auf Maßnahmenplanung, Wahrung der Personalbelange und Mitwirkungsrechte, Profilierungschancen |
| **Vorgesetzte** |
| • **Optimale Arbeitserledigung**: Arbeitsmenge, Arbeitsgüte, Termineinhaltung<br>• **Disziplin**: Beachten von Anordnungen, Pünktlichkeit, Ordnung, korrektes Auftreten<br>• **Arbeitssicherheit**: Vermeidung unfallbedingter Arbeitsablaufstörungen oder Zusatzbelastungen, Schutz vor Haftung aufgrund eigener Mitverantwortung |
| **Mitarbeiter** |
| • **Erhaltung/Wiederherstellung**: eigener Gesundheit, Wohlbefinden, Aussehen, Unversehrtheit, Leistungsfähigkeit, Lebenserwartung<br>• **Konfliktvermeidung**: Ärger mit Vorgesetzten, Streit mit Kollegen, Vorwürfe zu Hause<br>• **Karrieresicherung**: Image, Arbeitsplatzerhalt, Aufstiegschancen<br>• **Vermeidung materieller Nachteile**: Alkoholkosten, Verdiensteinbußen, Führerscheinverlust, Kündigung |

**Abb. 163:** Motive für die Lösung des Alkoholproblems[290]

---

[290] Vgl. Laufer, H.: Alkoholmissbrauch. Ein betriebliches Gemeinschaftsproblem, In: Personal, 41. Jg. (1989), Heft 2, S. 50.

## (3) Lösungsstrategien für Alkoholprobleme im Betrieb

Das wichtigste Mittel beim Auftreten von Alkoholproblemen im Betrieb ist das **Mitarbeitergespräch.** Leider ist es in der Praxis immer wieder so, dass über einen zum Alkohol neigenden Mitarbeiter viel gesprochen, ein direktes Gespräch mit ihm jedoch aus den oben genannten Gründen in der Regel vermieden wird.

Gerade in der Anfangsphase, in der der Mitarbeiter durch den Alkohol auffällig wird, ist jedoch ein Gespräch von besonderer Bedeutung. Diese Aufgabe sollte der direkte Vorgesetzte übernehmen. Durch das Gespräch soll dem Mitarbeiter das Gefühl vermittelt werden, dass der Vorgesetzte und das Unternehmen ihm helfen wollen. Der folgende Leitfaden dient zur Vorbereitung des Gesprächs:[291]

1. Es muss eine **Vertrauensbasis** zwischen dem Vorgesetzten und den mit Alkoholproblemen behafteten Mitarbeiter aufgebaut werden. Das erste Gespräch sollte deshalb unter "vier Augen" geführt werden.
2. Das Gespräch darf unter keinen Umständen hinausgezögert werden. Es muss **zügig gehandelt werden**. Mit seinem Verhalten wird der betroffene Mitarbeiter zu einem Störfaktor im Unternehmen. Er kann für sich und sein Umfeld zu einer Gefahr werden. Eile ist geboten, weil der betroffene Mitarbeiter tatkräftige Hilfe benötigt.
3. Die **Spitze des Eisbergs** muss erforscht werden. Es ist davon auszugehen, dass der durch seinen Alkoholkonsum aufgefallene Mitarbeiter nicht gerade zufällig dieses erste und einzige Mal im Betrieb Alkohol getrunken hat. Oft wird in Pausen oder unbeobachtet der Alkohol von den Betroffenen konsumiert, bevor sie auffallen. In einem Gespräch gilt es, dies zu prüfen.
4. Es ist besonders wichtig, eine gute **Gesprächsvorbereitung** zu haben. Ein Alkoholiker versucht sein Umfeld zu täuschen. Oft ergreift er die Flucht nach vorne und greift den Gesprächspartner unangemessen an. Deshalb sind gerade abfällige Bemerkungen zu vermeiden.
5. Das Gespräch ist **keine** Basis für eine **Ursachenforschung**. In diesem Stadium ist eine Ursachenforschung erfolglos. Auch Diskussionen über die Trinkmengen sind unangemessen.
6. Ein wichtiger Punkt im Gespräch ist sein **Aufhänger**. Als Ausgangspunkt ist die Leistung des Betroffenen und nicht sein Alkoholproblem zu wählen. Er muss zu einer deutlichen Leistungsverbesserung aufgefordert werden, wenn seine Arbeitsleistung in letzter Zeit nachgelassen hat. Dies hat den Vorteil, dass der Betroffene nicht zu persönlichen Mitteilungen neigt und dass das Gespräch nicht zu einer endlosen Diskussion ausufert.
7. In dem Gespräch sind dem Betroffenen die **Konsequenzen** seines Alkoholkonsums unmissverständlich klar zu machen, wenn er sein Verhältnis zum Alkohol nicht ändert und seine Arbeitsleistung nicht steigert. Hierbei sind aber nur die Maßnahmen anzudrohen, die im Anschluss auch tatsächlich realisierbar sind.

---

291 Vgl. Lenfers, H.: Alkoholprobleme strategisch lösen. In: Personalwirtschaft, Ausgabe 2/1994, S. 16 ff.

8. Trifft man mit dem Betroffenen eindeutige **Vereinbarungen**, hat man meist schon 80% des Ziels erreicht. Missverständnisse, Ausflüchte und letztlich (Rechts-) Streitigkeiten sind bei unklaren Vereinbarungen die Folge.
9. Eine **Dokumentation** über das Gespräch ist sinnvoll. Eine Aktennotiz kann der Personalabteilung weitergereicht werden, wenn sich das Verhalten und die Leistung des Betroffenen nicht ändert.

Zeigt das erste Gespräch mit dem direkten Vorgesetzten keine Wirkung auf den Betroffenen, setzt die zweite Phase des Mitarbeitergesprächs ein. Die Einschaltung der Personalabteilung ist zu diesem Zeitpunkt unerlässlich. Dadurch erhält das Gespräch einen offiziellen Charakter. Nachdem das Gespräch mit dem direkten Vorgesetzen erfolglos geblieben ist, ist dem betroffenen Mitarbeiter deutlich zu machen, dass die Einschaltung der Personalabteilung und damit die Führung dieses Gesprächs jetzt eine notwendige Konsequenz ist. Daneben empfiehlt es sich, einen Suchthelfer einzuschalten. Besonders geeignet sind Mitarbeiter, die:[292]

- die Notwendigkeit von Therapiemaßnahmen durch ihre eigene Alkoholabhängigkeit erfahren und erkannt haben.
- nach wie vor Therapiegruppen besuchen und mindestens zwei Jahre nicht rückfällig waren.
- zur Vorbereitung auf ihre Tätigkeit als Suchthelfer entsprechende Seminare besucht haben.

Der Suchthelfer gewinnt durch seine eigene Vorgeschichte und Erfahrungen mit dem Alkohol wesentlich schneller das Vertrauen des Betroffenen. Die Eingliederung des Betroffenen in Therapiegruppen wird so wesentlich einfacher.

#### (4) Rechtlicher Aspekt

Nach der Rechtsprechung des Bundesarbeitsgericht ist Alkoholismus eine Krankheit im lohnfortzahlungsrechtlichen Sinne. Sie kann aber nur mit großer Vorsicht auf das Kündigungsrecht übertragen werden. Der Arbeitgeber ist nicht verpflichtet, dem Arbeitnehmer die Schwere seine Alkoholkrankheit nachzuweisen und danach die Art der beabsichtigten Kündigung auszurichten. Fällt der Betroffene mehrmals in der Dienstzeit durch Alkoholkonsum auf, kann der Arbeitgeber nach erfolgter Abmahnung eine verhaltensbedingte Kündigung aussprechen.

### 4.3.2 Das Medikamentenproblem

Hinter dem Alkoholismus steht die Medikamentenabhängigkeit an zweiter Stelle und verzeichnet ständig Zuwachsraten. In der Bundesrepublik Deutschland gibt es bis zu 1,4 Mio. Medikamentabhängige, wobei die einschleichende, langandauernde und niedrige Dosierung besonders häufig vorkommt.[293]

---

[292] Vgl. Lenfers, H.: Alkoholprobleme strategisch lösen, a.a.O., S. 18 f.

[293] Vgl. DHS (Hrsg.): Substanzbezogene Störungen am Arbeitsplatz, a.a.O., S. 45.

In die Medikamentenabhängigkeit führen nicht so einschneidende Lebensereignisse wie Scheidung oder Arbeitslosigkeit, sondern eher die alltäglichen Dinge wie berufliche Über- und Unterforderung, chronischer Alltagsärger, Langeweile oder Einsamkeit. Diese Faktoren führen zum Stress und können die Person ähnlich wie beim Alkoholproblem aus dem Gleichgewicht bringen.

Besonders in den Führungsetagen spielt die Medikamentenabhängigkeit eine besondere Rolle. Gerade hier ist von einer hohen Dunkelziffer auszugehen. In einer Organisationskultur, in der es nicht als Schwäche empfunden wird, seinen Stress abzubauen, sind Maßnahmen, die durch den Abbau von Stressoren oder individuumsbezogene Aktivitäten Fehlbeanspruchungen des Menschen verhindern, einfacher einzuführen und zu gestalten. Ein Fehler ist es, aus Stress entstandenen Fehlern dem Mitarbeiter als Schwäche oder Unfähigkeit auszulegen.

Vor allem im täglichen Arbeitsleben kann man zeigen, dass es in Stresssituationen auch ohne Medikamente geht. Bilden Mitarbeiter, die den gleichen Stressoren ausgesetzt sind, Arbeitsgruppen, kann dem Stress und damit der Medikamentenabhängigkeit in einem sozialen Umfeld entgegengewirkt werden.[294]

## 4.3.3 Das Raucherproblem

Dass Rauchen schädlich ist, wird heute nicht mehr diskutiert. Untersuchungen zeigen, dass auch Passivraucher ein ca. 30% höheres Gesundheitsrisiko tragen als Nicht-Passiv- und Nicht-Raucher. Die Sterblichkeit an allen Krebsarten wie z.B. Lungen-, Mund-, Rachen-, Nierenkrebs usw. würde sich um ein Drittel senken. Auch die Ausmaße der Arterienverkalkung (Raucherbein) und Gefäßbeschädigungen werden erheblich vom Nikotingenuss beeinflusst.[295]

Raucher-Entwöhn-Programme können im Unternehmen die Gesundheitspflege unterstützen. Rauchen ist wie jede andere Tätigkeit erlernt worden und kann wie jede Angewohnheit auch wieder abgelegt werden. Die Raucher-Entwöhnprogramme analysieren zuerst die Situation und suchen die Auslöser für das Rauchverhalten. Dann kann die bisherige Angewohnheit Rauchen durch eine andere (z.B. Entspannungsübungen) ersetzt werden.

Eine wesentliche Rolle spielt die Selbstkontrolle, die den Teilnehmern hilft, langfristig auf das Rauchen verzichten zu können. Neben Entspannungsübungen können bei den entwöhnungswilligen Teilnehmern durch körperliche Bewegung das psychische und physische Wohlbefinden verbessert werden.[296]

Der Nicht-Raucher hat **rechtlich** einen Anspruch auf einen tabakrauchfreien Raum. Durch den Arbeitgeber sind daher entsprechende Schutzmaßnahmen wie ein Rauchverbot zu ergreifen oder spezielle Räume für Raucher einzurichten.

---

[294] Vgl. Kastner, M.: Personalmanagement, a.a.O., S. 343 f.
[295] Vgl. ebd., S. 342 f.
[296] Vgl. Brinkmann, R.: Personalpflege, a.a.O., S. 102 f.

## 4.3.4 Arbeitssucht (work addiction)

Ein weiteres Problemfeld stellt die **Arbeitssucht** (work addiction) dar. Sie sollte unter dem Gesundheitsaspekt sehr kritisch betrachtet werden und kann nicht schlicht als Phänomen einer leistungsorientierten Industriegesellschaft abgetan werden. In deutschsprachigen Ländern ist die Arbeitssucht eine unterschätzte Krankheit: „Erst tüchtig, dann süchtig".[297] Symptome sind:

- der Arbeit wird im Leben eine zu große Bedeutung beigemessen
- die Arbeitsleistung wird für sich selbst qualitativ und quantitativ als unbefriedigend eingeschätzt
- wenn nicht gearbeitet wird, stellen sich Entzugserscheinungen ein
- in der Freizeit gibt sich der Arbeitsüchtige „genussunfähig", er ist leicht erregbar, ständig in Hetze und vielfach angespannt
- er neigt durch Perfektionismus zur Überforderung und Versagensängsten, was zu einem Kontrollzwang führt
- an Fähigkeiten und Kompetenzen anderer wird grundsätzlich gezweifelt, was den Arbeitssüchtigen wenig teamfähig macht

Zwei Personengruppen stellen sich nach Rudow als besonders gefährdet dar. Einerseits müssen Führungskräfte oft Verantwortung und Entscheidungen allein tragen, was sie in die Rolle des selbstständigen Unternehmers drängt, der „immer für seinen Betrieb da sein muss". Andererseits sind Mitarbeiter, die nicht „nein" sagen können und deshalb von Vorgesetzten und Kollegen mit Arbeitsaufgaben überladen werden, eine Risikogruppe.

Aufgrund der genannten Merkmale und deren Effekte verursacht arbeitssüchtiges Verhalten mittel- und langfristig erhebliche Kosten für das Unternehmen. Der Arbeitgeber sollte daran interessiert sein, solche Mitarbeiter zu identifizieren und ihnen wirksame Hilfen, wie zum Beispiel klare Aufgabenstellung, Vereinbarung realistischer Ziele, verstärkte Gruppenarbeit, gezielte Karriereplanung oder Gesundheitscoaching und Stressbewältigungsprogramme, anbieten.

## 4.3.5 Das Internet-Abhängigkeits-Syndrom (IAS)

Geprägt wurde der Begriff **Internetsucht** vom New Yorker Psychiater Ivan Goldberg. Seitdem die „New York Times" im Februar 1995 über die Gefahr der Internet- oder Online-Sucht aufklärte, nahmen Untersuchungen zu diesem Thema zu. Die Internetsucht ist wie auch die Arbeitssucht eine nichtstoffgebundene Abhängigkeit. Man spricht auch vom Internet-Abhängigkeits-Syndrom (IAS).[298] Symptome sind:

- unwiderstehlicher Zwang zum Einloggen
- weniger als fünf Stunden Schlaf, damit die Person mehr im Internet sein kann

[297]Vgl. Rudow, B.: Das Gesunde Unternehmen – Gesundheitsmanagement, Arbeitsschutz und Personalpflege in Organisationen, München 2004, S. 189 f.

[298]Vgl. ebd., S. 190 f.

- Fokussierung des persönlichen Lebens auf das Internet und somit Einschränkung normaler sozialer Aktivitäten (Absage von Einladungen, Vernachlässigung freundschaftlicher Beziehungen, Kontakte usw.)
- Verlust der Kontrolle über die Zeit des Surfens im Netz,
- ständiges Denken an das Internet, verbunden mit Entzugserscheinungen wie z.B. Unruhe und Nervosität, wenn er/sie „offline“ ist
- mehrmaliger vergeblicher Versuch, persönliche Internetaktivitäten zu reduzieren (Kontrollverlust)

Die Prävention und Intervention von IAS sollte besonders ein Anliegen der Unternehmen sein. Obwohl die Forschung zu den psychologischen und betriebswirtschaftlichen Auswirkungen des IAS noch am Anfang steht, sollte sie von Unternehmen nicht nur als ein Zukunftsproblem angesehen und damit verdrängt werden. Da das Internetzeitalter erst begonnen hat, wird zwangsläufig auch das Problem der Internetsucht in Betrieben zunehmen. Dem sollte frühzeitig vorgebeugt werden.

## 4.4 Das HIV-Problem

Aids wird auch in den nächsten Jahren in den Betrieben ein Problem sein. 2004 lag die Zahl der an Aids erkrankten Menschen bei 43.000. Seit Beginn der HIV- Immunschwäche (AIDS) sind in Deutschland 12.565 Menschen an AIDS gestorben. 60.000 Einwohner, so schätzt man, sind seither infiziert worden Man kann davon ausgehen, dass sich die Krankheit in einem gefährlichen Maße weiter ausbreitet.[299]

Bei dem Umgang mit den infizierten Kollegen ist das Problem der Ansteckungsgefahr weniger wichtig. Der Umgang mit verletzten HIV-Infizierten ist leicht und schnell erlernbar. Das größte Problem besteht in der psychischen Verfassung der Kollegen. Als Unternehmensleitung oder als Vorgesetzter darf man nicht den Fehler machen, dass man die HIV-Krankheit als Privatsache betrachtet und keine fürsorglichen Maßnahmen in diesem Bereich ergreift. Aufklärung und Verhaltensempfehlungen können viel Leid verhindern und zusätzlich erhebliche Kosten einsparen. Die durchschnittlichen Behandlungskosten von Aids-Kranken belaufen sich derzeit in der Bundesrepublik Deutschland auf mehr als eine halbe Milliarde €. Sieht man die Zuwachsrate an Aids-Kranken und kalkuliert man, dass neue Medikamente und Behandlungen die Lebenserwartung von HIV-Infizierten verlängern, werden die Kosten in nächster Zeit beträchtlich ansteigen.

Im wesentlichen können betriebliche Maßnahmen zur Leid- und Kostenreduzierung nur präventiv sein. Allen Mitarbeitern sollte verdeutlicht werden, dass ein Mitarbeiter, der HIV infiziert ist:[300]

- in gleicher Weise wie andere chronisch Kranke behandelt wird,
- dass natürlich Vertraulichkeit gewahrt wird,

---

[299] Vgl. Robert Koch Institut (RKI): HIV-Infektionen und Aidserkrankungen in Deutschland epidemiologische Daten, Halbjahresbericht 2004.

[300] Vgl. Kastner, M.: Personalmanagement, a.a.O., S. 346 f.

- dass das Unternehmen jede notwendige Hilfe gibt, damit die soziale und betriebliche Einbindung erhalten bleibt,
- keine Ansteckungsgefahr für die Kollegen darstellt,
- nicht aufgrund seiner Krankheit von seiner bisherigen Tätigkeit entbunden oder entlassen wird, sondern entsprechend seiner Leistung eingesetzt wird,
- dass man bemüht ist, die Mitarbeiter besser aufzuklären,
- und dass die Ausgrenzung und Diskriminierung von Aids-Kranken oder HIV-Positiver nicht menschengerecht ist.

## 4.5 Der Betrieb und die Familie

Die Vereinbarkeit von Familie und Beruf ist bisher ein besonderes Problem der Frau gewesen und wird es auch in Zukunft sein. Heute stehen den Frauen viele Möglichkeiten der Lebensgestaltung offen. Sie können sich für ein Leben in der Familie entscheiden und sich ihren Kindern widmen oder sich im Berufsleben engagieren und ihre Karriere gestalten. Aus individuellen oder auch finanziellen Gründen entscheiden sich vor allen Dingen die Frauen der jüngeren Generation für die **Kombination von Beruf und Familie**. Der Beruf ist damit nicht nur eine Übergangslösung zur Überbrückung der Zeit bis zur Eheschließung und auch nicht lediglich die Quelle eines vorübergehenden Zusatzverdienstes zum Einkommen des Ehemannes, wie das früher oft der Fall war.

Die Frauen verstehen heute ebenso wie die Männer die Berufstätigkeit als langfristige Beschäftigung, möglichst auf der Grundlage einer qualifizierten Ausbildung. Mit ihrem Beruf schaffen sich die Frauen eine materielle Unabhängigkeit und eine eigene Altersversicherung. Darüber hinaus gewinnen sie neue Entfaltungsspielräume und Lebensaufgaben.

### 4.5.1 Situation der Frauenbeschäftigung

Statistische Zahlen untermauern den Trend der zunehmenden Erwerbstätigkeit von Frauen. Der Anteil der erwerbstätigen Frauen stieg von 41,6 % (1991) auf 44,3 % im Jahre 2002.[301] Ungefähr ein Drittel der weiblichen Erwerbstätigen sind **Teilzeitbeschäftigte**. 86,4 % der Teilzeitarbeitsplätze sind von Frauen besetzt.

Die **Qualifikation der Frau** war noch nie so hoch wie heute. Von den Abiturienten (Absolventen mit Hochschul- und Fachhochschulreife) waren 2002 47,4 % Frauen gegenüber 35,6 % im Jahr 1960. Dieser Trend hat sich bis heute weiter verstärkt. Dies spiegelt sich auch in der größer gewordenen Zahl von Hochschulabsolventinnen wieder. Der Frauenanteil bei den Hochschulabsolventen betrug 2002 47,0 %. Die Anzahl der weiblichen Promotionen lag bei 36,4 %.[302]

---

[301] Vgl. IG Metal: Daten, Fakten, Informationen, a.a.O., S. 180.

[302] Vgl. Statitisches Bundesamt, Mitteilung für die Presse, Dezember 2003.

## 4.5.2 Ansätze betrieblicher Frauenförderung

In der folgenden Abbildung werden einige Beispiele für Maßnahmen betrieblicher Frauenförderung aus größeren Betrieben gezeigt, die Betriebsvereinbarungen getroffen haben, um für die Frau die Vereinbarkeit von Familie und Beruf zu vereinfachen:

Viele Betriebe stellen für ihre Arbeitnehmerinnen Bedingungen für die Inanspruchnahme der Förderungsmaßnahmen. Meist ist als Kriterium die Dauer der Betriebszugehörigkeit ausschlaggebend. Außerdem gibt es in den Betriebsvereinbarungen einige Fördermaßnahmen, die nur für Mitarbeiterinnen gelten, die in Führungspositionen tätig sind. Andere Maßnahmen gelten für alle Mitarbeiterinnen.[303]

| Betrieb (lfd. Nr.) | 1 | 2 | 3 | 4 | 5 | 6 | 7 | 8 | 9 | 10 | 11 |
|---|---|---|---|---|---|---|---|---|---|---|---|
| Voraussetzung (Betriebszugehörigkeit) | | | | | 5 Jahre | | 3 Jahre | 5 Jahre | 3 Jahre | 1 Jahr | unbefristet |
| Familienfreundliche Weiterbildung | • | • | • | • | • | | • | • | • | | • |
| Familienpause | | | 6 Monate | | | | 6 Monate | | 1 Jahr | | > 1 Jahr |
| Kontakthalteangebote | • | • | • | • | • | • | • | • | • | • | • |
| Return-Programme | | • | • | • | • | | • | | • | | • |
| Wiedereinstellungszusage | | | 10 Jahre | 10 Jahre | 10 Jahre | | 7 Jahre | 5 Jahre | | 7 Jahre | |
| Flexible Arbeitszeit | • | • | | • | • | • | • | • | • | • | |
| Kinderbetreuung | | | | | | | • | | | | |
| Dienstzeitanrechnung | | | • | • | • | | • | • | • | • | • |
| Versorgung | | • | | • | • | | • | | • | | • |
| Pflegeurlaub | • | | | | • | | | | | | • |

**Abb. 164:** Frauenförderung in Betriebsvereinbarungen[304]

### (1) Familienfreundliche Weiterbildung

Unter dieser Art der Weiterbildung sind Maßnahmen zu verstehen, die räumlich und zeitlich so organisiert werden, dass auch Betriebsangehörige mit Familienpflichten dar-

---

[303] Vgl. Gessner, B.: Betriebliche Gestaltungsmöglichkeiten zur besseren Vereinbarkeit von Familie und Beruf. In: Betriebliche Sozialpolitik, hrsg. von der Angestelltenkammer Bremen/ Mittelstädt, Hamburg 1993, S. 72.

[304] Vgl. Gessner, B.: Betriebliche Gestaltungsmöglichkeiten zur besseren Vereinbarkeit von Familie und Beruf, a.a.O., S.73.

an teilnehmen können. Dazu kommen Maßnahmen während der Familienpause zur Aufrechterhaltung und Erweiterung der Qualifikation. Hiermit ist die Förderung durch externen Unterricht und die interne innerbetriebliche Weiterbildung gemeint. Über Angebote können die Mitarbeiterinnen z.B. mittels Rundschreiben informiert werden.

Verpflichtet das Unternehmen seine Mitarbeiterinnen zur Teilnahme an Weiterbildungsmaßnahmen, stellt sich die Frage, woraus die Gegenleistung des Betriebes bestehen kann. Dies kann z.B. ein Entgelt für die zusätzlich notwendige Kinderbetreuung sein.

### (2) Familienpause

Nur wenige Unternehmen bieten bisher eine Familienpause über den gesetzlichen Rahmen hinaus an. Es wird beispielsweise zusätzlich eine Familienpause bis zu 6 Monate oder bis zu einem Jahr bei ruhendem Arbeitsverhältnis angeboten.

Für den Mitarbeiter hat ein ruhendes Arbeitsverhältnis folgende Vorteile:

- Rechte aus der Betriebszugehörigkeit bleiben erhalten (z.B. betriebliche Altersversorgung).
- Schutzrechte wie Kündigungs-, Rationalisierungs- und Abgruppierungsschutz bleiben bestehen.

Die Betroffenen haben nach der Pause einen Anspruch auf den gleichen bzw. auf einen gleichwertigen Arbeitsplatz.

### (3) Kontakthalteangebote

Diese Form der Maßnahme wird von fast allen Unternehmen genutzt. Die in der Familienpause befindlichen Personen werden z.B. über Mitarbeiterzeitschriften oder Weiterbildungsprogramme über das Unternehmen ständig informiert. Auch Urlaubs- und Krankheitsvertretungen können für beide Seiten von Nutzen sein.

### (4) Return-Programme

Diese Programme werden besonders für Wiedereinsteiger geplant und durchgeführt. In der Regel handelt es sich hierbei um ein auf die geplante Tätigkeit ausgerichtetes "training on the job" sowie um spezielle Weiterbildungsangebote.[305] Auch die Kosten außerbetrieblicher Seminare werden übernommen. Return-Programme haben somit den Vorteil, dass sie für die jeweiligen individuellen Bedingungen entwickelt worden sind.

### (5) Wiedereinstellungszusagen

Für gleichwertige Arbeitsplätze sprechen Unternehmen Wiedereinstellungszusagen für den Zeitraum bis zu 10 Jahren aus. Im Gegensatz zum ruhenden Arbeitsverhältnis besteht das Beschäftigungsverhältnis nicht weiter. In der Betriebsvereinbarung werden die

---

[305] Vgl. hierzu auch Kaldewey, A./Küpper, G.: Den Wiedereinstieg planen. Eine empirische Studie zur Qualifizierung von Berufsrückkehrerinnen während des Erziehungsurlaubs, hrsg. vom Ministerium für die Gleichstellung von Frau und Mann des Landes Nordrhein-Westfalen, Düsseldorf 1994.

Bedingungen für den Anspruch einer Wiedereinstellung festgelegt. Eine echte Garantie auf Wiedereinstellung besteht aber deshalb nicht. Ist das Unternehmen nicht in der Lage einen Arbeitsplatz zu schaffen, verliert die Wiedereinstellungszusage ihren Wert.

## (6) Anrechnung von Dienstzeiten

Hierbei geht es um die Erhaltung der Dienstzeiten vor der Familienpause für die Dienstzeitberechnung, aber auch um die ganze oder teilweise Berücksichtigung der Familienpause selbst. Bei der betrieblichen Altersversorgung geht es z.B. um die Bezahlung und um Wartezeiten.[306]

## (7) Flexible Arbeitszeit

Ein wichtiger Schlüssel für die Vereinbarkeit von Beruf und Familie liegt in der Gestaltung der Arbeitszeit. Gestaltungsmöglichkeiten sind die gleitende Arbeitszeit, Teilzeitarbeit in ihren verschiedenen Formen und flexible Arbeitszeitregelungen. Obwohl die Wirtschaft dieses Angebot ständig ausgebaut hat, sind die Spielräume dafür jedoch noch lange nicht ausgeschöpft.[307]

Vor allem von der **gleitenden Arbeitszeit** können bisher nur 15 bis 20 % der Beschäftigten Gebrauch machen. Über den Beginn und das Ende ihrer täglichen Arbeitszeit können die Beschäftigten in bestimmten Grenzen selber entscheiden. Eine Abstimmung familiärer und beruflicher Aufgaben kann durch die gleitende Arbeitszeit für die Arbeitnehmer erleichtert werden.

Die Arbeitszeitform "**Teilzeitarbeit**" kann Beruf und Familie am besten in Einklang bringen. Gerade verheiratete Frauen würden die Teilzeitarbeit mit einer wöchentlichen Arbeitszeit von etwa 20 bis 30 Stunden einer Vollzeitarbeit vorziehen. Die deutsche Wirtschaft hat mit einer Teilzeitquote von rund 15 % im Gegensatz zu skandinavischen Ländern (24 bis 30 %) noch Nachholbedarf. Besonders wichtig ist bei der wachsenden Zahl gut ausgebildeter Frauen ein Angebot von **qualifizierten Teilzeitarbeits-plätzen**, um diesen Frauen die Verbindung von Familie und Beruf zu vereinfachen.

In **flexiblen Arbeitszeitregelungen** werden meist Vereinbarungen getroffen, die auf einer individuell bestimmten monatlichen oder jährlichen Sollarbeitszeit aufbauen. Es wird die Möglichkeit berücksichtigt, den Arbeitseinsatz auf persönliche Arbeitszeitwünsche, aber auch an betriebliche Produktionsschwankungen anzupassen.

## (8) Betriebliche Kinderfürsorge

Die meisten öffentlichen und kirchlichen Kinderbetreuungseinrichtungen sind auf die Hausfrau zugeschnitten, die das Kind nach 8.00 Uhr bringen kann, es zum Mittagessen wieder abholt und dann frei entscheidet, ob es noch mal für zwei Stunden in den Kindergarten geht. Diese Einrichtungen sind für berufstätige Frauen und Männer unbrauchbar.

---

[306] Vgl. Gessner, B.: Betriebliche Gestaltungsmöglichkeiten zur besseren Vereinbarkeit von Familie und Beruf, a.a.O., S.74 f.

[307] Vgl. Friedrich, A.: Förderung hoch qualifizierter Frauen durch Arbeitszeitflexibilisierung und Personalentwicklung, München/Mering 2001, S. 90 ff.

Auch in der Schule wird nur halbtags gelehrt und die Erfolgssicherung des Unterrichtes wird in die Hände der Hausfrauen gelegt. Schon seit 20 Jahren sind diese Mängel bekannt. Man kann davon ausgehen, dass sich auf öffentlicher Seite auch in Zukunft wenig verändert. Deshalb ist es Arbeitgebern und Eltern zu empfehlen, eigene Anstrengungen zu unternehmen, um die Betreuung der Mitarbeiterkinder zu gewährleisten.[308]

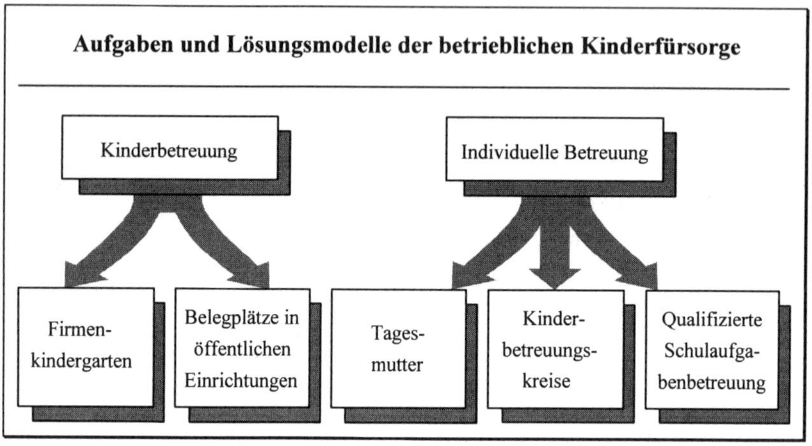


**Abb. 165:** Aufgaben und Lösungsmodelle der betrieblichen Kinderfürsorge

## (a) Kinderbetreuung

Bei der Aufgabe der Kinderbetreuung gibt es folgende Möglichkeiten, sich um die Kinder der Mitarbeiterinnen während deren Arbeitszeit zu kümmern:

- Firmenkindergarten
- Belegplätze in öffentlichen Einrichtungen

Beim **Modell des Firmenkindergarten** handelt es sich um eine firmeninterne Einrichtung, die zur Kinderbetreuung vom Unternehmen und seinen Mitarbeitern gemeinsam organisiert wird. Geeignete Räume, die entsprechend kindergerecht gestaltet werden müssen, können vom Unternehmen zur Verfügung gestellt werden.

Den Trägerverein bilden die Eltern und das Unternehmen zusammen. Die Kindergärtnerinnen sind Angestellte des Vereins. Sie sind bei allen Fragen (z.B. pädagogische Fragen, Personalfragen, Anschaffungen, Probleme mit den Kindern) Ansprechpartner. Die Arbeitszeiten und die Urlaubsregelungen werden zwischen den Eltern und den Kindergärtnerinnen vereinbart. Die Rechte und Pflichten der Elternvertreter und der Unternehmensvertreter sind durch die Satzung des Vereins geregelt.

Die Ausgaben für die Gehälter der Kindergärtnerinnen sowie für die nötigen Anschaffungen (z.B. Spielzeug, Mobiliar usw.) werden durch die Vereinskasse, die vom Trägerverein verwaltet wird, getragen. Der Trägerverein finanziert sich aus seinen Mitgliedsbeiträgen. Aktive Mitglieder sind die Eltern, die ihre Kinder im Firmenkindergar-

[308] Vgl. Vollmer, M.: Frauen im Unternehmen, Landberg/Lech 1993, S. 131 f.

ten betreuen lassen. Weiterhin kann es passive Mitglieder geben, die eine "ideologische" Mitgliedschaft führen, um das Modell zu unterstützen.

Als Alternative zum Modell des Firmenkindergartens stehen **Belegplätze in öffentlichen Einrichtungen** zur Verfügung. Dieses Modell kann angestrebt werden, wenn das Unternehmen keine Möglichkeit hat, einen eigenen Kindergarten einzurichten (z.B. es ist zu klein, mittelständisches Unternehmen). Das Unternehmen kann seinen Mitarbeitern eine firmenexterne Möglichkeit der Kinderbetreuung anbieten.

Für seine Mitarbeiter mietet es in einem öffentlichen Kindergarten eine Anzahl von Belegplätzen an. Der Arbeitgeber trägt einen Teil der Kosten, damit die Einrichtung über Mittag öffnen kann und die volle Beschäftigung der Eltern gewährleistet ist. Die Unternehmen verhandeln mit den öffentlichen Einrichtungen vor allem um die Fragen der Öffnungszeiten (sie müssen die Betriebszeiten umfassen) und um einen Mittagstisch sowie entsprechende Ruheräume für die Kinder.

### (b) Individuelle Betreuung

Die Aufgabe der individuellen Betreuung ist besonders wichtig. Entsprechend des Alters des Kindes gibt es unterschiedliche Lösungsansätze:

Das **Modell der Tagesmutter** ist für Kinder geeignet, die noch zu klein sind, um in den Kindergarten gehen zu können. Nicht alle Frauen akzeptieren die Unterbrechung der Berufstätigkeit durch eine Familienpause. Das Tagesmuttermodell wird deshalb besonders für Frauen im Führungsbereich und in verantwortlichen Positionen zunehmend wichtiger. Das Unternehmen kann diese Mitarbeiterinnen durch folgende Maßnahmen unterstützen:[309]

- Das Unternehmen sucht bzw. weist in seinen hauseigenen Publikationen daraufhin, dass Mitarbeiterinnen an entsprechenden Kontakten interessiert sind.
- Es lässt den führenden Frauenverbänden des Ortes mitteilen, dass es an Konzepten zur "Betreuung durch Tagesmütter" interessiert ist und entsprechende Initiativen ideell und finanziell unterstützen werde.
- Das Unternehmen erlangt über die Kontakte zu Frauenverbänden Kenntnis von weiteren Initiativen, die den Fragen der Kinderbetreuung nachgehen (z.B. Frauenberatungsstellen der Stadt o.ä.) und diese ggf. unterstützen.
- Das Unternehmen kann Universitäten (Lehrstuhlinhaber) bzw. dem wissenschaftlichen Personal ein Forschungsinteresse am "Tagesmutterkonzept" aus der Perspektive des Unternehmens mitteilen.
- Es kann einen finanziellen Zuschuss gewähren, wenn gleichzeitig mehrere Mitarbeiterinnen gemeinsam mit zwei Tagesmüttern einen Vertrag eingehen (kein Ausfall, falls z.B. eine Tagesmutter erkrankt ist).
- Das Unternehmen kann bei der rechtlichen Gestaltung von Tagesmutterverträgen unterstützend beraten.

---

[309] Vgl. Vollmer, M.: Frauen im Unternehmen, a.a.O., S. 134 ff.

- In Betriebsvereinbarungen kann das Unternehmen erwähnen, dass es Eltern unterstützt, die sich aktiv um die Betreuung ihrer Kinder bemühen.

Ein andere Möglichkeit zum Tagesmutterkonzept sind **Kinderbetreuungskreise**. Sie sind dann sinnvoll, wenn Eltern Kinder in unterschiedlichem Alter betreut haben wollen. Auch hier ist es wichtig, zu wissen, ob und wie öffentliche oder private Einrichtungen das Modell unterstützen können (z.B. durch Räume) und welche finanziellen Belastungen auf welche Schultern verteilt werden können. Bei der Einrichtung kann ähnlich vorgegangen werden wie beim Tagesmuttermodell.

Für die älteren Kinder empfiehlt sich eine **qualifizierte Hausaufgabenbetreuung**. Unter volkswirtschaftlichem Gesichtspunkt ist es eigentlich eine Verschwendung, wenn jedes Kind von einem Elternteil bei den Schulaufgaben betreut wird.

Das Konzept der Schulaufgabenbetreuung ist zurzeit ein Thema engagierter Frauen oder Frauenverbände. Neben den Hausaufgaben wollen sie noch pädagogische Konzepte entwickeln, die das Lernen für die Kinder zu einem Spaß machen.

Auch hier kann ein Verein gegründet werden, dessen Ziel die professionelle Betreuung der Kinder bei den Hausaufgaben ist. Eltern, die ihre Kinder dort betreuen lassen, müssen für die Dienste bezahlen. Doch Unternehmen und Privatpersonen (z.B. Oma als passives Mitglied) können den Verein finanziell unterstützen.[310]

## (9) Versorgung

Die Versorgungsleistungen der Unternehmen sind sehr unterschiedlich. Die Leistungen während der Familienpause reichen von der ruhenden Mitgliedschaft im Versorgungswerk bis zur Übernahme von Arbeitnehmer- und Arbeitgeberbeiträgen zur Sozialversicherung.

Auch Anrechnungen auf Wartezeiten und teilweise Berücksichtigung für die rentenfähige Dienstzeit sind vorgesehen, die jedoch nur bei einer Wiedereinstellung in Betracht kommen.[311]

## (10) Pflege

Die Betriebsvereinbarungen zur Wahrnehmung von Aufgaben der Pflege gibt es erst seit 1992. Betriebsangehörige können ihr Arbeitsverhältnis für einen befristeten Zeitraum ruhen lassen oder ihre derzeitige Arbeitszeit reduzieren, um Angehörige zu pflegen. Voraussetzung ist, dass der Angehörige schwer pflegebedürftig ist.

Das Unternehmen darf aktuelle Betriebsbelange in die Entscheidung mit einbeziehen, d.h. ein Rechtsanspruch wird nicht eingeräumt. Hier sind bisher nur Ansatzpunkte geschaffen worden. Sie sind befristet und kündbar. Sie sind aber ein Schritt auf dem Wege zur Erreichung des Ziels der tatsächlichen Vereinbarkeit von Beruf und Familie.[312]

---

[310] Vgl. Vollmer, M.: Frauen im Unternehmen, a.a.O., S. 136 f.

[311] Vgl. Gessner, B.: Betriebliche Gestaltungsmöglichkeiten zur besseren Vereinbarkeit von Familie und Beruf, a.a.O., S. 76.

[312] Vgl. ebd., S. 77.

### 4.5.3 Die Motive des Unternehmens

Die Motive und Ziele der im vorherigen Kapitel aufgezählten Maßnahmen zur Vereinbarkeit von Beruf und Familie unterscheiden sich in den Unternehmen:

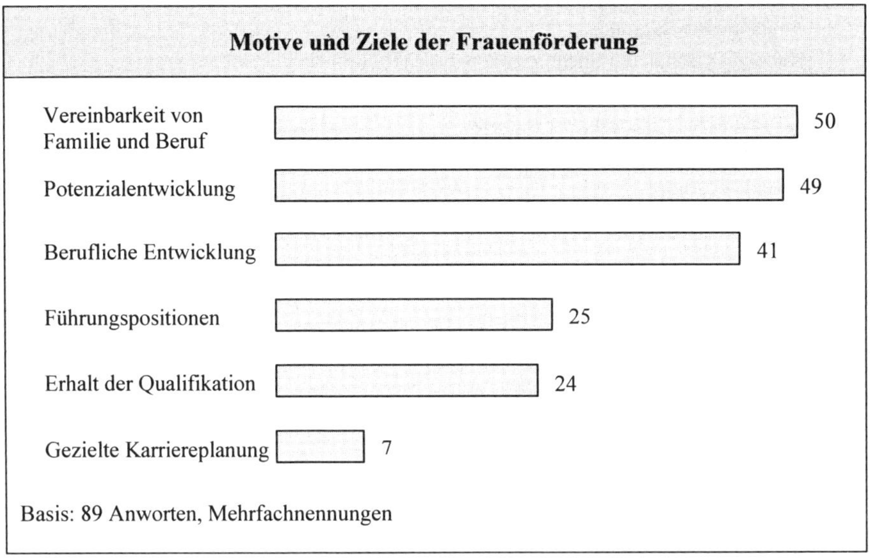


**Abb. 166:** Die Motive und Ziele der Frauenförderung[313]

Es zeigt sich, dass den Unternehmen die Vereinbarkeit von Familie und Beruf und die Potenzialentwicklung der Eltern und insbesondere der berufstätigen Frauen besonders wichtig ist. Von einer gewissen Bedeutung sind auch die Förderung von Frauen zur Übernahme von Führungspositionen sowie der Qualifikationserhalt. Eine gezielte Karriereplanung für ihre Mitarbeiterinnen verfolgen die Unternehmen jedoch in der Regel nicht.

## 4.6 Sonstige betriebliche Leistungen

Im Feld der sonstigen betrieblichen Leistungen gibt eine große Anzahl an Möglichkeiten für den Arbeitgeber, dem Arbeitnehmer Anerkennungen, Vergünstigungen, Hilfestellungen oder ähnliches zu bieten.

Nach einer Umfrage der Angestelltenkammer in Bremen sind die freiwilligen betrieblichen Leistungen nach der Häufigkeit der Nennung durch den Arbeitnehmer ermittelt und in eine Rangordnung gebracht worden. Das Ergebnis dieser Studie zeigt die folgende Abbildung:[314]

---

[313] Busch, C.: Frauen haben viel zu bieten, hrsg. vom Bundesministerium für Bildung und Wissenschaft und dem Bildungswerk der Hessischen Wirtschaft e.V., Bonn 1994, S. 20.

[314] Vgl. Mittelstädt, A.: Betriebliche Sozialpolitik, a.a.O., S. 147.

| Rang | Angebotene Sozialleistung | Häufigkeit (in %) |
|---|---|---|
| 1. | Weihnachtsgeld | 96,9 |
| 2. | Urlaubsgeld | 94,2 |
| 3. | Jubiläumszuwendung | 91,4 |
| 4. | Kündigungsschutz für ältere oder lang beschäftigte Arbeitnehmer | 72,9 |
| 5. | Betriebliche Altersversorgung | 68,5 |
| 6. | Kostenlose oder verbilligte Parkplätze | 64,7 |
| 7. | Betriebliche Weiterbildungsangebote | 61,3 |
| 8. | Betriebsärztlicher Dienst | 54,8 |
| 9. | Kantine | 53,4 |
| 10. | Verpflegungszuschüsse oder Catering-Service | 49,3 |
| 11. | Arbeitgeberdarlehen | 43,8 |
| 12. | Verbilligter, betriebsinterner Warenverkauf oder vergleichbare Vergünstigungen | 36,3 |
| 13. | Betriebssport | 36,0 |
| 14. | Suchtkrankenhilfe | 32,9 |
| 15. | Berufsunterbrechungsmodelle | 29,5 |
| 16. | Verlängerter Erziehungsurlaub | 27,7 |
| 17. | Fahrkostenerstattung | 27,7 |
| 18. | Besondere Arbeitsplätze für Leistungsgeminderte (Behinderte) | 27,7 |
| 19. | Betriebliche Sozialfonds | 27,4 |
| 20. | Betriebliches Kindergeld bzw. Familienzuschlag | 24,0 |
| 21. | Zuschüsse zu betrieblichen Freizeitaktivitäten | 22,3 |
| 22. | Betriebliche Regelungen für einen vorgezogenen Übergang in den Ruhestand | 20,5 |
| 23. | Maßnahmen zur Gesundheitsförderung | 19,9 |
| 24. | Hilfe und Zuschüsse bei der Wohnraumbeschaffung | 17,5 |
| 25. | Besondere Arbeitszeitregelungen für die ersten Jahre der Kinderbetreuung | 16,4 |
| 26. | Anpassung der Arbeitsbedingungen an die Erfordernisse älterer Mitarbeiter | 14,7 |
| 27. | Betriebswohnung (nicht nur für den Hausmeister) | 14,7 |
| 28. | Gewinnbeteiligung (nicht nur für Führungskräfte) | 14,0 |
| 29. | Betriebliche Regelungen für einen schrittweise Übergang in den Ruhestand | 12,7 |
| 30. | Sozialbetreuung (Betriebsfürsorge) | 12,3 |
| 31. | Qualifizierungsangebote während der Familienpause | 11,0 |
| 32. | Schuldnerberatung | 10,6 |
| 33. | Besondere Angebote für ausländische Mitarbeiter (z.B. Sprachkurse) | 8,2 |
| 34. | Job-Ticket | 4,1 |
| 35. | Betriebskindergarten oder betriebsnaher Kindergarten | 3,4 |

**Abb. 167:** Rangfolge des Angebots an Sozialleistungen

Zu diesen betrieblichen Leistungen kommen noch zahlreiche Möglichkeiten hinzu. Stellvertretend seien hier noch der Sonderurlaub zu bestimmten Anlässen, Betriebsfeste, Betriebsausflüge und Betriebsreisen genannt.

# Fragen zur Kontrolle und Vertiefung

(1) Von welchen Faktoren hängt das Leistungsverhalten eines Mitarbeiters ab?

(2) Worin ist die Motivation der Mitarbeiter begründet? Nennen Sie einige intrinsische und extrinsische Motive einer beruflichen Tätigkeit!

(3) Wie entwickelte sich die wissenschaftliche Auseinandersetzung mit der Person des Mitarbeiters im Betrieb seit der Jahrhundertwende?

(4) Skizzieren Sie die hierarchische Bedürfnispyramide nach Maslow (1954)! Würden Sie ihre Bedürfnisse in einer ähnlichen Rangfolge ordnen? Wenn nicht, erarbeiten Sie eine eigenen Gliederung Ihrer Bedürfnisse und vergleichen Sie sie mit der Maslow´schen Pyramide!

(5) Wie beschreibt Herzberg die Hygiene- oder Maintenance-Faktoren und die Motivatoren?

(6) Welche Schlussfolgerungen zieht Herzberg aus seiner Motivationstheorie für die betriebliche Praxis?

(7) Beschreiben Sie aufbauend auf der Maslow´schen Motivationstheorie und der 2-Faktoren-Theorie die XY-Theorie von McGregor!

(8) Begründen Sie, warum es sich bei der Führungsstiltheorie von Tannenbaum und Schmidt um einen eindimensionalen Erklärungsansatz handelt!

(9) Welche drei Dimensionen des Führungsverhaltens werden im 3-D-Modell von Reddin beschrieben, und wie werden sie miteinander kombiniert? Erläutern Sie den Integrationsstil!

(10) Vergleichen Sie das 3-D-Modell mit dem Verhaltensgitter von Blake/ Mouton!

(11) Beschreiben Sie den sogenannten "Managementkreis" und seine Bestandteile!

(12) Welche Grundsätze der Führung im Mitarbeiterverhältnis werden in den "Allgemeinen Führungsanweisungen" des "Harzburger Modells" festgelegt?

(13) Kritisieren Sie das "Harzburger Modell"!

(14) Nennen Sie die wesentlichen Aussagen des Managements by Objectives!

(15) Fassen Sie die wichtigsten Aussagen des Züricher Ansatzes zusammen!

(16) Was verstehen Sie unter Führungsrichtlinien? Stellen Sie beispielhaft einen Katalog von Ihrer Meinung nach sinnvollen Führungsrichtlinien zusammen!

(17) Welchen Stellenwert messen Sie der Kommunikation im Unternehmen bei? Begründen Sie Ihre Antwort!

(18) Welche Arten von Kommunikationsnetzen sind Ihnen bekannt? Wozu sind die einzelnen Netzformen jeweils besonders gut geeignet?

(19) Welche Anforderungen werden an den Moderator einer Gruppe gestellt? Welche Bedeutung messen Sie der Moderation im Prozess der Gruppenentwicklung bei?

(20) Erklären Sie, wie es ausgehend von den drei Ich-Zuständen der Transaktionsanalyse zu Konflikten bei der Kommunikation kommen kann!

(21) Was ist beim Einsatz eines fürsorglichen Mitarbeiters besonders zu beachten?

(22) Vergleichen Sie die Aufgabenfelder eines Moderators mit denen eines Coachs!

(23) Nennen Sie verschiedene immaterielle und materielle Anreize, die in der betrieblichen Praxis gebräuchlich sind!

(24) Was versteht man unter dem Äquivalenzprinzip von Kosiol?

(25) Warum ist eine absolute Lohngerechtigkeit nicht gesichert?

(26) Welche Aufgaben hat die Arbeitsbewertung?

(27) Definieren Sie die Begriffe: Lohngruppe, Ecklohn, Wertzahl und Tariflohn!

(28) Beschreiben Sie kurz die beiden summarischen Methoden zur Arbeitsbewertung!

(29) Welche Anforderungsmerkmale einer Arbeit verwendet das "Genfer Schema"?

(30) Nach welchen Schritten geht man bei den Rangreihenverfahren zur Arbeitsbewertung vor?

(31) Nennen Sie vergleichend die Vor- und Nachteile des Stufenwertverfahrens und des Rangreihenverfahrens!

(32) Skizzieren Sie Möglichkeiten zur Umsetzung von Arbeitswerten in Entgelte!

(33) Für welche Tätigkeiten ist der Zeitlohn, für welche der Akkordlohn und für welche der Prämienlohn sinnvoll? Nennen Sie einige Beispiele zu den verschiedenen Entlohnungsformen und begründen Sie Ihre Wahl!

(34) Was versteht man unter einer Leistungszulage und welche Nachteile hat diese gegenüber dem Prämienlohn?

(35) Wie ermittelt man den Akkordlohn rechnerisch?

(36) Welche Prämienlohnarten gibt es?

(37) Wie errechnet sich der Monatslohn nach dem Prämienlohnsystem von Halsey?

(38) Warum wird der Potenziallohn von den Gewerkschaften befürwortet?

(39) Beschreiben Sie Vor- und Nachteile des Pensumlohns!

(40) Beschreiben Sie den Aufbau und die Aufgaben eines Qualitätszirkels! Welche Vorteile bietet er für das Unternehmen bzw. für die Mitarbeiter?

(41) Was versteht man im engeren Sinne unter betrieblichen Sozialleistungen?

(42) Betrachten Sie den heutigen Stellenwert der Sozialleistungen im Vergleich zu früheren Zeiten!

(43) Zeigen Sie Möglichkeiten zum Umgang mit alkoholkranken Mitarbeitern auf!

(44) Was versteht man unter dem Internet-Abhängigkeits-Syndrom?

(45) Welche Maßnahmen ermöglichen bzw. erleichtern den Arbeitseinsatz alleinerziehender Mütter bzw. Väter?

Teil 4

# Informationssysteme der Personalwirtschaft

# 1 Grundlagen

In den folgenden Abschnitten werden unter der Thematik "Informationssysteme der Personalwirtschaft" die Aufgaben und Bestandteile der Personalverwaltung bzw. des Personalwesens vorgestellt, die hier als Teilbereiche der Personalwirtschaft verstanden werden sollen.[1]

Nach einer Begriffsbestimmung verschiedener Fachausdrücke und der Schilderung von Aufgaben und Zielen der Personaldatenverarbeitung und -verwaltung werden Möglichkeiten zur Organisation von Personaldaten aufgezeigt.

Ein weiterer Abschnitt befasst sich mit den Personalinformationssystemen. In diesem Zusammenhang wird auch die besondere Bedeutung des EDV-Einsatzes zur Rationalisierung der Personaldatenauswertung und -verwaltung geschildert.

Außer den Personendaten und den betriebsbezogenen Daten der Mitarbeiter ist im Zusammenhang mit den Informationssystemen der Personalwirtschaft die Personalbeurteilung von besonderer Bedeutung. Es werden die verschiedenen Möglichkeiten der Leistungs- und Potenzialbeurteilung und als **neuere** Entwicklung die Aufwärts- oder Vorgesetztenbeurteilung vorgestellt.

Die letzte Beurteilung eines Mitarbeiters erfolgt bei seinem Austritt aus dem Unternehmen in Form eines Arbeitszeugnisses. Wegen der rechtlichen Bedeutung, aber insbesondere wegen der zum Teil unklaren Vorgehensweise bei der Formulierung solcher Zeugnisse wird diesen ein eigener Abschnitt gewidmet.

Eine immer größere Bedeutung kommt im Rahmen der Personalinformationssysteme (speziell in Verbindung mit EDV-Systemen) dem Datenschutz zu. Hier sollen neben den rechtlichen Grundlagen des Datenschutzes Wege zur Durchführung von Datenschutzmaßnahmen aufgezeigt werden.

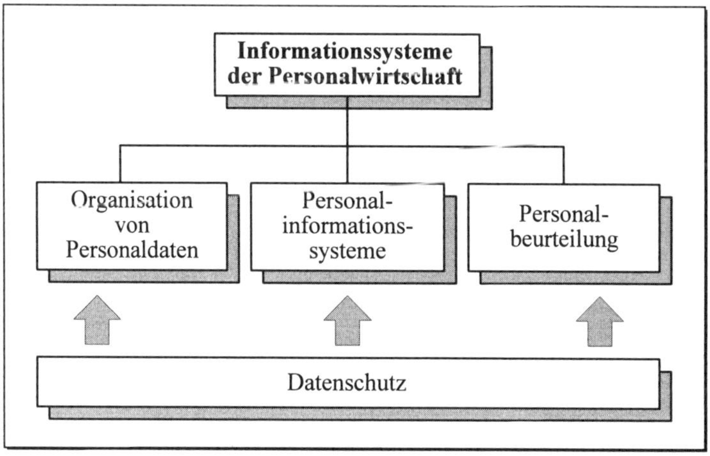


**Abb. 1:** Informationssysteme der Personalwirtschaft

---

[1] Vgl. Definitionen in Teil 1 "Grundlagen der Personalwirtschaft".

## 1.1 Personaldaten im Unternehmen

Innerhalb eines Unternehmens sind eine Vielzahl von Aktionen und Entscheidungen vorzubereiten, die direkt oder indirekt das Personal betreffen. Die Bandbreite dieser Aktionen reicht von der Einstellung über die Urlaubs- und Entgeltberechnung, den Umgang mit Personaldaten, bis hin zur Entlassung. Die Basis für die in einem Unternehmen anfallenden personellen Maßnahmen ist eine gut organisierte Personalverwaltung. Dabei ist allgemein die Bedeutung der Personalverwaltung proportional zu der Dimension des Unternehmens zu sehen. Ein Großunternehmen kann auf eine gut funktionierende Personalverwaltung nicht verzichten. Zu ihrem effektiven Ablauf werden auf den jeweiligen Bereich zugeschnittene Systeme und Verfahren eingesetzt, die eine der folgenden wichtigen Komponenten der Personalverwaltung zum Inhalt haben oder eventuell auch aus einer Kombination bestehen:

1. Die **organisatorische Komponente** besteht in der rechtzeitigen Bereitstellung der entsprechenden Personaldaten. Dadurch wird eine optimale Kommunikation im Personalbereich innerhalb des Unternehmens ermöglicht. Außerdem dienen die gewonnenen Daten als Entscheidungsgrundlage für personalpolitische und personalstrategische Fragestellungen.
2. Die Aufgabe der **administrativen Komponente** besteht in den Verwaltungsarbeiten der Personalabteilung für die internen und externen Stellen. Dies ist zum Beispiel bei Einstellungen, Kündigungen und Versetzungen gegeben. Wichtig ist vor allem eine Vereinheitlichung und Rationalisierung der anfallenden Arbeiten.
3. Die **operationelle Komponente** hat die Personaldatenerfassung, ihre Aktualisierung, Verarbeitung und Auswertung zum Inhalt. Dies wird größtenteils durch entsprechende EDV-Systeme gelöst.

In ihrer Gesamtheit kann man die Personalverwaltung also als **Dienstleistungsinstanz**[2] für andere Abteilungen, wie etwa das Rechnungswesen, das Management oder die Vorgesetzten allgemein verstehen. Sie dient als **Drehscheibe** zwischen den Abteilungen für alle mit dem Personal verbundenen Angelegenheiten, hat also eine **Vermittlungsfunktion**. Daher ist die oben aufgeführte Komponente der Kommunikation der Personalverwaltung mit den anderen Organisationseinheiten des Unternehmens von zentraler Bedeutung.

Zu den praktischen Verwaltungsaufgaben der Personalverwaltung gehören:

- das Erstellen der **Entgeltabrechnungen**,
- die Auszahlung von **Gehalts- und Lohnzulagen**,
- die Be- und Verrechnung von **Unfallversicherungs- und Rentenabzügen**,
- das Erstellen von **Betriebsstatistiken**, z.B. in Form von Betriebszählungen und Erhebungsbögen sowie
- das Bearbeiten von **internen Daten** wie das Erstellen eines Telefonverzeichnisses oder die Arbeitszeiterfassung.

---

[2] Vgl. Wagner, D.: Personalfunktion in der Unternehmensleitung, Wiesbaden 1994, S. 18 f.

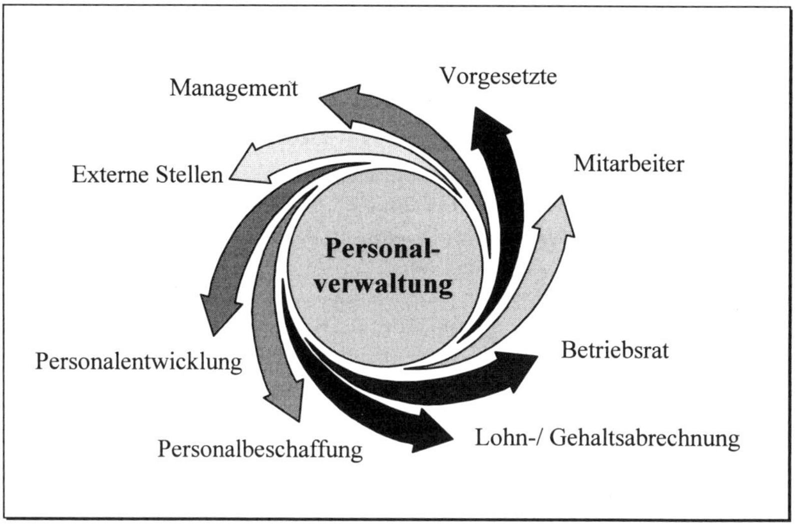


**Abb. 2:** Personalverwaltung als Drehscheibe zu internen und externen Abteilungen und Stellen

Das im Zusammenhang mit der administrativen Komponente der Personalverwaltung angesprochene **Rationalisierungspotenzial** ergibt sich vor allem aus der Vereinheitlichung der Arbeitsabläufe. Dies geschieht durch den Gebrauch von Belegen und Vordrucken bzw. durch eine Automatisierung mit Hilfe der elektronischen Datenverarbeitung.

Da der Personalverwaltung im Zusammenspiel mit den anderen Abteilungen und Einheiten der Unternehmung eine zentrale Rolle zukommt, ist es vom organisatorischen Standpunkt aus betrachtet sinnvoll, diese Aufgabenbereiche zu zentralisieren - also zu einer **eigenständigen Abteilung** zusammenzufassen und diese direkt der Personalleitung zu unterstellen.

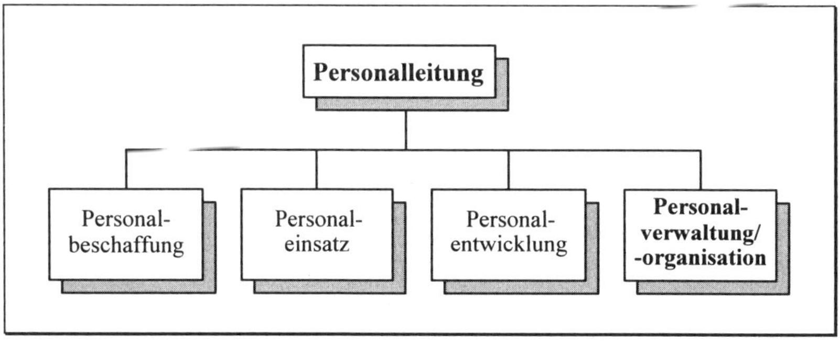


**Abb. 3:** Hierarchische Stellung der Personalverwaltung

Voraussetzung für eine effektive Personalverwaltung ist ein gewisses **Mindestmaß an Daten**, die permanent erfasst und aufbereitet werden müssen. Dabei können die Daten aus recht unterschiedlichen Bereichen des Unternehmens entstammen, wie die folgende Abbildung zeigt:

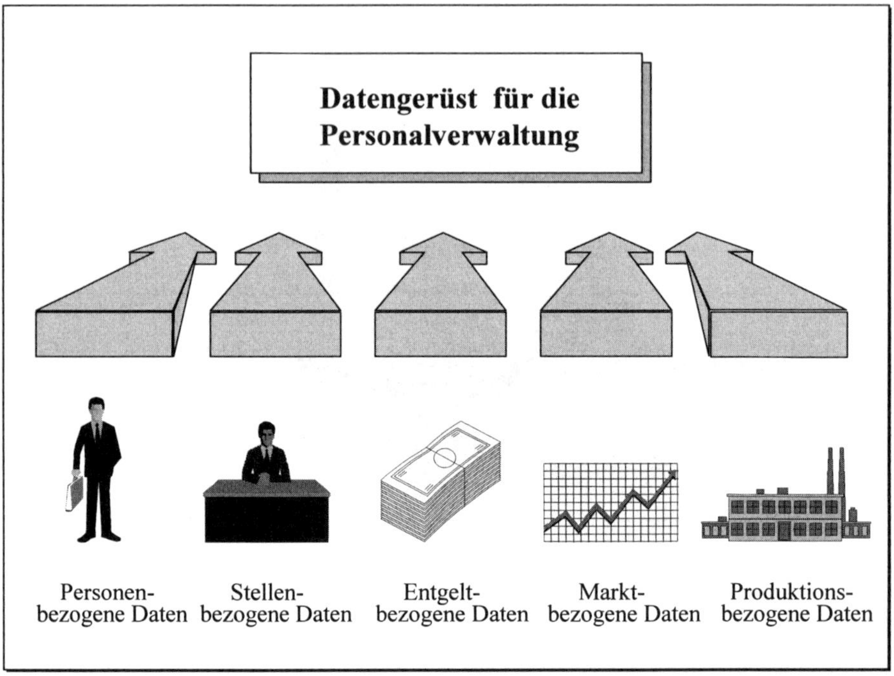


**Abb. 4:** Zusammensetzung des Datengerüstes eines Unternehmens

- **Personenbezogene Daten** umfassen Zahlen, Werte und sonstige Informationen, welche direkt die gesamte Belegschaft oder Teile davon betreffen. Hierunter sind der Personalbestand, die Personalfluktuation, bestimmte Strukturdaten bezüglich des Mitarbeiteralters oder der Mitarbeiterqualifikation, Urlaubslisten und Krankheitsmeldungen von besonderer Wichtigkeit.

- **Stellenbezogene oder arbeitsplatzbezogene Daten** liefern Informationen über die eigentliche Stelle bzw. den Arbeitsplatz in Form von Aufgabenrahmen, Anforderungs- und Fähigkeitsprofil sowie Zugehörigkeit zu einer organisatorischen Einheit. Sie liefern daher die Datenbasis für die Personalbedarfsplanung.

- **Entgeltbezogene Daten** bedeuten einerseits Durchschnittswerte zu Lohn und Gehalt, andererseits beinhalten sie absolute Werte wie das tarifliche bzw. übertarifliche Entgelt der Mitarbeiter, unterschieden nach Lohn- und Gehaltsgruppen, Tätigkeitsgruppen und organisatorischen Einheiten. Außerdem kommen noch die Sozialkosten hinzu.

- **Marktbezogene Daten** - hauptsächlich in Form von Kennzahlen - analysieren die Marktstellung, die Umsatzentwicklung und die Marktanteile einer Unternehmung. Diese Daten sind von besonderer Wichtigkeit bei der Einstufung potenzieller Konkurrenten.

- **Produktionsbezogene Daten** betreffen hauptsächlich die Ausbringung eines Betriebes. Diese wird ins Verhältnis zum Personaleinsatz gesetzt; ebenso kann der Personalkostenanteil am gesamten Umsatz wichtige Aufschlüsse über die Effizienz der Personalverwaltung und -planung geben.

## 1.2 Begriffsbestimmung Personalinformationssystem

Unter einem Personalinformationssystem versteht man ein System, das eine vollständige und geordnete Erfassung, Speicherung, Verwaltung, Sortierung und Auswertung aller **entscheidungsrelevanten Informationen** über das Personal einschließlich des Sozialwesens und der Arbeitsplätze ermöglicht. Die Führungskräfte, die Verwaltungsangestellten sowie die Arbeitnehmervertretungen werden mit Hilfe technischer, organisatorischer und methodischer Mittel auf allen Ebenen und in allen betrieblichen Funktionen mit den Informationen, die sie zur zielgerichteten Wahrnehmung ihrer Führungs- und Verwaltungsaufgaben im Planungs-, Verwaltungs- und Kontrollbereich im Rahmen des Gesamtsystems einer Institution benötigen, versorgt.[3] Heute ist ein Personalsystem ohne die Möglichkeiten der EDV nicht mehr realisierbar. Deshalb schließt die Verwendung des Begriffs "Personalinformationssystem" die EDV-unterstützte Verarbeitung von Personaldaten mit ein.

Oft ist das Personalinformationssystem ein Bestandteil eines Gesamtsystems. Durch eine **Vernetzung** mit den anderen Bestandteilen des Systems wird ein gegenseitiger elektronischer **Datentransfer** ermöglicht, der eine Vereinheitlichung des Datenbestandes mit sich bringt und somit spätere Anpassungsaktionen zwischen den einzelnen Systemkomponenten überflüssig macht.

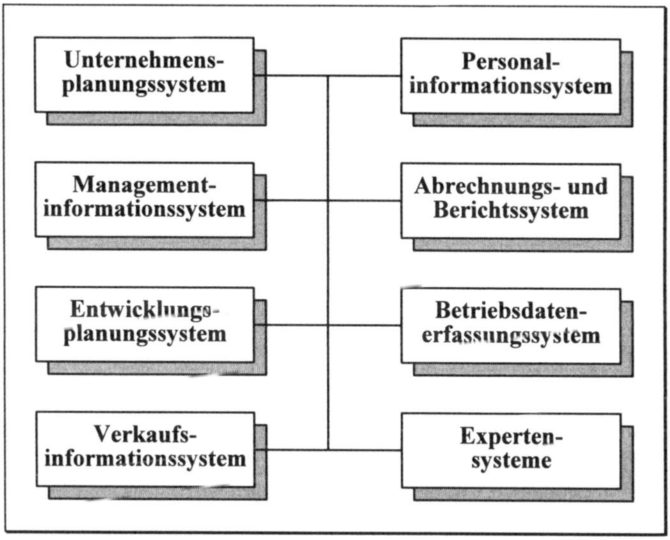


**Abb. 5:** Innerbetriebliche Vernetzung von Informationssystemen

In diesem Zusammenhang ist allerdings auf die Wahrung des Datenschutzes hinzuweisen, das heißt, eine Permeabilität zwischen den Systembestandteilen ist auf die jeweils relevanten Daten zu beschränken und Verbindungen sollten nur dort vorgenommen werden, wo ein definierter Bedarf vorliegt.

---

[3] Vgl. Domsch, M./Schneble, A.: Aufbau und Einsatz betrieblicher Personalinformationssysteme, Landsberg 1991, S. 105.

Als weiterer Vorteil der Vernetzung ist die **erhöhte Aussagekraft** von aus verschiedenen Systembereichen kombinierten Daten zu nennen. Bei einer Simulationsrechnung bezüglich alternativer Produktionsverfahren können zum Beispiel Daten aus den Bereichen Produktion und Personalwesen gleichzeitig zur Errechnung eines Lösungsvorschlages eingesetzt werden. Wichtige Informationen über eventuelle Personalengpässe infolge von Urlaubszeiten, Auslandseinsätzen, Wehrdienstzeiten etc. können so in die Rechnung einfließen.

## 1.3 Aufgaben der Personaldatenverarbeitung

Durch die Nutzung der Datenverarbeitung im Rahmen der Personalwirtschaft wird in erhöhtem Maße eine Unterstützung bei betrieblichen Verwaltungs- und Führungsaufgaben möglich. Diese Aufgaben werden allgemein dem Führungsprozess, also der Planung, Entscheidung, Realisation und Kontrolle zugeordnet.

Ein Datenverarbeitungssystem soll im Zuge dieser Aufgabenstellungen einen größtmöglichen Teil aller relevanten **Informationen** liefern, die für die betriebliche Personalarbeit benötigt werden. Die folgende Tabelle gibt Auskunft über die verschiedenen **Führungs**- und **Verwaltungsaufgaben**, die im Personalbereich durch ein Datenverarbeitungssystem unterstützt werden. Gleichgewichtig mit diesen personalbezogenen Aspekten stehen die **arbeitsplatzbezogenen Aspekte**, welche die unmittelbare Verknüpfung mit dem Arbeitsplatzbereich und der Arbeitsorganisation aufzeigen sollen.

| Personalbezogene Aspekte | Arbeitsplatzbezogene Aspekte |
|---|---|
| • Personalbedarfsermittlung | • Arbeitsplatzbedarfsermittlung |
| • Personalbeschaffung | • Arbeitsplatzbeschaffung |
| • Personalentwicklung | • Arbeitsplatzverbesserung |
| • Personaleinsatz | • Arbeitsplatzeingliederung |
| • Personalbeurteilung | • Arbeitsplatzerhaltung |
| • Personalentlohnung | • Arbeitsplatzbewertung |
| • Personalfreisetzung | • Arbeitsplatzauflösung |
| • Personalorganisation | • Arbeitsplatzorganisation |

**Abb. 6:** Führungs- und Verwaltungsaufgaben im Personal- und Arbeitsplatzbereich

Zu den wichtigsten Einzelaufgaben zählen:

- **Abwicklung des Entgeltwesens:** Hierzu gehört neben der Berechnung und Auszahlung von Lohn und Gehalt auch die Abführung der Lohnsteuer und der Sozialversicherungsbeiträge. In dieser Hinsicht erfolgt eine Verlagerung eines Teils der Verwaltungsaufgaben vom Staat auf die Unternehmungen und Betriebe. Außerdem müssen sonstige vom Mitarbeiter verursachte Beträge, wie etwa Reisekostenpauschalen, privat geführte Telefonate etc. bei der Abrechnung mit berücksichtigt werden.

- **Allgemeine Abwicklungsaufgaben:** Die Erledigung aller Formalitäten - angefangen bei der Personalauswahl über die Einstellung, Versetzung, Beurteilung, Beförderung, bis hin zur Personalentlassung bzw. Pensionierung - gehören zu dieser Gruppe. Dabei ist die Beachtung des Arbeits-, Sozial- und Tarifrechts, sowie die Berücksichtigung der Vorschriften der Berufsgenossenschaften und der Kündigungsschutzbestimmungen unabdingbar.
- **Einrichtung und Führung von Personalakten/ Personaldateien:** Diese Aufgabe umfasst die Anlage und Fortführung einer Personalakte bzw. einer Personaldatei für jeden einzelnen Mitarbeiter eines Unternehmens. Hier werden insbesondere Bewerbung, Personalfragebogen, Zeugnisse, Beförderungs- oder Versetzungsmeldungen, Beurteilungen, Schriftverkehr und Informationen zu eventuell aufgetretenen besonderen Vorkommnissen gelagert bzw. gespeichert.
- **Einrichtung und Führung einer Personalstatistik:** Hierzu gehört die Aufbereitung von Daten zur Überwachung und Kontrolle des Personals. Eng damit verbunden besteht die Möglichkeit der Dokumentation und der Informationsselektion auch für externe Informationsabnehmer wie das Finanzamt, die Berufsgenossenschaft oder die Industrie- und Handelskammer. Der Informationsabruf erfolgt gerade für diese Institutionen oft sehr kurzfristig.
- **Bearbeitung von Mitarbeiteranträgen:** Zu dieser Kategorie gehören insbesondere Urlaubs- und Reiseanträge, Anträge auf Fahrtkostenzuschuss, Vertretung, Um- bzw. Höhergruppierung, Gehaltserhöhung, vermögenswirksame Leistungen und Weiterbildungsmaßnahmen. Außerdem sind auch Mitarbeiterbeschwerden und Anträge für das betriebliche Vorschlagswesen zu bearbeiten.

Der aufgelistete Umfang der Aufgaben zeigt das **Einsparungspotenzial**, das durch den Einsatz der Datenverarbeitung in diesem Bereich möglich ist. Eine **Kostenreduzierung** ist daher eines der erklärten Ziele der Personaldatenverarbeitung.

## 1.4 Ziele der Personaldatenverarbeitung

Allgemein formuliert besteht das Ziel der Personaldatenverarbeitung darin, Daten und Informationen **transparent**, **aktuell**, **fehlerfrei**, **aussagekräftig**, **wirtschaftlich** und unter Sicherung der **Vertraulichkeit** anderen Abteilungen und externen Institutionen zur Verfügung zu stellen. Hierbei sind folgende Gesichtspunkte von besonderer Wichtigkeit:

- **Verbesserung der Arbeitssituation für die Personalsachbearbeiter:** Es kommt zu einer Entlastung von Routinetätigkeiten. Eine einfache Handhabung, schnelle Antwortzeiten sowie die daraus resultierende Aktualität von Daten erhöhen einerseits die Benutzerfreundlichkeit, andererseits bieten sie einen erhöhten Überwachungs- und Korrekturkomfort.
- **Personal- und Verwaltungskostensenkung:** Durch den Fortfall manueller Tätigkeiten sowie die Rationalisierung von Arbeitsabläufen im Personalwesen und der damit verbundenen Personaleinsparung können Kosten in erheblichem Maße gesenkt werden. Voraussetzung hierfür ist eine Optimierung und Kostenminimierung der Methoden und Techniken der Verarbeitungsverfahren.

- **Mehr Transparenz und Systematik im Personalwesen:** Dies wird vor allem durch die Standardisierung personalwirtschaftlicher Arbeitsabläufe und der daraus resultierenden einheitlichen Abwicklung von personalwirtschaftlichen Aufgaben (z.B. unternehmensweites, einheitliches Abrechnungssystem) erreicht. Als Folge hiervon ergeben sich für den Mitarbeiter verständlichere Abrechnungsbelege und Bescheinigungen. Außerdem ermöglicht die erhöhte Transparenz von Personalangelegenheiten mehr Objektivität bei personalwirtschaftlichen Entscheidungen.
- **Qualifizierte Unterstützung einzelner personalwirtschaftlicher Funktionen:** Der Einsatz quantitativer Methoden der Personalplanung als auch die Möglichkeit der Durchführung von Simulationsrechnungen oder Prognosen ermöglicht eine Unterstützung bei spezifischen Aufgaben der Personalwirtschaft. Insbesondere statistische Präsentationen, wie z.B. der Vergleich von Soll- und Istwerten oder die Fortschreibung der Werte von bisher erreichten Ergebnissen sind in diesem Zusammenhang zu nennen.
- **Verbesserung der Informationsbasis für personalwirtschaftliche Aufgaben:** Mit der Nutzung der Möglichkeiten der Datenverarbeitung im Personalwesen kommt den verfügbaren Informationen eine höhere Aktualität und Genauigkeit zu. Zudem kann man eine Informationsverdichtung durch statistische Aufbereitung der Daten erreichen. Grundvoraussetzung hierfür ist allerdings, dass eine Fehlerfreiheit von Personalinformationen garantiert ist.
- **Erweiterung und Ausbaufähigkeit des Datenverarbeitungssystems:** Hierbei ist hauptsächlich eine Anpassung an neue DV-technische Entwicklungen zu nennen. Ebenso muss eine Flexibilität bezüglich einer möglichen Erweiterung der Datenbasis, gesetzlicher bzw. tarifvertraglicher Änderungen sowie in Bezug auf die Unterstützung zukünftiger personalwirtschaftlicher Aufgaben bestehen.

Die Zusammenstellung der Ziele zeigt, dass es sich um eine Kombination aus

- **Sachzielen** (z.B. Verbesserung der Informationsbasis),
- **ökonomischen Zielen** (z.B. Verwaltungskostensenkung) und
- **sozialen Zielen** (Objektivität und Transparenz) handelt.

Zusätzlich ist eine ausgewogene Relation zwischen dem Zielinhalt, dem angestrebten Ausmaß und dem zeitlichen Bezug nötig. Dabei werden die genannten Aufgaben und Ziele insbesondere durch die Implementierung eines **Personalinformationssystems** als Komplettlösung verwirklicht. Auf diese Möglichkeit wird später noch gesondert eingegangen.

# 2 Organisation von Personaldaten

In den folgenden Abschnitten werden die Möglichkeiten zur Organisation von Personaldaten aufgezeigt. Gerade in größeren Unternehmen mit einer hohen Mitarbeiterzahl ist die Organisation und Verwaltung von Personaldaten eine wichtige Aufgabe im Rahmen der Personalarbeit.

Zur Bewältigung der großen Datenmengen innerhalb der Personalverwaltung haben sich bestimmte "Werkzeuge" als sinnvoll und geeignet erwiesen. Hierzu gehören insbesondere die Personalakte, die Personalkartei und das Personalhandbuch.

## 2.1 Personalakte

In der Personalakte werden alle Unterlagen, die für die Person und das Arbeitsverhältnis des Mitarbeiters von Bedeutung sind, gesammelt und geordnet aufbewahrt. Die Führung einer Personalakte ist zwar nicht gesetzlich vorgeschrieben, jedoch empfiehlt es sich, aus verschiedenen **organisatorischen Gründen** eine solche zu führen.[4] Die Personalakte ermöglicht es, einen leichten **Überblick** über den Mitarbeiter zu gewinnen und personelle Entscheidungen danach auszurichten. Ferner hat der Mitarbeiter ein Interesse daran, dass die ihn betreffenden Unterlagen aktenkundig gemacht und geordnet zusammengefasst werden.[5] Weiterhin hat der Arbeitnehmer das **Recht auf Einsichtnahme** der Personalakte (§ 83 Abs.1 BetrVG) und auf **Erklärungen zum Inhalt** der Personalakte (§ 83 Abs.2 BetrVG). Bei der Führung der Personalakte sind einige Grundsätze zu beachten:

- Es soll **für jeden Arbeitnehmer** eine Personalakte geführt werden.
- Diese sollte **zentral** in der Personalabteilung **verwaltet** werden.
- Die Personalakte muss **vollständig** sein, das heißt sie muss regelmäßig um die Unterlagen **ergänzt** werden, die das Bild des Mitarbeiters vervollständigen.
- Es sollte **nur eine** Personalakte geführt werden, sogenannte "Schattenakten" müssen auch dem Arbeitnehmer zugänglich sein (§ 83 Abs.1 BetrVG).

Neben diesen **einsichtspflichtigen** Unterlagen können auch **nicht einsichtspflichtige** Unterlagen existieren. Zu diesen zählen Unterlagen, die Informationen über andere Mitarbeiter enthalten, wie beispielsweise **Gehaltsgegenüberstellungen**. Ferner Informationen, die der Vorbereitung einer Beurteilung oder Entscheidung dienen, wie beispielsweise Auskünfte über den Bewerber vor der Einstellung, geplante Ausbildungs- oder sonstige Fördermaßnahmen seitens des Arbeitnehmers oder Vorermittlungen bei dem Verdacht der Werksspionage.[6]

Aus Gründen der Übersichtlichkeit empfiehlt es sich, dass die Personalakte in verschiedene **Sachgebiete** untergliedert wird. Eine in der Praxis übliche Einteilung ist in Abbildung 7 dargestellt:

---

[4] Vgl. Blaeser, H.O.: Betriebliches Personalaktenrecht - Hinweise für die rechtliche und praktische Handhabung der Personalakte im Betrieb, Köln 1992, S. 21 ff.

[5] Vgl. Stopp, U.: Betriebliche Personalwirtschaft, Ehningen 1992, S. 221.

[6] Vgl. ebd., S. 223

| **Personalakte** | |
|---|---|
| **I. Angaben über die persönlichen Daten** | |
| – Personalbogen (evtl. mit Lichtbild)<br>– Bewerbungsschreiben<br>– Zeugnisse über den Bildungs- und beruflichen Werdegang<br>– Polizeiliches Führungszeugnis<br>– Ärztliches Zeugnis<br>– Persönliche Veränderungen, z.B. Heirat, Wohnungswechsel | |
| **II. Vertragliche Vereinbarungen** | |
| – Einstellungsschreiben mit vereinbartem Lohn/Gehalt<br>– Original des Anstellungsvertrages (Arbeitsvertrag)<br>– Zusätzliche Vereinbarungen z.B. über Zusatzleistungen (Deputate, Dividende)<br>– Gewährung statusabhängiger Leistungen (Einrichtung des Arbeitszimmers)<br>– Benutzung bestimmter betrieblicher Einrichtungen<br>– Änderung der Bezüge oder der Tätigkeit<br>– Zusätzliche Vereinbarungen zum Arbeitsvertrag, z.B. Konkurrenzklausel | |
| **III. Tätigkeit** | |
| – Versetzungen<br>– Abordnungen<br>– Beförderungen<br>– Disziplinarmaßnahmen | – Tätigkeitsberichte<br>– Beurteilungen<br>– Weiterbildungsmaßnahmen |
| **IV. Bezüge** | |
| – Grundentgelt<br>– Prämien/Zulagen<br>– Vorschüsse<br>– Darlehen und Beihilfen | – Lohnsteuer<br>– Sozialversicherungen<br>– Krankenversicherungen<br>– Sonstige Versicherungen |
| **V. Abwesenheit** | |
| – Registrierung der Krankentage | – Urlaub |
| **VI. Allgemeiner Schriftverkehr** | |
| – Jeder Schriftverkehr, soweit er nicht zu den Ordnungsmerkmalen I.-V. im direkten oder indirekten Zusammenhang steht, z.B. Arbeitsamt, Sozialversicherungsträger, Bundeswehr | |

**Abb. 7:** Gliederung der Personalakte

In größeren Unternehmen verwenden die Personalabteilungen nicht mehr die Papierform, sondern die elektronische Personalakte, die aus einem elektronischen Archiv sowie dem Personalinformationssystem besteht.[7]

## 2.2 Personalkartei

Während die Personalakte ausführlich alle wichtigen persönlichen Daten eines jeden Mitarbeiters enthält, befinden sich in der Personalkartei nur die wichtigsten Informationen in **stichwortartiger Übersicht**. Sie ist zumeist nach dem Stellen- oder Stellenbesetzungsplan geordnet. Die Personalkartei ist damit das **Handwerkszeug der Personalverwaltung** und befindet sich am Arbeitsplatz des Personalsachbearbeiters, der die jeweiligen Stellen betreut. Sie muss ebenso wie die Personalakte ständig auf dem neuesten Stand gehalten werden, um dem Sachbearbeiter einen schnellen Überblick über jeden Mitarbeiter zu geben. Darüber hinaus bietet sie eine gute Vergleichsmöglichkeit zwischen den Mitarbeitern und kann leicht auch nach unterschiedlichen Kriterien sortiert werden. Die Personalkartei wird als **Karteikarte** geführt oder, wie in vielen Personalabteilungen üblich, als **Datei** in der elektronischen Datenverwaltung.

## 2.3 Personaldateien

Die Personaldaten eines Mitarbeiters werden zur weiteren Verarbeitung mit der Datenverarbeitungsanlage in sogenannten Personaldateien abgespeichert. Zu den wichtigsten Personaldateien gehören

- die **Personalstammdatei**,
- die **Arbeitsplatzstammdatei** und
- die **Führungsdatei**.

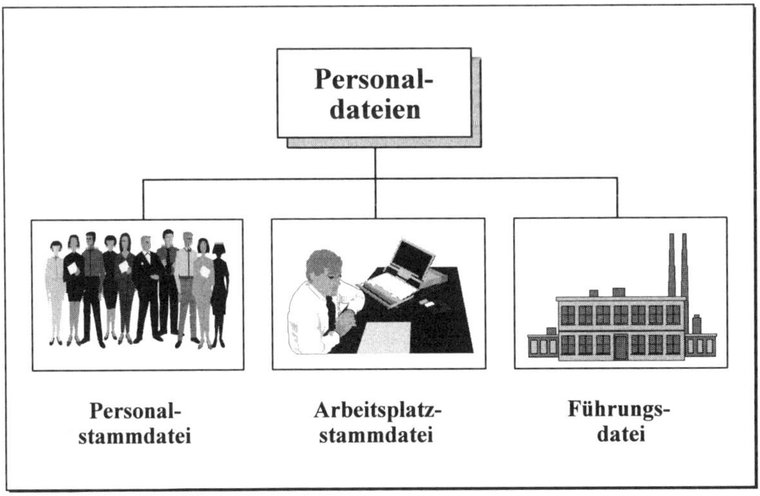


**Abb. 8:** Personaldateitypen

7 Vgl. Scholz, C.: Personalmanagement. Informationsorientierte und verhaltenstheoretische Grundlagen, 5. Aufl., München 2000, S. 505.

## 2.3.1 Personalstammdatei

Die Personalstammdatei enthält alle für Personalaktivitäten erforderlichen **Daten der Mitarbeiter** eines Betriebes. In diesem Zusammenhang bezeichnet man die kleinste Informationseinheit innerhalb der Personalstammdatei als **Datenelement**. Der komplette Datenbestand lässt sich so nach bestimmten Sortierkriterien ordnen; ebenso kann eine gezielte Suche nach einem bestimmten Begriff durchgeführt werden. Folgende Datenelemente sind typischer Inhalt der Personalstammdatei:

| **1. Persönliche Daten:** | **3. Daten zum Entgelt:** |
|---|---|
| – Name, Vorname | – Lohn-/Gehaltsart |
| – Geschlecht, Alter | – Summe Monatsgehalt |
| – Geburtsort, Geburtsland | – Gehaltserhöhungen |
| – Nationalität | – Überstundensatz (25%, 50%, 100%) |
| – Wehr-/Zivildienst | – Urlaubsgeld |
| – Kranken-/Rentenversicherungscode | – Gratifikationen |
| – Schul-/Hochschul- und Weiterbildung | – Prämien |
| – Daten zu Kindern | – Unfallversicherungsbeiträge |
| – Adresse | – Pensionskassenbeitrag |
| – Telefonnummer privat | – Gesetzliche Rentenversicherung |
| **2. Firmeninterne Daten:** | – Arbeitslosenversicherung |
| – Eintrittsdatum | – Darlehensrückzahlungen |
| – Anstellungsart | – Vermögenswirksame Leistungen |
| – Persönliches Kurzzeichen | **4. Zeitdaten:** |
| – Kostenstelle | – Betriebszugehörigkeit |
| – Abteilung | – Zeiten früherer Anstellung |
| – Arbeitsplatznummer | – Jubiläumsdaten |
| – Personalnummer | – Fehlzeiten durch |
| – Interne Telefonnummer | - Krankheit |
| – Leistungsbeurteilung | - Berufsunfall |
| – Betriebskrankenkasse | - geschäftliche Abwesenheit |
| – Kontonummer für Gehaltsüberweisung | - Wehr-/Zivildienst |
| – Gehaltsklasse/Spesenklasse | - Mutterschutz |
| – Parkplatznummer | - unbezahlten Urlaub |
| – Austrittsdatum | – Ansprüche auf Ferienzeiten |

**Abb. 9:** Typische Datenelemente der Personalstammdatei

Besonders wichtig ist eine **präzise** und **eindeutige Definition** der einzelnen Elemente der Personalstammdatei. Dies ist unabdingbar, um einerseits eine **Vereinheitlichung** für die Gesamtheit aller Abteilungen eines Unternehmens zu erreichen, andererseits um bei einer Datenbeschädigung oder einem Datenverlust eine **Rekonstruktion** des Datenbestandes zu vereinfachen.

Ebenso wichtig ist eine grundlegende Analyse des **Informationsbedarfs**. Es gilt zu verhindern, dass Personaldaten ohne eindeutigen Verwendungszweck um jeden Preis abgespeichert werden, da eine vertrauliche Behandlung sowie eine zukünftige Aktualisierung dieser Daten nicht sehr wahrscheinlich ist. Neben diesem Aspekt - der Entstehung eines "**Datenfriedhofes**" - sind auch die Betriebs- und Personalkosten einer überflüssigen Abspeicherung zu bedenken.

Um die weitere **Be- und Verarbeitung** mit den eingegebenen Personaldaten möglichst ökonomisch zu gestalten, ist eine Einteilung in sogenannte **Mitarbeiterkategorien** zweckmäßig. Oft sind bestimmte Datenelemente auch nur für definierte Mitarbeiterklassen von Wichtigkeit. So ist z.B. der Gebrauch eines Dienstwagens mit Sicherheit eher für Außendienstler relevant als für Aushilfskräfte, die vielleicht nur für wenige Wochen dem Betrieb angehören.

Die folgenden Abbildungen sind Beispiele für eine Aufteilung der Personaldaten nach Mitarbeiterkategorien. Es handelt sich um das fiktive Beispiel eines Vertriebs- und Serviceunternehmens für Kopiergeräte. Im ersten Fall wurde nach der **Funktion der Mitarbeiter** innerhalb des Unternehmens, im zweiten Beispiel nach **zeitlichen Gesichtspunkten** gruppiert.

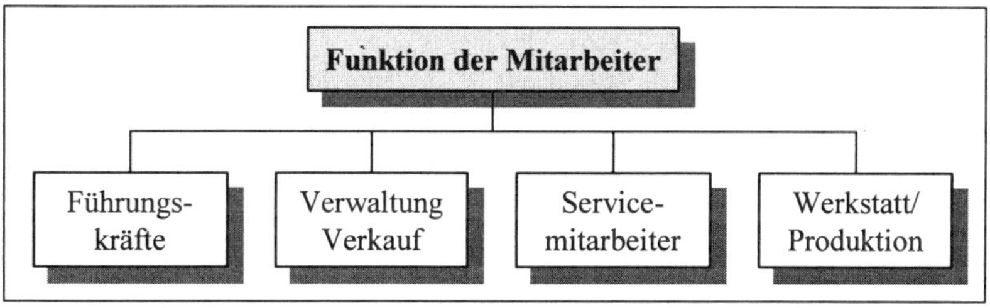


**Abb. 10:** Mitarbeiterkategorien nach Funktionen

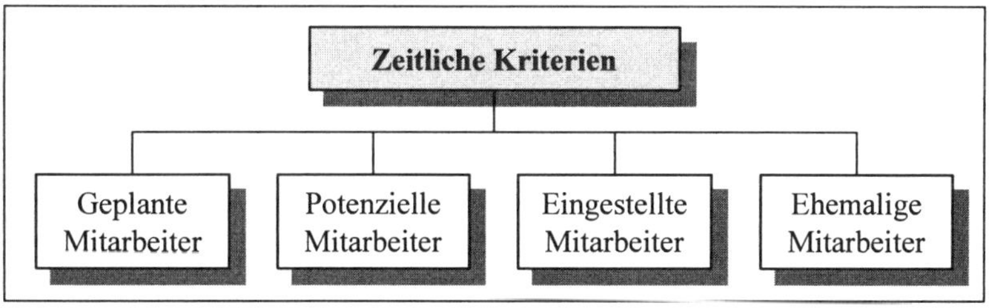


**Abb. 11:** Mitarbeiterkategorien nach zeitlichen Kriterien

Beide Gruppierungen verdeutlichen, dass pro Mitarbeiterkategorie ein **unterschiedlicher Informationsbedarf** vorhanden ist. Im letzteren Beispiel ist die Abspeicherung von Daten bezüglich einer zukünftigen Beförderung oder bezüglich eines Dienstwagens für aus dem Unternehmen ausgetretene Mitarbeiter wenig sinnvoll. Ebenso existieren z.B. für potenzielle Mitarbeiter keine firmeninternen Daten. Somit können durch eine sinnvolle Wahl der Mitarbeiterkategorien und dem damit verbundenen individuellen Abspeicherungsumfang in erheblichem Maße **Kosten gesenkt** werden. Gleichzeitig erhöht sich durch diese Maßnahme auch die **Übersichtlichkeit** des Datenbestandes. Dies führt zu einem nicht zu unterschätzenden **Beschleunigungsfaktor**, der sich zum Beispiel durch das Erstellen von Normverträgen für bestimmte Mitarbeiterkategorien zeigt.

Ist der Mitarbeiter in der Personalstammdatei erfasst, so erfolgt eine Verknüpfung mit der Arbeitsplatzstammdatei. Dies kann auf relativ einfache Weise durch Abspeicherung der Arbeitsplatznummer, bzw. der Adresse des zugehörigen Arbeitsplatzstammsatzes innerhalb der Personalstammdatei erreicht werden.

## 2.3.2 Arbeitsplatzstammdatei

In der Arbeitsplatzstammdatei werden alle relevanten Informationen für die Personalplanung, Personalbeschaffung und die Personalbeurteilung abgespeichert. Auch hier besteht eine Verbindung zur Personalstammdatei, indem die jeweilige Personalnummer oder die Adresse des zugehörigen Personalstammplatzes mit abgespeichert wird. Dadurch kann jeder Arbeitsplatz dem jeweiligen Mitarbeiter zugeordnet werden.

| **Stellenbezogene Daten:** | **Mitarbeiterbezogene Daten:** | **Beurteilungsdaten:** |
|---|---|---|
| - Stellenbeschreibung<br>- Art der Tätigkeit<br>- Stellung im Gesamtprozess<br>- Nummer der Tätigkeit<br>- Rang der Tätigkeit<br>- Zulagefähig | - interne oder externe Personalbeschaffung<br>- notwendige Qualifikation<br>- Entlohnung<br>- Alter<br>- Anzahl der Mitarbeiter | - zu erbringende Leistung<br>- Kontrollmöglichkeiten<br>- Art der Beurteilung<br>- Vergleichszahlen<br>- Häufigkeit der Beurteilung |

**Abb. 12:** Typische Datenelemente der Arbeitsplatzstammdatei

## 2.3.3 Führungsdatei

Die Führungsdatei dient zur Abspeicherung von Daten über die **Gesamtheit der Mitarbeiter** oder daraus zusammengestellter **Gruppen**. Auch diese kollektiv gespeicherten Personaldaten können dann jederzeit abgerufen werden. Oft dient dieser Dateityp **statistischen Zwecken** und enthält Zeitreihendaten über

- Belegschaftszahlen,
- Personalzugänge,
- Überstunden,
- Fluktuation,
- Personalkosten,
- Aus- und Weiterbildung.

## 2.3.4 Ablage und Archivierung von Personaldaten

Da es bei Personaldateien einen relativ schnellen Veralterungsprozess gibt, die alten Dateien aber nach wie vor von Wichtigkeit sein können, bewahrt man die aktuellen und die älteren Dateien getrennt auf.

Im Normalfall spricht man bei einem drei bis fünf Jahre alten Datenbestand von veralteten Daten. Hierbei sind insbesondere Dateien zu Beförderungen, Gehalts- und Lohnentwicklung und Arbeitsplatzwechsel betroffen. Oftmals kommt es auch zu einem Dateisplitting in Arbeiter- und Angestelltendateien. Daneben werden häufig auch die Daten von aktiven und ehemaligen Mitarbeitern getrennt aufbewahrt.

## 2.4 Entgeltrechnung

Je nach Mitarbeiterstatus im Unternehmen unterscheidet man verschiedene **Entgeltformen** bei der Bezahlung der Mitarbeiter. So erhält ein Angestellter Gehalt, ein Arbeiter Lohn, ein Auszubildender eine Ausbildungsvergütung, Außendienstmitarbeiter Prämien bzw. Provisionen und Pensionäre eine Betriebsrente. Neben dem Entgelt für die direkt geleistete Arbeit entstehen aber auch in sehr hohem Maße weitere **Personalkosten** in Form von **Personalzusatzkosten**. Diese werden unterschieden in Zusatzkosten aufgrund von Tarif und Gesetz - wie z.B. Urlaubs- oder Krankengeld - sowie solche aufgrund betrieblicher Leistungen, wozu z.B. Fahrtkosten oder die Betriebskrankenkasse zählen. Die folgende Abbildung zeigt die **Gliederung der Personalkosten** in ihrer Gesamtheit:

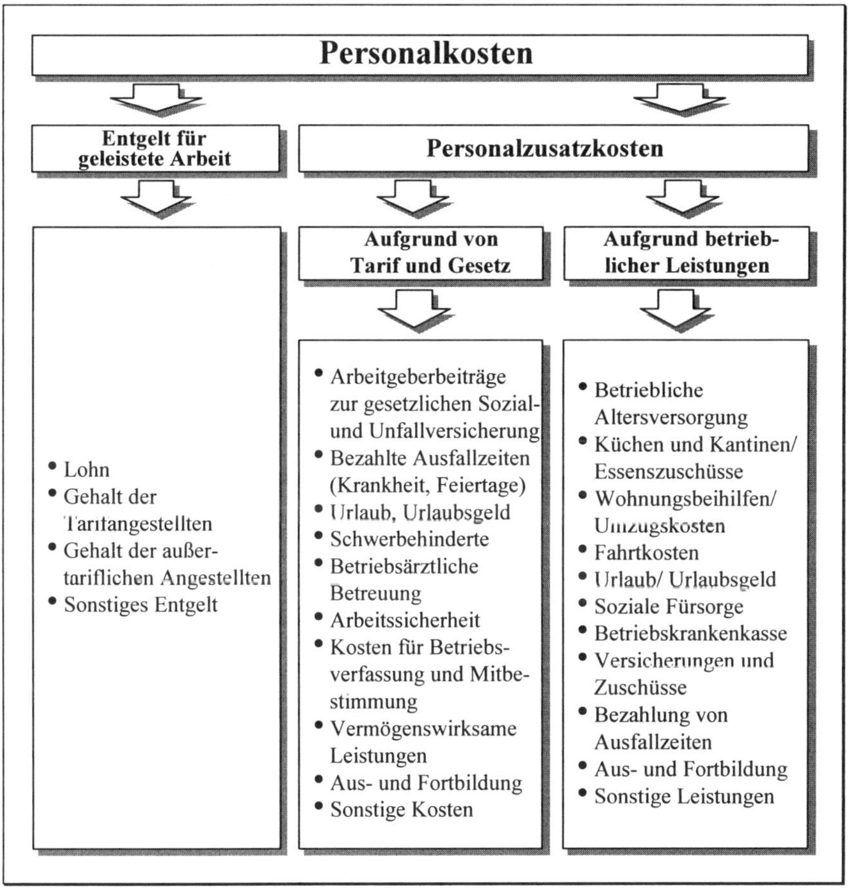


**Abb. 13:** Gliederung der Personalkosten eines Unternehmens[8]

Die Durchführung der Entgeltrechnung und der weiteren damit verbundenen Arbeiten kann sowohl innerhalb der **Personalverwaltung** als auch im **Rechnungswesen** angesie-

[8] Vgl. RKW-Handbuch Personalplanung, 2. Aufl., Neuwied/Frankfurt 1990, S. 420.

delt sein, da es sich um eine **Nebenbuchhaltung** handelt. Da es bei der Entgeltrechnung zu einer Verarbeitung von Massendaten kommt, die zumeist kurzfristig und fehlerfrei verarbeitet werden müssen, bedient man sich der modernen elektronischen Datenverarbeitung. Eine konventionelle Durchführung der Entgeltrechnung findet man nur in sehr kleinen Unternehmen, wobei diese immer mehr die Hilfe von speziellen Dienstleistungsunternehmen in Anspruch nehmen.

Die **Berechnung der unterschiedlichen Beträge**, die einerseits zur Auszahlung an den Mitarbeiter, andererseits zur Auszahlung an verschiedenste Institutionen bestimmt sind oder auch als weitere Informations- bzw. Berechnungsgrundlage für bestimmte interne Abteilungen dienen, wird gemäß folgender Grafik durchgeführt.[9]

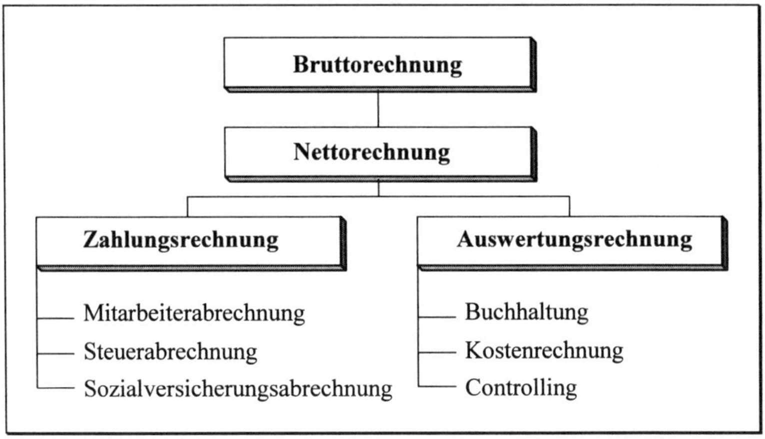


**Abb. 14:** Die Entgeltrechnung

## 2.4.1 Bruttorechnung

Da das Bruttoentgelt des Mitarbeiters je nach Entgeltform jeden Monat differieren kann, ist als erstes der **Bruttobetrag** zu ermitteln. Dieser Bruttobetrag ist bei Gehaltsempfängern, Auszubildenden und Empfängern von Betriebsrenten in der Regel jeden Monat **konstant** und muss nicht neu berechnet werden. Anders ist hingegen die Lage bei Lohnempfängern, die auf Zeitlohn- oder Akkordlohnbasis bezahlt werden oder auch bei Außendienstmitarbeitern, die Prämien oder Provisionen erhalten. Hier muss in jeder Abrechnungsperiode das Bruttoentgelt neu berechnet werden.

Das Bruttoengelt wird aus den Daten aller zu bezahlenden Leistungen und Zeiten ermittelt. Die Arbeitszeiten und -leistungen sind nach den jeweils gültigen gesetzlichen, tariflichen und betrieblichen Vergütungsregeln zu bewerten. Beachtet werden muss dabei, ob dem Arbeitnehmer eventuelle Abwesenheiten zu vergüten sind oder nicht.[10]

---

9 Vgl. Olfert, K.: Personalwirtschaft, 10. Auflage, Ludwigshafen (Rhein) 2003, S. 571 f.

10 Vgl. SchmeisserW./Clermont, A.: Personalmanagement. Praxis der Lohn- und Gehaltsabrechnung – Personalcontrolling – Arbeitsrecht, Herne/Berlin 1999, S. 81 f.

## 2.4.2 Nettorechnung

Der aus der Bruttorechnung gewonnene Entgeltbetrag des Mitarbeiters muss um die gesetzlichen Abzüge gekürzt werden, um so zu dem **Nettoentgelt** zu gelangen. Die Rechnung sieht wie folgt aus:

| **Bruttoentgelt** |
|---|
| - Lohnsteuer/Kirchensteuer<br>- Solidaritätszuschlag<br>- Krankenversicherung<br>- Pflegeversicherung<br>- Arbeitslosenversicherung<br>- Rentenversicherungsbeitrag |
| **= Nettoentgelt** |

Die Faktoren, die den Betrag der Lohn- und Kirchensteuer bestimmen, ergeben sich aus den Daten der Lohnsteuerkarte:

- Art der Steuerklasse
- Anzahl der Kinder
- Steuerfreibetrag
- Kirchensteuer

Weitere Daten der Lohnsteuerkarte sind Lohnsteuergemeinde, Finanzamt und Konfession des Arbeitnehmers.

Die **Sozialversicherungsbeiträge** errechnen sich aus den jeweils gültigen Sätzen der Sozialversicherungsträger. Diese unterliegen häufigen Schwankungen. Sowohl der Arbeitnehmer als auch der Arbeitgeber zahlen je 50 % des Beitrages. Zu den Sozialversicherungen zählen die Krankenversicherung, die Rentenversicherung, die Arbeitslosenversicherung und seit 1995 die Pflegeversicherung.

## 2.4.3 Zahlungsrechnung

Die aus der Nettorechnung gewonnenen Daten müssen zur Zahlung aufbereitet werden. Es sind drei verschiedene Abrechnungen durchzuführen und die damit verbundenen Zahlungen zu leisten:

- **Mitarbeiterabrechnung:** Der in der Nettoabrechnung ermittelte Nettobetrag gelangt meist noch nicht zur Auszahlung, sondern muss noch um Beträge korrigiert werden, die sich aus den mitarbeiterindividuellen Besonderheiten ergeben. Hierzu gehören z.B. Lohnpfändungen, vermögenswirksame Leistungen und Vorschussrückzahlungen, um die der Nettolohn gekürzt wird. Die so gewonnenen Abrechnungsdaten werden auf einer Entgeltabrechnung festgehalten, die auch die kumulierten Werte des Kalenderjahres enthalten kann. Für den zu zahlenden Betrag wird ein Zahlungsbeleg erstellt. Die Überweisung auf das Konto des Arbeitnehmers erfolgt automatisch.

- **Steuerabrechnung:** Das Unternehmen muss die einbehaltene Lohn- und Kirchensteuer abführen. Die Lohnsteueranmeldung erfolgt auf einem bundeseinheitlichen Formular. Der Vorgang wird monatlich, vierteljährlich oder jährlich wiederholt. Die Kirchensteuer wird nach den verschiedenen Konfessionen aufgegliedert. Die Zahlung erfolgt dann mittels Überweisung oder per Scheck.
- **Sozialversicherungsabrechnung:** Da die Sozialversicherungsbeiträge zur einen Hälfte vom Arbeitnehmer und zur anderen Hälfte vom Arbeitgeber getragen werden, ist neben den für die Arbeitnehmer errechneten Beträgen der Arbeitgeberanteil zu bestimmen. Zusätzlich hat der Arbeitgeber die Unfallversicherung der Mitarbeiter selbst zu tragen. Die so ermittelten Beträge sind vom Arbeitgeber an die jeweils zuständigen Versicherungsträger zu überweisen.

Am Ende des Jahres ist für jeden Mitarbeiter ein Entgeltnachweis über die Sozialversicherungen zu erstellen.

## 2.4.4 Auswertungsrechnungen

Im Gegensatz zu den Zahlungsrechnungen wird für unternehmensinterne Erfordernisse eine Auswertungsrechnung vorgenommen. Diese dient als **Informationsquelle** für andere Unternehmensbereiche. In diesem Zusammenhang sind zu nennen:

- **Buchhaltung:** Da die Entgeltrechnung eine Nebenbuchhaltung der Finanz- und Hauptbuchhaltung ist, müssen die gewonnenen Daten hier gebucht werden. Dies geschieht durch einmaliges Buchen der Gesamtsummen der Belege aus der Entgeltrechnung.
- **Kostenrechnung/Kostenstellenkontrolle:** Die Personalkosten werden der Kostenrechnung zur Verfügung gestellt. Diese bereitet sie wiederum für Ihre Zwecke (z.B. Kostenartenrechnung) auf und stellt sie den Kostenstellenverantwortlichen zur weiteren Auswertung zur Verfügung. Die Kostenstellenverantwortlichen können diese Daten z.B. für die Plankostenrechnung oder die Budgetrechnung einsetzen.
- **Controlling:** Für das Controlling sind die Daten der Entgelte und ihre Zusammensetzung interessant. So können diese beispielsweise in Überstunden, Lohnfortzahlungen oder Urlaubskosten aufgegliedert werden.

## 2.5 Weitere Rechenwerke

Neben den oben genannten Rechnungsbereichen unterscheidet man noch weitere Bereiche der rechnerischen Personalverwaltungsarbeit. Wir wollen uns hier auf die wichtigsten Instrumente beschränken:[11]

- den Sozialbericht,
- die Humanvermögensrechnung und
- die Sozialbilanz

[11] Vgl. hierzu auch Mroß, M.D.: Risiken bei Investition in das Personalvermögen und Strategien zu deren Absicherung, München/Mering 2001.

## 2.5.1 Sozialbericht

Der **Sozialbericht** gibt Rechenschaft über die **freiwilligen Leistungen** und Verhältnisse eines Betriebes im Sozialbereich. Im Sozialbericht lässt sich erkennen, wie wichtig dem Unternehmen das Kapital Mensch ist und wie viel er für das Wohlergehen und die Motivation seiner Mitarbeiter tut. Diese Darstellungsform, die auch für Betriebsfremde einsehbar ist, bedeutet für das Unternehmen zum einen Imagepflege und zum anderen Werbung für die Qualität seiner Arbeitsplätze und somit Mitarbeiterakquise. Folgende Angaben sind im Sozialbericht von primären Interesse:

| **Bestandteile des Sozialberichts** | |
|---|---|
| • Gesamtpersonalbestand | • Betriebsveranstaltungen |
| • Struktur des Personalbestands | • Werkswohnungen |
| • Betriebliche Altersversorgung | • Ferienheime |
| • Betriebliche Weiterbildung | • Urlaubsregelungen |
| • Änderungen bezüglich der Arbeitszeit | • Freizeitgestaltung |
| • Änderungen bezüglich der Entlohnung | • Innerbetriebliche Darlehen |
| • Gewinnbeteiligungen der Mitarbeiter, Weihnachtsgratifikation | • Betriebskindergärten |

**Abb. 15:** Bestandteile des Sozialberichts

## 2.5.2 Humanvermögensrechnung

Die in der Personalstatistik und aus der Personalstruktur gewonnenen Daten bilden die Basis zur sogenannten **Humanvermögensrechnung.**[12] Diese versucht, eine gesellschaftsbezogene Rechnungslegung der menschlichen Ressourcen einer Unternehmung durchzuführen. Die hiermit verknüpfte Beschränkung auf die Informationsbedürfnisse externer Gruppen muss durch die Hinzuziehung der internen Humanvermögensrechnung aufgehoben werden.

Nach dem Modell von Schmidt[13] wird dabei über den Rahmen der gesetzlichen Vorschriften hinausgegangen, indem eine Konzentration auf das Humanvermögen als potenziellen, strategischen Erfolgsfaktor erfolgt. Zu unterscheiden sind input- und outputorientierte Ansätze.

[12] Vgl. Wagner, D.: Personalfunktion in der Unternehmensleitung, a.a.O., S. 271 ff. u. 307 ff.

[13] Vgl. Schmidt, H.: Humanvermögensrechnung, Berlin 1982.

## (1) Inputorientierte Ansätze

Die inputorientierten Ansätze orientieren sich an den real vorkommenden oder den geschätzten Aufwendungen für das Personal. Wichtige inputorientierte Ansätze sind:

- **Effizienzgewichtete Personalkostenmethode**: Es erfolgt eine Schätzung der Personallohnkosten für eine zukünftige Periode - typischerweise 5 Jahre - sowie eine anschließende Diskontierung auf den Zeitpunkt der Planung. Der sich so ergebende Barwert wird dann mit Hilfe der sogenannten Effizienzrate gewichtet, die sich aus dem Verhältnis der betriebseigenen Rentabilität zur durchschnittlichen Rentabilität der jeweiligen Branche ergibt.

- **Bewertung zu Wiederbeschaffungskosten**: Diese Methode zieht die Kosten in Betracht, die bei einer Wiederbeschaffung eines Mitarbeiters anfallen würden. Hierbei müssen neben den reinen Beschaffungskosten auch die durch den Einarbeitungszeitraum entstehenden Kosten berücksichtigt werden.

- **Bewertung auf der Basis zukünftiger Einkünfte**: Wie der Name schon vermuten lässt, werden bei dieser Methode die auf statistischem Wege ermittelten Einkommensprofile verschiedener Mitarbeitergruppen zur Bewertung herangezogen. Die Werte für den individuellen Mitarbeiter ergeben sich durch Gewichtung mit der geschätzten Wahrscheinlichkeit, dass der jeweilige Mitarbeiter im Unternehmen verbleibt.

Inputorientierte Modelle greifen also bei der Ermittlung des Humanvermögens auf (vergangene, gegenwärtige oder zukünftige) Aufwendungen des Betriebes zurück.

## (2) Outputorientierte Ansätze

Dieser Ansatztyp zieht die Bewertung der Leistungsbeiträge von Mitarbeitern zu den betrieblichen Zielen als Bewertungsgrundlage heran. Mögliche Vorgehensweisen sind:

- **Methode der Verhaltensvariablen:** Bei diesem Ansatztyp werden kostenorientierte Werte durch nichtmonetäre Größen entsprechend korrigiert. Letztere repräsentieren eventuell auftretende Fehlentscheidungen seitens des Managements.

- **Firmenwertmethode**: Der komplette Wert einer Firma wird dem Humanvermögen zugerechnet. Dabei ergibt sich das Humanvermögen aus der Differenz zwischen bilanziellem und tatsächlichem Vermögen.

- **Bewertung mit Hilfe zukünftiger Leistungsbeiträge:** Grundlage dieser Methode ist die Hinzuziehung von Mitarbeiterdaten und -informationen bezüglich seiner Stellung innerhalb der Betriebshierarchie, dem individuellen Leistungs- und Fähigkeitsprofil sowie der Verweildauer in einer bestimmten Position. Aus der Gesamtheit dieser Daten und Informationen wird die zukünftige Leistung abgeleitet.

Outputorientierte Modelle orientieren sich bei der Bewertung des Humanvermögens an Leistungsbeiträgen der Mitarbeiter eines Unternehmens oder an Erträgen bzw. Saldierungen zwischen Aufwand und Ertrag des Unternehmens als "Ersatzverfahren".

### (3) Beispiel für eine Humanvermögensrechnung

Die folgende Tabelle zeigt ein Beispiel für eine **Humanvermögensrechnung**.[14] Das **Personalinvestitionskonto** stellt den Beschaffungs-, Einarbeitungs- sowie Fortbildungskosten die entsprechenden Abschreibungsbeträge gegenüber. Betrachtet wird der Zeitraum des ersten Jahres.

| **Personalinvestitionskonto für den Abteilungsleiter/EDV** | | | |
|---|---|---|---|
| **Beschaffung:** | 30.000,- EUR | | |
| **Einarbeitung:** | 17.500,- EUR | | |
| **Fortbildung:** | 7.500,- EUR | | |
| | | **Abschreibung der Humanakquisition:** (10 %, da geschätzte Betriebzugehörigkeit 10 Jahre) | 4.750,- EUR |
| | | **Abschreibung der Fortbildung:** (25 %, da 4 Jahre Nutzung) | 1.875,- EUR |
| | | **Schlussbestand:** Humanvermögens-sammelkonto | 48.375,- EUR |
| | $\Sigma$ 55.000,- EUR | | $\Sigma$ 55.000,- EUR |

**Abb. 16:** Personalinvestitionskonto bei der Humanvermögensrechnung

Voraussetzung einer effizienten Humanvermögensrechnung sind demnach Angaben über Kosten und Wert von Mitarbeitern einer Unternehmung. Da diese Werte oft nur geschätzt werden können, liegt hierin die Unsicherheit der beschriebenen Methode. Zur Praxisdurchführung gehören neben einer **Datenbank**, die permanent gewartet, aktualisiert und erweitert werden muss, die Entwicklung von zuverlässigen **Prognose- und Planungsmodellen**.

## 2.5.3 Sozialbilanz

Mit der **Sozialbilanz** wird die sozialpolitische Rolle des Unternehmens verbunden. Sie geht über die normale Personal- und Sozialberichterstattung hinaus und bedeutet daher zusätzliche Aufwendungen gegenüber dem Staat und der Gesellschaft. Losgelöst von dem Kosten- und Nutzenbegriff im ökonomischen Sinn sollen diese Unternehmensaktivitäten mit ihren Auswirkungen aufgeführt werden. Dabei steht der gesellschafts- und sozialpolitische Aspekt, ausgedrückt in Kosten-Nutzen-Relationen im Vordergrund.

[14] Scholz,C.: Personalmanagement. Informationsorientierte und verhaltenstheoretische Grundlagen, a.a.O., S. 356 ff.

Dies geschieht ähnlich der Gewinn- und Verlustrechnung durch die Gegenüberstellung der sozialen Kosten und dem sozialen Nutzen und liefert daher wichtige Informationen für den unternehmensinternen und -externen Bereich. Auf der Nutzen-Seite werden häufig kulturelle und soziale Leistungen des Unternehmens verbucht, während auf der Kosten-Seite z.B. negative Auswirkungen der Unternehmenstätigkeit auf die Umweltqualität aufgeführt werden.

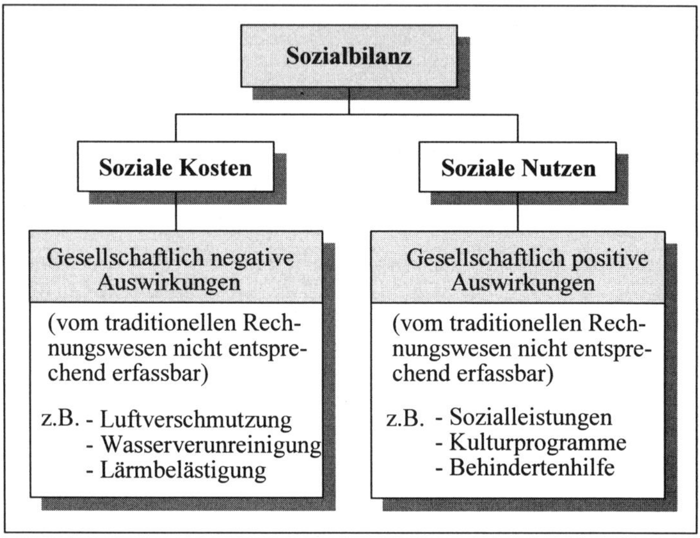


**Abb. 17:** Sozialbilanz: Gegenüberstellung von sozialen Kosten und Nutzen[15]

## 2.6 Personalstatistik

Die Personalstatistik liefert wertvolle Ergebnisse zur **Analyse** und **Kontrolle** eines vergangenen Wirtschaftszeitraums. Darüber hinaus können mit Hilfe der gewonnenen Ergebnisse Gesetzmäßigkeiten bezüglich der Entwicklung erkannt sowie auch Aussagen über die Zukunft des Betriebes in Form von **Prognosen** oder **Trendberechnungen** vorgenommen werden. Der Personalstatistik kommt daher die Rolle einer Entscheidungshilfe für künftige Planungen zu. Dabei ist die Interpretation der gewonnenen Daten - d.h. die Relation zu den die Entwicklung real beeinflussenden Faktoren - die anspruchsvollste und zeitaufwendigste Arbeit, welche ein Höchstmaß an Fachwissen und Sorgfalt voraussetzt. Fasst man die wichtigsten **Aufgabenbereiche**[16] der Personalstatistik zusammen, so kommt man zu folgender Übersicht:

- **Informationsaufgabe**, z.B. Stand oder Veränderungen im Personalbereich
- **Kontrollaufgabe**, z.B. Ursachen für Fluktuationen, Inanspruchnahme der angebotenen freiwilligen Sozialleistungen
- **Entscheidungshilfe**

---

15 Vgl. Hentze, J.: Personalwirtschaftslehre 2, 5. Aufl., Bern/Stuttgart 1991, S. 315 f.

16 Zum Berichtswesen und Reporting vgl. Jung, H.: Controlling, München/Wien 2003, S. 139 ff.

- **Dokumentationsaufgabe**, z.B. zur Bildung von Kennziffern oder Trendanalysen
- **Erfüllung gesetzlicher Verpflichtungen**, z.B. Datenspeicherung im Personal- und Sozialbereich

Neben den hier genannten Aufgabenbereichen ergänzt die Personalstatistik aber auch durch die **Erfassung**, **Darstellung**, **Auswertung** und **Erläuterung** des in der Personalwirtschaft anfallenden **Zahlenmaterials** andere unternehmensinterne Rechnungen, wie beispielsweise die Finanzbuchhaltung (Bilanz-, Gewinn- und Verlustrechnung), die Kostenrechnung und die Planungsrechnung. Die zu Statistiken aufzubereitenden Daten fallen hauptsächlich in folgenden Bereichen an:

- im **Personalwesen** (z.B. Zugänge, Abgänge, Personalkosten, Personalbestand etc.),
- in **anderen Funktionsbereichen** des Betriebes (z.B. Vertrieb, Management etc.) und
- in der **Unternehmensumwelt** (z.B. Konjunkturdaten, Arbeitsmarktdaten etc.)

## 2.6.1 Statistische Auswertung

Eine Auswertung des Zahlenmaterials geschieht häufig unter Verwendung von Kennzahlen, Indizes, Quoten, Tabellen und graphischen Darstellungen. Gerade der visuellen Umsetzung von Daten kommt im Rahmen der Personalstatistik eine entscheidende Rolle zu. Daher wird an dieser Stelle kurz auf die gängigsten **Diagrammtypen** eingegangen:

### (1) Säulendiagramm

Hierbei handelt es sich um den wohl am häufigsten gewählten Diagrammtyp, bei dem die Einzelwerte der Datenreihe durch Rechtecke bzw. Säulen dargestellt werden. Der Vorteil dieses Diagrammtyps liegt in der einfachen Vergleichbarkeit der einzelnen Werte. Die dreidimensionale Form wird im Regelfall bei der Darstellung mehrerer Datenreihen in einem Diagramm gewählt.

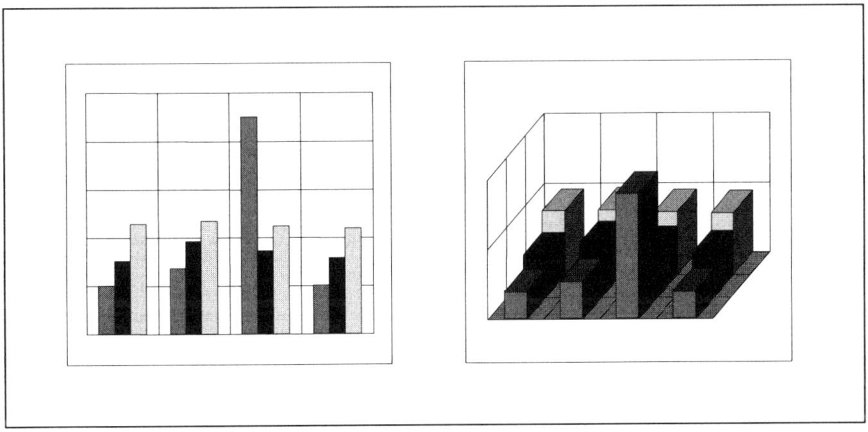

**Abb. 18:** Säulendiagramm (Beispiel)

## (2) Balkendiagramm

Dieser Diagrammtyp entspricht dem Säulendiagramm. Allerdings sind hier die Balken horizontal ausgerichtet, d.h. die Achsen sind in ihrer Anordnung miteinander vertauscht. Auch im Balkendiagramm ist die Darstellung mehrerer Datenreihen durch die Anordnung verschiedenfarbiger oder mit verschiedenen Mustern hinterlegter Balken möglich. (Das Beispiel in der folgenden Abbildung zeigt ein einfaches Balkendiagramm für eine Datenreihe.)

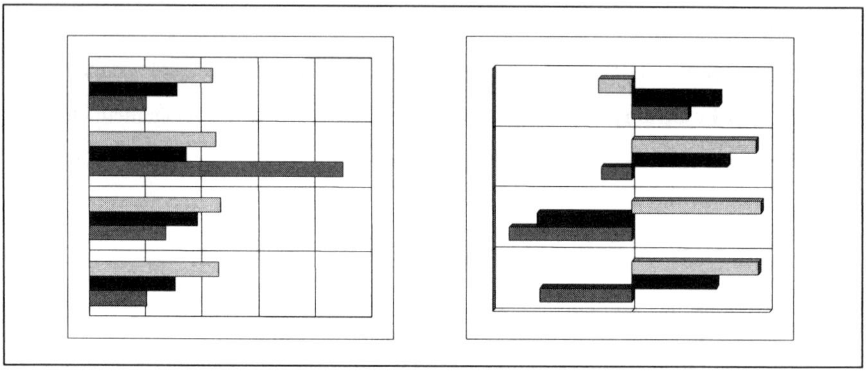

**Abb. 19:** Balkendiagramm (Beispiel)

## (3) Liniendiagramm

Liniendiagramme sind vor allem zur Darstellung von Daten geeignet, die sich nicht sprunghaft, sondern eher kontinuierlich in kleinen Schritten ändern. Ein Verlauf über eine bestimmte Periode lässt sich mit Hilfe dieses Diagrammtyps also besonders anschaulich darstellen. Jede Datenreihe wird als einzelne Linie dargestellt; die Datenpunkte sind durch einen Streckenzug miteinander verbunden.

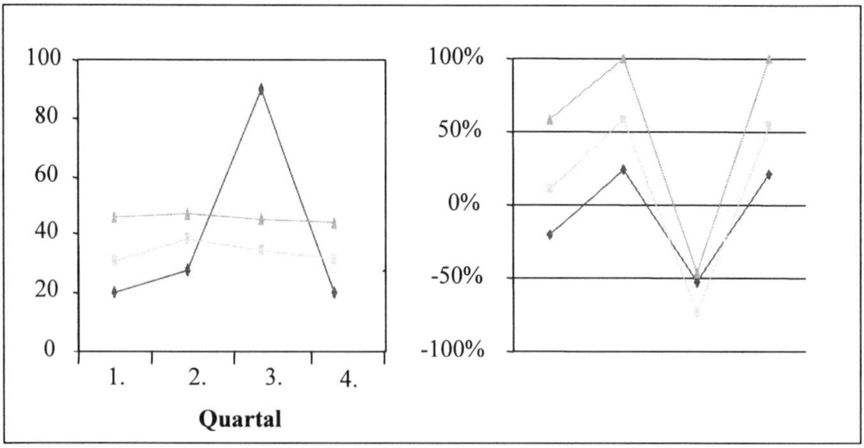


**Abb. 20:** Liniendiagramm (Beispiel)

## (4) Flächendiagramm

Flächendiagramme sind weitestgehend mit Liniendiagrammen verwandt, auch in Bezug auf ihre Verwendung. Der Unterschied besteht lediglich darin, dass die Flächen zwischen den Linien und den Achsen ausgefüllt sind.

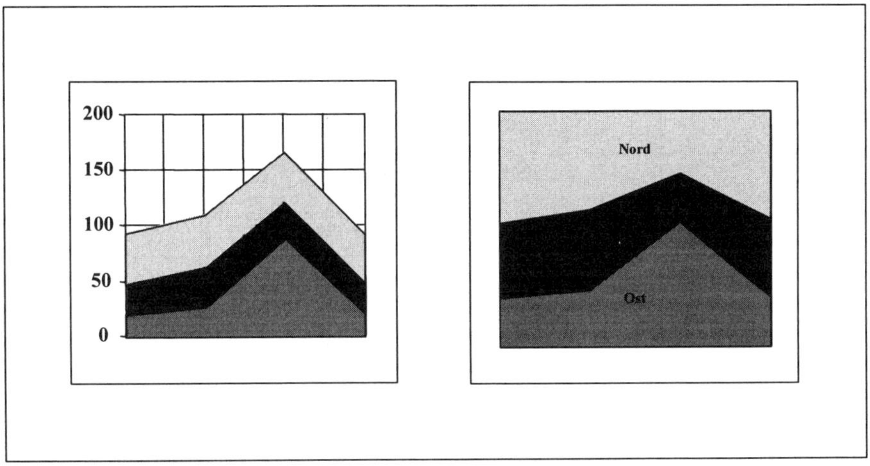


**Abb. 21:** Flächendiagramm (Beispiel)

## (5) Kreisdiagramm

Kreis- oder auch Kuchendiagramme sind in ihrer Verwendbarkeit eingeschränkt. Sie dienen dazu, nur eine Datenreihe darzustellen. Dabei entspricht jedem Kreissegment ein Datenpunkt der Datenreihe. Dieser Diagrammtyp eignet sich jedoch hervorragend zur Darstellung von Teilen eines Ganzen.

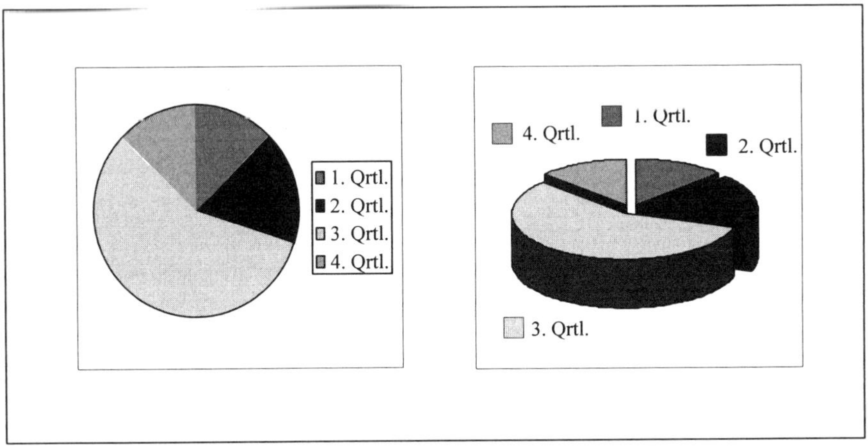


**Abb. 22:** Kreisdiagramm (Beispiel)

## (6) Ringdiagramm

Das Ringdiagramm ist dem Kreisdiagramm sehr ähnlich, allerdings können bei diesem Diagrammtyp im Gegensatz zum Kreisdiagramm mehrere Datenreihen dargestellt werden. Jede Datenreihe stellt also einen Ring dar.

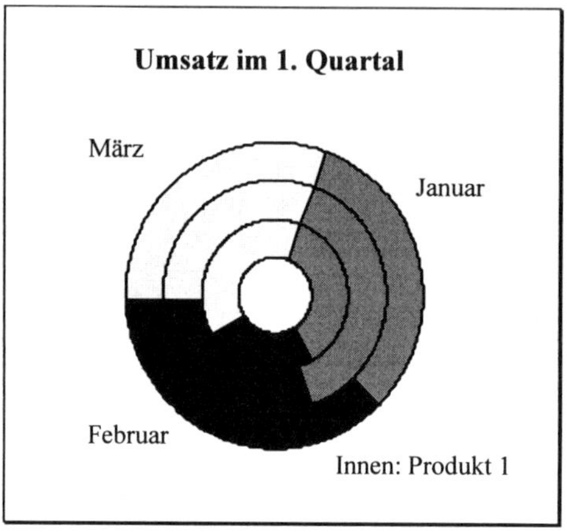


**Abb. 23:** Ringdiagramm (Beispiel)

## (7) Punktdiagramm

Dieser Diagrammtyp wird besonders häufig bei der Präsentation von statistischen Berechnungen eingesetzt. Beispielsweise werden bei der Darstellung mit dem Punktdiagramm Streuungen um einen Mittelwert gut erkennbar. Ebenso können Fehlerbalken zur Angabe von Unsicherheiten bei Messwerten benutzt werden.

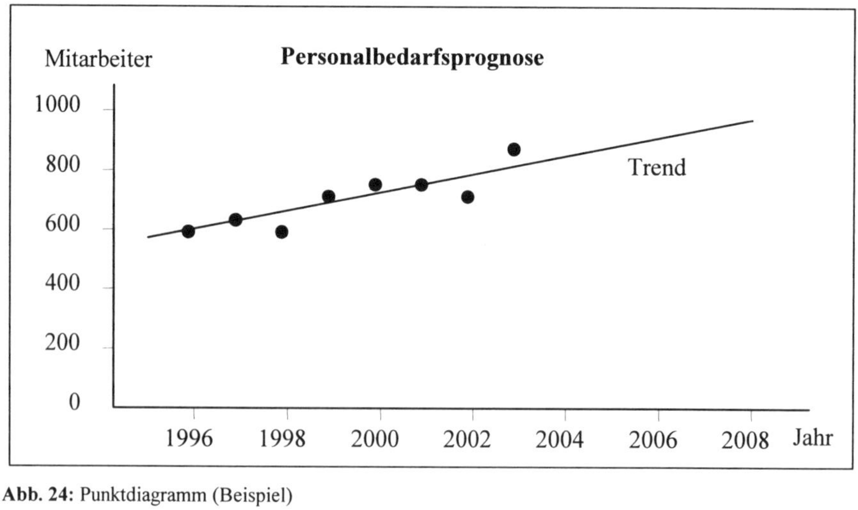


**Abb. 24:** Punktdiagramm (Beispiel)

## (8) Verbunddiagramm

Bei einem Verbunddiagramm handelt es sich um eine Kombination von zwei oder mehreren unterschiedlichen Arten von Diagrammtypen, z.B. Linien- und Säulendiagramm. Diese Darstellungsart macht es möglich, Datenreihen übersichtlich zu gestalten und vergleichbar zu machen.

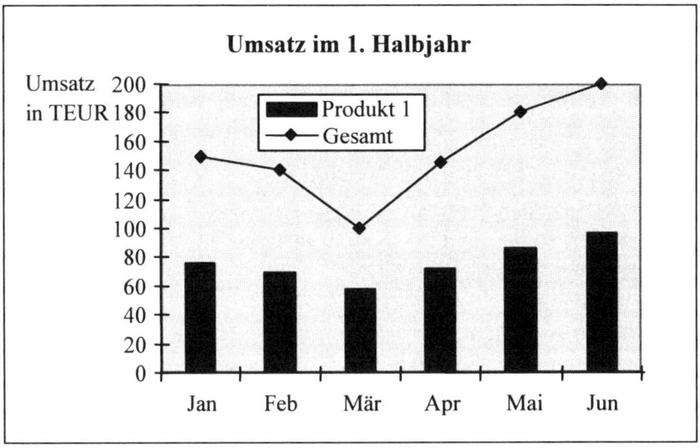


**Abb. 25:** Verbunddiagramm (Beispiel)

## (9) Netzdiagramm

Ein Netzdiagramm ist dazu geeignet, Änderungen bzw. Unterschiede oder Häufigkeiten von Daten relativ zum Mittelpunkt und auch untereinander darzustellen. Dabei erhält jede Rubrik eine eigene Achse, die vom Mittelpunkt ausgeht. Die Datenpunkte einer Reihe sind mit Linien untereinander verbunden.

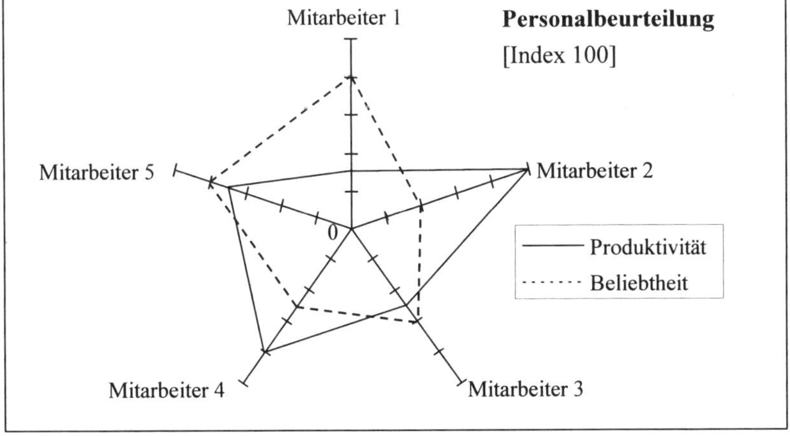


**Abb. 26:** Netzdiagramm (Beispiel)

## 2.6.2 Aufgaben der Personalstatistik

Mit statistischen Methoden lassen sich weitere Informationen gewinnen, die den anderen Bereichen der Personalwirtschaft zur Verfügung gestellt werden. Die Personalstatistik ist also primär ein internes **Informationsinstrument** für Personalleitung, Unternehmensleitung, Vorgesetzte, Betriebsrat und Belegschaft. Sie ist aber auch ein **externes Instrument**, da teilweise die gesetzliche Verpflichtung besteht, Informationen an **außerbetriebliche Stellen** weiterzugeben. Zu diesen Institutionen zählen beispielsweise:

- **Statistische Ämter** (Informationen für Verdiensterhebungen)
- **Sozialversicherungsträger** (Informationen zur Berechnung der gesetzlichen Unfall-, Kranken- und Rentenversicherung)
- **Arbeitsämter** (Informationen zur Anzeige von Einstellungen und Entlassungen, Meldung offener Stellen und Ausbildungsplätze; Zahl der Schwerbehinderten, Jahresmeldung der Arbeitnehmer).

Zusätzlich erhalten Kammern, Verbände, Gewerkschaften und andere externe Interessenten personalstatistische Informationen.[17] Daher soll die Personalstatistik grundsätzlich Auskunft über die Personalstruktur, die Personalbewegungen, die Arbeits- und Ausfallzeiten, den Personalaufwand und die Sozialleistungen geben.[18]

Diese Informationen werden ergänzt durch die Angabe von **Kennzahlen** des personalbezogenen Rechnungswesens. Durch die Bildung dieser Kennzahlen und deren Darstellung in Zeitreihen ist es wiederum möglich, die Aufwandsangaben in ihrer Entwicklung sowie die damit verbundenen Abhängigkeitsverhältnisse darzustellen.

Ferner können durch den Vergleich mit Bezugswerten Informationen gewonnen werden, die beispielsweise Aussagen über das gesamte Unternehmen im Vergleich zu möglichen Wettbewerbern liefern. Solche Bezugswerte können sein:

- Vorjahres- oder Vormonatswerte,
- Planwerte,
- Branchendurchschnittswerte,
- Kennzahlen befreundeter Unternehmen etc.

## 2.6.3 Personalstruktur

Ein Unternehmen besteht im Regelfall aus einer Vielzahl von in jeweils verschiedenen Bereichen arbeitenden Beschäftigten. Die sich auf diese Art zwangsläufig ergebende unterschiedliche Personalstruktur wird zweckmäßigerweise innerhalb des Unternehmens dokumentiert und kann zum Beispiel im Rahmen der Personalplanung oder -entwicklung in Form von Statistiken zur **Entscheidungshilfe** hinzugezogen werden.

---

[17] Vgl. Hentze, J.: Personalwirtschaftslehre 2, a.a.O., S. 301.
[18] Vgl. Stopp, U.: Betriebliche Personalwirtschaft, a.a.O., S. 224.

Eine Aufstellung der Personalstrukturstatistik dient daher zur Veranschaulichung der **Zusammensetzung** der Belegschaft eines Unternehmens und kann nach folgenden Merkmalen durchgeführt werden:

- **Arbeitnehmerart:** Auszubildende, Arbeiter, Angestellte
- **Art des Vertragsverhältnisses:** unbefristet/befristet, Vollzeit/Teilzeit
- **Qualifikation:** ungelernt, angelernt, gelernt
- **Aufteilung nach Berufskategorien**
- **Dauer der Betriebszugehörigkeit**
- **Alter**, **Familienstand** und **Geschlecht**
- **Entlohnungsform:** Gehalt, Lohn, Ausbildungsvergütung
- **Stellung im Unternehmen:** obere, mittlere, untere Führungsebene
- **Funktionszuordnung:** Sekretärin, Filialleiter, Disponent etc.

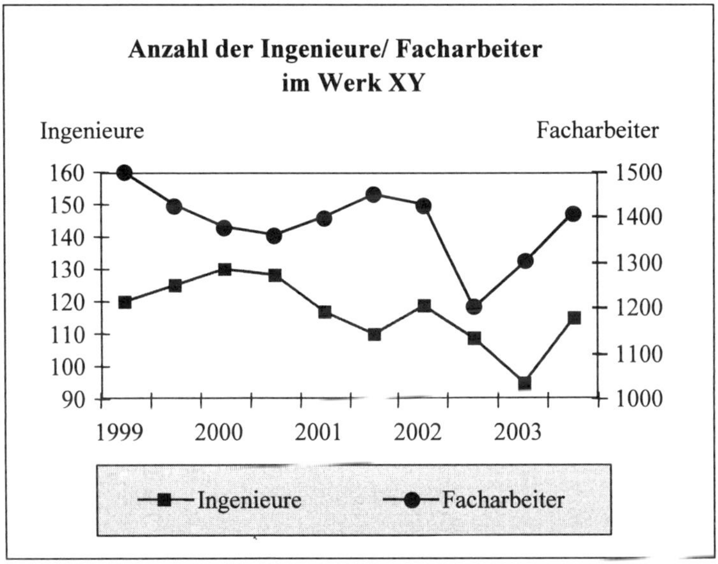


Abb. 27: Beispiel für die jährliche Änderung der Personalstruktur eines Werkes

Eine zentrale Bedeutung im Rahmen der Personalstruktur kommt der altersmäßigen Zusammensetzung eines Unternehmens zu. Durch permanentes Überprüfen der Altersstruktur kann einer personellen Über- oder Unterbesetzung in bestimmten Altersgruppen entgegengewirkt werden.

Somit wird eine Verringerung der Aufstiegschancen weitgehend ausgeschlossen, wodurch die Gefahr der Personalabwanderung wegen Unzufriedenheit reduziert wird.

Die folgende Statistik zeigt die Altersstruktur eines Unternehmens wobei jeweils 5 Jahre zu einer Altersstufe zusammengefasst sind, also z.B. die Mitarbeiter zwischen 21 und 25 Jahren.

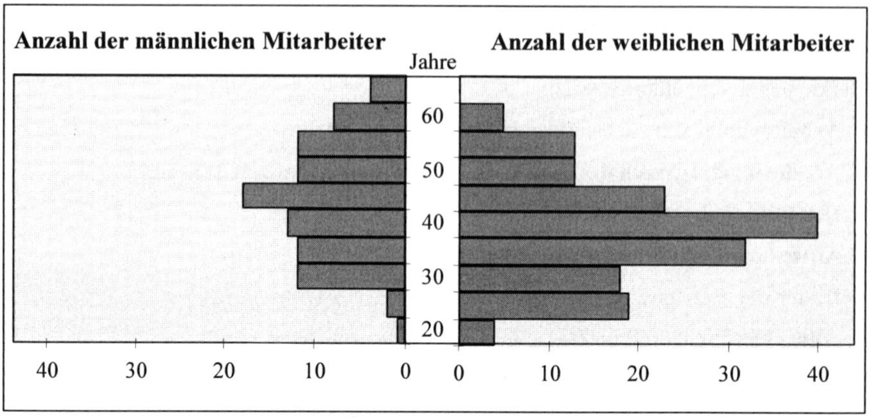


**Abb. 28:** Altersstruktur der Mitarbeiter (Beispiel)

In diesem Zusammenhang werden neben den summarischen Ergebnissen - wie z.B. der Gesamtzahl der Facharbeiter eines Betriebes - häufig weitere Werte in Form von sogenannten **Strukturkennzahlen** errechnet. Strukturkennzahlen sind aus einem vergangenen Wirtschaftszeitraum abgeleitete Verhältniszahlen zwischen relevanten Größen des Betriebsgeschehens und werden zur Beurteilung der wirtschaftlichen Situation von Unternehmen und ihrer Steuerung benötigt. Dabei erfolgt immer ein Vergleich mit definierten Sollgrößen.

Zu den wichtigsten **Kennzahlen der Personalstruktur**[19] gehören:

$$\text{Angestelltenquote} = \frac{\text{Anzahl der Angestellten} \cdot 100}{\text{Personalgesamtbestand}} \quad [\%]$$

$$\text{Arbeiterquote} = \frac{\text{Anzahl der Arbeiter} \cdot 100}{\text{Personalgesamtbestand}} \quad [\%]$$

$$\text{Facharbeiterquote} = \frac{\text{Anzahl der Facharbeiter} \cdot 100}{\text{Gesamtzahl der Arbeiter}} \quad [\%]$$

$$\text{Ausländerquote} = \frac{\text{Anzahl ausländischer Mitarbeiter} \cdot 100}{\text{Personalgesamtbestand}} \quad [\%]$$

$$\text{Nachwuchsbedarf} = \frac{\text{durchschn. Personalbestand}}{\text{durchschn. Betriebszugehörigkeit}}$$

$$\text{Personalnachwuchsquote} = \frac{\text{Nachwuchsbedarf} \cdot 100}{\text{durchschn. Personalbestand}} \quad [\%]$$

[19] Vgl. Hentze, J.: Personalwirtschaftslehre 2, a.a.O., S. 309.

Die auf diese Weise gewonnenen Kennzahlen sorgen durch ihre Aussagekraft und Darstellungsform für eine **Transparenz** auch komplexerer Sachverhalte. Sie eignen sich als Instrument zur innerbetrieblichen **Planung** und **Kontrolle**, wirken also wie ein "Frühwarnsystem". Weiter dienen Strukturkennzahlen als gemeinsame **Informationsbasis** bei Gesprächen zwischen Geschäftsleitung und Betriebsrat. Darüber hinaus lassen sich Strukturkennzahlen unter anderem auch zum **direkten Vergleich** zweier oder mehrerer Unternehmen nutzen. Dabei werden sie zur Erreichung eines zeitlichen Bezuges zu einem definierten Zeitpunkt oder für eine bestimmte Periode errechnet.

## 2.6.4 Personalbewegung

Die Personalbewegung kann in drei verschiedene Arten unterteilt werden:

- **Außerbetriebliche Personalbewegung**: Entscheidend ist der erstmalige Eintritt in das Berufsleben bzw. das endgültige Ausscheiden. Gründe können z.B. Pensionierungen oder Todesfälle sein.
- **Zwischenbetriebliche Personalbewegung:** Sie ergibt sich durch den Wechsel von Personal zu anderen Unternehmen und wird allgemein als Fluktuation bezeichnet. Die Kündigung spielt in diesem Zusammenhang eine wichtige Rolle. Oft besteht die Schwierigkeit darin, die tatsächlichen Ursachen hierfür festzustellen.
- **Innerbetriebliche Personalbewegung:** Bei dieser Art der Personalbewegung liegen unternehmensinterne Versetzungen, Umsetzungen, Abordnungen usw. vor.

Die folgende Abbildung zeigt ein Beispiel über die Entwicklung des Personalbestandes eines Unternehmens. Es handelt sich um ein Verbunddiagramm, bei dem die Gesamtzahl aller Mitarbeiter als Linie und die prozentualen Veränderungen als Säulen dargestellt ist.

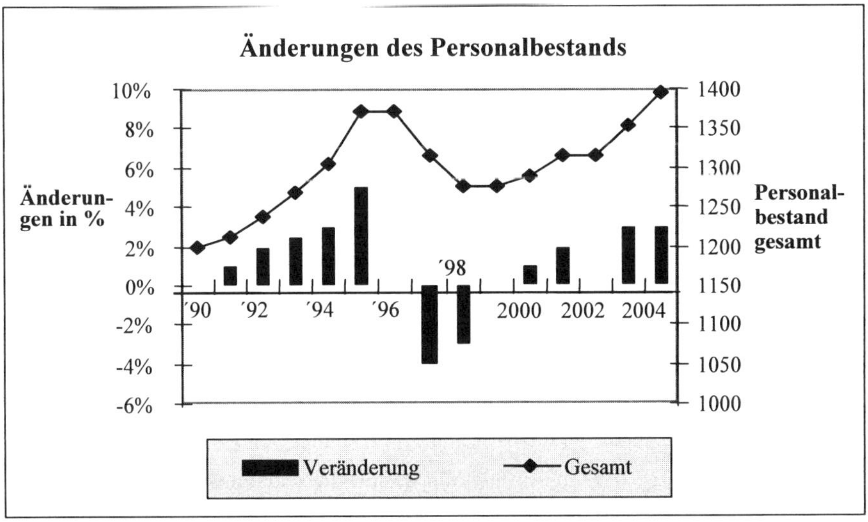


**Abb. 29:** Personalbestandsänderung eines Unternehmens

Auch bei der Bewegung von Personal sind die Kennzahlen im Zuge der Vergleichbarkeit von Unternehmen von äußerster Wichtigkeit. Die wichtigste Kennzahl ist in diesem Zusammenhang die **Fluktuationsrate**. Man unterscheidet zwischen der von der Bundesvereinigung der Arbeitgeberverbände empfohlenen "**BDA-Formel**" und der nach ihrem Schöpfer benannten "**Schlüter-Formel**". Erstere gibt das Verhältnis von Personalabgängen zum durchschnittlichen Personalbestand im Betrachtungszeitraum wieder:

$$\text{Fluktuationsquote} = \frac{\text{Personalabgänge} \cdot 100}{\text{durchschnittl. Personalbestand}} [\%]$$

Die **Schlüter-Formel** dagegen betrachtet statt des durchschnittlichen Personalbestandes den Personalbestand zu Beginn, erhöht durch die Anzahl der Zugänge im Betrachtungszeitraum:

$$\text{Fluktuationsquote} = \frac{\text{Personalabgänge} \cdot 100}{\text{Personalbestand zu Beginn} + \text{Zugänge}} [\%]$$

Abgesehen von den hier gezeigten Formeln zur Berechnung der Fluktuation gibt die Kennzahl der **Versetzungsrate** Auskunft über die innerbetriebliche, hier also z.B. abteilungsbezogene Personalbewegung.

$$\text{Versetzungsrate einer Abteilung} = \frac{\text{Zahl der Abgänge} \cdot 100}{\text{durchschnittl. Personalbestand der Abt.}}$$

Die Versetzungsrate spielt für die Personalplanung eines Unternehmens eine wichtige Rolle, da die Mitarbeiter aufgrund von **innerbetrieblichen Stellenausschreibungen** in immer größer werdendem Maße die Möglichkeit des betriebsinternen Aufstiegs erkennen und nutzen. Mit Hilfe dieses Verfahrens können sie besser gemäß ihren persönlichen Fähigkeiten und Neigungen eingesetzt werden.

## 2.6.5 Personalaufwand

Sowohl der Personalaufwand als auch die Sozialleistungen sind Größen, die vornehmlich durch das Rechnungswesen erfasst und ausgewertet werden. Die gezahlten Löhne und Gehälter können dabei z.B. nach verschiedenen **Aufwandsarten** (Löhne, Gehälter, Prämien, Zulagen, Erfolgs- und Kapitalbeteiligungen sowie Arbeitgeberanteile) ausgewertet werden.

Eine Aufteilung kann jedoch auch nach den verschiedenen **Verursachern** des Aufwandes vorgenommen werden, wie beispielsweise nach Auszubildenden, Arbeitern, Angestellten, nach Vollzeit- oder Teilzeitkräften, nach organisatorischen Einheiten oder nach regionalen Gesichtspunkten.

Die folgende Zusammenstellung zeigt die wichtigsten **Personalkosten-Kennzahlen**. Hierbei wird in globale und differenzierte Strukturzahlen sowie in Leistungskennzahlen unterschieden.

**(1) Globale Strukturzahlen:**

$$\frac{\text{Personalkosten}}{\text{Gesamtleistung laut Gewinn und Verlustrechnung}}$$

$$\frac{\text{Entgelt (Löhne und Gehälter)}}{\text{Personalkosten gesamt}}$$

$$\frac{\text{Personalzusatzkosten}}{\text{Personalkosten gesamt}}$$

$$\frac{\text{Personalzusatzkosten aufgrund freiwilliger Leistungen}}{\text{Personalkosten gesamt}}$$

**(2) Differenzierte Strukturzahlen:**

$$\frac{\text{Personalkosten Arbeiter}}{\text{Personalkosten gesamt}}$$

$$\frac{\text{Entgelt Arbeiter}}{\text{Entgelt gesamt}}$$

$$\frac{\text{Personalzusatzkosten Arbeiter}}{\text{Personalzusatzkosten gesamt}}$$

$$\frac{\text{Personalkosten Angestellte}}{\text{Personalkosten Arbeiter}}$$

$$\frac{\text{Personalzusatzkosten Angestellte}}{\text{Personalzusatzkosten Arbeiter}}$$

**(3) Leistungskennzahlen:**

$$\frac{\text{Personalkosten}}{\text{Umsatz}}$$

$$\frac{\text{Personalkosten}}{\text{Produktion}}$$

$$\frac{\text{Personalkosten}}{\text{Gesamtleistung laut Gewinn - und Verlustrechnung}}$$

Die **globalen Strukturzahlen** betreffen die Gesamtheit aller Mitarbeiter eines Betriebes. Bei den **differenzierten Strukturzahlen** erfolgt eine Gegenüberstellung der verschiedenen Mitarbeitergruppen zu den Personalkosten bzw. zwischen den Personalkosten der verschiedenen Mitarbeitergruppen untereinander. Die **Leistungskennzahlen** schließlich geben eine Beziehung zwischen den Personalkosten und den Leistungsdaten eines Unternehmens an.

Von besonderer Aussagekraft sind die Kennzahlen, die Auskunft über die **Entwicklung** der jeweiligen **Personalkosten** pro Kopf für die verschiedenen Mitarbeitergruppen geben.

Durch Aktualisieren und Errechnen der Kennzahlen sollte ein permanenter Vergleich mit den angestrebten Zieldaten erfolgen. Als wichtigste Unternehmensziele in diesem Zusammenhang gelten, dass

- die **Steigerungsrate des Umsatzes** nicht durch die Steigerungsrate der Personalkosten übertroffen wird,
- die **Zunahme des Personalbestandes** nicht unterhalb der Steigerungsrate des Umsatzes liegt,
- die **Steigerungsrate der Personalkosten pro Kopf** nicht größer wird als die Steigerungsrate des Pro-Kopf-Wertzuwachses,
- die Steigerungsrate des nicht direkt an der Fertigung beteiligten Personals 50% der Steigerung des Produktionspersonals nicht übersteigt.[20]

## 2.6.6 Arbeits- und Ausfallzeiten

Im Unternehmen kommt es häufig zu einer starken Diskrepanz zwischen vertraglicher und tatsächlich geleisteter Arbeitszeit. Die vereinbarte Arbeitszeit wird oft durch **Mehrarbeitszeiten** (Überstunden) erhöht und durch **Ausfallzeiten** (Fehlzeiten) vermindert. Daher ist die Errechnung der **effektiven Arbeitszeit** für ein Unternehmen die Grundlage zur weiteren Personalbedarfsplanung.

Vertragliche Arbeitszeit ( = Soll - Arbeitszeit)
- Ausfallzeiten (bezahlte und unbezahlte)
+ Mehrarbeitszeiten

= Ist - Arbeitszeit

Die in obiger Formel benutzte **Soll-Arbeitszeit** lässt sich folgendermaßen berechnen:

Vertraglich vereinbarte Arbeitszeit
- Feiertage (Wochentage)
- allgemeine bezahlte und/oder unbezahlte Freistellung
- Minderarbeitszeit durch allgemeine Umverteilung von Arbeitszeit
+ Mehrarbeitszeit

= Soll - Arbeitszeit

20 Vgl. RKW-Handbuch Personalplanung, a.a.O., S. 460.

Die Quote der **effektiven Arbeitszeit** lässt sich aus den oben errechneten Zwischenergebnissen gewinnen, indem man die Ist-Arbeitszeit in Relation zu der Soll-Arbeitszeit setzt:

$$\text{Quote der effektiven Arbeitszeit} = \frac{\text{Ist - Arbeitszeit (Tage/Stunden)} \cdot 100}{\text{Soll - Arbeitszeit (Tage/Stunden)}} [\%]$$

Es ist leicht ersichtlich, dass vor allem die **Ausfallzeiten** eine starke Beeinflussung dieser Kennzahl bewirken. Im folgenden ist eine Zusammenstellung der wichtigsten Gründe für das Entstehen von Fehlzeiten gezeigt:

- Bezahlte gesetzliche Feiertage
- Urlaub
- Sonderurlaub und Zusatzurlaub (z.B. für Schwerbehinderte)
- Bildungsurlaub, Fortbildungsmaßnahmen
- Krankheit, Kuren und Heilverfahren
- Mutterschutz und Erziehungsurlaub
- Zuspätkommen
- Betriebsstörungen
- Streik, Aussperrung
- Arbeitsbefreiungen nach Gesetz, Verordnung oder Tarif
- Bundeswehr und Wehrübungen
- Betrieblich bedingte Gründe, Betriebsversammlungen

Auch bei den Ausfallzeiten sind einige Kennzahlen als besonders wichtig hervorzuheben. Dazu gehört die sogenannte **Fehlzeitenquote**, die den Anteil der gesamten Ausfallzeiten an der Soll-Arbeitszeit angibt:

$$\text{Fehlzeitenquote} = \frac{\text{Fehlzeiten (Tage/Stunden)} \cdot 100}{\text{Soll} - \text{Arbeitszeit (Tage/Stunden)}} [\%]$$

Bei der Berechnung der aufgrund von Krankheit bedingten Ausfallzeiten unterscheidet man die **Krankheitsausfallquote** von der Krankenquote. Sie errechnet sich analog wie die Fehlzeitenquote:

$$\text{Krankheitsausfallquote} = \frac{\text{Krankheitsausfall (Tage/Stunden)} \cdot 100}{\text{Soll} - \text{Arbeitszeit (Tage/Stunden)}} [\%]$$

Die **Krankenquote** setzt die Anzahl der erkrankten Mitarbeiter in Relation zum durchschnittlichen Personalbestand:

$$\text{Krankenquote (je Periode)} = \frac{\text{Anzahl der Kranken} \cdot 100}{\text{durchschnittl. Personalbestand}} [\%]$$

Neben den gezeigten Methoden zur Berechnung der Ausfallzeiten lassen sich aber auch eventuell vorkommende **Mehrarbeitszeiten** erfassen und in Form von entsprechenden Kennzahlen darstellen. Die für diesen Bereich wichtigste Kennzahl ist die **Überstundenquote**:

$$\text{Überstundenquote} = \frac{\text{Zahl der Überstunden} \cdot 100}{\text{Soll - Arbeitsstunden}} [\%]$$

## 2.7 Personalhandbuch

Um die Arbeit im Personalwesen noch effizienter zu machen, bietet sich das Anlegen eines Personalhandbuches an. Dieses sollte insbesondere zwei Aufgabenbereiche abdecken: es dient als Nachschlagewerk und als Entscheidungsrichtlinie für außerordentliche Probleme der Personalarbeit.

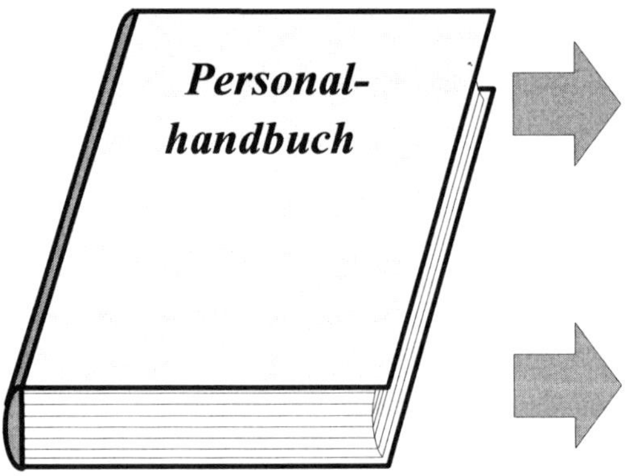


Das Personalhandbuch dient als **Nachschlagewerk**, das die von den Personalstellen erlassenen Richtlinien und Vorschriften enthält. Dazu gehören auch firmeninterne Reglements sowie deren Interpretationen.

Im Personalhandbuch sollten außerdem diejenigen **Entscheidungen** festgehalten werden, die als **außerordentlich** bzw. **nicht alltäglich** eingestuft werden. Sie dienen als Entscheidungsgrundlage oder Richtlinien für das zukünftige Betriebsgeschehen.

**Abb. 30:** Die Hauptfunktionen des Personalhandbuchs

Insbesondere der zuletzt genannte Aspekt sollte nicht unterschätzt werden, da hierdurch eine Basis für Präzedenzfälle bei Personalentscheidungen aufgebaut wird. Dies wiederum hat eine größere Transparenz der Entscheidungen gegenüber dem Mitarbeiter zur Folge und stärkt zudem das Auftreten der Personalabteilung.

Beim Aufbau des Personalhandbuchs empfiehlt sich eine thematische Gliederung, wie sie im folgenden Beispiel gezeigt ist:

| Personalhandbuch | |
|---|---|
| **1. Anstellungsbedingungen** | **4. Entgeltpolitik** |
| • Arbeitszeitreglement | • Qualifikationsgespräch |
| • Überzeitregelungen | • Mitarbeiterbeurteilung |
| • Spesen- und Reisereglement | • Arbeitsplatzbewertung |
| • Festlegung der Urlaubszeiten | • Lohnfindung |
| • Angestelltenreglement | • Gratifikationen |
| • Betriebsordnung | • Bonussystem |
| • Unterschriftenreglement | **5. Aus- und Weiterbildung** |
| • Aushilfsanstellung | • Ermittlung des Schulungsbedarfs |
| • Teilzeitanstellung | • Externe Ausbildung |
| • Heimarbeit | • Interne Ausbildung |
| • Auslandsverträge | • Persönliche Weiterbildung |
| **2. Personaleinstellung und -einsatz** | • Nachwuchskräfteschulung |
| • Auswertung von Personalstatistiken | • Sprachausbildung |
| • Personalplanung | • Lehrlingsausbildung |
| • Personalwerbung | • Anlernen |
| • Kontakte zu Schulen | • Stipendien |
| • Einholen von Auskünften und Gutachten | **6. Soziales und Dienstleistungen** |
| • Vorstellungsspesen | • Altersvorsorge |
| • Personalauswahl | • Krankenversicherung |
| • Einführung neuer Mitarbeiter | • Gesundheitsvorsorge |
| • Beratungsverträge | • Finanzielle Unterstützung |
| • Probezeit | • Hypothekendarlehen |
| • Versetzungen | • Sozialberatung |
| **3. Personelle Führung** | • Freizeitkurse |
| • Führungsrichtlinien | • Dienstjubiläen |
| • Aufgaben und Pflichten für Vorgesetzte | • Rechtsberatung |
| • Organigramm | • Vorschlagswesen |
| • Funktionsdiagramme | • Unfallverhütung |
| • Stellenbeschreibungen | **7. Beendigung des Arbeitsverhältnisses** |
| • Personalpolitik | • Pensionierung |
| • Nachwuchsplanung, Förderung | • Kündigung |
| • Zielsetzungsprozess | • Austrittsformalitäten |
| • Information | • Todesfälle |

**Abb. 31:** Gliederungsbeispiel für ein Personalhandbuch

## 2.8 Formulare

Formulare dienen der vereinfachten Informationsgewinnung. Sie eignen sich daher zum Erhalt von Personaldaten für die anzulegende Personalakte sowie bei anstehenden Änderungen von Eintragungen. Sowohl für den Sachbearbeiter als auch für den Antragsteller sind gut konzipierte, d.h. übersichtliche und eindeutige Vordrucke für eine schnelle Bearbeitung von Vorteil. Eine gute graphische Darstellung erhöht die Bereitschaft, die Papiere zu bearbeiten.

Folgende Anforderungen sollte ein Formular erfüllen:

- Nur wesentliche Angaben sollten auf dem Vordruck aufgeführt sein
- Die Übersichtlichkeit soll gewährleistet sein
- Die Fragen sollen eindeutig gestellt sein
- Die maximale Bearbeitungszeit der Formulare soll vorgegeben sein

**Personalbogen**

Bitte innerhalb von 2 Wochen nach Erhalt bei der Personalabteilung einreichen

**A. Personalien**

Name, Vorname:
Geburtsname:
Geburtsdatum, Ort, Kreis:
Familienstand:
Staatsangehörigkeit:
Religion:
Steuerklasse:

**B. Wohnung**

Straße:
Ort:
Tel.-Nummer:

**C. Ausbildung**

1. Schulabschluss:
2. Berufsausbildung:
3. Hochschulabschluss:

**D. Bankverbindung**

BLZ:
Name und Ort des Institutes:
Konto-Nr.:

**Abb. 32:** Beispiel für ein Formular

## 2.9 Schemabriefe und Textbausteine

Schemabriefe und Textbausteine rationalisieren den Arbeitsaufwand einer Personalabteilung aufgrund der vielseitigen, immer wiederkehrenden Anforderungen (Jubiläen, Entlassungen, Einstellungen, Absagen etc.). Vorformulierte Alternativen für jeden Anlass in Form von unterschiedlichen Serienbriefen oder Textbausteinen für Standardbriefe helfen, den Schriftverkehr rationeller zu gestalten. Da Ereignisse, die das Schreiben eines Briefes bedingen, nicht immer exakt gleich sind, müssen pro Vorgang mehrere Alternativen zur Verfügung stehen.

**DAMEN- UND KINDERBEKLEIDUNG**

**Klaus S.**

Klaus S. GmbH & Co Postfach 250320 49256 Dortmund

Adressfeld

Ihr Zeichen    Ihre Nachricht    Unser Zeichen    Tag [Datum]

Ihre Bewerbung vom [Datum der Bewerbung]

Sehr geehrte/r [variable Anrede]

vielen Dank für Ihre Bewerbung vom [Datum], mit der Sie sich um einen Semesterferien-Arbeitsplatz in unserem Hause bewerben. Leider müssen wir Ihnen mitteilen, dass wir aus der Vielzahl der eingegangenen Bewerbungen die zur Verfügung stehenden Arbeitsplätze bereits besetzt haben. Wir bedauern, Ihnen einen abschlägigen Bescheid geben zu müssen, reichen Ihre Bewerbungsunterlagen als Anlage zurück und verbleiben

mit freundlichen Grüßen

Klaus S. GmbH & Co.

Ralph Grimm

**Abb. 33:** Beispiel für einen Schemabrief

# 3 Personalinformationssysteme (PIS)

Personalinformationssysteme sind zu einem zentralen und einflussreichen Werkzeug im Rahmen der Personalwirtschaft herangereift. Diese Entwicklung ist eine direkte Folge eines Rationalisierungsbestrebens, das sich im Zuge einer verschärften Wettbewerbssituation ausgeprägt hat.

Im gleichen Maße kommt der Einsatz eines Personalinformationssystems aber auch dem Ziel des beschleunigten Zugriffs auf Personaldaten entgegen. Die wachsende Verflechtung zwischen den Unternehmen und den staatlichen Institutionen verlangt darüber hinausgehend einen adäquaten Informationsfluss.

Besonders bei Großunternehmen besteht die Gefahr eines Überhanges an administrativen Tätigkeiten im Personalwesen, der die dispositive Komponente stark beeinträchtigt. Daher besteht die Möglichkeit, dass es zu wenig fundierten Personalentscheidungen kommt. Zeitintensive Auswertungen sind bei ihrer Vorlage oft schon nicht mehr aktuell oder können zum vorher definierten Zeitpunkt nur unter erhöhtem Personalaufwand fertiggestellt werden.

Der Einsatz der Personalinformationssysteme ermöglicht hier eine schnellere, präzisere, aktuellere und umfassendere Informationsversorgung für den Entscheidungsprozess im dispositiven Bereich.

Dieser Abschnitt berücksichtigt insbesondere die Ziele, Aufgaben und Problemfelder bei dem Einsatz von Personalinformationssystemen. Da die Personaldatenverarbeitung die Basis für ein Personalinformationssystem darstellt, werden neben den grundlegenden Definitionen von Daten und Informationen auch Techniken des Erfassens, Verarbeitens, Aufbereitens und Organisierens von Personaldaten im Unternehmen vorgestellt.

## 3.1 Historische Entwicklung

Die DV-technische Unterstützung des Personalwesens erhielt in den 60iger Jahren eine immense Bedeutung, weil sich ab diesem Zeitpunkt das Preis-Leistungsverhältnis für die Hard- und Software entschieden verbesserte. Es lassen sich vier Entwicklungsphasen unterscheiden:

- **Phase 1:** Zunächst konzentrierte sich die Anwendung auf die Lohn- und Gehaltsabrechnung. Sie bot sich durch die anfallenden großen Datenmengen - z.B. durch die Angabe der Vorgabezeiten, Effektivzeiten, des erreichten Zeitgrades usw. bei der Akkordlohnzeit - und die monatlichen Wiederholungen als ideales Einsatzgebiet an.
- **Phase 2:** Der für die Lohn- und Gehaltsabrechung notwendige Mitarbeiterstamm-Datensatz wurde nun auch für administrative Zwecke genutzt. So konnten alle relevanten Informationen aktuell abgerufen werden und die herkömmlichen Akten, Listen, und Karteien wurden teilweise überflüssig.
- **Phase 3:** In der Phase 3 vergrößerte sich der Anwendungsbereich zum Beispiel durch die Einbeziehung der Reisekostenabrechnung und der Zeitwirtschaft. Die Schnittstellen zu anderen Anwendungen, u.a. zum Zwecke der Zeiterfassung, wurden aus-

gebaut. Dies führte zu erheblichen innerbetrieblichen Auseinandersetzungen und prägt bis heute die negative Einstellung der Arbeitnehmervertreter gegenüber einem EDV-Einsatz.

- **Phase 4:** In der aktuellen Phase der DV-technischen Unterstützung kommt nun auch dispositiven Aufgaben eine größere Bedeutung zu. Dies ist die Folge des immer höher werdenden Anteils der Personalkosten an den Gesamtkosten. Der Schwerpunkt liegt jedoch nach wie vor eindeutig im administrativen Bereich. Ein weiteres Merkmal ist der verstärkte Einsatz des Personal Computers für partielle Anwendungen.

## 3.2 Grundlegende Begriffe der Datenverarbeitung

In den folgenden Abschnitten werden die in der Datenverarbeitung gebräuchlichen Grundbegriffe wie Zeichen, Daten, Nachrichten, Informationen etc. definiert und erläutert. Dies ist insofern nötig, weil diese Begriffe in der Umgangssprache häufig eine andere oder doch zumindest eine weniger scharf abgegrenzte Bedeutung haben.

### 3.2.1 Zeichen

Als Zeichen werden Elemente bezeichnet, aus denen Daten, Nachrichten bzw. Informationen zusammengesetzt sind. Zeichen können sowohl als **Buchstaben** oder **Ziffern** als auch als **Sonderzeichen** oder **mathematische Symbole** auftreten. Zeichen haben beliebige Erscheinungsformen und sind nicht an bestimmte Trägermedien gebunden. Sie haben, für sich betrachtet, zunächst keine feste Bedeutung. Daher ist eine unterschiedliche Interpretation möglich.

Im Gesamtsystem der EDV stellt das Zeichen im allgemeinen das **kleinste Datenelement** dar, auf das eine Software zugreifen kann. Infolge des relativ begrenzten Umfanges der Zeichenanzahl (Alphabet, Ziffern, Sonderzeichen) kann eine Beschreibung von Gegenständen und abstrakten Objekten nur durch eine Kombination von Zeichen - also durch Worte - erfolgen.

### 3.2.2 Daten

Erfolgt eine **Sinngebung** und **Fixierung von Zeichen**, so werden sie als Daten bezeichnet. Daten bestehen demnach i.d.R. aus einer Kombination von Zeichen. Hierbei wird eine bestimmte Erscheinungsform verabredet, damit diese Zeichenkombination eine interpretierbare Bedeutung erlangt. Man ist an gewisse Trägermedien - allgemein als **Datenträger** bezeichnet - gebunden.

Eine festgelegte Bedeutung und daher eine bestimmte Interpretation ist bei Daten also beabsichtigt.[21] Die folgende Abbildung zeigt den Zusammenhang zwischen Zeichen und Daten in Form einer Gegenüberstellung:

---

[21] Vgl. Hansen, H.R.: Wirtschaftsinformatik, Stuttgart 1992, S. 97.

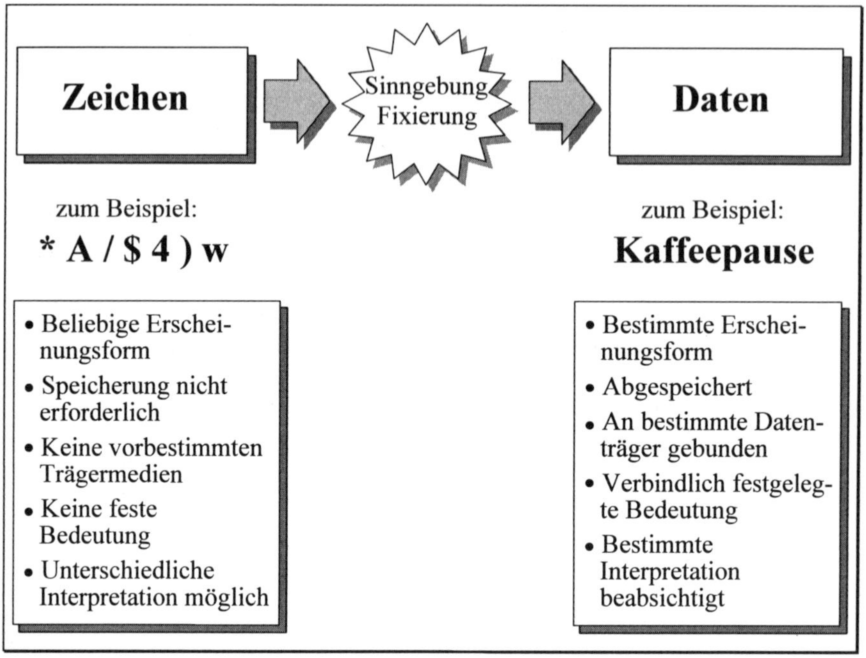


**Abb. 34:** Zusammenhang zwischen Zeichen und Daten

## 3.2.3 Nachrichten

Unter einer Nachricht wird gewöhnlich eine **schriftliche** oder **mündliche Mitteilung** über einen bestimmten Sachverhalt verstanden (verbale Nachrichten). Ob der Inhalt der Nachricht neu oder veraltet, wichtig oder unwichtig, richtig oder falsch ist, spielt hierbei keine Rolle.

Zusammenfassend kann man also sagen: Nachrichten sind Aussagen jeglicher Art - im allgemeinen in schriftlicher oder mündlicher Form. Die Art der Übertragung ist dabei von sekundärer Bedeutung.

## 3.2.4 Informationen

Informationen werden häufig als zweckorientiertes Wissen bezeichnet.[22] Der Hauptunterschied gegenüber der Nachricht besteht einerseits im **Zweckbezug** und andererseits in der **Erhöhung des Wissenstandes** des Nachrichtenempfängers.

Nachrichten und Informationen sind aus auditiv und/oder visuell wahrnehmbaren Signalen zusammengesetzt. Wenn Nachrichten zweckgerichtet und für den Nachrichtenempfänger neu sind, d.h. Nicht-Wissen beseitigen, werden sie zu Informationen.

---

[22] Vgl. Wittmann, S.: Informationsverarbeitung, München 1959, S. 14.

Informationen können auch als verhaltensrelevante Nachrichten interpretiert werden. Durch Übermittlung der Information versucht der Informationssender, eine Aktivität beim Empfänger auszulösen oder zu ändern. Die Übermittlung von Informationen und Nachrichten bezeichnet man als **Kommunikation**.

## 3.2.5 Informationsarten

Informationen lassen sich nach verschiedenen Kriterien in eine Reihe von Informationsarten unterteilen:

- **Sachinformationen** beziehen sich unmittelbar auf den Gegenstand der Aufgabendurchführung.
- **Planungs- bzw. Steuerungsinformationen** regeln die Art der Aufgabendurchführung. Sie sind in Plänen, Ausführungsbestimmungen, Anweisungen oder Dienstvorschriften enthalten, die entweder den allgemeinen Ordnungsrahmen oder aber ganz spezielle Bedingungen für den Arbeitsablauf festlegen.
- **Prognosevorgaben und Kontrollinformationen** werden nach den Phasen des Entstehungsprozesses (Planung, Realisation, Kontrolle) unterschieden.
- **Interne und externe Informationen** sind in ihrer Herkunft festgelegt.
- Informationen können sich je nach Empfängerkreis entweder an den **Innen**- oder an den **Außenbereich** richten.

Eine Grundvoraussetzung für ein rationelles Arbeiten mit Informationen ist die möglichst genaue **Ermittlung des bestehenden Informationsbedarfs**. Solange nicht bekannt ist, wer welche Informationen welchen Inhalts in welcher Form und Verdichtung jeweils wann benötigt und inwieweit dies mit dem derzeitigen Stand der betrieblichen Informationsversorgung übereinstimmt, können Informationslücken und -mängel nur selten erkannt und beseitigt werden.

## 3.2.6 Belege

Um innerbetriebliche Daten und Informationen besser und vor allem schneller in den Datenverarbeitungsprozess integrieren zu können, verwendet man **Belege**. Ein Beleg ist ein Datenträger, der neben eventuell vorhandenen Solldaten auch Istdaten enthält und der zur **Verrechnung** oder zum **Beweis** abgelaufener Vorgänge im Unternehmen sowie zwischen Unternehmen dient.

Der Beleg entsteht somit aus einem **Vordruck**, der mit Daten und/oder Informationen ergänzt ist. Für den Informationsaustausch zwischen Datenverarbeitungssystemen sind die Darstellungen der Informationen in Form von Daten auf Belegen vorzunehmen.

Die Belege werden in der Regel als **Rationalisierungsmittel**, **Steuerungsmittel** oder **Ordnungsmittel**[23] für die Darstellung von Daten und Informationen verwendet, ebenso

---

[23] Vgl. Grünefeld, H.G.: Personalberichterstattung mit Informationssystemen, Wiesbaden 1987, S. 28.

wie für die Datenerfassung oder für den Datenaustausch und damit für den Datenfluss. Werden diese Belege zukünftig als DV-Belege benutzt, so ist es erforderlich, Format, Gliederung und Inhalt grundlegend zu überdenken.

Ein gut durchdachter und gegliederter Beleg ist Wegweiser für den Arbeitsablauf und Informationsfluss. Er dient zur Lenkung, Formung, Koordination und Beschleunigung der Arbeitsabläufe in einem Unternehmen. Folgende **Anforderungen** werden an einen Beleg gestellt:

- Informationen werden in eine übersichtliche Ordnung gebracht.
- Alle Bestandteile des Arbeitsablaufs werden berücksichtigt.
- Ein Teil der Denkarbeit wird dem Bearbeiter abgenommen.
- Der gesamte Arbeitsablauf wird gesteuert.
- Es erfolgt eine Entlastung von Schreibarbeit.
- Sprache und Begriffe für den entsprechenden Anwendungsbereich werden geregelt.

Der Beleg sollte arbeitsgerecht bzw. bearbeitungsgerecht gestaltet sein, d.h. die Anordnung der Angaben wird der normalen Gedankenfolge des Bearbeiters bzw. dem Verwendungszweck des Beleges angepasst.

Um die Verständlichkeit von Belegen zu verbessern, sollten sogenannte selbsterklärende Belege benutzt werden. Diese Belege enthalten in Kurzform alle zu ihrer Anwendung erforderlichen Informationen.

## 3.2.7 Informations- und Datenfluss

Der Begriff der Information ist sehr vielseitig verwendbar. Gelegentlich wird die Information auch als **Produktionsfaktor** bezeichnet. Damit soll zum Ausdruck gebracht werden, dass die Gestaltung des Informationsflusses für das Ergebnis eines Unternehmens von ebenso großer Bedeutung sein kann wie zum Beispiel die Ablauf- und Materialflussgestaltung.

Zu den wichtigsten Vorbedingungen für eine erfolgreiche Planung und Steuerung gehören

- angemessene Informationsmengen und
- ein intensiver Informationsaustausch.[24]

### (1) Informationsfluss

Durch eine Informationsanalyse muss ermittelt werden, welchen **Informationsbedarf** ein Mitarbeiter hat, um die ihm zugeteilten Arbeitsaufgaben ordnungsgemäß durchführen zu können, denn Informationsmangel ist eine der häufigsten Ursachen für Planungsmängel und ist daher in jedem Fall zu vermeiden.

---

[24] Vgl. Meiser, M./Wagner, D./Zander, E.: Personal und neue Technologien, München 1991, S. 35 ff.

Die folgende Abbildung zeigt die Komponenten des innerbetrieblichen Informationsflusses:

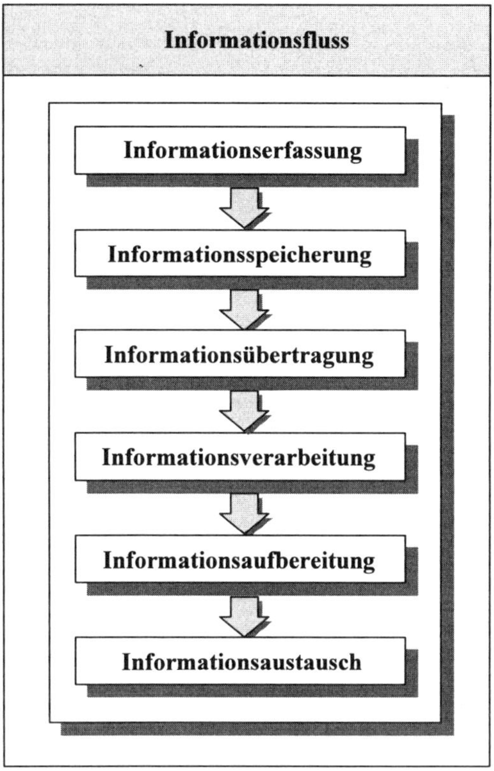


**Abb. 35:** Schema des Informationsflusses

Eine effiziente Datenverarbeitung innerhalb des Unternehmens setzt eine Berücksichtigung dieser Bestandteile des betrieblichen Informationsflusses voraus. Dies wird zum Beispiel durch ein **Informationssystem** ermöglicht, auf das in einem späteren Abschnitt noch näher eingegangen wird.

## (2) Datenfluss

Der Datenfluss zeigt die **Beziehungen**, **Abhängigkeiten** und **Wechselwirkungen** zwischen den einzelnen Bearbeitungen anhand der vorliegenden Belege auf. Jede Bearbeitung erfordert in der Regel einen Beleg als Eingabe und erstellt die Arbeitsergebnisse auf dem angelieferten oder einem neuen Beleg zur Weitergabe an andere Arbeitssysteme.

In der folgenden Abbildung wird die prinzipielle **Struktur des Datenflussplanes** am Beispiel der Rechnungserstellung innerhalb eines Unternehmens gezeigt. Der gesamte Datenfluss umfasst die **Eingabe**, die **Verarbeitung** und die **Ausgabe**.

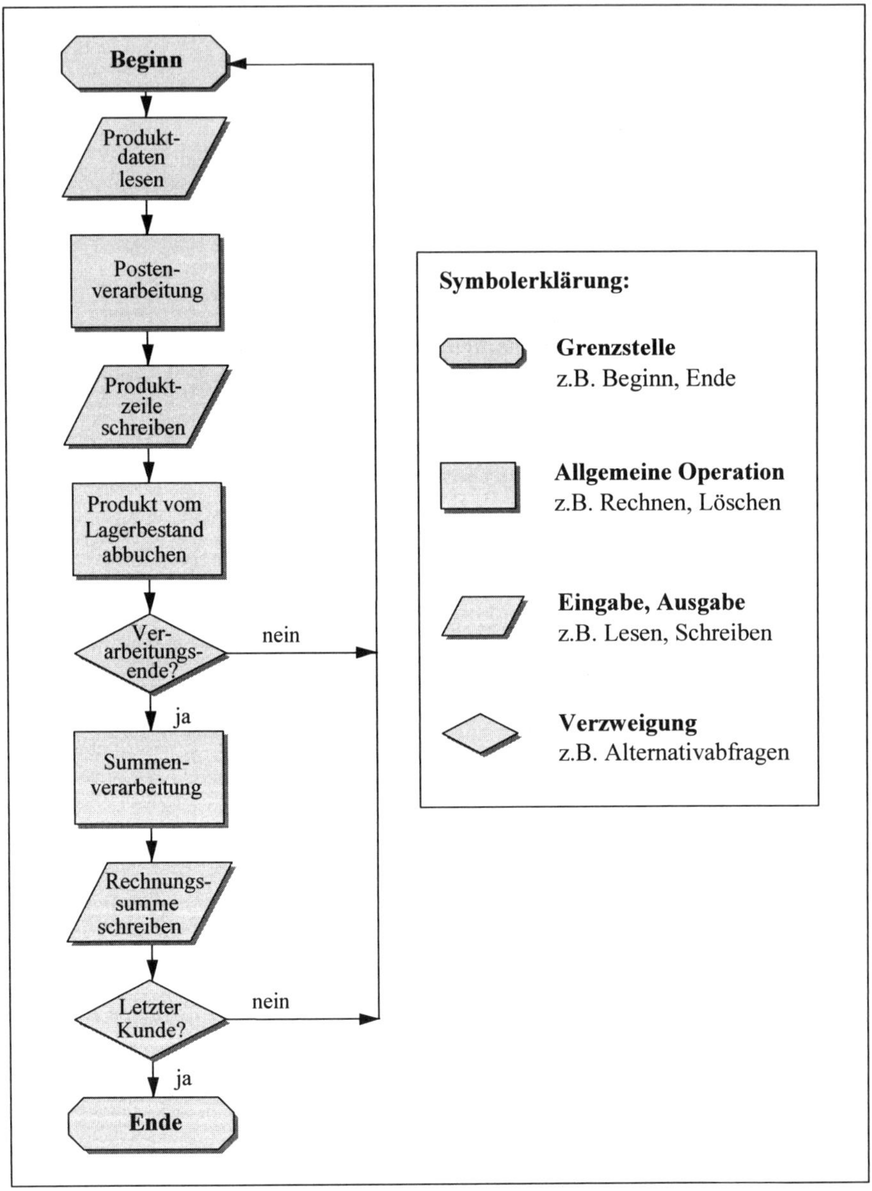


**Abb. 36:** Datenflussplan zur Rechnungserstellung in einem Unternehmen

Innerhalb des gezeigten Datenflussplan-Beispieles werden bestimmte, definierte **Flussdiagrammsymbole** benutzt, um den Zusammenhang im zeitlichen Ablauf und organisatorischen Rahmen zwischen den einzelnen Arbeitssystemen zu zeigen. Hinweise über den Ablauf und den Umgang mit den Daten werden im Datenflussplan dokumentiert. Er sollte allen Beteiligten und Benutzern von Datenverarbeitungsanwendungen zugänglich sein.

## 3.3 Verarbeitung und Auswertung von Personaldaten

Die Verarbeitung und Auswertung von Personaldaten wird heute überwiegend EDV-gestützt durchgeführt. Aus diesem Grund sollen zunächst einige einführende Bemerkungen zum Aufbau und zur Zusammenstellung von EDV-Anlagen gemacht werden.

### 3.3.1 Aufbau einer EDV-Anlage

Grundsätzlich kommen für die Verarbeitung von Personaldaten der **Großrechner** als auch der **Personal Computer** (PC) in Betracht, wobei letzterer nicht zuletzt wegen des erheblich geringeren Preises immer mehr an Bedeutung gewinnt. Administrative Personalverwaltungsaufgaben werden schon aufgrund der Datenmengen weiterhin eine Domäne der Großrechner bleiben.

Oft besteht zwischen den einzelnen Komponenten der Datenverarbeitung eine Verbindung, so dass ganze Rechnersysteme entstehen, die im folgenden als **Netzwerke** bezeichnet werden.

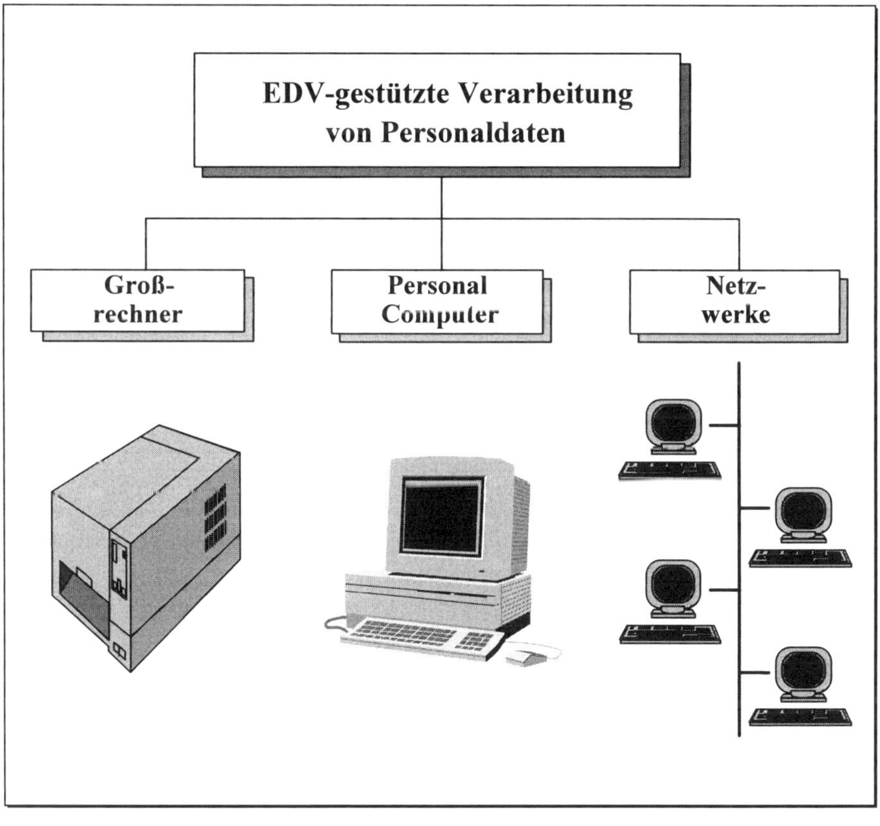


**Abb. 37:** Verarbeitung und Auswertung von Personaldaten

### 3.3.2 Großrechner

Mit dieser Rechnerart werden vor allem Aufgaben in der Lohn- und Gehaltsabrechnung und der Zeiterfassung bewältigt. Durch die zentrale Dokumentation und Kontrolle der Bearbeitungsvorgänge werden auch die Aspekte der Datensicherheit verstärkt berücksichtigt. Die Erfassung der relevanten Daten erfolgt entweder über Terminals oder über Kartenleser. Zeitintensive Verarbeitungsabläufe können in der Nacht durchgeführt werden.

### 3.3.3 Personal Computer

Der **PC** hat in den letzten Jahren auch im Personalbereich eine verstärkte Bedeutung erlangt und so wesentlich zur Entlastung der zentralen Datenverarbeitung beigetragen. Insbesondere für kleinere, isolierte Aufgabenstellungen bietet sich der PC als "dezentrale Intelligenz vor Ort" an.[25]

Die Vorteile sind unter anderem die wesentlich schnelleren Zugriffszeiten und ein höherer **Bedienungskomfort** als bei der zentralen Datenverarbeitung. Als Beispiele seien hier nur die Window-Technik, die Mausunterstützung oder eine kontextbezogene Hilfefunktion erwähnt.

Typische PC-Einsatzgebiete in der Personalwirtschaft sind:

- Graphische Aufbereitung
- Datenbankrecherche
- Reisekostenabrechnung
- Urlaubs-, Jubiläums-, Schulungs- und Führungskräftekarteien
- Stellenpläne
- Terminverfolgung für die Personalverwaltung
- Fehlzeitenverwaltung und -auswertung
- Statistikerstellung
- Beurteilungssystem
- Bewerberauswahl

Zur Bewältigung dieser Aufgaben stehen vor allem Textverarbeitungsprogramme, Tabellenkalkulationsprogramme, Graphikprogramme und Datenbankprogramme verschiedener Software-Hersteller zur Verfügung.

### 3.3.4 Netzwerke

Verbindet man die räumlich verteilten Komponenten eines EDV-Systems durch Datenübertragungswege, so kommt man zu einem Rechnernetzwerk. Je nach Dimension dieser Netzwerke unterscheidet man:

---

[25] Vgl. Bellgardt, P.: Systemunterstützung, Heidelberg 1990, S. 22.

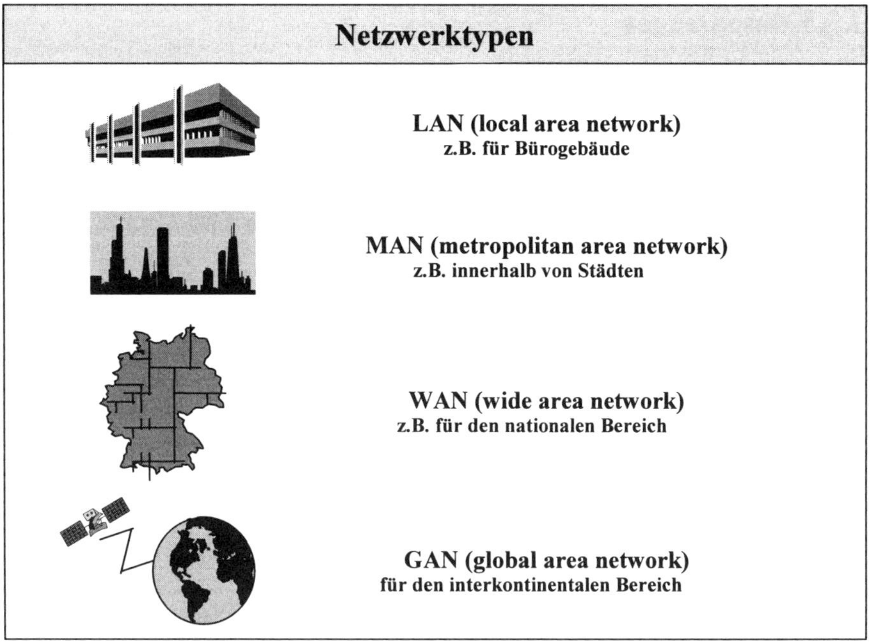


**Abb. 38:** Zusammenstellung der wichtigsten Rechnernetze bezüglich ihrer Dimension

- **LAN (local area network):** Hierbei handelt es sich um ein lokales Netzwerk, das innerhalb eines Gebäudes oder eines Werksgeländes installiert ist. Ein typisches Beispiel bilden LANs in Universitäten, die zusätzlich oft noch über einen Anschluss an nationale und internationale Netze verfügen.
- **MAN (metropolitan area network):** Die Stadtnetze sind als eine Spezialform der WANs anzusehen, die sich von diesen durch die Dimension (Fläche einer Stadt oder eines größeren Firmengeländes) sowie die höhere, den LANs entsprechende Übertragungsgeschwindigkeit, auszeichnen.
- **WAN (wide area network):** Dieser Netzwerktyp ist oft im nationalen oder kontinentalen Bereich vorzufinden. Datenpakete in Form von Text, Sprache und Bildern können übertragen werden. Ohne auf technische Details einzugehen, kann man die Übertragungsgeschwindigkeit gegenüber den LANs als etwa um den Faktor 50 geringer angeben. Das Deutsche Forschungsnetz (DFN) ist ein typischer Vertreter dieser Netzwerksklasse. Einer Vielzahl von deutschen Hochschulen und Instituten wird durch dieses WAN der gemeinsame Zugriff auf Daten und Individualsoftware ermöglicht.
- **GAN (global area network):** Die Leistungsfähigkeit bezüglich der Übertragungsgeschwindigkeit der globalen Netzwerke ist denen der WANs vergleichbar. Bei starker Netzwerkauslastung sowie einer Vielzahl von zwischengeschalteten Verstärkerstationen kann die Übertragung gelegentlich bis zu einigen Minuten dauern. Dafür ermöglichen die GANs allerdings eine Übertragung von Daten, Texten, Sprache und Bildern von Kontinent zu Kontinent. Multinationale Großkonzerne, wie etwa die Firmen Sony oder IBM, nutzen diesen Netzwerktyp.

### 3.3.5 Datenträger

Zur **dauerhaften Speicherung** von Daten werden geeignete **physikalische Mittel**, sogenannte Datenträger, eingesetzt. Diese können im Normalfall sowohl **beschrieben** als auch **ausgelesen** werden. Es gibt eine Fülle von Merkmalen, nach denen die verschiedenen Datenträgerarten eingeteilt und auch beurteilt werden können:

- Preis des einzelnen Datenträgers
- Material des Datenträgers
- Preis für das Schreib-/Lesegerät
- Aufzeichnungsform
- Speicherkapazität
- Zugriffszeit
- Lagerfähigkeit
- Transportierbarkeit

Die folgende Abbildung gibt eine Übersicht über die verschiedenen Datenträgertypen:

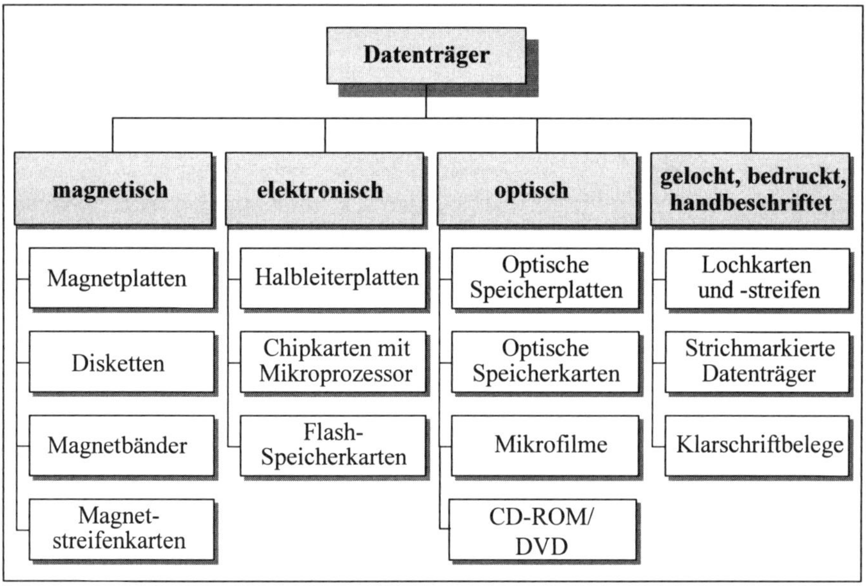


**Abb. 39:** Übersicht über die gebräuchlichsten Datenträgerarten

- **Magnetische Datenträger:** Auf magnetisierbaren Schichten der Datenträger werden Bit-Informationen in Form von Magnetisierungszuständen aufgebracht.
- **Elektronische Datenträger:** In einem Halbleiterchip werden Informationen durch elektrische Ladungen abgelegt.
- **Optische Datenträger:** Hier wird Licht, z.B. in Form eines Laserstrahls, zum Ablegen von Informationen benutzt. Dies kann beispielsweise durch Einbrennen von definierten Bitpositionen erfolgen
- **Gelochte, handbeschriebene bzw. bedruckte Datenträger:** Bei dieser Datenträgerart werden die zu speichernden Daten durch mechanisches Lochen der Bitkombinationen (Lochkarten), bzw. durch Drucken oder manuelles Schreiben ermöglicht.

### 3.3.6 Datenbanksysteme

Im Rahmen der Personalverwaltung entsteht eine enorme Menge von Daten und Informationen (vgl. vorhergehende Abschnitte). Fasst man diese Datenmenge, die von verschiedenen Benutzern bzw. Computerprogrammen verwendet wird, zusammen und ermöglicht eine zentrale Kontrolle, so entsteht ein **Datenbanksystem.** Die Bestandteile eines solchen Datenbanksystems sind

- **Datenbank** (engl. "data Base")
- **Datenbankverwaltungssystem** (engl.: "data base management system")

Die Personaldatenbank enthält Informationen über alle quantitativen und qualitativen Merkmale des Personals. Sie kann gemäß folgender Abbildung unterteilt werden in eine Datenbank als **Archiv**, welche Informationen über ehemalige Mitarbeiter beinhaltet, eine für Informationen über den **aktuellen Personalbestand** und eine für **potenzielle Mitarbeiter**.

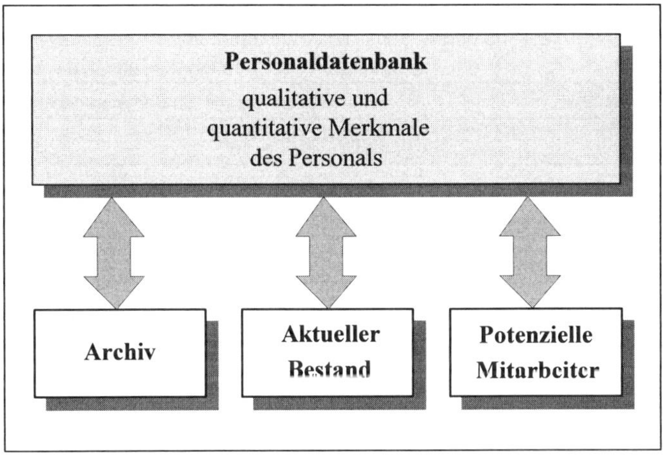


**Abb. 40:** Schematische Gliederung einer Personaldatenbank

Je umfassender die gespeicherten Daten sind, desto leichter sind die personalwirtschaftlichen Aufgaben wahrzunehmen. Allerdings wird auch die Gefahr des Datenmissbrauchs erhöht.

Bei der Zusammenstellung der Daten sollte besonders Rücksicht darauf genommen werden, dass nicht von allen Mitarbeitern sämtliche Daten relevant sind, da andernfalls die Gefahr der Unübersichtlichkeit besteht und insbesondere die Kosten für den Unterhalt der Datenbank und die benötigten Speichermedien anwachsen. Ein weiterer Nachteil besteht in der Verlängerung der Zugriffszeiten auf die benötigten Daten, da erst ein regelrechter "Datendschungel" durchforstet werden muss.

Die folgende Übersicht zeigt eine typische Zusammenstellung wichtiger Persönlichkeits- und Arbeitsmerkmale eines Mitarbeiters, die innerhalb einer Personaldatenbank abgespeichert werden können:

| Persönlichkeits- und Arbeitsmerkmale eines Mitarbeiters | |
|---|---|
| **1. Allgemeine Merkmale** | |
| 1.1 Identifizierende Merkmale | Personalnummer, Familienname, Vorname, Staatsangehörigkeit, Familienstand, Geschlecht, Geburtsdatum/-ort, Anschrift etc. |
| 1.2 Einstellung | Interviewergebnisse, Testergebnisse, Eintrittsdatum, Vertragsdaten |
| 1.3 Sonstige Merkmale | Jubiläumstage, Tätigkeitseinschränkungen, etc. |
| **2. Kenntnis- und Einsatzmerkmale** | |
| 2.1 Schul- und Berufsausbildung, Fortbildung | Schulen, Prüfungen, Abschlüsse, Praktika, Lehre, Fort- und Weiterbildungskurse etc. |
| 2.2 Berufserfahrung | Beschäftigungsabschnitte, Position, Tätigkeit, Beurteilungen, Grund für Arbeitsplatzwechsels |
| 2.3 Spezialangaben | Führerscheine, Fremdsprachen, Patente, Auslandserfahrungen etc. |
| 2.4 Empfohlene und geplante Maßnahmen | Fort- und Weiterbildung, Versetzung, Beförderung, Ergebnisse der Personalgespräche etc. |
| 2.5 Einsatzbereitschaft | Bereitschaft zur Versetzung oder zum Auslandseinsatz |
| **3. Physische Merkmale** | |
| 3.1 Umgebungseinflüsse | Allergien, Reaktion auf Klima, Lärm etc. |
| 3.2 Sonstige physische Merkmale | Schwindelfreiheit, Muskelbelastbarkeit etc. |
| **4. Psychische Merkmale** | |
| 4.1 Geistige Merkmale | Auffassungsgabe, mündliche und schriftliche Ausdrucksfähigkeit, Konzentrationsfähigkeit |
| 4.2 Arbeits- und Gemeinschaftsverhalten | Belastbarkeit und Ausdauer, Kooperationsfähigkeit, Selbständigkeit, Initiative |
| 4.3 Sensomotorische Merkmale | Reaktionsvermögen |
| 4.4 Leistungsbereitschaft | bezogen auf psychische Merkmale |
| **5. Abrechnungsmerkmale** | |
| 5.1 Lohn/Gehalt | Lohn-/Gehaltsentwicklung und -abrechnungsdaten incl. Zulagen, Prämien, Vorschüsse, Gutschriften, Bankverbindung |
| 5.2 Versicherung/Versorgung | Angaben zur Krankenversicherung, Unfallversicherung, Rentenversicherung, Pensionsansprüche, Vermögensbildung, Beihilfen |
| 5.3 Zeitangaben | Urlaub, Fehlzeiten, Zeitabrechnung |

**Abb. 41:** Persönlichkeits- und Arbeitsmerkmale eines Mitarbeiters

Da der Bestand an persönlichen Daten pro Mitarbeiter gemäß dieser Zusammenstellung recht umfangreich ist, erfolgt eine Organisation der Personaldatenbank in einzelne **Datensätze**. Jeder Datensatz ist einem bestimmten Mitarbeiter zugeordnet und ist selbst wiederum in einzelne **Datenelemente** untergliedert.

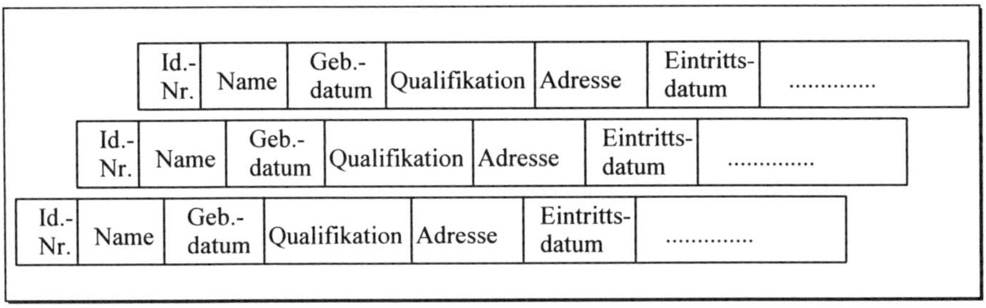


**Abb. 42:** Unterteilung der Datensätze in Datenelemente

Der jeweilige Datensatz wird durch die Angabe einer **Identifikationsnummer**, die übrigens auch mit der Personalnummer identisch sein kann, adressiert. Durch die Eingabe der Identifikationsnummer kann besonders schnell auf einen bestimmten Datensatz, z.B. zur Korrektur eines Datenelementes, zugegriffen werden.

Die **Selektion** mit Hilfe der Identifikationsnummer ist derjenigen durch die Eingabe des Mitarbeiternamens (z.B. "Meier") wegen der **Eindeutigkeit** vorzuziehen. Somit wird eine **einheitliche** und **übersichtlichere Archivierung** der Datensätze ermöglicht.

Unter der Voraussetzung einer ständigen Überarbeitung und Aktualisierung der Daten können nun alle befugten Abteilungen eines Unternehmens dieselbe Datenbank benutzen. Die auf diese Weise erreichte **Strukturierung** und **Zentralisierung** der Daten bringt ein nicht zu unterschätzendes Rationalisierungspotenzial mit sich.

## 3.4 Anforderungen an ein Personalinformationssystem

Der Einsatz eines Personalinformationssystems bietet die Möglichkeit**, rationellere und objektivere Entscheidungen** zu treffen, um einen qualifizierteren und ausreichenden Personalbestand aufzubauen bzw. zu sichern.

Übereilte, subjektive und willkürliche Entscheidungen können so vermieden oder zumindest in ihrem Umfang reduziert werden. Die getroffenen **Entscheidungen** sind für die Mitarbeiter im Unternehmen **nachvollziehbar**, da das Personalinformationssystem die Verfahren, Art und Gewichtung der Kriterien für den Entscheidungsprozess vorgibt.

Grundlage für die Gestaltung eines Personalinformationssystems ist **das personalwirtschaftliche Aufgabensystem**, sind also die in der Personalabteilung anfallenden Aufgaben. Die Anforderungen an ein Personalinformationssystem für die betriebliche Personalplanung werden im Folgenden für einige Teilbereiche erläutert:

- **Personalbedarf:**

Hierunter versteht man die Ermittlung des benötigten Personalbedarfs nach Qualität, Quantität und Einsatzzeitpunkt. Diese strategische Planung bedingt ein hohes Maß an Informationsverarbeitungsprozessen. Der hohe Abstraktionsgrad der zugrundeliegenden Entscheidungen führt dazu, dass Informationsabfragen verbal oftmals unklar formuliert und Daten vom System abgefragt werden, die zu anderen internen als auch externen Daten in Beziehung zu setzen sind. Daraus ergeben sich hohe Anforderungen an eine

Datenbank und die dazugehörige Datenbankabfragesprache. Andererseits darf die Informationsbasis für zukünftige Entscheidungen nicht nur auf internen Daten beruhen. Externe Daten, zum Beispiel über den Markt, die Branche oder über Konkurrenzunternehmen können wichtige Zusatzinformationen für den Entscheidungsprozess beisteuern. Deshalb sollte ein Online-Zugriff auf externe Datenbanken möglich sein.

Wichtig ist auch, dass zwischen den einzelnen Unternehmensbereichen ein Informationsaustausch stattfindet und dass die in einem Unternehmen existierenden Teilinformationssysteme in ein Gesamtsystem integriert werden.

- **Technische Realisation taktischer Planungsverfahren:**

Die technische Realisation taktischer Planungsverfahren ist leichter umzusetzen als die strategischen Verfahren. Neben den mathematischen Operationen wird in diesem Zusammenhang oft die Möglichkeit von Soll-Ist-Vergleichen als weitere Anforderung gestellt. Das anfallende Zahlenmaterial kann durch den Einsatz von Graphikprogrammen veranschaulicht werden. Dies erleichtert die Informationsaufnahme.

- **Personalbeschaffung:**

Mit der Personalbeschaffung (Personalbewerberverwaltung/Bewerbervorauswahl) sind die Maßnahmen zur Beseitigung von personellen Unterdeckungen gemeint. Die interne Personalbeschaffung ist dadurch gekennzeichnet, dass geeignetes Personal innerhalb des Betriebes gesucht wird. Als Informationsquelle dient die Personaldatenbank. Hier sind unter anderem Beurteilungen, Qualifikationen und Wunschvorstellungen über den beruflichen Werdegang der Mitarbeiter gespeichert.

Bei der externen Personalbeschaffung wird mit Instrumenten der Personalwerbung, wie Stellenanzeigen, Kontakten zu Schulen, Industrie- und Handelskammern, Interessenvertretern etc. gearbeitet.

- **Personaleinsatzplanung:**

Die Personaleinsatzplanung beschäftigt sich mit Fragen der Integration und dem Einsatz von Mitarbeitern in qualitativer, quantitativer, örtlicher und zeitlicher Hinsicht unter dem Aspekt der Ablauforganisation und der Gestaltung der Arbeitsplätze.

Das Zuordnungsproblem von Mitarbeitern und Arbeitsplätzen lässt sich durch die Verwendung eines Vergleichsverfahrens lösen. Charakteristisch für dieses Verfahren ist der automatische Vergleich von Arbeitsplatzanforderungen und den Fähigkeiten der Mitarbeiter. Ein Vergleich ist jedoch nur dann möglich, wenn arbeitsplatz- und mitarbeiterbezogene Datenelemente vorhanden sind.

Daten über die Mitarbeiter liefert die Personaldatenbank, die Arbeitsplatzdatenbank liefert Informationen zu Arbeitsinhalten und Arbeitsplatzanforderungen. Hierzu gehören Stellenpläne, Stellenbeschreibungen und Organisationspläne. Ein Vergleich von Mitarbeiter und Arbeitsplatz ist nur dann möglich, wenn Personal- und Arbeitsplatzdatenbank den gleichen Aufbau haben.

Das Personalinformationssystem gibt aufgrund der vorhandenen Daten und deren Auswertung eine Empfehlung für die Besetzung von Arbeitsplätzen.

- **Personalkostenplanung:**

Die Personalkostenplanung hat die Erfassung und Analyse der Personalkosten sowie die Benennung der Einflussfaktoren zum Inhalt.

Eine wichtige Informationsquelle der Personalkostenplanung ist das betriebliche Rechnungswesen. Daher ist es wichtig, dass ein Zugriff auf die Abrechnungsergebnisse der Lohn- und Gehaltsabrechnung möglich ist. Diese Daten werden für Kontrollzwecke benötigt, um einen Vergleich von Soll- und Ist-Daten durchzuführen.

Für die Planung der Personalkosten sind Simulationen erforderlich, um die Auswirkungen von Tariferhöhungen oder Arbeitszeitverkürzungen berechnen zu können. Eine Prognose über die Entwicklung der Personalkosten erfordert auch die Einbeziehung externer Informationen, zum Beispiel über Konjunktur- und Arbeitsmarktdaten sowie Informationsraten.

Auch für die Personalkostenplanung ist eine Veranschaulichung des Zahlen- und Datenmaterials in Form von Statistiken und Graphiken sinnvoll. Der Vorteil ist in der schnelleren und übersichtlicheren Gewinnung von benötigten Informationen zu sehen. Als Graphikformen zur Darstellung des Zahlenmaterials bieten sich Säulen-, Linien- und Balkendiagramme an.

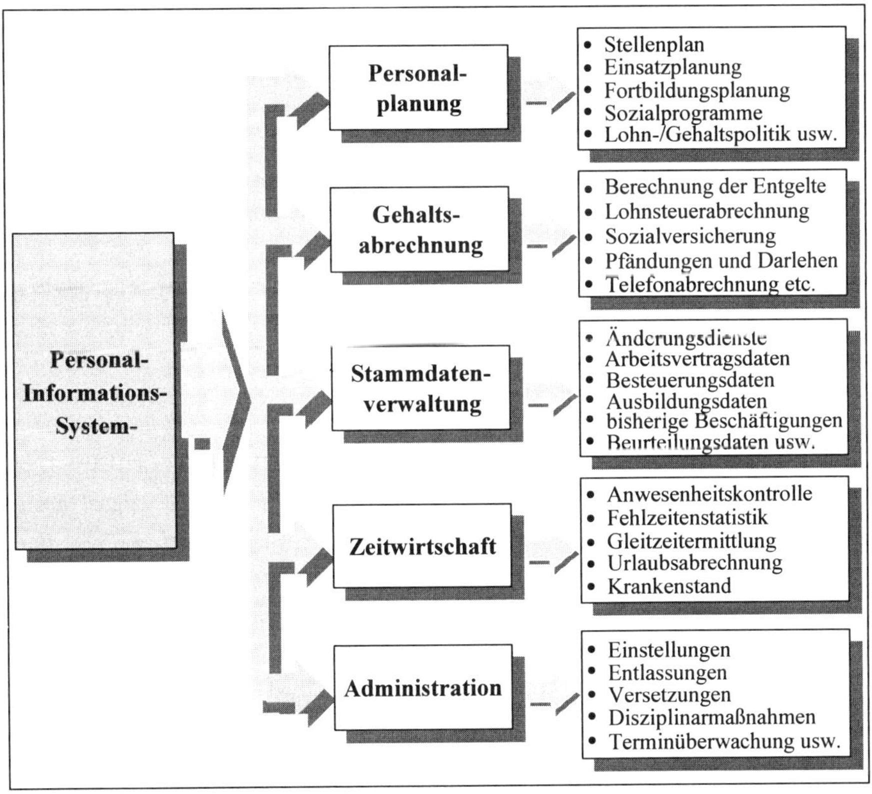


**Abb. 43:** Anforderungen an ein Personalinformationssystem

## 3.5 Administrative und dispositive Aufgaben eines Personalinformationssystems

Teilt man die personalrelevanten Aufgaben- und Fragestellungen systematisch auf, so führt dies zu einer Unterscheidung in administrative und dispositive Aufgaben.

Von dem Einsatz eines Personalinformationssystems erhofft man sich bei den **administrativen Aufgaben** Rationalisierungseffekte aufgrund der personellen Entlastung bei Routinearbeiten und Massenvorgängen. Ein solches System wird als Administrationssystem bezeichnet.

Personalinformationssysteme, welche die **dispositiven, personalwirtschaftlichen Aufgaben** unterstützen, sollen zur Verbesserung der Informationsbasis für Entscheidungs- und Planungsprozesse im Personalbereich von Unternehmungen führen und Entscheidungs- und Planungshilfen anbieten. Dabei sollen kurzfristig erforderliche Entscheidungen genauso berücksichtigt werden wie strategische Gesichtspunkte. Personalinformationssysteme, die ein Dispositions- bzw. Planungssystem enthalten, können Planungsprozesse transparenter und rationaler gestalten.

### 3.5.1 Administrative Aufgaben

Personalinformationssysteme, welche die administrativen Aufgaben unterstützen, sind bereits in sehr vielen Betrieben realisiert - schwerpunktmäßig für die Lohn- und Gehaltsabrechnung und die Stammdatenverwaltung.

Die administrativen Aufgaben sind bestimmt durch die **Massenverarbeitung** von Daten, eine hohe Formalisierbarkeit (Algorhythmisierbarkeit) und ein periodisches Wiederkehren der Aufgabenstellung.

Für die Lösung dieser Aufgaben wird eine Reihe von **Standardsoftwareprodukten** für Großrechneranlagen angeboten. Sie dienen vorwiegend zur Bearbeitung der folgenden Aufgabenfelder:

- Monatliche Lohn- und Gehaltsabrechnung,
- Personalstammdatenverwaltung,
- EDV-unterstützte Erzeugung von Personalstatistiken (viele Produkte bieten gleichzeitig die Möglichkeit der optischen Aufbereitung des statistischen Zahlenmaterials),
- EDV-orientierte Ausführungen des Meldewesens für Ämter und Sozialversicherungen,
- Speicherung personenbezogener Daten und von gesetzlichen, tarifvertraglichen, arbeitsvertraglichen und betrieblichen Erfordernissen.

Die Unternehmen sind gegenwärtig dazu verpflichtet, mehr als 50 personenbezogene Individualdaten ihrer Arbeitnehmer zu erfassen und laufend zu aktualisieren. Grundlage dafür bilden weit über 100 Gesetze und Verordnungen, die im Steuer-, Arbeits- und Sozialrecht bestehen. Die genaue Zahl variiert je nach Bundesland, da außer Bundesgesetzen auch Ländergesetze angewendet werden.

Von größerer Bedeutung sind in diesem Zusammenhang die **Datenerfassungsverordnung** (DEVO) und die **Datenübermittlungsverordnung** (DÜVO), die zu einer Vereinheitlichung und Erleichterung des Meldewesens durch Datenträgeraustausch zwischen Betrieben und Sozialversicherungsträgern geführt haben. Auch in diesem Bereich finden in großem Umfang Routinearbeiten statt, die durch den Einsatz der EDV unterstützt bzw. sogar ganz übernommen werden können.

Die EDV-Unterstützung bei den administrativen Aufgaben führt zu folgenden Vorteilen:

- Durch die gesteigerte Verarbeitungsgeschwindigkeit können Informationen den Verantwortlichen schneller zur Verfügung gestellt werden.
- So können aktuellere und umfassender Informationen geliefert werden.
- Große Datenmengen lassen sich problemlos bearbeiten.
- Der Personalsachbearbeiter hat aufgrund der Entlastung von Routinearbeiten mehr Zeit für andere personalwirtschaftliche Aufgaben, wie zum Beispiel für die Betreuung von Mitarbeitern.

## 3.5.2 Dispositive Aufgaben

Durch die immer komplexeren Aufgaben und Problemstellungen innerhalb der Personalplanung ergibt sich ein wachsender Informations- und Entscheidungsunterstützungsbedarf im dispositiven Bereich.

Der gesteigerte Informationsbedarf lässt sich durch die Tatsache begründen, dass Planungsüberlegungen als gedankliche Vorwegnahme zukünftigen Handelns immer zukunftsorientiert sind und Informationsdaten für die Planung die Basisgrundlage bilden. Die Qualität der Planung hängt entscheidend vom Umfang und der Qualität dieser Informationsbasis ab.

Die dispositiven Aufgaben beinhalten damit nicht nur die allgemeinen Aufgaben des Disponenten der mittleren Unternehmensebene, sondern auch Aufgaben der Führungskräfte, d.h. auch nicht mehr routinemäßig bearbeitbare Entscheidungen.

Dispositive Aufgaben können rascher und flexibler durch den Einsatz eines Personalinformationssystems erledigt werden, da die Möglichkeit von Ad-hoc-Abfragen besteht. Diese bedingen einen Zugriff auf sofort benötigte Informationen. Somit steht eine große Hilfe bei Planungs- und Entscheidungsprozessen zur Verfügung.

In der Praxis kommt es bei Personalinformationssystemen zu einer Überlappung des administrativen und dispositiven Bereiches. Hauptsächlich werden Personalinformationssysteme heutzutage allerdings für **administrative Aufgaben** eingesetzt.

Bereiche wie Personalbedarf, Personalbeschaffung, Personaleinsatz und Personalentwicklungsplanung werden häufig ausgeklammert. Die Gründe dafür liegen einerseits in der begrenzten Anwendungsmöglichkeit der bestehenden Informationssysteme und andererseits in dem teilweise großen **Widerstand** der Arbeitnehmervertretungen bei der Einführung dispositiver Anwendungsmöglichkeiten.

## 3.6 Aufbau eines Personalinformationssystems

Ein Personalinformationssystem setzt sich aus den folgenden Komponenten zusammen:

- Personaldatenbank
- Arbeitsplatzdatenbank
- Methoden- und Modellbank
- EDV-Anlage
- Systembenutzer

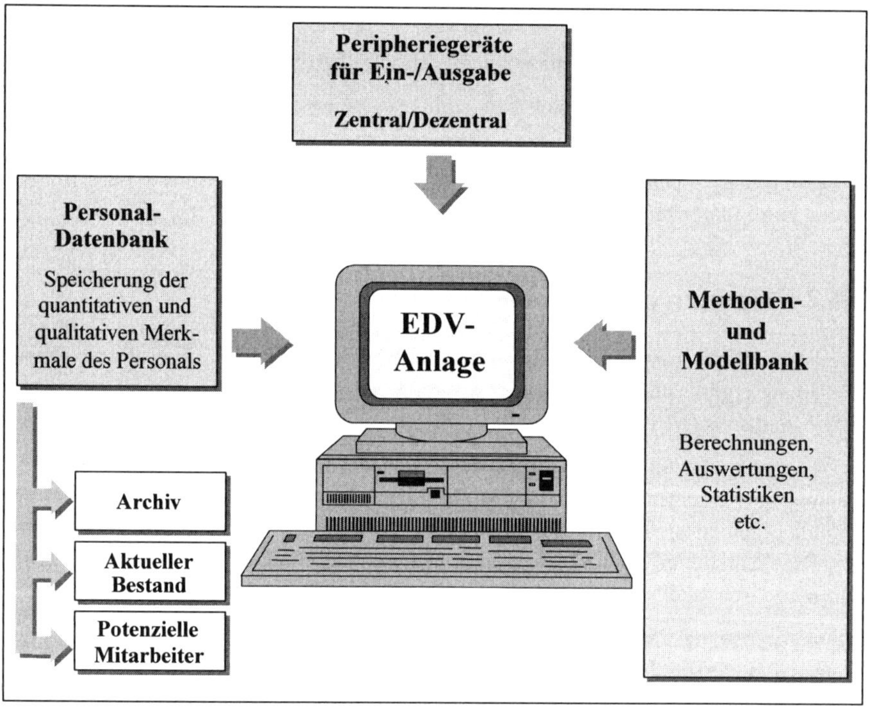


**Abb. 44:** Aufbau eines Personalinformationssystems

Die **Personaldatenbank** wird für die Verwaltung der Personalstammdaten sowie für die Lohn- und Gehaltsabrechnung benötigt. Im § 2, Abs. 1 BDSG ist der Begriff "**Personaldaten**" definiert: "Im Sinne dieses Gesetzes sind personenbezogene Daten Einzelangaben über persönliche oder sachliche Verhältnisse einer bestimmten oder bestimmbaren natürlichen Person (Betroffener)". Zur Gruppe der Personaldaten gehören beispielsweise:

- **Persönliche Daten** wie Name, Geschlecht, Geburtsdatum, Nationalität, Wohnort
- **Qualifikationsdaten**, worunter Angaben zur Schul-, Berufs- und Hochschulausbildung einschließlich Fachrichtung zu verstehen sind
- **Beschäftigungsdaten**, z.B. Eintritt, Austritt, Tätigkeit, Funktion
- **Entgeltstammdaten**, z.B. Eingruppierung, feste Einkommensbestandteile

Diese Grunddaten werden durch die sogenannten Bewegungsdaten ergänzt. Sie sind für die Lohn- und Gehaltsabrechnung erforderlich. Es handelt sich dabei zum Beispiel um Daten aus den

- **Lohnscheinen** (Akkordprämien, Zeitlohn),
- **Provisionsnoten,**
- **Dienstreiseabrechnungen,**
- **Montagescheine,**
- **Mehrarbeits- und Schichtmeldungen,**
- **Meldungen über Ausfallzeiten** wie Urlaub, Krankheit, Mutterschutz, Kurzarbeit.

Daten, die sich aufgrund von gesetzlichen, tariflichen und sonstigen Bestimmungen bei der Lohn- und Gehaltsabrechnung ergeben, gehören ebenfalls zu den **Bewegungsdaten**. Sie bilden die Grundlage für die Abrechnung zurückliegender oder folgender Abrechnungsperioden und dienen zur Erfüllung gesetzlicher Vorschriften, zum Beispiel Erstellung der Lohnzettel, der DVO-Meldungen, Berufsgenossenschaftsmeldungen und Statistiken. Die über die Personalplanung hinausgehenden Mitarbeiterdaten werden auch in der Personaldatenbank erfasst.

In der **Arbeitsplatzdatenbank** (auch Stellendatenbank genannt) werden arbeitsplatzbezogene Daten gespeichert. Dazu gehören:

- Arbeitsplatznummer
- Arbeitsplatzinhalt
- Anforderungen an die Aus- und Weiterbildung
- Physische und psychische Anforderungen

Weitere nützliche Daten können über Methoden der analytischen Arbeitsbewertung gewonnen werden. **Arbeitsplatz- und Personaldatenbank** müssen den gleichen strengen analogen Aufbau haben, damit Abfragen bzw. Vergleiche möglich sind. Nur wenn gleiche Datenelemente in beiden Datenbanken existieren und auch gleichermaßen interpretiert werden können, ist dies gewährleistet.

Die **Methoden- und Modellbank** enthält Verfahren und Algorhythmen für die Weiterverarbeitung der gespeicherten Daten. Insbesondere handelt es sich hierbei um Computerprogramme zur Lösung der Probleme im Personalwesen. Hierzu gehören bei spielsweise Lohn- und Gehaltsabrechnungssysteme, Fehlzeiten und Fluktuationsberechnungen, Reisekostenabrechnungen, Krankenstandsberechnungen, Kennziffernberechnungen, Prognoseberechnungen und Übertrendextrapolationsverfahren.

Das Kernstück eines Personalinformationssystems bildet die zentrale Recheneinheit, die eigentliche **DV-Anlage**. An diese sind weitere Peripheriegeräte angeschlossen, so dass eine Speicherung, Ein- und Ausgabe der Daten möglich ist. Die Gesamtheit der Geräteausstattung wird als **Hardware** bezeichnet.

Die Hardware wird durch die sogenannte **Software** ergänzt, speziell durch **System- und Anwendersoftware**. Als Software bezeichnet man Programme, die auf einer EDV-Anlage eingesetzt werden. Für die Steuerung einer EDV-Anlage ist die Systemsoftware unerlässlich. Als Anwendungssoftware hingegen bezeichnet man diejenigen Programme, die zur Lösung der individuellen Anwenderaufgabenstellungen eingesetzt werden, zum Beispiel **Datenbanksysteme** für die Errichtung von Personal- und Arbeitsplatzdatenbanken.

Die Benutzer eines Personalinformationssystems werden in aktive und passive Benutzer unterteilt. Als **aktive Benutzer** bezeichnet man diejenigen, die mit den Daten direkt korrespondieren und diese durch den Einsatz von Methoden verändern und verknüpfen.

Die **passiven Benutzer** hingegen können lediglich zur Verfügung gestellte Informationen zur Kenntnis nehmen und diese als Entscheidungsgrundlage benutzen. Außerdem kann zwischen **betrieblichen Anwendern**, zum Beispiel Personalabteilung, Management sowie Betriebsrat, und **überbetrieblichen Anwendern**, wie Behörden, Sozialversicherung und Statistisches Bundesamt differenziert werden.

Weit verbreitet für EDV-Lösungen im Personalmanagement ist SAP. Das System **SAP/R3** bietet die Möglichkeit Kernprozesse der Personalwirtschaft zu standardisieren. Dadurch sind die erforderlichen Daten für jeden zuständigen Mitarbeiter der Personalabteilung sofort und zur gleichen Zeit zugänglich. Die Kernfunktionen des Systems setzen sich wie folgt zusammen:

| | |
|---|---|
| Administration | Grundlegende HR-Prozesse in der Personalinformationsverwaltung |
| Personalabrechnung | Abwicklung aller Abrechnungsprozesse unter Berücksichtigung der gesetzlichen Anforderungen |
| Organisationsmanagement | Verwaltung und Verarbeitung der Organisationsstruktur und personalbezogener Richtlinien |
| Zeitwirtschaft | Effektive Zeitmanagementstrategien und einfache Überwachung, Erfassung und Auswertung |
| Gesetzliches Meldewesen | Funktionen für vom Gesetzgeber geforderte Berichte |

Ein weiteres oft verwendetes Personalinformationssystem ist das Personal-Abrechnungs- und Informationssystem **PAISY**. Es handelt sich um ein dialogorientiertes, modular aufgebautes Datenverwaltungs-, Abrechnungs- und Informationssystem für die EDV-gestützte Personalwirtschaft.[26] Als Ergänzung wird das Modul **Ressource** mit folgenden Funktionen angeboten:

- Personalbeschaffung (mit Bewerberverwaltung),
- Personalentwicklung, Ausbildungsplanung und Abwicklung,
- Personalmanagement (Personalaktenverwaltung),
- Peronalplanung (Stellenplanung und –besetzung).

## 3.7 Arten der betrieblichen Datenerfassung

Die **Datenerfassung** umfasst sämtliche Aktivitäten, die erforderlich sind, um Informationen in der für die maschinelle Verarbeitung notwendigen Form rechtzeitig zur Verfügung zu stellen. Dazu müssen Daten erhoben, gesammelt, geordnet und in definierter

[26] Vgl. Staub, R./Kneuse, B.: Marktübersicht Personalinformationssysteme. In: Personalinformationssysteme & Personalcontrolling, hrsg. von Schmeisser, W./Clermont, A./Protz, A., Frankfurt/Main 1999, S. 76 ff.

Form abgelegt werden. Man unterscheidet bei der Datenerfassung zwischen der Datenermittlung und der Datenumsetzung.

Mit der **Datenermittlung** sind diejenigen Aktivitäten gemeint, die unabhängig von einem speziellen Datenverarbeitungsverfahren zur betrieblichen Aufgabenerfüllung notwendig sind. Das zu erfassende Datenmaterial ist hinsichtlich folgender Kriterien zu beschreiben:

- Quantität
- Struktur
- Homogenität/Heterogenität
- Entstehungsart
- Entstehungsort

Darüber hinausgehend sind die Anforderungen an die zu erfassenden Daten hinsichtlich Sicherheit, Verfügbarkeit, Zuverlässigkeit, Aktualität, Genauigkeit und Verknüpfbarkeit zu formulieren. Ferner müssen der Datenfluss und die Zugriffsmöglichkeiten zu den relevanten Daten aufgezeigt werden.[27]

Die Datenumsetzung ist die Voraussetzung für die anschließende Verarbeitung mit Hilfe einer EDV-Anlage. Die folgende Zusammenstellung gibt hierzu wichtige Aktivitäten an, von denen oft nur eine Auswahl verwirklicht wird.

**Aktivitäten zur Datenumsetzung**

- Belegerstellung (Eintragung der Daten in Formulare)
- Belegprüfung (Prüfen der Belege auf Richtigkeit, Vollständigkeit und formale Genauigkeit)
- Aufzeichnung der Daten auf maschinell lesbare Datenträger oder direkte Eingabe
- Anzeige der eingegebenen Daten zu Kontrollzwecken
- Datenprüfung (Kontrolle auf Übereinstimmung von Erfassungsbeleg und Datenträger)
- Korrektur falsch eingegebener Werte
- Unterstützung der Eingabe durch Steuerung der Bedienerfolge oder Erfassungsvorschriften
- Formatsteuerung (Ordnen; Verdichten; Poolen, d.h. Zusammenführen von Daten zu einer kollektiven Sicherung)
- Konvertierung von Daten
- Plausibilitätsprüfung
- Zusammenführung von Daten (z.B. von Bewegungs- und Stammdaten)

**Abb. 45:** Aktivitäten zur Datenumsetzung[28]

Die in der oberen Hälfte der Tabelle definierten Aktivitäten werden hauptsächlich von den **Fachabteilungen** durchgeführt, in denen die zu erfassenden Daten anfallen. Die für die Erfassung zuständigen Abteilungen haben daher die wichtige Aufgabe der **Weiterleitung** der Daten an die Stellen, die bestimmte Personaldaten im darauffolgenden Verarbeitungsprozess benötigen.

---

[27] Vgl. Hansen, H.R.: Wirtschaftsinformatik, a.a.O., S. 488.

[28] Vgl. ebd., S. 489.

Dies sollte nach Möglichkeit automatisiert erfolgen, damit ein denkbares Vergessen ausgeschlossen wird. Außerdem sind eindeutige **Zuständigkeiten** für die Korrektur und das Löschen von Daten zu definieren. Da die Personalverwaltung nicht allein für das Erfassen der Daten zuständig ist gilt im Zuge der Datensicherheit, dass die Zahl der datenerfassenden Stellen grundsätzlich so klein wie möglich gehalten wird.

Die in der unteren Hälfte der Tabelle genannten Aktivitäten werden in hohem Maße von der EDV-Anlage des Unternehmens übernommen, wobei dem technischen Stand der Soft- und Hardware eine entscheidende Rolle zukommt.

Die Art der zur späteren Verarbeitung notwendigen **Datenerfassung** lässt sich durch eine Vielzahl von Möglichkeiten mit EDV-Unterstützung realisieren. Die folgende Tabelle gibt eine Übersicht der wichtigsten Unterscheidungsmerkmale:

| Art der Datenerfassung | Merkmale |
|---|---|
| **indirekt** | Eingabe über maschinell lesbare Datenträger |
| **halbdirekt** | Belege dienen gleichzeitig als Datenträger |
| **direkt** | direkte Eingabe der Daten, z.B. über Tastatur |
| **dezentral** | Erfassung in den einzelnen Fachabteilungen |
| **zentral** | Erfassung im Rechenzentrum |
| **sukzessiv** | Erfassung erfolgt gemäß definierter Abfolge |
| **simultan** | nur ein geschlossener Erfassungsschritt |
| **mit Einzelgeräten** | Erfassungsplatz autonom und unabhängig |
| **mit Sammelsystemen** | eine Leitzentrale, ein gemeinsamer Datenträger |
| **off-line** | keine direkte Steuerung zwischen Erfassungsgeräten und Verarbeitungsrechner |
| **on-line** | Steuerungszusammenhang zwischen Erfassungsgeräten und dem Verarbeitungsrechner |
| **stationär** | fest an einem Ort installierte Erfassungsgeräte |
| **mobil** | Erfassung durch tragbare Eingabegeräte |

**Abb. 46**: Arten und Merkmale der betrieblichen Datenerfassung

Der Vorgang der Datenerfassung kann als Gesamtheit vom Betriebsgeschehen - also dem Ablauf der Aufgabenerfüllung in den verschiedenen betrieblichen Funktionsbereichen (Personalwesen, Verkauf, Einkauf, Fertigung etc.) - und dem maschinellen **Datenverarbeitungsprozess** im Rahmen des betrieblichen Informationssystems gesehen werden. Ein wichtiges Charakteristikum eines Erfassungsverfahrens ist somit die Verbindung zwischen dem Betriebsgeschehen und dem Datenverarbeitungsprozess.

Im Folgenden soll auf die drei innerhalb der Tabelle zuerst genannten Arten der Datenerfassung näher eingegangen werden, nämlich die indirekte, halbdirekte und direkte Datenerfassung:

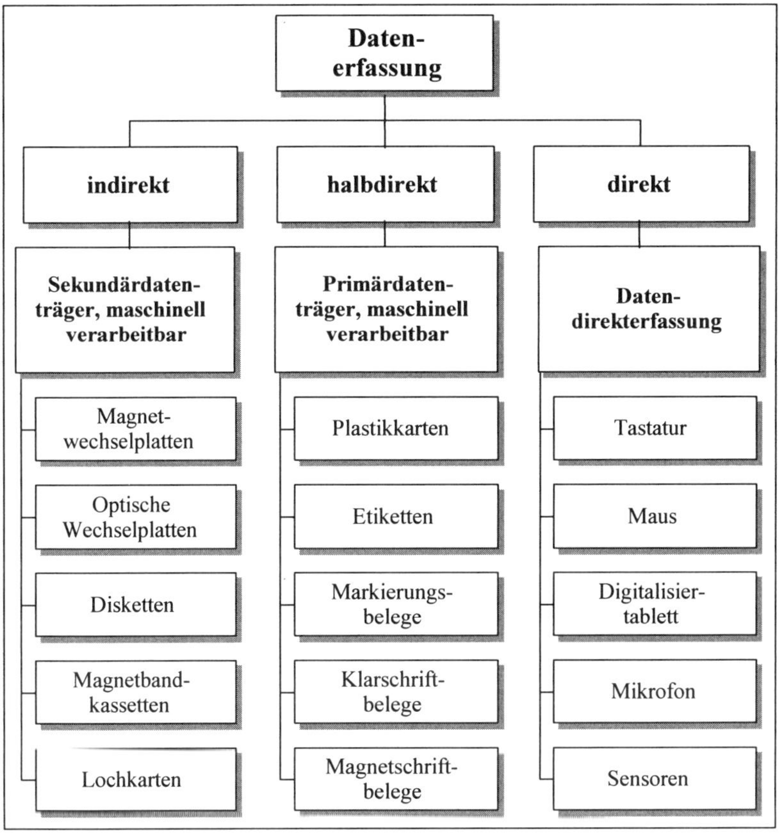


**Abb. 47:** Arten der Datenerfassung

## 3.7.1 Indirekte Datenerfassung

Bei der indirekten Datenerfassung ist die Verbindung zwischen dem Betriebsgeschehen und dem Datenverarbeitungsprozess als relativ lose zu bezeichnen. Sie wird im Normalfall durch maschinell lesbare **Sekundärdatenträger** wie z.B. Disketten realisiert. Diese werden in der Regel durch Eingabe der von einem Beleg zu übernehmenden Daten z.B. per **Tastatur** manuell erstellt. Bei jedem Tastaturanschlag wird ein Zeichen als entsprechende Bitkombination auf der Diskette abgelegt.

Erreichen die Sekundärdatenträger ihre Kapazitätsgrenze, so können sie den Eingabegeräten entnommen und für einen späteren Verarbeitungsprozess bereitgehalten werden. Die eingegebenen Daten können visuell auf entsprechenden Bildschirmen **überprüft** und gegebenenfalls noch **überarbeitet** werden.

### 3.7.2 Halbdirekte Datenerfassung

Die halbdirekte Datenerfassung zeichnet sich dadurch aus, dass eine festere Verbindung zwischen dem Betriebsgeschehen und dem Datenverarbeitungsprozess besteht. Der Grund hierfür liegt vor allem darin, dass die im Betriebsgeschehen verwendeten Belege gleichzeitig als Datenträger für die maschinelle Verarbeitung dienen können. Hierzu kommen z.B. **Plastikkarten**, **Markierungsbelege** - also von Hand auszufüllende Papierbelege in der Art eines Fragebogens - und **Klarschriftbelege**, d.h. visuell und maschinell lesbare Papierbelege, bei denen die Schriftzeichen aufgrund ihrer Gestalt erkannt werden, in Frage. Die verwendeten Erfassungsgeräte erlauben bei diesem Verfahren - anders als bei der indirekten Datenerfassung - keinen zusätzlichen Prüfvorgang. Das halbdirekte Verfahren kommt überall dort zum Einsatz, wo relativ wenige Daten dezentral von zahlreichen Personen, die exakt arbeiten, aufgezeichnet werden müssen.

Folgende technische Lösungen werden oft zur halbdirekten Datenerfassung eingesetzt:

- Ein **optisches Abtastgerät** (**Scanner**) liest Barcode-Etiketten (z.B. im Supermarkt).
- **Plastikkarten** mit einem **Magnetstreifen** werden von entsprechenden Lesegeräten ausgewertet (z.B. Scheckkarte einer Bank)
- **Mikrofilmaufnahmen** werden zu Archivierungszwecken eingesetzt.

### 3.7.3 Direkte Datenerfassung

Bei der direkten Datenerfassung besteht die engste Verbindung zwischen dem Betriebsgeschehen und dem Datenverarbeitungsprozess, da auf einen Datenträger komplett verzichtet wird. Stattdessen werden die Daten direkt manuell über die **Tastatur** oder automatisch über **registrierende Geräte** eingegeben.[29] Ein zusätzlicher Prüfvorgang ist, wie schon beim halbdirekten Verfahren, ausgeschlossen. Dies resultiert aus der Tatsache, dass die für die Eingabe zuständigen Personen die Daten am Ort ihrer Entstehung direkt über **Datenstationen** erfassen, bzw. in den Rechner eingeben, ohne dass überhaupt ein Beleg erstellt wird. Es kommt demzufolge zu einer Überlappung zwischen Dateneingabe und der Bearbeitung des die Daten verursachenden Betriebsgeschehens. Die direkte Datenerfassung kommt damit überall dort zum Einsatz, wo die Zeitspanne zwischen der Erfassung, der Verarbeitung und der Ausgabe minimiert werden soll.

Die folgende Zusammenstellung listet in der Praxis häufig benutzte Direkterfassungsgeräte auf:

- **Tastatur** (numerisch, alphanumerisch)
- **Zeigegeräte** für Bildschirme (Maus, Lichtgriffel, etc.)
- **Digitalisiertabletts** (z.B. Grafiktablett)
- **Schreibstifteingabe**, insbesondere bei tragbaren Rechnern
- **Faxgerät**
- **Scanner** (optische Abtastung)

[29] Vgl. Hansen, H.R.: Wirtschaftsinformatik, a.a.O., S. 491 ff.

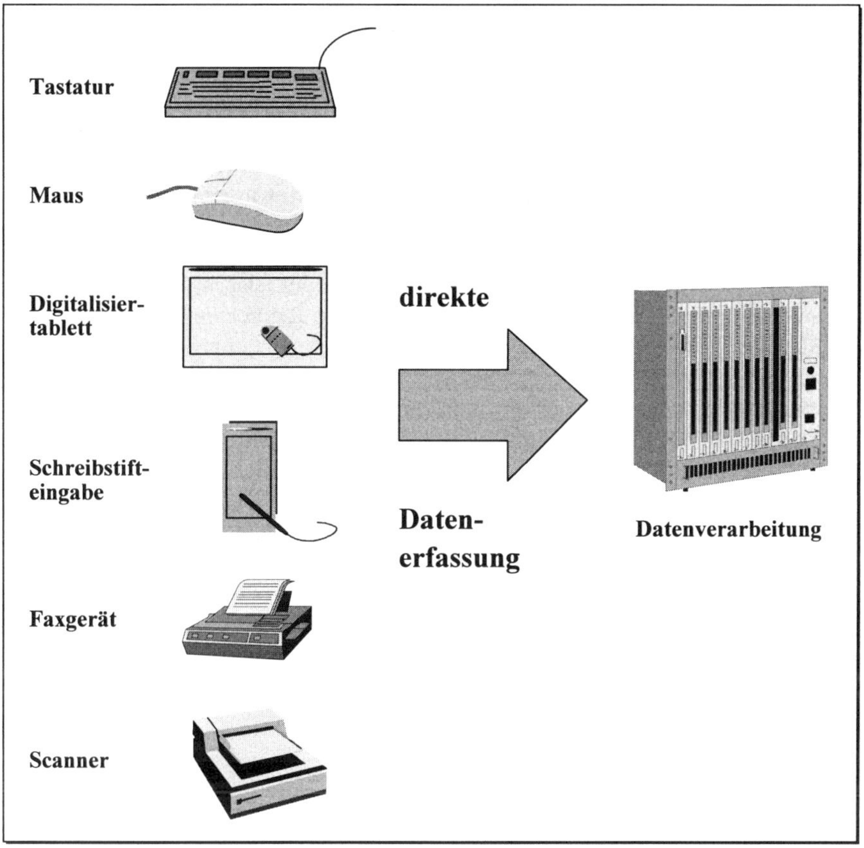


**Abb. 48:** Direkte Datenerfassung über Tastatur bzw. registrierende Geräte

Auch eine automatische Direktdatenerfassung ist realisierbar. Diese wird zum Beispiel bei der Betriebdatenerfassung in Fertigungsbetrieben eingesetzt. Allerdings ist die rechnergestützte Steuerung der Direkteingabe oft mit einer Reduzierung der Rechnerkapazität oder dessen Leistungsfähigkeit verbunden.

## 3.8 Implementierung von Personalinformationssystemen

Die Implementierung eines Personalinformationssystems macht einige organisatorische Voraussetzungen notwendig, auf die in den folgenden Abschnitten eingegangen werden soll. Neben diesen organisatorischen Voraussetzungen muss jedoch zunächst mit Hilfe der Investitionsrechnung geklärt werden, ob die Implementierung eines Personalinformationssystems eine positive Kosten-Nutzen-Relation aufweist.

Eine weitere wichtige Voraussetzung, deren Bedeutung häufig unterschätzt wird, ist jedoch die Einstellung verschiedener Mitarbeitergruppen gegenüber den Personalinformationssystemen, daher wendet sich der nächste Abschnitt dieser Problematik zu.

### 3.8.1 Kritik der Mitarbeitergruppen bei der Einführung

Im Folgenden werden die Ziele und die Machtkonzentration der involvierten Einzelgruppen skizziert:

#### (1) Sichtweise der Betroffenen und der Arbeitnehmervertreter

Die Einführung eines Personalinformationssystems betrifft alle Mitarbeiter - ehemalige ebenso wie zukünftige Mitarbeiter. **Widerstände** gegen ein solches System ergeben sich in erster Linie von Seiten der **Arbeitnehmervertretung**. Befürchtungen der Betriebsräte betreffen den "gläsernen Mitarbeiter", der durch die Verknüpfung der innerhalb und außerhalb des Unternehmens gespeicherten Daten entstehen könnte. Aus **Furcht vor Missbrauch** durch den Arbeitgeber wurde von den Gewerkschaften sogar das gesetzliche Verbot von Personalinformationssystemen gefordert.[30] Der einzelne Arbeitnehmer als direkt Betroffener legt Wert auf die Wahrung seiner **Intim- und Privatsphäre**. Falls ein Personalinformationssystem für unerlässlich erachtet wird, sollten nur diejenigen Daten verwendet werden, die für das bestehende Arbeitsverhältnis unbedingt notwendig sind. Bei Einführung eines **integrierten Personalinformationssystems** ist es von großem Vorteil, betroffene Mitarbeiter und Betriebsräte in den Einführungsprozess miteinzubeziehen. Des Weiteren müssen dem Mitarbeiter die **Vorteile** eines solchen Systems erläutert werden. Hierzu zählen insbesondere die Objektivierung von Entscheidungen, die verbesserten Möglichkeiten zur Fortbildungsplanung sowie die schnelle und kontrollierte Erteilung von Auskünften.

#### (2) Sichtweise der Benutzer

Häufig genannte Kritikpunkte seitens der Benutzer eines Personalinformationssystems sind die **erhöhte Kontrolle** des Arbeitsplatzes (z.B. durch Protokollierung im System), **Verlust von Einfluss** durch **abnehmende Bedeutung der Spezialkenntnisse** sowie **Widerstand und Verunsicherung** von älteren Mitarbeitern. Mit dem Fortschreiten der Computertechnologie hat sich jedoch allgemein eine positivere Einstellung zu modernen Arbeitsmitteln durchgesetzt. Die Einführung eines ausgereiften Personalinformationssystems wird nach einer Einarbeitungsphase von den Benutzern im allgemeinen begrüßt, vor allem weil damit die Hoffnung auf eine erhebliche Arbeitsentlastung verbunden ist.

#### (3) Sichtweise des Managements

Die Unternehmensleitung wird zum Zwecke einer **rationellen Aufgabenerfüllung** einem Personalinformationssystem grundsätzlich positiv gegenüberstehen. Dem Management kommt bei der Umsetzung der Systemintegration eine entscheidende Bedeutung zu. Es muss auf die gegeneinanderströmenden Interessen eingehen, gleichzeitig aber auch den Ablauf des Projekts forcieren. Weil ein verbessertes Datenverarbeitungssystem unter ande-

---

[30] Vgl. Mülder, W.: Implementierung, Hamburg 1989, S. 26.

rem z.B. auch für die Materialwirtschaft von strategischer Bedeutung ist, sollte auch die **höchste Managementebene** involviert sein.

### 3.8.2 Organisatorische Implementierung

Die organisatorische Implementierung wird als Instrumentarium verstanden, mit dem es ermöglicht wird, ein technisch und funktional arbeitendes Datenverarbeitungssystem, das von Benutzern und Betroffenen im vollen Umfang als sinnvolles Hilfsmittel akzeptiert wird, zu installieren. Eine erfolgreiche Einführung ist, wie oben angesprochen, nur unter **Einbeziehung von Betriebsräten, Betroffenen und Personalreferenten** möglich. Um eine **Akzeptanz** seitens dieser Gruppen und damit eine rationelle und zukunftsorientierte Bearbeitung in der Personalwirtschaft zu erreichen, werden im folgenden Maßnahmen zur Erfüllung dieses Ziels skizziert:

- **Information des Betriebsrates:** Der Betriebsrat hat gesetzliche Informations- und Beratungsrechte (vgl. insbesondere § 80 Abs.2 BetrVG), die auch für die Einführung eines Personalinformationssystems Gültigkeit besitzen. Der Betriebsrat sollte bereits in der Planungsphase informiert werden. So können frühzeitig Akzeptanzbarrieren verhindert werden. Folgende Unterlagen können für eine qualifizierte Unterrichtung zur Verfügung gestellt werden: Systemdokumentation, Nutzungsvertrag, Datenkatalog, Masken und Listen sowie definierte Schnittstellen.
- **Schulungen:** Mitglieder des Betriebsrats können Schulungen im Zusammenhang mit der Personalinformationssystemeinführung in Anspruch nehmen, sofern Kenntnisse darüber für ihre Betriebsratsarbeit erforderlich sind (§ 37 Abs.6 BetrVG). Ansonsten sind Schulungsveranstaltungen in erster Linie für Führungskräfte und Personalreferenten gedacht. Sie sollen in die Theorie und vor allem praktisch in die Möglichkeiten der Hard- und Software einführen. Als besonders vorteilhaft hat sich die Arbeit mit einer Musterfirma erwiesen.
- **Beteiligung von Benutzern und Betriebsräten:** Die Beteiligung und nicht nur die Information der Betriebsräte hilft, frühzeitig Misstrauen abzubauen. Am günstigsten ist die Mitarbeit eines Betriebsratsmitglieds in der Projektgruppe. Die Einbeziehung der Benutzer selbst ist jedoch auch für die praktische Arbeit unerlässlich. Die Planung ohne die Beteiligung der Personalreferenten und der späteren Benutzer ist heute nicht mehr denkbar. Sie verfügen über das Fachwissen und können auch beim Erwerb von Standardsoftware wirkungsvolle Hilfestellungen geben, zum Beispiel bei den notwendigen Einstellungen der Parameter. In der Praxis wird gerade in diesem Punkt der Fehler gemacht, dass die Benutzer zu spät informiert werden. Falsche Systemeinstellungen, mangelhafte Benutzeroberflächen und ähnliches können dann nur noch mit großem Aufwand korrigiert werden.
- **DV-Koordinierungsstelle "Personalwesen":** Nach der Implementierung eines Personalinformationssystems kann für alle DV-technischen Fragen eine Koordinierungsstelle eingerichtet werden. Sie könnte als Stabsstelle in der Personalwirtschaft verankert werden und folgende Hauptaufgaben haben: Klärung von Fehlern, Pflege von Tabellen und Schlüsselverzeichnissen, Erstellen von speziellen Auswertungen auf PC, Erstellen von Handbüchern, Durchführung von Schulungen u.a.

- **Betriebsvereinbarungen und Einigungsstelle:** Auch wenn der Betriebsrat die Einführung eines Personalinformationssystems nicht grundsätzlich verhindern kann, hat er doch ein Mitbestimmungsrecht nach § 87 Abs.1 BetrVG. Dies ist der Fall, wenn es um die Einführung und Anwendung technischer Anlagen geht, die geeignet sind, das Verhalten und die Leistung der Arbeitnehmer zu überwachen. Der Konsens zwischen Arbeitnehmervertretung und Arbeitgeber ist in einer Betriebsvereinbarung festzuhalten. Dies ist der übliche Weg der Mitbestimmungsausübung der Arbeitnehmervertretung. Die Vereinbarung ist dann Rechtsgrundlage für die mit der Verarbeitung der Daten verbundenen Einschränkungen des informellen Selbstbestimmungsrechts der Beschäftigten.[31] Falls über deren Inhalt keine Einigung erzielt wird, kann die Einigungsstelle angerufen werden (§ 87 Abs.2, § 76 BetrVG).

## 3.8.3 Kosten und Nutzen der Einführung eines Personalinformationssystems

Eine wichtige Entscheidungshilfe für die Frage, ob man ein Personalinformationssystem implementieren soll, ist die **Kosten-Nutzen-Analyse**. Für die Wirtschaftlichkeit eines solchen Systems müssen alle mit der Bedarfsanalyse, Erhebung, Speicherung und Verarbeitung von Personalinformationen verbundenen Kosten- und Nutzengrößen erfasst werden.

Die Kosten- und Nutzen-Analyse soll die zu treffenden **Entscheidungen vorbereiten, objektivieren** und **transparenter machen**. Dabei werden alle erfassbaren positiven und negativen Konsequenzen, beziehungsweise Kosten und Nutzen einer Maßnahme erhoben, möglichst quantifiziert und verglichen.[32]

### (1) Kosten

Zur sinnvollen Gliederung der Kostenelemente eines Personalinformationssystems stehen zwei Ansätze zur Verfügung. Das erste, von Weiermair entwickelte Verfahren, gliedert die Kostenelemente nach **Aktivitäten** und **Entwicklungsphase**:

- **Planungsphase:**
  - Personalkosten der Planung und Konzipierung von PIS-Alternativen
  - Beratungskosten im Falle des Einsatzes außerbetrieblicher Planungsexperten
- **Realisationsphase:**
  - Personalkosten für die Inbetriebnahme des PIS durch Systempersonal (Softwareentwicklung, Datenvorbereitung, etc.)
  - Personalkosten für die Ein- und Umschulung von Mitarbeitern
  - Sachmittelkosten für die Hardware (Kauf, Miete, Leasing)
  - Raumkosten
  - Andere Sachmittelkosten (Telefonanschlüsse etc.)

---

[31] Vgl. Göhler, P: Betriebsvereinbarung, München 1989, S. 69.

[32] Vgl. Domsch, M.: Das Problem der Kosten-Nutzen-Analyse bei Personalinformationssystemen. In: Personalinformationssysteme, hrsg. von Reber, G., Stuttgart 1979, S. 339.

- **Betriebsphase:**
  - Personalkosten für Aktualisierung und Wartung des PIS
  - Personalkosten der Informationsgewinnung
  - Laufende Sachmittelbetriebskosten (Maschinenkosten, Mietkosten, Büromaterial, Bänder, Disketten, etc.)

Das zweite, nach Domsch aufgebaute Verfahren, unterscheidet einerseits **"einmalige Kosten"**, die hauptsächlich in der **Aufbauphase** anfallen und andererseits **"laufende Kosten"**, die sich aus der **Betriebsphase** des Systems ergeben. Die folgende Abbildung zeigt die Aufsplittung der Kosten in diese beiden Hauptgruppen und verdeutlicht zusätzlich, in welchen Teilbereichen des Unternehmens diese anfallen.

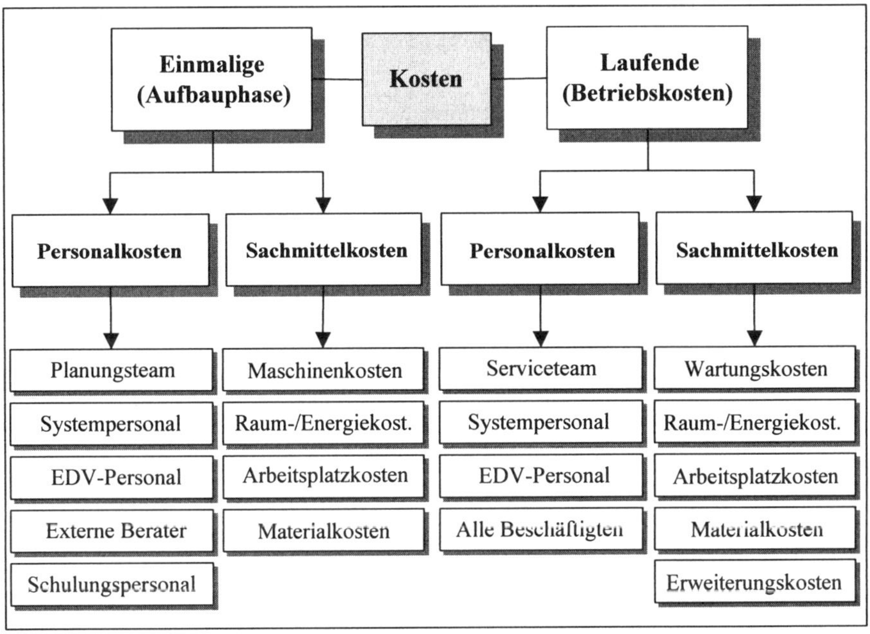


**Abb. 49:** Kostenarten beim Aufbau und Betrieb eines Personalinformationssystems[33]

Die Analyse der Kostenarten, die mit der Entwicklung und dem Einsatz eines Personalinformationssystems verbunden sind, lassen sich nach Grünefeld und Langermeyer[34] in folgende **Determinanten** einteilen:

- **Zielsetzung** und der daraus abzuleitenden detaillierten Aufgabenstellung
- **Umfang des Dateninputs** (Anzahl der Datensätze und Datenfelder, Anzahl der Verarbeitungen)
- **Anforderungen an den Datenoutput** (Umfang und Auswertungskomfort)
- **Umfeldbedingungen** (unternehmensspezifische Besonderheiten)

---

33 Vgl. Domsch, M.: Das Problem der Kosten-Nutzen-Analyse bei Personalinformationssystemen, a.a.O., S. 356.

34 Vgl. Grünefeld, H.G./Langemeyer, W.: Personalinformationssystem, Wiesbaden 1991, S. 185 f.

## (2) Nutzen

Ein Personalinformationssystem ist durch eine große Komplexität gekennzeichnet. Bei der Wirtschaftlichkeitsanalyse stellt daher die Bewertung der Nutzenelemente - insbesondere unter monetären Gesichtspunkten - ein großes Problem dar. Ein Personalinformationssystem kann nicht als reine Datenbank bezeichnet werden. Eine Beschränkung auf die Bereitstellung von Informationen ist daher nicht sinnvoll. Erforderlich ist vielmehr eine Anreicherung um Interpretationen und Handlungsempfehlungen. Der funktionale Nutzen eines Personalinformationssystems entsteht erst aus den Erkenntnissen, welche über die in den Auswertungen zusammengestellten Daten und Informationen zu gewinnen sind.[35] Das Auswertungspotenzial bzw. die Aktualität der Informationen sind hier wesentliche Größen. Der Erfolg der Unternehmensleitung in den personalpolitischen Funktionsbereichen steht als Nutzengröße im Mittelpunkt. Die Quantifizierung stellt jedoch das größte Problem dar.

Die Nutzenelemente eines Personalinformationssystems lassen sich nach dem jeweiligen Einsatzbereich gliedern:

- **Personalverwaltung**
  - Verringerung von Fehlerhäufigkeiten bei der Erstellung von Personalstatistiken, Lohn- und Gehaltsabrechnung sowie allgemein bei der Speicherung und Übertragung von Personaldaten jeglicher Art
  - Größere Konsistenz verschiedener Personalinformationen untereinander
  - Zeitersparnis in der Informationsgewinnung
  - Schneller Datenzugriff und schnellere Datenverarbeitung bei unregelmäßig anfallendem Datenbedarf
  - Im Regelfall bessere Wahrung der Vertraulichkeit
  - Personaleinsparungen durch Automatisieren der Personalkartei, der Lohn- und Gehaltsabrechnung, bzw. anderer Personalverwaltungseinheiten
- **Personalplanung**
  - Ermöglichung schnellerer Personalentscheidungen
  - Erweiterter und verbesserter Informationsfluss für Planungszwecke aufgrund größerer Datenkonsistenz
  - Einschränkung der Fehlerwahrscheinlichkeit bei der Erstellung von Personalplänen
  - Schnelleres Aufzeigen von lang- und kurzfristigen Trends im Personalbereich
  - Personaleinsparungen in der Erstellung der betrieblichen Arbeitskräfteplanung
- **Personalkontrolle**
  - Möglichkeiten einer schnelleren und genaueren Abweichungskontrolle in Bezug auf Leistung und Personalfluss.

Im Zuge der Wirtschaftlichkeitsanalyse werden die Kosten- und Nutzenelemente für jede mögliche PIS-Alternative gesondert zusammengefasst und einander gegenübergestellt. Daraus wird schließlich eine **Präferenzordnung** für sämtliche in Frage kommenden Alternativen abgeleitet. Dem schließt sich die **Entscheidungsfindung** an.

---

[35] Vgl. Grünefeld, H.G./ Langemeyer, W.: Personalinformationssystem, a.a.O., S. 187.

Generell ist eine unter wirtschaftlichen Gesichtspunkten optimale Systemauswahl dann gegeben, wenn diejenige PIS-Alternative mit der **günstigsten Kosten-/Nutzenrelation** ausgewählt wird. Dies bedeutet, dass sich das Unternehmen für ein System entscheidet, welches entweder die geringsten Kosten je Nutzungseinheit verursacht oder aber je Kostengröße den höchsten Nutzwert abwirft. Zudem bildet der Faktor Mensch eine wichtige Größe. Die Entscheidungsträger für die Auswahl entsprechender Systeme sehen selber die Hauptproblematik in der objektiven Bewertung der Nutzenargumente.

### 3.8.4 Problemfelder bei der Einführung eines PIS

Folgende Problemfelder sind bei der Einführung eines Personalinformationssystems neben der Bewertung der Kosten-Nutzen-Elemente von großer Bedeutung:

- **Motivation für den Einsatz eines Personalinformationssystems:** Kosten und Nutzen des Personalinformationssystems werden nach Ansicht von Domsch[36] nicht zuletzt davon abhängen, inwieweit die Unternehmensführung, die Fachabteilungen, die Mitarbeitervertretungen, letztlich alle Nutzer über die Verwendungszwecke, den Inhalt, die Arbeitsweise und das Benutzungsverfahren informiert und für den Einsatz des Systems motiviert sind. Gelingt dies nicht, so wird der Aufbau und der Betrieb des Systems durch die auf diese Weise entstehenden psychologischen Schranken verzögert oder gar blockiert. Motivation kann nur durch hohe Transparenz der unternehmerischen Entscheidungen für die Mitarbeiter erzielt werden.
- **Aufwand der Kosten-Nutzen-Analyse:** Die Kosten-Nutzen-Analyse selbst kann erhebliche Kosten verursachen. In der Praxis zeigte sich, dass in Unternehmen mit mehr als 10.000 Beschäftigten und mehreren Verarbeitungswerken Planungsgruppen teilweise mehrere Jahre tätig waren, um entsprechende Kalkulationen vorzulegen.
- **Informationsmangel:** Die notwendige Informationsgewinnung für die Anwendung der Kosten-Nutzen-Analyse kann mit Problemen verknüpft sein; insbesondere dann, wenn die Durchführung z.B. aufgrund mangelnder Planungszeit, fehlender Gesprächspartner, nicht vorhandener oder zurückgehaltener Daten etc. erschwert wird.
- **Beteiligungen der Mitarbeiter und Wahrung des Datenschutzes:** Erfolgt eine Beteiligung des Betriebsrates, so vergrößert sich die Komplexität der Kosten-Nutzen-Analyse. Verschiedene Bewertungen bedingen eine unterschiedliche Prioritätenfolge im Ergebnis. Daneben wird durch die gesetzlichen Auflagen des Bundesdatenschutzgesetzes ein erheblicher Einfluss auf die Kosten der Einführung ausgeübt.
- **Stellenwert im Rahmen der betrieblichen Personalarbeit:** Aufbau und Betrieb des Personalinformationssystems müssen den wissenschaftlichen sowie den sozialen Zielen entsprechen. Dies kann zu Zielkonflikten führen, was insbesondere bei der Nutzenbewertung deutlich wird und somit die Gesamtbeurteilung der Alternativen erschwert.

Wegen der anhaltenden **Entwicklungsgeschwindigkeit** und dem damit verbundenen **Wandel** auf dem Gebiet der Informationsverarbeitung in Form von Geräteneuanschaf-

[36] Vgl. Domsch, M./Schneble, A.: Aufbau und Einsatz betrieblicher Personalinformationssysteme, a.a.O., S. 17.

fungen und Software-Updates gestaltet sich das Erreichen einer verbindlichen Wirtschaftsanalyse äußerst schwierig. Erschwerend kommt hinzu, dass eine genaue quantifizierbare Bewertung der Nutzenargumente insbesondere im Personalbereich kaum möglich ist. Daher stellt die exakte Gegenüberstellung und Zurechenbarkeit von Kosten und Nutzen eine besondere Problematik dar.[37]

Zur Verbesserung der **Sicherheit** bei der Entscheidungsfindung im Investitionsbereich müssen sorgfältige Projektbeschreibungen und Aufwandsprognosen erstellt werden. Daher müssen Kosten-Nutzen-Analysen dem individuellen Fall angepasst sein, damit sich eine Beantwortung der Frage ergibt, ob es zweckmäßiger und wirtschaftlicher ist, ein Personalinformationssystem mit vor allem hohem Integrationsgrad einzuführen oder mit einem System zu arbeiten, das kostengünstiger ist, aber nur wenige Funktionen erfüllt.

## 3.9 Künstliche Intelligenz bei Personalinformationssystemen

Unter "**Künstlicher Intelligenz**" (abgekürzt: **KI**; engl.: artificial intelligence) wird allgemein die Nachbildung von bisher dem Menschen vorbehaltenen Intelligenzleistungen mit Hilfe von EDV verstanden. Der amerikanische Begriff "artificial intelligence" bedeutet zudem soviel wie Auskunfts- bzw. Nachrichtensystem.[38]

Im Rahmen der KI-Forschung gibt es zwei unterschiedliche Ansätze, die in den frühen fünfziger Jahren ihren Ursprung fanden. Während die eine Richtung **(Logiker)** formale Strukturen aufbauen will, mit denen der Computer bestimmte Probleme lösen kann, versuchen die **Konnektionisten** im Rahmen neuronaler Netze eine Modellierung des menschlichen Gehirns vorzunehmen. Beide Ansätze mündeten bereits sehr früh in einen bis heute andauernden Streit, bei dem insbesondere Forschungsgelder und Prestige der Forscher im Mittelpunkt standen.[39] Bei beiden Richtungen konzentrieren sich die Forschungsaktivitäten auf optische und akustische Mustererkennung, Kommunikation mit Hilfe der menschlichen Sprache, Roboterentwicklung, programmgestützte logische Beweisführung und maschinelles Lernen. Im folgenden wird auf die beiden zurzeit am weitesten entwickelten Bereiche der KI, die **Expertensysteme** und die **neuronalen Netze**, näher eingegangen.

### 3.9.1 Expertensysteme

Wissensbasierte Systeme, auch **Expertensysteme** (engl.: expert systems) genannt, gehören zurzeit zu den in der Industrie und Wirtschaft am meisten diskutierten Technologieanwendungen der Künstlichen Intelligenz. Ein Expertensystem ist ein Spezialfall eines Informationssystems, bei dem Kenntnisse in einem spezifischen Bereich - also das **Wissen von Experten** - zur Problemlösung zur Verfügung gestellt werden. Meist ist die Anwendung auf einen eng abgegrenzten Bereich beschränkt. Während die Bedeutung

---

37 Vgl. Domsch, M./Schneble, A.: Aufbau und Einsatz betrieblicher Personalinformationssysteme, a.a.O., S. 17.

38 Vgl. Thome, R.: Wirtschaftliche Informationsverarbeitung, München 1990, S. 2.

39 Vgl. Dreyfuss, H.: Die mühsame Suche nach künstlicher Intelligenz. In: io Management Zeitschrift, 61. Jg. (1992), Nr. 9, S. 55.

der klassischen Informationssysteme in der repetitiven Aufbereitung und Auswertung von großen Datenmengen liegt, sollen Expertensysteme bei **Einzelentscheidungen** im Rahmen schlecht strukturierter Probleme auf Basis von mehreren oder teilweise nicht überschaubar vielen Regeln mit exakten und qualitativen Angaben helfen.

Die Expertensysteme unterscheiden sich zudem von den bisher beschriebenen konventionellen Informationssystemen durch ihre grundsätzlichen Bestandteile. Dazu gehören:

- eine **Wissensbasis** (Datenbank mit Expertenwissen),
- eine **Problemlösungskomponente** (Inferenzkomponente) und
- ein **Subsystem** zum Wissenserwerb, zur Erklärung und zur Benutzerkommunikation.

Die **Wissensbasis** (engl.: knowledge base) setzt sich aus allen Fakten, Regeln und Daten zusammen, die das Expertenwissen verkörpern. Sie wird in der Regel von einem sogenannten Systemanalytiker oder auch Wissensingenieur (engl.: knowledge engineer) aufgebaut und gewartet. Der Aufbau und die Repräsentation dieser Wissenssammlung durch Befragung von Experten und Analyse von Fachliteratur sind die zeitintensivsten und aufwendigsten Arbeiten bei der Entwicklung eines Expertensystems.

Die Schwierigkeiten liegen vor allem in der Verknüpfung der gewonnenen Sachverhalte, Fakten und Daten sowie in der Abstraktion zu einer rechnerinternen Darstellung derselben. Erschwerend kommt hinzu, dass oft keine systematische Dokumentation des fachspezifischen Wissens vorliegt, da letzteres oft nur "in den Köpfen" der Experten vorhanden ist, also insgesamt ungeordnet und heuristisch gewonnen wurde. Mit Hilfe von vorher definierten Regeln wird das so gewonnene Wissen über den Arbeitsspeicher der Datenverarbeitungsanlage aufbereitet.

Die **Problemlösungskomponente** (engl.: problem solving part; inference mechanism) dient zur Lösung und Abarbeitung der vom Anwender gestellten Aufgaben unter Ausnutzung der Wissensbasis. Durch den Einsatz von Ableitungs- oder Schlussregeln, wie z.B. verkettete Netzwerke, Produktionsregeln oder sogenannter Horn-Klauseln in der Programmiersprache PROLOG wird die angestrebte Problemlösung erreicht.

Das **Subsystem** eines Expertensystems setzt sich aus einer Wissenserwerbs- und einer Erklärungskomponente zusammen.

Die **Wissenserwerbskomponente** (engl.: knowledge acquisition component) ermöglicht die Interaktion von Expertensystem und Experten. Hierzu wird nach Möglichkeit eine Programmiersprache gewählt, die der Fachsprache der Experten sehr nahe kommt.

Die Interaktion kann dergestalt erfolgen, dass der Experte Antworten des Systems als falsch erkennt und entsprechend korrigiert (Aktualisierung) oder umgekehrt das System nach den Gründen für bestimmte Antworten des Experten fragt und diese nach Eingabe durch den Experten in der Wissensbasis abspeichert, wodurch eine Wissensvergrößerung zustandekommt. Allgemein gesprochen erfolgt mittels der Wissenserwerbskomponente also ein ständiges Auffrischen, Warten und benutzerfreundliches Weiterentwickeln der Wissensbasis durch den Experten.

Die **Erklärungskomponente** (engl.: explanation component) hat zur Aufgabe, sowohl dem Benutzer als auch dem Experten das Zustandekommen eines bestimmten Ergebnisses zu erläutern.[40] Ebenso kann nach dem Sinn bestimmter Anfragen seitens des Systems an den Benutzer gefragt werden.

Die **Benutzerkommunikationskomponente** schließlich stellt die Verbindung zwischen dem Benutzer und dem Expertensystem her, so dass eine Eingabe der Aufgabenstellungen sowie eine Ausgabe der errechneten Ergebnisse erfolgen kann.

Bei dem momentanen Entwicklungsstand von Expertensystemen wird verstärkt an der Lernfähigkeit des Systems, einer anwenderfreundlichen Benutzerführung (Masken, Graphik, Menüsteuerung, etc.) und der Möglichkeit zu probabilistischen Aussagen gearbeitet.

Die folgende Tabelle fasst die signifikantesten **Unterschiede** zwischen der klassischen Datenverarbeitung auf der einen und dem Expertensystem auf der anderen Seite zusammen:

| **Klassische Datenverarbeitung** | **Wissensverarbeitung mit Hilfe von Expertensystemen** |
|---|---|
| Verarbeitung von Zahlen | Verarbeitung symbolischer Ausdrücke |
| Typische Programmiersprachen: COBOL, PASCAL | Typische Programmiersprachen: LISP, PROLOG |
| Programmiermethodik: strukturiertes Programmieren | Programmiermethodik: exploratives Programmieren |
| Verarbeitungsablauf ist explizit festgelegt | Verarbeitungsablauf ist nur implizit oder gar nicht vorgegeben |
| Verarbeitung homogen strukturierter Massendaten | Verarbeitung heterogen strukturierter Wisseneinheiten |
| Unvollständige Eingaben werden zurückgewiesen | Unvollständige Strukturen können verarbeitet werden |
| Effiziente Verarbeitung mit konventionellen Rechnerarchitekturen möglich | Effiziente Verarbeitung mit konventionellen Rechnerarchitekturen nicht möglich |
| Automatisierung monotoner, klar strukturierter und definierter Informationsverarbeitungsprozesse | Automatisierung komplexer Informationsverarbeitungsprozesse, die den intelligenten Umgang mit diffusem Wissen erfordern |

**Abb. 50:** Gegenüberstellung der klassischen Datenverarbeitung und der Wissensverarbeitung mit Hilfe von Expertensystemen[41]

Als zusammenfassendes Beispiel ist in der folgenden Abbildung ein Modell eines Expertensystems dargestellt. Die zuvor einzeln beschriebenen Komponenten finden sich hier wieder.

---

40 Vgl. Heinecke, A.: Einsatz von Expertensystemen im Personalwesen. In: Personal, Nr. 7/1992, S. 284

41 Vgl. Wahlster, W.: Expertensysteme, München 1990, S. 173 ff.

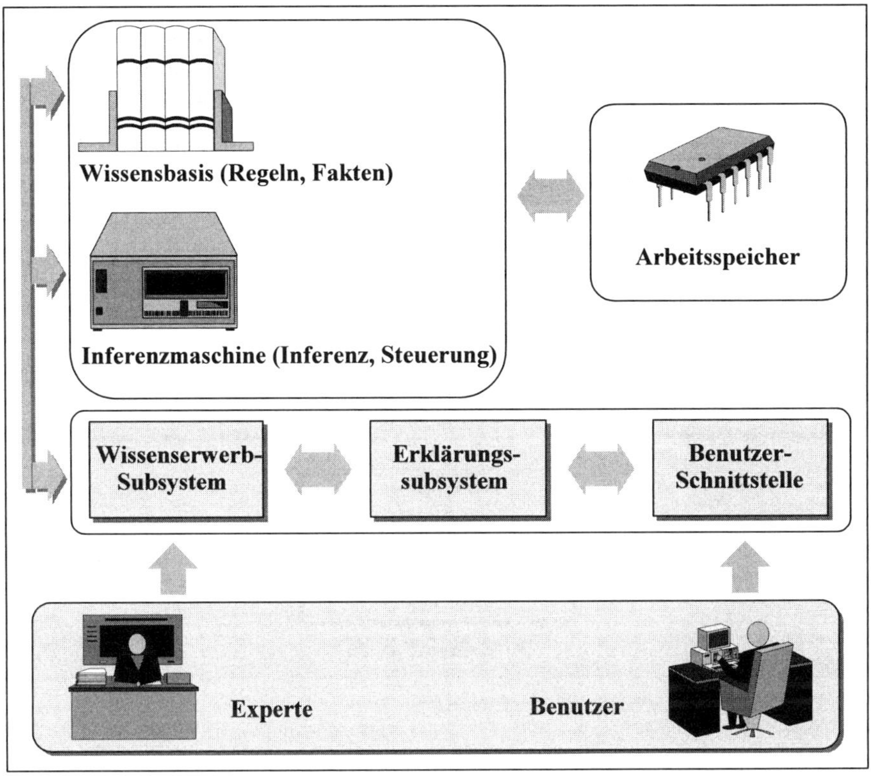


**Abb. 51:** Beispielmodell eines Expertensystems

Die grundlegende Funktionsweise der **Verkettung von Regeln**, die Bestandteil der Wissensbasis sind, lässt sich am besten durch ein kurzes Beispiel aus dem Bereich der Personalentwicklung verdeutlichen:

Das Unternehmen X stellt chronisch schlechte Verkaufszahlen einiger Außendienstmitarbeiter fest. Die Fachkenntnisse und das Wissen eines Experten raten, die Verkaufsschwächen der betreffenden Mitarbeiter durch ein Verkaufstechnik-Seminar abzubauen. Die Regel, die aus diesem Expertenwissen resultiert, könnte folgendermaßen beschrieben werden:

| | |
|---|---|
| **WENN** | Verkaufsschwächen beim Mitarbeiter |
| **DANN** | initiiere Verkaufstechnik-Seminar |
| **UND** | ermittle die Kosten für die Maßnahme |

Die Wissensbasis setzt sich aus einer Vielzahl dieser Regeln und Fakten zusammen. Es hat in dem beschriebenen Fall eine Übertragung des Expertenwissens in eine inferenzfähige Form stattgefunden. Zur Verdeutlichung gibt die folgende Abbildung noch einmal den Wissenstransfer innerhalb des Expertensystems wider, wobei der eigentliche Inferenzprozess bis zur Lösungsfindung mehrfach zyklisch durchlaufen werden kann.

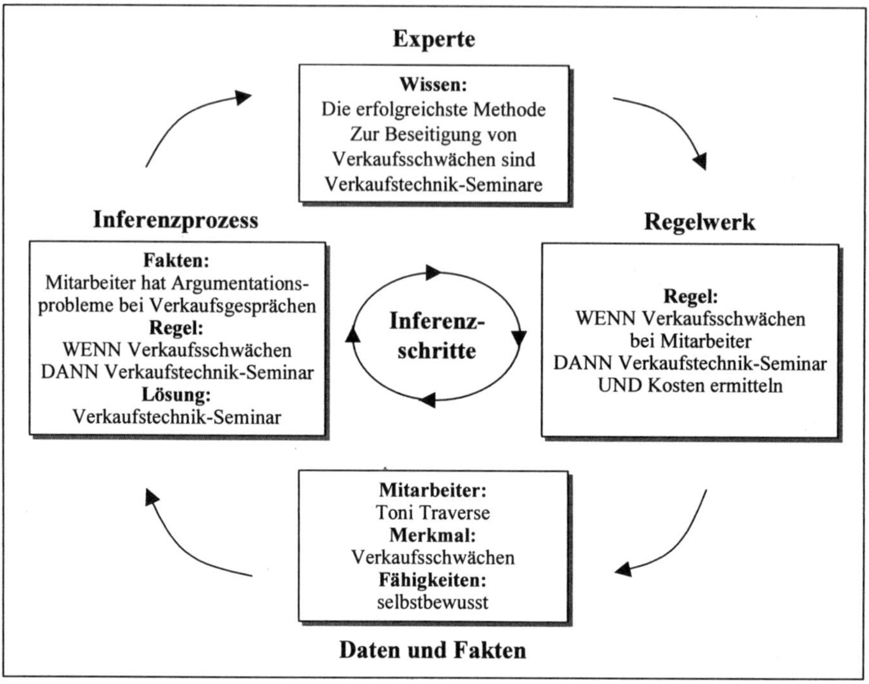


**Abb. 52:** Wissenstransfer innerhalb eines Expertensystems

## 3.9.2 Neuronale Netze

Neben den Expertensystemen sind die **neuronalen Netze** (engl.: neural network) ein weiterer aktueller Forschungsschwerpunkt im Bereich der künstlichen Intelligenz. Neuronale Netze sind informationsverarbeitende Systeme, bestehend aus einer großen Anzahl von einfachen Zellen, deren Informationsfluss durch Aktivierung einzelner Zellen zustande kommt.

Neuronale Netze orientieren sich in Gestalt und Funktion am Aufbau des menschlichen Gehirns. Das Gehirn besteht aus unzähligen Nervenzellen, die zur Informationsverarbeitung dienen. Je nach Grad der Erregung werden Nachrichten in Form von Impulsen von Zelle zu Zelle weitergegeben. Aufgabe des Gehirns ist die Aufnahme und Verarbeitung von Reizen, die über Sensoren aufgenommen werden. Diese Reize werden umgewandelt und in Form von Signalen über Nervenbahnen an das Gehirn weitergeleitet.

Das Hauptmerkmal von neuronalen Netzen ist neben der Anlehnung an das menschliche Gehirn die Tatsache, dass dieses System lernfähig ist. Es erfolgt keine explizite Eingabe des speziellen Fachwissens durch einen Systemanalytiker wie bei den Expertensystemen, sondern das Lernen erfolgt anhand von Trainingsbeispielen. Als Algorithmen sind sie in Form von Programmen oder Simulationen in den verschiedensten Bereichen bereits in der Anwendung.

Die Schaltgeschwindigkeiten eines Computers liegen über denen des Gehirns. Durch die massive Parallelität der Verarbeitung erreicht das Gehirn aber eine weitaus höhere

Gesamtleistung. Anhand der folgenden Gegenüberstellung werden die Unterschiede der beiden Vergleichspartner deutlich:

| | Gehirn | Computer |
|---|---|---|
| Anzahl Verarbeitungselemente | ca. $10^{11}$ Neuronen | ca. $10^{9}$ Transistoren |
| Art der Verarbeitung | massiv parallel | im Allgemeinen seriell |
| Speicherung | assoziativ | adressbezogen |
| Schaltzeit eines Elementes | ca. 1 ms ($10^{-3}$ s) | ca. 1 ns ($10^{-9}$ s) |
| "Schaltvorgänge"/s | ca. $10^{3}$/s | ca. $10^{9}$/s |
| "Schaltvorgänge" insgesamt (theoretisch) | ca. $10^{13}$/s | ca. $10^{18}$/s |
| "Schaltvorgänge" insgesamt (tatsächlich) | ca. $10^{12}$/s | ca. $10^{10}$/s |

**Abb. 53:** Dimensionsvergleich zwischen dem menschlichen Gehirn und dem Computer[42]

Die Vorteile von neuronalen Netzen sind:

- Lernfähigkeit des Systems
- Unempfindlichkeit gegenüber Störungen

Die Nachteile von neuronalen Netzen sind:

- Wissenserwerb nur durch langwieriges Lernen möglich
- Problem des Anlernens des Systems noch nicht optimal gelöst

In Wirtschafts- und Sprachwissenschaften sowie der Informatik wird heute bereits mit neuronalen Netzen gearbeitet. Das System dient bereits der Erstellung von Prognosen, der Klassifikation und der Qualitätskontrolle sowie der Datenkompensation und -aufbereitung.

## 3.10 Einsatzgebiete eines Personalinformationssystems

In den folgenden Ausführungen soll anhand von Beispielen aufgezeigt werden, wie Personalinformationssysteme in der betrieblichen Praxis eingesetzt werden können. Wir werden hier exemplarisch auf Online-Abfragen und Reports sowie die Bereiche Personalbewerbung, Personalentwicklung und Personalfreisetzung eingehen.

### Beispiel 1: Online-Abfragen und Reports

Durch eine direkte und permanente Verbindung der Terminals der Personalabteilung mit der Zentraleinheit ist eine jederzeitige Abfrage (sog. **Online-Abfrage**) bezüglich selektierter Mitarbeiterdaten durch das Personalinformationssystem möglich. Dabei sollte schon bei der Installation des Systems Klarheit darüber bestehen, wie die Mitarbeiterda-

42 Vgl. Zell, A.: Simulation neuronaler Netze, Bonn 1994, S. 28.

ten thematisch gegliedert zusammengefasst werden, wer eine Zugriffsberechtigung besitzen soll und wie man größtmögliche Übersichtlichkeit in der Darstellung erreicht.

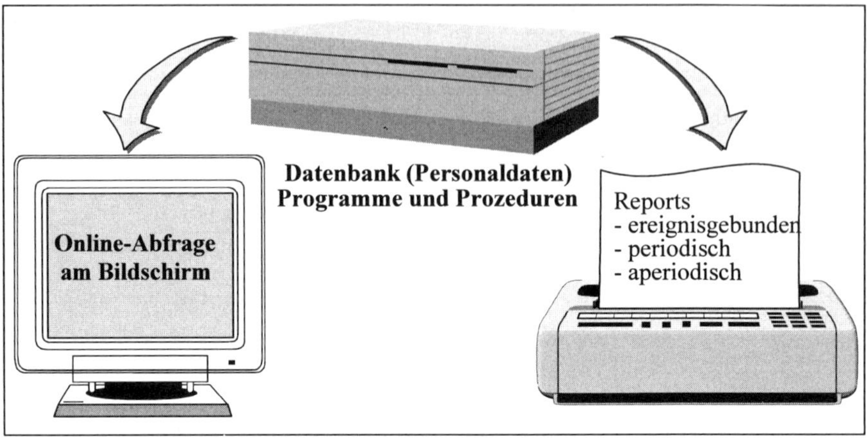


**Abb. 54:** Online-Abfrage und Reports

Die folgende Abbildung zeigt ein Online-Abfrage-Beispiel zu den persönlichen Daten eines Mitarbeiters.

| **PIS** | **Mitarbeiterstammdatenverwaltung** | | **10.06.2004** |
|---|---|---|---|
| | **persönliche Daten** | | |
| P-Nr.: 8932 | Name: Gerd Hansen | | Abteilung: Produktion |
| **Name:** | Hansen | **Vorname:** | Gerd |
| **Anredecode:** | 3/Herr | **Geschlecht:** | M |
| **Geburtsdatum:** | 15.04.1971 | **Geburtsort:** | Berlin |
| **Nationalität:** | Deutsch | **RV-Nummer:** | 357.51.576.654 |
| **Zivilstandscode:** | 1/verheiratet | **Muttersprache:** | deutsch |
| **Eintrittsdatum:** | 12.04.1997 | **Fremdsprache 1:** | Kenntnis: A |
| | | **Fremdsprache 2:** | Kenntnis: - |
| | | **Fremdsprache 3:** | Kenntnis: F |
| | | | |
| **Ausbildung:** | 230/Schlosser | | |
| **Adresse:** | Sackgasse 15 | | |
| **Postleitzahl:** | 20364 | | |
| **Wohnort:** | Hamburg | | |
| | | | |
| Auswahl: 17 | Bild: C | Funktion: E | Schlüssel: 8932 |

**Abb. 55:** Online-Abfrage-Beispiel (Persönliche Daten)

Bei **Reports** handelt es sich dagegen um vom Personalinformationssystem erstellte Berichte, welche die Personalabteilung bei der Ausführung der ihr übertragenen Überwachungsfunktionen unterstützen. Reports können als Bildschirmmeldung - auch zwischen verschiedenen Terminals - sowie als ausgedruckte Liste erstellt werden. Man unterscheidet:

- Ereignisgebundene Reports,
- Periodische Reports und
- Aperiodische Reports.

**Ereignisgebundene Reports** sind an das Eintreten eines bestimmten Sachverhalts geknüpft. So kann zum Beispiel ein Report über die im jeweiligen Jahr vorgemerkten Urlaubszeiten der Mitarbeiter erstellt werden, wobei zusätzlich noch eine Selektion nach einer bestimmten Abteilung möglich ist. Genauso gut können ereignisgebundene Reports zum Eintritt, Austritt oder bei Adressenänderungen von Mitarbeitern erstellt werden. Im Folgenden ist eine durch einen Report erstellte Austrittsliste gezeigt, die z.B. für verschiedene Abteilungen, wie etwa für die Lohn-/Gehaltabrechnung oder die Dokumenten-/Arbeitsmaterialrückgabestelle relevant ist.

| **Austritte** | | | | | 10.12.2004 |
|---|---|---|---|---|---|
| Folgende Mitarbeiter haben ihr Arbeitsverhältnis bei uns gekündigt: | | | | | |
| | | | | | |
| **P-Nr.** | **Name** | **Abteilung** | **Tel.-Nr.** | **Büro** | **Künd.-Dat.** |
| 0263 | Rüstig, Maria | RZ | 6443 | A-XXI | 31.05.04 |
| 3483 | Großmann, Gernot | FKL | 2833 | D-XVI | 31.03.04 |
| 8544 | Steinhaus, Martin | PRD | 8443 | B-XIII | 31.05.04 |
| | | | | | |

**Abb. 56:** Austrittsliste als ereignisgebundener Report

Im Zuge der häufig bei Mitarbeitern bestehenden Vorbehalte gegen ein Personalinformationssystem ist es seitens der Personalabteilung geschickt, wenn dem Mitarbeiter ein Ausdruck seiner Personaldaten zur Überprüfung und Korrektur ausgehändigt wird. Diese relativ einfach durchzuführende Maßnahme bewirkt einen Anstieg des Vertrauens gegenüber dem System beim Mitarbeiter.

**Periodische Reports** werden zu definierten Zeitpunkten regelmäßig erstellt. Die Periodizität kann bei einem Monat, einem Quartal, einem Jahr oder jedem frei gewählten Zeitraum liegen. Der Einsatzbereich von periodischen Reports umfasst den operationellen Bereich, wie das Erstellen von Lohn- und Gehaltsabrechnungen, den Bereich regelmäßig durchzuführender Jahresabschlüsse, Monats- und Quartalsrapporte sowie den Bereich der Statistiken, also z.B. das Erstellen von Fluktuationsübersichten.

**Aperiodische oder allgemeine Reports** werden individuell und vom jeweiligen Bedarf abhängig erstellt. Sie dienen meist organisatorischen oder administrativen Zwecken. So können z.B. Reports in Form einer Adressenliste, eines internen Telefonverzeichnisses oder einer Parkplatzliste verfasst werden.

## Beispiel 2: Personalbewerbung

Die Anzahl der pro Wirtschaftsperiode eingehenden Bewerbungen kann einen beträchtlichen Arbeitsaufwand und die Entstehung großer Datenmengen verursachen. Nimmt man ein Unternehmen mit einer Gesamtzahl von 3.000 Mitarbeitern mit einer jährlichen Fluktuationsrate von 8 % an, so kommt man zu folgenden Zahlenwerten:

| | |
|---|---|
| Gesamtpersonalbestand: | 3.000 Mitarbeiter |
| Personal-Zusatzbedarf: | 50 Mitarbeiter |
| Personal-Fluktuationsrate: | 8 % |
| Personalersatzbedarf: | 240 Mitarbeiter |
| Personalbedarf insgesamt: | 290 Mitarbeiter |

**Abb. 57:** Zahlenbeispiel zum jährlichen Personalbedarf eines Unternehmens

Vorausgesetzt, bei jeder angebotenen Arbeitsstelle kommt es bei einer größeren Zahl von Bewerbungen zu durchschnittlich 5 Vorstellungsgesprächen bis zu einer Anstellung, so sind pro Jahr insgesamt 1.450 Kontakte zur Besetzung von vakanten Stellen erforderlich. Zu jeder einzelnen eingehenden und laufenden Bewerbung ist das Speichern von Personaldaten nach einem **definierten Muster** notwendig:

| **Erfassung der Bewerberdaten** | |
|---|---|
| Kennziffer der Bewerbung: | 007 |
| Name: | Gerd Hansen |
| Geburtsdatum: | 31.12.1971 |
| Qualifikation: | Schlosser |
| Adresse: | Sackgasse 15 |
| Postleitzahl/Wohnort: | 20123 Hamburg |
| Eingang der Bewerbung am: | 20.05.2004 |
| Bewerber eingeladen am: | 22.05.2004 |
| Keine Einladung/Absage am: | |
| Grund der Absage: | |
| 1. Vorstellungsgespräch am: | 27.05.2004 |
| Absage am: | |
| Grund der Absage: | |
| 2. Vorstellungsgespräch am: | |
| Absage am: | |
| Grund der Absage: | |
| Bewerbung zurückgestellt: | |
| Vertrag ausgehändigt am: | 02.06.2004 |
| Vertrag unterzeichnet am: | 08.06.2004 |
| Eintritt am: | 01.09.2004 |

**Abb. 58:** Personaldaten zum Bewerber und Bewerbungsablauf

Durch diese bei der Bewerbung erfaßten Personaldaten und deren weitere Verarbeitung mit Hilfe des Personalinformationssystems lassen sich eine ganze Reihe von **Auswertungsmöglichkeiten** realisieren. Die wichtigsten werden hier kurz zusammengefasst:

- Erstellen einer Auflistung aller vakanten Stellen.
- Übersicht über die in der Presse veröffentlichten Inserate.
- Auswertung von Absagegründen seitens der Bewerber und damit Korrekturmöglichkeiten bezüglich Gehaltsangebot, Arbeitsplatz, Zielgruppe.
- Überwachungsfunktion bei laufenden Bewerbungen, z.B. Warnungsmeldungen bei Überschreitung von Fristen.
- Erkennen von wiederholten Bewerbungen und Feststellen des Absagegrundes.
- Spontane Bewerbungen ("Blindbewerbungen") können sofort einem bestimmten Bereich zugewiesen werden.

Der Einsatz eines Personalinformationssystems kann Arbeitsabläufe beim Bewerbermanagement also durch **systematische und effiziente Personalsuche** beschleunigen, sorgt also für eine rationellere Gestaltung der Personalsuche.

Des Weiteren ist eine direkte interne **Erfolgskontrolle der Personalabteilung** durchführbar. Durch die erreichte Leistungssteigerung ergeben sich insgesamt Wettbewerbsvorteile gegenüber konkurrierenden Unternehmen bei der Suche nach geeignetem Fachpersonal.

## Beispiel 3: Personalentwicklung

Im Zuge der Personalentwicklung werden die wichtigsten Elemente des "Werdegangs" eines Mitarbeiters mit Hilfe des Personalinformationssystems gespeichert. Hierzu gehören:

- die Dauer seiner Betriebszugehörigkeit,
- sein Aufgabenbereich,
- mögliche Weiterqualifizierungen,
- Wechsel des Aufgabenbereichs,
- Beförderungen,
- persönliche Merkmale wie Belastbarkeit, Führungsqualitäten, Teamfähigkeit, etc.

Der aktuelle Datenbestand zur Entwicklung eines bestimmten Mitarbeiters lässt sich in Listenform zu jedem beliebigen Zeitpunkt durch das Personalinformationssystem zusammenstellen.

Durch die im folgenden Beispiel zusammengestellte Übersicht lassen sich die einzelnen Karriere-Stationen und Abteilungswechsel des Mitarbeiters klar und systematisch nachvollziehen. Man kann auf diese Weise Rückschlüsse bezüglich der Arbeitseinstellung ziehen; in dem gezeigten Beispiel lässt sich ein klarer Aufwärtstrend des Mitarbeiters feststellen (vgl. folgende Abbildung).

| Personalentwicklung eines Mitarbeiters | | | | |
|---|---|---|---|---|
| **Name:** | Lothar Leiter | | | |
| **Geburtsdatum:** | 03.06.1974 | | | |
| **Kennzahl:** | 123 | | | |
| **Eintrittsdatum:** | 25.11.1994 | | | |
| **Gehaltsklasse:** | 20 | | | |
| **Abteilung:** | Vertrieb | | | |
| **Momentane Position:** | Vertriebsleiter | | | |
| **Betrieblicher Werdegang:** | | | | |
| **Jahr** | **Arbeitsplatz** | **Gehaltsklasse** | **Qualifikationsstufe** | **Abteilung** |
| 12/94 | Sachbearbeiter 2 | 8 | 1 | Vertrieb |
| 12/95 | Sachbearbeiter 2 | 8 | 2 | Vertrieb |
| 12/96 | Sachbearbeiter 1 | 10 | 4 | Vertrieb |
| 12/97 | Sachbearbeiter 1 | 11 | 3 | Einkauf |
| 12/98 | Sachbearbeiter 1 | 11 | 4 | Einkauf |
| 12/99 | Sachbearbeiter 1 | 12 | 5 | Einkauf |
| 12/00 | Gruppenleiter 2 | 14 | 3 | Vertrieb |
| 12/01 | Gruppenleiter 1 | 14 | 4 | Vertrieb |
| 12/02 | Gruppenleiter | 15 | 5 | Vertrieb |
| 12/03 | Abteilungsleiter | 17 | 4 | Vertrieb |
| **Ausbildung:** | | | | |
| **Berufsausbildung:** | Groß- und Einzelhandelskaufmann | 1994 - 97 | | |
| **Interne Weiterqualifikation:** | Seminar "Verkaufstechnik" | 1998 | | |
| | Seminar "Argumentationstechnik" | 2000 | | |
| | Seminar "Führung von Mitarbeitern" | 2001 | | |
| **Externe Weiterqualifikation:** | Sprachkurs "Business-English" | 1996/97 | | |
| | Studium der Wirtschaftswissenschaften an der Fernuniversität, Abschluss: "Dipl.-Ökonom" | 1998 - 2004 | | |

**Abb. 59:** Beispiel zur Personalentwicklung

Die Ergebnisse bei der Personalentwicklung werden erst durch das Zusammenspiel der verschiedenen EDV-unterstützten Bereiche innerhalb der Personalverwaltung möglich. So wurden hier Daten aus der Personaldatei bzw. -akte mit denen der Gehaltsabrechnung, Arbeitsplatzbeschreibung, etc. kombiniert, um eine systematische Karriereplanung durch Versetzung, Inaussichtstellen von Aufstiegschancen, Beförderung und Schulungsmaßnahmen durchführen zu können.

## Beispiel 4: Beendigung des Arbeitsverhältnisses

Auch bei der Beendigung des Arbeitsverhältnisses gibt es eine Vielzahl von administrativen Aufgaben, die mit Hilfe eines PIS systematisiert und beschleunigt werden können. Die wichtigsten dieser Tätigkeiten sind:

- Erstellung eines Kündigungsschreibens
- Ausstellung eines Arbeitszeugnisses
- Änderung der Personalakte bzw. Personaldatei

Neben der Erstellung des eigentlichen Kündigungsschreibens müssen Kündigungsformulare ausgefüllt und an verschiedene Abteilungen, wie Lohnbüro, Betriebskrankenkasse, Empfang etc. verteilt werden. Des weiteren gilt es, den genauen Austrittstermin zu bestimmen, eine Arbeitsorganisation für die Kündigungszeit zu bewerkstelligen und einen Nachfolger zur Besetzung der vakanten Stelle zu finden. Weiterhin wird eine Lohnabschlussrechnung veranlasst, bei der auch ein eventuell noch vorhandenes Restferienguthaben sowie geleistete, aber noch nicht vergütete Überstunden errechnet und berücksichtigt werden.

Vor Ausstellung eines Zeugnisses kommt es zwischen der Personalabteilung und dem Mitarbeiter zu einem **Austrittsinterview**. Es wird unterschieden zwischen einem einfachen Zeugnis, das nur sachliche Informationen wie Name, Ein- und Austrittsdatum, Art der Tätigkeit etc. enthält, und einem qualifizierten Zeugnis, das darüber hinausgehend eine Beurteilung der Fähigkeiten und Persönlichkeitsmerkmale des Mitarbeiters enthält. Zusätzlich werden in dem jeweiligen Zeugnis noch die während der Betriebszugehörigkeit erworbenen Qualifikationen vermerkt (vgl. Abschnitt 5. "Das Arbeitszeugnis").

Zu den **Änderungsarbeiten** bei der Personalakte bzw. der Personaldatei gehören sämtliche den Austritt des Mitarbeiters betreffende Vermerke. Dazu zählen zum Beispiel Notizen zum Austrittsgespräch - insbesondere der Austrittsgrund, das Dokumentieren der letzten Adresse, um eine eventuell notwendige Nachbetreuung zu ermöglichen und Angaben über den nächsten Arbeitgeber.

Die Personalakte bzw. Personaldatei wird anschließend archiviert und für einen späteren Zugriff bereitgehalten. Die **Archivierung** der Personalakte sollte platzsparend, also z.B. in Form eines Mikrofilmes, erfolgen. Die häufigsten Gründe für einen späteren Zugriff sind Rückfragen und Auskünfte von anderen Firmen, bei denen sich der ehemalige Mitarbeiter beworben hat. Des Weiteren kommen versicherungstechnische Fragen, statistische Auswertungen wie Lohnvergleiche oder eine Wiederbewerbung in Betracht.

# 4 Personalbeurteilung

In der Literatur und in der Praxis werden im Zusammenhang mit dem Themenbereich "Personalbeurteilung" eine große Anzahl vielfältiger Begriffe verwendet. Es sind folgende Begriffe zu finden: Qualifikation, Mitarbeiterbeurteilung, persönliche Beurteilung, Persönlichkeitsbeurteilung, Leistungsbeurteilung, Leistungs- und Verhaltensbewertung[43] sowie Leistungsüberprüfung. Bezogen auf Beamte und Soldaten wird von "dienstlicher Beurteilung" gesprochen.

## 4.1 Grundlagen

Im Gegensatz zu der Arbeitsbewertung, die die Einstufung der Arbeitsschwierigkeit unabhängig von der ausführenden Person vornimmt, wird bei der Personal- oder Mitarbeiterbeurteilung die ausführende Person beurteilt. Man unterscheidet in der heutigen Betriebspraxis zwei Hauptkonzepte in Bezug auf die Form des Beurteilungsverfahrens:

- Verfahren der **Leistungsbeurteilung**
- Verfahren der **Potenzialbeurteilung**

Daneben besteht noch die Möglichkeit einer Persönlichkeitsbeurteilung. Diese Formen der Personalbeurteilung werden nach dem Beurteilungsgegenstand typisiert.

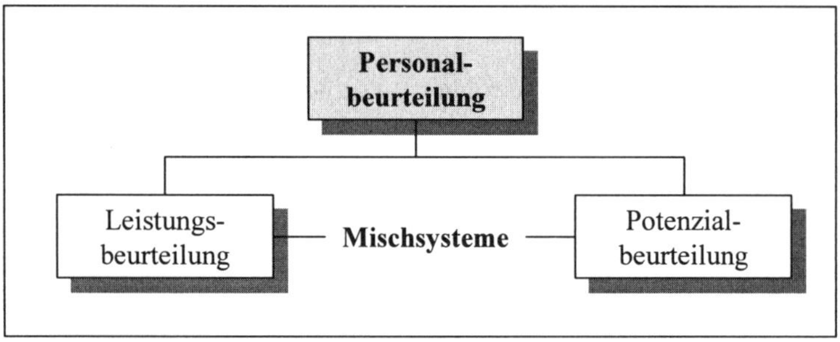


**Abb. 60:** Schematische Gliederung der Personalbeurteilung

### 4.1.1 Die Leistungsbeurteilung

Bei dem Verfahren der **Leistungsbeurteilung** handelt es sich um ein vergangenheitsorientiertes Instrument, das den sogenannten **"Output"** des Mitarbeiters vorrangig berücksichtigt. Das Leistungsergebnis (Ausmaß der Erreichung der vom Unternehmen vorgegebenen Ziele) oder das Leistungsverhalten am Arbeitsplatz (Art und Weise der Zielerreichung) sollen bei diesem Verfahren erfasst und bewertet werden. Die Leistungsbeurteilung dient primär führungspolitischen Zielen und lässt Entscheidungen für eine gerechtere und differenziertere Lohn- und Gehaltsfindung zu.

43 Vgl. Kiefer, B.U./Knebel, H.: Taschenbuch Personalbeurteilung – Feedback in Organisationen, 11. Auflage, Heidelberg 2004, S. 25.

### 4.1.2 Die Potenzialbeurteilung

Die **Potenzialbeurteilung** unterscheidet sich von der traditionellen Leistungsbeurteilung in erster Linie durch eine stärkere Zukunftsorientierung. Das Verfahren dient der Feststellung von Qualifikationen und Eignungen. Es zielt darauf ab, vorhandene geistige Fähigkeiten und Anlagen der Mitarbeiter zu erkennen und daraus auf das künftige Verhalten in für die Mitarbeiter neuen Situationen zu schließen. Hinsichtlich des zu entwickelnden Potenzials der Mitarbeiter lassen sich zwei verschiedene Ansätze der Beurteilung voneinander abgrenzen:

- Die **sequentielle Beurteilung**, bei der versucht wird, das Potenzial des Mitarbeiters für die nächsthöhere Hierarchieebene der Laufbahn zu bestimmen.
- Die **absolute Beurteilung**, bei der die mögliche Weite der Entwickelbarkeit des Mitarbeiters festgestellt werden soll.

Anhand eines derartigen Potenzialprofils des jeweiligen Mitarbeiters können Förderungs- und Weiterbildungsmaßnahmen eingeleitet werden. Die Potenzialbeurteilung wird vorrangig zu einer langfristigen Auswahl von Führungskräften oder zur Beurteilung von externen Bewerbern angewandt. Sie findet ihren Einsatz hauptsächlich im Bereich der Personalentwicklung.

## 4.2 Aufgabe und Zweck der Personalbeurteilung

Die Aufgabe der Personalbeurteilung besteht - allgemein formuliert - in einer möglichst genauen Erfassung der Persönlichkeit des zu Beurteilenden. Die Kennzeichnung der Persönlichkeit muss sich dabei auf zwei Bereiche erstrecken, die für die Berufstätigkeit von Bedeutung sind: den Bereich der **Leistung** und der menschlichen **Wirkung**.

Dabei ist zu bedenken, dass die Leistung nie allein auf einer speziellen Funktion, etwa der Handgeschicklichkeit oder der Intelligenz beruht, sondern immer aus der Gesamtpersönlichkeit, ihren Fähigkeiten und ihrem willentlichen Einsatz besteht. Ebenso ist das menschliche **Verhalten** nicht zufälliger Art. Es ist nicht nur anerzogen oder von der Umgebung übernommen, sondern es entfaltet sich ebenfalls aus der Gesamtpersönlichkeit, aus ihrem Kräftebestand, ihren Interessen und ihrer Einstellung zum Leben. Es geht also praktisch immer um die Beurteilung der Gesamtpersönlichkeit, wenn man etwas für die Berufstätigkeit Wichtiges wissen und erkennen will.

Die Personalbeurteilung kann verschiedenen Verwendungszwecken dienen. Die Personalbeurteilung mit dem Zweck der **individuellen Beratung** und **Förderung der Mitarbeiter** soll aufgrund der vom Beurteiler laufend überprüften Fähigkeiten, Motive und Einstellungen des Mitarbeiters den Vorgesetzten in die Lage versetzen, einen Plan für eine individuelle Laufbahn in einem Entwicklungsgespräch vorzuschlagen. Diese Personalbeurteilung in Form der Entwicklungsbeurteilung erfüllt also hauptsächlich Zwecke der Personalentwicklung und -bildung. Ihr kommt für die **Personalführung** eine besondere Bedeutung zu. Im Rahmen der **betrieblichen Bildung** kann die Personalbeurteilung der Ermittlung des Bildungsbedarfs, der Bildungsbedürfnisse und der pädagogischen Erfolgskontrolle dienen.

Bei der **internen Personalbeschaffung** gibt die Beurteilung Hilfestellung bei Auswahlentscheidungen. Dies geschieht mit Hilfe der Potenzialbeurteilung. Ihr fällt die Aufgabe zu, die Eignung für eine andere (i.d.R. höherwertige) Aufgabe festzustellen. Im Rahmen der Personalbeschaffung dient die Personalbeurteilung auch zur **Überprüfung der Auswahlentscheidung**. So ist sie ebenfalls ein Instrument zur Überprüfung der Zuverlässigkeit und Gültigkeit der angewendeten Auswahlmethode.

## 4.3 Voraussetzungen, Ziele und Funktionen der Beurteilung

Für die Durchführung einer betrieblich verwendbaren Personalbeurteilung bestehen bestimmte Voraussetzungen. Diese kann man in fachliche und menschliche Voraussetzungen unterteilen. Daneben spielen auch die gesetzlichen Grundlagen eine große Rolle.

### 4.3.1 Fachliche Voraussetzungen

Die fachlichen Voraussetzungen betreffen die Berücksichtigung von zwei Tatsachen: einmal die Unterscheidung von **Beschreibung** und **Beurteilung**, zum anderen die Einsicht in die **Ganzheit** und **Strukturiertheit** der menschlichen Persönlichkeit. Daraus folgt, dass die Erkenntnis und die Bewertung zwei verschiedene Akte und zwei nacheinander zu lösende Aufgaben sind.

Zuerst muss man den Menschen erkennen und beschreiben, man muss sich klar werden über seine Eigenarten und Besonderheiten, über seine Begabungen und Fähigkeiten, über seine Interessen und über die Intensität und Richtung seines Wollens. Dies bedeutet, dass man zuerst die Persönlichkeit des Menschen erkennt und beschreibt. Auf der anderen Seite muss man sich über die Anforderungen der Berufstätigkeit im Einzelnen klar werden. Erst dann kann man beides miteinander vergleichen, wodurch dann eine Bewertung im Hinblick auf die vorgesehene Berufstätigkeit erfolgt. Diese Bewertung muss gegebenenfalls neu vorgenommen werden, wenn ein Arbeitsplatzwechsel erfolgen soll. Der Vergleich von persönlichen Möglichkeiten und Arbeitsanforderungen bildet also die Grundlage der Bewertung.

### 4.3.2 Menschliche Voraussetzungen

Diese müssen vor allem in der Person des Beurteilers gegeben sein. Sie betreffen sowohl die persönliche Einstellung zur vorliegenden Aufgabe als auch die ursprüngliche **Menschenkenntnis**. Dabei erfordert jede differenzierte und einigermaßen objektive Personalbeschreibung ein persönliches Interesse am Menschen und an der Beurteilungsaufgabe. Dazu ist es unerlässlich, dass der Vorgesetzte, der diese Aufgabe zu erfüllen hat, sich mit der Problematik dieser Aufgabe vertraut macht. Denn so wichtig wie die Personalbeurteilung als Maßnahme zur Betriebsführung ist, so wichtig ist auch eine Einweisung des Vorgesetzten in diese Aufgabe.

Die zweite Voraussetzung ist eine Freilegung der bei jedem Menschen ursprünglich vorhandenen Menschenkenntnis. Diese leidet meistens unter Vorurteilen, stereotypen

Denkformeln, Rechthabereien und Bequemlichkeiten. Dies ist eine lösbare Fortbildungsaufgabe, deren Erfüllung die Voraussetzung für eine vernünftige Personalbeurteilung ist.

Darüber hinaus darf die Beurteilung nicht über die Köpfe der Betroffenen hinweg eingeführt werden. Will man erreichen, dass sie von allen beteiligten Gruppen auch akzeptiert wird, so ist es erforderlich, dass sowohl die Beurteiler als auch die zu beurteilenden Mitarbeiter beim Aufbau eines **Beurteilungssystems** hinzugezogen werden.

## 4.3.3 Gesetzliche Grundlagen

Die gesetzlichen Regelungen zur Personalbeurteilung finden sich im Betriebsverfassungsgesetz, im Bundespersonalvertretungsgesetz, in den Personalvertretungsgesetzen der Länder und in der Bundeslaufbahnverordnung. Da das Betriebsverfassungsgesetz für die meisten Mitarbeiter von Industrieunternehmen die wichtigste rechtliche Grundlage bildet, soll hier vor allem auf dessen Inhalte zur Personalbeurteilung eingegangen werden.

Der § 81 BetrVG legt die **Unterrichtungs- und Erörterungspflicht** des Arbeitgebers fest. Danach muss der Mitarbeiter über die Aufgabe und Verantwortung, die Art seiner Tätigkeit und deren Einordnung in den Arbeitsablauf unterrichtet werden. Diese Unterrichtung erfolgt häufig unter Verwendung der Stellenbeschreibung.

Der § 82 BetrVG legt das **Anhörungs- und Erörterungsrecht** des Arbeitnehmers fest. Im § 82 Abs. 2 BetrVG wird das Recht auf Erläuterung der Berechnung und Zusammensetzung des Arbeitentgelts, der Beurteilung seiner Leistung sowie den Möglichkeiten seiner beruflichen Entwicklung festgelegt. Das bedeutet, dass der Mitarbeiter ein Recht auf ein Beurteilungsgespräch hat, auch wenn im Betrieb kein formelles Beurteilungssystem installiert ist. Ergebnisse der Leistungsbeurteilung müssen dem Arbeitnehmer mitgeteilt und von diesem zur Kenntnis genommen werden.

Im § 83 BetrVG ist die **Einsicht in die Personalakte** geregelt. Der Arbeitnehmer hat das Recht auf Einsichtnahme in seine Personalakte evtl. unter Hinzuziehung eines Mitglieds des Betriebsrates. Ferner müssen Erklärungen des Arbeitnehmers der Personalakte beigefügt werden.

In den §§ 84-86 BetrVG ist das **Beschwerderecht** des Arbeitnehmers geregelt. Der Arbeitnehmer hat das Recht, sich bei den zuständigen Stellen des Betriebes zu beschweren, wenn er sich benachteiligt, ungerecht behandelt oder in sonstiger Weise beeinträchtigt fühlt. Er kann ein Mitglied des Betriebsrats zur Unterstützung oder Vermittlung hinzuziehen. Hieraus dürfen dem Arbeitnehmer keine Nachteile entstehen. Können Betriebsrat und Arbeitgeber sich nicht einigen, so kann der Betriebsrat die Einigungsstelle anrufen. Ergänzende Vereinbarungen über Einzelheiten können durch Tarifvertrag oder Betriebsvereinbarungen geregelt werden.

Im § 94 BetrVG wird das **Mitbestimmungsrecht des Betriebsrates** bei der Aufstellung von Personalfragebogen und "Allgemeiner Beurteilungsgrundsätze" geregelt.[44]

---

44 Vgl. ausführlich Kiefer, B.U./Knebel, H.: Taschenbuch Personalbeurteilung – Feedback in Organisationen, a.a.O., S. 55 ff.

## 4.3.4 Weitere Voraussetzungen

Die Festlegung der Anlässe bzw. die Häufigkeit der Beurteilung sind eine weitere Grundlage für ein Beurteilungssystem. In der Praxis werden regelmäßige Beurteilungen unregelmäßigen vorgezogen, da insbesondere die Entwicklung von Mitarbeitern besser beobachtet werden kann. Bei relativ schnellem Wechsel der Anforderungsstruktur von Arbeitsplätzen muss die Leistungsbeurteilung häufiger erfolgen, damit nötige personalpolitische Maßnahmen (Schulungen, Versetzungen etc.) nicht zu den Ergebnissen alter Beurteilungen durchgeführt werden. Daher sind generell längere Beurteilungszeiträume für personalpolitische Entscheidungen wenig sinnvoll. Bei zu kurzen Zeiträumen können Leistungs- und Verhaltensänderungen kaum erfasst werden. Die entstehenden Kosten rechtfertigen dann nicht den Mehraufwand.

Die Länge der Intervalle ergibt sich aus betriebsspezifischen Bedingungen. Häufig werden Beurteilungen in halbjährlichen, jährlichen oder zweijährigen Intervallen durchgeführt. Diese kontinuierliche Form der Personalbeurteilung wird vor allem bei der Entgeltermittlung durch Beurteilungen eingesetzt.

Neben den regelmäßigen Beurteilungen können sich Anlässe ergeben, zu denen ebenfalls eine Beurteilung sinnvoll und notwendig ist. Einige Beispiele für anlassbedingte Beurteilungen sind in der folgenden Abbildung zusammengefasst:

| **Anlässe der Beurteilung** | |
|---|---|
| Ablauf der Probezeit | Besondere Fördermaßnahmen |
| Versetzung | Beförderung |
| Wechsel des unmittelbaren Vorgesetzten | Job rotation |
| Auf Wunsch des Mitarbeiters | Beendung eines Projektes |
| Auf Wunsch des Vorgesetzten | Beendigung des Arbeitsverhältnisses |
| Lohn- und Gehaltserhöhung | Zeugnisausstellung |

**Abb. 61:** Beurteilungsanlässe

## 4.3.5 Ziele der Mitarbeiterbeurteilung

Die Beurteilung der Mitarbeiter dient sowohl den Zielen des Unternehmens als auch den Zielen der Mitarbeiter.

Als **betriebliche Ziele** kommen hauptsächlich in Betracht:[45]

- **Objektivierung der Personalarbeit:** Durch geeignete Personalbeurteilungen können objektive und vergleichbare Ergebnisse erzielt werden.
- **Steigerung der Leistung:** Durch die Wahl des richtigen Personalbeurteilungssystems wird der Mitarbeiter dauerhaft zu höheren Leistungen angespornt.

[45] Vgl. Kiefer; B.U./Knebel, H.: Taschenbuch Personalbeurteilung – Feedback in Organisationen, a.a.O., S. 24 ff.

- **Einheitlichkeit des Führungsverhaltens:** Durch ein einheitliches Beurteilungssystem lässt sich das Führungsverhalten an das System angleichen und führt damit zu einem einheitlichen, schlagkräftigen Führungsverhalten der Vorgesetzten.
- **Verbesserung der Führungsqualität:** Das Beurteilungsgespräch bietet sowohl dem Mitarbeiter als auch dem Vorgesetzten die Möglichkeit zu einer Aussprache und kann damit die Gelegenheit zu einer Verbesserung des Vorgesetzten-Mitarbeiter-Verhältnisses bieten.
- **Potenzialnutzung:** Die Belegschaft eines Unternehmens stellt dessen größtes Potenzial dar, das es optimal zu nutzen gilt. Durch Hinweise auf das Verhalten und konkrete Hinweise auf Schwachstellen wird der Mitarbeiter befähigt, seine Qualifikation optimal einzusetzen. Ferner können Schwachstellen durch Qualifikationsverbesserung wie Aus- und Fortbildungsmaßnahmen korrigiert werden.

Auf der anderen Seite wird durch die Personalbeurteilung auch den **Zielen der Mitarbeiter** gedient. Dem Mitarbeiter wird die Möglichkeit gegeben, durch regelmäßige und systematische Beurteilung seine Leistungen und Fähigkeiten besser einzuschätzen und seine Laufbahnplanung danach auszurichten. So kann er eigene Ziele mit den Betriebszielen der Personalentwicklung abstimmen.

Durch die Beurteilung und das anschließende Gespräch hat er die Gelegenheit zu einem persönlichen Gespräch mit seinem Vorgesetzten. Hier können auch Sachverhalte erörtert werden, die mit der Beurteilung nicht im direkten Zusammenhang stehen. Als weiterer Aspekt ist noch der Schutz der Mitarbeiter durch die Beurteilung zu nennen. Der Mitarbeiter wird durch die Beurteilung sowohl vor willkürlichen disziplinären Maßnahmen als auch vor ungerechtfertigter Entlassung geschützt.

## 4.3.6 Funktionen der Mitarbeiterbeurteilung

Die Mitarbeiterbeurteilung erfüllt eine ganze Reihe von Funktionen. Die wichtigsten sollen im Folgenden genannt und beschrieben werden:[46]

### (1) Individuelle Lohn- und Gehaltsfindung

Die regelmäßige Leistungsbeurteilung ist in vielen Bereichen die Grundlage für die Verteilung von Leistungszulagen bei Löhnen und Gehältern. Dabei wird zwischen dem anforderungsabhängigen und leistungsabhängigen Gehaltsteil differenziert.

Mit Hilfe der Arbeitsbewertung werden die Anforderungen bewertet, die durch eine bestimmte Aufgabe entstehen. Im Anschluss daran erfolgt die Einstufung der Aufgabe in Tarifgruppen oder Gehaltsklassen. Die "Mehrleistung" eines Mitarbeiters (Grundlage für die Bemessung der Leistungszulage) ist somit der Teil der Gesamtleistung, der über die aus der Arbeitsbewertung abgeleitete "Grundleistung" hinausgeht.

---

46 Vgl. Selbach, R./Pullig, K.K.: Handbuch Mitarbeiterbeurteilung, a.a.O., S. 76 ff. und Olfert, K.: Personalwirtschaft, a.a.O., S. 232 ff.

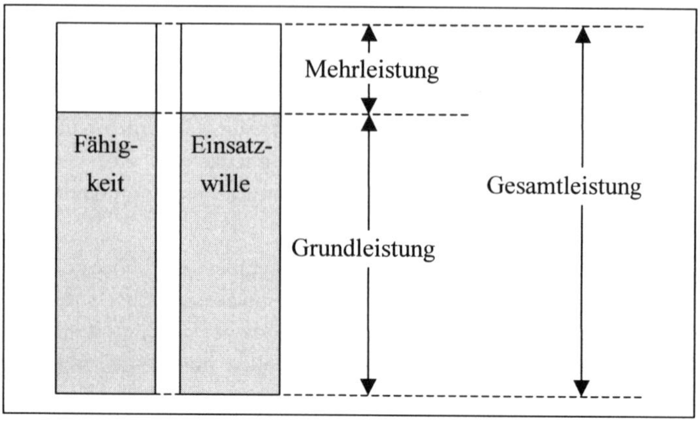


**Abb. 62:** Mehrleistung zur Bemessung der Leistungszulage

Die Leistungsbeurteilung erlaubt somit Aussagen über konkret erbrachte und am Arbeitsplatz beobachtete Leistungen. Die Schwierigkeiten für eine gerechte Lohn- und Gehaltsfindung liegen dabei in der Festlegung der Kriterien, nach denen die Leistung beurteilt wird.

## (2) Planungshilfe für den Personaleinsatz

Die Beurteilung erlaubt es, aktuelle Personalentscheidungen (Beförderung, Versetzung, Freisetzung) und langfristige Personalentscheidungen (interne und externe Personalbeschaffung, Nachwuchs- und Karriereplanung) auf einem hohen Informationsstand zu treffen. Es erfolgt aufgrund des bisherigen Leistungsverhaltens eine Abschätzung des zukünftigen Leistungspotenzials.

## (3) Förderung der Mitarbeiterqualifikation

Anhand von Beurteilungsinformationen wird die Leistungsfähigkeit des Mitarbeiters analysiert. Die Leistungsbeurteilung erhöht die Bildungsbereitschaft des Beurteilten, indem sie auf vorhandene Defizite, notwendige Maßnahmen und die daraus resultierende positive Wirkung hinweist. Daraus entwickelt sich ein Aus- und Weiterbildungskonzept für den Beurteilten. Die höhere Qualifikation bewirkt eine höhere Leistungsfähigkeit, die wiederum eine höhere Position, Vergütung und Ansehen mit sich bringt. Besonders dieser Punkt macht deutlich, dass das Interesse von Organisation und Mitarbeiter an der Personalbeurteilung weitgehend deckungsgleich ist.

## (4) Führungsinstrument

Die Personalbeurteilung und das folgende Beurteilungsgespräch geben dem Vorgesetzten ein wirksames Führungsinstrument in die Hand. Durch die leistungsmäßige Einstufung des Mitarbeiters wird ihm eine Rückkopplung gegeben und gleichzeitig die Zufriedenheit mit seiner Leistung gesteuert.

Die Leistungsbeurteilung zwingt den Beurteiler außerdem, sich in regelmäßigen Abständen mit den Leistungen und Fähigkeiten seiner Mitarbeiter auseinander zusetzen und nimmt somit maßgeblichen Einfluss auf Qualifikation und Urteilsvermögen des Beurteilers.

### (5) Motivation der Mitarbeiter

Der Mitarbeiter wird über das Wissen um die Bedeutung der Beurteilung im Hinblick auf seine Entgeltbemessung motiviert. Daneben werden leistungsmotivierte Mitarbeiter generell eine positive Leistungsbeurteilung anstreben. So kann die Leistungsbeurteilung ein zusätzliches Arbeitsmotiv für den Mitarbeiter bedeuten.

### (6) Kontrolle personalpolitischer Maßnahmen

Durch das Beurteilungssystem bekommt man die Möglichkeit, bereits getroffene personalpolitische Maßnahmen im Hinblick auf die Richtigkeit der Entscheidungen, z.B. dem Personaleinsatz oder der Personalausbildung, zu kontrollieren. Gleichzeitig kann damit die Zuverlässigkeit und Gültigkeit der angewandten Methoden überprüft werden.

## 4.4 Beurteilungskriterien

Zu den vorbereitenden Maßnahmen einer Personalbeurteilung gehört neben der Auswahl der Beurteilungskriterien und der Festlegung der Kriteriengewichtung die Bestimmung eines Beurteilungsmaßstabs und die Einteilung des Personals in Funktionsgruppen.

## 4.4.1 Die Auswahl der Beurteilungskriterien

Die Art und die Anzahl der Beurteilungskriterien, die zu einem System zusammengefasst werden sollen, ist eine grundsätzliche Frage. Die Vielzahl der Beurteilungskriterien lässt sich in Hauptgruppen einteilen, die ihrerseits wiederum Untergruppen bilden können. So ist z.B. die folgende Einteilung in **Hauptgruppen** möglich:

- Geistige Anlagen
- Arbeitsverhalten
- Verhalten gegenüber Kollegen und Vorgesetzten
- Führungsverhalten
- Persönliches Auftreten

| **Geistige Anlagen** | |
|---|---|
| Auffassungsgabe | Sachverhalte u. Zusammenhänge schnell aufnehmen können |
| Logik | Das Ziehen folgerichtiger Schlüsse |
| Kreativität | Neue originelle Lösungen finden |
| Gedächtnis | Merkfähigkeit |

**Abb. 63:** Beurteilungskriterien der geistigen Anlagen

| Kriterien des Arbeitsverhaltens | |
|---|---|
| Arbeitsplanung | Gedankliche Vorausschau der zukünftigen Arbeit und Bereitstellung der benötigten Mittel |
| Arbeitsqualität | Güte der Arbeitsdurchführung |
| Arbeitstempo | Zeitaufwand zur Bewältigung der Arbeit |
| Augenmaß | Richtige Einschätzung von Personen und Sachverhalten |
| Ausdauer | Beständigkeit bei der Arbeitsausführung |
| Belastbarkeit | Körperliche und geistige Ermüdung erkennen lassen |
| Entschlusskraft | Sich in angemessener Zeit entscheiden können |
| Fleiß | Kontinuität der Arbeitsdurchführung |
| Fachkenntnisse | Anwendung von Fachwissen auf die zu lösenden Aufgaben |
| Fehlerhäufigkeit | Verhältnis Fehler zur Arbeitsmenge |
| Initiative | Aus eigenem Antrieb tätig werden |
| Lernwille | Bemühen, sich weiterzubilden; Erfahrungen ausnutzen |
| Pünktlichkeit | Vereinbarte Termine einhalten |
| Selbstständigkeit | Nach Anleitung ohne Rückfragen tätig werden |
| Verantwortungsbereitschaft | Die Konsequenzen der eigenen Handlung tragen |
| Zuverlässigkeit | Erfüllung von Zusagen |

**Abb. 64:** Beurteilungskriterien des Arbeitsverhaltens

| Verhalten gegenüber Kollegen und Vorgesetzten | |
|---|---|
| Aggressivität | Erzeugen von Konfrontationen |
| Aufgeschlossenheit | Aktiv am Umweltgeschehen teilnehmen |
| Empfindlichkeit | Sensibilität in Bezug auf das eigene Selbstwertgefühl |
| Hilfsbereitschaft | Unterstützung der Mitmenschen |
| Mitteilungsbereitschaft | Informationen und Wissen weitergeben |
| Toleranz | Eigenschaften auch gelten lassen, wenn sie nicht der eigenen Überzeugung entsprechen |
| Zusammenarbeit | Bereitschaft zu gemeinsamen Aufgabenlösungen |

**Abb. 65:** Beurteilungskriterien des Verhaltens gegenüber Kollegen und Vorgesetzten

| Führungsverhalten | |
|---|---|
| Arbeitsanleitung | Den Mitarbeitern Aufgaben zuteilen, die angestrebten Ziele definieren und Hilfsmittel zur Zielerreichung aufzeigen |
| Ausgeglichenheit | Gemütszustände erkennen lassen |
| Delegation | Aufgabenübertragung an Mitarbeiter |
| Durchsetzungsvermögen | Die Mitarbeiter zur Ausführung der Anordnung bewegen |
| Kontrolle | Überwachung der Mitarbeiter |
| Motivationsfähigkeit | Mitarbeiter zur langfristigen Leistungssteigerung bewegen |
| Objektivität | Gleichheit der Mitarbeiterbehandlung |

**Abb. 66:** Beurteilungskriterien des Führungsverhaltens

| Persönliches Auftreten | |
|---|---|
| Ausdrucksvermögen | Sich in angemessener Weise sprachlich ausdrücken |
| Erscheinungsbild | Zustand der Kleidung und Körperpflege |
| Selbstbewusstsein | Sich ohne Überheblichkeit seines Wertes bewusst sein |
| Umgangsformen | Art des Auftretens |

**Abb. 67:** Beurteilungskriterien des persönlichen Auftretens

Ein wichtiges Unterscheidungsmerkmal zur Festlegung der erforderlichen Beurteilungskriterien ist die Angabe, ob der zu beurteilende Mitarbeiter lediglich ausführende Tätigkeiten zu erfüllen hat, oder ob er auch Führungsaufgaben übernehmen muss. Die folgende Abbildung stellt die wichtigsten Unterschiede der Beurteilungskriterien für Mitarbeiter mit und ohne Personalverantwortung (bzw. Führungsaufgaben) gegenüber:

| Mitarbeiter ohne Personalverantwortung | Mitarbeiter mit Personalverantwortung |
|---|---|
| **1. Arbeitsergebnisse**<br>Menge/Umfang, Güte/Komplexität, Kosten, Termine | **1. Arbeitsergebnisse**<br>Menge/Umfang, Güte/Komplexität, Kosten, Termine |
| **2. Arbeitseinsatz**<br>Initiative, Ausdauer, Belastbarkeit, Übernahme von Verantwortung, Selbständigkeit, Verhalten in Ausnahmesituationen, Planung und Disposition der eigenen Arbeit, Beweglichkeit | **2. Mitarbeitereinsatz**<br>Mitarbeiterauswahl und Stellenbesetzung, Ziele setzen, Aufgaben verteilen, Delegieren, Anleiten und Unterweisen, Kontrolle, Schulung, Durchsetzungsvermögen |
| **3. Arbeitssorgfalt**<br>Gründlichkeit, Zuverlässigkeit, Arbeitssicherheit, Beachten von Regeln und Richtlinien, Kostenbewusstsein, Rationelles Verwenden von Betriebsmitteln, Vermeiden von Verlusten | **3. Mitarbeiterbehandlung**<br>Leistungsbeurteilung und Honorierung, Anerkennung und Kritik, Laufbahnplanung, Behandeln von Mitarbeiteranliegen, Übereinstimmung erzielen, Durchführen von Mitarbeitergesprächen und Abteilungsmeetings |
| **4. Fachkönnen**<br>Aufgabenbezogene Kenntnisse, Aktualität des Wissens, Kreativität, Lerninitiative, Erkennen des Wesentlichen, Aufgeschlossenheit für Neues | **4. Arbeitsverhalten**<br>Initiative, Kreativität, Beweglichkeit, Verhalten in Ausnahmesituationen, Einhalten von Regeln und Richtlinien, Durchsetzungsvermögen, Aufgeschlossenheit für Neues, Vertreten von Unternehmenszielen |
| **5. Zusammenarbeit**<br>Informationsverhalten, Unterstützen und Beraten, Einhalten von Absprachen, Anstreben gemeinsamer Lösungen, Kollegialität | **5. Zusammenarbeit**<br>Informationsverhalten, Unterstützen und Beraten, Einhalten von Absprachen, Anstreben gemeinsamer Lösungen, Kollegialität |

**Abb. 68:** Beurteilungskriterien für Mitarbeiter mit und ohne Personalverantwortung

An die Auswahl der Beurteilungskriterien sind somit folgende Anforderungen zu stellen:

- Es dürfen nur solche Kriterien verwendet werden, die tatsächlich für die verschiedenen Tätigkeiten ausschlaggebend sind.
- Die Kriterien müssen weitgehend unabhängig voneinander sein, das heißt, sie dürfen sich nicht überschneiden.
- Die Kriterien müssen klar beschrieben sein, so dass verschiedene Beurteiler innerhalb einer geringen Toleranz zu dem gleichen Urteil kommen.

Die **Anzahl der Beurteilungskriterien** hängt von praktischen Gesichtspunkten ab. Es sollte darauf geachtet werden, dass alle Hauptgruppen vorhanden sind. Die Anzahl der jeweils eingesetzten Kriterien ist betriebsbedingt bzw. stellenspezifisch.

Es ist zu beachten, dass die Anzahl der Beurteilungskriterien einen statistischen Effekt hat. Bei einer großen Anzahl nimmt der Einfluss des einzelnen Kriteriums auf das Beurteilungsergebnis ab, bei einer zu kleinen Anzahl nimmt der Einfluss entsprechend zu.

Eine zu geringe Anzahl oder nur die Beurteilung eines Hauptpunktes insgesamt kann die Entwicklung von Unterkriterien erforderlich machen.

Eine große Anzahl Kriterien führt zu einem differenzierten Bild, Wiederholungen können bezüglich der ähnlichen Ausprägung verwandter Kriterien (sie sollten jedoch die Ausnahme sein) einen Kontrolleffekt bewirken. Mit steigender Anzahl der Kriterien steigt jedoch der Beurteilungsaufwand. Dieser Aufwand muss durch den Nutzen gerechtfertigt sein.

Die bei Personalbeurteilungen am häufigsten verwendeten Kriterien sind in der folgenden Tabelle zusammengefasst:

| **Beurteilungskriterien** | **Häufigkeit [%]** |
|---|---|
| Fachkenntnisse | 80 |
| Fleiß und Arbeitsweise | 74 |
| Verhalten gegenüber Vorgesetzten u. Mitarbeitern | 72 |
| Zuverlässigkeit | 64 |
| Arbeitsqualität | 62 |
| Belastbarkeit | 58 |
| Ausdrucksfähigkeit | 54 |
| Arbeitstempo | 54 |
| Organisations- und Planungsvermögen | 48 |
| Verantwortungsbereitschaft | 45 |

**Abb. 69:** Häufigste Nutzung der Beurteilungskriterien[47]

[47] Vgl. Olfert, K..: Personalwirtschaft, a.a.O., S. 301.

## 4.4.2 Die Gewichtung der Kriterien

Das Gewicht, das dem einzelnen Kriterium beigemessen wird, hängt von der Bedeutung des Kriteriums für die Leistungserbringung des Mitarbeiters ab. So kann es für einzelne Gruppen des Unternehmens unterschiedliche Zusammensetzungen der Kriterienkataloge oder bei gleichen Kriterien Gewichtungsfaktoren geben, die die unterschiedliche Gewichtung bewirken. Man unterscheidet die unbewusste und die bewusste Gewichtung.

Die **unbewusste Gewichtung** geschieht indirekt. Sie ist durch die "bewusst" ausgewählte Anzahl und Art der Beurteilungskriterien schon in das Beurteilungssystem eingebettet. Damit wird einerseits jedes Kriterium unabhängig von seiner Bedeutung für die Aufgabenerfüllung gleich gewichtet. Andererseits werden jedoch durch die unterschiedliche Anzahl je Kriteriengruppe Schwerpunkte gesetzt. Bei der **bewussten Gewichtung** wird den einzelnen Kriterien direkt, das heißt offen, eine unterschiedliche Bedeutung beigemessen. Die folgende Abbildung zeigt ein Beispiel für eine mögliche Gewichtung:

| | | | |
|---|---|---|---|
| **A** | Ausführende (handwerkliche) Funktionen | Quantität | 20 % |
| | | Qualität | 15 % |
| | | Mittelnutzung | 5 % |
| | | Selbstständigkeit | 7,5 % |
| | | Zusammenarbeit | 7,5 % |
| | | Regelungen | 5 % |
| **B** | Ausführende (Büro-) Funktionen | Quantität | 10 % |
| | | Qualität | 15 % |
| | | Mittelnutzung | 7,5 % |
| | | Selbstständigkeit | 12,5 % |
| | | Zusammenarbeit | 7,5 % |
| | | Regelungen | 7,5 % |
| **C** | Vorgesetzte bis 5 unterstellte Mitarbeiter | Quantität | 7,5 % |
| | | Qualität | 10 % |
| | | Mittelnutzung | 7,5 % |
| | | Selbstständigkeit | 10 % |
| | | Zusammenarbeit | 10 % |
| | | Regelungen | 5 % |
| | | Führung | 10 % |
| **D** | Vorgesetzte ab 6 unterstellte Mitarbeiter | Quantität | 5 % |
| | | Qualität | 10 % |
| | | Mittelnutzung | 7,5 % |
| | | Selbstständigkeit | 10 % |
| | | Zusammenarbeit | 7,5 % |
| | | Regelungen | 5 % |
| | | Führung | 15 % |

**Abb. 70:** Kriteriengewichtung

Ferner spricht man von **gebundener und ungebundener Gewichtung**. Das bedeutet, dass die Wertigkeit der Kriterien direkt in eine Einstufungsskala eingearbeitet oder mittels eines Faktors errechnet wird.[48] Sollen die Beurteilungskriterien unterschiedlich gewichtet werden, kann dies mit unterschiedlichen Gewichtungsarten erfolgen.

Werden unterschiedliche Kriterienkataloge für verschiedene Mitarbeitergruppen, beispielsweise für Produktionsmitarbeiter, Vertriebsmitarbeiter, Verwaltungsmitarbeiter und Vorgesetzte benutzt, so lassen sich Gewichtungsunterschiede indirekt in ein Beurteilungssystem integrieren.[49] Da der Gewichtung aber besonders bei der Ermittlung von Leistungsprämien und -zulagen eine besondere Bedeutung zukommt, ist es nötig, eine möglichst einfache und transparente Gewichtung vorzunehmen. Ist man sich dieses Sachverhaltes bei der Installation eines Beurteilungssystems bewusst, so sollte ein möglichst breiter Konsens aller Beteiligten und daraus eine praktikable Lösung gefunden werden.[50] Die folgende Abbildung zeigt ein Beispiel für Beurteilungskriterien für Außendienstmitarbeiter mit unterschiedlicher Gewichtung:

| | | | | | | | |
|---|---|---|---|---|---|---|---|
| **A Arbeitsergebnis** | 1 | Wertigkeit der Arbeit (Distribution, Präsentation, ökonomisches Planen und Handeln) | 15 | 12 | 9 | 6 | |
| | 2 | Arbeitsmenge (Aktivitäten im Gesamtbild) | 15 | 12 | 9 | 6 | |
| **B Arbeitsweise** | 1 | Einfluss auf Kunden (Auftreten, Kontaktstärke, Argumentation, Durchsetzungsverm.) | 12 | 10 | 8 | 6 | 4 |
| | 2 | Arbeitsbereitschaft (Einsatz bei Aufgabenerfüllung, Bereitschaft zur Eigeninitiative) | 12 | 10 | 8 | 6 | 4 |
| | 3 | Fachliche Kenntnisse (Produkt, Handel, Wettbewerb, Preis) | 12 | 10 | 8 | 6 | 4 |
| | 4 | Zusammenarbeit (Kooperation mit Führungsmitarbeitern, Team, GH-Reisenden) | 12 | 10 | 8 | 6 | 4 |
| **C Berichte/ Termine** | 1 | Marktbearbeitung (Kundenpflege, Marktberichte) | 10 | 8 | 6 | 4 | 2 |
| | 2 | Arbeitsunterlagen (Lieferschein, Tagesbericht, Kartei, Schriftwechsel) | 10 | 8 | 6 | 4 | 2 |

**Abb. 71:** Kriterien für Außendienstmitarbeiter mit unterschiedlicher Gewichtung

Die Gewichtung der Kriterien ist von den Tarifpartnern häufig diskutiert worden. Sie wird von den unterschiedlichen sozial-, personal- und gesellschaftspolitischen Zielsetzungen beeinflusst. Sie stellt demnach einen Kompromiss zwischen den Zielen der beteiligten Parteien (z.B. Tarifpartner) dar. Wenn die Gewichtung höhere Gerechtigkeit schaffen

48 Vgl. Hentze, J.: Arbeitsbewertung und Personalbeurteilung, Stuttgart 1980, S. 174.

49 Vgl. Olfert, K.: Personalwirtschaft, a.a.O., S. 303.

50 Vgl. Kiefer, B.U./Knebel, H.: Taschenbuch Personalbeurteilung – Feedback in Organisationen, a.a.O., S. 78 f.

soll, vor allem bei der Lohn- und Gehaltsfindung, muss sie von den Betroffenen auch akzeptiert werden. Die folgende Tabelle stellt die **Vor- und Nachteile** der Gewichtung gegenüber:

| Vorteile der Gewichtung | Nachteile der Gewichtung |
|---|---|
| • Die Mitarbeiter werden ihr Leistungsverhalten nach den höher gewichteten Kriterien ausrichten. Das Verhalten wird damit steuerbar.<br>• Bei der Lohn- und Gehaltsfindung können diejenigen bevorzugt werden, die tatsächlich mehr zum Unternehmenserfolg beigetragen haben.<br>• Die Beurteilungsergebnisse können auf breitere Akzeptanz stoßen, wenn die Gewichtung den Wertvorstellungen der Mitarbeiter entspricht. | • Die Gewichtung ist wissenschaftlich kaum begründbar.<br>• Unterschiedliche Gewichtung kann zusätzlichen Konfliktstoff zwischen Beurteiler und Beurteiltem bieten.<br>• Sollten zwischen den Beurteilungskriterien Korrelationen bestehen, kann die Gewichtung dazu führen, dass einige Kriterien zu stark in die Gesamtbeurteilung eingehen.<br>• Die Wirkung der Gewichtung kann absichtlich oder unbewusst aufgehoben werden, wenn die höhergewichteten Kriterien durch den Vorgesetzten strenger beurteilt werden als geringer gewichtete. |

**Abb. 72:** Vor- und Nachteile der Gewichtung

## 4.4.3 Beurteilungsmaßstab und Verteilungsvorgabe

Um Beurteilungsfehler durch Beurteiler (subjektive Einflüsse) gering zu halten und um die Ergebnisse vergleichbar zu machen, muss ein einheitlicher Beurteilungsmaßstab vorgegeben werden. Ein solcher Maßstab hilft Fehlerquellen zu minimieren.

Oftmals wird bei Beurteilungssystemen eine Verteilungsvorgabe gewählt, d.h. die Gesamtzahl der Beurteilten soll einem bestimmten Verteilungsschlüssel entsprechend beurteilt werden. Der Grund für diese Vorgabe ist meist die Budgetverteilung, z.B. in Form von Leistungsprämien. Der Beurteiler hat dann die Werte, die i.d.R. in einer Tabelle vorgegeben sind, einzuhalten. Als Beispiel dient die folgende Abbildung:[51]

| Beurteilungs-ergebnis | Prozent-anteil | Mitarbeiteranteil bei einer Mitarbeiteranzahl von | | | |
|---|---|---|---|---|---|
| | | 5 | 10 | 15 | 25 |
| Sehr gut | 7,5 % | 0 | 1 | 1 | 2 |
| Gut | 25 % | 1 | 2 | 4 | 6 |
| Befriedigend | 35 % | 3 | 4 | 5 | 9 |
| Ausreichend | 25 % | 1 | 2 | 4 | 6 |
| Unzureichend | 7,5 % | 0 | 1 | 1 | 2 |

**Abb. 73:** Verteilungsvorgabe

51 Vgl. Olfert, K..: Personalwirtschaft, a.a.O., S. 307.

### 4.4.4 Funktionsgruppenbildung

Um nicht für jeden Arbeitsplatz eine spezielle Beurteilung entwerfen zu müssen, empfiehlt es sich, **Funktionsgruppen** zu bilden, denen dann bestimmte Beurteilungskriterien zugeordnet werden. Diese Funktionsgruppenbildung und die daraus resultierenden Beurteilungskriterien sollen anhand eines Beispiels dargestellt werden. Grundlage für dieses Beispiel ist die "Leistungsbeurteilung für Angestellte" in einem Unternehmen der Automobilindustrie.[52]

Um für die verschiedenen Angestellten-Tätigkeiten nicht spezielle Beurteilungskriterien zusammenstellen zu müssen, wurden die Mitarbeiter in 5 Gruppen eingeteilt. Diesen 5 Funktionsgruppen werden jeweils Beurteilungskriterien zugeordnet, die dann für alle Mitarbeiter der Gruppe gleich sind. Ausnahmen sind die Zuwahl von zwei zusätzlichen bzw. die Abwahl von zwei aufgeführten Kriterien in begründeten Fällen, wenn sie für die Aussage zum Leistungsverhalten für die jeweilige Tätigkeit von Bedeutung sind. Von diesem Prinzip sind 5 Kriterien ausgenommen, die bei allen Gruppen verwendet werden:

- Kriterium 1 Anwendung von Kenntnissen
- Kriterium 7 Zuverlässigkeit der Arbeitsausführung
- Kriterium 8 Zweckmäßigkeit der Arbeitsweise
- Kriterium 11 Einsatzbereitschaft
- Kriterium 12 Zusammenarbeit

Zu jedem Beurteilungskriterium liegt eine Beschreibung der in 7 Beurteilungsstufen eingeteilten Kriterien, denen dann Punkte (von 10 bis 16) zugeordnet werden, vor. Aus den so ermittelten Beurteilungswerten wird der arithmetische Mittelwert gebildet und so der Gesamtbeurteilungswert ermittelt.

| **Tätigkeitsbeispiele je Funktionsgruppe (Auszug)** | |
|---|---|
| Funktionsgruppe A | Übersetzer, Kassierer, Sachbearbeiter, Bautechniker, Betriebsdolmetscher, Arbeitsverteiler |
| Funktionsgruppe B | Betriebswirtschaftlicher Sachbearbeiter, Fertigungsplaner, Maschinenplaner, Personalplaner, Kostenplaner, Sicherheitsingenieur, Organisator |
| Funktionsgruppe C | Gruppenleiter, Hauptgruppenleiter, Meister, Werkstattleiter, Leiter der Reparaturauftragsabwicklung |
| Funktionsgruppe D | Registrator, Phonotypistin, Detailkonstrukteur, Grafischer Zeichner, Postbearbeiter, Werkstoffprüfer, Laborant, Versuchstechniker, Operator |
| Funktionsgruppe E | Fremdsprachenstenotypistin, Direktionssekretärin, Werksarztsekretärin, Vorstandssekretärin |

**Abb. 74:** Tätigkeitsbeispiele je Funktionsgruppe

52 Vgl. DaimlerChrysler AG: Leistungsbeurteilung für Angestellte. Information der Mitarbeiter, Stuttgart.

Eine Sonderstellung nimmt das Kriterium "Ideenfindung" ein. Es ist in keiner Funktionsgruppe enthalten, da es in der Praxis mit Schwierigkeiten verbunden ist. Es soll nur verwendet werden, wenn es für die Aufgabenstellung von besonderer Bedeutung ist.

| **Beurteilungskriterien je Funktionsgruppe** | **A** | **B** | **C** | **D** | **E** |
|---|---|---|---|---|---|
| 1. Anwendung von Kenntnissen | X | X | X | X | X |
| 2. Anwendung manueller Fertigkeiten | | | | X | X |
| 3. Selbstständigkeit | X | | | X | X |
| 4. Initiative | | X | X | | |
| 5. Auffassungsgabe | X | | | X | X |
| 6. Urteilsvermögen | | X | X | | |
| 7. Zuverlässigkeit der Arbeitsausführung | X | X | X | X | X |
| 8. Zweckmäßigkeit der Arbeitsweise | X | X | X | X | X |
| 9. Ausdrucksvermögen | X | X | X | | X |
| 10. Überzeugungsfähigkeit | | X | X | | |
| 11. Einsatzbereitschaft | X | X | X | X | X |
| 12. Zusammenarbeit | X | X | X | X | X |
| 13. Kontaktpflege | X | X | X | | X |
| 14. Motivierung von Mitarbeitern | | | X | | |
| 15. Einsatz von Mitarbeitern | | | X | | |
| 16. Beurteilung und Förderung | | | X | | |
| 17. Ideenfindung | | | | | |
| **Zahl der Kriterien** | **9** | **10** | **13** | **8** | **10** |

**Abb. 75:** Beurteilungskriterien je Funktionsgruppe

Voraussetzung für jede detaillierte Beurteilung und insbesondere für die Funktionsgruppenbildung ist die Stellenbeschreibung. In ihr sind alle wichtigen Merkmale für die Stelle festgelegt. Sie ergibt sich aus der Arbeitsanalyse und der Arbeitssynthese und ist unabhängig von der Person, die die Stelle besetzt. Die Hauptbestandteile der Stellenbeschreibung sind: Stellenbezeichnung, organisatorische Eingliederung, hierarchische Einordnung, Aufgaben, Ziele, Kompetenzen, Verantwortung, Vertretung, Anforderungsprofil und Vergütungsrahmen (vgl. Teil 2.)

## 4.5 Methoden der Personalbeurteilung

Die Verfahren der Leistungsbeurteilung lassen sich in summarische und analytische Verfahren unterteilen.

**Summarische Verfahren** beurteilen die Leistung des Mitarbeiters als Ganzes. Sie unterscheiden nicht explizit die einzelnen Beurteilungskriterien. Summarische Verfahren werden vor allem in der Form der "freien Beurteilung" praktiziert. Der Beurteiler kann dabei in seiner Wortwahl und Formulierung eine weitgehend offene Beurteilung durchführen, die damit von den ganz persönlichen Aspekten des Beurteilers abhängig wird.

Die Gefahr, dass dabei Beurteilungsfehler auftreten, ist groß. Zudem ist die Beurteilung im Ergebnis wenig begründbar und vergleichbar. Zur Lohn- und Gehaltsfindung ist sie deshalb ungeeignet. In der Praxis wird von den summarischen Verfahren immer mehr Abstand genommen und die analytische Verfahrensweise bevorzugt.

Bei den **analytischen Verfahren** werden in der Regel einzelne Kriterien beurteilt, die dann zu einer Gesamtbeurteilung zusammengefasst werden.

Ferner unterscheidet man **quantitative** und **qualitative** Methoden. Bei quantitativen Methoden wird die Beurteilung nach einem Punktesystem vorgenommen, um es zum Beispiel in einem Lohn- oder Gehaltsanteil umzusetzen. Bei qualitativen Methoden soll aufgrund von Fragen eine Beschreibung der Leistung gegeben werden.

Die Beurteilung beruflicher Leistung ist nicht zwingend an die Verwendung formaler Beurteilungsverfahren gebunden. In vielen Fällen begnügt man sich mit formlosen Notizen, die gegebenenfalls als Grundlage von Feedback-Gesprächen verwendet werden. Wo Personalentscheidungen in größerem Rahmen leistungsabhängig getroffen werden, kann man der Vergleichbarkeit und Belegbarkeit halber nur schwer auf schriftliche Aufzeichnungen verzichten, die zumindest gewissen Standardisierungsansprüchen genügen.[53]

### 4.5.1 Die Mitarbeiterbeurteilung durch den Vorgesetzten

Man unterscheidet bei der Mitarbeiterbeurteilung zwischen der freien und der gebundenen Beschreibung:

Bei der **freien Beschreibung** wählt der Beurteiler eigenständig die Beurteilungskriterien aus und entscheidet, anhand welcher Kategorien er den Grad der Merkmalsausprägung beschreibt. Die so gewonnenen Informationen werden in einem Bericht festgehalten. Die beschriebenen Merkmale können je nach der zu beurteilenden Person aus der Kategorie Persönlichkeitsmerkmale und/ oder Leistungsmerkmale sein. Die freie Beschreibung ist eine Methode, die den Mindestansprüchen an eine Beurteilung gerecht wird. Um aber zu vergleichbaren Ergebnissen zu kommen, muss der Beurteiler durch Training oder Absprachen so geschult sein, dass er bei vergleichbaren Fällen auch zu gleichen Ergebnissen kommt. Ferner müssen unterschiedliche Beurteiler bei der Beurteilung eines Mitarbeiters auch zu gleichen Ergebnissen kommen.

**Gebundene Urteilstechniken** genügen eher höheren Ansprüchen an die Zuverlässigkeit und die Gültigkeit der Beurteilungen. Hier sind als Verfahren zu nennen:

- Einstufungsverfahren
- Polaritätsprofil
- Rangordnungsverfahren
- Vorgabevergleichsverfahren
- Methode der kritischen Vorfälle

[53] Vgl. Schuler, H.: Beurteilung und Förderung beruflicher Leistung, Stuttgart 1991, S. 20.

### (1) Einstufungsverfahren

Einstufungsverfahren sind die in der Wirtschaft verbreitetsten Verfahren. Das Prinzip ist die Zuordnung - "Einstufung" - von Verhaltensbeobachtungen, Ergebnis- oder Merkmalseinschätzungen zu einer mehrstufigen Skala. Diese Skalenwerte können durch Zahlenwerte, Adjektive, Adverbien oder Verhaltensbeschreibungen ausgedrückt werden. Als optimale Skalenlänge wird eine Anzahl von 5 -7 Stufen angesehen. Eine größere Anzahl von Beurteilungsstufen würde nur eine Scheingenauigkeit vermitteln und eine große Erfahrung des Beurteilers voraussetzen, um zu verlässlichen Unterscheidungen zu führen. Die Anzahl der Stufen sollte ungerade sein, da so ein Mittelwert oder ein Zentralwert vorhanden ist. Ein Beispiel für eine einfache Skalenform, die sogenannte "Graphische Einstufungsskala", wird in der folgenden Abbildung gegeben.[54]

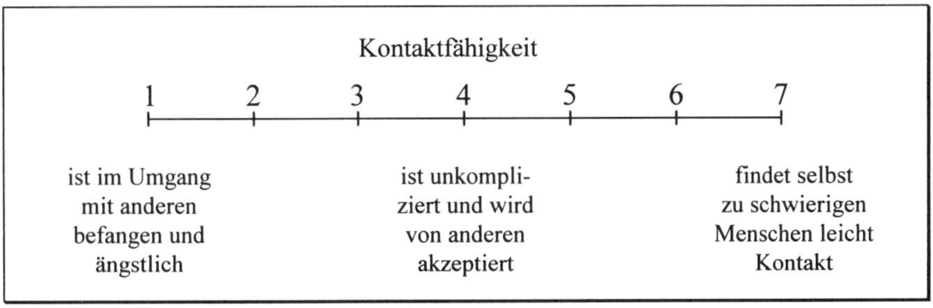


**Abb. 76:** Graphische Einstufungsskala (siebenstufig)

Eine verbale Verankerung der Skalenpunkte trägt zur Verringerung von Urteilstendenzen bei, wie sie bei Einstufungsskalen besonders stark auftreten. Als Beispiel wird im Folgenden das Beurteilungskriterium "Qualität der Arbeit" fünfstufig beschrieben:[55]

**Beurteilungskriterium**: Qualität der Arbeit

**5** Erledigt seine Aufgaben auch bei hohem Arbeitsumfang und in schwierigen Situationen äußerst zuverlässig und aus eigenem Antrieb. Beseitigt Fehler und ihre Ursachen systematisch. Übernimmt Zusatzaufgaben und unterstützt Mitarbeiter.

**4** Die gestellten Aufgaben werden auch bei mitunter hohem Arbeitsumfang zuverlässig aus eigenem Antrieb erledigt. Fehler werden immer erkannt, ihre Ursachen meist systematisch beseitigt. Kann teilweise Zusatzaufgaben übernehmen.

**3** Erledigt seine Aufgaben im Allgemeinen gründlich und genau im erwarteten Umfang. Arbeitet zügig ohne ständige Kontrolle durch den Vorgesetzten. Erkennt Fehler und beseitigt sie.

**2** Ist nicht immer in der Lage, die gestellten Aufgaben mit der erforderlichen Zuverlässigkeit zu erledigen. Die Arbeitsmenge und/oder das Arbeitsergebnis entspricht nur teilweise den Erwartungen. Er muss kontrolliert und auf Fehler hingewiesen werden.

**1** Die geforderte Gründlichkeit bei der Aufgabenerledigung entspricht nur selten den Erwartungen. Auch nach wiederholten Hinweisen werden erneut Fehler gemacht.

**Abb. 77:** Skalenverfahren (verbale Verankerung)

[54] Vgl. Schuler, H.: Beurteilung und Förderung beruflicher Leistung, a.a.O., S. 20 f.

[55] Vgl. WestLB: Leitfaden für die Mitarbeiterbeurteilung, Düsseldorf 1987, S. 18.

Eine weitere Möglichkeit zur verbalen Verankerung der Skalenpunkte[56] zeigt das folgende Beispiel der Leistungsbeurteilung für Angestellte der Metallindustrie Bayern:

| **Leistungsbeurteilung für Angestellte** | | **Beurteilungsstufen** | | | | |
|---|---|---|---|---|---|---|
| | | **A** | **B** | **C** | **D** | **E** |
| Beurteilungsmerkmale | Zu beurteilen z.B. an Hand von: | Die Leistung ist für eine Leistungszulage nicht ausreichend | Die Leistung entspricht im Allgemeinen den Anforderungen | Die Leistung entspricht in vollem Umfang den Anforderungen | Die Leistung übertrifft die Anforderungen erheblich | Die Leistung übertrifft die Anforderungen in hohem Maße |
| Arbeitsquantität | Umfang des Arbeitsergebnisses, Arbeitsintensität Zeitnutzung | 0 | 7 | 14 | 21 | 28 |
| Arbeitsqualität | Fehlerquote, Güte | 0 | 7 | 14 | 21 | 28 |
| Arbeitseinsatz | Initiative, Belastbarkeit, Vielseitigkeit | 0 | 4 | 8 | 12 | 16 |
| Arbeitssorgfalt | Verbrauch u. Behandlung von Arbeitsmitteln aller Art. Zuverlässigem, rationellem, kostenbewussten Verhalten | 0 | 4 | 8 | 12 | 16 |
| Betriebliches Zusammenwirken | Gemeinsamer Erledigung von Arbeitsaufgaben, Informationsaustausch | 0 | 3 | 6 | 9 | 12 |

**Abb. 78:** Kriterien zur Leistungsbeurteilung für die Metallindustrie Bayern

## (2) Polaritätsprofile

Das Polaritätsprofil dient der quantitativen Erfassung von Eindrücken. Gemessen wird zwischen zwei gegensätzlichen Adjektiven (vgl. folgende Abbildung).

Der Beurteiler hat dem zu beurteilenden Merkmal, z.B. soziales Verhalten, eine Reihe von Paaren gegensätzlicher Attribute gegenüberzustellen. Die Intensität der Assoziation wird durch Ankreuzen vermerkt. Verbindet man die Kreuze durch einen Linienzug, so erhält man das Polaritätsprofil des Beurteilten. Um zu einer sinnvollen Information zu gelangen, vergleicht man dieses Profil mit dem idealen Eigenschaftsprofil einer fiktiven Person.

Der Vergleich zwischen Ideal- und Beurteilungsprofil kann sowohl graphisch als auch rechnerisch über Korrelationskoeffizienten erfolgen.

---

[56] Vgl. dazu auch Zander, E./ Knebel, H.: Praxis der Personalbeurteilung, 3. Aufl., Heidelberg 1993, S. 75 ff.

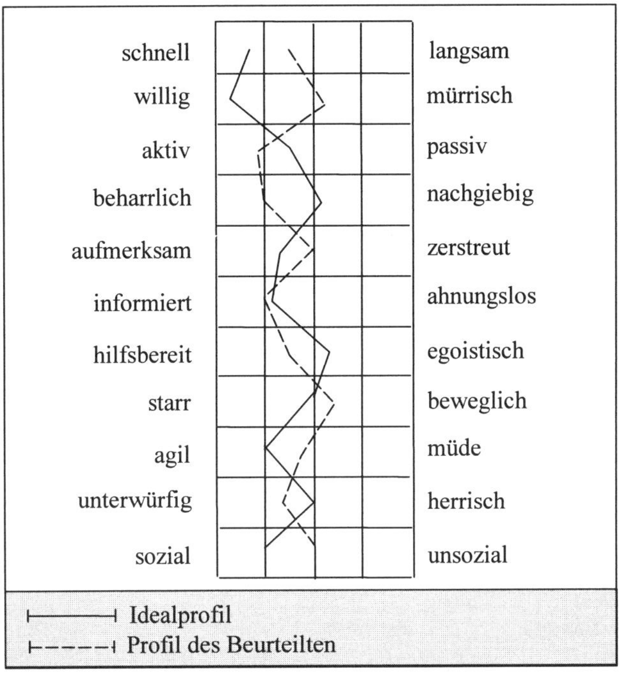


**Abb. 79:** Beispiel eines Polaritätsprofils für das Merkmal "soziales Verhalten"

Besonders geeignet erscheint dieses Verfahren bei der Auswahl von Verkaufspersonal oder Außendienstmitarbeitern, deren beruflicher Erfolg wesentlich von dem persönlichen Eindruck abhängt, den sie bei dem Kunden hinterlassen.

## (3) Rangordnungsverfahren

Beim Rangordnungsverfahren wird zwischen Personen differenziert, das heißt, es wird eine Rangordnung der Personen erstellt. Es kann ein Paarvergleich der zu Beurteilenden vorgenommen werden oder direkt eine Rangreihe gebildet werden. Entwickelt man die Rangreihe aus der im Paarvergleich gefundenen Ordnung, so ergibt sich aber ein zuverlässigeres Ergebnis. Die Rangordnung kann sowohl für einzelne Beurteilungskriterien aufgestellt werden, als auch als Gesamtbewertung erfolgen.

| **Beurteilungskriterium: Fachkenntnisse** | | | |
|---|---|---|---|
| Beurteilungs- | 1. Müller | | |
| ordnung: | 2. Schulte | ⟵ | Beurteilter |
| | 3. Grams | | |
| | 4. Fröhlich | | |
| | 5. Meier | | |
| | 6. Wacker | | |

**Abb. 80:** Rangreihenbildung

## (4) Vorgabevergleichsverfahren

Sind quantitative Ziele vorgegeben, die sich leicht nachprüfen lassen, so kann man den zu Beurteilenden am **Zielerreichungsgrad** beurteilen. Die Zielerreichung wird mittels einer Prozentzahl ausgedrückt. Der Standardwert beträgt 100%. Es ergeben sich i.d.R. Werte über 100 %, die einer Übererfüllung gleichkommen, und Werte unter 100 %, die einer Untererfüllung gleichkommen. Arbeitet man mit einem analytischen Beurteilungsverfahren, so kann sich folgendes Resultat ergeben:

| **Personalbeurteilung: Herr Schulte** | |
|---|---|
| **Beurteilungskriterium** | **Zielerreichung** |
| Arbeitsqualität | 95 % |
| Fachkenntnisse | 110 % |
| Verantwortungsbereitschaft | 100 % |
| Zuverlässigkeit | 105 % |
| Arbeitsplanung | 80 % |
| Arbeitstempo | 70 % |
| **Gesamtergebnis** | **93 %** |

**Abb. 81:** Vorgabevergleichsverfahren

## (5) Methode der kritischen Ereignisse

Die Methode der kritischen Ereignisse ist eine Weiterentwicklung der freien Beschreibung. Bei der Methode hat der Beurteiler Verhaltensweisen und Merkmale schriftlich festzuhalten, die für ihn beobachtbar zum Erfolg oder Misserfolg der Arbeit geführt haben. Es kommen nur Fakten für die Beurteilung in Frage. Meinungen und Verallgemeinerungen sind nicht gestattet. Die Auswahl der Merkmale, die in die Beschreibung aufgenommen werden, sind nicht wie bei der freien Beschreibung dem Beurteiler überlassen, sondern werden aus einem Katalog ausgewählt.

Die auf diese Weise gefundenen relevanten Ereignisse werden dann schriftlich fixiert. Dies geschieht in regelmäßigen Zeiträumen (z.B. wöchentlich). Die auf diese Weise anfallende Ansammlung von Aussagen wird dann in einem Gespräch mit dem Mitarbeiter erörtert, um Grundlage für weitere Maßnahmen der Leistungsverbesserung und der Personalentwicklung zu sein. Die gefundenen Daten können auch zu Skalenwerten verarbeitet werden.

Der **Nachteil** der Methode liegt in der sehr schlechten Vergleichbarkeit der gewonnenen Daten. Die Ergebnisse sind arbeitsplatzspezifisch und die Gewichtung des einzelnen Ereignisses für die gesamte Beurteilung ist sehr schwierig. So liegt der Gewinn der Methode mehr im Ergründen von arbeitsplatzspezifischen Beurteilungsaspekten, die auch für die Arbeitsanalyse von Bedeutung sein können.

### 4.5.2 Selbstbeurteilung

Der beste Beobachter seiner Leistung ist oft der Mitarbeiter selbst. Er hat einen viel größeren Überblick über seine Leistung als der Vorgesetzte, der in der Regel nur einen kleinen Ausschnitt sieht, oder aber die Kollegen, die schon weit mehr sehen.

Die Selbstbeurteilung im Zusammenhang mit der Leistungsbeurteilung von Mitarbeitern ist trotz dieses Aspektes nicht weit verbreitet. Der Grund hierfür ist in der Annahme zu finden, dass der Mensch dazu tendiert, seine Leistung eher zu überschätzen als zu unterschätzen. Die Fremdbeurteilung, vor allem durch den Vorgesetzten, weicht daher in der Regel stark von der Selbstbeurteilung ab, was auch für die unterschiedliche Bedeutung der Leistungskriterien gilt.

Der Selbstbeurteilung kann aber in **Kombination mit anderen Beurteilungssystemen** (Gleichgestelltenbeurteilung, Mitarbeitergespräch) durchaus eine größere Rolle beigemessen werden. Vor allem in Bezug auf das Mitarbeitergespräch ist der Selbstbeurteilung eine entscheidende Bedeutung beizumessen.[57]

### 4.5.3 Beurteilung durch Gleichgestellte (Kollegen)

Der Gleichgestellten- oder auch Kollegen-Beurteilung kann man aufgrund des unmittelbaren Arbeitszusammenhanges eine besondere Bedeutung hinsichtlich des Feedbacks beimessen. Vor allem in aufgabenorientierten Projektteams oder teilautonomen Arbeitsgruppen sind Kollegen oft in der Lage, wegen der gemeinsamen Aufgabe die Leistung und das Leistungsverhalten der einzelnen Personen zu beurteilen. Sie haben oft die bessere fachliche Kompetenz und soziale Bindung zu dem Beurteilten als ein Vorgesetzter.

Die **Vorteile** der Gleichgestellten-Beurteilung sind vor allem in der sozialen Verhaltensteuerung durch die verhaltensbeeinflussende Information (Feedback) von Kollege zu Kollege zu sehen. Folgende **Voraussetzungen** sollten daher erfüllt werden:

- Die jeweiligen Aufgaben und Arbeitsziele müssen den Kollegen genau bekannt sein.
- Die Kollegen müssen fachlich kompetent sein, die Leistungen einzuschätzen.
- Die Kollegen benötigen ausreichende Informationen über die Leistungsergebnisse und sollten hinreichend Gelegenheit haben, das Leistungsverhalten zu beobachten.
- Die Kollegen sollten motiviert sein, mit ihrer Beurteilung einen konstruktiven Beitrag zur gemeinsamen Leistungsziel-Erreichung beizusteuern.
- Die Beurteilten sollten gewillt sein, das Feedback ihrer Kollegen aufzunehmen, um ihr eigenes Verhalten zu überprüfen und zu verändern.

### 4.5.4 Beurteilung der Vorgesetzten durch ihre Mitarbeiter

Die Beurteilung eines Vorgesetzten durch seine Mitarbeiter (sog. Aufwärtsbeurteilung) ist nur in wenigen Unternehmen institutionalisiert. Dabei kann das Feedback der Mitar-

---

57 Vgl. Selbach, R./Pullig, K.K.: Handbuch Mitarbeiterbeurteilung, a.a.O., S. 98.

beiter als ein Teil der Beurteilung des Vorgesetzten vor allem in Bezug auf das **Führungsverhalten** einen Beitrag leisten.

Es stellt sich allerdings die Frage, in welchem Umfang die Beurteilung Konsequenzen für den beurteilten Vorgesetzten hat. In der Regel bleibt sie ohne Konsequenzen, da den Mitarbeitern die Möglichkeiten fehlen, ihrem Veränderungsanspruch Nachdruck zu verleihen. Daher geht es häufig nur darum, dem Vorgesetzten Informationen über die Wirkung seines Verhaltens nahezubringen. Die daraus zu ziehenden Konsequenzen bleiben ihm selbst überlassen, das heißt, er ändert sein Verhalten oder die Arbeitsweise oder er schließt sich den Ausführungen nicht an.

Ein Verfahren, das die Beurteilung des direkten Vorgesetzten vornimmt, soll an dieser Stelle beschrieben werden. Es geht darum, die Autorität (Kompetenz) zu beurteilen. Die Autorität setzt sich aus vielen verschiedenen Kompetenzen ("Dimensionen") des Vorgesetztenverhaltens zusammen. Diese Dimensionen werden in der folgenden Abbildung aufgeführt.[58]

| Kompetenz | Beschreibung |
|---|---|
| **Menschlichkeit:** | Freundliches Wesen, das jedem Mitarbeiter ermöglicht, ohne Angst an den Vorgesetzten heranzutreten. |
| **Gerechtigkeit:** | Keine Bevorzugung. Um Ausgleich bemüht. |
| **Fachliche Kompetenz:** | Weiß zumindest in fachlichen Angelegenheiten mindestens genau soviel wie seine Mitarbeiter, bestenfalls sogar etwas mehr. Ist nicht überfordert, wenn sein fachlicher Rat gefragt ist. |
| **Konfliktfähigkeit:** | Ist in der Lage, die in der Gruppe bestehenden Konflikte aufzunehmen und sich damit auseinander zusetzen und die durch Konflikte freiwerdende Energien in positive Bahnen zu lenken. Ist unter Umständen auch konsequent und kann möglicherweise in bestimmten Konfliktsituationen für einzelne Gruppenmitglieder unangenehme Entscheidungen treffen. |
| **Entscheidungskompetenz:** | Ist bereit, Entscheidungen zu treffen und die daraus resultierende Verantwortung zu tragen, auch wenn die Entscheidung möglicherweise stark risikobehaftet ist. |
| **Leiter-Funktion bzw. Richtungskompetenz:** | Beeinflusst die Richtung der Arbeitsgruppe. Ist zwar zu Dialog und Kompromissen bereit, hat aber die Zügel in der Hand. |
| **Organisationsgeschick:** | Ist in der Lage, auch in Krisensituationen den Überblick zu behalten und die Stresssituation organisatorisch zu bewältigen. |
| **Motivationsfähigkeit:** | Besitzt die Gabe, die Gruppe oder einzelne Mitarbeiter für eine Aufgabe zu begeistern. Ist nicht demotivierend durch sein Verhalten. Befähigt die Gruppe, durch sein Verhalten als Team zu arbeiten. |

**Abb. 82:** Kompetenzen des Vorgesetzten

Diese acht Dimensionen (sie können auch erweitert werden) werden dem Mitarbeiter zur Einordnung ihres Vorgesetzten vorgelegt. Der Mitarbeiter hat nun zwei Aufgaben: Als Erstes soll er eine **Rangfolge der Dimensionen** bilden, wie er sie für wichtig erach-

58 Vgl. Bitzer, B.: Mitarbeiterbeurteilung einmal umgekehrt. In: Personal, Heft 8/1993, S. 373 ff.

tet. Er vergibt Ränge von 1 bis 8, wobei 8 das wichtigste Kriterium darstellt (die Rangfolge stellt somit die individuelle Gewichtung der einzelnen Beurteilungskriterien dar). Jede Ziffer darf hierbei nur einmal vergeben werden. Als zweites beurteilt der Mitarbeiter seinen Vorgesetzten, indem er bei jedem Kriterium eine **Benotung des Vorgesetzten** vornimmt. Hierbei können die Ziffern 1 bis 8 auch mehrfach verwendet werden. Summiert man nun die Produkte aus Wertigkeit und Note, so erhält man die Punktzahl, die der Mitarbeiter vergeben hat.

Dividiert man nun die erhaltene Punktzahl durch 288 (maximal erreichbare Punktzahl), so erhält man eine Kennzahl, die die Zufriedenheit des Mitarbeiters mit dem Vorgesetzten ausdrückt. Je näher diese an 1 (Maximalwert) liegt, um so zufriedener ist der Mitarbeiter mit seinem Vorgesetzten. Wird dieses Verfahren von jedem Mitarbeiter durchgeführt und nimmt der Vorgesetzte eine Selbsteinschätzung vor, so erhält man einen interessanten Vergleich in den Meinungen. Die folgende Abbildung zeigt beispielhaft eine Beurteilung des Vorgesetzten durch seine Mitarbeiter:

| **Kompetenz** | **Mitarbeiter A** | | | **Mitarbeiter B** | | | **Mitarbeiter C** | | | **Mitarbeiter D** | | |
|---|---|---|---|---|---|---|---|---|---|---|---|---|
| | W | N | (W·N) | W | N | (W·N) | W | N | (W·N) | W | N | (W·N) |
| Menschlichkeit | 7 | 8 | 56 | 3 | 3 | 9 | 8 | 7 | 56 | 7 | 8 | 56 |
| Gerechtigkeit | 8 | 3 | 24 | 4 | 6 | 24 | 7 | 6 | 42 | 8 | 7 | 56 |
| Fachliche Kompetenz | 5 | 6 | 30 | 7 | 8 | 56 | 2 | 5 | 10 | 4 | 3 | 12 |
| Konfliktfähigkeit | 6 | 3 | 18 | 2 | 5 | 10 | 3 | 5 | 15 | 2 | 4 | 8 |
| Entscheidungskompetenz | 2 | 4 | 8 | 5 | 5 | 25 | 4 | 5 | 20 | 3 | 4 | 12 |
| Leiter-Funktion | 1 | 1 | 1 | 6 | 2 | 12 | 5 | 5 | 25 | 1 | 3 | 3 |
| Organisationsgeschick | 4 | 4 | 16 | 8 | 8 | 64 | 1 | 6 | 6 | 5 | 5 | 25 |
| Motivationsfähigkeit | 3 | 6 | 18 | 1 | 6 | 6 | 7 | 7 | 49 | 6 | 4 | 24 |
| Summe | | | 171 | | | 206 | | | 223 | | | 196 |
| Kennzahl (Division durch 288) | | | 0,59 | | | 0,72 | | | 0,77 | | | 0,68 |
| W = Wertigkeit; N = Noten | | | | | | | | | | | | |

**Abb. 83:** Beurteilung eines Vorgesetzten durch seine Mitarbeiter

Eine weitere Vorgesetztenbeurteilung, die vom Aufbau her einer Mitarbeiterbeurteilung ähnlich ist, befindet sich im Anhang. Der Beurteilende stuft seinen Vorgesetzten in einem vorgegebenen Beurteilungsbogen ein und führt im Anschluss daran ein Einzel- bzw. Gruppengespräch mit ihm, in dem Vereinbarungen zu einzelnen Kriterien getroffen werden können. Sollte in einzelnen Punkten keine Übereinstimmung erzielt werden, so ist das ebenfalls schriftlich zu fixieren.

Abschließend soll hier noch kritisch bemerkt werden, dass auch bei institutionalisierten Beurteilungssystemen die Möglichkeit bestehen kann, dass die unterstellten Mitarbeiter das System als **Scheinpartizipation** empfinden und es als eine Farce betrachten, da die Bedingungen für eine Beurteilung (Dialog, Konsens, Partizipation und Transparenz) nicht vorhanden sind.[59]

[59] Vgl. Selbach, R./Pullig, K.K.: Handbuch Mitarbeiterbeurteilung, a.a.O., S. 96.

### 4.5.5 Das Assessment-Center

Im Assessment-Center (AC), auch "Mitarbeiterentwicklungsprogramm" oder "Erfahrungsseminar" genannt, werden 6-12 Kandidaten für 1-2 Tage während des Absolvierens von Tests, Planspielen, Gruppendiskussionen usw. von mehreren Beobachtern (Diplom-Psychologen und Führungskräfte der betreffenden Organisation) beurteilt.

Die Ergebnisse des AC bestehen aus einem **Persönlichkeits- und** einem **Leistungsprofil**. Zum einen erhält das auftraggebende Unternehmen Informationen über die Stärken und Schwächen des Kandidaten, soweit sie für die Personalentwicklung (gezielte Förderung von Fach-, Führungs- und Sozialkompetenz) wesentlich sind. Der Kandidat bekommt seinerseits eine Rückkopplung über sein Potenzial und seine Schwächen, die sehr detailliert ist und in konkreten Vorschlägen zur persönlichen Profiloptimierung mündet.

Zusätzlich kann im Anschluss an die letzte AC-Übung, jedoch noch vor der Abschlusskonferenz der AC-Beurteiler, ein **Einzelinterview** mit jedem Teilnehmer geführt werden. Bei diesem Gespräch geht es um die Selbstbeurteilung und die Mitkandidatenbeurteilung. Der Kandidat soll sowohl sich einen Rangplatz in der Gruppe geben, als auch seine Mitkandidaten platzieren. Diese Informationen können dann mit den Urteilen der Beobachter verglichen werden und weitere Auskünfte über die Kandidaten geben.

## 4.6 Gütemerkmale der Beurteilungsverfahren

Die bestehenden Beurteilungsverfahren sind sehr unterschiedlich. Um Aussagen darüber zu erhalten, welche Vorzüge oder Schwächen sie haben, kann man sie hinsichtlich verschiedener Kriterien (Gütemerkmale) untersuchen:[60]

- **Akzeptanz:** Viele Beurteiler führen Beurteilungen relativ ungern durch, da sie einen Mehraufwand an Zeit bedeuten. Zudem müssen die Beteiligten beim Beurteilungsgespräch offen die Leistungen, Schwierigkeiten und Entwicklungswünsche ansprechen. Es können also Hemmnisse bestehen, die einem erfolgreichen Ablauf entgegenwirken und letztlich dazu führen, dass die Ziele des Beurteilungsverfahrens nicht erreicht werden.
- **Praktikabilität:** Grundsätzlich müssen die Beurteilungskriterien für den Beurteilten und Beurteiler verständlich sein. Da die Beurteiler in der Regel nicht psychologisch ausgebildet sind, sind die Kriterien so zu wählen, dass keine Überforderung eintritt. Der Beurteilungsaufwand sollte auf ein vertretbares Maß begrenzt sein. Ob der Aufwand in einem angemessenen Verhältnis zum Nutzen steht, ist schwer konkret zu messen. Insofern liegt es nahe, die Zahl der Beurteilungskriterien zu begrenzen. Da die Auswahl der Kriterien aber wesentlich für die gesamte Beurteilung ist, müssen sie bestimmten Anforderungen genügen. Welches Verfahren letztlich gewählt wird, ist von den damit verfolgten Zielen abhängig. Für die Lohn- und Gehaltsfindung ist z.B. die objektive Vergleichbarkeit von großer Bedeutung. Außerdem müssen persönliche Einflüsse des Beobachters auf ein Minimum beschränkt werden.

---

[60] Vgl. Curth, M.A./Lang, B.: Management der Personalbeurteilung, 2. Aufl., München/Wien 1991, S. 10.

- **Objektivität:** Mangelnde Objektivität des Beurteilers, die durch Emotionen, Erwartungen, Einstellungen u.ä. verursacht wird, führt zu Fehlurteilen. Auch unkontrollierte Einflüsse wie Zeitdruck etc. müssen verhindert werden. Außerdem muss sich der Beurteiler die Beweismöglichkeiten des Urteils vor Augen halten. Das Verfahren kann in seiner Auslegung wesentlich dazu beitragen, Fehler zu vermeiden. Sie können jedoch nie ganz ausgeschaltet werden. Auch die Verwendung einheitlicher Beurteilungsformulare kann zur Objektivierung beitragen.
- **Reliabilität:** Unter Reliabilität versteht man die Zuverlässigkeit, mit der verschiedene, voneinander unabhängige Beurteilungen zu dem selben Ergebnis führen. Für eine hohe Reliabilität gelten folgende Voraussetzungen:
  - Über die zugrundeliegenden Maßstäbe müssen alle Beurteiler einig sein.
  - Bei Skalenbewertungen muss die gesamte Skala ausgenutzt werden.
  - Die Beurteilungen dürfen von den Ergebnissen vorangegangener Beurteilungen nicht beeinflusst werden.
- **Gültigkeit:** Sie sagt, wie angemessen die Schlussfolgerungen sind, die aus den erhobenen Daten gezogen werden. Konkret bedeutet Gültigkeit (Validität) eines Beurteilungsverfahrens, dass alle wichtigen Kriterien auch erfasst werden. Damit hängt die Gültigkeit auch ab von:
  - Der Genauigkeit der zugrundeliegenden Arbeitsplatzbeschreibung
  - Der Gewichtung der Kriterien, die auf die Anforderungen des jeweiligen Arbeitsplatzes bezogen ist.

## 4.7 Fehlerquellen bei der Beurteilung

Die Mitarbeiter-Beurteilung wird wie jede Beurteilung von Menschen durchgeführt. Damit unterliegt die Beurteilung einem gewissen Maß an Subjektivität. Ziel muss es jedoch sein, ein Höchstmaß an Objektivität zu erreichen, wobei Objektivität nicht unbedingt mit Richtigkeit gleichzusetzen ist. Es sind deshalb vor allem die Fehlerquellen auszuschalten, die der Subjektivität und Willkür des Beurteilers einen zu großen Spielraum lassen.

Um Fehlerquellen soweit wie möglich auszuschalten, ist es nötig, über mögliche Fehlerquellen und Tendenzen, die der Beurteiler in die Beurteilung hineintragen kann, informiert zu sein. Es können sich bei der Personalbeurteilung in der Hauptsache die in den nun folgenden Abschnitten beschriebenen Fehler ergeben:

### (1) Wahrnehmungsfehler

Jeder Wahrnehmungsprozess ist durch Erwartungen, Vorstellungen, Sympathie, Antipathie etc. geprägt.[61] Dadurch wird die Wahrnehmung bei der Informationsaufnahme und der Informationsverarbeitung beeinflusst. Durch diese Veränderung der Wahrnehmung können sich **Vorurteile** bilden oder auch vorhandene Vorurteile verfestigen.[62]

---

[61] Personen, die wir mögen, beurteilen wir in der Regel positiver als diejenigen, die wir nicht mögen.

[62] Zu Wahrnehmungstäuschungen vgl. Kanning, U.P./Hofer, S./Schulze Willbrenning, B.: Professionelle Personenbeurteilung. Ein Trainingsmanual, Göttingen/Bern/Toronto/Seattle 2004.

**Beispiel:** Ein Mitarbeiter kommt in einem kurzen Zeitraum dreimal zu spät. Daraus wird abgeleitet, dass dieser generell nicht sehr pünktlich sei. Unter Umständen waren aber an seiner Unpünktlichkeit Faktoren beteiligt, die der Mitarbeiter nicht beeinflussen konnte (Verkehrsstau, Unfall etc.).

Weitere Fehlerquellen bei der Wahrnehmung sind die Bewertung nur besonderer Ereignisse oder nur dessen, was der eigenen Vorstellung entspricht. Verhaltensweisen, die nicht denen des Beurteilers entsprechen, können möglicherweise nur unvollkommen, vorgefasste Meinungen dagegen eher und verstärkt wahrgenommen werden. Diese Wahrnehmungsfehler stehen mit dem Prozess der Vorurteilsbildung im engen Zusammenhang.

## (2) Bewertungsfehler

Fehler in der Bewertung können aus vielen Gründen entstehen. Sie zu kennen bedeutet, sie vermeiden zu können.

- **Der Halo-Effekt oder Überstrahlungs-Effekt**

Dieser Effekt[63], ähnlich dem Effekt des "ersten Eindrucks", besagt, dass bei der Beurteilung von einem wesentlichen Merkmal auf andere Merkmale oder Kriterien geschlossen wird. Ein Beispiel ist, dass von einem ungepflegten Äußeren auf eine unsaubere, unordentliche Arbeitsweise geschlossen wird.

In einem weiteren Beispiel legt ein Beurteiler großen Wert auf Ordnung. Hält ein Mitarbeiter regelmäßig Ordnung am Arbeitsplatz, so wird ihn der Beurteiler auch in anderen Eigenschaften besser beurteilen.

- **Einseitigkeits-Effekt**

Aufgrund eines besonderen Ereignisses (positiv oder negativ) wird die Gesamtleistung beurteilt. Hier kommt es darauf an, dieses Ereignis nicht überzubewerten, um nicht das Gesamtbild zu verzerren.

- **Der Übernahmefehler**

Aus alten Beurteilungen werden Daten übernommen, ohne Veränderungen (zum Positiven wie zum Negativen) zu berücksichtigen. Ferner können Beurteilungsfehler von Dritten unkritisch übernommen werden und somit kann dann eine unkorrekte Beurteilung entstehen.

- **Der Kontakt-Effekt**

Er besagt, dass die Beurteilung eines Mitarbeiters umso besser ausfällt, je öfter er Kontakt mit dem Beurteiler hat. Untersuchungen mit Versuchpersonen, denen Fotos von verschiedenen Gesichtern mit unterschiedlichen Häufigkeiten vorgelegt wurden, zeigten, dass die Gesichter, die häufiger vorgelegt wurden, von den Versuchspersonen besser beurteilt wurden. Der Kontakt-Effekt lässt sich u.U. aber auch darauf zurückführen, dass Personen, die öfter zusammentreffen, besser aufeinander eingehen können.

---

[63] Von griech. halo = Lichthof, Heiligenschein.

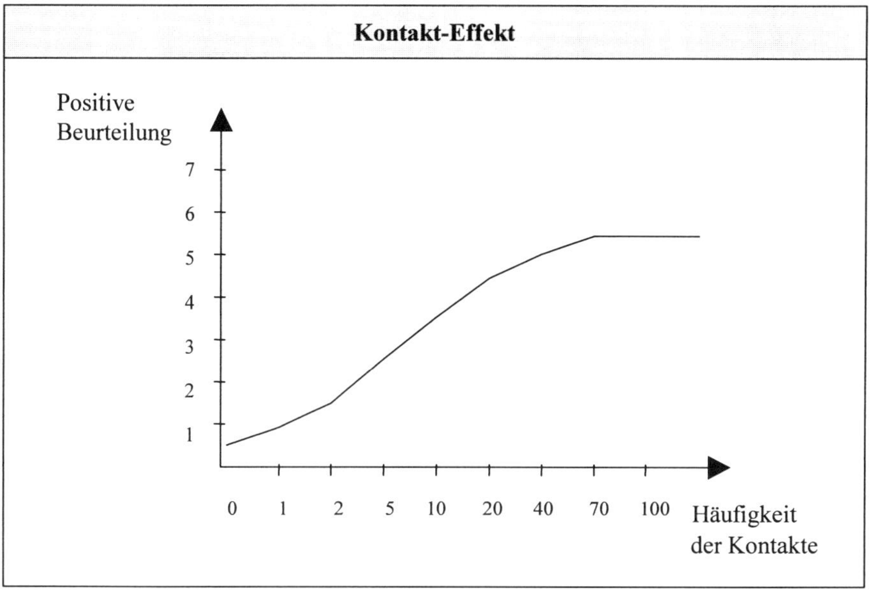


**Abb. 84:** Kontakt-Effekt

- **"Nikolaus-Effekt"**

Der Beurteilte steigert seine Leistung im Hinblick auf den Beurteilungszeitpunkt. Ferner kann davon ausgegangen werden, dass der Beurteiler kurz vor dem Zeitpunkt den Mitarbeiter besonders kontrolliert. Der Mitarbeiter passt sich an und beeinflusst so die Beurteilung.

- **Die Berücksichtigung von Beurteilungskonsequenzen**

Die Beurteilung des Mitarbeiters, eines Kollegen oder eines Vorgesetzten kann für den Beurteiler mit Konsequenzen verbunden sein, die er scheut (z.B. zwischenmenschliche Konflikte; Versetzung eines positiv beurteilten Mitarbeiters, den man nicht verlieren will, in eine andere Abteilung etc.).

- **Bezugspersonen-Effekt**

Der Beurteiler orientiert sich zum Beispiel an seinem Vorgesetzten oder macht sich selbst zur Bezugsperson. Er legt vor allem Wert auf Dinge, die er selbst als wichtig erachtet.

- **Der Hierarchie-Effekt**

Die Beurteilung eines Mitarbeiters ist abhängig von der Hierarchie-Stufe. Ein einfacher Mitarbeiter wird kritischer beurteilt als ein ranghöherer. Der Maßstab der Beurteilung sind aber die Anforderungen an den jeweiligen Arbeitsplatz, unbesehen von der Hierarchie-Ebene. Man darf also nicht die Leistung eines Meisters mit der eines Facharbeiters vergleichen.

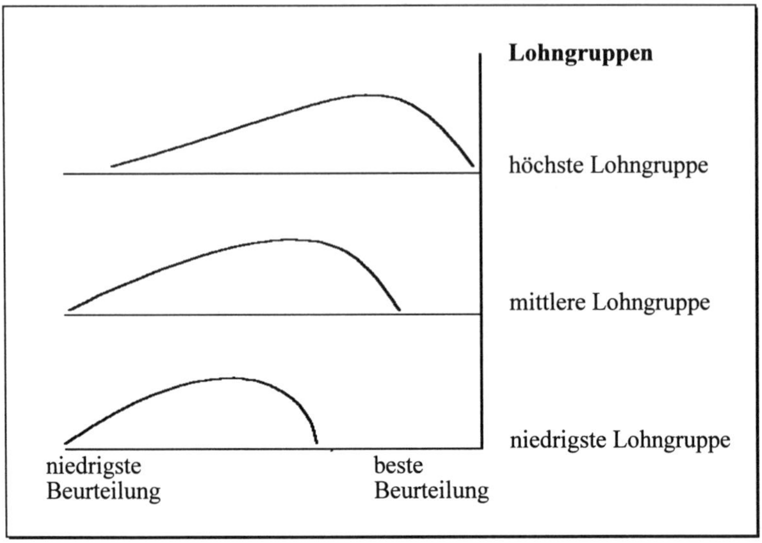


**Abb. 85:** Der Hierarchie-Effekt

- **Das Andorra-Phänomen**

Damit ist das Phänomen[64] gemeint, dass sich ein Mitarbeiter einer Rolle anpasst, die der Vorgesetzte von ihm erwartet. Eine schlechte Meinung des Vorgesetzten über seinen Mitarbeiter erzeugt so eine schlechte Leistung und umgekehrt. Bei der Beurteilung wird der Vorgesetzte bestätigt, der die entsprechende Verhaltensweise immer schon gesehen haben will.

- **Der Kleber-Effekt**

Wenn Mitarbeiter sehr lange auf einer Position bleiben, kommt es vor, dass sie allein aufgrund der Tatsache, lange nicht befördert worden zu sein, schlechter beurteilt werden.

## (3) Konstanzfehler

Konstanzfehler sind Fehler, die auf die Persönlichkeitsstruktur des Beurteilers zurückzuführen sind. Einige Vorgesetzte beurteilen konstant milder oder strenger oder haben eine Tendenz zur Nivellierung ausgefallener Leistungen. Man unterscheidet folgende verschiedene Typen:

- Der milde Beurteiler
- Der strenge Beurteiler
- Der vorsichtige Beurteiler
- Der extreme Beurteiler

64 Benannt nach einem Schauspiel von Max Frisch.

Die Ausrichtung des Beurteilers lässt sich anhand der Verschiebung gegenüber der Normalverteilung schematisch darstellen. Die folgende Abbildung zeigt die Normalverteilung, danach werden die unterschiedlichen Tendenzen erläutert:

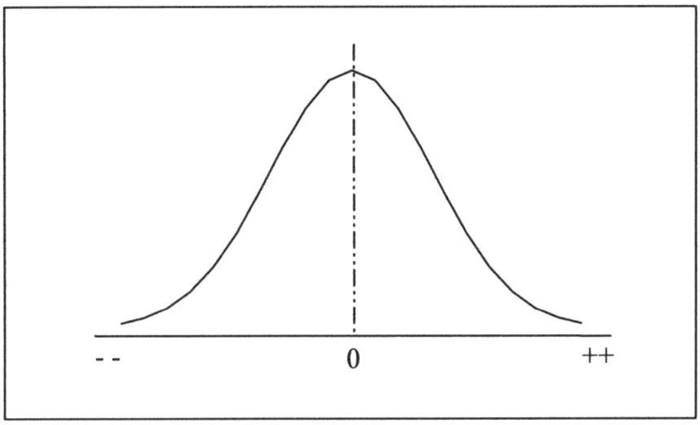


**Abb. 86:** Normalverteilung

- **Tendenz zur Milde**

Der milde Beurteiler will über den zu Beurteilenden absichtlich oder unabsichtlich keine negativen Aussagen machen. Die Gründe hierfür können in der Umgehung von Meinungsverschiedenheiten oder in der Vermeidung der Erörterung negativer Sachverhalte liegen. Daraus resultiert eine Verschiebung der Verteilung zum Positiven.[65]

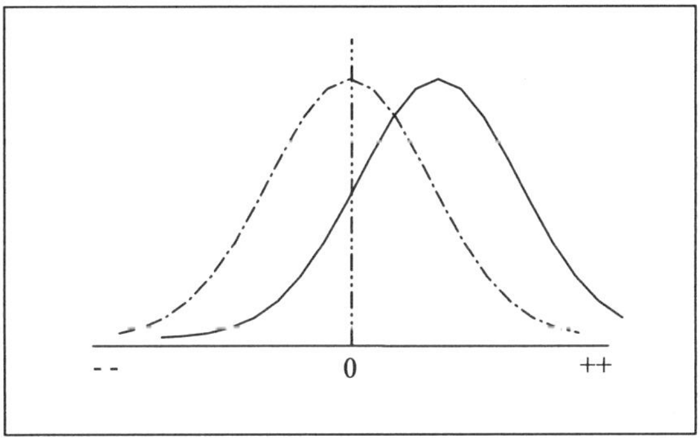


**Abb. 87:** Tendenz zur Milde

- **Tendenz zur Strenge**

Der strenge Beurteiler hält gute Leistungen für normal. Er beurteilt alle Mitarbeiter strenger, als ein anderer es machen würde. Eine weitere Begründung ist die kritische Veranlagung des Beurteilers oder auch die Forderung an sich selbst und andere, maximale Leistungen zu erbringen. Daraus resultiert eine Verschiebung der Verteilung zum Negativen.

[65] Vgl. Zander, E./Knebel, H.: Praxis der Personalbeurteilung, a.a.O., S. 144.

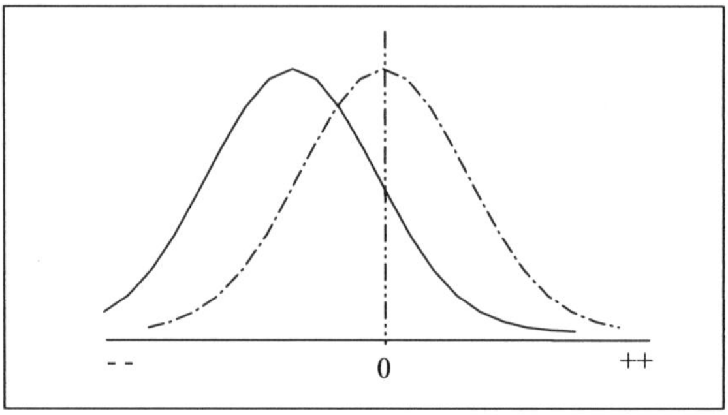


**Abb. 88:** Tendenz zur Strenge

Milde- und Strenge-Effekt können teilweise ausgeglichen werden, wenn die Beurteiler sich durch entsprechende Fragestellungen überprüfen:

- Ist der Mitarbeiter hinsichtlich aller Kriterien so gut/ schlecht wie angenommen?
- Welche Fähigkeiten sind im Vergleich zu anderen nicht so gut/ besser ausgeprägt?
- Kommt der Unterschied in der Beurteilung deutlich zum Ausdruck?

- **Tendenz zur Mitte ("Zentraltendenz")**

Die Tendenz, die Beurteilung einer Person in Richtung neutraler Urteile zu nivellieren und Extremurteile zu vermeiden. Der vorsichtige Beurteiler will keine extreme Aussage machen. Er beurteilt seine Mitarbeiter fast ausschließlich in einem Mittelfeld. Diese Beurteilungstendenz vermeidet, ebenso wie die Tendenz zur Milde, Unstimmigkeiten und Streit mit den Mitarbeitern.

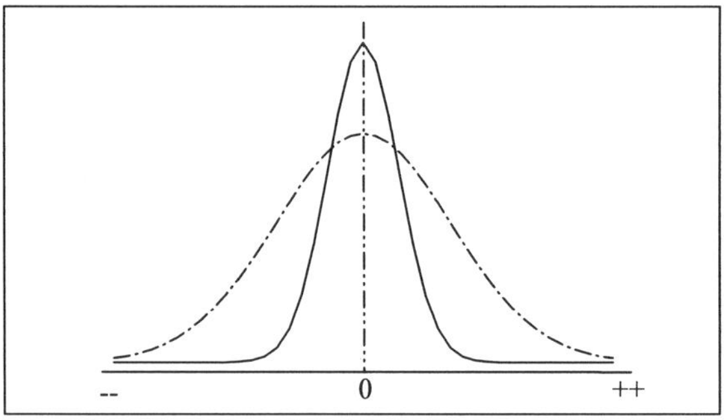


**Abb. 89:** Tendenz zur Mitte

- **Tendenz zu Extremwerten ("Schwarzweißmalerei")**

Die Tendenz, die Beurteilung einer Person in Richtung positiver und negativer Extremurteile zu verschieben und neutrale Urteile zu vermeiden. In der statistischen Analyse zeigt sich die Extremisierungstendenz in einer Erhöhung der Streuung und in einer verringerten Anzahl von Urteilen im Bereich der mittleren Merkmalsausprägung bzw. in einer zweigipfligen Verteilung.

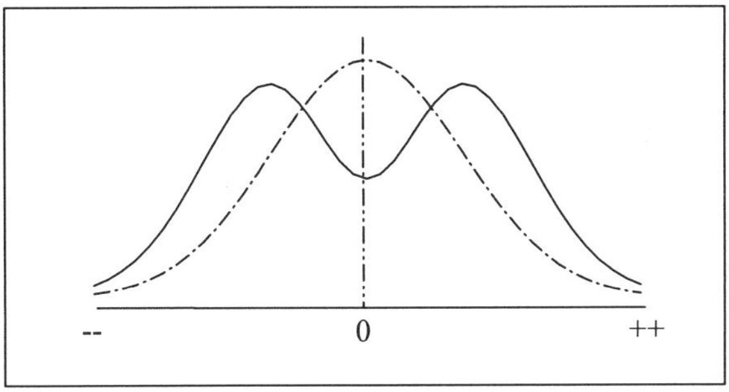


**Abb. 90:** Tendenz zu Extremwerten

- **Folgerungen für die Praxis**

Die Beurteilungsergebnisse der Mitarbeiterbeurteilung sollen sich üblicherweise in der Form einer Normalverteilung verhalten. Der weitaus größte Teil der Beurteilungen liegt in einem Mittelfeld. Die extremen Beurteilungen (sehr gut bzw. sehr schlecht) kommen nur selten vor.

Oftmals werden Verteilungsvorgaben für die Gruppe der zu Beurteilenden gemacht. Diese Verteilungsvorgaben werden vor allem dann vorgenommen, wenn ein festgelegtes Budget, beispielsweise in Form einer Prämie, ausgeschüttet werden soll.

Die Problematik der Verteilungsvorgabe ist in der nicht exakten Anwendung bei einer kleinen Anzahl von Mitarbeitern zu sehen, es kann nur für den gesamten Mitarbeiterstamm (sehr große Anzahl von Beurteilungen) eine solche Verteilung vorgegeben werden. Zusätzlich zu diesem "mathematischen Problem" spielt die Tatsache, dass die Mitarbeiter bereits einem Ausleseprozess bis zur Einstellung und während der Probezeit hinter sich haben, bis sie von einem Beurteilungssystem erfasst werden, eine Rolle.

Ferner erwarten die Mitarbeiter, dass der Vorgesetzte ihnen im Zeitablauf eine Steigerung ihrer Leistung oder Eignung attestiert. Als weiteres Problem, das mit dem letztgenannten Punkt zusammenhängt, beurteilen Vorgesetzte eher zu positiv, um Meinungsverschiedenheiten aus dem Wege zu gehen (siehe auch Mildetendenz).

## (4) Folgen der Fehlbeurteilung

Fehlbeurteilungen können für den Betrieb und den Mitarbeiter weitreichende Folgen haben. Eine Fehlbeurteilung hinsichtlich der Fähigkeiten führt zu falscher Besetzung des Arbeitsplatzes, zu unzulänglicher Leistung und - je nachdem, auf welchem Niveau sich die Arbeit abspielt - zu mehr oder minder großem wirtschaftlichen Misserfolg.

Eine Fehlbeurteilung hinsichtlich der **Anpassungsfähigkeit und Einordnungsbereitschaft** führt zu Spannungen und Reibungen innerhalb der Arbeitsgruppe, zu Unruhe und Unzufriedenheit, die auf weite Bereiche des Betriebes ausstrahlen können.

Eine Fehlbeurteilung hinsichtlich der **Eignung zur Menschenführung** führt zur Fehlbesetzung einer Vorgesetztenstelle und damit zu unzureichender Leistung einer ganzen

Arbeitsgruppe sowie zu menschlichen Schwierigkeiten und zu einem Mangel an Zusammenarbeit.

Eine Fehlbeurteilung in Bezug auf die **Gesamtpersönlichkeit** führt zur Übertragung der Gesamtverantwortung an den Falschen, zum Versagen, zu Enttäuschungen und zu Verlusten.

Grundsätzlich muss beachtet werden, dass eine Beurteilung bzw. Bewertung auch einen Einfluss auf die **Motivation** des betroffenen Mitarbeiters hat. Bei einer fehlerhaften Beurteilung sind daher auch negative Auswirkungen auf seine Motivation zu erwarten, unabhängig davon, ob er zu gut oder zu schlecht beurteilt wurde.

Bei einer zu schlechten Beurteilung wird es i.d.R. durch die Enttäuschung des Mitarbeiters zu einer Verringerung seiner Motivation und damit seiner Leistungsbereitschaft kommen. Eine zu gute Beurteilung kann dazu führen, dass der betreffende Mitarbeiter keinen Anlass sieht, sich mehr einzusetzen bzw. anzustrengen. Wird ein Mitarbeiter aufgrund einer zu guten Beurteilung befördert, obwohl er den Anforderungen der neuen Position (noch) nicht gewachsen ist, kann der so entstehende Leistungsdruck bzw. die Überforderung zu Frustration und damit zu einer Demotivierung führen.

## 4.8 Durchführung der Leistungsbeurteilung

Durch die Initiative der Gewerkschaften sind in weiten Teilen der Tarifgebiete Leistungsbeurteilungsverfahren eingeführt worden. Sofern sie sich für die Mitarbeiter finanziell auswirken, sind sie meist in den Tarifverträgen festgeschrieben. Dabei hat der Betriebsrat Mitbestimmungsrechte bei der Festlegung von Leistungsstufen und Punktwerten. Das Mitbestimmungsrecht der Betriebsräte in Bezug auf die "allgemeinen Bewertungsgrundsätze" (§ 94 Abs. 2 BetrVG) gilt nur, wenn ein systematisches Verfahren angewandt wird. Er kann dabei nicht akzeptable Beurteilungssysteme verhindern, hat jedoch kein Initiativrecht zur Einführung eines Beurteilungssystems und auch kein Mitbestimmungsrecht bei der konkreten Beurteilung der Mitarbeiter. Ein Vertreter des Betriebsrates kann allerdings als Berater des Mitarbeiters zum Beurteilungsgespräch hinzugezogen werden, wenn der Mitarbeiter es wünscht (§ 82 Abs. 2 Betr.VG).

Wenn Beurteilungssysteme nicht tarifvertraglich genau vorgeschrieben sind, oder wenn sie entsprechende Öffnungsklauseln enthalten, können betriebsspezifische Beurteilungsverfahren entwickelt und angewandt werden. Die Verfahrensrichtlinien werden in Übereinstimmung mit den beteiligten Parteien unter Beachtung aller wichtigen Randbedingungen entwickelt und vorzugsweise in einer Betriebsvereinbarung festgelegt.

Damit ein Beurteilungssystem auch funktioniert, muss eine eindeutig festgelegte Bezugsgrundlage vorhanden sein. Die wesentlichen Bestandteile sind:

- Stellenbeschreibung
- Einstufung des Arbeitsplatzes in Lohn- od. Gehaltsstufen durch die Arbeitsbewertung
- Anforderungsprofil des Arbeitsplatzes
- Leistungsziele oder Leistungsstandards

An Leistungszielen wird das Arbeitsergebnis quantitativ messbar. Sie stellen das "Soll" dar. Die Durchführung der Beurteilung muss nach einem Bundesarbeitsgerichts-Urteil von 1972 folgenden Anforderungen genügen:

- Die Daten der persönlichen Leistung müssen kontinuierlich schriftlich geführt und ausgewertet werden.
- Der Mitarbeiter wird kontinuierlich über seine Leistungen informiert, damit er noch während des Beurteilungszeitraumes seine Leistung beeinflussen kann.
- Die einzelnen Beurteilungsergebnisse müssen sofort in das Beurteilungsverfahren integriert werden. Sollte für ein Kriterium keine Beurteilung vorliegen, muss überprüft werden, ob sich die Arbeitsplatzanforderungen geändert haben.
- Am Ende des Beurteilungszeitraums ist eine Gesamtbeurteilung vorzunehmen.
- Der Mitarbeiter hat Anspruch auf die Offenlegung der maßgeblichen Gründe für sein Beurteilungsergebnis.

Die Durchführung der Leistungsbeurteilung lässt sich in zwei Phasen gliedern, die sich nochmals unterteilen lassen:

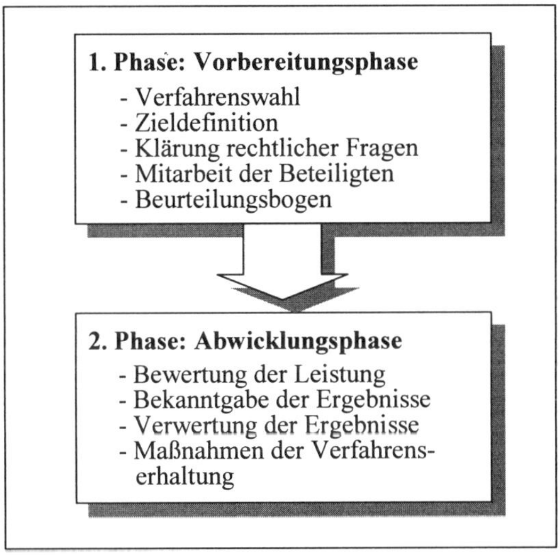


**Abb. 91:** Durchführungsphasen der Personalbeurteilung

## 4.8.1 Die Vorbereitungsphase

Der sorgfältigen Vorbereitung kommt eine besondere Bedeutung zu, denn auch die größtmögliche Gewissenhaftigkeit und Sorgfalt bei der Durchführung kann eine mangelhafte Vorbereitung nicht ersetzen, weil z.B. das Verfahren von den Mitarbeitern nicht akzeptiert wird oder bei der späteren Auswertung der Ergebnisse für organisatorische Zwecke das Fehlen der dazu benötigten Angaben festgestellt werden muss.

## (1) Verfahrenswahl

In dieser Entscheidung sind die Unternehmen sehr oft nicht frei, weil tariflich vereinbarte Verfahren die Wahlmöglichkeiten einschränken oder überhaupt nicht zulassen. Trotzdem bleiben noch sehr viele Einzelheiten offen, weil nicht alle tarifierten Verfahren detailliert ausgearbeitet sind.

Da je nach Verfahrensauslegung erhebliche Einführungs- und Erhaltungsaufwendungen entstehen, sollten in jedem Fall wenigstens die wichtigsten Verfahrensbestandteile - wie nachfolgend beschrieben - geprüft werden:

Die Abstimmung des **Merkmalsystems**, sei es im eigenen Unternehmen entwickelt oder freiwillig oder gezwungenermaßen übernommen, auf die besonderen Verhältnisse des Unternehmens ist eine der wichtigsten Aufgaben der Vorbereitungsphase. Dies ist notwendig, weil schwammige Definitionen die Bewerter verunsichern, unvollständige Merkmalsysteme zum Ausweichen auf weniger zutreffende Merkmale zwingen sowie die Einbeziehung von rein persönlichkeitsbezogenen Merkmalen den Bewerter überfordert und somit geradezu Widersprüche gegen das Bewertungsergebnis provoziert. Auch wenn der Tarifvertrag unternehmensbedingte Verfahrensveränderungen nicht von vornherein zulässt oder nur im Zustimmungsverfahren in Aussicht stellt, müssen im Sinne der Gleichbehandlung aller Mitarbeiter die notwendigen Maßnahmen getroffen werden.

Was für das Merkmalsystem gilt, ist in gleicher Weise auch bei der Festlegung der **Leistungsstufen** anzuwenden. Die Gewichtung der Leistungsmerkmale muss ebenfalls auf die konkrete Situation abgestellt werden.

Von den aus der Arbeitsbewertung stammenden Unterlagen ist als wichtigste die **Arbeitsbeschreibung** zu nennen. In diesem Sinne sind einfache Tätigkeitsbeschreibungen oder Aufgabenkataloge für die einzelnen Mitarbeiter in Verbindung mit allgemeinen oder speziellen Arbeitsanweisungen oder Einstufungskataloge der summarischen Arbeitsbewertung für den Bewertungsvorgang und später für die Diskussion des Bewertungsergebnisses mit dem Mitarbeiter als Hilfsmittel geeignet. Einen Schritt weiter gehen die Zielvorgaben. Es genügt jedoch auch, gemeinsam mit dem Mitarbeiter in sachgerechter Auseinandersetzung die Hauptaufgaben seiner Stelle so zu formulieren, dass nach Abschluss des vorgesehenen Bewertungszeitraumes seine Leistung an dieser Zielvorstellung gemessen werden kann.

Die **Bezugsleistung** ist die Grundlage für die Bestimmung der Anforderungshöhe und der individuellen Leistung. Sie ist aufgabenspezifisch, also fest an die zu bewertende bzw. zu beurteilende Aufgabe gekoppelt. Nach REFA unterscheidet man drei Möglichkeiten zur Bestimmung der Bezugsleistung:[66]

- Als **Durchschnittsleistung** wird das arithmetische Mittel der Ist-Leistung einer sehr großen Zahl von Arbeitenden verstanden. Dieser Wert ist betriebsspezifisch und ist daher nicht einfach auf andere Betriebe übertragbar.
- Als **Standardleistung** wird bei Systemen mit vorbestimmten Zeiten (es wird mit Tabellenzeiten für bestimmte Bewegungen gearbeitet) der Kehrwert der Bezugszeiten

[66] Vgl. REFA: Methodenlehre der Betriebsorganisation, Datenermittlung, München 1997, S. 131 ff.

bezeichnet. Man geht von unbekannten Bezugszeiten aus und revidiert diese gegebenenfalls bei längerem Gebrauch.

- Unter **Normalleistung** wird die Leistung verstanden, die von jedem geeigneten, geübten und eingearbeiteten Mitarbeiter auf die Dauer nach fachmännischer Beurteilung erbracht werden kann.

Diese Bezugsleistungen entsprechen dem Leistungsgrad von 100 %, womit gilt:

$$\text{Leistungsgrad} = \frac{\text{beobachtete Ist - Leistung}}{\text{vorgestellte Bezugsleistung}} \cdot 100\,[\%]$$

Weiterhin muss sichergestellt werden, dass die Bezugsleistung auch von allen am Verfahren Beteiligten einheitlich interpretiert wird.

## (2) Festlegung der Ziele

Aus der Beschreibung der Ziele ergibt sich, dass die Verfahrenswahl auch davon beeinflusst wird, welche Zielsetzungen mit der Leistungsbeurteilung verbunden werden sollen. Umgekehrt können auch bestimmte Verfahrensbestandteile personalpolitische Ziele beeinflussen.

Das Erfordernis der sich aus dieser gegenseitigen Abhängigkeit ergebenden umfassenden Zieldefinition bedingt oft einen längeren Zeitraum der Vorausplanung. Wichtig ist also, in der Vorbereitungsphase alle angestrebten Ziele zusammenzustellen, damit das gewählte Verfahren darauf ausgerichtet werden kann.

## (3) Klärung rechtlicher Fragen

Neben tarifrechtlichen Einschränkungen sind auch gesetzliche Bedingungen bei der Einführung und Durchführung der Leistungsbeurteilung zu beachten. Dazu gehört das Betriebsverfassungsgesetz (Besprechung der Leistungen und der beruflichen Entwicklung des Mitarbeiters sowie Beschwerderecht bei Benachteiligung) und das Grundgesetz (Unantastbarkeit der Menschenwürde).

## (4) Mitarbeit der Beteiligten

Der Kreis der Beteiligten bei der Entwicklung und Einführung eines Leistungsbewertungsverfahrens muss sehr weit gezogen werden. In der Regel gehören folgende Personen dazu:

- Mitarbeiter, deren Leistungen bewertet werden sollen,
- Mitarbeiter, die als Vorgesetzte die Leistungsbeurteilung durchführen sollen,
- Mitarbeiter, die als Vorgesetzte von den Ergebnissen der Leistungsbeurteilung Kenntnis haben müssen,

- Mitarbeiter, die als Fachleute für Leistungsbeurteilung beratende, kontrollierende und auswertende Aufgaben ausführen,
- Mitarbeiter, die als Betriebsräte bei Einführung und Durchführung der Leistungsbeurteilung beteiligt sind,
- Berater, die von den Tarifpartnern herangezogen werden oder als selbstständige Spezialisten Hilfestellung leisten.

Aus der Kenntnis der beteiligten Personengruppen und dem Umfang ihrer Beteiligung am Verfahren kann ein Plan für die Erzielung einer aktiven Mitarbeit erstellt werden. Alle in diesem Zusammenhang zu treffenden Maßnahmen müssen sich dem Ziel unterordnen, die Mitarbeiter so umfassend und intensiv zu informieren und zu schulen, dass sie sich mit dem Verfahren identifizieren können.

## (5) Der Beurteilungsbogen

Die Ausgestaltung des Beurteilungsbogens hängt im Wesentlichen von der Art des verwendeten Verfahrens zur Bewertung des Mitarbeiters ab. Dabei sind zwei wesentliche Gesichtspunkte zu beachten: Erstens soll der Leser anhand von wenigen Informationen über die wichtigsten persönlichen Daten des Beurteilten unterrichtet werden. Dies sind insbesondere:

- Name und Vorname des Beurteilten
- Geburtsdatum und -ort, Familienstand, Kinderzahl
- Dienststellung, Aufgabenbereich, Eintrittsdatum
- Zeitpunkt der Übernahme der aktuellen Position
- Beurteilungszeitraum
- Schulbildung und Ausbildung
- Tarifgruppe
- Zweck bzw. Anlass der Beurteilung

Die zweite Forderung besteht darin, den mit der Bearbeitung beauftragten Mitarbeitern den Umgang mit dem Beurteilungsbogen zu erleichtern. Dies geschieht mit Hilfe bestimmter Angaben zum Zweck des Ordnens und Auswertens:

- Personal-Nummer, Abteilung/Bereich
- Name des Beurteilers
- Laufende Nummer der Beurteilung
- Zeitdauer der Vorgesetztentätigkeit des Beurteilers für den Beurteilten

Im Anschluss an den Kopf des Beurteilungsbogens folgt dann der Hauptteil, dessen Gestaltung vom jeweils zugrundeliegenden Verfahren abhängt. Den Abschluss des Beurteilungsbogens können dann Zusatzfragen bilden. Sie sollen den Aussagewert des Bogens abrunden, indem bestimmte Gesichtspunkte noch einmal bewusst in den Vordergrund gestellt werden.

Der Beurteiler kann so vor falschen Urteilen bewahrt und vor Fehlern geschützt werden. Eine Anleitung für die Benutzung des Beurteilungsbogens kann hier ebenfalls Abhilfe leisten. Die Zusatzfragen können z.B. folgende Gesichtspunkte betreffen:

- Zusammenfassende Beurteilung zum Zweck einer übersichtlichen und verständlichen Gesamtdarstellung, in der die einzelnen Beurteilungskriterien verarbeitet sind
- Vorzüge und Mängel, dazu gehören auch Vorschläge zur Beseitigung der Mängel und Verwendungsmöglichkeiten im Betrieb
- Besondere Beobachtungen und Vorkommnisse, die bisher nicht aufgetreten sind und die aufgrund ihres besonderen Charakters Erwähnung finden sollten

## 4.8.2 Die Abwicklungsphase

Neben der Leistungsbewertung als zentralem Bestandteil der Abwicklungsphase kommt insbesondere der Fehlervermeidung bzw. -korrektur eine besondere Bedeutung zu. Daneben hat der Mitarbeiter ein Recht darauf, dass ihm (in Form eines Mitarbeitergesprächs) seine Beurteilung bekanntgegeben wird. Die folgenden Abschnitte gehen daher auf diese Bestandteile der Abwicklungsphase ein.

### (1) Bewertung der Leistung

Die Feststellung des individuellen Leistungsverhaltens steht im Mittelpunkt der Abwicklungsphase, die sich nochmals unterteilen lässt in den eigentlichen Bewertungsvorgang und die anschließende Relativierung der Ergebnisse:

**Der Bewertungsvorgang** ist grundsätzlich Angelegenheit des unmittelbaren Vorgesetzten und spielt sich folgendermaßen ab:

1) Vorhandene arbeitsorganisatorische Unterlagen (Arbeitsbeschreibungen, Ergebnisse der Arbeitsbewertung usw.) müssen überprüft werden, ob sie als Bezugsgrundlage für die Bewertung des individuellen Leistungsverhaltens ausreichen. Wenn das nicht der Fall ist, wird eine tätigkeitsbezogene Definition unter Berücksichtigung des im Verfahren enthaltenen Merkmalsystems notwendig.
2) Anhand des Merkmalsystems muss nun festgestellt werden, welche Einzelmerkmale auf die Anforderungen der Bezugsgrundlage zutreffen.
3) Der eigentliche Bewertungsvorgang besteht nun darin, das Leistungsverhalten eines jeden Mitarbeiters in jedem relevanten Einzelmerkmal mit der im Verfahren definierten Bezugsleistung zu vergleichen. Als Bewertungshilfen stehen dabei die Definitionen über die unterschiedliche Ausprägung der Leistungsmerkmale in den Leistungsstufen zur Verfügung.
4) Für die schriftliche Fixierung des Bewertungsergebnisses werden Formulare verwendet. Diese Personalbeschreibungsbögen sind schwerpunktmäßig anders gelagert und beziehen sich auf die jeweilige Situation der manuellen oder mehr geistigen Tätigkeit (z.B. für Arbeiter, Angestellte, Auszubildende).

Zur **Relativierung der Bewertungsergebnisse** muss beachtet werden, dass die in der vorher beschriebenen Weise zustandegekommenen Bewertungsergebnisse die Wertmaßstäbe des jeweiligen Bewerters widerspiegeln. Die vorgegebenen Bewertungshilfen (Richtbeispiele, Definition der Leistungsmerkmale und -stufen, Bezugsleistung) setzen zwar einen allgemeinen Rahmen für die Bewertung; trotzdem ist die Gültigkeit der Ergebnisse zunächst auf den vom Bewerter überschaubaren Personenkreis beschränkt, weil die Ergebnisse unter Ausnutzung des individuellen Bewertungsspielraumes entstanden sind. Die extreme Ausnutzung dieses Spielraumes, ob bewusst oder unbewusst, führt zu typischen Bewertungsfehlern, die im Interesse der Verfahrenserhaltung nicht toleriert werden können.

Da alle von der Leistungsbeurteilung erfassten Mitarbeiter nach den gleichen Maßstäben bewertet werden müssen, resultiert daraus der Zwang zu einer Koordinierung der Ergebnisse auf höherer Ebene.

## (2) Bekanntgabe der Ergebnisse

Da jeder Mitarbeiter ohnehin einen Anspruch hat, dass seine Leistungen mit ihm besprochen werden, liegt es nahe, nicht nur die Ergebnisse der Bewertung mitzuteilen, sondern auch ihr Zustandekommen zu erklären und dabei die Möglichkeit zur Leistungsverbesserung mit ihm zu diskutieren. Ein solches Gespräch berücksichtigt die Vorschriften des BetrVG, nach denen der Mitarbeiter das Recht hat, die **Beurteilung seiner Leistungen** sowie seine weiteren **Entwicklungsmöglichkeiten** mit dem Vorgesetzten zu erörtern. Wegen seiner weitreichenden Bedeutung für den Mitarbeiter und die verschiedenen Funktionen der Personalorganisation sollten die Bewerter intensiv auf dieses Gespräch vorbereitet und die Gesprächsergebnisse schriftlich fixiert werden.

Dem Beurteilungsgespräch liegt die Annahme zugrunde, dass sich das **Verhalten und die Einstellungen** des Mitarbeiters in Bezug auf die bestmögliche Erreichung der Betriebsziele hin verändern lassen, wenn dem Mitarbeiter die Konsequenzen seines bisherigen Verhaltens verdeutlicht werden und wenn ihm aufgezeigt wird, welche Fortschritte er durch alternative Verhaltensweisen erreichen kann.

Probleme ergeben sich aus der Multifunktionalität der Personalbeurteilung. Zumeist sollen für verschiedene Zwecke simultan Informationen gewonnen werden. Die sich daraus ergebenden widersprüchlichen Anforderungen an ein Gespräch zwischen Vorgesetztem und Mitarbeiter erfordern eine Unterteilung des Beurteilungsgesprächs in **Bewertungs-, Entwicklungs- und Laufbahngespräch.** Je nach Zwecksetzung hat das Beurteilungsgespräch Informations- und Beratungscharakter oder es ist mehr eignungsdiagnostisch orientiert, wenn es sich insbesondere um die Potenzialbeurteilung handelt.

Für den Fall, dass der Mitarbeiter mit dem Ergebnis seiner Bewertung nicht einverstanden ist (was sich im Verlauf des Gesprächs oder schon vorher, anlässlich der offiziellen Mitteilung des Ergebnisses, herausstellen kann), muss eine Einspruchsmöglichkeit gegeben sein. Die Installierung einer **Beschwerdeinstanz** (meistens paritätisch mit Arbeitgeber- und Arbeitnehmervertretern besetzt) ist wegen der Schwierigkeiten, die mit der Feststellung des Leistungsverhaltens und der eigentlichen Bewertung verbunden sind, besonders wichtig. Ein Beanstandungsverfahren, oft mehrstufig angelegt, ist denn auch in der Regel anzutreffen, z.B. wird in Nordrhein-Westfalen ein vierstufiges Beanstandungsverfahren mit folgenden Stufen praktiziert:

- Paritätische Kommission,
- Arbeitgeber - Betriebsrat,
- Einigungsstelle nach § 87 Abs. 2 BetrVG,
- Rechtsweg.

## (3) Verwertung der Ergebnisse

Die vielseitige Verwendung der Ergebnisse aus der Leistungsbeurteilung für die Zwecke der Personalorganisation ist weitgehend bekannt. Außerdem werden die Ergebnisse für die Entgeltfestsetzung und für die Folgebewertungen verwendet.

Da die Leistungsbeurteilung periodisch wiederholt werden sollte, spielen die Ergebnisse einer Bewertung, insbesondere soweit dabei Fehler festgestellt wurden, auch eine Rolle für die Modifizierungen und Verbesserungen des Verfahrens.

## (4) Maßnahmen der Verfahrenserhaltung

Anders als bei der Arbeitsbewertung können die Ergebnisse der Leistungsbeurteilung nicht für einen längeren Zeitraum festgeschrieben werden, weil das menschliche Leistungsverhalten weniger statisch ist als die Anforderungen einer Tätigkeit. Die periodische Überprüfung der Leistung der Mitarbeiter muss deshalb begleitet sein von permanenten Informations- und Schulungsmaßnahmen, die alle zum Ziel haben, Bewertungsfehler auszumerzen, eine sachbezogene Bewertung sicherzustellen und damit die Wirkungsweise des Verfahrens zu erhalten.

- **Vermeidung typischer Bewertungsfehler**

Um fehlerhafte Bewertungen zu vermeiden bzw. um sie auf höherer Ebene in die richtige Relation zu den Verfahrensregeln zu bringen, muss man zunächst die Ergebnisse aus den einzelnen kleineren Kollektiven auswerten.

Bei der Anwendung der Normalverteilung hängt die Beurteilung der Mitarbeiter entscheidend von der Haltung des Vorgesetzten ab: Bestimmte Vorgesetzte sind immer kritisch, andere immer nachsichtig, andere wiederum legen sich nur ungern fest. Diese Grundhaltung, die vom jeweiligen Vorgesetzten meist unbewusst angenommen wird, äußert sich auch in der Bewertung der Leistung.

Fehler dieser Art sind relativ leicht bei der Auswertung der Ergebnisse der einzelnen Bewerter nachzuweisen und können demgemäß auch ebenso leicht im Rahmen der Relativierung korrigiert werden, wenn die als Bedingung für eine verfahrenskonforme Bewertung gewählte Normalverteilung als Maßstab fixiert wird und das Beurteilungsergebnis im Sinne einer Verteilungsvorgabe korrigiert wird.

Fehler, deren Ursache im Hierarchie-Effekt liegen, lassen sich wiederum durch die Untersuchung der Bewertungsergebnisse von Kollektiven ermitteln. Da ihre Entstehung aber in kleineren Organisationseinheiten schwer nachzuweisen ist, können nur gezielte Schulungsmaßnahmen das verfahrenswidrige Verhalten der Bewerter verbessern.

Bewertungsfehler aufgrund des Halo-Effekts, des Kontakt-Effekts oder aufgrund des falschen Maßstabes sind äußerst schwer festzustellen, weil sie immer nur bei den individuellen Bewertungen auftreten und deshalb durch eine Auswertung der Kollektive nicht nachgewiesen werden können. Sie zu vermeiden, kann ebenfalls nur durch intensive Schulung der Bewerter angestrebt werden.

- **Verfahrenstechnische Limitierungen**

Vorzugsweise von entgeltpolitischen Motiven geleitet ist die Maßnahme, den individuellen Bewertungsspielraum weitgehend unangetastet zu belassen, aber die Gesamtsumme der Zulagen in einem Prozentsatz der gesamten Basisentgelte festzuschreiben. Demnach würde sich der Geldwert für einen Leistungspunkt umso mehr reduzieren, je mehr Leistungspunkte vergeben werden.

Eine Möglichkeit, sowohl entgeltpolitisch als auch zielkonform das Verfahren wirksam zu erhalten, ist die Vorgabe von **durchschnittlichen Punktsummen**. Damit wird der individuelle Bewertungsspielraum insofern erhalten, weil die ganze Breite der Bewertungsskala ausgenutzt werden kann, und nur im Durchschnitt des Kollektivs eine bestimmte Begrenzung eingehalten werden muss.

Diese Methode hat den Vorteil, dass die verfahrensschädigende Rechtslastigkeit der Verteilung der Leistungswerte verhindert bzw. gesteuert werden kann. So ist es möglich, allgemeine Leistungsverbesserungen durch eine maßvolle Anhebung der Punktsumme für die nächste Bewertungsperiode zu honorieren.

Weit verbreitet sind ferner Vorgaben für die Besetzung der einzelnen Leistungsstufen. Die Bewerter werden dadurch zu Entscheidungen gezwungen, die sie sich genau überlegen müssen, weil im anschließenden Mitarbeiterförderungsgespräch auch deren sachliche Begründung erforderlich ist.

Die dem menschlichen Leistungsverhalten entsprechende und verfahrenstechnisch anzustrebende **breite Streuung** der Leistungswerte wird jedoch von einigen **Nachteilen** begleitet. Der Bewerter sieht sich z.B. gezwungen, einen bestimmten Prozentsatz seiner Mitarbeiter in die niedrigste Leistungsstufe einzugruppieren, obwohl er in dem Zeitraum, für den die Bewertung ansteht, durch gezielte Maßnahmen das Leistungsverhalten seiner Mitarbeiter so unterstützt hat, dass permanente "Minderleistungen" nicht auftraten.

Ähnliche Probleme entstehen dann, wenn durch Fluktuation oder Tätigkeitsveränderungen kein Mitarbeiter die systemgerechte "Bestleistung" erzielt, aber ein bestimmter Prozentsatz in diese Stufe eingeordnet werden muss.

Trotzdem ist die Vorgabe von Leistungswertverteilungen noch die wirksamste Methode der Verfahrenserhaltung, insbesondere dann, wenn durch Relativierungsgespräche ein sachgerechter Ausgleich erzielt werden kann.

## 4.8.3 Umsetzung der Beurteilung in Leistungszulagen

Wichtig ist hierbei die Durchsichtigkeit des Verfahrens. Die Berechnungsweise muss nachvollziehbar und die Abstufung angemessen sein (zu viele Stufen täuschen Scheingenauigkeit vor). Die Verteilung der Leistungszulagen soll im ganzen Betrieb nach einheitlichen Maßstäben erfolgen. In der Regel gibt es eine Begrenzung der Zulagen, die auf zwei Arten vorgenommen werden kann:

**1)** Durch die Vorgabe der **prozentualen Verteilung** von Leistungspunkten. Als Orientierung dient die Gauß'sche Normalverteilung, die man in Leistungszulagen-Stufen aufteilt (ca. 3 bis 11 Stufen).

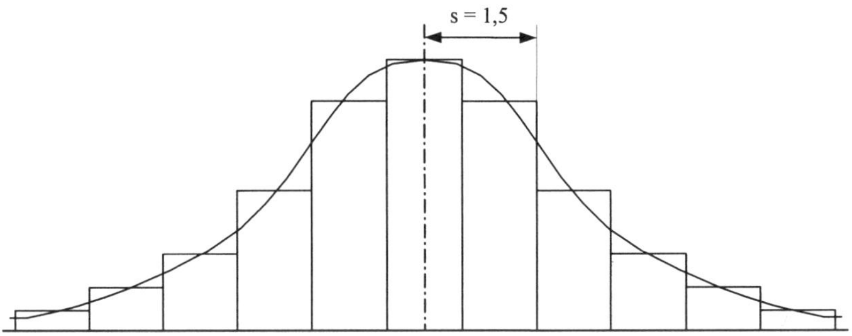


| Leistungsstufe | 1 | 2 | 3 | 4 | 5 | 6 | 7 | 8 | 9 | 10 | 11 |
|---|---|---|---|---|---|---|---|---|---|---|---|
| Prozentsatz [%] | 0,1 | 0,75 | 3,6 | 10,9 | 21,3 | 26,6 | 21,3 | 10,9 | 3,6 | 0,75 | 0,1 |

**Abb. 92:** Prozentuale Verteilung der Leistungszulagen in Leistungsstufen

Die Prozentsätze für die einzelnen Stufen sind als Richtwert anzusehen, der als Kontrolle (angemessene Streuung) für den Beurteiler dient. Beurteilungsfehler sollen damit weitgehend eingeschränkt werden. Die der Gauß'schen Normalverteilung angepasste Verteilung "Häufigkeitsverteilung" der Leistungspunkte ist aus mehreren Gründen umstritten:

- Durch Auslese bei der Einstellung neuer Mitarbeiter und durch gezielte Weiterbildungsmaßnahmen kann der Mitarbeiteranteil mit unterdurchschnittlichen Leistungen geringer sein, als die Normalverteilung angibt.
- Werden einzelne Beurteilungskriterien durch betriebliche Maßnahmen beeinflusst, so unterliegen die Leistungen der Mitarbeiter nicht mehr der Zufälligkeit, die notwendige Bedingung für die Gauß'sche Normalverteilung ist.
- Die Aufteilung in wenige Stufen hat zur Folge, dass viele Mitarbeiter mit ihren Leistungen an der Grenze zur nächst höheren Stufe liegen. Das kann Unzufriedenheit verursachen und die Motivation hemmen.

**2)** Die Vorgabe von **Budgets** kann diese Mängel weitgehend beseitigen. Die Beurteiler müssen eine durchschnittliche Punktevergabe pro Mitarbeiter einhalten. Die Streuung kann der Beurteiler selbst bestimmen. Der Nachteil gegenüber der prozentualen Vorgabe liegt darin, dass hierbei häufig eine Mittelwerttendenz bei der Beurteilung auftritt. Dabei sind bei ständiger Fluktuation der Mitarbeiter die Leistungsunterschiede wegen nötiger Einarbeitungszeit oder Bewährungszeit neuer Mitarbeiter groß. Das heißt, hier können die Leistungen in einer relativ großen Breite bewertet werden. Außerdem werden Budgetanteile frei, wenn Mitarbeiter wegen guter Leistungen befördert oder versetzt werden. In Zeiten der Stagnation oder des Personalabbaus treten allerdings **Probleme** auf:

- Die Leistungen der Mitarbeiter gleichen sich an, wenn sie lange zusammenarbeiten. Die Beurteilungen zeigen zwangsläufig eine starke Mittelwerttendenz.
- Verbessern sich die Leistungen einiger in einer Gruppe bei konstantem Budget, so müssen sich die mit konstanter Leistung mit immer geringeren Zulagen abfinden. Ebenso verhält es sich, wenn die Leistung der gesamten Gruppe steigt. Die Budgetierung lässt in diesem Fall keine höhere Leistungszulage zu.

## 4.9 Auswirkungen der Personalbeurteilung

Die sachgemäße Handhabung und Einführung von Beurteilungsverfahren ist wichtig, damit deren Ziele erreicht werden. Dabei müssen Vor- und Nachteile und die Auswirkungen eines Beurteilungsverfahrens bedacht werden.[67] Die wichtigsten Vor- und Nachteile sind nachfolgend aufgeführt:

| Vorteile: | Nachteile: |
|---|---|
| • Größere Arbeitsproduktivität durch Mehrleistung<br>• Gerechtere leistungsabhängige Entlohnung<br>• Leistungsbeurteilung ist wichtiges Führungsinstrument<br>• Führungskräfte sind gezwungen, sich mit der Leistung ihrer Mitarbeiter zu befassen<br>• Zielorientiertes Handeln wird gefördert<br>• Gezielte Anleitung zur Leistungssteigerung möglich<br>• Über- und Unterforderungen werden sichtbar<br>• Gezielter Einsatz der Mitarbeiter möglich<br>• Mitarbeiter können die Höhe des Leistungsgehaltes kontrollieren und beeinflussen | • Höherer Personalaufwand<br>• Höherer Arbeitsaufwand für Führungskräfte<br>• Höhere Ausbildungskosten durch Schulung der Führungskräfte<br>• Falsche Beurteilungen können Schaden verursachen<br>• Mögliches Spannungsverhältnis zwischen Mitarbeiter und Vorgesetztem<br>• Teamarbeit kann durch Leistungskonkurrenz geschädigt werden<br>• Versetzungen von Mitarbeiter auf gleicher Ebene werden erschwert, weil sie ihre Leistungszulagen in der neuen Arbeitsgruppe "verteidigen" müssen |

**Abb. 93:** Vor- und Nachteile der Personalbeurteilung

[67] Vgl. Zander, E./Knebel, H.: Praxis der Arbeitsbeurteilung, a.a.O., S. 215 ff.

### (1) Auswirkungen auf die Beurteilten

Die Anerkennung individueller Leistungen hat positiven Einfluss auf die Leistungsbereitschaft und Zufriedenheit der Mitarbeiter. Die Voraussetzung dazu ist, dass das Verfahren glaubwürdig gehandhabt wird. Eine sachgerechte Anwendung kann Vertrauen, Anerkennung und damit Erfolg der Führungsstrategien bewirken. Die Leistungsbereitschaft kann allerdings geschwächt werden, wenn keine Möglichkeit zur Gehalts- oder Positionsverbesserung besteht. Die Leistungsbeurteilung kann zur Wettbewerbsverstärkung unter den Mitarbeitern und damit zu Leistungsabfall durch Überforderung führen.

### (2) Auswirkungen auf das Unternehmen

Der Mitarbeitereinsatz wird verbessert, da er an den Fähigkeiten orientiert wird. Der Arbeitsablauf kann verbessert und Störungen vermieden werden. Die Leistungsbeurteilung trägt zur Versachlichung von unterschiedlichen Leistungserwartungen zwischen Mitarbeitern und Vorgesetzten bei.

### (3) Auswirkungen auf die Führungskräfte

Es können beim Vorgesetzten Widerstände gegen ein Beurteilungssystem bestehen. Sie müssen durch Schulungsmaßnahmen und die Einbindung der Beurteilungsverfahren in eine Führungs- und Firmenphilosophie abgebaut werden. Widerstände bestehen häufig, weil durch die Leistungsbeurteilung der Entscheidungsspielraum des Vorgesetzten in Personalfragen dadurch eingeschränkt wird, dass möglichst objektiv beurteilt werden muss und Erklärungszwang für die Beurteilungen vorliegt. Das heißt, der Vorgesetzte kann gute Mitarbeiter leichter verlieren, da ihre Fähigkeiten besser erkannt werden und sie demzufolge anderweitig eingesetzt werden.

### (4) Die Besonderheit von Zielvereinbarungsgesprächen

Das Zielvereinbarungsgespräch legt operative Ziele fest, die der Mitarbeiter in einem bestimmten Zeitraum (meist innerhalb eines Jahres) erreichen soll. In vielen Unternehmen wird das Instrument auch als Zielgespräch geführt, da am Ende des gesetzten Zeitraumes auch eine Überprüfung der Zielerreichung vorgenommen wird.[68]

---

[68] Vgl. auch Kunz, G.: Führen durch Zielvereinbarung im Change-Management. Mitarbeiter erfolgreich motivieren, München 2003, S. 41 ff.

# 5 Das Arbeitszeugnis

Als letzte Beurteilung eines Mitarbeiters bei dessen Austritt aus dem Unternehmen dient das Arbeitszeugnis. Die Bedeutung dieses Themas zeigt sich u.a. in der zunehmenden Zahl der Zeugnisstreitigkeiten, mit denen sich die Arbeitsgerichte beschäftigen müssen. Der Grund dieser seit Jahren zu beobachtenden Zunahme liegt in der kritischeren Haltung der Arbeitnehmer, die sich nicht mehr jede Formulierung gefallen lassen. Entscheidend ist hierbei die Zeugnissprache, die auch von manchen Arbeitgebern nicht beherrscht wird, was häufig zur Folge hat, dass Bewerber von Personalberatern oder den Personalchefs potenzieller Arbeitgeber auf negative Formulierungen in ihrem Zeugnis aufmerksam gemacht werden, die ihnen bis dahin noch nicht aufgefallen waren.

Die Problematik des oft fraglichen Aussagewertes eines Arbeitszeugnisses kann sich somit dadurch ergeben, dass:

- der ausstellende Arbeitgeber aus Unkenntnis der in der Praxis üblichen Formulierungen durch eine falsche Wortwahl eine andere Beurteilung abgibt, als er eigentlich will,
- der Arbeitgeber einem Mitarbeiter, mit dem er unzufrieden war, ein bewusst geschöntes Zeugnis ausstellt, um ihn "wegzuloben",
- Zeugnisse aus Angst vor einer möglichen Klage vor dem Arbeitsgericht eher zu positiv als zu negativ formuliert werden,
- Mitarbeitern, die z.B. aufgrund einer schlechten Auftragslage entlassen werden mussten, die Suche nach einer neuen Stelle erleichtert werden soll und
- die Personalsachbearbeiter eines suchenden Unternehmens die Zeugnisse falsch interpretieren, weil sie nicht mit der "Zeugnissprache" vertraut sind.

Nach einer kurzen Darstellung der gesetzlichen Grundlagen folgt daher hier die Erläuterung der heute üblichen Zeugnisformulierungen. Zur besseren Anschaulichkeit dienen die im letzten Abschnitt angeführten Beispiele, die auch als Muster zur Zeugniserstellung verwendet werden können.

## 5.1 Gesetzliche Grundlagen

Die allgemeine Anspruchsgrundlage auf Erteilung eines Arbeitszeugnisses findet sich in § 630 BGB. Daneben gibt es auch berufsgruppenspezifische Anspruchsgrundlagen für ein Arbeits- oder Dienstzeugnis. Die folgende Auflistung nennt die entsprechenden Gesetze:

| | | |
|---|---|---|
| • Kaufmännische Angestellte: | § 73 | Handelsgesetzbuch |
| • Beamte: | § 92 | Bundesbeamtengesetz |
| • Auszubildende: | § 8 | Berufsbildungsgesetz |
| • gewerbliche Arbeiter(innen): | § 113 | Gewerbeordnung |

In § 113 Gewerbeordnung ist neben der speziellen Regelung für Minderjährige das Verbot der Verwendung sogenannter Geheimcodes zu beachten. Unter diesem Geheimcode versteht man die Anwendung bestimmter Zeichen und Formulierungen in Arbeitszeugnissen, deren eigentliche Bedeutung nur von Eingeweihten erkannt wird. Damit sollen potenziellen Arbeitgebern Informationen über den Zeugnisinhaber übermittelt werden, die rechtlich nicht zulässig sind.

Voraussetzung für die Erteilung eines Zeugnisses ist der in mündlicher oder schriftlicher Form geltend gemachte Anspruch des Arbeitnehmers. Spricht er eine bloße Forderung nach einem Arbeitszeugnis aus, so ist der Arbeitgeber lediglich verpflichtet, ein sogenanntes "einfaches Zeugnis" auszustellen, das nur über die Art und die Dauer des Beschäftigungsverhältnisses Auskunft gibt. Verlangt der Arbeitnehmer ausdrücklich die Aufnahme der Beurteilung von Führung und Leistung, so wird ihm ein "qualifiziertes Arbeitszeugnis" ausgestellt.

Die maßgeblichen Aussagen und Inhalte der rechtlichen Anspruchsgrundlage auf die Erteilung von Arbeitszeugnissen bei Beendigung eines Beschäftigungsverhältnisses lassen sich wie folgt zusammenfassen:

1. Der Anspruch auf die Ausstellung eines Arbeitszeugnisses ist zwingendes Recht.
2. Der Arbeitnehmer muss jedoch ein Verlangen äußern (Ausnahme: Ausbildungsverhältnis).
3. Die Aufnahme der Beurteilung von Führung und Leistung setzt ein zusätzliches Verlangen voraus.
4. Geheimcodes dürfen nicht verwendet werden.

**Abb. 94:** Inhalte der Anspruchsgrundlage auf ein Arbeitszeugnis

### 5.1.1 Anspruchsberechtigter Personenkreis

Nicht jeder, der im Auftrag eines anderen eine Tätigkeit verrichtet, hat auch einen Anspruch auf ein Arbeitszeugnis. Die folgende Aufstellung nennt den anspruchsberechtigten Personenkreis:

- **Arbeitnehmer:** Jeder Arbeitnehmer hat grundsätzlich Anspruch auf Erteilung eines Arbeitszeugnisses, wobei der Arbeitgeber nicht verpflichtet ist, von sich aus tätig zu werden. Der Arbeitnehmer muss auf ihn zugehen und ein Zeugnis verlangen.
- **Auszubildende und Praktikanten:** Bei Auszubildenden ist der Arbeitgeber verpflichtet, am Ende der Lehrzeit unaufgefordert ein Zeugnis auszustellen. Im Praktikantenzeugnis werden die durchlaufenen Abteilungen bescheinigt.
- **Leitende Angestellte:** Obwohl sie arbeitgeberähnliche Funktionen ausüben, werden leitende Angestellte hier wie normale Arbeitnehmer behandelt und haben einen Zeugnisanspruch.
- **Freie Mitarbeiter:** Freie Mitarbeiter haben keinen gesetzlichen Anspruch auf ein Arbeitszeugnis, da sie zeitlich, örtlich und inhaltlich nicht an Weisungen eines Arbeitgebers gebunden sind, sondern nur aufgrund eines Dienstvertrages ein bestimmtes Arbeitsergebnis schulden.

- **Heimarbeiter:** Heimarbeiter sind zwar weisungsunabhängig und zeitlich ungebunden, aber sie sind wirtschaftlich von ihrem Arbeitgeber abhängig und haben daher einen Anspruch auf ein Arbeitszeugnis.
- **Handelsvertreter:** Bei Handelsvertretern wird unterschieden zwischen den Einfirmenvertretern, die aufgrund ihrer wirtschaftlichen Abhängigkeit einen Anspruch auf ein Arbeitszeugnis haben, und den freien Handelsvertretern, die einen solchen Anspruch nicht haben.
- **Arbeitnehmer mit Probezeit:** Wenn ein Arbeitsverhältnis nach Ablauf der Probezeit endet (befristetes Probearbeitszeitverhältnis) oder wenn es zwar auf bestimmte Zeit abgeschlossen wurde, jedoch von einer Seite gekündigt wurde (unbefristetes Arbeitsverhältnis mit vorgeschalteter Probezeit), steht dem Arbeitnehmer ein Endzeugnis zu. Wird es in Form eines einfachen Zeugnisses erteilt, darf darin nicht auf die Probezeit hingewiesen werden. Beim Übergang vom Probearbeitsverhältnis zum normalen Arbeitsverhältnis hat der Arbeitnehmer Anspruch auf ein Zwischenzeugnis.
- **Teilzeitbeschäftigte:** Teilzeitbeschäftigte haben, da sie in einem normalen Arbeitsverhältnis stehen, genau wie Vollzeitbeschäftigte einen Anspruch auf ein Arbeitszeugnis.
- **Leiharbeiter:** Leiharbeiter haben nur gegenüber dem Verleiher einen Anspruch auf ein Arbeitszeugnis, obwohl sie in den Betrieb des Entleihers eingegliedert sind.

### 5.1.2 Ausstellungsberechtigter Personenkreis

Zur Erteilung des Arbeitszeugnisses ist nach den verschiedenen Gesetzen immer der Arbeitgeber verpflichtet. Er kann diese Aufgabe an einen bei ihm beschäftigten Vertreter (beispielsweise aus der Personalabteilung) delegieren. Dieser Vertreter muss jedoch in jedem Fall ranghöher sein als der Arbeitnehmer, dessen Zeugnis auszustellen ist. Es kommt hierbei auf die betriebliche Hierarchie im konkreten Einzelfall an, regelmäßig werden die gesetzlichen Vertreter juristischer Personen, Personalleiter mit Prokura oder Handlungsvollmacht, Personalabteilungsleiter, Betriebsleiter oder Meister mit dieser Aufgabe betraut. Sollte der mit dieser Aufgabe Betraute keinen direkten Kontakt zu dem zu beurteilenden Arbeitnehmer haben, muss er sich von dessen direkten Vorgesetzten die fehlenden Informationen geben lassen. Daneben wird er die Personalakte und eine möglichst aktuelle Stellenbeschreibung zur Formulierung des Zeugnisses heranziehen.

### 5.1.3 Zeitpunkt der Zeugniserteilung

Im Allgemeinen entsteht nach dem Wortlaut der einschlägigen Vorschriften ein Anspruch auf Zeugniserteilung bei Beendigung des Arbeits-, Dienst- bzw. Berufsausbildungsverhältnisses. Hierbei handelt es sich um das tatsächliche Ende des Arbeitsverhältnisses, das heißt, dass der Arbeitnehmer nicht erst eventuelle Kündigungsfristen - die in Einzelfällen sehr lang sein können - abwarten muss, sondern er hat sofort ein Dokument in Händen, mit dem er sich bei anderen Arbeitgebern bewerben kann.

Ist der Arbeitnehmer während der Kündigungsfrist weiter im Betrieb beschäftigt, hat er nur Anspruch auf ein vorläufiges Arbeitszeugnis, dessen Inhalt - wenn sich keine neuen, besonderen Gesichtspunkte ergeben - in der Regel in das endgültige Zeugnis übernommen wird. Bei Arbeitnehmern mit einem befristeten Arbeitsvertrag entsteht der Anspruch auf ein Zeugnis schon einige Zeit (2 bis 3 Monate) vor ihrem Ausscheiden.

### 5.1.4 Erlöschen des Zeugnisanspruchs

Der Anspruch auf Erteilung eines Arbeitszeugnisses erlischt zwar erst nach 30 Jahren, jedoch kann der Anspruch tatsächlich schon sehr viel früher verwirkt sein, weil es dem Arbeitgeber nicht mehr möglich oder nicht zumutbar ist, noch ein Arbeitszeugnis auszustellen. Ein einfaches Zeugnis kann solange verlangt werden, wie die entsprechenden Unterlagen im Betrieb vorhanden sind; bei einem qualifizierten Zeugnis ist die Frist jedoch kürzer, weil der Arbeitgeber nach einer bestimmten Zeit nicht mehr in der Lage ist, sich genau an den Arbeitnehmer und seine Qualifikation zu erinnern.

Es ist daher wichtig, beim Ausscheiden aus einem Unternehmen so rasch wie möglich (innerhalb von vier Wochen) ein Arbeitszeugnis zu verlangen. Falls der Arbeitgeber nicht reagiert oder sich weigert, muss eine weitere Aufforderung unter Friststellung mit Klageandrohung erfolgen. Reagiert der Arbeitgeber immer noch nicht, muss der Arbeitnehmer klagen. Das Gleiche gilt auch für die Berichtigung eines Zeugnisses. Wer zu lange wartet, riskiert, dass sein Anspruch (nach etwa fünf Monaten) verfällt.

### 5.1.5 Änderung von Arbeitszeugnissen

Grundsätzlich besteht sowohl seitens des Arbeitgebers als auch seitens des Arbeitnehmers die Möglichkeit, ein bereits ausgestelltes Arbeitszeugnis anzufechten und etwaige Änderungen bezüglich des Inhaltes oder der Form durchzusetzen.

Ist ein **Arbeitnehmer** mit seinem Arbeitszeugnis nicht einverstanden, so kann er vom Arbeitgeber eine Berichtigung verlangen und nötigenfalls einklagen. Der Arbeitnehmer kann seine Änderungswünsche jedoch nicht beliebig lange hinauszögern. Das BAG hat in seinem Urteil vom 17.10.73 eine Klage abgewiesen, bei der der Kläger erst fünf Monate nach der Ausstellung eine Berichtigung seines Zeugnisses forderte. Als zulässige Frist für den Wiederruf eines Zeugnisses wird ein Zeitraum von vier Wochen angesehen.

Dem **Arbeitgeber** steht das Recht zu, ein bereits ausgestelltes Zeugnis zurückzufordern, wenn ihm erst später Unrichtigkeiten schwerwiegender Art bekannt werden. Dies ist z.B. dann der Fall, wenn erst nach Beendigung des Arbeitsverhältnisses bekannt wird, dass der Mitarbeiter einen Diebstahl begangen hat, der zu einer fristlosen Kündigung geführt hätte.

Eine weitere Möglichkeit zur nachträglichen Änderung eines Zeugnisses betrifft die **Änderung der Zeugnisart**. Hat ein Arbeitnehmer zunächst nur ein einfaches Zeugnis verlangt und auch erhalten, so hat er die Möglichkeit, bis zum Zeitpunkt der Verwirkungsfrist eine Erweiterung auf die Beurteilung von Leistung und Führung zu verlangen. Im umgekehrten Fall, also bei der Änderung eines qualifizierten in ein einfaches Zeugnis, muss dieser Wunsch umgehend geäußert werden.

### 5.1.6 Haftung

Sowohl dem Arbeitnehmer als auch dem neuen Arbeitgeber kann aus dem Arbeitszeugnis ein Schaden entstehen, für den der Zeugnisaussteller haftbar gemacht werden kann. Dem Arbeitnehmer kann z.B. bei Verzug oder Verweigerung des Zeugnisses ein Schaden entstehen, der im Allgemeinen aus der erschwerten Stellensuche resultiert. So entstandene Forderungen sind ebenso wie eine Anfechtung umgehend geltend zu machen, da nach einer gewissen Frist (ca. 5 Monate) eine Verwirkung eintreten kann.

Daneben besteht eine Schadensersatzpflicht des Arbeitgebers gegenüber Dritten (dem neuen Arbeitgeber), welche auf die Richtigkeit der Aussagen über Eigenschaften und Fähigkeiten im Arbeitszeugnis vertrauen und einen dadurch entstehenden Schaden geltend machen können.

Der Arbeitgeber hat kein Recht, z.B. wegen bestehender Forderungen gegen den Arbeitnehmer, das Arbeitszeugnis zurückzubehalten. Einzige Ausnahme ist die Herausgabe berichtigter Zeugnisse, da das unrichtige Zeugnis im Tausch eingezogen werden muss. Bei einer Verweigerung der Herausgabe kann der Arbeitnehmer den zeugnisausstellenden Arbeitgeber daher schadensersatzpflichtig machen.

## 5.2 Richtlinien zu Form und Inhalt von Zeugnissen

Bei der äußeren Form, in der Arbeitszeugnisse erstellt werden, müssen einige grundsätzliche Regelungen eingehalten werden, obwohl dem Aussteller in formalen Aspekten, im Gegensatz zu inhaltlichen Aspekten, ein gewisser gestalterischer Freiraum zugesprochen wird.

### 5.2.1 Form von Arbeitszeugnissen

Als allgemein akzeptierte Regeln können die folgenden Richtlinien zur Erstellung von Arbeitszeugnissen gelten:

- Das Zeugnis wird in Schriftform erstellt (Maschinenschrift).
- Es ist ein gutes Qualitätspapier zu verwenden (i.d.R. Geschäftsbogen).
- Üblich ist das Format DIN A4 (mindestens aber DIN A5).
- Der Umfang des Zeugnisses sollte zwei Seiten nicht übersteigen.
- Nachträgliche Verbesserungen bzw. Änderungen sind nicht zulässig.
- Die Wortwahl soll klar und deutlich sein.
- Das Zeugnis wird (auch bei ausländischen Arbeitnehmern) in deutscher Sprache erstellt.

Arbeitszeugnisse dürfen nicht im nachhinein verbessert oder geändert werden, sondern müssen komplett neu geschrieben werden. Der Zeugnisbezieher kann ein Zeugnis mit Schreibfehlern, Knicken, Flecken oder Ausbesserungen ablehnen und ein neues, sauberes und fehlerfreies Arbeitszeugnis verlangen. Weiterhin sind Geheimzeichen, das

Unterstreichen und in Anführungszeichen Setzen bestimmter Worte oder Formulierungen sowie Ausrufungs- und Fragezeichen in einem Arbeitszeugnis verboten.

Im folgenden Beispiel ist ein formal einwandfreies Arbeitszeugnis abgebildet, wobei es die gestalterische Freiheit möglich macht, individuelle Änderungen vorzunehmen. Der eigentliche Inhalt des Zeugnisses ist hier zunächst vernachlässigt, da er Gegenstand einer eigenen, ausführlichen Betrachtung ist und es hier zunächst um die Darstellung des äußeren Rahmens geht.

**Jakob Müller GmbH**

Mühlenweg 12
12345 Waldhausen
Telefon: (09876) 12345
Telefax: (09876) 34567
Konto: Voba Waldhausen
(440 400 00) 12 003 444

J. Müller GmbH Mühlenweg 12 12345 Waldhausen

Herrn
Heinrich Meier
Marktstr. 147
12345 Waldhausen

Ihr Zeichen    Ihre Nachricht vom    Mein Zeichen JM    Datum

**ZEUGNIS**

Herr : Dipl.-Wirt.-Ing. Heinrich Meier
geb. am : 05.05.1965
in : Hamburg

war in der Zeit vom …

(Zeugnistext)

Unterschrift

**Abb. 95:** Die äußere Form des Arbeitszeugnisses

Die volle Anschrift des Arbeitnehmers, der Ausstellungsort und das Ausstellungsdatum müssen im Arbeitszeugnis enthalten sein. Dabei sollte der Arbeitnehmer darauf achten, dass das Ausstellungsdatum mit dem Ende des Beschäftigungsverhältnisses übereinstimmt, da ein "schiefes" Ausstellungsdatum auf eine fristlose Kündigung oder einen Streit um die Formulierungen hindeutet. Die das ausstellende Unternehmen kennzeichnenden Angaben werden i.d.R. im Briefkopf des Arbeitszeugnisses angeführt, gefolgt von der Überschrift. Die Angaben zur Person des Arbeitnehmers werden meist in einen Einleitungssatz eingebunden; sie können aber auch tabellarisch aufgeführt werden.

Üblicherweise wird das Zeugnis mit der Überschrift **Zeugnis** bzw. **Zwischenzeugnis** versehen. Dies ist zwar nicht unbedingt notwendig, jedoch vor allem für das Zwischenzeugnis ratsam, weil durch den damit entstandenen vorläufigen Charakter des Zeugnisses der Arbeitgeber auf Unregelmäßigkeiten (z.B. Straftaten) zwischen der Ausstellung des Zwischenzeugnisses und dem Ausscheiden des Mitarbeiters reagieren und damit mögliche Haftungsansprüche vermeiden kann.

## 5.2.2 Allgemeine Richtlinien zum Inhalt

Die Tätigkeiten des Arbeitnehmers müssen so genau wie möglich in chronologischer Reihenfolge beschrieben werden, so dass der künftige Arbeitgeber den Werdegang des Arbeitnehmers vollständig nachvollziehen kann. Spezielle Kenntnisse sollten immer aufgeführt werden, ebenso wie besuchte Fortbildungskurse oder spezielle Verantwortungsbereiche, die der Mitarbeiter übernommen hat. Die einzelnen Punkte sollten sich dabei zu einem Gesamtbild des Arbeitnehmers zusammenfügen, so dass man die Gesamtleistung an einem Durchschnittsmaßstab messen kann.

Grundsätzlich hat der Zeugnisaussteller bezüglich des Inhalts die freie Wahl über das, was er schreibt und wie er es formuliert. Für die Angaben über die Art und Dauer der Beschäftigung sowie die Beurteilung der Leistung und Führung des Arbeitnehmers sind jedoch diverse (gesetzliche) Richtlinien zu beachten, die auf den möglichen Inhalt des Arbeitszeugnisses einwirken.

- **Sorgfaltspflicht:** Der ausstellende Arbeitgeber ist bei der Erstellung von Arbeitszeugnissen hinsichtlich der Exaktheit und Vollständigkeit der Angaben über Art und Zeitraum der Tätigkeit zu großer Sorgfalt verpflichtet. Die Beurteilung über Führung und Leistung des Arbeitnehmers ist ebenfalls zu begründen.
- **Wahrheitspflicht:** Es müssen alle wesentlichen Tatsachen und Bewertungen erwähnt werden, die das Leistungs- und Verhaltensbild des Arbeitnehmers charakterisieren. Dies gilt sowohl im positiven als auch im negativen Sinne. Es dürfen keine Vermutungen, Vorurteile oder den Tatsachen nicht entsprechende Angaben geäußert werden. Der Arbeitnehmer soll weder günstiger noch ungünstiger beurteilt werden als er tatsächlich ist.
- **Verständiges Wohlwollen:** Das Arbeitszeugnis sollte von verständigem Wohlwollen dem Arbeitnehmer gegenüber getragen sein, da ihm sein weiteres Fortkommen nicht unnötig erschwert werden soll (BAG-Urteil vom 08.02.1972). Diese Forderung resultiert aus der Fürsorgepflicht des Arbeitgebers gegenüber seinen Mitarbeitern.
- **Ungünstige Angaben:** Ungünstige Angaben sollten nach Möglichkeit vermieden werden, was durch die Forderung nach wohlwollender Beurteilung untermauert wird. Das heißt nicht, dass negative Tatbestände generell nicht erwähnt werden dürfen; mögliche Schadensersatzansprüche machen dies bei entscheidenden, maßgeblichen Vorfällen, die das Urteil über den Arbeitnehmer beeinflussen, sogar erforderlich. Eine

Möglichkeit zur Umgehung dieser Problematik ist die Ausstellung eines einfachen statt eines qualifizierten Zeugnisses. Ungünstige Angaben sollten wegen ihrer arbeitsrechtlichen Brisanz daher gründlich geprüft werden, bevor sie in das Zeugnis aufgenommen werden. Sie dürfen in ihrer Formulierung nicht allgemein gehalten werden, sondern müssen durch kurze Angabe der Tatsachen (z.B. Erwähnung der permanenten Unpünktlichkeit) kenntlich gemacht werden.

- Der **Alkoholkonsum** eines Arbeitnehmers gehört nicht ins Arbeitszeugnis, solange dieser keinen Einfluss auf die Arbeitsleistung hatte. Hatte der Alkoholkonsum allerdings Einfluss auf die Arbeitsleistung, so wird dies i.d.R. auch im Zeugnis erwähnt. Hatte der Arbeitnehmer einen Arbeitsplatz, bei dem Alkoholkonsum schwere Folgen haben kann, wie z.B. Kraftfahrer oder Kranführer, und war sein Alkoholkonsum auch der Kündigungsgrund, so ist der Arbeitgeber verpflichtet, diese Tatsache im Arbeitszeugnis zu erwähnen, um möglichen Schadensersatzansprüchen zuvorzukommen.

  Liegen die Verfehlungen jedoch einen längeren Zeitraum zurück (mehrere Jahre, vergleichbar mit einer Verjährungsfrist), so ist der Arbeitgeber gehalten, diese nicht mehr zu erwähnen. Ein vorübergehender Leistungsabfall aufgrund persönlicher Probleme oder eine einmalige Fehlleistung dürfen nicht ins Gewicht fallen, wenn der Mitarbeiter ansonsten gute Leistungen gebracht hat.

- **Kündigungsgrund:** Der Kündigungsgrund sollte nur auf Wunsch des Arbeitnehmers (eigene Kündigung) oder bei schwerwiegenden Verfehlungen, die sich entscheidend auf das Persönlichkeitsbild auswirken, angegeben werden. Die Art der Kündigung (z.B. fristlos) darf nicht erwähnt werden. Um eine außerordentliche Kündigung zum Ausdruck zu bringen, genügt die Angabe des Austrittsdatums bzw. Beendigungszeitpunktes.

- **Abmahnungen:** Abmahnungen und ein Bruch des Arbeitsvertrages seitens des Arbeitnehmers dürfen im Arbeitszeugnis nicht ausdrücklich erwähnt werden. Sie beeinflussen natürlich die Gesamtbewertung des Arbeitnehmers.

- **Straftaten:** Straftaten, die nicht unmittelbar mit dem Arbeitsverhältnis verbunden sind oder vor Beginn des Arbeitsverhältnisses aufgetreten sind, dürfen keine Erwähnung finden. Straftaten dürfen im Zeugnis nur dann erwähnt werden, wenn sie Auswirkungen auf das Arbeitsverhältnis hatten (z.B. Diebstahl eines Verkäufers, Unterschlagung eines Kassierers). Diese Straftaten müssen erwiesen sein; der bloße Verdacht genügt nicht.

- **Gewerkschafts- bzw. Betriebsratstätigkeit:** Eine Erwähnung über die Mitgliedschaft im Betriebsrat oder einer Gewerkschaft ist grundsätzlich nicht erlaubt, es sei denn, der Arbeitnehmer besteht auf der Erwähnung. Auch dürfen keine Formulierungen verwendet werden, die auf die Tätigkeit des Arbeitnehmers im Betriebsrat oder in der Gewerkschaft schließen lassen, wie z.B."... hat sich innerhalb und außerhalb des Betriebes für die Interessen der Arbeitnehmer engagiert eingesetzt."

  Ist der Arbeitgeber allerdings aufgrund einer langen Freistellung für die Betriebsratstätigkeit nicht mehr in der Lage, den Arbeitnehmer in den Punkten Leistung und Führung korrekt zu beurteilen, so muss dies im Zeugnis erwähnt werden. Gibt der Arbeitgeber die Freistellung an, muss er auch die inner- und außerbetrieblichen Maßnahmen der Berufsbildung anführen, an denen das Betriebsratmitglied teilgenommen hat.

- **Krankheiten:** Krankheiten dürfen nicht im Zeugnis erwähnt werden, auch wenn sie den Anlass zur Kündigung gegeben haben. Wenn der Arbeitgeber aber aufgrund der langen Krankheitszeiten nicht mehr in der Lage ist, den Arbeitnehmer zu beurteilen, muss dessen Krankheit erwähnt werden. Eine Krankheit eines Arbeitnehmers muss ebenfalls angeführt werden, wenn diese eine Gefährdung Dritter mit sich bringt (z.B. Epilepsie). AIDS darf nicht angegeben werden, da die Ansteckungsgefahr im Betrieb sehr klein ist.

## 5.3 Zeugnisarten

Man unterscheidet nach ihrem Umfang zwei verschiedene Zeugnisarten, das einfache Arbeitszeugnis (Arbeitsbescheinigung) und das qualifizierte Arbeitszeugnis.

Der Arbeitnehmer hat die Möglichkeit, zwischen einem einfachen und einem qualifizierten Zeugnis zu wählen. Er kann auch nachträglich ein qualifiziertes Zeugnis verlangen, wenn er sich zuvor für ein einfaches Zeugnis entschieden hat und umgekehrt.

Ein Angestellter ab den mittleren Lohnstufen sollte sich immer für ein qualifiziertes Zeugnis entscheiden, auch wenn er mit einer schlechten Beurteilung rechnen muss, denn bei einer Bewerbung mit einem einfachen Zeugnis wird er sich von vornherein disqualifizieren, da ein Personalchef in dieser Lohnstufe immer ein qualifiziertes Zeugnis erwartet.

**Abb. 96:** Einfaches und qualifiziertes Zeugnis

### 5.3.1 Das einfache Zeugnis

Im einfachen Zeugnis stehen nur Angaben über die Art und Dauer der Beschäftigung. Es werden keine Aussagen über Leistung und Führung gemacht. Es dient der Beurteilung von wenig qualifizierten oder kurzfristigen Tätigkeiten.

Die Art der Beschäftigung ist so genau zu beschreiben, dass sich ein Dritter ein Bild davon machen kann, d.h., dass neben der eigentlichen Berufsbezeichnung auch Angaben über die Tätigkeiten des Arbeitnehmers gemacht werden müssen.

Die Dauer des Arbeitsverhältnis, die angegeben werden muss, bezieht sich immer auf die rechtliche Dauer des Arbeitsverhältnisses, nicht auf die tatsächliche Dauer. Kürzere Unterbrechungen wie z.B. Urlaub, Krankheit etc. sind nicht anzugeben. Anzugeben sind nur längere Unterbrechungen, wenn diese das Arbeitsverhältnis entscheidend beeinflusst haben (z.B. Wehr- oder Zivildienst). Folgende Daten muss das einfache Zeugnis enthalten:

- Name, Vorname
- Akademische und öffentlich-rechtliche Titel
- Art und Dauer des Beschäftigungsverhältnisses
- Ausscheiden
- Firma, Datum, Unterschrift.

Hinzugefügt werden können das Geburtsdatum und der Geburtsort.

## 5.3.2 Das qualifizierte Zeugnis

Das qualifizierte Zeugnis enthält zusätzlich zu den Angaben, die auch im einfachen Zeugnis gemacht werden, Aussagen über Führung und Leistung des Arbeitnehmers. Dabei muss der Mitarbeiter über die gesamte Dauer der Beschäftigung beurteilt werden, wobei der Arbeitgeber auch den individuellen Besonderheiten des Arbeitnehmers gerecht werden sollte. Der Arbeitgeber ist verpflichtet, so objektiv wie möglich zu urteilen, denn er ist an seine Formulierungen im Arbeitszeugnis gebunden. Folgende Daten sollte das qualifizierte Zeugnis enthalten:

- Geschäftsbogen mit voller Adresse des zeugnisausstellenden Unternehmens
- Überschrift (z.B. Endzeugnis oder Zwischenzeugnis)
- Persönliche Daten des Zeugnisberechtigten
- Dauer der Beschäftigung (Eintritts- und Ausscheidungsdatum)
- Beschreibung der Tätigkeiten in chronologischer Reihenfolge
- Kenntnisse und Erfahrungen des Arbeitnehmers auf den ihm zugewiesenen Arbeitsplätzen
- Beurteilung der Leistungen des Arbeitnehmers
- Besuchte Fortbildungsveranstaltungen
- Beurteilung der Führung (Verhalten gegenüber Vorgesetzten und Mitarbeitern)
- Beurteilung der Führungsfähigkeit
- Angabe über Auflösung des Arbeitsverhältnisses
- Schlussformel mit Bedauern über Ausscheiden, Dank für geleistete Dienste, Wünsche für die Zukunft
- Ausstellungsort, Datum und Unterschrift

### 5.3.3 Das Zwischenzeugnis

Ein Zwischenzeugnis entspricht inhaltlich dem Endzeugnis, nur ist das Beschäftigungsverhältnis nicht aufgehoben. Meist fallen Zwischenzeugnisse jedoch etwas besser aus als Endzeugnisse, wenn der Arbeitgeber an der weiteren Mitarbeit des Arbeitnehmers interessiert ist und ihn daher motivieren will. Jedoch ist auch hier der Arbeitgeber an seine Bewertung gebunden und sollte möglichst objektiv beurteilen. Gründe für einen Arbeitnehmer, ein Zwischenzeugnis zu verlangen, sind:

- Versetzung innerhalb des Unternehmens
- Wechsel des Vorgesetzten
- Vertragsangebot eines anderen Unternehmens liegt vor
- Veränderungen im Unternehmensgefüge mit Auswirkungen auf das Arbeitsverhältnis
- Ende der Probezeit

Obwohl der Arbeitgeber an die Bewertung im Zwischenzeugnis gebunden ist, falls sich bis zur Erteilung des Endzeugnisses die Beurteilungsgrundlagen nicht wesentlich geändert haben bzw. keine besonderen Vorkommnisse eine Änderung der Bewertung erforderlich machen, besteht seitens des Arbeitnehmers kein Anspruch auf die wörtliche Übernahme der Formulierung des Zwischenzeugnisses ins Endzeugnis, der Arbeitgeber ist nicht an den genauen Wortlaut seiner Formulierungen gebunden (Urteil des LAG Düsseldorf vom 2.7.1976).

## 5.4 Die Zeugnissprache

Die Unternehmen haben im Laufe der Jahre ihre eigene Zeugnissprache, ihren eigenen Zeugnisstil entwickelt. Jeder beurteilt – auch abhängig von der aktuellen Stimmung – den Arbeitnehmer mit eigenen Worten mehr oder weniger gekonnt und mit mehr oder weniger Sprachgefühl.

Die "geheime" Zeugnissprache besteht aus bestimmten Worten, Wortkombinationen und Sätzen, denen in den Zeugnissen eine eigene Bedeutung zukommt. Es ist daher wichtig, die gängigen Formulierungen und ihre Bedeutung zu kennen, um ein Zeugnis richtig zu interpretieren. Allerdings ist es nicht so, dass Form und Stil der Zeugnisse einheitlich sind, sondern sie unterscheiden sich z.B. bei Großbetrieben und kleineren Firmen oft recht deutlich. Die Zeugnissprache in Großbetrieben ist meist nüchtern und zurückhaltend, hingegen wird bei kleineren Unternehmen oft direkter, positiver, aber auch härter und emotionaler formuliert, was die Wertung eines solchen Zeugnisses natürlich erschwert. Daher ist es wichtig zu wissen, um wen es sich bei dem Zeugnisaussteller handelt, um die Zeugnisformulierungen richtig einordnen und interpretieren zu können.

Ein wesentlicher Grund für die Entwicklung der Zeugnissprache ist die Forderung der Gerichte, dass "das Zeugnis wahr sein" soll und gleichzeitig "von verständigem Wohlwollen für den Arbeitnehmer getragen" sein muss und "sein weiteres Fortkommen nicht unnötig erschweren" soll. Das wohlwollend formulierte Zeugnis ist gekennzeichnet durch eine durchgehend positive Wortwahl. Bei weniger guten Arbeitnehmern werden dann bestimmte Adjektive, einzelne Aussagen oder ganze Zeugnispassagen weggelassen, obwohl der Arbeitgeber grundsätzlich verpflichtet ist, ein vollständiges Zeugnis auszustellen. Eine Zusammenstellung häufig verwendeter Formulierungen und deren Bedeutungen zeigt die folgende Tabelle:

| Formulierung | Bedeutung |
|---|---|
| Er hat alle Arbeiten ordnungsgemäß erledigt. | Er ist ein Bürokrat ohne Eigeninitiative. |
| Er erledigte alle Arbeiten mit großem Fleiß und Interesse. | Er war zwar eifrig, aber nicht besonders tüchtig. |
| Wegen seiner Pünktlichkeit war er stets ein gutes Vorbild. | Seine Leistung war unterdurchschnittlich; er war in jeder Hinsicht unbrauchbar. |
| Er ist ein zuverlässiger/gewissenhafter Mitarbeiter. | Er ist zur Stelle, wenn man ihn braucht, aber er ist nicht immer brauchbar. |
| Er hat sich im Rahmen seiner Fähigkeiten eingesetzt. | Er hat getan, was er konnte, aber das war nicht viel. |
| Er war immer mit Interesse bei der Sache. | Er hat sich angestrengt, aber nichts geleistet. |
| Er zeigte für seine Arbeit Verständnis. | Er war faul und hat nichts geleistet. |
| Er verfügt über Fachwissen und zeigt ein gesundes Selbstvertrauen. | Geringes Fachwissen, das mit "großer Klappe" übertüncht werden soll. |
| Er hat sich bemüht, seinen Aufgaben gerecht zu werden. | Guter Wille, mehr aber nicht. Ungenügende Leistung. |
| Er erledigte die ihm übertragenen Aufgaben mit Fleiß und war stets willens, sie termingerecht zu beenden. | Absolut unzureichende Leistung. |
| Mit seinen Vorgesetzten ist er gut zurechtgekommen. | Er ist ein Mitläufer und Jasager, der sich gut anpasst. |
| Er war tüchtig und wusste sich gut zu verkaufen. | Er ist ein unangenehmer Mitarbeiter. |
| Wir lernten ihn als umgänglichen Kollegen kennen. | Er ging vielen Mitarbeitern auf die Nerven; er war schlecht gelitten. |
| Er galt im Kollegenkreis als toleranter Mitarbeiter. | Den Vorgesetzten gegenüber war sein Verhalten mangelhaft. |
| Durch seine Geselligkeit trug er zur Verbesserung des Betriebsklimas bei. | Er neigt zu übertriebenem Alkoholgenuss. |
| Er/ sie bewies für die Belange der Kolleginnen/ Kollegen stets Einfühlungsvermögen. | Er/sie sucht sexuelle Kontakte bei Betriebsangehörigen. |
| Wir haben ihn als einsatzwilligen und sehr beweglichen Mitarbeiter kennengelernt, der stets bemüht war, die ihm übertragenen Aufgaben zur vollsten Zufriedenheit in seinem und im Interesse der Firma zu lösen. | Umschreibung dafür, dass der Mitarbeiter sehr geschickt den Arbeitgeber bestohlen hat. |
| Wir bestätigen gerne, dass Herr XY mit Fleiß, Ehrlichkeit und Pünktlichkeit an seine Aufgaben herangegangen ist. | Aber leider ohne jegliche fachliche Qualifikation. |
| Wir schätzten ihn als einen eifrigen Mitarbeiter, der die ihm gemäßen Aufgaben schnell und sicher bewältigte. | "Ihm gemäß" waren jedoch nur die anspruchslosen Aufgaben. |

**Abb. 97:** Redewendungen der "Zeugnissprache"[69]

[69] Vgl. Friedrich, H.: Zeugnisse im Beruf. Richtig schreiben, richtig verstehen, Niedernhausen 1991, S. 89 ff. und Lucas, M.: Arbeitszeugnisse richtig deuten, 11. Aufl., Düsseldorf 1991, S. 127 ff.

## 5.5 Beurteilung

Die eigentliche Beurteilung im Arbeitszeugnis erfolgt in der Hauptsache in den Aussagen zu Führung und Leistung des Mitarbeiters (qualifiziertes Zeugnis). Abgerundet wird der Gesamteindruck, den ein Zeugnis vermittelt durch den Einleitungssatz und die Schlussformulierung, die auch in einem einfachen Arbeitszeugnis eine gewisse Wertung des betreffenden Mitarbeiters ermöglichen.

### 5.5.1 Einleitungssatz und Aufgabenbeschreibung

Obwohl der Einleitungssatz recht kurz und allgemein ausfällt, gibt es hier schon die Möglichkeit, eine gewisse Beurteilung über den Arbeitnehmer abzugeben. Man erreicht dies durch eine aktive, wertfreie oder passive Formulierung, die eine Aussage über das Engagement (Aktivformulierung) bzw. die mangelnde Initiative (Passivformulierung) ermöglichen. Folgende Formulierungen sind gebräuchlich:

| | |
|---|---|
| **Aktive Formulierung** | "Herr Dipl.-Ing. K., geboren am 07.12.1970 in Berlin, war in der Zeit vom 01.01.1999 bis 30.12.2003 in unserem Hause als Vertriebsingenieur tätig." |
| **Wertfreie Formulierung** | "Frau G., geboren am 03.03.1974 in Viersen, trat am 01.10.1996 als Sekretärin in unser Unternehmen ein." |
| **Passive Formulierung** | "Frau S., geboren am 16.08.1961 in Mönchengladbach, wurde vom 01.04.2000 bis 30.03.2004 in unserer Firma als Telefonistin beschäftigt." |
| **Bei längeren Fehlzeiten** | "Das Arbeitsverhältnis mit Herrn J. dauerte vom 01.07.1998 bis 31.12.2003."<br>(Fehlzeiten dürfen nicht offen erwähnt werden) |

**Abb. 98:** Formulierungen zum Einleitungssatz

Auch in der Aufgabenbeschreibung, die einem potenziellen Arbeitnehmer die Möglichkeit gibt, sich über die Ausbildung und Berufserfahrung des Arbeitnehmers zu informieren, kann eine Beurteilung zum Ausdruck gebracht werden, indem man eine aktive oder passive Formulierung verwendet. Ein weiterer Anhaltspunkt für die Bewertung ist die Detailliertheit der Aufgabenbeschreibung.

| | |
|---|---|
| **Bei guter Leistung** | "Herr F. bediente in dieser Position eine Drehmaschine und fertigte Präzisionsdrehteile aus Stahl und Messing. Er war für die Einrichtung und Wartung der Maschine autonom verantwortlich." |
| **Bei ungenügender Leistung** | "Herr F. fand Verwendung als Maschinenführer" |

**Abb. 99:** Formulierungen zur Aufgabenbeschreibung

### 5.5.2 Beurteilungskriterien

Viele Unternehmen sind dazu übergegangen, spezielle Beurteilungskriterien für bestimmte Mitarbeitergruppen festzulegen, die dann im Arbeitszeugnis gewürdigt werden. Ein negatives Arbeitszeugnis kann dann auch dadurch gekennzeichnet sein, dass für die jeweilige Berufsgruppe unwesentliche Kriterien stark hervorgehoben und wichtige Kriterien kurz oder gar nicht angesprochen werden. Wird z.B. bei einer Führungskraft die Zuverlässigkeit und Pünktlichkeit stark hervorgehoben und keine Aussage über die Mitarbeiterführung und Menschenkenntnis gemacht, dann kann man von einer schlechten Beurteilung ausgehen

Die folgende Aufstellung enthält einige Beispiele für berufsgruppenspezifische Beurteilungsmerkmale:

| Beruf/Berufsgruppe | Wichtige Beurteilungskriterien |
|---|---|
| Fabrikarbeiter, angelernte Kräfte | Arbeitstempo, Arbeitsgüte und -menge, Zuverlässigkeit, Auffassungsgabe, soziales Verhalten |
| Auszubildende | Auffassungsgabe, Lernwilligkeit, Fleiß, Arbeitsverhalten, Ordnung, Pünktlichkeit, Einsatzbereitschaft, Initiative, Berichtsheft, soziales Verhalten |
| Facharbeiter, Handwerker | Geschicklichkeit, Sorgfalt, Fachkenntnisse und -wissen, Arbeitsplanung, Selbstständigkeit, Arbeitsgüte und -menge, Verhalten gegenüber Gleichgestellten und Vorgesetzten |
| Vorarbeiter, Meister | Fachbeherrschung, Menschenkenntnis, Verantwortungsbewusstsein, Organisationsgabe, soziales Verhalten, Umgangsformen, Urteilsvermögen, Selbstständigkeit, Führungseigenschaften, pädagogische Fähigkeiten |
| Kaufmann, Verkäufer, Vertreter, Reisender | Verhandlungsgeschick, Kontaktfähigkeit, Menschenkenntnis, Umgangsformen, Selbstvertrauen, Vertrauenswürdigkeit, Fachkenntnisse, Gedächtnis, Sprache, Intelligenz, Aufmerksamkeit, Initiative, Äußeres |
| Buchhalter | Sorgfalt, Ordnung, Fachwissen, Verantwortungsbewusstsein, Umgang mit Zahlen, Ausdauer, Selbstvertrauen, Zuverlässigkeit |
| Kassierer | Ehrlichkeit, Vertrauenswürdigkeit, Zuverlässigkeit, Sorgfalt, Konzentrationsfähigkeit, Umgangsformen, Merkfähigkeit, Einsatzbereitschaft, Menschenkenntnis |
| Ingenieur | Urteilsvermögen, Dispositionsvermögen, Organisationsgabe, Denkvermögen, Fachkenntnisse, Menschenkenntnis, Führungseigenschaften, Kostendenken, schöpferische Begabung, Entschlussfähigkeit, Zusammenarbeit, Berufserfahrung, Intelligenz |
| Führungskraft | Führungseigenschaften, Motivationsfähigkeit, pädagogische Fähigkeiten, Verhandlungsgeschick, Kontaktfähigkeit, Organisationsgabe, Menschenkenntnis, Dispositionsvermögen, Belastbarkeit, Entscheidungsfreudigkeit, Vorbildrolle, Kreativität, analytisches Denken, Aufgeschlossenheit, Kooperation |

**Abb. 100:** Beurteilungskriterien[70]

[70] Vgl. Lucas, M.: Arbeitszeugnisse richtig deuten, 11. Aufl., Düsseldorf 1991, S. 132 ff.

### 5.5.3 Leistungsbeurteilung

Im Rahmen der Leistungsbeurteilung werden die Arbeitsfähigkeit, die Arbeitsweise und der Arbeitserfolg bewertet. Beurteilungsgrundlage ist der gesamte Beschäftigungszeitraum, wobei mehr Wert auf die gegen Ende erbrachten Leistungen gelegt werden sollte. Bei der Formulierung der Leistungsbeurteilung hat der Zeugnisaussteller einen großen Spielraum, der von einer tabellarischen "Benotung" bis zu einer frei formulierten, detaillierten Bewertung reicht. Gewisse Zwänge entstehen lediglich dadurch, dass ein hochqualifizierter Arbeitnehmer i.d.R. ein frei formuliertes Zeugnis erwartet, wogegen sich ein einfacher Arbeiter u.U. schon mit einem tabellarischen Zeugnis zufrieden geben würde.

#### (1) Gesamtbeurteilung

Bei der Formulierung der Leistungsbewertung kann man auf – zum Teil sogar höchstrichterlich anerkannte – Standardformulierungen zurückgreifen, die kaum noch Raum zu Interpretationen lassen:

**a) Sehr gut:** "Er (Sie) hat die ihm (ihr) übertragenen Aufgaben **stets** zu unserer **vollsten** Zufriedenheit erledigt."

Diese Beurteilung ist das höchste Lob und praktisch nur noch durch eine detaillierte und individuelle Leistungsbeschreibung steigerbar. Sie bedeutet, dass der Arbeitnehmer während der gesamten Dauer des Arbeitsverhältnisses überdurchschnittliche Leistungen erbracht hat. Wichtig sind zum einen das Zeitmoment ("stets" bzw. "immer") und das qualitative Element ("vollste" oder "außerordentlich"). Wenn eines der Merkmale fehlt, kann man davon ausgehen, dass eine etwas niedrigere Bewertung vorliegt. Die grammatikalisch unsinnige Steigerung von "voll" hat sich so eingebürgert und ist auch durch das Bundesarbeitsgericht anerkannt. Es gibt jedoch Arbeitgeber, die diese Formulierung aus sprachlichen Gründen nicht anwenden und von "voller Zufriedenheit" sprechen. In einem solchen Fall muss dann aus den übrigen Formulierungen geschlossen werden, ob es sich um einen guten oder sehr guten Mitarbeiter handelt. Folgende Formulierungen drücken ebenfalls sehr gute Leistungen aus:

- "Seine Leistungen haben in jeder Hinsicht unsere volle Anerkennung gefunden"
- "Er hat unsere Erwartungen immer und in allerbester Weise erfüllt"
- "Seine Leistungen waren stets sehr gut"

**b) Gut:** "Er (Sie) hat die ihm (ihr) übertragenen Aufgaben **stets** zu unserer **vollen** Zufriedenheit gelöst."

Diese Beurteilung bringt eine gute Leistung zum Ausdruck und gilt als die zweitbeste erreichbare Bewertung. Der Arbeitnehmer hat während der gesamten Beschäftigungszeit ohne Beanstandungen gearbeitet. Weitere Formulierungsmöglichkeiten sind:

- „Sie hat die ihr übertragenen Aufgaben zu unserer vollsten Zufriedenheit gelöst"
- "Wir waren während der gesamten Beschäftigungszeit mit seinen Leistungen voll und ganz zufrieden"
- "Sie hat unseren Erwartungen in jeder Hinsicht und in bester Weise entsprochen"
- "Ihre Leistungen waren gut"

c) **Durchschnittlich:** ”Er hat die ihm übertragenen Aufgaben zu unseren **vollen** Zufriedenheit erledigt”

Bei dieser Beurteilung fällt das Fehlen des Zeitfaktors auf. Durch diese Auslassung wird die gute Leistung deutlich relativiert. Das gleiche Gesamturteil kann bei gleichbleibender Leistung auf etwas niedrigerem Niveau wie folgt ausgedrückt werden:

”Er hat die ihm übertragenen Aufgaben **stets** zu unserer Zufriedenheit erledigt”

In beiden Fällen wird dem Arbeitnehmer eine befriedigende, nicht zu beanstandende Durchschnittsleistung bescheinigt. Das gleiche gilt für folgende Formulierungen:

- ”Ihre Leistungen waren stets zufriedenstellend”
- ”Er hat unseren Erwartungen in jeder Hinsicht entsprochen”
- ”Mit ihren Leistungen waren wir stets zufrieden”

d) **Mäßig:** ”Er hat die ihm übertragenen Aufgaben zu unserer Zufriedenheit erledigt”

Es fehlt hier zum einen das Zeitmoment ”stets”; außerdem wird die Qualität der Leistung ohne ein Adjektiv dargestellt, das die Zufriedenheit des Arbeitgebers näher umschreibt. Es fehlt die positive Ergänzung der nur zufriedenstellenden Wertung. Insgesamt ergibt dies im Klartext ein nur mäßiges Leistungsniveau. Ist aus den übrigen Aussagen im Zeugnis keine günstigere Tendenz herauszulesen oder enthält der Schlusssatz keine positiven Elemente, kommt das Arbeitszeugnis nicht über ein ”ausreichend” hinaus. Folgende Formulierungen drücken die gleiche Bewertung aus:

- ”Mit ihren Leistungen waren wir zufrieden”
- ”Er hat unseren Erwartungen entsprochen”
- ”Sie hat zufriedenstellend gearbeitet”

e) **Mangelhaft:** ”Sie hat die ihr übertragenen Aufgaben im **Großen und Ganzen** zu unserer Zufriedenheit erledigt”

Bei dieser Bewertung fehlt der Zeitfaktor und die ”Zufriedenheit” wird in diesem Fall durch ”im Großen und Ganzen” auch noch eingeschränkt. Häufig fehlt die ”Zufriedenheit” auch ganz und die schlechten Leistungen werden wie folgt beschrieben:

- ”Er hat unsere Erwartungen größtenteils erfüllt”
- ”Sie führte die ihr übertragenen Aufgaben mit großem Fleiß und Interesse durch”
- ”Er machte sich mit großem Eifer an die ihm übertragenen Aufgaben heran”

Eine weitere Steigerung im negativen Sinne bedeutet die folgende Formulierung:

"Sie **bemühte sich**, die ihr übertragen Aufgaben zufriedenstellend zu erledigen”

Eine solch schlechte Beurteilung ist nur noch durch unzulässige Formulierungen wie ”sie wurde ihren Aufgaben nicht gerecht” zu übertreffen. Eine ungenügende Leistung wird auch durch folgende Formulierungen widergespiegelt:

- ”Er hat sich nach Kräften bemüht, die Leistungen zu erbringen, die wir an diesem Arbeitsplatz normalerweise erwarten”
- ”Er hatte Gelegenheit, seine Aufgaben kennenzulernen und machte Vorschläge zu ihrer Bewältigung ”

Zu beachten ist, dass die Gesamtbeurteilung und die in den folgenden Abschnitten aufgeführten Einzelbeurteilungen nach der Rechtsprechung des BAG in sich stimmig sein müssen (sehr gute Einzelbeurteilungen => sehr gute Gesamtbeurteilung).

## (2) Einzelbeurteilungen

- **Beurteilung des Fachwissens:** Ähnlich wie bei der Leistungsbeurteilung existieren auch hier Standardformulierungen, die für die Bewertung herangezogen werden können:

| | |
|---|---|
| **Sehr gut** | • Sie beherrschte ihr Arbeitsgebiet umfassend (hervorragend, souverän)<br>• Er besaß ein hervorragendes, jederzeit verfügbares Fachwissen<br>• Sie fand sich in neuen Situationen sicher zurecht |
| **Gut** | • Er verfügte über ein gutes Fachwissen und löste durch seine sichere Anwendung auch schwierige Aufgaben<br>• Sie arbeitete sicher und schnell<br>• Er fand sich in neuen Situationen zurecht |
| **Durch-schnittlich** | • Sie verfügte über das erforderliche Fachwissen und setzte es erfolgreich ein<br>• Er passte sich den jeweiligen Situationen an<br>• Sie fand brauchbare Lösungen |
| **Mäßig** | • Er zeigte das entsprechende Fachwissen<br>• Sie beherrschte ihr Arbeitsgebiet entsprechend den Anforderungen<br>• Er bewältigte neue Situationen nicht ohne Schwierigkeiten |

**Abb. 101:** Beurteilung des Fachwissens

- **Bewertung der Arbeitsbereitschaft:** Unter der Arbeitsbereitschaft sind Initiative, Aktivität, Einsatzwille und Fleiß zu verstehen. Die Bewertung kann nach folgender Abstufung erfolgen:

| | |
|---|---|
| **Sehr gut** | • Sie zeigte stets Initiative, großen Fleiß und Eifer<br>• Er identifizierte sich stets mit seiner Aufgabe und dem Unternehmen<br>• Sie hatte immer ausgezeichnete Ideen und gab wertvolle Anregungen<br>• Er ergriff selbstständig alle erforderlichen Maßnahmen und führte sie entschlossen durch |
| **Gut** | • Er zeigte stets Initiative, Fleiß und Eifer<br>• Sie führte alle Aufgaben mit großer Umsicht, großem Wissen und hohem Engagement aus<br>• Sie hatte oft gute Ideen und gab weiterführende Anregungen<br>• Er ging alle Aufgaben tatkräftig an und handelte selbstständig |
| **Durch-schnittlich** | • Er zeigte Initiative, Fleiß und Eifer<br>• Sie führte ihre Aufgaben mit Umsicht, Wissen und Engagement aus<br>• Sie gab gelegentlich eigene Anregungen<br>• Er übernahm die übertragenen Aufgaben und führte sie weitgehend selbstständig aus |
| **Mäßig** | • Er zeigte bei entsprechendem Anstoß Fleiß und Eifer<br>• Sie führte Ihre Aufgaben im großen und Ganzen umsichtig und engagiert aus<br>• Sie bemühte sich, Anregungen zu geben<br>• Er führte die ihm übertragenen Aufgaben unter Anleitung aus |

**Abb. 102:** Bewertung der Arbeitsbereitschaft

- **Beurteilung von Ausdauer und Belastbarkeit:** Hier werden Aussagen über die Erledigung von Arbeiten unter erschwerten Bedingungen (Termindruck etc.) gemacht:

| | |
|---|---|
| **Sehr gut** | • Er war ein stets ausdauernder und hochgradig belastbarer Mitarbeiter<br>• Sie bewältigte auch unter schwierigsten Arbeitsbedingungen alle Aufgaben |
| **Gut** | • Er war ein ausdauernder und gut belastbarer Mitarbeiter<br>• Sie war wechselnden Beanspruchungen gewachsen und hielt auch unter Termindruck durch |
| **Durchschnittlich** | • Er war ein ausdauernder und belastbarer Mitarbeiter<br>• Sie war den üblichen Beanspruchungen gewachsen |
| **Mäßig** | • Er zeigte Belastbarkeit<br>• Sie war den üblichen Beanspruchungen größtenteils gewachsen |

**Abb. 103:** Beurteilung von Ausdauer und Belastbarkeit

- **Bewertung von Wendigkeit und Aufgeschlossenheit:** Eine Bewertung der Auffassungsgabe und Flexibilität sowie der Fähigkeit, sich auf neue Situationen einzustellen, wird durch die folgenden Formulierungen ermöglicht:

| | |
|---|---|
| **Sehr gut** | • Sie war sehr umstellungsfähig und außerordentlich flexibel<br>• Er besaß eine schnelle Auffassungsgabe und war überaus aufgeschlossen gegenüber allem Neuen |
| **Gut** | • Sie war umstellungsfähig, wendig und vielseitig<br>• Er war gegenüber allem Neuen aufgeschlossen |
| **Durchschnittlich** | • Sie konnte sich, wenn nötig, umstellen |
| **Mäßig** | • Er bevorzugte eine gleichbleibende Tätigkeit |

**Abb. 104:** Bewertung von Wendigkeit und Aufgeschlossenheit

- **Bewertung von Arbeitsweise und Arbeitserfolg:** Beurteilungskriterien sind hier die Qualität der Arbeit sowie die Selbstständigkeit und die planvolle Arbeitsweise. Folgende Standardformulierungen haben sich durchgesetzt:

| | |
|---|---|
| **Sehr gut** | • Er war äußerst einsatzfreudig<br>• Sie arbeitete stets mit äußerster Sorgfalt und größter Genauigkeit<br>• Er zeichnete sich durch ein hohes Maß an Selbstständigkeit aus und erzielte stets optimale Lösungen |
| **Gut** | • Er erledigte seine Aufgaben mit großem Fleiß<br>• Sie arbeitete stets mit Sorgfalt und Genauigkeit<br>• Er arbeitete sehr selbstständig und erzielte stets gute Lösungen |
| **Durchschnittlich** | • Er war gründlich, fleißig und gewissenhaft<br>• Sie arbeitete sorgfältig und genau<br>• Er arbeitete selbstständig nach eigener Planung und erzielte gute Lösungen |
| **Mäßig** | • Er zeigte im Allgemeinen zufriedenstellende Arbeitsqualität<br>• Sie arbeitete im Allgemeinen sorgfältig und genau |

**Abb. 105:** Bewertung von Arbeitsweise und Arbeitserfolg

- **Bewertung von Zuverlässigkeit, Vertrauen und Verantwortung:** Auch bei der Bewertung der Zuverlässigkeit, der Vertrauenswürdigkeit und dem Verantwortungsbewusstsein haben sich standardisierte Formulierungen herausgebildet:

| | |
|---|---|
| **Sehr gut** | • Er war immer pflichtbewusst und stets zuverlässig<br>• Sie war äußerst vertrauenswürdig und stets bereit, volle Verantwortung zu übernehmen |
| **Gut** | • Er war pflichtbewusst und zuverlässig<br>• Sie war vertrauenswürdig und regelmäßig bereit, Verantwortung zu übernehmen |
| **Durchschnittlich** | • Er war durchaus pflichtbewusst und zuverlässig<br>• Sie war insgesamt vertrauenswürdig und übernahm ab und zu Verantwortung |
| **Mäßig** | • Er war meistens zuverlässig |

**Abb. 106:** Bewertung von Zuverlässigkeit, Vertrauen und Verantwortung

## 5.5.4 Bewertung der Führung

Unter Führung wird hier das Verhalten gegenüber Kollegen und Vorgesetzten sowie bei Mitarbeitern mit Führungsaufgaben gegenüber den Unterstellten verstanden. Ebenfalls in diesen Bereich fallen Beurteilungen über Kontaktvermögen, Hilfsbereitschaft, das Verhalten gegenüber Kunden und Lieferanten etc., also mit anderen Worten das gesamte soziale Verhalten des Beurteilten. Auch hier haben sich in der Praxis einige Standardformulierungen herausgebildet.

- **Verhalten gegenüber Vorgesetzten und Kollegen:** Das soziale Verhalten innerhalb des Betriebes lässt sich mit folgenden Formulierungen bewerten:

| | |
|---|---|
| **Sehr gut** | • Sein Verhalten gegenüber Vorgesetzten und Mitarbeitern war jederzeit einwandfrei<br>• Ihr Verhalten gegenüber Vorgesetzten und Kollegen war immer vorbildlich<br>• Er wurde wegen seines freundlichen Wesens und seiner kollegialen Haltung bei Vorgesetzten und Mitarbeitern sehr geschätzt<br>• Sie war stets hilfsbereit |
| **Gut** | • Sein Verhalten gegenüber Vorgesetzten und Mitarbeitern war einwandfrei<br>• Ihr Verhalten zu Vorgesetzten und Kollegen war vorbildlich<br>• Wegen seines freundlichen Wesens und seines kollegialen Verhaltens schätzten ihn Vorgesetzte und Mitarbeiter gleichermaßen<br>• Sie war hilfsbereit |
| **Durchschnittlich** | • Ihr Verhalten zu Vorgesetzten und Kollegen gab zu keinen Klagen Anlass<br>• Vorgesetzte und Mitarbeiter schätzten sein kollegiales Verhalten |
| **Mäßig** | • Ihr persönliches Verhalten war insgesamt einwandfrei<br>• Die Zusammenarbeit mit Vorgesetzten und Mitarbeitern verlief meist reibungslos |

**Abb. 107:** Verhalten gegenüber Vorgesetzten und Kollegen

- **Bewertung des Führungsverhaltens:** Für das Führungsverhalten leitender Angestellter, also die Qualität der Mitarbeiterführung als Vorgesetzter, haben sich eigene Formulierungen entwickelt. Die Bewertung sollte nicht zu knapp ausfallen, da hier eine der wichtigsten Eigenschaften einer Führungskraft angesprochen wird.

| | |
|---|---|
| **Sehr gut** | • Er war aufgrund seiner Führungsleistungen als Vorgesetzter voll anerkannt und allseits beliebt<br>• Sie verstand es in hervorragender Weise, ihre Mitarbeiter zu motivieren und zu leiten |
| **Gut** | • Er war aufgrund seiner Führungsleistungen als Vorgesetzter anerkannt und beliebt<br>• Sie verstand es, ihre Mitarbeiter zu motivieren und zu leiten |
| **Durchschnittlich** | • Er wurde im Großen und Ganzen als Vorgesetzter geschätzt und anerkannt<br>• Sie konnte als Vorgesetzte ihre Mitarbeiter zufriedenstellend motivieren |
| **Mäßig** | • Er war ein nicht unbeliebter Vorgesetzter<br>• Sie bemühte sich, die Arbeit ihrer Mitarbeiter zu koordinieren |

**Abb. 108:** Bewertung des Führungsverhaltens

- **Bewertung der Führungsleistung bei Führungskräften:** Bei einer Führungskraft gehört zur Leistung nicht nur die persönlich erbrachte eigene Arbeit, sondern auch die Leistung als Vorgesetzter - die Führungsleistung. Diese muss nach Führungsstil und Führungsergebnis aufgeschlüsselt werden. Ein einziger zusammenfassender Satz wie "Mit seinen Führungsleistungen waren wir zufrieden" ist nicht ausreichend und bei einer Führungskraft auch rechtlich nicht einwandfrei. Ein aussagekräftiges Zeugnis enthält eine Beschreibung des Führungsstils (kooperativ oder eher autoritär). Ein autoritärer Führungsstil wird mit folgenden Formulierungen umschrieben:

  - "Er führte äußerst konsequent/straff demokratisch"
  - "Er achtete darauf, dass seine Mitarbeiter ihre Arbeitskraft voll einsetzten"
  - "Er bestand darauf, dass alles so durchgeführt wurde, wie er es angeordnet hatte"

  Neben dem Führungsstil ist es wichtig, welche Auswirkungen dieser auf das Arbeitsergebnis hatte. Fehlt eine solche Aussage zum Führungsergebnis, könnten daraus evtl. negative Schlüsse gezogen werden. Formulierungen zu den Auswirkungen des Führungsstils auf die Mitarbeiter und das von ihnen erbrachte Betriebsergebnis sind:

| | |
|---|---|
| **Sehr gut** | • Er verstand es in allerbester Weise, seine Mitarbeiter zu überzeugen und zu motivieren, so dass er alle ihm übertragenen Aufgaben mit großem Erfolg verwirklichen konnte. |
| **Gut** | • Sie überzeugte ihre Mitarbeiter und förderte die Zusammenarbeit. Sie informierte ihr Team, regte Weiterbildung an und delegierte Aufgaben und Verantwortung und erreichte so ein hohes Abteilungsergebnis. |
| **Durchschnittlich** | • Er führte seine Mitarbeiter zielbewusst zu überdurchschnittlichen Leistungen |
| **Mäßig** | • Sie motivierte ihre Mitarbeiter und erreichte so befriedigende Leistungen<br>• Er war seinen Mitarbeitern jederzeit ein verständnisvoller Vorgesetzter<br>• Er koordinierte die Arbeit seiner Mitarbeiter und gab klare Anweisungen |

**Abb. 109:** Bewertung der Führungsleistung bei Führungskräften

- **Bewertung des Sozialverhaltens:** Unter Sozialverhalten versteht man das Verhalten des Arbeitnehmers gegenüber Vorgesetzten, Kollegen und Dritten, wie etwa Kunden oder Geschäftspartnern. Es gilt die Regel, dass zuerst die Vorgesetzten und dann die Kollegen genannt werden. Wird diese Regel gebrochen und die Reihenfolge vertauscht oder, was noch schlechter ist, der Hinweis auf das Verhältnis zum Vorgesetzten weggelassen, kann man auf Schwierigkeiten zwischen Vorgesetzten und Arbeitnehmer schließen. Es werden folgende Formulierungen verwendet:

| | |
|---|---|
| **Sehr gut** | • Er wurde wegen seines freundlichen Wesens und seiner kollegialen Haltung bei Vorgesetzten und Mitarbeitern sehr geschätzt<br>• Sein persönliches Verhalten gegenüber Vorgesetzten und Mitarbeitern war jederzeit einwandfrei |
| **Gut** | • Ihr Verhalten zu Vorgesetzten und Mitarbeitern war einwandfrei (vorbildlich)<br>• Wegen seines freundlichen Wesens und seines kollegialen Verhaltens schätzten ihn Vorgesetzte und Mitarbeiter gleichermaßen |
| **Durch-schnittlich** | • Ihr Verhalten gegenüber Mitarbeitern und Vorgesetzten war einwandfrei<br>• Seine Zusammenarbeit mit Vorgesetzten und Mitarbeitern war gut<br>• Vorgesetzte und Mitarbeiter schätzten ihr kollegiales Verhalten |
| **Mäßig** | • Ihr persönliches Verhalten war insgesamt einwandfrei<br>• Die Zusammenarbeit mit Vorgesetzten und Mitarbeitern verlief meist reibungslos<br>• Sie war stets um ein gutes Verhältnis zu Kollegen und Vorgesetzten bemüht<br>• Seine Zusammenarbeit mit Vorgesetzten und Mitarbeitern war insgesamt zufriedenstellend<br>• Sein Verhalten gegenüber den Vorgesetzten war insgesamt nicht zu beanstanden |

**Abb. 110:** Bewertung des Sozialverhaltens

## 5.5.5 Formulierungen zum Schlusssatz

Weder die Leistungs- noch die Verhaltensbeurteilung stehen im Arbeitszeugnis allein. Alle Aussagen zusammen bilden ein einheitliches Ganzes, das aber keine ganz einheitliche Aussage enthalten muss. Dies bedeutet, dass beide Beurteilungen immer im Zusammenhang mit der Schlussformel zu sehen sind. Die Schlussformel besteht grundsätzlich aus drei Teilen:

- Aussage zur Beendigung des Arbeitsverhältnisses,
- Dankesformel und
- Guten Wünschen für die Zukunft.

Angaben über die Lösung des Arbeitsverhältnisses werden zwar rechtlich nicht gefordert, sie sind aber trotzdem Bestandteil der überwiegenden Mehrheit von Arbeitszeugnissen. In der Austrittsformel wird eine Aussage darüber gemacht, wer die Kündigung ausgesprochen hat. Da in den meisten Arbeitszeugnissen eine arbeitnehmerseitige Kündigung angegeben wird, neigen Personalleute bei Bewerbungen dazu, eine arbeitgeberseitige Kündigung anzunehmen, wenn kein Kündigungsgrund angegeben wird. Austrittsgründe können z.B. die Aufnahme eines Studiums oder ein Umzug aus familiären Gründen sein, Floskeln wie "... um sich zu verändern ..." u.ä. sollten vermieden werden. Auch Austrittsformeln, die das gegenseitige Einvernehmen bezüglich der Beendigung des Arbeitsverhältnisses zum Ausdruck bringen, wirken meist negativ. Bei betriebsbedingten Kündigungen seitens des Arbeitgebers sollte der Kündigungsgrund erwähnt werden (z.B. Aufgabe des Geschäftsbetriebs, Auftragsmangel), um die Schuldlosigkeit des entlassenen Mitarbeiters zu dokumentieren.

Eine Bewertung kann in der Schlussformel auch durch den Dank für die geleisteten Dienste vorgenommen werden. Bei einer besonders guten Beurteilung kann die Dankesformel noch aufgewertet werden, indem man dem Bedauern über das Ausscheiden des betreffenden Mitarbeiters Ausdruck verleiht.

Ebenso kann durch das bewusste Weglassen von guten Wünschen für die Zukunft eine Bewertung des Mitarbeiters vorgenommen werden. Bei einer hervorragenden Bewertung können die guten Zukunftswünsche noch um eine Empfehlung und/oder den Hinweis, dass man den betreffenden Mitarbeiter jederzeit wieder einstellen würde, ergänzt werden. Folgende Formulierungen des Schlusssatzes sind üblich:

- ”Herr N. verlässt uns auf eigenen Wunsch, um sich einer größeren Aufgabe in einem anderen Unternehmen zu widmen. Er hat sich unserem Haus gegenüber bleibende Verdienste erworben. Wir bedauern sein Ausscheiden außerordentlich und wünschen ihm an seiner neuen Wirkungsstätte sowie für seinen weiteren beruflichen Werdegang alles Gute, viel Glück und Erfolg.”
- "Frau W. verlässt unsere Firma auf eigenen Wunsch, da sie ihren Wohnsitz nach München verlegt. Wir danken Frau W., die wir ohne Vorbehalte fachlich und persönlich empfehlen können, für ihre hervorragende Mitarbeit und wünschen ihr für ihren weiteren beruflichen Werdegang viel Glück und Erfolg."
- „Herr K. verlässt unser Unternehmen am 31.03.2004 auf eigenen Wunsch, um eine leitende Funktion in einem anderen Unternehmen anzunehmen. Für seine berufliche und persönliche Zukunft wünschen wir ihm alles Gute."
- ”Frau K. verlässt uns auf eigenen Wunsch, um sich einer neuen Aufgabe in einem anderen Unternehmen zu widmen. Wir bedauern ihr Ausscheiden sehr und verbinden mit unserem Dank für die bei uns geleistete Arbeit die besten Wünsche für ihre berufliche Zukunft”
- ”Herr Z. verlässt uns auf eigenen Wunsch. Wir bedauern sein Ausscheiden und wünschen ihm für die Zukunft alles Gute”
- ”Herr J. verlässt uns zum 30.09.2004 auf eigenen Wunsch”
- ”Das Arbeitsverhältnis von Herrn P. endet am 14.03.2004” (besonderes Datum!!)
- ”Das Arbeitsverhältnis von Herrn P. endet am 31.03.2003. Wir hoffen, dass er in einem anderen Unternehmen eine seinen Fähigkeiten entsprechende Tätigkeit findet.
- ”Wir wünschen ihm für eine neue Aufgabe außerhalb unseres Unternehmens alles Gute”

## 5.6 Verschlüsselungstechniken

Leistung und Verhalten des Mitarbeiters in – abgestuft – lobenden Worten darzustellen, ist nur eine Methode, Information in Arbeitszeugnissen weiterzuleiten. Eine weitere Möglichkeit ist beispielsweise, wichtige Aussagen bewusst wegzulassen, woraus der geübte Zeugnisleser negative Schlüsse ziehen kann. So wird bei Führungskräften in einer Vertrauensstellung ein Hinweis erwartet, dass sie jederzeit das Vertrauen des Unternehmens genossen haben.

Eine Abwertung des Mitarbeiters ist auch dadurch möglich, dass man eine unwichtige Aussage vor eine wichtige setzt. Beispielsweise: "Er war als Einkäufer für die Beschaffung von Büromaterial, Werkzeugen und Maschinen zuständig", ist ein deutlicher Hinweis auf mangelnde Leistung.

Die Hervorhebung von Unwichtigem oder Selbstverständlichem anstelle von Wichtigem ist eine weitere Möglichkeit, einen Mitarbeiter auf unauffällige Art negativ zu beurteilen. Beispielsweise durch "Besonders hervorzuheben ist sein gepflegtes Äußeres und dass er seine Verkaufsunterlagen stets geordnet und griffbereit hat" oder „Er beeindruckte vor allem durch seine Ordentlichkeit und seine gepflegte äußere Erscheinung".

Eine Abwertung kann auch dadurch zustande kommen, dass die räumliche oder zeitliche Geltung von Aussagen eingeschränkt wird. Zum Beispiel: "Er engagierte sich in unserem Fachverband und galt dort als Fachmann".

Durch den Einsatz von mehrdeutigen Worten der Alltagssprache kann auf negative Vorkommnisse und Eigenschaften hingewiesen werden. Beispielsweise: "Er hat alle Aufgaben mit der ihm eigenen (geringen) Sorgfalt erledigt" oder "Er ist ein anspruchsvoller (gegenüber anderen) und kritischer (nörgelnder) Mitarbeiter".

Die ausschließliche Verwendung des Passiv in Bezug auf den Mitarbeiter ("wurde ihm übertragen"; "wurde versetzt") kann bereits im Einleitungssatz signalisieren, dass es sich um eine besonders unselbstständige Person ohne Engagement handelt.

Eine weitere Möglichkeit ist die doppelte Verneinung oder die Verwendung abwertender Begriffe. Beispielsweise: "Er erzielte nicht unbedeutende (auch keine bedeutenden) Umsatzsteigerungen" oder "Sein Verhalten war nicht zu beanstanden (aber auch nicht zu loben)".

Bei all diesen verklausulierten Formulierungen besteht aber immer die Gefahr einer Fehl- oder Überinterpretation. Vor allem im Zusammenhang mit fehlenden Aussagen muss vor voreiligen Fehlinterpretationen gewarnt werden, da in vielen Fällen die Aussage vom Arbeitgeber schlicht vergessen worden ist. Bei der Interpretation eines Arbeitszeugnisses kommt es daher immer auf dessen Gesamtbild an.

Daneben sind zahlreichen Arbeitgebern die Feinheiten der Zeugnissprache nicht bekannt; viele – fachlich hervorragende – Vorgesetzte haben Schwierigkeiten bei der Beurteilung von unterstellten Mitarbeitern. Auch kann die aktuelle Verärgerung über das Ausscheiden des Mitarbeiters die Formulierung des Zeugnisses beeinflussen. Viele dieser Unklarheiten oder missverständlichen Formulierungen lassen sich jedoch erst im Vorstellungsgespräch klären.

## 5.7 Hilfsmittel zur Zeugniserstellung

Abhängig von der Größe des Unternehmens ergeben sich verschieden gelagerte Schwierigkeiten bei der Formulierung von Arbeitszeugnissen.

In **kleineren Betrieben** werden sowohl die Beurteilung als auch die Zeugnisausstellung für ausscheidende Mitarbeiter i.d.R. von einer Person vorgenommen. Dies kann der direkte Vorgesetzte oder auch der Chef selbst sein. Schwierigkeiten ergeben sich also nicht dadurch, dass die zu beurteilende Person dem Zeugnisaussteller nicht bzw. nur unzureichend gut bekannt ist, sondern durch die häufig mangelnde Erfahrung des Zeugnisausstellers in der Formulierungspraxis. Zur Lösung dieser Problematik sei auf die vorangegangenen Abschnitte und die Zeugnisbeispiele im folgenden Abschnitt verwiesen.

In den meisten **größeren Unternehmen** werden die Zeugnisse durch spezialisierte Mitarbeiter der Personalabteilung ausgestellt. Daraus erwächst das Problem, dass dem Zeugnisaussteller die zu beurteilende Person i.d.R. unbekannt ist. Daten über die Art und Dauer der Tätigkeit lassen sich recht einfach aus der jeweiligen Personalakte und der Stellenbeschreibung entnehmen. Aus diesen Angaben lässt sich jedoch nur ein einfaches Zeugnis erstellen, in dem die meist bekannten Standardformulierungen verwendet werden.

Schwierigkeiten ergeben sich jedoch dann, wenn ein qualifiziertes Zeugnis verlangt wird, da dann in jedem Fall eine Leistungs- und Führungsbeurteilung vorgenommen werden muss. Diese Beurteilung sollte immer durch den direkten Vorgesetzten des ausscheidenden Mitarbeiters erfolgen, da dieser die Leistungen des Arbeitnehmers am besten einschätzen kann.

Ein Hilfsmittel für den beurteilenden Vorgesetzten und den Zeugnisaussteller kann z.B. der im Anhang vorgestellte Fragebogen sein, der dann neben der Personalakte und der Stellenbeschreibung als eine Art "Gerüst" für das Zeugnis dienen kann.

Ein geübter Personalfachmann kann aus diesem Gerüst relativ problemlos ein aussagekräftiges Zeugnis erstellen, insbesondere dann, wenn die Formulierung auf die in den vorangegangenen Abschnitten beschriebene Weise standardisiert wird.

Etwas schwieriger ist die Erstellung frei formulierter Zeugnisse, die häufig von hochqualifizierten Mitarbeitern oder leitenden Angestellten erwartet werden. Bei der Formulierung solcher Zeugnisse ist in jedem Fall eine engere Zusammenarbeit des Personalfachmanns mit dem direkten Vorgesetzten des ausscheidenden Mitarbeiters und evtl. eine Hinzuziehung des Beurteilten selbst ratsam.

## 5.8 Beispielzeugnisse und Analyse

Abschließend sollen Zeugnismuster für verschiedene Berufsgruppen beispielhaft dargestellt und erläutert werden. Grundlage für diese Beispielzeugnisse bilden die Ausführungen aus den vorangegangenen Abschnitten, insbesondere die genannten Standardformulierungen.

## Beispiel 1: Einfache Arbeitszeugnisse

Wie schon mehrfach angedeutet, fallen einfache Arbeitszeugnisse in der Regel recht kurz aus, da die geforderten Angaben sich auf die Art und Dauer der Beschäftigung beschränken. Sie werden üblicherweise nur wenig qualifizierten Arbeitnehmern (ungelernte bzw. angelernte gewerbliche Arbeiter u.ä.) ausgestellt.

**ZEUGNIS**

Herr Wilfried Meier, geboren am 14.11.1971 in Ulm, wurde in der Zeit vom 01.04.1998 bis zum 30.06.2004 als Dreher in unserer Firma beschäftigt.
Herr Meier verlässt uns auf eigenen Wunsch.

Unterschrift

**Analyse:** Auch wenn es sich lediglich um ein einfaches Arbeitszeugnis handelt, fällt dieses doch durch seine besondere Kürze auf. Bei einem Facharbeiter sollte man zumindest eine detailliertere Beschreibung der ausgeführten Tätigkeit erwarten können. Üblicherweise wird bei einer Fachkraft auch ein qualifiziertes Zeugnis erwartet, die Ausstellung eines einfachen Zeugnisses gibt Anlass zu der Vermutung, dass die Leistungen mangelhaft waren. Die passive Formulierung und der kurze Schlusssatz unterstreichen den Eindruck, dass hier ein unterdurchschnittlicher Mitarbeiter beschrieben wird.

**ZEUGNIS**

Herr Heinrich Schwarz, geboren am 04.06.1972 in Bremen, trat am 01.07.1998 als Staplerfahrer in unsere Firma ein.
Herr Schwarz bediente einen gasgetriebenen Gabelstapler, mit dem er überwiegend für das Entladen von Lastkraftwagen zuständig war. Bei Personalengpässen war Herr Schwarz auch in unserem Hochregallager tätig, wo er die Bedienung eines elektrisch angetriebenen Hochraumstaplers ausübte. Herr Schwarz versah daneben selbstständig die Wartung von Staplern aller Bau- und Antriebsarten.
Wir bedauern, dass Herr Schwarz uns auf eigenen Wunsch zum 31.12.2004 verlässt und verbinden unseren Dank für die gute Zusammenarbeit mit den besten Wünschen für seine Zukunft.

Unterschrift

**Analyse:** Dieses Zeugnis ist für einen ungelernten Arbeiter genügend ausführlich formuliert. Es wird die ausgeübte Tätigkeit so vollständig beschrieben, dass ein Dritter sich ein Bild über die beruflichen Fähigkeiten machen kann. Auch wenn es sich hier lediglich um eine Arbeitsbescheinigung handelt, fällt doch der positive Gesamteindruck auf, den dieses Zeugnis vermittelt. Die aktiv gehaltene Formulierung der Tätigkeitsbeschreibung, insbesondere aber der Schlusssatz mit dem Bedauern über das Ausscheiden, dem Dank und den guten Zukunftswünschen, lassen den Schluss zu, dass man mit Herrn Schwarz sehr zufrieden war. Die fehlende Angabe des Kündigungsgrundes ist in diesem Zusammenhang vermutlich nicht negativ zu deuten, es handelt sich also hier um ein gutes Zeugnis.

## Beispiel 2: Qualifiziertes Zwischenzeugnis

Bei der Interpretation von Zwischenzeugnissen muss man grundsätzlich den Anlass für die Ausstellung mit in die Analyse einbeziehen. Wird es auf Verlangen des Arbeitnehmers ausgestellt, weil er einen Stellenwechsel beabsichtigt oder seinen "Marktwert" durch die Bewerbung bei anderen Unternehmen testen will, wird dies vom Zeugnisaussteller häufig als Mangel an Loyalität angesehen. Ein Grund für ein zu positiv ausfallendes Zwischenzeugnis kann dagegen darin liegen, dass man einen Mitarbeiter nicht verlieren will und ihn daher besonderes lobt. Die Analyse von Zwischenzeugnissen wird also dadurch erschwert, dass der Grund für die Ausstellung dem Zeugnisleser meist nicht bekannt ist.

**ZWISCHENZEUGNIS**

Frau Gertrud Klingen, geboren am 19.09.1973 in Hanau, ist seit dem 01.04.1992 als Kontoristin in unserem Unternehmen beschäftigt.
Sie wurde zunächst mit der Führung unserer Beschaffungs- und Lagerkartei betraut, wobei es vor allem auf Präzision und Sorgfalt bei der Arbeit ankommt. Frau Klingen erfüllte diese Aufgabe vorbildlich.
Da sie auf die Dauer eine abwechslungsreichere Tätigkeit anstrebte, vervollkommnete sie ihre Kenntnisse in Steno und EDV-gestützter Textverarbeitung durch den Besuch von abendlichen Fortbildungskursen. Wir kamen ihrem Wunsch nach innerbetrieblicher Versetzung gerne nach und übertrugen ihr seit dem 01.07.2004 die Stellung der Sekretärin unseres Produktionsleiters.
In dieser Position kann sie die im Einkauf erworbenen Kenntnisse sehr gut verwerten. Frau Klingen erwies sich als gewissenhafte, pflichtbewusste Mitarbeiterin, die wegen ihrer freundlichen Art bei ihren Kollegen allgemein anerkannt ist.
Frau Klingen überraschte uns mit der Bitte um ein Zwischenzeugnis, da sie sich zu unserem Bedauern beruflich verändern möchte. Dieser Bitte kommen wir hiermit nach und erteilen ihr das gewünschte Zwischenzeugnis.

Unterschrift

**Analyse:** Aus diesem Zwischenzeugnis geht die Enttäuschung des Arbeitgebers wegen des angestrebten Stellenwechsels hervor. Dies kommt vor allem im Schlusssatz zum Ausdruck, aber auch durch die unzureichende Bewertung von Führung und Leistung der Frau Klingen. Dass es sich vermutlich um eine eigentlich recht gute Mitarbeiterin handelt, lässt sich aus der in Eigeninitiative vorgenommenen Fortbildung und dem innerbetrieblichen Aufstieg in die Position einer Sekretärin erkennen. Der Verzicht auf eine Schilderung der Beziehung zu den Vorgesetzten kann verschiedene Gründe haben: entweder gab es am Verhalten der Frau Klingen tatsächlich etwas auszusetzen, oder es kam erst durch ihre Absicht, die Stelle zu wechseln, zu Differenzen. Das Zeugnis ist insgesamt wenig aussagefähig, bei einer Bewerbung um eine neue Stelle in einem anderen Unternehmen wird es nicht sehr hilfreich sein; Frau Klingen hätte besser darauf verzichtet.

## Beispiel 3: Ausbildungszeugnis

Grundsätzlich sollten in einem Ausbildungszeugnis nur Tatsachen erwähnt werden, die ein positives Licht auf den Beurteilten werfen. Damit soll den i.d.R. recht jungen Mitarbeitern die weitere berufliche Entwicklung erleichtert oder doch zumindest nicht unnötig erschwert werden. Diese Vorgehensweise entbindet den Aussteller jedoch nicht von der Wahrheitspflicht.

**AUSBILDUNGSZEUGNIS**

Herr Oliver Lenarz, geboren am 12.9.1984 in Dinslaken, wurde in unserem Unternehmen zum Maschinenschlosser ausgebildet. Seine Ausbildung begann am 01.08.2001 und endete am 24.06.2004 mit der bestandenen Gesellenprüfung, die er vor der Innung Krefeld mit der Gesamtnote gut ablegte.

Während seiner Ausbildung wurde Herr Lenarz in den nach dem Ausbildungsplan für das Maschinenschlosserhandwerk vorgesehenen Tätigkeiten unterwiesen und hat dabei alle für das Berufsbild des Maschinenschlossers erforderlichen Kenntnisse und Fähigkeiten erworben.

Daneben nahm Herr Lenarz erfolgreich an folgenden Lehrgängen teil:
- Grundlagen der modernen Zerspanungstechnik
- Schweißtechnik MIG/MAG, WIG
- Hydraulik und Pneumatik, Stufe I und II
- Grundlagen der CNC-Programmierung

Herr Lenarz zeichnete sich vor allem durch seine gründliche Arbeitsweise und sein großes Interesse an technischen Zusammenhängen aus. Ein ordentlicher Arbeitsplatz sowie Fleiß, Pünktlichkeit und Zuverlässigkeit waren für ihn selbstverständlich. Seine Leistungen waren in jeder Hinsicht voll zufriedenstellend.

Das Verhalten gegenüber seinen Ausbildern und den anderen Mitarbeitern unseres Hauses war stets einwandfrei. Auch zu den anderen Auszubildenden hatte Herr Lenarz wegen seiner freundlichen Art und seiner Hilfsbereitschaft einen guten Kontakt, was auch durch seine Wahl zum Leiter der Jugendmannschaft unseres Betriebssportvereins zum Ausdruck kam.

Nach der Beendigung seiner Ausbildung haben wir Herrn Lenarz ab dem 1.7.2004 als Maschinenschlossergesellen seinem Wunsch entsprechend in unsere Fertigungsabteilung für Hydraulikkomponenten übernommen, in der es auf die Einhaltung hoher Qualitätsanforderungen ankommt.

Wir sind überzeugt, dass Herr Lenarz diesen Anforderungen bestens gewachsen ist und wünschen ihm für seine weitere Laufbahn in unserem Hause viel Erfolg.

________________________

Unterschrift

**Analyse:** Bei diesem Ausbildungszeugnis fallen neben der guten Leistungsbewertung insbesondere der Erwerb von zusätzlichen Qualifikationen und das soziale Engagement des Herrn Lenarz positiv auf (Leitung der Jugendmannschaft). Auch die lobende Erwähnung von Fleiß, Zuverlässigkeit und Pünktlichkeit ist in einem Ausbildungszeugnis durchaus angebracht. Eine weitere Bestätigung der guten Beurteilung geht aus der Übernahme des Herrn Lenarz und der Überzeugung, dass er den "Anforderungen bestens gewachsen" ist, hervor.

## Beispiel 4: Zeugnis bei schwerem Vergehen

Schwerwiegende Vergehen und Straftaten, die das Arbeitsverhältnis betreffen, müssen aus Gründen der Wahrheitspflicht im Arbeitszeugnis Erwähnung finden, da sich der Zeugnisaussteller sonst u.U. gegenüber einem neuen Arbeitgeber schadensersatzpflichtig macht.

**ZEUGNIS**

Herr Hans Backes, geboren am 04.07.1973 in Freiburg, war seit dem 01.09.1995 als Lohnbuchhalter in unserer Finanzabteilung tätig.
Herr Backes war in dieser Position für das Kassenwesen mitverantwortlich und erledigte die anfallenden Lohn- und Gehaltsabrechnungen.
Zu seinem Aufgabengebiet gehörte weiterhin die Abrechnung von Prämien, Dienstreisen und Spesen.
Herr Backes erledigte die ihm übertragenen Aufgaben stets selbstständig mit Fleiß und Interesse und bis zum März diesen Jahres zu unserer vollen Zufriedenheit.
Unsere interne Revision deckte jedoch Unregelmäßigkeiten in der Kassenführung auf, so dass wir uns gezwungen sehen, das Arbeitsverhältnis mit Herrn Backes zum 04.03.2004 zu beenden.

____________________

Unterschrift

**Analyse:** Hier handelt es sich um die Unterschlagung durch einen Buchhalter, der aus diesem Grund fristlos entlassen wurde (siehe Austrittsdatum!). Einmalige und weniger schwerwiegende Verfehlungen dürfen nicht so direkt erwähnt werden. In solchen Fällen wird versucht, die Tatbestände "zwischen den Zeilen" anzusprechen, indem z.B. bei einem Buchhalter die Erwähnung der Zuverlässigkeit bei der Beurteilung unterlassen wird.

## Beispiel 5: Qualifizierte Endzeugnisse

In den folgenden Beispielen sind qualifizierte Endzeugnisse dargestellt. Dabei wird neben einem Zeugnis im Stil der "klassischen" Standardformulierungen auch ein frei formuliertes Zeugnis vorgestellt.

**ZEUGNIS**

Herr Dipl.-Wirt.Ing. Raimund Buhl, geboren am 23. April 1965 in Mannheim, ist am 1. Januar 1993 in unsere Niederlassung Mannheim eingetreten.

Bevor er ab Juli 1994 mit der Leitung der Abteilung Kostenrechnung und Statistik betraut wurde, absolvierte Herr Buhl ein Ausbildungsprogramm, das ihn zunächst durch verschiedene Abteilungen der Niederlassung Mannheim führte, um ihm einen Überblick über die praktische Arbeit gewinnen zu lassen.

Seine Aufgaben umfassten vorwiegend die termingerechte und ordnungsgemäße Durchführung der Kostenrechnung und Statistik im Rahmen der ergangenen Richtlinien und Weisungen. Außerdem wurde er auch zu Kommentierungen und Analysen im Rahmen eines internen Informationssystems herangezogen.

Aufgrund seiner überdurchschnittlichen Leistungen wurde Herr Buhl Mitte 1999 auf die Übernahme einer verantwortungsvolleren Position in unserem Hause vorbereitet. Es war vorgesehen, dass Herr Buhl die Leitung der Abteilung Rechnungswesen und Information übernehmen sollte. Im Rahmen eines mehrjährigen Ausbildungsganges qualifizierte er sich zur Übernahme dieser Funktion.

Er war unter anderem in der Finanzbuchhaltung der inländischen Niederlassung tätig, um bei der Erstellung des Jahresabschlusses mitzuwirken, sowie in der Niederlassung New York, um das Rechnungswesen einer ausländischen Niederlassung kennenzulernen. In dieser Zeit hat er die Abteilungskostenrechnung und die Spartenrechnung in New York eingeführt und hierbei den ihm gegebenen Spielraum bei der Lösung von Problemen voll genutzt.

Herr Buhl hat sowohl im Bereich Controlling an der Datengewinnung für das Informationssystem mitgewirkt und den zuständigen Referatsleiter zeitweilig vertreten, als auch im Bereich Rechnungswesen Inland Sonderanalysen erstellt und mit großem Erfolg an Neukonzeptionen für die Kostenerfassung und die fertigungsbegleitende Kalkulation gearbeitet. Aufgrund seines besonderen Interesses für EDV-orientierte Anwendungen in der Kostenrechnung war es möglich, dass wichtige Verfahren und Auswertungen in relativ kurzer Zeit auf maschinelle Bearbeitung umgestellt werden konnten. In Anerkennung seiner Leistungen ernannten wir Herrn Buhl am 1. Januar 2001 zum Prokuristen.

Aufgrund seiner sicheren Fachkenntnisse, seiner langjährigen Erfahrung sowie seines großen Interesses an neuen Aufgaben konnte Herr Buhl bei allen Tätigkeiten ein hohes Maß an Selbstständigkeit eingeräumt werden. Sein überdurchschnittliches Engagement sowie seine Fähigkeit, auch komplexe Sachverhalte in praxisgerechte Lösungen zu überführen, sind hervorzuheben. Er arbeitete jederzeit planvoll, zweck-gerecht und mit Übersicht. Mit seinen Leistungen waren wir immer sehr zufrieden.

Neben seiner fachlichen Qualifikation zeichneten Herrn Buhl seine freundliche, kollegiale und hilfsbereite Art aus sowie seine Bereitschaft, sein Wissen und Können auch vorbehaltlos anderen zu vermitteln. Seine dienstliche Führung war stets vorbildlich.

Herr Buhl hat sein Dienstverhältnis zum heutigen Tag auf eigenen Wunsch fristgerecht gekündigt, um die Position des Generaldirektors in einem befreundeten Unternehmen anzunehmen. Wir bedauern sein Ausscheiden sehr, haben jedoch Verständnis für seine Entscheidung und verbinden unseren Dank für die langjährige erfolgreiche Zusammenarbeit mit den besten Wünschen für die Zukunft

Frankfurt, den 1. März 2004 ____________________

(Unterschrift)

**Analyse:** Hierbei handelt es sich um ein qualifiziertes und gutes ("immer sehr zufrieden") Zeugnis eines leitenden Angestellten im oberen Management. Der Aufstieg im Unternehmen ist chronologisch und in sich stimmig beschrieben, die Beschreibung von Qualifikation, hohen Leistungen und Führungsverhalten geben ein gutes Bild von der Person und ihren Fähigkeiten. Besonders positiv ist, dass die guten Arbeitserfolge des Herrn Buhl gewürdigt werden. Es sollten nicht nur Verbesserungsvorschläge und Projekte, sondern auch deren erfolgreiche Umsetzung im Unternehmen erwähnt werden. Weiter fällt positiv auf, dass das Zeugnis in der Hauptsache frei formuliert wurde, ein Schema ist nicht zu erkennen, vorgefertigte Formulierungen wurden kaum verwendet. In der Schlussformel fehlt weder der Dank für die geleisteten Dienste noch die Angabe des Austrittsgrundes, es handelt sich hier um ein sehr gutes Zeugnis.

**ZEUGNIS**

Frau Marianne Zank, geboren am 04.09.1978 in Darmstadt, war in der Zeit vom 01.01.2003 bis zum 31.03.2004 in unserem Unternehmen als Verkäuferin tätig.
Sie war zunächst in der Abteilung für Damenoberbekleidung tätig und wechselte dann in unsere Spielwarenabteilung.
Wir waren während der gesamten Beschäftigungszeit mit ihren Leistungen voll und ganz zufrieden, ihr Verkaufsumsatz lag deutlich über dem Durchschnitt und sie fand sich auch in neuen Situationen sicher zurecht.
Die Zusammenarbeit mit Vorgesetzten und Mitarbeitern verlief meist reibungslos; wir lernten Frau Zank als umgängliche Kollegin kennen, die gleichermaßen tüchtig war und sich gut zu verkaufen wusste. Ihr Verhalten den Kunden gegenüber war vorbildlich.
Frau Zank scheidet auf eigenen Wunsch aus unserem Unternehmen aus. Wir wünschen ihr für ihre berufliche Zukunft alles Gute und viel Glück.

Unterschrift

**Analyse:** Bei Frau Zank handelt es sich um eine fähige und engagierte Verkäuferin. Dies geht sowohl aus der Leistungsbeurteilung als auch aus dem Einleitungssatz hervor ("tätig" bedeutet eine aktive Arbeitsweise). Diese gute Leistung und ihren hohen Umsatz erkaufte sie sich jedoch auf Kosten des betrieblichen Friedens, wie aus der Führungsbeurteilung deutlich hervorgeht. Die Formulierung "umgängliche Kollegin" zeigt an, dass insbesondere das Verhältnis zu den anderen Mitarbeitern nicht zufriedenstellend war, was durch die Aussage, dass sie "tüchtig war und sich gut zu verkaufen wusste" noch verstärkt wird. Das Verhalten den Kunden gegenüber wird recht gut bewertet, ansonsten wäre Frau Zank wohl kaum eine zweite Chance in der Spielzeugabteilung eingeräumt worden.

Diese innerbetriebliche Versetzung nach einer recht kurzen Zeit lässt im Zusammenhang mit der Führungsbeurteilung auf eine Mitarbeiterin schließen, die es schafft, schon nach kurzer Zeit Unfrieden zu stiften und von der man sich trotz guter Leistungen trennt. Die Kündigung ist Frau Zank zumindest nahegelegt worden, wenn sie nicht sogar durch das Unternehmen ausgesprochen wurde.

# 6 Datenschutz von Personaldaten

Da es sich bei Personaldaten um ausgesprochen wichtige unternehmensinterne Daten handelt, sind diese durch entsprechende **Schutzvorkehrungen** vor einem möglichen Verlust zu schützen. Denkbare Gefahrenquellen liegen sowohl im technischen als auch im personellen Bereich. So können Daten beispielsweise durch **Stromausfall**, **Brand** oder **Wasserschaden** verloren gehen. Des Weiteren ist aber auch eine **Fehlbedienung**, die oft ein Resultat der Eintönigkeit der Bearbeitung ist, und der durch abwechslungsreichere Arbeit vorgebeugt werden kann, oder eine gewollte **Manipulation** über die Eingabeeinheiten von PC-Computern und Großrechnern durch Mitarbeiter grundsätzlich nicht auszuschließen.

Bei einem verstärkten Einsatz von PC-Geräten ergeben sich besondere Probleme. Der Missbrauch wird durch die große Programmvielfalt erleichtert und die Datenübermittlung an unbefugte Dritte wesentlich vereinfacht. Über Diskettenschächte können zudem **Computerviren** in das System implantiert werden. Auf diese Weise ist auch eine Ausbreitung von einmal eingespielten Viren über ein internes Netzwerk (LAN) denkbar.

Das große Spektrum der beschriebenen Gefährdungsursachen für Personaldaten erfordert eine ganze Kette von Datenschutzmaßnahmen, die in den folgenden Kapiteln beschrieben werden.

## 6.1 Durchführung von Datensicherungsmaßnahmen

Um den oben genannten Gefährdungsursachen vorzubeugen, sollten folgende Sicherungsmaßnahmen durchgeführt werden:

- **Physische Sicherung** des Datenbestandes: Dazu gehören doppelt geführte Bestände, getrennte Tresoraufbewahrung auf verschiedenen Speichermedien und wöchentliche oder tägliche Backup-Routinen.
- **Plausibilitätskontrollen:** Um Eingabefehlern vorzubeugen, sind systemeigene Plausibilitätskontrollen einzusetzen. Dadurch wird sichergestellt, dass gravierende Fehler vermieden werden. Insbesondere im Abrechnungsteil können unrealistische Gehaltssummen oder BAT-Einstufungen verhindert werden.
- **Organisationskontrolle**: Neben den technischen sind auch geeignete organisatorische Maßnahmen zu treffen. Hierzu zählen die Erfassung aller Geräte an einer zentralen Stelle, die Dokumentation der Passwörter, die Protokollierung der Arbeitsschritte und die ordnungsgemäße Vernichtung der Datenträger.
- **PC-Einsatz**: Der PC-Einsatz in der Personalwirtschaft erfordert darüber hinaus spezielle Vorkehrungen. Insbesondere die Sicherung des Computers gegen Diebstahl und eine separat verschließbare Festplatte sind zu erwähnen. Ferner ist zu gewährleisten, dass der Rechner nicht geöffnet werden kann, um bestimmte Karten oder Chips auszutauschen. Des Weiteren sollte darauf geachtet werden, dass der Benutzer nicht auf die Betriebssystemebene gelangt, um dort sicherheitsgefährdende Befehle auszuführen (z.B. die DOS-Befehle Format, Fdisk, Erase etc.).

## 6.2 Zugriffsschutz

Beim Umgang mit den Personaldaten eines Unternehmens gilt es, **Diskretion** und **Seriosität** zu wahren. Dies bedeutet, dass Mitarbeiter, die im Rahmen ihrer Tätigkeit mit Personaldaten arbeiten, zu einer besonderen **Sorgfaltspflicht** angehalten werden und eine unnötige Weitergabe an interne und externe Stellen unterlassen. In diesem Zusammenhang wirken sich vor allem zwei Faktoren erschwerend aus. Zum einen ist der Bestand an Personaldaten meist ausgesprochen groß, so dass eine komplette garantierte Kontrolle schwierig wird, zum anderen gibt es eine Vielzahl von Stellen und Abteilungen, die mit Personaldaten arbeiten, wie folgende Abbildung verdeutlicht:

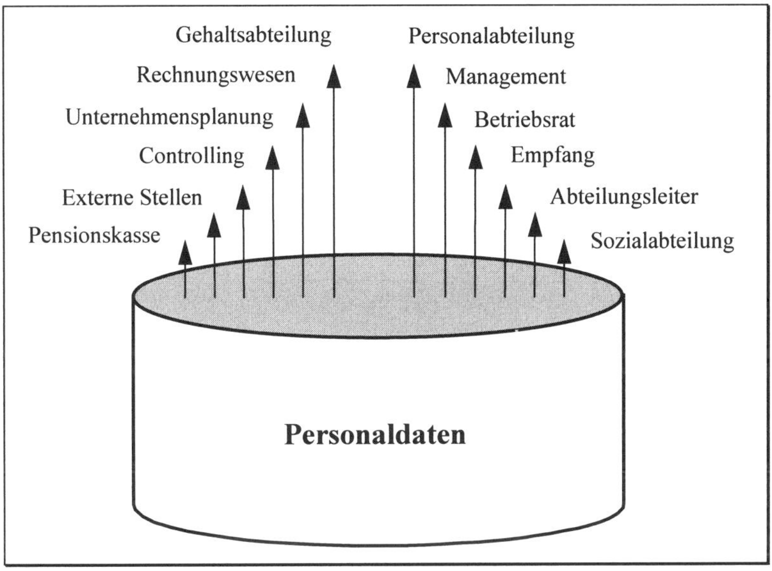


**Abb. 111:** Abteilungen, die auf Personaldaten zugreifen können

Es wird klar, dass bei der Größe des Benutzerkreises von Personaldaten ein unbefugter Zugriff zu verhindern ist. Dieser Zugriffsschutz kann zum Beispiel in der Weise realisiert werden, dass jedem Benutzer ein **eigener Speicherbereich** und eine **Benutzerklasse** zugeordnet wird. Diese Maßnahme soll auf der einen Seite die gewünschte Diskretion im Umgang mit Daten verbessern, auf der anderen Seite werden Störungen verhindert, die durch die unsachgemäße Verwendung oder Änderung von Daten und Programmen entstehen könnten. Eine besondere Gefahr für ein Unternehmen stellen hierbei eventuell fehlerhafte Systemkommandos dar.

Aus diesem Grund wird jeder Bereich durch eine **Benutzerklasse** identifiziert und zusätzlich durch ein **Passwort** geschützt. Bei der Einrichtung der Benutzerklassen sollten ausschließlich sachliche Kriterien die Grundlage sein. Beispielsweise sind die auf Prestige ausgerichteten Forderungen eines Abteilungsleiters nach einer hierarchisch höheren Benutzerklasse zurückzuweisen, wenn gemäß der Stellenbeschreibung für einen Zugriff auf bestimmte Daten kein Bedarf besteht.

Die folgenden Beispiele sollen typische Zugriffsberechtigungen für verschiedene Mitarbeiterkategorien verdeutlichen. Dabei sind folgende Kategorien zu unterscheiden:

- Führungsebene/Management
- Nicht-Führungskräfte
- Auszubildende
- Aushilfen/Praktikanten

Des Weiteren wird von den im Zusammenhang mit der Personalstammdatei benutzten Datengruppen wieder Gebrauch gemacht:

- Persönliche Daten
- Firmeninterne Daten
- Daten zum Entgelt
- Zeitdaten

Da ein Mitarbeiter der Personalabteilung mehr Befugnisse zugeteilt bekommt als zum Beispiel die Empfangsdame, empfiehlt sich zusätzlich eine Einteilung bezüglich der verschiedenen Tätigkeiten bzw. **Aktionen** innerhalb der Datenverarbeitung:

- Daten erfassen
- Daten verändern
- Daten ansehen
- Daten löschen

Insgesamt muss also genau definiert sein, welcher Personenkreis welche Aktionen mit welchen Daten durchführen darf:

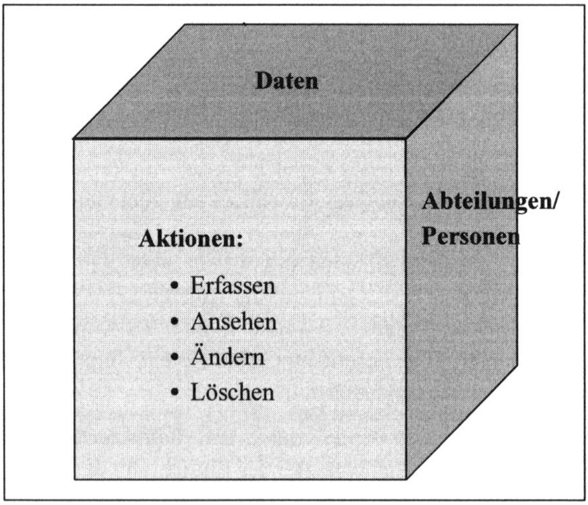


**Abb. 112:** Allgemeine Zugriffsregelungen

Als Beispiele für unterschiedliche Personenkreise eines Unternehmens mit individuellen Zugriffsrechten sei hier stellvertretend der Empfang, die Ausbildungsleitung sowie die Personalabteilung gemäß obigem Schema dargestellt. Die Zugriffsberechtigungen sind jeweils grau hervorgehoben.

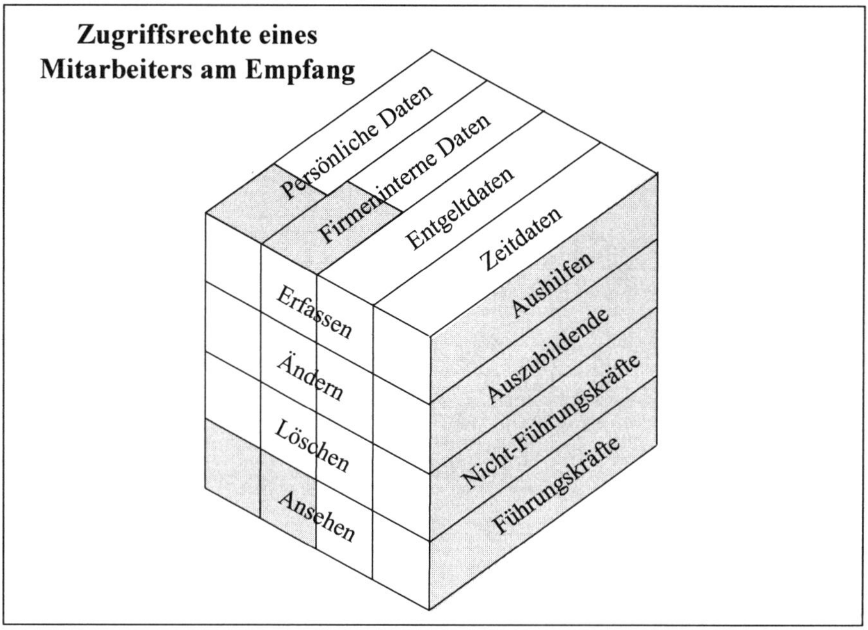


**Abb. 113:** Zugriffsrechte eines Mitarbeiters am Empfang

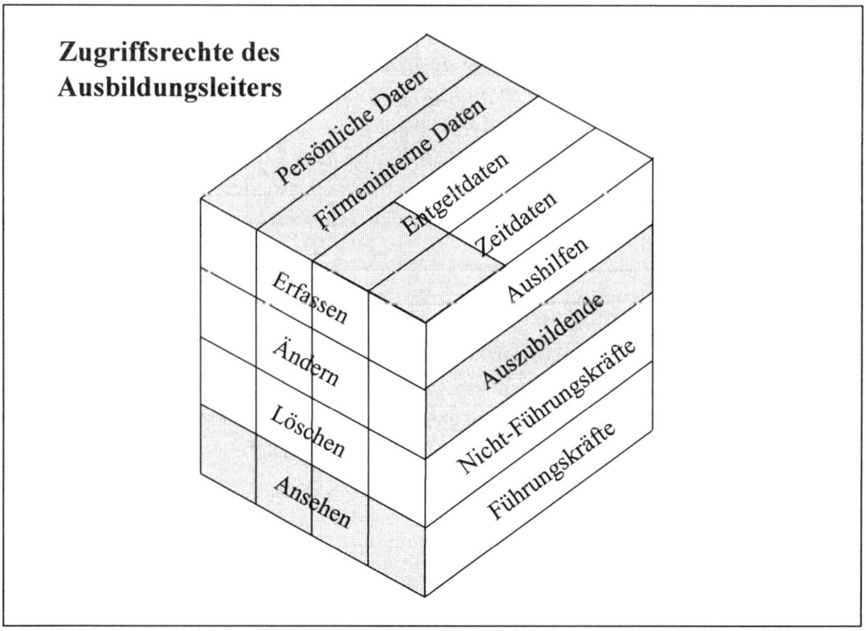


**Abb. 114:** Zugriffsrechte der Ausbildungsleitung

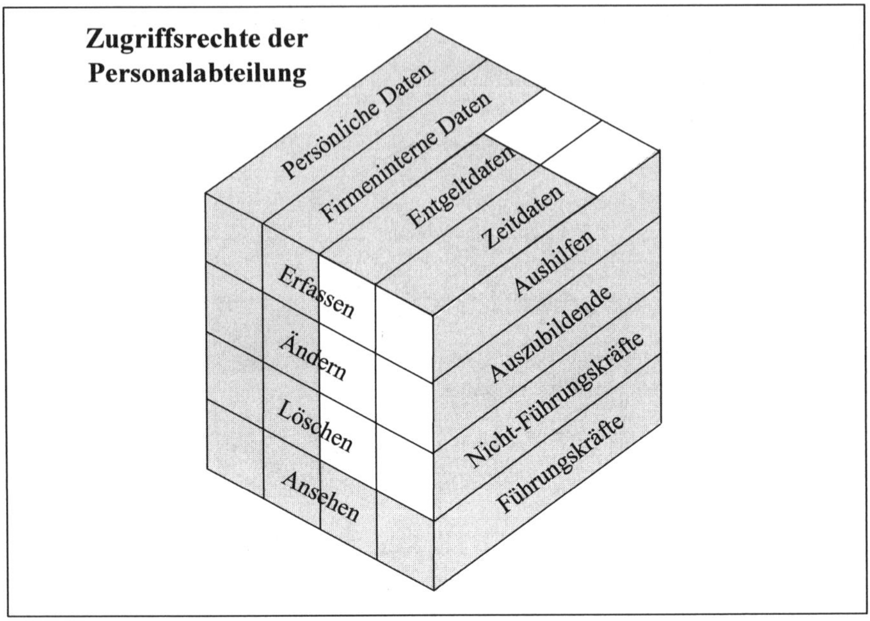


**Abb. 115:** Zugriffsrechte der Personalabteilung

Eine Überlappung von Kompetenzen ist im Regelfall nicht sinnvoll, z.B. sollte ein Ändern von Urlaubsdaten lediglich von der Personalabteilung vorgenommen werden können und nicht etwa von Organisations-Programmierern der EDV-Abteilung.

Je nach Definition der Benutzerklassen stehen bestimmten Benutzern nur bestimmte Systemkommandos zur Verfügung. Dem gelegentlichen Benutzer wird dabei sicherlich eine kleinere Menge an Systembefehlen angeboten als dem Systemverwalter oder dem Administrator der Datenbank. Die **Benutzerhierarchie** und die damit verbundene Priorität, die den einzelnen Benutzern bei der Erledigung ihrer Aufträge zugeordnet ist, sollte sinnvollerweise nicht durch den "einfachen" Benutzer geändert werden können. Hingegen wird z.B. das Abfragen der Systemzeit jeder Benutzerklasse erlaubt sein.

Ein **Passwort** wirkt darüber hinaus als zusätzliche "Filterstation". Nur dem System bekannte Benutzer haben Zugriff zu ihrer jeweiligen Benutzerklasse. Sehr entscheidend ist aber, dass dieses Passwort erstens eine relativ lange Zeichenkette sein muss, und zweitens kein Zusammenhang zu dem Arbeits- oder dem Privatbereich der betreffenden Person bestehen darf. Der Vorname der Frau oder das Autokennzeichen würden als Passwort z.B. nur einen sehr schwachen Schutz darstellen, da diese Zeichenketten sehr schnell von nicht berechtigten Personen erraten werden könnten.

Neben den geschilderten Möglichkeiten zur Verwirklichung des Zugriffsschutzes über die Einrichtung von Benutzerklassen und Passwörtern kann aber auch die **Bedieneroberfläche** einer Anwendersoftware derart gestaltet werden, dass nur bestimmte Aktionen, z.B. nur eine Eingabe von Daten, durchführbar sind. Der begrenzte Umfang an Aktionen wird in der Praxis durch sogenannte **Bildschirmmasken** oder durch auf den Anwender zugeschnittene **Auswahlmenüs** realisiert.

## 6.3 Rechtliche Maßnahmen

Da gerade bei der Personalverwaltung eine Vielzahl persönlicher Mitarbeiterdaten maschinell gespeichert werden, muss in diesem Zusammenhang auf den Datenschutz eingegangen werden. Das **Bundesdatenschutzgesetz** schreibt Maßnahmen zum Schutz vor Missbrauch personenbezogener Daten vor. Diese haben zum Ziel, die Privatsphäre der Mitarbeiter zu sichern, die Vertraulichkeit der Mitarbeiterdaten zu bewahren und deren Missbrauch zu verhüten.

Dem Bundesdatenschutzgesetz unterliegen alle Öffentlichen Verwaltungen (§§ 7-21 BDSG), alle Betriebe, die Mitarbeiterdaten maschinell verarbeiten (§§ 11-20 BDSG) und alle Betriebe, die personenbezogene Daten für fremde Zwecke verarbeiten (§§ 31-40 BDSG). Zusätzlich gelten die von den Bundesländern erlassenen Landesdatenschutzgesetze.[71] Beispiele für personenbezogene Daten können folgender Tabelle entnommen werden.

| Datentyp | Beispiele |
|---|---|
| Persönliche Grunddaten | Name, Anschrift, Geburtsdatum, Nationalität |
| Familiendaten | Familienstand, Anzahl der Kinder, Angaben über Angehörige |
| Daten über Einkommen und Vermögen | Einkommenshöhe, Schulden, Unterhaltspflichten, Kapitalvermögen, Immobilien |
| Steuerliche Daten | Steuerklasse, Steuerermäßigung, Heimatfinanzamt |
| Daten der Ausbildung | Schulausbildung, Prüfungen, zusätzliche Qualifikationen |
| Berufliche Daten | Berufsausbildung, Berufsbezeichnung, Titel |
| Gesundheitsdaten | Krankheiten, Grad der Erwerbsunfähigkeit, Kuren |
| Soziale Daten | Ehrenämter, Funktionen in Verbänden und Vereinen |
| Daten über Rechtsverstöße | Straftaten, Ordnungswidrigkeiten, Disziplinarmaßnahmen, Führerscheinentzug |

**Abb. 116:** Personenbezogene Daten

Über das Bundesdatenschutzgesetz (BDSG) hinaus sind weitere allgemeine Grundsätze des Datenschutzes im Hinblick auf die Personalaktenführung zu beachten:

- **Der materielle Personalaktenbegriff**. Alle Aufzeichnungen über den Arbeitnehmer, die in einem Zusammenhang mit dem Arbeitsverhältnis stehen, sind in einer Personalakte aufzubewahren.
- **Der Grundsatz der Vollständigkeit**. Alle relevanten Akten müssen erhalten bleiben und dürfen nicht ohne Wissen des Betroffenen vernichtet oder verändert werden.
- **Der Grundsatz der Richtigkeit**. Aus der Personalakte muss ein zutreffendes und objektives Bild über den Arbeitnehmer entstehen.
- **Der Grundsatz der Vertraulichkeit**. Er durchzieht die gesamte Personalaktenführung und schützt den Betroffenen vor einer Offenlegung der Daten gegenüber unbefugten Dritten.

---

71 Vgl. Heinecke, A.: EDV-gestützte Personalwirtschaft, München/Wien 1994, S. 189 ff.

Zusätzlich zu der Speicherung und Verarbeitung der Daten für interne Zwecke der Betriebe werden die Daten auch **externen Institutionen** zur Verfügung gestellt. Auch mit diesen Daten muss nach den einschlägigen Vorschriften umgegangen werden. Die folgende Tabelle zeigt einige **externe Informationsempfänger** und die mögliche Anwendung der Daten für deren jeweilige Aufgaben:[72]

| **Informationsempfänger** | **Anwendung** |
|---|---|
| Finanzamt | Lohnsteuer-Anmeldung |
| Arbeitgeberverband | Löhne und Gehälter |
| Berufsgenossenschaft | Unfallanzeige, Lohnnachweis |
| Industrie- und Handelskammer | Ausbildungswesen |
| Gewerbeaufsichtsamt | Ausnahmeregelungen zur Arbeitszeit |
| Statistisches Landesamt | Arbeitskosten, Löhne und Gehälter |
| Gewerkschaft | Haustarifvertrag |
| Kommune | Anzahl der Arbeitsplätze |
| Wissenschaftliche Institute | Umfragen, empirische Erhebungen |

**Abb. 117:** Externe Datenempfänger

Da sie für den Schutz der Personaldaten von besonderer Bedeutung sind, soll hier auf die Maßnahmen zum Datenschutz, die Datensicherung und den Datenschutzbeauftragten eingegangen werden:

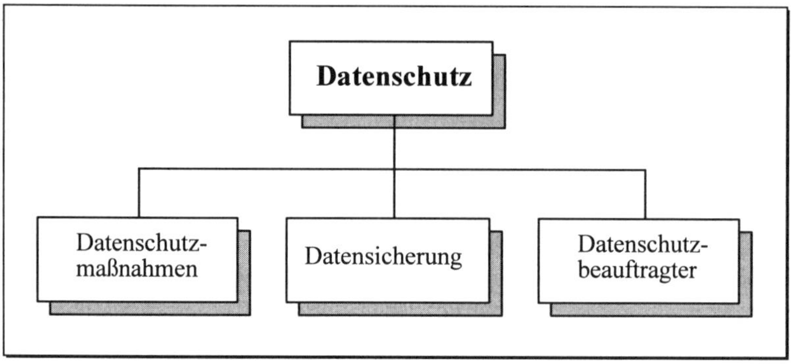


**Abb. 118:** Gliederung des Datenschutzes

## 6.3.1 Datenschutzmaßnahmen

Bei den Datenschutzmaßnahmen sind zwei Arten der Datenspeicherung zu unterscheiden: die **konventionelle Archivierung** und die Speicherung auf **magnetischen Datenträgern**. So müssen bei der konventionellen Archivierung die Akten (Personalakte, Personalkartei) unter Verschluss gehalten werden und nur bestimmte Mitarbeiter dürfen Zugang zu dem Datenmaterial haben. Für Personaldaten, die über Terminals abgerufen wer-

[72] Vgl. Hentze, J.: Personalwirtschaftslehre 2, a.a.O., S. 333.

den können, sind eine Reihe weiterer Maßnahmen erforderlich. Die **Terminals** mit Datenzugriff sind nur bestimmten Mitarbeitern, die sich zudem durch **Passwörter** zu identifizieren haben, zugänglich. Dieser Personenkreis hat wiederum nur Zugriffsberechtigungen zu bestimmten Dateien, Datensegmenten oder Datenfeldern und kann je nach Status diese nur lesen, ändern oder ergänzen. Zudem kann das System ein "**Vier-Augen-Prinzip**" anwenden, das heißt, es dürfen Daten nur nach der Zustimmung zweier Mitarbeiter geändert oder ergänzt werden. Diese und mögliche andere Maßnahmen sind auch in der Kombination von mehreren Maßnahmen möglich.[73]

## 6.3.2 Datensicherung

Um den Datenschutz zu gewährleisten schreibt § 6 BDSG eine Vielzahl von technischen und organisatorischen Vorkehrungen zur Gewährleistung des Datenschutzes vor. Die folgende Auflistung skizziert eine Auswahl aus der Gesamtheit dieser Einzelmaßnahmen:[74]

- **Zugangskontrolle:** Sie verhindert den Zugriff auf gesicherte Daten durch Unbefugte. Mit Hilfe von Kontrollsystemen, wie elektronischen Systemen oder auch durch den Einsatz eines Pförtners, wird das Eindringen von unbefugten Personen in den Bereich von Datenverarbeitungsanlagen unterbunden.
- **Abgangskontrolle:** Sie verhindert die unbefugte Entfernung von Datenträgern aus dem Datenverarbeitungsbereich. Die Abgangskontrolle umfasst die Registrierung, den Verschluss und die Dokumentation von Ausgabe und Rückgabe nicht mehr benötigter Datenträger.
- **Speicherkontrolle:** Sie soll die unbefugte Eingabe, Kenntnisnahme, Veränderung oder Löschung personenbezogener Daten verhindern. Hier steht die Sicherung des Prozessablaufs durch Identifikationsmerkmale für Benutzer, z.B. durch ein Passwort, im Vordergrund.
- **Benutzerkontrolle:** Sie schließt eine Systemnutzung durch Unbefugte aus. Erreicht werden kann dies beispielsweise durch:
  - Name, Kennwort oder Kombination verschiedener individueller Angaben,
  - Ausweis, Spezialschlüssel, Kennkarte,
  - elektronische Fingerabdruck-Kontrolle, Unterschrift, Stimmanalyse.
- **Zugriffskontrolle:** Sie stellt sicher, dass der Benutzer nur Zugriff zu solchen Daten hat, für die seine Zugriffsberechtigung gilt. Eine Protokollierung aller Zugriffe ermöglicht es, diese zurückzuverfolgen.
- **Übermittlungskontrolle:** Sie soll die Übermittlung von Daten, auf die ein Benutzer selbständig zugreifen kann, ohne jedoch der speicherbefugten Stelle anzugehören, überprüfen, feststellen und dokumentieren.
- **Eingabekontrolle:** Die Eingabekontrolle lässt es zu, auch nachträglich denjenigen zu ermitteln, der personenbezogene Daten eingegeben hat. Auf diese Weise können unzulässige Speicherungen zurückverfolgt werden.

---

[73] Vgl. Heinecke, A.: EDV-gestützte Personalwirtschaft, a.a.O., S. 189 ff.

[74] Vgl. Wohlgemuth, H.H.: Datenschutz für Arbeitnehmer, Hamburg 1990, S. 280 ff.

- **Auftragskontrolle:** Sie stellt sicher, dass bei der Auftragsdatenverarbeitung nur nach den Weisungen des Auftraggebers verfahren wird. Zusätzlich sind die Datenbestände der einzelnen Auftraggeber gegeneinander abzuschotten, um mögliche Datenverknüpfungen der Bestände miteinander zu unterbinden.
- **Transportkontrolle:** Beim Transport von Datenträgern und bei der Übermittlung ist unbefugtes Lesen, Verändern oder Löschen zu verhindern. Dies kann durch Codieren der Daten oder durch Verschluss in einem sicheren Behälter erreicht werden.
- **Organisationskontrolle:** Die Organisation ist so zu gestalten, dass sie den Anforderungen des Datenschutzes gerecht wird. Dies kann durch Trennung der einzelnen Funktionen im Verarbeitungsbereich geschehen.

Die oben aufgeführten Maßnahmen gelten für die automatisierte Verarbeitung. Bei nicht automatisierter Verarbeitung sind diese Sicherheitsmaßnahmen nicht vorgeschrieben. Trotzdem gilt auch hier § 6 Abs.1 BDSG. So müssen Gehalts-, Gesundheits- und Religionsdaten besonders gesichert sein.

Grundsätzlich soll jedoch der Aufwand in einem angemessenen Verhältnis zum Zweck stehen (§ 6 Abs. 2 BDSG). Je sensibler die Daten, um so höher soll auch der Schutzaufwand sein. Ebenso wachsen mit steigender Zahl von Zugriffberechtigten die Anforderungen an die Schutzmaßnahmen.

## 6.3.3 Datenschutzbeauftragter

Zur Gewährleistung der Anwendung des BDSG sowie anderer Rechtsvorschriften über den Datenschutz ist eine **Datenschutzkontrolle als Selbstkontrolle** ("betrieblicher Datenschutzbeauftragter") durch die speichernde Stelle vorgesehen. Die Bestellung des betrieblichen Datenschutzbeauftragten, seine Rechte, Befugnisse und Aufgaben sind im BDSG geregelt. Ein Datenschutzbeauftragter muss im nicht-öffentlichen Bereich bestellt werden:

- von jeder speichernden Stelle, die personenbezogene Daten in oder aus Dateien verarbeitet
- und diese Dateien an Dritte übermittelt oder automatisierte Verfahren benutzt
- und in der Regel mindestens 5 Mitarbeiter ständig in der automatisierten Datenverarbeitung oder in der Regel mindestens 20 Mitarbeiter ständig in der konventionellen Datenverarbeitung beschäftigt.

Ein Datenschutzbeauftragter sollte bestellt werden von allen Unternehmen, die zur Bestellung nicht verpflichtet sind, wo jedoch Mitarbeiterzahl, Geschäftsumfang oder Sensibilität der personenbezogenen Daten oder Branche es vorteilhaft erscheinen lassen.[75]

Für das Anforderungsprofil des betrieblichen Datenschutzbeauftragten hebt das BDSG **Fachkunde** und **Zuverlässigkeit** heraus. Des Weiteren gelten eine **mehrjährige Berufserfahrung** in den Sparten EDV und Betriebsorganisation sowie Kenntnisse in den

[75] Vgl. Gorn, W.: Das Bundesdatenschutzgesetz und seine Auswirkungen auf das Personalwesen, In: Das Personalbüro in Recht und Praxis, Freiburg i. Br. 1993, S. 371.

Bereichen der **Revision** und des **Rechts** als vorteilhaft. Zur Erfüllung der Funktion müssen ferner folgende Anforderungen erfüllt sein:

- Organisationstalent,
- Koordinationsgeschick,
- Überzeugungs- und Durchsetzungskraft,
- Verhandlungsgeschick und
- Schulungstalent.

Der Auftrag des betrieblichen Datenschutzbeauftragten lautet wie folgt: "Der Beauftragte für den Datenschutz hat die Ausführung dieses Gesetzes sowie anderer Vorschriften über den Datenschutz sicherzustellen..."[76] Durch diese Definition ist das Aufgabenfeld des betrieblichen Datenschutzbeauftragten außerordentlich komplex. Zu seiner Bewältigung ist er gezwungen viele Aufgaben zu delegieren - insbesondere an die Betriebsorganisation, die EDV-, Revisions- und die Schulungsabteilung.[77] Die Verantwortung liegt jedoch beim betrieblichen Datenschutzbeauftragten selbst.

Ergeben sich Schwierigkeiten bei der Durchführung der Maßnahmen, so hat der Datenschutzbeauftragte unverzüglich die Geschäftsleitung zu informieren. Die folgende Abbildung gibt einen zusammenfassenden Überblick über Verantwortung und Kompetenz des betrieblichen Datenschutzbeauftragten. Unter Kompetenz sollen hier gemäß der Organisationslehre die einem Stelleninhaber ausdrücklich zugeteilten Rechte oder Befugnisse verstanden werden. Ihr Pendant sind die Pflichten oder Verantwortungen, welche der Stelleninhaber zu übernehmen hat.

| **Auftrag gemäß § 37 Abs. 1 BDSG: "Der Beauftragte für den Datenschutz hat die Ausführungen dieses Gesetzes sowie anderer Vorschriften über den Datenschutz sicherzustellen..."** | |
|---|---|
| **Verantwortung** | **Kompetenz** |
| Überwachung der ordnungsgemäßen Anwendung der entsprechenden Datenverarbeitungsprogramme (Organisations- und Systemkontrolle) | Informationsrecht bezüglich der Vorhaben der automatisierten Personaldatenverarbeitung |
| Schulung der bei der Verarbeitung personenbezogener Daten tätigen Personen | Mitwirkung bei der entsprechenden Personalauswahl |
| Dokumentation und Führen des Dateiregisters | Weisungsfreiheit bei der Anwendung der Fachkunde ohne Benachteiligung |
| Vertretung des Unternehmens gegenüber Behörden, Betroffenen etc. | Unterstützung (persönlich, sachlich, finanziell) durch die Geschäftsführung |
| Verwaltungsaufgaben: Arbeitsanweisung, Protokolle, Meldewesen etc. | Unterstellung unmittelbar unter die Geschäftsleitung |

**Abb. 119:** Verantwortung und Kompetenz des Datenschutzbeauftragten

---

[76] § 37 Abs. 1 BDSG.

[77] Vgl. Gorn, W.: Das BDSG und seine Auswirkungen auf das Personalwesen, a.a.O., S. 374.

# 7 Anhang

## 1. Glossar der wichtigsten EDV-Begriffe

| | |
|---|---|
| Arbeitsspeicher | Flüchtiger Speicher innerhalb der Zentraleinheit, der Speicherinhalt geht beim Ausschalten des Computers verloren (RAM). |
| Barcode | Balken- oder Strichcode, mit dem Daten durch unterschiedlich breite Striche codiert werden können. |
| Beamer | Gerät zur Projektion der Bildschirmansicht eines Computers, dass vorrangig für Präsentation genutzt wird. |
| BIOS | Abkürzung für Basic Input Output System, im BIOS werden die wichtigsten Maschinendaten und Softwarecodes für die grundlegenden Ein- und Ausgabeoperationen des Computers abgelegt |
| Befehl | Anweisung, die aus einem einzelnen Wort, einer Abkürzung oder auch aus mehreren Abkürzungen besteht. |
| Benutzeroberfläche | Eine visuell angelegte graphische Oberfläche, mit deren Hilfe Betriebssystemfunktionen ausgeführt werden. |
| Betriebssystem | Systemsoftware zur Koordinierung der Hardware und der Anwendungsprogramme z.B. Windows, Linux |
| CD-Brenner | Computer Hardware, mit der CD-ROMs und Audio-CDs erstellt (gebrannt) werden können. Als Medien werden beschreibbare CD-R und mehrfach beschreibbare CD-RW benutzt. |
| CD-ROM | Abkürzung für Compact-Disc ROM, optischer Massenspeicher, der nur einmalig beschreibbar ist und dessen Informationsinhalt dann nicht mehr verändert werden kann |
| Computervirus | Programm, das sich selbst kopieren kann und diese Kopien in andere Programme einschleust, die dann verändert bzw. geschädigt werden können. Vorrangige Verbreitung über das Internet. |
| Datei | Ansammlung von Daten, die durch einen entsprechenden Datei-namen identifiziert ist. |
| Datenbank | Datenbestände aus unterschiedlichen, teilweise miteinander verknüpften Dateien. |
| Diskette | Transportabler magnetischer Datenträger. Disketten werden in verschiedenen Formaten (3 1/2" oder 5 1/4") und mit verschiedenen Speicherkapazitäten (meist 360 KB bis 1,44 MB) eingesetzt. |
| DVD | Abkürzung für Digital Versatile Disc, ein digitaler optischer Festspeicher in Form einer mit Aluminium beschichteten runden Scheibe. Sie wird als Film-, Musik- und Datenspeicher verwendet. Die DVD ist eine Weiterentwicklung der Compactdisc und ist äußerlich von ihr nicht zu unterscheiden, hat jedoch eine höhere Datendichte bis zu 17 GByte. |

| | |
|---|---|
| Festplatte | Magnetischer Datenträger mit hoher Speicherkapazität (bis ca. 1000 MB und höher). I.d.R. fest im Computer installiert. |
| Firewall | Eine Sicherheitseinrichtung zwischen zwei Computernetzwerken, die ein „sicheres Netz" vor unbefugten Zugriffen aus einem „unsicheren Netz" abschottet, ähnlich einer Brandschutzmauer, die die Ausbreitung eines Feuers stoppt oder zumindest erschwert. Firewalls werden beispielsweise eingesetzt, um ein lokales Netzwerk (LAN) gegen Angriffe aus dem Internet zu schützen. |
| Firewire | Schnittstellen- und Protokollspezifikation für den schnellen Datenaustausch zwischen Multimedia- und anderen Peripheriegeräten |
| Hardware | Physikalische Teile des Computersystems wie beispielsweise die Systemeinheit, die Tastatur, der Bildschirm und der Drucker. |
| Internet | Weltweites Computernetzwerk, das prinzipiell von jedem Interessenten eingesehen und benutzt werden kann. |
| Micro-prozessor | Hauptchip eines Computers, in dem die eigentliche Verarbeitung (z.B. Berechnung) von Daten erfolgt. Auch CPU (Central Processing Unit) genannt. |
| Netzwerk | System aus mehreren, miteinander verbundenen Computern. Er-leichtert den Datenaustausch. |
| PC | Personal Computer. Einzelplatzrechner für den individuellen Einsatz. |
| Peripherie | Sammelbezeichnung für Zusatzgeräte (Maus, Scanner, Drucker etc.), die an den eigentlichen Computer angeschlossen werden. |
| RAM | Abkürzung für "Random Access Memory". Arbeitsspeicher des Computers, der beschrieben und wieder ausgelesen werden kann. |
| ROM | Abkürzung für "Read Only Memory". Fest programmierter Spei-cherbereich des Computers. Die Daten können nur gelesen aber nicht verändert werden und gehen beim Abschalten des Computers nicht verloren. |
| Scanner | Gerät zum Einlesen und Digitalisieren von Texten und Graphiken. |
| Schreibschutz | Mechanische Vorrichtung an einer Diskette, die das unbeabsich-tigte Überschreiben oder Löschen von gespeicherten Daten verhindert. |
| Server | Computer mit mehreren Prozessoren, der sich durch hohe Verarbeitungsgeschwindigkeit und Leistungsfähigkeit auszeichnet. |
| Software | Anwenderprogramme zur Ausführung bestimmter Aufgaben (z.B. Textverarbeitungs-, Präsentations-, Graphikprogramme). |
| USB | Abkürzung für englisch Universal Serial Bus; in der Datenverarbeitung Bezeichnung für ein Bussystem (Bus) mit einer multifunktionalen Schnittstelle mit Anschlüssen für Telefon, Modem, Maus, Tastatur, Drucker, Scanner und andere Peripherie-Geräte. |
| WLAN | Abkürzung für englisch Wireless Local Area Network, lokales Netzwerk von Computern, die kabellos per Funk miteinander verbunden sind . |

## 2. Formular zur Mitarbeiterbeurteilung[78]

### Mitarbeiterbeurteilung

Datum: ______________________

Name, Vorname, Pers.-Nr. ______________________

Organisationseinheit ______________________

Letzte Beurteilung am ______________________

Name, Vorname des letzten Beurteilers ______________________

Name, Vorname des Beurteilers ______________________

Beurteilungszeitraum von __________ bis ______________

☐ Grund der Beurteilung

1 = Reguläre Beurteilung
2 = Ablauf der Probezeit
3 = Versetzung
4 = Wechsel des unmittelbaren Vorgesetzten
5 = Auf Wunsch des Mitarbeiters
6 = Auf Wunsch des Vorgesetzten

### I. Hauptaufgaben des Beurteilten

| Nr. | Bezeichnung der Aufgabe | Anteil % |
|---|---|---|
| 1 | | |
| 2 | | |
| 3 | | |
| 4 | | |
| 5 | | |
| 6 | | |
| 7 | | |
| 8 | | |
| 9 | | |
| 10 | | |

78 Vgl. WestLB: Leitfaden für die Mitarbeiterbeurteilung, a.a.O.

Blatt 2

## II. Beurteilung

| | Bedeutung für die Position | | | Beurteilung* | | | | |
|---|---|---|---|---|---|---|---|---|
| | keine | ∅ | große | ++ | + | o | - | -- |
| **1 Arbeitsleistung** | | | | | | | | |
| a Fachkenntnisse | | | | | | | | |
| b Arbeitsqualität | | | | | | | | |
| c Arbeitsplanung | | | | | | | | |
| **2 Arbeitsverhalten** | | | | | | | | |
| a Entschlusskraft | | | | | | | | |
| b Belastbarkeit | | | | | | | | |
| c Flexibilität | | | | | | | | |
| d Selbständigkeit | | | | | | | | |
| **3 Zusammenarbeit** | | | | | | | | |
| a Kooperationsverhalten | | | | | | | | |
| b Mitteilungsbereitschaft | | | | | | | | |
| c Konfliktbewältigung | | | | | | | | |
| **4 Unternehmerisches Handeln** | | | | | | | | |
| a Strategisches Handeln | | | | | | | | |
| b Kostenbewusstes Handeln | | | | | | | | |
| c Ertragsbewusstes Handeln | | | | | | | | |
| d Risikobewusstes Handeln | | | | | | | | |
| e Unternehmerische Initiative | | | | | | | | |
| **5 Führungsverhalten** | | | | | | | | |
| a Planen/ Organisieren | | | | | | | | |
| b Ziele setzen | | | | | | | | |
| c Delegieren | | | | | | | | |
| d Motivieren | | | | | | | | |
| e Mitarbeiter fördern | | | | | | | | |

* ++ Übertrifft die Anforderungen ständig

\+ Übertrifft häufig die Anforderungen

o Erfüllt regelmäßig alle Anforderungen

\- Erfüllt die Anforderungen nicht immer

-- Ist von den Anforderungen häufig überfordert

Blatt 3

## III. Förderungsmaßnahmen

☐ Der Mitarbeiter ist in seinem Aufgabengebiet gegenwärtig richtig eingesetzt. Für seine Förderung sollen in den nächsten zwei Jahren folgende Schwerpunkte gesetzt werden:

Förderungsmaßnahmen am Arbeitsplatz

| Nr. | Kommentar | Merkmal | Termin |
|---|---|---|---|
| 1 | | | |
| 2 | | | |
| 3 | | | |

Vorgeschlagene Fortbildungsmaßnahmen

| Nr. | Kommentar | Merkmal | Termin |
|---|---|---|---|
| 1 | | | |
| 2 | | | |
| 3 | | | |

☐ Der Mitarbeiter übertrifft die Anforderungen der heutigen Aufgabe in besonderer Weise. Es sollte geprüft werden, ob er in den nächsten zwei Jahren in ein Entwicklungsprogramm einbezogen werden kann, das ihn auf die Übernahme verantwortungsvollerer (Führungs-) Aufgaben vorbereitet.

## IV. Ergänzende Bemerkungen

______________________________________________

______________________________________________

______________________________________________

## V. Gesprächsprotokoll

Die Beurteilung wurde mit dem Mitarbeiter am ____________ besprochen.

☐ Der Mitarbeiter akzeptiert die Beurteilung.

☐ Der Mitarbeiter akzeptiert die Beurteilung nicht.

Der Mitarbeiter ist zu folgenden Einzelpunkten anderer Meinung: ____, ____, ____

Ort und Datum ______________________________

Unterschrift des Beurteilten ______________________________

Unterschrift des Beurteilers ______________________________

Sichtvermerk des nächsthöheren Vorgesetzten ______________________________

# 3. Formular zur Potenzialbeurteilung

## Potenzialbeurteilung

Datum ____________________

Name, Vorname, Personal-Nr. ____________________

Name, Vorname des Beurteilers ____________________

Beurteilungszeitraum von __________ bis __________

| | ++ | + | o | - | -- |
|---|---|---|---|---|---|
| **Ganzheitliches Handeln** (Beurteilung der schwierigsten Entscheidung) | | | | | |
| Wie hat er/ sie entschieden? | | | | | |
| Welches ist heute das Ergebnis seiner/ ihrer Entscheidung? | | | | | |
| **Unternehmerisches Handeln** (Beurteilung des unternehmerischen Risikos) | | | | | |
| Wie hat er/ sie entschieden? | | | | | |
| Welches sind die Auswirkungen seiner/ ihrer Entscheidung heute? | | | | | |
| **Integrität/ Verhaltensethik** (Beurteilung der Konfliktfähigkeit) | | | | | |
| Wie hat er/ sie Interessenkonflikte gelöst? | | | | | |
| Welches sind die Auswirkungen seines/ ihres Entscheidens heute? | | | | | |
| **Optimistischer Realismus/ Änderungswille** (Beurteilung der Stressbewältigung) | | | | | |
| Wie kam er/ sie mit Stresssituationen zurecht? | | | | | |
| Welches sind die Auswirkungen auf sein/ ihr Verhalten heute? | | | | | |
| **Effektives Führungsverhalten** (Beurteilung des Umgangs mit Mitarbeitern) | | | | | |
| Welche Risiken wurden eingegangen? | | | | | |
| Welches sind die Auswirkungen auf sein/ ihr Verhalten heute? | | | | | |

++ Top 10 % + Überdurchschnittlich o Durchschnittlich - Unterdurchschnittlich -- Bottom 10 %

**Gesamtpotenzial:**

Heute (be-)förderungswürdig ☐

In den nächsten 2 Jahren (be-)förderungswürdig ☐

Innerhalb des bisherigen Fachbereichs entwicklungsfähig ☐

Potenzial durch die gegenwärtige Position weitgehend ausgeschöpft ☐

Unterschrift des Beurteilten ____________________

Unterschrift des Beurteilers ____________________

# 4. Formular zur Vorgesetztenbeurteilung

## Vorgesetztenbeurteilung

Name des Vorgesetzten ______________________________ Datum ______________

Name des Beurteilenden ____________________________________________________

Meine Beurteilung soll mit dem Vorgesetzten besprochen werden:

☐ Im Einzelgespräch

☐ Im Gruppengespräch

mit Herrn/ Frau ___________________________ als Moderator meiner Gruppe

| Nr. | Beurteilungskriterium | ++ | + | o | - | -- |
|---|---|---|---|---|---|---|
| 1. | Vorbild und Orientierung sein | | | | | |
| 2. | Einfühlungsvermögen im Umgang mit Mitarbeitern | | | | | |
| 3. | Berufliche und persönliche Förderung der Mitarbeiter | | | | | |
| 4. | Motivationsfähigkeit | | | | | |
| 5. | Offenheit * | | | | | |
| 6. | Informationen und Wissen weitergeben | | | | | |
| 7. | Informationen und Anregungen entgegennehmen | | | | | |
| 8. | Teamgeist und Bereitschaft zur Gruppenarbeit | | | | | |
| 9. | Visionen entwickeln ** | | | | | |
| 10. | Strategisches Denken und Handeln *** | | | | | |
| 11. | Bereitschaft und Ermutigung zur Innovation | | | | | |
| 12. | Methodik der Zielvereinbarung | | | | | |
| 13. | Zielfestigkeit und Entscheidungsbeständigkeit | | | | | |
| 14. | Zugestandener Entscheidungsspielraum | | | | | |
| 15. | Entscheidungsbereitschaft und Mut zum Risiko | | | | | |
| 16. | Organisationsgeschick | | | | | |
| 17. | *(Raum für ein weiteres Kriterium)* | | | | | |
| | Anzahl Nennungen | | | | | |

Blatt 2

## Gesprächsprotokoll

Vereinbarungen zwischen Vorgesetztem und Beurteilendem aufgrund des Gespräches:

| Nr. | Vereinbarung |
|---|---|
| | |
| | |
| | |
| | |
| | |
| | |
| | |

Keine Übereinstimmung wurde erzielt in:

| Nr. | Begründung |
|---|---|
| | |
| | |
| | |
| | |

* **Offenheit**:

Bereitschaft, über Gedanken und Gefühle, ob angenehm oder unangenehm, zu sprechen. Offenheit bedeutet auch Durchschaubarkeit und Berechenbarkeit.

** **Visionen entwickeln**:

Bereitschaft, der Arbeit eines Bereiches einen Sinn zu geben. Hierzu zählt auch die Fähigkeit, mitreißende Perspektiven aufzuzeigen, mit denen sich die Mitarbeiter identifizieren können.

*** **Strategisches Denken und Handeln**:

Bereitschaft, langfristig angelegte Ziele zu verfolgen. Diese Ziele entwickeln sich aus der Fähigkeit, unternehmerisch und in Gesamtzusammenhängen zu denken.

Ort und Datum ______________________________

Unterschrift Beurteiler ______________________________

Unterschrift Beurteilter ______________________________

## 5. Formular zur Zeugniserstellung

### Fragebogen zur Ausstellung eines Arbeitszeugnisses

Bitte bis spätestens zum ______________ an die Personalabteilung zurückgeben.

Name des Mitarbeiters : ______________________________

Geburtsdatum/ -ort : ______________________________

Eintrittsdatum : ______________________________

Austrittsdatum : ______________________________

Beschäftigt als : ______________________________

Welche Arbeiten waren zu erledigen? ______________________________

______________________________________________

______________________________________________

Bitte beurteilen Sie die den Mitarbeiter nach folg. Kriterien in Form von Schulnoten:
(sehr gut - gut - befriedigend - ausreichend - mangelhaft - ungenügend)

1. Fachwissen und Fachkönnen : ____________________
2. Arbeitsqualität : ____________________
3. Arbeitsmenge : ____________________
4. Einstellung zur Arbeit : ____________________
5. Selbständigkeit : ____________________
6. Zuverlässigkeit : ____________________
7. Auffassungsgabe : ____________________
8. Verhalten gegenüber Vorgesetzten : ____________________
9. Verhalten gegenüber Kollegen : ____________________
10. Verhalten gegenüber Unterstellten : ____________________
11. Umgang mit Besuchern und Kunden: ____________________

Sind sonstige Kenntnisse und Fähigkeiten vorhanden (Sprachen etc.)? ________

______________________________________________

______________________________________________

Welche Fortbildungsmaßnahmen wurden absolviert? ____________________

______________________________________________

______________________________________________

Wie beurteilen Sie den Mitarbeiter mit Ihren eigenen Worten? ____________

______________________________________________

______________________________________________

Austrittsgrund: ______________________________, Kündigung durch:
☐ Mitarbeiter ☐ Unternehmen ☐ einvernehmlich ☐ fristlos ☐ fristgerecht

Rechtfertigt die Arbeitsleistung eine evtl. Wiederbeschäftigung? ☐ ja ☐ nein

____________________ ____________________
Datum Unterschrift

# Fragen zur Kontrolle und Vertiefung

(1) Charakterisieren Sie den Begriff "Information" allgemein!

(2) Welche Aufgaben und Funktionen erfüllt ein Beleg?

(3) Aus welchen Komponenten ist die Personalverwaltung zusammengesetzt?

(4) Beschreiben Sie die Verwaltungsaufgaben der Personalverwaltung!

(5) Nennen Sie fünf verschiedene Datenarten, die in einem Unternehmen auftreten können!

(6) Kennzeichnen Sie den Aufgabenumfang der Personalstatistik!

(7) Nennen Sie außerbetriebliche Stellen, an die Unternehmensinformationen und -daten weitergeleitet werden!

(8) Nach welchen Kriterien kann die Zusammensetzung einer Unternehmensbelegschaft betrachtet werden?

(9) Nennen Sie die wichtigsten Kennzahlen der Personalstruktur!

(10) Welche drei Arten der Personalbewegung werden unterschieden?

(11) Zählen Sie die häufigsten Ursachen für die Entstehung von Fehlzeiten auf!

(12) Nehmen Sie eine Gliederung der Personalkosten eines Unternehmens vor!

(13) Welche freiwilligen Leistungen werden im Zuge des Sozialberichts berücksichtigt?

(14) Erläutern Sie den Gebrauch eines Personalinvestitionskontos im Rahmen der Humanvermögensrechnung!

(15) Was verstehen Sie unter einer Sozialbilanz?

(16) Welche Arten der Datenerfassung kennen Sie?

(17) Erläutern Sie den Begriff der "direkten Datenerfassung"!

(18) Charakterisieren Sie den Informationsumfang, der in der Personalakte enthalten ist!

(19) Welche Arten von Personaldateien unterscheidet man und was sind deren jeweilige Inhalte?

(20) Zählen Sie die wichtigsten Datensicherungsmaßnahmen auf!

(21) Wie lässt sich der Zugriffsschutz auf Daten erhöhen?

(22) Für welche Bereiche werden Großrechner, für welche Bereiche PC´s in der Personalverwaltung eingesetzt?

(23) Führen Sie eine Klassifikation der gebräuchlichsten Datenträgertypen durch!

(24) Erklären Sie die Begriffe "Datenelement", "Datensatz" sowie "Datenbank" und nennen Sie eine Datenbankanwendung im Bereich der Personalverwaltung!

(25) Welche Arten von Informationssystemen werden in Unternehmen eingesetzt?

(26) Charakterisieren Sie administrative und dispositive Aufgaben eines Personalinformationssystems!

(27) Welche Anforderungen sind an ein Personalinformationssystem zu stellen?

(28) Welche Daten werden im Zuge einer Bewerbung von einem Personalinformationssystem gespeichert?

(29) Nennen Sie die wichtigsten Maßnahmen, die - durch eine Kündigung bedingt - seitens der Personalabteilung zu veranlassen sind!

(30) Erklären Sie die Begriffe "Online-Abfrage" und "Report" im Zusammenhang mit Personalinformationssystemen!

(31) Nennen Sie die Bestandteile eines Personalinformationssystems!

(32) Welche Probleme ergeben sich bei der Einführung eines Personalinformationssystems?

(33) Welche Kostenarten können beim Aufbau und Betrieb eines Personalinformationssystems entstehen?

(34) Beschreiben Sie den Aufbau eines Expertensystems!

(35) Welche Aufgaben erfüllt die Personalbeurteilung?

(36) Nennen und skizzieren Sie die verschiedenen Arten der Personalbeurteilung!

(37) Beschreiben Sie das Einstufungsverfahren und nennen Sie die Vorteile der verbalen Skalenverankerung!

(38) Was versteht man unter einer Verteilungsvorgabe und wozu dient diese?

(39) Zeigen Sie Möglichkeiten der Umsetzung der Personalbeurteilungsergebnisse in Leistungszulagen auf!

(40) Nennen Sie mögliche Fehlerquellen der Personalbeurteilung!

(41) Was versteht man unter dem Halo-Effekt und dem Andorra-Phänomen?

(42) Welche Vorteile bietet die Aufwärtsbeurteilung?

(43) Nennen Sie die wichtigsten Beurteilungskriterien für Mitarbeiter mit Personalverantwortung!

(44) Welche Formen von Arbeitszeugnissen kennen Sie und wie unterscheiden sich diese?

(45) Warum existiert eine sogenannte "geheime" Zeugnissprache? Gehen Sie in diesem Zusammenhang auch auf die rechtlichen Bestimmungen zur Zeugnisformulierung ein!

(46) Wodurch wird die Interpretation von Zwischenzeugnissen erschwert?

(47) Formulieren Sie einen positiven und einen negativen Schlusssatz für ein Endzeugnis!

Teil 5

# Neuere Tendenzen und Entwicklungen der Personalwirtschaft

# 1 Veränderte Rahmenbedingungen der Personalwirtschaft

Bereits in den neunziger Jahren haben sich eine Reihe von Rahmenbedingungen der Personalpolitik innerhalb und außerhalb des Unternehmens geändert, die das Personalmanagement in weiten Teilen seines Tätigkeitsbereiches dazu auffordern, seine bisherige Rolle zu überdenken und nach neuen Strategien zu suchen.

Personalarbeit wird nicht länger nur Beschaffung, Betreuung und Dienstleistung sein dürfen. Personalverantwortliche Manager müssen unternehmerisch denken und handeln können. Schon heute stellt der **"Engpassfaktor" Personal** in vielen Unternehmen die "Achillessehne" des wirtschaftlichen Erfolges dar.[1] In Zukunft wird das Personalmanagement zum wohl bedeutendsten Bereich betrieblichen Managements werden. Im folgenden Schaubild sollen die wichtigsten Trends des Personalmanagements, eingebettet in die veränderlichen äußeren Rahmenbedingungen, dargestellt werden.

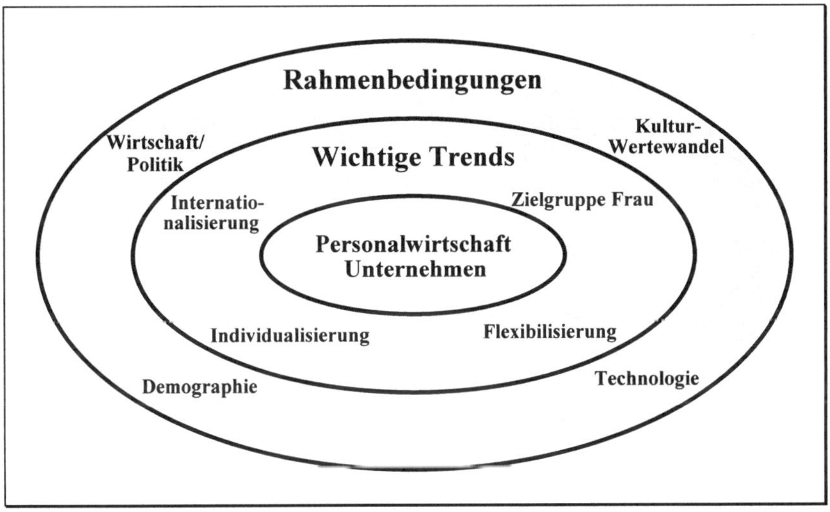


**Abb. 1:** Trends der Personalpolitik unter Berücksichtigung der bestehenden Rahmenbedingungen

Bei der Betrachtung der Funktionsschwerpunkte der Personalwirtschaft kristallisieren sich vier Rahmenbedingungen heraus: Kultur- und Wertewandel, die wirtschaftliche und politische Entwicklung, Technologie und Demographie. Sie stellen die Umfeldbedingungen dar, die in der Diskussion über die aufgezeigten Trends der Personalpolitik zu berücksichtigen sind.[2] Bei den Trends handelt es sich um die Internationalisierung (EU-Binnenmarkt), Flexibilisierung, Individualisierung und die veränderte Rolle der Frau (daraus resultieren letztlich die zunehmenden Veränderungen im Personalwesen selbst).

---

1 Vgl. Fröhlich, W./Maier. W.: Personalmanagement. Perspektiven ins neue Jahrtausend. In: Personalmanagement in der Praxis: Konzepte für die 90er Jahre, hrsg. von Maier, W./Fröhlich, W., Wiesbaden 1991, S. 11.

2 Vgl. Wunderer, R.: Führung und Zusammenarbeit, 5. Aufl., München und Neuwied 2003, S. 528 ff.

Nach Expertenprognosen hat der Wertewandel und die damit verbundenen veränderten Ansprüche an die Arbeit und Arbeitssituation eine besondere Bedeutung für die Führung und das Personalmanagement der Zukunft. Dies gilt in gleicher Weise für die demographischen Veränderungen auf dem Arbeitsmarkt.

Durch die Öffnung Osteuropas und das Inkrafttreten des EU-Binnenmarktes sind Veränderungen auf dem Arbeitsmarkt zu erwarten. Die demographische Entwicklung Deutschlands beeinflusst das Arbeitskräfteangebot an Fach- und Führungskräften. Daher müssen Personalverantwortliche mehr denn je vorausschauend handeln.

Welche Rolle die Frau im Wirtschaftsleben der Zukunft einnimmt und welchen Einfluss der technologische Wandel wie auch steigende Flexibilisierungs- und Individualisierungsbestrebungen auf die Personalpolitik haben, sind Fragen, die immer häufiger gestellt werden. Im Folgenden wollen wir daher die einzelnen Trends aufzeigen und deren Einflüsse und Erfordernisse, unter Beachtung der Rahmenbedingungen, für die Personalwirtschaft darstellen.

## 1.1 Wertewandel und Leistungsmotivation

Seit Beginn der 60er Jahre haben sich die Wertvorstellungen und -orientierungen in der Bevölkerung grundlegend gewandelt. Der Soziologe R. Ingelhart sprach in seinem 1977 erschienenen Buch bereits von einer "leisen Revolution", als er davon berichtete, dass jüngere Menschen ganz andere Werte hochschätzen als ihre älteren Mitbürger.[3] Waren dies früher in erster Linie "Pflichtwerte", wie z.B. Disziplin und Gehorsam, so gewinnen heute die sogenannten "Anpassungswerte" zunehmend an Bedeutung. Zu diesen zählen u.a. der Wunsch nach Selbstentfaltung und Partizipation.

Werte lassen sich definieren als ein sozial determiniertes Verständnis von etwas Wünschenswertem, das als solches explizit oder implizit für einen Einzelnen oder für eine Gruppe, innerhalb oder außerhalb eines institutionellen Rahmens, kennzeichnend ist. Werte regulieren sowohl die Wahrnehmung als auch das Verhalten einer Person oder Gruppe. Sie beeinflussen die Auswahl der zugänglichen Arten, Mittel und Ziele des Handelns und dienen als Ordnungskonzept für das menschliche Verhalten. Werte dienen dem Menschen als allgemeine grundlegende Orientierungsstandards und bilden den Kern der menschlichen Kultur.[4]

Werte sind also entscheidende Regelungs- und Steuerungsgrößen im Hintergrund menschlicher Handlungen, die es zu beachten und zu berücksichtigen gilt, damit z.B. Arbeitnehmer zur maximalen Leistungssteigerung in einem Unternehmen motiviert werden. Die Wertvorstellungen des Individuums beeinflussen und steuern alle Handlungen. Werte bewirken Änderungen in der Entstehung und Gewichtung von vielen persönlichen Merkmalen. Ihre Abgrenzung und Zuordnung zum Wertesystem des Individuums wird durch die folgende Abbildung erklärt.

---

[3] Vgl. Inglehart, R..: The Silent Revolution. Changing Values and Political Styles among Western Politics, Princeton/New York 1977, S. 760.

[4] Vgl. Widmaier, S.: Wertewandel bei Führungskräften und Führungsnachwuchs. Zur Entwicklung einer werteorientierten Unternehmensgestaltung, Konstanzer Schriften zur Sozialwissenschaft, hrsg. von Baier, H./Wiehn, E.R., Konstanz 1991, S. 12.

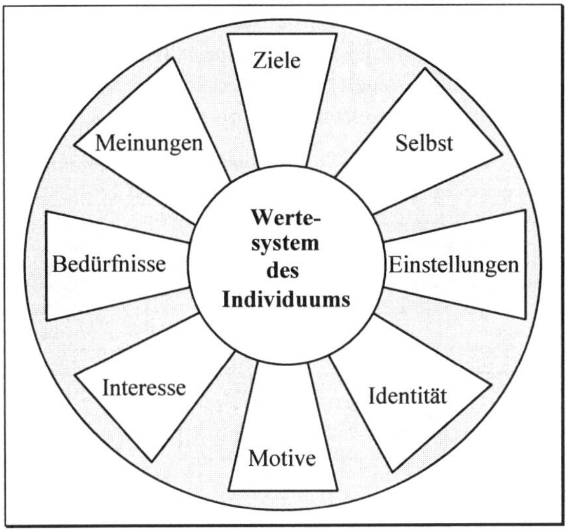


**Abb. 2:** Das Wertesystem des Individuums[5]

Die Beachtung und das Eingehen auf die anthropozentrischen Konstrukte[6] im Einklang mit dem Wertesystem sind für eine zukunftsorientierte Personalpolitik lebenswichtig.

### 1.1.1 Ursachen und Merkmale des Wertewandels

Nach dem Zweiten Weltkrieg musste die Bevölkerung der Bundesrepublik große Anstrengungen zur einfachen Grundbedürfnisbefriedigung vollführen. Das Wirtschaftswunder hatte durch seine wirtschaftliche Blüte zu einer starken Erhöhung des Massenwohlstandes geführt.

- Nach der **"Mangelhypothese"**, die eine Erklärung des Wertewandels darstellt, bedeutet dies, dass Individuen die höchste Priorität für solche Bedürfnisse entwickeln, die am wenigsten befriedigt, also knapp sind. Die physiologischen Grund- und Sicherheitsbedürfnisse, die Maslow in seiner Bedürfnispyramide darstellt, waren Mitte der sechziger und Anfang der siebziger Jahre durch das beginnende Wohlstandsniveau abgedeckt. Die sozialen Bedürfnisse erhielten durch den Ausbau des Sozialstaates ihre Befriedigung. Das Bedürfnis nach Selbstverwirklichung war in dieser Zeit am wenigsten befriedigt und führte daher zu einem Wertewandel.
- Die zweite Erklärung des Wertewandels, die **"Sozialisationshypothese"**, sagt aus, "dass Individuen Werthaltungen zeigen, die ihre Sozialisationsbedingungen wieder-

5 Vgl. Klages, H.: Wertewandel. Rückblick, Gegenwartsanalyse, Ausblick. In: Personal 2000: Visionen und Strategien erfolgreicher Personalarbeit, hrsg. von Feix, W.E., Wiesbaden 1991, S. 53 ff.

6 Anthropozentrisch = den Menschen in den Mittelpunkt stellend.
Konstrukt = Arbeitshypothese oder gedankliche Hilfskonstruktion für die Beschreibung von Dingen oder Erscheinungen, die nicht konkret beobachtbar sind, sondern nur aus anderen beobachtbaren Daten erschlossen werden können.

spiegeln; Personen, die z.B. in Zeiten befriedigter materieller Bedürfnisse aufwachsen, orientieren sich zunehmend an postmaterialistischen Bedürfnissen."[7] Diese Hypothese erklärt den Wertewandel der Generation, die mit steigendem Wohlstand, also befriedigten materiellen Bedürfnissen, aufgewachsen ist.

Den Unterschied zwischen materiellen und postmateriellen Werten verdeutlicht die folgende Abbildung. Sie zeigt das Spannungsfeld zwischen gesellschaftlichem und individuellem Wertesystem.

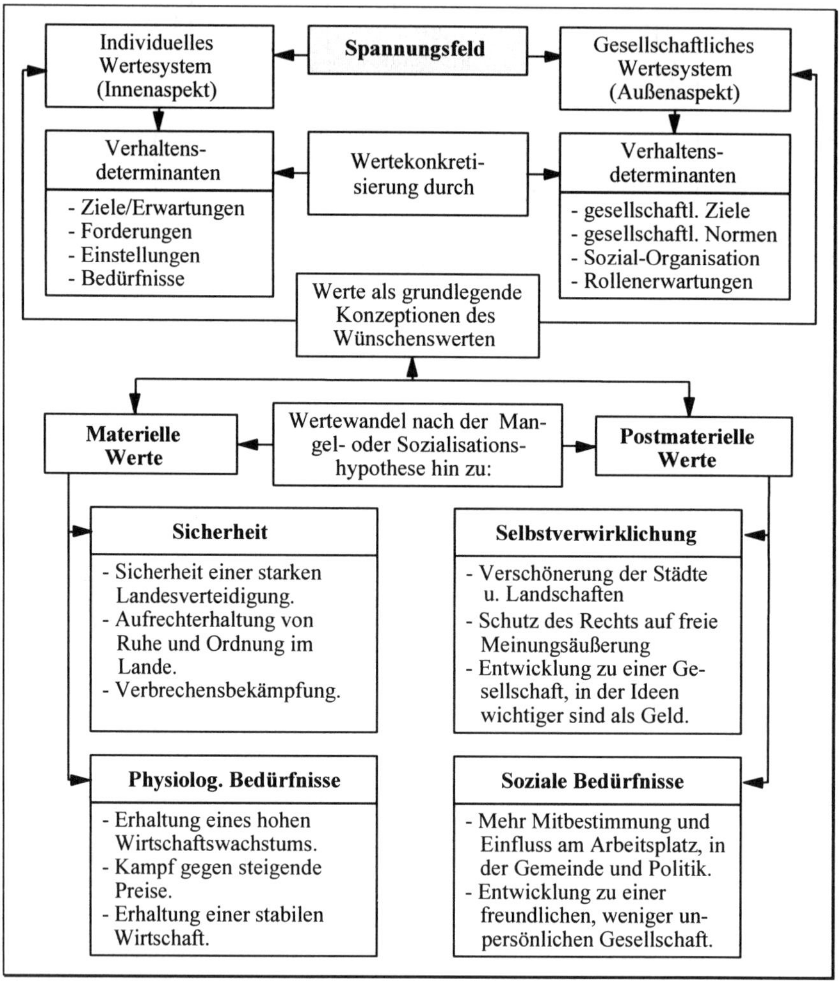


**Abb. 3:** Wertewandel und Spannungsfeld von Individuum und Gesellschaft[8]

[7] Staehle, W.H.: Management. Eine verhaltenswissenschaftliche Perspektive, 6. Auflage, München 1991, S. 156.

[8] Vgl. Raffée, H.: Der Wertewandel als Herausforderung für Marketingforschung und Marketingpraxis. In: Marketing ZFP, Heft 3, 8/88, S. 200; Staehle, W.H.: Management: Eine verhaltenswissenschaftliche Perspektive, a.a.O., S. 11 und S. 157; Inglehart, R.: Modernisierung und Postmodernisierung, Frankfurt am Main/New York 1998, S 173.

Persönliche Lebenswerte sind Orientierungsmaßstäbe individueller Daseinsbewältigung und Daseinsgestaltung. Dagegen geben gesellschaftsbezogene Werte präskriptive Erwartungen an die Gesellschaft und die sie tragenden Institutionen und Personen wieder. Insbesondere dann, wenn die Internalisierung[9] eines gesellschaftlichen Wertes (z.B. Umwelterhaltung) mit der psychischen und/oder materiellen Last des Umdenkens von Lernprozessen bis hin zu Verhaltensänderungen verbunden ist, können Spannungsverhältnisse zwischen persönlichen Lebenswerten und gesellschaftsbezogenen Werten auftreten.[10] Hieraus lassen sich Ursachen des Wertewandels ableiten.

Zu den Ursachen des Wertewandels zählt aber auch der **höhere Bildungsstand** der Bevölkerung, der auf Veränderungen im Mediensektor (Fernsehen, Radio) und die Bildungsrevolution Ende der sechziger Jahre zurückzuführen ist. Der Wertewandlungsprozess von den Pflicht- und Akzeptanzwerten hin zu Selbstentfaltungswerten in den sechziger Jahren wird durch die folgende Abbildung verdeutlicht:

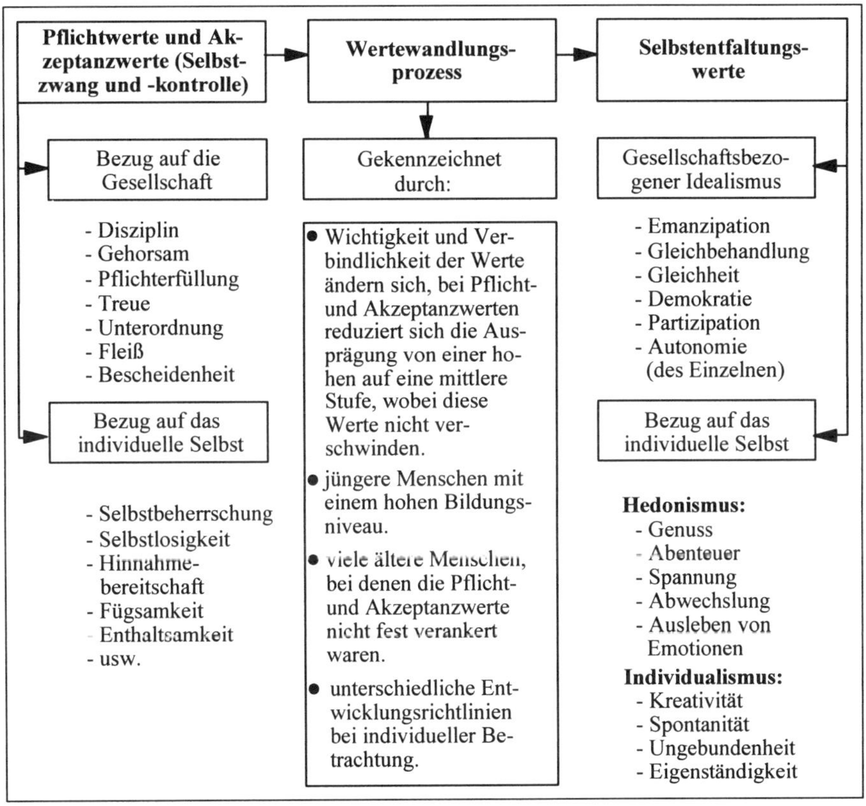


**Abb. 4:** Wertewandlungsschub in den sechziger Jahren[11]

[9] Internalisieren = Werte, Normen, Auffassungen o.ä. übernehmen und sich zu eigen machen; verinnerlichen.

[10] Vgl. Raffée, H.: Der Wertewandel als Herausforderung für Marketingforschung und Marketingpraxis, a.a.O., S. 200.

[11] Nach Klages, H.: Wertewandel: Rückblick, Gegenwartsanalyse, Ausblick, a.a.O., S. 11 u. S. 60.

Daneben führten wegweisende technische Neuerungen zu höheren Anforderungen an die menschliche Arbeitskraft und leiteten so einen andauernden Arbeitsplatzwandel ein, der dem Individuum viele Erleichterungen bescherte, aber auch höhere Umweltbelastungen herbeiführte, die zu einem Umdenken im Ökologie-Bereich der Unternehmen führte.

### 1.1.2 Typologie des Wertespektrums

In zahlreichen von G. Franz und W. Herbert durchgeführten empirischen Untersuchungen - bezogen auf die Bevölkerung im Alter von 14 bis 45 Jahren - zeigte sich, dass vier grundlegende Wertetypen zu unterscheiden sind. Ihre unterschiedlichen Bedürfnisse, Einstellungen, und Verhaltensweisen spiegeln sich in allen Lebensbereichen wieder, so auch in der Arbeitswelt.[12]

- **Typ 1: Der ordnungsliebende Konventionalist** mit hoher Wertkonstanz bevorzugt materielle Bedürfnisbefriedigung, neigt zu autoritärem Verhalten, kümmert sich wenig um gesellschaftliche Belange und hat wenig Interesse an neuen Informationen. Er ist zufrieden mit dem was er hat. (Vgl. Teil 3: Zwanghafte Persönlichkeit)
- **Typ 2: Der aktive Realist** mit hoher Leistungs- und Verantwortungsbereitschaft, Eigeninitiative, zugleich aber starkem Engagement und Wunsch nach Selbstentfaltung. Er repräsentiert somit eine Kombination aus "alten" Werten der Pflichterfüllung, Sicherheitsorientierung, Sachautorität sowie "neuen" Werten der Selbstverwirklichung und des sozialen Engagements. (Vgl. Teil 3: Schizoide Persönlichkeit)
- **Typ 3: Der perspektivenlose Resignierte** richtet sich der Bequemlichkeit halber nach Normen, versucht seine Wünsche mit möglichst wenig Aufwand zu befriedigen und übernimmt ungern Pflichten aus eigenem Antrieb. (Vgl. Teil 3: Depressive Persönlichkeit)
- **Typ 4: Der nonkonforme Idealist** tendiert sehr stark zur Selbstentfaltung und Engagement auf Gebieten, die seinem Weltbild entsprechen. Er hält wenig von Autorität, Sachzwängen aus Effizienzgründen, materiellen Reizen und will sich nicht vereinnahmen lassen.[13] (Vgl. Teil 3: Hysterische Persönlichkeit)

Diese vier Varianten von Mitarbeitern haben schon vor dem in der Gegenwart zu beobachtenden Wertewandel existiert, wobei jedoch früher der erste Typus dominierte. Die Einteilung ist für das Personalmanagement insofern von Bedeutung, weil für jeden Typus individuelle und bedürfnisorientierte Motivationstechniken zu entwickeln sind. Die Tatsache, dass der erste Typus einen wesentlich geringeren Anteil als früher ausmacht, stellt das Personalmanagement in Zukunft vor große Aufgaben bezüglich der Entwicklung von Motivationspotenzialen. Die Bereitschaft und die Fähigkeit der Verantwortlichen in den Unternehmen, sich auf den einzelnen Wertetyp einzustellen, kann bei den einzelnen betroffenen Menschen Motivationen hervorrufen, die sich zum Wohle des Arbeitenden und des Unternehmens auswirken.

---

[12] Vgl. Franz, G./Herbert, W.: Wertewandel und Leistungsmotivation. In: Personalführung 11/90, S. 760.

[13] Vgl. Kastner, M.: Personalmanagement heute, Landsberg am Lech 1990, S. 36.

### 1.1.3 Werte heute und zukünftig

Die heutigen Werte des Menschen basieren auf einer Ablehnung des Normativismus[14] und der Anerkennung des Selbstbestimmungsrechts des anderen. Die gesellschaftliche Standardisierung des Verhaltens durch Sitten, Bräuche, Übungen und Regeln der Gewohnheit (z.B. in hierarchischen Organisationsformen) wird als Einengung und Beeinträchtigung der Persönlichkeit empfunden. Der Mensch denkt, fühlt, wertet und handelt nach seinen eigenen Richtlinien, die er aufgrund eigener Einsicht für richtig hält und die seine Selbstentfaltung befriedigen, d.h. ihm Genugtuung vermitteln.

Diese wesentliche Aussage des Wertewandels wird durch die folgende Abbildung verdeutlicht. Hier wird die Werteänderung des Einzelwertes "Leistung" von der frühen Jugendgeneration bis zur 89er Generation dargestellt:

| **Verhältnis der Generationen zur Leistung** | | |
|---|---|---|
| Frühere Jugendgeneration | Die 68er Generation | Die 89er Generation |
| Leistung ist selbstverständliche Pflicht jedes tüchtigen Menschen, der auf sich hält. Ein Gebot der Anständigkeit und sittlichen Pflicht. | Typische Forderung der bürgerlichen "Leistungsgesellschaft" und ihrer Ausbeutungstendenz. | Leistung muss man bringen, falls man etwas erreichen will; Leistung erbringt man doch automatisch, wenn die Arbeit Spaß macht! |

**Abb. 5:** Veränderung des Wertes Leistung im Lauf der Generationen[15]

Die Arbeit wird zunehmend innerlich nur akzeptiert und motiviert zur Leistungssteigerung, wenn sie interessant und ansprechend ist, also der Selbstentfaltung und Selbstverwirklichung dient.

Zwei wesentliche Änderungen im Wertedenken sind am Ende der achtziger Jahre hinzugekommen. Bei den jungen Menschen hat sich ein neuer Wertetyp, der **Hedomat**, ein sorgloser Materialist, entwickelt. Gekennzeichnet ist er durch:

- Bereitschaft zu ordentlicher Leistung
- Interesse am Lebensstandard
- Mehr vom Leben haben wollen

Ihn interessieren immaterielle und ideelle Ziele weniger. Sein Pflichtbewusstsein gegenüber der Gesellschaft ist sehr gering, da er sich wenig Gedanken um die Probleme der Zeit macht.

Die zweite Veränderung, die bei allen Gruppen der Pflicht-/Akzeptanzwerte und der Selbstentfaltungswerte auftritt, ist eine Dominanz der Werte: Familie, Partnerschaft, Freundschaft, Kontaktfreude, Gesundheit und Umweltschutz. Diese Werte benötigen viel Zeit, so dass eine Umverteilung zwischen Arbeits- und Freizeit angestrebt wird.

Zukünftig wird eine noch stärkere Rückkehr zum Leistungsprinzip prognostiziert. Leistungs- und Lebensgenuss sind keine Gegensätze mehr. Leistung findet in allen Lebensbereichen statt.[16]

---

14 Normativismus = Theorie vom Vorrang des als Norm (allgemein anerkannte, als verbindlich geltende Regel) Geltenden.

15 Vgl. Klages, H.: Wertewandel: Rückblick, Gegenwartsanalyse, Ausblick, a.a.O., S. 64 f.

16 Vgl. Opaschowski, H. W.: Deutschland 2020. Wie wir morgen leben - Voraussagen der Wissenschaft zur Zukunft unserer Gesellschaft, Wiesbaden 2004, S. 357 ff.

### 1.1.4 Wertekonflikt zwischen Organisation und Individuum

Die Ziele, die von Organisationen hochgeschätzt werden, entsprechen den alten materialistischen Werten, während die präferierten Ziele der Gesellschaft den postmaterialistischen Werten entsprechen. Es darf vermutet werden, dass der Menschentypus mit eher alten Wertvorstellungen eine größere Bereitschaft hat, sich mit Organisationen zu identifizieren als der, bei dem hohe Diskrepanzen bestehen. Hier kann eine geringe Karrierebereitschaft und im Ansatz eine "Identifikationskrise" vermutet werden, wobei man von pauschalierten Urteilen absehen sollte.

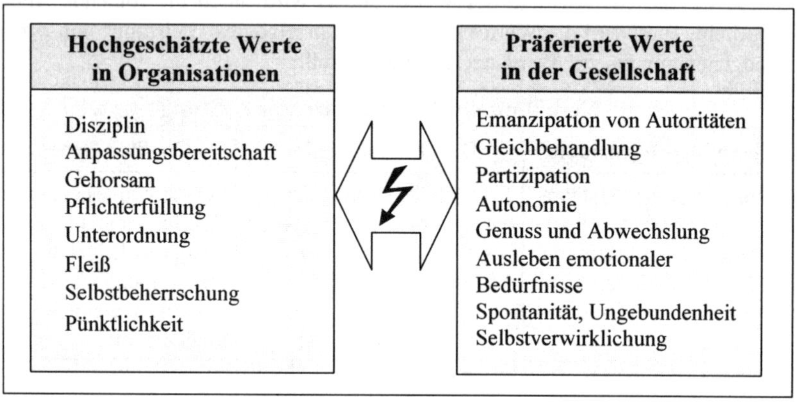


**Abb. 6:** Wertekonflikt zwischen Organisation und Individuum

Die Abbildung weist auf den verschärften Konflikt zwischen Individuum und Organisation hin. In Organisationen, die gerade auf junge Mitarbeiter - mit meist postmaterialistischen Werten - angewiesen sind, bedarf es einer Korrektur der Zielsysteme, um Konflikten entgegenzuwirken. Den neuen Werten müssen Chancen eingeräumt werden. Erreicht werden kann das nur durch eine aufeinander abgestimmte Personal- und Organisationspolitik.[17]

In welcher Weise und mit welchen Tendenzen sich Werte zukünftig ändern, hängt vom technologischen Fortschritt, von den Umweltveränderungen und von der Weiterentwicklung der gegenwärtigen Gesellschafts- und Unternehmensorganisationen ab und davon, wie die Organisationen die Wertverwirklichungserwartungen der Arbeitnehmer berücksichtigen. Nur wenn sich das Handeln in den Organisationen ändert, die Bereitschaft und Fähigkeit eintritt, das Individuum mit seinem Wertesystem vorurteilslos und realistisch einzustellen, ist es möglich, die großen Reserven an mobilisierbarer Motivation zu erschließen und wirksam werden zu lassen. Diese Vision verlangt zukunftsweisende Unternehmenskonzeptionen mit überzeugenden Zielsetzungen, effizienten Organisationsstrukturen und einer motivierenden Unternehmenskultur.[18]

---

[17] Vgl. Rosenstiel, L.v.: Personalentwicklung und Wertewandel. In: Personalmanagement - Denken und Handeln im System, hrsg. von Kastner, M./Gerstenberg, B., München 1991, S. 105 ff.

[18] Vgl. Klages, H.: Wertewandel: Rückblick, Gegenwartsanalyse, Ausblick, a.a.O., S. 74 f.

## 1.1.5 Projektion des "Arbeitsmenschen 2020"

Die grundlegenden Veränderungen der Wertvorstellungen in den westlichen Gesellschaften verändern zwangsläufig auch das Wesen und die Qualität der Arbeit. Routinetätigkeiten werden immer mehr von Computern erledigt und es entsteht eine Verlagerung zu mehr individueller Autonomie am Arbeitsplatz. Die Zeitkultur dominierte noch in den neunziger Jahren vor der Geldkultur. Der Anteil der Arbeitnehmer, die sich für Arbeitszeitverkürzungen und Lohnverzicht aussprachen, stieg kontinuierlich. Derzeit findet ein Umdenken in der Arbeitnehmerschaft statt vor dem aktuellen Hintergrund von Konjunkturkrise und steigenden Sozialabgaben: Mehr arbeiten und mehr verdienen – das steht bei den Arbeitnehmern aus Angst vor Wohlstandsverlusten im Vordergrund.

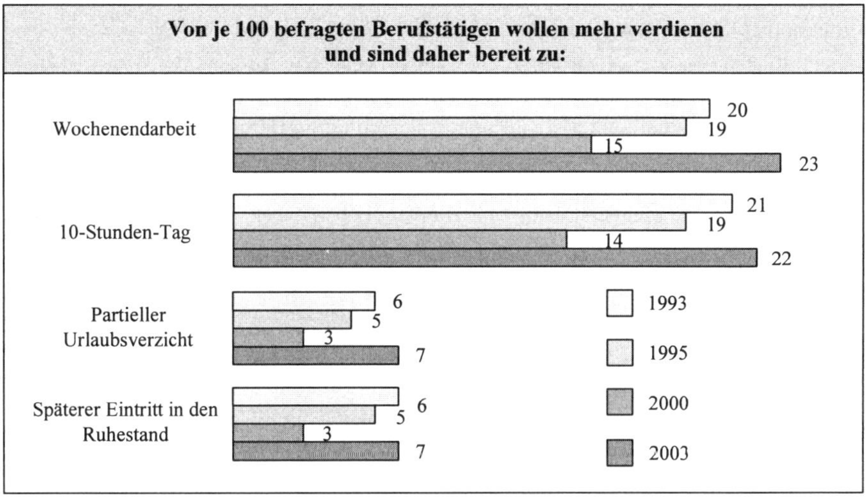


**Abb. 7:** „Länger arbeiten – mehr verdienen!" Umdenken in der Arbeitnehmerschaft[19]

In die Zukunft projiziert, ergibt sich nach Opaschowski das Bild eines **"Arbeitsmenschen 2020"**, der vom Wertewandel der letzten Jahrzehnte gezeichnet ist:[20]

Trotz mehr Leistungsbereitschaft muss die Arbeit Spaß machen. Die **Arbeitsfreude** entwickelt sich zum wichtigsten Motivationsfaktor, d.h., die Arbeit "muss" Abwechslung, Herausforderung und Erfolgserlebnisse bieten. Dafür spricht auch, dass sich fast jeder zweite Arbeitnehmer nur durch "sinnvolle Arbeitsinhalte" zu mehr Leistung motivieren lässt. Die Menschen wünschen sich immer das, was sie noch nicht haben bzw. subjektiv als Defizit empfinden.

**"Selbstständigkeit"** wird die wichtigste Arbeitstugend. Der unselbstständig Beschäftigte kann nicht mehr Leitbild sein.

Der Verdrängungswettbewerb wird im Arbeitsmarkt immer härter, daher wird **"Ehrgeiz"** zunehmend wichtiger. Es kommt nicht so sehr darauf an, was der Stellenmarkt

---

[19] Vgl. Opaschowski, H.W.: Deutschland 2020. Wie wir morgen leben – Prognosen der Wissenschaft, a.a.O., S. 80.

[20] Vgl. ebd., S. 53 f.

objektiv anbietet, sondern was der Arbeitnehmer subjektiv erreichen und durchsetzen will. Der neue Selbstständige schafft sich sein Arbeitsfeld weitgehend selbst und gestaltet es nach eigenen Vorstellungen.

Am Ende der Rangskala der Arbeitstugenden werden Fleiß, Pflichterfüllung und Leistungsstreben stehen. Sie bleiben nach wie vor wichtig, bekommen aber angesichts der neuen Selbstständigkeit eine andere Bedeutung.

Künftig wird man die Leistungsmotivation der Arbeitnehmer nicht einfach verlangen, voraussetzen oder "abrufen" können. Arbeitnehmer werden die eigene Leistung auf ein Minimum reduzieren und eine Art "innere Kündigung" praktizieren, wenn ihnen nicht neben materiellen Vergütungen zusätzliche immaterielle Anreize geboten werden.

Die Leistungsmotivation und die Arbeitszufriedenheit der Arbeitnehmer werden durch fünf Hauptmerkmale bestimmt: Spaß, Geld, Sinn, Zeit und Status.[21]

Alle fünf Faktoren sind auf ein Ziel gerichtet: Mehr vom (Arbeits-) Leben zu haben. Dabei ist es unverkennbar, dass trotz einer zunehmenden Freizeitorientierung des Lebens die vielfach befürchtete Leistungsverweigerung im Berufsleben nicht stattfindet. Im Gegenteil ist das Bedürfnis, in der Arbeit etwas zu leisten, größer denn je. Wer also die Motivation von Mitarbeitern erhöhen will, muss dafür sorgen, dass sie schon während der Arbeit (und nicht erst danach) Freude am Leben haben.

Die neue Arbeitseinstellung wird auf der Basis der fünf Leistungsmotive zur Ausprägung neuer Arbeitsformen führen:

- Spaß-Arbeit
- Geld-Arbeit
- Sinn-Arbeit
- Zeit-Arbeit
- Status-Arbeit

Der Arbeitnehmer will alle fünf Arbeitsformen an einem Arbeitsplatz erleben - wenn auch in individuell unterschiedlicher Form. Kein Profil gleicht dem anderen, denn für den einen Arbeitnehmer ist das Geld am wichtigsten, für einen anderen die Zeit, und manch eine(r) ist aktiv aus reiner Freude an der Arbeit.[22]

## (1) Die Spaß-Arbeit

Ein Trend zur Leitidee Lebensfreude hat sich in den letzten zwei Jahrzehnten herausgebildet. Spaß löst immer mehr den Wert Pflicht ab. Spaß wird zu einer Leitlinie des Lebens. Im Zuge des Wertewandels muss Arbeit wieder Spaß machen. Genauso stark wie Geld wirken persönliche Herausforderungen zur Eigenaktivität, die Spaß machen und das Selbstwertgefühl stärken. Das Wohlfühlen der Mitarbeiter und das Wohlergehen des Unternehmens hängen unmittelbar zusammen.

---

21 Vgl. hierzu ausführlich Opaschowski, H.W.: Deutschland 2020. Wie wir morgen leben – Prognosen der Wissenschaft, a.a.O., S. 122 f.

22 Vgl. ebd., S. 121.

## (2) Die Geld-Arbeit

Für die Arbeitszufriedenheit sind Lohn und Einkommen nach wie vor eine wichtige Vorraussetzung. Zur Sicherung des Lebensunterhaltes bleiben materielle Vergütungen unverzichtbar. Zudem sind sie auch ein Ausdruck der sozialen Eingliederung in den Betrieb: Je höher die Position - desto höher die Bezahlung. Die Einkommenshöhe ist auch ein Spiegelbild des eigenen Stellenwertes innerhalb der Betriebshierarchie.

## (3) Die Sinn-Arbeit

"Mehr Gewinn durch Sinn" - so lässt sich die Unternehmensphilosophie des Jahres 2020 umschreiben. Es ist die Antwort auf das Abbröckeln traditioneller Arbeitstugenden. Gegen Leistungsverweigerung und innere Kündigung werden mentales Persönlichkeitstraining und innere Befriedigung im Team gesetzt. Mitarbeiter wollen stolz auf sich und ihre Arbeit sein, sich nicht nur für die Produktqualität, sondern auch für die Ethikqualität des Produzenten verantwortlich fühlen. Die künftige Leistungsmotivation der Mitarbeiter resultiert wesentlich aus dem Faktor Sinn.

## (4) Die Zeit-Arbeit

Die zurückliegenden Jahrzehnte der 50er bis 90er Jahre sind wesentlich eine Phase der "Geldkultur" gewesen. Heute zeichnet sich auch ein Bild der "Zeitkultur" ab, in der die Menschen nicht mehr nur wissen wollen, wovon sie leben, sondern auch Antworten darauf haben wollen, wofür sie leben. Gerade für Führungskräfte gilt: Mehr Geld allein erscheint wertlos, wenn nicht gleichzeitig auch mehr Zeit "ausgezahlt" wird. Der Arbeitnehmer von morgen will mit "Zeit-Optionen" leben - mit der Flexibilisierung der Arbeitszeiten ebenso wie mit der Flexibilisierung der Öffnungszeiten von Läden, Behörden und Praxen, von Freizeit-, Kultur- und Bildungseinrichtungen.

## (5) Die Status-Arbeit

Aus neueren Untersuchungen zur Arbeitspsychologie geht hervor, dass die eigentlichen Motivatoren für Arbeitsleistungen und Arbeitszufriedenheit immer weniger durch Status oder Aufstiegsmöglichkeiten bestimmt werden. Lediglich bei leitenden Angestellten und höheren Beamten hat "Karriere" noch einen besonderen Stellenwert, weil Karriere und Führungsposition beinahe deckungsgleich sind.

## (6) Auswirkungen auf die "Arbeit 2020"

Die sich abzeichnenden neuen Anforderungen an die Arbeitswelt können Mitarbeitern und Unternehmen gleichermaßen zugute kommen: Spaß-Arbeit fördert die Motivation, Geld-Arbeit fördert den Fleiß, Sinn-Arbeit fördert die Identifikation, Zeit-Arbeit fördert die Zufriedenheit und Status-Arbeit fördert das Erfolgserleben.[23]

---

[23] Vgl. Opaschowski, H.W.: Deutschland 2020. Wie wir morgen leben - Voraussagen der Wissenschaft zur Zukunft unserer Gesellschaft, a.a.O., S. 123 f.

Die Arbeit 2020 wird sicher anders empfunden und erlebt werden als heute. Die Arbeitszeit wird variabler werden, aber ihre Attraktivität verliert die Arbeit nicht. Die Entwicklung von der Industrie- zur Dienstleistungsgesellschaft befreit uns zusehends von schwerer körperlicher, auch von monotoner, langweiliger Arbeit. Die Arbeit wird nicht anforderungsloser, sie fordert eher ganz persönliche Eigenschaften heraus, insbesondere soziale und kreative Fähigkeiten.

In Zukunft wird mehr nach Arbeitsinhalten, Verantwortung und Kompetenz gefragt, was eine große Herausforderung für die Unternehmen darstellt. Denn für viele Arbeitstätigkeiten wird es strukturelle und auch ökonomische Grenzen der Gestaltbarkeit geben - wenn z.B. eine Arbeitsplatzqualität so weit erhöht wird, dass sie für ein Unternehmen kaum mehr bezahlbar bzw. zu teuer wird.

## 1.2 Die demographische Entwicklung auf dem Arbeitsmarkt

Der Arbeitsmarkt wurde in den Nachkriegsjahren durch das sogenannte Wirtschaftswunder positiv beeinflusst. Aufgrund des Wiederaufbaus der Bundesrepublik Deutschland konnten die großen Flüchtlingsströme in den Arbeitsmarkt integriert werden. Im Jahr 1950 lag die Arbeitslosenquote bei 11 %, konnte aber - bedingt durch das hohe Wirtschaftswachstum - schon bis zum Jahre 1955 auf 5,6 % gesenkt werden. In den 60er Jahren führte diese Entwicklung zu einem starken Bedarf nach Arbeitskräften, der durch das Anwerben ausländischer Arbeitnehmer gedeckt wurde. Bis zum Jahre 1966 reduzierte sich die Arbeitslosenquote auf 0,8 %.

Die erste Rezession der Nachkriegszeit führte 1967 zu einem rückläufigen Wirtschaftswachstum und zu einer Minderung des Arbeitsplatzangebotes. Diese Konjunkturkrise wurde jedoch bald überwunden, und die Jahre 1968 bis 1973 führten zu einer Vollbeschäftigung.

Aufgrund der Ölkrise kam es 1974 zu einem starken Konjunktureinbruch. Die Folgen waren ein rückläufiges Wirtschaftswachstum, zurückgehende Erwerbstätigkeit und der Wiederanstieg der Arbeitslosigkeit auf 4,7 %. Nach dem Ende der Ölkrise konnte in den nachfolgenden Aufschwungjahren ein hohes Wirtschaftswachstum erreicht werden, doch die Arbeitslosigkeit fiel nur auf 3,8 %.

Die bis dahin schwerste Wirtschaftskrise setzte zu Beginn der 80er Jahre ein und ließ die Arbeitslosenquote auf 9,1 % ansteigen. Die Gründe für den konjunkturellen Einbruch und die steigenden Arbeitslosenzahlen lagen zum einen in der seit den 70er Jahren zunehmenden Verteuerung des Faktors Arbeit und zum anderen im steigenden Arbeitskräfteangebot. Die geburtenstarken Jahrgänge der 60er Jahre drängten auf den Arbeitsmarkt, und auch die zunehmende Neigung der Frau zur Erwerbstätigkeit steigerten diesen Effekt.

Der Aufschwung setzte 1983 mit einer durchschnittlichen jährlichen Steigerung des Bruttosozialproduktes von 2,5 % ein, was jedoch kaum positive Auswirkungen auf den Arbeitsmarkt hatte. Neben den quantitativen Einflüssen der geburtenstarken Jahrgänge und dem Zuwachs an Aus- und Übersiedlern trug aber auch die qualitative Veränderung des Arbeitsmarktes zu der hohen Arbeitslosigkeit bei. Dies war u.a. daran zu erkennen, dass nur jeder zweite Arbeitslose einen Ausbildungsabschluss nachweisen konnte. Ende der 80er Jahre zeigte sich der Stellenwert einer Ausbildung, denn der Bedarf an Facharbeitern war auch weiterhin sehr groß.

Zu Beginn der 90er Jahre hatte die Rezession drastische Konsequenzen auf dem Arbeitsmarkt hinterlassen. Eine Entschärfung auf dem Arbeitsmarkt in den Jahren 1998 bis 2004 ist trotz einer konjunkturellen Belebung ausgeblieben. Der Stellenabbau hat sich weiter fortgesetzt. Das Wachstum in der Technologiebranche hat diese Entwicklung nicht stoppen können.[24]

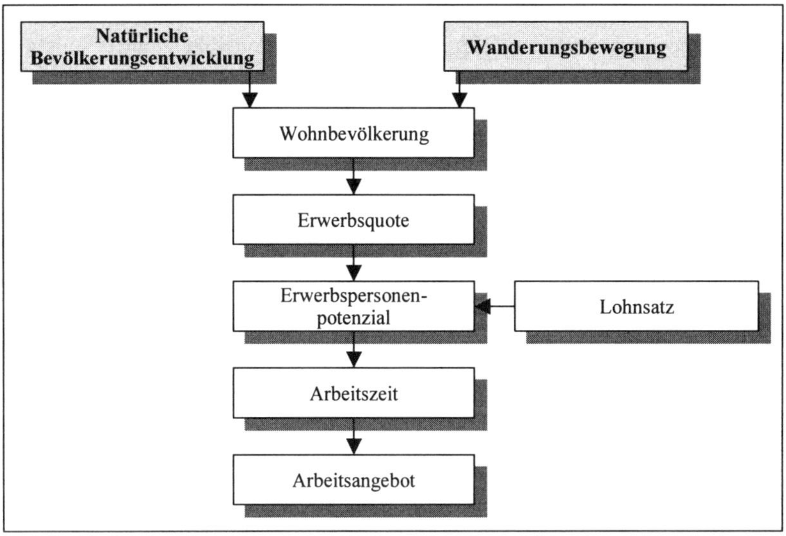


**Abb. 8:** Einflussfaktoren auf das Arbeitsangebot

Die Arbeitsolsenquote betrug im Jahresdurschnitt 2003 ca. 10,5 % (11,3 % Männer und 10,3 % Frauen).[25] Eine Umfrage des Deutschen Industrie- und Handelskammertags (DIHK) bei knapp 10.000 Betrieben in Deutschland zeigte weitere Probleme auf: Jedes vierte deutsche Industrieunternehmen erwägt, in den kommenden Jahren seine Produktion oder Teile davon ins Ausland zu verlagern (Offshoring). Als Hauptursachen werden die hohen Arbeitskosten (45 %) sowie die starke Steuer- und Abgabenlast (38 %) angeführt.[26] Der Standort Deutschland wird zu teuer. Den durchschnittlichen 60.000 Euro p.a. Lohnkosten in Deutschland stehen bei vergleichbarer Leistung z.B. nur etwa 15.000 Euro p.a. in Ungarn gegenüber. Deshalb werden die neuen Industriestandorte zunehmend nach Mittel- und Osteuropa sowie Asien verlagert.[27]

[24] Vgl. Scholz, C.: Personalmanagement, Informationsorientierte und verhaltenstheoretische Grundlagen, 5. Aufl., München 2000, S. 13.

[25] Statistisches Bundesamt, 2004.

[26] Umfrage der Deutschen Industrie und Handelskammer (DIHK), 2003.

[27] Die Offenbacher Lederfirma Goldpfeil verlässt beispielsweise nach 146 Jahren Deutschland und lässt künftig in Tschechien und China nähen. Vgl. Opaschowski, H.W.: Deutschland 2020. Wie wir morgen leben – Prognosen der Wissenschaft, a.a.O. , S. 73.

Eine globale Prognose des gesamtdeutschen Erwerbspersonenpotenzials zeigt, dass die Zuwanderung nach Deutschland bei einer jährlichen Nettozuwanderung von über 200.000 Menschen und die Zunahme der Erwerbsbeteiligung insbesondere der Frauen zu einer Erhöhung des Erwerbspersonenpotenzial bis 2010 führen.[28] Danach wirken sich die geburtsschwachen Jahrgänge massiv als Potenzialrückgang aus, der von 2010 bis 2030 fast 10 Mio. Erwerbspersonen beträgt. Ein konstantes Wanderungssaldo, würde bereits heute zu einer Abnahme des Potenzials führen.

### 1.2.1 Die zukünftige Arbeitsmarktentwicklung

Die zukünftige Arbeitsmarktentwicklung ist nach einer Modellrechnung des Instituts für Arbeitsmarkt- und Berufsforschung (IAB) durch unterschiedliche Verhaltensmuster gekennzeichnet. Sie berücksichtigt zum einem die Rolle der Frau und zum anderen verschiedene Wanderungsverhalten der Ausländer. Im Nachfolgenden werden Auszüge ihrer Ergebnisse dargestellt.

Das Potenzial an Erwerbspersonen wird, vor allem aufgrund des Geburtenrückganges, auch bis zum Jahre 2020 weiter sinken, wenn die Erwerbsquote konstant bleibt und eine Wanderung von Ausländern über die Grenzen des Bundesgebietes ausgeschlossen wird. Diese Annahmen werden jedoch zum Teil dadurch entkräftet, dass:

- trotz ungünstiger Arbeitsmarktlage immer mehr Frauen am Erwerbsleben teilnehmen werden und
- mit einem Anstieg des Zuwandererstromes gerechnet werden muss. Die Gründe hierfür sind der Anstieg des Arbeitskräftepotenzials in den übrigen EU-Ländern und der Zustrom von Aussiedlern aus Osteuropa.

Der steigenden Frauenerwerbsquote in Westdeutschland steht ein Rückgang der Jugend-, Alters- und Frauenerwerbstätigkeit in Ostdeutschland gegenüber. Im Gespräch ist auch, die Lebensarbeitszeit zu verlängern, da das Renteneintrittsalter heute im Schnitt bei 59 Jahren liegt. Daher wird es im Jahr 2020 im Vergleich zu heute voraussichtlich mehr ältere Erwerbspersonen geben.[29]

Der Zustrom an Aussiedlern wirkt sich andererseits auch positiv auf den sich abzeichnenden Fachkräftemangel aus. Langfristig gesehen bringt die Integration der neuen Mitbürger zahlreiche Vorteile. Aussiedler sind im Durchschnitt jünger als die einheimische Bevölkerung. Auch die berufliche Struktur der Neueingereisten unterscheidet sich von der des Bundesgebietes, da ein wesentlich höherer Anteil der erwerbstätigen Aussiedler einen handwerklichen Beruf ausübt. Im Dienstleistungsbereich gestalten sich die Verhältnisse umgekehrt. Diese gegensätzlichen Strukturen erfordern eine hohe Anpassungsleistung, damit eine Integration in den Arbeitsmarkt stattfinden kann.[30]

---

[28] Bis zum Jahr 2020 wird die Zahl der Zuwanderer auf über 3 Millionen prognostiziert, was einer jährlichen Nettozuwanderung von über 200.000 entspricht. Vgl. Opaschowski, H.W.: Deutschland 2020. Wie wir morgen leben – Prognosen der Wissenschaft, a.a.O., S. 73.

[29] Vgl. Klauder, W.: Längerfristige Arbeitsmarktperspektiven. In: Personal 2/93, S. 74.

[30] Vgl. Franke, H.: Arbeitsmarkt 2000: weiblicher, älter, qualifizierter, a.a.O., S. 46 f.

## 1.2.2 Strukturveränderungen der Sektoren und Tätigkeiten

Der Arbeitskräftebedarf der einzelnen Sektoren und Wirtschaftszweige wird sich zukünftig deutlich vom heutigen Stand unterscheiden. Das IAB und die Prognos AG haben in den letzten Jahren längerfristige Strukturprojektionen erstellt. Aus ihnen wird ersichtlich, dass sich Deutschland zunehmend zur Dienstleistungsgesellschaft entwickelt. Deutlich zeigt sich der Trend an der Entwicklung des tertiären Sektors.

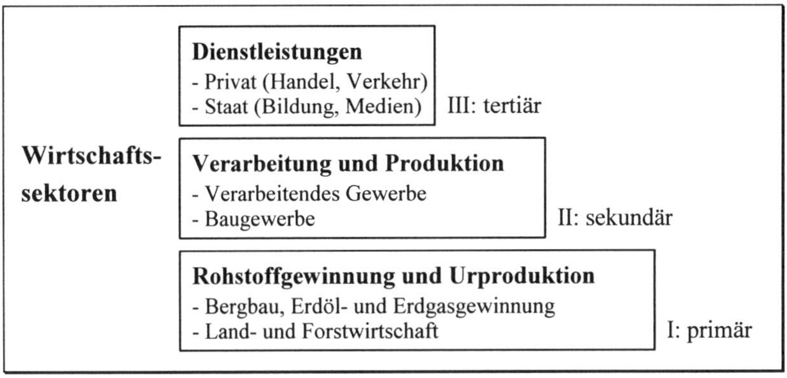


**Abb. 9:** Gliederung der Wirtschaftssektoren

Wie die folgende Abbildung zeigt, hat sich in den letzten Jahren ein weiterer Anstieg der Dienstleistungssektoren (privat und öffentlich) vollzogen.

| **Erwerbstätige nach Wirtschaftssektoren 2000-2003 (in %)** | | | | |
|---|---|---|---|---|
| **Sektor** | **2000** | **2001** | **2002** | **2003** |
| Land-, Energiewirtschaft Bergbau | 2,5 | 2,4 | 2,4 | 2,4 |
| Produzierendes Gewerbe | 22,0 | 22,0 | 21,6 | 21,2 |
| Baugewerbe | 7,1 | 6,8 | 6,3 | 6,1 |
| Handel, Gastgewerbe und Verkehr | 25,4 | 25,4 | 25,5 | 25,4 |
| Finanzierung, Vermietung und Unternehmensdienstleister | 14,8 | 15,2 | 15,4 | 15,7 |
| Öffentliche und private Dienstleister | 28,2 | 28,2 | 28,2 | 29,2 |
| **Insgesamt** | **100** | **100** | **100** | **100** |

**Abb. 10:** Erwerbstätige nach Wirtschaftssektoren[31]

Im Dienstleistungssektor ist die Zahl der Erwerbstätigen von April 1991 bis Mai 2003 deutschlandweit um 3,5 Millionen bzw. 17 % auf 24,0 Millionen angestiegen, während

[31] Statistisches Bundesamt, Mai 2004.

das Produzierende Gewerbe einen Rückgang der Erwerbstätigkeit um 4,1 Millionen bzw. 36 % auf 11,3 Millionen hinnehmen musste.[32] Auch der quantitativ kaum noch ins Gewicht fallende primäre Sektor ist weiter geschrumpft. Die aus diesen Verschiebungen ersichtliche fortschreitende Tertiarisierung der deutschen Volkswirtschaft steht offenbar in einem engen Zusammenhang mit dem Wandel der Erwerbsformen, denn bei Befristung (9 % der abhängig Beschäftigten ohne Auszubildende, Wehr- und Zivildienstleistende), abhängiger Teilzeitbeschäftigung (29 %) und Selbstständigkeit (11 % der Erwerbstätigen) wies der Dienstleistungssektor im Mai 2003 überdurchschnittlich hohe Quoten auf.

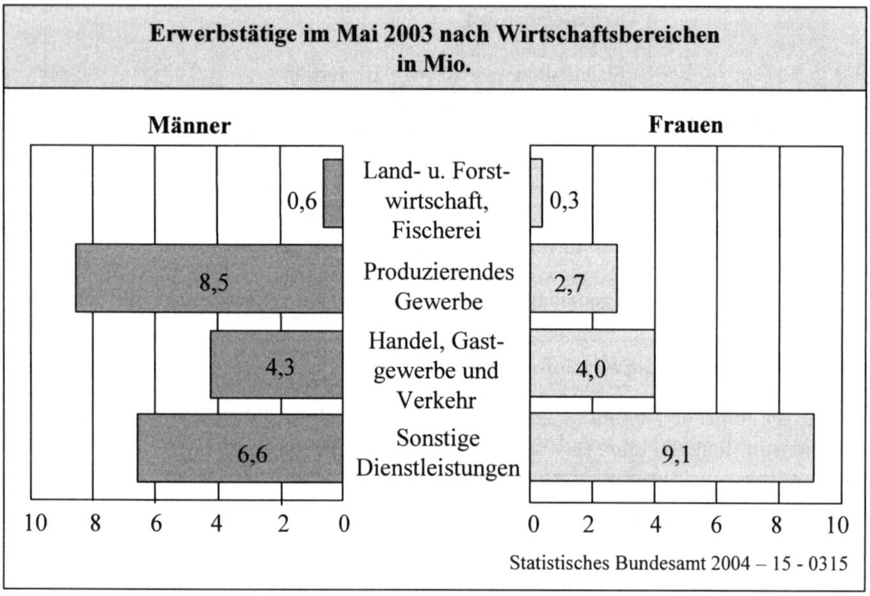


**Abb. 11:** Erwerbstätige nach Wirtschaftsbereichen (Stand: Mai 2003)

Der Dienstleistungssektor ist für die Beschäftigung der Frauen von besonderer Bedeutung. Im Mai 2003 stellten die Frauen im Handel, Gastgewerbe und Verkehr mit 4,0 Millionen fast genauso viele Erwerbstätige wie die Männer (knapp 4,3 Millionen). In den Branchen der Sonstigen Dienstleistungen verrichteten 9,1 Millionen Frauen, hingegen nur 6,6 Millionen Männer ihre Arbeit. Im gesamten tertiären Sektor waren somit fast 2,3 Millionen mehr Frauen als Männer beschäfitgt.

Ganz anders stellte sich die Verteilung im primären und sekundären Sektor dar: In der Land- und Forstwirtschaft sowie der Fischerei standen den rund 590.000 männlichen etwa 300.000 weibliche Erwerbstätige gegenüber. Im Produzierenden Gewerbe, das durch technischen Fortschritt und steigende Produktivität auf immer mehr Arbeitskräfte verzichten kann, gingen 8,5 Millionen Männer und 2,7 Millionen Frauen einer auf Erwerb gerichteten Tätigkeit nach.

Aus diesen Absolutgrößen folgt, dass im Mai 2003 ca. 81 % der erwerbstätigen Frauen und 54 % der erwerbstätigen Männer im Dienstleistungssektor beschäftigt waren.

[32] Zu den Zahlenangaben im Einzelnen vgl. Statistisches Bundesamt: Leben und Arbeiten in Deutschland – Mikrozensus 2003, Statistisches Bundesamt 2004, S. 39 ff.

Dagegen waren im Produzierenden Gewerbe 43 % der männlichen und 17 % der weiblichen Ererbstätigen zuzuordnen.

Der Dienstleistungssektor ist äußerst heterogen: Etwa ein Fünftel (21 %) der Erwerbstätigen in den dienstleistungsorientierten Wirtschaftsbereichen zählte im Mai 2003 zu den Branchen Handel sowie Instandhaltung und Reparatur von Kraftfahrzeugen und Gebrauchsgütern. Dem Wirtschaftsabschnitt Grundstücks- und Wohnungswesen, Vermietung beweglicher Sachen und Erbringung von Dienstleistungen überwiegend für Unternehmen ordneten sich gut 13 % aller Erwerbstätigen im Dienstleistungssektor zu. Weitere 5 % arbeiteten im Gastgewerbe, 8 % waren in den Bereichen Verkehr und Nachrichtenübermittlung tätig. Im Mai 2003 waren auch die öffentliche Verwaltung, Verteidigung und Sozialversicherung stark vertreten mit einem Anteil von 12 % sowie der Bereich Erziehung und Unterricht, dem knapp 9 % aller in Institutionen des tertiären Sektors erwerbstätigen Personen angehörten.

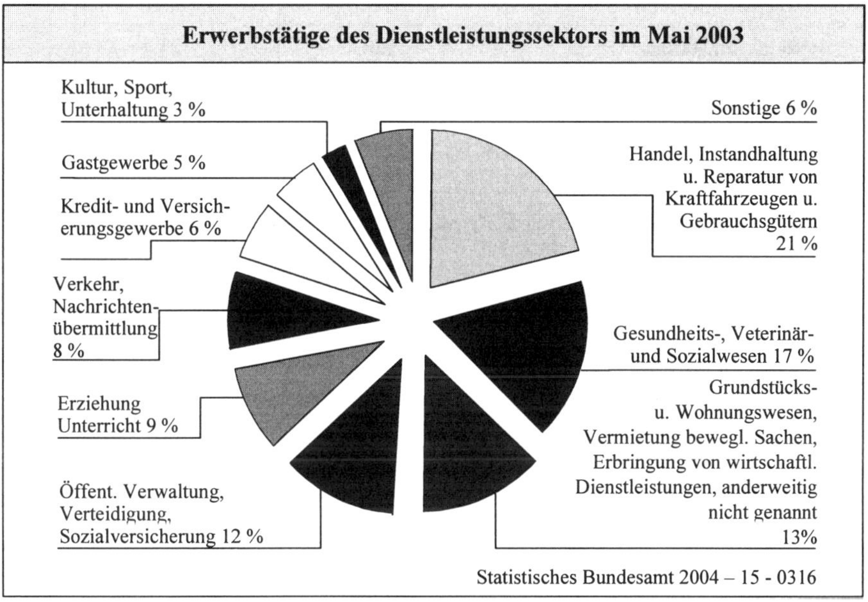


**Abb. 12:** Erwerbstätige des Dienstleistungssektors nach Wirtschaftsabschnitten in Deutschland

Durch die fortschreitende demographische Alterung der Gesellschaft und der daraus resultierenden steigenden Nachfrage nach Gesundheits- und Pflegedienstleistungen erhält das Gesundheits-, Veterinär- und Sozialwesen unter den Wirtschaftsabschnitten des Dienstleistungssektors besondere Bedeutung.

Die "Tertiärisierung" der Wirtschaft wird sich weiter fortsetzen.[33] Die alleinige Betrachtung der Sektoren ist jedoch nicht aussagekräftig. Daher gibt es seit 1973 eine "1 Prozent - Stichprobenbefragung" der Bevölkerung, die auf die **überwiegend ausgeübte Tätigkeit** unabhängig von Beruf oder Wirtschaftszweig eingeht. Es entsteht so ein

[33] Vgl. Opaschowski, H.W.: Deutschland 2020. Wie wir morgen leben – Prognosen der Wissenschaft, a.a.O. , S. 49 ff.

deutlicheres Profil der Durchdringung in der Arbeitswelt mit Dienstleistungsfunktionen als bei einer sektoralen Betrachtung.

Gliederung der Tätigkeiten:

- **Produktionstätigkeiten:** Maschinenbedienung, -wartung, Gewinnen, Herstellen, Instandsetzen.
- **Primäre Dienstleistungen:** Bürotätigkeiten allgemeiner Art, Handel, Verkauf, Reinigung, Sachbearbeitungstätigkeiten, allgemeine Dienstleistungen, Bewirtschaftung.
- **Sekundäre Dienstleistungen:** Forschen, Entwickeln, Disponieren, Gestalten, Organisation, Management, Konstruktion, Ausbildung, Beraten, Betreuen, Publizieren, Rechtsanwaltschaft.

| **Erwerbstätige nach Tätigkeitsbereichen in %** | | |
|---|---|---|
| **Tätigkeitsbereich** | **1995** | **2010** |
| Produktionstätigkeit | 30 | 23,8 |
| Primäre Dienstleistungen | 43,7 | 44,5 |
| Sekundäre Dienstleistungen | 26,4 | 31,6 |
| **Insgesamt** | **100** | **100** |

**Abb. 13:** Entwicklung der Tätigkeitsstrukturen 1995-2010 (alte Bundesländer)

Fazit der Untersuchung ist, dass die Bereiche, die eine hohe berufliche Qualifikation erfordern, in Zukunft noch mehr an Bedeutung gewinnen werden. Hier sind die Folgen des technologischen Wandels erkennbar, die zu einem Bedeutungsverlust der einfachen, produktionsorientierten Tätigkeit führen. Im Gegensatz dazu werden die Arbeitsplätze mit komplexen Tätigkeiten und insbesondere diejenigen mit qualifizierten Dienstleistungs- und Führungsfunktionen Gewinner des Strukturwandels sein.

## 1.2.3 Qualitative Entwicklung

In der Vergangenheit ging mit dem Wandel der sektoralen Wirtschaftsstruktur eine bedeutende Veränderung der Qualifikationsstruktur einher. Dafür gibt es zwei Gründe:

- Erstens wachsen aufgrund der zunehmenden Komplexität und des technologischen Wandels die Qualifikationsanforderungen an die Beschäftigten,
- Zweitens hat aber auch die Expansion des Bildungs- und Ausbildungswesens dazu geführt, dass heute nahezu jeder Jugendliche über eine abgeschlossene Ausbildung an einer beruflichen Schule, durch eine betriebliche Lehre oder eine Hochschule verfügt.

Bestärkt wird dieser Zusammenhang durch die zunehmenden Bildungs- und Weiterbildungsaktivitäten der Bevölkerung, die im privaten Sektor zur Steigerung der Lebensqualität, mit dem Ziel der Selbstverwirklichung durchgeführt werden. Der steigende Bedarf an qualifizierten Arbeitskräften läuft also parallel zur Qualität der Ausbildung. Auch in Zukunft werden die Qualifikationsanforderungen weiter steigen.

Die folgende Abbildung zeigt eine Prognose der Entwicklung der Qualifikationsanforderungen für das Jahr 2010 im Vergleich zu 1987. Der Beschäftigungsrückgang der Ungelernten hängt vor allem mit ihrem Einsatz in den bedeutungsmäßig zurückgehenden Tätigkeitsbereichen zusammen. Diese Entwicklung war auch in der Vergangenheit ähnlich, denn von 1976 bis 1987 fiel ihr Anteil von 36 % auf 23 %.

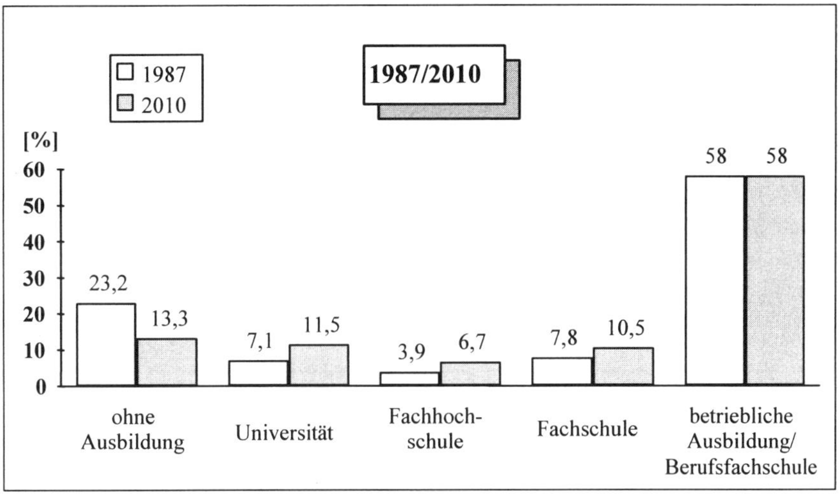


**Abb. 14:** Der Arbeitskräftebedarf nach Qualifikationsebenen 1987/2010

Weitgehend unverändert bleibt der Anteil der Arbeitnehmer mit einer betrieblichen Ausbildung am Arbeitskräftebedarf. Er wird sich ungefähr entsprechend dem gesamtwirtschaftlichen Arbeitskräftebedarf entwickeln. Würden aber alle entsprechenden Facharbeiterstellen, die bisher nur zu 90 % mit entsprechend qualifiziertem Personal besetzt sind, vollständig mit ausgebildeten Facharbeitern besetzt, ergäbe sich daher für diese Fachkräfte-Ebene ein steigender Bedarf.[34]

Einbußen in der Beschäftigtenzahl entstehen bei ausgebildeten Fachkräften in den produktionsorientierten Tätigkeiten, die aber durch zusätzliche Arbeitsplätze in den sekundären Dienstleistungen ausgeglichen werden.

Die Nachfrage nach Arbeitskräften, die sich nach ihrer Erstausbildung an Fach-, Meister- und Technikerschulen weiterqualifiziert haben, wird wachsen. Im Zeitraum von 1987 bis 2010 könnte sich die Zahl der ihnen zur Verfügung stehenden Arbeitsplätze soweit erhöhen, dass fast jeder zehnte Arbeitsplatz eine Fachschul- oder vergleichbare Ausbildung erfordert. Jedoch muss diese Berufsebene attraktiver gestaltet werden, da es sonst zu einem Mangel an qualifiziertem Personal in diesem Bereich kommen kann.

Unverändert bleibt die **steigende Akademisierung** in allen Wirtschaftsbereichen und Tätigkeiten. Entscheidend hierfür war die Expansion des Hochschulbereiches, die steigenden Absolventenzahlen[35] und die wachsenden Anforderungen an die Qualifikation

---

[34] Vgl. Klauder, W.: Längerfristige Arbeitsmarktperspektiven. In: Personal 2/93, S. 74 ff.

[35] Zum Vergleich: 1990 gab es 1 650 000 Studenten, 2003 bereits 1 939 000 Studenten in Deutschland.

der Mitarbeiter. Es ist aber entgegen mancher Besorgnisse mit keinem generellen Überangebot an Akademikern zu rechnen. Allerdings kann es zu Ungleichgewichten nach Fachrichtungen kommen.

Der Berufseinstieg wird in den nächsten Jahren schwieriger werden, da hohe Absolventenzahlen aus den geburtenstarken Jahrgängen auf den Arbeitsmarkt drängen. Auf der anderen Seite sind bis zum Jahr 2010 in Westdeutschland allein ein Viertel des Neuangebotes an Arbeitsplätzen an Akademiker gerichtet, um den ständig wachsenden Bedarf an Hochschulabsolventen in den Tätigkeitsbereichen Organisation und Management zu decken.[36]

Speziell die Angebote für Fachhochschulabsolventen werden in Zukunft ständig wachsen. Knapp 7 Prozent aller Arbeitsplätze würden dann einen Fachhochschulabschluss erfordern. Besonders die Tätigkeiten in Forschung, Entwicklung, Organisation, Betreuung und Beratung dürften von steigender Bedeutung für diese Beschäftigtengruppe sein. Ein ähnlicher Trend lässt sich auch für die Absolventen wissenschaftlicher Hochschulen erwarten. Auch sie werden in den vorher angedeuteten Tätigkeitsfeldern vermehrte Beschäftigungsmöglichkeiten finden.

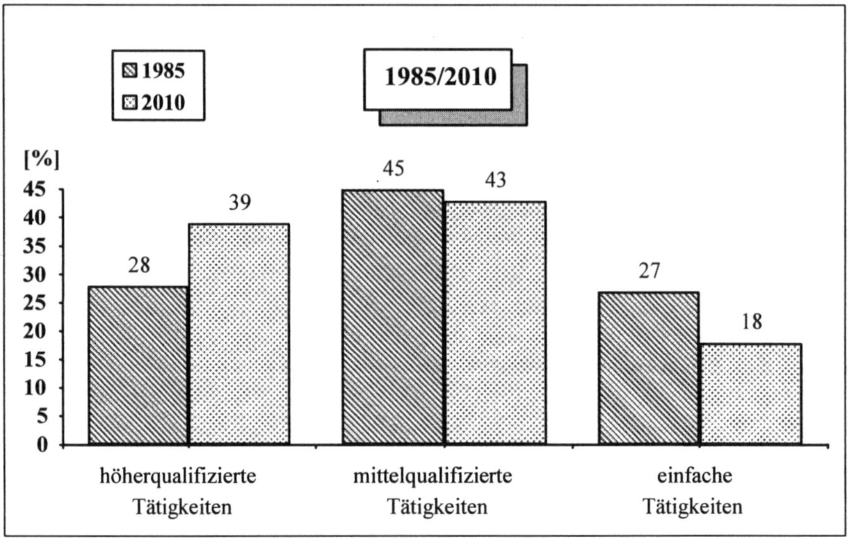


**Abb. 15:** Erwerbstätige nach unterschiedlichen Anforderungsprofilen der Tätigkeiten 1985 und 2010

Erläuterung:

- **einfache Tätigkeiten:** Hilfstätigkeit in Produktion, Reinigung, Bewirtung, Lagerhaltung, Transport, einfache Bürotätigkeit, Verkaufshilfen u.ä.
- **mittelqualifizierte Tätigkeiten:** Fachtätigkeiten in der Produktion, Maschinen einrichten u.ä., reparieren, Fachverkäufer, Sachbearbeiter, Assistententätigkeit in Forschung und Entwicklung, nichtakademische Betreuung u.ä.

[36] Vgl. Klauder, W.: Längerfristige Arbeitsmarktperspektiven, a.a.O., S. 76.

- **höherqualifizierte Tätigkeiten:** Führungsaufgaben, Organisation und Management qualifizierte Forschung und Entwicklung, Betreuung, Beratung, Lehren u.ä.[37]

Zusammenfassend lässt sich sagen, dass angesichts des Strukturwandels der Wirtschaft die zukünftigen Qualifikationsanforderungen immer schwerer vorhersagbar sind. Weiterhin lässt die Dynamik der Entwicklung das Wissen rascher veralten (sinkende Halbwertzeit des Wissens) und stellt formale Ausbildungsabschlüsse im Zeitablauf immer häufiger in Frage. Wichtiger wird die Fähigkeit, sich schnell und effizient neues Wissen anzueignen.[38]

Der gefragte Erwerbspersonentypus ist derjenige, der sich in einer soliden Erstausbildung sowohl ein breites Grundlagenwissen in einem Fachgebiet als auch im hohen Maße fachübergreifendes Wissen verschafft hat. Gefragt werden diejenigen sein, die sich auf dieser Basis ein Leben lang gezielt die erforderlichen Spezialkenntnisse und den allgemeinen Wissensfortschritt über Weiterbildung aneignen.

### 1.2.4 Folgen für den Führungskräftebedarf

Unter Berücksichtigung des Wachstums der Dienstleistungssektoren, speziell der sekundären, lassen die Ergebnisse der Projektionen durch IAB und Prognos AG einen steigenden Bedarf an Führungskräften erwarten.

Belegt wird das auch durch eine Befragung der Zentralstelle für Arbeitsvermittlung und von "Management Wissen", die bei rund 800 Unternehmen durchgeführt wurde und den Trend dieser Aussage bestätigt.

Für diesen steigenden Führungskräftebedarf gibt es verschiedene Gründe, die in der folgenden Aufzählung aufgezeigt werden sollen:

- die technologische Entwicklung, die deutsche Wiedervereinigung und der EU-Binnenmarkt,
- die Internationalisierung der Märkte, die zunehmende Zusammenarbeit über Grenzen hinweg,
- das zunehmende Engagement deutscher Firmen im Ausland sowie
- die Kooperation mit ausländischen Firmen in Forschung und Entwicklung, Produktion und Vertrieb.

Die Deckung dieses Bedarfs kann durch Absolventen von Fachhochschulen und Universitäten, aber auch durch die Rekrutierung ausländischer Führungskräfte für deutsche Unternehmen gesichert werden. Durch die Internationalisierung der Märkte treten die Absolventen deutscher Hochschulen in einen Konkurrenzkampf mit dem Managementnachwuchs beispielsweise französischer und englischer Eliteschulen.

---

37 Vgl. Stooß, F.: Der Wandel der Arbeitslandschaft. In: Handbuch Personalentwicklung und Training, hrsg. von Geißler, K.A./Landsberg, G.v./Reinartz, M., a.a.O., S. 8.

38 Vgl. Hüsken, F./Hildebrand, Ch.: Qualifikationsstrukturen der Zukunft. In: Personalmanagement für Klein- und Mittelbetriebe, hrsg. von Maier, W./Fröhlich, W., Heidelberg 1992, S. 87.

## 1.2.5 Die Rolle der Frau auf dem Arbeitsmarkt

Das Rollenbild der Frau war bis weit in die 70er Jahre mit vielen Klischees belastet. Es wurden ihr hauptsächlich Attribute wie passiv, anlehnungsbedürftig, sensibel, opferwillig, und abwartend zugeordnet. Die drei K's, Kinder, Küche und Kirche bestimmten vorzugsweise die Arbeitswelt der Frau. Dort blieb kein Platz für eine berufliche Entfaltung oder gar Selbstverwirklichung. Obwohl dieses Bild aufgrund der wissenschaftlichen Forschung widerlegt wurde, hielt man der Einfachheit halber und wahrscheinlich aus männlichem Egoismus an ihm fest.

Es ist bewiesen, dass es keine angeborenen, geschlechtsspezifischen Fähigkeiten und Eignungen gibt. Mit der veränderten Einstellung zum Beruf ist die Frau in einem anderen Licht zu sehen. Das Streben nach Unabhängigkeit und der Drang nach Selbstverwirklichung tragen zu diesem Wandel bei.[39] Die Erziehungsarbeit der Kinder und der familiäre Alltag müssen in den Familien zunehmend gemeinsam geleistet werden und bleiben somit nicht alleinige Domäne der Frau.

Das aufgekommene Qualifizierungsstreben der Frau sollte weiter unterstützt und die Vorteile des Einsatzes von Frauen in der Arbeitswelt erkannt werden. Dies betrifft auch die Führungsebene, die den Frauen in weiten Bereichen verschlossen bleibt.

Es gilt, das **unverkennbare Potenzial** zu nutzen, das immer noch mit Vorurteilen belastete Bild der Frau zu vergessen und nur die tatsächlichen Fakten in Betracht zu ziehen. Es ist unbestritten, dass die Integration der Frau immer noch nicht zur vollen Zufriedenheit abgeschlossen ist.

### (1) Demographische Entwicklung der Frau auf dem Arbeitsmarkt

In den letzten Jahren konnte die Frau ihren Anteil an der Gesamtbeschäftigung ständig erweitern, während der Stand der Männer in den letzten Jahren eher stagnierte und über längere Sicht ein Beschäftigungsrückgang zu verzeichnen war. Bei der kontinuierlichen Beschäftigungssteigerung der Frau muss allerdings der hohe Anteil der Frauen in der Teilzeitarbeit berücksichtigt werden (siehe Abbildung 14).

Eine Steigerung der Frauenbeschäftigung wird in den nächsten Jahren jedoch nur in bestimmten Bereichen eintreten:

- Betriebe mit wenig attraktiven Arbeitsplätzen, die jetzt schon Probleme mit der Personalrekrutierung haben,
- Betriebe, die in den letzten fünf Jahren verstärkt weibliche Mitarbeiter eingesetzt haben und auch in Zukunft Wert auf eine Expansion ihrer Belegschaft legen,
- Betriebe mit überdurchschnittlichem Frauenanteil, insbesondere der Einzelhandel.[40]

Eine bessere Integration der Frau in den Arbeitsmarkt wird durch den zu erwartenden Strukturwandel ermöglicht. Gründe hierfür sind die stärkere Neigung der Frau zur Erwerbstätigkeit sowie das inländisch zurückgehende Arbeitskräfteangebot.

---

39 Vgl. Fauth, W.: Praktische Personalarbeit als strategische Aufgabe, Wiesbaden 1991, S. 192.
40 Vgl. Engelbrech, G.: Frauen am Arbeitsmarkt. In: Personal 2/93, S. 79.

Die meisten Betriebe sind jedoch zurzeit unsicher, inwieweit ihre Personalpolitik eine Expansion des Frauenanteils zulässt.

| Anteile der Erwerbstätigkeit von Männer und Frauen | | | | | | | |
|---|---|---|---|---|---|---|---|
| | **Einheit** | **1998** | **1999** | **2000** | **2001** | **2002** | **2003** |
| **Erwerbstätige** | in 1000 | 37.611 | 38.081 | 38.706 | 38.773 | 38.671 | 38.246 |
| **- Männer** | Anteil in | 57,2 | 56,8 | 56,5 | 56,0 | 53,5 | 53,2 |
| **- Frauen** | Prozent | 42,8 | 43,3 | 43,5 | 44,0 | 46,5 | 46,8 |
| **Teilzeit** | Anteil in | 16,4 | 17,4 | 17,7 | 18,5 | 18,8 | 19,1 |
| darunter Frauen | Prozent | 87,0 | 86,8 | 86,6 | 86,4 | 86,3 | 86,2 |

**Abb. 16:** Erwerbstätige nach Geschlechtern[41]

## (2) Qualifikationsniveau

Die Frau von heute besitzt in der Regel einen sehr guten Ausbildungsstand. Die Zahl der Studentinnen hat sich von 1950 bis 2002 auf 50,6 % verdreifacht. Ebenfalls ist eine Zunahme bei den Realschülerinnen und der Anzahl der Abiturienten sowie in der Berufsausbildung festzustellen.

Durch das gestiegene Ausbildungsniveau hat sich die Qualifikationsstruktur geändert, dennoch sind Frauen in Führungspositionen unterrepräsentiert.[42] Im Mai 2000 gaben 11 % der abhängig beschäftigten Frauen (1996: 10 %) an, als Führungskraft oder mit herausgehobener Tätigkeit beschäftigt zu sein. Somit sind knapp ein Drittel aller Führungskräfte in der Industrie, im Dienstleistungsbereich oder in der öffentlichen Verwaltung weiblich (1,6 Mio.), mehr als zwei Drittel männlich.

Im Mai 2000 waren knapp 20 % (1996: 19 %) aller abhängig erwerbstätigen Männer als leitende Angestellte (18 %) bzw. als Beamte im höheren Dienst beschäftigt. Insgesamt stufte sich jeder sechste Arbeitnehmer (16 %) als Führungskraft oder Beschäftigter mit herausgehobener Tätigkeit ein.[43]

Die Personalwirtschaft der Zukunft muss Abschied nehmen vom traditionellen Bild der Frau im Arbeitsleben. Frauenförderprogramme dürfen nicht länger nur Alibi-Funktion haben, sondern müssen darauf ausgerichtet sein, das berufliche Potenzial der Frau für das Unternehmen nutzbar zu machen. Wichtige Stichworte sind in diesem Zusammenhang die Flexibilisierung und Individualisierung der Arbeit.

---

[41] Vgl. IG Metall: Daten, Fakten, Informationen. Frankfurt 2003, S. 180. und Statistisches Bundesamt, 2004.

[42] Vgl. Statistisches Bundesamt, Mai 2004.

[43] Vgl. ebd., April 2001.

## 1.3 Internationalisierung und europäische Integration

Seit dem 1. Januar 1993 existiert der gemeinsame europäische Binnenmarkt, welcher sowohl den Verkehr von Waren und Dienstleistungen regelt, als auch Niederlassungsfreiheit für alle EU-Bürger erlaubt.

Durch den EU-Binnenmarkt ist der weltweit größte einheitliche Wirtschaftsraum mit 25 Staaten und 454,6 Mio. Einwohnern entstanden,[44] von denen über 40 % zur aktiven Erwerbsbevölkerung gehören.

### 1.3.1 Auswirkungen des EU-Binnenmarktes

Der EU-Binnenmarkt beinhaltet für die Unternehmen einerseits Chancen durch die Intensivierung des EU-Engagements und der Erschließung neuer zukunftsträchtiger Märkte und Standorte, andererseits auch Risiken aufgrund des stärker werdenden Wettbewerbs.[45] Davon sind nicht nur die exportorientierten Unternehmen betroffen, der gemeinsame Markt verschärft auch den Wettbewerb auf den heimischen Märkten.

Das Personalmanagement muss die neuen Möglichkeiten und Gefahren erkennen und mit entsprechenden, auf Europa ausgerichteten Strategien, reagieren. Nicht nur der europäische Binnenmarkt, sondern auch die Globalisierung der Märkte macht ein stärker international ausgerichtetes Personalmanagement erforderlich.

Die vordringlichste Aufgabe des Personalwesens wird es sein, **"Welt-Menschen"**[46] bereitzustellen. Dabei handelt es sich um Mitarbeiter, die Kenntnisse der Sprache, Kultur, Lebensart und Gewohnheiten fremder Länder besitzen. Sie müssen bereit und fähig sein, sich auf die Gegebenheiten fremder Länder einzustellen.

Im Rahmen strategischer Personalprogramme wird durch die Globalisierung die Internationalisierung des Personalmanagements immer wichtiger. Die Ergebnisse einer Studie von Wunderer und Dick zeigen:[47]

- Das Personalmarketing ist international auszurichten.
- Networking durch die Bildung internationaler Teams
- Die Unternehmenskultur verdient besondere Beachtung.
- Bessere Vorbereitung der Mitarbeiter auf Auslandseinsätze

Einzelne Ergebnisse dieser Studie über die Bedeutung internationaler Instrumente der Personalwirtschaft zeigt die folgende Abbildung:

---

[44] Vgl. Statistisches Bundesamt, 2004.

[45] Vgl. Ackermann, K.F.: Prognose "Personal" für das kommende Jahrzehnt. In: Personal 4/1989, S. 138.

[46] Vgl. Heinrich, P.: Internationales Personalmanagement. In: Personalmanagement für Klein- und Mittelbetriebe, hrsg. von Maier, W./Fröhlich, W., Wiesbaden 1991, S. 205.

[47] Vgl. Wunderer, R./Dick, P.: Personalmanagement – Quo vadis?. Analysen und Prognosen zu Entwicklungstrends bis 2010, Neuwied/Kriftel 2000, S. 98 ff.

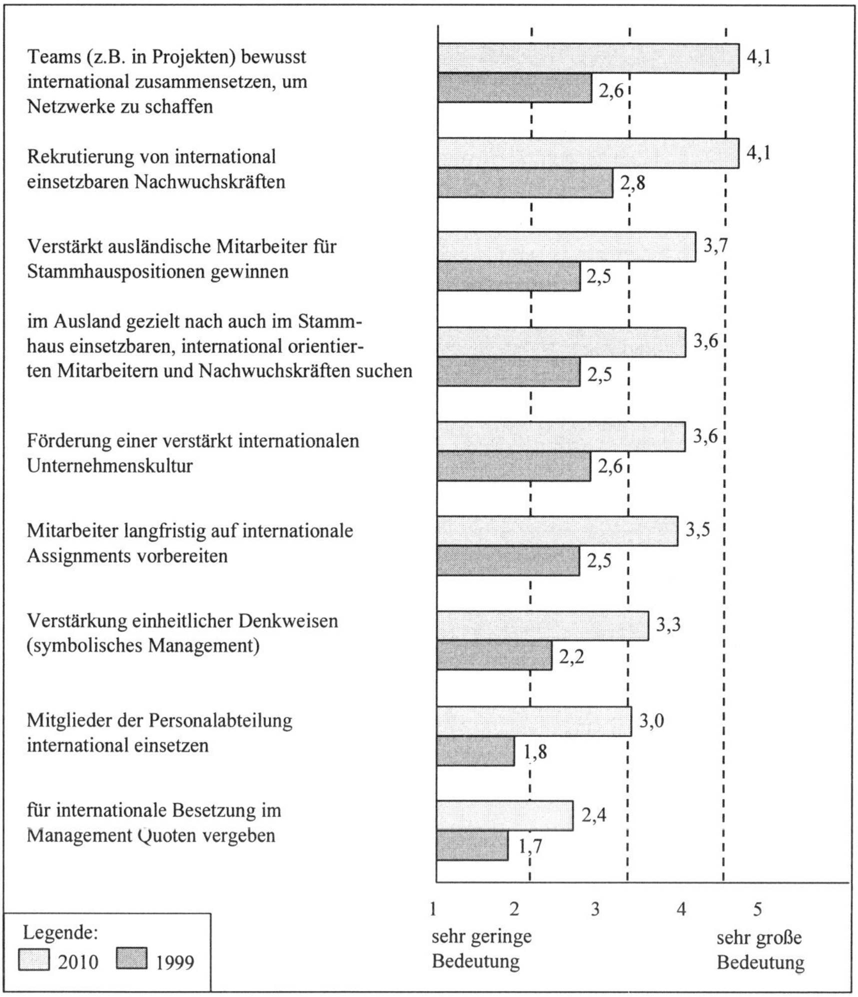


**Abb. 17:** Maßnahmen und Instrumente internationales Managements[48]

Mitarbeiter für den internationalen Markt auszubilden und ein entsprechendes Potenzial aufzubauen, bedeutet neben der Vermittlung von Sprachkenntnissen, EU-weite Trainee-Programme anzubieten sowie internationale Job rotations zu praktizieren. Weiterhin muss zunehmend Personal außerhalb Deutschland akquiriert werden, um Ausländer für die Arbeit in Deutschland zu gewinnen.

Tendenziell wird sich der Trend zu Unternehmenskooperationen, Allianzen und Niederlassungen von Tochterfirmen im Ausland in den nächsten Jahren verstärken. Eine supranationale Zusammenarbeit im Personalbereich verlangt jedoch Hintergrundwissen und Kenntnisse über die Einflussfaktoren der einzelnen personalwirtschaftlichen Instru-

48 Ergebnisse einer empirischen Studie zur Personalstrategie europäischer Unternehmen. Vgl. Wunderer, R./Dick, P.: Personalmanagement – Quo vadis?. Analysen und Prognosen zu Entwicklungstrends bis 2010, a.a.O., S. 103.

mente. Darunter fällt z.B. die Personalbeschaffung, der Personaleinsatz, die Personalentwicklung und die Personalführung. Hierbei treten jedoch Probleme in der unterschiedlichen Anwendung der Instrumente auf.

Im Bereich der Personalverwaltung muss eine **europäische Fachkompetenz** aufgebaut werden. Dies gilt insbesondere in arbeits-, sozial- und steuerrechtlichen Fragen. Einen starken Einfluss übt die Art der Konzernführung aus. Dabei ist von großer Bedeutung, ob eine zentrale oder dezentrale Konzernführung vorliegt. Vor allem in einer dezentralen Führung ist die europaweite Fachkompetenz wichtig, da ein gegenseitig ausgewogenes Verständnis Voraussetzung ist, um einen effizienten Informationsaustausch betreiben zu können. Wichtig für das Erarbeiten gemeinsamer Inhalte ist eine Mischung aus Verständnis, Kenntnis und Erfahrungsaustausch. Es muss eine Kommunikationsbasis geschaffen werden, die ein zielgerichtetes Arbeiten ermöglicht. Je nach den national gebräuchlichen Gewohnheiten sind die einzelnen Dienstleistungen des Personalwesens zu vereinheitlichen oder zu differenzieren.

Falls unterschiedliche Regelungen beibehalten werden müssen, ist die zentrale Personalverwaltung gefordert, Spannungen auszugleichen oder zu klären. Das bedingt eine klare Ausübung ihrer Richtlinienkompetenz.

## 1.3.2 Besonderheiten europäischer Personalarbeit

Der weltweite Trend entwickelt sich hin zum geozentrischen[49] Personalmanagement, auf das später noch näher eingegangen wird. Wichtig ist aber zu erkennen, dass der europäische Wirtschaftsraum einige Besonderheiten aufweist, die bei der Festlegung einer internationalen Personalstrategie nicht unberücksichtigt bleiben dürfen:

- Die geographischen Entfernungen innerhalb Europas sind vergleichbar mit den Entfernungen innerhalb der USA und dürften durch die allgemein gute Infrastruktur kein allzu großes Hindernis darstellen. Aufteilung der Wochenarbeitszeit z.B. zwei Tage in Paris und drei Tage in Hamburg sind denkbar. Eine außereuropäische Aufteilung z.B. London/Sydney, wäre weitaus schwerer zu realisieren.
- Kulturelle Differenzen sind in einem geeinten Europa wesentlich geringer als sonst üblich. Eingewöhnungsphasen, Veränderungen des Lebensstandards und Vorbereitungen auf einen Kulturwechsel sind hier wesentlich einfacher zu gestalten. Teilweise sind sie sogar überflüssig, da die Menschen in Europa ein sehr reisefreudiges Verhalten zeigen und häufig schon Vorkenntnisse mitbringen.
- Die Wertigkeit und der Status quo des Lebensstandards weisen in den meisten europäischen Ländern (zumindest in deutschsprachigen) keine gravierenden Unterschiede auf. Ein Wechsel des beruflichen Einsatzortes innerhalb des EU-Gebietes stellt somit keinen Härtefall dar und muss nicht immer finanziell ausgeglichen werden. Die Verbesserung hinsichtlich der Möglichkeit einer Karriere reicht oft aus.

---

[49] Geozentrisch = auf die Erde als Mittelpunkt bezogen.

- Bis auf wenige Ausnahmen ähneln sich die politischen Systeme der einzelnen Mitgliedsstaaten. Alle EU-Staaten verfügen über eine demokratisch gewählte Regierung. Diese Voraussetzung erleichtert die Arbeit in vielen Bereichen, denn erst eine stabile politische Grundordnung sichert die Investitionen und räumt den Unternehmen Handlungsfähigkeit in fremden Ländern ein.
- Die innereuropäische Vielfalt von Gesetzen, Vorschriften und Richtlinien wird angeglichen. Eine Annäherung in den Normen und Regelwerken ist festzustellen und wird im Zuge des EU-Binnenmarktes immer weiter vorangetrieben. Es werden in zunehmendem Maße europaweit geltende Regelwerke entstehen, deren Anwendung den Führungskräften und Entscheidungsträgern die Arbeit erleichtern wird.
- Der Wegfall von Grenzen und Barrieren ist wohl der deutlichste Unterschied zwischen den internationalen und europäischen Rahmenbedingungen. Der formal-administrative Aufwand, z.B. Zölle, Niederlassungsverbote und Arbeitserlaubnis, wird gelockert oder fällt weg. Vereinfachungen im Steuerrecht und Versicherungsbereich sind ebenfalls zu erwarten.[50]

Zusammenfassend läßt sich sagen, dass Europa eine Sonderrolle im internationalem Vergleich einnimmt. In vielen Bereichen sind die Voraussetzungen für einen Personaleinsatz im Ausland (räumliche Distanz, Kultureinflüsse und Lebensstandard in den Einsatzländern) anders geartet als auf globaler Ebene.

### 1.3.3 Entwicklung des multikulturellen Personalmanagements

Nachfolgend sollen verschiedene Entwicklungsphasen des multikulturellen Personalmanagements dargestellt werden. Es wird davon ausgegangen, dass Personalmanagementkonzepte zum Teil universal anwendbar sind, zum Teil aber auch kulturspezifische, nicht in andere Kulturen übertragbare Elemente enthalten. Im Gegensatz zum internationalen Personalmanagement sollen auch die Anforderungen europäischer Personalarbeit näher betrachtet werden.

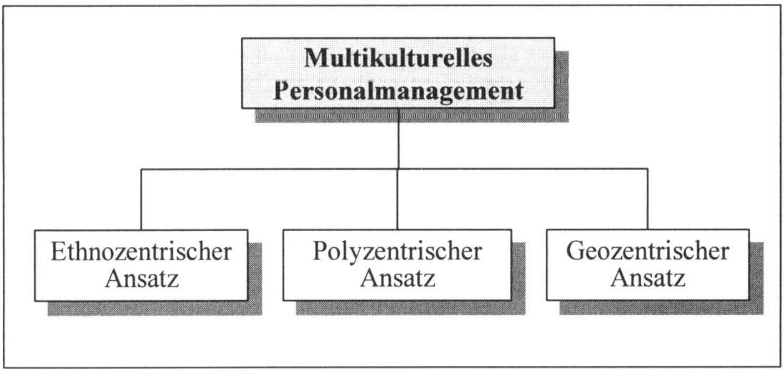


**Abb. 18:** Unterschiedliche Strategiewahlen des internationalen Personalmanagement

[50] Vgl. Mayrhofer, W.: Ethnozentrierte Personaleinsatzstrategien im vereinten Europa. In: Eurostrategisches Personalmanagement, Band 1, hrsg. von Marr, R., München/Mering 1991, S. 136.

## (1) Der ethnozentrische Ansatz

Der ethnozentrische[51] Ansatz wird häufig am Anfang der unternehmerischen Internationalisierung bzw. in Krisenzeiten gewählt, wenn außergewöhnliche Schwierigkeiten auftreten. Die Personalpolitik des Stammhauses wird dabei einheitlich auf alle ausländischen Niederlassungen übertragen. Die Positionen der Geschäftsführer und Leitungsfunktionstellen in der Auslandsgesellschaft werden mit Stammhausangehörigen besetzt.

Die Vorteile zeigen sich vor allem in der Startphase der internationalen Tätigkeit des Unternehmens. Gerade hier erscheint es notwendig, einen erfahrenen Stammhausangehörigen mit dem Aufbau einer neuen Gesellschaft zu betrauen, um die im Stammhaus angewandten Strategien und Methoden gezielt durchzusetzen.

Einige Argumente sprechen dafür, diesen Ansatz nur zeitlich begrenzt anzusetzen, da langfristig die Nachteile überwiegen. Neben den sehr hohen Transferkosten für die entsandten Führungskräfte ist vor allem das Problem der mangelnden Berücksichtigung lokaler Markt- und Personalbedürfnisse zu beachten.[52] Hinsichtlich des Personaleinsatzes führt dieser Ansatz dazu, dass alle wichtigen Stellen der Zentrale mit Mitarbeitern aus dem Mutterland besetzt werden. Nachteilig wirken sich die dadurch beschränkten Aufstiegsmöglichkeiten für die Mitarbeiter und Mitarbeiterinnen des Gastlandes aus. Sie sind häufig der Grund dafür, dass einige Firmen nach der Anlaufphase dazu übergehen, den polyzentrischen Ansatz anzustreben.

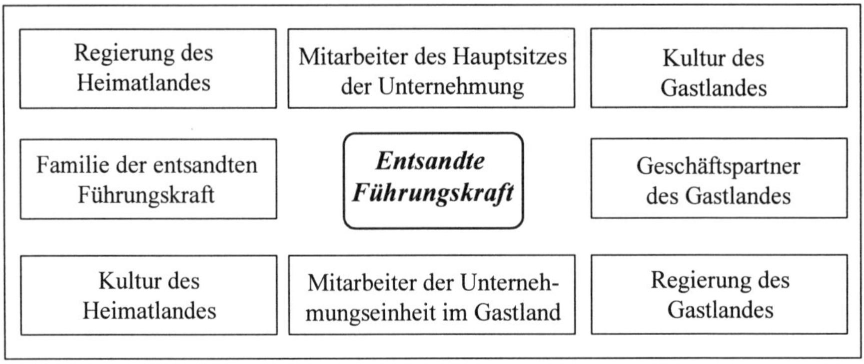


**Abb. 19:** Entsandte Führungskraft im Spannungsfeld verschiedener Rollensender53

## (2) Der polyzentrische Ansatz

Beim polyzentrischen Ansatz steht die Eigenständigkeit der Personalpolitik ausländischer Niederlassungen im Vordergrund. Jede Niederlassung wird als eigene Einheit mit einer gewissen Entscheidungsautonomie betrachtet. Zwischen der Zentrale und den Nie-

[51] Ethnozentrisch = das eigene Volk bzw. die eigene Nation als Mittelpunkt sehen.

[52] Vgl. Hilb, M.: Entwicklungsphasen des multikulturellen Personalmanagement. In: Eurostrategisches Personalmanagement, Band 1, hrsg. von Marr, R., München/ Mering 1991, S. 112 f.

[53] Vgl. Braun, W.: Europäisches Management: Unternehmenspolitische Chancen und Probleme des Binnenmarktes, Wiesbaden 1991, S. 352.

derlassungen als auch unter den Niederlassungen selbst findet kaum ein Informationsaustausch statt. Zur Besetzung der Leitungsfunktionen in den Niederlassungen werden einheimische Mitarbeiter und Mitarbeiterinnen eingesetzt. Dieser föderalistische Ansatz wird von zahlreichen europäischen und amerikanischen Firmengruppen vertreten, bei denen der Kontakt der Führungsebene zu öffentlichen Verwaltungen oder der Regierung sehr wichtig ist. Nachteilig wirkt sich hier die Entfremdung der Auslandsniederlassungen zu den globalen Strategien des Stammhauses aus. Weiterhin nutzen sie in dieser Form nicht ihre komparativen Stärken, das weltweite Humanpotenzial, welches multinationalen Unternehmen zur Verfügung steht. Sie sind in den Möglichkeiten der Personalentwicklung ebenso beschränkt wie ihre nationalen Konkurrenten.[54]

Diese Art der Stellenbesetzung bietet jedoch auch folgende Vorteile. Es entstehen keine Kosten für Entsendung, und der Widerstand gegenüber fremden Vorgesetzten in Schlüsselpositionen der Niederlassung fällt weg. Es gibt keine Sprachbarrieren, und die dafür vorgesehenen aufwendigen Trainee-Programme oder Eingliederungsmaßnahmen entfallen somit.[55] Die Mitarbeiter und Mitarbeiterinnen der zweiten und dritten Ebene sind motivierter als bei dem ethnozentrischen Ansatz, da Chancen für ihren Aufstieg vorhanden sind.

## (3) Der geozentrische Ansatz

Der geozentrische Ansatz wird für die Zukunft richtungsweisend sein, denn er versucht eine Verbindung zwischen den kulturspezifischen Gemeinsamkeiten der Länder sowie die nationalen Unterschiede im Personalmanagement zu berücksichtigen. Für diese globale Beschäftigungsstruktur ist der Kommunikations- und Informationsfluss sowohl der Niederlassungen untereinander, als auch der Austausch zur Zentrale von großer Bedeutung. Es entsteht eine stark vernetzte Organisationsstruktur, die sowohl globale systemvereinheitlichende Strategien als auch regionale und operativ nationale Interessen beinhaltet. Anwendung findet dieser Ansatz heute bereits bei dem Schweizer Nahrungsmittelhersteller Nestlé. Vorteile dieses Ansatzes sind:

- Optimaler Einsatz des international vorhandenen Humankapitals,
- hohe Motivation und Identifikation des Leitungsteams der Auslandsniederlassungen mit dem Stammhaus, durch den Einsatz der globalen Strategien, unter Berücksichtigung ihrer regionalen Bedürfnisse,
- Entstehung eines weltoffenen Unternehmens, das die Vorteile der einzelnen Landeskulturen zu einer wettbewerbsfördernden Synthese vereinigt,
- Bereicherung für die Unternehmensangehörigen, durch einen möglichen Standortwechsel andere Kulturen kennenzulernen.[56]

Ziel der Personalpolitik ist, eine internationale Führungsgruppe zu schaffen, die weltweit einsetzbar ist und das Entstehen von nationalen Sonderinteressen vermeidet. Nachteilig sind die hohen Transfer- und Kompensationskosten. Es besteht die Gefahr der überhäuften, unnötigen Nutzung des Reiseangebotes von reisefreudigen Führungs-

---

54 Vgl. Hilb, M.: Entwicklungsphasen des multikulturellen Personalmanagement, a.a.O., S. 114 f.
55 Vgl. Mayrhofer, W.: Ethnozentrierte Personaleinsatzstrategien im vereinten Europa, a.a.O., S. 136.
56 Vgl. Hilb, M.: Entwicklungsphasen des multikulturellen Personalmanagement, a.a.O., S. 116 ff.

kräften. Weiterhin ist ein großer Aufwand in der Personalplanung erforderlich, der meist doch von der Zentrale aus organisiert werden muss.

Hier kann es zu ungewollten Überschneidungen kommen, die zu Streitigkeiten und Widerständen innerhalb des Personals führen.[57] Die folgende Abbildung gibt eine Übersicht der geschilderten Entwicklungsphasen.

| **Merkmale** | **ethnozentrisch** | **polyzentrisch** | **geozentrisch** |
|---|---|---|---|
| Unternehmens-kultur | ausschließlich national orientiert | Dominanz der Subkultur | international orientiert |
| soziokulturelle Anpassung | Universalismustheorie, keine Anpassung | Dezentralisation gegens. Anpassung | Betonung der Gemeinsamkeit |
| Führung der Auslandsnieder-lassungen | durch Entsandte aus der Zentrale | durch einheimische Manager | durch Entsandte, Einheimische oder aus Drittländern |
| Führung der Zentrale mit ausländischen Managern | nicht üblich | nicht üblich | erwünscht |
| Entsendungs-quote | hoch | niedrig | sehr hoch |
| Entsendungs-richtung | Einbahnstraße von der Zentrale ins Ausland | Einbahnstraße vom Ausland in die Zentrale | Beide Richtungen von und zwischen Auslandsniederlassungen |

**Abb. 20:** Klassifikation internationaler Managemententwicklungsstrategien[58]

Anhand der genannten Entwicklungsphasen scheint der geozentrische Ansatz am besten geeignet für ein mutikulturelles, international agierendes Unternehmen zu sein, da er einen Mittelweg zwischen dem ethnozentrischen und polyzentrischen Ansatz darstellt. Es stellt sich jedoch die Frage, ob sich europäisches und internationales Personalmanagement aufgrund der genannten Besonderheiten und Merkmale vergleichen läßt.

Ein alternativer Einsatz anderer Strategien im europäischen Wirtschaftsraum erscheint möglich. Aus diesem Grund soll noch einmal der ethnozentrische Ansatz als eine Strategiemöglichkeit für Europa betrachtet werden. Dass ihm mehr Bedeutung in einem geeinten Europa zukommt als bisher, wird anhand mehrerer Faktoren ersichtlich.

---

57 Vgl. Mayrhofer, W.: Ethnozentrierte Personaleinsatzstrategien im vereinten Europa, a.a.O., S. 137.

58 Vgl. Pfohl, H.C./Bock, I./Dubbert, M.C.: Internationalisierung der Managemententwicklung. In: Eurostrategisches Personalmanagement, Band 1, hrsg. von Marr, R., München/Mering 1991, S. 99.

Die als nachteilig angesehenen Konsequenzen für Entsandte aus dem Stammhaus - hinsichtlich der fremden Kultur und der Anpassungsschwierigkeiten im Gastland - fallen in Europa deutlich geringer aus. Hier sind bereits Kenntnisse durch Urlaubsreisen vorhanden und kulturelle Unterschiede sind deutlich geringer als im internationalen Vergleich.

Ein weiterer Nachteil wird durch den Vergleich der Entsandten und des Niederlassungspersonals in Bezug auf Gehalt, Status etc. deutlich. In Europa fällt dieser Unterschied, abgesehen vom Nord-Süd-Gefälle, nicht ins Gewicht. Auch für Klein- und Mittelbetriebe scheint die ethnozentrierte Personaleinsatzstrategie sinnvoll zu sein. Sie versuchen durch die geänderten Rahmenbedingungen auf dem europäischen Markt Fuß zu fassen und verfügen noch nicht über ausreichende Erfahrung. Daher bietet sich eine Steuerung durch die Zentrale an, um die Erfahrungen und Strategien der Zentrale den einzelnen Niederlassungen zu vermitteln.

Die geographische Distanz läßt einen häufigen Wechsel der Mitarbeiter zu. Die bereits erwähnte Splittung der Arbeitszeit ermöglicht eine gute Kontrollarbeit und läßt eine Hilfestellung bei auftretenden Problemen zu.

Welche Art der Personalstrategie zu wählen ist, hängt von der jeweiligen Situation ab. Grundsätzlich läßt sich sagen, dass auf lange Sicht der geozentrische Ansatz um so vorteilhafter erscheint, je verschiedener die Kulturen, je weiter die Entfernungen und je größer das Unternehmen ist. Wie aber bereits erwähnt wurde, ist bei einer vorübergehenden Entwicklungsphase oder beim Vorhandensein bestimmter Randbedingungen (z.B. in Europa) eine andere Wahl der Personalstrategie möglich.

### 1.3.4 Internationalisierung der Mitarbeiter

Die menschlichen Ressourcen sind oft die wichtigsten und zugleich kapitalintensivsten Investitionsbereiche im Unternehmen. Schon heute ist ein verschärfter Wettbewerb um qualifizierte Mitarbeiter erkennbar. Mit zunehmender Internationalisierung deutscher und ausländischer Firmen steigt der Bedarf an international denkenden und handelnden Mitarbeitern. Durch die Globalisierung der Märkte, durch die Öffnung Osteuropas und die deutsche Wiedervereinigung müssen sich deutsche Unternehmen und deren Mitarbeiter weniger national, sondern vielmehr international orientieren.

Es gibt grundsätzlich zwei Methoden für die Internationalisierung im Human-Ressourcen-Bereich. Zum einem können gezieltere **Personalentwicklungsmaßnahmen** getroffen werden, die das Personal auf internationale Dimensionen vorbereiten, oder es muss schon bei der **Personalrekrutierung** in internationalen Maßstäben gedacht werden.

Eine Internationalisierung der Mitarbeiter durch Personalentwicklungsmaßnahmen ist sicherlich aufwendiger und schwieriger. Sie zielen darauf ab, den Menschen zu ändern, was seitens der Mitarbeiter sehr viel Energie und für das Unternehmen Geld kostet.

Der Einkauf internationaler Mitarbeiter ist zwar billiger, setzt aber eine Personalmarketingstrategie voraus, deren Ergebnisse einer langfristigen Investitionsplanung gleichen sollten.

| Maßnahme | Kosten | Wirkung der Ansprache | Wirkung der Probebeziehung |
|---|---|---|---|
| 1. Stipendien | hoch | mittel | niedrig |
| 2. Förderpreise | mittel | mittel | niedrig |
| 3. Praktika | mittel | hoch | hoch |
| 4. Diplomarbeiten | mittel | hoch | mittel |
| 5. Firmenpräsent. | niedrig | mittel/hoch | niedrig |
| 6. Fachvorträge | niedrig | mittel/hoch | niedrig |
| 7. Messen | mittel | niedrig/mittel | niedrig |
| 8. Anzeigen | niedrig | mittel | niedrig |
| 9. Gremientätigkeit | niedrig/mittel | niedrig | niedrig |
| 10. Studienprojekte | niedrig | mittel/hoch | mittel |
| 11. Schenkungen | niedrig-hoch | niedrig/mittel | niedrig |

**Abb. 21:** Internationale Personalmarketingmaßnahmen[59]

In der obigen Abbildung werden einige internationale Personalmarketingmaßnahmen aufgezeigt. Um einen Bewerber an das Unternehmen zu binden, ist ein früher, positiver Kontakt wichtig. Je positiver dieser Kontakt ist, desto größer sind die Aussichten auf eine erfolgreiche Einstellung. Daher finden die vorgeschlagenen Maßnahmen vornehmlich in Zusammenarbeit mit dem Hochschulbereich Anwendung. Grundsätzlich bietet sich für die Suche nach geeigneten Mitarbeitern folgende Vorgehensweise an:

- **Segmentierung des Arbeitsmarkts:** Welchen Typ von Bewerber suchen wir? Welche Bedürfnisse hat er? Können wir auf die Bedürfnisse eingehen?
- **Festlegung der Bewerberquellen:** Neben den bekannten Rekrutierungsquellen wie INSEAD, ESB, St. Gallen, Rotterdam etc. richten sich zunehmend weniger bekannte Hochschulen international aus. Es lohnt sich, Partnerschaften mit ihnen einzugehen, bevor sie selbst organisierte Kontaktveranstaltungen durchführen. Hier begibt man sich selbst in eine Konkurrenzsituation.
- **Auswahl der Maßnahmen:** Durch welche Maßnahmen soll die Partnerschaft unterstützt werden? Beispiele sind Förderpreise, Stipendien, Fachvorträge, Anzeigen in hochschuleigenen Publikationen, Mitarbeit in Hochschulgremien, Vergabe von Diplomarbeiten und Dissertationen.

Unabhängig von der Art, wie man internationale Mitarbeiter gewinnt, ist es wichtig, dass die Personalverantwortlichen ihre bisherige Einstellung überdenken. Sie müssen zukünftig weniger als Einkäufer, sondern mehr als Verkäufer auftreten, denn sie sind einer der ersten Maßstäbe, an denen der qualifizierte Nachwuchs das Unternehmen misst. Weiterhin ist bei der Personalplanung und -auswahl zu berücksichtigen, ob bisherige Auswahlmethoden vereinheitlicht werden oder bewusst differenziert werden sollen.

[59] Vgl. Walsh, J./Papmehl, A.: Internationales Personalmarketing. In: Personalentwicklung im Wandel, hrsg. von Papmehl, A./Walsh, J., Wiesbaden 1991, S. 305 ff.

### 1.3.5 Landesspezifische Ausbildungen in EU-Mitgliedsstaaten

Mit Inkrafttreten und Erweiterung des EU-Binnenmarktes ergaben sich viele Unklarheiten im Bereich der beruflichen Bildung. Die auftretenden Schwierigkeiten sind unterschiedlichster Art und beginnen bei der gegenseitigen Anerkennung von Zeugnissen, Ausbildungen und Qualifikationen. Entspricht z.B. die Qualifikation eines portugiesischen Ingenieurs der eines deutschen? Bei Problemfällen kann von der Erfahrung großer internationaler Firmen und Organisationen wie z.B. der NATO oder den EU-Behörden profitiert werden.

Eine qualitative Annäherung der Europäischen Union ist im Bereich der beruflichen Bildung unabdingbar. Sie sichert den sozialen Fortschritt und die Integration des geeinten Europas. Zur Verbesserung der Berufschancen ist es für Unternehmen und den Arbeitssuchenden gleichermaßen wichtig zu wissen, ob die Ausbildungsinhalte beruflicher Bildungsgänge der einzelnen Mitgliedsstaaten als gleichwertig einzustufen sind. Nur so kann sichergestellt werden, dass ein z.B. in Italien, Portugal oder Frankreich ausgebildeter Facharbeiter tatsächlich den Anforderungen eines Unternehmens eines anderen Mitgliedstaats entspricht. Es müssen bildungspolitische Kompromisse erarbeitet werden, allerdings unter Berücksichtigung des Qualitätsstandards der Berufsausbildung. Synergieeffekte der einzelnen Berufsausbildungssysteme sollten genutzt werden.[60]

Die Frage der Anerkennung, Vergleichbarkeit und Transparenz von Berufsqualifikationen bzw. -befähigungsnachweisen beschäftigt nicht nur die Europäische Union und die Mitgliedstaaten seit Beginn des europäischen Integrationsprozesses. 1999 beschlossen die Bildungsminister von 29 Staaten bis 2010 einen einheitlichen europäischen Hochschulraum zu schaffen, damit Absolventen aller Länder vergleichbare Abschlüsse vorweisen können. Zentrales Element der universitären Neuordnung ist die Einfühung eines zweistufigen Studiensystems mit den Bachelor- und Masterstudiengängen[61]. Durch das Europäische Credit Transfer System (ECTS) sollen Studienleistungen über Grenzen hinweg vergleichbar gemacht werden.[62]

## 1.4 Technologischer Wandel und Qualifikationsbedarf

Das wirtschaftliche Leben ist längst von einer dynamischen Entwicklung erfasst. "Speed" im Sinne wachsender Beschleunigung wirtschaftlicher und damit wahrscheinlich auch gesellschaftlicher Prozesse zeichnet sich schon heute als eines der bestimmenden Zukunftsphänomene ab. Wie absurd das Tempo zuweilen heute schon geworden ist, belegt der Harvard-Professor C. Eccles am Beispiel eines High-Tech-Unternehmens aus den USA, das sich innerhalb von vier Jahren nicht weniger als 24mal reorganisierte, um mit den Veränderungen auf seinen Märkten Schritt zu halten.

60 Vgl. Becker, M.: Personalentwicklung. Die personalwirtschaftliche Herausforderung der Zukunft, Bad Homburg 1993, S. 100.

61 Nach 6 Semestern wird als berufsqualifizierender Abschluss der Bachelor- und nach weiteren 2-4 Semestern der Masterabschluss erworben.

62 Im Laufe ihres Studiums sammeln Studenten durch Prüfungen und Leistungsnachweise Punkte. Wer z.B. einen Bachelor-Abschluss anstrebt, muss mindestens 180 Punkte vorweisen können.

Motor dieser dynamischen Entwicklung ist die rasanter gewordene Technologieentwicklung mit exponentiell steigenden Entwicklungskosten und immer kürzeren Produktionszyklen. Überall wird Zeit als Wettbewerbsfaktor entdeckt. Die folgenden Beispiele sollen Eindrücke dieser neuartigen Zeitdimension geben.[63]

| Gesellschaft | Produkt | Entwicklungszeit: alt | Entwicklungszeit: neu |
|---|---|---|---|
| Honda | Personenwagen | 5 Jahre | 3 Jahre |
| AT&T | Telefone | 2 Jahre | 1 Jahr |
| Navistar | Lastwagen | 5 Jahre | 2,5 Jahre |
| Hewlett Packard | Drucker | 4,5 Jahre | 1,8 Jahre |

**Abb. 22:** Superschnelle Innovationen

| Gesellschaft | Produkt | Auftragseingang bis Auslieferung: alt | Auftragseingang bis Auslieferung: neu |
|---|---|---|---|
| GE | Unterbrecherkasten | 3 Wochen | 3 Tage |
| Motorola | Suchgeräte | 3 Wochen | 2 Stunden |
| Hewlett Packard | Prüfgeräte | 4 Wochen | 5 Tage |
| Brunswick | Fischereigeräte | 3 Wochen | 1 Woche |

**Abb. 23:** Superschnelle Herstellzeiten

Noch nie war für die Menschen der technologische Fortschritt so klar erkennbar wie heute. Er vollzieht sich in allen Bereichen des Lebens und bleibt nicht ohne Einfluss auf Mitarbeiter und Mitarbeiterinnen des Unternehmens.[64]

Die global greifenden Veränderungen auf technischem Gebiet haben ihren realen Nutzen in der Verbesserung der Wettbewerbsfähigkeit. Sie sind damit Motor des wirtschaftlichen Erfolges. Dies gilt in besonderem Maße für Deutschland, das sich nicht auf große Rohstoffvorkommen stützen kann. Der Einsatz neuer Technologien betrifft u.a. folgende Gebiete:

- Elektronik, Mikroelektronik,
- Biologie und Biochemie,
- Energieerzeugung und -versorgung,
- Rohstoffverarbeitung, neue Rohstoffe,
- Umwelt, Schadstoffverhinderung und -beseitigung.

Gerade die Entwicklung der Informationstechnik wird in Zukunft eine wesentliche Rolle einnehmen.[65] Unabdingbar ist damit auch ein steigender Qualifikationsbedarf des Personals verbunden. Dies gilt sowohl für den Topmanager als auch für den Vorarbeiter und Auszubildenden. Der Schwerpunkt der Qualifikation wird sich mehr und mehr

63 Wütherich, H.A.: Neuland des strategischen Denkens, Wiesbaden 1991, S. 160.

64 Vgl. Nagel, K.: Weiterbildung als strategischer Erfolgsfaktor: Der Weg zum unternehmerisch denkenden Mitarbeiter, 2. Auflage, Landsberg am Lech 1991, S. 33.

65 Die damit verbundene Virtualisierung der Arbeitsplätze eröffnet Chancen, wie die bessere Integration verschiedener Lebensbereiche, aber bürgt auch Gefahren, wie die Annonymisierung der Arbeitsbeziehungen. Zugleich wird der Wissenszugang erleichtert, aber auch die Anforderungen an den Umgang mit Informationen und Informationstechnologien verändert. Vgl. Wunderer, R./Dick, P.: Personalmanagement - Quo vadis?, Neuwied 2000, S. 9

verlagern von handwerklichen Fähigkeiten hin zu Flexibilität und Kreativität. Dieser Wandel der Arbeitsanforderungen führt zwangsweise auch zu veränderten Arbeitseinstellungen. Früher waren Fleiß und absolute Arbeitsdisziplin unerlässlich, heute dagegen ist ein kreativer und verantwortungsbewusster Mitarbeiter gefragt, der zur Gruppenarbeit fähig ist, aber auch alleinverantwortlich handeln kann.

Dadurch hat sich in den letzten Jahren das Qualifikationsniveau der neu eingestellten Arbeitskräfte deutlich erhöht. Es wird im Gegenzug immer schwerer für ungelernte Arbeitskräfte, ein Unternehmen zu finden, das sie beschäftigt. Durch die häufig wechselnden Anforderungen ist die innerbetriebliche Weiterbildung gefordert, den Mitarbeiter ständig zu schulen. Der Mitarbeiter muss den Umgang mit neuen Techniken und Verfahren erlernen. Seinen Kenntnisstand und seine Fähigkeiten gilt es in dem Maße zu erweitern, dass er die an ihn gestellten Anforderungen bewältigen kann.[66]

## 1.4.1 Erfordernisse bei der Einführung neuer Technologien

Die steigenden Anforderungen an die Produktqualität und die Verkürzung der Produktlebenszyklen bei gleichzeitiger Produktivitätssteigerung erfordern eine volle Ausschöpfung der durch die Techniken gebotenen Möglichkeiten. Durch den entstehenden Wettbewerbsdruck muss mit Hilfe effektiver Informations- und Kommunikationssysteme ein Produktivitätsvorsprung geschaffen werden, der es ermöglicht, sich auf dem Weltmarkt behaupten zu können.

Die Einführung solcher Systeme erfordert eine Änderung der herrschenden Arbeitsorganisation und eine vorzeitige Information und Qualifizierung des Personals, um die Akzeptanz gegenüber der neuen Technik zu erhöhen. Den betroffenen Mitarbeitern und Mitarbeiterinnen muss frühzeitig der Nutzen und ihre eigene Entlastung durch den Einsatz neuer Systeme aufgezeigt werden. Allgemein lassen sich negative Reaktionen der Mitarbeiter aus Beweggründen, die in der folgende Abbildung aufgeführt sind, erklären.

| **Gründe für negative Reaktionen beim Einsatz neuer Technologien** |
|---|
| • Durch einen veränderten Arbeitsablauf, der oft mit einer Rationalisierungsmaßnahme einhergeht, sieht der Mitarbeiter seinen Arbeitsplatz gefährdet. |
| • Der Mitarbeiter fühlt sich unsicher gegenüber dem neuen Arbeitsplatz, da er nicht weiß, ob er den neuen Anforderungen gewachsen ist. |
| • Durch die gestiegene Technisierung am Arbeitsplatz geht die Transparenz des Arbeitsvorgangs verloren. |
| • Mit dem neuen Arbeitsablauf können Statusverluste verbunden sein, die nur ungern in Kauf genommen werden. |
| • Der Einsatz neuer Technologien ist primär nach ökonomischen und rationellen Gesichtspunkten ausgelegt und berücksichtigt meist nicht die individuellen Gestaltungsmöglichkeiten und persönlichen Belange der Mitarbeiter. |

**Abb. 24:** Gründe für negative Reaktionen des Personals beim Einsatz neuer Technologien[67]

---

66 Vgl. Zander, E.: Gedanken über die Zukunft der Arbeit. In: Personal 7/90, S. 283.

67 Vgl. Nagel, K.: Weiterbildung als strategischer Erfolgsfaktor, a.a.O., S. 33.

Hier ist es Aufgabe der Unternehmensleitung, geeignete Maßnahmen zu ergreifen, um den Mitarbeitern die Unsicherheit zu nehmen. Schulung und frühzeitige Aufklärung des Personals sind Voraussetzungen für die Einführung neuer Systeme und Technologien. Nur so kann ein für beide Seiten zufriedenstellendes Ergebnis erzielt werden.

## 1.4.2 Auswirkungen auf die Beschäftigungslage

Durch die technologische Entwicklung werden vor allem einfache, mechanische Arbeitsschritte mehr und mehr durch Maschinen ersetzt. Selbst die manuelle Maschinenbedienung wird durch den Einsatz von Mikroelektronik überflüssig. Dafür wird aber die beobachtende und kontrollierende Arbeit im starken Maß zunehmen.

Der technische Fortschritt hat in verschiedenen Berufszweigen bereits heute zu Beschäftigungseinbußen geführt. Dieser Verlauf stimmt viele bedenklich, da es hierbei durchaus zu Personalfreisetzungen kommen kann. Um Freisetzungen zu vermeiden und die Interessen der Belegschaft zu wahren, sollten daher die in der folgenden Abbildung dargestellten Maßnahmen und Alternativen nicht unberücksichtigt bleiben:

| **Maßnahmen zur Sicherung der Arbeitsplätze** |
|---|
| • Neue Stellen werden ausschließlich mit hauseigenen Mitarbeitern und Mitarbeiterinnen besetzt.<br>• Bei den firmeninternen Versetzungen wird darauf geachtet, dass die Beschäftigten weder finanziell noch arbeitsbedingt schlechter gestellt werden.<br>• Die Beschäftigten erhalten die Option, nach einer Probezeit wieder an den alten Arbeitsplatz (wenn noch vorhanden) oder einen vergleichbaren zu wechseln.<br>• Aufträge und Arbeiten, die bisher nach außen vergeben wurden, werden im eigenen Haus ausgeführt.<br>• Vor einer Technologisierung sollte möglichst kein ausscheidendes Personal durch neues ersetzt werden, auch bei der Gefahr einer Unterbesetzung. |

**Abb. 25:** Maßnahmen zur Sicherung bestehender Arbeitsplätze[68]

Der Verlust der Arbeitsplätze durch technologische Veränderungen kann theoretisch oft durch neue Arbeitsplätze ausgeglichen werden. Da es sich aber um einen dynamischen Prozess handelt, kann es aufgrund weiterer Rationalisierungsmaßnahmen auch in anderen Bereichen zu weiteren Freisetzungen kommen.

Ein Teil der eingesetzten Technologien wird in Deutschland hergestellt. In diesen Bereichen ist eine starke Nachfrage an Facharbeitern zu erwarten. Wichtig ist, dass die

68 Vgl. Walton, R./Susman, G.: Personalmanagement in der Fabrik der Zukunft. In: Harvardmanager 4/87, S. 66.

Technologieimporte in Zukunft noch weiter eingegrenzt werden und vermehrt auf heimische Innovationen und Fertigungen zurückgegriffen wird.

## 1.4.3 Einfluss neuer Technologien auf das Personalwesen

Der Einsatz neuer Technologien stellt hohe Anforderungen an das Personalwesen, denn es muss dafür sorgen, dass deren Einführung und Integration konfliktarm verläuft. In der folgenden Abbildung sind die wichtigsten Implikationen zusammengefasst:

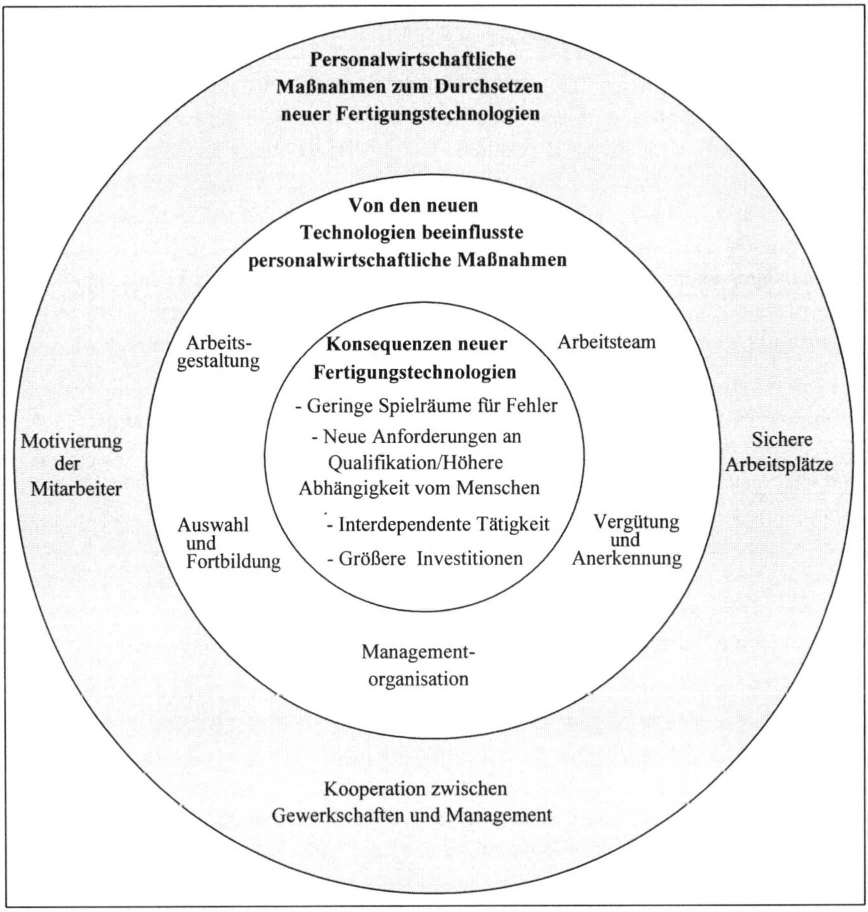


**Abb. 26:** Auswirkungen u. Erfordernisse bei Einführung neuer Technologien auf das Personalwesen[69]

Im **inneren Ring** sind die notwendigen Anforderungen und Folgen der Automation für das Personalmanagement dargestellt. Hier seien beispielsweise die nötige Mitarbeiterqualifikation und die höheren Kosten bei Betriebsstörungen genannt. Fehler kommen zwar durch die aufwendige Sicherheitstechnik selten vor, jedoch haben sie in aller Regel

[69] Vgl. Walton, R./Susman, G.: Personalmanagement in der Fabrik der Zukunft, a.a.O., S. 61 ff.

schwerwiegende Folgen. Es ist ein großer Planungsaufwand erforderlich, der später durch steigende Kontrollarbeiten ergänzt wird. Die alleinige Beschränkung auf die Kontrollarbeit ist jedoch nicht ausreichend. Grundsätzlich müssen die Beschäftigten zu einer positiven Arbeitseinstellung geführt werden, um vorab Fehler zu vermeiden. Die individuelle Verantwortlichkeit kann nicht durch Aufsicht ersetzt werden.

Eine positive Einstellung kann durch die schon seit den 70er Jahren bekannten Maßnahmen wie **job rotation** und **job enlargement** gefördert werden. Deren Anwendungen sind allerdings mit Schwierigkeiten verbunden, da mit zunehmender Technologisierung Routinetätigkeiten automatisiert und somit immer speziellere, individuell geschulte Tätigkeiten erforderlich werden.

Welche personalwirtschaftlichen Maßnahmen zentrale Bedeutung erlangen, ist im **mittleren Ring** dargestellt. Gerade hier wird der seit langem geforderte Kurswechsel zum partizipativen Führungsstil deutlich. Durch die zunehmende Verantwortung der Mitarbeiter und den erforderlichen wechselseitigen Informationsaustausch wird dieser Trend verstärkt. Neue Technologien erhöhen den Anreiz, teilautonome Gruppen in der Produktion einzusetzen, da es durch die Interdependenzen sinnlos ist, einzelne Personen für eine abgegrenzte Aufgabe verantwortlich zu machen.[70] Es bedarf kleiner organisatorischer Einheiten, um Baugruppen zu fertigen. Durch die Verbundenheit in Teams wird zugleich das Verantwortungsbewusstsein und der Informationsfluss gestärkt.

Die Einführung einer neuen Technologie bleibt nicht ohne Einfluss auf die bisherige Vergütung. Alte Formen, z.B. Akkordlohn und Stücklohn, sind nicht mehr anwendbar. Ein weiteres Problem tritt durch den Wegfall von Lohnzulagen für Schmutzbelastungen oder außergewöhnliche körperliche Beanspruchungen auf. Dadurch wird der Lohn verringert, obwohl in den meisten Fällen eine qualitativ höherwertige Arbeit geleistet wird. Hier müssen neue Bewertungssysteme eingesetzt werden, die als Basis die bisherige Lohnhöhe nicht unterschreiten dürfen. Entlohnung und Leistungsbewertung können zwar komplexer werden, nehmen aber keinen wichtigeren Stellenwert an. Daneben sollte die getrennte Behandlung von Arbeitern und Angestellten hinterfragt werden.

Die flankierenden unternehmenspolitischen Maßnahmen sind im **äußeren Ring** dargestellt. Ohne eine Kooperation zwischen den Gewerkschaften bzw. deren Vertreter ist eine erfolgreiche Einführung neuer Technologien nicht realisierbar. Grundsätzlich sollten beide Seiten gleichermaßen von dem Einsatz neuer Technologien profitieren. Der Arbeitgeber erhält qualifiziertere Mitarbeiter und somit langfristig Wettbewerbsvorteile, die Beschäftigten einen sicheren und interessanteren Arbeitsplatz.

Das aber setzt eine enge Zusammenarbeit zwischen Management und Arbeitnehmervertretern voraus. Wie schon erwähnt, sollte dem einzelnen Mitarbeiter die Unsicherheit und die Vorbehalte gegenüber dem Einsatz neuer Techniken genommen werden. Es muss klar herausgestellt werden, dass die Arbeitsplätze gesichert sind und dass das betroffene Personal durch Schulungen auf seine neuen Aufgaben vorbereitet wird.[71]

---

70 Vgl. Walton, R./Susman, G.: Personalmanagement in der Fabrik der Zukunft, a.a.O., S. 67.
71 Vgl. ebd., S. 67 ff.

## 1.4.4 Die Notwendigkeit der Qualifizierung

Technologische Veränderungen haben zwangsweise Auswirkungen auf das Qualifikationsniveau der Mitarbeiter. Die qualitative Veränderung wird dadurch deutlich, dass es sich bei der Einführung von technologischen Innovationen um Technologiesprünge handelt, weil in den meisten Fällen mindestens eine Technologiestufe übersprungen wird. Wichtig ist eine entsprechende Vorlaufzeit, um frühzeitig ein entsprechendes Ausbildungsniveau zu erreichen.

In Zukunft wird die ständige Erweiterung des Wissens wichtiger sein denn je. Das Wissen verdoppelt sich oft innerhalb von drei bis vier Jahren. Für Menschen, die sich im Beruf behaupten wollen, bedeutet dies eine permanente Bereitschaft zur Weiterbildung. Hierbei wird aber nicht nur das rein fachliche Wissen erweitert, sondern auch Fähigkeiten wie Flexibilität, Kreativität sowie systemübergreifendes und vernetztes Denken. Gerade die Halbwertzeiten des technologischen und des EDV-Wissens sind äußerst gering im Vergleich zum Schulwissen, was aber nichts über die Anwendbarkeit des Schulwissens im späteren Berufsleben aussagt. Die Erstausbildung verliert gegenüber der Weiterbildung zunehmend an Bedeutung. Heute ist die betriebliche wie auch die außerbetriebliche Weiterbildung in den Unternehmen fast flächendeckend erfasst.[72]

## 1.4.5 Zusammenfassung

Sechzehn befragte Personalvorstände großer Unternehmen sehen in den unterschiedlichen Einflussfaktoren auf die Personalwirtschaft das Hauptgewicht im Wertewandel und in den demographischen Veränderungen. Von ebenfalls großer Bedeutung wird der wirtschaftliche Wandel sein.[73]

In einem Land, das ehemals in der Anmeldung und Realisierung von Patenten führend war, sich heute jedoch hinter den großen Wirtschaftsmächten einreiht, kann der Wertbegriff "Made in Germany" nicht aufrechterhalten werden. Ein Exportland wie Deutschland, das ohne eigene große Rohstoffvorkommen auf die Produktion von High-Tech-Produkten angewiesen ist, muss auch hochwertige Technologie in der Produktion anwenden, um diese Produkte zu einem wettbewerbsfähigen Preis fertigen zu können. Daher ist es gerade für die Sicherung des Industriestandortes Deutschland von besonderer Wichtigkeit, die technologische Entwicklung zu forcieren. Dies kann nur durch eine parallel laufende Weiterbildung des Personals erreicht werden.

Um ihrer Anforderung gerecht zu werden, wird die Weiterbildung als strategischer Erfolgsfaktor in Zukunft eine gleichwertige Rolle neben der eigentlichen Schul- und Berufsausbildung einnehmen. Nur durch eine sinnvoll forcierte Weiterbildungspolitik wird man dem steigenden Wettbewerbsdruck standhalten können.

---

72 Vgl. Hehl, G.: Personalentwicklung: Neue Ziele und Strategien. In: Personal 2000: Visionen und Strategien erfolgreicher Personalarbeit, hrsg. von Feix, W.E., a.a.O., S. 91.

73 Vgl. Wunderer, R./Kuhn, T.: Unternehmerisches Personalmanagement. Konzepte, Prognosen und Strategien für das Jahr 2000, Frankfurt/New York 1993, S. 22.

# 2 Konsequenzen für die Personalwirtschaft

Die im ersten Teil aufgezeigten geänderten Rahmenbedingungen verlangen eine Anpassung seitens der Unternehmen, insbesondere auch im Bereich der personalwirtschaftlichen Funktionen. Die folgenden Abschnitte befassen sich daher mit der veränderten Rolle der Führungskraft, der Flexibilisierung und Individualisierung der Arbeit und mit neuen Entgeltsystemen.

## 2.1 Veränderte Rolle der Führungskraft

Unsere Umwelt ist durch eine kaum fassbare Kurzlebigkeit geprägt. Was für das Denken und Handeln einer Führungskraft heute noch gültig und richtig ist, kann bereits morgen obsolet und unzweckmäßig sein. Führungskräfte müssen mit der zunehmenden Dynamik und Komplexität mithalten können, um langfristig handlungsfähig zu bleiben und um die Zukunft ihrer Unternehmen zu sichern.

Auf allen Gebieten zeigt sich immer deutlicher, dass die dringendsten Probleme nicht isoliert verstanden und gelöst werden. Es sind "systemische" Probleme, das heißt, sie sind miteinander verknüpft und voneinander abhängig. Ihre Lösung wird nur dann gelingen, wenn wir imstande sind, ganzheitlich zu denken und zu handeln.

Ein wesentliches Merkmal dieses ganzheitlichen Handelns ist, dass die Probleme nicht als geschlossene Systeme betrachtet, sondern als lebende Systeme wahrgenommen werden.[74]

### 2.1.1 Führungskraft-Funktionen

Als Träger der Personalentwicklung (PE) steht insbesondere die Führungskraft im Zentrum der Aktivitäten eines Unternehmens. Führungstalent sollte sie auszeichnen auf der Grundlage einer universell abgerundeten Allgemeinbildung. Das optimale personengerechte Einwirken der Führungskraft ermöglicht die notwendige Übereinstimmung der Ziele zwischen Unternehmen und Mitarbeitern. Hierzu ist die Fähigkeit hilfreich, diese Ziele emotionell erlebbar zu machen und auch Visionen zu entwickeln und vorzuleben. Die Ziele sollten Herausforderungscharakter besitzen und von der Führungskraft für die Mitarbeiter attraktiv gemacht werden, damit deren Motivationspotenzial aktiviert wird. Auch sollte den Mitarbeitern aufgezeigt werden, welchen Zugewinn an Entfaltungsmöglichkeiten und Chancen sich für sie durch ihre Mitarbeit eröffnen.

Die Führungskraft von heute stiftet neue Beziehungen zwischen Menschen und Dingen, schafft neue Strukturen und Bedingungen mit ihrer ausgeprägten sozialen, interaktuellen und werteorientierten Kompetenz.

Ihre Vorbildfunktion, ausgedrückt in Glaubwürdigkeit, Toleranz, Bescheidenheit und Einfühlungsvermögen, ist entscheidend.

---

[74] Vgl. Capra, F./Exner, A./Königswieser, R.: Veränderung im Management der Veränderung. In: Das systemisch evolutionäre Management, 2. Aufl. Orac/Wien 1992, S. 112.

Die Führungskraft von morgen hat darüber hinaus auf Veränderungen und Turbulenzen zu reagieren. Technische Innovationen, ökologische Engpässe, internationale Wettbewerbsveränderungen, Wertewandel, Nord-Süd-Gefälle und Ost-West-Beziehungen vermehren die Komplexität zukünftiger Führungsaufgaben. Insgesamt wird also der Mensch, die Persönlichkeit, das Charisma der Führungskraft gefragt sein. Eine Mischqualifikation aus Ratio (Sach- und Leistungsorientierung) und Emotio (Gefühlen) sollte die zukünftige Führungskraft auszeichnen. Diese Mischqualifikation dürften Frauen häufiger mitbringen als Männer.[75]

## 2.1.2 Anforderungen an die Führungskraft der Zukunft

Die Managemententwicklung hat Führungskräfte im Rahmen des Personalmanagements auf diese Veränderungsdynamik vorzubereiten. In früheren Zeiten war spezielles Fachwissen wichtig für Führungsaufgaben. Neben diesem fundierten Fachwissen werden in Zukunft auch strategische Führungsfähigkeiten wie eine konzeptionelle Gesamtsicht, Zukunftsoffenheit, Kreativität, und Teamfähigkeit wichtig für den Erfolg einer Führungskraft und somit des Unternehmens sein.[76] Die nach heutiger Sicht künftig bedeutsamen Managerpotenziale sind in der folgenden Abbildung dargestellt.

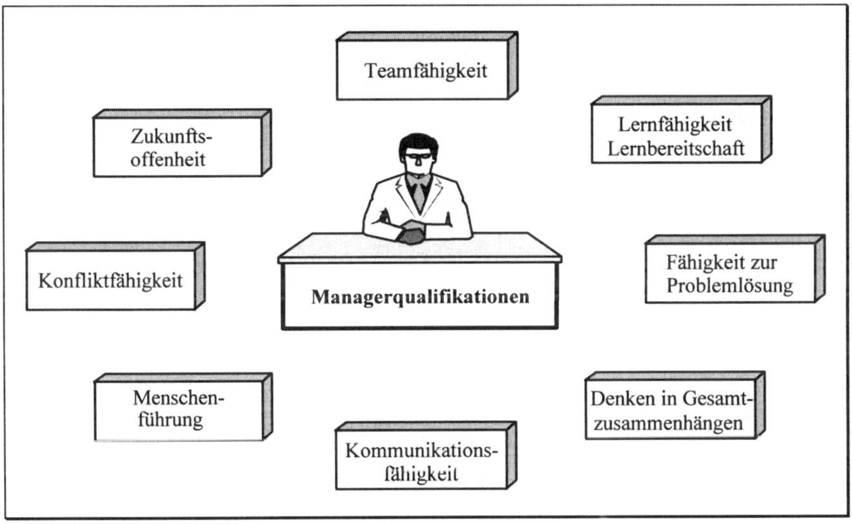


**Abb. 27:** Zukunftswichtige Managerqualifikationen

Eine Führungskraft sollte in erster Linie Menschen führen, fördern, Konflikte lösen helfen, Zielvorstellungen und Zusammenhänge erklären und fähig sein, Mitarbeiter zu motivieren. Ein Manager besitzt in den seltensten Fällen alle Qualifikationsanforderungen. Die Kunst wird darin bestehen, die Potenziale aktionsadäquat einzusetzen.

[75] Vgl. Jacobi, J.M.: Die Führungskraft 2000. In: Personal 2000: Visionen und Strategien erfolgreicher Personalarbeit, hrsg. von Feix, W.E., a.a.O., S. 500.

[76] Vgl. Berthel, J.: Führungskraft 2000. In: Harvardmanager 3/87, S. 114.

Es wird zunehmend wichtiger sein, schlecht strukturierte Probleme zu lösen, obwohl sie komplex und mit zahlreichen subjektiven Ungewissheiten verbunden sind.[77]

Die Anforderungen an das Profil der Führungskraft nach dem Jahr 2010 sind in Abb. 28 dargestellt, in der auf die einzelnen Kompetenzbereiche eingegangen wird:[78]

| **Das Anforderungsprofil der Führungskraft nach 2010** |
|---|
| **Fachliche Kompetenz** |
| - Fachwissen in Abhängigkeit der jeweiligen Aufgabenstellung (zum Beispiel kaufmännische, juristische, technische Fachgebiete);<br>- Kenntnisse der Unternehmensführung (Systemorientiertes Management);<br>- betriebswirtschaftliche Kennziffern interpretieren;<br>- gesamtwirtschaftliche Entwicklungen einschätzen;<br>- Spezialkenntnisse im Arbeits- und Sozialrecht;<br>- ein bis zwei Fremdsprachen beherrschen etc. |
| **Methodische/Strategische Kompetenz** |
| - Beherrschung der Instrumente des strategischen und operativen Managements<br>- Entscheidungen treffen und vertreten, Strategien einleiten;<br>- Erfolgskriterien definieren, Lösungsalternativen bewerten;<br>- Handlungsfolgen abschätzen und Handlungseffizienz bewerten;<br>- Methoden des Denkens beherrschen (Mind-Mapping, Suggestopädie u.a.);<br>- neue Wege des Selbstmanagements kennen (neues "Zeit"-Bewusstsein);<br>- neue Kommunikations- und Informationssysteme einsetzen;<br>- Veränderungen/Entwicklungen erkennen und einschätzen;<br>- Polaritäten im Gleichgewicht halten;<br>- Qualitätsmanagement betreiben etc. |
| **Soziale/Emotionale Kompetenz** |
| - Mitarbeitern Ziele und Arbeitsinhalte vermitteln;<br>- Partizipation bei der Ziel- und Strategiefindung zulassen;<br>- Mitarbeiter informieren, Visionen kommunizieren;<br>- Kommunikationsstrukturen steuern (koordinieren, moderieren, integrieren);<br>- Selbstorganisation fördern;<br>- Mitarbeiter motivieren, fördern und entwickeln<br>- Emotional intelligente Organisation schaffen etc. |

**Abb. 28:** Das Anforderungsprofil der Führungskraft nach 2010

### 2.1.3 Die Einstellung der Führungskraft nach dem Wertewandel

Der Karrierebegriff bleibt in Zukunft nicht allein auf die berufliche Arbeit beschränkt, sondern konkurriert zunehmend mit dem Freizeitbereich. Der Freizeitbereich bietet wie das Berufsleben eine Fülle von Profilierungsmöglichkeiten, wie z.B. Selbstdarstellung, Konkurrenzsituation, Aufstiegsmöglichkeit und Erfolgserlebnisse. Die Arbeit 2010 muss

---

77 Vgl. Berthel, J.: Führungskraft 2000, a.a.O., S. 115.

78 Vgl. Golemann, D./Boyatzis, R./McKee, A.: Emotionale Führung, 2. Aufl., München 2004, S. 213 ff.

sich demgegenüber behaupten und wird sich wandeln müssen, um nicht ihre Attraktivität zu verlieren. Hilfreich ist sicherlich, dass der Trend zu noch mehr Freizeit eher nachlässt.

Die Entwicklung von der Industrie- zur Dienstleistungsgesellschaft befreit die betriebliche Arbeit zunehmend von körperlich schwerer und eintöniger Arbeit. Sie verlangt mehr denn je persönliche Eigenschaften, insbesondere soziale und kreative Fähigkeiten.

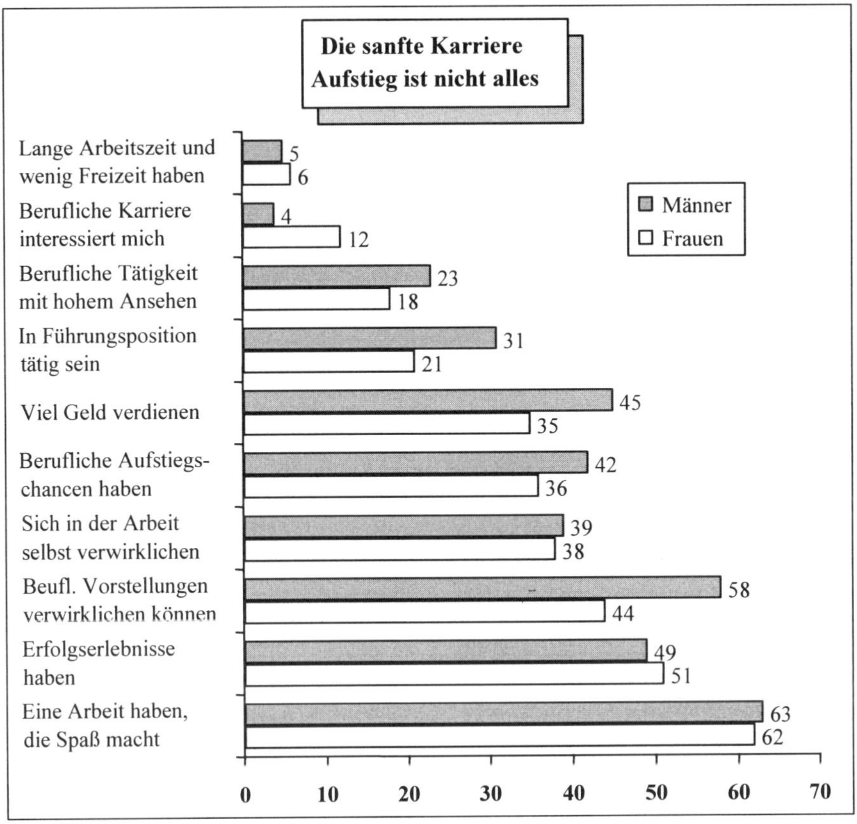


**Abb. 29:** Einstellung zur beruflichen Karriere (Angaben in %)[79]

Die Führungskräfte verlangen eine sinnvolle Tätigkeit, mit der sie sich identifizieren können. Sie muss Spaß bereiten und die Arbeitsinhalte müssen die Leistungsmotivation fördern. Das Aufgabenspektrum der Führungskraft wird sich dadurch ebenfalls wandeln, denn die Mitarbeiter besitzen ähnliche Vorstellungen wie ihre Vorgesetzten.

Aufgabe wird es sein, die Mitarbeiter zu motivieren und weniger als Kontrolleur, sondern als Animateur zu arbeiten. Die Führungskraft der Zukunft kann begeistern und sorgt für Betriebsklima und gute Stimmungslage. Sie fördert die Leistungsbereitschaft und den Spaß an der Arbeit.[80]

---

79 Vgl. Opaschowski, H.W.: Von der Pflichterfüllung zur Lebenserfüllung. In: Personalführung 3/93, S. 236, Daten des B.A.T. Freizeit-Forschungsinstitut.

80 Vgl. ebd., S. 235.

| Worauf zukünftige Führungskräfte Wert legen |
|---|
| • Wichtiges Kriterium für den Wechsel des Arbeitsplatzes ist der Freizeitwert des neuen Wohnorts - danach erst höheres Einkommen und beruflicher Aufstieg. |
| • Arbeit, Beruf und Familie müssen in Einklang stehen/Freude am Arbeiten und private Erfüllung müssen wieder als Ganzheit gesehen werden. |
| • Inhalt und Sinn der Tätigkeit stehen bei der Wahl des Arbeitsplatzes im Vordergrund. |
| • Frauen sind mehr denn je an Karriere interessiert, berufliche Erfolge zu erleben sind aber wichtiger als Führungspositionen oder die Einkommenshöhe. |
| • Betonung eigener Selbstentfaltung und eigenen Lebensgenusses. |
| • Höherschätzung einer unzerstörten Natur und der körperlichen Gesundheit. |
| • Skepsis gegenüber den klassischen Zielen der Industrialisierung wie Wachstum, Gewinn, Leistung und technischer Fortschritt. |
| • Ablehnung hierarchischer Strukturen und abnehmende Bereitschaft zur Unterordnung bei sinkender Anerkennung der Arbeit als Pflicht. |

**Abb. 30:** Worauf zukünftige Führungskräfte Wert legen[81]

Einer der wichtigsten Erfolgsfaktoren der Führungskraft ist ihr flexibel einsetzbares Repertoire an sozialen Verhaltensweisen. Damit gelingt das Kommunizieren, Koordinieren, Moderieren und auch Integrieren als Führungskraft, Kollege, Mitarbeiter und auch als Repräsentant.

## 2.1.4 Frauen als Vorgesetzte

Obwohl nach den vorliegenden Statistiken die Frauen in Führungspositionen deutlich unterrepräsentiert sind, scheint ihnen der Weg in die Führungsetagen nicht mehr verschlossen zu sein. Gegenwärtig beschäftigt jeder zweite Betrieb eine Frau in einer höheren Position.[82] Die ersten weiblichen Führungskräfte versuchten die Verhaltensweisen ihrer männlichen Kollegen zu kopieren. Dagegen werden heute die Führungsstile und Gewohnheiten der Männer nicht mehr einfach übernommen. Die neuen Anforderungen an zukünftige Führungspersönlichkeiten kommen den Frauen entgegen, da viele typisch weibliche Eigenschaften als besonders führungsverdächtig betrachtet werden.[83] Heute greifen die Frauen auf ihre Fähigkeiten und Einstellungen zurück, die sie in ihrer Frauenrolle entwickelt haben. Die Managerinnen der zweiten Generation haben Erfolg, da auch ein unkonventioneller Führungsstil unter bestimmten Umständen durchaus angemessen sein kann und damit die Chancen des Unternehmens verbessert.

Männer und Frauen verrichten ihre Führungsaufgaben unterschiedlich. Bei den Männern spricht man von transaktionaler Führung, d.h. aus der Sicht der Männer bestehen

---

81 Vgl. Rosenstiel, L.v.: Was erstreben deutsche Führungskräfte nach dem Wertewandel? In: io Management Zeitschrift 62/93, S. 87.

82 Vgl. Engelbrech, G.: Frauen am Arbeitsmarkt, a.a.O., S. 80.

83 Vgl. Wollert, A.: Frauenförderung als Konsequenz einer strategischen Personalarbeit. In: Personalführung 10/90, S. 660.

ihre Führungstätigkeiten aus einer Reihe von Transaktionen mit den Mitarbeitern, wie z.B. Vergabe von Belohnung für gute und Bestrafung für ungenügende Leistung. Bei den Frauen spricht man eher von einem transformationellen Führungsstil. Sie versuchen die Mitarbeiter dahin zu bewegen, ihre eigenen Interessen in die Sache miteinzubringen. Der persönliche Umgang sowie das Charisma des Vorgesetzten sind weitere wichtige Kriterien. Rosener bezeichnet diesen Führungsstil als interaktive Führung.[84]

**Interaktiver Führungsstil**

- Die Vorgesetzte ermutigt zur Partizipation.
- Sie fördert den Kommunikationsfluss und teilt Macht und Informationen.
- Sie räumt den Mitarbeitern Mitspracherechte ein, von der Definition der Ziele bis zur Festlegung der Strategie.
- Sie stärkt das Selbstbewusstsein der Mitarbeiter und weckt deren Interesse.
- Sie vermittelt den Mitarbeitern das Gefühl, wichtig und verantwortlich zu sein.
- Sie fördert die Gruppenidentität und lebt selbst ein positives Bild vor.
- Sie spornt die Mitarbeiter an, gibt ihnen Herausforderungen, Ziele und Feedback.

**Abb. 31:** Kennzeichen des von Frauen bevorzugten interaktiven Führungsstils

Die interaktive Führung der Managerinnen ist gekennzeichnet durch deren Ermutigung zur Partizipation. Das Kernstück ist die Einbeziehung der Mitarbeiter. Sie teilen ihre Macht und Information mit den Mitarbeitern.

Die zweite Generation von Managerinnen versucht dem Mitarbeiter das Gefühl zu geben, sich selbst als einen wichtigen Teil des Unternehmens zu begreifen. Sie signalisiert durch Ihren persönlichen Umgangston, dass Sie dankbar für konstruktive Vorschläge und das Engagement der Mitarbeiter ist. Dieses Vorgehen unterliegt aber der Gefahr, dass es Mitarbeiter als rein symbolische Einbeziehung empfinden. Es ist daher wichtig, dass vor den getroffenen Entscheidungen über Vorschläge der Mitarbeiter und mögliche Alternativen gesprochen wird, um nicht im nachhinein die Zustimmung gewinnen zu müssen.

Das Einbeziehen der Mitarbeiter kann allerdings auch Nachteile haben. Es kostet Zeit, Ideen und Informationen einzuholen. Meist werden die eigenen Kontrollen vernachlässigt. Durch die zunehmende Kritikfähigkeit der Mitarbeiter kommt es oft zum Konflikt im persönlichen Bereich.[85]

Es ist aber falsch, eine direkte Verbindung zwischen interaktiver Führung und den Frauen herstellen zu wollen, denn es gibt heute noch Frauen, die mit dem traditionellen

---

[84] Vgl. Rosener, J.B.: Frauen als Vorgesetzte. Ein Gebot für jedes Unternehmen. In: Harvardmanager 2/91, S. 57 f.

[85] Vgl. ebd., S. 58 ff.

Führungsstil Karriere machen. Auf der anderen Seite hingegen setzen immer mehr Männer auf einen transformellen Führungsstil. Die Unternehmen sind gefordert, ihre Führungskonzepte zu überdenken. Neue Führungsstile ermöglichen das Potenzial selbst der Mitarbeiter zu nutzen, die bisher keine Führungsambitionen hatten.

## 2.1.5 Frauen auf dem Weg in die Führungsetage

Das I.P.A. Institut für Personalwesen und Arbeitswissenschaft hat in einer Studie Männer und Frauen über ihre Einstellung zum Beruf befragt. Ziel der Studie war es, herauszufinden, ob Frauen karriereorientiert sind oder zugunsten der Familie auf ihre Berufsziele verzichten. Befragt wurden 770 weibliche und männliche Führungsnachwuchskräfte in 27 Unternehmen.

Ergebnis dieser Studie war u.a., dass die wesentlichen Entscheidungskriterien für einen Einstieg in ein Unternehmen bei Männern und Frauen ähnlich gewichtet sind.

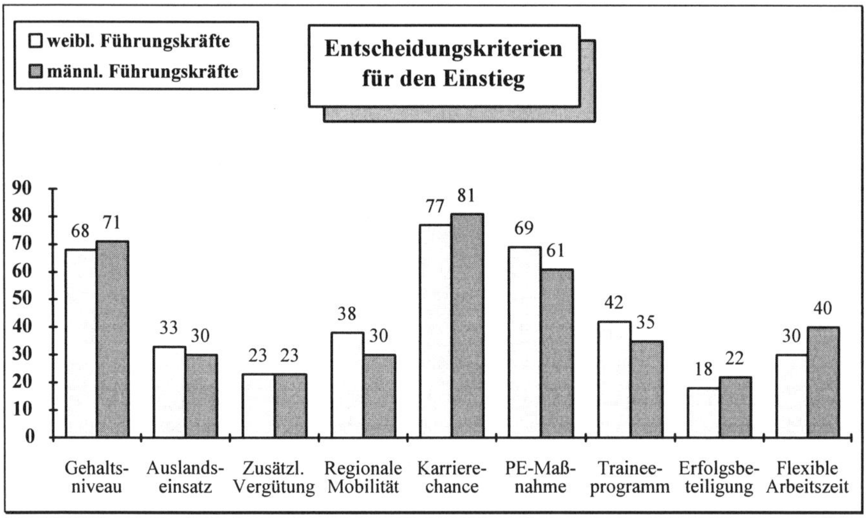


**Abb. 32:** Entscheidungskriterien bei Männern/Frauen für den Einstieg in ein Unternehmen (in %)[86]

Für beide Gruppen sind die Chancen einer beruflichen Karriere am wichtigsten, an zweiter Stelle folgt das Gehaltsniveau. Bei sämtlichen Beurteilungskriterien zeigten sich keine deutlichen Differenzen bezüglich der Aussagen. Auffällig war, dass weniger Frauen als Männer zu Führungsseminaren geschickt wurden, obwohl alle befragten Frauen bereits durch die Unternehmensleitung in den Kreis der Führungsnachwuchskräfte aufgenommen wurden.

Frauen besitzen gegenüber ihren männlichen Kollegen eine höhere Mobilitätsbereitschaft, obwohl die meisten Frauen in einer Partnerschaft leben, in der beide Partner ihren Beruf ausüben.

---

86 Vgl. Autenrieht, C.: Frauen auf dem Weg ins Management. In: Personalführung 6/93, S. 534.

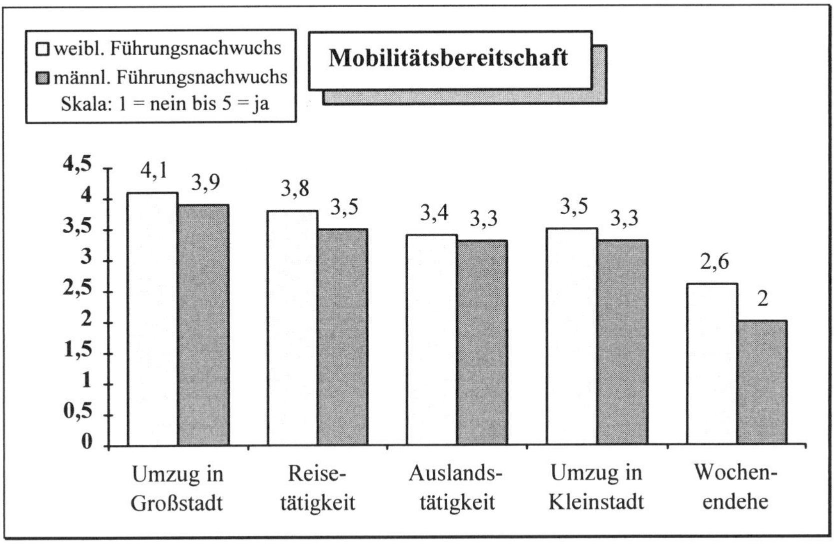


**Abb. 33:** Vergleich der Mobilitätsbereitschaft von Männern und Frauen (arithm. Mittelwerte)[87]

Die berufliche Einsatzbereitschaft geht im Vergleich zu früher bei Männern und Frauen gleichermaßen zurück. Gemessen an der wöchentlichen Arbeitszeit sind heute weder männliche noch weibliche Führungsnachwuchskräfte bereit, wie bisher üblich 50 - 60 Stunden pro Woche zu arbeiten. Ihre berufliche Einsatzbereitschaft setzen sie in einem Bereich von 45 - 47 Wochenstunden an.

Die bisher vertretene These, dass Frauen aufgrund ihrer Familienorientierung weniger karrierebewusst sind, ist falsch. Sie räumen der Karriere sowie der Familie den gleichen Stellenwert ein und gestalten ihr tägliches Leben so, dass die Karriere parallel zur Familie verlaufen kann. Die Männer hingegen schätzen die Frauen anders ein. Sie vertreten meist immer noch die Auffassung, dass Frauen die Familie der eigenen Karriere vorziehen. Die Beteuerungen der männlichen Kollegen, Familie und Beruf den gleichen Rang einzuräumen, sind nach Ansicht der Frauen rein verbale Bekenntnisse. Tatsächlich wird die Vereinbarkeit von Familie und Karriere von den männlichen Kollegen wenig forciert.

Aus diesem Grund lässt sich evtl. auch der ausgeprägtere Wunsch weiblicher Führungskräfte nach einer Teilzeitbeschäftigung erklären, um somit Beruf und Familie besser zu koordinieren. Aber auch unter den männlichen Kollegen gibt es immerhin über 30 Prozent, die den Wunsch nach einer Teilzeitbeschäftigung äußern.

Gerade in der Zeit nach der Mutterschaft muss für weibliche Führungskräfte Bewegungsfreiheit geschaffen werden. Hier bietet sich eine Arbeitszeitregelung an, die den Frauen die Möglichkeit zur Teilzeitarbeit einräumt. So bleiben die Frauen trotz des familiären Engagements den Unternehmen erhalten und bedürfen keiner späteren Wiedereingliederung. Sie können wie gewohnt die Verantwortung für bestimmte ausgewählte Bereiche ihrer Tätigkeit tragen und bleiben auf dem neuesten Stand der Entwicklungen in

87 Vgl. Autenrieht, C.: Frauen auf dem Weg ins Management, a.a.O., S. 534.

ihrem Beruf. Nicht zuletzt steigert die Zusammenarbeit während der Teilzeitbeschäftigung sowie das Eingehen auf die Belange der Frauen, ihre Loyalität zum Unternehmen.[88]

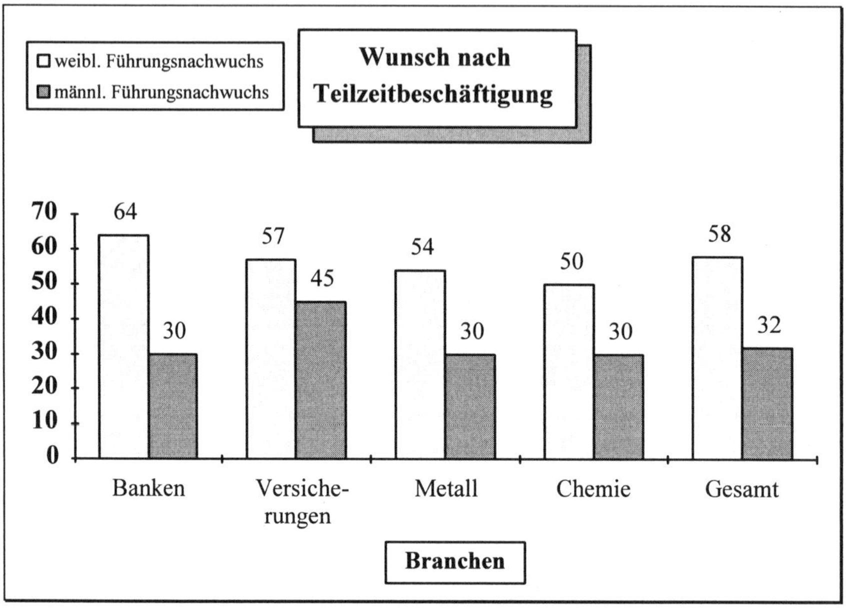


**Abb. 34:** Wunsch nach Teilzeitbeschäftigung in verschiedenen Branchen (in %)[89]

Allgemein sind die befragten Frauen bereit, einen höheren Preis für den beruflichen Erfolg zu zahlen als ihre männlichen Kollegen. Sie zeigen entsprechendes Engagement auch auf Kosten von privaten Interessen.

Die Unternehmen, die Chancengleichheit proklamieren, aber nicht durchführen, werden in Zukunft Wettbewerbsnachteile erfahren. Es gibt aber heute schon bestimmte Branchen und verschiedene Firmen, die für karriereorientierte Frauen attraktiver sind als andere. Die weibliche Führungskraft wird das entsprechende Unternehmen als Arbeitgeber favorisieren und ihren Weg im Management suchen.[90]

## 2.1.6 Ausblick

Sowohl die demographische Entwicklung als auch der EU-Binnenmarkt werden den Wettbewerb nicht nur um unternehmerische Ressourcen und Engagements, sondern auch um Human-Ressourcen weiter steigern. Führungskräfte, die sich als Experten für Wandlungsprozesse verstehen, werden begehrt sein. Von ihnen verspricht sich jedes Unternehmen sein erfolgreiches Bestehen.

---

88 Vgl. Schwarz, F.N.: Wie Frauen doch Karriere machen. In: Harvardmanager 3/89, S. 17.

89 Vgl. Autenrieht, C.: Frauen auf dem Weg ins Management, a.a.O., S. 534 f.

90 Vgl. ebd., S. 534 f.

Es sollten Wege zur Entdeckung und Förderung von Führungstalenten entwickelt und beschritten werden. Da das Führungstalent an eine bestimmte fachliche Ausbildung nicht gebunden ist, jedoch relativ früh das Potenzial zu erkennen ist, sollte man auch aus völlig anderen als den bislang bevorzugten Fachbereichen den Führungsnachwuchs rekrutieren. Auch sollte man weniger Wert auf Inhalt und Dauer der fachlichen Vorbildung legen. Führungskräfte könnten auch aus den eigenen Betrieben rekrutiert werden. Ihre zielgerichtete Weiterbildung verhilft zur Vertrauensbildung und schafft die Basis für die Identifikation mit dem Unternehmen. Damit ist eine hervorragende Grundlage für das Erreichen notwendiger Personalbindung zu schaffen. Dies ist zugleich eine Herausforderung für die Personalentwicklung.

Da der Bereich "Führung" ein ganz existentieller Faktor des Unternehmenserfolges ist, sollte ein strategisches Führungs-Controlling entwickelt werden, das die Ursachen aller möglichen Veränderungen (vor allem der negativen) aufzeigt. Damit würde die Möglichkeit eines raschen Reagierenkönnens auf einen sich abzeichnenden unternehmerischen Misserfolg gewährleistet.

## 2.2 Flexibilisierung und Individualisierung

Die Flexibilisierung und Individualisierung der Arbeitsbedingungen werden ebenfalls zentrale Themen der Personalpolitik sein. Gründe hierfür sind u.a. der Wertewandel, der zunehmende Wettbewerbsdruck und der allgemeine Wandel betrieblicher Arbeit. In Zukunft geht man noch stärker als heute auf Kundenwünsche und Markterfordernisse ein. Für deren Erfüllung bedarf es aber einer Flexibilisierung der Fertigung und Produktion, um dem steigenden Konkurrenzdruck widerstehen zu können.

Die anhaltenden Arbeitszeitverkürzungen erfordern eine Flexibilisierung der Arbeits- und Betriebszeiten. Sie muss aber unter der Prämisse besser ausgenutzter Maschinen- und Betriebszeiten durchgesetzt werden. Gleichzeitig muss der Individualisierungsdrang des Personals berücksichtigt werden.

In den USA haben sich alternative Arbeitsformen bereits gut etabliert, unter anderem auch die **Teilzeit-Arbeit**. Nun kommt es auch in Deutschland immer mehr zu einer Amerikanisierung des Arbeits- und Berufslebens. Derzeit liegt die Zahl der Teilzeit-Beschäftigten in Deutschland bei 19,1 %. Davon beträgt der Anteil der Frauen 86,2 %.[91]

Es wird immer weniger akzeptiert, dass das eigene Verhältnis zur Arbeit von außen eingebrachten Leistungsmaßstäben bestimmt wird. Es vollzieht sich eine allgemeine Verlagerung von materiellen hin zu sinnhaften Dimensionen der eigenen Arbeit. So hat sich der Wunsch nach Mitbestimmung und Mitverantwortung deutlich verstärkt. Der Mitarbeiter wird dadurch zunehmend zum Mitgestalter seines Handlungs- und Entscheidungsspielraums.[92]

91 Vgl. Statistisches Bundesamt, 2004.

92 Vgl. Schaible, B./Trager, F.: Handbuch der Personalleitung: Funktionen und Konzeptionen der Personalarbeit im Unternehmen, hrsg. von Wagner, D./Zander, E./Hauke, C., München 1992, S. 928 f.

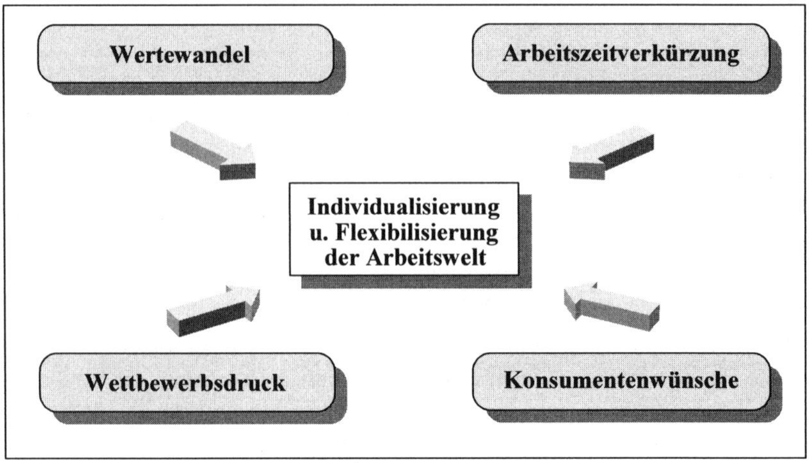


**Abb. 35:** Verschiedene Faktoren für die Individualisierung und Flexibilisierung der Arbeitswelt

Individualisierung und Flexibilisierung sind als gleichrangige Erfordernisse zu betrachten. Doch die Realisierung führt in einzelnen Bereichen zu Konflikten, da deren Ziele eher konträr verlaufen. Beispielsweise verlangt eine Flexibilisierung mit dem Ziel vermehrter Anpassung der Arbeitsbedingungen an die infolge des Wertewandels veränderten Bedürfnisse der Beschäftigten andere Maßnahmen als eine Flexibilisierung mit dem Ziel einer Anpassung von Arbeitsbedingungen an eine zunehmend schwankende Produkt-Nachfrage.[93] Damit ist angedeutet, dass die von den Sozialpartnern mit der Flexibilisierung der Arbeitsbedingungen verfolgten Ziele recht unterschiedlich sind.

## 2.2.1 Flexibilisierung und Individualisierung der Fertigung

Durch verschärfte Konkurrenzbedingungen, immer kurzfristigere Lieferzeiten und individuelle Kundenwünsche müssen neue Fertigungsstrukturen entwickelt werden. Weiterhin kommt eine ständige Arbeitszeitverkürzung hinzu, die im Normalfall auch zu Kürzungen der Betriebszeiten führt. Um die These "je kürzer die Menschen arbeiten, desto länger müssen die Maschinen laüfen" zu verwirklichen, bedarf es einer Trennung von persönlicher Arbeitszeit und Betriebsnutzungszeit.

Die Individualisierung der Kundenwünsche nimmt ständig zu. Gleichzeitig erkennen immer mehr Unternehmen, dass es aufgrund der steigenden Kosten bei der Gewinnung neuer Kunden besser ist, langfristige Kundenbeziehungen aufzubauen, anstatt auf eine kurzfristige Optimierung der Umsätze zu zielen. Um die Kundenwünsche zu erfüllen, müssen die Firmen in der Lage sein, durch flexible Fertigungssysteme zu einer Individualisierung ihrer Produkte zu gelangen. Flexibel einsetzbare Technik im Bereich der industriellen Fertigung steht heute schon zur Verfügung. Grundlage hierfür ist die Mikro-

[93] Vgl. Conrad-Betschart, H./Ulich E.: Flexibilisierung der Arbeitsbedingungen. In: Die Aufgaben der Personalabteilung in einer sich wandelnden Umwelt, hrsg. von Lattmann, C./Krulis-Randa, J., Heidelberg, 1989, S. 97.

elektronik.[94] Die Flexibilität dieser Fertigungssysteme besteht im wesentlichen darin, dass die Komplettbearbeitung einer größeren Teilevielfalt unterschiedlicher Losgrößen möglich ist, um damit eine kurzfristige Realisierung neuer Aufträge zu erreichen. Um diese Komplettbearbeitung von Teilefamilien zu verwirklichen, werden Maschinen und Betriebsmittel räumlich und organisatorisch zusammengefasst.[95] Hier sei beispielsweise der Einsatz von Hochregallagern, modernen Transferstraßen und verkabelten Fabrikhallen genannt, die eine automatische, kontrollierte Bestückung der Fertigungsplätze mit Roh-, Hilfs-, und Betriebsstoffen ermöglicht.

Weitere Hilfsmittel zur flexiblen Fertigung sind CNC-gesteuerte Werkzeugmaschinen, die auf Fertigungsinseln eingesetzt werden. Auch der Einsatz von CAD-, CAM-, und CIM-Systemen vergrößert die Möglichkeiten einer flexiblen Fertigung.

Die Unternehmen im Jahr 2010 werden gefordert sein, neben der Einführung flexibler Fertigungsmethoden, eine höhere Ausnutzung ihrer Maschinenlaufzeiten bei gleichzeitiger Flexibilisierung der persönlichen Arbeitszeiten zu verwirklichen.

## 2.2.2 Flexibilisierung und Individualisierung der Arbeit

Aus der Sicht der Unternehmen liegen weitere Flexibilisierungs- und Individualisierungsmöglichkeiten in dem variablen Einsatz des Personals. Dies betrifft u.a. die Wahl des Arbeitsorts, die flexible Regelung der Arbeitszeit und die flexible Einsatzmöglichkeit des Personals durch zusätzliche Qualifikationen.

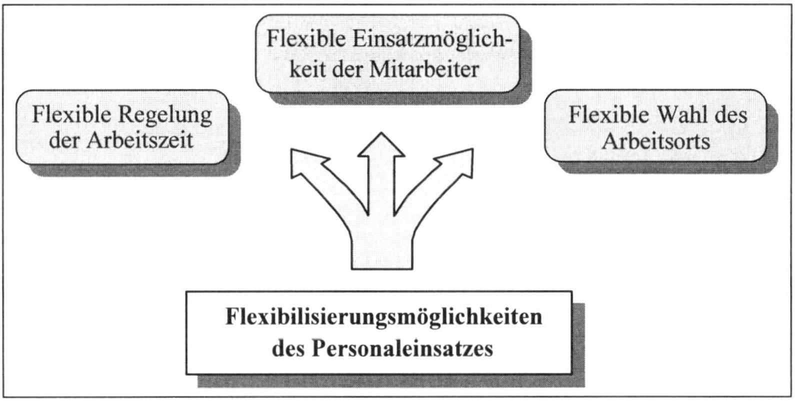


**Abb. 36:** Verschiedene Ansatzpunkte zur Flexibilisierung des Personaleinsatzes

Hieraus ergeben sich Ansatzpunkte, die auch den Individualisierungswünschen des Personals zugute kommen, obwohl sie aber keineswegs immer deckungsgleich mit den Interessen der Unternehmen sind.[96]

94 Vgl. Schanz, G.: Flexibilisierung und Individualisierung als strategisches Element der Personalpolitik. In: Visionäres Personalmanagement, hrsg. von Kienbaum, J., a.a.O., S. 287 ff.

95 Vgl. Conrad-Betschart, H./Ulich E.: Flexibilisierung der Arbeitsbedingungen, a.a.O., S. 99 f.

96 Vgl. Schanz, G.: Flexibilisierung und Individualisierung als strategisches Element der Personalpolitik. In: Visionäres Personalmanagement, hrsg. von Kienbaum, J., a.a.O., S. 291.

### (1) Flexible Arbeitszeitregelung

Die Arbeitszeiten insbesondere in Deutschland werden immer kürzer. Während gewerbliche Arbeiter der deutschen Industrie pro Jahr durchschnittlich 1557 Stunden arbeiten, wird in den Nachbarstaaten im Schnitt 120 Stunden mehr gearbeitet. In den USA werden 1.904, in Japan sogar 2.119 Stunden pro Jahr gearbeitet.[97] Bei einer Umsetzung der 35-Stunden Woche bedeutet das für die deutschen Arbeiter eine jährliche Arbeitszeit von nur 1540 Stunden. Die übrigen Europäer würden in Zukunft fünf bis acht Wochen mehr arbeiten. Dieser Wettbewerbsnachteil wird durch eine flexible Arbeitszeitregelung kompensiert, mit dem Ziel, höhere Betriebs- und Maschinenlaufzeiten zu erreichen.

Ältere Formen der Arbeitszeitregelung sind u.a. Kurzarbeit, Überstunden, Schichtarbeit, Teilzeitarbeit und Gleitzeit. Gerade die letztgenannte Form wird auf der Gewerkschaftsseite begrüßt, da sie eine echte Flexibilisierung darstellt, wenn deren Rahmenbedingungen vernünftig und human geregelt sind. Das Ziel vieler Unternehmen ist es, die Arbeitsplätze, deren Kapitalkosten stark gestiegen sind, besser auszulasten. Intelligente und kreative Ansätze für flexible Zeitmuster lassen zwischen den Tarifpartnern sicher Lösungen zu, die für beide Seiten Vorteile bringen.

| Neue Arbeitszeitregelungen dürfen: | Flexibilitätsgrenzen sind begründet: |
|---|---|
| • keine negativen Beschäftigungsauswirkungen haben,<br>• nicht zu zusätzlichen Belastungen führen,<br>• die Freizeit nicht verringern<br>• und das Einkommen nicht mindern. | • im Schutz der Gesundheit des einzelnen Beschäftigten,<br>• im Schutz sozialer Interessen und Lebensmöglichkeit des Menschen<br>• und in der Herstellung gleicher Konkurrenzbedingungen für die Unternehmen. |

**Abb. 37:** Grenzen der Arbeitszeitflexibilität aus Sicht der Gewerkschaften[98]

Aus Sicht der Arbeitnehmer muss Rücksicht genommen werden auf die individuelle Gestaltung der Arbeitszeit und das Recht auf eine sinnvolle Freizeitgestaltung. Durch Wochenendarbeit, durch zu kurze Gleitzeitspannen und lange Kernzeiten gelingt es vielen Firmen nicht, eine für beide Seiten zufriedenstellende Arbeitszeitstruktur einzuführen. Stattdessen steigt die Fluktuationsrate und die Fehlzeiten der Mitarbeiter.

Aufgabe des Personalwesens wird es sein, die Individualisierungswünsche der Belegschaft in ihrer Zeitsouveränität einerseits und den Forderungen der Unternehmensführung andererseits, zu einem für beide Seiten einvernehmlichen Konsens zu verbinden.[99]

---

97 Veröffentlichung der Wirtschaftskammern Österreich, 2004

98 Vgl. Lang, K.: Flexibilisierung der Arbeitszeit: Maßarbeit ist angesagt. In: Personal 2000: Visionen und Strategien erfolgreicher Personalarbeit, hrsg. von Feix, W.E., a.a.O., S. 184 f.

99 Vgl. Bellgardt, P.: Möglichkeiten flexibler Arbeitszeitgestaltung. Arbeits- und Betriebszeitoptimierung als Managementaufgabe. In: Personal-Management, hrsg. von Berthel, J./Groenewald, H., Landsberg/Lech 1994, S. 3.

## Praxisbeispiel 1: Gleitzeitvereinbarung eines Computerunternehmens

Nachfolgend wird eine mögliche flexible Arbeitszeitregelung dargestellt. Hierbei handelt es sich um eine Gleitzeitvereinbarung für die Bereiche Entwicklung und Verwaltung eines Computerunternehmens.

| Gleitzeitvereinbarung | |
|---|---|
| Arbeitszeitrahmen: | 6.30 - 21.00 Uhr Normalzeit möglich |
| **Mindestarbeitszeit:** | 4 Stunden |
| **Ansprechzeit;** | 8.00 - 17.30 Uhr<br>- 30 Minuten Verlängerungsoption<br>- 30/60 Minuten Verschiebungsoption nach vorn oder hinten<br>- insgesamt also 10 Variationsmöglichkeiten |
| **Funktionsgruppen:** | bestehen aus min. 4 Mitarbeiter/innen |
| **Kernzeit:** | entfällt |
| **Pausenzeit:** | - Abstimmung innerhalb der Funktionsgruppe<br>- Mittagspause 30 - 120 Minuten, Pausenbeginn zwischen 11.30 und 12.30 Uhr<br>- weitere Pausen nach Absprache möglich<br>- Pausen werden elektronisch beim Verlassen des Betriebes erfasst<br>- keine Pflicht zur Pausennahme, es gilt die AZO-Pausenvorschriften |
| **Sollarbeitszeit:** | 7,7 Stunden/Tag |
| **Normalarbeitszeit:** | 8.30 - 16.42 Uhr; verschiebt sich ggf. mit der Ansprechzeit |
| **Arbeitszeitverlängerung:** | - bei Ankündigung bis 12.00 Uhr: Arbeitsverpflichtung |
| **Aussetzen der Gleitzeit:** | bis Ende Normalarbeitszeit möglich<br>- bei Ankündigung bis Ende Vortag: Arbeitsverpflichtung ab Beginn Normalzeit möglich<br>- Gleitzeit vorübergehend/auf Dauer aussetzbar<br>- einmal pro Woche: Arbeitsverpflichtung ab Beginn/ bis Ende Ansprechzeit möglich |
| **Überstunden:** | außerhalb der Ansprechzeiten auf Anordnung des Vorgesetzten |
| **Dienstreisen:** | für eintägige Dienstreisen max. 10 Stunden Zeitgutschrift (einschl. Reisezeit); bei mehrtägigen Dienstreisen bis zu 10 Stunden für An- und Abreisetag (jeweils einschl. Reisezeit) Dienstreisetag dazwischen mit 7,7 Stunden |
| **Arztbesuch:** | in dringenden Fällen: Zeitgutschrift zwischen 9.00 - 16.00 Uhr |
| **freie Tage auf Zeitkonto:** | jederzeit, wenn der Vorgesetzte zustimmt |
| **Gleitzeitbeauftragte:** | in jedem Bereich |
| **Zeitguthaben/Zeitschulden:** | - Im Rahmen des Kurzzeitkontos max. +40/-25 auf den Folgemonat übertragbar<br>- danach Übertragung des Zeitguthabens bis zu 60 Stunden pro Quartal auf ein Langzeitkonto (Anrechnung mit 40% des vollen Stundenwertes). Bei Zeitschulden > 25 Stunden Entgeltabzug<br>- Mindestentnahme aus dem Langzeitkonto: 3 Arbeitstage |

**Abb. 38:** Gleitzeitvereinbarung eines Computerunternehmens[100]

[100] In Anlehnung an Hoff, A.: Arbeitszeitberatung Berlin, Thesen zum Zukunftsprojekt "Individualisierung der betrieblichen Arbeitszeitgestaltung".

## Praxisbeispiel 2: Arbeitszeitkonto der Bertelsmann Distribution

Für alle kaufmännischen und gewerblichen Mitarbeiter besteht seit 1986 ein Arbeitszeitsystem mit Gleitzeit. Die Mitarbeiter können täglich zwischen 6 und 10 Stunden arbeiten. Die Einteilung der Arbeitszeit erfolgt nach persönlichen Bedürfnissen und bei gegenseitiger Abstimmung mit dem Vorgesetzten. Im Verlauf des Jahres können in den einzelnen Monaten Plus- und Minus-Stunden in beliebiger Höhe anfallen. Am Ende des Geschäftsjahres ist eine Richtgröße von plus/minus 30 Stunden anzustreben.

Der gegenseitige Informationsfluss zwischen Mitarbeitern und deren direkten Vorgesetzten ist die Grundvoraussetzung für das Funktionieren dieses Systems. Neben einem wöchentlichen Meeting finden daher täglich um die Mittagszeit definitive Einzelabsprachen statt. Dabei erfolgt einerseits eine Information an den Vorgesetzten über die jeweiligen Arbeits- und Freizeitwünsche des betreffenden Mitarbeiters und umgekehrt eine Darstellung des Arbeitsanfalls in der kommenden Zeitperiode durch den Vorgesetzten.

Die Vorteile für das Unternehmen sind: Anpassung des Zeitvolumens an unterschiedliche Arbeitsmengen durch Steuerung, Vermeidung von Überstunden mit Zuschlägen und Vermeidung von Leerzeiten bzw. Unterbeschäftigung. Die Vorteile des Arbeitszeitmodells bestehen für den Mitarbeiter in der Möglichkeit der Zeitgestaltung, seine Arbeitszeit kann seinem Lebensrhythmus angepasst werden, dem gleichbleibenden, kalkulierbaren Einkommen, Freizeit in auftragsschwacher Zeit und in einem gesicherten Arbeitsplatz.[101]

Das Arbeitszeitmodell wurde Anfang 1992 ergänzt, da in der Vergangenheit vor allem bei Saisonspitzen Personal-Leasing-Firmen in Anspruch genommen werden mussten, um den Personalbedarf zu decken. Es wurde ein Personal-Einsatz-Pool in Koordination mit den Linienbereichen eingerichtet. Die Zusammensetzung dieses Mitarbeiterpools ist in der folgenden Abbildung dargestellt:

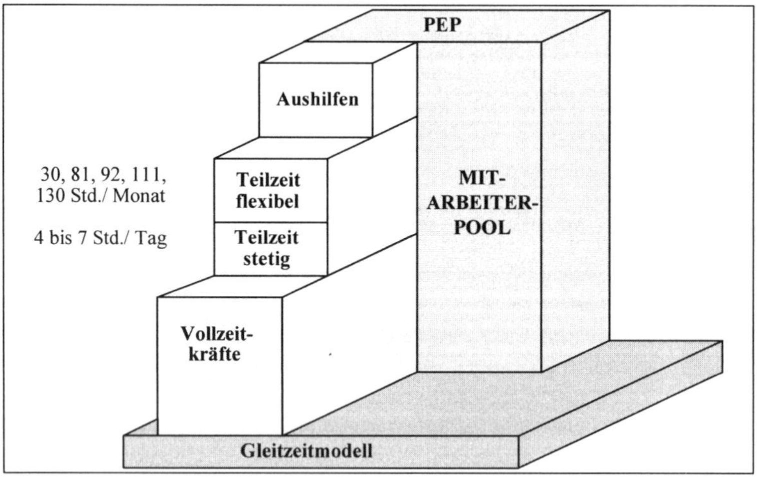


**Abb. 39:** Gleitzeitmodell und Mitarbeiterpool der Bertelmann Distribution[102]

[101] Vgl. Bertelsmann Distribution: Unser Arbeitszeitmodell, Gütersloh.
[102] Vgl. ebd.

Die Vorteile dieses "innerbetrieblichen Personalleasings" sind in der folgenden Abbildung zusammengefasst:

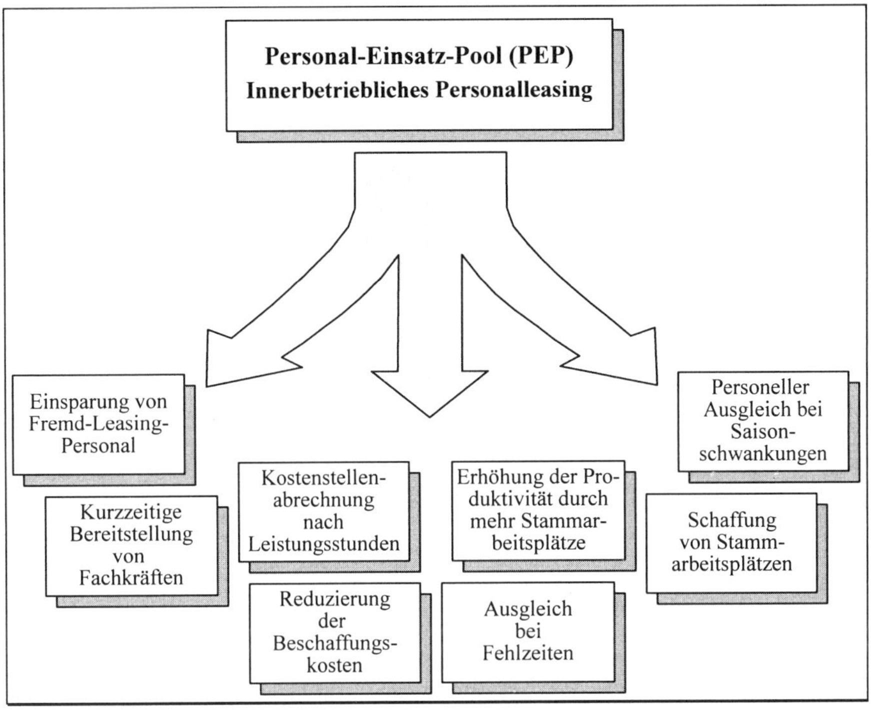


**Abb. 40:** Die Vorteile des innerbetrieblichen Personalleasing[103]

## (2) Flexible Einsatzmöglichkeiten der Mitarbeiter

Ein weiterer Bereich der personellen Flexibilität eröffnet sich durch den variablen Einsatz der Mitarbeiter. Für diese vielfältigen Einsatzmöglichkeiten müssen aber gewisse Qualifikationsanforderungen an den Mitarbeiter gestellt werden.[104] In der industriellen Produktion ist der variabel einsetzbare Mitarbeiter schon lange bekannt. Dort bezeichnet man ihn mit dem prägnanten Begriff "Springer", wobei sein Einsatz an den verschiedenen Arbeitsplätzen aber begrenzt und meist nur für kurze Dauer ist.

Der Einsatz flexibler Mitarbeiter ist auch in anderen Bereichen der betrieblichen Arbeit wie z.B. in der Entwicklung, Planung oder Konstruktion sinnvoll. Das Unternehmen ist dadurch in der Lage, in betrieblichen Engpassbereichen (z.B. fristgerechtes Einreichen eines Angebotes oder bei Unterbesetzung einer Abteilung durch ein vorzeitiges Ausscheiden oder im Krankheitsfall des Mitarbeiters), die Abteilung oder Projektgruppe zu unterstützen, um die Kundenwünsche zu befriedigen.

---

[103] Vgl. Bertelsmann Distribution: Unser Arbeitszeitmodell, a.a.O.

[104] Vgl. Schanz, G.: Flexibilisierung und Individualisierung als strategisches Element der Personalpolitik. In: Visionäres Personalmanagement, hrsg. von Kienbaum, J., a.a.O., S. 292.

Der umgekehrte Fall kann ebenfalls bewältigt werden. Bei einer personellen Überbesetzung oder bei Ausbleiben von Aufträgen, kann eine Abteilung durch die vorübergehende Versetzung eines flexibel einsetzbaren Mitarbeiters wieder ausgelastet werden.

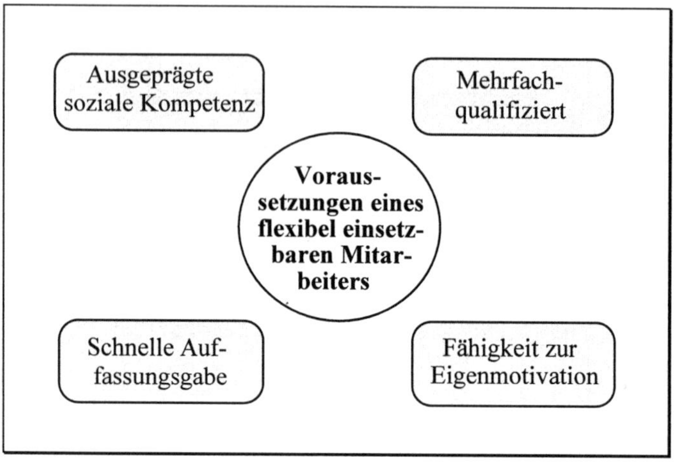


**Abb. 41:** Die wichtigsten Voraussetzungen eines flexibel einsetzbaren Mitarbeiters

Auf dem Arbeitsmarkt stehen polyvalent ausgebildete Arbeitskräfte nur selten zur Verfügung. Wichtig ist es daher, dass der entsprechende Mitarbeiter mindestens die Grundvoraussetzungen bei der Einstellung erfüllt. Von den Unternehmen ist dann in qualifikatorischer Hinsicht Unterstützung erforderlich. In den meisten Fällen müssen spezielle unternehmensspezifische Qualifikationen und Kenntnisse vermittelt werden. Es bedarf einer internen Schulung. Langfristig ist ein Heranziehen eigener Mitarbeiter oft die einzige sinnvolle Maßnahme.[105]

Durch die Rahmenbedingungen der Zukunft, der Internationalisierung, des technologischen Wandels, wird sich der Bedarf nach solchen Arbeitskräften steigern. Nicht nur die Anforderungen an die Qualifikation wachsen, sondern auch die Forderung nach sozialer Kompetenz wird immer wichtiger. Durch den Einfluss des EU-Binnenmarktes werden multikulturell einsetzbare Mitarbeiter und Mitarbeiterinnen in zunehmendem Maße wichtig. Gerade für die Frauen erscheint es einfacher, sich zu einem flexibel einsetzbaren Mitarbeiter zu entwickeln, da sie im Bereich der sozialen Kompetenz meist bessere Voraussetzungen mitbringen als ihre männlichen Kollegen.

## (3) Die örtliche Flexibilisierung und Individualisierung des Personals

Der dritte Bereich der Flexibilisierung betrifft den Ort des Personaleinsatzes. Grundlage ist die Entwicklung und weitgehende Verbreitung der Mikroelektronik, da sie neue Möglichkeiten bietet, Personal über die Betriebsgrenzen hinaus zu beschäftigen. Speziell die Teleheimarbeit gewinnt in Zukunft immer mehr an Bedeutung.

[105] Vgl. Schanz, G.: Flexibilisierung und Individualisierung als strategisches Element der Personalpolitik. In: Visionäres Personalmanagement, hrsg. von Kienbaum, J., a.a.O., S. 292 f.

Computerterminaleinsatz und moderne Kommunikationstechniken wie Internet, Intranet etc. sind die technischen Voraussetzungen der Teleheimarbeit. Mit Hilfe der modernen Informationstechnik lassen sich komplette Arbeitsplätze aufbauen. Das heißt, der Mitarbeiter kann ganz oder teilweise zu Hause arbeiten und ist beispielsweise über ein Netzwerk mit dem Unternehmen verbunden.

**Abb. 42:** Hilfsmittel flexibler Telearbeit

In der Teleheimarbeit ist ein beträchtliches Individualisierungspotenzial vorhanden, das dem Mitarbeiter eine freie Gestaltung der Arbeitszeit und des Arbeitsplatzes ermöglicht. Er spart die Zeit der Hin- und Heimfahrten ein. Eine Gefahr liegt jedoch in der sozialen Isolation und den kaum vorhandenen Aufstiegschancen der außerbetrieblichen Mitarbeiter.[106] Daher ist es wichtig, einen ständigen zwischenmenschlichen Kontakt mit den "Heimarbeitern" zu halten. Regelmäßige Treffen und Teilnahme an Konferenzen oder Gesprächsrunden helfen dem Mitarbeiter und fördern das Zugehörigkeitsgefühl. Es darf keine Zweiklassen-Belegschaft entstehen, indem eine Unterscheidung zwischen den "Heimarbeitern" und dem Personal, das ständig im Betrieb ist, gemacht wird.

## 2.2.3 Das Senator-Programm

Ein weiterer Aspekt der Flexibilisierung und Individualisierung des Personaleinsatzes ist in dem Senator-Programm zu sehen. Viele Unternehmen haben bei schnell ansteigendem Kostendruck nur den Weg des Personalabbaus gewählt, vor allem den Abbau der älteren Mitarbeiter. Damit verlieren sie überproportional an Erfahrung und Kompetenz.

Das Senator-Programm von Heinz Uepping[107] versucht, den Unternehmen die Möglichkeit einer dynamischen Anpassung der Personalkapazitäten und der damit verbundenen Steuerung der Personalkosten für ältere Mitarbeiter im Betrieb zu geben.

Die Ausschöpfung der Erfahrungskompetenz der älteren Mitarbeiter, sowie die Anpassung der Arbeitszeit und des Einkommens an die individuelle Lebenssituation stehen hierbei im Mittelpunkt. Ab dem 50. Lebensjahr kann ein Mitarbeiter z.B. von seiner

[106] Vgl. Schanz, G.: Flexibilisierung und Individualisierung als strategisches Element der Personalpolitik. In: Visionäres Personalmanagement, hrsg. von Kienbaum, J., a.a.O., S. 293.

[107] Uepping, H.: Die Kompetenz des Alters nutzen, a.a.O.

bisherigen Position ganz oder teilweise in die Rolle des Senators wechseln. Neben der Betreuung seiner potentiellen Nachfolger nimmt er eine Palette wichtiger unternehmensweiter Aufgaben wahr, bei denen seine Erfahrung vorrangig ist.

In einem Unternehmens-Senat werden alle Senatoren zusammengefasst. Von der Unternehmensleitung erhalten sie strategische und operative Aufgabenstellungen. Das breitgefächerte Feld der Aktivitäten, das den gesamten Bereich vom Einkauf über die Personalpolitik zum Marketing abdeckt, sorgt für ein attraktives Tätigkeitsspektrum.[108]

## 2.3 Neue Ansätze in der Vergütungspolitik

Die Personalkosten bilden in vielen Unternehmen inzwischen den dominierenden Kostenblock. Sie steigen stetig an und gewinnen dabei Fixkostencharakter. Insofern ist die sorgfältige Steuerung dieser Kostenart für die Unternehmen von existentieller Bedeutung. Unter diesem Aspekt gewinnt die Vergütungspolitik unter den personalwirtschaftlichen Aufgaben der Zukunft einen erhöhten Stellenwert. Die bisher mehr verwaltungsorientierten Funktionen der Lohnfestsetzung und -auszahlung werden, insbesondere im Zusammenhang mit der Gestaltung der Vergütungsmodalitäten, zu Managementaufgaben.

Zugleich wächst die Einsicht, dass die Mitarbeiter nicht primär Kostenverursacher, sondern Gewinnproduzenten sind. Damit wandelt sich auch ihre Vergütung vom Kostenfaktor zum Führungsinstrument. Zielte die traditionelle Vergütungspolitik vor allem darauf ab, die Vergütungshöhe in angemessenen Grenzen zu halten, geht es in Zukunft verstärkt darum, die Effizienz der Vergütung bei möglichst konstanten Kosten nachhaltig zu erhöhen. Die vergütungspolitischen Bestrebungen konzentrieren sich deshalb heute vor allem auf eine stärker leistungsmotivierende Strukturierung der monetären Vergütung.[109] Unter Vergütung wird in diesem Zusammenhang die Gesamtvergütung verstanden, die sich aus Barvergütung, Neben- und Zusatzleistungen sowie aus Leistungen der betrieblichen Altersversorgung zusammensetzt. Im folgenden sollen nun einige neuere Gestaltungsmöglichkeiten der Gesamtvergütung aufgezeigt werden.[110]

### 2.3.1 Mehr Leistungs- und Erfolgsorientierung

Eine wichtige Voraussetzung dafür, dass sich leistungsstarke Führungskräfte engagiert für die Unternehmensziele einsetzen, ist eine erfolgsorientierte Vergütung. Durch die Verbindung von Unternehmenserfolg und Vergütung versucht man, die Identifikation der Führungskräfte mit ihrem Unternehmen und ihren Aufgabenstellungen zu fördern und sie in besonderem Maße zur Leistung zu motivieren. Außerdem passt eine erfolgsorientierte, variable Vergütung als Regulativ die Personalaufwendungen in gewissem Umfang der Ertragssituation des Unternehmens an. Bei der Betrachtung der Normalstruktur

[108] Vgl. Uepping, H.: Die Kompetenz des Alters nutzen. In: Personalwirtschaft 3/94, S. 49.

[109] Vgl. Becker, F.G.: Anreizsysteme für Führungskräfte im Strategischen Management, 2. Auflage, Bergisch-Gladbach/Köln 1987, S. 38.

[110] Vgl. Hörner, M.: Entgeltsysteme: Neue Ideen und Wege. In: Personal 2000: Visionen und Strategien erfolgreicher Personalarbeit, hrsg. von Feix, W.E., (Hrsg). Frankfurter Allgemeine Zeitung, Wiesbaden 1991, S. 160.

zwischen festen und variablen Bezügen sieht man, dass mit steigendem hierarchischen Rang auch der Empfängerkreis der variablen Vergütung zunimmt und ebenso der Anteil der variablen Vergütung an den Bezügen.

| Ebenen | **Empfänger** | **Höhe in % der Gesamtbezüge** |
|---|---|---|
| Geschäftsführung | 87 % | 28 % |
| 1. Führungsebene | 76 % | 17% |
| 2. Führungsebene | 65 % | 13 % |

**Abb. 43:** Bedeutung der variablen Vergütung (Quelle: Kienbaum Vergütungsberatung)

Die Überlegungen konzentrieren sich derzeit vor allem auf Systeme zielorientierter Leistungsbewertung. Die Frage, ob und in welchem Ausmaß die Führungskräfte vorgegebene Ziele erreichen, bestimmt danach die Höhe der variablen Bezüge. Globale Erfolgskategorien wie Jahresüberschuss und Dividende stehen als Bezugsgrößen für die variable Vergütung in viel zu losem Zusammenhang zur Tagesarbeit, um gezielte Leistungsanreize zu vermitteln.

Basis der zielorientierten Leistungsbeurteilung bilden positionsspezifische Zielvorgaben. Diese Zielvorgaben können sehr unterschiedlicher Natur sein. Zunächst kommen Ziele in Betracht, die direkt an zentrale Aufgaben der jeweiligen Führungsposition anknüpfen. Sie sind zumeist quantitativ, selten qualitativ definiert. So erwartet man z.B. vom Verkaufsleiter das Erreichen eines bestimmten, gemeinsam mit ihm vereinbarten Umsatzziels. Die zweite Variante der Zielvorgaben stellen einmalige Projekt- und Aktionsziele dar. Diese Ziele gehen nicht mehr von den generellen Stellenaufgaben aus, sondern leiten sich situationsbezogen aus der laufenden Unternehmenstätigkeit ab. Sie bezwecken letztlich die Verbesserung bestehender Zustände, und diese Verbesserung honorieren die Unternehmen durch entsprechende variable Bezüge.

## 2.3.2 Projektvergütung

In Zukunft wird die Zusammenführung von unterschiedlichen Sachverständigen zur Bewältigung von Aufgaben und Problemen weiter zunehmen. Diese Projektgruppen erhalten klar definierte Zielvorgaben.

Bei Projektbeginn können zusätzlich bei Erreichen bestimmter Ergebnisse Erfolgskriterien festgelegt werden, die neben dem Festgeld vergütet werden. Erfolgseintritt und Vergütungsleistung sollten beieinanderliegen, damit die Anreizwirkung nicht verloren geht. Durch sinnvolle Zwischenschritte, die schon in der Projektplanung eingebaut werden, ist es möglich, den Projektfortschritt zu überprüfen. Die Bedeutung des Projektes für das Unternehmen spiegelt sich in dem Ausmaß des zur Verteilung anstehenden Projektvergütungsbudgets wieder. Um zu verhindern, dass ein Projekt fortgesetzt wird, obwohl der Misserfolg absehbar ist, muss der Anteil der Projektvergütung an der Gesamtvergütung entsprechend hoch sein.[111]

[111] Vgl. Hörner, M.: Entgeltsysteme: Neue Ideen und Wege. In: Personal 2000: Visionen und Strategien erfolgreicher Personalarbeit, hrsg. von Feix, W.E., a.a.O., S. 163.

### 2.3.3 Vergütungsassessment

Bei dem Vergütungsassessment liegt dagegen ein sehr extremer Ansatz vor. Hier wird einem Team der erfolgsbezogene Teil oder die gesamte Barvergütung zur Verfügung gestellt. Die Verteilung wird selbständig von den Gruppenmitgliedern vorgenommen. An dieser Stelle wird einer Forderung der Wirtschaft nach mehr unternehmerischem Denken und Handeln Rechnung getragen. Die Schaffung von aktiven Gestaltungsräumen erlauben ein Delegieren der Mitverantwortung an die Mitarbeiter.

Ein strukturiertes Vergütungsassessment mit der Gruppe bestimmt die Form der Verteilung des Vergütungsbudgets. Aufgedeckte Defizite, die natürlich zu einer verminderten Zuteilung führen, sind mit Personalentwicklungsmaßnahmen auszugleichen. Bei den Führungskräften erfordert eine solche Vergütungsvariante als Voraussetzung einen Führungswillen und ein hohes Maß an Führungsqualifikation.[112]

### 2.3.4 Skill-based-pay (Potenziallohn)

Unter "skill-based-pay" oder "Potenziallohn" wird eine Vergütung verstanden, die auf Qualifikationsmerkmalen eines Mitarbeiters beruht. Der Potenziallohn stellt somit einen Bruch mit den gängigen Entlohnungsgrundsätzen dar. Nicht die Normalleistung und Anforderungen der Stelle oder die individuellen Leistungen des Mitarbeiters, sondern dessen angebotene Qualifikationen werden bezahlt, unabhängig davon, ob der Mitarbeiter die Tätigkeiten, die er prinzipiell übernehmen kann, auch tatsächlich ausführt.[113]

Ein Qualifikationszuwachs bedeutet automatisch einen Vergütungszuwachs. Die Staffelung der Gehaltsstruktur kann in deutlichen Sprüngen erfolgen, um einen Anreiz anzubieten, durch zusätzliche Weiterbildung in die nächste Stufe zu gelangen. Damit ist nicht gemeint, jede zusätzliche Weiterbildungsmaßnahme, wie etwa ein Drei-Tages-Seminar "Rhetorik" zu honorieren, sondern die Vergütung an wesentlichen qualitativen Anforderungen des Unternehmens zur Höhergruppierung auszurichten.

Der Potenziallohn ist vor dem Hintergrund zunehmender Variabilität von Aufgaben und Anforderungen und wachsender Integration der Leistungen zu sehen.[114] Die Anforderungen vieler Stellen werden aufgrund des Einsatzes neuer Arbeitstechniken und der Forderung nach Mehrfachqualifikation zunehmend breiter. Genaue Leistungs- und Zeitvorgaben sind immer seltener möglich und werden durch Selbststeuerung und Koordination sowie ganzheitliche, partizipative oder kollegiale Aufgabenlösungen ersetzt. Dies führt dazu, dass die tatsächlichen Anforderungen und die Eingruppierung in eine Lohngruppe immer stärker auseinanderfallen können.

Eine Voraussetzung für die Einführung einer qualifikationsabhängigen Entlohnung ist die Festlegung eines Mindesteinkommens für die unterste Qualifikationsstufe. Dadurch

---

[112] Vgl. Hörner, M.: Entgeltsysteme: Neue Ideen und Wege. In: Personal 2000: Visionen und Strategien erfolgreicher Personalarbeit, hrsg. von Feix, W.E., a.a.O., S. 164.

[113] Vgl. Berthel, J./Becker, F.G.: Personal-Management: Grundzüge für Konzeptionen betrieblicher Personalarbeit, 7. Aufl., Stuttgart 2003, S. 439.

[114] Vgl. Drumm, H.J.: Personalwirtschaftslehre, 2. Auflage, Berlin/Heidelberg/New York/Tokio 1992, S. 429.

wird ein durchschnittlicher Lebensstandard der weniger stark qualifizierten Beschäftigungsgruppen sichergestellt und das Einkommensrisiko nicht unvertretbar erhöht.

Je höher der Qualifikationsgrad ist, um so höher ist das Einkommensrisiko, das an die individuelle Leistung, die Team-Leistung und den Gesamterfolg gekoppelt ist. Die folgende Abbildung zeigt, was erreicht werden soll: eine höhere Erfolgsbeteiligung ohne die Gefährdung einer materiellen Grundversorgung. Daneben soll durch die überproportionale Höhe der Erfolgszuschläge ein Bewusstsein dafür geweckt werden, dass die Managementverantwortung einer unternehmerischen Verantwortung gleichkommt - mit allen Risiken und Chancen für das Einkommen. Managementfehler dürfen nicht länger, abgesichert durch ein hohes Festeinkommen, auf dem Rücken der unteren Mitarbeiterstufen ausgetragen werden.[115]

| | **Festgehalt** (in €) | **Erfolgszuschläge** (in Prozent) |
|---|---|---|
| Hilfskräfte | 1.500,- | 0-30 |
| Sachbearbeiter | 2.500,- | 0-60 |
| Führungskräfte | 3.500,- | 0-250 |
| Bereichsverantwortliche | 4.500,- | 0-500 |
| Vorstand, Geschäftsführung | 5.500,- | 0-1000 |

**Abb. 44:** Beispiele für mögliche Gehälter[116]

Ein praktisches Beispiel stellt in diesem Zusammenhang die Joseph-Vögele AG dar, die einen Potenziallohn in ihrem Haustarifvertrag mit der IG Metall im Jahre 1982 festgeschrieben hat. Hintergrund dieses Vertrags waren:

- ein hoher Anteil von Arbeiten an CNC-Maschinen,
- die Mehrfachqualifikation der Mitarbeiter,
- die Mehrstellenarbeit,
- die Absicht, durch die Lohnform einen Anreiz zur laufenden Steigerung der Mitarbeiterqualifikation zu geben.

Die Erfahrungen waren dabei positiv, da die Leistungsmenge und Mitarbeiterqualifikation gesteigert werden konnten, ohne dass nicht verwendbare Qualifikationen erworben wurden. Höhere Lohnkosten konnten durch Absenkung anderer Kosten kompensiert werden.[117]

## 2.3.5 Finanzielle Anreizsysteme für Führungskräfte

Zusätzlich zu der Grundvergütung sollen variable Entlohnungssysteme für Führungskräfte (Executive Compensation Systems) dazu beitragen, deren Identifikation und Motivation mit dem Unternehmen sowie dessen Erfolg zu sichern sowie mitunternehmeri-

[115] Vgl. Hörner, M.: Entgeltsysteme: Neue Ideen und Wege. In: Personal 2000: Visionen und Strategien erfolgreicher Personalarbeit, hrsg. von Feix, W.E., a.a.O., S. 162.

[116] Vgl. ebd., S. 163.

[117] Vgl. Drumm, H.J.: Personalwirtschaftslehre, a.a.O., S. 430.

sches Denken und Handeln zu fördern. Zu den variablen Bestandteilen von Vergütungen gehören verschiedene Zusatzleistungen, also sogenannte **„fringe benefits"** (z.B. Firmenwagen, individuelle Urlaubsregelungen, Sabbaticals, Versicherungen, Altersversorgung). Neben den eher kurzfristigen Bonuszahlungen können langfristige, strategische Vergütungssysteme und aktienkursorientierte Anreizsysteme (z.B. Optionsprogramme oder Aktienpläne) verwendet werden.

Die **strategische Vergütung** ist der Teil eines Gesamtvergütungspaketes, dessen Höhe anhand definierter, aus der strategischen Zielsetzung des Unternehmens abgeleiteter Messkriterien bestimmt wird. Entsprechend der strategischen Planung werden diese Messkriterien für einen Zeitraum zwischen drei und fünf Jahren festgelegt. Messkriterien, die auf einer strategischen Zielsetzung basieren, sind z.B. das Wachstum von Marktanteilen oder die prozentuale Steigerung der Produktivität in einem festgelegten Zeitraum.

Da die Ausarbeitung einer Unternehmensstrategie zu den Aufgaben des Top-Managements zählt, muss die strategische Vergütung auch bei der höchsten Führungsebene eines Unternehmens eingesetzt und kann dann auch auf weiteren Führungsebenen Teil einer variablen Vergütung werden. Dabei ist jedoch zu berücksichtigen, dass unterhalb des Top-Managements nur ein bis zwei Führungsebenen in die strategische Vergütung mit einbezogen werden sollten, da die Festlegung einer Strategie zur Unternehmerverantwortung gehört, während die Umsetzung durch Delegation erfolgt.[118]

In Deutschland wird die strategische Vergütung kaum eingesetzt. Hier ergibt sich insbesondere für Aufsichtsräte eine Möglichkeit zum Einsatz zielorientierter Vergütungssysteme (z.B. für Vorstände). Nach § 87 AktG soll der Vorstand angemessen zur Aufgabenstellung und zur Lage der Gesellschaft vergütet werden. Damit ist eine gesetzliche Grundlage vorhanden, die zielorientierte Vergütungssysteme erforderlich macht, weil der Vorstand verantwortlich für die Lage der Gesellschaft ist.[119]

Zu langfristigen marktindizierten Anreizsystemen gehören auch sogenannte „Stock Appreciation Rights", bei denen die Empfänger am Kursgewinn der Aktie der Unternehmung zu einem bestimmten Zeitpunkt beteiligt werden, ohne jedoch Aktien selbst zu erhalten. Ferner können sogenannte „Phantomaktien" weitergegeben werden, bei dem für die Kurssteigerung einer bestimmten Anzahl fiktiver Aktien ein entsprechender Betrag ausgezahlt wird.

Neben den aktienorientierten Vergütungsmodellen können noch kennzahlenorientierte Entlohnungssysteme verwendet werden. Dabei wird die vaiable Entlohnung anhand interner Steuerungskennzahlen wie Economic Value Added (EVA), Cash Flow Return on Investment (CFROI) und Discounted Cash Flow ermittelt.[120]

Unternehmenszusammenbrüche und Missstände in der Rechnungslegung großer, mulinationaler Unternehmen in den USA wie in Europa haben auch in Deutschland eine angeregte Diskussion über die Verbesserung bestehender Überwachungsmechanismen

---

[118] Vgl. Hörner, M.: Entgeltsysteme: Neue Ideen und Wege, In: Personal 2000: Visionen und Strategien erfolgreicher Personalarbeit, hrsg. von Feix, W.E., a.a.O., S. 165 f.

[119] Vgl. ebd., S. 166.

[120] Vgl. Wunderer, R.: Führung und Zusammenarbeit, 5. Aufl., a.a.O. 2003, S. 407 ff.

und eine Neugestaltung bestehender Vergütungsmodelle ausgelöst. In der derzeit kontrovers geführten Corporate-Governance-Diskussion nimmt die Kritik an Optionsplänen (Aktienoptionen, Stock Options) einen zentralen Platz ein.

## 2.3.6 Cafeteria-Modelle

Der Cafeteria-Ansatz besagt, dass es dem einzelnen Mitarbeiter überlassen ist, inwieweit er zwischen verschiedenen Entgeltbestandteilen bzw. Firmen- und Sozialleistungen innerhalb eines bestimmten Budgets auswählen kann. Charakteristisch für das Verfahren sind dabei folgende Punkte:[121]

- eine Individualisierung von Entgeltbestandteilen entsprechend einem Wahlbudget,
- eine periodisch wiederkehrende Wahlmöglichkeit für die entsprechenden Mitarbeiter,
- ein Wahlangebot mit mehreren Alternativen.

Unternehmen mit Cafeteria-Plänen gab es ursprünglich in den Vereinigten Staaten. In der Bundesrepublik Deutschland finden sich bei zunehmender Tendenz dagegen nur relativ wenige praktische Beispiele, obwohl der Cafeteria-Ansatz schon seit längerer Zeit bekannt ist.

Die personalpolitische Attraktivität des Cafeteria-Ansatzes ist unverkennbar. Durch die Individualisierung von betrieblichen Leistungen hat der Einzelne die Möglichkeit, diejenigen Entgelt- und Sozialleistungskomponenten zu wählen, die seinen Bedürfnissen oder seiner finanziellen Situation am ehesten entsprechen, und gleichzeitig auf diejenigen Leistungen zu verzichten, die für ihn von geringer Bedeutung sind.

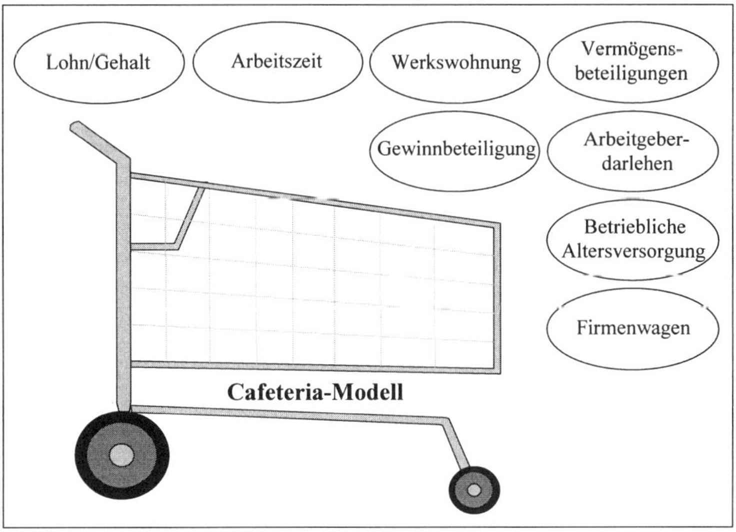


**Abb. 45:** Vergütungsbestandteile des Cafeteria-Modells (Beispiel)

[121] Vgl. Wagner, D.: Möglichkeiten und Grenzen des Cafeteria-Ansatzes in Deutschland, Hamburg 1986, S. 21.

Die individuelle Ausrichtung der Personalkosten nach dem Cafeteria-Prinzip hat - zumindest auf den ersten Blick - den ökonomischen Vorteil, dass diese Größe konstant bleibt, weil nicht ihre Maximierung, sondern ihre optimale Aufteilung im Vordergrund der Betrachtung steht.[122] Cafeteria-Pläne können insofern aus sachrationalen als auch aus motivations- und anreizbezogenen Gründen eine zukunftsbezogene Alternative zu herkömmlichen Entgeltsystemen darstellen.

Innerhalb des Cafeteria-Modells bietet das Unternehmen seinen Mitarbeitern sogenannte Cafeteria-Optionen an. Unter Cafeteria-Optionen sind diejenigen Möglichkeiten zu verstehen, die ein Unternehmen seinen Mitarbeitern hinsichtlich der Wahl zwischen verschiedenen Entgelt- und/oder auch Zeitkomponenten anbietet. Dieses Wahlrecht erlaubt dem Mitarbeiter, innerhalb eines vorgegebenen Rahmens (Cafeteria-Budget) und eines bestimmten Zeitraumes (Wahlturnus) individuell zwischen verschiedenen Komponenten auszuwählen. Es eröffnet dem Mitarbeiter die Chance, gemäß seinen individuellen Bedürfnissen und seiner spezifischen Risikosituation diejenigen Leistungen zu wählen, die eine optimale Abdeckung seiner Wünsche ermöglichen. Dabei handelt es sich insbesondere um folgende Optionen:

Die Implementierung des Cafeteria-Modells wirft jedoch auch Probleme auf, die sich wie folgt zusammenfassen lassen:

- Es entsteht ein erheblicher administrativer Aufwand (Kommunikation, Beratung, leistungsfähige Buchhaltung, umfangreiches EDV-System). Dies ist im allgemeinen das größte Hindernis für die Einführung flexibler Sozialleistungspläne;
- Probleme gibt es beim Abbau von allgemeinen Leistungen auf ein Kernsystem;
- Es können Verständigungs- bzw. Kommunikationsprobleme zwischen Unternehmen und Mitarbeitern auftreten;
- Gewerkschaften und Arbeitnehmervertretungen verlieren Einfluß und damit auch Kontrollmöglichkeiten, da Leistungen individualisiert werden;
- Das Cafeteria-Verfahren ist sehr stark abhängig von der wirtschaftlichen Entwicklung. Das Interesse daran kann sich durch Inflation, Arbeitslosigkeit, Stagnation verringern;
- Die Unverfallbarkeit bestimmter Leistungen kann sich als hinderlich bei der Reduzierung auf eine Kernleistung erweisen.

In der Bundesrepublik Deutschland sind einer generellen Einführung Grenzen gesetzt. Gesetze und Tarifvereinbarungen bestimmen den Rahmen unternehmerischer Sozialleistungen so weitgehend, dass ihnen bei einer Umgestaltung große Beachtung geschenkt werden muss.

## 2.3.7 Deferred Compensation (Aufgeschobene Vergütung)

Bei dem in Deutschland noch wenig verbreiteten Modell der **Deferred Compensation** wird die Auszahlung eines Teils der Gesamtvergütung eines Mitarbeiters aufgeschoben und damit nicht der sofortigen Versteuerung unterworfen. Der angesammelte Betrag

[122] Vgl. Grawert, A.: Die Motivation der Arbeitnehmer durch beeinflussbare Leistungen, München 1989, S. 14.

wird erst besteuert, wenn die zugesagte Leistung tatsächlich gezahlt wird, beispielsweise nach dem Eintritt in den Ruhestand. Die aufgeschobene Vergütung ist keine Form der Gehaltsumwandlung, da der Mitarbeiter nicht über den zugeflossenen Arbeitslohn verfügt. Ein Teil der Gesamtbezüge wird hier vielmehr vom Arbeitgeber als Altersversorgung gewährt und steuerlich auch so behandelt.

Deferred Compensation hat sowohl für das Unternehmen als auch für den Mitarbeiter entscheidende Vorteile. Für das Unternehmen eröffnen sich neue Möglichkeiten in seiner Personal- und Finanzpolitik ohne zusätzliche Kostenbelastung. Neue Gestaltungsformen im Vergütungs- und Versorgungssystem sowie Innenliquiditätseffekte bei vermindertem steuerpflichtigen Unternehmensertrag lassen sich so erreichen. Deferred Compensation führt zu einer höheren Netto-Gesamtvergütung der betroffenen Mitarbeiter bei gleichem Aufwand des Unternehmens.

Die Gewährung von Deferred Compensation als betriebliche Altersversorgung ist im Unterschied zu Gehalt, Bonus und Tantieme nicht publizitätspflichtig, sondern geht lediglich in die Summe der ausgewiesenen Pensionsrückstellungen ein. Die Bildung von Pensionsrückstellungen verhilft dem Unternehmen zu zusätzlicher Innenliquidität.

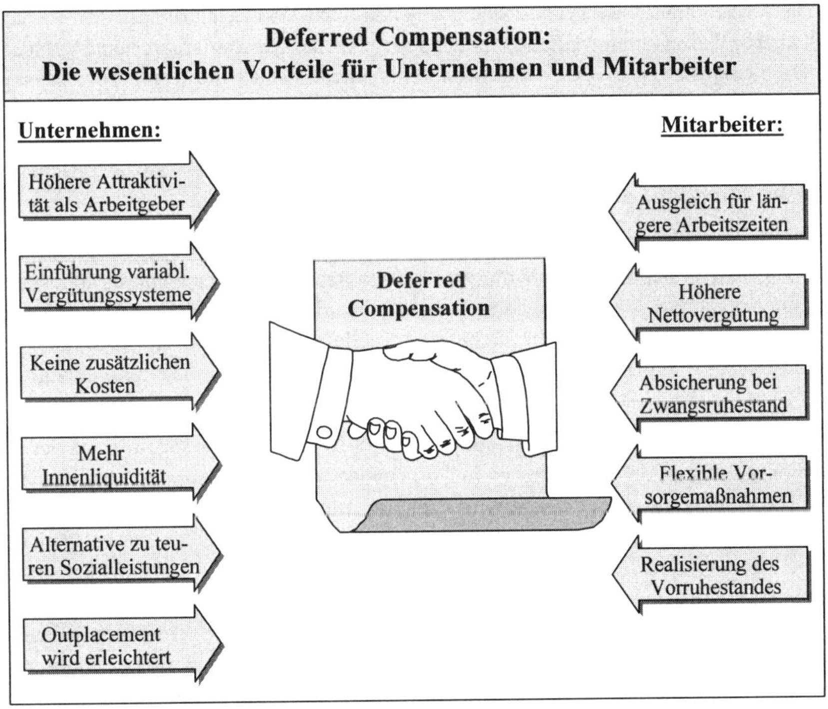


**Abb. 46:** Deferred Compensation: Vorteile für Unternehmen und Mitarbeiter[123]

[123] Vgl. Schmahl, D.W./Neubauer, F.: "Win-Win". Erfolge mit Deferred Compensation. In: Personalführung 4/94, S. 300.

Deferred Compensation lässt sich außerdem sehr gut zum Auf- bzw. Ausbau von variablen Vergütungssystemen nutzen, denn der gegenüber der Barentlohnung höhere Nettonutzen steigert die Attraktivität von variablen Gehaltsleistungen. Unternehmen, die daran denken, ein "Cafeteria-System" einzuführen oder aufzuwerten, können Deferred Compensation als besonderen Anreiz verwenden.[124]

Dem Mitarbeiter hilft Deferred Compensation, die **Ruhestands-** bzw. **Risikovorsorge** entscheidend zu verbessern. Dies wird erreicht durch die mildere steuerliche Progression zum Zeitpunkt der Auszahlung. Da der Steuersatz nach Eintritt des Mitarbeiters in den Ruhestand aufgrund des dann in der Regel reduzierten Einkommens niedriger ist als die Besteuerung während der Aktivitätszeit, setzt eine Progressionsmilderung zu seinen Gunsten ein. Daneben wird der sogenannte **Bruttozinseffekt** voll genutzt, da während der Aufschubzeit jeweils der noch unversteuerte Betrag zinsbringend angelegt wird. Der Zins- und Zinseszinseffekt dieser Bruttoanlage kommt bei der Auszahlung nach Steuern zum Tragen. Die dann fällige Nettosumme ist weitaus höher als die Summe, die durch eine Nachsteueranlage erreicht werden kann. Dieser Effekt wird auch dann erreicht, wenn der Progressionssatz auch im Ruhestand unverändert hoch ist. Die Auszahlungssumme wird jedoch um so höher, je niedriger der Steuersatz im Ruhestand ausfällt.[125]

Das Modell eignet sich grundsätzlich für jeden Lohn- und Gehaltsempfänger. Es bietet sich aber in besonderem Maße für leitende Angestellte, Geschäftsführer und Vorstände an. Problematisch ist es für solche Mitarbeiter, deren Gehalt die Beitragsbemessungsgrenze zur gesetzlichen Sozialversicherung (BBG) unterschreitet, denn hier können negative Folgen für den Anspruch auf die gesetzliche Rente entstehen, weil Deferred Compensation kein beitragspflichtiges Entgelt für die Zwecke der Sozialversicherung darstellt, da es an die Stelle einer entsprechenden Barvergütung tritt.

Es können grundsätzlich alle Vergütungselemente aufgeschoben werden. Der Aufschub kommt in der Praxis aber nur insoweit in Betracht, wie er nicht als lohnsteuerpflichtige Verfügung von Arbeitslohn gedeutet werden kann. Deferred Compensation eignet sich daher besonders gut, wenn sie anstelle von geplanten Gehaltserhöhungen gewährt wird. Auch Bonusregelungen und andere variable Vergütungen können grundsätzlich in Deferred Compensation umstrukturiert werden.

Deferred Compensation ist **betriebliche Alters- und Risikoversorgung**, da der aufgeschobene Betrag dem Mitarbeiter in Form einer Versorgungszusage gutgeschrieben wird. In dieser Versorgungszusage wird auch die Anpassung des aufgeschobenen Betrages festgelegt, wobei in der Regel ein fester Anpassungssatz gewählt wird, beispielsweise sechs Prozent pro Jahr. Das Unternehmen bildet entsprechende Pensionsrückstellungen, wodurch es seinen steuerpflichtigen Ertrag mindert. Sollte ein betroffener Mitarbeiter den Arbeitsplatz wechseln, kann vertraglich vereinbart werden, dass die aufgelaufene Deferred Compensation-Summe im Unternehmen stehen bleibt, jährlich weiterhin angepasst und schließlich ausgezahlt wird, wenn der Mitarbeiter stirbt, berufs- oder erwerbsunfähig wird oder in den Ruhestand tritt.[126]

124 Vgl. Schmahl, D.W./Neubauer, F.: "Win-Win". Erfolge mit Deferred Compensation. a.a.O., S. 298 ff.
125 Vgl. ebd., S. 299.
126 Vgl. ebd., S. 299 ff.

# 3 Trends in Personalmanagement und Organisation

Nach Expertenprognosen haben Wertewandel und die damit verbundenen Wünsche wie Selbstverwirklichung einen immer stärkeren Einfluss auf Führung, Personalmanagement und Organisation. Unabhängig vom Ausbildungsniveau und der Hierarchiestufe wird die Identifikation mit der Arbeit wichtiger.[127] Individualisierung und Flexibilisierung dürfen keine Schlagworte mehr bleiben. Sie gilt es zu integrieren in eine Personalpolitik, die immer professioneller und unternehmerischer werden muss. Vernetztes Denken und Handeln im System sind gefragt, um weiterhin wirtschaftlich konkurrenzfähig zu bleiben, aber gleichzeitig eine verbesserte Unternehmenskultur zu erreichen. Um diese Ziele zu realisieren, sind in der jüngeren Vergangenheit insbesondere in Japan neue Management-Konzepte entwickelt worden, die in den folgenden Abschnitten dargestellt werden sollen.

## 3.1 Lean Management

Viele Unternehmen haben bereits begonnen, die aus Japan stammenden Prinzipien des Lean Managements für ihren Unternehmenserfolg nutzbar zu machen. Entscheidender Auslöser dieser Diskussion um den zentralen Stellenwert von Organisations- und Personalarbeit ist eine weltweite Studie des Massachusetts Institute of Technology (M.I.T.) unter dem Titel "Die zweite Revolution in der Automobilindustrie" gewesen, deren Erkenntnisse und leitende Prinzipien auch für eine systematische Personalarbeit in der gesamten Wertschöpfungskette anderer Industrie- und Dienstleistungsbereiche bedeutsam sind.[128]

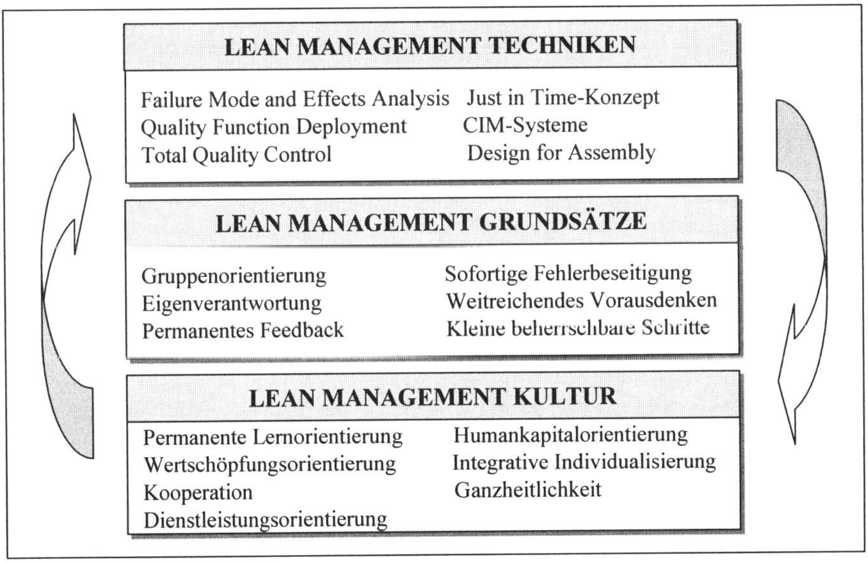


**Abb. 47:** Die Ebenen des Lean Managements

[127] Vgl. Wunderer, R.: Personalmanagement 2000, Expertenstudie, In: Personalwirtschaft 1/1993, S. 13.

[128] Vgl. Womack, J.P./Jones, D.T./Roos, D.: Die zweite Revolution in der Automobilindustrie, 6. Aufl., Frankfurt/New York 1992.

Lean Management verspricht als **integratives Konzept** für alle Aufgabenbereiche und Managementfunktionen eine Übereinstimmung von hoher Produktivität, niedrigen Kosten und gleichzeitig hoher Qualität. Diese Ziele darf kein Unternehmen im internationalen Wettbewerb vernachlässigen. Der Schlüssel zum wirtschaftlichen Erfolg in vielen japanischen, aber auch in europäischen Unternehmen ist das darauf ausgerichtete Management von Organisation und Personal.

### 3.1.1 Die Lean Management Kultur

Die impliziten und expliziten Grundannahmen des Lean Managements lassen sich im wesentlichen zu folgenden fünf Kulturmerkmalen zusammenfassen:

1. Lean Management setzt die unternehmenskulturelle Grundannahme voraus, nach der es immer **Verbesserungspotenziale** gibt und jeder noch so kleine Verbesserungsschritt wichtig ist. Diese permanente Lernorientierung ("KAIZEN") verlangt die Beteiligung aller Mitarbeiter am Verbesserungsprozess, die Bereitschaft zur Übernahme von Verantwortung sowie die Abkehr von der Ergebnis- hin zur **Prozessorientierung**.
2. Lean Management-Kultur bedeutet **Wertschöpfungsorientierung**. Wertschöpfungsorientierung führt dazu, dass sich Aktionen auf den eigentlichen Ort des Handelns konzentrieren ("GENBA"). Verwaltungs- und Managementebenen übernehmen daher allenfalls Serviceaufgaben. Die eigentlichen Wertschöpfungszentren sind immer dort, wo die Produktion (oder die Dienstleistung) physikalisch stattfindet.
3. Ein weiteres wichtiges Merkmal der Lean Management-Kultur ist der Gedanke der **Kooperation** als partnerschaftliche Zusammenarbeit im angstfreien Raum. Innerbetrieblich bezieht sich Kooperation primär auf eine **teamorientierte Arbeitsweise**. Mitarbeiter lösen Probleme gemeinsam und sind zur wechselseitigen Informationsweitergabe bereit.
4. Die Lean Management-Kultur sieht nicht Automation und Technik, sondern die **Mitarbeiter** als **zentralen Erfolgsfaktor** an (**Humankapitalorientierung**). Ihre Identifikation mit dem Unternehmen, ihre Motivation und ihre Qualifikation sind zu optimieren.
5. Das Konzept des Lean Management besteht aus einer Vielzahl von Komponenten, die nicht alle neu sind. Innovativ erscheint allerdings ihre **Ganzheitlichkeit**.

### 3.1.2 Lean Management Grundsätze

Während die Merkmale der Lean Management-Kultur zentrale Grundannahmen der Organisation darstellen, die nicht mehr hinterfragt und auch nicht länger kommuniziert werden müssen, sind Lean Management-Grundsätze komprimierte **Verhaltensmaxime**, die permanent artikuliert werden und die unmittelbaren Aktionsbezug haben. Beispiele dafür bilden: Gruppenorientierung, Eigenverantwortung, permanentes Feedback, Standardisierung, ständige Verbesserung[129], weitreichendes Vorausdenken und kleine beherrschbare Schritte.

[129] Vgl. Witt, J./Witt, T.: Der kontinuierliche Verbesserungsprozess (KVP). Konzept–System–Maßnahmen, Heidelberg 2001, S. 13 ff.

### 3.1.3 Techniken des Lean Managements

Für das Lean Management, insbesondere für den Bereich der Lean Production, gibt es eine Fülle von konkreten Techniken:

| Lean Production-Produktionssystem |
|---|
| • Konzentration auf produktive Prozesse, strikte Prozessorientierung, Organisationsaufbau der indirekten Bereiche (Einkauf, Logistik, Vertrieb etc.) nach den Bedürfnissen der Fertigung: Produktion als integrierter Prozess |
| • Interne Just-in-time-Produktion mit der Idealvorstellung des Staffellaufes: In einem Fertigungsabschnitt wird jeweils nur das Teil gefertigt, das der folgende Abschnitt unmittelbar nach Fertigstellung des Teils benötigt. Ziel ist die Einsparung an umlaufendem Kapital |
| • Verstetigung und hohe Standardisierung auf allen Produktionsstufen |
| • Teamarbeit als Arbeitsform mit dem Auftrag der ständigen Verbesserung (KAIZEN) |
| • Schaffung von logischen, einfachen Abläufen (z.B. KANBAN) |
| • Integrierte, präventive systematische Qualitätssicherung |
| • Just-in-Time-Prinzip und Integration der Zulieferer als Produktivitätsgewinn |
| • Flache Hierarchiestrukturen und damit "Unternehmertum" auf allen Ebenen |

**Abb. 48:** Lean Production

Weitere Techniken sind:

- Das **Just-in-Time-Konzept** (JIT) spart durch bedarfsgerechte Anlieferung unnötige Zwischenlager und realisiert so Verbesserungen in der Materialflusskette.
- **CIM-Systeme**, insbesondere Computer Aided Design (CAD) und Computer Aided Manufactoring (CAM), Unterstützung der Abläufe durch datenseitige Integration.
- Das **Simultaneous Engineering** reduziert den Gesamtaufwand durch zeitgleiche Entwicklung der Komponenten, der Fertigungsprozesse sowie der benötigten Werkzeuge und Maschinen.
- Die **Failure Mode and Effects Analysis** (FMEA) untersucht bereits während der Entwicklungszeit die Zusammenhänge und Auswirkungen in der Innovations- und Wertschöpfungskette, um frühzeitig Fehler erkennen und beseitigen zu können.
- **Produktionstechnische Analysen** wie Design for Manufacture (DFM) und Design for Assembly (DFA) erlauben eine rasche Berücksichtigung von Erfordernissen der Fertigungstechnik und der Montage.

Hinzu kommen eine Vielzahl von Programmen zur Qualitätssicherung, beispielsweise Total Quality Management (TQM).

### 3.1.4 Das Personalwesen im Lean Management

Die hier beschriebenen Ansätze zum Lean Management bringen umfangreiche Konsequenzen für das betriebliche Personalmanagement mit sich. Die innere Organisation ist der Schlüssel für den Markterfolg. Grundlagen sind gemeinsame Überzeugungen und Visionen, Unternehmensziele und Führungsgrundsätze. Die Einflussbereiche des Personalwesens auf betriebliche Gestaltungsfelder im Lean Management sind im wesentlichen:

- **Mitarbeiterorientierung:** Lean Management ist keine Organisationsweise, in der Veränderungen von der Unternehmensleitung vorgegeben werden, sondern ein dynamischer Entwicklungsprozess. Die erforderlichen Potenziale für diese Entwicklung werden durch mitarbeiterorientiertes Führungsverhalten freigesetzt. Messbar wird dies unter anderem an der Arbeitsstrukturierung, an planvoller Organisations- und Personalentwicklung, vor allem aber an der höheren Selbstmotivation der Mitarbeiter. Das Mitarbeiterbild ist nicht mehr geprägt durch die Skepsis tayloristischer Erfahrungen, was sich beim Kommunikationsstil über alle Ebenen hinweg zeigt.
- **Einbeziehung der Mitarbeiter in Entscheidungen:** Für initiative, einsatzfreudige Mitarbeiter gilt die Umkehrung des Satzes "Vertrauen ist gut, Kontrolle ist besser", denn verantwortungsvolle Mitarbeiter kontrollieren sich selbst. Nach Jahrzehnten der Fremdkontrolle müssen Manager Vertrauen in sich und ihre Mitarbeiter entwickeln. In diesem Umfeld motivieren sich Mitarbeiter immer wieder selbst. Machtausübung wird zurückgedrängt zugunsten offener Kommunikation. Hierbei bewähren sich Organisationen mit wenigen Hierarchiestufen.
- **Personalentwicklung durch Qualifizierung:** Im Hinblick auf die Personalentwicklung ergeben sich weitreichende Forderungen aus dem Anforderungsprofil der Mitarbeiter im Lean Management. Dies betrifft insbesondere folgende Schlüsselqualifikationen: Kommunikations-, Verantwortungs-, Selbstorganisations-, Partizipations-, Innovations-, Konflikt-, und Konsens- sowie Teamfähigkeit. Nur, wenn entsprechende Personalentwicklungsmaßnahmen vorausschauend getroffen werden, läßt sich vermeiden, dass Unternehmen mit ihren Weiterbildungsmaßnahmen den tatsächlichen Anforderungen hinterherhinken. Permanente Qualifizierung ist seit der Begriffsschöpfung "Lebenslanges Lernen" nichts Neues für die Unternehmen. Qualifizierung und job rotation gehören in der Lean-Organisation zusammen.
- **Team-Bildung:** Die Gruppenarbeit gehört spätestens seit dem Aufleben der Lean-Diskussion zum guten Ton zeitgemäßer Unternehmensführung. Das Unternehmen erwartet mehr Effektivität und Effizienz, die Mitarbeiter gewinnen mehr Arbeitszufriedenheit und Motivation. Gruppenarbeit ist ein Schlüssel zum Lean Management. Aufgabenstrukturierung, Handlungsspielräume und Zeitsouveränität sind seine Elemente. Die Einführung der Gruppenarbeit sollte jedoch behutsam erfolgen:
  - Akzeptanz der Mitarbeiter für die Umorganisation erreichen
  - Überforderung vermeiden
  - Qualifizierung intensivieren
  - Perspektiven für Spezialisten und bisherige Leistungsträger entwickeln

Situationsbezogenes Vorgehen sichert den Erfolg. Eine typische Frage der Umorganisation ist, wie viel Autonomie eine Gruppe zu Beginn verträgt.

Die Teamentwicklung muss dem Ziel dienen, Prozessverantwortung zu etablieren. Jeder Mitarbeiter, jedes Team, trägt die Verantwortung für den gesamten Leistungsprozess vom Lieferanten bis zum Kunden. Die Verantwortungskreise überlappen sich. Je größer die Schnittmenge, desto größer die Erfolgswahrscheinlichkeit.

- **Schnittstellengestaltung:** Schnittstellen werden Verbindungsstellen. Jeder Mitarbeiter, jede Gruppe, übernimmt ausgewählte Aufgaben in der betrieblichen Arbeitsteilung. Stellenbeschreibungen und Organisationsbeschreibungen schaffen dabei Klarheit, gleichzeitig aber auch Grenzen gegenüber anderen Mitarbeitern und Gruppen.
- **Das Feindbild "Arbeit" abbauen:** "Freizeit ist gut, Arbeitszeit ist schlecht". Dieses Motto entsteht, wenn eine kooperative und anregende Arbeitsatmosphäre fehlt. Die gegenseitige Wertschätzung ist in der Lean Organisation wichtige Voraussetzung für das Wohlbefinden am Arbeitsplatz. Aus einem Fehler entsteht keine bedrohliche Schuldzuweisungsaktion.
- **Entlohnungskonzepte:** Aufgabenerweiterung und -bereicherung fordern eine höhere Flexibilität. Aufgrund der gestiegenen Anforderungen werden traditionelle Entlohnungsformen wie der Akkordlohn in Frage gestellt. Bewährte Entlohnungskonzepte berücksichtigen zu wenig die heute notwendige Flexibilität von Fertigungstechnik und Organisation sowie Anpassungsfähigkeit, -bereitschaft und Vielseitigkeit. Fragen wie:
  - Entgeltgefüge mit Grundlohn- und Leistungskomponente
  - Erfolgsbeteiligung
  - Entgeltdifferenzierung innerhalb einer Gruppe
  - Qualifikationsabhängigkeit der Lohnfindung

  werden den Erfolg der Übertragbarkeit von Lean-Prinzipien bestimmen.

### 3.1.5 Praxisbeispiel: KVP²-Workshops bei VW

Einer der wichtigsten Kerngedanken der KAIZEN Philosophie und des Lean-Managements ist die ständige Verbesserung in kleinen Schritten, die alle Unternehmensbereiche betrifft.

Dieser Gedanke wird bei Volkswagen unter dem Stichwort "Kontinuierlicher Verbesserungsprozess" (KVP) diskutiert. Die Verbesserungen sollen durch sogenannte KVP²-Workshops schnell umgesetzt werden.

Der Prozess der ständigen Verbesserung bezieht sich auf die Vermeidung oder auf die vorbeugende Verhinderung von verschiedensten Arten der **Verschwendung**. Diese können in der unnötigen Bewegung von Mitarbeitern und Material, in der Überproduktion, im Werkzeugwechsel, in der Produktion von fehlerhaften Teilen usw. begründet sein.[130]

Die KVP²-Workshops sind sehr klein, d.h., nur wenige kompetente Mitarbeiter arbeiten ergebnisorientiert (direktes Messen der Veränderung) und schnell (5 Tage) auf ei-

---

130 Vgl. Volkswagen: KVP²-Workshops bei VW, Wolfsburg 1993, S. 9. und Volkswagen: Kleine Idee – Große Wirkung. Handbuch für Vorgesetzte und Ideenmanager, Wolfsburg 2003, S. 16 ff.

nem kleinen Gebiet, das jedoch sehr tief in die Prozessproblematik eindringt. Es bestehen direkte Kontakte von jedem Team-Mitglied zu den anderen Team-Mitgliedern, und die Entscheidungen werden durch Konsensbildung von allen getragen. Die kreativ innerhalb des Workshops erarbeiteten Problemlösungen werden direkt implementiert, so dass die erzielten Veränderungen schon bald überprüft werden. Bei positiven Ergebnissen können Arbeitsabläufe geändert, und durch den "Schneeball-Effekt" kann die Fertigung bzw. die gesamte Wertschöpfungskette effektiver gestaltet werden.

Dieser Effekt ist umso größer, je mehr Workshops als Basis für weitere Workshops dienen, wodurch die Wettbewerbschancen steigen, der Nutzen vergrößert und die Kundennähe verbessert wird.[131]

### 3.1.6 Praxisbeispiel: Opel-Werk Eisenach

Ein Beispiel für die Verwirklichung schlanker Produktionsverfahren ist das Opel-Werk in Eisenach. Im Mittelpunkt des Veränderungsprozesses, in Angleichung an die sich veränderten wirtschaftlichen Rahmenbedingungen, stehen nicht die Maschinen, sondern die Menschen. Opel hat ein Produktionssystem entwickelt, das nicht nur den Anforderungen nach höherer Produktivität, besserer Qualität und geringeren Kosten entspricht, sondern auch den Wünschen der Mitarbeiter nach mehr Eigenverantwortung und Abwechslung entgegenkommt. Die Kennzeichen des neuen Konzeptes lauten:[132]

1. Qualität ist oberstes Ziel. Bei Qualitätsproblemen kann jeder Mitarbeiter die Produktion stoppen.
2. Die Beschäftigten arbeiten bei der Montage, Qualitätssicherung, Instandhaltung und Materialbereitstellung in Gruppen.
3. Die Mitarbeiter haben Gelegenheit, Arbeitsabläufe und Arbeitsplätze kontinuierlich zu verbessern.
4. Selbststeuernde Systeme gewährleisten eine bedarfsgerechte Bereitstellung des Materials, daher deutlich reduzierte Materialbestände.
5. Innerbetriebliche Zusammenhänge werden jederzeit transparent gemacht. Klare Zielvorgaben und konsequente Zielkontrollen dienen der Erfassung und Beseitigung von Problemen.

Das Werk in Thüringen wurde im September 1992 eröffnet und arbeitet konsequent nach diesen Prinzipien. Insgesamt werden jährlich 150000 Astra- und Corsa-Modelle von nur 2000 Beschäftigten im Drei-Schicht-Betrieb hergestellt. Statt wie bisher sechs, gibt es hier nur noch zwei Lohngruppen, denn alle Teammitglieder sind gleich gut qualifiziert und können überall einspringen. Jeder im Team ist verpflichtet, auf höchste Qualität zu achten, und jede Gruppe hat den Ehrgeiz, das Auto in fehlerfreiem Zustand an die nächste Gruppe weiterzuleiten. Über Verbesserungsvorschläge wird schnell - meist binnen eines Tages - entschieden, danach sorgt der Ideengeber selbst für die Umsetzung bzw. Einführung. Ein Team von sechs Managern, die u.a. Erkenntnisse aus Gemeinschaftsun-

---

[131] Vgl. Volkswagen: KVP²-Workshops bei VW, a.a.O., S. 1.

[132] Vgl. Adam Opel AG (Hrsg.): Das Opel-Produktionssystem, Rüsselsheim 1993, S. 6.

ternehmen von General Motors mit japanischen Automobilherstellern nutzen, leiten das Werk.[133]

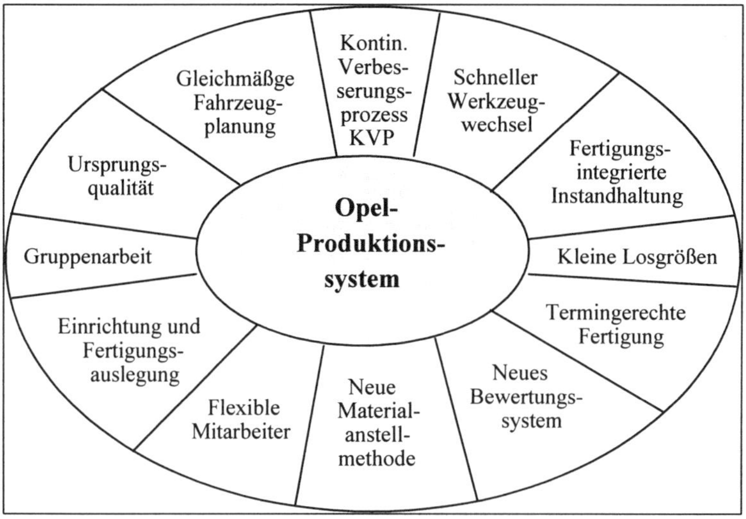


**Abb. 49:** Das Opel-Produktionssystem: Inhalte und Ziele

Das Unternehmen verwirklicht konsequent die neue Organisationsform der **Gruppenarbeit**. Die Ziele lauten:

1. Das Management ist mitarbeiterorientiert.
2. Die Handlungs- und Entscheidungsspielräume der Mitarbeiter erweitern.
3. Die Prozesse für alle Mitarbeiter transparent gestalten.
4. Die internen und externen Beziehungen langfristig und kooperativ gestalten.
5. Die Prozessorientierung steht vor der Ergebnisorientierung.
6. Die Produktivität soll erhöht werden.
7. Die Arbeitsbedingungen werden ständig verbessert.
8. Die Kosten werden so niedrig wie möglich gehalten.

Um diese Ziele zu erreichen, ist ein intensiv eingeführtes, komplexes Geflecht von Einzelmaßnahmen, die wiederum der permanenten Verbesserung unterliegen, notwendig. Man spricht hier vom kontinuierlichen Verbesserungsprozess.

Eine höhere Produktivität und eine hervorragende Arbeitsqualität sind die messbaren Ergebnisse des neuen Fertigungssystems. Die Beschäftigten benötigen für die Herstellung eines Automobils nur 60 Prozent der Zeit, die im Durchschnitt in der europäischen Autoindustrie üblich ist. Der Bedarf an Mitarbeitern, Arbeitsfläche sowie Lager- und Transportkapazität liegt jeweils um die Hälfte unter dem herkömmlicher Werke.[134]

---

[133] Vgl. Ogger, G.: Mit dem Rücken zur Wand. In: Nieten in Nadelstreifen: Deutschlands Manager im Zwielicht, München 1992, S. 236.

[134] Vgl. Adam Opel AG (Hrsg.): Das Opel-Produktionssystem, a.a.O., S. 7.

## 3.2 Qualitätsmanagement

Der Begriff Qualitätsmanagement beinhaltet alle Tätigkeiten sowohl zur Festlegung der Qualitätspolitik, der Ziele und Verantwortungen als auch zu deren Umsetzung benötigten Mittel wie:

- Qualitätsplanung
- Qualitätslenkung
- Qualitätssicherung und
- Qualitätsverbesserung.

Der Oberbegriff des Qualitätsmanagements dürfte den bisherigen Begriff der Qualitätssicherung ablösen. Letzterer wird in Zukunft vor allem auf die Tätigkeiten zur unternehmensinternen oder -externen Vertrauensbildung in die Qualitätsfähigkeit eingeschränkt.[135]

In jedem Unternehmen muss das Bemühen um Qualität als wesentliche Aufgabe jeder Führungskraft festgeschrieben werden. Es bedarf als erstes einer unternehmenseinheitlichen gedanklichen Grundausrichtung aller Mitarbeiter in bezug auf Qualität. Dabei treten häufig fünf Fehler im Denken auf.

- **Definition von Qualität:** Man unterstellt, dass jeder das Gleiche unter dem Begriff versteht. In Wirklichkeit verbindet damit jeder etwas anderes.
- **Qualität ist nicht messbar:** Das Management verschwendet unnötig Zeit mit Diskussionen, ob eine Dienstleistung bzw. ein Produkt gut oder schlecht ist, da man von der Annahme ausgeht, Qualität ließe sich nicht messen.
- **Wirtschaftlichkeit von Qualität:** Man akzeptiert ein Verfahren unter Kostengesichtspunkten, das gerade noch die Qualitätsanforderungen erfüllt und toleriert dadurch von vornherein eine Fehlerquote.
- **Für Qualitätsprobleme sind andere verantwortlich:** Das Management zieht in der Regel zuerst die Mitarbeiter zur Rechenschaft und ignoriert, dass jeder Fehler, den es den Mitarbeitern anlastet, zugleich ein Managementfehler sein könnte.
- **Qualität ist Sache der Qualitätsabteilung:** Verantwortung für Qualität wird gerne auf die zuständige Qualitätsabteilung geschoben.[136]

Das Grundkonzept des Qualitätsmanagement beinhaltet deshalb vier Gebote für eine erfolgreiche Unternehmensführung:

1. **Qualität ist definiert als Übereinstimmung mit den Anforderungen.** Es ist notwendig, eine allgemeingültige Definition zu finden, da Qualität dann nicht mehr Ansichtssache ist. Wo Anforderungen nicht erfüllt sind, liegen Qualitätsabweichungen vor. Unternehmensintern gilt, dass jede Abteilung, jeder Bereich im Unternehmen, Kunde einer anderen Abteilung, eines anderen Bereiches im Unternehmen ist.

---

[135] Vgl. o.V.: Qualität managen. In: Personalwirtschaft 8/94, S. 14.

[136] Vgl. Gaugler, H.: Qualitätsmanagement. In: Das Praxishandbuch Personal, hrsg. von Rentrop, N., Bonn 1992, S. Q 38/3 f.

2. **Qualität wird durch Vorbeugung, nicht durch Nachbesserung erreicht.** Der Weg der Vorbeugung ist der systematische Weg zur Qualität. Festzustellen ist, dass man seine Ziele besser und billiger erreicht, wenn mehr in die Planung von Arbeitsprozessen investiert wird.
3. **Der Leistungsstandard für Qualität lautet null Fehler.** AQL (Accepted Quality Level) prägt die konventionelle Einstellung zu Qualitätszielen. Dadurch enthält dieser Leistungsstandard ein gewisses Maß an Abweichungen. Das Unternehmen läßt von vornherein einen bestimmten Prozentsatz von Fehlern zu. Gültigkeit kann nur das Null-Fehler-Prinzip besitzen, welches dem Unternehmen keine Abweichungen von den Anforderungen zugesteht.
4. **Der Maßstab für Qualität ist der Preis der Abweichung.** Es ist wichtig, Fehlerkosten permanent zu erfassen, weil Qualitätsverbesserung keine einmalige Aktion sein kann. Der Qualitätsprozess läßt sich im Unternehmen mit folgenden Maßnahmen in Gang setzen:
   - **Engagement:** Das Management muss den Mitarbeitern behilflich sein, die Anforderungen an Arbeitsprozessen zu erkennen und einzuhalten. Ausschlaggebend ist die Vorbildfunktion des Managements.
   - **Teamwork:** Grundpfeiler einer funktionsübergreifenden Infrastruktur im Unternehmen ist die Zusammenarbeit. Sie kann den Prozess des kontinuierlichen Verbesserns unterstützen.
   - **Systeme:** Dazu zählt ein System für Korrekturmaßnahmen, ein Qualitätskostenerfassungs- und Berichtssystem, ein System zur Messung von Abweichungen und die kontinuierliche Kommunikation über Qualität.
   - **Instrumente:** Damit diese Qualitätsanforderungen erfüllt werden können, muss das Management jedem Mitarbeiter die jeweiligen Werkzeuge und Arbeitstechniken zur Verfügung stellen.[137]

## 3.3 Innovatives Management

Kein Unternehmen kann ohne Innovationen überleben. In unserer heutigen Zeit des schnellen technischen und sozialen Wandels werden die Produktzyklen kürzer; dagegen erfordern Erfindungen tendenziell mehr Zeit und Geld als früher. Innovationen, also die praktische Umsetzung von Ideen, zu fördern, gilt deshalb als vorrangige Managementaufgabe.

Charakterisierend für eine Innovation sind folgende Merkmale: Neuheit oder Erneuerung eines Objektes oder einer sozialen Handlungsweise, mindestens für das bestehende System und Veränderung durch die Innovation in und durch die Unternehmung. Das heißt die Innovation muss entdeckt bzw. erfunden, eingeführt, genutzt, angewendet und institutionalisiert werden.[138]

---

137 Vgl. Gaugler, H.: Qualitätsmanagement, a.a.O., S.Q. 38/8 ff.

138 Vgl. Gabler, T.: Gablers Wirtschaftslexikon, 15. Aufl. 2000, S. 1542.

Innovationen zu managen bedeutet nichts anderes, als solche Neuerungen zu planen, zu steuern und zu kontrollieren, ob die Erwartungen auch erfüllt wurden. Doch bevor sich überhaupt etwas planen lässt, müssen zu allererst Innovationsmöglichkeiten entdeckt werden. Kreativität ist gefragt, und zwar von möglichst vielen Mitarbeitern. Ein Klima muss also geschaffen werden, in dem kreative Mitarbeiter ihre Ideen nicht nur offen aussprechen können, sondern in dem sie auch motiviert sind, sich über das Tagesgeschäft hinaus Gedanken über Verbesserungsmöglichkeiten und zukunftsträchtige Neuerungen zu machen.[139] Man muss sich verdeutlichen, dass jeder Mensch im Laufe seines Lebens ein bestimmtes Repertoire an Problemlösungsstrategien entwickelt. Wird das Problem erfolgreich bewältigt, so kommt es zu einer Musterbildung, die zu Denkblockaden führt.

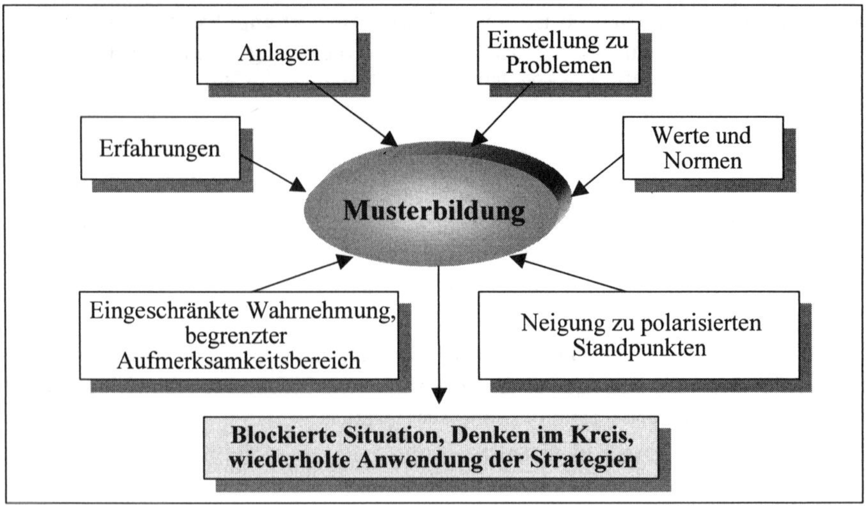


**Abb. 50:** Der Verstand als Summe von programmierten Denkmustern[140]

Um ein innovationsfreundliches Klima zu forcieren, fördern die Unternehmen die systematische Schulung in Kreativitätstechniken wie z.B. Brainstorming oder Synektik[141] und Teamtechniken, die durch neue Organisationsformen wie Qualitätszirkel oder abteilungsübergreifende interdisziplinäre Arbeitsgruppen, unterstützt werden.

Das technische Innovationsprinzip lässt sich in drei Phasen einteilen:

- **Planungsphase:** Kreation von Innovationsideen, Bewertung und konzeptionelles Ausgestalten; Forderung an die Organisationsstruktur: Schaffung eines kreativitätsfördernden Klimas, breiter Zugang zu Informationen und Stabsfunktionen
- **Realisierungsphase:** technische Realisation und Schaffung von verfahrenstechnischen Voraussetzungen für die Aufnahme der Produktion; Forderung an die Organisationsstruktur: Durchsetzungsfähigkeit und Projektmanagement

[139] Vgl. Novak, A.: Schöpferisch mit System, Heidelberg 2001, S. ??.

[140] Vgl. Czichos, R.: Change-Management, 2. Auflage, München/Basel 1993, S. 274.

[141] Synektik (griech.) = Methode zur Lösung von Problemen, wobei u.a. durch Verfremdung des gestellten Problems Lösungsmöglichkeiten gesucht werden.

- **Markteinführungsphase:** adäquate Marketingmaßnahmen zur Einführung des Produktes; Forderung an die Organisationsstruktur: Sensibilität gegenüber Marktstörungen, Produktmanagement.

Daraus ergibt sich folgendes Organisationsschema:

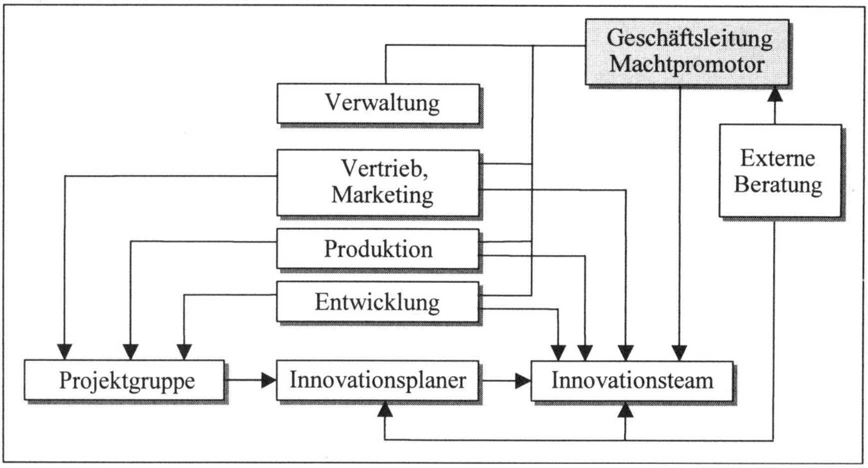


**Abb. 51:** Organisationsschema zum innovativen Management

Es zeigt sich, dass sich zur Ideenfindung andere Organisationsstrukturen bewährt haben als zu ihrer Umsetzung. In der Phase der Ideenfindung sind kreativitätsfördernde offene laterale Teamstrukturen gesucht, während für die Umsetzung machtgebundene Organisationsstrukturen förderlich sind. Eine Abkehr von übertriebener Arbeitsteilung und Spezialisierung führt zu einem Aufbau offener Strukturen, die gering strukturierte und überlappende Aufgabenfelder erfordern.[142]

Generell muss man die informelle Kommunikation zwischen den verschiedenen Stellen erhöhen und möglichst viele interne und externe Informationen zugänglich machen. Wichtig ist es, die möglichen inneren und äußeren Widerstände und Verhaltensträgheiten, die bereits in den Anfangsphasen entstehen können, zu überwinden. Bei den Mitarbeitern besteht die Angst vor der Bedrohung der eigenen Position, aber auch das Unvermögen sowohl Veränderungen anzunehmen als auch das Festhalten an Denkstrukturen und Wunschvorstellungen. Es gilt, diese Ängste zu nehmen und eine positive Grundhaltung zu erzeugen.

## 3.4 Visionäres Management

Die Ursache in der Begriffsentstehung des visionären Managements ist in dem Wertewandel der heutigen Gesellschaft sowie der Komplexität und Dynamik der Umwelt zu suchen. Mit visionärem Management sollen die Mitarbeiter eines Unternehmens auf eine gemeinsame Vision ausgerichtet werden. Abhängig von der Qualität dieser Zukunfts-

[142] Vgl. Bleicher, K.: Das Konzept integriertes Management, Frankfurt/Nwe York 1991, S. 468.

vorstellungen resultieren geistig plastische Bilder, im Sinne einer "Ideenwelt", mit einem hohen Aufforderungs- und Mobilisierungswert für alle Bezugsgruppen des Unternehmens. Visionen geben dem Mitarbeiter das Gefühl, an etwas Wichtigem, Bedeutungsvollem und Aufregendem teilzunehmen. Visionen drücken Zweck und Zielrichtung eines Unternehmens aus und stellen das Sinngebende und Verbindende innerhalb eines Unternehmens dar.

### 3.4.1 Was sind Visionen?

Visionen sind keine Leitsysteme in die Welt von morgen. Wer einer Vision folgt, begibt sich auf eine Reise mit vielen unbekannten Orten und Wegen. Der Visionär besitzt, wie die meisten Pioniere, nur einen Kompass und keine detaillierten Karten. Wüsste er mit Sicherheit vorherzusagen, wohin seine Vision ihn führt, wüsste er mit Sicherheit nur eins: dass er keiner Vision folgt.[143] In der Literatur werden Visionen wie folgt definiert:

Zur Bonsen spricht von Visionen als ein klares und plastisches Bild von der Zukunft, das man schaffen möchte. Die Visionen hat man sich mit seinem Vorstellungsvermögen so anschaulich ausgemalt, dass sie einem deutlich vor Augen stehen.[144]

Rühli umschreibt eine Vision als ein erahnendes Verständnis der künftigen realen Lage und ein wegweisendes Selbstverständnis für das Unternehmen in dieser Lage bzw. für die durch systematische Analyse unterstützten Unternehmenspersönlichkeiten, welche die Zukunft erahnen, das Selbstverständnis der Unternehmung in dieser Zukunft klären, diese Vorstellungen ausformulieren und kommunizieren und sie schließlich mit Tatkraft realisieren.[145]

In der Definition von Henzler wird in der Vision die zukünftige Rolle eines Unternehmens in Bezug auf Unternehmenszweck, Unternehmensziel und Unternehmensverständnis gesehen.[146]

Dagegen beschreibt Hinterhuber, dass die Vision eine organisatorische, kanalisierende Kraft ist. Sie organisiert und kanalisiert die Energien der Mitarbeiter in eine bestimmte Richtung, indem sie ihr Herz und ihren Verstand gleichermaßen anspricht.[147]

Als weitere Anregung, den Visions-Begriff näher zu durchleuchten, dient auch das Zitat von Antoine de Saint-Exupéry:

> "Wenn du ein Schiff bauen willst, so trommle nicht die Männer zusammen, um Holz zu schaffen, Werkzeuge vorzubereiten und Aufgaben zu vergeben, sondern lehre die Männer die Sehnsucht nach dem endlosen Meer:"

---

143 Vgl. Magyar, K.M./Prange, P.: Zukunft im Kopf. Wege zum visionären Unternehmen, Freiburg i. Br. 1993, S. 37.

144 Vgl. Bonsen, M.: Was ist Vision? In: GDI Impuls, 4/87, S. 49.

145 Vgl. Rühli, E.: Visionen. In: Die Unternehmung, 2/90, S. 113.

146 Vgl. Henzler, H.: Vision und Führung. In: Handbuch strategischer Führung, Wiesbaden 1988, S. 21.

147 Vgl. Hinterhuber, H.: Das Visions-Team im Unternehmen. In: Industrielle Organisation 6/89, S. 27.

**Abb. 52:** Vision als treibende Kraft

Für die Führung einer jeden Unternehmung enthält dieses Zitat zwei wichtige Aussagen. Erstens ist die Vision das Bewusstwerden des Wunschtraumes einer Umweltveränderung. Jede unternehmerische Tätigkeit beinhaltet am Anfang eine Vision, die der Unternehmer häufig nicht in Worte zu kleiden vermag. Zweitens kommt es bei der Formulierung und der Umsetzung der Vision auf die gezielte Koordinierung der maßgeblichen Leute in der Unternehmung an.

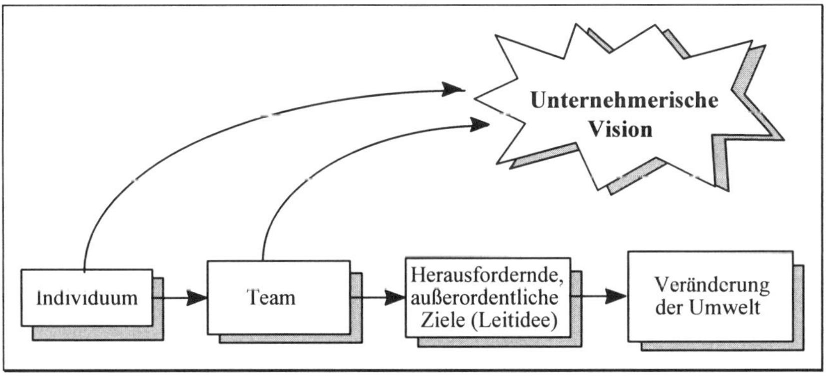


**Abb. 53:** Die unternehmerische Vision[148]

Klassische Visionäre wie William Kellogs, Henry Ford oder Thomas Watson haben alle ihre spezifische Leitidee gehabt. Ob Corn-flakes, Autos oder Computer: Im Vordergrund stand jeweils eine spezifische und originelle Idee, die dann die Entwicklung des

[148] Vgl. Hinterhuber, H./Winter, L.: Visionsfähigkeit für die strategische Führung - Individuum und Gruppe als Träger der Vision. In: Gablers Magazin Nr. 1, 1990, S. 29.

Unternehmens geprägt hat. Doch eine Vision muss, wenn sie ihren richtungsweisenden Charakter entfalten soll, auch an die Mitarbeiter kommuniziert werden.[149]

## 3.4.2 Komponenten einer Vision

Visionen stellen eine gemeinsame eingebungsartige Wesenserfassung dar, die zukunftsbezogen formuliert ist. Die Vision rückt eine denkbare Situation, die in der Zukunft eintreten oder herbeigeführt werden könnte, geistig vor. Sie ist die Resultierende aus den Komponenten:

- **Offenheit** ist nach außen gerichtet. Das heißt, Aufgeschlossenheit gegenüber dem Zeitgeist und den echten Bedürfnissen der Menschen.
- **Spontanität** ist nicht nach innen gerichtet und ist die Fähigkeit, verschiedene Blickpunkte einzunehmen, von denen aus die Dinge betrachtet werden.
- **Realitätssinn** heißt, die Dinge so zu sehen, wie sie sind und nicht, wie sie in den Vorstellungen und Wünschen sein sollten.[150]

Durch ein laufendes Messen an den Erfolgen und Misserfolgen ihrer Umsetzung muss der Realitätsbezug der eigenen Vorstellungen immer wieder neu erprobt werden. Die oben genannten Komponenten sind daher um die Erfahrungen im Umgang mit einer komplexen Problemlandschaft zu ergänzen, die erst die Tragfähigkeit einer unternehmerischen Vision in der Realität bestimmt.

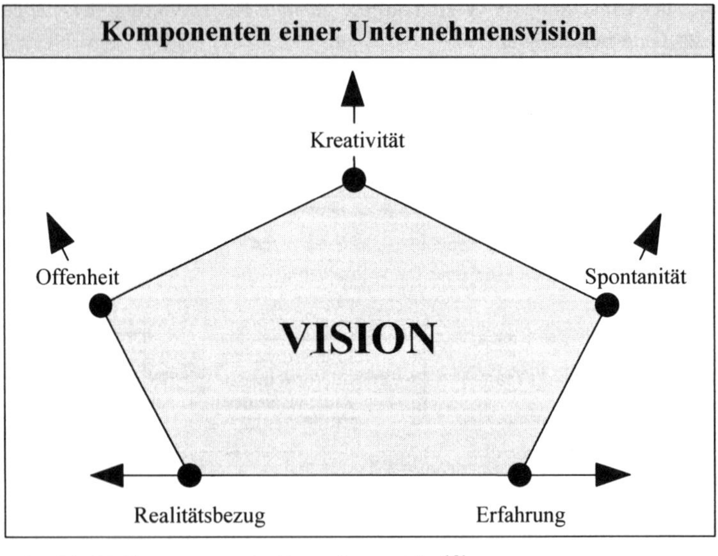


**Abb. 54:** Die Komponenten der Unternehmensvision[151]

[149] Vgl. Scholz, C.: Personalmanagement. Informationsorientierte und verhaltenstheoretische Grundlagen, 5. Aufl., a.a.O., S. 113.

[150] Vgl. Hinterhuber, H.: Strategische Unternehmensführung, 4. Aufl., Berlin/New York 1989, S. 43.

[151] Vgl. Bleicher, K.: Das Konzept integriertes Management, a.a.O., S. 77.

Eine weitere Komponente und vielleicht das entscheidende Merkmal einer Unternehmensvision ist die Kreativität. Die unternehmerischen Visionen kommen nicht von ungefähr und Magyar hat dazu festgestellt, dass Visionen durch kreative Höchstleistungen entstandene innere Bilder von einer noch anstehenden, im Prinzip realisierbaren Wirklichkeit sind. Durch die Komponenten ergibt sich somit ein das oben dargestellte Fünfeck der unternehmerischen Vision.

## 3.4.3 Wirkungen von Visionen

In der heutigen Zeit findet die Erkenntnis, dass Menschen und Unternehmen Visionen brauchen, um erfolgreich zu sein, immer stärkere Beachtung. In der folgenden Aufzählung lassen sich die Wirkungen von Visionen auf die Mitarbeiter zusammenfassen:

- Sinnvermittlung und Faszinationskraft
- Impulsgebung und Begeisterung
- Identifikations- und Erinnerungsfähigkeit
- Kreativitäts- und Innovationsförderung
- Lokomotionsfunktion, Motivation und Integration
- Kompass- und Leuchtturmfunktion

Visionen setzen Normen und Maßstäbe. Sie initiieren Trends und Qualitätsstandards, an denen sich die Konkurrenten orientieren. Visionen begründen so neue Produkte und Märkte, neue Existenzen und Berufe, neue Branchen und Unternehmen. Auf diese Weise tragen sie zur ständigen Regeneration unserer Gesellschaft bei.[152]

## 3.4.4 Praxisbeispiel: Giro Sport Design

Als Praxisbeispiel für eine unternehmerische Vision sollen hier die Unternehmensphilosophie und das Leitbild der Firma Giro Sport Design, eines Herstellers aus der Fahrradbranche, wiedergegeben werden.[153]

### (1) Unternehmensphilosophie

**Werte und Überzeugungen:**

- Die Zufriedenheit der Kunden kommt vor allem anderen an erster Stelle.
- Es bedarf großartiger Produkte, um ein großartiges Unternehmen zu sein.
- Es gibt keinen Kompromiss in Fragen der Integrität; sei ehrlich, konsequent und fair.
- Eingegangene Verpflichtungen sind zu erfüllen.

---

[152] Vgl. Magyar, K.M./Prange, P.: Zukunft im Kopf. Wege zum visionären Unternehmen, a.a.O., S. 115.

[153] Giro Sport Design, Corporate Vision Statement, 1991.

- Mach es Dir nie einfach, sondern sei auch in Kleinigkeiten genau.
- Die Regeln guten Benehmens gelten gegenüber Gleichrangigen, Kunden und Mitarbeitern.
- Teamwork sollte Vorrang haben; denke "Wir", nicht "Ich".
- Es gibt keinen Grund, irgendetwas herzustellen, das nicht innovativ und von hoher Qualität ist.

**Unternehmenszweck:**

Giro gibt es, um einen positiven Einfluss auf die Gesellschaft auszuüben, also die Lebensqualität der Menschen durch neuartige, hochwertige Produkte zu verbessern.

### (2) Leitbild

**Mission:**

Unser Bestreben geht dahin, bis zum Jahre 2000 zu den großen Unternehmen zu gehören - um in der Fahrradbranche das zu sein, was Nike für Sportschuhe und Apple für Computer ist.

**Lebendige Darstellung:**

Die besten Fahrer der Welt werden sich bei Weltklasserennen auf Produkte aus unserem Haus verlassen. Die Gewinner der Tour de France, der Fahrrad-Weltmeisterschaften und der olympischen Goldmedaille werden gewinnen, indem sie Helme von Giro tragen. Wir werden unaufgefordert Anrufe und Briefe von Kunden erhalten, die sagen: "Danke, dass Sie im Geschäft sind; einer Ihrer Helme hat mir das Leben gerettet." Unsere Mitarbeiter werden spüren, dass dies der beste Platz ist, an dem sie jemals gearbeitet haben. Sollten sie die Leute fragen, wer der Beste und Bekannteste in der Zweiradbranche ist, wird die überwältigende Mehrheit sagen: "Giro".

## 3.5 Chaosmanagement

Starre hierarchische Organisationsstrukturen stoßen aufgrund der zunehmenden wirtschaftlichen und gesellschaftlichen Veränderungen an Grenzen. Vor diesem Hintergrund und durch steigende Flexibilitäts- und Innovationserfordernisse, wachsende Komplexität der menschlichen Tätigkeiten sowie neue integrierte Kommunikationssysteme, werden zunehmend Konzepte der Selbstorganisation als richtungsweisend angesehen.[154]

In den neuen Führungsansatz fließen Erkenntnisse aus der Chaosforschung ein. Mit dem Prinzip "order from noise" versuchte Heinz von Foerster 1960 die Selbstorganisation eines offenen Systems zu erklären. Hermann Haken erfand die Synergetik und Man-

---

[154] Vgl. Bechtler, T.: Selbstorganisation als Unternehmensvision. In: Das systemisch-evolutionäre Management, hrsg. von Königswieser, R./Lutz, C., Wien 1992, S. 10.

fred Eigen die Selbstorganisation der Materie. Es waren Versuche, die Entstehung von Ordnung aus dem Chaos zu erklären.

## 3.5.1 Chaostheorie

Die Chaostheorie bezieht sich auf offene Systeme fernab vom Gleichgewicht, die durch einen permanenten Stoff- und Energiefluss (Metabolismus) durch das System gekennzeichnet sind. Beispielhaft sind:

- die unerklärbare, plötzliche Ausbildung von Wirbeln in einem Flüssigkeitsstrom;
- das unregelmäßig, sprunghafte Wachstum von Tier- und Pflanzenpopulationen;
- die wirbelige Luftströmung hinter einem schnellfahrenden Fahrzeug
- und das nicht vorhersagbare, rätselhaft wechselnde Wetter.

Diese chaotischen Phänomene haben folgende Gemeinsamkeiten: Sie sind deterministischen, also bestimmbaren, Gesetzmäßigkeiten unterworfen, aber ihre Entwicklung ist aufgrund der sensitiven Abhängigkeit von den Anfangsbedingungen zufällig. Ungenauigkeiten sind aber in den Anfangsbedingungen unvermeidlich, daher sind chaotische Systeme nicht vorhersagbar. Ein weiteres wichtiges Merkmal chaotischer Systeme ist die Fähigkeit zur Strukturbildung und die damit verbundene Selbstähnlichkeit: Das große Ganze wiederholt sich in immer stärkeren Verkleinerungen unzählig häufig.[155]

Die Chaosforschung stellt damit die gesamte Idee der Planung auf eine harte Probe, denn wenn Planungen Eingriffe in offene, rückgekoppelte Systeme sind, dann ist der Ausgang dieser Planungen ungewiss.[156]

## 3.5.2 Ein verändertes Managementprofil

Mit der Organisationsstruktur ändert sich im Rahmen des Selbstorganisations-Konzeptes auch das Bild und die Anforderungen an den Organisator in sozialen Systemen. Organisieren verlagert sich von der Aufgabe eines Spezialisten hin zur Führungsfunktion an sich.

Die Führungskraft wird zum Unterstützer, Katalysator und Förderer von Organisationsprozessen. Die entstandene Flexibilität ist Folge der Einbeziehung der Betroffenen und der Schaffung eines Potenzials für das gestaltende Handeln und für neue Verhaltensweisen.

Die Anforderungen werden sich in diesem Zusammenhang an die Unternehmensführer verschieben. In der nachfolgenden Abbildung sind die Führungseigenschaften mechanistischer Organisationen jenen gegenübergestellt, die durch die Selbstorganisation prädestiniert sind. Die Eigenschaften sind dabei als vernetzt bzw. gegenseitig bedingend und verstärkend anzusehen.

---

[155] Vgl. Woldeck, R.v.: Formel für das Tohuwabohu. In: Kursbuch, hrsg. von Michel/Sprengler, 1989, S. 17 f.

[156] Vgl. Krohn, W./Küppers, G.: Rekursiv Durcheinander. In: Kursbuch, hrsg. von Michel/Sprengler, 1989, S. 80.

| Mechanistische Organisation | Selbstorganisation |
|---|---|
| Autorität | Partizipation |
| Ziele | Visionen |
| Anspruch | Gelassenheit |
| einseitige Information | Kommunikation |
| Führungskraft als Macher | Katalysator/Kultivator |
| rational-analytisch | ganzheitlich-vernetzt |

**Abb. 55:** Das veränderte Managerprofil[157]

Unternehmen sind im Sinne von Organisationen keine deterministischen Systeme. Ihr Output kann also nicht vorhergesagt werden. Es führt daher kein Weg daran vorbei, Unternehmen als ein sich selbst entwickelndes Gebilde von Kommunikationsprozessen zu sehen.

Lutz beschreibt das folgendermaßen: Das Rollenverständnis des Unternehmensführers verschiebt sich von jemandem, der über Ziele entscheidet und Anweisungen zu ihrer Realisierung gibt, zu jemandem, der sich für den unternehmenspolitischen Dialog verantwortlich fühlt, der als Katalysator dazu beiträgt, dafür ideale Bedingungen zu entwickeln und der dem System aufgrund seiner eigenen Auseinandersetzung mit dem Umfeld, dem Unternehmen und seinen persönlichen Visionen vermittelt, was es benötigt und was er vermitteln kann, sei es Unterstützung für Abwehr- und Selektionsmechanismen, wenn die Komplexität überhand nimmt.[158]

### 3.5.3 Anwendung der Erkenntnisse

Ständige Anpassung und intensive Außenorientierung wird von den Unternehmen in einer komplex und chaotisch anmutenden Umwelt verlangt. Fraktale bieten hier eine interessante Anregung aus der **Chaostheorie**. Sie haben die Fähigkeit, möglichst große Kontaktoberflächen bei geringem Volumen nach dem Prinzip der Selbstähnlichkeit zu bilden. Selbstähnlichkeit bedeutet, dass sich die Struktur des Fraktals im Großen und im Kleinen wiederholt.

Auf das Unternehmen übersetzt heißt dies: Impulse zu setzen, die möglichst viele Mitarbeiter zu Außenkontakten bringen - also nicht nur Vertriebsleute - so dass sich bei gleichbleibender Unternehmensgröße die Außenfläche, die direkten Außenkontakt hat, vergrößert. Heitger nennt als Beispiele dazu:[159]

---

[157] In Anlehnung an Lutz, C.: Kommunikation. Kern der Selbstorganisation. In: Die lernende Organisation, hrsg. von Sattelberger, T., Wiesbaden 1991, S. 109.

[158] Vgl. Lutz, C.: Unternehmensführung im Zeitalter der Kommunikationskultur. In: Das systemisch evolutionäre Management, hrsg. von Königswieser, R./Lutz, C., Wien 1992, S. 143.

[159] Vgl. Heitger, B.: Chaotische Organisationen. Organisiertes Chaos? In: Die lernende Organisation, hrsg. von Sattelberger, T., Wiesbaden 1991, S. 120 f.

- Kunden zu internen Veranstaltungen einladen und sie über ihre Erfahrungen berichten lassen bzw. sie mit Mitarbeitern des Unternehmens diskutieren lassen.
- Handlungsfähige und mit Kompetenz ausgestattete Teams bilden, in denen Spezialisten integriert werden und Außenkontakte von mehreren wahrgenommen werden.
- Mit profit-center-ähnlichen, kleinen Einheiten, die sich auf Nischen bzw. bestimmte Kundengruppen konzentrieren, arbeiten.

Um zu verhindern, dass das Unternehmen in viele kleine Gruppen zerfällt, wird das Kriterium der **Selbstähnlichkeit** von Fraktalen eingeführt. Zunächst geht es darum, dass in kleinen Einheiten das Große abgebildet ist und umgekehrt. Das heißt, innerhalb des Gesamtsystems tauchen immer wieder Subsysteme und Subsubsysteme auf, die dem großen Ganzen gleichen und auch so funktionieren.[160]

Das Prinzip der Selbstähnlichkeit soll andererseits bewirken, dass Handlungsmuster und Informationen redundant im Unternehmen vorhanden sind - das erhöht die Chance schneller gegenseitiger Verständigung und die Integration. Vergleichbar mit der Zelle eines lebenden Organismus sind somit alle Informationen in jeder Einheit vorhanden. Das Bild der Hierarchie steht dem gegenüber. Hier konzentrieren sich die entscheidungsrelevanten Informationen in einem Punkt - an der Spitze.[161]

Ein weiterer Ansatzpunkt kann unter dem Slogan **"Kleine Störungen in das System integrieren"** angeführt werden. Dies bedeutet, begrenzt Chaos im System zu forcieren um in der Folge ein neues Gleichgewicht bzw. eine neue Ordnung zu ermöglichen. Durch die Erhöhung der Komplexität im System soll also ein Selbstorganisationsprozess ausgelöst werden. Das Vertrauen des Managements in die Selbstorganisationsfähigkeit des Unternehmens wird bei diesem Ansatz als das wesentliche Merkmal angesehen.[162]

## 3.6 Ganzheitliches Management

Durch die Zunahme der Komplexität aller gesellschaftlichen, gesellschaftspolitischen und unternehmerischen Bereiche ist die Forderung nach einer neuen Denkweise laut geworden. Gemeint ist damit ein integriertes, zusammengefügtes Denken, das von größeren Zusammenhängen ausgeht und möglichst alle Einflussfaktoren der Umwelt einbezieht, so dass ein ganzheitliches Bild entsteht.

Misserfolge bei der Lösung komplexer Probleme sind vorprogrammiert, da gegenwärtig eine Problemlösungstechnik angewendet wird, die zwar in der Vergangenheit erfolgreich war, aber heutigen Problemsituationen nicht mehr angemessen ist. Die Zunahme der Komplexität ist schon in der Tatsache begründet, dass aufgrund der erheblich verbesserten Infrastruktur bzw. Kommunikationsbeziehungen in den letzten Jahrzehnten die Systeme erheblich an Größe zugenommen haben. Beispiele hierfür sind die immer komplizierter werdenden Geflechte von Konzernen und die erheblich gestiegene Anzahl von Unternehmenskooperationen.

---

160 Vgl. Heitger, B.: Mit dem Chaos leben. In: Manager Magazin 8/91, S. 140.

161 Vgl. Heitger, B.: Chaotische Organisationen. Organisiertes Chaos?, a.a.O., S. 122.

162 Vgl. ebd., S. 123.

## 3.6.1 Mechanistischer Ansatz

Das mechanistische Weltbild, das im 17. Jahrhundert durch Philosophen wie Descartes und Naturwissenschaftler wie Newton oder Galilei geprägt wurde, hat über drei Jahrhunderte das Verständnis der Wirklichkeit geformt.[163]

Das alte Modell - gemeint ist damit die Wirklichkeitsvorstellung der abendländischen Neuzeit - vereint die Erkenntnisse der Newtonschen Physik und das Menschenbild von Descartes. Der Mensch ist nach diesem Modell kraft seines Verstandes befähigt, die Objektwelt "objektiv" zu beschreiben, zu analysieren und das Zusammenwirken seiner Bestandteile in einer Weise zu erklären und zu quantifizieren, dass jede Ursache einen identifizierbare und quantifizierbare Wirkung hat - und umgekehrt. Das gesamte Universum ist grundsätzlich erklärbar, und damit auch voraussagbar, wenn es nur gelingt, seine sämtlichen Bestandteile und die Kausalbeziehungen zwischen ihnen zu identifizieren und zu messen. Demnach ist es dem menschlichen Subjekt auch möglich, in diese Mechanismen einzugreifen - "sich die Erde untertan zu machen" - und sie nachzuahmen und mit Hilfe der entdeckten Naturgesetze eine künstliche Maschinenwelt aufzubauen.[164]

Im 20. Jahrhundert erzielte die Physik dann neue Fortschritte, jedoch behielten die mechanistische - kartesianische Weltanschauung und die Prinzipien der Newtonschen Physik weiterhin starken Einfluss auf das abendländische, wissenschaftliche Denken, was dann in den zwanziger Jahren zu einer Krise in der Physik führte.

Wie schon die Krise in der Physik ist die heutige gesamtgesellschaftliche Krise eine Folge der Tatsache, dass versucht wird, die Begriffe einer längst überholten Weltanschauung - des mechanistischen Weltbildes der kartesianischen-Newtonschen Naturwissenschaft - auf eine Wirklichkeit anzuwenden, die sich mit den Begriffen dieser Vorstellungswelt nicht mehr begreifen lässt. In der heutigen Zeit sind sämtliche biologischen, psychologischen, gesellschaftlichen und ökologischen Phänomene voneinander abhängig. Um diese Welt angemessen beschreiben zu können, wird eine ökologische Anschauungsweise benötigt, welche das kartesianische Weltbild jedoch nicht bietet.

## 3.6.2 Ganzheitlich-systemischer Ansatz

Beim ganzheitlich-systemischen Ansatz wird die Welt nicht als eine Ansammlung isolierter Teile gesehen, sondern als ein integriertes Ganzes. Es kann auch als ökologisches Weltbild bezeichnet werden, aber nur wenn das Wort "ökologisch" in einem viel breiteren und tieferen Zusammenhang gebraucht wird, als allgemein üblich.[165] Ökologisches Bewusstsein in diesem tieferen Sinne ist das Bewusstsein der wechselseitigen Verknüpfungen und Abhängigkeit aller Phänomene - das Bewusstsein, dass jene einzeln und als Gesamtheit in die zyklischen Prozesse der Natur eingebettet und eingebunden sind.

---

[163] Vgl. Rieß, S.: Vernetztes Denken. In: Das neue Erfolgs- und Karrierehandbuch für Selbständige und Führungskräfte, Nr. 5, 1991, S. 29 ff.

[164] Vgl. Capra, F.: Wendezeit: Bausteine für ein neues Weltbild, 5. Auflage, Bern 1983, S. 176 ff.

[165] Vgl. Königswieser, R./Lutz, C. (Hrsg.): Das systemisch evolutionäre Management, 2. Auflage, Wien 1992, S. 308.

In der Naturwissenschaft bietet die in den letzten Jahrzehnten entwickelte Theorie lebender Systeme, welche aus der Kybernetik der vierziger Jahre hervorging, den idealen Rahmen zur wissenschaftlichen Formulierung des ganzheitlichen Ansatzes. Lebende Systeme - Organismen, soziale Systeme oder Ökosysteme - sind integrierte Ganzheiten, deren Eigenschaften sich nicht auf die kleineren Einheiten reduzieren lassen. Statt auf Grundbausteine konzentriert sich die Systemtheorie auf grundlegende Organisationsprinzipien. Systemeigenschaften werden zerstört, wenn ein System in isolierte Einzelteile zerlegt wird, sei es physisch oder theoretisch. Obwohl in jedem System Einzelteile unterschieden werden können, ist das Ganze immer etwas anderes als die bloße Summe seiner Teile.[166]

Ein ganzheitliches Denken ist heute auf allen Gebieten dringend nötig, da die kritischen Probleme unserer Zeit globale, systemische Probleme sind, die nur durch einen ganzheitlich-systemischen Ansatz gelöst werden können. Und da lebende Systeme als individuelle Organismen, Sozialsysteme und Ökosysteme einen so weiten Bereich umfassen, bietet die Systemtheorie den idealen Rahmen, um viele isolierte, bruchstückhaft gewordenen Fachgebiete zu vereinen.

| **Vergleich** | |
|---|---|
| **Mechanistischer Ansatz**<br>Bisher stand im Vordergrund: | **Ganzheitlich-systemischer Ansatz**<br>In Zukunft erhalten Bedeutung: |
| • Hierarchie | • Vernetzungen |
| • Maschinenweltbild | • lebendige Organismen |
| • Fixe Planung | • Visionen |
| • Führungskraft als Macher | • Führungskraft als Entwickler |
| • Hartes Denken, Logik, Denken in Widerspruchsfreiheit | • weiches Denken, Psychologik |
| • Organisation | • Selbstorganisation |
| • Druck ausüben | • Energien freisetzen |
| • Männliches Prinzip | • Weibliches Prinzip |
| • Objektivität | • Subjektivität |
| • Struktur | • Prozess |
| • Ursache-Wirkungs-Denken | • Denken in Wechselwirkungen |
| • Richtig/Falsch Beurteilungen | • Beurteilungen nach Funktionalität |
| • Geplanter Wandel | • Balance zwischen Verändern und Bewahren |

**Abb. 56:** Vergleich Mechanistischer Ansatz - Ganzheitlich-systemischer Ansatz

Das ganzheitliche Weltbild, und das heißt auch das ganzheitliche Denken, bedeutet nicht nur zu erkennen, wie die wesentlichen Probleme der heutigen Zeit untereinander

166 Vgl. Probst, G.J.B.: Selbstorganisation: Ordnungsprozesse in sozialen Systemen aus ganzheitlicher Sicht, Berlin 1987, S. 28.

verknüpft sind, sondern auch zu sehen, wie sich verschiedene Lösungsversuche auf künftige Generationen auswirken können. Aus ganzheitlicher Sicht sind nur jene Lösungen akzeptabel, die langfristig tragbar sind. Nach der Definition von Lester Brown, Direktor des Worldwatch Institute in Washington, sind solche langfristig tragbaren Lösungen jene, die es gestatten, die Bedürfnisse der Menschen zu befriedigen, ohne die Aussicht zukünftiger Generationen zu vermindern.[167]

### 3.6.3 Das ganzheitliche Denken

Das ganzheitliche Denken ist keine Verwerfung, sondern eine Erweiterung traditioneller Denkweisen und Werthaltungen. Diese Denkweise baut auf klaren Begriffen und Grundvorstellungen auf, für die die Systemtheorie die Grundlage bildet. Um die Art der Denkweise zu verstehen, benötigt man geeignete Hilfsmittel in Form von Begriffen, die den verwendeten Ausdrücken bestimmte Inhalte zuordnen.

Es werden sieben Grundbegriffe, auf denen das ganzheitliche Denken aufbaut, unterschieden. Sie stellen die wesentliche Grundlage dar, die für eine ganzheitliche Denkweise notwendig ist.

#### (1) Ganzheit und Teil

Die wichtigste Eigenschaft eines Systems ist, dass es aus mehreren verschiedenen Teilen besteht. Diese Teile liegen nicht wahllos nebeneinander, sondern sind durch einen bestimmten Aufbau miteinander vernetzt. Dadurch verhält sich das System völlig anders als seine Teile. Es wird zu einem neuen Ganzen, d.h. "ein System ist ein aus Teilen bebstehendes Ganzes."[168] Denn ein System ist immer ein Ganzes und ein Ganzes ist mehr als die Summe seiner Teile. Dieses Ganze ist nach außen abgrenzbar und von anderen Dingen unterscheidbar, aber gleichzeitig besteht es auch im Inneren aus unterschiedlichen Teilen.

#### (2) Offenheit

Obwohl das Ganze als Gesamtheit der Teile umschrieben werden kann, erklärt es jedoch nicht, wie in den Teilen das Gesamte vorhanden ist oder wie im Gesamten die Teile repräsentiert werden.[169] Für diese Neugestaltung steht Ludwig von Bertalanffy, der die Theorie des Organismus, die Thermodynamik und die Evolutionstheorie zueinander in Beziehung setzt.[170] Die Theorie befasst sich mit offenen Systemen, und alle Organismen sind offene Systeme.

---

[167] Vgl. Capra, F.: Systemisches Denken - das neue Paradigma. In: Das systemisch evolutionäre Management, hrsg. von Königswieser, R./Lutz, C., a.a.O., S. 309.

[168] Vgl. Ulrich, H./Probst, G.J.B.: Anleitung zum ganzheitlichen Denken und Handeln, 3. Auflage, Bern 1991, S. 27.

[169] Vgl. Bürschel, W.: Zum Begriff modernen ganzheitlichen Denkens, Frankfurt a.M. 1990, S. 24.

[170] Vgl. Luhmann, N.: Soziale Systeme, Frankfurt a.M. 1984, S. 22.

Nicht nur Teil und Ganzheit sind gegenseitig abhängig, sondern dies gilt auch für das Verhältnis zwischen System und Umwelt. Offenheit bewirkt also, dass lebensfähige Systeme nie ganz autonom in ihrem Verhalten sind, sondern sie müssen sich in ihre Umwelt einpassen. Die Offenheit des Systems kann nur verstanden werden, wenn es gedanklich als eine aus Teilen bestehende, vernetzte Ganzheit und als Teil eines umfassenden Systems gesehen wird.

Auch gesellschaftliche Institutionen, seien es Unternehmungen oder andere soziale Systeme, sind offene Systeme, die in eine Umwelt eingebettet sind.[171] Die Unternehmung als zweckgerichtetes System kann nur erfolgreich sein, wenn es nicht nur alle Einwirkungen aus ihrer Umwelt einfach entgegennimmt, sondern auch beurteilt, welche nützlich und welche schädlich sind.

Insbesondere gilt es, das Verhältnis eines Unternehmens zu den Gruppen seiner Umwelt - wie Kunden, Konkurrenten, Lieferanten - im Auge zu behalten und eine ausgeglichene Beziehung zu ihnen zu pflegen. Würde man sich nur auf eine Gruppe, zum Beispiel nur auf die Kunden, konzentrieren und dabei die anderen Gruppen, - Bevölkerung, Lieferanten, Mitarbeiter oder aber die Konkurrenten - vernachlässigen, könnten indirekte Störungen auftreten.

## (3) Vernetztheit

Es wird immer notwendiger, Zusammenhänge zu erkennen und mit ihnen umzugehen. Um das dynamische Ganze zu verstehen, ist es daher notwendig, die Verbindungen zu kennen.[172] Das heißt für jede **Ursache** wird eine **Wirkung** gesucht.[173]

Diese linearen Ursache-Wirkungsketten-Ketten bilden keine Grundlage zum Verständnis dynamischer Ganzheiten. Erst die Analyse der wechselseitigen Abhängigkeiten und Wirkungen zwischen den Teilen eines Systems sowie zwischen den Teilen und dem Ganzen geben Auskunft über die Dynamik in einem System. Daher muss an die Stelle der linearen Kausalketten ein Netzwerk treten.

Die Vernetztheit beschäftigt sich mit der Entstehung von Netzwerken. Die Grundvorstellung eines jeden Netzwerkes ist der Kreis. Dynamisch gesehen heißt das, dass die Veränderung eines Elements eine Veränderung für das nächste Element bedeutet und dies wiederum auf das folgende usw.

Wenn dieser Prozess nicht abgebrochen wird, so wird das Element, von dem die Bewegung ausgegangen ist, selbst wieder verändert, was zu einem weiteren Kreislauf führen kann. Meistens handelt es sich um zirkuläre Beziehungen mit Rückkopplungseffekten.[174]

---

[171] Vgl. Rüegg, J.: Unternehmensentwicklung im Spannungsfeld von Komplexität und Ethik - eine permanente Herausforderung für ein ganzheitliches Management, Dissertation, Bern 1989, S. 90.

[172] Vgl. Mann, R.: Das ganzheitliche Unternehmen, Bern 1988, S. 80.

[173] Vgl. Ulrich, H./Probst, G.J.B.: Anleitung zum ganzheitlichen Denken und Handeln, a.a.O., S. 37.

[174] Vgl. Probst, G.J.B.: Selbstorganisation: Ordnungsprozesse in sozialen Systemen aus ganzheitlicher Sicht, a.a.O., S. 33.

## (4) Komplexität

Komplexität ist ein Resultat von Vernetztheit und Dynamik.[175] Das bedeutet, dass ein dynamisches, aus vielen Teilen bestehendes Ganzes eine riesige Zahl unterschiedlicher Zustände annehmen kann.

Es wird zwischen einfachen und komplexen dynamischen Systemen unterschieden. Einfache Systeme enthalten zwar viele Faktoren und Verknüpfungen, es fehlt ihnen aber an Bewegung und Dynamik im System. Zum Beispiel zählen hierzu alle Maschinen, die einen bestimmten Input immer in einen bestimmten Output verwandeln. Man spricht hier von Maschinen mit einem bestimmten voraussagbaren Verhalten.

Ganz anders verhalten sich komplexe Systeme. Sie zeichnen sich durch eine hohe Dynamik aus, das Eintreten eines ganz bestimmten Zustandes zu einem ganz bestimmten Zeitpunkt ist nicht mehr voraussagbar. Das System hat also ein Eigenleben, das bedeutet, dass solche Systeme nie vollständig beschrieben werden können, und dass die Voraussage des zukünftigen Verhaltens größte Schwierigkeiten bereitet.

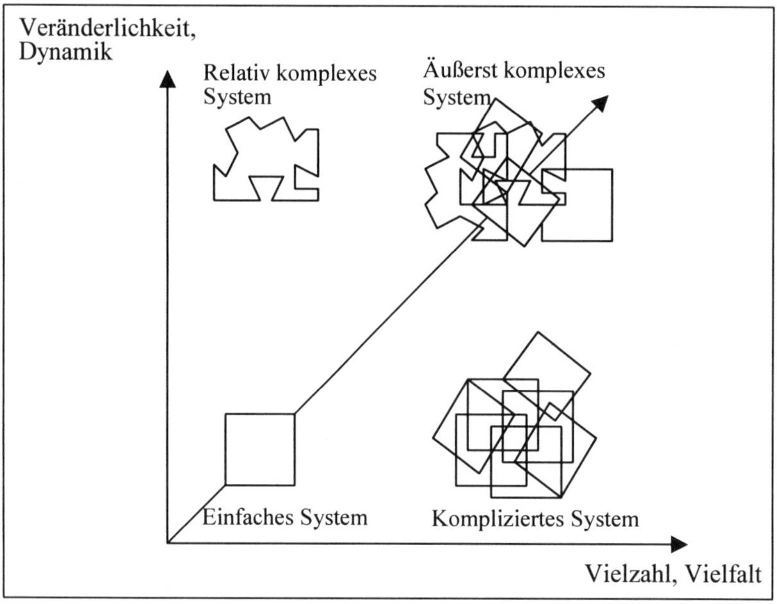


**Abb. 57:** Zusammenhang zwischen Komplexität und Kompliziertheit[176]

Komplexe Systeme unterscheiden sich von solchen, die lediglich kompliziert sind, durch ihr Zeitverhalten. Komplexe Systeme reagieren dynamisch, das heißt, sie ändern ihr Verhalten im Zeitablauf häufig. Sie können auf denselben Input mit unterschiedlichem

[175] Vgl. Rüegg, J.: Unternehmensentwicklung im Spannungsfeld von Komplexität und Ethik - eine permanente Herausforderung für ein ganzheitliches Management, a.a.O., S. 15.

[176] Vgl. Komorek, C.: Methoden und Denkweisen der Unternehmenskybernetik. Bedeutung und Nutzen einer modernen Wissenschaft für die Praxis, Köln 1991, S. 43.

Output reagieren, da sich ihr interner Systemzustand verändert hat. Komplizierte Systeme hingegen weisen zwar ebenfalls ein vielseitiges Verhalten auf; ihnen fehlt jedoch die dynamische Komponente. Dieses System reagiert auf denselben Input mit immer demselben Output und zusätzlich dadurch charakterisiert, dass es bei Vorliegen von vollständigen Informationen beherrschbar ist.[177]

## (5) Ordnung

"Mit dem Ausdruck "Ordnung" ist ein Zustand oder Sachverhalt gemeint, der dadurch gekennzeichnet ist, dass eine Vielzahl von Elementen unterschiedlicher Art derart miteinander in Beziehung stehen, dass man aufgrund der Kenntnis eines räumlichen oder zeitlichen Teiles eines Ganzen in der Lage ist, korrekte Erwartungen bezüglich des Restes zu bilden oder zumindest Erwartungen, welche ein Chance haben, sich als korrekt zu erweisen."[178] Es ist klar, dass jede menschliche soziale Institution in diesem Sinne einen Ordnung besitzen muss und dass eine solche Ordnung oft besteht, ohne bewusst geschaffen worden zu sein.

## (6) Lenkung

Ganzheiten besitzen die Fähigkeit, sich selbst unter Kontrolle zu halten. Lenkungsvorgänge sind zum Funktionieren des Systems notwendige Prozesse, die im System selbst stattfinden.[179] Gleichartige Lenkungsvorgänge sind gleichermaßen in technischen, natürlichen und sozialen Systemen zu finden.

| Systemarten / Problemebenen | Ökosysteme | Soziale Systeme | Technische Systeme |
|---|---|---|---|
| **Sinnebene** Welchen Sinn hat es? | Natürlicher Selbstwert | Veränderliche gesellschaftliche Zwecke | Spezifische menschliche Absichten |
| **Funktionale Ebene** Wie funktioniert es? | Natürliche Wirkungskreisläufe | Gestaltbare Kreisläufe menschlichen Zusammenwirkens | Zielgerichtet konstruierte Maßnahmen |
| **Materielle Ebene** Woraus besteht es? | Natürliche Lebewesen und Stoffe | Menschen und "Bauteile" | Konstruierte "Bauteile" |
| | Natürliche Systeme | Kulturelle Systeme | |
| | Lebensfähige Systeme | | Mechanistische Systeme |

**Abb. 58:** Systemarten und Problemebenen[180]

[177] Vgl. Komorek, C.: Methoden und Denkweisen der Unternehmenskybernetik, a.a.O., S. 43.
[178] Malik, F.: Strategie des Managements komplexer Systeme, 3. Auflage, Bern 1989, S. 213.
[179] Vgl. Ulrich, H./Probst, G.J.B.: Anleitung zum ganzheitlichen Denken und Handeln, a.a.O., S. 78 ff.
[180] Vgl. Komorek, C.: Methoden und Denkweisen der Unternehmenskybernetik, a.a.O., S. 32.

Die obige Abbildung soll den Unterschied zwischen diesen drei verschiedenen Problemebenen verdeutlichen. Die Ökosysteme, sozialen und technischen Systeme sind nebeneinandergestellt und auf drei verschiedenen Problemebenen voneinander abgegrenzt. Nach dieser Abbildung sind Ökosysteme und soziale Systeme in Bezug auf viele Merkmale vergleichbar und von den technischen Systemen deutlich zu unterscheiden. Der Hauptgrund liegt darin, dass ökologische und soziale Systeme Lebewesen umfassen. Das Verhalten dieser Systeme ist nicht voraussagbar und läßt sie dadurch äußert komplex erscheinen.

In Bezug auf den Lenkungsaspekt sind einige Gemeinsamkeiten in den technischen, natürlichen und sozialen Systemen festzustellen. In ihnen finden ständig Lenkungsvorgänge statt, die es ihnen ermöglichen, bestimmte Vorzugszustände anzustreben und bestimmte Verhaltensrichtungen einzuschlagen. Die Kybernetik unterscheidet zwei Arten der Lenkung, die als Steuerung bzw. als Regelung bezeichnet werden.

- **Steuerung** ist eine informelle Anweisung und Einwirkung auf ein System, damit es sich in einer bestimmten Art verhält und ein gegebenes Ziel erreicht. Sie erfolgt durch ein Steuerelement und setzt vollständiges Vorauswissen über Einflussfaktoren auf den Prozess voraus.[181]
- **Regelung** ist auf die Erreichung eines bestimmten zukünftigen Systemverhaltens innerhalb von Toleranzgrenzen gerichtet und erfolgt durch Rückkopplungen, die bewirken, dass sich die Prozesse selbst unter Kontrolle halten. Regelung verhindert Abweichungen vom angestrebten Verhalten nicht, hält sie aber in Grenzen.[182]

In größeren Unternehmen werden die notwendigen Lenkungsvorgänge, damit das Ganze zweckorientiert funktionieren kann, nicht einfach durch eine isolierte Lenkungseinheit oder gar eine Person unter Kontrolle gehalten, sondern es ist das Resultat einer hochgradigen Arbeitsverteilung auf viele Menschen. Lenkung ist selbst wie ein vernetztes System, das eine Eigenschaft des Ganzen ist. Sie ist über das System verteilt.

## (7) Entwicklung

Bei der Entwicklung geht es nicht einfach nur um die Auswahl von Verhaltensmöglichkeiten aus einem bestehenden Verhaltensrepertoire. Entwicklung umfasst ein bewusstes und unbewusstes Erweitern des Verhaltenspotenzials und eine Neugestaltung von Zielen und Zwecken. Unter Entwicklung ist die Fähigkeit zu verstehen, sich neues Wissen und Können anzueignen, neue Möglichkeiten, Wünsche, Bedürfnisse zu entdecken und aufzugreifen, den Ressourcenverbrauch zu mindern und das Angebot an vorhandenen Ressourcen zu nutzen. Entwicklung bedeutet auch, dass noch nicht dagewesene Eigenschaften, Fähigkeiten und Beziehungen entstehen, geschaffen oder integriert werden.[183]

Entwicklung hängt eng mit Reflexion, Hinterfragung, Selbstthematisierung oder einfach mit Lernen zusammen. Die Grundstrukturen zu verändern und sich neue Fähigkeiten

---

[181] Vgl. Ulrich, H./Probst, G.J.B.: Anleitung zum ganzheitlichen Denken und Handeln, a.a.O., S. 89.
[182] Vgl. ebd., S. 89.
[183] Vgl. Probst, G.J.B.: Regeln des systemischen Denkens. In: Integriertes Management, hrsg. von Probst, G.J.B./Siegwart, H., Bern 1985, S. 181 ff.

anzueignen, heißt lernen. Es ist damit etwas, das von niemand anderem gemacht oder realisiert werden kann als vom System selbst. Lernen ist nicht übertragbar, jeder muss selbst lernen und damit sich selbst entwickeln. Dies gilt sowohl für Menschen als auch für soziale Institutionen.

## 3.6.4 Der Umgang mit ganzheitlichen Problemsituationen

In vielen täglichen Situationen des Geschäftslebens und im Unternehmen treten Probleme auf, die sich ohne Schwierigkeiten lösen lassen. Mit den herkömmlichen Methoden und Instrumenten, meist sogar intuitiv, sind solche Situationen zu bewältigen und können so unter Kontrolle gehalten werden. Darüber hinaus gibt es aber viele unternehmerische Entscheidungen und Aufgaben, die weitaus umfangreicher, dynamischer und schwieriger sind und sich nicht mit den bekannten Methoden bewältigen lassen.

Speziell im Angehen und Behandeln solcher Problemsituationen werden immer wieder Denkfehler gemacht. Im nachfolgenden sind einige der am häufigsten zu beobachtenden Denkfehler im Umgang mit komplexen Unternehmensproblemen zusammengefasst.[184]

- Probleme der Unternehmensführung sind nicht etwas objektiv Gegebenes, das eindeutig als richtig oder stimmig definiert werden kann. Situationen sind daher aus verschiedenen Interessenlagen und Perspektiven zu beleuchten.[185]
- Die heutigen Probleme in Unternehmungen sind nicht die Konsequenz einer einzigen Ursache, sondern vieler. Da es sich um Netzwerke handelt, in denen unzählige Beziehungen und Wechselwirkungen zu vielfältigen Beeinflussungen, Nebenwirkungen usw. führen, ist eine eindeutige Zuordnung und Reduktion auf Ursache und Wirkung nicht möglich.
- Häufig geht man von der fehlerhaften Annahme aus, die Ergebnisse und Verhaltensweisen komplexer, sozialer Systeme voraussagen zu können. Weil Informationen Unsicherheiten beseitigen, versucht man durch einen Vielzahl von Informationen ein Verhalten vorauszusagen.
- Genaue Prognosen sind in komplexen, sozialen Systemen auch auf einer breiten Informationsbasis nicht möglich. Es ist deshalb sinnvoller, ein umfassenderes, ganzheitliches Bild zukünftiger Verhaltensmöglichkeiten zu erhalten als eine falsche Prognose eines genauen, detaillierten Ausschnittes. Erst die Kenntnis der Wirkungszusammenhänge einer Unternehmung erlaubt es, Szenarien oder Verhaltensmöglichkeiten durchzuspielen und aktiv zu werden.
- Bei herkömmlichen Problemlösungsansätzen wird die Führungskraft im Unternehmen als Individuum betont, aber es wird nur wenig auf die Gegebenheiten als Ganzes geachtet.

---

[184] Vgl. Heinrich, D.: Ganzheitliches Management. In: Das neue Erfolgs- und Karrierebuch für Selbständige und Führungskräfte, Nr. 5, 1991, S. 91 ff.

[185] Vgl. ebd., S. 92.

Probleme sind so aufzulösen, dass die Veränderungen möglichst aus dem System als Ganzem herauswachsen. Die Strömungen, Kräfte und Prozesse im System sind zu nutzen und zu verstärken. Dies erfordert eine Toleranz gegenüber den Kräften des Systems und die Akzeptanz, dass nicht alles einfach von oben dem System aufgezwungen werden kann. Probleme sind daher so lösen, dass aus dem System heraus eine Veränderung entsteht.

### 3.6.5 Der Begriff des ganzheitlichen Managements

Auch im Management spielt sich ein Paradigmawechsel ab, der sich in der Wissenschaft und im allgemeinen in der Gesellschaft widerspiegelt. Ganzheitliches Management hat die Vernetzung aller Unternehmensbereiche und die verbesserte Integration des Unternehmens in die Umwelt zum Ziel und stellt die Möglichkeit dar, den neuen Anforderungen wirkungsvoll gerecht zu werden. Dies ist ein schwieriges Unterfangen, da eine Unmenge verschiedenartiger Dimensionen, Aspekte, Gesichtspunkte usw. berücksichtigt werden müssen, und zwar nicht nur in der Theorie, sondern auch in der Praxis.

Um eine Unternehmung - gleichgültig welcher Größenordnung - unter Kontrolle zu halten, bedarf es eines sorgfältig aufeinander abgestimmten Systems sehr verschiedenartiger Elemente oder Teile und eines gut durchdachten Zusammenspiels dieser Teile. Die Bestimmung aller für die Beherrschung der Unternehmung erforderlichen Teile und ihr harmonisches Zusammenspiel zu einem Ganzen ist mit Ganzheitlichkeit gemeint.[186] Isolierte Einzelprinzipien reichen nicht aus, um komplexe Systeme unter Kontrolle zu bringen. Das ganzheitliche Management muss daher sämtliche Aspekte einer Unternehmung erfassen und zu einem harmonischen und funktionsfähigen Ganzen zusammenfügen. Das bedeutet, das zu kontrollierende System in Wechselwirkung mit seiner Umwelt zu betrachten, die qualitative Struktur zu erkennen und die Systemdynamik zu verstehen. Dies erfordert auch, dass die Dominanz kurzfristiger, ökonomischer Ziele einer langfristigen gleichgewichtsorientierten Strategie Platz macht. Technologie- und Wissenschaftsgläubigkeit und das Vertrauen auf quantitative Modelle und Prognosen reicht für ein effizientes Management nicht mehr aus.[187]

### 3.6.6 Der "Ganzheitliche Manager"

Die Aktivitäten und Anforderungen an die Führungskräfte werden immer mehr von komplexen Problemsituationen bestimmt. Komplexe Problemsituationen haben ganz bestimmte Charakteristiken. Die Komplexität, die zwischen vielen verschiedenen Elementen eines Systems herrscht, wird durch eine hohe Dynamik, also Veränderungshäufigkeit und -geschwindigkeit, hervorgerufen.[188]

---

[186] Vgl. Malik, F.: Strategie des Managements komplexer Systeme,a.a.O., S. 12.

[187] Vgl. Rieß, S.: Vernetztes Denken. a.a.O., S. 29 ff.

[188] Vgl. Probst, G.J.B./Gomez, P.: Vernetztes Denken: Unternehmen ganzheitlich führen, Wiesbaden 1989, S. 3 f.

Damit ist die Zukunft nicht mehr eindeutig vorhersagbar und es genügt nicht mehr die Überwachung einiger weniger Eckwerte, die früher erlaubten, die Entwicklungen zu erkennen und unter Kontrolle zu halten.[189]

| Einfache und komplexe Situation im Überblick | | |
|---|---|---|
| | **Einfache Situation** | **Komplexe Situation** |
| Charakteristik | Wenige, gleichartige Elemente; geringe Vernetztheit; wenig Verhaltensmöglichkeiten der Elemente; determinierte, stabile Wirkungsverläufe | Viele, verschiedene Elemente; starke Vernetztheit; viele verschiedene Verhaltensmöglichkeiten der Elemente; viele, veränderliche Wirkungsverläufe |
| Erfassbarkeit | Vollständig analysierbar; quantifizierbar;<br>Verhalten prognostizierbar:<br>= analytisch erklärbar<br>= Sicherheit erreichbar | Beschränkt analysierbar; Beschränkt quantifizierbar;<br>Verhaltensmuster erkennbar:<br>= synthetisch erklärbar<br>= Unsicherheit reduziert |
| Geeigneter Modellierungsansatz | Vorbild: "Maschine"<br>Systemtyp: trivial | Vorbild: "Ökosystem"<br>Systemtyp: nicht-trivial |
| Geeignete Denkweise | Kausalanalytisches Denken | Ganzheitliches Denken |
| Geeignete Problemlösungsmethoden | "Exakte, quantitative Methoden"<br>Algorithmen | "Unexakte, qualitative Methoden"<br>Heuristiken |
| Faktische Beeinflussbarkeit | Konstruierbar<br>Beherrschbar mit "Restrisiko" | Beschränkt gestaltbar<br>Beschränkt lenkbar "Kultivierbar" |

**Abb. 59:** Einfache und komplexe Situation im Überblick[190]

Jeder ganzheitliche Manager ist letztlich ein Problemlöser. Komplexe Probleme erfordern ein frühes Erkennen und Handeln. Ein Problem erkennen heißt, es in seiner Verknüpfung mit einer Vielzahl von Einflussfaktoren zu erfassen und dabei den Beobachterstandpunkt mit einzubeziehen. Ganzheitliches Handeln setzt voraus, dass man sich die Zeit nimmt und die nötige Distanz gewinnt, um einen Überblick zu erlangen. Ohne permanente Selbstdiagnose und ohne die Erforschung tiefliegender Prozessabläufe bleibt ganzheitliches Managen intuitives Agieren. Manager, die ganzheitlich handeln, wissen, dass es keine Objektivität gibt und jede Situationsbestimmung das Ergebnis eines Prozesses zwischen Beobachter und Beobachtungsobjekt ist.

Der ganzheitlich denkende Manager sollte bewusst die unterschiedlichsten Interessengruppen und die widersprüchlichsten Tendenzen mit in den Entscheidungsprozess einbeziehen und bereits dadurch die Komplexität und die Vernetzungen der jeweiligen Umwelt in die Problemlösungen integrieren.[191] Je komplexer eine Problemsituation ist und je größer die Verhaltensvarietät, desto schwieriger wird es, mit Einzelmaßnahmen ganzheitliche, das System als Ganzes betreffende Lösungen und Wirkungen zu erzeu-

[189] Vgl. Staehle, W.H.: Die 24 Rollen der exzellenten Führungskraft, Wiesbaden 1991, S. 189 f.

[190] Vgl. Ulrich, H./Probst, G.J.B.: Anleitung zum ganzheitlichen Denken und Handeln, a.a.O., S. 110.

[191] Vgl. Capra, F./Exner, A./Königswieser, R.: Veränderung im Management der Veränderungen. a.a.O., S. 199 f.

gen.[192] Es geht mehr darum, kreativ und heuristisch Handlungsmöglichkeiten zu erarbeiten und an den Systemstrukturen und -eigenschaften zu überprüfen. So kann eine qualitative und quantitative Evaluation vorgenommen und anschließend in Projekten und Maßnahmen konkretisiert werden.[193]

| **Der Manager als ganzheitlich Denkender** |
|---|
| • gewährt der Phase der Problembestimmung viel Zeit und Energie,<br>• bestimmt die Zieldefinition, überprüft die Richtigkeit der Ziele, ihre Rationalität und die wichtigen Einflussgrößen,<br>• erfasst die Situation in ihren Zusammenhängen, als Netzwerk und versucht, komplexe Probleme in ihrer Vernetztheit zu erkennen und zu analysieren,<br>• beachtet, dass wesentliche Teile verloren gehen, wenn man das System zerlegt, aber auch, dass aus dem vernetzten Ganzen Eigenschaften entstehen, die nicht in den Teilen zu finden sind,<br>• erkennt und erforscht eine Vielzahl von Einflüssen und gleichgerichteten sowie entgegengerichteten Wirkungsverläufen,<br>• bezieht die Dynamik in die Modelle mit ein und akzeptiert so das Veränderliche und Veränderbare,<br>• hält zukünftige, mögliche Verhaltens- und Situationsmuster in Szenarien fest und interpretiert sie ins Netzwerk und erhält durch geistiges und technisches Simulieren ein Gefühl für die Verhaltensweisen und die Evolution eines Systems,<br>• weiß, dass auch noch so genaue Detailanalysen häufig keine zusätzliche Sicherheit geben können und nimmt Analysen von Teilen vor, ohne das Ganze aus den Augen zu verlieren,<br>• spielt zukunftsorientierte Eingriffsmöglichkeiten und Verhaltensmuster durch und konkretisiert so Zeiträume und Sinnvorstellungen,<br>• erkennt, dass die Lenkung über das System verteilt ist und eine isolierte Maßnahme nur selten zur gewünschten Systemveränderung führt,<br>• bezieht lenkende Kräfte im System frühzeitig in seine Überlegungen ein,<br>• legt Indikatoren zur Überwachung der Entwicklungen von Problemsituationen und zum Erkennen von Chancen im Netzwerk fest (Früherkennung),<br>• analysiert die Wirksamkeiten möglicher Lenkungseingriffe und simuliert sie gedanklich oder technisch im Netzwerk,<br>• versucht ständig, Veränderungen in der Umwelt und in Systemen kritisch zu überprüfen (strategisches Controlling),<br>• versucht unvoreingenommen, kreativ und heuristisch Lösungen und Handlungsmöglichkeiten zu finden und beurteilt die eigenen Strategien und Handlungen nach ihrer Systemhaftigkeit, nach Kombinationsmöglichkeiten und Synergien,<br>• fördert die Autonomie der Systeme und Teilsysteme zur Gestaltung und Erhaltung von selbstorganisierenden, flexiblen Einheiten und gestaltet Problemlösungsprozesse möglichst so, dass sie selbständig ablaufen und sich anpassen können,<br>• strebt nach lebens-, lern- und entwicklungsfähigen Systemen, baut Lernbarrieren ab, damit Traditionen verlernt werden können und macht durch Teamarbeit und Workshops Lernen und Lerninhalte bewusst,<br>• hilft Informationen zu diffundieren und kommunikativ zu sein. |

**Abb. 60:** Merkmale des "Ganzheitlichen Managers"

[192] Vgl. Staehle, W.H.: Die 24 Rollen der exzellenten Führungskraft, a.a.O., S. 200 ff.

[193] Vgl. Probst, G.J.B.: Selbstorganisation: Ordnungsprozesse in sozialen Systemen aus ganzheitlicher Sicht, Berlin 1987, S. 114 ff und Doppler, K.: Der Change Manager. Sich selbst und andere verändern – und trotzdem bleiben wer man ist, Frankfurt am Main 2003.

Ganzheitliche Manager haben die Aufgabe, mit einem hohen Verständnis für systemische Zusammenhänge in eine Situation einzugreifen. Sie beachten Rückkopplungsschleifen, Eigenschaften der Teile im Rahmen des größeren Ganzen, Synergien von Eingriffen und Autonomien. Im Vordergrund stehen dabei die Selbstorganisationsmechanismen. Das heißt, aufgrund autonomer, auf sich selbst bezogener Handlungen entstehen neue Situationen und Ordnungsmuster. Gruppen bilden sich von selbst, lösen Probleme aus eigener Initiative, Institutionen kreieren neue Kulturen, erbringen Innovationen, setzen sich ohne Auftrag mit der Arbeit, den Bedingungen, Anforderungen, Strukturen, Marktentwicklungen auseinander.[194]

Der ganzheitliche Manager schafft dafür entsprechende Kontexte, die darauf abzielen, die Situation so zu gestalten, dass eine Entwicklung aus dem System selbst heraus entsteht und sich verstärkt. Weiterhin fördert er die Autonomie, erweitert den Entscheidungsrahmen, akzeptiert die Aktivitäten der Mitglieder und versucht, sie ständig im Rahmen des Ganzen zu integrieren.

## 3.6.7 Ganzheitliche Unternehmensführung

Ganzheitliche Unternehmensführung bedeutet, ein komplexes System so zu gestalten und zu lenken, dass es in einer hochkomplexen und turbulenten Umwelt überleben kann. Das setzt voraus:

- mehr Flexibilität
- erhöhte Anpassungsfähigkeit
- größere Innovationskraft
- eine kontinuierliche Evolution

Der vielfältige Wandel des Unternehmensumfeldes konfrontiert die Unternehmensführung mit neuartigen Anforderungen. Gerade in großen, gefestigten Unternehmen provoziert der Wandel einen Traditionsverlust und entsprechende Irritationen. Die Neuprägung einer starken, auf zukunftsträchtigen Organisationsprinzipien aufbauenden Unternehmenskultur ist in dieser Situation eine vordringliche Führungsaufgabe. Diese Aufgabe besteht vor allem im Aufbau einer adäquaten Kommunikation und Organisation. Die innovative Organisation der Zukunft erfordert mehr Aufmerksamkeit von seiten der Führung als das starre Konzept der traditionellen Organisation. Nur die Organisationen, die das gesamte Potenzial an Intelligenz, Kreativität und Engagement der Mitarbeiter zu mobilisieren vermögen, haben heute eine Chance.

Gut ausgebildete, motivierte, engagierte und verantwortungsbewusste Arbeitnehmer und Arbeitnehmerinnen sind eine Voraussetzung für Strukturen der Selbstorganisation, da die Verantwortung darin breiter abgestützt wird. Selbstorganisation ist gleichzeitig eine Voraussetzung, um solche Mitarbeiter heute langfristig für eine Aufgabe in einer Unternehmung gewinnen zu können.

[194] Vgl. Klimecki, R./Probst, G./Eberl, R.: Systementwicklung als Managementproblem. In: Managementforschung 1, hrsg. von Staehle, W./Sydow, J., Berlin 1991, S. 103 ff.

Eine Führungsaufgabe ist es, das Interesse der Mitarbeiter für die Ziele des Unternehmens zu gewinnen. Wird die Führungsaufgabe im Unternehmen erfolgreich wahrgenommen, fallen auch die Auftritte des Unternehmens im Markt, in der professionellen Öffentlichkeit und vor allem beim Kunden überzeugend aus.

In der ganzheitlichen Unternehmensführung wird künftig die Betreuung des Kunden und des Produktes im Vordergrund stehen. Der Kunde wird in den Mittelpunkt aller Überlegungen gestellt. Die augenblickliche Leistung des Unternehmens ist ständig verbesserungsfähig, sowohl für den Kunden, als auch für das Unternehmen.

Die Produkte sind vorrangig nach Marktgesichtspunkten zu gestalten. Die Produktentwicklung und -konstruktion sollte nach ganzheitlichen Gesichtspunkten erfolgen, indem die Wirkungen verschiedener Produkteigenschaften auf die unterschiedlichen Unternehmensbereiche ermittelt werden. Dieser Umdenkprozess bildet die Grundlage, um Marktstandards setzen zu können und durch ständige Innovationen die Marktleistung zu verbessern. Außerdem werden Impulse vom Markt eher aufgegriffen und konstruktiv umgesetzt, da alle Mitarbeiter hierfür sensibilisiert sind. Es ist aber unbedingt notwendig, dass dies vom Management vorgelebt wird.

Als Anreiz zu überdurchschnittlicher Leistung treten neben der Identifikation mit der Aufgabe immer mehr Aus- und Weiterbildungschancen und vielfältige Methoden der Beteiligung der Mitarbeiter an der Wertschöpfung des Unternehmens. In organisatorischer Hinsicht wird die Steigerung der Eigenverantwortung durch Dezentralisation und Schaffung möglichst selbstständiger Unternehmenseinheiten erreicht.[195]

Dem ganzheitlichen Unternehmen liegt das Modell eines lebenden Organismus, wie die Natur ihn in Jahrmillionen ihrer Evolution millionenfach entwickelt hat, zugrunde. Die grundlegenden Forderungen an die Unternehmensführung lauten: Turbulenzen als positive Signale zu verstehen und ganzheitliches Denken einzuüben. Mit Hilfe der folgenden Prämissen wird das Unternehmen als ein lebender Organismus betrachtet:[196]

- In der Zukunft wird der Mensch im Mittelpunkt des Unternehmens stehen, somit ist das Unternehmen für den Menschen geschaffen und nicht umgekehrt.
- Lebenslanges Lernen bestimmt unser zukünftiges Leben, denn "Lernen ist wie Rudern gegen den Strom - wenn man aufhört damit, treibt es einen zurück!"
- Du bist noch weit vom Wege der Weisheit entfernt, wenn du dem anderen sein Anderssein nicht zugestehst.
- Durch die Medien ist der heutige Mensch schneller informiert als früher und gewinnt so einen hohen Persönlichkeitswert.
- Oberste Pflicht bei jeglicher Art der Leitung und Führung ist die Kontrolle, aber Vertrauen muss die Grundlage jeglicher Kommunikation bilden.

---

[195] Vgl. Kremar, H.: Annäherung an Informationsmanagement. In: Managementforschung 1, hrsg. von Staehle, W./Sydow, J., a.a.O., S. 163 ff.

[196] In Anlehnung an Ammelburg, G.: Organismus Unternehmen, Düsseldorf/Wien/New York/Moskau 1993 und Doppler, K.: Der Change Manager. Sich selbst und andere verändern – und trotzdem bleiben wer man ist, a.a.O., S. 9 ff.

- Praktikable Möglichkeiten im Unternehmen, um in turbulenten Zeiten durch flexiblere Verhaltensweisen zur Existenzerhaltung und Zukunftssicherung realisierbare Wege zu finden, sind Visionen.
- Das Bestreben eines jeden Unternehmens sollte es sein, erstens die eigene Existenz zu sichern und zweitens, die Existenz des dem Unternehmen verbundenen Mitarbeiters - als lebender Organismus in einem lebendigen Umfeld.
- Die Gerechtigkeit ist die Grundlage für die Praxis des modernen Führungsstils.
- Die persönliche Freiheit des Einzelnen endet dort, wo die des Anderen beginnt.
- Wir haben zurzeit einen Wertewandel bei der Autorität des führenden Managers: weg von der Autorität "ex officio", also Kraft des Amtes, hin zur Autorität "ex persona", also Kraft der Persönlichkeit.
- Ich bin ein ganzheitliches Geschöpf, also kann ich denken, fühlen, wollen und handeln.
- Für das Selbstverständnis, mit dem alle Menschen sich und andere als Teile der Schöpfung betrachten, bildet Ethik die sittliche Grundlage.
- Gruppengespräche sind das wichtigste und effektivste Führungsmittel in einem vom integrativen Führungsstil geprägten Unternehmensorganismus.
- Die Führungspersönlichkeit hat nicht mehr die Aufgabe, "vorzutanzen" und Anweisungen zur Ausführung zu bringen, sondern durch Coaching den Mitarbeitern den Sinnzusammenhang ihrer Tätigkeit bewusst zu machen und die Synergie-Effekte zu fördern - mit Vorleben durch eigenes Engagement.
- Die Transformation bei jedem einzelnen Menschen geht der gesellschaftlichen und wirtschaftlichen Transformation zum Paradigmenwechsel voraus.

Ammelburg zeigt in seinen Leitsätzen, dass man durch neue Denkansätze, revolutionäre Motivationen und Synergie-Effekte den Anforderungen der heutigen Zeit gerecht wird. Es werden Möglichkeiten geboten, die es den Unternehmen und den Unternehmern gestatten, auch in der turbulenten Zeit Existenz und Überleben zu sichern.

# 4 Personalwirtschaft und Personalcontrolling

Unternehmen - unabhängig von der Größe und vom Geschäftszweck - stehen derzeit vor Herausforderungen, aber auch vor Chancen ungeahnter Art. Ein verschärfter Wettbewerb in Verbindung mit einem rasanten technologischen Wandel, drastisch verkürzte Produktlebenszyklen, ein Verfall der Halbwertzeit des Wissens sowie die zunehmende Unvorhersagbarkeit und Unsicherheit bestimmen derzeitig das Geschehen auf vielen Märkten.

Nahezu alle Unternehmen reagieren auf diese Krise mit verstärkten Anstrengungen zur Steigerung der Produktivität auch im Bereich der Personal- und Sachkosten. Dem Controlling und davon abgeleitet dem Personalcontrolling kommt in diesem Kontext eine besonders wichtige Aufgabe zu. Es geht nicht zuletzt darum, daran zu arbeiten, die Wertschöpfung des Personals effektiver zu gestalten und so operative und strategische Wettbewerbsvorteile zu realisieren.

## 4.1 Der Controlling-Begriff

Der Begriff **Controlling** wird vom Englischen **to control** abgeleitet; und heißt übersetzt: regeln, beherrschen und steuern.[197] Controlling ist demnach weder Revision noch Kontrolle. Das Aufgabengebiet ist wesentlich weiter gefasst und beinhaltet auch Elemente der Information, Analyse, Planung und Steuerung.

Für den Begriff „Controlling" existiert in der Literatur keine einheitliche Definition. Deshalb gibt es unterschiedliche Auffassungen zu den Controllingzielen, den Controllingaufgaben und der Verbreitung des Controlling.

**Horváth** beschreibt Controlling „als Subsystem der Führung, das Planung und Kontrolle sowie Informationsversorgung systembildend und systemkoppelnd ergebniszielorientiert koordiniert und so die Adaptation und Koordination des Gesamtsystems unterstützt." Es stellt somit eine „Unterstützung der Führung dar."[198]

Controlling ist für **Reichmann** „die zielbezogene Unterstützung von Führungsaufgaben, die der systemgestützten Informationsbeschaffung und Informationsverarbeitung zur Planerstellung, Koordination und Kontrolle dient; es ist eine rechnungswesen- und vorsystemgestützte Systematik zur Verbesserung der Entscheidungsqualität auf allen Führungsstufen der Unternehmung."[199]

**Preißler** definiert Controlling als „ein funktionsübergreifendes Steuerungsinstrument, das den unternehmerischen Entscheidungs- und Steuerungsprozess durch zielgerichtete Informationserarbeitung und -verarbeitung unterstützt."[200]

Eine weitere Definition gibt **Deyhle**: „Der Controller sorgt dafür, dass ein Apparat existiert, der darauf hinwirkt, dass die Unternehmung Gewinne erzielt." Daraus leitet sich folgende Konsequenz ab: Zum Controlling gehört das Zahlenhandwerk des internen Rechnungswesen. Der Controller kontrolliert nicht, sondern sorgt dafür, das jeder sich selbst kontrollieren kann im

[197] Vgl. Schröder, E.: Modernes Unternehmens-Controlling, 7. Auflage, Ludwigshafen 2000, S. 23.

[198] Horváth, P.: Controlling, 8. Auflage, München 2002, S. 141.

[199] Reichmann, T.: Controlling mit Kennzahlen und Managementberichten, 6. Auflage, München 2000 S. 13.

[200] Preißler, P. R.: Controlling: Lehrbuch und Intensivkurs, 12. Auflage, Landsberg a.L. 2000, S. 14.

Rahmen der durch die Planung festgelegten Maßstäbe und im Hinblick auf die Einhaltung der von der Geschäftsleitung gesetzten Ziele. Controlling geht nicht ohne Planung.

Die ausführlichste Definition des Begriffs Controlling ist wohl die Herleitung eines Arbeitsbegriffs für das Controlling, d.h. die Beschreibung des Inhalts des Controlling:[201]

- Controlling ist ein funktionsübergreifendes Steuerungselement zur Unterstützung der Unternehmensführung (Entscheidungsprozeß, Früherkennungssystem).
- Ein ständiger Lernprozess für viele Bereiche der Unternehmung durch institutionalisierte, permanente Soll-Ist-Vergleiche und den daraus resultierenden Abweichungsanalysen und Rückkoppelungsprozessen.
- Ein auf Informationser- und -verarbeitung aufgebautes System, das Schwachstellen im Unternehmen durch rechtzeitiges Erkennen der Ursache verhindern soll.
- Ein auf Dauer vorgesehenes Führungsinstrument, das fest in der Unternehmenshierarchie verankert ist und nicht als vorübergehende Zeiterscheinung im Unternehmen anzusehen ist.
- Ein System, das über Ziele führt und über Selbstkontrolle Zielerreichung realisiert. Je nach Zielsetzung der Unternehmung mit unterschiedlichen Aufgabenschwerpunkten betraut ist.

Trotz aller Unterschiede im Detail lassen sich inzwischen auch viele Grundübereinstimmungen finden. Hauptaufgabe des Controlling ist im Wesentlichen die Sicherstellung der Erreichung der Unternehmensziele, insbesondere durch das zielgerichtete Koordinieren aller Maßnahmen auch über die betrieblichen Bereichsgrenzen hinaus. Dies umfasst die innovative Entwicklung und Einführung einer **zukunftsorientierten Steuerungsphilosophie** und die zu ihrer Umsetzung unabdingbaren Steuerungsinstrumente.

Einzelne **Aufgaben** sind: [202]

- Die Einführung und regelmäßige Kontrolle einer Unternehmensstrategie
- Steigerung der betrieblichen Operationalisierung und die Durchsetzung der daraus resultierenden Unternehmensziele
- Abstimmung von Planungs- und Steuerungsprozessen für alle Bereiche des Unternehmens
- Gewinnung einer hohen Reaktionsgeschwindigkeit gegenüber Veränderungen und die Entwicklung von Gegensteuerungsmaßnahmen
- Weiterleiten von bedarfsgerechten Informationen
- Entscheidungsfindung mittels betriebswirtschaftlicher Methoden und Kenntnisse

[201] Vgl. Preißler, P.R.: Controlling. Lehrbuch und Intensivkurs, a.a.O., S. 12 f.

[202] Vgl. Steinle, C./Eggers, B./Lawa, D.: Zukunftsgerichtetes Controlling, Wiesbaden, 1995.

## 4.1.1 Zusammenhang zwischen Kontrolle und Controlling

Die Begriffe „to controll" oder „Controlling" haben im amerikanischen Sprachgebrauch die Bedeutung von Beherrschung, Lenkung und Steuerung eines Vorganges. Um jedoch auf einen Vorgang einwirken zu können, müssen Ziele festgelegt worden sein. Diese Ziele müssen ihren Niederschlag in der strategischen, der mit ihr korrespondierenden operativen, und der daraus abgeleiteten taktischen Planung finden. Erst durch die Kontrolle der Planabweichung auf dem Weg der Ermittlung und Analyse schafft man die Grundlage für zu treffende Entscheidungen über einzuleitende Korrekturmaßnahmen im Sinne einer zielorientierten Steuerung.

Controlling bedeutet also im Gegensatz zum deutschen Sprachgebrauch mehr als Kontrollieren im Sinne einer laufenden Beobachtung, Beaufsichtigung oder Feststellung von Sachverhalten.

Den Zusammenhang zwischen dem traditionellen Kontrollbegriff im Sinne des einfachen Soll-Ist-Vergleichs, dem erweiterten Kontrollbegriff, der die Abweichungsanalyse umfasst, die für zukünftige Planungen und die Verbesserung von deren Planqualität von entscheidender Bedeutung ist und dem Controlling-Begriff soll die folgende Abbildung darlegen.[203]

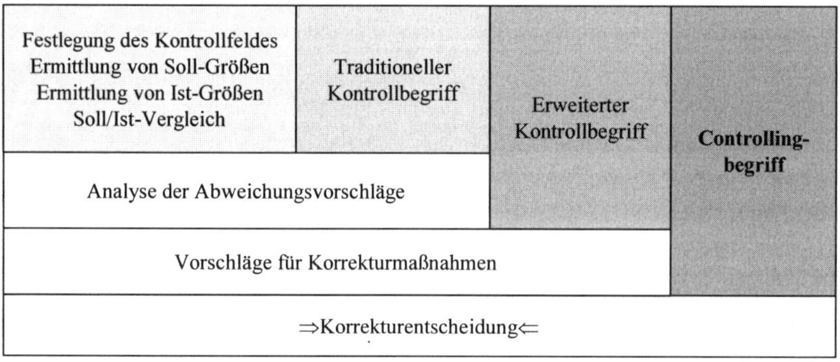


**Abb. 61:** Zusammenhang zwischen Kontrolle und Controlling

## 4.1.2 Controlling-Ziele

Die Zielsetzungen des Controlling lassen sich nicht durch die Angabe eines einzelnen Formalzieles beschreiben. Man unterscheidet grundsätzlich zwischen mittel- und unmittelbaren Controlling-Zielen.

Unter **mittelbaren** Controlling-Zielen versteht man die Verbesserung der Gesamtzielerreichung (beispielsweise Gewinn-, Umsatz- oder Rentabilitätssteigerungen) und die dauerhafte Gewährleistung des Fortbestandes der Unternehmung. **Unmittelbare** und mittelbare Ziele des Controllings befinden sich in Interdependenz zueinander, denn die Einzelziele sind Unterziele zur Erreichung des Zwischenziels (Verbesserung der Gesamtzielerreichung) und des Oberziels (Existenzsicherung).

[203] Vgl. Jung, H.: Allgemeine Betriebswirtschaftslehre, 9. Aufl., München/Wien 2004, S. 1128.

Die folgende Abbildung verdeutlicht diesen Zusammenhang:

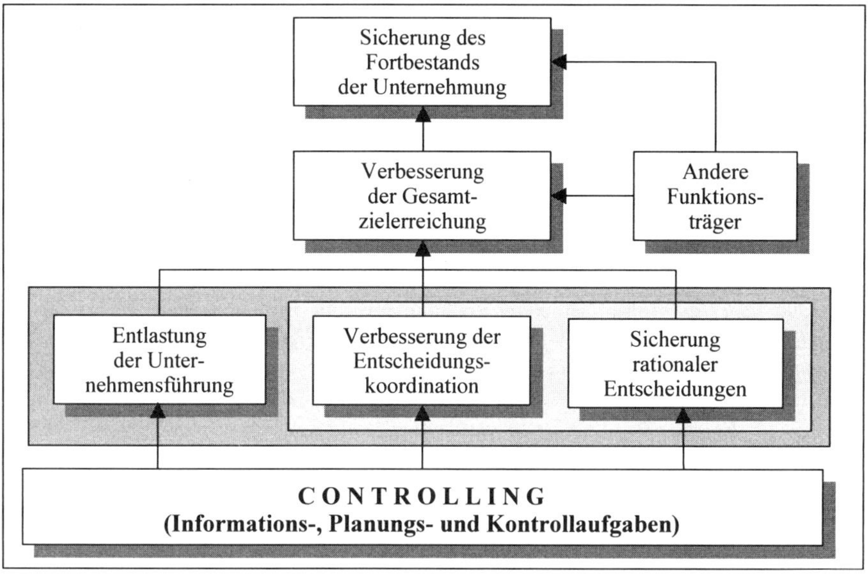


**Abb. 62:** Controlling-Ziele in der industriellen Unternehmung

## 4.1.3 Controlling-Aufgaben

Als Controlling-Aufgaben gelten alle Aktivitäten im Hinblick auf die Realisierung der Controlling-Ziele. Die Unterstützung durch die Informationsversorgung und die Administration der Planung und Kontrolle erstreckt sich auf die Vermittlung von methodischem Know-how bei der Erfüllung von Planungs- und Kontrollaufgaben in den Unternehmensbereichen sowie die Ausrichtung der Informationsaktivitäten auf die Zielvorstellungen der Unternehmensleitung.

### (a) Integration und Koordination als zentrale Zwecksetzung des Controlling

Dass das Controlling Führungsaufgaben zu übernehmen hat, ist unbestritten. Betriebswirtschaftliche Abläufe sollten deshalb in einer Controlling-Konzeption in ein Führungs- und ein Leistungssystem differenziert werden.

Das **Leistungssystem** beinhaltet die Realgüterprozesse. Diese Prozesse werden in den Funktionsbereichen Beschaffung, Produktion, Absatz usw. abgewickelt. Die leistungswirtschaftlichen Prozesse werden von einem **Führungssystem** überlagert, welches in ein Ziel-, Planungs-, Kontroll-, Informations-, Organisations- sowie ein Personalführungssystem unterteilt werden kann.[204] Durch die Aufspaltung in Führungsteilsysteme

[204] Vgl. Wunderer, R.: Führung und Zusammenarbeit, 5. Aufl., München/Neuwied 2003.; Wild, J.: Grundlagen der Unternehmensplanung, 4. Aufl., a.a.O.

entsteht ein Integrationsbedarf. Dieser soll durch eine koordinationsorientierte Controlling-Konzeption gedeckt werden.

Leistungsbereichsbezogene Controlling-Konzepte (Produktions-, Logistik-, Personalcontrolling usw.) können innerhalb des jeweiligen Leistungsbereiches die Führungsaufgaben integrieren. Sie sollen zudem die Koordination und die Führung anderer Bereiche verbinden.

**(b) Informationsfunktion des Controlling**

Das Controlling soll im Rahmen seiner Informationsfunktion versuchen, eine optimale Vielzahl von Informationen zu erfragen und ver- bzw. aufzuarbeiten. Hierzu muss es auf die Daten eines controllinggerechten Rechnungswesens zurückgreifen können. Die Informationsaufgabe ist als Serviceleistung für die Entscheidungsträger zu verstehen. Die Führungskräfte sollen durch ein adressatenorientiertes Controller-Berichtssystem sowie durch die Reduzierung der Datenfülle unterstützt werden.[205]

## 4.1.4 Strategisches und Operatives Controlling

Unter dem Eindruck zunehmender Veränderungen der Bedingungen, die das wirtschaftliche, technologische, soziokulturelle und politische Umfeld der Unternehmung charakterisieren, hat sich die Diskussion von Problemen der Unternehmensplanung seit den siebziger Jahren in erheblichem Maße von der taktischen über die operative Planung hin zur strategischen Planung verschoben. Begriffe wie Strategische Geschäftseinheit, Geschäftsfeldplanung, Portfolio-Planung etc., um nur wenige der gebräuchlichsten zu nennen, bestimmen die Planungsdiskussion.

Der **strategisch** denkende Controller muss sich mit Prozessen, die die langfristige Entwicklung der Unternehmung beeinflussen könnten, so frühzeitig beschäftigen, dass die Unternehmung noch handeln kann. Da strategische Versäumnisse auf wirtschaftlich vertretbare Weise kaum noch korrigierbar sind, müssen die Ursachen möglicher Abweichungen vor ihrem Entstehen lokalisiert und erkannt werden, um sie zu bewältigen. Im Gegensatz zu den Feedback-Kontrollen des **operativen** Controlling handelt es sich bei der Kontrolle im Rahmen des Strategischen Controlling um eine Feedforward - Kontrolle. Abweichungsursachen sind so rechtzeitig aufzudecken, dass erst gar keine operativen Abweichungen und somit auch keine Auswirkungen bei den operativen Zahlen entstehen.

Die **operative** Planung ist eine Maßnahmenplanung. Als mehrjährige Planung und Mittelfristplanung hat sie einen begrenzten Planungshorizont bis zu ca. 5 Jahren. Sie plant die Realisierung der im Rahmen der strategischen Planung konzipierten Unternehmensstrategien.

Die **strategische** Planung hat einen Planungshorizont bis zu ca. 10 Jahren und hat alle Veränderungsfaktoren der Umwelt zu berücksichtigen. Diese finden dann z. B. als Planungsumsätze, Planerfolg und Plan - Cash Flow ihren Niederschlag in den operati-

[205] Vgl. Jung, H.: Controlling, München/Wien 2003, S. 10.

ven Rechenwerken der Planabschlüsse (Planbilanz, Planerfolgsrechnung, Plankapitalflussrechnung). Mit dem Hinausschieben des Planungshorizontes wird der zahlenmäßige Niederschlag in den Rechenwerken der mehrjährigen operativen Planung problematisch, da die prognostizierten Umweltänderungen und -einflüsse immer schwieriger in Erfolgsgrößen bzw. Zahlungsstromgrößen messbar sind.[206]

Als wichtigste **Abgrenzungskriterien** des strategischen zum **operativen Controlling** können folgende Punkte zusammengefasst werden:

- Der prinzipiell unbegrenzte zeitliche Horizont der strategischen Planung.
- Während operative Situationen wegen der Sach- und Zeitzwänge Entscheidungen erzwingen, fehlt es daran bei strategischen Situationen. Das Treffen operativer und taktischer Entscheidungen tritt in der Praxis häufig an die Stelle eigentlich notwendiger strategischer Entscheidungen.
- Die Ergänzung der monetären Dimension von Kosten und Erträgen um nichtmonetäre Dimensionen wie z. B. Umwelt.
- Während bei der operativen Planung der zeitliche Ablauf der einzelnen Planungsschritte, die sachlichen Zusammenhänge zwischen den einzelnen Teilplänen sowie die personellen Planungszuständigkeiten genau in Form eines Planungsrahmens und Planungskalenders festgelegt werden können, fehlt der strategischen Planung dieser festgelegte Planungsrhythmus.
- Während das operative Controlling Führungsunterstützung für die Linienmanager bei der Erzielung eines maximalen oder angemessenen Gewinnes bzw. einer maximalen oder angemessenen Unternehmensrendite leisten soll, sind aus strategischer Sicht die relevanten Informationen bereitzustellen, die die Existenz des Unternehmens sichern sollen.

Strategisches Controlling findet nicht isoliert vom operativen Controlling statt. Man hat sich den Zusammenhang der verschiedenen Planungs- und Kontrollsysteme vielmehr als ein System überlappender Regelkreise unterschiedlicher Horizonte, Früherkennung aus dem Monats-Plan-Ist-Vergleich im Hinblick auf die Jahresplanung, Früherkennung aus der Jahresplanung im Hinblick auf die Mittelfristplanung und Früherkennung aus der Mittelfristplanung im Hinblick auf die strategische Planung und umgekehrt, vorzustellen.

## 4.2 Der Begriff Personalcontrolling

Im Verlaufe der Durchsetzung des finanzwirtschaftlichen Controlling wurde deutlich, dass auch andere betriebliche Bereiche, deren Erfolg nicht unmittelbar durch monetäre Größen gemessen werden können, einer ökonomischen Steuerung zugänglich gemacht werden sollten. Das Personalwesen ist einer dieser Bereiche, deren Erfolgsmaßstäbe zum großen Teil qualitativer Art sind.

[206] Vgl. Jung, H.: Controlling, a.a.O., S. 15 ff.

### 4.2.1 Controlling in der Personalwirtschaft

Personalcontrolling lässt sich charakterisieren als spezielles „Bereichs-Controlling“, welches ein erfolgsorientiertes Management-Instrument darstellt, das u. a. die bewusste, systematische wie integrierte Planung (Soll) und Kontrolle (Ist) personalwirtschaftlicher Tatbestände in messbaren oder zumindest objektiv erfassbaren Daten umfasst und die Rückkoppelung zwischen Kontrolle und Planung sicherstellen soll, wobei die Ergebnisse der Abweichungsanalysen zur Grundlage des Planungsprozesses werden.[207]

Personalcontrolling ist somit kein „neues“ Kontrollinstrument im Sinn eines Mitarbeiter-Überwachungssystems, sondern ein Führungsteilsystem, das die Personalplanung und die Personalplankontrolle sowie die personalwirtschaftlich relevante Informationsversorgung systembildend und systemkoppelnd koordiniert und so die Adaption der Unternehmung als Ganzes, insbesondere des Humansystems, unterstützt.

Personalcontrolling unterscheidet sich von anderen Controlling-Bereichen insbesondere in folgenden Punkten: [208]

- Personalcontrolling fokussiert die Personalarbeit, das menschliche Potenzial, Leistungs- sowie Arbeitsverhalten und -ergebnisse.
- Es konzentriert sich auf arbeitsrelevante Aspekte und auf Arbeitsrollen aller Mitarbeiter. Es werden deshalb nur Ausschnitte der Beziehung „Mensch-Arbeit“ erfasst. Die Begrenzung bestimmt die Personalcontrolling-Philosophie. Sie entscheidet z.B., inwieweit neben ökonomischen auch soziale Aspekte berücksichtigt werden.

Im Folgenden soll Personalcontrolling als planungsgestütztes, integratives Evaluationsdenken und -rechnen zur Abschätzung von Entscheidungen zum Personalmanagement, insbesondere zu deren ökonomischen und sozialen Folgen verstanden werden. Personalcontrolling hat dabei die Aufgabe, als organisationsinterne Service- und Beratungsfunktion sowie als Steuerungsinstrument zu fungieren, mit dem Ziel einer optimalen Wertschöpfung der menschlichen Ressourcen.

Anstelle der Koordinationsfunktion des Erfolgscontrolling wird ein weitergehendes integratives Vorgehen gefordert. Ein Personalcontrolling, dass so verstanden wird, erfüllt eine Brückenfunktion. Verknüpfung von Erfolgs- und Sozialzielausrichtung, Rechnungs- und Verhaltensorientierung, strategischen und operativen Betrachtungsweisen und stärkere Verankerung des Personalbereiches in der Gesamtunternehmung. [209]

### 4.2.2 Strategisches und operatives Personalcontrolling

Je mehr Entwicklungen der Unternehmensumwelt und Wertfragen die Personalarbeit beeinflussen, desto mehr muss das Personalcontrolling seinen Schwerpunkt vom ver-

---

[207] Vgl. Wunderer, R./Sailer, M.: Personalcontrolling. Eine vernachlässigte Aufgabe des Unternehmenscontrolling. In Personalwirtschaft, 1987, Heft 5, S. 224.

[208] Vgl. Wunderer, R./Dick, P.: Personalmanagement - Quo vadis?, a.aO., S. 183.

[209] Vgl. Wunderer R./Jaritz, A.: Unternehmerisches Personalcontrolling. Evaluation der Wertschöpfung im Personalmanagement, 2. Auflage, Neuwied/Kriftel 2002, S. 13 f.

gangenheitsbezogenen Berichtwesen zu einer antizipativen und qualitativen Steuerungsfunktion verlagern. Dies erfordert neben der Kontrollfunktion strategische Lotsen-, Früherkennungs-, Evaluations- und Integrationsfunktionen.

Personalcontrolling soll ebenfalls die unternehmensstrategische Bedeutung der Ressource „Personal" transparent machen und somit ihren unternehmerischen Wert begründen. Dies ist nur mit Bezug auf die Beiträge anderer Funktionen möglich. Integriertes Personalcontrolling ist daher mit dem Unternehmenscontrolling abzustimmen.[210]

Aufgabeninhalte des **Strategischen Personalcontrolling** sind im Wesentlichen

- die Integration der personellen Dimension in die Strategie des Unternehmens,
- die langfristige Personalplanung,
- die Evaluation der Umsetzung von Strategien in konkrete Plandaten bzw. Maßnahmen und
- die unternehmerische Orientierung des Personalmanagements.

**Personalcontrolling als integriertes Funktionscontrolling**

**Strategisches Personalcontrolling**

konzentriert sich auf die Evaluation von Zielen, Konzeptionen, Programmen, Ressourcen und Erfolgspotenzialen. Die zentralen personalwirtschaftlichen Maßnahmen sind dabei mit der Unternehmensstrategie und den darin formulierten Zielen abzustimmen.

**Operatives Personalcontrolling**

ist vorwiegend auf die Innenwelt des Unternehmens ausgerichtet: im quantitativen Bereich besonders mit Kosten- und Wirtschaftlichkeitsgrößen (Aufwand, Ertrag, Kosten, Leistung), im qualitativen mit Potenzialen und Wirksamkeit von Strukturen, Funktionen, Prozessen von Führung und des Personalmanagements.

**Abb. 63:** Aufgaben des strategischen und operativen Personalcontrolling[211]

**Operatives Personalcontrolling** beschäftigt sich im quantitativen Bereich vor allem mit Kosten- und Wirtschaftlichkeitsgrößen, im qualitativen mit der Güte und Wirksamkeit von Prozessen, Strukturen sowie von Denk- und Verhaltensmustern von Führung und Personalmanagement. Das operative Personalcontrolling ist zu charakterisieren durch seinen Gegenwartsbezug und einer unmittelbaren Orientierung am Tagesgeschäft.[212] Im quantitativen Bereich des Personalcontrollings werden häufig Soll-/Ist-Vergleiche auf der Grundlage einer

---

210 Vgl. Jung, H.: Controlling, a.a.O., S. 534.

211 Vgl. Wunderer, R./Dick, P.: Personalmanagement - Quo vadis?, a.a.O., S. 184.

212 Vgl. Potthoff, E./Trescher, K.: Controlling in der Personalwirtschaft, 2. Aufl., Berlin/New York 1993, S. 23.

strukturierten Kostenerfassung durchgeführt. Hingegen kann im Rahmen qualitativer Untersuchungen auf z. B. Mitarbeiterbefragungen zurückgegriffen werden.

Im Rahmen von Personalcontrolling geht es deshalb neben einer Analyse der quantitativen Dimension (Personalkosten, -aufwendungen, -ausgaben und Leistungsgrößen) auch um eine intensive Analyse der qualitativen Aspekte (z. B. Motivation, Identifikation, Führungsstil, Unternehmens- und Kooperationskultur, Personalimage, Arbeitszufriedenheit sowie Betriebsklima).[213]

## 4.3 Ziele, Funktionen und Aufgaben des Personalcontrolling

Die Entwicklung der Personalwirtschaft von einer Personalbedarfsdeckungs-Orientierung zu einer eigenständigen Funktion mit originärer Zielplanung und Maßnahmengestaltung im Rahmen komplexer Aufgabenbereiche macht eine eindeutige Zielbestimmung notwendig. Die Basis für die Entwicklung eines fundierten Zielsystems für das Personalcontrolling stellt einerseits die Orientierung am personalwirtschaftlichen Zielsystem und andererseits die Kompatibilität mit den Unternehmungszielsetzungen dar.[214]

### 4.3.1 Die inhaltliche Beschreibung der Zieldimensionen

Als allgemeine Zielsetzung des Personalcontrolling kann die zunächst verbesserte Gesamtzielerreichung im Personalwesen herausgestellt werden. Diese Unterstützungsaufgabe muss jedoch inhaltlich durch spezielle Zielsetzungen präzisiert werden. Diese eigenständigen Ziele des Personalcontrolling dienen der Erfüllung personalwirtschaftlicher „Oberziele“ im Unternehmenszielsystem. Aus diesen eigenständigen Zielen des Personalcontrolling lassen sich Personalcontrolling-Aufgaben (und Teilaufgaben) ableiten, die sich als Sollleistungen interpretieren lassen und zur Erfüllung der Personalcontrolling-Ziele dienen.

Folgende **Personalcontrolling-Ziele** sind besonders herauszustellen:

- **Die umfassende Unterstützung der Personalwirtschaft bzw. Personalplanung**

  Personalcontrolling kann die Planung unterstützen, indem sie die Voraussetzungen schafft und die Durchführung gewährleistet. Insbesondere ist das Ziel des Personalcontrolling die Erhöhung von Effektivität und Effizienz im Personalwesen. Die Unterstützungsfunktion des Personalcontrolling erstreckt sich insbesondere auf:

  - die Formalisierung und Dokumentation von Planungsprozessen
  - die Adaption von Umwelteinflüssen
  - das Auffinden von Planungsproblemen
  - der Lösung von Koordinationsproblemen

---

213 Vgl. Wunderer R./Schlagenhaufer P.: Personalcontrolling. Funktionen-Instrumente-Praxisbeispiele, Stuttgart, 1994, S. 16.

214 Vgl. ebd., S. 29 f.

- den Einsatz von Personalplanungsmethoden und -instrumenten im Rahmen der operativen und strategischen Planung
- die Kopplung mit den Kontrollaktivitäten in der Personalwirtschaft
- der Umsetzung von globalen Zielsetzungen in detaillierte Maßnahmenpläne

Unter **Effektivität** wird die grundsätzliche Eignung personalwirtschaftlicher Maßnahmen bzw. personalwirtschaftlicher Instrumente, Handlungsprogramme oder Strategien zur Erreichung der Ziele verstanden, denn nicht jede Maßnahme unterstützt die Zielerreichung im gewünschten Ausmaß. Die Effektivität zeigt an, in welchem Maß bzw. bis zu welchem Grad die Realisation der Ziele erfolgt ist.

Mit **Effizienz** wird die Relation von Zielbeitrag zu den dazu benötigten Ressourcen bezeichnet. Die Effizienz stellt jedoch so lange eine Leerformel dar, bis der Zielbeitrag (Nutzen, „Output") einer Maßnahme und der damit verbundene Aufwand (Kosten, „Input") problemadäquat inhaltlich näher konkretisiert wird. Dies kann nicht nur durch direkt messbare Mengen- oder Wertgrößen, z. B. Produktivität, Rentabilität, erfolgen, sondern auch durch Indikatoren, die der Problemkomplexität gerecht werden. Für die Personalwirtschaft ist dies von großer Bedeutung, weil der Aufwand von Aktivitäten meist in Geldeinheiten ausgedrückt wird, dem jedoch keine direkt monetär bewertbaren Erträge gegenüberstehen.

- **Sicherstellung und Verbesserung der Informationsversorgung im Personalwesen**

  Die immer größer werdende Datenmenge sowie die Zunahme von Bedeutung und Aufgabenumfang des betrieblichen Personalwesens und die häufige Divergenz von Informationsangebot und -nachfrage machen eine zweckmäßige Auswahl von Informationen sowie ihre Verknüpfung und Verdichtung notwendig. Die so aufbereiteten Informationen stellen eine adäquate Informationsversorgung der personalwirtschaftlichen Handlungsträger in der Unternehmung dar.

- **Die Sicherung und Verbesserung der Koordination im Personalwesen**

  Die Sicherung und Verbesserung der Koordination stellt eine weitere wichtige Zielsetzung des Personalcontrolling dar, dabei weist es hier als Instrument Unterstützungscharakter auf. Für den Personalbereich gilt keinesfalls, dass die Koordinationsfähigkeit ausschließlich von entsprechenden Controlling-Aktivitäten abhängt. Die Notwendigkeit zu verstärkter Koordination ergibt sich aus der zunehmenden Aufgabenfülle sowie der Spezialisierung und Dezentralisierung der Personalarbeit.

- **Erhöhung der Flexibilität**

  Personalcontrolling kann durch die laufende und systematische Beobachtung die notwendige Reaktions- und Anpassungsfähigkeit erhöhen und Chancen und Gefahren frühzeitig aufzeigen. Eine Erhöhung der Flexibilität im Personalbereich kann auch dadurch erfolgen, dass personalwirtschaftliche Informationen früher (wie bisher) umgesetzt werden und diese somit schneller zielwirksamer sind. [215]

---

[215] Vgl. Hentze, J./Kammel, A.: Personalcontrolling, Bern/Stuttgart 1993, S. 32 f.

### 4.3.2 Funktionen des Personalcontrolling

Als allgemeine Controlling-Ziele können die zielorientierte Unterstützung der Leistungsinstanzen, die Sicherung rationaler Entscheidungen durch Planung und Evaluation, die Sicherung der Integration bzw. Koordination und die Gewährleistung einer Informationsfunktion genannt werden. Für das Personalcontrolling lassen sich daraus folgende Funktionen ableiten:

- **Integrationsfunktion:**

  Die Voraussetzungen zur Eingliederung der Personalfunktion in die gesamtplanerischen Maßnahmen der Geschäftsleitung schafft das Personalcontrolling.

- **Koordinationsfunktion:**

  Personalcontrolling führt zu einer Koordination der teilweise nebeneinander her laufenden Einzel- und Teilpläne im Personalwesen.

- **Früherkennungsfunktion:**

  Das im Personalwesen immer wieder geforderte Agieren statt Reagieren kann durch Personalcontrolling realisiert werden.

Weitere direkte bzw. indirekte Funktionen können dem Personalcontrolling ebenfalls zugeschrieben werden:[216]

- Personalcontrolling soll ein Kontroll-, Analyse- und Steuerungsinstrument für personalwirtschaftliche Entscheidungen zur Verfügung stellen. Die Basis dazu ist die Entwicklung eines integrierten Systems personalwirtschaftlicher Kennziffern und Erfolgsindikatoren.
- Die Integration zwischen den Bestandteilen der Personalplanung, also zwischen Personalbedarfs-, Personalbeschaffungs-, Personaleinsatz-, Personalentwicklungs- und Personalfreisetzungsplanung soll dann durch das Personalcontrolling unterstützt werden.
- Personalcontrolling soll eine geplante, systematische Erweiterung des Analyserahmens für normative bzw. strategische geschäftspolitische Entscheidungen im Sinne eines Einbeziehens von Konsequenzen von Marketing-, Finanz-, Investitions-, Organisationsentscheidungen usw. auf das Personalpotenzial leisten. Dies erfordert eine Kooperation und Integration mit dem Unternehmens-Controlling und anderen Funktionsbereichs-Controlling-Varianten. Hierbei soll das Personalcontrolling die überwiegend passive Rolle der Personalarbeit in einer mitgestaltenden und strategischen Funktion verändern helfen.

Personalcontrolling soll die Argumentationsfähigkeit der Verantwortlichen im Personalbereich verbessern, dies vor allem durch eine Bereitstellung von

- aktuellen gesellschaftlichen **Trendinformationen** (Früherkennungsfunktion des Personalcontrolling)

216 Vgl. Hentze, J./Kammel, A.: Personalcontrolling, a.a.O., S. 20.

- **statistischem Zahlenmaterial** zu allen Funktionen des Personalmanagements (Transparenzfunktion)
- **Analysen** der übergreifenden Geschäftstätigkeit zur Unterstützung der Personalfunktion (Strategische Funktion).

Personalcontrolling erfüllt ferner **Schnittstellenfunktion**, vor allem durch:

- Deckung des Koordinationsbedarfs zwischen Personalcontrolling und anderen dezentralen/zentralen Subsystemen des gesamten Controlling-Systems der Unternehmung
- Beteiligung des Personalcontrolling bei der Abstimmung von Personalplanungs- und Kontrollsystemen mit den anderen Funktionsbereichen der Unternehmung
- Abstimmung mit zentralen betrieblichen Servicebereichen, wie dem Rechnungswesen und der EDV, wobei eine Zusammenarbeit mit der betriebsinternen Datenverarbeitung besonders für den Auf- bzw. Ausbau eines EDV-gestützten Personalcontrolling-Systems notwendig ist.

### 4.3.3 Aufgaben des Personalcontrolling

Angesichts der Tatsache, dass die Analyse des Personalcontrolling in der Praxis bisher kein einheitliches Bild des Aufgabenumfangs erkennen lässt, sind nachfolgend bestimmte Aufgaben unmittelbar aus den Personalcontrolling-Zielen abzuleiten. Eine solche theoriegeleitete Festlegung und Systematisierung erfordert in diesem Zusammenhang eine Orientierung an Aufgabenkatalogen.[217]

Weite Verbreitung findet die Differenzierung nach dem Verrichtungsaspekt in systembildende und systemkoppelnde Aufgaben. Ferner ist eine Differenzierung nach dem Objektaspekt möglich, d.h. in Aufgaben, die das Planungs- und Kontrollsystem sowie solche, die das Informationssystem betreffen, wobei Überschneidungen nicht auszuschließen sind und die Koordinationsfunktion des Controlling die Verbindung herstellt und aufrechterhält. Weiterhin lassen sich Controlling-Aufgaben einzelnen Phasen des Entscheidungsprozesses zuordnen.

(1) Informationsaufgabe

(2) Dienstleistungs- und Serviceaufgabe

(3) Aufgaben innerhalb strategischer und operativer Personalarbeit

(4) Personalwirtschaftliche Kontrollaufgaben

**Abb. 64:** Aufgaben des Personalcontrolling

---

217 Personalcontrolling wird zunehmend institutionalisiert. Nach einer Befragung von Wunderer und Dick beläuft sich der Anteil der Organisationen mit einem institutionalen Personalcontrolling auf gegenwärtig 27 %. Bis zum Jahr 2010 wird mit einem Anstieg auf 54 % gerechnet. Vgl. Wunderer, R./Dick, P.: Personalmanagement - Quo vadis, a.a.O., S. 184 f.

### (1) Informationsaufgabe

Vielfältige Informationsaufgaben nehmen eine zentrale Stellung im Personalcontrolling ein. Die Erreichung von Personalcontrolling-Zielen ist immer mit Informationsvorgängen verbunden. Die Personalcontrolling-Aktivitäten, die es zu ermitteln und zu beschreiben gilt, können als von Informationen ausgelöste Aktivitäten umschrieben werden.

Die zielorientierte Verwendung von Informationen stellt eine wesentliche Managementaufgabe dar, so dass auch eine Informationsorientierung der personalwirtschaftlichen Entscheidungen in der Unternehmung mehr denn je erforderlich ist.

Ein solches informationsmanagementbezogenes Personalcontrolling orientiert sich im Rahmen der Informationsaufgabe in seiner Gestaltung hauptsächlich an vier Dimensionen:[218]

- **Informationspotenzial**

  Das Informationspotenzial muss sich an der Gesamtheit der aktuellen und potenziellen verfügbaren internen und externen Informationen der Unternehmung orientieren. Aufgabe des informationsmanagementbezogenen Personalcontrolling ist:

  - Verbesserung des Potenzials durch effiziente Nutzung vorhandener Informationsquellen
  - Erschließung neuer Informationsquellen
  - die Auswahl der „richtigen" Informationen mit adäquatem Informationsgehalt für die Personalwirtschaft

- **Informationsfähigkeit**

  Den informatorischen Kerngedanken des Personalcontrolling beschreibt die Informationsfähigkeit. Der Kerngedanke beinhaltet die Sicherung und Verbesserung der Informationsversorgung durch die Schaffung bzw. Entwicklung und Implementierung von Informationsversorgungssystemen und deren Betrieb. Der Ansatz des „Information Resources Management" proklamiert in diesem Zusammenhang eine Gestaltung von Systemen der Informationsversorgung und deren Betrieb nach Maßstäben der Benutzer- bzw. Anwenderfreundlichkeit.

- **Informationsbereitschaft**

  Eng verbunden mit Überlegungen zur Benutzer- und Anwenderfreundlichkeit von Systemen zur Informationsversorgung ist die Dimension der Informationsbereitschaft, welche die Fähigkeit und die Motivation der Mitarbeiter zur aktiven Informationsaufnahme, intrapersonellen Verarbeitung und zur Informationsweitergabe umfasst. Die oft im Vordergrund stehende technologische Dimension der Informationsfähigkeit wird hierbei um eine verhaltensorientierte Dimension erweitert.

- **Wirtschaftlichkeit**

  Wie alle betrieblichen Maßnahmen hat sich das Informationsmanagement mit seinen Gestaltungs- und Durchführungsaufgaben die Frage der Wirtschaftlichkeit zu stellen.

---

[218] Vgl. Hentze, J./Kammel, A.: Personalcontrolling, a.a.O., S. 41 ff.

Ein weit gefasstes Personalinformationsmanagement als Aufgabenkomplex beinhaltet demnach neben einer ziel- und aufgabenorientierten Bestimmung des Informationsbedarfs für die personalwirtschaftlich Verantwortlichen (und anderen Informationsverwendern) eine benutzer- und anwenderfreundliche Informationsverarbeitung (-verdichtung) und Weiterleitung unter Beachtung des Wirtschaftlichkeitsprinzips.[219]

**(2) Dienstleistungs- und Serviceaufgaben**

Einen weiteren wichtigen Aufgabenkomplex des Personalcontrolling stellen Dienstleistungs- bzw. Serviceaufgaben dar. Hierdurch soll insbesondere die Personalplanung, aber auch die personalwirtschaftliche Kontrolle gewährleistet und unterstützt sowie ein Beitrag zur Sicherstellung der Koordination innerhalb der Personalwirtschaft und mit anderen Unternehmungsbereichen geleistet werden. Die Dienstleistungsaufgaben umfassen Managementaufgaben, die sich in Bezug auf das Personalplanungs- und Kontrollsystem ergeben. Im Wesentlichen handelt es sich um Aufgaben der Systemge staltung (Aufbau, Implementation und Anpassung des Planungs- und Kontrollsystems), Systemlenkung (Sicherstellung der zweckmäßigen Wahrnehmung der Planungs- und Kontrollaufgaben) und Systemanalyse (kritische Überprüfung der Systeme und Aktivitäten). Diesen Aufgabenkomplex kann man unterteilen in:[220]

- die Gestaltungsaufgaben im Hinblick auf eine Entwicklung und Fortentwicklung von Personalplanungs- und -kontrollsystemen,
- die spezifische Controlling-Aufgabe der Zieldokumentation und Zieloperationalisierung in der Personalwirtschaft und
- die Controlling-Aktivitäten, die auf die Unterstützung der laufenden personalwirtschaftlichen Entscheidungsfindung ausgerichtet sind. Hier steht das Prozessmanagement der Personalplanung im Vordergrund.

**(3) Aufgaben des Controlling innerhalb der strategischen und der operativen Personalarbeit**

Die Rolle des Personalcontrolling innerhalb der **strategischen** Personalarbeit liegt in der Unterstützung unternehmensstrategischer Überlegungen. Folge der strategischen Ziel-Mittel-Entscheidungen ist die Fortentwicklung der gewählten Personalstrategien und die Ableitung der darauf aufbauenden Handlungsempfehlungen. Durch Personalcontrolling kann eine Identifikation und Evaluation der gewählten Personalstrategien gewährleistet werden. Wichtig ist hierbei vor allem, zur Sicherstellung einer zielorientierten und berechenbaren strategischen Personalpolitik beizutragen.[221]

Innerhalb des **operativen** Personalmanagements werden zentrale personalwirtschaftliche Funktionen wie Personalplanung, Personalmarketing, Personalentwicklung, Personalfreisetzung, Personalverwaltung und Personalführung unter Controlling-Aspekten analysiert. Dem Personalcontrolling wird im Rahmen der operativen Personalarbeit eine quantitative und/oder qualitative Evaluationsaufgabe zugewiesen.

---

[219] Vgl. Hentze, J./Kammel, A.: Personalcontrolling, a.a.O., S. 43.
[220] Vgl. ebd., S. 44 f.
[221] Vgl. Wunderer, R./Schlagenhaufer, P.: Personalcontrolling, a.a.O., S. 43 ff.

### (4) Personalwirtschaftliche Kontrollaufgabe

Die Kontrollaufgaben (als Aufgabenkomplex) des Personalcontrolling sind dadurch gekennzeichnet, dass sie prozessual betrachtet (systemkoppelnd) die laufende Wahrnehmung aller Kontrollmaßnahmen beinhalten. Diese Kontrollmaßnahmen wurden durch die Ge staltung (Systembildung) des Personalplanungs- und -kontrollsystems vorgegeben.[222]

Zumeist wird unter Kontrolle die Durchführung eines Vergleiches von Plan- und Realisationsgrößen unter Einbeziehung der Analyse der Abweichungsursachen verstanden. Kontrolle umfasst also diejenigen Aktivitäten, die eine Erfolgsbeurteilung von Handlungen in Form von Soll-Ist-Vergleichen ergeben, die als Orientierungsgrößen für künftige Handlungen dienen.

Es ist nicht Aufgabe der personalwirtschaftlichen Kontrolle, die festgestellten Mängel bzw. Abweichungen zwischen geplanten und realisierten Größen zu beseitigen, da diese Korrekturentscheidungen (inhaltliche bzw. materielle Dimensionen) im Rahmen der Personalplanung getroffen werden.

Folgende Vergleichsformen sind neben dem traditionellen Soll-Ist-Vergleich denkbar:

| Vergleichsformen | Bedeutung |
|---|---|
| **Ist-Ist-Vergleich** | Ex-post-Vergleich realisierter Größen (z.B. Vergleich eigener personalwirtschaftlicher Daten mit denen anderer Unternehmungen, Betriebsvergleich) |
| **Soll-Soll-Vergleich** | Ex-ante-Überprüfung der Konsistenz der durch die Planung gesetzten Soll-Größen |
| **Wird-Wird- Vergleich** | Prüfung der Konsistenz prognostizierter Größen (Entwicklung und Wirkungsprognose) |
| **Soll-Wird-Vergleich** | Im Wesentlichen vorkoppelnde Planfortschrittskontrollen. Inwieweit eine bestimmte Maßnahme geeignet ist, die gesetzten Ziele zu erreichen, wird schon schrittweise während der Planrealisierung kontrolliert. |
| **Wird-Ist-Vergleich** | Prämissenkontrolle; Prüfung, ob und inwieweit Planungsgrundlagen aktuell noch gegeben sind (ex-ante-Charakter). |

## 4.4 Bestandteile und Instrumente des Personalcontrolling

### 4.4.1 Komponenten des Personalcontrolling

Will man Personalarbeit in ökonomischen Größen beschreiben und analysieren, so kann dies auf den Ebenen „Kosten", „Effizienz" und „Effektivität" erfolgen. Personalcontrolling besteht somit aus den Komponenten „Kosten-Controlling", „Effizienz-Controlling" und „Effektivitäts-Controlling".[223]

[222] Vgl. Hentze, J./Kammel, A.: Personalcontrolling, a.a.O., S. 51.

[223] Vgl. Wunderer, R./Jaritz, A.: Unternehmerisches Personalcontrolling. Evaluation der Wertschöpfung im Personalmanagement, a.a.O., S 16 f.

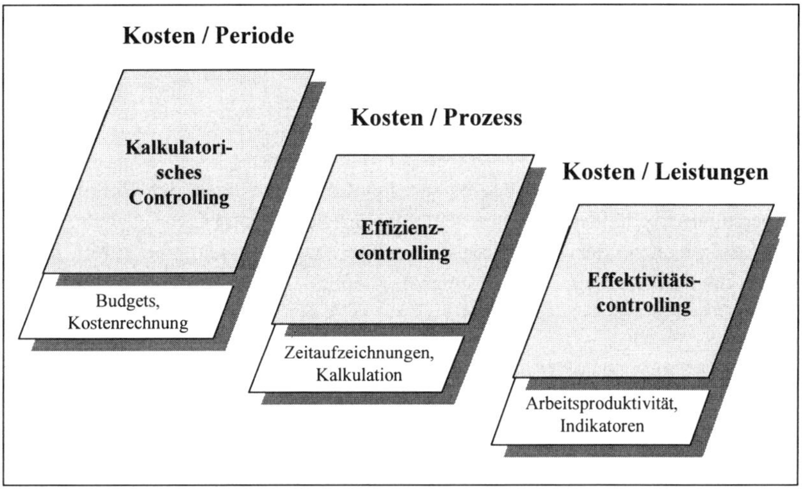


**Abb. 65:** Die Drei Ebenen des Personalcontrolling[224]

### (a) Kosten-Controlling

Mittels Kosten-Controlling (Kalkulatorisches Controlling) lässt sich die Entwicklung und Struktur der Personalkosten sowie die Kosten der Personalabteilung ermitteln. Dabei werden die Summen der Personalkostenarten und der Kosten innerhalb der Personalabteilung über einen bestimmten Zeitraum geplant und anhand von Budgets, kostenanalytischen Auswertungen und Abweichungsanalysen kontrolliert und überprüft. Die Analyse von Abweichungsursachen ist dabei wesentlicher Aspekt.

### (b) Effizienz-/Wirtschaftlichkeits-Controlling

Auf der Ebene des Wirtschaftlichkeits-Controlling soll der Einsatz von Ressourcen für personalwirtschaftliche Aktivitäten und Prozesse überwacht, analysiert und optimiert werden. Ziel ist es, die Verschwendung von Ressourcen in der Personalabteilung zu vermeiden. Zusätzlich soll das Rationalisierungspotenzial für personalwirtschaftliche Prozesse analysiert werden.

### (c) Effektivitäts-/Ergebnis-Controlling

Hierbei wird vor allem das qualitative Personalcontrolling angesprochen. Die Aufgaben des qualitativen Personalcontrolling liegen in der ökonomischen Rechtfertigung der Personalarbeit und einzelner Prozesse durch die Ermittlung ihres Beitrages zum Unternehmenserfolg. Dieser kann nur über den Einfluss auf die Arbeitsproduktivität gemessen werden, da die Leistungen der Personalarbeit nicht direkt umsetzbar oder bemessen werden können.

Die Erfolgsfaktoren der Arbeitsproduktivität sind das Leistungspotenzial, die Leistungsmotivation und die Arbeitssituation der Mitarbeiter des Unternehmens. Durch Maßnahmen der Personalarbeit werden diese verbessert oder verschlechtert. Die Aufga-

224 Vgl. Hoyer, J./Knoblauch, R.: Personalarbeit optimieren durch Personalcontrolling, a.a.O., S. 274.

be des Personalcontrolling ist es dann, die Produktivitätswirkungen der einzelnen Maßnahmen festzustellen.[225]

## 4.4.2 Instrumente des Personalcontrolling

Die Realisierung der Aufgaben des Personalcontrolling erfordert den Einsatz verschiedener personalwirtschaftlicher Instrumente. Die im Folgenden beschriebenen Instrumente sind - entsprechend der Controlling-Idee - überwiegend zukunftsorientiert und erlauben somit die Praktizierung eines strategisch orientierten Controlling im Personalwesen.

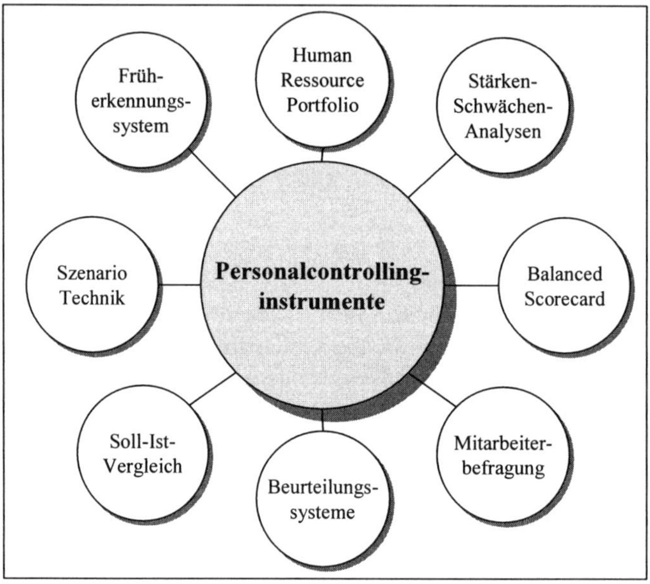


**Abb. 66:** Wichtige Personalcontrollinginstrumente

### (a) Soll-Ist-Vergleiche

Durch Soll-Ist-Vergleich erhalten die Entscheidungsträger Informationen darüber, welche Kosten von ihnen verursacht wurden und welche von ihnen in ihrer Abteilung beeinflusst werden können.[226] Sie bilden die Basis von Kontroll- bzw. Steuerungsprozessen. Durch die Zielvorgabefunktion einerseits und einer Zustandsgrößenerfassung anderseits, wird der Regelkreisgedanke des Controlling umgesetzt.

Basis für das Durchführen von Soll-Ist-Vergleichen ist das Vorhandensein einer quantitativen/qualitativen Personalplanung innerhalb des Personalcontrolling. Das Personalcontrolling muss signifikante Abweichungen von Plan und tatsächlich realisierten Werten rechtzeitig aufdecken und den Verantwortlichen Vorschläge zur Planerreichung bzw. -änderung aufzeigen. Dabei geht es im Einzelnen um folgende Aufgaben:[227]

[225] Vgl. Hoyer, J./Knoblauch, R.: Personalarbeit optimieren durch Personalcontrolling, a.a.O., S. 274 f.
[226] Vgl. Reichmann, T.: Controlling mit Kennzahlen, a.a.O., S. 254 ff.
[227] Vgl. ebd., S. 114

- Analyse von Abweichungen und Feststellung der Abweichungsursachen
- Beurteilung der Abweichungsrelevanz
- Planung und Empfehlung von Korrekturmaßnahmen zur Zielerreichung

Folgende **Grundsätze** gelten im Rahmen von **Soll-Ist-Vergleichen**:

- Bei kleineren Abweichungen liegt die Initiative zur Gegensteuerung allein bei der Personalabteilung während sich das Personalcontrolling bei mittleren Abweichungen einschaltet und entstehende Probleme gemeinsam mit den Fachabteilungen löst. Liegen hingegen größere und bedeutsamere Abweichungen vor, sollte die Geschäftsleitung einbezogen werden.
- Aufbauend auf den Erkenntnissen der Soll-Ist-Vergleiche können revidierte Vorschauberichte (revised forecasts) erarbeitet werden. Dabei handelt es sich um eine Hochrechnung von Budgetwerten bezogen auf die gesamte Planperiode aufgrund aktueller Ist-Daten.
- Problematischer ist, dass die Toleranzbreite willkürlich festgelegt werden kann und viele Abweichungen nicht im Ermessen der verantwortlichen Führungskraft liegen. Zudem besteht die Tendenz zu kurzfristig orientierten Maßnahmen, um Soll-Werte nicht zu stark zu verfehlen.

Ein Vorteil des Soll-Ist-Vergleiches liegt einmal darin, dass durch dieses Analyseinstrument zielorientiertes Handeln unterstützt und gemeinsames organisatorisches Lernen gefördert wird. Außerdem werden Planungs- und Kontrollaktivitäten integriert und betriebliche Prozesse transparent gemacht.

### (b) Personalbeurteilung/Leistungsbeurteilung

Eine Personalbeurteilung kann zwei Hauptziele verfolgen. Zum einen geht es um die **Evaluation** der Leistung des Mitarbeiters (hier gibt es die Möglichkeit, Personen untereinander zu vergleichen bzw. an Standards zu messen). Andererseits sollen Ansätze für künftige **Personalentwicklungsmaßnahmen** aufgezeigt werden. Die Evaluation findet dabei auch im Sinne einer Kontrolle statt, die positives bzw. negatives Feedback umfasst.

Personalcontrolling kann nun einerseits mit Hilfe von Personalbeurteilungsverfahren Daten gewinnen, die die Leistungsergebnisse der Mitarbeiter betreffen. Auf der anderen Seite hat es aber auch die eingesetzten Verfahren regelmäßig hinsichtlich Ökonomie, Akzeptanz und Reliabilität, Objektivität und Validität zu prüfen.

Die durch Personalbeurteilung gewonnenen Informationen können in die Personaleinsatz- bzw. -entwicklungsplanung einfließen. Aufgrund von festgestelltem Nachqualifizierungsbedarf bzw. von ermittelten Entwicklungspotenzialen können dann Aus-, Fort- und Weiterbildungsmaßnahmen geplant und budgetiert werden. Zudem besteht die Möglichkeit, Beurteilungssysteme in ein betriebliches Entlohnungssystem zu integrieren.

Aus den Ergebnissen der Personalbeurteilung lassen sich personalpolitische Maßnahmen entwickeln. Durch eine regelmäßige Beurteilung können Ergebnis- und Verhaltenswirkungen der Personalbeschaffung bzw. -auswahl sowie Änderungen der Arbeitsorganisation festgestellt und analysiert werden. Kontinuierlich negative Ergebnisse der Personalbeurteilung können Hinweise auf eine fehlerhafte Personalstrategie geben und eine Strategieüberprüfung auslösen.

### (c) Assessment-Center

Mit Hilfe eines Assessment-Center können externe bzw. interne Bewerber ausgewählt (Auswahl-Assessment-Center) und eine Potenzialfeststellung (Beratungs-Assessment-Center) durchgeführt werden. Darüber hinaus kann Aus- und Weiterbildungsbedarf (Förder-Assessment-Center) festgestellt werden. Schließlich ist im Rahmen von Personalentwicklungs-Controlling die Entwicklung von Weiterbildungsmaßnahmen möglich.

Ein Assessment-Center kann in bestehende Karriere- und Trainingsprogramme eingebunden und somit in den Personalplanungs- bzw. -entwicklungsprozess integriert werden. Ferner können Erkenntnisse aus den Förder- und Beratungs-Assessment-Center als Input für ein Potenzial-Controlling (Potenzialsuche und -beratung) und zur Entwicklung personalwirtschaftlicher Maßnahmen verwendet werden.

Ergebnisse, die das Assessment-Center liefert, können vom Personalcontrolling aufgearbeitet und für personalwirtschaftliche Funktionen nutzbar gemacht werden (z.B. Qualifikationsdefizite lösen konkrete Personalbeschaffungsaktivitäten und/oder Entwicklungsaktivitäten aus). Ferner können bei Auswahl-Assessment-Center anhand der Anzahl und Qualifikation der Bewerber Rückschlüsse auf den Erfolg von Personalmarketing-Maßnahmen gezogen werden. Darüber hinaus lassen sich Assessment-Center auch zur Evaluation einer gewählten Personalstrategie einsetzen. Stellt man z. B. fest, dass sich aus Selektions-Assess-ment-Center mit internen Bewerbern für höhere Führungslaufbahnen immer weniger geeignete Kandidaten finden, sollte die Personalentwicklungs-Strategie überprüft werden.[228]

### (d) 360 Grad-Feedbackbeurteilung (Mehrfachbeurteilung)

Grundgedanke derartiger Verfahren ist es, mitarbeiterbezogene Leistungseinschätzungen einmal von Vorgesetzten, aber auch von weiteren Beurteilergruppen zu erheben, um Mitarbeitern Feedback dahingehend zu geben, wie ihre bisherigen Arbeitsergebnisse und -verhaltensweisen aus unterschiedlichen Perspektiven wahrgenommen werden. Genauer lässt sich das 360 Grad-Feedback-Verfahren charakterisieren als systematische, formalisierte und in weiten Teilen standardisierte, beschreibende oder bewertende Einschätzungen von Mitarbeitern eines Unternehmens (Feedbacknehmer).

Informationsquellen bei 360 Grad-Beurteilungen sind typischerweise mit dem Feedbacknehmer intensiver zusammenarbeitende Personen, die ebenfalls im selben Unternehmen wie der Feedbacknehmer tätig sind und die nach ihrer hierarchischen Beziehung zur eingeschätzten Person in folgende drei Feedbackgebergruppen unterteilt werden können.

- Kollegen
- unterstellte Mitarbeiter
- Vorgesetzte

Diese drei Gruppen lassen sich im Sinne von Total Quality Management Konzepten als interne Kunden eines Positionsinhabers interpretieren. Zusätzlich wird häufig vorgeschlagen, ergänzend noch unternehmensexterne Beurteiler wie Kunden oder Zulieferer als Informationsquellen zu berücksichtigen, wenn die Qualität der Zusammenarbeit eines Unternehmensmitarbeiters mit Kunden oder Zulieferern sich ebenfalls unmittelbar

[228] Vgl. Wunderer, R./Schlagenhaufer, P.: Personalcontrolling, a.a.O., S. 96.

auf dessen individuelle Arbeitsleistung und unmittelbar auf den Unternehmenserfolg auswirken kann.[229]

Es lässt sich erkennen, dass die einzelnen Feedbackgebergruppen sich bei ihren Einschätzungen einer Zielperson jeweils auf solche unterschiedlichen Leistungsverhaltensaspekte konzentrieren können und sollen, von denen sie jeweils besonders in ihrer eigenen Arbeit betroffen sind.

360 Grad-Feedback-Verfahren können in Unternehmen einmal als Mittel zur Erreichung personalwirtschaftlicher Ziele verwendet werden, indem die mitarbeiterbezogenen Leistungsinformationen zur Fundierung von zentralen Planungen und Entscheidungen eines Unternehmens im Hinblick auf die Entgelt- und die Karriereentwicklungen der eingeschätzten Mitarbeiter dienen. Andererseits lässt sich das 360 Grad-Feedback-Verfahren zur Erreichung führungspolitischer Ziele nutzen, hier soll die Leistungsrückmeldung zur dezentralen Klärung von bisherigen und zukünftigen Verhaltens- und Ergebniserwartungen an einen Mitarbeiter sowie zur Verbesserung seiner aufgabenbezogenen Fähigkeiten und Motivation beitragen, also die individuelle Personalentwicklung unterstützen.

In der wissenschaftlichen Literatur besteht weitgehende Einigkeit darüber, dass beide Ziele nicht gleichzeitig durch Personalbeurteilungsverfahren angestrebt werden sollten. Nur durch die Konzentration auf eines der beiden Ziele ist es vermeidbar, dass Feedbackgeber simultan die schwer vereinbaren Rollen eines beratenden „Trainers“ und eines entscheidenden „Richters“ einzunehmen haben.

Das 360 Grad-Feedback-Verfahren ist ein Instrument zur Unterstützung von Personalentwicklungsprozessen. Dieses Oberziel kann analytisch in zwei Hauptfunktionen untergliedert werden:

- **Diagnosefunktion:** 360 Grad-Feedback-Verfahren sollen Mitarbeiter über ihre Leistungsstärken und -schwächen aus der Sicht verschiedener Personengruppen informieren und ihnen so eine Selbstreflexion der eigenen Arbeitsleistungen ermöglichen.
- **Verhaltensmodifikation:** 360 Grad Feedback-Verfahren sollen Verbesserungen der Leistungsverhaltensweisen und daraus resultierenden Leistungsergebnisse von Mitarbeitern im Sinne der wirtschaftlichen Unternehmensziele auslösen.

Beim 360 Grad-Feedback-Verfahren sind prinzipiell die gleichen methodischen Gestaltungsfragen anzuwenden wie bei traditionellen Leistungsbeurteilungen durch Vorgesetzte. Es sind:

- Verfahrensziele,
- der Kreis der Beurteilten und Beurteiler,
- Beurteilungsinhalte und -kriterienskalierung,
- Auswertungs- und Rückmeldeformen für Beurteilungsergebnisse,
- Vorgehensweise bei der erstmaligen Einführung des Beurteilungsverfahrens und
- Abläufe für das Beurteilungsverfahren nach der Erprobungsphase festzulegen.

---

[229] Vgl. Kiefer, B.U./Knebel, H.: Taschenbuch Personalbeurteilung – Feedback in Organisationen, 11. Auflage, Heidelberg 2004, S. 235 ff.

Die Gestaltung der Rückmeldung von Einschätzungen des eigenen Leistungsverhaltens durch verschiedene Personengruppen an Feedbacknehmer hat einen starken Einfluss darauf, inwieweit durch 360 Grad-Beurteilungen tatsächlich Schwachstellen in der Zusammenarbeit von Feedbacknehmern mit anderen Unternehmensmitarbeitern und/oder unternehmensexternen Geschäftspartnern nachhaltig beseitigt werden können.[230]

### (e) Mitarbeiterbefragung

Mitarbeiterbefragungen können eingesetzt werden als Dialoginstrumente und als Grundlage von gestalterischen Maßnahmen zur Organisationsentwicklung. Sie sind in der Regel eine Kombination von organisationsweiten, umfassenden, strukturierten, systematischen, meist unregelmäßig durchgeführten Analysen. Effektive Mitarbeiterbefragungen setzen jedoch einen vertrauensvollen Umgang zwischen Vorgesetzten, Personalabteilung und Mitarbeitern voraus.

Bei sensiblen Themen können auch anonyme Befragungen durchgeführt werden, um die Vertraulichkeit zu wahren. Schwächen und Erfolge der Personalarbeit können durch Zeitreihenvergleich der Ergebnisse bzw. Gegenüberstellung von normativen und faktischen Daten offengelegt werden.[231]

Mitarbeiterbefragungen können auch als Frühwarnsystem bzw. interne Marktforschung interpretiert werden und sollten in regelmäßigen Intervallen durchgeführt werden, um Führungskräften und Personalleitern ein Feedback der Basis zu übermitteln. Eine Mitarbeiterbefragung kann dem Personalcontrolling sowohl indirekte als auch direkte Informationen liefern.

- **Mittelbarer Controlling-Bezug:**
  - Als Mess- und Diagnoseinstrumente gibt die Mitarbeiterbefragung Hilfestellung für langfristige unternehmens- und personalpolitische Planungen.
  - Die Mitarbeiterbefragung ermöglicht eine Ermittlung von objektiven Faktoren (Höhe des Einkommens, Position) bzw. Einstellungen (z. B. Zufriedenheit mit den Vorgesetzten) sowie deren Einfluss auf die Arbeitszufriedenheit.
  - Eine Erfassung von Leistungsbereitschaft und -motivation ist durch die Mitarbeiterbefragung möglich.

- **Unmittelbarer Controlling-Bezug:**
  - Die Mitarbeiterbefragung ermöglicht die Klassifizierung/Gruppierung von potenziell oder tatsächlich unzufriedenen Mitarbeitern (z. B. Gruppe der Führungskräfte beklagt generell zu lange Arbeitszeiten). Darauf aufbauend können gruppenspezifische personalpolitische Maßnahmen ergriffen werden.
  - Durch Zeitreihenvergleiche der Ergebnisse hat die Geschäftsleitung die Gelegenheit, Chancen schon frühzeitig zu erkennen.
  - Eine in die Befragung integrierte Stärken-Schwächen-Analyse gibt Informationen über den Ist-Zustand des Unternehmens.

---

[230] Vgl. Gerpott, T.: 360-Grad-Feedback-Verfahren. In: Zeitschrift Personal 7/2000, S.354 ff.
[231] Vgl. ebd., S. 73.

- Durch Fragen auf bereits durchgeführte Maßnahmen kann der Erfolg aus Mitarbeitersicht nachträglich dokumentiert werden. Daraus lassen sich Korrekturmaßnahmen ableiten und fundieren.

### (f) Szenario-Technik

Im Bereich der strategischen Planung bzw. des strategischen Managements kommt man immer mehr davon ab, langfristige Prognosen zu stellen. Eine bloße Fortschreibung reicht wegen schwer absehbarer technologischer, sozialer, politischer und ökonomischer Entwicklungen nicht mehr aus. Mit Hilfe von Szenarien soll versucht werden, bewusst vereinfachte Prognosen in integrierter Form unter bestimmten Basisannahmen zu stellen.

Vorteile der **Szenario-Technik** sind:

- Unsicherheitsfaktoren werden offengelegt und die Formulierung strategischer Alternativen unterstützt;
- Die Durchführung ist relativ kostengünstig und eine Verwendung als Instrument eines Vorfeld-Controlling möglich.

Im Rahmen von Personalcontrolling wird diese Technik dann relevant, wenn sich z.B. durch gesellschaftliche Entwicklungen die Einstellungen zu Werthaltungen ändern und sich daraus Probleme für das Mitarbeiterpotenzial im Unternehmen ergeben. So sind beispielsweise Trends zum Job-Sharing, verringerte Mobilität und das verstärkte Vordringen von Frauen in Führungspositionen auf ihre Konsequenzen für eine langfristige Personalplanung bzw. -strategie zu evaluieren. Spezielle Personal-Szenarien befassen sich mit allen Einflussbereichen, die zukünftig Auswirkungen auf die Personalarbeit haben werden.

Innerhalb einer multiplen Szenario-Analyse werden neben externen auch interne Daten erfasst und analysiert. Mit Hilfe der **Cross-Impact-Matrix** können dann wechselseitige Einflussbeziehungen problematisiert werden. Die Erkenntnisse aus der Anwendung der Szenario-Technik können die Basis für die Konzipierung eines Früherkennungssystems bilden.

### (g) Früherkennungssysteme

Früherkennungssysteme verfolgen das Ziel, Maßnahmen zur Abwehr möglicher Risiken vorzubereiten und strategische Überraschungen zu antizipieren. Früherkennungssysteme basieren auf der sog. Indikatorhypothese, der zufolge Veränderungen nicht abrupt auftreten, sondern vielmehr durch Signale angekündigt werden. Man kann zwischen starken und schwachen Signalen unterscheiden, wobei erstere konkret erkennbar sind. Schwache Signale dagegen basieren auf unsicheren Informationen und lassen mehrere Interpretationen zu.[232]

Im Bezug auf Entwicklungs-, Pflege- und Betriebsaufwand sollte das Personalcontrolling mit dem Controlling anderer Funktionsbereiche zusammenarbeiten. Ferner kann das Personalcontrolling durch eine frühzeitige Beschäftigung mit möglichen Trends und Veränderungen seinen Planungsauftrag besser erfüllen. Dabei muss das Personalcontrolling zentrale Früherkennungsindikatoren (z. B. volkswirtschaftliche, betriebswirtschaftliche, technische, marktbezogene und soziale Indikatoren), die idealerweise schon innerhalb der Szenario-Technik erhoben wurden, analysieren und Folgen für die Personalarbeit transparent machen.

[232] Vgl. Jung, H.: Controlling, a.a.O., S. 344 ff.

Das Personalcontrolling nimmt also den Charakter eines Früherkennungssystems an, das langfristig die Einflussgrößen auf das Humankapital vorausschauend evaluiert.

### (h) Human Ressource Portfolio (Personal-Portfolios)

Ein weiterer Bestandteil des strategischen Personalcontrolling ist das Human Ressource Portfolio. Aufgrund der tatsächlichen Leistung, die im Rahmen einer Leistungsbeurteilung ermittelt wurde, und der Befähigung des Mitarbeiters (verbunden mit seiner künftigen Entwicklung zu verbesserter Leistung) können einzelne Mitarbeiter bzw. Mitarbeitergruppen in einem Personal-Portfolio abgebildet werden.[233]

Der bekannteste Versuch, das in der Betriebswirtschafts- bzw. Managementlehre traditionell im Marketing-Bereich angewandte Portfolio-Konzept auf den Personalbereich zu übertragen, stammt von Odiorne. Dabei wird in einer 2x2-Portfolio-Matrix auf der Abszisse das Potenzial und auf der Ordinate die Leistung jeweils mit den Ausprägungen „niedrig" bzw. „hoch" aufgetragen. Das Portfolio soll Auskunft über die Verteilung der Qualität und die Ausgewogenheit des Mitarbeiterstammes geben. Des weiteren wird eine Basis für Beschaffungs-, Anreiz- und Entwicklungsstrategien geschaffen. Die Personal-Portfolio-Analyse unterstützt vor allem die Planungs- und Vorsteuerungsfunktion des Personalcontrolling.

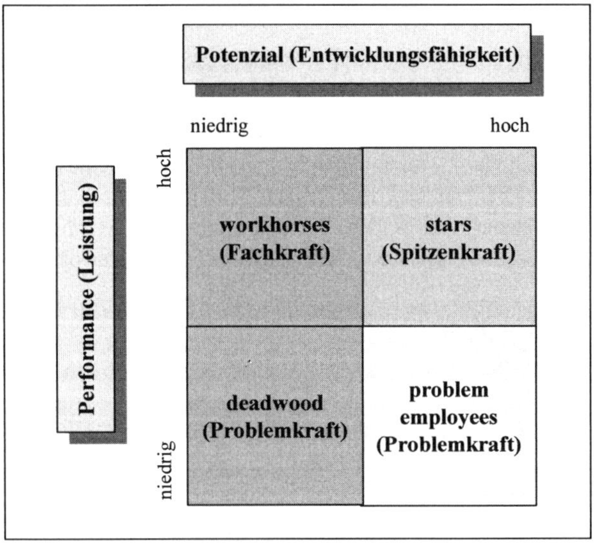


**Abb. 67:** Human Ressource Portfolio

Im Nachfolgenden werden die einzelnen Felder näher charakterisiert und eine damit verbundene mögliche Personalstrategie aufgezeigt:[234]

---

[233] Vgl. Witt, G.: Personalportfolios. In: Controller-Magazin, Heft 6, 1987, S. 271ff; Papmehl, A.: Personalcontrolling: Human-Ressourcen effektiv entwickeln, 2. Aufl., Heidelberg 1999,S. 59 ff.

[234] Vgl. Jung, H.: Controlling, a.a.O., S. 538 f.

- **Deadwood:** Sie weisen eine niedrige Entwicklungsmotivation auf, die durch einen niedrigen Bindungswillen bedingt sein kann. Eine mögliche Strategie könnte lauten, diesen Mitarbeitern Entwicklungsmöglichkeiten aufzuzeigen, um so deren Bindung an das Unternehmen zu erhöhen.
- **Workhorses:** Sie weisen eine hohe Bindung an das Unternehmen auf, verfügen jedoch über eine geringe Entwicklungsfähigkeit. Hierunter fallen unter Umständen Stabsspezialisten und ältere Mitarbeiter. Eine mögliche Strategie besteht darin, auf mögliche Karrierepfade im internen Bereich des Unternehmens hinzuweisen.
- **Stars:** Hier finden sich hochmotivierte Mitarbeiter, die ihr Fähigkeitspotenzial dem Unternehmen langfristig zur Verfügung stellen. Durch entsprechend gestaltete Anreizsysteme müssen jedoch auch hier stets neue Motivationsimpulse gegeben werden.
- **Problem employees:** Hier finden sich möglicherweise Nachwuchsführungskräfte, bei denen man nicht genau weiß, ob sie längerfristig im Unternehmen tätig sein wollen oder es nur als Karrieresprungbrett ansehen. Durch das Aufzeigen von Karrieremöglichkeiten und die Durchführung von Bildungsmaßnahmen soll versucht werden, diese Mitarbeiter in Richtung „Stars“ zu bewegen.

Die Frage nach einem Soll-Portfolio stellt sich, nachdem der einzelne Mitarbeiter im Portfolio abgebildet worden ist. Hierzu können entsprechende **Normstrategien** abgeleitet werden. Mitarbeiter der Kategorie „Workhorse“ sollten eine systematische Einführung in die Unternehmenspraxis verbunden mit einer gezielten Fachschulung erhalten. Wurde hingegen die Einordnung im Feld „Deadwood“ vorgenommen, so ist z. B. ein Sonderprogramm oder ein Outplacement-Programm vorzubereiten.

Grundsätzlich können vier strategische Richtungen unterscheiden werden:[235]

| | |
|---|---|
| **Wachstumsstrategie** | Erhöhung der Personalqualität/-quantität in angestammten Tätigkeitsfeldern |
| **Diversifikationsstrategie** | Aufbau eines Personalstammes in neuen Tätigkeitsfeldern |
| **Konsolidierungsstrategie** | Halten der Personalqualität bei gleichzeitiger Suche nach Rationalisierungspotenzialen |
| **Eliminierungsstrategie** | Abbau großer Teile des Personals oder im Extremfall des gesamten Personals |

Ein weiterer Ansatz der Portfolio-Analyse im Personalbereich beruht auf der Idee, dass das Management mit dem Wandel der Lebenszyklusphase einer Branche stets veränderten Anforderungen gegenübersteht. Deshalb soll die Besetzung von Führungspositionen den unterschiedlichen Schwerpunkten der geforderten Managementfähigkeiten Rechnung tragen.[236]

---

[235] Vgl. Jung, H.: Controlling, a.a.O., S. 539.

[236] Vgl. Wunderer, R./Jaritz, A.: Unternehmerisches Personalcontrolling. Evaluation der Wertschöpfung im Personalmanagement, a.a.O., S. 135.

| Portfolio-Analyse im Personalbereich | |
|---|---|
| **Vorteile** | **Nachteile** |
| – Die Mitarbeiter des Unternehmens können aus einem strategischen Gesamtzusammenhang heraus betrachtet werden.<br>– Personal-Portfolios können als Beurteilungsinstrument verwendet werden.<br>– Personal-Portfolios bieten dem oft heterogen zusammengesetzten Team der Geschäftsleitung (Techniker, Juristen, Kaufleute) durch einfache Handhabbarkeit und Visualisierung eine gute Diskussionsgrundlage. | – Für eine ganzheitliche Mitarbeiterbeurteilung reichen zwei Dimensionen nicht aus.<br>– Mitarbeiter werden „schablonisiert" und wie Produkt-Markt-Kombinationen behandelt.<br>– Eine klare Zuordnung von Mitarbeitern in eine der vorgegebenen Kategorien ist nicht immer möglich (z. B. weisen viele Mitarbeiter nicht über die gesamte Beurteilungsperiode einen konstanten Leistungsgrad auf).<br>– Die Durchführung aufschlussreicher Konkurrenzvergleiche scheitert meist am Informationsmangel bezüglich vergleichbarer Unternehmen. |

**Abb. 68:** Vor- und Nachteile des Personal-Portfolios

Die Ergebnisse der Personal-Portfolio-Analyse sind zum Teil direkt als Input für das Personalcontrolling verwendbar. So kann der Nutzen von Weiterbildungsmaßnahmen durch einen Zeitreihenvergleich transparent gemacht und evaluiert werden. Zudem wird Personalbeschaffungsbedarf bzw. Entwicklungsbedarf durch die Gegenüberstellung von Soll- und Ist-Portfolios aufgezeigt. In bestimmten Zeitintervallen können aktualisierte Ist-Portfolios im Sinne einer rollierenden Planung erstellt werden.

Personal-Portfolios, die auf Mitarbeiter-, Abteilungs-, Funktions- und Geschäftsbereichsebene erstellt werden, zeigen außerdem Stärken bzw. Schwächen der Personalarbeit sowie verschiedene Aggregations- und Strukturniveaus auf. Durch diese Identifikation von Stärken und Schwächen der Mitarbeiterstruktur ergeben sich Anhaltspunkte für die Durchführbarkeit von Unternehmens- und Personalstrategien. Schließlich erfahren im Rahmen eines Früherkennungssystems festgestellte, schwache Signale durch dieses Analyseinstrument gegebenenfalls eine Verstärkung.[237]

### (i) Stärken-Schwächen-Analysen

Stärken-Schwächen-Analysen sollen Erfolgspotenziale der Unternehmung und daraus resultierende Chancen sowie Schwachpunkte und damit verbundene Gefahren gegenüberstellen.

Vom Personalcontrolling ist eine Stärken-Schwächen-Analyse zu konzipieren, die die Erfolgsfaktoren der betrieblichen Personalarbeit vor allem im Vergleich zur Konkurrenz evaluiert. Die Bestandteile der Personalarbeit, wie z.B. Personalplanung und Personalbeschaffung,

[237] Vgl. Wunderer, R./Schlagenhaufer, P.: Personalcontrolling, a.a.O., S. 72.

Personalentwicklung werden beispielsweise auf einer Skala entsprechend ihrer Qualität bewertet. Zum anderen kann das Personalcontrolling auch versuchen, eine auf den einzelnen Mitarbeiter zugeschnittene Stärken-Schwächen-Skala (z. B. mittels Personalbeurteilung) zu entwickeln. Diese soll die fachliche, soziale und kommunikative Kompetenz umfassen.

### (j) Balanced Scorecard

Durch die Fülle und Bandbreite der verfügbaren Informationen im Personalbereich benötigt das Personalwesen ein Instrumentarium, dass Informationen quantifizierbar und systematischer macht. Auf diese Weise sollen Zusammenhänge zwischen den einzelnen Daten der Personalwirtschaft erkennbar werden. Dabei haben Kennzahlen und Kennzahlensysteme eine hohe Bedeutung.

Während eine Aufbereitung der kostenwirtschaftlich relevanten Personaldaten noch relativ unproblematisch ist, sind viele personalpolitische Tatbestände und Phänomene nur schwer zu operationalisieren und quantifizieren (z.B. Arbeitszufriedenheit, Motivation). Hier ist es notwendig, geeignete Ersatzkriterien bzw. Indikatoren zu finden, die eine kennzahlenmäßige Verdichtung zulassen. Speziell die Bildung von Leistungskennzahlen, die gegebenenfalls auch als Vorgabewerte verwendet werden, erweist sich als außerordentlich problematisch. Das liegt u.a. daran, dass eine relativ exakte Leistungsmessung von der Zuverlässigkeit und Güte der jeweiligen Leistungsindikatoren abhängt, ein Großteil dieser Indikatoren jedoch qualitativer Ausprägung ist. Durch die Anwendung von Kennzahlen können folgende Systematisierungsaspekte verwirklicht werden:

- Kennzahlen können aus der Komplexität des betrieblichen Geschehens Wesentliches vom Unwesentlichen trennen und somit eine qualifizierte Datenselektion ermöglichen.
- Kennzahlen lassen anstelle absoluter, häufig nicht einzuordnender Systemausprägungen Relationen erkennen.
- Kennzahlen bilden die Zusammenhänge zwischen Ursache und Wirkung sowie deren gegenseitige Beeinflussbarkeit ab.
- Kennzahlen weisen auf konkrete Systemzustände mit allen Stärken und Schwächen des betrachteten Teilbereichs hin.
- Kennzahlen können als Führungsinstrument für eine zielorientierte Aufgabenabwicklung herangezogen werden.

Viele Unternehmen sind mit dem bestehenden Informationssystem unzufrieden, weil es die Führung der Unternehmen nicht verbessert und erleichtert. Es fehlen eindeutige Leistungsindikatoren, die für die Unternehmensleitung und für die Führungskräfte erforderlich sind, um ein Unternehmen erfolgreich führen zu können. Die finanziellen Leistungsindikatoren sollten auch durch nicht-finanzielle Führungsgrößen ergänzt werden.

Die Balanced Scorecard ist ein Ansatz eines ausgewogenen Kennzahlensystems, das sich nicht wie das klassische betriebliche Rechnungswesen auf finanzwirtschaftliche Kerngrößen beschränkt, sondern vier weitere Dimension berücksichtigt:[238]

- Finanzwirtschaftliche Perspektive (Sicht des Aktionärs/Investors)
- Kundenperspektive (Sicht des Kunden)

[238] Vgl. Horváth, P.: Controlling, a.a.O., S. 264 ff.

- Interne Prozessperspektive (Sicht nach Innen auf die Geschäftsprozesse)
- Lern- und Entwicklungsperspektive (Sicht aus der Zukunft zur Sicherung von langfristigen Wachstum)

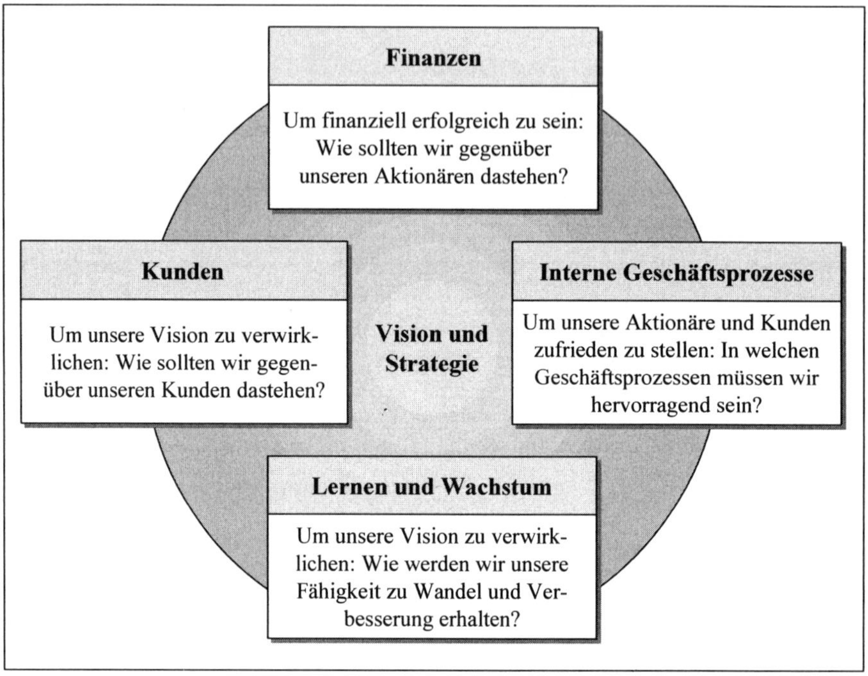


**Abb. 69:** Dimensionen der Balanced Scorecard sind Finanzen, Kunden, Lernen und Wachstum sowie interne Geschäftsprozesse

Für das Personalmanagement ist dabei besonders die Lern- und Entwicklungsperspektive relevant. In der Mitarbeiterperspektive werden meist die Qualifikationen sowie die Motivationen und Identifikationen der Mitarbeiter erfasst (als Potenzial der Humanressourcen), aber auch die Zufriedenheit der Mitarbeiter (als Ergebnis für die Humanressourcen) lässt sich einordnen. Entscheidend für die erfolgreiche Verwendung einer Balanced Scorecard ist ihre Ableitung von der Unternehmensstrategie. Zusätzlich wird dabei die enge Verbindung der vier Dimensionen untereinander betont und die Strategierealisierung konsequent unterstützt.

## 4.4.3 Prozessorientiertes Personalcontrolling

Innerhalb eines prozessorientierten Personalcontrolling kommen Instrumente zum Einsatz, welche die Arbeitsleistung des Personals in der Wertschöpfungskette erhöhen und prozesshemmende Verhaltenswirkungen ausschalten. Die ausgewählten Instrumente setzen an den Prozessen der Leistungserstellung im Personalbereich an. Das Ziel ist eine Erhöhung der Wirtschaftlichkeit, eine steigende Transparenz der Kosten und somit zunehmende Sensibilisierung bezüglich der Aufwendungen und Ausgaben. Hiefür werden das Personal-Audit und die Prozesskostenrechnung sowie die innovativen Instrumente des Target Costing und Benchmarking eingesetzt.

### (a) Personal-Audit

Im Mittelpunkt der Auditierung steht die umfassende und systematische Überprüfung des gesamten personalwirtschaftlichen Handelns einschließlich der zugrundeliegenden Strategien und des Zielsystems.

Hierbei werden die Leistungen des Human Ressource Management und die Erstellungsprozesse nach einem definierten Kriterienkatalog durch die Leistungsempfänger wie z.B. Führungskräfte, Mitarbeiter, Unternehmensleitung etc. systematisch bewertet. Beurteilt werden dabei primär qualitative Nutzenaspekte, den die jeweiligen Kunden den Leistungen des Human Ressource Management z.B. mittels einer schriftlichen Befragung zuordnen. Bewertungskriterien können hierbei die Güte der Unterstützung der Personalführung oder das Potenzial der Personalorganisation hinsichtlich Qualität, Flexibilität, Produktivität aber auch Innovativität der Personalarbeit sein. Durch den Dialog zwischen den Beteiligten wird die Abstimmung von zentral und dezentral eingebundenen Aufgabenträgern des Human Ressource Management gefördert. Demzufolge können personalwirtschaftliche Fehlentwicklungen aufgedeckt, Korrekturvorschläge für die künftige Personalplanung erarbeitet sowie wertvolle Anregungen für eine qualitative Verbesserung der Personalarbeit ausgetauscht werden.[239]

### (b) Prozesskostenrechnung

Die Prozesskostenrechnung verfolgt das Ziel, Kostenentstehung und Kostenverursachung in personalwirtschaftlichen Leistungsprozessen transparent zu machen.[240]

Kosten der Personalabteilung werden nicht mehr zu unüberschaubaren Gemeinkostenblöcken zusammengefasst, sondern sollen verursachungsgerecht verteilt werden. Aus diesem Grund wird im Sinne einer „Make or Buy"- Entscheidung analysiert, wo welche Leistungen des Personalbereichs in welchem Umfang in Anspruch genommen werden und welche Personaldienstleistungen unter Wirtschaftlichkeitsgesichtspunkten selbst erstellt bzw. welche extern bezogen werden sollen.

Demzufolge sind personalwirtschaftliche Prozesse zu definieren, die das Gemeinkostenvolumen beeinflussen. Diese setzen sich aus einer Vielzahl von Aktivitäten zusammen, die in verschiedenen Kostenstellen aufgeführt werden. Die einzelnen Prozesse werden aufgeteilt nach leistungsmengenneutralen Prozessen z.B. Leitung der Personalabteilung und leistungsmengeninduzierten Prozessen z.B. Bestätigung von Bewerbungseingängen.

Leistungsmengenneutrale Prozesse stehen nicht im direkten Zusammenhang mit der zu erbringenden Leistung und werden im Folgenden nicht berücksichtigt. Für die leistungsmengeninduzierten Prozesse sind Maßgrößen für die jeweiligen Aktivitäten zu bestimmen. Danach werden die Prozessmengen je Prozess festgelegt, und es erfolgt eine Bestimmung der Prozesskosten über entsprechende Planprozesskosten.

---

239 Vgl. Oechsler, W. A.: Personal und Arbeit. Einführung in die Personalarbeit, 7. Auflage, München/Oldenburg 2000, S. 135.

240 Vgl. Horváth, P.: Controlling, a.a.O., S. 553 ff.

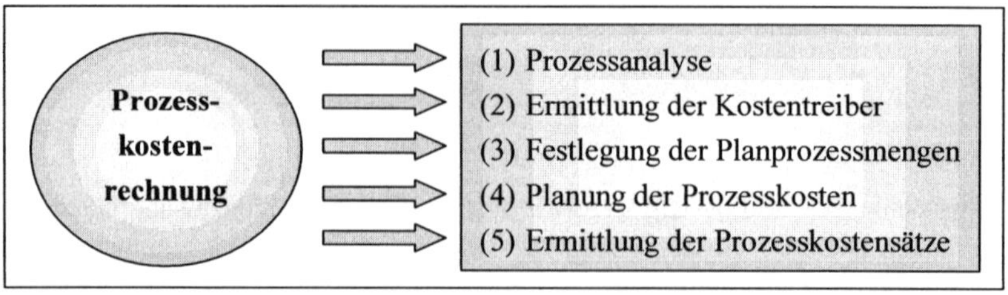


**Abb. 70:** Stufen der Prozesskostenabrechnung

**Beispiel:**

Durch eine prozessbezogene Kostenverrechnung werden tatsächlich anfallende Personalbeschaffungskosten in Bezug auf die jeweils zu besetzenden Stellen differenziert. Den einzelnen Führungskräften als Kostenverursachern wird durch die höhere Kostenzurechnung der Zusammenhang zwischen eigenem Handeln und den dadurch anfallenden Kosten deutlich. Die Zuordnung der einzelne Kosten auf die betreffenden Kostenstellen soll dazu beitragen, dass die Führungskräfte ihr eigenes Handeln in Frage stellen und dieses gegebenenfalls ändern. Das hat zur Folge, dass auch eine übermäßige Nachfrage der Führungskräfte nach nicht-ökonomischen Leistungen der Personalabteilung mit Hilfe der Prozesskostenrechnung eingedämmt werden kann.[241]

### (c) Target Costing

Innerhalb des Target Costing werden die zuverlässigen Kosten für ein Produkt bzw. für eine Dienstleistung von der Zahlungsbereitschaft interner und externer Kunden bestimmt. Das Target Costing ermöglicht die Überprüfung der von den Leistungsempfängern wie z.B. den Führungskräften der Fachbereiche geforderten personalwirtschaftlichen Leistungen (Seminare, Stellenvermittlung etc.) auf die Wirtschaftlichkeit ihrer Erstellung. Mittels der Zielkostenvereinbarung können die erlaubten Kosten für die Erstellung zu verkaufender Dienstleistungen errechnet werden.

Das Target Costing gibt Aufschluss über die Effizienz der Personalarbeit im Unternehmen und stellt somit ein wichtiges Instrument des Personalcontrolling zur Wirtschaftlichkeitserhöhung dar. Entsprechend besteht die Aufgabe der Verantwortlichen innerhalb des Personalbereichs darin, durch permanente Prozessverbesserung die Standardkosten zu senken. Unterstützt wird das Target Costing durch die Prozesskostenrechnung, die Informationen über die derzeitige Kostenstruktur sowie die Kostentreiber bereitstellt. Mit ihrer Hilfe können mögliche Kostensenkungspotenziale erkannt und genutzt werden.

### (d) Benchmarking

Als ein weiteres Instrument des prozessorientierten Personalcontrolling kann das Benchmarking gesehen werden. Innerhalb des Benchmarking-Prozesses erfolgt ein permanenter Vergleich von Produkten, Dienstleistungen und betrieblichen Abläufen über mehrere Organisationseinheiten. Mittels eines solchen Vergleichs soll die Wettbewerbsorientierung in allen Bereichen des Unternehmens erhöht werden und insbesondere die

---

[241] Vgl. Oechsler, W.A.: Personal und Arbeit, a.a.O., S. 135.

innovative, unternehmerische Personalarbeit gefördert werden. Im Rahmen des Personalcontrolling wird Benchmarking zur Unterstützung der Analyse-, Planungs- und Steuerungsfunktion eingesetzt.

Benchmarking beinhaltet somit die Identifikation kritischer Prozesse und Methoden innerhalb des Angebots der Personalabteilung durch den Vergleich mit dem Spitzenleister (Best of Class). Diese werden im Rahmen des Personalcontrolling z.B. einer Stärken-Schwächen-Analyse unterzogen, um entsprechende Verbesserungsmöglichkeiten aufzuzeigen und gemeinsam mit den verantwortlichen Führungskräften Veränderungsvorschläge zu erarbeiten.

## 4.5 Aspekte zur organisatorischen Einordnung und Implementierung von Personalcontrolling

Mit den Entscheidungen zur Aufbauorganisation des Personalcontrolling wird vor allem die Kompetenzverteilung der betroffenen Einheiten und Verantwortlichen geregelt und damit auch die wechselseitige Kooperationsphilosophie formuliert. Dies sollte nur im Kontext der unternehmensspezifischen Organisationsstruktur und -kultur erfolgen.

Organisatorische Gestaltungsvarianten sind:[242]

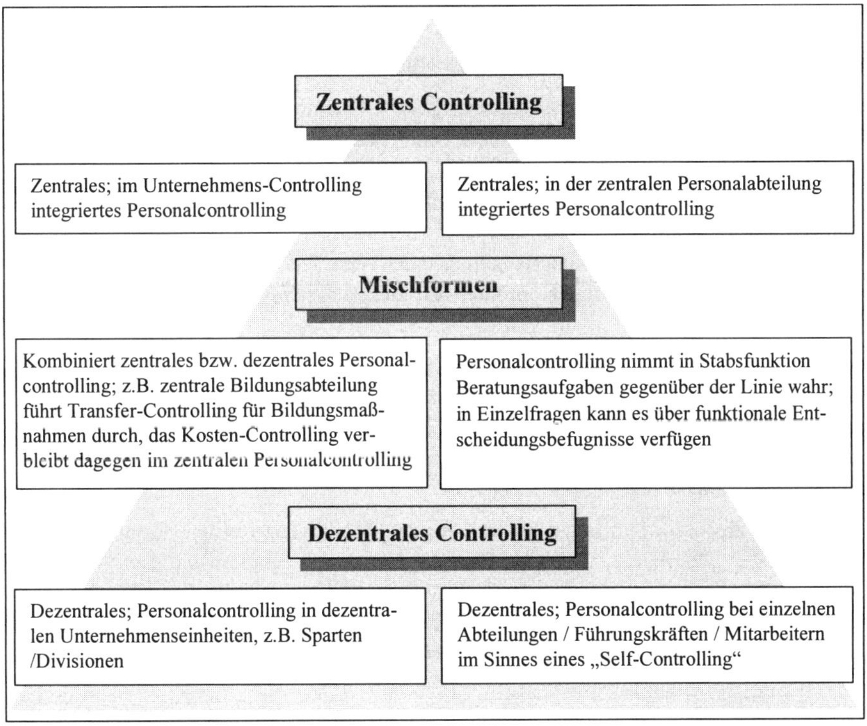


**Abb. 71:** Hauptvarianten der Organisation des Personalcontrolling

[242] Vgl. Oechsler, W.A.: Personal und Arbeit, a.a.O., S. 88.

In der Praxis ist jedoch die informelle und persönliche Zusammenarbeit - im Rahmen der formalorganisatorischen Bandbreiten - zwischen den Betroffenen von ebenso großer Bedeutung.[243]

### (a) Zentrales und dezentrales Controlling

Im Rahmen **zentraler** Controlling-Varianten kann man differenzieren zwischen:

- Die Personalcontrolling-Funktion ist in die zentrale Personalabteilung integriert oder
- Die Personalcontrolling-Funktion wird innerhalb des Unternehmens-Controlling wahrgenommen.

Beim dezentralen Controlling unterscheidet man zwischen einem dezentralen Personalcontrolling in den verschiedenen dezentralen Unternehmenseinheiten sowie auf einer weiteren Konkretisierungsstufe das dezentrale Controlling bei einzelnen Führungskräften bzw. Mitarbeitern im Sinne eines „Self-Controlling". Dezentrale Controlling-Strukturen scheinen für die Wahrnehmung der Personalcontrolling-Funktion besser geeignet zu sein, da sie eine unmittelbare Nähe zum Alltagsgeschäft haben. Im Rahmen des dezentralen Personalcontrolling in den verschiedenen dezentralen Unternehmenseinheiten sind die dezentralen Personal-Controller mitverantwortlich für die effiziente Koordination von Zielen, Maßnahmen und Ressourcen der betreffenden Teileinheiten bezüglich personalwirtschaftlicher Fragestellungen.[244]

### (b) Self-Controlling als dezentrale Controlling-Variante

Das **dezentrale** Controlling im Sinne eines **„Self-Controlling"** kann auf Abteilungsebene sowie bei der einzelnen Führungskraft bzw. beim einzelnen Mitarbeiter angewendet werden. Die einzelne Abteilung kann sich z. B. mit Hilfe der Reviewmethode bzw. unter Anwendung von Servicebefragungen innerhalb eines umfassenden Management- und Service-Audits evaluieren. Innerhalb dieses Self-Controlling-Prozesses ist die spezifische Unternehmenseinheit auf die kritischen Meinungsäußerungen der verschiedenen Bezugsgruppen angewiesen. Sie kann daher notwendige Korrektur- und Steuerungsmaßnahmen eigenständig veranlassen.[245]

Es können aber auch die Führungskräfte bzw. Mitarbeiter im Sinne eines „Self-Controlling" tätig werden, indem sie Steuerungsinformationen aus dem zur Verfügung stehenden Datenpool abrufen und aufgrund entsprechender Analysen selbständig Gegensteuerungs- und Anpassungsmaßnahmen ergreifen. Somit kann also eine datengestützte Selbstanalyse durchgeführt werden.

Selbstkontrolle im Führungsbereich kann dann praktiziert werden, wenn der Vorgesetzte für den Mitarbeiter als nachahmenswertes Modell fungiert und der Vorgesetzte selbst nach außen hin Selbstkontrolle demonstriert. Ferner sollte der Mitarbeiter die langfristige Ausweitung seiner eigenen Kontrollmöglichkeiten (z. B. durch Beförderung) erkennen. Dabei ist stets darauf zu achten, ein zweckmäßiges Verhältnis von Eigen- zu Fremdkontrolle zu suchen.

---

[243] Vgl. Wunderer, R./Schlagenhaufer, P.: Personalcontrolling, a.a.O., S. 89.

[244] Vgl. ebd., S. 89.

[245] Vgl. ebd., S. 90.

Aspekte der Selbstkontrolle können bei Mitarbeitern durch folgende Konzepte bzw. Methoden gefördert werden:

- aufgabenbezogenes Coaching
- personenorientiertes Counseling
- identifikationsorientiertes Mentoring
- Beurteilungs-, Förderungs-, Entwicklungsgespräch (Coaching, Counseling).

Das Konzept des „Self-Controlling" geht aber über eine bloße Selbstkontrolle von eigenen Verhaltensweisen und Ergebnissen hinaus. Durch das Kontrollieren eigener Tätigkeiten tritt dabei ein vorausschauendes, zielbezogenes Steuern, Planen und Evaluieren persönlicher Handlungen ein. Mit delegativer Führung steigt grundsätzlich der Bedarf an Selbstkontrolle. Daneben muss aber auch die Dualität der Kontrolle geändert werden. Anstelle von Verhaltensorientierung muss vermehrt die Ergebnisorientierung zum Tragen kommen.[246]

### (c) Mischformen des Controlling

Neben den zentralen und dezentralen Controlling-Varianten entstanden ebenfalls Mischformen. Ist das Personalcontrolling etwa gemäß dem Prinzip der Stab-Linien-Organisation strukturiert, so nimmt es einerseits eine Beratungsaufgabe gegenüber der Linie wahr, andererseits kann es funktionale Entscheidungsbefugnisse in Einzelfragen innerhalb der entsprechenden Sparten bzw. Divisionen haben. Dies kann allerdings zu Kompetenzkonflikten mit den dezentralen Personalchefs führen, besonders dann, wenn die Entscheidungsbefugnisse nicht klar geregelt sind. Die Beziehungen zwischen dem dezentralen Personal-Controller, dem Personalleiter und dem Zentral-Controller könnten nach dem sogenannten Dotted-line-Prinzip gestaltet werden, d. h. der Personal-Controller ist zwar disziplinarisch dem Personalleiter zugeordnet, gleichzeitig besteht aber eine funktionale Unterstellung durch das Zentral-Controlling. Es ist jedoch zu bedenken, dass eine formelle Unterstellung gegenüber dem Personalleiter die für Verfahrensanalysen und Ergebnisüberprüfungen notwendige Unabhängigkeit des Personal-Controllers gefährden kann. Des Weiteren schränkt das Dotted-line-Prinzip den Handlungsrahmen des dezentralen Personal-Controllers stark ein.

Eine weitere organisatorische Mischform stellt ein kombiniert zentrales bzw. dezentrales Personalcontrolling dar, z.B. könnte eine zentrale Bildungsabteilung für Transfer-Controlling bei zentralen und dezentralen Bildungsmaßnahmen verantwortlich sein.[247]

Bei der Entwicklung von unternehmensspezifischen Personalcontrolling-Konzepten werden in der Regel Elemente sämtlicher skizzierter Organisationsformen verwendet. So werden z. B. zentralisierte Controllingstrukturen um dezentrale Planungs- und Evaluationskonzepte ergänzt. Das zentrale Personalcontrolling leistet dabei eine Aggregation und Interpretation der dezentralen Teilergebnisse und sichert die Einheitlichkeit der unternehmerischen Rechnungslegung. Ferner beschäftigt sich das zentrale Personalcontrolling stärker mit strategischen Fragestellungen, während das dezentrale Controlling mehr das operative Tagesgeschäft begleitet und evaluiert.

---

[246] Vgl. Wunderer, R./Schlagenhaufer, P.: Personalcontrolling, a.a.O., S. 90.

[247] Vgl. ebd., S. 89.

Für ein unternehmensspezifisches Personalcontrolling kann die Dokumentation von wesentlichen Elementen der Controlling-Philosophie in einem Unternehmens- (bzw. spezifischen Controlling) Leitbild dessen Akzeptanz im Unternehmen verstärken. Durch die Klärung datenrechtlicher und ethischer Fragen können Fehlinterpretationen der Mitarbeiter im Unternehmen verhindert werden. Ferner kann man durch die Dokumentation des Selbstverständnisses sowie der Rollen des Personalcontrolling den Service- und Dienstleistungscharakter dieser betrieblichen Funktion explizit herausstellen. Aussagen zum Personalcontrolling können dabei vor allem innerhalb der Leitbildthemen „Führungskonzept" (Führungssystem, Führungskräfte, Führungsmethodik) sowie „Finanzwirtschaftliches Konzept" (Ertragsziele, Finanzstruktur) getroffen werden.[248]

[248] Vgl. Liessmann, K.: Strategisches Controlling, in: Mayer, E. (Hrsg.): Controlling-Konzepte: Perspektiven für die 90er Jahre, Wiesbaden, 1987, S. 129.

# Fragen zur Kontrolle und Vertiefung

(1) Nennen Sie die wichtigsten Trends des Personalmanagements der Zukunft!

(2) In der Bevölkerung hat sich ein Wertewandel vollzogen. Nennen Sie die Ursachen und Merkmale dieses Prozesses, der ein Umdenken in der Organisation erfordert!

(3) Durch was werden die vier grundlegenden Wertetypen nach Franz/ Herbert gekennzeichnet?

(4) Vergleichen Sie die Wertvorstellungen des sogenannten "Hedomat"-Typen mit denen vorhergehender Generationen!

(5) Aufgrund welcher unterschiedlicher Wertevorstellungen kann ein Konflikt zwischen der Organisation und dem Individuum entstehen?

(6) Welche Leistungsmotivationen und daraus resultierende Arbeitsformen treffen für den "Arbeitsmenschen 2000" zu?

(7) Beschreiben Sie das Berufsfeld des privaten Arbeitsvermittlers!

(8) Was versteht man unter einer sogenannten "Tertiarisierung"? Beschreiben Sie diesen Begriff am Beispiel der deutschen Wirtschaft unter Beachtung der Strukturprojektionen der IAB und der Prognos AG!

(9) Wie läßt sich die Veränderung der Qualifikationsstruktur begründen?

(10) Welche Folgen für den Führungskräftebedarf ergeben sich aus dem Wachstum des Dienstleistungsbedarfs?

(11) Wie verändert sich die Rolle der Frau in der heutigen Gesellschaft?

(12) Wie wirkt sich vermutlich der Strukturwandel auf die Integration der Frau auf den Arbeitsmarkt aus?

(13) Gibt es Unterschiede zwischen Frauen und Männern in der Einstellung zur Karriere?

(14) Welche Veränderungen für die Personalpolitik ergaben bzw. ergeben sich aus der Existenz des EU-Binnenmarktes?

(15) Skizzieren Sie folgende Strategien des internationalen Personalmanagements: ethnozentrischer, polyzentrischer und geozentrischer Ansatz! Welcher von diesen Ansätzen wird richtungsweisend sein (Begründung)?

(16) Führen Sie Gründe für negative Reaktionen des Personals beim Einsatz neuer Technologien auf!

(17) Wie wirkt sich der Technologiefortschritt auf die Beschäftigungslage aus?

(18) Beschreiben Sie die Einflussnahme neuer Technologien auf das Personalwesen!

(19) Was sagt die Formulierung "Halbwertzeit des Wissens" aus?

(20) Welche Fähigkeiten werden in Zukunft mehr und mehr von einem Mitarbeiter erwartet bzw. gefördert? Nennen Sie die Themengebiete der Weiterbildung, die sich daraus ergeben!

(21) Erläutern Sie die Rolle des Vorgesetzten bei Weiterbildungsmaßnahmen!

(22) Woraus ergibt sich die Notwendigkeit der beruflichen Weiterbildung? Begründen Sie dies im Hinblick auf den Wertebegriff "Made in Germany"!

(23) Beschreiben Sie die Anforderungen an die Führungskraft 2000!

(24) Zu welchen Vorstellungen der Lebensinhalte Beruf, Freizeit und Familie hat der Wertewandel bei Führungskräften geführt?

(25) Unterscheiden Sie zwischen dem interaktiven und dem transaktionalen Führungsstil! Ist ersterer frauentypisch?

(26) Wie äußert sich der Drang nach Individualisierung und Flexibilisierung der Arbeitsbedingungen?

(27) Erläutern Sie die Notwendigkeit einer Flexibilisierung in der Fertigung!

(28) Welche Bedeutung hat eine flexible Arbeitszeitregelung?

(29) Durch was ist ein flexibel einsetzbarer Mitarbeiter gekennzeichnet?

(30) Beurteilen Sie kritisch die Teleheimarbeit als Möglichkeit der örtlichen Flexibilisierung und Individualisierung!

(31) Beschreiben Sie das Senator-Programm!

(32) Nennen Sie einige Beispiele zum Thema Entgeltsysteme! Welche neuen Ideen und Wege gibt es?

(33) Zählen Sie die wesentlichen Vorteile des Deferred Compensation für Unternehmen und Mitarbeiter auf!

(34) Wie lauten die fünf Kulturmerkmale des Lean Managements?

(35) Erläutern Sie einige konkrete Techniken im Bereich der Lean Production!

(36) Beschreiben Sie den $KVP^2$-Workshop! Was ist hier mit Verschwendung gemeint?

(37) Beschreiben Sie die Grundzüge des visionären Managements! Wie lauten die Komponenten einer Vision?

(38) In welcher Form ändert sich das Managementprofil im Chaosmanagement?

(39) Wie kommt es zu Denkblockaden beim innovativen Management?

(40) Wie heißen die drei Phasen des technischen Innovationsprinzips?

(41) Welche Begriffe stellen die Grundlage für eine ganzheitliche Denkweise dar?

(42) Welche Leitsätze charakterisieren das Unternehmen als Organismus?

(43) Nennen Sie die Ziele des Personalcontrolling! Welche Aufgaben resultieren daraus?

(44) Setzen Sie sich kritisch mit der Möglichkeit einer Mitarbeiterbefragung auseinander!

(45) Nennen Sie wesentliche Instrumente des strategischen Personalcontrolling!

# Abkürzungsverzeichnis

| | |
|---|---|
| a.a.O. | am angegebenen Ort |
| Abb. | Abbildung |
| ACT | Assessment-Center-Technik |
| AG | Aktiengesellschaft |
| AktG | Aktiengesetz |
| allg. | allgemein |
| ArbG | Arbeitsgericht |
| ArbGG | Arbeitsgerichtsgesetz |
| ArbZG | Arbeitszeitgesetz |
| Aufl. | Auflage |
| BAG | Bundesarbeitsgericht |
| BBiG | Berufsbildungsgesetz |
| BDSG | Bundesdatenschutzgesetz |
| berufl. | beruflich |
| BErzGG | Bundeserziehungsgeldgesetz |
| BeschFG | Beschäftigungsförderungsgesetz |
| BetrVG | Betriebsverfassungsgesetz |
| BGB | Bürgerliches Gesetzbuch |
| BUrlG | Bundesurlaubsgesetz |
| bzw. | beziehungsweise |
| CAD | Computer Aided Design |
| CAM | Computer Aided Manufactoring |
| CIM | Computer Integrated Manufactoring |
| d.h. | das heißt |
| DGB | Deutscher Gewerkschaftsbund |
| DIN | Deutsche Industrie-Norm(en) |
| e.V. | Eingetragener Verein |
| ebd. | ebenda |
| EDV | Elektronische Datenverarbeitung |
| engl. | englisch |
| etc. | et cetera |
| EU | Europäische Union |
| evtl. | eventuell |
| f. | (der/die) folgende |
| ff. | (die) folgenden |
| FMEA | Failure Mode and Effects Analysis |
| GewO | Gewerbeordnung |
| GG | Grundgesetz |
| ggf. | gegebenenfalls |
| GmbH | Gesellschaft mit beschränkter Haftung |
| GmbHG | Gesetz für Gesellschaften mit beschränkter Haftung |
| HAG | Heimarbeitsgesetz |
| HGB | Handelsgesetzbuch |
| Hrsg. | Herausgeber |
| IAB | Institut für Arbeitsmarkt- und Berufsforschung |
| i.d.R. | in der Regel |
| IG | Industriegewerkschaft |
| IPA | Institut für Personalwesen und Arbeitswissenschaft |
| JASchG | Jugendarbeitsschutzgesetz |
| Jg. | Jahrgang |
| JIT | Just in time |
| kfm. | kaufmännisch |
| KG | Kommanditgesellschaft |
| KGaA | Kommanditgesellschaft auf Aktien |
| KSchG | Kündigungsschutzgesetz |
| LAG | Landesarbeitsgericht |
| MuSchG | Mutterschutzgesetz |
| Nr. | Nummer |
| o.ä. | oder ähnliche |
| o.g. | oben genannt |
| OHG | Offene Handelsgesellschaft |
| PE | Personalentwicklung |
| PIS | Personalinformationssystem |
| REFA | Verband für Arbeitsstudien und Betriebsorganisation |
| RKW | Rationalisierungskuratorium der Deutschen Wirtschaft |
| SGB | Sozialgesetzbuch |
| sog. | so genannt |
| SprAuG | Sprecherausschussgesetz |
| techn. | technisch |
| TQM | Total Quality Management |
| TVG | Tarifvertragsgesetz |
| u.a. | unter anderem |

| | |
|---|---|
| usw. | und so weiter |
| u.U. | unter Umständen |
| VDE | Verband Deutscher Elektrotechniker |
| VDI | Verein Deutscher Ingenieure |
| vgl. | vergleich(e) |
| z.B. | zum Beispiel |
| ZPO | Zivilprozessordnung |

# Literaturverzeichnis

**Abts, D./Mülder, W.:** Grundkurs Wirtschaftsinformatik. Eine kompakte und praxisorientierte Einführung, 5. Aufl., Wiesbaden 2004.

**Ackermann, K. F.:** Auf der Suche nach kundenorientierten Organisationsformen des Personalmanagements. In: Visionäres Personalmanagement, hrsg. von Kienbaum, J., 2. Aufl., Stuttgart 1994, S. 271-284.

**Ackermann, K. F.:** Balanced Scorecard für Personalmanagement und Personalführung: Praxisansätze und Diskussion, Wiesbaden 2000.

**Ackermann, K. F.:** Die Personalabteilung am Scheideweg. In: Reorganisation der Personalabteilung, hrsg. von Ackermann, K.F., Stuttgart 1994, S. 3-21.

**Ackermann, K. F.:** Prognose "Personal" für das kommende Jahrzehnt. In: Personal 4/89, S. 186-142.

**Ackermann, K. F.:** Reorganisation der Personalabteilung: Dezentralisierung, Divisionierung, Profit-Center-Orientierung der Personalarbeit im Unternehmen, Stuttgart 1994.

**Adam Opel AG (Hrsg.):** Das Opel-Produktionssystem, Rüsselsheim 1993.

**Adams, J. S.:** Toward an Understanding to Inequity. In: Journal of Abnormal and Social Psychology, 67. Jg. 1963, S. 422-436.

**Adamski, B.:** Praktisches Arbeitszeitmanagement. Ressourcenverwaltung und –steuerung durch Arbeitszeitkonten- und Personaleinsatzplanung, 2. Aufl., Frechen 2000.

**Adrian, G./Albert, I./Riedel, E.:** Die Mitarbeiterbeurteilung: Hinweise und Hilfen für Beurteiler, 7. Aufl., Stuttgart/München/Hannover 2002.

**Ahrend, P./Förster, W./Rühmann, J.:** Gesetz zur Verbesserung der betrieblichen Altersversorgung, 9. Aufl., München 2003.

**Albert, G.:** Betriebliche Personalwirtschaft, 6. Aufl., Ludwigshafen 2004.

**Alderfer, C. P.:** Existence, Relatedness and Growth. Human Needs in Origanizational Settings, New York 1972.

**Alef, P./Stein, H.:** Die Ausbilder-Eignung. Basiswissen für Prüfung und Praxis der Ausbilder/innen nach der neuen Verordnung mit den sieben Handlungsfeldern, 9. Aufl., Hamburg 2003.

**Ammelburg, G.:** Organismus Unternehmen, Düsseldorf/Wien/New York/Moskau 1993.

**Antons, K.:** Praxis der Gruppendynamik, 8. Aufl., Göttingen/Bern/Toronto 2000.

**Arbeitsberichte des Ausschusses Betriebliche Personalpolitik bei der Bundesvereinigung der Deutschen Arbeitgeberverbände:** Betriebliches Vorschlagswesen, Arbeitsbericht 26, Köln 1988.

**Armutat, S.:** Kompetenzentwicklung im universitären Studienfach Personal für das Berufsfeld Personalmanagement, München/Mering 2003.

**Ascheid, R.:** Kündigungsschutzrecht: Die Kündigung des Arbeitsverhältnisses, Stuttgart/ Berlin/Köln 1993.

**Assig, D.:** Frauen in Führungspositionen, München 2001.

**Autenrieht, C.:** Frauen auf dem Weg ins Management. In: Personalführung 6/93, S. 534-535.

**Autenrieth, C.:** Personalauswahl und -entwicklung von weiblichen Führungskräften, Frankfurt am Main/New York 1993.

**Bahners, C.:** Vorgesetztenbeurteilung mittels 360°-Feedback, München/Mering 2003.

**Barnow, S./Freiberger, H./Fischer, W./Linde, M.(Hrsg.):** Von Angst bis Zwang. Ein ABC der psychischen Störungen: Formen, Ursachen und Behandlung, 2. Aufl., Göttingen 2003.

**Bauer, J. H.:** Arbeitsrechtliche Aufhebungsverträge, 3. Aufl., München 1993.

**Bauer, J.H./Krieger, S.:** Kündigungsrecht – Reformen 2004, Köln 2004.

**Baumgarten, R.:** Führungsstile und Führungstechniken, Berlin/New York 1977.

**Baumgartner, B.:** Die Controller Konzeption, Bern/Stuttgart 1980.

**Bauschke, H.J./Kurr, J.:** Teilzeitarbeit und befristete Arbeitsverhältnisse, Chancen und Grenzen der Flexibilität, Heidelberg 2002.

**Bechtler, T.:** Selbstorganisation als Unternehmensvision. In: Das systemisch evolutionäre Management, hrsg. von Königswieser, R./Lutz, C., Wien 1992.

**Becker, F.:** Abmahnung und Betriebsbuße. In: Das Personalbüro in Recht und Praxis, Freiburg i. Br. 1991, S. (3c) 1-22.

**Becker, F. G.:** Anreizsysteme für Führungskräfte im Strategischen Management, 2. Aufl., Bergisch-Gladbach/Köln 1987.

**Becker, F. G.:** Strategische Ausrichtung von Beteiligungssystemen. In: Entgeltsysteme - Lohn, Mitarbeiterbeteiligung und Zusatzleistungen, hrsg. von Weber, W., Stuttgart 1993, S. 313-338.

**Becker, F.G./Fallgatter, M.J.:** Die Personalabteilung als Referentensystem. In: Scholz, Ch. (Hrsg.): Innovative Personal-Organisation: Center-Modelle für Wertschöpfung, Strategie, Intelligenz und Virtualisierung, Neuwied u.a. 1999, S. 218-227.

**Becker, H. L.:** Ganzheitliche Management-Methodik: Die Erfolgsfaktoren der Selbstführung, Mitarbeiterführung und Arbeitsmethodik, 2. Aufl., Renningen bei Böblingen 1991.

**Becker, M.:** Personalentwicklung. Die personalwirtschaftliche Herausforderung der Zukunft, Bad Homburg 1993.

**Becker, S.:** Teamentwicklung, München 2002.

**Beckerle, K.:** Die Abmahnung, 8. Aufl., Planegg bei München 2003.

**Beckerle, K./Schuster, W.:** Die Abmahnung: Vorstufe der Kündigung in der betrieblichen Praxis, 4. Aufl., Freiburg i. Br. 1993.

**Beckmann, K.:** Seminar-, Tagungs- und Kongressmanagement, Berlin 2003.

**Bedner, K.:** Gesundheitsschutz und Gesundheitsförderung in Betrieben, München/Mering 2001.

**Beer, U.:** Graphologie, München/Landsberg am Lech 1992.

**Bellgardt, P.:** Datenschutzpraxis im Personalbereich: Problemfelder, Anforderungen, Muster, Heidelberg 1998.

**Bellgardt, P.:** Möglichkeiten flexibler Arbeitszeitgestaltung: Arbeits- und Betriebszeitoptimierung als Managementaufgabe. In: Personal-Management, hrsg. von Berthel, J./Groenewald, H., Landsberg/Lech 1994, S. 1-24 (Kapitel 3.6).

**Bellgardt, P.:** Systemunterstützung, Heidelberg 1990.

**Bellmann, K.:** Kostenoptimale Arbeitsteilung im Büro. Der Einfluss neuer Informations- und Kommunikationstechnik auf Organisation und Kosten der Büroarbeit, Berlin 1989.

**Berk, L.E.:** Entwicklungspsychologie, 3. Aufl., München 2004.

**Berkel, K.**: Konflikttraining – Konflikte verstehen, analysieren, bewältigen, 7. Aufl., Heidelberg 2002.

**Berkowski, W.**: Die Änderungskündigung unter Berücksichtigung des neuen Betriebsverfassungsgesetzes und des Arbeitsgerichtsverfahrens, München 2004.

**Berne, E.**: Games People play, New York 1967.

**Bertelsmann Distribution:** Unser Arbeitszeitmodell, Gütersloh.

**Berth, R.**: Erfolg-Überlebensmanagement. 50 Strategien für innovatives Management, 2. Aufl., Düsseldorf 1995.

**Berthel, J.**: Führungskraft 2000. In: Harvard-manager 3/1987, S. 114-118.

**Berthel, J./Becker, F.G.**: Personal-Management. Grundzüge für Konzeptionen betrieblicher Personalarbeit, 7. Aufl., Stuttgart 2003.

**Bichler, S./Dörr, D.**: Personalwirtschaft. Einführung mit Beispielen aus SAP® R/3® HR®, München 1999.

**Birkenbihl, V./Blickhahn, C./Ulsamer, C.**: NLP-Einstieg in das Neurolinguistische Programmieren, Speyer 1992.

**Bisani, F.**: Personalwesen. Grundlagen, Organisation, Planung, 3. Aufl., Wiesbaden 1992.

**Bisani, F.**: Unternehmensbezogene Gliederung von Personalaufgaben, RKW-Schriftenreihe "Das zeitgemäße Personalbüro", 2. Aufl., Eschborn 1988.

**Bittner, A.**: Interkulturelles Personalmanagement. Internationale Personalentwicklung, Auslandsentsendungen, interkulturelles Training, hrsg. vom Institut für interkulturelles Management, Wiesbaden 1994.

**Bitzer, B.**: Das Rückkehrgespräch: Ein Instrument zum Abbau von Fehlzeiten. In: Personalführung, 2/1994, S. 18 f.

**Bitzer, B.**: Mitarbeiterbeurteilung einmal umgekehrt. In: Personal, 8/1993, S. 373-375.

**Blaeser, H. O.**: Betriebliches Personalaktenrecht. Hinweise für die rechtliche und praktische Handhabung der Personalakte im Betrieb, Köln 1992.

**Blake, R. R./Mouton, J. S.**: Besser führen mit GRID. Probleme lösen mit dem Grid-Konzept, Düsseldorf/Wien/New York/Moskau 1994.

**Blake, R. R./Mouton, J. S.**: Verhaltenspsychologie im Betrieb, 2. Aufl., Düsseldorf 1986.

**Bleicher, K.**: Das Konzept integriertes Management, Frankfurt/New York 1991.

**Bloch, W.**: Arbeitsbewertung. In: Enzyklopädie der Betriebswirtschaftslehre, Band V: Handwörterbuch des Personalwesens, hrsg. von Gaugler, E., Stuttgart 1975, S. 146 f.

**Blum, A.**: Integriertes Arbeitszeitmanagement: Ausgewählte personalwirtschaftliche Maßnahmen zur Entwicklung und Umsetzung flexibler Arbeitszeitsysteme, Bern/Stuttgart/Wien 1999.

**Bokranz, R.**: Entlohnungsgrundsätze, Lohnformen. In: Mensch und Arbeit, Taschenbuch für die Personalpraxis, hrsg. von Schneider, H.J., 9. Aufl., Köln 1992, S. 305-366.

**Bokranz, R./Landau, K.**: Einführung in die Arbeitswissenschaft, Stuttgart 1991.

**Bolduan, C./Black, J.**: Integrierte Lernsysteme für effizienteres Training. In: Personal, 1/2001, S. 39.

**Bonsen, M.**: Was ist Vision? In: GDI Impuls 4/1987, S. 49-59.

**Bosch, G./Kohl, H./Schneider, W.**: Handbuch Personalplanung, Köln 1995.

**Bramesfeld, R.:** Empfehlungen zur Datensicherung, hrsg. vom Fachbereich Elektronik und EDV im Bundesverband öffentlich bestellter und vereidigter Sachverständiger e.V., Augsburg 1994.

**Brasis, T.:** Personalbeurteilung, Mitarbeitergespräch, Zielvereinbarung, 2. Aufl., Frankfurt/ Main 2001.

**Braun, W.:** Europäisches Management: Unternehmenspolitische Chancen und Probleme des Binnenmarktes, Wiesbaden 1991.

**Breisig, Th.:** Betriebliche Sozialtechniken: Handbuch für Betriebsrat und Personalwesen, Neuwied 1990.

**Breisig, Th.:** Entgelt nach Leistung und Erfolg. Grundlagen moderner Entlohnungssysteme, Frankfurt/Main 2003.

**Breisig, Th.:** Personalbeurteilung, Mitarbeitergespräch, Zielvereinbarungen, 2. Aufl., Frankfurt/Main 2001.

**Brinkmann, R.:** Personalpflege, Heidelberg 1993.

**Brinkmann, R.:** Intervision. Ein Trainings- und Methodenbuch für die kollegiale Beratung, Heiderberg 2002.

**Bröckermann, R.:** Personalwirtschaft. Lehre- und Übungsbuch für Human Resource Management, 3. Aufl., Stuttgart 2003.

**Bröckermann, R./Pepels, W.:** Handbuch Recruitment, Berlin 2002.

**Bronner, R./Appel, W./Wiemann, V.:** Empirische Personal- und Organisationsforschung, München/Wien 1999.

**Bühner, M.:** Einführung in die Test- und Fragebogenkonstruktion, München 2003.

**Bühner, R.:** Effiziente Organisationsstrukturen in der Personalarbeit. In: Personalmanagement für die 90er Jahre: neue Entwicklungen - neues Denken - neue Strategien, hrsg. von Ackermann, K.F./Scholz, H., Stuttgart 1991, S. 97-123.

**Bühner, R.:** Personalmanagement, Landsberg/Lech 1994.

**Bühner, R.:** Strategie und Organisation, 2. Aufl., Wiesbaden 1995.

**Bundesinstitut für Berufsbildungsforschung im Bundesinstitut für Berufsbildung (Hrsg.):** Weiterbildung in der Arbeitswelt, München 1977.

**Bundesministerium für Arbeit und Sozialordnung (Hrsg.):** Mitbestimmung, 3. Aufl., Bonn 2000.

**Bundesministerium für Arbeit und Sozialordnung (Hrsg.):** Mitarbeiterbeteiligung am Produktivvermögen. Ein Wegweiser für Arbeitnehmer und Arbeitgeber, Bonn 1999.

**Bundesministerium für Arbeit und Sozialordnung (Hrsg.):** Soziale Sicherheit, Bonn 1994.

**Bundesministerium für Arbeit und Sozialordnung (Hrsg.):** Teilzeitarbeit, ein Leitfaden für Arbeitnehmer und Arbeitgeber, Bonn 1994.

**Bundesministerium für Gesundheit und Soziale Sicherung (Hrsg.):** Ratgeber für behinderte Menschen, Bonn 2003.

**Bundesversicherungsanstalt für Angestellte:** Unsere Sozialversicherung, Berlin 2003.

**Burghardt, M.:** Projektmanagement, 6. Aufl., Berlin/München 2002.

**Bürschel, W.:** Zum Begriff modernen ganzheitlichen Denkens, Frankfurt/Main 1990.

**Busch, C.:** Frauen haben viel zu bieten. In: Arbeitgeber, Köln 1994, S. 39.

**Busch, C.**: Frauen haben viel zu bieten, hrsg. vom Bundesministerium für Bildung und Wissenschaft und dem Bildungswerk der Hessischen Wirtschaft e.V., Bonn 1994.

**Butolle, W.**: Die Angst ist eine Kraft. Über die konstruktive Bewältigung von Alltagsängsten, Weinheim 2000.

**Buttler, F./Tessaring, M.**: "Arbeitslandschaft 2010". Folgerungen für die Ausbildung und Beschäftigung von Führungskräften. In: Visionäres Personalmanagement, hrsg. von Kienbaum, J., 2. Aufl., Stuttgart 1994, S. 313-332.

**Callau, R.**: Neuronale Netze, München 2003.

**Capra, F.**: Systemisch Denken – das neue Paradigma. In: Das systemisch evolutionäre Management, hrsg. von Königswieser, R./Lutz, C., 2. Aufl., Wien 1992.

**Capra, F.**: Wendezeit: Bausteine für ein neues Weltbild, 5. Aufl., Bern 1983.

**Capra, F./Exner, A./Königswieser, R.**: Veränderung im Management der Veränderung. In: Das systemisch evolutionäre Management, hrsg. von Königswieser, R./Lutz, C., 2. Aufl. Wien 1992.

**Coelius, C.**: Zeugnisse: Wie Sie böse Überraschungen vermeiden, 2. Aufl., Hamburg 2001.

**Cohn, R. C.**: Themenzentrierte Interaktion. In: Psychologie des 20. Jahrhunderts, hrsg. von Heigel-Evers, A., Zürich 1979.

**Conrad-Betschart, H./Ulich, E.**: Flexibilisierung der Arbeitsbedingungen. In: Die Aufgaben der Personalabteilung in einer sich wandelnden Umwelt, hrsg. von Lattmann, C./Krulis-Randa, J., Heidelberg 1989, S. 95-117.

**Cox, P.M./Offermann, J.**: Wirtschaftsausschuss, Frankfurter/Main 2004.

**Crisand, C.**: Soziale Kompetenz als persönlicher Erfolgsfaktor, Heidelberg 2002.

**Crisand, E./Stephan, P.**: Personalbeurteilungssysteme: Ziele, Instrumente, Gestaltung, 3. Aufl. Heidelberg 2002.

**Curth, M. A./Lang, B.**: Management der Personalbeurteilung, 2. Aufl., München/Wien 1991.

**Czichos, R.**: Change-Management, 2. Aufl., München/Basel 1993.

**Czichos, R.**: Coaching, München 1991.

**Dachrodt, H. G./Engelbert, V.**: Zeugnisse lesen und verstehen: Formulierungen und ihre Bedeutungen, 7. Aufl., Köln 2003.

**Dahrendorf, R.**: Gesellschaft und Demokratie in Deutschland, München 1975.

**Däubler, W.**: Tarifvertragsrecht, 4. Aufl., Baden-Baden 1997.

**De V. Mansfield, J.**: Personalmanagement. In: Management Enzyklopädie, Band 4, München 1971, S. 1076-1090.

**Deppe, J.**: Qualitätszirkel, 4. Band, Bern 1986.

**Deppe, J.**: Quality Circle und Lernstatt. Ein integrativer Ansatz, 3. Aufl., Wiesbaden 1992.

**Depre, P./Bachmann, W.**: Die Praxis der Lohnpfändung, 5. Aufl., Köln 1999.

**Derr, D.**: Fehlzeiten im Betrieb. Ursachenanalyse und Vermeidungsstrategien, Köln 1995.

**Deutsche Hauptstelle gegen die Suchtgefahren (Hrsg.)**: Jahrbuch Sucht, Hamm 2002.

**Deutsche Hauptstelle gegen die Suchtgefahren (Hrsg.)**: Substanzbezogene Störungen am Arbeitsplatz, Hamm 2001.

**Deutsche Hauptstelle gegen die Suchtgefahren (Hrsg.)**: Sucht und Gesellschaft – Ursachen, Folgen, Zusammenhänge, Hoheneck 1984, S. 7 f.

**Deutsche Hauptstelle gegen die Suchtgefahren (Hrsg.):** Sucht und Arbeit, Freiburg i.Br. 2001.

**Dietel, B./Müller-Bader, P.:** Elemente einer Theorie der Führung. In: Betriebswirtschaftliche Führungslehre - Ein entscheidungsorientierter Ansatz, hrsg. von Heinen, E., 2. Aufl., Wiesbaden 1984.

**Dießner, H.:** Neue Gruppendynamische Übungen, Paderborn 2004.

**Dietz, K.:** Arbeitszeugnisse ausstellen und beurteilen: Beispiele und Formulierungshilfen für die Praxis, 10. Aufl., München 1997.

**Dobberahn, P.:** Das neue Arbeitsschutzgesetz. Rechtsquellen, Grundregeln, wichtige Anlagen, 2. Aufl., München 1996.

**Dobner, E.:** Frauen in Führungspositionen, Heidelberg 2001.

**Dobner, E./Dobner, G.:** Älter werden im Beruf, Instrumente zur flexiblen Mitarbeiterführung, Heidelberg 2002.

**Dombrowski, J.:** Erziehung zur Selbstorganisation. Zum typischen Führungsverhalten von Meistern bei Einführung moderner Gruppenarbeit, München/Mering 2002.

**Domsch, M.:** Das Problem der Kosten-Nutzen-Analyse bei Personalinformationssystemen. In: Personalinformationssysteme, hrsg. von Reber, G., Stuttgart 1979, S. 337-370.

**Domsch, M.:** Personalmarketing für Frauen in Fach- und Führungspositionen. In: Strategien des Personalmarketing, hrsg. von Strutz, H., Wiesbaden 1992.

**Domsch, M./Schneble, A.:** Aufbau und Einsatz betrieblicher Personalinformationssysteme, Landsberg 1991.

**Donig, C.:** Betriebsgraphologie, München 1982.

**Doppler, K.:** Coaching-Markt, Mode und Notwendigkeiten. In: Personalentwicklung im Wandel, hrsg. von Papmehl, A./Walsh, I., Wiesbaden 1991, S. 93-102.

**Doppler, K.:** Der Change Manager. Sich selbst und andere verändern – und trotzdem bleiben wer man ist, Frankfurt/Main 2003.

**Doppler, K./Lauterburg, C.:** Change-Management. Den Unternehmenswandel gestalten, 10. Aufl., Frankfurt/Main 2002.

**Dreyfuss, H.:** Die mühsame Suche nach künstlicher Intelligenz. In: io Management Zeitschrift, 61. Jg. (1992), Nr. 9, S. 55-58.

**Drumm, H. J.:** Personalwirtschaftslehre, 2. Aufl., Berlin/Heidelberg/New York/Tokio 1992.

**Dütz, W.:** Grundrisse des Rechts. Arbeitsrecht, 4. Aufl., München 1999.

**Eissing, G.:** Arbeitsorganisationen in Klein- und Mittelbetrieben, Köln 1993.

**Egger, M.:** Arbeitswissenschaft im Kontext sich wandelnder Rahmenbedingungen, München/ Mering 2001.

**Elsik, W./Mayrhofer, W.:** Strategische Personalpolitik, München/Mering 1999.

**Emmelkamp, P.M.G./von Oppen, P.:** Zwangstörungen, Göttingen/Bern/Toronto 2000.

**Engel, P.:** Japanische Organisationsprinzipien, Zürich 1981.

**Engel, P./Riedmann, W.:** Die neuen Managementtechniken in Fällen, Bd. 2, Motivation und Führung, München 1973.

**Engelbrech, G.:** Frauen am Arbeitsmarkt. In: Personal 2/1993, S. 79-82.

**Esser, A./Wolmerath, M.:** Mobbing. Der Ratgeber für Betroffene und ihre Interessenvertretung, 5. Aufl., Franfurt/Main 2003.

**Etrillard, S.**: Spitzengespräche. Faire Kommunikation durch gekonnte Gesprächsführung, Paderborn 2003.

**Faix, W. G.**: Der Weg zum schlanken Unternehmen, Landsberg/Lech 1994.

**Fakesch, B.**: Führung durch Mitarbeiterbeurteilung. Ein Konzept zur Steigerung der Mitarbeitermotivation, München 1991.

**Fauth, W.**: Praktische Personalarbeit als strategische Aufgabe, Wiesbaden 1991.

**Feix, W. E.**: Personal 2000: Visionen und Strategien erfolgreicher Personalarbeit, Frankfurter Allgemeine Zeitung (Hrsg.), Wiesbaden 1991.

**Fiedler, F. E.**: A contingency model of leadershipeffectiveness. In: Advances in experimental social Psychology, hrsg. von L. Berkowitz, New York 1964.

**Fiedler, F. E.**: A Theory of Leadership Effectiveness, New York 1967.

**Fiedler-Winter, R.**: Ideenmanagement, Landsberg/Lech 2001.

**Fiedler-Winter, R.**: Innovation Mitarbeiterbeteiligung, 2. Aufl., Landsberg/Lech 2000.

**Fieten, R.**: Management by Konzept. Idee und Anwendungsmöglichkeiten. In: RKW-Handbuch Führungstechnik und Organisation, Düsseldorf 1994.

**Fischer-Winkelmann, W./Hohl, E. K.**: Konzepte und Probleme der Humanvermögensrechnung, In: DB 1982, Heft 51 u. 52, S. 2636-2644.

**Foerster, H. v.**: Die Verantwortung von Experten. In: Sinn und Einsicht, hrsg. von Foerster, H.v., Braunschweig 1985.

**Frank, A.**: Das Schwerbehindertenrecht, 8. Aufl., Berg 2003.

**Franke, H.**: Arbeitsmarkt 2000: weiblicher, älter, qualifizierter. In: Personal 2000: Visionen und Strategien erfolgreicher Personalarbeit, hrsg. von Feix, W.E., Wiesbaden 1991, S. 25-49.

**Franz, G./Herbert, W.**: Wertewandel und Leistungsmotivation. In: Personalführung 11/1990, S. 760.

**Fremmer, H./Voigtländer, H./Weil, R.**: Handbuch des Präminenlohns, Hrsg.: Institut für angewandte Arbeitswissenschaft e.V., Köln 1989.

**French, J. R. P./Raven, P. H.**: The basis of social power. In: Studies in social power, hrsg. von Cartwright, D., Ann Arbor, Mich. 1959.

**Frese, E.**: Organisationstheorie. Historische Entwicklung, Ansätze, Perspektiven, 2. Aufl., Wiesbaden 1992.

**Freund, E./Knoblauch, R./Eisele, D.**: Praxisorientierte Personalwirtschaftslehre, 6. Aufl., Stuttgart 2003.

**Freund, F./Knoblauch, R./Racké, G.**: Praxisorientierte Personalwirtschaftslehre, 5. Aufl., Stuttgart/Berlin/Köln/Mainz 1993.

**Friedl, G./Hilz, C./Pedell, B.**: Controlling mit SAP® R/3®, 3. Aufl., Wiesbaden 2003.

**Friedrich, A.**: Förderung hoch qualifizierter Frauen durch Arbeitszeitflexibilisierung und Personalentwicklung, München/Mering 2001.

**Friedrich, H.**: Zeugnisse im Beruf. Richtig schreiben, richtig verstehen, Niedernhausen 1991.

**Fröhlich, W.**: Kooperationspartner Personal-Management: Konfliktfelder in der täglichen Arbeitspraxis, Heidelberg 1990.

**Fröhlich, W.**: Strategisches Personal-Marketing, Düsseldorf 1987.

**Fröhlich, W./Maier, W.:** Personalmanagement. Perspektiven ins neue Jahrtausend. In: Personal-Management in der Praxis: Konzept für die 90er Jahre, hrsg. von Maier, W./Fröhlich, W., Wiesbaden 1991.

**Führungsinstrument Vorschlagswesen**: Aufbau-Funktion-Wirtschaftlichkeit, hrsg. vom Deutschen Institut für Betriebswirtschaft e.V., 3. Aufl., Berlin 1993.

**Gabler, T.:** Gablers Wirtschaftslexikon, 15. Aufl., Berlin 2000.

**Gadatsch, A.:** Grundkurs Geschäftsprozess – Management. Methoden und Werkzeuge für die IT - Praxis, 3. Aufl., Wiesbaden 2004.

**Gaugler, E./Rummel, C./Huber, K. H.:** Betriebliche Personalplanung, Göttingen 1974.

**Gaugler, H.:** Qualitätsmanagement. In: Das Praxishandbuch Personal, hrsg. von Rentrop, N., Bonn 1992, S. 1-11 (Q 38).

**Gauquelin, M.:** ABC der Charakterkunde, Bindlach 1990.

**Gebert, D./Rosenstiel, L. v.:** Organisationspsychologie, 5. Aufl., Stuttgart 2002.

**Gehle, F.:** Internationale Tagung über Arbeitsbewertung in Genf. In: REFA-Nachrichten, 3/1950, S. 32-34.

**Gehriger, J./Michael, W. J.:** Power Assessment, Düsseldorf/Berlin 2000.

**Geilhardt, T./Mühlbradt, T. (Hrsg.):** Planspiele im Personal- und Organisationsmanagement, Göttingen 1995.

**Geißler, K./Landsberg, G. v./Reinartz, M.:** Handbuch Personalentwicklung und Training: Ein Leitfaden für die Praxis, Köln 1993.

**Georgopoulus, B./Mahoney, G./Jones, N.:** A path-goal approach to productivity. In: Journal of Applied Psychology, 1957, S. 345-353.

**Gerken, G.:** Die Flexibilisierung der Arbeit schreitet voran ... hin zu den Dienstleistungsagenten. In: Radar für Trends, 9/10 Mai 1994.

**Gerpott, T.:** 360-Grad-Feedback-Verfahren. In: Zeitschrift Personal 7/2000.

**Gessner, B.:** Betriebliche Gestaltungsmöglichkeiten zur besseren Vereinbarkeit von Familie und Beruf. In: Betriebliche Sozialpolitik, hrsg. von Angestelltenkammer Bremen/Mittelstädt, A., Hamburg 1993.

**Gibb, C. A.:** Leadership. In: The handbook of social psychology, Band 4, hrsg. von Lindzey, G./Aronson, E., 2. Aufl., Reading/Mass 1969, S. 203-282.

**Gilbert, P.:** Depression verstehen und bewältigen, Göttingen/Bern/Toronto 1999.

**Gloger, A.:** Auf der Jagd nach Spitzenkräften, Frankfurt/Wien 2001.

**Gloor, A.:** Die AC-Methode: Assessment Center, Führungskräfte beurteilen und fördern, 4. Aufl., Zürich 2002.

**Goerke, S./Wickel-Kirsch, S.:** Internes Marketing für Personalarbeit. Wie Branding Kundenansprache und Image verbessert, Neuwied/Kriftel 2002.

**Göhler, P:** Betriebsvereinbarung, München 1989.

**Golas, H. G.:** Der Mitarbeiter. Ein Lehrbuch für Personalführung, Betriebssoziologie und Arbeitsrecht, 9. Aufl., Berlin 1997.

**Golemann, D./Boyatzis, R./McKee, A.:** Emotionale Führung, 2. Aufl., München 2004.

**Gonschorrek, U.:** Verwaltungspädagogik und Führungslehre, Bd. 2, Führungslehre, 2. Aufl., Heidelberg/Hamburg 1989.

**Gordon, T.:** Managerkonferenz-Effektives Führungstraining, 11. Aufl., München 1994.

**Gorn, W.:** Das Bundesdatenschutzgesetz und seine Auswirkungen auf das Personalwesen, In: Das Personalbüro in Recht und Praxis, Freiburg i. Br. 1993, S. (6) 363-378.

**Görtz, G./Nebel, B.:** Künstliche Intelligenz, Frankfurt/Main 2003.

**Graf, O.:** Arbeitsphysiologie, Wiesbaden 1960.

**Grawert, A.:** Die Motivation der Arbeitnehmer durch betrieblich beeinflussbare Sozialleistungen, München/Mering 1989.

**Greff, G./China, R.:** Personalmanager entdecken Lernportale. In: Personalwirtschaft, 1/2001, S. 37 ff.

**Greiff, S./Wanzek, C./Völkening, C./Pieper, S. u.a.:** SAP® R/3® – Personalwirtschaft, München 2001.

**Grünefeld, H.G.:** Personalberichterstattung mit Informationssystemen, Wiesbaden 1987.

**Grünefeld, H. G./Langemeyer, W.:** Personalinformationssystem, Wiesbaden 1991.

**Grüner, H.:** Bildungsmanagement im mittelständischen Unternehmen, Herne/Berlin 2000.

**Grünewald, H.:** Motivation. In: Personalenzyklopädie, Bd. 2, S. 616-618.

**Gusel, R./Hofmann, M.:** Das Harzburger Modell. Idee und Wirklichkeit und Alternativen zum Harzburer Modell, 2. Aufl., Wiesbaden 1976.

**Gutenberg, E.:** Grundlagen der Betriebswirtschaftslehre, Bd.1: Die Produktion, 24. Aufl., Berlin 1983.

**Haasen, N.:** Mentoring, München 2001.

**Haberkorn, K.:** Der Sozialbericht: Aufgaben, Voraussetzungen und Gestaltungsmöglichkeiten, Essen 1964.

**Haberkorn, K.:** Praxis der Mitarbeiterführung. Ein Grundriss mit zahlreichen Checklisten zur Verbesserung des Führungsverhaltens, 4. Aufl., Renningen bei Böblingen 1992.

**Hackstein, R./Nüßgens, K. H./Opus, P. H.:** Fortschrittliche Betriebsführung, Heft 2, 1972.

**Hamm, D.:** Teilzeitarbeit im Betrieb, Frankfurt/Main 2001.

**Hanau, P./ Peters-Lange, S.:** Teilzeit. Mini-Jobs, München 2004.

**Hansen, H. R.:** Wirtschaftsinformatik, Stuttgart 1992.

**Harlander, N.:** So motiviere ich meine Mitarbeiter, Köln 1989.

**Harlander, N./Heidack, C./Köpfler, F./Müller, K. D.:** Lehrbuch Personalwirtschaft, 2. Aufl., Landsberg/Lech 1991.

**Harrer, H.:** Mitarbeiterbeurteilungen und Stock-Options-Pläne, München 2000.

**Harris, T. A.:** Ich bin o.k. - Du bist o.k., Reinbek bei Hamburg 1975.

**Hase, D./Neumann-Cosel, R. v./Rupp, R./Teppich, H.:** Handbuch für die Einigungsstelle, 2. Aufl., Köln 1993.

**Hase, D./Neumann-Cosel, R. v./Rupp, R./Teppich, H.:** Handbuch Interessenausgleich und Sozialplan, 2. Aufl., Köln 1996.

**Hauke, C.:** Personalorganisation. In: Handbuch der Personalleitung, hrsg. von Wagner, D./Zander, E./Hauke, C., München 1992, S. 29-43.

**Hauptmann, P. H.:** Arbeitsrecht "leicht gemacht", 5. Aufl., München 2002.

**Hauser, E.:** Coaching: Führung für Seele und Geist. In: Personal 2000, hrsg. von Feix, W.E., Wiesbaden 1991, S. 207-236.

**Häusler, J.:** Führungssysteme und Modelle, Köln 1977.

**Hehl, G.:** Personalentwicklung. Neue Ziele und Strategien. In: Personal 2000: Visionen und Strategien erfolgreicher Personalarbeit, hrsg. von Feix, W.E., Frankfurter Allgemeine Zeitung (Hrsg.), Wiesbaden 1991, S. 91.

**Heidack, C.:** Betriebspsychologie, Betriebssoziologie, Wiesbaden 1983.

**Heinecke, A.:** EDV-gestützte Personalwirtschaft, München/Wien 1994.

**Heinecke, A.:** Einsatz von Expertensystemen im Personalwesen. In: Personal, Nr. 7/1992, S. 284-288.

**Heinen, E.:** Zum Wissenschaftsprogramm der entscheidungsorientierten Betriebswirtschaftslehre. In: Zeitschrift für Betriebswirtschaft, 39. Jg. (1969).

**Heinrich, D.:** Ganzheitliches Management. In: Das neue Erfolgs- und Karierrebuch für Selbständige und Führungskräfte, Nr. 5, 1991.

**Heinrich, P.:** Internationales Personalmanagement. In: Personalmanagement für Klein- und Mittelbetriebe, hrsg. von Maier, W./Fröhlich, W., Wiesbaden 1991.

**Heinzel, H./Pagenkemper, C.:** Mitarbeiter zielwirksam auswählen und periodisch beurteilen, 3. Aufl., Renningen-Malmsheim 2004.

**Heitger, B.:** Chaotische Organisationen. Organisiertes Chaos? In: Die lernende Organisation, hrsg. von Sattelberger, T., Wiesbaden 1991, S. 111-124.

**Heitger, B.:** Mit dem Chaos leben. In: Manager Magazin 8/1991, S. 138-150.

**Heizmann, S.:** Outplacement, Bern 2003.

**Hemmers, K. H.:** Planung des Personalbedarfs in indirekten Bereichen, Dissertation, Aachen 1986.

**Hengsbach, F.:** Wirtschaftsethik: Aufbruch – Konflikte - Perspektiven, Freiburg i. Br. 1989.

**Henning, K./Mark, S.:** Kommunikation und Organisationsentwicklung, 2. Aufl., Aachen 1992.

**Hentze, H./Müller, K. D./Schlicksupp, H.:** Praxis der Managementtechniken, München/Wien 1992.

**Hentze, J.:** Arbeitsbewertung und Personalbeurteilung, Stuttgart 1980.

**Hentze, J.:** Personalwirtschaftslehre 1, 6. Aufl., Bern/Stuttgart 1994.

**Hentze, J.:** Personalwirtschaftslehre 2, 5. Aufl., Bern/Stuttgart 1991.

**Hentze, J./Kammel, A./Lindert, K.:** Personalführungslehre, 3. Aufl., Bern/Stuttgart 1997.

**Hentze, J./Kammel, A.:** Personalcontrolling, Bern/Stuttgart 1993.

**Henzler, H.:** Vision und Führung. In: Handbuch strategischer Führung, Wiesbaden 1988.

**Herbst, D.:** Corporate Identity, Berlin 1998.

**Herman, R. E.:** So halten Sie Ihre besten Mitarbeiter, Landsberg/Lech 1993.

**Hersey, P./Blanchard, K. H.:** Management of Organizationl Behaviour, 3. Aufl., Englewood Cliffs 1977 und Englewood Cliffs 1982.

**Herzberg, F.:** Was Mitarbeiter wirklich in Schwung bringt. In: Harvard Manager: Führung und Organisation, Bd. 3, Lübeck, S. 62-74.

**Herzberg, F./Mausner, B. M./Snydermann, B. B.:** The Motivation to Work, New York 1959.

**Hesse, J./Schrader, H.C.:** Krieg im Büro. Konflikte am Arbeitsplatz und wie man sie löst, Frankfurt/Main 1995, S. 28.

**Hettinger, T./Wobbe, G.:** Kompendium der Arbeitswissenschaft: Optimierungsmöglichkeiten zur Arbeitsgestaltung und Arbeitsorganisation, Ludwigshafen 1993.

**Hilb, M.:** Entwicklungsphasen des multikulturellen Personalmanagements. In: Eurostrategisches Personalmanagement, Band 1, hrsg. von Marr, R., München/Mering 1991, S. 111-120.

**Hinterhuber, H.:** Das Visions-Team im Unternehmen. In: Industrielle Organisation, 6/1989, S. 27-30.

**Hinterhuber, H.:** Strategische Unternehmensführung, 4. Aufl., Berlin/New York 1989.

**Hinterhuber, H./Winter, L.:** Visionsfähigkeit für die strategische Führung – Individuum und Gruppe als Träger der Vision. In: Gablers Magazin Nr. 1, 1990, S. 29.

**Hjort, J.P.:** Aufhebungsvertrag und Abfindung, 2, Aufl., Franfurt/Main 2003.

**Hjort, P.H./Bufalica, A:** Arbeitsverträge, Frankfurt/Main 2003.

**Hochmann, M.:** Bewährte Beispiele ergonomischer Arbeitsplatzgestaltung in Werkstätten und Büros, Frankfurt/Main 1983.

**Hodel, M./Berger, A./Risi, P.:** Outsourcing realisieren. Vorgehen für IT und Geschäftsprozesse zur nachhaltigen Steigerung des Unternehmenserfolgs, Wiesbaden 2004.

**Hoegg, U.:** Die Rolle des Betriebsarztes bei der Rehabilitation von Suchtkranken im Betrieb. In: Alkohol im Betrieb, hrsg. von Knischewski, E., Kassel 1989, S. 25-42.

**Hoff, A.:** Arbeitszeitberatung Berlin, Thesen zum Zukunftsprojekt "Individualisierung der betrieblichen Arbeitszeitgestaltung".

**Höffe, O.:** Praktische Philosophie. In: Praktische Philosophie/Ethik 2, Reader zum Funk-Kolleg, Frankfurt 1981.

**Hofstede, G.:** The Interaction Between National and Organizational Value Systems (1). In: Journal of Management Studies, Vol. 22, 1985, S. 347-357.

**Höher, P./Höher, F.:** Konfliktmanagement, 3. Aufl., Freiburg 2004.

**Höhn, R.:** Führungsbrevier der Wirtschaft, 9. Aufl., Bad Harzburg 1977.

**Höland, A.:** Das Verhalten von Betriebsräten bei Kündigungen, Frankfurt/New York 1985.

**Hönsch, R.:** Elternzeit und Erziehungsgeld, Neuwied 2001.

**Hörner, M.:** Entgeltsysteme. Neue Ideen und Wege. In: Personal 2000: Visionen und Strategien erfolgreicher Personalarbeit, hrsg. Feix, W.E., Frankfurter Allgemeine Zeitung (Hrsg.), Wiesbaden 1991, S. 163-166.

**Horváth, P.:** Controlling, 8. Aufl., München 2002.

**Horváth, P. & Partner:** Früherkennung in der Unternehmenssteuerung, Stuttgart 2000.

**Hoß, A./Jansen, H.:** Gezielte Personalanpassung, Landsberg/Lech 1994.

**Hoyer, J./Knoblauch, R.:** Personalarbeit optimieren durch Personalcontrolling. In: Personal, 1989, Heft 7, S. 274.

**Hromadka, W.:** Arbeitsrecht-Handbuch für die betriebliche Praxis, 2. Aufl., Stuttgart 1994.

**Hubberty, H.**: Gruppenarbeit und Unternehmenskultur. Eine systemtheoretische Fallstudie zum Bochumner Werk der Adam Opel AG, München/Mering 2000.

**Huber, G.**: Das Arbeitszeugnis in Recht und Praxis, 9. Aufl., Freiburg/München 2003.

**Hüchtermann, M./Lenske, W.**: Wettbewerbsfaktor Unternehmenskultur, Beiträge zur Gesellschafts- und Bildungspolitik Nr. 168, hrsg. vom Institut der deutschen Wirtschaft, Köln 1988.

**Hufnast, H.**: Multimodale Personalauswahl, Würzburg 2002.

**Hügler, G. L.**: Controlling in Projektorganisationen, München 1988.

**Hummel, D.**: Krankheit und Kündigung, 2. Aufl., Frankfurt/Main 2004.

**Hüsken, F./Hildebrand, C.**: Qualifikationsstrukturen der Zukunft. In: Personalmanagement für Klein- und Mittelbetriebe, hrsg. von Maier, W./Fröhlich, W., Heidelberg 1992.

**IG Metall**: IG Metall, Daten, Fakten, Informationen, Frankfurt 2003.

**Ihm, E.**: Vom CBT zum E-Learning. Die neuen netzbasierten Lernwelten. In: Personalführung 2/2001, S. 24.

**Imai, M.**: KAIZEN, München 2001.

**Industriegesellschaft Metall (Hrsg.)**: Mobbing. Wo andere leiden, hört der Spaß auf, Frankfurt/Main 1997, S. 3 ff.

**Inglehart, R.**: Kultureller Umbruch, Frankfurt/Main 1989.

**Inglehart, R.**: Modernisierung und Postmodernisierung, Frankfurt am Main/New York 1998.

**Inglehart, R.**.: The Silent Revolution. Changing Values and Political Styles among Western Politics, Princeton/New York 1977.

**Issing L.D./Klimsa P.**: Information und Lernen mit Multimedia und Internet, 3. Aufl., Weinheim 2002.

**Jacobi, G. H.**: Die Kündigung von Arbeitsverträgen, hrsg. von der Bundesvereinigung der Arbeitgeberverbände, 13. Aufl., Köln 1986.

**Jacobi, J.M.**: Die Führungskraft 2000. In: Personal 2000: Visionen und Strategien erfolgreicher Personalarbeit, hrsg. von Feix, W.E., Frankfurter Allgemeine Zeitung (Hrsg.), Wiesbaden 1991, S. 500-505.

**Jaehrling, D.**: Effizienzsteigerung in der Personalentwicklung durch Suggestopädie? In: Strategien der Personalentwicklung, hrsg. von Riekhof, H.C., 3. Aufl., Wiesbaden 1992, S. 409-422.

**Jahreis, A.**: Arbeitsrecht. In: Mensch und Arbeit-Taschenbuch für die Personalpraxis, hrsg. von Schneider, H.J., 9. Aufl., Köln 1992, S. 521-568.

**Jalka, S.**: Konstruktiv streiten. Das Einmaleins der Konfliktintelligenz, Frankfurt/Eichborn 2001.

**Jochmann, W.**: Innovationen im Assessment-Center, Stuttgart 1999.

**Jung, H.**: Allgemeine Betriebswirtschaftslehre, 9. Aufl., München/Wien 2004.

**Jung, H.**: Arbeits- und Übungsbuch. Allgemeine Betriebwirtschaftslehre, 2. Aufl. München/Wien 2003.

**Jung, H.**: Arbeits- und Übungsbuch. Personalwirtschaft, München/Wien 2003.

**Jung, H.**: Controlling, München/Wien 2003.

**Jung, H.**: Das Arbeitszeugnis, RKW-Arbeitshilfen für die Praxis 19, Berlin 1994.

**Jung, H.**: Mitarbeiterführung und Motivation, RKW-Arbeitshilfen für die Praxis 6, Berlin 1994.

**Jung, H.**: Personalbeurteilung, RKW-Arbeitshilfen für die Praxis 1, Berlin 1994.

**Jung, H.**: Persönlichkeitstypologie mit Persönlichkeitstest, 2. Aufl., München/Wien 2000.

**Jung, H.**: Potenzialbeurteilung als Grundlage der Personalbeurteilung. In: GdWZ Grundlagen der Weiterbildung, 11. Jg., Nr. 4/2000, S. 198-200.

**Jung, H./Kamps, D.**: Personalentwicklung (PE). In: Computergestützte Personalarbeit, 3.Jg., Heft 4/1995, S. 155-167.

**Jung, H. /Kamps, D.**: Zukunftsorientiertes Entgeltmanagement. In: Computergestützte Personalarbeit, 4. Jg., Heft 6/1996, S. 310-315.

**Jung, R. H./Kleine, M.**: Management: Personen – Strukturen – Funktionen - Instrumente, München/Wien 1993.

**Jung, W.**: Coaching im Unternehmen. Beratung zwischen Therapie und Training. In: Personalentwicklung im Wandel, hrsg. von Papmehl, A./Walsh, I., Wiesbaden 1991, S. 134-140.

**Juntermanns, H. J.**: Mitarbeiter-Beteiligung von A-Z, Begriffe, Beispiele, Stichworte, Neuwied 1991.

**Kador, F. J.**: Arbeitszeugnisse richtig lesen-richtig formulieren, 6. Aufl., Bergisch Gladbach 2001.

**Kador, F. J./Diergarten, D.**: Unternehmerische Personalpolitik, 4. Aufl., Köln 1993.

**Kaiser, T.**: Personalwirtschaft: Personalbedarf, Personalbeschaffung, Personalentwicklung, Personaleinsatz, Entgelt- und Sozialpolitik; arbeitsrechtliche Rahmenbedingungen, Arbeitsgerichtsbarkeit, Wiesbaden 1994.

**Kalbitz, R.**: Tarifpolitik-Streik-Aussperrung. Die Gestaltungskraft der Gewerkschaften des DGB nach 1945, 2. Aufl., Köln 1996.

**Kaldewey, A./Küpper, G.**: Den Wiedereinstieg planen. Eine empirische Studie zur Qualifizierung von Berufsrückkehrerinnen während des Erziehungsurlaubs, hrsg. vom Ministerium für die Gleichstellung von Frau und Mann des Landes Nordrhein-Westfalen, Düsseldorf 1994.

**Kammel, A.**: Konzeptionelle Bausteine einer zielgerichteten Unterstützung der betrieblichen Personalwirtschaft durch Personalcontrolling, Dissertation, Braunschweig 1991.

**Kammel, A./Teichelmann, D.**: Internationaler Personaleinsatz, München 1994.

**Kanning, H.P.**: Diagnostik sozialer Kompetenzen, Göttingen 2003.

**Kanning, H.P./Holling, H.**: Handbuch personaldiagnostischer Instrumente, Göttingen/Bern/Toronto 2002.

**Kanning, U.P./Hofer, S./Schulze Willbrenning, B.**: Professionelle Personenbeurteilung. Ein Trainingsmanual, Göttingen/Bern/Toronto/Seattle 2004.

**Kastner, M.**: Personalmanagement heute, Landsberg/Lech 1990.

**Kiefer, B.U./Knebel, H.**: Taschenbuch Personalbeurteilung – Feedback in Organisationen, 11. Aufl., Heidelberg 2004.

**Kienbaum, J.**: Visionäres Personalmanagement, 3. Aufl., Stuttgart 1994.

**Kienbaum, J./Jochmann, W.**: Coaching. Ein Instrumentarium zur Absicherung und Förderung von Karriereentwicklungen. In: Visionäres Personalmanagement, hrsg. von Kienbaum, J., 2. Aufl., Stuttgart 1994, S. 17-43.

**Kießling-Sonntag, J.K.:** Handbuch Trainings- und Seminarpraxis, Berlin 2003.

**Kirchner, J. H./Baum, E.:** Ergonomie für Konstruktion und Arbeitsgestalter, München 1990.

**Kittner, M./Kittner, S.:** Arbeits- und Sozialrecht, 5. Aufl., Frankfurt/Main 2004.

**Kittner, M./Pieper, R.:** Arbeitsschutzgesetz. Basiskommentar mit Betriebssicherheitsverordnung, 3. Aufl., Frankfurt/Main 2003.

**Klages, H.:** Wertewandel: Rückblick, Gegenwartsanalyse, Ausblick. In: Personal 2000: Visionen und Strategien erfolgreicher Personalarbeit, hrsg. von Feix, W.E., Wiesbaden 1991, S. 51-77.

**Klauder, W.:** Längerfristige Arbeitsmarktperspektiven. In: Personal 2/1993.

**Klaus, H.:** Führung: Können oder Kunst? In: Personal, Heft 5/1994, S. 223-228.

**Klaus, H./Schneider, H. J.:** Personalführung. In: Mensch und Arbeit - Taschenbuch für die Personalpraxis, hrsg. von Schneider, H.J., 9. Aufl., Köln 1992, S. 191-302.

**Kleinmann, M.:** Assessmentcenter. Praxis der Personalpsychologie, Göttingen/Bern/Toronto 2003.

**Klimecki, R./Probst, G./Eberl, R.:** Systementwicklung als Managementproblem. In: Managementforschung, hrsg. von Staehle, W./Sydow, J., Berlin 1991.

**Klinkenberg, U.:** Die organisatorische Gestaltung des Personalwesens, 2. Aufl., Hamburg 1997.

**Klötzl, G./Schneider, H.:** Mitarbeiter am Erfolg beteiligen, München 1990.

**Knebel, H.:** Das Vorstellungsgespräch, 14. Aufl., Freiburg i. Br. 1993.

**Knebel, H./Knebel, B.U.:** Taschenbuch der Personalbeurteilung mit Beurteilungsbogen aus der Praxis, 11. Aufl., Heidelberg 2004.

**Knebel, H./Schneider, H.:** Die Stellenbeschreibung, 7. Aufl., Heidelberg 2000.

**Köbele, B./Schütt, B.:** Erfolgsbeteiligung, 2. Aufl., Köln 1996.

**Koczkas, S.:** Betriebspsychologisches Taschenbuch für Führungskräfte, 6. Aufl., Heidelberg 1985.

**Köhler, R.:** Beiträge zum Marketing-Management, Stuttgart 1988.

**Kolodej, Ch.:** Mobbing. Psychoterror am Arbeitsplatz und seine Bewältigung, Wien 1999.

**Komorek, C.:** Methoden und Denkweisen der Unternehmenskybernetik. Bedeutung und Nutzen einer modernen Wissenschaft für die Praxis, Köln 1991.

**Kompa, A.:** Assessment-Center, Bestandsaufnahme und Kritik, 7. Aufl., München 2004.

**Kompa, A.:** Personalbeschaffung und Personalauswahl, Stuttgart 1989.

**Königswieser, R./Lutz, C. (Hrsg.):** Das systemisch evolutionäre Management, 2. Aufl., Wien 1992.

**Koreimann, D.:** Führung durch Zielvereinbarung. Erfolgreiche Verbesserung von Geschäftsprozessen. Heidelberg 2003.

**Korinth, M.H.:** Teilzeit/Befristete Arbeitsverträge. Die neue Rechtslage für Lohn- und Personalbüro, 2. Auflage, Heidelberg/München/Berlin 2004.

**Korn, B.:** Vorstandsvergütung mit Aktienoptionen, Sternenfels 2000.

**Kosiol, E.:** Leistungsgerechte Entlohnung, 2. Aufl., Wiesbaden 1962.

**Kowalks, M.:** Krankenversicherung 2004/2005, München 2004.

**Kram, K. E.:** Phases of the Mentor-Relationship. In: AMJ, 26. Jg., 1983.

**Kraemer, W.:** Das E-Business der Personalentwicklung. In: Personalwirtschaft, 1/2001, S. 23-27.

**Kraus, G./Becker-Kolle, C./Fischer, T.:** Handbuch Change Management, 2004.

**Krause, U.H.:** Zielvereinbarungen und leistungsorientierte Vergütung, Gestaltungsmöglichkeiten und Restriktionen im Tarifbereich, Wiesbaden 2003.

**Krell, G./Osterloh, M.:** Personalpolitik aus Sicht der Frauen - Frauen aus der Sicht von Personalpolitik, München 1992.

**Krings, A.:** Theorie und Empirie unterschiedlich langer Arbeitstagen am Beispiel von Schicht- und Teilzeitarbeit, München/Mering 2001.

**Krohn, W./Küppers, G.:** Rekursiv Durcheinander. In: Kursbuch, hrsg. von Michel/Sprengler, 1989.

**Krüger, W.:** Organisation der Unternehmung, 3. Aufl., Stuttgart/Berlin/Köln 1994.

**Krulis-Randa, J. S.:** Personalbedarf und Personalausstattung der Personalabteilung. In: Reorganisation der Personalabteilung, hrsg. von Ackermann, K.F., Stuttgart 1994, S. 187-200.

**Küchle, E./Hessel, P./Bopp, P.:** Zeugnismuster für die betriebliche Praxis, 12. Aufl., Stuttgart/München/Hannover/Berlin/Weimar 1997.

**Küchler, J.:** Theorie und Praxis der Qualitätszirkel, Köln 1984.

**Kühl, S.:** Wenn die Affen den Zoo regieren. Die Tücken der flachen Hierarchien, 2. Aufl., Frankfurt am Main/New York 1998.

**Kunstek, R.:** Das Konzept der Lernstatt im Industriebetrieb, Spardorf 1986.

**Kunz, G.:** Führen durch Zielvereinbarung. Im Change – Management Mitarbeiter erfolgreich führen, München 2003.

**Küpper, H.-U.:** Personalcontrolling: Einbindung in das Unternehmens-Controlling. In: PF, Heft 8, 1990, S. 525.

**Küppers, B./Leuthold, D./Pütz, H.:** Berufliche Aus- und Weiterbildung. Leitfaden für Betriebe, Schulen, Ausbildungsstätten und Hochschulen, 2. Aufl., München 2001.

**Küppers, H.:** Innovation und Management, Zur innovationstheoretischen Analyse moderner Managementkonzeptionen, Dissertation, Hamburg 1975.

**Kupsch, P. U./Marr, R.:** Personalwirtschaft. In: Industriebetriebslehre, hrsg. von Heinen, E., 9. Aufl., Wiesbaden 1991, S. 729-896.

**Langmaack, B.:** Einführung in die Themenzentrierte Interaktion (TZI), Weinheim/Basel/Berlin 2001.

**Langmaack, B./Braune-Krickau, M.:** Wie die Gruppe laufen lernt, 4. Aufl., Weinheim 1993.

**Laske, F./Gorbach, S.:** Spannungsfeld Personalentwicklung: Konzeptionen, Analysen, Perspektiven, Wien 1993.

**Lattmann, C.:** Die Leistungsbeurteilung als Führungsmittel, Bern/Stuttgart 1975.

**Lattmann, C.:** Die verhaltenswissenschaftlichen Grundlagen der Führung des Mitarbeiters, Bern/Stuttgart 1982.

**Lattmann, C.:** Führungsstil und Führungsrichtlinien, Bern/Stuttgart 1975.

**Laufer, H.:** Alkoholmissbrauch. Ein betriebliches Gemeinschaftsproblem. In: Personal, 41. Jg. (1989), Heft 2, S. 48-50.

**Laux, H./Liermann, F.:** Grundlagen der Organisation, 5. Aufl., Berlin/Heidelberg/New York/London/Paris/Tokyo/Hong Kong/Barcelona/Budapest 2003.

**Lenfers, H.:** Alkohol am Arbeitsplatz, Berlin 1993.

**Lenfers, H.:** Alkoholprobleme strategisch lösen. In: Personalwirtschaft, Ausgabe 2/1994, S. 16-19.

**Leymann, H.:** Mobbing. Psychoterror am Arbeitsplatz und wie man sich dagegen wehren kann, Reineck bei Hamburg 1993, S. 21.

**Lieb, M.:** Arbeitsrecht, 8. Aufl., Heidelberg 2003.

**Liebel, H.J.:** Eignungsdiagnostik. In: Handbuch Personalmarketing, hrsg. von Strutz, H., 2. Aufl., Wiesbaden 1993, S. 358-377.

**Liebel, H.J./Oechsler, W. A.:** Personalbeurteilung: Neue Wege der Leistungs- und Verhaltensbewertung, 2. Aufl., Wiesbaden 1993.

**Liessmann, K.:** Strategisches Controlling In: Mayer, E. (Hrsg.): Controlling-Konzepte: Perspektiven für die 90er Jahre, Wiesbaden 1987.

**Limpens, E.:** Leistungsorientierte Differenzierung von Führungskräften, Düsseldorf 1994.

**Lindinger, Ch./Goller, I.:** Change Management leicht gemacht, Frankfurt/Main 2004.

**List, K.H.:** Outplacement. Vom Kündigungsgespräch zum Karriereberatung, Nürnberg 2003.

**List, K.H.:** Sind Führungskräfte konfliktscheu? In: Personal, Heft 8/1994, S. 380-384.

**Löhr, A.:** Unternehmensethik und Betriebswirtschaftslehre-Untersuchungen zur theoretischen Stützung der Unternehmenspraxis, Stuttgart 1991.

**Lorenz, M./Rohrschneider, U.:** Personalauswahl – schnell und sicher Top-Mitarbeiter finden, 2. Aufl., Freiburg/Berlin/München/Zürich 2002.

**Löwitsch, M.:** Arbeitsrecht, 7. Aufl., Düsseldorf 2004.

**Lucas, M.:** Arbeitszeugnisse richtig deuten, 11. Aufl., Düsseldorf 1991.

**Lücke, W.:** Arbeitsleistung und Arbeitsentlohnung, 2. Aufl., Wiesbaden 1992.

**Lücke, W.:** Arbeitsleistung, Arbeitsbewertung, Arbeitsentlohnung. In: Industriebetriebslehre, hrsg. von Jacob, H., 4. Aufl., Wiesbaden 1990, S. 181-317.

**Luczak, H.:** Arbeitswissenschaft, Berlin/Heidelberg/New York 1993.

**Lueger, G.:** Die Bedeutung der Wahrnehmung bei der Personalbeurteilung, 2. Aufl., München 1993.

**Luhmann, N.:** Soziale Systeme, Frankfurt/Main 1984.

**Lutz, C.:** Kommunikation. Kern der Selbstorganisation. In: Die lernende Organisation, hrsg. von Sattelberger, T., Wiesbaden 1991, S. 79-110.

**Lutz, C.:** Unternehmensführung im Zeitalter der Kommunikationskultur. In: Das systemisch evolutionäre Management, hrsg. von Königswieser, R./Lutz, C., Wien 1992, S. 143.

**Maasen, A./Schoenen, M./Werr, I.:** Grundkurs SAP® R/3®, 2. Aufl., Wiesbaden 2003.

**Macharzina, K.:** Neuere Entwicklungen in der Führungsforschung. In: Zeitschrift für Organisation, H. 46, 1977, S. 7-16 und S. 101-108.

**Maeck, H.:** Motivation und Manipulation in der Führungspraxis, Köln 1987.

**Magyar, K. M.:** Es muss vieles stimmen, um Visionen zu finden! In: io Management Zeitschrift 3/1990, S. 27-30.

**Magyar, K. M./Prange, P.:** Zukunft im Kopf. Wege zum visionären Unternehmen, Freiburg i. Br. 1993.

**Malik, F.:** Die Orientierung: Managementsysteme, Schriftenreihe der Schweizerischen Volksbank, 3. Aufl., Bern 1987.

**Malik, F.:** Strategie des Managements komplexer Systeme, 3. Aufl., Bern 1989.

**Mann, R.:** Das ganzheitliche Unternehmen, Bern 1988.

**Manske, B.:** Personaleinsatz und Arbeitsorganisation in Handel und Gewerbe, Berlin 1991.

**March, J. G./Simon, H. A.:** Organizations, 7th ed., New York 1967.

**March, J. G./Simon, H. A.:** Organisation und Individuum. Menschliches Verhalten in Organisationen, Wiesbaden 1977.

**Marr, R. (Hrsg.):** Arbeitszeitmanagement, 3. Aufl., Berlin 2001.

**Marr, R./Stitzel, M.:** Personalwirtschaft. Ein konfliktorientierter Ansatz, München 1979.

**Marr, R. H.:** Absentismus, Göttingen 1996.

**Martin, A.:** Personalforschung, 2. Aufl., München 1994.

**Martin, H.:** Grundlagen der menschengerechten Arbeitsgestaltung, Köln 1998.

**Martiny, L./Klotz, M.:** Strategisches Informationsmanagement, München 2004.

**Maslow, A. H.:** Motivation und Persönlichkeit, Olten 1977.

**Maslow, A. H.:** Motivation and Personality, New York 1970.

**Maxwell, J. C.:** Leadership, Gießen 2002.

**Mayrhofer, W.:** Ethnozentrierte Personaleinsatzstrategien im vereinten Europa. In: Eurostrategisches Personalmanagement, Band 1, hrsg. von Marr, R., München 1991, S. 121-145.

**Mazur, J.E.:** Lernen und Gedächtnis, 5. Aufl., München 2003.

**Mc Clelland, D. C./Atkinson, J. W./Clark, R. A./Lowell, E. L.:** The Achievement Motive, New York 1953.

**Mc Gregor, D.:** Der Mensch im Unternehmen, Düsseldorf/Wien 1970.

**Mc Gregor, D.:** The Human Side of Enterprise, New York 1960.

**Meckl, R.(Hrsg.):** Personalarbeit und Outsourcing, Fulda 1999.

**Meininger, J.:** Transaktionsanalyse, 4. Aufl., Landsberg/Lech 1992.

**Meiser, M./Wagner, D./Zander, E.:** Personal und neue Technologien, München 1991.

**Mentzel, W.:** Personalentwicklung: erfolgreich motivieren, fördern und weiterentwickeln, Freiburg i. Br. 2001.

**Mentzel, W.:** Unternehmenssicherung durch Personalentwicklung. Mitarbeiter motivieren, fördern und weiterbilden, 6. Aufl., Freiburg i. Br. 1994.

**Menzl, A.:** Die Gestaltung komplexer Unternehmensorganisation, Bern 1977.

**Merz, E.:** Betriebliches Vorschlagswesen: professionell und wirksam, 2. Aufl., Landsberg/Lech 1994.

**Meyer, T.:** Was kann Gruppenarbeit leisten? In: Personalführung, Ausgabe 5/1994, S. 426-431.

**Michahelles, R.:** Einzel-Coaching. In: Handbuch der Personalentwicklung und Training, hrsg. von Geißler, K.A./Landsberg, G.v./Reinartz, M., Köln 1993, Kapitel 8.1.2.1.

**Mittelstädt, A. (Hrsg.)**: Betriebliche Sozialpolitik, Angestelltenkammer Bremen, Hamburg 1993.

**Mroß, M.D.**: Risiken bei Investition in das Personalvermögen und Strategien zu deren Absicherung, München/Mering 2001.

**Mülder, W.**: Akzeptanz von computergestützter Personalplanung. In: Methoden- und computergestützte Personalplanung, hrsg. von Mülder, W./Seibt, D., 2. Aufl., Köln 1994, S. 72-113.

**Mülder, W.**: Implementierung, Hamburg 1989.

**Mülder, W.**: Personalkennzahlen und Personalcontrolling. In: Methoden- und computergestützte Personalplanung, hrsg. von Mülder, W./Seibt, D., 2. Aufl., Köln 1994, S. 114-154.

**Mülder, W.**: Zeitwirtschaftssysteme um Arbeitszeit zu flexibilisieren. In: Personalwirtschaft 1/1993.

**Müller, U.**: Controlling aus verhaltenswissenschaftlicher Perspektive. Ein Beitrag zur Verwaltungsreform, Wiesbaden 2004.

**Müller, U.**: Personalwirtschaft in der Bundeswehr. Bilanz und Reformansätze am Beispiel der Offiziere, Wiesbaden 2003.

**Musolesi, F.Brinkmann, R./Mitterweger, E.**: Für tragfähige Strukturen sorgen. In: Personalwirtschaft, Ausgabe 2/1994, S. 10-14.

**Nagel, K.**: Weiterbildung als strategischer Erfolgsfaktor. Der Weg zum unternehmerisch denkenden Mitarbeiter, 3. Aufl., Landsberg/Lech 1994.

**Naisbitt, J./Aburdene, P.**: Megatrends 2000-Zehn Perspektiven für den Weg ins nächste Jahrtausend, 5. Aufl., Düsseldorf/Wien/New York 1995.

**Nanus, B.**: Visionäre Führung, Frankfurt am Main/New York 1994.

**Nasemann, A.**: Arbeitszeugnisse durchschauen und interpretieren, 7. Aufl., Niedernhausen 1998.

**Nerdinger, F.W.**: Formen der Beurteilung im Unternehmen, Weinheim/Basel 2001.

**Neuberger, O.**: Arbeit: Begriff – Gestaltung -Motivation – Zufriedenheit, Stuttgart 1985.

**Neuberger, O.**: Führen und führen lassen, Stuttgart 2002.

**Neuberger, O.**: Mobbing – Übel mitspielen in Organisationen, 3. Aufl., München/Mering 1999, S. 2.

**Neumann, P.**: Motiv, Motivation. In: Management-Lexikon 3, hrsg. von Neske, F./Wiener, M.

**Nicol, N./ Albrecht, R.**: Wissenschaftliche Arbeiten schreiben mit Word, München 2004.

**Nicolai, A.**: Das neue Kündigungsrecht, Bonn 2004.

**Niermeyer, R./Postall, N.**: Führen. Die erfolgreichsten Instrumente und Techniken, Freiburg/ Berlin/München/Zürich 2003.

**o.V.**: Organisation und Informationslogistik. In: Unternehmensprospekt d. Fa. Agiplan (Hrsg.), Mühlheim a.d.R. 1992.

**o.V.**: Qualität managen. In: Personalwirtschaft 8/1994, S. 14-16.

**Odiorne, G. S.**: Strategic Management of human resources, San Francisco 1984.

**Oechsler, W. A.**: Personal und Arbeit-Einführung in die Personalwirtschaft, 7. Aufl., München/Oldenburg 2000.

**Offermann, A.**: Projekt-Controlling bei der Entwicklung neuer Produkte, Frankfurt 1986.

**Ogger, G.:** Nieten in Nadelstreifen: Deutschlands Manager im Zwielicht, München 1992.

**Ohl, K.:** Handbuch Manteltarifvertrag, Frankfurt/Main 2000.

**Olesch, G.:** Pragmatisches Konzept eines Assessment-Centers. In: Personal, Heft 8/1992, S. 350-354.

**Olesch, G.:** Praxis der Personalentwicklung: Weiterbildung im Betrieb, 2. Aufl., Heidelberg 1992 .

**Olfert, K.:** Personalwirtschaft, 10. Aufl., Ludwigshafen (Rhein) 2003.

**Opaschowski, H. W.:** Deutschland 2020. Wie wir morgen leben - Voraussagen der Wissenschaft zur Zukunft unserer Gesellschaft, Wiesbaden 2004.

**Opaschowski, H. W.:** Die Arbeitswelt im Jahr 2000. Der Wertewandel in Arbeit und Freizeit. In: Handbuch Personalentwicklung und Training, hrsg. von Geißler, K. A./Landsberg, G. v./Reinartz, M., Köln 1993, Kapitel 3.2.2.2.

**Opaschowski, H. W.:** Von der Geldkultur zur Zeitkultur, Neue Formen der Arbeitsmotivation für zukunftsorientiertes Management. In: Handbuch Anreizsysteme in Wirtschaft und Verwaltung, hrsg. von Schanz, G., Stuttgart 1991, S. 35-51.

**Opaschowski, H.W.:** Von der Pflichterfüllung zur Lebenserfüllung. In: Personalführung 3/1993, S. 232-237.

**Oppermann, K.:** Kurzarbeitergeld. Betriebliche Abrechnungspraxis, 4. Aufl., Köln 2002.

**Otten, A.W.:** Heim- und Telearbeit, München 1996.

**Ott-Nold, B.:** Mitarbeiter einarbeiten: eine Kursanleitung zur Arbeitsunterweisung, München 1992.

**Papmehl, A.:** Personal-Controlling, Heidelberg 1990.

**Papmehl, A.:** Personal-Controlling: Human-Ressourcen effektiv entwickeln, 2. Aufl., Heidelberg 1999.

**Pascale, R. T./Athos, A. G.:** The Art of Japanese Management, Hamondsworth 1981.

**Persch, P.R.:** Die Bewertung von Humankapital – eine kritische Analyse, München/Mering 2003.

**Peter, L. J.:** Das Peter-Programm, Reinbek bei Hamburg 1992.

**Peter, L. J./Hull, R.:** Das Peter-Prinzip, Reinbek bei Hamburg 1992.

**Pfohl, H./Book, I./Dubbert, M.:** Internationalisierung der Managemententwicklung. In: Eurostrategisches Personalmanagement, Band 1, hrsg. von Marr, R., München/Mering 1991, S. 75 -110.

**Pieper, J.:** Schlüsselpersonen erwerben Schlüsselqualifikationen. In: Innovative Personalentwicklung - Grundlagen, Erfahrungen, Konzepte, hrsg. von Sattelberger, T., 2. Aufl., Wiesbaden 1991, S. 70-79.

**Pillat, R.:** Neue Mitarbeiter - erfolgreich anwerben, auswählen und einsetzen, 6. Aufl., Freiburg i. Br. 1994.

**Ploeg, S. v. d.:** Warum denken wir "einseitig"? - Der Brain-Dominance-Test als Instrument der Personalentwicklung. In: Strategien der Personalentwicklung, hrsg. von Rieckhof, H. C., 3. Aufl., Wiesbaden 1992, S. 393-408.

**Porter, L. W./Lawler, E. E.:** Managerial Attitudes and Performance, Homewood 1968.

**Posth, M.:** Gestaltung des Unternehmens zu einer Learning Company. In: Kienbaum, J. (Hrsg.): Visionäres Personalmanagement, 2. Aufl., Stuttgart 1994, S. 199-215.

**Potthoff, E./Trescher, K.:** Controlling in der Personalwirtschaft, 2. Aufl., Berlin/New York 1993.

**Preißler, P. R.:** Controlling: Lehrbuch und Intensivkurs, 12. Aufl., Landsberg am Lech 2000.

**Preyer, K.:** Auszubildende – Rechte, Pflichten, Orientierung, 2. Aufl., Frankfurt/Main 2004.

**Probst, G.J.B.:** Regeln des systemischen Denkens. In: Integriertes Management, hrsg. von Probst, G.J.B./Siegwart, H., Bern 1985.

**Probst, G.J.B.:** Selbstorganisation. Ordnungsprozesse in sozialen Systemen aus ganzheitlicher Sicht, Berlin 1987.

**Probst, G.J.B./Gomez, P.:** Vernetztes Denken: Unternehmen ganzheitlich führen, Wiesbaden 1989.

**Puhl, P.:** Die Wahl der Jugend- und Auszubildendenvertretung, München 1992.

**Pulte, P.:** Betriebgröße und Betriebszugehörigkeit. Arbeitsrechtliche Schwellenwerte für das Personalbüro, Heidelberg 2002.

**Pulte, P.:** Das deutsche Arbeitsrecht, München 2003.

**Pulte, P.:** Die Wahl der Jugend- und Auszubildendenvertretung, München 1992.

**Pulte, P./Bontrupp, H. J.:** Berufsausbildung im dualen System, München/Wien 2000.

**Pünnel, L.:** Die Einigungsstelle des BetrVG 1972, 3. Aufl., Neuwied/Frankfurt am Main 1990.

**Pünnel, L./Quecke, M.:** Was man vom Arbeitsrecht wissen sollte, 20. Aufl., München/Unterschleißheim 2004.

**Raffée, H.:** Der Wertewandel als Herausforderung für Marketingforschung und Marketingpraxis. In: Marketing ZFP, Heft 3, 8/1988, S. 198-209.

**Rahn, H. J.:** Betriebliche Führung, 2. Aufl., Ludwigshafen 1992.

**Raisig, J.:** Ethik der Personalführung. In: Personalführung (11-12) 1987, S. 762-766.

**Rationalisierungskuratorium der Deutschen Wirtschaft (RKW) e.V.:** RKW-Handbuch Personalplanung, 2. Aufl., Neuwied 1990.

**Reddin, W. J.:** Das Drei-D-Programm zur Leistungssteigerung des Managements, Landsberg/Lech 1981.

**REFA:** Betriebliche Statistik, 2. Aufl., München 1997.

**REFA:** F.W. Taylor und der Taylorismus. Über das Wirken und die Lehre Taylors und die Kritik am Taylorismus, München 1999.

**REFA:** Methodenlehre der Betriebsorganisation, Anforderungsermittlung (Arbeitsbewertung), 2. Aufl., München 1991.

**REFA:** Methodenlehre der Betriebsorganisation, Arbeitsgestaltung in der Produktion, München 1991.

**REFA:** Methodenlehre der Betriebsorganisation, Arbeitspädagogik, München 1987.

**REFA:** Methodenlehre der Betriebsorganisation, Grundlagen der Arbeitsgestaltung, 2. Aufl., München 1993.

**REFA:** Methodenlehre der Betriebsorganisation, Lexikon der Betriebsorganisation, München 1993.

**REFA:** Methodenlehre der Betriebsorganisation, Datenermittlung, München 1997.

**REFA:** Methodenlehre der Betriebsorganisation. Entgeltdifferenzierung, 3. Aufl., München 1991.

**REFA:** Methodenlehre des Arbeitsstudiums, Teil 2. Datenermittlung, 7. Aufl., München 1992.

**REFA:** Wörterbuch der Arbeitswissenschaft, München 1997.

**Reichmann, T.:** Controlling mit Kennzahlen und Managementberichten, 6. Aufl., München 2000.

**Richter, M.:** Personalführung im Betrieb: Die theoretischen Grundlagen und ihre praktische Anwendung, 2. Aufl., München/Wien, 1989.

**Richter, M.:** Personalführung: Grundlagen und betriebliche Praxis, 4. Aufl., Stuttgart 1999.

**Riedmann, W.:** Führung durch Management by..., München 1979.

**Riekhof, H. C.:** Strategien der Personalentwicklung, 5. Aufl., Wiesbaden 2002.

**Riemann, F.:** Grundformen der Angst, 35. Aufl., München/Basel 2003.

**Rieß, S.:** Vernetztes Denken. In: Das neue Erfolgs- und Karrierehandbuch für Selbständige und Führungskräfte, Nr. 5, 1991.

**Rittweger, S.:** Leitfaden Mini – Job, Ich – AG, Familien – AG, München 2003.

**Robert Koch Institut (RKI):** HIV-Infektionen und Aidserkrankungen in Deutschland epidemio-logische Daten, Halbjahresbericht 2002.

**Rohmert, W.:** Das Belastungs-Beanspruchungskonzept. In: Zeitschrift der Arbeitswissenschaft, 38 Jg. (1984), Heft 4, S. 193-201.

**Rohmert, W.:** Ergonomie, was ist das?, Köln 1976.

**Rohmert, W.:** Praktische Arbeitsphysiologie, 3. Aufl., Stuttgart/New York 1983.

**Rosener, J. B.:** Frauen als Vorgesetzte. Ein Gebot für jedes Unternehmen. In: Harvardmanager 2/1991, S. 57-64.

**Rosenstiel, L. v.:** Grundlagen der Organisationspsychologie, 5. Aufl., Stuttgart 2003.

**Rosenstiel, L. v.:** Leistung und Zufriedenheit. Die motivationalen Grundlagen des Verhaltens in Organisationen, Berlin 1975.

**Rosenstiel, L. v.:** Personalentwicklung und Wertewandel. In: Personalmanagement - Denken und Handeln im System, Kastner, M./Gerstenberg, B. (Hrsg.), München 1991, S. 103-120.

**Rosenstiel, L. v.:** Was erstreben deutsche Führungskräfte nach dem Wertewandel? In: io Management Zeitschrift 62/1993, S. 87-90.

**Rosenstiel, L. v. u.a.:** Organisationspsychologie, Stuttgart/Berlin/Mainz 1972, S. 39.

**Rosenstiel, L. v./Erpenbeck, J.:** Handbuch Kompetenzmessung, Stuttgart 2003.

**Rosenstil, L. v./Regnet, E./Domsch, M.:** Führung von Mitarbeitern: Handbuch für erfolgreiches Personalmanagement, 5. Aufl., Stuttgart 2003.

**Rückle, H./Mutafoff, A./Riekehof, R.:** Personalentwicklung, Düsseldorf/Wien/New York/ Moskau 1994.

**Rudow, B.:** Das gesunde Unternehmen. Gesundheitsmanagement, Arbeitsschutz und Personalpflege in Organisationen, München 2004.

**Rüegg, J.:** Unternehmensentwicklung im Spannungsfeld von Komplexität und Ethik - eine permanente Herausforderung für ein ganzheitliches Management, Dissertation, Bern 1989.

**Rühle, A.**: Die Beurteilung strategischer Personalinvestitionen, Berlin 1999.

**Rühli, E.**: Gestaltungsmöglichkeiten in der Unternehmensführung. Führungsstil, Führungsmodelle, Führungsrichtlinien, Mitwirkung und Mitbestimmung, Bern/Stuttgart/Wien 1992.

**Rühli, E.**: Visionen. In: Unternehmung 2/1990, S. 112-119.

**Ruschel, A.**: Konfliktmanagement. In: Handbuch Personalentwicklung und Training, hrsg. von Geißler, K. A./Landsberg, G. v./Reinartz, M., Köln 1994, Kapitel 6.1.1.0.

**Ruschel, A.**: Personalentwicklung. In: Mensch und Arbeit, hrsg. von Schneider, H.J., 9. Aufl., Köln 1992, S. 389-516.

**Rüttinger, R.**: Transaktionsanalyse, Arbeitshefte zur Arbeitspsychologie Nr. 10, 8. Aufl., Heidelberg 2001.

**Sabel, H.**: Arbeitszeugnisse richtig schreiben und bewerten, 4. Aufl., Bamberg 2002.

**Sadowski, D./Frick, B.**: Die Beschäftigung Schwerbehinderter, Idstein 1992.

**Salowsky, H.**: Fehlzeiten, Köln 1983.

**Sandner, K.**: Prozesse der Macht. Zur Entstehung, Stabilisierung und Veränderung der Macht von Akteuren im Unternehmen, Berlin/Heidelberg 1990.

**Sattelberger, T. (Hrsg.)**: Die lernende Organisation, 3. Aufl., Wiesbaden 1996.

**Sattelberger, T.**: Innovative Personalentwicklung: Grundlagen, Erfahrungen, Konzepte, 3. Aufl., Wiesbaden 1998.

**Sattelberger, T.**: Personalentwicklung als strategischer Erfolgsfaktor. In: Innovative Personalentwicklung, hrsg. von Sattelberger, T., 2. Aufl., Wiesbaden 1991.

**Sattelberger, T.**: Wissenskapitalisten oder Söldner, Wiesbaden 1999.

**Sauer, M.**: Outplacement-Beratung. Konzeption und organisatorische Gestaltung, Wiesbaden 1991.

**Schaible, B./Trager, F.**: Handbuch der Personalleitung: Funktionen und Konzeptionen der Personalarbeit im Unternehmen, hrsg. von Wagner, D./Zander, E./Hauke, C., München 1992.

**Schanz, G.**: Entwicklungsstadien und Perspektiven der Mitarbeiterbeteiligung. In: Entgeltsysteme - Lohn, Mitarbeiterbeteiligung und Zusatzleistungen, hrsg. von Weber, W., Stuttgart 1994, S. 271-283.

**Schanz, G.**: Flexibilisierung und Individualisierung als strategische Elemente der Personalpolitik. In: Visionäres Personalmanagement, hrsg. von Kienbaum, J., 2. Aufl., Stuttgart 1994, S. 285-310.

**Schanz, G.**: Handbuch Anreizsysteme in Wirtschaft und Verwaltung, Stuttgart 1991.

**Schanz, G.**: Personalwirtschaftslehre, 2. Aufl., München 1993.

**Schanz, G.**: Verhaltenswissenschaftliche Aspekte der Personalentwicklung. In: Strategien der Personalentwicklung, hrsg. von Riekhof, H. C., 3. Aufl., Wiesbaden 1992, S. 3-21.

**Scharrer, H. E.**: Die EU nach der Norderweiterung. In: Wirtschaftsdienst, 1/1995, S. 2-3.

**Schaub, G.**: Arbeitsrechts-Handbuch, 10. Aufl., München 2002.

**Schaub, G.**: Guter Rat im Arbeitsrecht, Sonderband Beck-Rechtsberater Nr. 5600, München 1991.

**Schaub, G.**: Kurzarbeit – Massenentlassung - Sozialplan, 2. Aufl., München 2004.

**Schaub, G./Künzl, R.:** Arbeitsgerichtsverfahren, 7. Aufl., München 2004

**Schaub, G./Kreft, B.:** Der Betriebsrat. Wahlen – Organisation – Rechte - Pflichten, 7. Aufl., München 2002.

**Scheer, A. W.:** EDV-orientierte Betriebswirtschaftslehre, 4. Aufl., Berlin 1990.

**Schelm, B.:** 80 Jahre REFA. In: REFA-Nachrichten, Heft 3/2004, S. 8-36.

**Scheuss, R. W.:** Management-Entwicklung für morgen. In: Harvardmanager 2/1987, S. 23-27.

**Schiefer, B./Worzalla, M.:** Agenda 2010. Gesetz zur Reform am Arbeitsmarkt, München/ Neuwied 2004.

**Schindel, V./Wenger, E.:** In: Betriebswirtschaftliche Führungslehre, Bd. 2, hrsg. von Heinen, E., Wiesbaden 1978.

**Schira, J.:** Statistische Methoden der VWL und BWL. Theorie und Praxis, München 2003.

**Schlegel, L.:** Die Transaktionale Analyse, 3. Aufl., Tübingen 1987.

**Schleßmann, H.:** Das Arbeitszeugnis, 16. Aufl., Heidelberg 2000.

**Schmahl, D. W./Neubauer, F.:** "Win-Win". Erfolge mit Deferred Compensation. In: Personalführung 4/1994, S. 298-304.

**SchmeisserW./Clermont, A.:** Personalmanagement. Praxis der Lohn- und Gehaltsabrechnung – Personalcontrolling – Arbeitsrecht, Herne/Berlin 1999.

**Schmeisser, W./Clermont, A./Protz, A. (Hrsg.):** Personalinformationssysteme & Personalcontrolling, Neuwied 1999.

**Schmidt, H.:** Humanvermögensrechnung, Berlin 1982.

**Schmidt-Dorrenbach, H.:** Personalplanung. In: Handbuch der Personalleitung, hrsg. von Wagner, D./Zander, E./Hauke, Ch., München 1992, S. 495-538.

**Schneider, H. J./Zander, E.:** Erfolgs- und Kapitalbeteiligung der Mitarbeiter in Klein- und Mittelbetrieben, 3. Aufl., Freiburg i. Br. 1990.

**Schoden, M.:** Jugendarbeitsschutzgesetz: Basiskommentar, 4. Aufl., Köln 1998.

**Scholz, C.:** Personalmanagement. Informationsorientierte und verhaltenstheoretische Grundlagen, 5. Aufl., München 2000.

**Scholz, C./Hofbauer, W.:** Unternehmenskultur und Personalführung. In: Zeitschrift für Personalwirtschaft 1987, S. 461-482.

**Schönhammer, R.:** Psychologisches Führungstraining und die Mentalität von Führungskräften, Dissertation, München 1983.

**Schröder, E.:** Modernes Unternehmens-Controlling, 7. Aufl., Ludwigshafen 2000.

**Schule, C.:** Der deutsche Outsourcing-Markt. Eine quantitative Betrachtung. In: Outsourcing Eine strategische Allianz besonderen Typs, hrsg. von Köhler-Forst, W., Berlin 1993, S. 31-47.

**Schuler, H.:** Beurteilung und Förderung beruflicher Leistung, Stuttgart 1991.

**Schulte, C.:** Personal-Controlling mit Kennzahlen, 2. Aufl., München 2002.

**Schulte-Zurhausen, M.:** Organisation, 3. Aufl., München 2002.

**Schultze, H. H.:** Computereinsatz in Mittel- und Kleinbetrieben, Hamburg 1993.

**Schulz, G. R.:** Alles über Arbeitszeugnisse, Beck-Rechtsberater, 7. Aufl., München 2003.

**Schulz von Thun, F.:** Miteinander reden, Bd. 1: Störungen und Klärungen, Reinbek bei Hamburg 1994.

**Schulz von Thun, F.:** Miteinander reden. Kommunikationspsychologie für Führungskräfte, Bd. 2: Stile, Werte und Persönlichkeitsentwicklung, Differentielle Psychologie der Kommunikation, 4. Aufl., Reinbek bei Hamburg 2002.

**Schulze, G.:** Die Erlebnisgesellschaft, 8. Aufl., Frankfurt am Main/New York 2000.

**Schumacher, B.:** Handbuch Führungsgrundsätze - Führungshilfen entwickeln und einführen, Landsberg/Lech 1985.

**Schwaninger, M.:** Zur Zukunft systemorientierter Managementforschung, St. Gallen 1989.

**Schwarz, A.A./Scheppe, R.P.:** Praxisbuch NLP, 6. Aufl., München 2003.

**Schwarz, F. N.:** Wie Frauen doch Karriere machen. In: Harvardmanager 3/89.

**Schwarz, H.:** Arbeitsplatzbeschreibungen, 13. Aufl., Freiburg i. Br. 1995.

**Schwetzler, B.:** Mitarbeiterbeteiligung und Unternehmensfinanzierung, Wiesbaden 1989.

**Seeber, S./Krekel, M./van Buer, J.(Hrsg.):** Bildungscontrolling, Frankfurt/Main 2000.

**Seidel, E.:** Unternehmenskultur - Warnung vor der Selbstzerstörung eines Konzeptes, Stuttgart 1987.

**Selbach, R./Pullig, K. K.:** Handbuch Mitarbeiterbeurteilung, Wiesbaden 1992.

**Sent, B.:** Personalbedarfsplanung, Dissertation, Aachen 1991.

**Serfling, K.:** Controlling, Stuttgart 1983.

**Severing, E.:** Arbeitsplatznahe Weiterbildung - Betriebspädagogische Konzepte und betriebliche Umsetzungsstrategien, Neuwied 1994.

**Sievert, O.:** Für Investivlöhne: Plädoyer für ein vernachlässigtes Konzept, Bad Homburg 1992.

**Siewert, H. H.:** Arbeitszeugnisse, 8. Aufl., München/Landsberg am Lech 2000.

**Simon, H./Sebastian, K. H./Tracke, G.:** Strategisches Personalmarketing, Wiesbaden 1993.

**Skiba, R.:** Taschenbuch Arbeitssicherheit, 8. Aufl., Bielefeld 1994.

**Sowka, H. H./Köster, H. W.:** Teilzeitarbeit und geringfügige Beschäftigung, München 1993.

**Späth, W.:** Kostümwechsel im Personalwesen. In: Personalwirtschaft 8/1994, S. 41-44.

**Speichert, H.:** Praxis des IT – Rechts. Praktische Rechtsfragen der Internetnutzung und IT – Security, Wiesbaden 2004.

**Spie, U.:** Personalwesen als Organisationsaufgabe, Essen 1988.

**Splitter, H. J.:** Leasing für die Praxis, 5. Aufl., Köln 1999.

**Spörli, S./Schmid, F.:** Das Einzel-Assessment als Baustein der Führungskräfteentwicklung. In: Strategien der Personalentwicklung, hrsg. von Riekhof, H. C., 3. Aufl., Wiesbaden 1992, S. 371-391.

**Sprenger, R.K.:** Vertrauen führt, Frankfurt/Main 2002.

**Staehle, W. H.:** Die 24 Rollen der exzellenten Führungskraft, Wiesbaden 1991.

**Staehle, W. H.:** Management. Eine verhaltenswissenschaftliche Perspektive, 6. Aufl., München 1991.

**Statistisches Bundesamt:** Mitteilung für die Presse, April 2001.

**Statistisches Bundesamt:** Pressemitteilung, Januar 2002.

**Staub, R./Kneuse, B.:** Marktübersicht Personalinformationssysteme. In: Personalinformationssysteme & Personalcontrolling, hrsg. von Schmeisser, W./Clermont, A./Protz, A., Frankfurt/Main 1999, S. 76-91.

**Staufer, M.:** Ältere Beschäftigte und technischer Wandel, Göttingen 1992.

**Stege, D./Weinspach, F. K.:** Betriebsverfassungsgesetz: Handkommentar für die betriebliche Praxis, 9. Aufl., Köln 2002.

**Stein, A.:** Die Ausbildereignung. Prüfung und Praxis der Ausbilder/innen nach der neuen Ordnung mit vielen Handlungsfeldern, 9. Aufl., Hamburg 2003.

**Steinle, C./Eggers, B./Lawa, D.:** Zukunftsgerichtetes Controlling, Wiesbaden 1995.

**Steinmann, H.:** Grundlagen der betriebswirtschaftlichen Führungslehre: die Führungsfunktionen im Managementprozess, 4. Aufl., Nürnberg 1987.

**Steinmann, H./Löhr, A.:** Grundlagen der Unternehmensethik, 2. Aufl., Stuttgart 1994.

**Steinmann, H./Schreyögg, G.:** Management - Grundlagen der Unternehmensführung, 2. Aufl., Wiesbaden 1991.

**Stewart, I./Joines, V.:** Die Transaktionsanalyse, Reinbek 1992.

**Stiglitz, J.:** Die Schatten der Globalisierung, Berlin 2002.

**Stoebe, F.:** Outplacement. In: Handbuch Personalmarketing, hrsg. von Strutz, H., 2. Aufl., Wiesbaden 1993, S. 779-782.

**Stoebe, F.:** Outplacement: Manager zwischen Trennung und Neuanfang, Frankfurt am Main/New York 1993.

**Stogdill, R. M.:** Personal Factors. Associated with Leadership, A survey of the Literature. In: The Journal of Psychology, 1948, S. 35-71.

**Stooß, F.:** Der Wandel der Arbeitslandschaft. In: Handbuch Personalentwicklung und Training, hrsg. von Geißler, K./Landsberg, G. v./Reinartz, M., Köln 1993, Kapitel 3.2.2.1.

**Stopp, U.:** Betriebliche Personalwirtschaft, 19. Aufl., Renningen bei Stuttgart 1993.

**Straub, D.:** Jahres-Handbuch Personal, 2. Aufl., München 2001.

**Stroebe, R. W./Stroebe, G. H.:** Grundlagen der Führung, 8. Aufl., Heidelberg 1994.

**Stroebe, R. W./Stroebe, G. H.:** Motivation, 6. Aufl., Heidelberg 1994.

**Strombach, M.:** Qualitätszirkel im Unternehmen, Köln 1983.

**Strutz, H.:** Strategien des Personalmarketing. Was erfolgreiche Unternehmen besser machen, Wiesbaden 1992.

**Sturm, S.:** Fingerübungen. In: Manager Magazin, Heft 12/1991, S. 294.

**Stürzl, W.:** Lean Produktion in der Praxis, Spitzenleistungen durch Gruppenarbeit, 3. Aufl., Paderborn 1993.

**Suzaki, K.:** Die ungenutzten Potentiale. Maßnahmen und Werkzeuge zur kontinuierlichen Verbesserung im Produktionsteam, München 1994.

**Tannenbaum, R./Schmidt, W. H.:** How to Choose a Leadership Pattern. In: Harvard Business Review Nr. 2, 1958, S. 95-101.

**Taylor, F. W.:** The Principles of Scientific Management, New York 1911.

**Then, W.:** Dialogische Führungskonzepte für selbststeuernde Arbeitseinheiten. Wir brauchen eine menschengerechte Arbeitskultur. In: Personalführung, Ausgabe 1/1994, S. 52-57.

**Thom, N.:** Betriebliches Vorschlagswesen. Ein Instrument der Betriebsführung, 3. Aufl., Bern/Berlin/Frankfurt am Main/New York/Paris/Wien 1991.

**Thome, R.:** Wirtschaftliche Informationsverarbeitung, München 1990.

**Uepping, H.:** Die Kompetenz des Alters nutzen. In: Personalwirtschaft 3/1994, S. 49-52.

**Ulrich, E.:** Arbeitspsychologie, 3. Aufl., Stuttgart 1994.

**Ulrich, H.:** Die Unternehmung als produktives soziales System, 2. Aufl., Bern/Stuttgart 1970.

**Ulrich, H./Krieg, W.:** Das St. Galler Mamagement-Modell, Bern 1973.

**Ulrich, H./Probst, G.J.B.:** Anleitung zum ganzheitlichen Denken und Handeln, 3. Aufl., Bern/Stuttgart 1991.

**Ulsamer, B.:** Exzellente Kommunikation mit NLP, 2. Aufl., Bremen 1993.

**Volkswagen:** KVP². Workshops bei VW, Wolfsburg 1993.

**Volkswagen:** Kleine Idee – Große Wirkung. Handbuch für Vorgesetzte und Ideenmanager, Wolfsburg 2003.

**Vollmer, M.:** Frauen im Unternehmen, Landberg/Lech 1993.

**Vroom, V. H.:** Work and Motivation, New York/London/Sydney 1964.

**Vroom, V.H./Jago, A. G.:** Vom Vroom/Yetton- zum Vroom/Jago- Führungsmodell: Neue Überlegungen zur Partizipation in Organisationen. In: Die Betriebswirtschaft, Jg. 49 (1989), S. 5-17.

**Vroom, V. H./Yetton, P. W.:** Leadership and Decision-Making, Pittsburgh 1973.

**Wagner, D.:** Möglichkeiten und Grenzen des Cafeteria-Ansatzes in Deutschland, Hamburg 1986.

**Wagner, D.:** Organisation, Führung und Personalmanagement. Neue Perspektiven durch Flexibilisierung und Individualisierung, 2. Aufl., Freiburg i. Br. 1991.

**Wagner, D.:** Personalfunktion in der Unternehmensleitung, Wiesbaden 1994.

**Wagner, D./Grawert, A.:** Sozialleistungsmanagement: Mitarbeitermotivation mit geringem Aufwand, München 1993.

**Wagner, H./Sauer, M.:** Personalmanagement, Münster 1989.

**Wagner, H./Städler, A./Weber, D.:** Führung: Grundlagen, Prozesse und Konzeptionen der Mitarbeiterführung in Unternehmen. In: Managementwissen, H. 2, 1990.

**Wahlster, W.:** Expertensysteme, München 1990.

**Walsh, J./Papmehl, A.:** Internationales Personalmarketing. In: Personalentwicklung im Wandel, hrsg. von Papmehl, A./Walsh, J., Wiesbaden 1991, S. 305-307.

**Walton, R./Susman, G.:** Personalmanagement in der Fabrik der Zukunft. In: Harvardmanager 4/1987, S. 60-68.

**Wank, R./Börgmann, U.:** Deutsches und europäisches Arbeitsschutzrecht, München 1992.

**Weber, D.:** Hinterlist aus Hilflosigkeit. Foulspiel im Management. In: Management-Wissen, 59. Jg., S. 80-120.

**Weber, R.:** Entlohnungssysteme bei steigender Automatisierung und in der Lean-Production - Voraussetzungen, Methoden, Beispiele, Renningen-Malmsheim 1994.

**Weber, W. (Hrsg.):** Entgeltsysteme - Lohn, Mitarbeiterbeteiligung und Zusatzleistungen, Stuttgart 1993.

**Weinert, A. B.:** Organisationspsychologie, 3. Aufl., München 1992.

**Weis, H. C.:** Marketing, 12. Aufl., Ludwigshafen (Rhein) 2004.

**Weis, H. C.:** Verkauf, 5. Aufl., Ludwigshafen (Rhein) 2004.

**Werner, E.:** Schlüsselqualifikationen, Persönliche Voraussetzungen für beruflichen Erfolg, Heidelberg 2003.

**WestLB:** Leitfaden für die Mitarbeiterbeurteilung, Düsseldorf 1987.

**Weuster, A./Scheer, B.:** Arbeitszeugnisse in Textbausteinen, 9. Aufl., Stuttgart/München/Hannover/Berlin/Weimar 2002.

**Widmaier, S.:** Wertewandel bei Führungskräften und Führungsnachwuchs. Zur Entwicklung einer werteorientierten Unternehmensgestaltung, Konstanzer Schriften zur Sozialwissenschaft, hrsg. von Baier, H./Wiehn, E. R., Konstanz 1991.

**Wiendieck, G.:** Wertewandel und Leistungsmotivation. In: Personalführung 11/1990, S. 760-767.

**Wildemann, H.:** Arbeitszeitmanagement. Einführung und Bewertung flexibler Arbeits- und Betriebszeiten, 2. Aufl., St. Gallen 1995.

**Wildemann, H.:** Flexible Arbeits- und Betriebszeiten - wettbewerbs- und mitarbeiterorientiert!, München 1991.

**Wilkening, O.:** Bildungs-Controlling. In: Strategien der Personalentwicklung, hrsg. von Riehof, H. C., 3. Aufl., Wiesbaden 1992, S. 423-451.

**Wirth, E.:** Mitarbeiter im Auslandseinsatz-Planung und Gestaltung, Wiesbaden 1992.

**Withauer, K. F.:** Die Management-Funktion, Stuttgart 1974.

**Withauer, K. F.:** Menschen führen. Mit praxisnahen Führungsaufgaben und Lösungswegen, 5. Aufl., Renningen/Stuttgart/Zürich 1989.

**Witt, J./Witt, T.:** Der kontinuierliche Verbesserungsprozess (KVP). Konzept–System–Maßnahmen, Heidelberg 2001.

**Wittmann, S.:** Informationsverarbeitung, München 1959.

**Wöhe, G.:** Allgemeine Betriebwirtschaftslehre, 21. Aufl., München 2002.

**Wöhe, J.M./Lang, M.:** Serviceorientierte Mitarbeiter. Mobilisierung zu exzellentem Service, Heidelberg 2003.

**Wohlgemuth, H. H.:** Datenschutz für Arbeitnehmer, Hamburg 1990.

**Woldeck, R. v.:** Formel für das Tohuwabohu. In: Kursbuch, hrsg. von Michel/Sprengler, 1989.

**Wollert, A.:** Frauenförderung als Konsequenz einer strategischen Personalarbeit. In: Personalführung 10/1990, S. 658-663.

**Wolmerath, M.:** Der ehrenamtliche Richter in der Arbeitsgerichtsbarkeit, Köln 1993.

**Womack, J. P./Jones, D. T./Roos, D.:** Die zweite Revolution in der Automobilbranche. Konsequenzen aus der weltweiten Studie des Massachusetts Institute of Technology, 6. Aufl., Frankfurt/New York 1992.

**Wunderer, R.:** Führung und Zusammenarbeit, 5. Aufl., München/Neuwied 2003.

**Wunderer, R.:** Führungsgrundsätze. In: Handwörterbuch des Personalwesens, hrsg. von Gaugler, E./Weber, R., 2. Aufl., Stuttgart 1992, Sp. 923.

**Wunderer, R.**: Personalcontrolling. In: Seidel, E./Wagner, D.(Hrsg.): Organisation. Evolutionäre Interdependenzen von Kultur und Struktur der Unternehmung, Wiesbaden 1989.

**Wunderer, R.**: Personalmanagement 2000, Expertenstudie. In: Personalwirtschaft 1/1993, S. 10-14.

**Wunderer, R./Arx, v. S.**: Personalmanagement ab Wertschöpfungscenter, Wiesbaden 2002.

**Wunderer, R./Dick, P.**: Frauen im Management, Neuwied 1997.

**Wunderer, R./Dick, P**.: Personalmanagement - Quo vadis?, Neuwied 2000.

**Wunderer, R./Jaritz, A.**: Unternehmerisches Personalcontrolling. Evaluation der Wertschöpfung im Personalmanagement, 2. Auflage, Neuwied/Kriftel 2002.

**Wunderer, R./Kuhn, T.**: Unternehmerisches Personalmanagement. Konzepte, Prognosen und Strategien für das Jahr 2000, Frankfurt/New York 1993.

**Wunderer, R./Sailer, M.**: Personalcontrolling. Eine vernachlässigte Aufgabe des Unternehmenscontrolling. In: Personalwirtschaft 1987, Heft 5, S. 224.

**Wunderer R./Schlagenhaufer P.**: Personalcontrolling. Funktionen – Instrumente - Praxisbeispiele, Stuttgart 1994.

**Wütherich, H. A.**: Neuland des strategischen Denkens, Wiesbaden 1991.

**Wysocki, K.**: Sozialbilanzen, Stuttgart 1981.

**Zander, E.**: Gedanken über die Zukunft der Arbeit. In: Personal 7/1990, S. 282-285.

**Zander, E.**: Handbuch der Gehaltsfestsetzung, 5. Aufl., Heidelberg 1990.

**Zander, E.**: Lohn und Gehaltsfestsetzung in Klein- und Mittelbetrieben, 11. Aufl., Freiburg i. Br. 1997.

**Zander, E.**: Personalführung. In: Handbuch der Personalleitung, hrsg. von Wagner, D./Zander, E./Hauke, C., München 1992.

**Zander, E./Knebel, H.**: Arbeitsbewertung und Eingruppierung: Ein Leitfaden für die Entgeltfestlegung, 2. Aufl., Heidelberg 1989.

**Zander, E./Knebel, H.**: Praxis der Personalbeurteilung, 3. Aufl., Heidelberg 1993.

**Zell, A.**: Simulation neuronaler Netze, Bonn 1994.

**Ziegler, H.**: Zum gesundheitspolitischen Stellenwert des Alkoholismus in der BRD. In: Ernährungs-Umschau, 11/1987, S. 368-370.

**Zimmermann, W./Stache, U.**: Operations Research, Quantitative Methoden zur Entscheidungsvorbereitung, 10. Aufl., München/Wien 2001.

**Zink, K.J.**: Personalwirtschaftliche Perspektiven des technisch-kulturellen Wandels. In: Personalstrategien der Zukunft, hrsg. von Günter, C./Schäkel, U./Scholz, J., Hamburg 1988.

**Zwingmann, L.**: Balanced Scorecard verbessert Prozesse. In: Personal. Zeitschrift für Human Resource Management, Ausgabe 7/8 Juli/August 2004, S. 50 ff.

# Sachwortregister

## A

### B

C



D



E

## F



## G

## L



## M

**N**



**O**



**P**

## Q



## R



## S

## T



## U

## V



## W



## XYZ